3. ジュラ紀前期（1億9500万年前）

4. ペルム紀後期（2億5800万年前）

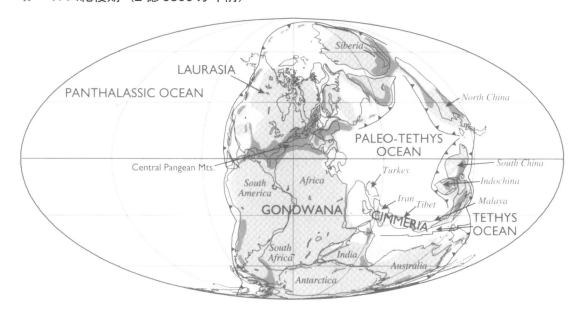

Paleogeographic maps by C. R. Scotese, PALEOMAP Project, University of Texas at Arlington (www.scotese.com)

地球大百科事典

上 地球物理編

井田 喜明・木村 龍治・鳥海 光弘 監訳

The Oxford Companion to
The Earth

Edited by Paul L. Hancock and
Brian J. Skinner

朝倉書店

The Oxford Companion to
The Earth

Editors
Paul L. Hancock and Brian J. Skinner

Associate editor
David L. Dineley

Subject editors

Alastair G. Dawson   K. Vala Ragnarsdottir   Iain S. Stewart

© Oxford University Press 2000

The Oxford Companion to The Earth was originally published in English in 2000. This translation is published by arrangement with Oxford University Press.
The Oxford Companion to The Earth は 2000 年に英語で出版された. 本書はオックスフォード大学出版局の許諾のもと出版した.

監 訳 者 の 序

　本書『地球大百科事典』（原題 The Oxford Companion to The Earth）は，地球についての科学的情報を網羅的に編纂した事典である．記載されている範囲は，惑星，大気，海洋から地質，古生物，固体地球のみならず，資源，環境，公害，さらには建築物の岩石，教会建築に用いられている歴史的石材についての説明まで，多岐にわたっている．こうした地球科学全般にわたる事項の網羅的な記述を示した事典を編纂するというのは，イギリス人の基本姿勢なのかもしれない．あるいは連合王国の気風とも見え，日本では今までなかったものである．それはまた，科学という近代合理主義の主軸をつくりあげてきた人たちの自負心であるようにも思える．

　近代科学は合理主義の下に産業革命と密接に関係して勃興し，急速な発展をみた．それはまさに英国において始まったといってよい．近代合理主義は，人間がいかにして自然を理解し，自然からエネルギー，食料，有用物質を取得するのか，その一般的方法を実証的に明らかにすることを強く志向していた．その先駆けとなったのはイタリアやフランス，ドイツなどで勃興したルネサンスであった．そこには中世の非合理的世界観と価値観からの離脱が基本的命題となっていたはずである．そうした合理主義的世界観に基づいた近代科学の黎明期にあっては，大地，大気，大洋，生命の百科全書的記述はきわめて重要な手引き書だった．そして，金属資源，非金属資源，石炭，石油，ガスなどのエネルギー資源の開発のために，地球規模で地下資源の獲得競争が始まったのである．

　一方で，合理主義的な社会構造の構築には，市民が非合理主義的な思考から脱却する必要があり，そのためには自然と人間に対する科学的な理解を普及することが不可欠であった．このことを担った啓蒙思想家たちは，自然の姿を人間の理性によってより深く理解し，それを市民に伝えようとした．その一部として，地球についての総合概念を市民と科学者にもたらしたのである．ここに至ってはじめて，地球の形，構造，内部，生物進化，地球の歴史，変動，火山，地震，造山運動，堆積，侵食，大陸，海洋，大気等の概念がつくられたのである．

　こうしてイギリスでは自然の理解が実践的な科学の基盤的要素の一つとなった．このために，19世紀から現代まで，およそ180年間にわたり，自然理解の総括的な百科事典を膨大な努力で編纂し続けてきたのである．本事典はそのような背景のもとに出版されているものであり，それを原著編者のハンコック博士らは「自然理解のコンパニオン」と呼んだのである．したがって，項目の多様さもさることながら，項目を簡明な図によって詳細に立ち入って説明している点は，たいへんにすばらしいものである．それは写真による説

明よりも格段にわかりやすい.

　本書は，全体として 1400 頁もの大部なものとなった．重量的にも，読者の使い勝手を考慮して，地球物理編と地質編の 2 分冊とした．上巻の地球物理編には，地球物理学・地球科学の一般的な項目を中心に，地球化学，プレートテクトニクス，惑星科学，気象学，気候と気候変動，海洋学，地質学一般などを収録した．下巻の地質編には，主に地質学，環境地質学，構造地質学，地質年代学，堆積学，古生物学，鉱物学，水文学，地形学，土壌学，氷河学などを収録した.

　本書が非常に広範囲な地球の諸事物に関する合理主義的理解の大事典であることから，その翻訳にあたっては，地球科学各分野の第一人者にお願いして，ようやく完成にこぎつけた．このような事典はほとんど 50 年から 100 年に 1 回編纂され，翻訳されるほどのものであろう．勇気を持って本書を刊行した朝倉書店に敬意を表するとともに，翻訳を快く引き受けていただいた多くの研究者の皆様に心から感謝したい．また，監訳者の一人（井田）は，編集および翻訳の作業で荒川寿美さんに補助していただいたことに感謝する.

　本書を読むにあたっての利便性を考慮して，総合的な索引とともに分野ごとの項目一覧を設けた．また，最近の地質時代区分の表を巻末に載せてあるので，必要に応じて活用してほしい．見返しには，プレート運動により大陸がどのように移動してきたかを示す図（これは原著の図をそのまま用いた）を掲載してあるので，参考にして欲しい.

2019 年 8 月

監訳者を代表して

鳥　海　光　弘

原　著　序

　真の companion とは，人であっても，物であっても，側にいて心地よく感じられる存在，適切な助言をしてくれる存在，困ったときには相談相手になってくれる存在である．Oxford Companion シリーズの 1 冊として刊行された本書は，読者にとって，そのような真の companion になることを基本的な編集方針とし，簡潔で読みやすく，親しみやすい文章で，地球をダイナミックで魅力的な惑星にしている多くの現象，過程，自然界の物質について，読者の興味を刺激するような説明を行うことを心がけた．他のシリーズ書と同様，本書も幅広い読者層を想定している．広く一般の読者に読んでいただきたいのであるが，特に，環境に関心をもつ方々，純粋な知的好奇心で地球について深く知りたい方々，地球科学を専攻する学生に読んでいただきたい．また，地球科学の専門家にも，自分の研究領域と異なる研究領域の知識を簡便に知りたいときに役立つだろう．資源問題や環境問題にかかわる仕事に携わっている職業の人々，例えば，都市計画者，土木工学者，行政官，政治家なども読者対象である．高校や大学で，地球科学に関連した科目，例えば，地理学，環境科学などを学習する学生や，それらの科目を教える教師に対しても，役立つ本になることを想定している．

　以上のことからわかるように，本書が扱う内容は非常に幅が広い．オックスフォード大学出版局は，本書の最初の企画を立てる段階で，地球科学をもっとも広い意味で扱うことを方針とした．その方針に従って，固体地球だけでなく，大気，海洋など，地球環境のすべてをカバーした．地球は宇宙に孤立しているわけではないので，太陽系の他の惑星の記述も含まれる．

　項目選定を検討する段階で，特に人類と関連の深い領域に重点を置くことにした．具体的には，さまざまな応用面を含めた地質学分野，特に地球表面の現象を扱う地球物理学分野，物理探鉱分野（石油や鉱石の探査に必要），地球化学分野（地球物理学と同様に地球の研究の基礎），測地学分野（地球表面の地図作成に必要）がある．またさらに古生物学，土壌学，雪氷学，海洋物理学，気候学，古気候学，気象学，環境開発，資源開発，地球科学史も含まれる．

　本書は 800 以上の項目からなる（訳注：上巻 330，下巻 500）．その多くには，さらに深く知るための参考文献を記載した．読者の興味が幅広く展開できるように，項目どうしが相互に引用・参照し合う箇所も多い．特定な問題について関連した諸項目を含めて広い視野を得たい読者のために，項目をテーマ別に分類したリストを掲載した．検索したい項目がすぐ見つかるように，詳しい索引も付けた．

本書出版の最初の発想は，オックスフォード大学出版局で地球科学分野の前任の編集者ブルース・ウィルコックによる．彼は，本書の出版にかかわったために，大変な苦労をすることになった．

本書の初期の形はブリストル大学のポール・ハンコック教授が整えた．彼は編集長としてウィルコックとともに初期の構想を発展させて全体の枠組みを作成した．

ページ数の多い参考書になると，完成までに時間がかかり，その間にさまざまな問題が生じることはまれではなく，本書も例外ではなかった．最初の問題は，副編集長のポール・モルガンが，他の仕事との調整がつかなくなって，退任せざるを得なくなったことである．しかし，退任する前に項目のリストを作り，執筆者の選定も行ったので，彼の作成した地球物理学領域の項目リストは，最終版に活かされている．彼の退任後は，ハンコックがモルガンの仕事を引き継ぎ，編集長としての本来の仕事に加えて，地球物理分野の編集も行った．編集作業の最大の危機は，その後に訪れた．1997年の末になって，ハンコックの健康に問題が生じたのである．その後も何とか仕事を続けたが，1998年の夏には，編集長の激務に耐えられなくなった．そこで，オックスフォード大学出版局は，彼を編集長から編集顧問に配置転換した．編集顧問になってからも，彼は，この本の進捗に非常に興味をもっていたが，1998年12月に逝去した．本書は，彼の的確な判断と献身によって完成することができたといってもよい．ハンコックの後任の編集長として，私が任命された．それと同時に，ブリストル大学名誉教授のデイヴィド・ディンレイが副編集長として任命され，地質学，地球物理学，地質学史の編集を担当することになった．

これまで長々と編集作業の問題について述べてきたが，本書の成立が各項目を執筆した著者の貢献に負っていることを軽視するつもりはない．本書は多くの著者の共同執筆による本である．世界中の200名を超える科学者が執筆し，その意味で地球科学をより広く理解するための真の国際事業なのである．研究者にとって，本書のような一般向けの事典を執筆することは本来の研究とは異なる作業である．それは昨今のほとんどの研究者に要求される学術的な研究業績には数え上げられない．本書の執筆に時間をさいた執筆者の貢献は，はかりしれない．

本書が真の意味で読者のcompanionになり，事典として活用されるだけでなく，地球に関する知識を得たいときに，拾い読みをして，有益で楽しい時間を過ごす相手になることを期待している．

コネチカット州，ニュー・ヘヴン

ブライアン J．スキナー

監訳者

井田　喜明　　東京大学・兵庫県立大学名誉教授

木村　龍治　　東京大学名誉教授

鳥海　光弘　　海洋研究開発機構・東京大学名誉教授

翻訳者［五十音順］

池田　　剛　　九州大学大学院理学研究院

磯﨑　行雄　　東京大学大学院総合文化研究科

乾　　睦子　　国士舘大学理工学部

大久保修平　　東京大学名誉教授

大中　康譽　　東京大学名誉教授

大野　照文　　三重県総合博物館・京都大学名誉教授

大村亜希子　　前東京大学海洋研究所

岡本　　敦　　東北大学大学院環境科学研究科

沖野　郷子　　東京大学大気海洋研究所

奥平　敬元　　大阪市立大学大学院理学研究科

下司　信夫　　産業技術総合研究所地質調査総合センター

小松原純子　　産業技術総合研究所地質調査総合センター

斎藤　靖二　　前神奈川県立生命の星・地球博物館

節田　佑介　　前東京大学大学院理学系研究科

田中　　博　　筑波大学計算科学研究センター

德永　朋祥　　東京大学大学院新領域創成科学研究科

永田　裕作　　お茶の水女子大学人間文化創成科学研究科

中村　大輔　　岡山大学大学院自然科学研究科

中村　　尚　　東京大学先端科学技術研究センター

野上　裕生　　前京都大学霊長類研究所

浜口　博之　　東北大学名誉教授

福山　繭子　　秋田大学大学院理工学研究科

藤岡換太郎　　神奈川大学・前海洋研究開発機構

松葉谷　治　　秋田大学名誉教授

松本　　良　　明治大学名誉教授

宮本　英昭　　東京大学大学院工学系研究科・東京大学総合博物館

森永　速男　　兵庫県立大学大学院減災復興政策研究科

八木下晃司　　前岩手大学教育学部

山本　圭吾　　京都大学防災研究所

テーマ別項目一覧
── 上巻：地球物理編 ──

地球物理学

アイソスタシー（地殻均衡）

慣性モーメントと歳差運動

クラトン（大陸塊）

コリオリ効果/コリオリ力

支持力

ダットン，クラレンス・エドワード

探査地球物理学

地球ダイナミクス

地球のエネルギー収支

地球物理学の歴史

放射能の測定と影響評価

■ 測地学と測量学；重力探査

インバース法（インバージョン・逆問題）

航空磁気測量

合成開口レーダー（SAR）

ジオイド

重力測定と重力異常の解釈

全地球測位システム（GPS）

測地学および測地学的計測

地球の形状

超長基線電波干渉法（VLBI）

ブラード，サー・エドワード

ヘス，ハリー・ハモンド

ベニング-マイネッツ，フェリックス・アンドレアス

リモートセンシング

惑星測地学

■ 地震，地震学および地震探査

火山性地震

火山性地震活動

岩石の地震波速度特性

強震動地震学

グーテンベルグ，ベノー

合成地震記象

古地震学

ジェフリーズ，サー・ハロルド

地震学

地震学とプレートテクトニクス

地震災害と予知

地震層序学

地震探査法

地震（波）トモグラフィー

地震のメカニズムとプレートテクトニクス

地震波：原理

地震波異方性

地震波実体波

地震波信号処理

地震波線理論

地震波理論

地震表面波

沈み込み帯

自由振動

深部反射法地震探査

制御震源地震学

世界標準地震計観測網

弾性波伝播

地球内部の密度分布

反射法地震探査

プレート内地震活動

ベニオフ，ヒューゴー

マイケル，ジョン

モホロビチッチ不連続面（モホ面）

ユーイング，ウィリアム・モーリス

リヒター，チャールズ

レーマン，インゲ

■ 地磁気学；地球物理学における磁気と電気的手法

ウィルソン，ジェームス・ツゾー

応用地球物理学における電磁気学的手法

キュリー温度（キュリー等温面）

viii テーマ別項目一覧

古気候と磁場
古地磁気学：過去の磁場強度
古地磁気学：技術と残留磁化
古地磁気学：局地的変形
古地磁気学と極移動
古地磁気学と大陸移動
コントロールソース電磁気マッピング
磁気層序
磁極
地球磁場：外部磁場
地球磁場：極性逆転
地球磁場：主磁場・経年変化と西方移動
地球磁場：地球内部磁場の起源
地球における電磁流体力学波（MHD 波）
地球物理学における電気技術
地磁気測定：技術と探査
ディーツ，ロバート
ブラケット,パトリック(チェルシーのブラケッ
　ト男爵)
マグネトテルリク探査
マシューズ，ドラモンド・ホイル

■地球内部
アセノスフェア（軟弱圏）
自己圧縮
地球深部での相変化
地球潮汐
地球内部の放射性熱の産生
地球の応力場
地球の構造
地球の熱流量
トムソン，ウィリアム（ケルビン卿）
ベルーソフ，ウラジーミル・ウラジーミロビッチ
マントル対流・プルーム・粘性・ダイナミクス
リソスフェア（岩石圏）

地球科学：地球科学一般・科学史

■地球科学・地質学一般
アトランティス大陸
医療地質学
音楽と地球科学
ガイア：地の女神

軍事地質学
芸術と地球科学
国際地質科学連合（IUGS）
古代と地球科学
情報技術と地球科学
神話と地球科学
創造説
地球科学
地球科学におけるフラクタル
地球資源の保存
地圏
地質学愛好家
地質学的なユーモア
地質学的な論争
地質学とそのほかの地球科学
地質学における詐欺
地質学会
地質考古学
地質図とその作成
地質調査所
地生態学
哲学と地質学
博物館と地質学
文学と地質学
マスメディアにおける地球科学
ワインと地質学

■地球科学史
アガシー，ルイ
エアリー
極地方の地質調査
ジャミーソン，トーマス
ソービー，ヘンリー・クリフトン
ダーウィン，チャールズ
地球科学の躍進（第二次世界大戦後の）
地質学的な概念のはじまり
デュトワ，アレクサンダー
フック，ロバート
プレイフェアー，ジョン
北米西部の地質調査
ラマルク，ジャン-バティスト・ピエール・ア
　ントワーヌ・ド・モネ

ルネサンスと地質学的な概念

地球化学

ヴェルナドスキー，ウラジーミル・イワノヴィッチ

宇宙化学

液状化

塩水

海嶺の地球化学

化学層序学

間隙水の化学

気体水和化合物

クラーク，フランク・ウィグレスワース

元素の太陽系存在度

ゴールドシュミット，ヴィクトール・モーリッツ

縞状鉄鉱鉱床

主成分元素

スタイロライト

生物的風化

炭素循環

地球化学異常

地球化学的移動性

地球化学的鉱床探査

地球化学的指標種

地球化学的滞留時間

地球化学的分布

地球化学の歴史

地球化学分析

地熱水の化学と熱水変質

同位体地球化学

バイオマーカー/生物指標（化学化石）

微量元素

ブラックスモーカーとホワイトスモーカー

ベルセリウス，イェンス・ヤコブ

放射性元素

マントルと核の組成

湖の地球化学

ユーリー，ハロルド・クレイトン

ラドン

流体包有物

リン酸塩

■地球化学的過程

岩石の化学的変質

吸着

酸化還元平衡

蒸発・揮発

生物分解作用

地殻の組成と循環

地球化学的循環

地球化学的分化

同化作用

分配

■生物地球化学

生物圏

生物地球化学

生命の起源：地質学的制約

地球微生物学

DNA：究極のバイオマーカー

バクテリア

バクテリア同位体分別

メタン発生

有機酸の地球化学

有機質物質（ケロジェン）

有機地球化学

プレートテクトニクス，大陸移動

異地性のテレーン

ウェゲナー，アルフレッド

オフィオライト層序

オブダクション

海洋底拡大

収束プレート境界

前方陸地・前方陸地盆・後背陸地

大陸移動

大陸縁

大陸地溝

地殻運動と変形様式

島弧

トランスフォームプレート境界

発散プレート境界

非活動的縁辺域

非地震性海嶺および海台

x　　テーマ別項目一覧

プレートテクトニクス―原理
プレートテクトニクス―そのパラダイム史
ホームズ，アーサー

惑星科学と太陽系

隕石と彗星の地球への衝突
カイパー，ジェラード・ピーター
巨大惑星
シューメーカー，ユージーン・マール
小惑星と彗星
太陽活動と黒点
チェンバレン，トーマス・クラウダー
地球型惑星とそれ以外の地球に類似した天体
地球姿勢
地球と太陽系の年代と初期進化
地球の自転と公転
月
惑星地形学

大気・気象学

ウォーカー循環
渦度
永久凍土と気候変動
オゾン層
オゾン層の化学
温室効果の増大
干ばつ
気圧
気温
気候変動（最近の）
雲
傾度風
高緯度対流圏循環
高気圧―気団の生成源として
高気圧―高気圧の類型と天気との関わり
降水
洪水
古気候学
古気候学における変換関数
古気候のデータ（歴史資料による）
酸性雨

ジェット気流
蒸発
植生と気候変化
成層圏
前線
総観気候学
大気大循環
大気中の収束・発散
大気電気
大気の鉛直運動
第四紀の大洪水
第四紀の氷床と気候
対流圏
高潮
竜巻
中緯度対流圏循環
中間圏
塵
低緯度対流圏循環
低気圧
鉄砲水
天気予報
電離層
熱圏
熱帯雨林と氷期
熱帯低気圧
ロスビー波

気候と気候変動

エアロゾルと気候
エルニーニョ
核の冬のシナリオ
気候変動と湖面水準
気候変動と深層水の形成
気候変動と層状堆積物
気候モデル
CLIMAP プロジェクト
グリーンランド氷床コア
クロル，ジェイムズ
古気候とレス（黄土）の堆積
COHMAP 計画

酸素同位体履歴
小氷期
新ドリアス期
第四紀の氷期の降水
地球温暖化
地形と気候
中世温暖期
南極圏の気候
南極の氷床コア
年輪気候学
ヒマラヤ・チベットの隆起と気候変動
氷河時代
氷河時代の乾燥
氷河時代理論
氷床と気候
ミランコビッチ，ミルティン
ミランコビッチサイクルと気候変動
メキシコ湾流
ラム，ヒューバート・オラート

遠洋性炭酸塩
遠洋の環境
海水
海水位の変化と古気候
海水温
海水の塩分
海水の密度と圧力
海水の溶存成分
海氷と気候
海盆
海面水温と気候
海洋化学
海流
海流（高緯度の）
古海洋学
水塊
第四紀の海水位の変化
津波
メッシニア期の塩分危機
モンスーン気流

海洋学

遠洋性ケイ素

── 下巻：地質編 ──

構造地質学

アルプス造山運動
アルプス地質学開拓者
ウィリス，ベイリー
岩石の変形
空間復元図と断面図
グラボー，アマデウス・ウィリアム
クルース，ハンス
構造地質学
山脈形成・造山作用
重力滑動作用
ジュース，エドゥアルト
衝突型造山運動
スティル，ウィルヘルム・ハンス
節理と節理運動
線構造

造陸運動
大陸における伸張テクトニクス
断面図
地球の運動（地殻変動）
沈降と隆起
テクトニクス
トランステンションとトランスプレッション
南米・アンデス山脈
ネオテクトニクスとサイスモテクトニクス
ハットン，ジェームズ
ヒマラヤテクトニクス
プレート内のテクトニクス
リニアメント
■断層と断層運動
エスケープテクトニクス
活断層

xii　テーマ別項目一覧

成長断層
剪断帯・変形バンド・キンクバンド
断層岩
断層と断層運動
地溝とリフトバレー
横ずれ運動（陸域の）
■岩石変形
岩石中の劈開とその他の構造運動的面構造
褶曲と褶曲作用
反転テクトニクス

| 経済地質学，応用地質学，環境地質学 |

アグリコラ，ゲオルギウス
ウェルナー，アブラハム・ゴットロブ
オイルシェール（油頁岩）
汚染防止
塊状硫化鉱床
核エネルギー
河川管理
環境学的毒物学（環境有害物質学）
環境工学における隔離壁
環境地質学
教会地質学
金・銀・銅鉱床
金属鉱床区
クロマイト
経済資源探査の歴史
経済地質学または鉱床学
元素の親和性と鉱石鉱物
建築用石材
工業用鉱物
考古地質学
鉱床
鉱石鉱物
鉱物脈
採鉱
自然環境の汚染
砂鉱床
砂と砂利の資源
石炭
石油

石油産業
浅成鉱床と残留鉱床
戦略的鉱物
タールサンド
地球資源とそのマネージメント
地熱エネルギー
中国粘土（チャイナクレイ）
鉄・ニッケル鉱床
天然ガス
都市地質
都市の石材消耗と保護
鉛・亜鉛鉱床
ナリブキン，ディミトリ・バジリエビッチ
廃棄物処理方法
バレル，ジョゼフ
斑岩銅鉱床
放射性廃棄物処理
ミネラルウォーター
ラテライト
リサイクル
リンドグレン，ワルデマール
■応用地質学，建設
アースフィル
埋立技術
応用地質学
応用地質学における土壌の分類と記載
応力解析
岩石力学
岩盤斜面の安定性
坑廃水
骨材
地すべり
地盤沈下
斜面安定性と地すべり
ダム
道路と舗装
土壌の安定化
トンネル
歪み解析と応力解析
変形

海洋地質学

海溝
海山
海底堆積物地すべり
海洋地質学
ギヨー（平頂海山）
国際深海掘削計画
シェパード，フランシス・パーカー
深海堆積物
深海堆積物の続成作用
大陸棚の地質学
中央海嶺
デイリー，レジナルド・アルドワース
ヒーゼン，ブルース
マレー，サー・ジョン
マンガン団塊

地質年代と層序学

■地球史，層序学

イベント層序学
オフラップ・オンラップ・オーバーラップ・オーバーステップ
ガイキー，アーチバルド
海退および海進
岩石の絶対年代
キューネン，フィリップ・ヘンリー
キュビエ，ジョルジュ（男爵）
古環境学
古生態学
古流向の解析
シーケンス層序学
ステノ，ニコラウス
スミス，ウィリアム
生層序学
セジウィック，アダム
相
層序学
層理
第四紀酸素同位体年代学
地質過程の率（速度）
地質年代

地層の累重原理
デ・ラ・ベッキ
天変地異説と斉一説
同位体年代測定
頭足類
バックランド，ウィリアム
氷縞
表層堆積物
不整合
ホール，ジェームス，ジュニア
マーチソン，ロデリック
模式地・模式断面
ライエル，チャールズ
ライケノメトリー
ラップワース，チャールズ
リビー，ウィラード
歴史的地質学（地史学）
レーマン，ヨハン・ゴットロブ
露頭・露出

■地質年代

オルドビス紀
完新世/現世
カンブリア紀
旧赤色砂岩
暁新世
顕生代
原生代
更新世
古生代
古第三紀
三畳紀（トリアス紀）
始新世
ジュラ紀
シルル紀
新生代
新赤色砂岩
新第三紀
石炭紀
先カンブリア時代
鮮新世
漸新世

太古代
第三紀
第四紀
中新世
中生代
デボン紀
同時異相
白亜紀
ペルム紀
冥王代
■古地理学
イアペタス海
カレドニア造山帯
古地理学
ゴンドワナ
第四紀氷床の縮退
テチス海
バリスカン造山運動
パンゲア
ロディニアとパノチア
ローラシア

堆積物と堆積学

後背地
サイクル（周期性・輪廻）
続成作用
堆積学・堆積物・堆積岩
堆積構造
堆積地球化学
堆積物の粒子形態学
堆積盆
軟堆積物変形（未固結変型）
バグノルド，ラルフ・アルガー
■堆積物の種類
沿岸堆積物
河川堆積物
黄土（レス）
黒色頁岩
湖成堆積物
砕屑岩脈
砂漠成堆積物

蒸発岩
砂および砂岩
石灰岩
浅海成堆積物
炭酸塩プラットフォーム・礁・炭酸塩マウンド
チョーク
デルタ堆積物
泥と泥岩
ドロマイト
粘土
フリッシュ
モラッセ
礫および礫岩

古生物学，パレオバイオロジー

ウォルコット，チャールズ・ドゥリトル
ウッドワード，ジョン
貝虫類
化石グループ（主要な）とその起源
化石と化石化
化石と民俗伝承
系統（形態的および分子学的）
原生動物
古生物学とパレオバイオロジー
古生物学におけるヘテロクロニー
コープ，エドワード・ドリンカー
示準化石
種の概念
進化（ダーウィン主義とネオダーウィン主義）
進化における速度と傾向
生痕化石と生痕学
絶滅と大量絶滅
ゾルンホーフェン石版石石灰岩動物相
タフォノミー（化石生成論）
動物地理区
熱帯レフュジア
バージェス頁岩動物相
分類学と分類学的階層
■無脊椎動物
海綿動物と関連の化石
棘皮動物

甲殻類

後生動物

苔虫

昆虫類

サンゴおよび関連の化石

三葉虫類と関連の化石

節足動物

軟体動物

二枚貝類

微古生物学

腹足類

筆石類

無脊椎動物

有孔虫とその他の単細胞の微化石

腕足動物

■脊椎動物

アニング，メアリー

オーウェン，リチャード

オズボーン，ヘンリー・フェアフィールド

恐竜

恐竜ハンター

魚竜類

首長竜類

コノドント

四肢動物

脊索動物

脊椎動物

脊椎動物（初期の）と魚

鳥類

爬虫類

ヒト（ヒト科）

哺乳類

哺乳類型爬虫類

マーシュ，オスニール・チャールズ

翼竜類

リーキー，ルイス・シーモア・バゼット

両生類

■植物化石

花粉学

古植物学

植物化石

ストロマトライト

岩石学：火成岩

花崗岩地形

火山と火山岩

火成岩の分類

火成メルトの組成（ケイ酸塩および炭酸塩）

岩石

岩石学・記載岩石学・岩石成因論

岩石の組織

貫入の型と貫入火成岩

気候変動と古火山活動

実験岩石学

ダイアピルとダイアピル作用

地質温度圧力計

ハーカー，アルフレッド

部分溶融とマグマ生成

ボーエン，ノーマン・レビ

ホール，サー・ジェームス

マグマと火成活動

溶岩

リングコンプレックス

■岩型

エクロジャイト

花崗岩

火砕岩と火山砕屑岩

カーボナタイト

ガラス（天然と工業用）

キンバーライト

玄武岩

深成岩

大陸洪水玄武岩

半深成岩

ペグマタイト

岩石学：変成岩

花崗岩-緑色岩テレーン

広域変成作用

交代作用

高度片麻岩テレーン

ゼダーホルム，ヨハネス・ヤコブ

xvi テーマ別項目一覧

接触変成作用（熱変性作用）
変成コアコンプレックス
変成作用・変成相・変成岩

■岩型
グラニュライトとグラニュライト相
大理石
粘板岩（スレート）
マイロナイト
ミグマタイト

鉱物学

アユイ，ルネ-ジュスト
エスコラ，ペンティ・エーリス
貴石
結晶学的系統性
結晶と結晶成長
光学的鉱物学
鉱物学（中世の）と想像された石
鉱物と鉱物学
鉱物の劈開
鉱物累帯構造
ダナ，ジェームス・ドワイト
ニグリ，ポウル
ミラー，ウィリアム・ハローズ
モーススケール（鉱物硬度の）

■鉱物種と鉱物群
アスベスト（石綿）
琥珀
石英と関連鉱物
造岩ケイ酸塩鉱物
ダイヤモンド
トラバーチン，トゥファ
方解石，アラゴナイト（あられ石），ドロマイ
　ト（苦灰岩）
硫化物
硫酸塩鉱物

水文学と水文地質学

汚染物質の移行
温泉
涵養と水文学的循環

浸透率と間隙率
水文学的循環
帯水層
地下水
地下水中での遅延
地下水流れにおける拡散と分散
地下水の化学
地下水の流量
地下水面
地球における流体
トレーサーと地下水
熱水溶液
被圧井戸
水と水の種類

地形学，氷河学，土壌学

■地形学一般
応用地形学
カタストロフィック地形学
乾燥地
キング，レスター
グローバル地形学
砂漠
砂漠化
山岳地形学
サンゴ礁
サンゴ段丘
ジオマティクス
湿地
深海地形学
人文地形学
生物地形学
多雨期湖
地形学
地形学的作用としての火災
地形学的システム
地形学的平衡
地形学における規模
地形進化
地形テクトニクス
地形の感度

テーマ別項目一覧　xvii

地形モデリング
泥炭地と沼沢地
テクトニック地形学
デービスと地形進化
動物地形学
内座層・外座層
熱帯地形
パウエル，ジョン・ウェズリー
風成過程
ペンク，アルブレヒト/ペンク，ヴァルター
湖

■風化，侵食，堆積
悪地
雨滴スプラッシュ
オーバーランド流
崖
カルスト
カレン
岩石コーティング
岩石氷河
丘陵斜面
クイッククレイ
クリープ（丘陵斜面の）
砂漠砂丘
砂漠歩道
鍾乳石と石筍
シンクホール
侵食
侵食面
森林開拓およびその景観
石灰岩歩道
扇状地および沖積平野
タフォニ
断層崖
地表下の水流と侵食
沖積河川
泥火山・砂火山
トア
土壌侵食
土石流
雪崩

熱帯カルスト
ネプチュニアン岩脈
パイピング
風化
風食
プラヤ
ペディメント
躍動
ヤルダン

■沿岸
沿岸および沿岸のプロセス
沿岸管理
沿岸砂丘
塩水湿地
海洋島
崖と岩石斜面
河口域
潟
岩石海岸
砂嘴
三角州
泥質干潟
洞窟（洞穴）
波食台
ビーチ
ビーチロック
フィヨルド
マングローブ
離水海岸

■氷河と氷河作用
岩海（岩塊原）
サージング氷河
周氷河地形
氷河河川
氷河湖決壊洪水
氷河質量収支と気候
氷河堆積物
氷河地形
氷河テクトニクス
氷河と氷河学
氷床と地形形成

xviii   テーマ別項目一覧

■ 河川と河川系

アロヨ

河川

河道形成

ガリーとガリー侵食

乾燥帯水文学

基準面

曲流および蛇行河川

古水文学

水文学

谷

網状河川

湧泉

流域

■ 土壌学

永久凍土

古土壌・デュリクラスト・カルクリート・シリ
　クリート・石膏クリート

土壌

土壌形成

土壌地形学

土壌と地形

土壌の圧密と固化

土壌ファブリックと構造

パン

ボーキサイト

上 巻

地球物理編

地球物理学

地球科学一般

地球化学

地質学一般

プレートテクトニクス

惑星科学

気象学

気候と気候変動

海洋学

アイソスタシー（地殻均衡）
isostasy

アイソスタシー（「均等な地位」を意味するギリシャ語から派生した語）は，地球の静水圧平衡を記述する基本的な原理である．アイソスタシーの最も単純な場合は，地球の堅固な部分（通常は地殻を想定する）が，下にある流動性の高い媒質（通常はマントルを想定する）に浮力で支えられて，鉛直方向に自由に移動する状況である．堅固な部分は重さが浮力と完全に釣り合う位置まで移動し，その最終状態が「アイソスタシー平衡」と呼ばれる．

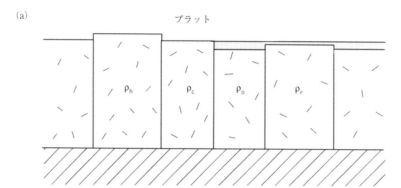

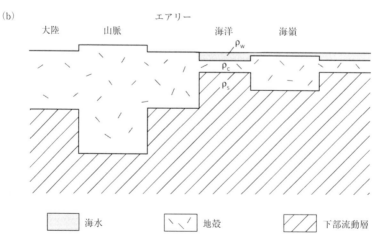

図1 アイソスタシー平衡の様式．(a) プラットアイソスタシーは，基底の深さを一定に保つ条件下で厚みと密度を変えて達成する．(b) エアリーアイソスタシーは，一定の密度をもつ地殻が厚さと基底の深さを変えて達成する．(Bott, M. H. P. (1982) *The interior of the earth, its structure, constitution and evolution*; Fig. 2.14. Edward Arnold, London の一部を修正）

アイソスタシーの概念は，アンデス山脈周辺で調査をしていたフランスの測量士達によって18世紀に見出された．測量士たちは，重力の測定値が山の質量から予想される引力より小さいことに気づき，山脈の余分な質量と釣り合うように，引力も減らすような低密度の「根」が存在すると推測した．この仮説は，英国の測地学者プラットとエアリーによって19世紀にさらに発達した．理論の2つの形は，この2人の名前で区別される．

どちらの理論でも，地殻の異なる部分は厚さが異なると仮定する．プラットの仮説（図1a）では，浮遊する地殻の基底は同じ深さにあるが，その密度が厚さに反比例して変わるので，総重量と基底の圧力はどこでも同じになると考える．今日では，基底の深さが同じであるとする仮定には根拠がなく，多くの観測事実に反すると考えられている．しかし，年代による海洋リソスフェアの深さ，厚さ，密度の変化など，プラットのメカニズムで近似される状況も現実に存在する．

エアリーのメカニズムでは，地殻は一定の密度をもつが，その厚さは変化する（図1b）．地殻の各部分は，ある深さ（一番深い地殻の底かそれ以深）で総重量と圧力が再び釣り合うように上下する．地殻が厚くなると，基底はマントルに深く沈み，表面は高く浮き上がる．その例として，山脈は深い根をもつ．エアリーのメカニズムは，プラットのものより一般に適用性が高く，大陸地殻の違いを考察するのに適したモデルである．しかし，エアリーとプラットのメカニズムは，どちらも単純な仮定のもとに成り立つ特別な場合であり，アイソスタシーの一般的な概念から要求されるものではないことに留意すべきである．一般には，地殻の厚さと密度は両方とも変化しており，その基底が決まった深さにあると仮定する根拠は通常存在しない．

アイソスタシーの概念は，リソスフェア（岩石圏）やアセノスフェア（岩流圏）に関する近代的な概念よりずっと前に生まれた．地震学の分野で，軽い地殻を高密度のマントルから識別するモホロビチッチ不連続面が発見されたときに，地質学者は，当然のことのように，マントルを流体層とみなし，その上にある硬い地殻がアイソスタシーで上下すると考えた．しかし，リソスフェアのレオロジーはもっと複雑であることが明らかになっている．「流体層」に対応するのはアセノスフェアであり，その上をリソスフェア（地殻とマントル最上部で構成）が浮遊するとみなす方が，多くの場合妥当である．

実際には，アイソスタシーは，リソスフェア規模の現象に限らず，硬い層が流動的な層の上にある場所なら，どんな規模でも適応できる．たとえば，地殻中〜下部の多くの場所に弱い可塑的な層があり，地殻上部の堅固な断層塊が平衡を保とうとして動くことがある．一方で，自由に移動する部分が，地殻やリソスフェア規模の単純な断層で分離されると考えるのは，しばしば非現実的である．もっと現実的なのは，強固だが弾力のあるリソスフェアを考えることである．リソスフェアは，力を加えると曲がるので，その平衡は局所的な静水圧平衡だけでは決まらず，荷重は一部がプレートの強度によって支えられ，一部がそのたわみによって緩和される．

アイソスタシーのどの仮説でも，圧力が同じになる深さは「補正深度」とよばれる．エアリーやプラットのモデルのような「各地点で成立する」アイソスタシーを仮定すると，地殻などの層の厚みと密度がわかれば，地表の高度はアイソスタシー平衡から簡単な代数計算で見積られる．もし，表面地形，地殻の厚さ，密度のうちの2つが与えられれば，残りの1つはアイソスタシーの条件から計算できる．3つのすべてがわかっている場合には，観測される地形がどの程度アイソスタシー平衡を満たしているかを見積ることができる．リソスフェアのたわみを考える広域的なアイソスタシーについても，同じことができるが，計算はもっと複雑になる．

平衡から予測されるより厚くて密度が低い地域は，「過剰に補正された」地域とよばれ，逆に薄すぎて密度が高すぎる地域は，「補正の不足する」地域と呼ばれる．どちらの場合も，アイソスタシー平衡が成り立たないことが示唆するのは，リソスフェアの有限な強度や動力学的な力（テクトニクスが活動的な地域などで働く）で地形の高低が支えられていることである．

局地的な地質過程の多くは，アイソスタシー平衡を乱す傾向をもつ．たとえば，侵食は地殻を薄くし，その重みを減らすので，侵食された山は平衡を維持しようと隆起する傾向にある．反対に，堆積物は荷重を増やすので，堆積盆は沈下する傾向にある．地溝盆地を造るような地殻の伸張は地殻を薄くし，造

山運動の原因となる圧縮は地殻を厚くする．氷河の消長による荷重の増加や減少もアイソスタシー平衡に影響する．これらすべての場合に，リソスフェアはアイソスタシー平衡を維持し取り戻すために上下し，それに対応して可塑性をもつアセノスフェアが流動する．

このように，アイソスタシーは地球の表面地形を支配する非常に重要な要素である．古い地形（たとえば，断層の落差，堆積盆や大陸縁の深さ）を復元する際には，荷重の変化やアイソスタシーの効果を補正することが不可欠である．

[Roger Searle/井田喜明訳]

■文 献

Kearey, P. and Vine, F. J. (1996) *Global tectonics*. Blackwell Science, Oxford.

アガシー，ルイ
Agassiz, Louis (1807-73)

ルイ・アガシー（洗礼名ジョン・ルイ・ルドルフ）は氷河期に関する近代的な概念を最初に提唱した研究者である．彼はスイスのカルヴァン派牧師の家庭に生まれ，さまざまな大学で講義を受けて，エルランゲン大学で哲学博士の，またミュンヘン大学で医学博士の学位を得た．

彼の初期の科学的な興味は動物学と古生物学に向けられ，パリの有名なフランス人比較解剖学者ジョルジュ・キュビエ男爵と親交をもった．高い知性を有し，勤勉で多数の業績をもつことが認められて，彼は1832年にヌーシャテル大学で自然史の教授に任命された．その間にアガシーは化石と生きた魚を研究した．南米の魚に関する先駆的な研究を完成させたのは，まだ22歳のときである．その後10年以上にわたって化石魚類の記述を続け，その成果は「魚類化石の研究（Recherches sur les Poissons Fossiles）」（1833-44）にまとめられた．この著書には，単に化石の記述にとどまらず，生きている魚の生き生きとした描写が見られる．この出版は好評を博して広く受け入れられ，古生物に関する人々の研究意欲を著しく高めた．

その後アガシーの興味は新しい対象に移った．それはスイスやドイツに見られる地表堆積物と風景の特徴で，アルプスの氷河が以前はずっと広大な広がりをもっていた可能性を示すものだった．その研究は1840年に「氷河の研究（Études sur les glaciers）」にまとめられた．この著書では，スイスが最近まで広大な氷床に覆われており，そこから融水が砂，砂利，巨大な岩塊を広範囲に遠くまで運んだことが示された．この理論によって，アガシーはヨーロッパや米国の地質学者から注目を集めるようになった．

アガシーは1846年に研究のために米国を訪れ，その2年後にハーバード大学の動物学教授となった．それからアガシーの並はずれた活動がはじまった．彼は動物学に関する多数の論文を発表し，ブラジルやカリフォルニアで試料を採集し，ハーバード大学に包括的な動物学博物館を設立した．約25年間の滞在をとおして，彼はそこで学生を鼓舞する教師として類のない評判を得た．彼は今日でいうフィールド研究者であり，野外での経験や研究を重要視した．

アガシーが彼の時代に最も有能で，賢く，博学な生物学者であったことは疑いの余地がない．彼はチャールズ・ダーウィンと同時代に活動したが，ダーウィンの学説にほとんど影響を受けていないように見える．実際，彼はダーウィンの進化論を部分的に間違って理解していた．それにもかかわらず，彼は生物学の理解に大きな貢献をした．アガシー比較動物学博物館は彼のとび抜けた才能を示す記念碑となっている．

[D. L. Dineley/井田喜明訳]

アセノスフェア（軟弱圏）
asthenosphere

ギリシャ語の「軟弱な領域」に由来するアセノスフェアは，リソスフェアのすぐ下にあって相対的に軟弱で延性的な層である．通常の歪み速度では固体であるが，リソスフェアを除くマントルの部分のように固体クリープによってゆっくりと変形することができる．アセノスフェアの実効的粘性率は 10^{19}〜

10^{21} Pa s(パスカル・秒)の間にある．ちなみにマントル全体の粘性率は約 10^{21} Pa s，水の粘性率は 10^{-3} Pa s である．最低の粘性率は火山活動が活発な地域で見出され，最高の粘性率は大陸の安定地塊である大陸楯状地の下で見出される．

アセノスフェアの最上部はその上に横たわるリソスフェアへ遷移的に移行する境界であり，その深さはリソスフェアの年齢や温度によって変化する（「リソスフェア」参照）．アセノスフェアの底もまた遷移的に変化しており，はっきりと決められない．この基底部は 300～400 km の深さにあるという人もいるが，他方では上部マントルの底である 670 km の深さまで伸びているという人もいる．

アセノスフェアが特定の場所で存在している証拠は，フェノスカンジナビアでの氷河期後期の隆起のように長期的で地域的な標高の変化に求めることができる．年間 10 mm 程度の歴史的な隆起は氷冠による荷重が取り除かれリソスフェアが地殻均衡的に反発をした結果起きたものである．これは氷冠が最初フェノスカンジナビアを覆い，その荷重がリソスフェアを押し下げ，その下のアセノスフェアが徐々に横方向に流れていたものが，氷冠が融けて荷重が除去されるといままで弾性的に屈曲していたリソスフェアがもとの位置まではね返り，その下にあるアセノスフェアが以前の位置まで逆戻りの流れを起こしたことによる．回復の速度はアセノスフェアの粘性率によって決まる．この運動の数値的モデル化から粘性率が推定される．

上記のような地域的な研究も重要であるが，アセノスフェアが全地球的（グローバル）に存在していることが地震学によって示された．1 つには地球の表面下 100～300 km の間に P 波と特に S 波の低速度層がほぼ全域に存在していると推定されたことによる．もう 1 つは地震波エネルギーの減衰の研究か

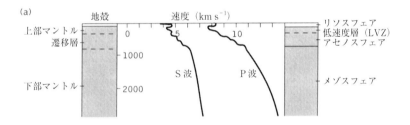

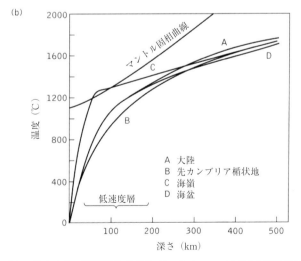

図 1 (a) P 波と S 波の低速度層 (LVZ) はアセノスフェアが全地球的に存在する直接的な証拠を与える．(Kearey and Vine (1996), Fig. 2.16. より引用)．(b) 低速度層の深さで地温分布 (A～D) がマントルの固相曲線に接近している様子を示す．(Kearey and Vine (1996), Fig. 2.36. より引用)

ら推定された．低速度層（図1a）はおそらく大陸
楯状地を除く地球のほぼ全域に存在し，深さ100〜
300 km の間で地震波速度が0.5〜1 km s^{-1} 減少し
ている．このような速度の減少は，この深さのマン
トルが融点にごく近いことによって最もよく説明さ
れる（図1b）．中央海嶺，ホットスポットや沈み込
むスラブ上側のマントルなど火山活動の高い地域を
除けば，アセノスフェアが溶けている度合いはたぶ
ん非常に低い．リソスフェアとアセノスフェアを除
くマントルと違って，アセノスフェア内では地震波
のエネルギーが最も強く減衰する．これもアセノス
フェアが融点に近い状態であることを証明してい
る．

　アセノスフェアが全世界的に存在していること
は，プレートテクトニクスの重要な部分である（「プ
レートテクトニクス」参照）．このことによってプ
レートが下部のマントル内の対流から切り離されて
微細な運動をすることができる．プレートが相対的
に自由にあちこち動き，プレートの先端の部分での
み相互作用をすることを可能にする．このような見
方は大陸移動説に関するプレート論以前のテクトニ
クスの考えと大きく異なる点である．剛体の上部マ
ントルのなかを大陸が移動することが明らかに困難
であるという理由から大陸移動説は賛成が得られな
かった．　　　　　　　　[Roger Searle/浜口博之訳]

■文　献
Kearey, P. and Vine, F. J. (1996) *Global tectonics.* Blackwell
　　Scientific Publications, Oxford.

アトランティス大陸
Atlantis

　失われたアトランティス大陸（島）の伝説は，ヨー
ロッパの多くの神話に出てくる．その伝説は，紀元
前4世紀のギリシャの哲学者，プラトンによって記
されている．プラトンは，アトランティスの地理と
住民や，最後は海に沈む運命をかなり詳細に記述し
た．彼が記述したアトランティスは，ヘラクレスの
柱（ジブラルタル海峡）の向こう側，つまり西側に
存在した．そこは，アテネ人（プラトンはアテネ人

だった）を除いたすべての民族を侵略し，地中海を
制圧したアーリア人の居住地だった．アトランティ
スは突然海の底に沈み，その痕跡はほとんど，ある
いはまったく残されていないといわれた．アトラン
ティスは，ケルト民俗学では空想上の楽園とみなさ
れ，中世期にはエデンの園が存在した場所であると
語られた．14〜15世紀に世界地図を作り上げた人々
やルネッサンス時代の作家は，アトランティスは大
きな島で，おそらくアメリカかスカンジナビアかカ
ナリア島の一部であろうと考えた．すべての記述は，
アトランティスが突然の大惨事で終焉したと記して
いる．

　アトランティスで栄えた文明や，初期の地中海東
部の人々に残された遺産に，プラトンは，多数の地
中海作家のなかでただ1人こだわった．文明国とし
てかつて存在し，突然海底に沈没したアトランティ
スについて，似たような話が広い範囲で語られるの
には，何か歴史的な根拠があるのだろう．

　20世紀初期にクレタ島クノッソスでミノア文明
が発見されたことは，ギリシャ初期の優れた文明人
の居住地が突然消滅したことを明らかにした．ミノ
ア文明は青銅器時代の文化で，そこでは経済は発展
し繁栄したが，文明を守る設備はなかった．文明が
消滅した原因は，外部からの制圧ではなかっただろ
う．巨大建物が崩れたことからみて，考えられる原
因はおそらく地震だったろう．一度滅びると，そこ
には文明は再生しなかった．

　クレタ島の約110 km 北に，テラとサントリンと
いう近接した2島がある．そこは巨大な火山の跡で
ある．この火山は地中海のほぼ全域によくみられる
タイプで，プリニー式噴火と呼ばれる非常に爆発的
な巨大噴火をする．プリニー式噴火では，ガスと塵
の上昇流が非常に高く立ち上り，渦を巻きながら横
に広がる．この種の噴火は激しい雨嵐を伴い，泥流
や洪水を引き起こす．熱くて毒性のある塵は，広範
囲に積もって生命を窒息させる．1967年の発掘調
査で，テラ島は後期ミノア文明の居住地で，青銅器
時代に属し，クレタ島と文化的なつながりのあるこ
とが明らかになった．建物は地震で深刻なダメージ
を受けていた．廃墟は，火山灰の厚い層に埋まって
いた．居住は紀元前約3000〜2500年前に始まった．
滅亡は紀元前1500年あたりに起こった．詳しい年
代は論争中だが，近代の研究者に好まれる滅亡の年

代は紀元前 1628 年である.

　サントリン島周辺の調査で，約 2 万年前にもっと大きな噴火が起こったことが明らかになった．この噴火で新しい円錐状の火山ができ，小規模なプリニー式噴火をした後で，紀元前約 3000 年までに，青々と茂った森林や人間の居住地ができた．その後，地震や噴火が起き，島の大部分が吹き飛ばされ，中央の大カルデラが崩壊した．巨大な高波（津波）が広がって，100～200 km 先の海岸にまで達し，入り江や近海の居住地を押し流した．火山灰の噴煙はおそらく 20 万 km² を覆い，空を暗黒にし，火山塵を厚く堆積させた．これらの出来事は，紀元前 1550 ～1450 年あたりに起きたとされている.

　地震や津波を伴う噴火でこうして火山の中心が破壊され，その結果，テラとサントリン島（専門家によってはクレタ島も含める）でミノア文明が滅亡した．この地域では，その後小さな噴火が起こり，地震も頻発したが，文明の滅亡後は，顕著な破壊は起こらなかった．火山が破壊された効果は，中心から遠ざかると小さくなったが，それでもギリシャ人やエジプト人などの記憶に刻み込まれた．テラ島が文字通りプラトンのいうアトランティスだとは考えにくいが，彼はギリシャ人の記憶を用いて，失われた大陸の概念を築いた．そのような文明の滅亡は，ギリシャ文明にも通じるところであった.

[D. L. Dineley／井田喜明訳]

■文　献

Forsythe, P. F. (1980) *Atlantis, The making of myth*. McGill-Queen's University Press, Montreal；Croom Helm, London.
Luce, J. V. (1970) *The end of Atlantis*. Paladin, London.

異地性のテレーン
exotic terrane

　異地性のテレーンとは，大陸縁辺部や他のテレーンに付加する以前にもともとの位置からかなりの距離を運ばれてきたテレーンのことである（terrane というつづりは地理学上の用語である terrain との混同を避けるために用いられる）．テレーンは，堆積，変成，火成作用による一連の層序をその内部に保持

し，周りのテレーンや大陸縁辺部とは異なった地史を示す三次元的な地塊である，と定義される．それゆえ，すべてのテレーンは相互に「異地性」であるということができる．しかしながら，通常異地性のテレーンという用語は，周囲の岩石に比べて大きな水平移動を経験したと認められるテレーンに限定して用いられる．定義では，すべてのテレーンは断層によって境される．しかし，実際には，テレーンの端はしばしば層序あるいは構造上の不整合としてのみ識別され，テレーン境界の断層は推定されるのみである場合がある．その結果，断層ではなく急激な層相の変化で境された地塊をテレーンと見誤ることがある.

　初めて地質学上の記録のなかから異地性のテレーンが認識されたのは，北米西部のコルディレラにおける中生代から新生代の地殻変動イベントの複雑な過程を解明する試みにおいてであった（図1）．コルディレラは，50 以上のテレーンの集合体からなる広大な領域で，それぞれのテレーンは周囲のテレーンとは異なった地史をもつ．これらは，北米に対する古地理環境が顕生累代の大部分において不明であることからサスペクト・テレーンと呼ばれている．これらのテレーンの岩石に含まれる化石の詳細な調査に加え古地磁気解析による古緯度の情報から，いくつかのテレーンは北米大陸に対して長距離を移動してきた，すなわち異地性のテレーンである，ということが確認された.

　とくに北米コルディレラの 2 つの例，ランゲリア・テレーンとキャッシュクリーク・テレーンが，このようなテレーンの水平方向の移動を例示するのに良い（図1）．ランゲリア・テレーンは，その内部に一貫した地史を保存したまま断片化し，現在のコルディレラ内に約 2000 km の範囲にわたって見られ，アラスカからオレゴンにまで広がっている．このテレーンはかつては太平洋にあり，その後ジュラ紀から白亜紀の海洋プレートの北米下への沈み込みに伴い北米縁辺部に衝突した海台あるいは海山に起源をもつと考えられている．このテレーンに沿って分布する三畳紀後期の玄武岩層から得られる古地磁気データによると，これらの岩石は緯度約 11°で生成されたことが示される．もしこれらの岩石が北米大陸に対する現在の位置で生成されたと仮定し，三畳紀以降の北米のプレート運動を考慮すると，北

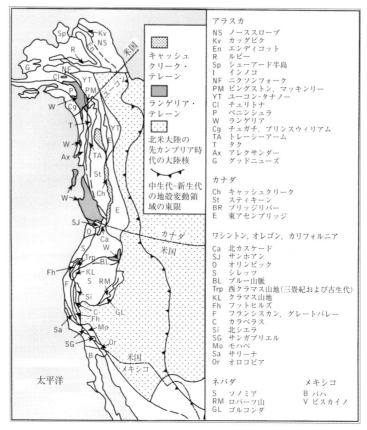

図1 北米コルディレラの略地質構造図. 中生代において北米縁辺部に付加した種々のテレーンが描かれている. これらのすべてが元の場所から縁辺部に長距離を移動させられてきたものではない. 本文中に述べた長距離移動テレーン, すなわちランゲリア・テレーンとキャッシュクリーク・テレーンの現在の位置は, それぞれ灰色の影および粗い点描で示す. (Coney et al. (1980) から再描画)

緯34°で噴出したこととなる. これらの解析の必然的な結果として, ランゲリア・テレーンは三畳紀後期以降に北米に対し北に向かって緯度で約23°(約2500 km) 移動しなければならないことになる. もしこれらの岩石が南緯11°で生成されていた場合は(古地磁気データは現在から過去の当該時代までの連続した古緯度が分からない場合は北半球と南半球を区別することができない) テレーンが北米に対して4500 km 以上移動した, と考えることもできる. ランゲリア・テレーンが北米縁辺部に衝突した時期を考えると, この移動は, 三畳紀後期から白亜紀後期の間に生じていなければならない. 一方, キャッシュクリーク・テレーンも, 赤道地方の化石を含んだ巨大な石灰岩塊を含有する古生代から三畳紀後期までの時代の岩層を含んでおり, また沈み込み帯における変形作用の証拠をもっている. このテレーンは, 現在ユーコンからワシントン州までコルディレラの約1000 km に沿って分布する. 結論としては, キャッシュクリーク・テレーンもまた, 縁辺部に沿って分断・付加される以前に北米に対し長距離を移動して来なければならないということである.

これら北米西縁辺部に分布する異地性のテレーンが大きく水平移動しその後付加したことは, 北米プレートとすでに完全に沈み込んでしまったものを含む太平洋プレートとの斜め沈み込みに関係している. 大陸の下への海洋プレートの沈み込みにより, 海山, 海洋島, 海台などの海洋底の構造が沈み込み帯に運ばれることはよくあることで, またこれらは大陸縁辺部に衝突する. このため, すべての造山帯に異地性のテレーンが存在することは, ほぼ確実である. [Conall Mac Niocaill/山本圭吾訳]

■文献

Coney, P. J., Jones, D. L., and Monger, J. W. H. (1980) Cordilleran suspect terranes. *Nature*, **288**, 329-33.

Howell, D. G. (1989) *Tectonics of suspect terranes : mountain building and continental growth*. Chapman and Hall, London.

医療地質学
medical geology

われわれの住む地表環境と健康の関係には論争があるが，絶えず避けがたいつながりが存在することは疑いがない．人類が誕生して以来，われわれは食料や水や住処を手に入れてきたが，20世紀になって，病気と健康はわれわれの環境に由来することがわかってきた．

人類の生存に必要な元素は，地球の表面に均一に分布しているわけではなく，生物がどこでも手に入れられるわけでもない．たとえば，ヨウ素（I）は，高地にある石灰岩地形の土壌と岩石に低濃度で含まれる．これは，地球に見られる自然の営みである．医学的な洞察と地質統計に基づく疫学の調査によると，ヨウ素は不可欠な栄養素である．古代中国の巻物に描写された太首や，山岳地方で発見されたクレチン病は，風土性の甲状腺腫の徴候と今日では認識されている．この慢性病は，ヨウ素を豊富に含む食卓用の塩や油を使用することで，今日では治癒が可能であるが，あいにく撲滅にはいたっていない．

フッ素（F）も鉱物を構成する元素である．フッ素は，とくに子供の虫歯の進行を最小限に抑えるために，今日では飲料水に加えられている．フッ素には，健康的な口腔を維持し，咀嚼を助けて痛みを最小限に抑える効果がある．加えて，生涯にわたって少量（100万分の1）のフッ素を摂取しつづけると，骨粗鬆症が食い止められ，老人になっても骨格に必要な鉱物元素が保持される．オクラホマやインドには飲み水に高濃度（100 ppm）の天然フッ素が含まれるが，それと骨格にある過剰なカルシウムリン酸塩鉱物の沈殿物の間には関連性が認識された．その認識は，地質学，地球化学，医学，生物化学の間に，本質的で継続的な基本的相互作用が存在することを鮮明に示した．フッ素の効果は十分に研究され，そ

の応用として，病気を完全には防げないまでも，減らすことができた．

しかしながら，生活を快適にし，生活水準を高めるために鉱物資源を抽出してきたことも，潜在的にわれわれの健康を害する可能性のあることが，過去半世紀の間によくわかってきた．われわれが警戒する健康への影響のほとんどは，微粒子化したアスベストやラドンガスなど，病気の直接的な原因となる物質を多量に服用する職業環境で最大になる．これらの物質が人間の体内でどう働くかのメカニズムについて，われわれはまだ十分に理解していない．このような物質は，環境のなかでの分布を含めて，地質学者が鉱物学や結晶化学をもとに研究するが，それを医療に携わる開業医や医学研究者と協力して行うことで，子孫の利益に適う成果が期待される．

ラドンは無色，無臭のガスであり，超ウラン元素を豊富に含む天然の岩石から放出される．このような岩石を採掘するヨーロッパの炭坑夫たちは，肺癌などの職業病に苦しめられ，その原因は放射能にあるとされたが，この病気は喫煙によっても起こりうる．米国北東部のニューイングランド地下にある花崗岩は，ラドンを放出する鉱物を含んでいることで知られる．ラドンの環境への露出（この地域の平均は4ピコキュリー以下）を測定した最近の疫学的な研究では，ラドンの濃度が高い場所に，肺癌の発生率の明確な上昇は見られなかった．

同じ難問はアスベストにも当てはまる．25〜50年前に多量の微粒子（石綿粉）を吸ったアスベスト坑夫は，現在中皮種を患っている可能性があるが，肺が線維化する塵肺症のなかで，疑いもなく環境からの影響を受けている症例は見つかっていない．家庭，商業ビル，学校など，いろいろな環境を調べてみても，測定された空気中の繊維量（1 cm^3 中に約 0.001 個）は少なすぎて，長年にわたって蓄積したとしても，明確な効果が予測できない．多量の微粒子を吸引する労働者にとって，肺癌などのさまざまな病気に侵される潜在的な可能性は明らかに高まる．しかし，天然の物質がどれだけ病気の原因になるかを，生活様式や習慣などの選択との関連で評価するのは困難である．

危険が病気につながるかどうかをはっきりさせ，危険にさらされた度合いを見積るために，職業や環境の健康への影響について研究がなされているが，

そのデータは得るのが難しい．癌は長い潜伏期間（通例 20 年以上の経過期間）があり，その間に発病する人もしない人もいるが，今日人々は頻繁に移動するので，危険にさらされた人物をうまく追跡できない．たとえわずかな量の潜在的危険物質を測定する技術が存在するとしても，利用できる測定は少なすぎ，測定期間が空きすぎており，われわれが検討したい場所や状況に必ずしも適合しない．

世界人口や老齢化人口の増加を熟視すると，環境の中で天然物質に長期間さらされることを検討するためには，地質学と医学の連携と協調的な研究が明らかに本質的である．これらの学問領域が互いに絡み合えば，健康状態の向上や病気との闘いを継続し，生活状態を改善することが可能になる．

[H. Catherine W. Skinner/井田喜明訳]

隕石と彗星の地球への衝突
meteorite and comet impacts on Earth

隕石が地球へ衝突したら，いったいどのような影響が生じるか，ということを考えるのは比較的最近の研究であるが，その初期の段階では表立って研究が行われたわけではなかった．20 世紀という時代において，そのはじめの四半世紀の時点では，確実に衝突クレーターと呼べるものの数は片手で数えるほどにすぎず，1950 年においても両手で数えることができる程度の数しかなかった．しかし 1960〜70 年の 10 年間で，衝突によると確実に呼べるものの数が劇的に増え，1990 年代初期までに，その数は 150 にも上った．クレーターの大きさは直径数十 m から 200 km のものまであり，その年代は最近のものから先カンブリア時代のものまで幅広い．衝突によると確実に呼べるものの数が突然増加したのには，2 つの理由がある．1 つ目は，実験により衝突クレーターは考えられていたよりも複雑な現象であることが理解されたこと，2 つ目は，天然の衝突による応力はとても大きく，蒸発現象や溶融現象，応力により誘発される鉱物変化（たとえば，石英から高圧多形体のコーサイトへの転移）などを引き起こすことが知られたことである．

第二次世界大戦直後の時期には，いくつかの国々がメガトン級の核兵器がもたらす影響を把握するために核実験を行った．太平洋ビキニ環礁での実験はその一例である．このような実験のなかには，自然に生じた衝突現象の特徴を研究するうえで興味深いものもあり，とくにカナダのアルバータ州のサフィールドで行われた実験が重要とされる．サフィールドでの実験は G. H. S. ジョーンズによる報告が残されているが，とくに実験が行われた堆積層の物理的性質に関連した重要性が指摘されている．実験は，干上がった氷河湖の底で行われた．その場所の堆積物は圧密されておらず，固化していない砂や粘土，シルトから形成され，強く変性された基盤岩や火成岩の 1/1000 程度の強度しかもっていなかった．また，地下水面が地下約 8 m にあった．

1960〜70 年にサフィールドで行われた爆発実験では，おもに 20〜500 t の TNT 火薬が用いられた．とくに大規模な実験を行うときは，実験を行う場所は念入りに調査され，砂で満たされて番号を振られた缶が，砂のなかの決まった深さに配置された．そして爆発実験ののちに，再び念入りな調査が行われた．とくにトレンチと呼ばれる溝をつくって区画化して観察したため，詳しい地下構造や地面の動きを正確に把握することができた．

20 t の TNT 火薬を爆発させることによってつくられたクレーターは，直径が 23 m，深さ 4.5 m であった．100 t の爆発の場合には，直径が 36 m，深さ約 8.5 m とクレーターは大きくなった．このような爆発実験で形成されたクレーターは，2 つの段階を経て形成されたことが明らかになった（図 1 a と b）．はじめにトランジェントクレーターと呼ばれる凹みが形成され，次にその壁面がすみやかに崩れることでクレーター底部を埋め尽くし，より広く浅いシンプルクレーターへと成長する．

1937 年に M. K. フーバートが示したように，モデルを用いて実験する場合は，そのモデル実験で用いられる材料の強度が，調べたい実際の現象に対して適切に調整されて（弱められて）いなければ意味のある結果は得られない．20〜100 t までの間の火薬でつくられた爆発は，周縁部に横臥褶曲をもつ天然のクレーターの構造を非常によく再現することができた．横臥褶曲は，たとえばアリゾナのバリンジャー（メテオール）クレーターなど，直径が

約3.5 km以下のシンプルクレーターの周縁部に特徴的に見られる構造である. 高エネルギーでの爆発実験が行われるまでは, シンプルクレーターは自然に形成されるクレーターに見られる唯一の形態であると考えられていた. しかしながら, 500 tのTNT火薬を用いた一連の実験によって, この見解は完全に覆されることとなった.

1回目の500 tの爆発実験はスノーボールという名のコードネームで呼ばれ, 爆弾は半球状に配置された. 実験でつくられたクレーターの大きさは, 直径88 mであった. クレーターの中央には盛り上がった部分が形成され, クレーターの外部にはさまざまな亀裂や褶曲が形成された (図2a). クレーターの外側では, 浅い横臥褶曲 (F1) の発達によって外壁がつくられた. この褶曲の外側には, 褶曲のために不明瞭な場合もあるが, 円状の正断層が周辺地溝を形づくっている (図2b中のPG). 爆心地 (GZ) に向かう調査用の道においても, 小さな褶曲が見られた. クレーターの外壁より外側では縦方向の放射状に広がる亀裂 (R) も発達していた. 地溝断層と放射状の亀裂は水を含んだ砂, 泥, シルトが上部に移動する経路となっていて, それらは泥でできた平坦地や堆積性の火山を形成した. 最後に, トレンチ溝を掘ったことで明らかになった構造は, 爆心地に向かって約25°の傾きをもつ剪断面であった(Thr). これらの形態は最初は衝上断層として形成されたが, 堆積物がクレーター内部に落下することにより, 一部が低角の正断層へと変化することで形成された.

プレイリーフラットと呼ばれたその後の実験では, 爆弾は球状に配置されたので, 対象となった水平な岩盤には, ほとんど触れていなかった. クレーターの外側の特徴に限ってみれば, 同じように500 tの火薬を用いたスノーボールで形成されたものと類似した形態をプレイリーフラットはつくり出した. しかし, クレーター内部では, その形はまったく異なったものとなり, 中央の隆起の代わりに同心円状の隆起が見られた (図2bのRU).

図2に見られる特徴の多くは, 月でも観測されていたが, その重要性についてはこの実験がなされるまで認識されていなかった. しかし, スノーボールとプレイリーフラットで見られた形態から, これらは地上ではじめて人工的につくられた「月のクレー

ター」であることは明白であった. 地球上における衝突現象を先駆的に研究していた人々は, 図2に見られる構造の多くが, 地球にある自然にできた衝突のような痕跡が, 本当に衝突によるものであるかどうかを, 形態的特徴から確実に判断できる指標となることに気づいた.

中央に隆起をもつ衝突クレーターの例として, カナダのラブラドール州にある直径28 kmのミスタスティン湖があげられる. また, カナダのケベック州のマニクワーガンは, 周縁溝のある直径100 kmの構造をもつ (図3a). 中心部には同心円状のリッジ (山脈状の構造) が見られ, 衝突によって溶融した岩石の層が100 mの厚さをもって存在する. 図3bに見られるものは, アフリカのモーリタニアにある, まだ名前のない直径50 kmの円形の隆起構造である.

月は地球で見られるよりも, はるかに高い衝突痕の密度を示す. これは1つには, 月が大気をもたないためであるといえる. そのため月は地球と違って強い風化作用や侵食作用, 堆積作用を経験することがなかった. 月の古い小さなクレーターは, その後の衝突によってもたらされた放出物や, 溶岩流によって覆われてきた. そうでなければ, どんなに古いクレーターであっても, 衝突のときから変わることなくその姿を留めるのである.

地球では, 大陸の侵食がおそらく数億年間以上続いた結果, かなり大きな衝突痕ですら完全に消し去ってしまったようだ. 堆積作用も中程度の大きさの衝突痕を完全に見えなくしてしまう. これを書いている時点で, このような埋もれてしまった衝突痕が5つ報告されているが, そのうち確実なものはたった1つである. しかし, J.W.ノーマンの指摘によると, このような衝突痕の存在を示すために残る特徴は, 先カンブリア時代の基底を覆う比較的若く平らな堆積層上の弓状の地溝跡である.

ある地表の特徴が衝突現象の結果によるものかどうかを判断するには, 大変な労力を必要とする場合が多い. 衝突痕が深海に存在する場合などは, これをみつけることはさらに困難をきわめる. また, 海洋リソスフェアが沈み込んでいるという事実は, これをさらに難しいものとしている. 1億5000万年前より古い海洋底は, 現在ではほとんど存在していない. 大陸地殻のみが先カンブリア時代の衝突の記

録を保持している．

　地球の大気はさらに，衝突を防ぐという効果がある．外気圏（上層大気の外側部分）まで含めると，大気は 400 km もの厚さをもっている．隕石や彗星のほとんどは，地球に鋭角に突入してくるので，見かけ上の大気の厚さは 1000 km にも上る．上層大気に突入する小天体は，徐々に密度が増えていく大気とぶつかることになり，そのときの摩擦で高温に熱せられる．このときの天体の温度上昇は急激で，小さな粒子は蒸発して流れ星となり，標高約 45 km 地点で消滅してしまう．つまり地球に衝突するためには，天体はある大きさ以上でなければならず，その大きさは天体の組成によって決まる．氷や石，鉄のみで構成される球が地球に衝突するためには，それぞれ直径が 150 m，60 m，20 m 以上でなければならない．もしこのような天体が月面に衝突したならば，その速度に応じて直径 0.25～2.5 km のクレーターを形成するであろう．こうした理由から，この程度の直径のクレーターは月と比べ地球では少ない．

　こうした地球に突入してくる天体は，たとえ地表面にまったく到達しないとしても，相当な破壊現象を引き起こす可能性をもっている．たとえば 1908 年 6 月後半に，氷でできたと考えられる物体が，北部シベリアのツングースカ辺境で爆発したが，これは TNT 火薬 100 万 t が上空 7 km の高さで爆発したときのエネルギーと等しかったと見積られている．この衝撃によって，2000 m^2 に及ぶ範囲の木々がなぎ倒された．この場に住んでいた人はいなかったが，居合わせた 2 人の兄弟によると，テントが飛ばされて衝撃波を感じたのだという．もしこの現象が大都市で起こっていたら，ひどい惨状をもたらし，結果的に，この最も凄まじい自然災害に地球科学者の注目を集める結果になったであろう．

　陸上，海底を問わず，大きな衝突痕を特定するうえで問題となる大きな点がほかにもある．月は冷え切った惑星であるにもかかわらず，巨大衝突のエネルギーはクレーターをほとんど満たすほどの溶解物をつくり出すほど大きい．地球では，溶融点に近いほど熱いアセノスフェアが，海嶺では地下数 km まで昇ってきているし，深いところでも 100 km より深いところまでアセノスフェアがないことはめったにない．

　約 1 億 2000 万年前にできたオントンジャワ海台は，米国の 1/3 に相当する面積をもっている．ここは約 100 万年かけて形成された 5～7×10^7 km^3 もの規模の玄武岩により形づくられた．従来の考え方では，どのようにしてこれほど広大な領域が，ここまで急速に形成されたのかをうまく説明できない．この隆起した部分を取り囲む海底の年代は，噴出イベントよりも 2000～3000 万年ほど古いにすぎない．このため，リソスフェアが 30～50 km の厚さしかもたないような，海嶺にきわめて近い位置で噴出が起こったと考えられる．もし海嶺の近くで大きな衝突が起きて，直径 300 km，深さ 100 km に及ぶ過渡クレーター（図 1a）がつくられたとすると，このクレーターによって大量のアセノスフェア（1300～1500℃）が放出され，それらは封圧の急激な低下のために一気に圧力が解放されて，即座に溶融したであろう．

　同様に過渡クレーターとの境界にあるアセノスフェアも，封圧の急激な低下を受けてその場で溶融し，それが表面に移動して中心が隆起したり，円状に隆起したクレーターが形成されたりしたのであろう．H. J. メローシュによると，衝突によって直接つくられた溶融物は，圧力解放によって溶融したマントル物質と合わせると，クレーターの体積を優に超えるという．そうすると衝突現象の証拠となるものは，広くシート状に噴出した火山岩の層の下に覆い隠されてしまうだろう．

　このようなシート状の火山岩は，大陸でも見ることができる．実際インド半島の 1/6 を占め，100 万

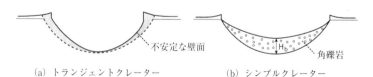

(a) トランジェントクレーター　　　　(b) シンプルクレーター

図 1　(a) 20 t の TNT 火薬の爆発によってつくられたトランジェントクレーターの断面図．(b) 100 t の TNT 火薬の爆発によってつくられたクレーターの断面図．（Report SSP 177（未分類）より．Defence Research Establishment Suffield, Canada, G. H. S. Jones の厚意による）

km³ もの体積をもつデカン高原の台地状玄武岩は，巨大な隕石衝突によって約100万年の間につくられたとする地球物理学的な証拠が，J. ネギらによって示された．

過去2億5000万年間の間に，海洋には60の台地状玄武岩が，大陸には8つの台地状玄武岩が形成されている．もしこれらの大部分，もしくはすべてが，直径100 km を超すクレーターを形成した衝突によるものであったならば，衝突現象は地質記録に多大な影響を与えていることになる．

メキシコ・ユカタン半島に存在する，確実に衝突起源であるとわかっているチチュルーブは，直径が180〜200 km に及んでいるが，この衝突は白亜紀/古第三紀（K/T）境界に起こった恐竜の絶滅に大きな影響を及ぼした衝突であると考えられている．デカントラップの開始時期が K/T 境界の時期と約100万年以内の違いしかないことは興味深く，この現象もまた恐竜絶滅に何らかの影響を及ぼした可能性がある．

大量の玄武岩噴出が，非常にすばやく行われたことに対する従来の見解は，マントル深くから上昇してきたというプルームに基づいている．大量の溶融物を説明し，それが多くの塩基性岩であることと調和的なほかのモデルを見ても，瞬間的な伸縮によってリソスフェアが薄くなることが仮定されている．しかし，このようなリソスフェアの薄化は，プレートテクトニクスのメカニズムではうまく説明ができない．これに対し，リソスフェアの瞬間的な消滅と，圧力解放に伴う高温のアセノスフェアの溶融は，巨大衝突モデルでは簡単に説明できる．

このような衝突はいったいどのくらいの規模で，どのくらいの頻度で発生することが予想されるのであろうか？ 小惑星帯でつくられた小天体が，そこからはじき出されて地球などの軌道と交差し，その結果として太陽系の内惑星での衝突現象を生じるとする考えが，1980年代に一般的なものとなった．

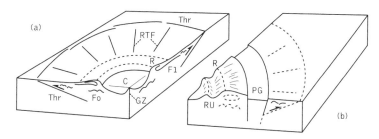

図2 500 t の TNT 火薬の爆発によってつくられたクレーターに関連する構造を示したブロック図．(a) 中央が隆起したクレーター（スノーボール実験），(b) 同心円上に隆起したクレーター（プレイリーフラット実験）．C：中央の隆起，F1：浅い横臥褶曲，Fo：褶曲，GZ：爆心地，PG：周辺地溝，R：周縁，RTF：放射状の引張亀裂，RU：同心円上の隆起，Thr：衝上断層．

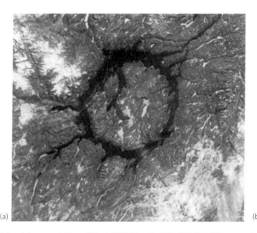
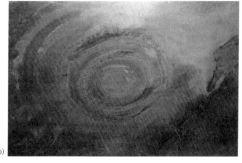

図3 (a) マニクワーガンの周縁溝のある衝突構造．(b) アフリカのモーリタニアにある直径50 km の確かな円形隆起構造．（NASA の衛星画像による）

1994年8月までに，296の地球を横切る天体が観測された．このような天体は全部で約2000個あると見積られている．衝突は人類に対する脅威であると認識されつつあった1980年代後半に，Earth and Space Watchというプロジェクトが提唱された．天体の観測者は，地球と交差する天体だけではなく，地球に接近する天体も存在することを指摘した．地球に接近する天体はまだ少数しか確認されていないが，観測者はこの存在を受けて，地球が地球自身の小惑星ベルトの中にいるのではないか，という提案をしている．いくつか警告もなされており，その一例として，1997年12月に観測された直径約1.5kmの小惑星1997XF11が，2028年10月に地球に衝突する可能性をもつほど軌道が近接する，という計算結果が示された．すでに100以上の衝突可能性をもつ小惑星（PHA）が報告されている．それらはすべて地球を横切る軌道をもち，地球に大きな損害を加えるほど大きなものである．

彗星は，太陽から最も遠くに軌道をもつ惑星の，さらに外側に広がるオールトの雲に起源をもつ．この雲のなかには，総数十億個にも上る天体が存在するが，その大部分は氷で構成されている．氷で固められた岩塊の核をもつものもあるが，これらは氷で覆われている．これらの天体は，ときおりオールトの雲からはじき出される．そのときに外空間に放り出されるものがある一方で，太陽の周りを回る軌道に入るものもある．彗星が太陽近くを通るとき，その氷は気化して太陽風によって吹き飛ばされる．太陽を何度も周回すると，彗星のもっていた氷の多くが取り除かれ，小惑星に似たものとなる．

このような彗星や氷がなくなった彗星のなかで，いつかは地球軌道と交差したり地球軌道に接近したりするといわれるものは少なくとも4000個は存在していると主張されてきた．そのうち記録されている天体は40個に満たない．こうした天体が太陽へ接近する速度は非常に速いため，地球に交差，接近する隕石よりも危険度が高い可能性がある．その結果，地球で見られる直径25kmまでの大きさのクレーターは，大部分が彗星衝突によるものであり，逆に直径100km以上のものは，ほとんどすべて彗星によるものであると考えられている．

どのくらいの頻度で巨大衝突は起こりうるだろうか？　V. オーバーベックらは，北米とヨーロッパの安定した地殻に残されている，衝突由来であることが確実なクレーターの数と，ある値より大きなクレーターの数，そしてその直径のべき乗関係（月のデータに基づく，表1参照）から，クレーターの数と大きさの関係を導き出した．

表1で与えられている衝突回数と頻度の見積りは，これでも控えめであると考えられる．ほかの見積りも参考にしたうえで，人類や各個人への危険性が評価されている．現在のところ，比較的小さな衝突によりある人が死ぬ可能性は，商業飛行機で事故にあう可能性と同じ程度，すなわち1/2万の確率であると見積られている．

[Neville J. Price/宮本英昭訳]

■文　献

Hodge, P. (1994) *Meteorite craters and impact structures of the Earth.* Cambridge University Press.

Melosh, H. J. (1989) *Impact Cratering.* Oxford University Press, New York.

Oberbeck, V., Marshall, J., and Aggarwal, H. (1993) Impacts, tillites and the breakup of Gondwanaland. *Journal of Geology,* **101**, 1-19.

表1　さまざまな規模の衝突の頻度

2000 Ma あたりの衝突回数		所定の規模の衝突が起こる平均時間間隔（Ma）
>750 km（直径）	3	670
>500	6	400
>100	110	18
>20	2003	1
>10	6974	287000 yr
>5	24283	82000
>1	1430000	1400

(Oberbeck *et al.* 1993)

インバース法（インバージョン・逆問題）
inverse methods

経済学であろうと地球科学であろうと，データ解析ではインバース法が必要となる．インバース法は，さまざまな観測値や測定値を，私たちの周りの世界についての情報に還元する方法を提供してくれる．おそらく，インバース法のいちばん単純な応用としては，1組のデータを直線で当てはめることである．

それとは対極的に，より洗練された応用例として地震波トモグラフィー，すなわち地球の地震波速度構造のマッピングがあげられる．

　地球科学におけるほとんどのデータ解析のねらいは，観測された物理システムをモデルパラメーター（システムにおける測定しうる特性量）を用いてモデル化することである．この問題には，3つの要素がかかわっている．すなわち，モデルパラメーター，観測データ，およびモデルパラメーターを観測量と結びつける関係式である．モデルパラメーターとは，物理的システムを完全に記述する量である．私たちは，これらのパラメーターをどのように表現するかを考えなければならない．たとえば，離散的なパラメーターをとるか，連続的なパラメーターにするか，あるいは誤差をある範囲で容認するか否か，などである．観測データとは，それを解析することにより，物理システムをより良く理解するための素材となるものである．順問題のモデル化では，観測データとモデルパラメーターとの関係が数量的に定義される．同じシステムであっても，異なった表現をもつモデルが無数に存在する．私たちは，手に入るデータを最も多く説明できるモデルのなかで，いちばん単純なものを見つけることを目指している．以下に，一般的なインバース法で使われているいくつかの概念についての初歩について述べる．

●パラメーター化

　モデルパラメーターやデータは，連続的にもしくは離散的に表せる．離散的データとしては地球の質量やP波の走時などがあり，一方，連続的データにはマントルでの速度勾配などがある．ほとんどのデータは，コンピュータで利用できるように離散的データの形で与えられている．コンピュータは，アナログ（連続的）情報ではなくてデジタル（離散的）情報を扱っているためである．

　物理的なシステムをパラメーター化するには，たくさんの方法がある．たとえば，地球の速度構造を考えてみよう．水平方向に均一な成層構造で速度構造を表現できる．これは，石油探査のために行われる多くの屈折地震探査の際に使われる，初期モデルである．あるいは，地球の広い領域をルービックキューブのように多数のセルに分割して，セル内では一定の速度構造をもつようにモデル化することも

できる．正しいパラメーター化は，集められた観測データのタイプによって決められる．

　さらに最適化することは可能であり，しばしば必要不可欠でもある．順問題は，線形問題の場合も非線形問題の場合もある．数学的には線形問題を解く方が簡単である．したがって，私たちは，線形関係を見出そうとするし，もしも，関係が非線形の場合にはそれをより簡単な線形関係によって近似しようとする．たとえば，地震波到達の走時時間 t は，地球内部の速度 v に反比例するので非線形問題である（$t = x/v$，ここで x は伝播距離）．しかしながら，スローネス s（速度の逆数 $1/v$）を定義すれば，非線形ではなくて線形のフォワードモデルが得られるので，解きやすくなる．

　非線形逆問題を解くために使われるインバージョン・ツールキットには，いくつかの方法がある．たとえば，摂動理論では，微小な変化に対しては複雑な非線形システムでも線形に振舞うと仮定して，解くことを可能としている．初期モデルに小さな摂動を与え，このときに予測されるデータと実験データとの差（残差）を最小化することによって，解が得られるだろう．もちろん，適切な解へと収束するようなインバージョンができるためには，初期モデルが真の解に十分に近いことが必要である．しかし，ほとんどの非線形問題は，このような形では扱うことができず，理想的には逆問題を線形化することをめざす．

●順問題

　N 個の実験データを N 次元のベクトル $\boldsymbol{d}$ として表現し，物理システムを記述する M 個のモデルパラメーターを M 次元のベクトル $\boldsymbol{m}$ として表すことにする．$\boldsymbol{d}$ と $\boldsymbol{m}$ とを関係づけるフォワードモデルは，通常，$\boldsymbol{d}$ と $\boldsymbol{m}$ が満たすと期待される，1つないし複数の式の形をとる．これらの方程式は，しばしば非線形で，解くことが難しいので，通常は線形化によって問題を単純化する．この場合，（$N \times M$）の行列 $\boldsymbol{G}$ を，$\boldsymbol{d}$ と $\boldsymbol{m}$ を関係づける線形方程式

$$\boldsymbol{d} = \boldsymbol{Gm}$$

で定義する．この行列方程式は，N 個の代数方程式を表している．こうしてできた線形方程式系を解くことを考えると，これは線形代数における基本的な問題であって，

$$d_1 = G_{11}M_1 + G_{12}M_2 + \cdots + G_{1M}M_M$$
$$d_2 = G_{21}M_1 + G_{22}M_2 + \cdots + G_{2M}M_M$$
$$\vdots$$
$$d_N = G_{N1}M_1 + G_{N2}M_2 + \cdots + G_{NM}M_M$$

である．理想的な場合には，逆問題は，N 個の一次独立の線形方程式から成り立っている．これは，独立した観測値とモデルパラメーターの数に依存している．そこで，3つの可能性が存在する．もし，モデルパラメーターの数より観測データの数が少ない場合には，インバージョンは，数学的には拘束が弱いとかアンダーデターミンド（劣決定）と呼ばれる．つまり，追加の情報がなければ，解は見つけることはできない．もし，観測値の数がモデルパラメーターの数と同じ程度であるならば，問題は「適切（ウェルポーズド）」と呼ばれる．つまり，モデルはパラメーターによってうまく記述され，すべての取りうるモデルのなかから残差を最小にするものを見出すのに十分のデータが存在する．最後に，もし観測データの数がモデルパラメーターの数をはるかに超えているならば，その問題はオーバーデターミンド（優決定）である．

ノイズ（データに付随する望ましくない測定誤差）があるので，正確無比にデータを再現することはできない．その結果，逆問題の厳密に正確な解を見つけることは，めったにできない．一般に，私たちはモデルパラメーターの値を求めようとすると，取り出したい情報とデータセットから実際に得ることができるものとの間で妥協することを余儀なくされるのがつねである．厳密解の代わりに，私たちは「答」すなわち，モデルパラメーターの推定値，上下限値，あるいはモデルパラメーターの重み付き平均値などを探すことになる．

ほとんどの問題は，これまで述べてきた範疇に収まる．これらは，劣決定問題と優決定問題の組合せから構成されている．たとえば，地震走時トモグラフィーでは，データは伝播経路に沿った速度に関係した走時である．モデルパラメーター化は，興味ある領域をセルに分割してその速度を求める形でできるだろう．この問題では，たくさんの伝播経路が同一のセルを何本も横切っている部分では優決定問題であると同時に，特定のセルを通る伝播経路が1つもないところでは劣決定問題でもある．高密度で伝播経路が通っている部分に対応して，よく決定できた解の部分もあれば，データがカバーできていない「穴」に対応して，よく決定できなかった部分もあるだろう．

● 逆問題

私たちは，上記で定義された $d=Gm$ の形での線形問題として与えられた m について解きたいと考えている．実験誤差があるので，観測値はモデルには正確にはフィットしないだろうから，残差あるいは誤差の項 e を導入して，方程式が，$d=Gm+e$ の形となるように設定する．モデルパラメーターの一意の解を得る最善の方法は，残差を最小にすることである．これを行うために，いくつかの方法がある．たとえば，ベクトル e の長さの尺度としてノルムを定義することができる．e の N 乗で長さが定義されるものは，L_N ノルムと呼ばれる．このようなノルムのいちばん単純なものは，L_1 ノルム $(d-Gm)^1$ で，予測値と観測値の直線距離である．L_2 ノルム $(d-Gm)^2$ は，最小2乗和としてより一般に知られている．より高次のノルムを使うと，予測から外れた値が最終解の決定に果たす役割がより大きくなる．もしデータに自信があるならば，外れた値は解についての情報を含んでいるはずである．使うノルムの次数が高くなればなるほど（図1），インバージョンにおいて外れた値の果たす重要性がしだいに増す．

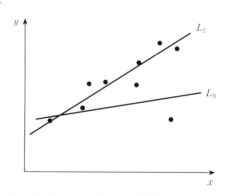

図1 当てはめの良否を決める基準として，何を採用するかは，データの誤差およびモデルパラメーターの決定に許容する誤差によって決まる．この図の例では，L_2 ノルムが適切である．さらに高次の L_N ノルムでは，大きく外れた値に敏感になりすぎる．大きく外れた値が意味をもっていて，解の計算に含めなければならない場合もありうる．

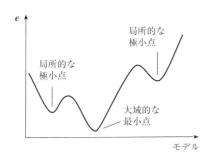

図2 存在が許されるすべてのモデルを含む領域, すなわちモデル空間の単純な図式. モデルと実験データの残差を y 軸にプロットしたものである. この例では, 局所的な極小点が2カ所, 大域的な最小点が1カ所ある. 局所的な極小と大域的な最小とを, 計算上で分離することはできない. しかし, 大域的な最小を見つけやすくするさまざまな技法は存在する.

インバース法が, 物理システムを研究するための強力な道具を提供するとはいえ, 得られた解が最良のものであると保証されるためには注意が必要とされる. 私たちが探している大域的な最小値とはっきりと異なる, 局所的な極小値が複数あって, インバース解がそこに収束する可能性がある (図2). ほかのより小さい最小値が見つからないかぎり, 得られた解が局所的な極小値ではないと見分ける方法はない. したがって, 私たちは, 得られた解が大域的な最小値を与えることが保証されるように, モデル空間を十分に探索する方法を考えなければならない. そのために, 多数の技法が存在する. たとえば, モデル空間をランダムに探索するモンテカルロ法がある. 地震波トモグラフィーでは, 大域的な最適解にすでに十分近いと仮定された初期モデルを使うことが通例であるので, もし解が見つけられたら, それは大域的な最小値を与えるに違いない.

たとえ, 解が一意的によく拘束できるモデルという印象を与える場合でも, ほかにたくさんのモデルがあるとしてインバース法の定式化が行われる. インバージョンモデルは, 問題の背景によって課せられる制限内で解釈されるべきである. そうすればインバース法は, 地球科学における物理システムについて, かけがえのない洞察を提供し続けてくれるだろう. [D. Sharrock/大久保修平訳]

ウィルソン, ジェームス・ツゾー
Wilson, J. Tuzo (1908-93)

ジェームス・ツゾー・ウィルソンは「科学の穏和なサイクロン」とよばれたカナダの地球物理学者で, 海洋底拡大とプレートテクトニクスの理論の発展に主要な役目を担った. 彼はまた, 科学教育にも関心をもち, のちにはトロント大学, Erindale カレッジの校長と新施設であるオンタリオ州の科学センターの理事長であった (1974~85). 1930 年代にプリンストン大学の学生であったころ, いつも忙しく, 地球科学に幅広い関心をもちながらも, 近隣の Lehigh 大学のモーリス・ユーイングのために地震の計算をしながら臨時収入を稼いでいた. 彼は 1936 年にプリンストン大学で博士号を取得した.

1939~45 年の戦争ののち, 彼はトロント大学に戻り, 地殻の進化に興味をもつようになった. 1946 年にカナダ楯状地のおもな年代範囲とそれらの境界を認識した (J. E. Gill と同時であるが独立に). 彼は 1957~58 年の国際地球観測年 (IGY) の際, カナダ部門で活躍し, 続く IGY : the year of the new moons (1961) の発起人であった.

1963 年には, 彼は, ハワイ諸島において, マントル (マントルプルーム) に固定されたホットスポット (hot spot) 上で一度に1つもしくは2つの火山島がつくられ, その後, それらが時間とともに古くそして高度を低くしながら北西に動いていったのではないかと信じるようになった. この考えに対する確証はケンブリッジ大学のD. H. マシューズとF. バインによる古地磁気研究を待たなければならなかった. 1965 年には, ウィルソンはケンブリッジ大学の特別研究グループ (ハリー・ヘス, F. バイン, D. H. マシューズそしてエドワード・ブラード卿) のメンバーになり, 海洋底からの古地磁気データを解読することに没頭した. ウィルソンは「プレート」と3種類の縁辺部, すなわち衝突域, 島弧そして海溝を認識した. 海嶺とトランスフォーム断層間の関係に関する彼のアイデアによって, プリンストン大学のW. ジェイソン・モーガンははじめて「プレート」という言葉を使った.

1968 年までに, ウィルソンは大陸移動の輪廻は,

海盆を開き閉じるということが1度だけでなく何回も起こったと確信し，縫合線は1つの大陸片がもう一方に合体したところである（たとえば，フロリダはもともとアフリカの一部であった）と提案した．このように，「プレートテクトニクス」理論の大枠が築かれた．　　　　　[D. L. Dineley/森永速男訳]

ウェゲナー，アルフレッド
Wegener, Alfred (1880-1930)

　1880年にベルリンで生まれたアルフレッド・ウェゲナーは，彼の仮説である大陸移動説によって，20世紀において地質学に最も大きな影響を与えた科学者の1人である．大学を卒業後，彼はデンマークの探検隊に参加し1906年から2年間グリーンランドに行った．彼は，気象学と天文学の研究に従事するかたわら，1912年には2回目の探検でグリーンランドを再び訪れた．1924年には，グラーツ大学の気象学および地球物理学の教授の職についた．その後1930年に，彼は再びグリーンランド氷床に立ったが，そこで彼は生涯を終えることになった．

　ウェゲナーは，板状の海氷が裂ける様子を見て大陸移動説の着想を得たと言われている．彼は，すでに1910年には，南大西洋の両岸の形がよく似ていることから大陸の水平移動が起こりうることを確信していた．1912年には，彼はその着想を学術雑誌の2つの論文中に発表し，これらに続いて1915年には "Die Entstehung der Kontinente und Ozeane（大陸と海洋の起源）" という本を著した．この本は，6版を重ねた．2つの版は彼の死後に出版され，英語，フランス語，ロシア語，スペイン語に翻訳された．

　ウェゲナーは，パンゲアと名づけた中生代の超大陸を考え，これが分裂して以降，現在の大陸は移動し離れていった，と仮定した．彼は，この仮説を実証する証拠はほとんど示さなかったが，どのように移動が起こったのかについて議論を行った．当時の通説では，そのメカニズムを十分に説明できなかった．彼は，かつての大陸間の陸橋が海洋底に沈んだ，という説には疑いを持っていたが，何が大陸を離れ離れに動かしたかについては確信をもっていなかっ

た．彼の本は，賛否両論の評価を受けた．彼の説を支持する証拠については多くの学者が妥当だと思ったが，大陸移動が起こった原因について示せた者はほとんどいなかった．著名な地球物理学者，特に英国の学者は彼の説を認めなかった．

　第二次世界大戦後，海底物理学により海洋底の地質が明らかにされた．1960年代の後半までには，海洋底拡大の概念が確証され，大陸移動に必要なメカニズムが明らかにされた．ウェゲナーは，ついにその正しさを立証された．

　　　　　　　　　　[D. L. Dineley/山本圭吾訳]

■文　献
Hallam, A. (1989) *Great geological controversies* (2nd edn). Oxford University Press.
Schwarzbach, M. (1986) *Alfred Wegener, the father of continental drift*. Springer-Verlag, Berlin.

ヴェルナドスキー，ウラジーミル・イワノヴィッチ
Vernadsky, Vladimir Ivanovich (1863-1945)

　ヴェルナドスキーはロシアの鉱物学者であり，国内で最も有名な地球化学者である．サンクトペテルブルグに生まれ育つ．モスクワ大学教授時代（1891-1911）に，当時として世界最高の装置を備えた化学および鉱物学研究所を設立した．彼はロシアの鉱物学を変革し，放射性鉱物を専攻する第一人者となった．この専門は彼の晩年には軍事上重要となった．ロシアが原子爆弾をつくるための突貫計画を打ち立て，ウランを回収できる鉱石を同定するのにヴェルナドスキーを召喚したのである．

　ヴェルナドスキーは地質現象の過程に生物を含めていくことに取り組んだ最初の研究者の1人である．この仕事は 'La biosphère' として1929年に出版され，多大な影響を与えた．その後の出版物で彼は地球化学と生物地球化学の着想を発展させた．そして，20世紀後半の地球化学研究の急速な発展の基礎を築いた．　　[Brian J. Skinner/池田　剛訳]

ウォーカー循環
Walker circulation

　英国の気象学者ギルバート・ウォーカー卿は，1920年代から1930年代はじめにかけて出版した一連の論文で，インドネシアのジャカルタとチリのサンチアゴの天気は互いに関連しあっており，一方の気圧が平年より高いときには他方の気圧が平年より低くなっていることを示唆した．これら両市は互いに1万5000kmも離れているため，当時はこの遠く離れた地域間のつながりのメカニズムを想い描くことはできなかった．ウォーカーが発見したこの関係は，現在では「南方振動」として知られるテレコネクションの一部であると理解されている．テレコネクションとは，ある地点の変動が，それとは離れた別の地点での変動と相互に関連しあうことを意味する．しかし，多くの場合，そうした変動の強さは非常に小さいため，日々の天気変化を見ていただけではとらえることはできない．近年の研究によれば，ウォーカーが発見した逆相関は熱帯太平洋全体に広がっており，東経170°の子午線付近を節としてシーソーのように振動していることがわかっている．つまり，この節を挟んで一方の領域の気圧が平年より高ければ，他方の領域の気圧が平年より低くなるという傾向がある．このシーソーの変動は非常にゆっくりとしており，やや不規則でもある．この振動の周期は3〜7年の間で変化する．

　このような長周期変動の原因は，大気や海洋の大規模な循環にあるに違いない．熱帯の海洋上で卓越している循環はハドレー循環である．赤道近くの海洋上で暖められた空気は，対流圏を高度16kmまで上昇し，その後南北に別れ極側へ移動しながら徐々に下降して，両半球で緯度30°あたりにある亜熱帯高圧帯に到達する．熱帯太平洋で西側の海水温の方が東側より高ければ，西側の上昇気流の方が相対的に強く，東側で相対的に弱くなるであろう．そうなると，西側では東側より多くの空気が上空へもっていかれることになるため，循環を維持するためには，下層で東から西への水平方向の流れが起きなくてはならない．また，反対向きの流れが上層で起きなければ循環が維持できない．完全な三次元的循環の構造は複雑であるが，次の3つの重要な構成要素があることは明確であろう．（1）南北方向のハドレー循環，（2）地球自転の影響：それにより風向きがハドレー循環から推測される向きより（北半球では）右向きに反れる，（3）西太平洋で上昇し，上層で東に流れ，東太平洋で下降して海面近くを西へ流れて西太平洋に戻る「ウォーカー循環」．

　南方振動を引き起こすのは，ウォーカー循環の小さな周期的変動である．この仕組みは完全には解明されていないが，海洋の循環が関係していることがわかっている．東太平洋で冷水の湧昇が周期的に発生し，冷やされた表層の海水が西へと移動する，ということが起こっている．大気と海洋が結合したこの循環は，エルニーニョ循環とも呼ばれている［訳注：この結合現象はエルニーニョ/南方振動と呼ばれ，現在ではより詳細なメカニズムが解明され，実用的な予報すら行われている］．

[**Charles N. Duncan**/中村　尚訳]

■文　献

Kumar, A., Leetman, A., and Ji, M. (1994) Simulations of the atmospheric variability induced by sea surface temperatures and the implications for global warming. *Science*, **266**, (5185), 632-4.

Meehl, G. A. (1994) Coupled land-ocean-atmosphere processes and the South Asian Monsoon Variability. *Science*, **266**, (5183), 263-7.

Tziperman, E., Stone, L., Cane, M. A., and Jarosh, H. (1994) El-Niño Chaos—overlapping of resonances between the seasonal cycle and the pacific Ocean-atmosphere oscillator. *Science*, **264**, (5155), 72-4.

渦　度
vorticity

　渦度とは流体運動の回転の度合いの測度である．流体は排水口から出ていく風呂の水でもよいし，竜巻の中で渦巻く空気でもよい．非常に大きな気象擾乱でさえも回転している．大気や海洋では通常，［訳注：水平運動に伴う］鉛直軸の周りの回転が最も重要とされる．北半球では低気圧性の回転が正の渦度をもつとされるが，南半球では正の渦度は高気圧性

20　宇宙化学

の回転である．どちらの半球においても，反時計回りの回転に伴う渦度は正，時計回りの回転に伴う渦度は負と定義される．

「相対渦度」とは，地球に対して相対的に測られた渦度である．地球は自転しているため，（赤道以外においては）鉛直軸に対する回転運動がある．この地球自転に伴う渦度と相対渦度とを合わせたものは，「絶対渦度」と呼ばれている．通常，低気圧や高気圧の渦度は，地球自転に伴う渦度よりやや小さな大きさである．ハリケーンの渦度はこれより5〜10倍ほど大きく，竜巻の回転は500〜1000倍も速い．

水平収束は渦度に強く影響する．渦度の小さな空気も，それが収束し，それが占める面積が小さくなれば渦度が増大する．これは，回転しているフィギュアスケートの選手が，腕を縮めるとより速く回転できるようになるのとよく似ている．

[Charles N. Duncan/中村　尚訳]

■文　献

Holton, J.R. (1979) *An introduction to dynamical meteorology.* Academic Press, London.

Atkinson, B.W. (ed.) 1981. *Dynamical meteorology: an introductory selection.* Methuen, London.

宇宙化学
cosmochemistry

宇宙化学は地球外物質の化学組成，同位体存在比および鉱物組成を実験的に，観察により，および理論的に研究するものである．地球外物質とは，彗星の塵粒子（dust particle）（たとえばハレー彗星へのジオットミッション），航空機により高度の高いところで採集される宇宙空間の塵粒子（IDP），月の試料および隕石である．H.ユーリー，H.シュースおよびH.ブラウンによる太陽系の起源と形成および元素の存在度に関係する化学的過程についての萌芽的研究により，宇宙化学は1940年代に1つの独立した学問の分野となった．

歴史的には，宇宙化学の研究のおもな分野は，①太陽系の元素の存在度の決定，および，②太陽系の化学組成（すなわち水素を主とする）の環境におけ

る元素の化学的な挙動であった．これらの2つの課題は互いに関連するものであり，始原的隕石（コンドライト）について測定された元素の存在度は，一般的には太陽系の組成を有する物質中の元素あるいはその化合物の揮発性に関係する．

先に進む前に，よく使う用語を定義しておく．コンドライトは石質隕石であり，コンドルールと呼ばれる小さな一度溶けたガラス玉と，マトリックスと呼ばれる細粒な物質を含んでいる．一部のコンドライトはカルシウムとアルミニウムに富む包有物（CAI）を含み，その包有物はおもにカルシウム，アルミニウムおよびチタンを含む溶解しにくい（refractory）酸化物およびケイ酸塩からできている．観察結果によると，コンドライト中のコンドルール，鉱物，包有物およびマトリックスは太陽系星雲の中で形成され，そののち惑星で起こる過程（たとえば水がかかわる変質，マグマの分化）による変質はほとんど受けていない．コンドライトはその主成分元素組成と鉱物組成に基づき，炭素質，普通およびエンスタタイトコンドライトの3つのグループに分けられる．最も始原的なコンドライトは，太陽の光球中の元素の存在度と最も近いという意味でCI（またはC1）炭素質コンドライトである．

●元素の太陽系存在度

図1に太陽および太陽系星雲中に多く存在する元素の20番目までの相対的存在度を示す．これらの存在度はおもにコンドライトの化学分析と太陽の元素存在度の天文観測より得られたものである．非常に良い近似として，大半の元素の存在度はCI炭素質コンドライトと太陽の間で一致する．例外は次のような元素である．リチウムのような軽元素，これは太陽の中で熱核反応により分解する．水素，酸素，炭素，窒素および希ガスのような親気元素，これらは隕石中に完全には凝縮しない．ならびに，水銀，ゲルマニウム，鉛およびタングステンのような希元素，これらは太陽または隕石について分析しにくい元素である．程度が少し悪いが，太陽とすべてのコンドライトの間でも元素の存在度はよく対応する．このような密接な関係から，宇宙化学者は，コンドライトは太陽系星雲から凝縮した物質がほとんど変質していないままのものであると考えている．30年間にわたる隕石の研究と星雲の化学平衡に関する

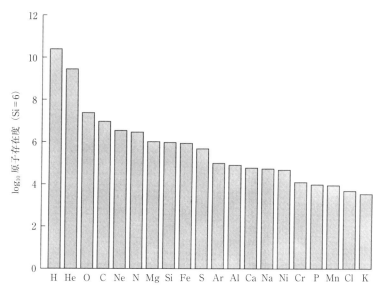

図1 太陽系化学組成物質中の多い方から20番目までの相対的存在量．存在量はSi = 10^6 で規格化した値である．(Anders and Grevesse (1989) *Geochimica et Cosmochimica Acta*, **53**, 197-214 より)

モデルの研究から，炭素質コンドライトの中には星雲中の化学反応についての証拠が，そののち起こった熱変成や水性変質によりさまざまな程度で変質しているものの，保存されていることが明らかにされた．

● 元素の宇宙化学的挙動

コンドライトや宇宙空間の塵粒子の化学分析や，水素を多量に含む太陽系物質についての化学平衡の熱力学的計算に基づくと，コンドライトおよびIDPの中での元素の分別は，おもに太陽系星雲の中における気体→固体の凝縮と固体→気体の蒸発というような揮発性により規制されている過程の結果生じることが明らかにされた．一部のIDPの中にらせん転位を伴うエンスタイト ($MgSiO_3$) ひげ結晶のようなある特徴的な形態を示す鉱物が存在することは，気体→固体の凝縮がある鉱物の成長の直接の要因であることを示す．

そこで，宇宙化学者は水素を多量に含む太陽系星雲物質の化学的挙動に従って元素を分類する．難溶性物質 (refractory) 元素は太陽系組成の気体から最初に凝縮する元素である．蒸気圧が低い，あるいは蒸気圧の低い化合物をつくる親石元素（選択的に酸化物，ケイ酸塩鉱物，あるいは両方の中に見出される）および親鉄元素（選択的に金属，隕石の金属相中に見出される）は，この難溶性物質元素に区分される．鉄合金およびマグネシウムケイ酸塩鉱物 ($MgSiO_3$, エンスタタイト，および Mg_2SiO_4, フォルステライト）の凝縮が難溶性物質元素と中程度の揮発性元素を区分する．次にトロイライト (FeS) の凝縮が中程度と著しく揮発性の元素を区分する．最後に水-氷の凝縮が著しく揮発性元素（たとえば，鉛，インジウム，ビスマスおよびタリウム）と親気元素（水素，炭素，窒素および希ガス）を区分する．表1に太陽系組成物質についてのおもな凝縮反応を示す．

難溶性物質親石元素には，アルカリ土類元素（たとえばカルシウムやマグネシウム），ランタノイド元素（希土類元素，REE），アクチノイド元素，アルミニウム，ならびに周期表の3b族（スカンジウムとイットリウム），4b族（チタン，ジルコニウムおよびハフニウム），および5b族（バナジウム，ニオブ，タンタル）が含まれる．難溶性物質親鉄元素は白金族金属（パラジウムを除く），モリブデン，タングステンおよびレニウムである．表1に示すように，難溶性物質の親石および親鉄元素は，太陽系星雲の凝縮する物質（岩石＋氷）全体の質量で約1%である．石質隕石の化学組成についての多くの研究によると，これらの難溶性物質元素は大半の隕石の中で1つのグループとしてまとまった挙動を

22　宇宙化学

表1　太陽系星雲中における存在量が20番目までの元素の凝縮順序（全圧が10^{-4} bar）.

反　応	温度（K）	凝縮の割合（質量%）
Ca, Al 酸化物とケイ酸塩が凝縮する	1670〜1530	1.1
Fe 合金が凝縮する	1337	9.1
フォルステライト（Mg_2SiO_4）が凝縮する	1340	20.4
シュライバーサイト（Fe_3P）が生成する	1151	20.5
アルカリ長石（Na, K）$AlSi_3O_8$ が生成する	1000〜970	20.9
方ソーダ石［$Na_4(AlSiO_4)_3Cl$］が生成する	863	20.9
トロイライト（FeS）が生成する	719	23.4
磁鉄鉱（Fe_3O_4）が生成する	400	24.0
含水ケイ酸塩（滑石, 蛇紋石）が生成する（?）	〜280	—
H_2O の氷が凝縮する	180	50.9
Ar, Kr および Xe の水和包接化合物が凝縮する	74〜50	51.5
CO および N_2 の固体が凝縮する	〜20	100.0

とる．すなわち，これらの元素の相互の存在度はタイプの異なる隕石の中で，たとえこれらの元素が多く含まれていてもあるいは少なくても，ほぼ同じ割合になる．アエンデ隕石やその他の炭素質コンドライトの中のCAIには，難溶性物質親石および親鉄元素が平均して太陽系の元素存在度の20倍になるほど著しく濃縮されている．CAIの鉱物組合せは，おもにカルシウム，アルミニウムおよびチタンを主とする鉱物からなり，イボナイト（$CaAl_{12}O_{19}$），メリライト，これはゲーレナイト（$Ca_2Al_2SiO_7$）とオケルマナイト（$Ca_2MgSi_2O_7$）の固溶体，スピネル（$MgAl_2O_4$）およびペロブスカイト（$CaTiO_3$）である．

表1に，金属鉄合金とフォルステライト（Mg_2SiO_4）についてその50%が凝縮する温度を示す．金属鉄とマグネシウムケイ酸塩は太陽系組成物質中の岩石様の物質の大部分を占める．太陽系気体中には著しく過剰の分子状水素（H_2）が含まれるので，マグネシウムケイ酸塩鉱物中のFeO含有量は温度が400〜600 K以下になるまでは低い．400〜600 Kでは，フェヤライト（Fe_2SiO_4）あるいはフェロシライト（$FeSiO_3$）の割合が20 mol%以下のかんらん石および輝石の固溶体が生成すると予測される．そして，非圧力依存温度の約400 Kでは，残りのすべての鉄は磁鉄鉱を形成すると考えられる．しかし，FeOに富むケイ酸塩が生成するような固体-固体反応は，固体中の拡散は400〜600 Kでは遅いので，太陽系星雲の寿命として推定されている10^5〜10^7年の期間では起こらない．

中程度の揮発性元素は主要元素の鉄，マグネシウムおよびケイ素とトロイライト，FeSの中間の温度で凝縮する．このグループの元素は地球化学的にはさまざまであり，ナトリウム，カリウム，ルビジウム，クロム，マンガン，銅，銀，金，亜鉛，ホウ素，ガリウム，リン，ヒ素，アンチモン，硫黄，セレン，テルル，フッ素および塩素である．著しい揮発性元素はトロイライトが形成される719 K以下の温度で凝縮する．これらの元素は，水銀，臭素，カドミウム，インジウム，タリウム，鉛およびビスマスである．中程度および著しい揮発性元素の多くについては，関連する熱力学的情報が正確でないので，凝縮過程はよくはわからない．

図1に示すように，水素は存在度が最も高い元素であり，したがって，太陽系組成の物質のなかではH_2は最も多く含まれる気体である．十分な高温では，原子状Hへの解離が起こる．しかし，H_2とHの存在度が等しくなる境界条件は，太陽系星雲について期待されるものよりも低圧・高温である．H_2は固体水素として凝縮する約5 Kの温度まで気体中に残存する．太陽系星雲がこのような低温になったとはとても考えられない．

全水素のなかの約0.1%は，全圧に応じて150〜250 Kの温度で固体の水，すなわち氷として凝縮する．蛇紋岩や滑石のような含水ケイ酸塩が，無水ケイ酸塩と太陽系星雲中の水蒸気の反応で，300 K以下の温度で10^{-4} bar［10 Pa］の圧力下で形成されたと予測される．しかしながら，このような反応は熱力学的には可能であるが，ほぼ真空に近い状態での水蒸気と岩石の反応は著しく遅いので，このような反応は太陽系星雲の中ではおそらく起こらなかったであろう．太陽系星雲中における水和の反応速度の

理論的研究，および水を含むコンドライトの岩石学的研究の両方から，含水鉱物の生成は隕石の母天体の中で起こったと示唆される．したがって，氷が最初に形成された水素を含む凝縮物である可能性がきわめて高い．

炭素の化学的挙動は明らかに複雑である．妥当な最初の近似としては，高温・低圧の状態では一酸化炭素（CO）が炭素を含む気体のおもなものであり，低温・高圧の条件ではメタン（CH_4）がおもなものであろう．この2つの気体は熱化学反応により相互に変換する．$CO(g) + 3H_2(g) = CH_4(g) + H_2O(g)$（記号gは気体の状態を意味する）．$H_2$分圧（これは太陽系物質の全圧）が増加するかあるいは温度が降下すると，この反応は右方向に進行し，結果としてCH_4が生じる．CO-CH_4境界（両者が等量）は全圧が10^{-4} barの条件下で600 K程度である．COは高温で多くなり，CH_4は低温で多くなる．

はじめにユーリーにより指摘され，のちにルイスとプリンにより定量的に明らかにされたように，CO→CH_4の反応速度は太陽系星雲の中で考えられる圧力と温度の条件下では著しく遅く，星雲の寿命の時間範囲ではCOはCH_4に変換することはない．これについての例外は巨大な原始惑星星雲の中で起こる．そこは，木星およびその他の気体巨大惑星の周囲で惑星の形成期間に存在していたと推定される高密度の状態である．CO→CH_4変換はこのような環境で起こると推定される．

太陽系星雲や巨大原始惑星星雲の外側の低温のところでは，COおよびCH_4は氷（H_2O）と反応して，水和包接化合物である$CO \cdot 6H_2O(s)$および$CH_4 \cdot 6H_2O(s)$が生じる（記号sは固体の状態を意味する．包接化合物とは，固体で，1つの化合物がほかの化合物の結晶構造の中に，あたかも鳥かごの中のように閉じ込められたものである）．このような水和包接化合物が形成されるためには，氷の結晶格子中をCOやCH_4がかなり速く拡散する必要がある．実験的に測定された包接化合物形成の活性化エネルギーを用いた理論的な考察では，水のCH_4包接化合物は巨大原始惑星星雲中で形成されるが，CO包接化合物は太陽系星雲の外側の低圧力下では生成しないことが予測される．

窒素の化学的挙動について最も重要な特徴は，高温・低圧の条件下ではN_2が気体の窒素化合物のおもなものであり，ところが低温・高圧下ではNH_3がおもなものであることである．この2種類の化合物は$N_2 + 3H_2 = 2NH_3$の反応により相互に変換し，COとCH_4の変換反応と類似している．N_2のNH_3への還元は，太陽系星雲の中では反応速度から見て起こらず，巨大原始惑星星雲の中では熱力学的にも反応速度論的にも起こりうる．このことは，たとえ金属鉄の粒子が触媒の働きをしたとしても事実である．このように，N_2は太陽系星雲ではおもな気体窒素化合物であり，NH_3は巨大原始惑星星雲の中でおもな気体窒素化合物であると予測される．

太陽系星雲の外側の低温のところでは，$N_2 \cdot 6H_2O(s)$は熱力学的には安定であるが，おそらく次の2つの理由により形成されないであろう．第1の理由は氷（H_2O）の量が不足することである．氷はおそらくほかの水和化合物や包接化合物を形成するのに完全に使いつくされていたであろう．第2は，太陽系の外側では水和包接化合物は反応速度を考えると形成されないと考えられることである．このような場合，N_2はCOと同様に温度が約20 K（10^{-4} barで）になるまで凝縮しない．ところが，$NH_3 \cdot H_2O$化合物は，巨大原始惑星星雲中では熱力学的にも安定で，反応速度的にも起こりうるので，生成するものと予測される．

ヘリウム，ネオン，アルゴン，クリプトンおよびキセノンの希ガスは，太陽系組成の物質中ではかなり単純な化学的挙動をとる．これらすべてが単分子として気相中に存在し，アルゴン，クリプトンおよびキセノンは十分な低温では固体として凝縮するか水和包接化合物を形成する．純粋な固体の凝縮は，包接化合物の形成よりも少し低い温度で起こるであろう．しかし，希ガスの包接化合物もCOやN_2の包接化合物と同様に反応速度的には形成されないと考えられる．アルゴン，クリプトンおよびキセノンが純粋な固体としてほぼ完全に凝縮するためには20 K（10^{-4} barで）という温度になる必要がある．ヘリウムとネオンは，5 K以下の温度にならないと凝縮しないので，それらの凝縮は起こらない．

［Bruce Fegley/松葉谷 治訳］

■文 献

Kerridge, J. F. and Matthews, M. S. (eds) (1988) *Meteorites and the early Solar System*. University of Arizona Press.

Tucson.

Lewis, J.S. and Prinn, R.G. (1984) *Planets and their atmospheres : origin and evolution.* Academic Press, New York.

Weaver, H.A. and Danly, L. (eds) (1989) *The formation and evolution of planetary systems.* Cambridge University Press.

エアリー，ジョージ・ビドル
Airy, Sir George Biddell (1801-92)

　ジョージ・エアリー卿は王室天文官を46年間務めたが，地球科学者の間では，アイソスタシー理論（のちに「地殻均衡」理論と呼ばれる）に対する貢献や，地球の密度を測定しようと実施した実験によってよく知られている.

　エアリーは数学者として研究者の道を歩みはじめ，1826年にはケンブリッジ大学でルーカス数学教授の称号が与えられた. その2年後の1828年には，ケンブリッジ大学でプルム天文学教授になり，ケンブリッジ観測所の所長に選ばれた. 彼の物理天文学の教科書は1826年に出版された. エアリーは1835年に王室天文官に任命され，その職務の遂行に力を注いだ. その他の功績として，彼は自分で設計した新しい装置を導入してグリニッジ天文台を再興し，地磁気や気象に関する部門を創設し，天体力学に重要な貢献をした. 1854年には，地下の深さによる重力の増加を測定するために，自らの監督で一連の振り子実験を実施した. 彼は多数の著作を残した. 重力，山脈の構造が地下のある深さまで根をもっていること，地球の形状，潮汐や波について，また多くの天文学的な事項について書きつづった. エアリーは研究者としては完璧さを求め，監督者としては能率的で厳格な規律を重視した.

[D. L. Dineley/井田喜明訳]

エアロゾルと気候
aerosols and climate

　エアロゾルは，大気中に浮遊する固体もしくは液体の粒子である. 一方，浮遊する雲粒の半径は，3 μm から，数 mm の水滴にまで及ぶ. 雲の水滴の核になることが可能なたいていのエアロゾルは，0.1 μm よりも小さく，エイトケン核と呼ばれている. 半径が 0.1～1.0 μm の大きな核の数は，エイトケン核の 1/1 万であるが，エアロゾルの質量の半分近くを構成している.

　エアロゾルは，自然もしくは人為的燃焼や，有機物の腐食，火山噴火によってつくられている. かなりの部分は，二酸化硫黄（SO_2）ガスから硫酸塩エアロゾルへの物質変化によって発生し，その変換の半分以上は人為的なものによる. 大陸性の大気では，数密度はおよそ 10^6 個であり，地表付近が最大の強い密度勾配がある. 空間的には，密度が高いのは，工業地域（北米東部, 中央ヨーロッパ, 東アジア）や，バイオマスが燃やされている地域（南米, アフリカ, アジア）である. 水溶性の人為的な核には，硫酸塩や硝酸塩，アンモニウムが含まれている. 最も研究されているエアロゾルは，SO_2（硫酸エアロゾル）で，1950年代半ばから放出が増加していることで特徴づけられており，高い煙突が建てられるのにしたがい，安定境界層の上までエアロゾルを放出している. このことは，エアロゾルの滞留時間を長くし，ゆえに，高濃度をもたらした. また，気候的な季節サイクルによっても支配され，全球のエアロゾル量は，2月に最大，10月に最小となる.

　エアロゾルは，2つの方法で地球の気候の寒冷化に影響する. 海洋上では，本来, 雲の凝結核（CCN）の発生はあまり豊富ではないが，エアロゾルは CCN の重要な源として働き，水滴の寿命を長くする. また，小さいが明るい雲をつくり，アルベドを上げ，太陽放射を宇宙空間に反射する量を増やしている. この役割は，全球の 25% を覆う海洋層雲の場合において重大であると考えられる. 海洋層雲中の CCN の 30% の変化は，熱収支における全球変化に，$1\,W\,m^{-2}$ の変化をもたらす. このことは，放射収支に間接的な影響を及ぼすものとして知られるが，定量化されていない. よって，現在の値は，単に人為的な CCN の増加から仮定した値である. 実際の CCN 量のデータは少なく，何が新しい CCN の形成を支配しているのかは, 少しの理解しかない. 間接的放射強制は，単に SO_2 やアンモニア（NH_3）や窒素酸化物（NO_x）といったエアロゾルの源のガ

スの濃度と比例関係でないことが知られている．その応答は，エアロゾルの粒径分布の空間的・時間的変化に依存している．

エアロゾルの直接的な影響は，エアロゾルと放射の相互作用に関係があり，そのなかには，散乱や太陽放射の吸収，赤外放射の吸収も含まれている．地表のエアロゾルは，長波放射のエネルギー吸収の増加にはささやかな影響力しかもたないが，雲のない暗い地表面の上に広がっている場合，太陽放射の吸収には実質的な影響をもつ（最大で$4\,\mathrm{W\,m^{-2}}$ほどの反射をし，全球的には平均して$1\,\mathrm{W\,m^{-2}}$の反射となる）．光吸収した煤は，たとえば，2つの影響がある．地球を暖めることと，大気を暖めることである．後者は，鉛直温度分布を変化させ，それによって，安定性と対流も変化する．たとえ熱収支における影響が小さくても，この鉛直方向の熱の再配分は，異なった物理的過程をもたらすであろう．晴天放射強制力は，澄んだ空での直接の太陽放射の後方散乱である．これは，エアロゾルの質量と，散乱効率と，化合物の寿命に依存する．これらから，エアロゾルは，アルベドの高い砂漠や雪上では地球のアルベドを下げ，一方，海洋面上ではアルベドを上げている．

エアロゾルと気候の相互作用の研究は，大気大循環モデル（GCM）実験が，人為発生の二酸化炭素（CO_2）が引き起こした温暖化が硫酸塩によって緩和されていることを示して以来，最近，さらなる興味を引き起こしている．研究は便宜上，理論的研究（主として GCM 実験）と，経験的・歴史的な，おもな火山噴火とそれに伴う全球気温への影響の研究に分けてもよい．後者の研究は，以下にあげるいくつかの理由から，まとめるのは難しい．

・自然変動の大きい気温記録の変動のなかから有意な関係性を示すことの問題．

・エアロゾルの放出量について近年の噴火と歴史的噴火による放出量を見積る難しさ．

・全球のエアロゾルの輸送の評価の不正確さ．

・エアロゾル量の放射強制（$\mathrm{W\,m^{-2}}$）への変換の難しさ．

それにもかかわらず，1914 年よりあとの縮小した火山活動は，20 世紀はじめの温暖化の一部に寄与している．新たな興味は，エルチチョン（1982年 3 月）と，ピナトゥボ山（1991 年 6 月）の噴火によって引き起こされ，後者は全球に$4\,\mathrm{W\,m^{-2}}$の

負の放射強制を引き起こした．

GCM は，現実の大気と違って，数値的手法によって変数を1つずつ変化させることが可能であるので，エアロゾルの影響を研究する代替の道具を提供している．CO_2の変化だけに影響された GCM 実験は観測値よりも大きな温暖化（前世紀に$0.6 \sim 1.3{}^{\circ}\mathrm{C}$の上昇）を示した．英国気象局のハドレーセンターにおける大気–海洋結合 GCM は，CO_2とエアロゾル両方の影響から，観測値に近い$0.5{}^{\circ}\mathrm{C}$の温暖化を示した．もし，エアロゾルの影響が考慮されなかったら，モデルの温度上昇は大きすぎてしまう．1991年のピナトゥボ山の噴火は，エアロゾルの影響の研究にまたとない機会を与えた．モデル研究は，のちに観測されたものに類似した広域の寒冷化が予測された出来事の直後に取りかかられ，その結果は，気候モデルの信頼性を向上させた．

結局，しかしながら，エアロゾルはいまだに大気の化学組成の人為的な変化による正味の放射強制の計算において，最も大きな不確定性の1つである．それらエアロゾルの影響は，大気中での滞留がせいぜい2週間と短いので，おそらく，CO_2やオゾンといったほかの影響物質とは大きく異なるであろう．エアロゾルの寒冷効果は，化石燃料の燃焼の禁止によって少なくなるであろう．

[R. Washington／田中　博訳]

■文　献

Meteorological Office（1991）*Meteorological glossary*. HMSO, London.

永久凍土と気候変動
permafrost and climate change

永久凍土帯とは，ふつう，地温が長期間（2〜数万年）にわたって氷点下になっている地域として定義される．永久凍土が世界で最も厚いところは，現在シベリア北東部で，およそ 800 m を超える（局地的には 1400 m にも達する）．冬季に地面からは，夏季に地表面に供給される熱よりも多くの熱が放射されるが，この熱損失によって永久凍土が発達する．逆に，夏季の熱が冬季の熱損失よりも大きいと

きには永久凍土は減少する．夏の間，永久凍土層の表面は，たいていわずか1〜2mの深さまで溶けて，永久凍土板として知られるものの基盤として活動層を発達させる．気象力学の背景において，冬季の永久凍土域は，その特徴として，地面によって下層大気が冷やされる結果生じる高気圧の発達と関連がある．対照的に，夏季の永久凍土層域は広範囲で氷が溶けて，水分が蒸発し，対流圏下層で空気が収束することで生じる低気圧の発達と関連している．

現在最も永久凍土が広がっているのは，北極圏のカナダ領域とロシアである．氷期には，かつて氷河がなかった北極帯やアルプス地方で永久凍土が発達し，厚くなっていった．カナダやロシアに形成された広大な氷床は，最後の氷期のとき，その下にある地面を保護し，また，氷床から下方の永久凍土の衰退を促進させた．そのため，当然のことながら，永久凍土が最も厚く発達している地域は，現在寒冷であるというだけでなく，最後の（前の）氷河作用を受けたときには氷で覆われていなかった地域が含まれている．

氷期のヨーロッパや北米における大気循環のおもな特徴としては，中緯度帯のジェット気流が氷床の南側に位置することに関連して強められた東西風がある．氷床の南側に生じた西風は，カタバ風と大気の低温状態と連携して，地表面では負の熱収支をもたらし，それに伴って永久凍土を拡大させる．

ロシアの永久凍土の歴史の研究は，最後の間氷期のピーク（12万5000年前）と最後の氷期のピーク（1万8000年前）との環境変化パターンについて，貴重な報告をしている．2回の明瞭な永久凍土成長期が認められる．最初の期間は7万年以上も前にあり，2回目の成長期は6万年から5万年の間に最盛であった．連続的に広がる永久凍土の南限は，現在ロシア平原の中央，すなわちここは年間の地温が−3℃くらいであるが，ここまで達しているのに対し，この期間では南方へ緯度差にして6〜8°のところまで達していた．しかし，最も凍土が拡大したのは2万4000〜1万8000年前の氷期で，ヨーロッパ，ロシアで永久凍土の厚さは200mにもなった．このとき，最も過酷な気象状況下にあり永久凍土が

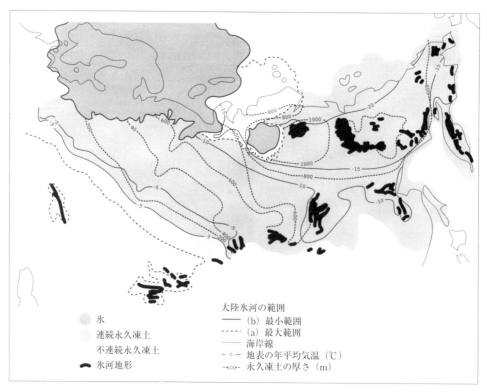

図1　Valdai (Sartan) 氷河作用のときの永久凍土分布図．(Baulin, V. V. and Danilova, N. S. (1984) In A. A. Velichko (ed.) *Late Quaternary Environments of the Soviet Union*, pp. 69–78. Longman, Harlow)

最も厚く発達していたのはシベリア北東部で，年間地温は−15℃以下であった（図1）.

　気候の温暖化や冷涼化に応じた永久凍土の発達は，相対的にゆっくりである．たとえば，第四紀の後期の永久凍土の厚さの変化は，氷床の発達衰退や海面水準変化よりもゆっくりであった．このため，残存永久凍土が広がる地域は，1万5000年もの間保たれていた海面水準が上昇することによって，北極の大陸棚の海底よりも海面水準が低いところに現れる．この永久凍土帯が地球の現在の気候に同調せずに存在しているために，現在の地球温暖化に対する永久凍土の応答を評価することが難しくなっている．地球温暖化から生じる永久凍土の厚さの変化は，特定の地域の年間の熱平衡に変化をもたらす．驚くことに，地球温暖化の永久凍土に対する影響については，相対的に見て，あまり研究されていない．たとえば，気温上昇の結果永久凍土が縮小し，溶けた水が世界中の海に流れて，それに伴って海面水準が上昇するとも考えられる．いまだこのような分析はそれほどされていないし，気候変動に関する政府間パネルの注目すべき欠落である．また同様に，永久凍土の分解も現在実際に起こっているものとして記述したが，夏の間対流圏下層の大気収束の割合が変化した結果，局地的気候を変化させるという重要な役割をするかもしれない．この20年間の気温の急速な変化が，永久凍土やその地方の気候の安定に重大な影響を与えようが与えまいが，科学者たちはこれらを明らかにすべきである．

　　　　　　　[Alastair G. Dawson/田中　博訳]

■文　献
French, H. W. (1976) *The periglacial environment.* Longman, London.
Washburn, A. L. (1979) *Geocryology.* Edward Arnold, London.
Péwé, T. L. (1983) The periglacial environment in North America during Late Quaternary time. In S. C. Porter (ed.) *Late Quaternary environments of the United States*, Vol. 1. *The Late Pleistocene*. pp. 157-89. Longman, Harlow.

液状化
liquefaction

　液状化とは土壌や堆積物が液状になることである．これは強い震動により起こるものであり，通常，中ないし大規模の地震と関係する．液状化は通常は砂およびシルト質砂についてのみ起こるが，最近の証拠では礫についても起こる可能性が示唆される．液状化の実際の過程は複雑である．土壌は鉱物の相と液体の相からできている．地震の最中に土壌は密に詰まりはじめるであろう．もし，この現象が起こると，粒子間の空隙中の水は加圧され，鉱物粒子に高圧を及ぼす．地震波の通過もまた，それ自体が過渡応力（transient stress）であり，鉱物粒子へかかる力に影響する．これらの力は間隙水圧力と呼ばれる．この間隙水圧力が上昇すると，粒子が引き離され，砂粒子間の接触摩擦が弱まり，その結果，土壌の剪断強度が減少する．土壌が剪断強度をすべて失ったときに，液状化が起こる．したがって，この過程は，内部摩擦（たとえば粒子と粒子の接触）により強度を保っている土壌については重大である．粘土に富む堆積物では，粘土の強度は一般に粒子間の結合によるので，液状化は起こらない．

　土壌の液状化の起こりやすさは多くの要因により規制される．それらの要因は，地盤の状態と地震による地盤の動きの性質の2つに分けられる．液状化が起こりやすくなる地盤の状態は，低密度，水に飽和，およびシルト質砂の粒径幅である．粒径の幅は重要であり，液状化が起こりやすい粒径の範囲を定めることができる．高密度で含水量の少ない砂は，液状化しにくい．土壌の地質学的経歴も重要である．河川堆積砂は密度の差により氷河堆積物よりも液状化を起こしやすい．

　一般には，大きい地震ほど液状化が起こりやすい．しかし，震動の継続時間も重要な要素である．地震の振動が長時間続くと，個々の応力パルスが土壌中を通過するので間隙水圧力が徐々に上昇する．応力パルス（地盤の加速として測定した）が大きいほど間隙水圧力の上昇は大きい．したがって，地盤を大きく加速する振動が長時間続く方が，地盤の加速が小さく短時間の振動よりも液状化を起こしやすい．

この条件は通常マグニチュードが5以上の地震の場合に当てはまる.

液状化に対する工事の効果は重要である.耐久強度がまったく失われたことが重大な結果を引き起こした例が1964年の日本の新潟地震のときにみられた.新潟市川岸町のアパートの建物が,建物そのものは破壊しなかったにもかかわらず,基礎土台の周辺の液状化により40°の角度で傾いた.浄化槽のような埋設物は液状化した堆積物(土壌)の上まで浮上した.液状化はまた水平方向の広がり,すなわち流動すべりを起こす.それは,地すべりが通常は起こらない程度の傾斜の緩い斜面で起こる.この現象は1964年のアラスカ地震のときにみられ,おもな地すべりは下層の砂層の液状化により Turnagain Heights と Government Hill で生じた.

[W. Murphy/松葉谷　治訳]

エルニーニョ
El Niño

19世紀にペルーの漁師たちは,沿岸に沿って南に向かって流れる暖水に気づいた.それはたいていクリスマス(Los Dias del Niño)すなわちキリストの誕生日のあとにはじまるので,彼らは Corriente del Niño,またはエルニーニョと名づけた.エルニーニョが起きているときの熱帯の海洋の状態は,通常,南極大陸からの冷水が南米の西海岸に沿って湧昇することによってつねに冷たい状態となっているのに対して,それとまったく対照的である.毎年起こるエルニーニョは,沿岸砂漠やアンデス山脈の山々における夏季の降水の先触れとなり,それは作物の灌漑に対して,必要とされる分よりはるかに多量の表面流水をもたらす.漁業産業も,冷たくて重く栄養豊富な湧昇流の魚の追跡や養殖から,生産性と塩分のより少ない,暖かな海での捕食動物の捜索へと適応していかなければならない.

不規則な間隔で起こるエルニーニョは,通常よりはるかに強く,暖かくて塩分の少ない海水をより南へと運ぶ.科学者らはいまや,この変則的でより強い現象を言及するときに,エルニーニョという用語を使っている.そしてこの現象は,その効果が1年以上持続し,太平洋地域やさらに遠くにまで及んで,気象や気候,そして社会経済的な安定に重要な影響をもたらすものである.いちばんはじめに書かれたエルニーニョ現象(このように名づけられてはいないが)の痕跡は,1525～26年のピサロ(スペインのインカ帝国征服者)の軍事日記の中であった.エルニーニョ現象は3～4年の間隔で起こっていると見られ,強いタイプのものは20年以上の間隔で起こっている.20世紀では,強いものは9回,穏やかなものは16回のエルニーニョ現象があった.

エルニーニョに対応する大気状態は南方振動(SO)と呼ばれる.南方振動とは,太平洋南部からインド洋にわたる範囲での大規模大気圧変化である.これは,インド観測所の長官としてインドモンスーンにおける変動要因を研究していたギルバート・ウォーカーによって1932年にはじめて文書で証明された.南方振動が高い位相にあるときは,強い熱帯対流によって,太平洋西部からインドネシアにかけて空気が上昇し,海面で南東から強い貿易風を引き込む低気圧状態をもたらす.空気は,下降して太平洋南東部で高気圧状態になる前に,より高い高度まで上昇して戻る(図1a).低い位相にあるときには,熱帯対流に伴って生じる低気圧帯が,太平洋中部-東部に移動するにつれて,気圧パターン

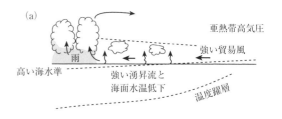

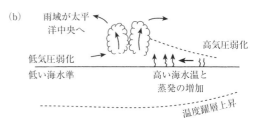

図1 (a) 南方振動が通常のときの,赤道に沿った大気・海洋構造の一般的断面図.
(b) 南方振動がエルニーニョのときの,赤道に沿った大気・海洋構造の一般的断面図.(Bigg (1990) の図1, 2による)

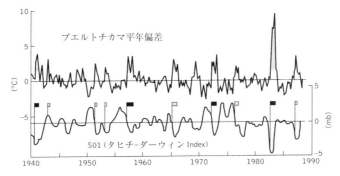

図2 上の曲線はペルーのプエルトチカマの海面水温．下の曲線は南方振動指標（SOI）．それぞれの旗は，位置がエルニーニョ現象のはじまりを表し，旗の長さが継続期間を表す．黒い旗は強いか強烈なエルニーニョ現象を示し，灰色の旗は弱いか中くらいの強さのエルニーニョ現象を示す．（Enfield (1989) の図3による）

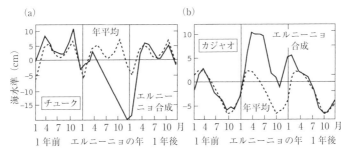

図3 (a) 太平洋中部のチューク諸島におけるエルニーニョ時とエルニーニョでないときの海面水準変化．エルニーニョ現象時に太平洋西部からは流れ出ていて，海面水準が大きく下がっている．
(b) ペルーのカジャオにおいて，同じ変動を示したもの．（Enfield (1989) の図8による）

は逆になって，貿易風は通常よりも弱くなる（図1b）．

南方振動指標（SOI）は，オーストラリアのダーウィンとタヒチの気圧差の大きさである（図2）．指標が谷になっているところは，気圧がタヒチで低く太平洋西部で高くなるエルニーニョ現象時に対応し，指標がピークに達しているときは，強い貿易風で特徴づけられる，強調された「通常」位相（現在ではラニーニャと名づけられている）と一致する．科学者らは，1957年に，ペルーでSOIと海面気圧の強い相関が指摘されるまで，南方振動とエルニーニョの関連に気づかなかった（図2）．

ノルウェーの科学者ヤコブ・ビャークネスは，これらの大気と海洋の現象の関連をはじめて提唱した．単純化された熱帯海洋の構造は，軽くて新しく暖かい水の層が，より重くて冷たい塩分の多い水の層の上に重なっていて，その2層は，密度と温度の急激に変わるところ，サーモクライン（温度躍層）で分離されていると考えられる．「通常」状態では，西に向かって吹く貿易風は上層の暖かい層を太平洋西部へと押しやり，サーモクラインの厚さは，東部で30～50mしかないのに対して，西部においては150～200mにも達する．同時に，西向きの貿易風と地球の回転が結合することによって，赤道付近の表面海水は南北へ運ばれる．こうして，下方からの冷たい湧昇流と，長く伸びた冷たい表面水が順番に引き起こされるのである．太平洋西部では，貿易風は弱くサーモクラインも深いので，冷たい塊は現れない．エルニーニョ現象のはじまりに貿易風が弱まると，湧昇が止まり上層の暖水が東に移動し，これと一緒に低気圧帯と強い熱帯対流をも移動させる．

貿易風の緩和は，ケルビン波という大規模な海洋波を起こす．これは，赤道付近を最高速度 $2.8\,\mathrm{m\,s^{-1}}$ で西から東へ移動し，太平洋を1～2カ月で横断す

る．そして，この波が通過するとサーモクラインは下降し，海面を上昇させる．一度ケルビン波が太平洋の東部に達すると，その波のエネルギーの一部は，アメリカ大陸に平行して南北へ移動する沿岸ケルビン波に変換され，3～4カ月かけて高緯度帯に達する．赤道から離れた地域では，おもな大規模な波は，西へ移動するロスビー波であり，これはケルビン波や沿岸ケルビン波の反射によって生じる．ロスビー波の速度は赤道から離れるほど遅くなるので，中・高緯度帯にもたらされるエルニーニョの影響は，何カ月も，ときには数年も持続しうる．たとえば，日本の緯度では，太平洋の西向きに反射されたロスビー波は，太平洋横断に数年かかる．1982～83年にあったようなとくに強いエルニーニョ現象の後の調査では，海面水温やそれによる気象状態への影響が，高緯度帯で 11 年後にも及んでいることが示されている．

典型的なエルニーニョ現象は，貿易風の通常よりも強い期間が前兆になっているようである．エルニーニョがはじまるときは，たいてい年のはじめの頃であるが，赤道太平洋の中部と西部で，風が西向きになっている．4月には，ペルーとエクアドルでは，海洋ケルビン波の到来と一致して海面水温のピークが現れている．大気が低圧になり，西からは暖かい表面水が運ばれるので，海面も上昇する．図3はエルニーニョ現象時の，太平洋西部のチューク諸島（旧トラック島）とペルーのカジャオの2カ所における海面変化を表したものである．海面水温の高い状態は，2年目の北半球の春季まで，ことによると小さなピークをもって，現象が終了する前の冬季まで持続する．

エルニーニョ現象の影響は世界に及ぶ．低圧対流域が東に移動することによって，オーストラリア，インドネシア，アフリカ，インドでは干ばつが引き起こされる．逆に太平洋中部では，激しい降水とハリケーンが起こる．南米西部では，豪雨によって洪水や侵食が広がり，北米でも，気圧パターンの変化によって，多量の降水をもたらす前線が米国の西部・南部へさらに南方へと伸びる（図4）．

1982～83年のエルニーニョは，その激しさは異常なものであり，20世紀最大であることは疑いない．これはいままで記録されたなかでも最大級である．ペルーやエクアドルでは，1983年はじめには未曾有の豪雨によって，多量の表面流水，洪水，雪崩，侵食を記録した．影響は高緯度帯にまで及び，それに伴った洪水や海岸侵食が見られた．さらに遠く離れて，オーストラリアでは干ばつを記録した．新たなタイプとしては，全球規模での海の生物に対する影響も示されている．たとえば，太平洋西部でサーモクラインが深くなり，表面水中の栄養物が下降していくと，数世紀もの間ほとんど生育を妨害されることのなかった多くのサンゴ礁を破壊することになる．栄養物の損失は動物プランクトンを減少させ，その結果，魚やイカは大量に死に，海鳥は繁殖でき

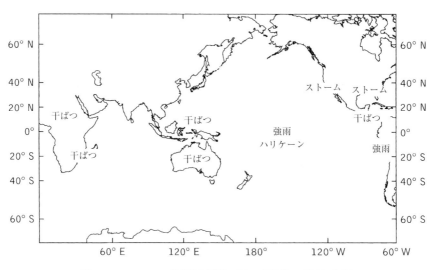

図4　エルニーニョの世界的な影響．(Bigg (1990) の図4による)

ず，ペンギンや鵜，アザラシ，アシカなどは食糧不足に陥る．さらに，荒れた海，海面水準の高い海では，沿岸でウミイグアナなどにえさをやることが非常に難しい．漂着性の海草の群生は大量に死滅する．

広範囲にわたる研究方法を用いた，より長いタイムスケールでの事実に基づく研究は，代わりになる痕跡を用いてエルニーニョ現象を見つけられるということを示している．たとえば，それはアメリカとメキシコの南西部の年輪の間隔や，ナイル川の洪水データ，熱帯・亜熱帯の氷コア，サンゴの成長記録，漁業の捕獲高，そして海や湖の堆積物からわかるさまざまなしるしからである．

いまや，エルニーニョのテレコネクション（赤道太平洋から離れたところでの大気と海洋の応答）は，エルニーニョ現象が，全球規模での年間気候変動の最も大きな原因であることを示唆している．エルニーニョのはじまりや激しさを予測する試みは，これまで十分には行われていない．変動性の陰に隠れている事実が理解されるようになるまで，海洋モデルの研究者や古気候学者らによる，さらに進んだ研究が必要である．　　　　[B. A. Haggart/田中　博訳]

■文　献

Bigg, G. R. (1990) El Niño and the Southern Oscillation. *Weather* **45**, 2-8.

Enfield, D. B. (1989) El Niño, past and present. *Reviews of Geophysics* **27**, 159-87.

塩　水
brines

塩水は塩類を著しく含む水を主とする流体であり，海水よりも高塩濃度であり，しばしば溶存塩類濃度が数十万 ppm（mg kg^{-1}）にもなる．それらのイオン強度は 1.0 mol kg^{-1} 以上である．

塩水の生成過程はいく通りかある．世界中で最も有名な塩水はおそらくイスラエルの死海のものであろう．死海は内陸湖であり，その水はあまりに高塩濃度であるので，水浴者が浮いてしまう．これは蒸発により生成する塩水の例，すなわち水分子が湖から大気へと蒸発し，溶存塩類が湖水中に濃縮する例

である．ほかの例は，カリフォルニアのモノ湖で，そこでは周囲の山から降水や融雪水が流入するだけで，流出する河川がない．これら2つの湖は観光資源として重要であり，また重要な鉱物資源を産出する地質現象の一例である．このような塩水が溶存塩類に過飽和になると，すなわち各塩の溶解度積を超えると，塩が晶出する．はじめに最も溶けにくい炭酸カルシウム（方解石 $CaCO_3$）が沈殿し，続いて一般には，硫酸カルシウム（石膏 $CaSO_4 \cdot 2H_2O$），塩化ナトリウム（岩塩 NaCl），塩化カリウム（カリ岩塩 KCl），そしてマグネシウム塩の順に晶出する．ペルム紀から三畳紀に，ヨーロッパでは巨大な海が内陸に閉じ込められ，そこから鉱物（塩）が沈殿し，全土に岩塩の厚い地層（数千 m）が堆積した．それらの鉱物は有用な鉱物資源であり，現在でもヨーロッパ北西部で採掘されている．そのような堆積物が再溶解すると，塩水が生じる．

遺留水（connate water），すなわち地層水（formation water）は堆積物中の空隙に閉じ込められた水から生成する．続成作用や埋没中に，そのような水の一部は搾り出され散失するが，一部は地層中の特定の部分に残存し，油田塩水となる．そのような水は，高温・高圧の状態で数百万年も岩石中に貯留し，水と岩石の間の十分な反応により著しい高塩濃度になる．間隙水は変成作用や経済的に価値のある鉱床の形成に関して重要な役割を果たす．堆積物中に流体が存在すると，粒子間に働く圧力が減少し，水圧破砕が起こる．その結果，流体が流れる通路が生じ，また鉱物が沈殿する空間が生じる．マグマ起源の塩水は，マグマ（たとえば花崗岩）の結晶作用の最終段階で水やその他結晶に入りにくい成分がメルトから排出されることにより生成する．このような塩水は貫入岩と母岩の境界で母岩と反応し，スカルン鉱床を形成したり，もし流体が母岩の中まで浸透できる場合は鉱脈鉱床を形成する．

高温の塩水は熱水鉱床の生成にとって1つの不可欠な要素である．鉛，亜鉛，銅などの金属は，錯体を形成する塩化物イオン（Cl^-）や硫化物水素イオン（HS^-）などを含む塩水中では高濃度となり，塩水と一緒に容易に移動する．たとえば，2価の銅イオン（Cu^{2+}）は $CuCl^+$ や $CuCl_2^0$ の錯体を形成する．この錯体の形成は溶液中の銅の濃度を著しく増加させ，その結果，銅が移動しやすくなる．このような

錯体の安定性は，溶液の温度，pH，塩濃度，酸化・還元状態，および圧力に依存する．これらの要素のうちのどれかが鉱物の溶解度を下げる方向に変化すると，鉱床が形成される．

このような流体のごく小さい包有物が結晶の成長過程で結晶中に取り込まれる．このような流体包有物を分析することにより，鉱物の生成した温度や流体の塩濃度を知ることができる．

[A. Y. Lewis/松葉谷　治訳]

遠洋性ケイ素
pelagic silica

遠洋性堆積物のほとんどを占めているのはケイ藻や放散虫などケイ素を主体にした物質である．ケイ藻土（ケイ藻植物を30％以上含むもの）は沿岸湧昇域の下や南極発散場の下に堆積しやすい．放散虫軟泥はおもに太平洋の赤道地帯で見られる．

●ケイ藻

ケイ藻は光合成を行う単細胞の藻類で，無定形の水和したケイ素の殻（frustule）をもち，オパールやオパール質シリカ（$SiO_2 \cdot nH_2O$）の名でも知られている．ケイ藻の大きさはさまざまで，長さ $10\,\mu m$ のものから数 mm のものまであり，単体でいるものも群生でいるものもある．群生のものは普通，長い鎖（例 Skeletonema spp.）やケイ藻マットとして知られる「ねばねばする」糸や突起（例 Thalassiothrix spp.）でつながっており，絡まった塊を形成する．群生のものは一般的に外洋性ケイ素堆積物のなかに保存されている．たとえば，Chaetoseros は沿岸湧昇域に多い種で，ケイ藻マットは太平洋の赤道地帯東側にある中新世と鮮新世にできた薄板状のケイ藻土のなかに幅広く観測される．

ケイ藻は，海面から沈降する途中でも，海底に堆積した後でも，溶解しやすい．このため，堆積物中に保存される物質の量はケイ素の供給量によって決まる．供給量が高いと保存されるケイ素は多くなる．ケイ素の供給量が低い海域ではケイ藻群は溶解に耐える形である傾向がよくあるので Coscinodiscus spp. のような丈夫な種が，Skeletonema spp. のような壊れやすい種よりも豊富に存在する．ケイ藻は湧昇域の堆積物に多く見られるが，ほかのプランクトンと同様に，水塊の分布を推論するために利用される．

●放散虫

放散虫はいろいろの種類があり，ケイ素やストロンチウム硫酸塩の複雑な骨格を形成する外洋性の動物プランクトンである．放散虫は3つのおもなグループに分けられる．アカンサリア（Acantharia）目，トリピレア（Tripylea）目，ポリキスティナ（Polycystina）目である．ポリキスティナのグループだけがオパール質シリカの骨格をもち，堆積物に形を保ったまま保存される．このグループはさらに球状型（スプメラリア（Spumellaria）亜目）と釣鐘型または帽子型（ナセラリア（Nassellaria）亜目）に分けられる．

放散虫の大きさは $50\,\mu m$ のものから $300\,\mu m$ のものまであり，単体で存在したり，ときには群生することもある．放散虫は浮力の調節と関連して，さまざまな殻をもっている．たとえば，表面に近いものは繊細でとげが多くごてごてしているが，深い海のものは大きく，とげが短く少ない．

放散虫群は熱帯や温帯地域の海面に近いところで（水深 $50\sim200\,m$）最も種類が多いが，極地の海に生息するものもある．深海堆積物中の放散虫の分布はケイ素が水中でどれだけ未飽和であるかに大きく左右される．保存性のよい放散虫群を含む海域は，おもに生産性の高い海域の下にあるとされている．放散虫は一般的にケイ藻より丈夫なので保存性が良いことが多いが，ケイ藻と同様，より溶解に耐える種に偏っている．古海洋学では，放散虫の発生は水塊の地理的範囲を定めるために利用される．

[R. B. Pearce/木村龍治訳]

■文　献
Open University (1991) *Ocean chemistry and deep-sea sediments* (2nd edn.). Pergamon Press, Oxford.

遠洋性炭酸塩
pelagic carbonates

遠洋性炭酸塩はコッコリソフォア（円石藻：植物プランクトン），有孔虫（動物プランクトン），また，それほど一般的ではないが，翼足類（軟体動物の一種）が起源である．これらの生物はすべて石灰質の殻（骨格）をもっているが，翼足類の骨格はマグネシウムの多い方解石（あられ石）からできている．遠洋性炭酸塩は，炭酸塩の補償深度（CCD, carbonate compensation depth；炭酸塩が海水に溶解してしまう深度）より浅いところで起きているが，大西洋のほとんどの海盆に堆積している．

コッコリソフォアは一般的には石灰質ナノ化石と呼ばれているが，球状で直径 $10 \sim 50 \, \mu m$ の大きさの光合成を行う植物である．コッコリソフォアは直径 $2 \sim 10 \, \mu m$ の微小な方解石のプレート（ココリス）をもっており，ココリス泥をつくる．コッコリソフォアの球状の形は，しばしば堆積物のなかに保存されている．コッコリソフォアは有光層（表層約 $100 \, m$ の日射を透過させる層）に存在し，一般に鉛直方向に種類が異なっている．世界中の海域でさまざまな種類が存在する．極地に近い海では種類が少なく，熱帯や赤道付近の海では多い．多くの植物プランクトンと同様に，その分布は水塊と深く関係している．したがって堆積した化石の分析から過去の水塊の分布を知ることができる．冷たい海水に住むものの殻は一般的に温かい海水に住むものより丈夫にできている．このためとくにCCDやCCDに近い水深では，種類によって溶けてしまうものもあるので注意を要する．これらの堆積物はおもに氷期から間氷期への移行の間に起きた熱塩循環の変化の影響を受けている．

有孔虫（$30 \, \mu m \sim 1 \, mm$）は浮遊性プランクトンと底生の種から構成され，いろいろな種類がある．プランクトンはとげの多いものととげのないものに分類される．殻の形は，浮力を維持するように適応して多様であり，その分布は普通，食料の有無と光に強さによって決まる．プランクトンのほとんどは有光層に生息している．そのため，緯度60°より低緯度の生産性の高い地域は，有孔虫が多い．緯度が高くなると，プランクトン性有孔虫の多様性は減少するので，特定の種の有無が特定の水塊の存在を推論するために利用できる．

底生有孔虫には海底を移動するものと着生のもの，埋在のものも表在のものもあり，形と表面の模様はプランクトンのものとは異なっている．浅瀬に生息するものも深海に生息するものもある．すべての緯度で存在するが，熱帯地方ではとくに多い．それぞれの種は水深と強い関係をもつ．しかし，水深による環境要因（たとえば光の有無，栄養塩濃度，水温，塩分濃度，酸素と二酸化炭素の含有量など）が多様なため，特定の種を限定する要因は何なのかを決定するのが難しい．深海に生息するいくつかの種は特定の底層水と関係があると考えられており，古海洋学的流路を推定するのに利用される．

プランクトン性有孔虫の殻の酸素同位体分析により，過去の海面の水温と塩分濃度を推定することができる．それをもとに，昔の海洋循環のパターンを再構築することが可能になる．同様に，底生有孔虫の殻の同位体分析も，海底の水塊の歴史，さらに海洋の熱塩循環を再現するのに利用できる．

翼足類は生物起源の炭酸性堆積物のなかにわずかに含まれるものである．翼足類の薄いあられ石状の殻はさまざまな形をしており，長さは $0.3 \sim 10 \, mm$ である．翼足類のほとんどは普通，熱帯および亜熱帯の水塊の上部 $500 \, m$ のところに生息している．海水中ではあられ石は方解石より安定であり，あられ石の補償深度（ACD, aragonite compensation depth）は CCD より浅く，普通，水深約 $2 \sim 3 \, km$ 以下である．翼足類は，とくに地中海や紅海のような閉鎖的な縁海で海底堆積物の層序を示すものとして，また，水塊の指標として利用される．

[R. B. Pearce/木村龍治訳]

■文 献

Open University (1991). *Ocean chemistry and deep-sea sediments* (2nd edn). Pergamon Press, Oxford.

遠洋の環境
pelagic environments of the oceans

陸から遠く離れた遠洋は，独特の環境をつくっている．遠洋には，微小な生物であるプランクトンや，遊泳力のあるネクトン（おもに魚類）が生息している．これらは動物相として重要なだけでなく，海底に堆積する堆積物の起源としても重要である．ベントス（海底に生息する動物）も海底堆積物の形成に寄与している．

●遠洋の生物起源の堆積物

遠洋の生物起源の堆積物は海の浮遊性の生物と底生有機体の細かく砕かれた骨格の破片でできている．これらの堆積物は炭酸カルシウムからなるものとオパール質シリカからなるものにわけられる．炭酸塩に富んだ破片は，コッコリソフォア（円石藻），有孔虫，翼足類（動物）でできている．ケイ素のほとんどはケイ藻（植物）や放散虫（動物）が起源である．外洋の生物起源の堆積物（生物起源の破片を30％以上含むもの）は軟泥とも呼ばれ，たとえばケイ藻軟泥など主要な成分によってさらに分類することができる．

●軟泥の形成プロセス

軟泥の分布と性質は以下の条件によってコントロールされている．すなわち，（1）海面から海底への生物起源物質の移動，（2）生物起源物質が堆積前後に溶解する程度，（3）堆積する過程での非生物的な過程による希釈．

炭酸塩とケイ素の海底への降下量は，有光層（海の表層で日射が届くところ）のなかでの一次生産のレベルによって決まるので，栄養塩（たとえばリン，窒素，ケイ素など）の有無に左右される．有光層は，その下にある栄養塩に富む海水と鉛直方向に混ざりあうことが少ないので，栄養レベルが低いということが特徴である．しかし，有光層から有機物質が「雨」のように降り注ぐことによって，下にある海水の栄養塩を豊かにしている．沿岸湧昇帯（たとえばペルー沖やカリフォルニア湾など）や表層が発散場になっている場所（たとえば太平洋の赤道東側）などの栄

養塩に富む海水の湧昇海域では一時生産の行われる率が高い．このような環境はケイ藻類のブルーミング（大量繁殖）が起こるので，その下の海底堆積物は普通はケイ藻植物の軟泥に覆われている．反対に，湧昇海域の周囲の海域，すなわち一次生産が行われる率がいくぶん高いところでは，遠洋炭酸塩がほとんどを占める．栄養塩の乏しい生産性の低い海域は，生物起源の堆積物の割合としては，炭酸塩は低く，ケイ素はないといってよい．たとえば黒海のような環境ではココリス軟泥が堆積しているのが一般的である．生物起源堆積物の物理的な過程による希釈はおもに大陸の端（大陸棚斜面）で起こる．岸に近いところでは普通，陸成堆積物の割合が生物起源の堆積物の割合より高い．大陸からの距離が遠くなるにつれて，陸成堆積物から遠洋性堆積物へとしだいに変化する．

海水中のオパール質シリカの溶解過程は，炭酸塩とはかなり違っている．海水はどこでもケイ素に対して不飽和の状態にある．そのためオパール質シリカは海水に入るとすぐに溶解しはじめる．この溶解作用は物質が水中を沈降する間も，海水と堆積物との境界でも，堆積した後も続き，堆積物中のケイ素が飽和してしまうか，オパール質シリカが完全に溶解してしまうまで続く．

水深4〜5km以浅では，海水は炭酸塩で過飽和の状態にある．それ以深の深さでは未飽和の状態にある．炭酸塩堆積物が溶解の兆しを見せはじめる水深をリソクラインといい，完全に溶解してしまう水深を炭酸塩補償深度（CCD；carbonate compensation depth）という．したがって，遠洋性炭酸塩は中央海嶺や海山など，地形が高いところに堆積しやすい．さらに，CCDの位置は，海盆のなかで一定ではなく，場所や時間によって変化する．CCDの水深は，水温，水圧，有機物の腐敗など，さまざまな要因によってコントロールされる．海水の水温が下がると，炭酸塩は溶解しやすくなる．水圧の上昇でも同じことが起こる．水深4〜5km以上では，海水温が低く，上部にある海水より水圧が高くなるので，炭酸塩は未飽和になりやすい．二酸化炭素があるとさらに炭酸塩は溶解しやすくなる．時間とともに腐敗した有機物が深海にしだいに増え，二酸化炭素の含有量もしだいに増加する．したがって，海盆のなかの古い深海の水は，新しい深

表1 遠洋性堆積物で覆われた深海底の割合（%）.

堆積物	大西洋	太平洋	インド洋	世界全体
石灰質軟泥	65.1	36.2	54.3	47.1
翼足類軟泥	2.4	0.1	—	0.6
ケイ藻軟泥	6.7	10.1	19.9	11.6
放散虫軟泥	—	4.6	0.5	2.6
遠洋性粘土	25.8	49.0	25.3	38.1
海洋の相対的な割合(%)	23.0	53.4	23.6	100.0

注：遠洋性粘土については細分化していない．（Open University, 1991）

海の水より CCD が浅い．氷期と間氷期の気候状態は熱塩循環パターンが異なっており，また，氷期の大気中の二酸化炭素濃度は間氷期より少ない．したがって，CCD は気候状態によっても異なるといえる．

●遠洋性堆積物の分布

　大西洋は炭酸塩の軟泥が多いのが特徴であり，太平洋と南極海ではシリカの軟泥が多く，インド洋では普通，両方のタイプの堆積物が混在している（表1）．前述したように，堆積物の分布は底層水の循環によって決まり，溶解の速さや湧昇による表層の生産性を左右する．北太平洋と北大西洋の CCD の深さを比べると，深海水の年齢がわかる．北大西洋の深層循環は酸素に富む北大西洋深層水（NADW）で占められ，これはグリーンランドとノルウェー海の栄養塩に乏しい海面の海水でできている．北大西洋の CCD は深い（5 km）．太平洋の深海には NADW と南極海の表層水が混ざりあっている．この2つの水塊は混ざって南極底層水を形成している．したがって，太平洋の深層水の相対的な年齢は NADW より高く，CCD は割合浅い（南太平洋で4 km，北太平洋で3.5 km）．太平洋では CCD が浅く湧昇した海水は栄養物に富んでいるため，広い範囲にわたって海底堆積物にケイ素の占める割合が大きい．

[R. B. Pearce/木村龍治訳]

■文　献

Broeker, W. S. and Peng, T. S. (1983) *Tracers in the sea.* Eldigio Publications, Palisades, New York.

Kemp, A. E. S. and Baldauf, J. G. (1993) Vast Neogene laminated diatom mat deposits from the eastern equatorial Pacific. *Nature* **362**, 141-4.

Kennett, J. P. (1982) *Marine geology.* Prentice Hall, Inc.,

Englewood Cliffs, New Jersey.

Open University (1991) *Ocean chemistry and deep-sea sediments* (2nd edn). Pergamon Press, Oxford.

応用地球物理学における電磁気学的手法
electromagnetic methods in applied geophysics

　電流の変化は磁場の変化と相互に関係しており，磁場は伝導性の物質内に電流を誘導する．この電流はまた「二次的な」交流磁場を生み，その磁場は地表で検出される．この事実が，応用地球物理学における電磁気学的手法の基礎である．その手法は，大まかに2つのおもなカテゴリーに分類される．無変調波（CW）手法では，誘導する電流は正弦波をなし，その周波数は数百から数千ヘルツ（Hz）に固定される．その手法は，人工的な情報伝達の電磁場（15～25 kHz の「超低周波；VLF」軍事伝達）や，自然の電磁場（マグネトテルリクス法）を用い，その結果として，周波数の範囲は非常に幅広くなる．過渡電磁（TEM）手法では，回路内で電流を急に止めて磁場を変化させ，電流を誘導する．TEM 法は多くの周波数を含むので，CW 法を個々の周波数で作動させて得られる情報が一度に得られる．TEM 法のもう1つの利点は，回路内に電流が流れない状態で測定されることである．それに対して，二次磁場を用いる CW 法は，もっと強い一次磁場を受けながら測定しなければならない．

　局地的な電磁場の発生源としては，非常に長い地線，大きな長方形のループ（調査地域を囲んだり，その一端に設置したりする），直径約10 cm の携帯可能な小ループなど，さまざまな形状や配列のものが用いられる．小ループは，交流の双極子磁場に近い放射場を作り出し，通常は磁気効果を高めるために，フェライトの磁心をもつ．受信コイルは，ほとんどの場合，小ループである．大雑把にいえば，測定には一次磁場と二次磁場の合力の伏角が用いられる．あるいは，もっと高度な方法として，場の各成分の振幅や相（フェイズ）が測定される．場の方向や相の変化を測定することで，二次磁場を一次磁場

から区別し，地下の電気伝導度と関連するパラメーターを見積ることが可能になる．

電磁気学的手法の大きな利点は，航空機を用いて，広い面積にわたる観測を短時間に遂行できることである．今日のエアボーンCW観測は，ほとんどの場合，いろいろな方向を向いた多端子の受信コイルを用いるが，多端子の伝達コイルを用いることもある．コイルは調査にあたる航空機の機首，機尾，翼端に搭載したり，管状の繊維ガラス「バーズ」に入れて，ヘリコプターの下で引っ張ったりする．受信コイルと伝達コイルの間は，振動と屈曲によって間隔や相対方向が変化するが，コイルの配列にかかわらず，その補正，とくに相対方向の補正をする必要がある．地上で測定される二次磁場が一次磁場の10%を上回るのに，上空で観測される二次磁場は大きくても100万分の1程度にすぎないことからみても，この補正の重要性が理解できる．

電磁気学的手法は，電気伝導度が非常に高い硫化堆積物の検出を通して，鉱物を調査するためにおもに開発された．その後，水文や環境の調査を目的として，電気伝導度の分布図を作成することに次第に利用されるようになった．エアボーン反復調査は，CW法とTEM法の両方を用いてオーストラリアで開発され，灌漑された農地に塩類が集積するのを監視するために利用されてきた．

[John Milsom/井田喜明訳]

オゾン層
ozone layer

オゾンは酸素原子3つ（O_3）からなる青緑色の有毒な気体である．オゾンは大気中ほとんどどこにでも微量に存在しているが，成層圏中で最も多い．成層圏には高度15～40 kmにオゾンを多く含む薄い層があり，高度25 km付近で濃度が最大となる（図1）．この層はオゾン層と呼ばれ，地上の生命にとって非常に重要であると考えられている．それは，B領域紫外線と呼ばれ，太陽光線のスペクトル中で最も発癌性が高い波長280～315 nmの部分をオゾン層が吸収してくれるためである．実際，成層圏で大変微量に存在する酸素とともに，オゾンが紫外線を非常に効率よく吸収するため，波長298 nm以下の太陽放射はほとんど対流圏に到達できない．もしオゾン層が薄くなったら，B領域紫外線の放射が下層大気にまでより多く到達し，地上の生命にとって有害になると考えられている．B領域紫外線の増加による健康上の危険性はいろいろあるが，例としては皮膚癌や白内障の発症率の増加，免疫機能の低下の可能性などがある．植物にとっては，成長・収穫・光合成のすべてが低下するであろう．

●成層圏のオゾン分布

オゾンの量は通常，ある高度にどのくらいオゾンが存在するかではなく，大気の上端から地表までの気柱全体に存在するオゾン全量として測られる．計測の単位はドブソン単位と呼ばれ，（1単位は）気柱のオゾン全量が（0℃，1気圧で）0.01 mmの厚みの気層に相当することを意味する．成層圏中のオゾンの量は当然，時間的にも空間的にも変動する．オゾンのほとんどは高度25 km以上の場所で光化学反応によって生成され，そこから下部成層圏へと

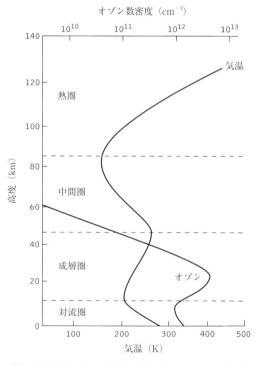

図1 大気中オゾンの鉛直分布．(J. E. Harries (1990) *Earthwatch : the climate from space*. Ellis Horwood, Chichester による)

運ばれてそこに蓄えられ，さらに大気循環によって再分配される．オゾンは赤道上空で生成され，極域へ運ばれそこで破壊されるにもかかわらず，極域上空に最も多く存在し，赤道上空で最も少ないことが観測によりわかっている．オゾン分布の季節変化は極域で最も大きい一方，熱帯ではほとんどみられない．極域でオゾン量が最大となるのは晩冬から初春にかけてであるが，南北両半球で明瞭な違いがある．すなわち，オゾン量が最大となる場所が北半球では南半球より極に近く，また最大となる時期も北半球では南半球より遅い．これはおそらく，対流圏で起こる天気現象の成層圏への影響の及ぼし方が両半球で異なっているため，高度 20 km 以下に存在するオゾン量が違うからであろう．成層圏オゾンの短期間の変動は対流圏で起こる天気現象と関連がある．より長周期の変化のなかにも重要なものがある．熱帯の成層圏下部では約 26 カ月の周期で東西風の向きが反転しており，これは「準 2 年周期振動（QBO）」と呼ばれている．オゾン量の変動にはこの QBO や太陽黒点周期，太陽フレアと関係づけられるものもある．成層圏にはユンゲ層と呼ばれる硫酸塩エアロゾル層があり，それがオゾンの破壊を助長するものと考えられている．この層は火山噴火によって強められるであろう．以上の短い議論から，化学・力学・放射という相互に関連しあう複数の過程がオゾンの分布に影響を与えていることがわかる．

成層圏上部では，短波放射の入射のため光化学反応が普通に起きている．化学物質の寿命を決める反応速度は温度に依存する．風によって運ばれる時間（輸送時間）よりも化学物質の寿命が十分短ければ光化学平衡が成立しうる．高度 25 km より上のオゾンは実際このような状況になっている．オゾンは生成・消滅のサイクルを繰り返しているが，この光化学反応のサイクルを説明する試みは 1930 年代にはじめてなされた．そのころ，この生成・消滅サイクルには触媒が必要であることが見出され，その後，触媒によるオゾン破壊のサイクルが多く確認された．とくに顕著なものは酸化水素，窒素酸化物，酸化塩素を触媒とするものである．

オゾンの鉛直分布は基本的には光化学反応によって説明できるものの，その地理的な分布は力学過程に大きく依存している．これは，成層圏下部においてはオゾンの寿命と輸送時間とが同程度になるた

め，風の影響が重要となるからである．オゾンが紫外線放射を吸収するため，成層圏では高度とともに気温が上昇する．このような温度構造は，限られた鉛直運動しか起こらないことを意味する．このため，成層圏に注入されたエアロゾルや気体成分はそこに長く留まる．非常に乾燥している成層圏では，こうした物質が雨と一緒に落下することがほとんどないため，この性質はさらに助長される．この結果，成層圏内に大規模な物質の集積が生じうる．また成層圏では東西風が非常に強く，冬には高緯度で波状の構造をとることがある．

極渦は成層圏の風系の重要な要素だが，後述するように，オゾン層破壊にとっても非常に重要である．冬が近づき長い極夜がはじまると，気温が下がりだす．すると，冬極付近に中心をもつ渦が形成され，この渦が極夜の間，成層圏の極域の空気を効率よく隔離する．成層圏下部の極渦内では，気温が −78℃ 以下にまで低下する．このような低温のもとでは極成層圏雲（PSC）が発生しうる．−88℃ で発生するものは氷を成分とするが，−78℃ では硝酸三水和物からなる雲が形成される．南半球で形成される極渦は北半球のものよりもはるかに強い．これは，南極大陸がその周囲を流れる南極周極流によってほかの陸地から隔てられており，中緯度の暖かい海水からも遮断されているためである．そのため，南極上空の大気では，対流圏上層で生じる大規模な惑星規模波動（プラネタリー波）が成層圏にまで到達することはめったにない．対照的に，北極上空ではしばしばこうした波動により極渦が崩壊させられている．春になって日射が戻ると極渦は崩壊する．この過程は非常に速く起こり，成層圏最終昇温と呼ばれている．このとき，極渦は分裂し，個々の断片はそれぞれ赤道側へ流される．北半球では最終昇温は普通春の早い時期に起きるが，南半球ではかなり遅い時期に起きることもある．QBO の変動に応じて極渦の強さも変化し，赤道上空が東風のときは極渦が弱まるようである．

● オゾン層破壊

1970 年代はじめに，人間活動によってオゾン層が破壊されるかもしれないという懸念が浮上しはじめた．当初最も懸念されていたのは，コンコルドなど当時構想されていた超音速航空機の飛行による影

響であった．すなわち，これらの超音速航空機は成層圏中を飛行するであろうから，燃焼生成物として排出される水蒸気や窒素酸化物が成層圏中に蓄積されるであろう．前述のように成層圏は安定度が高いため，窒素酸化物が累積していき，触媒を介したオゾン層の破壊を助長するであろう．結局，構想されていた超音速航空機のほとんどは製造されることはなかったが，1974年に新たな別の懸念がもたらされた．それは，クロロフルオロカーボン（フロン，あるいはCFCとも呼ばれる）という合成化合物もまたオゾン層を破壊しうるのではないかという疑念である．フロンは1930年代から冷媒として商業利用されてきたが，不活性で無害なためすぐにさまざまな用途に利用されはじめた．とくに，スプレー缶に封入する高圧ガスとしてよく利用された．1970年代までには，フロンは対流圏のどこにでも検出されるようになった．フロンは対流圏中では不活性なため，成層圏まで侵入するのに十分な長い寿命をもっていた．M. J. モリナとF. S. ローランドという2人の科学者が，成層圏ではフロンが紫外線により分解され，ここで放出される塩素がオゾンを破壊する可能性があることを示唆した．

　批判にさらされたものの，この理論はすぐに認められた．当時予測されたオゾン破壊の割合は50〜100年間に13%の減少というものであった．その割合は，1979年には19%にまで上昇したものの，その後のモデル予測ではだんだんと低く見積られ，1982年には5%以下と予想された．フロンの利用は最初の報告以来減少していたが，再び徐々に増加しはじめた．1985年には，英国南極調査局の観測により，春先の南極上空でオゾン層がかなり薄くなっていることが報告された．この報告はNASAの衛星観測により確認された．一般にも知られるようになったオゾンホールが，おもにフロンやその他人為的に放出される塩素により発生するということは現在では広く受け入れられている．オゾン層破壊がまず最初に南極上空で明らかとなったのは，そこにある冬季の極渦のためである．非常に温度の低い状況で発生する極成層圏雲の表面では，フロンから出される塩素が安定な状態から反応性の高い状態へと遷移できる．春になって日射が戻ると塩素が解放され，オゾン層を攻撃できるようになる．春が進むにつれて渦は分裂していき，オゾンの多い空気が侵入でき

るようになる．はじめのうちは，オゾン層がどの程度まで薄くなるかはQBOと関係があり，渦が強いときにより破壊が最も強いと考えられていた．しかし，現在ではこれは誤りだと考えられており，どの程度まで薄くなるかは，塩素がどの程度増えるかによると推測されている．一方，北半球の極域や中緯度でもオゾン層がかなり薄くなってきていることが最近の観測により示されている．

[Frances Drake/中村　尚訳]

■文　献

Fisher, M. (1992) *The ozone layer*. Chelsea House Publishers, New York.

Roan, S. L. (1989) *Ozone crisis：the 15-year evolution of a sudden global emergency*. John Wiley and Sons, New York.

オゾン層の化学
ozone-layer chemistry

オゾン（$O_{3(g)}$）は3つの酸素原子からなる気体で，地表面を太陽からの有害な紫外線から守ってくれている．大気中のオゾンの90%以上は，成層圏という上層大気に存在する．

オゾンは，成層圏中の酸素分子が紫外線により解離して酸素の遊離基（$O\cdot$）が生成されることによりつくられる．

$$O_{2(g)} + 光エネルギー \rightarrow O\cdot + O\cdot$$

遊離基は他の酸素分子と結合してオゾンになる．

$$O_{2(g)} + O\cdot + M \rightarrow O_{3(g)} + M$$

ここで，Mは別の分子で，ただエネルギーを取り除き，生成されるオゾン分子を安定させる働きをするだけである．

オゾンの自然な破壊のされ方には，おもに次の2つのものがある．

（1）生成されてすぐに紫外線（UV）により酸素分子と遊離基に分解される．

$$O_{3(g)} \rightarrow O_{2(g)} + O\cdot$$

（2）オゾン分子と酸素の遊離基とが結合して2つの酸素分子となる．

$$O_{3(g)} + O\cdot \rightarrow 2O_{2(g)}$$

オゾンは，人為的につくられ大気中に放出されて

きた化学物質によっても破壊されうる．最も問題となっているのはクロロフルオロカーボン（フロン，CFC）である．フロンは揮発性の化合物で，冷媒として使用されて大気中へと放出されてきた．こうした化学物質は時間が経つにつれて大気の上層に到達し，オゾンと反応してそれを破壊する．大気中に長く滞留するフロンに対する懸念はしだいに広い関心を集め，モントリオール議定書という形で国際的な規制が取り決められた．この議定書では（1990年の改正によって），2000年までにフロンの製造を全面的に禁止することとなっている．

塩素ガス（$Cl_{2(g)}$）は火山ガスの成分として大気中に放出される．塩素分子は光解離して2つの塩素遊離基（$Cl\cdot$）となり，オゾンを破壊する．

$$O_{3(g)} + Cl\cdot \rightarrow ClO + O_{2(g)}$$
$$ClO + O\cdot \rightarrow Cl\cdot + O_{2(g)}$$

よって，正味の反応は次のようになる．

$$O\cdot + O_{3(g)} \rightarrow 2O_{2(g)}$$

オゾンは，航空機から放出された窒素酸化物との反応によっても破壊される．かつてはこれがオゾン破壊の主要因ではないかと考えられていたが，現在では上記のメカニズムと比べてさほど重要でないと考えられている．

近年，毎年春になると極域でオゾン層に「穴（オゾンホール）」ができると報告されている．オゾンホールが発生するのは，極の上空に冬の間にできる冷たく安定した空気のためである．こうした冷たい空気の温度は－80℃以下にまで低下することがある．そうなると活性化した塩素を生成するような反応が起き，春になって日差しが戻るとオゾンが破壊されるようになる．

[Elizabeth H. Bailey/中村　尚訳]

オフィオライト層序
ophiolite sequence

'ophiolite（オフィオライト）'という語は，ギリシャ語のsnake-rock（蛇石）に由来する．この名前は，もとは蛇紋石と呼ばれる鉱物群からなる暗緑色に光る岩石でできた露頭につけられたものであ

る．オフィオライトの岩石は，山脈すなわち2つの大陸が衝突した場所によく見られる．大陸衝突域で生じるので，オフィオライトは通常大きく変形を受けており，オフィオライトの岩石の完全な層序が認められることはまれである．しかしながら，オフィオライトが見られる多数の場所を調査することで，図1に見られるような理想化したオフィオライト層序が得られている．このオフィオライト層序は，下部から上部へ，剪断変形を受けたざくろ石-レールゾライト（マントルの一部だと考えられる）；一度溶融したざくろ石-レールゾライト；かんらん岩類（かんらん石と輝石が晶出し玄武岩質メルトから沈積してできる）；斑れい岩類（玄武岩質成分の粗粒結晶質物質）；シート状岩脈群（薄く鉛直に層をなして貫入した玄武岩のシート群）；枕状溶岩（溶岩が水中に噴出した際にできる枕状の玄武岩）；そして，層序の最上部に，海底で見られる堆積物と同様な赤色チャートで構成される．シーケンスの最下部を形成するレールゾライトは，かんらん石，単斜輝石，斜方輝石，それに加えてスピネルまたはざくろ石からなる超塩基性岩である．

1960年代に，海洋地殻の地震学的な構造断面が得られ，海洋地殻の地震学的な3層構造と理想化したオフィオライト層序との比較が行なわれた．かんらん岩類と斑れい岩類は，厚い海洋性地殻の最下層（第3層）と同一であると見なされる．シート状岩脈と枕状溶岩は第2層と，また堆積層は薄い最上部層（第1層）と同一であるとみなされる（図1）．

その名前が示す通り，海洋地殻は海洋底を形成する．海洋地殻は，2つのプレートが離れていく場所でマントルが溶けることで生成する．新たに熱く浮力のある地殻が形成されている海嶺は，大洋中央海嶺と呼ばれる．2つの海洋プレートが衝突する場所では，1つは強制的に沈み（沈み込み），もともとそこから生成したマントルへと再循環する．もしオフィオライトが海洋地殻の断片を表しているのなら，それでは，どのようにして沈み込むことなく地上に押し上げられた（オブダクト）のであろうか？

オフィオライトと海洋地殻の組成を測定すると，オフィオライトは「本物の」海洋地殻とはわずかに組成が異なることが示される．現在の海洋地殻は古いもので2億年ほどであるが，大部分のオフィオライトは，これらが含まれている山体と同じ程度の年

オブダクション
obduction

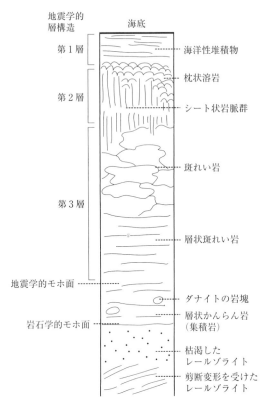

図1 典型的なオフィオライト層序．海洋地殻からモホ面までの鉛直層序を表している．

1960年代の終わりから1970年代のはじめに，オフィオライト（シート状岩脈群，斑れい岩，かんらん岩とその上にのった玄武岩質溶岩類で構成される）は何らかの理由で陸上に露出した海洋地殻と上部マントルの断片である，という考え方が受け入れられるようになった．世界中の海洋リソスフェアの大部分は島弧あるいはアンデス型大陸縁辺下の沈み込み帯において壊される．これらの場所では海洋プレートがその上にのるプレートの下に沈み，上盤側プレートの火山活動を誘引したのち，最終的にマントル深部へと戻って吸収される．オフィオライトのような海洋底の特異な断片がなぜどのようにして沈み込みを免れたのかについては明らかではなかったが，この現象を記す用語が必要であった．この必要性に応じ，1971年に米国の地質学者 R.G. コールマンがオブダクションという語を創案した．オブダクションのプロセスについてはいまだにわかっておらず，またまったく同じ過程を経て露出したオフィオライトはないことが明らかとなっている．しかしながら，obduction という語は，地質学者の用語において subduction（沈み込み）の有用な対語として現用されている．

大部分のオフィオライトはテクトニックなプレート間の衝突帯または少なくともその収束帯でみつかり，一般的には，かつては2つの大陸を分け隔てて，現在はその大陸が堅く閉じることで消滅してしまった海洋の海底の断片である．アルプス-ヒマラヤ山脈に沿って見られる小規模なオフィオライトはこの種のものである．

オブダクションが完了するにはさまざまな問題があるので，オフィオライトが通常小規模で不完全であることは意外ではない．これは，海洋地殻が大陸地殻よりも密度が大きいということに起因している．2つのプレートが収束する際には，より密度の大きい海洋地殻を含むプレートは，より密度の小さい大陸地殻を含むプレートの下へと押しやられる傾向にある．オフィオライトが大洋の中央海嶺における海底拡大によって生産された海洋底であると考

代である．これらの要因により，オフィオライトは造山運動に関連して形成されたある種の海洋地殻を表していると結論した人々もいた．古い海洋地殻が沈み込むことにより上盤プレート内部に引っ張りの力を生じる．その結果背弧海盆に新たな海洋地殻を伴った海嶺を形成する伸張が生じることがある．オフィオライトは2つの大陸が衝突する際に取り込まれた年代の若い背弧海盆を表していると考えることも可能である．ほかの学者は，閉じつつある海洋の中央海嶺が，いまだ年代が若く，熱くて浮力をもっている山脈にオブダクトしたと考えた．オフィオライトは海洋地殻の断片を表しているということはもっともらしく思われるが，それが背弧海盆あるいは通常の大洋中央海嶺がオブダクトしたものなのかについては引き続き論争が行われている．

[Judith M. Bunbury／山本圭吾訳]

えられていた時代には，海洋が閉じる時間までには大陸縁付近の海洋底は1億年ほどの年齢になり，冷たくとりわけ密度が大きくなっているため，どのようにしてオブダクションが起こるのかを想像することさえ難しかった．現在では，オフィオライトはこれが関係する消滅した海盆よりも通常年代が新しく，おそらくは沈み込み帯上の縁海で生産された海洋底であろう，と認識されている（図1）．このことは，種々の地球化学的証拠によっても支持されている．

衝突イベントの際に縁海のリソスフェアが隣接する大陸縁の上へオブダクトする可能性は，多くの理由により，通常の海洋地殻の可能性より大きい．1つめには，年代が新しい縁海の海底は熱くこのため大部分の海洋底よりは密度が小さく浮力をもっている．それでも大陸地殻よりは密度が大きいであろうが，密度差はより小さくなる．2つめに，縁海は沈み込み帯の上にできるので，最終的に元の海盆が完全に閉じる際には，大陸地殻が縁海の下へ沈み込み始めると考えられ，このことがオブダクションのプロセスの第一段階となり得る．3つめには，沈み込むスラブから上方へ抜け出した水が縁海下のマントルにあるかんらん石と反応し，これを新たな鉱物，すなわち蛇紋石と呼ばれる水和したマグネシウムケイ酸塩へと変化させる．その結果生じた蛇紋岩と呼ばれる岩石は，もとのかんらん岩よりもはるかに低密度で，後のオフィオライトの浮力を増大させる．そしてオブダクションが生じる機会を増大する．もうひとつ重要な点は，通常縁海の地殻は典型的な海洋地殻の厚さのおよそ2/3しかないことである．このため，オブダクションが起こりはじめれば，この地殻から上部マントルまでを貫いて完全な断面を切り取ることがより容易であると考えられる．

ひとたび大陸地殻が縁海の下に押しやられ始め大陸-大陸衝突がこれに続いて起これば，縁海の海底は2つの大陸地殻に挟まれ，大陸衝突に続いて起こる隆起作用と侵食作用により地表へもたらされると考えられる．しかしながら，これにより最大規模級のオフィオライトの定置を説明することはできない．このようなオフィオライトは，前述のようなプロセスに伴い地下深部へ運搬された岩石が受けるべき高圧変成作用の痕跡がみられない傾向があるのである．たとえば，地球上で最も大規模で露出がよい

オフィオライトであるアラビアのオマーン（あるいはセマイル）・オフィオライトは，衝突に関連した変成作用の痕跡を示さない．このオフィオライトは，白亜紀中期の縁海の海洋底拡大により形成され，かつてアラビアおよびインドとアジア大陸を分離していたテチス海が閉じた結果，およそ2000万年の間にアラビア大陸の縁の上にオブダクトしたものである．一方で，アラビアのこの部分はアジア大陸と直接衝突したことはない．このオフィオライトのオブダクションに関連した変成作用は，オフィオライトのすぐ下にあり火山岩と堆積岩が変成を受けて緑色片岩や角閃岩となったものから構成される「下底変成域」の中にのみ見られる．これらはオフィオライトがオブダクトする際に接した最初の岩石を示していると考えられ，オフィオライトの底部がまだ熱かったために変成した．オフィオライトは，これに続き大陸縁堆積物のすべてのシーケンス上を通過した．オフィオライトはある場所ではこれら堆積物の上にのり上げ，ほかの場所では堆積物を前方に押したが，どちらの場合においても褶曲作用や断層作用による圧縮を伴った．オマーン・オフィオライトは，下方へ滑動し，破砕された海成堆積物のメランジの上にのる形で最終的な位置に到達したと考えられる．このすべてのことが起こるためにはアラビアの先端部分は沈降した状態になっていなければならない．一方で，現在ではその上に厚さ10 kmのオフィオライトの余分な重さがかかっているにもかかわらず海面上の位置まで戻っている．

カナダ，ニューファンドランド島のベイオブアイランズ・オフィオライトは，約4億6000万年前のオルドビス紀において，海洋底として生成してから約4000万年以内に，オマーン・オフィオライトと同様な過程で大陸縁の上にオブダクトした．この場合の関連イベントはイアペトゥス海と呼ばれる原大西洋がおおよそアパラチア山脈に沿った方向に閉じた際に起こった大陸-大陸衝突であった．これに対し，パプアニューギニアの北岸に沿って存在するオフィオライトは，由来するソロモン海盆の海洋底といまだつながっており，オブダクションのプロセスの途上ではないかと考えられている．ここではパプアニューギニアの大陸地殻が隣接する縁海に逆衝上しているように見え，オフィオライトのオブダクションが上方に向かって起こっている．よく研究さ

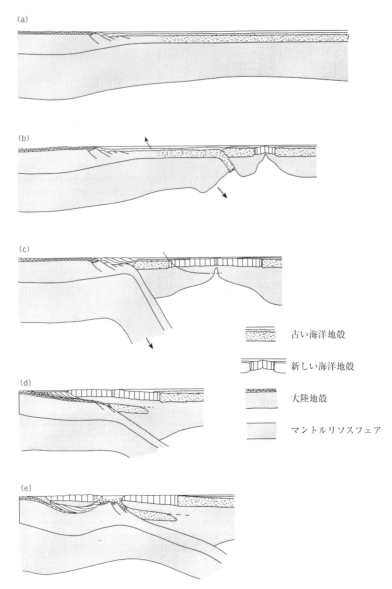

図1 オフィオライトのオブダクションに至る過程．(a) 非活動的大陸縁と隣接する海洋底．(b) 沈み込みが海洋内で大陸から離れる方向にはじまる．沈み込み帯の上の縁海に新たな海洋底が生成される．(c) 大陸縁が沈み込み帯に達し，さらなる動きを妨げる．新しい海洋地殻が古い海洋地殻と交わった場所で新たな衝上断層が発達する．(d) 新しい海洋地殻が動けなくなった沈み込み帯を横断して大陸の上に移動する．これがオブダクションである．ある堆積物は前進するオフィオライトの前面に押し出され，ほかの堆積物はオフィオライトにのり上げられる．(e) オブダクション後の隆起と侵食によりオフィオライトが残っている海洋底から分離される．(a) から (e) に至るまでの時間は約3000万年である（このモデルは，オマーン・オフィオライトのオブダクションを説明するために提案されたモデルから改変したものであり，(a) が約1億500万年前，(e) は約7500万年前である）．

れたオフィオライトであるキプロス島のトルドス岩体は，大陸地殻の上にオブダクトしたようには見えない．この下部にあるマントルのかんらん岩類が極度に蛇紋岩化作用を起こした結果隆起したのである．ニュージーランドの南西1000 kmにあるマコーリー島も，オブダクションを伴わずに隆起をした海

洋底と考えられるオフィオライトである.

[David A. Rothery/山本圭吾訳]

■文　献

Coleman, R. G. (1977) *Ophiolites : ancient oceanic lithosphere?* Springer-Verlag, Berlin.

音楽と地球科学
music and the Earth sciences

　音楽と地球科学のつながりは多様であり，心の中にのみ存在するものもある．たとえば，天体の音楽を聞いた者はいまだかつて1人もいないが，天の音楽の概念はギリシャにさかのぼる．17世紀にトーマス・ブラウン卿が記したところでは，「調和，時間的展開，主題さえあれば音楽は成立するので，天体の音楽は存在し得る」．ピタゴラスは，調和音階の比率と天体の運動を支配する比率との間に相関を見出した．惑星は，運動とともに，地球からの速度と距離で決まる音を発すると，彼は考えた．セイレンの歌う天体の音楽は，聞こえてもおかしくないのだが，人間はそれを生まれてから聞きつづけてきたので気づかないのだと，プラトンは「ティマイオス」のなかで主張した．この音楽の難解さに躊躇せず(それどころか刺激されて)，それを自分の作品のなかで表現しようとした作曲家もおり，そのことは「天球の調和（L'armonia delle sfere)」（1589年）という作品に描かれている．20世紀になっても，ヒンデミット(ドイツの作曲家)など数人の作曲家にとって，天体の音楽は重要な概念であった．

　近代惑星科学のなかに，天体の音楽の居場所は存在しない．深部の地震に応答して，固体地球は巨大な鐘のように「鳴り響く」が，この低周波の振動はほとんど音楽と見なされない．しかしながら，物理学は弦理論（粒子を粒ではなく弦であると考える理論）の形でさらに根本的な振動を再提案する．弦理論によれば，原子よりもっと小さな振動が存在して，そのハーモニーが物質を作り出す．「無数の振動で構成される宇宙には，交響曲との共通点がある」と，理論物理学者のカクミチオは解説する.

　海洋や大気は音楽をもつと，詩人たちは信じてきた．バイロンは「深海の奏でる音楽」について，またメイスフィールドは「風の歌」について書いている．風自体は通常コンサートホールから締め出されるが，その代わりに風音器が利用される．その例として，リヒャルト・シュトラウスやヴォーン・ウィリアムズによるオーケストラ作品がある．楽曲の構成要素として，風や海の音の録音を用いる作曲家もいる．海辺に打ち寄せて穏やかに砕ける波の録音は，気分を和らげる背景音として商品になる．

　アイオリアンハープは音楽を奏でるために風を利用する．そのハープはきわめて古く（ホメロスに記述がある），その名前は風を司るギリシャ神アイオロスに由来する．楽器は，典型的には12本の弦と共鳴箱の組からなる．腸線や針金でできた弦は，長さはすべて同じだが，太さが異なり，同じ音色に調律される．このハープは，風が吹き抜けて弦をふるわせる場所に置かれる．生み出された音の高低は，1/2, 1/3, 1/4 などの振動周期をもち，自然の調和振動の集まりである．風が強くなると，このハープは高い振動数を含むさらに多くの音色をもち，和音を奏でる．このハープは，ヨーロッパでは18世紀後期と19世紀初期にとくに流行し，極東にも知れわたっている．

　「ミュージカルサンド」や「轟き砂丘」とも呼ばれる「鳴砂」は砂丘の砂で，その音は「轟く」，「歌う」，「嘆き悲しむ」など，さまざまに描写される．鳴砂は，アラビア，北米の大西洋海岸，イギリス諸島（ドーセットやヘブリディーズ）に存在が知られる．カルスー・ウィルソンの解釈によれば，鳴砂は「角や荒さのとれた無数の清浄な石英の砂粒が，無秩序に擦れ合わさって」音を奏でる．

　自然の発する奇妙な音に「吹き石」がある．これは，穴の開いたサルセン石（砂岩の塊）が風に吹かれて，物悲しい音を出す現象である．サルセン石は，英国イングランド南東部で見られる堆積岩である．典型的なサルセン石は，シリカで固められた砂粒やすい石（石英の一種）からなる．第三紀の熱帯条件で形成され，その後霜や変形によって壊れたものと考えられる．スウィンドンの約16 km東，オックスフォード州のキングストンライルには吹き石がある．言い伝えによれば，アルフレッド大王がデーン人と戦ったとき，この石を吹いてサクソン人を呼び集めた．

その後，吹き石は少なくとも村の少年の金儲けに役立った．少年は観光客相手にその石を吹いて，1909年には週給6ペンス（6d）を得ていた．

石には，打楽器など特別な利用法もある．「石でできた鐘」と称されるもののいくつかは，きわめて古い．「鳴り石」は，極東，サモア，インド南部などで発見されてきた．中国では，石琴の存在は紀元前約2300年前から知られる．最もよく知られる型は，編鐘である．これは16のL字型の石板が枠の中にぶら下げられた楽器で，木製のマレットか柔らかい詰め物をした棒で叩いて音を奏でる．石板には，ヒスイ（硬玉や緑輝石や軟玉（角閃石の一種）からなる貴重な石）でできたものがある．韓国の音楽でも，半音階に調律されたL字型の石板「編磬」が使われている．「反響する石」は，エチオピア（教会のベルに石板が使われる），ベネズエラ，ヨーロッパ南部など，世界のあちこちで発見されている．ロックゴング（共鳴する石の塊）は，ナイジェリアでいまだに使われているようだ．2つの石製の鐘が，英国・湖水地方のケズウィックに保存されている．その1つ，「ロックハルモニコン」は5つの半音階オクターブの石板からなり，その石板は数km離れたスキッドウから運ばれた（図1）．それは1840年につくられ，ヴィクトリア女王の前で二度にわたって演奏された．同時代にフランツ・ウェーバーによって「リソキムバロン（lithokymbalom）」という楽器がつくられ，19世紀のウィーンに展示された．それには雪花石膏（微細な粒子からなる各種の石膏）の石板が使われた．西欧の作曲家は，一般に楽器に石をほとんど利用しなかったが，カール・オルフは

図1 ケズウィック博物館に現在も保存されている19世紀の「ロックハルモニコン」．

自分の作品を特徴づけるために「石棒（Steinspiel）」を使った．石棒は，いろいろな大きさの石の棒を組にしたもので，バチで音を奏でる．この楽器には，ロックハルモニコンと明確な類似点が見られる．

地質学的な現象は，音楽のいろいろな分野で多くの作品に刺激を与えてきた．ハイドンは，聖金曜日に演奏するために書かれた「十字架上のキリストの最後の7つの言葉」の終盤で，地震を描写する．また，彼のオペラ作品「月の世界Il（Mondo della Luna）」は，われわれを惑星地質学の世界へと誘う．もっとも，そのイメージは，台本作者であるゴールディニの想像力によるものだが，19世紀のほかの作曲家も同じ台本を使った．メンデルスゾーンの序曲「ヘブリディーズ（フィンガルの洞窟）」を聞くと，多くの地質学者は，スタッファ島やそこで見られる玄武岩の柱状節理を思い起こす．20世紀の作品では，ミヨーの「世界の創造（La Création du Monde）」（バレー曲）やリヒャルト・シュトラウスの「アルプス交響曲（Alpensinfonie）」が思い浮かぶ．アメリカの地質を描写する作品には，ファーディ・グロフェの「グランドキャニオン組曲」（1931年），アラン・ホヴァネスのオーケストラ作品「神秘の山」と「セントヘレンズ山交響曲」がある．デューク・エリントンの組曲「川」は，急流，渦巻き，うねりを区別して表現する．

西欧音楽の顕著な特徴は，海洋や大気に見られる．ヘンデルは，聖譚曲「エジプトのイスラエル人」で，雹を悲しみの合唱に取り入れた．J.マンディの幻想曲「晴天」では，驚くべきことに雷や稲妻が描写される．激しい音を出すという理由で，悪天候はその後の音楽でも使われ続けた．嵐については，ベートーベンの「田園交響曲」や，ブリトゥンの歌劇「ピーター・グライムズ」の「4つの海の間奏曲」などが有名である．リストの交響詩「前奏曲」は，第三楽章で大嵐を扱う．アーノルド・バックスの音詩「ティンタジェル」は，岩石の絶壁に打ち寄せる白波を表現する．ドビュッシーの「夜想曲」，および3つの交響的なスケッチ「海」は，穏やかな雰囲気の中で，海や大気のさまざまな様相を描く．ほかにも多くの例が引用できるが，その表題だけからは地球科学との関連性が明らかでないので，よく調べる必要がある．

コンサートホールや講堂では，地質学的な物質に

よって音楽の質が決まる．多くの聖歌隊員が証言するように，木製屋根の教会とアーチ形をした石製天井の教会の間には，明確に音響学的な相違がある．一般に，岩石は非常に効果的に音波を反射するので，著しく反響をよくする．とくに研磨された大理石の石板は，鏡のように音を反射する．

　地質学的な要因は，建物に影響するだけではない．民族音楽学者によれば，大陸全体の音楽の発展は，遠方まで達する地質学的な要因に影響を受けてきた．ナイル川，コンゴ川，ニジェール川，ザンベジ川はアフリカ四大河川であるが，大陸の地質ゆえに，これらすべての河川には急流や大きな滝があり，河川を用いた航行が妨げられる．結果として，部族の文化は独立が保たれ，そのことがアフリカ音楽の初期の発展に深い影響を与えた．東南アジアも同様で，地域の文明は地質学的な要因で山やジャングルに隔てられて，互いに孤立してきた．結果として，音楽は地域ごとに独立に発展した．北米では，古気候も重要な役割を果たした．アメリカインディアンの先祖は，約3万5000年～2万年前に訪れた最終氷期に，シベリアからベーリング海峡をわたって移住した．

[D. L. Dineley, B. Wilcock/井田喜明訳]

■文　献

Arnold, D. (ed.) (1983) *The new Oxford companion to music* (2nd edn), 2 vols. Oxford University Press.

Sadie, S. (ed.) (1980) *The new Grove dictionary of music and musicians*, 20 vols. Macmillan Publications Ltd, London.

温室効果の増大
enhanced greenhouse effect

　温室効果の増大という用語は，地球大気に対するグローバルな熱収支に影響を与える，人為的な影響を表現するのに使われてきた．この影響は全球温度の上昇をもたらすことが示唆されており，その結果，地球温暖化という用語がその現象を示すのに用いられている．

　地球大気は上向きと下向きの放射の相互作用の結果，自然に暖められている．地球は太陽からエネルギーを受け取っており，そのエネルギーはおもにスペクトルの紫外の末端の短波で放出されている．このエネルギーはあまり変化させられることなく大気を通じて容易に地表に伝達され，日中地球表面を加熱する．地球表面は太陽のエネルギーで加熱されたのち，長波（赤外）エネルギーとして熱を宇宙空間に再び放射する．主要な大気の構成要素（水蒸気，二酸化炭素，メタン，オゾン）はこの長波エネルギーの一部を吸収し，その結果，大気の温度は上昇させられる．このエネルギーはさらに大気から，地球表面および宇宙空間に放射される．しばらくして，熱量の収支が等しくなるようなバランスを大気が得るようになると，熱は二酸化炭素，水蒸気，オゾンとメタンの濃度の変動にのみ反応して変化する．このプロセスの結果，地球平均気温は$-17℃$から$+15℃$に上昇すると見積られる．

　この自然に起こる大気の温暖化のプロセス（それゆえに「温室効果」という）は，温室内において短波放射は通すが，発せられる長波放射を止めるような構造のガラスを用いた方法で比較されている．したがってこの温室内の温度は上昇する．しかしながらガラスは，温室内の空気が冷たい外気と混ざるのを妨げている．そのような障壁は，自然界のシステムには存在しない．したがって，この温室が不適当なモデルであること，そして「温室効果」という用語は，むしろ不適当な用語であると多くの科学者たちが議論した．それにもかかわらずこの用語は，メディアや公的出版物に広く使い続けられている．

　極域の氷の内部に閉じ込められた空気についての研究では，過去の大気中の二酸化炭素濃度変動を指摘している．第四紀の氷期の二酸化炭素濃度は，180～200 ppmvの範囲であった．間氷期においては，275 ppmvに上昇した．後者の値は，産業革命までは二酸化炭素の濃度のもっともな概算値として与えられる．大気中の二酸化炭素濃度は，大気中に捕捉される熱量を左右するため，大気の温度は，これらの変動に応答して変化すると結論づけられた．現在，人為的活動が二酸化炭素やその他の「温室効果」ガスの濃度を増加させ，温室効果を高めていると考えられている．

　人間による影響で最も注目すべきは，二酸化炭素濃度と，その結果予想される大気の温度変化である．二酸化炭素濃度の精密測定が確立されたのは，1957年以来にすぎない．しかし，1880年代の

約 290 ppmv から，1990 年代の 353 ppmv への濃度の上昇がみられる．この濃度上昇の多くは，人間活動を起因とする．例をあげるならば，化石燃料（石炭，石油）の燃焼で，これらの燃料は炭素を主成分とするので，その結果，二酸化炭素を生じ，大気へ放出される．植生の消失は，直接大気中の二酸化炭素量を増加させる．このような消失はまた，光合成の割合を減少させる．これは大気から炭素を抽出し，新しい露出した土壌から炭素の酸化の割合を増加させる．現在では，人間活動により毎年約 6000 億 t もの二酸化炭素が大気に放出されていると見積られている．これらの多くは，自然界のシンク（海洋，地表の生態系）によって吸収されている．そのようなシンクに取り込まれる詳細なプロセス，また自然界のすべてのシンクの範囲についても，いまだ十分な理解が得られておらず，大気中に残っている二酸化炭素量は，現在理解されているシステムから算出される二酸化炭素量より少ない．

　測定により示される大気の二酸化炭素濃度は，近年急激に増加している（年 2〜4 ppmv ずつ）．現在の割合で継続的に増加した場合，2075 年には産業革命以前の 2 倍になる．しかしながら，そのような予報は不確かなものである．なぜなら増加の割合の維持は，化石燃料や自然界の生態系の搾取に依存しており，またそのような二酸化炭素の入力を減少させるべくとる対策にも依るからである．

　二酸化炭素は大気の温暖化を促進する要因として知られており，二酸化炭素濃度の増加は，大気の温度の上昇を引き起こすものであると結論づけられている．どの程度の温暖化が起こりうるかは，大気大循環モデルを用いることにより計算されている．平衡状態にいたるまでモデルを実行すると，モデル内での二酸化炭素濃度は上昇した．気候変動に関する政府間パネル（IPCC：International Panel on Climate Change）によって用いられたモデルでは，二酸化炭素濃度が 2 倍に増加すると，1.5〜4.5℃の間で全球気温は上昇した．そのなかでもっともらしい概算値は 2.5℃であった．これらの概算は，広域の変動により，地域的な変動が隠されており，高緯度での温度が冬季において 8〜12℃程上昇しているのに対し，夏季においてはそれほどではない．同様に，低緯度地域においてはほんの少しの増加（1℃）しか予測されていない．このモデルはまた，降水量の変化についても予測をしている．例をあげると，多くのヨーロッパと米国においてより乾燥する．その一方，カナダでは冬季はより湿潤になり，夏季において乾燥する．しかしながら，これらの予想の信頼度は限定されたものである．

　多くの大気大循環モデルからの予測は，大気の二酸化炭素量の変化に基づいているだけである．そして，さらにこれらの予測は他の温室効果ガスの濃度の変化も考慮に入れていない．その結果，モデルの精密さは疑う余地があり，温室効果はさらに高められる可能性がある．

　メタンは，有機物の嫌気的な腐敗を通じての主要な生成物であり，その大気中における濃度は 1.72 ppmv と低い．しかし，メタンはより効果的な温室効果ガスであり，その度合いは，二酸化炭素に比べ 21 倍以上である．メタン濃度の増加量は，1 年につき 0.8〜1% であり，生成の最大の原因は，世界の水田である．水田が貯水されている時期には，メタン発生に適した嫌気的な環境をつくり出す．ほかのメタン発生の原因は家畜である．家畜の消化系はかなりの量のメタンを発生させる．さらに，生物燃焼があげられ，これは耕作のために開墾した土地においてメタンが発生する現象である．メタンは，石炭を燃やしたり，天然ガスの利用でも，有機的な老廃物の腐敗と同じくらい発生する．

　もう 1 つの天然の温室効果ガスは窒素酸化物で，これは土壌の脱窒により発生する．窒素酸化物の濃度も，窒素肥料の使用の増加や，化石燃料の燃焼により増加しているといわれている．しかし，IPCC の評価では窒素酸化物のソースとシンクは，概算するのは現在は非常に困難で，その結果，温室効果の促進に寄与している可能性は，厳密にいうことはできないと述べている．

　近年社会では，新しい温室効果ガスについて紹介されている．その気体とは，すなわちクロロフルオロカーボン（CFCs：chlorofluorocarbons）や，ほかのハロゲン化炭素（ハロカーボン）である．これらの気体は，煙霧質（エアロゾル），冷蔵庫，絶縁性の発泡体，工業プラントから放出される．現在では，これらの気体はオゾン層の破壊の主要な原因の 1 つとして認識されているが，同時に非常に効果的な温室効果ガスである．たとえば，二酸化炭素と比較すると，人工の気体である CFC-11 はおよそ 1

万2000倍も熱を吸収しやすい．大気中のこれらの
ガスの濃度は非常に低く，2～484 pptvであるが，
現在まで非常に速い割合で増加している（年に4～
15%）．オゾンホールの問題に応える形で，社会で
はそれらの気体の放出の割合を減らしはじめている
が，概算されているこれらの気体の滞留時間は非常
に長く，ある例では400年に達するとされている．
その結果，温室効果の増大に寄与しつづけているこ
とになる．

　現在一般的に，温室効果ガスの濃度は，昨今おも
に人間活動の結果として増加しており，将来増加し
そうだと考えられている．地球の熱収支に対するこ
れらの変化が，続くかどうかははっきりしない．大
気系には，温室効果を促進および減衰させようとす
るフィードバックが幅広く存在していると考えられ
ている．同時に，大気から温室効果ガスを除去する
多くのプロセスについては，理解が得られていない．
温室効果の増大により起こりうる現象を見積るのに
よく用いられる大気大循環モデルにも限界がある．
おもにこれらのモデルは二酸化炭素の変動のみに基
づいており，ほかの気体の寄与については考慮に入
れていない．同時に，全球の熱収支の完全な理解を
得るのには，海洋系は不可欠であるにもかかわらず，
このモデルは海洋系を結合していない．現在，温室
効果ガスの濃度の増加現象について，コンセンサス
は確立していない．多くの科学者は，温暖化が起こ
ると考えているが，特定の地域的な温暖化の規模，
進行度合いについてははっきりと示せずにいる．

　一部の科学者は，地球温暖化はすでにはじまって
いたといっている（過去100年で0.5℃）．しかし
ながら多くの科学者は，自然の気候変動の範囲にあ
り，加えて温室効果の増大ははっきりとするほど
残っていないと結論づけている．いままでは，社会
は，起こりうる温室効果を減らすことに対してほと
んど何もしておらず，この問題に対しての不確かさ
が指摘される状況下で大きな変化はほとんど起こら
ないと考えられる．モデルが正しいとすれば，ここ
20年以内に温室効果の増大は明らかなものとなる
であろう．　　　　　　[Callum R. Firth/田中　博訳]

■文　献

Kemp. D.D.（1995）*Global environmental issues: a climatological approach*（2nd edn）. Routledge, London.

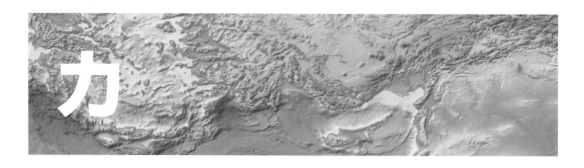

ガイア：地の女神
Gaia

　生物が存在できたのは，単に地球上の物質的な条件が偶然適していたためであるとする平凡な見解が，1970年代後期まで支配してきた．地圏，生物圏，大気圏の相互作用は，少なくとも過去40年間研究され続けてきたが，この相互作用が自己制御されるという考えは新しい．ガイアというギリシャの女神の名前は，生命が生存に必要な物質的な条件を自ら決めたり，確実に生存を持続したりする考えを示すために，小説家のウィリアム・ゴールディングがジェームズ・ラブロックに提案したものである．彼らの仮説は，地球上の条件が，金星や火星など，近隣惑星の「死」の条件と，なぜそんなに際立って異なるのかを説明しようと試みることから始まった．「混雑時の道路を目隠しした状態で運転して無傷で生き残る」という起こりそうもない確率に反して，生命を維持する理想的な条件が，地球上で保たれてきた．微生物学者のリン・マーギュリスの協力を受けて，そのことを示すいくつかの観測事実に，ラブロックは関心を抱いた．

1. 少なくとも過去20億年間，地球の大気圏は，酸素やメタンなどの化学的に相容れないガスが共存するきわめて非平衡な状態で維持されてきた．実際，火星は大気圏が化学的に平衡なので，生命が存在しそうにないと，哲学者のダイアン・ヒッチコックの協力を受けて，ラブロックは推測した．これは，火星へのバイキング計画をNASAで進めているときであった．彼らの計算によれば，火星や金星のガスは，役に立つエネルギーをすべて費やした燃焼機関から出る排気ガスのようなものである．

2. 地球は過去35億年もの間ずっと，地表温度を10～30℃までの間で保ってきたように見え，それは生命を維持するうえで理想的な条件だった．地球が受け取るエネルギーは，形成時に比べて，今日の方が1.4から3.3倍も多いにもかかわらず，その条件は保たれた．

3. 必要不可欠なガスが地球上だけに存在することが，「構成要素Xが大気中でどんな役割を果たすのか？」を問題にするガイアのおもな仮説を導いた．たとえば，アンモニアはほんの少ししか存在していないが，生命の維持に適した状態，つまり土壌をpH 8前後に保つうえで，必要不可欠であると考えられている．二酸化炭素は，火星や金星の大気圏では95％以上を占めるのに，地球の大気圏ではたったの0.03％しか存在しない．しかし，それは光合成にとっては必要不可欠である．大気圏は二酸化炭素の増加に影響を受けやすく，多すぎると破壊的な「温室効果」が起きて，惑星の気温がすぐに30℃より高くなり，全生命が死に至る．メタンは，地球の大気圏では火星や金星に比べるといくらか少ないが，100万分の1.7の濃度でわずかに偏在して，酸素のレベルを保ち，生命の維持に必要不可欠な役割を果たしている．

4. 陸地から海洋へ供給される食塩の量が現在と同じだと考えると，海洋が現在の塩分濃度に達するのに，たった8億年しかかからない．実際には，世界中の海洋の塩分は，3.4％前後で一定に保たれてきた．新種の生物が6％以上の塩分のなかでも生き残れるという事実を見れば，塩分を「操作すること」の重要性は明らかである．

　1981年に，W. フォード・ドリトルは，ガイア理論の重要な批判を発表した．そこには「ガイアは，寒すぎたり暑すぎたりすることをどのように感じ，それを生物圏にどう伝えるのか？」という，彼の疑

問が記されていた．生物相の将来を見通したり，それに対処したりして，目的を遂行する能力をガイアに求めるという考えが，ドリトルの世界観には合わなかった．惑星が自己制御するメカニズムを理解するために，多大な努力が今や必要とされた．その結果として，デージーワールドが生まれた．これは，初めは黒と白の2種類だけのヒナギク（デージー）からなる生態系の数値シミュレーションである．

デージーワールドは，低濃度の温室ガスを一定の割合で含む低温の雲一つない惑星であり，それが旋回するのは太陽とは違う星で，その光度は増加している．デージーワールドの表面の平均気温は，星から受ける放射エネルギーと，反射率（アルベド）に応じて惑星から宇宙に向かって放出されるエネルギーとのバランスによって決まる．白と黒のデージーは，5〜40℃の間の気温で生存でき，最適な気温は22.5℃である．このモデルは，温度変化だけに反応する黒と白のデージーの割合の変化を調べる．その温度変化は，おもに高アルベドの白いデージーと低アルベドの黒いデージーのどちらが優勢かによって，制御される．

気温が5℃より高くなり，最初の「成長の季節」に入ると，白いデージーは太陽光を反射して，惑星の温度を下げるので，成長しにくくなる．一方，デージーワールド表面の気温が22.5℃より高くなると，エネルギーを吸収しすぎて，惑星はオーバーヒートしてしまうので，黒いデージーが次第に不利になる．2つの状態の間で，白と黒のデージーは，負のフィードバックを働かせて環境を安定させる．デージーが気温を調節できなくなって，結局すべて枯れてしまうのは，太陽光度がどうしようもないほど上昇するときだけである．デージーの種類を増やしたり，デージーを食べる「ウサギ」を加えたり，それを食べる「キツネ」を加えたりして，しだいに複雑化したデージーワールドのシミュレーションは，どれもが，惑星の生物相が生存に最適なレベルに気温を調節する傾向が強いことを示している．

このように，自己制御や動的平衡は，近代のガイア理論の本質を決める特性となっている．すなわち，ガイア理論は生命とそれを取り巻く物質的な環境とがしっかり結び付いていると提案する．その結合したシステムは超生命体であり，それが進化するにつれて，気候や化学を調節する能力が現れる．医学を

伴う生物化学と微生物学が一緒になって，生理学が生まれたときの衝撃に類似して，地球生理学は惑星規模のフィードバックが研究される新しい学際的な学問となっている．地球生理学は，200年以上も前に地質学を開拓したジェームズ・ハットンによって最初に主張された地球科学の方法であるが，そこでは目的を遂行する要求を生物相には課さない．動的平衡は，生物相と環境が相互作用をすることで自然に生じる．

地球生理学者は，動的平衡が進行するメカニズムをちらっと見ただけである．生理学的に類似した現象は多い．たとえば，ブドウ糖の生成を刺激するグルカゴンと，ブドウ糖の利用を刺激するインスリンの2つのホルモンによって，血中ブドウ糖の割合を定常的に制御する現象がそれである．血中ブドウ糖の割合が急激に高くなると，身体が多量のインスリンを生成するので，ブドウ糖の異常は解消され，最終的に正常値に戻る．ヒマラヤ山脈の形成に続いて，大気中の二酸化炭素の割合が相対的に突然低下したとき，地球のかなり「深刻な」危機が世界的な規模で現れた．大気中の二酸化炭素を取り去り，炭酸カルシウムすなわち石灰石として固定することによって，カルシウムケイ酸塩の風化は，巨大な負の温室効果をもたらす．それゆえに，ヒマラヤ山脈は第三紀に起きた地球規模の冷却に根本的に関わっている．さらに，最も広大な高地であるチベット高原の隆起と，それに続く季節風の始まりは，地球規模の気候循環に深い影響を与えてきた．ヒマラヤの山脈形成に対する地球の多面的な反応は，まだ十分に解明されていない．

地上植物が化学的な風化を促進し，大気中の二酸化炭素を取り去ることで，温室効果の抑制に重要な役割を演じることを，ほとんどの地球化学者たちが認めている．生物相が気候の制御に影響を及ぼすことは，海洋を覆う雲と海洋藻類の花などの樹木との関連性が観測されて，確かなものとなった．そのデータは，最初は衛星観測によってもたらされた．ほとんどすべての海洋藻類は，海の塩辛さから身を守るための化学反応の副産物として，ジメチルスルファイド（DMS）を生成する．ジメチルスルファイドの一部は空気中に放出され，それは酸化されてメタンスルホン酸塩の微粒子を形成する．これらの微粒子は，雲を凝縮するための主要な核物質であり，そ

れなしには雲は形成できない．それゆえ，デージーワールドにおけるデージーのように，ジメチルスルファイドの生成が雲の覆いを制御し，地球のアルベドを制御するように見える．

　地球の気候を調節する上で，ジメチルスルファイドと大気中の二酸化炭素濃度が重要な役割を演じることは，南極の氷の分析によって支持されている．驚くことではないが，その分析は，最近の氷期にメタンスルホン酸塩が異常に高濃度に，また二酸化炭素が低濃度になっていることを示しており，氷期の低い気温が，雲の覆いの増加（高アルベド）と温室効果の減退によって促進されることを示唆している．海洋藻類や地上植物の表面分布の変化でフィードバックが起こるが，それが気温変化にどのような影響を与えるかが最近分析され，もっと不吉な結果を示している．われわれが現在経験しているように，間氷期には気温が上がるが，その時期には，海洋藻類と地上植物の負のフィードバックのメカニズムが，しだいにその能力を失う．地球の平均気温が20℃より高くなると，海洋や地球の生態系が正のフィードバックを起こし，気温の上昇をさらに増幅する．デージーワールドのシミュレーションが，地球の本当の複雑さをほぼ表現しつくしていると断言する者は誰もいない．それにもかかわらず，ラブロックと彼の同僚リー・カンプが強調するように，人類の発生によって大気中に温室効果ガスが増加し，自然系を破壊する危険性を，このモデルは明確に警告する．それは，地球生理学的な体系が効果を失い，その結果が正のフィードバックによって増幅されるときに起こる．　　　[Jonathan P. Turner/井田喜明訳]

海　水
sea water

　水は一見普通の物質のようだが，実際はそうではない．地球上で多様な生命体が進化することができたのは，水の特異な物理的化学的性質のためである．水分子は2つの水素原子と1つの酸素原子が結合してできている．電子は酸素原子と水素原子によって共有されるので，酸素原子は少量のマイナスの電荷

を，水素はプラスの電荷をもつことになる．その結果，水の分子どうしが出会うと結合するが，それは，（磁石のN極とS極がそれぞれ引き合うのと同様に）水分子のマイナス電荷をもつ部分とプラスの電荷をもつ部分が引き合うからである．分子どうしのこのような結合を「水素結合」といい，かなり安定した分子の配置を生み出す．この分子の配置は特異な水の性質をもたらす原因となっている．水は固体，液体，気体の3態に相変化するが，地球上では，すべての相が存在する．このように，すべての相が存在する物質は水以外にはない．もし水素結合がこれほど安定していなかったら，水の沸点と氷点はかなり低く，地球上で水は気体の状態でしか存在しなかったであろう．

　地球表面のおよそ71%（$3.61 \times 10^8 \mathrm{km}^2$）は水で覆われている．毎年，海面から約 $3.6 \times 10^{14} \mathrm{m}^3$ の水が蒸発している．そのうち約90%は降水により海に戻る．残りの10%は陸に雨となって降り，河川水や地下水となって流出し，海へ戻る．この水の移動は陸水循環の一部である．一定時間に水が海から除去される量と戻る量が等しいので，海水の体積は変わらない．水はさまざまな物質を溶かすことで知られている．水は陸地を通り過ぎる過程で，かなりの量の陸地の岩石を侵食する．毎年およそ $50 \times 10^6 \mathrm{t}$ の物質が陸地から海へ水溶性の塩や粒子状物質として流出する．流出した物質の大半は海底まで沈降し，大陸棚の端付近に堆積して，厚い層を形成する．

　表1は，海水に含まれるおもなイオンの平均濃度を示したものである．これらを合計すると海水中に

表1　海水中に含まれる主要なイオンの濃度．

イオン	記号	海水1kgに含まれる重さ（g）	%
塩素	Cl^-	18.980	55.05
ナトリウム	Na^+	10.556	30.61
硫黄	SO_4^{2-}	2.649	7.68
マグネシウム	Mg^{2+}	1.272	3.69
カルシウム	Ca^{2+}	0.400	1.16
カリウム	K^+	0.380	1.10
炭酸水素	HCO_3^-	0.140	0.41
臭素	Br^-	0.065	0.19
ホウ酸	$H_3BO_3^-$	0.026	0.07
ストロンチウム	Sr^{2+}	0.008	0.03
フッ素	F^-	0.001	0.00
計		34.447	99.99

（A. Allaby and M. Allaby（1990）による）

溶けている物質の約99.9%になる．海水の大きな特徴は，地域によって全体的な塩分濃度は変化するが，塩分の組成は海洋全体でみごとに一定であり，これは過去6億年にわたってそのようであったと考えられている．これらのイオンの全体的な濃度を「塩分」という（「海水の塩分」参照）．

海水中にはおもな成分のほかに，ほとんどあらゆる元素が微量成分として溶け込んでいる．微量成分のうち，とくに窒素，リン，ケイ素，亜鉛，銅，鉄は多くの海洋生物の成長に重要である．すべての物質は，しばらくの期間，海水中に留まり，その後，海水から除去される．除去されるまでの期間を「滞留時間」という．その期間はアルミニウムの約100〜200年からナトリウムの約2.8×10^8年まで物質によって大きな差がある．海水中の主要なイオンの滞留時間は非常に長い．この時間は，海洋が完全に混合する平均時間（約1600年）よりはるかに長い．これは主要成分による化学反応が少ないことを示している．最も滞留時間が短いのは，アルミニウム，クロム，チタン，鉄などの粒子状になりやすい物質で，懸濁物として海底に落下して海水から除去される．生物が必要とするような微量成分は，生物の体内に取り込まれる．そのような物質の滞留時間は中程度（約$5 \sim 50 \times 10^3$年）である．この長さは海水の混合時間と比べればまだ長い．結局，これらの成分は堆積物として除去される前に海水中に長く留まるが，生物の遺骸などとともに深海に運ばれて，海面近くから除去される．深海ではこれらの成分は分解して，再び海水中に溶け込み，その後湧昇によって海面へ運ばれる．

海水には気体も溶けている．溶けている気体は，多い順に窒素，酸素，二酸化炭素である．海水に溶けている気体全体の容積の約64%を窒素が占めている．窒素はほとんどの海洋生物に必要とされないので，生物学上重要な役割を果たしていない．海水中の酸素濃度の比率は，大気中の酸素濃度の比率よりも高い（海水中の濃度34%に対して大気中では21%）．海面近くの海水中にある酸素濃度は，海面から取り込まれる酸素の量と，海洋生物の呼吸で消費される酸素の量のバランスで決まる．海洋植物は光合成を行う過程で二酸化炭素を消費し酸素を生成する．光合成は太陽光の届く海の表層（有光層）でしか行われない．深海に生存する生物が呼吸で使

う酸素は，酸素に富む海水が海面から沈んでくることでしか得られない．二酸化炭素の濃度（約1.6%）は大気中の濃度よりも約50倍も多く，これもまた海面で交換が行われている．二酸化炭素が海水中に溶けると複雑な化学反応が起こり，海水が酸性やアルカリ性の変化を抑制する作用が生じる．この性質を「緩和」といい，海水のpHの範囲を7.5〜8.5の間に保つ作用がある．二酸化炭素は，海洋植物の光合成に使われるだけでなく，海洋動植物が炭酸塩の殻をつくることによって生物圏に入り込む．このため二酸化炭素は海洋で生物循環と化学循環の両方において重要である．近年いわゆる「温室効果」の認知が深まるにつれて，海が大気の余剰な二酸化炭素を吸収しているという役割がかなり注目されるようになった．海水中の残りの気体は，海水中の気体全体量のうち約0.5%でしかない．

海洋学者にとって水温と塩分は海水の比重を決定するので，とくに重要である．水温と塩分は水塊の特徴を特定し，特定の水塊を追跡するのに利用されている．隣接する水塊の水温や塩分の違いによって，海洋物理学者は深層水の動きを計算することができる．海面水温はおもに緯度による日射量の変化で決まる．日射量の変化は，日射が地表に当たる角度と関係している．水温は赤道から極地へ向かうにつれて低くなり，約30℃から−2℃まで変化する．塩分が含まれているので海水は約−2℃になるまで凍らない．水温は深さ方向にも変化する．海水の主要部分を占める深海の水と表層の海水の間には，「水温躍層」という急速に水温が低下する層がある．水温躍層は表層混合層の下から水深1000mに及ぶ．それより深海の水温はかなり低く，−1.8℃から5℃の範囲である．大気と海洋の熱エネルギーのバランスは，短期的変化や局所的変化を除けば平衡状態に保たれているが，それは大気と海水循環が相互作用しているおかげである．表層の暖かい海水は表層海流として低緯度の海域から高緯度の極地まで移動する．極地では，海から大気へ熱が失われるので，海洋の熱エネルギーは正味として損失になる．水温が下がると海水の比重は大きくなる．この結果，海水は海底まで沈み，深層水は押しのけられ，同じ比重の場所を水平に動き，赤道まで速度約1〜0.1 mm s^{-1}で進む深層海流ができる．極地の海水の表面が冷えることではじまるこの大規模な海水の

循環は熱塩循環といい，力学的には水平対流と呼ばれる現象である．海水は２つの作用が組み合わされて動く．すなわち，水平対流と乱流拡散である．水平対流は大規模な海水移動の原因となる．一方，乱流拡散によって，海水は混合される．水平対流は乱流拡散よりかなり速い速度で生じるので，水塊が深海に沈んでも，塩分と水温は以前に海面付近にあったときと同じ値に保たれる．この特徴は，水塊の移動の道筋をたどるのに利用されている．しかし乱流拡散は水塊の温度と塩分を徐々に均質化し，マーカーとしての機能を消失させる．

音波が海水中を伝わる速度は約 $1400 \sim 1500 \mathrm{~m~s}^{-1}$ で，空気中の音速のおよそ５倍も速い．海水中での音速は海水の比重と関係しているので，塩分濃度，水温，水圧が変化するとその影響を受ける．塩分が 1PSU 上がるごとに音速は $1.5 \mathrm{~m~s}^{-1}$ 速くなる．水温が 1℃ 上がると音速は約 $4 \mathrm{~m~s}^{-1}$ 上がり，水圧が 100 気圧上昇する（水深にして $1000 \mathrm{~m}$ 下がる）ごとに $18 \mathrm{~m~s}^{-1}$ の割合で速くなる．海水中の音波はいろいろな海洋観測に利用されている．なかでも重要なのは，精密音波探査装置である．精密音波探査装置は船底から下向きに音波を発射し，それが海底で跳ね返って音波受信機（ハイドロフォン）に戻ってくるまでの時間を測定する．水中での音速がわかっていれば，音波が戻ってくるまでの時間を測定して，水深を求めることができる．正確な水深測量ができるようになったので，海洋学者は海底の詳細な水深分布を示す海図をつくることができるようになった．

光が海水中を通る道筋は，塩分，水温，水圧の影響を受けない．外洋の海水に入り込む光のエネルギーの約 60% は，はじめの $1 \mathrm{~m}$ で吸収される．水深約 $150 \mathrm{~m}$ では 1% しか残らず，$1000 \mathrm{~m}$ を超すと日射はもう差し込まない．普通，海の色が青いのは，太陽光のなかの波長の短い成分が水の分子と懸濁粒子によって散乱して，海面に戻ってくるからである．青い色の短波長の光は海水による吸収がもっとも少ないので，戻ってくる光はほとんど青になる．沿岸の海水が黄緑色に見えることがあるが，それは，豊富に存在する光合成プランクトンの色素や流入する河川水のなかに溶けている有機物によるものである．　　　　　　　　　　[Ian R. Hall/木村龍治訳]

■文　献
Open University (1995) *Seawater: its composition, properties and behaviour.* (Oceanography Series). Pergamon Press, Oxford.
Libes, S. M. (1992) *An introduction to marine biogeochemistry.* John Wiley and Sons, New York.

海水位の変化と古気候
sea-level changes and palaeoclimate

海水位の変動は気候の変動と深く関係している．約２万年前の最終氷期の最盛期には，北半球の大陸に巨大な氷床が出現した．その時期には，ローレンタイド氷床とコルディレラ氷床は合体しており，北米大陸のほぼ半分の面積を氷床が覆っていた．その体積は 3000 万 km^3 に及んだ．南極氷床は現在 2400 万 km^3 であるが，当時は，3800 万 km^3 もあった．また，スカンジナビア半島，グリーンランド，アイスランドも氷床に覆われていた．氷床が陸地に形成された結果，海水位は現在の値より 120 m 低下した．そのうち，ローレンタイド氷床によって 60 m，南極氷床によって 20 m の海水位の低下が生じた．グレートブリテン島の氷床は，北ノーフォーク，ミドランド，サウスウェールズまで南下したが，水位変動に対する影響は小さい．それらの氷床の体積は 80 万 km^3 で，それによってもたらされる海水位の低下は約 1 m である．

氷床と海水位の関係は現在の気候に対しても注目されている．もしも，現在の大陸氷床がすべて融解したとすると，海水位は 90 m 上昇すると推測されている．そのうち南極氷床の寄与は 65 m である．過去 200 万年の海水位変動の大きさは，現在，大陸氷床として陸地に存在している水の量に関係しているともいえる．その意味で，海水位は現在の気候と関係しているのである．しかしながら，海水位の変化がすべて大陸氷床によって決まるわけではない．気候変化に関係しない原因としては，①海盆の体積の変化（海底の拡大，海底堆積物の作用など）②水の体積の変化（陸地にある水の量），③ジオイドの変化，④気象学的，陸水学的，海洋学的な原因による力学的な海水位の変化，などが考えられる．

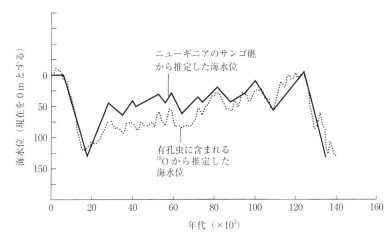

図1 2つの方法によって推定された海水位の変化．左端が現在．右にいくほど過去にさかのぼる．
(Shackleton (1987) *Quaternary Science Reviews*)

　海水位が気候と結びついている直接的な証拠を示すには，第四紀（現在～260万年前）における海水位変動と気候変動を示すほかの指標とを比較してみるのがよい．深海堆積物中の底生または浮遊性の有孔虫に含まれる酸素同位体を分析することによって，過去の大陸氷床の体積を見積ることができる．それは，第1近似的に，海水位変動に対応している．図1は，ケンブリッジ大学のN. J. シャックルトン（Shackleton）によるもので，酸素18から推測した海水位変動とニューギニアのフオン（Huon）半島の隆起した階段状のサンゴ礁から推測した海水位変動を比較したものである．この地域では，25万年の間に，20以上のサンゴ礁の群が隆起した．図1に示されたサンゴ礁による海水位の変化は，サンゴのウラン系列の年代計測によるもので，サンゴ礁の隆起による影響を補正してある．酸素同位体の分析に際しては，2つのピストンコアのサンプルが使用された．1つは，V19-30と呼ばれるもので，東太平洋で採取された．おもに底生有孔虫を含む．もう1つは，RC17-177と呼ばれるもので，西太平洋で採取された．おもに浮遊性有孔虫を含む．

　図1に示した2つのグラフはよく対応している．とくに，海水位が最高になる12万5000年前，10万5000年前，8万年前は，同位体ステージの5e, 5c, 5aとよく対応している．5eに対応する海水位は，5c, 5aの海水位より20 m高い．2つのグラフは，1万～2万年前の最終氷期とそれ以降の急激な温暖化をよく表している．しかし，8万年前と3万年前のグラフの対応はあまりよくない．その時期は，グリーンランドの氷床コアの分析によれば短周期の氷期・間氷期の交代が起こっている．そのことと関係があるかもしれない．

　シャックルトンは過去75万年間の酸素同位体比の極値を使って，同位体ステージ12と16の方が最終氷期（ステージ2）よりも大陸氷床の量が多い（海水位は低い）ことを示した．さらに，間氷期ステージ7, 13, 15, 17, 19は完新世（ステージ1）の同位体比に達していない．すなわち，この期間の海水位は現在の海水位に達していないことを示した．ステージ1, 5e, 9, 11の極値は非常に似ているので，そのなかのどれかの海水位が高いということはいえない．

　1992年から開始されたピーター・スマート（Peter Smart）とデイヴィド・リチャード（David Richards，ブリストル大学）の研究は，第四紀のサンゴ礁の320個のウラン系列のデータを集めて，30以上の場所の海水位が極大になる年代の頻度分布を求めた（図2）．その結果，12万3000年前から現在までの間に，6個の極大があることを見つけた．その年代はある程度の不確定性があるが，独立したほかのデータと比較してみると，似ていることは明らかである．図2は，サンゴ礁の頻度分布（i）を深海酸素同位体比の変化（ii）と南極ボストークにおける氷床コアのデータから推測した気温の変化（iii）と比較したものである．ピークの位置がよく似ていることがわかる．

　このことから，第四紀の長期間かつ広い範囲にわ

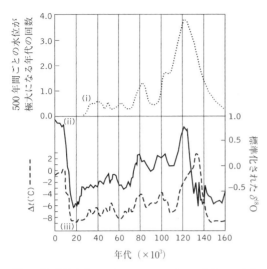

図2 (i) 世界各地の30以上のサンゴ礁から推定した水位が極大になる年代の頻度分布. (ii) 深海コアの酸素同位体比の変化. (iii) 南極ボストークの氷床コアの酸素同位体比から推定した気温の変化. (Smart and Richards (1992) *Quaternary Science Reviews*)

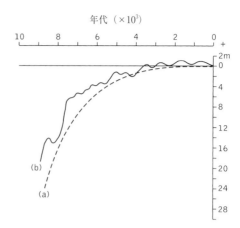

図3 完新世の平均海水位の変化. 右端が現在. 左にいくほど過去にさかのぼる. (a) ブリストル水道, (b) イングランド北西部. (Kidson (1982) *Quaternary Science Reviews*)

たる海水位の変動は, 気候変動に伴う大陸氷床の体積の変化によって決まっているといえる. しかし, 海水位変動の周期が短く, 場所も限定されている場合は, このほかのさまざまな影響があるので, 気候変動と海水位変動の関係ははっきりしない.

たとえば, 1970年代には, 最終氷期以後, あまり隆起の生じなかった地域に関して, 完新世の海水位変動を正しく推測する方法が議論された. 図3は, 平均海水面の変化をイングランド北西部とブリストル水道で比較したものである. 海水位変動の上昇が最終氷期以降の大陸氷床の融解によって生じたことは疑いない. しかし, 短期間の変動に着目すると, 片方のグラフはスムースであるが, もう片方のグラフは周期数百年, 振幅1mほどの細かな変動がある. この2つのグラフは, どちらも海底粘土層の間にサンドイッチされているピートの層を用いたもので, 年代決定は炭素14によって行われている. 海水位変動の不確定性は, 粘土層(海底)に積み重なったピート層(陸地)をどのように解釈するか, という点にある. ある学派は, 海岸環境の複雑性を考えると, ピートの堆積が海水位の絶対的な低下によって生じるとは考えにくいので, データポイントをスムースな曲線で内挿するのが正しいと主張する. 別の学派は, 短周期の海水位の低下に応じてピートの堆積が生じるから, 短周期の変動も海水位変動を表現していると主張する. 本質的な疑問は, 堆積物のデータの分解能(高度の誤差は±1m, 時間分解能は±100年)は小さなスケールの気候変化を検出するのに十分か, ということである.

完新世の海水位変動に関しては, ダーハム大学のイアン・シェナン(Ian Shennan)によって, 新しい方法論や現実的な定義が導入された. 彼は, スコットランドのテイ(Tay)河口, ランカシャ北西部, フェンランドの海水位変動を整合性のある方法で調べた. 彼は水位の絶対値ではなく, その変化傾向に着目し, 上昇, 安定, 下降に分類して, 海水位変動の地域的なイベントの特徴を検出した(図4).

海水位変動を推測する際, 過去の潮汐, 堆積物の圧縮, 沿岸過程の変化, 堆積物の供給量, 堆積速度など, さまざまな要因がノイズになる. 気候シグナルの記録が改良され, それと比較できる方法論ができれば, 近いうちに, 時間・空間スケールの小さな海水位変動から, 気候変化によるシグナルとノイズを分離することが可能になるであろう.

[B. A. Haggart/木村龍治訳]

■ 文 献

Devoy, R. J. N. (ed.) (1987) *Sea surface studies : a global view*. Croom Helm, London.

Smith, D. E. and Dawson, A. G. (eds) (1983) *Shorelines and isostasy*. Academic Press, London.

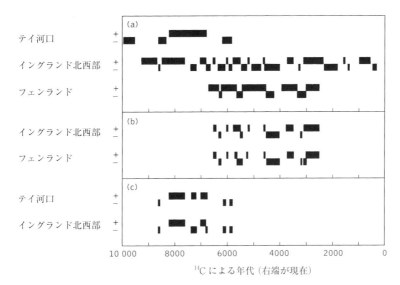

図4 海水位の変化傾向を上昇（＋），下降（－）で示したもの．テイ河口，イングランド北西部，フェンランドの比較．(a) 3カ所の比較．(b) イングランド北西部とフェンランドとの比較．(c) テイ河口とイングランド北西部との比較．(Shennan et al. (1983) Nature, 302, 404-6)

海水温
ocean temperatures

海水の温度を計測する方法はいろいろあり，それぞれ測定精度が異なっている．海面水温は，普通，カンバス地のバケツに汲んだ海水の水温を測定するか，エンジンの冷却水取り込み口に温度計を固定して測定する．第二次世界大戦以降は，断熱性のバケツ，エンジンの冷却水取り込み口，サーミスターセンサーによる計測などが必要に応じて使い分けられている．現在では，過去の水温観測のバイアス（正しい値からのずれ）を訂正し，1856年までさかのぼって地球全体および半球規模の（精度が）均質な水温の時系列を復元する技術が開発されている．時代とともに観測方法が変化し，観測手順も向上しているので，観測データには時代によってシステマティックな誤差が生じる．このため，データの精度を均質化するための品質管理が必要がある．現在は，人工衛星を用いたリモートセンシングによって海面水温の分布を知ることができる．

海水温度の分布に関しては，年，季節，月ごとの平均の分布，とくに海面水温（SST）の分布が描かれている．しかし，データの数の違い，平均を求め

るのに使われた期間，分布を算出するためのアルゴリズムの違いなどで，分布図ごとの整合性を得るのは難しい．

深さ約450mまでの鉛直方向の海の水温は「BT (bathythermograph)」という測器を使って測定することができる．これは紡錘形をしている装置で，尖端にサーミスターがついており，紡錘形の内部にある糸巻きに巻かれた細い銅線で測定結果を船上に送り，リアルタイムで深さによる水温変化を記録する．海は，表層では大気と接触して加熱されているが，水温は深くなるにしたがって低くなる．とくに，「水温躍層」として知られる層で急に低くなる．

海面水温の世界的な分布を見ると，緯度の変化により海面水温は変化しているが，海流による影響が大きい．南半球の海水温は，北半球よりいくらか低い．卓越風の性質が違うのと，海氷で覆われた南極大陸の存在が影響しているからである．海面水温の最高記録はペルシャ湾の35℃である．最も低い海面温度は海水の氷点（塩分の影響を受けるので－1.9℃）であると定義づけられる．最高海面水温の平均地点である海洋学的な水温赤道は北緯5〜10°に位置している．

地球上のほとんどの海での海面水温の年間変動幅は5〜10℃の間であるが，年間変動幅は陸に閉じ込められた海や大陸棚の海で高く，韓国付近では

海水温

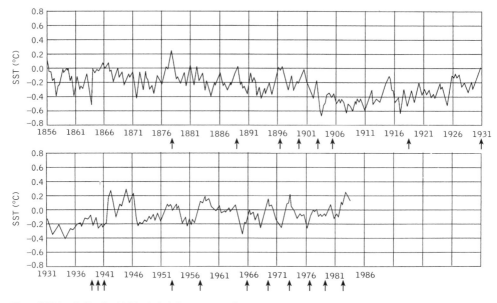

図1 世界中の海洋の海面水温の経年変化．1951〜60年の平均からの偏差を示してある．年号の下の矢印はエルニーニョが発生した年．

20℃近くなる．海面温度を，個々の地理学的緯度の平均からの偏差として描くと，水温の地域的な特徴が浮き上がる．イギリス諸島の北の海水は普通のこの緯度の海水より9℃以上高く，あらゆる海域のなかで最大の偏差である．

海流による熱輸送，大気・海洋間の熱交換，波による混合作用，対流による海水の撹拌によって，海面水温は日々変化する．多くの海域では，2日間のうちに1.5℃も変化する．もしも水温を変化させるいくつかの要因が同じ方向に一緒に働けば，水温の短期間の変化は年間変動幅と同じ程度の大きさになるだろう．一般的には，風速が増すと海水温は低くなる．その程度は季節によって変わるが，冬と春で最大になる．これはおそらく海水内部の乱流混合が増加したからである．

海面水温は，大気・海洋相互作用をモデル化したり，気候の変化を理解するためのキーパラメーターである．さらに，湧昇や生物生産などの研究のための海洋学的調査を立案するにあたっても，海面水温のデータが必要である．海面温度の過去のデータを見ると，過去1世紀半の間に大きな変動があったことがわかる．地球上の最低海面温度はだいたい1905〜10年の間に起こり，最高温度は1960〜65年の間に起こっていて，その間の変動幅は約0.6℃だった．1970年代初期以降，再び昇温傾向にある．

海面水温の最高値は，気温の最高値より約15年遅れて出現しているように見えるが，概して地球全体の気温変動の大きさと傾向が一致する．

海の内部の気候の変化は，大規模な大気の変化と密接に関係している．とくに，太平洋では，平均して4〜6年ごとにエルニーニョとして知られる大規模な海面水温の上昇が起こる．エルニーニョはグローバルな気候に影響を与えている．エルニーニョが発生すると，海面水温は平年値から約6℃上昇して数カ月維持する．図1でわかるように，エルニーニョによる海水温の変動の振幅は，グローバル平均の気温変動の振幅と対応している．

[Allen Perry/木村龍治訳]

■文　献

Meteorological Office (1990) *Global ocean surface temperature atlas*. UK Meteorological Office and MIT joint project.

Wuethrich, B. (1995) El Niño goes critical. *New Scientist*, 4 February, 32-5.

海水の塩分
oceanic salinity

塩分は海水の基本的性質で，海水の塩辛さの指標である．理論的には「すべての炭化物が酸化され，すべての臭素とヨウ素が塩素に入れ替わり，すべての有機物が完全に酸化したときに，1 kg の海水に溶けている固体の合計」と定義されている．実用的な定義では，「元は固体であった成分が海水に溶け込んだ物質の重さの合計」である．

海水に溶けている主要な物質は，塩素（Cl^-），ナトリウム（Na^+），マグネシウム（Mg^{2+}），硫黄（SO_4^{2-}），カルシウム（Ca^{2+}）である（「海水」参照）．多いほうから11種類の成分よって99.9%以上が占められている．そのうち Cl^- と Na^+ だけで 86% が占められている．昔，1819年にマルセット（Marcet）が，海水の主要成分は濃度の大小にかかわらず，つねに，一定の比率で存在することを提案した．ディトマーはチャレンジャー号の世界一周航海で5年間（1873～77年）かけて集めた77種の海水のサンプルを化学分析して，マルセットの提案が正しいことを確認した（1884年）．この主要成分の関係は「マルセットの原理」として知られるようになった．この現象は，主要イオンが化学反応によって発生・消滅する時間よりも，異なる濃度の海水が混ざり合う時間のほうが短いために生じる．降水や蒸発など，海洋からの水の出入りは，局所的なイオンの濃度（塩分）を変化させるのみで，海水中に含まれる塩の全体量は変化しない．

この不変性があるため，特定の主要イオンの分析によって，海水の塩分が推測できる．歴史的には，塩化物の濃度の決定を硝酸銀の滴定により行い，ほかの主要イオンに対する Cl^- イオンの千分率を利用して，全体的な塩分を求めた．この方法は，その後，電気伝導度を測定する技術に取って代わられた．塩分はイオン化されているので，イオン濃度は，海水の電気伝導度と関係している．したがって，海水中の電流の通りやすさ（電気伝導度）から塩分を求めることができる．このような測定が実用化され，精度が増すと，ある水温と水圧の海水の標準的なサンプルの電気伝導度を用いて塩分を定義することが可能になる．この方法で測られた塩分は実用的塩分（PSU：practical salinity unit）という．電気伝導度の割合に基づいているので次元がない．したがって，海洋科学者は，塩分がたとえば 32‰（千分率）というより，塩分 32 の海水と呼ぶ(32 PSU ともいう)．

世界中の海水の塩分は平均 35 で，99% は 33～37 の範囲内にある．海水の塩分を変える最も大きな作用は真水の増減である．塩分の増加は，海面からの蒸発と極地での氷の生成に伴う塩の排除によって生じる．塩分の減少は，降雨，川や地下水の流入，氷の溶解による真水の供給の結果として生じる．こういった作用は海面付近で生じる．一度水塊が海面を離れると，異なった塩分の別の水塊と混合しない限り，塩分は変わらない．

塩分は，川や地下水の流入の影響を受ける沿岸地

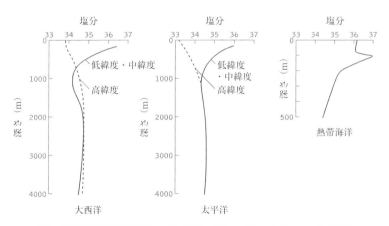

図1　緯度による塩分プロファイルの違い．(Riley, J. P. and Chester, R. (1971) *Introduction to marine chemistry*. Academic Press, London)

域で最も変化する．外洋では，表層海水の塩分の分布は蒸発と降雨量に依存するので，緯度によってかなり変化し，海域による変化は小さい．赤道海域は，風が弱く（そのため水蒸気の蒸発量が小さく），多量の降雨が降るので，塩分は最低になる（34）．北緯20〜30°，南緯15〜20°の亜熱帯では，強い貿易風により蒸発量が多く，降雨量が少なくなるので最高の値になる（約37）．高緯度では降雨量が増え，蒸発による水の損失が少なくなるので，塩分は再び減少する．大きな変化が見られるのは，夏に北極海で氷が融解するときである．閉ざされた海では塩分はかなり大きな変化を見せる．一方，非常に高い塩分は地中海（37〜40）と紅海（40〜41）で見られる．どちらも蒸発率が高く真水の流入がほとんどない．反対に川から大量に水が流入して海水を薄め，かなり汽水的な環境をつくり出しているバルト海の塩分は低い．

緯度による変化だけでなく，海水の塩分は水深によっても変化する（図1）．低緯度や中緯度では明らかに塩分濃度が一番低いのは水深約600mから1000mの間で，水深約2000mにかけて塩分濃度は増加する．高緯度ではこの極小値は存在せず，海面から水深2000mにかけて塩分は増加していく．熱帯地方では水温躍層上部の水深100mほどで明らかに最大になる．中，低緯度の深海では塩分濃度は海面よりも低いことが多い．もともと極地の表層の海水が沈んだものだからである．どこの海でも水深4000m以上では塩分濃度は34.6〜34.9でかなり一定している．

[Ian R. Hall／木村龍治訳]

■文　献
Open University (Oceanography Course Team) (1989) *Seawater: its composition, properties and behaviour.* Oceanography Series. Pergamon Press, Oxford.
Libes, S.M. (1992) *An introduction to marine biogeochemistry.* John Wiley and Sons, New York.

海水の密度と圧力
oceanic density and pressure

海水の密度は複雑で，水温，塩分濃度，水圧の非線形な関数である（このことは「水塊」の項目の図1に示されている．等密度線が直線でないことに注意）．水温20℃以上であれば，水温と塩分濃度が海水の密度に与える影響はほぼ等しい．水温が下がるにつれて，密度への影響は塩分濃度のほうが大きくなる．真水の場合，水温が下がると3.98℃で密度が最大になる．この温度より高くても低くても真水の密度は低くなる．しかし海水では塩分が加わるので，このようにはならない．塩の含有量が24.7 PSU（practical salinity unit，百分率の10倍）以上の場合（世界中の海で，この条件は満たされるが）水温が氷点に近づくにしたがって海水の密度は大きくなる．

密度は1m^{3}の重さ（kg）で表される．外洋の代表的深さである水深4kmまでは，密度は普通1020〜1030 kg m^{-3}の範囲である．海洋学者はσ_t（シグマティーと読む）という単位を用いて密度を表すのが慣習になっている．σ_tは，密度から1000 kg m^{-3}をひいたものである．海洋全体ではσ_tは一般的に20〜30 kg m^{-3}の間である．世界中の海水の80%のσ_tは26〜28.5 kg m^{-3}の範囲である．σ_tを算出するのに用いられる水温と塩分の値は現場の値というが，現場密度を扱う場合には注意を要する．海水は水圧によってかなり圧縮される．塩分35 PSU，水

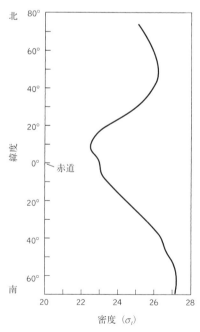

図1　すべての海洋で平均した表層海水の密度と緯度との関係．（Pickard and Emery, 1982）

温5℃，水深4000 m の海水の塊が断熱的に（すなわち周りと熱を交換せずに）海面にもち上げられたとする．水圧が減るにしたがって体積は増加し，水温は下がる．この例では4.56℃になる．水温5℃というのは現場の温度の値である．そこで，海面までもってきたときの温度を現場の温度と区別し，ポテンシャル温度（θ）という．

ポテンシャル温度を用いて密度を計算するとき，計算された密度をポテンシャル密度 σ_θ（シグマシータと読む）という．ポテンシャル密度は（ポテンシャル温度と異なり），つねに，海面まで水塊をもってきたときの密度というわけではない．深海の海水の密度を扱う場合，基準の圧力までもってきたときの密度を計算する．たとえば，水深3000 m の海水の密度を扱うときは，3000 m まで水塊を移動したときのポテンシャル密度 σ_3（シグマ3）を，場合によっては，2500 m を基準にして $\sigma_{2.5}$ を計算する．

深海の水圧は，その上に積もった海水の重さに重力加速度をかけたものに等しい（重力加速度をかけることによって，力の単位になる．圧力の単位はパスカル）．概算値として，重力加速度を $10\,\mathrm{m\,s^{-2}}$，海水の密度を $1000\,\mathrm{kg\,m^{-3}}$ と仮定しよう．$1\,\mathrm{m^2}$ あたりの水圧は水深10 m で，10^5 パスカル（＝ニュートン $\mathrm{m^{-2}}$）になる．実際の水圧はこれより大きい．その深さより上にある海水の密度によって変わるので，水深だけで水圧が決まるとは限らない．CTD（conductivity 伝導性，temperature 水温，depth 水深）の測定では，特殊な場合を除いて，海水の密度は水深が深くなるにつれて増加する．

海水の表面の密度も緯度によって変化する（図1）．海面の上の気候が異なると，水温や塩分も違ってくるからである．海面の密度は南極周極流の南の南極海で最も高く，赤道の北で最低となる．それからしだいに増加し，北極海を覆う万年氷のある海域で再び降下する．極域の海水は，海氷が溶けたり河川から真水が流れ込んだりして，海面の塩分濃度が下がるからである．緯度による密度の変化は，海水内部にも影響を与える．高緯度の海面にある高密度の海水は斜めに深海に向かう傾いた等密度面に沿って深海に降下するからである．水温，塩分濃度，ポテンシャル渦度をもとに海面から潜った海水の経路を追跡することができる．このようにして，高緯度の海面の水質が海洋内部の水質を決定する要因とな

る．そのため，極地の海は気候の変化にとって重要である． [Mark A. Brandon／木村龍治訳]

■文　献

Pickard, G. L. and Emery, W. J. (1982) *Descriptive physical oceanography*. Pergamon Press, Oxford.

海水の溶存成分
oceanic dissolved constituents

海洋化学では，海水中に含まれる $0.45\,\mu\mathrm{m}$ のフィルターを通る物質を溶存成分と定義する．本当に溶解している成分と粒子状で存在している成分の区別は便宜的なもので，いくぶん任意性がある．コロイド状の物質は，この定義では溶存成分に含まれる．自然に発生した成分のほとんどは海水のなかの溶存成分として測定され，その濃度は幅広い．最も多い成分は「主要成分」と呼ばれ，濃度は 1 ppm（part per million）以上である．海水に溶けている塩分の99.9% はこのような成分である．残りは「微量成分」である．海水中の濃度は，その成分がどれだけ海水に供給されるか（すなわち，地殻にどれだけ豊富に存在するか），また，その成分が海洋中にどれほど長く滞留するかによって決定される．海洋中の溶存成分は，長い期間をかけてリサイクルを行っている．すなわち，（おもに，河川水の海洋への流入，海面からのエアロゾルの降下，熱水作用などによって）海水に供給された物質は，地質学的な時間をかけて海底堆積物として排除される（その結果，定常状態が成り立つ）．このような堆積物は，その後海洋底拡大と造山運動の過程でリサイクルされて大陸になり，また次のサイクルがはじまる．滞留時間とは成分が海水から除去される以前に海洋中に存在する平均時間のことである．滞留時間は数百年程度から1000万年までと幅広く，その成分が海水中で化学的に変化するかどうかによって変わる．化学的に活性のある成分は（沈降粒子に付着するか，直接堆積するかというような）無機的な除去作用および有機的な除去作用（生物体内への取り込み）によって堆積物へと取り込まれる．反対に，化学的に不活性

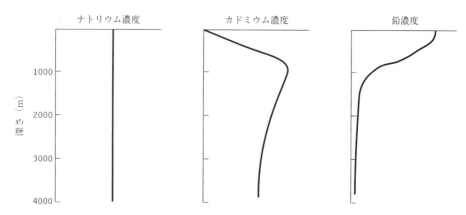

図1 海水に含まれるナトリウム，カドミウム，鉛の濃度と深さの関係．プロファイルの違いは，生物過程，化学過程の違いによる．(Chester, 1990)

の成分は溶液中に長く存在する（滞留時間が長い）．

●溶存気体

　気体は海面を通して海洋に出入りし，海水の動きに伴って海中に移動する．窒素や不活性ガスなどは，海水中で化学変化を起こさない．そのような気体は，生物学的および化学的反応による濃度の変化がほとんどない．これらの気体の分布は水塊の混合過程（物理的移動）や，溶解度の温度や塩分に対する依存性に左右される．酸素や二酸化炭素などの溶存気体は生物学的・化学的反応によって姿を変えるので，保存性はない．溶存酸素は海の表層での光合成により発生し，深海での有機物の分解で消滅する．二酸化炭素（CO_2）は生物生産の過程で生物体内に固定し，除去や放出によって，海水のアルカリ度（pH）を大きくコントロールする．

●主要成分（塩分に関与する成分）

　海水の主要成分は，塩素，ナトリウム，マグネシウム，硫黄，カルシウム，カリウム，臭素，ストロンチウム，バリウム，フッ素である．これらの成分は海水中では「保存性」があると通常見なされている．とくにカルシウムとストロンチウムは化学的・生物学的に活性があるが，化学反応によって濃度が変化することはない．ほとんどの場合，主要成分の濃度は物理的作用によってのみ変化し，ほぼ一定の組成で存在する．すなわち，場所によって濃度には違いがあるが，成分の組成（存在比率）はほぼ一定である（ディトマーの法則）．ケイ素は平均濃度 1 ppm 以上で存在するが，これは微量成分に分類される．生物学的作用に深く関与し，保存性が低いからである．

●微量成分

　海水の微量成分のほとんどは保存性がなく，したがって地域によって濃度は大きく変わる．しかし濃度が低いので，塩分全体に対する影響はほとんどない．化学的・生物学的反応は，微量成分の鉛直分布を大きくコントロールする．図1は，濃度分布の典型的な鉛直分布を示したものである．保存性のあるナトリウムの濃度は水深によって変化しない．カドミウムは保存性がなく，不安定な栄養塩型を示している．栄養塩はおもに硝酸塩，リン酸塩，ケイ酸塩で，生物の成長に必須である．カドミウムはこのような栄養塩と似た振る舞いを示す．海面付近で植物プランクトンに取り込まれて，沈降した有機物質の腐敗によって深海で放出される．鉛は大気からの流入により表層に豊富に存在する．海水に溶解した鉛は粒子によって急速に取り込まれ，水深が深くなるにつれて濃度が下がる．

●有機物

　海水に存在する溶存有機物（DOM, dissolved organic matter）はほとんど不活性で，（海水を黄色くするので）ゲルブストフ（Gelbstoff：ドイツ語で「黄色いもの」という意味）と呼ばれている．DOM は陸上から出た油の残留物と植物プランクトンの生産物とが複雑に混ざった混合物である．

[**Andrew B. Cundy**/木村龍治訳]

■文 献

Chester R.（1990）*Marine geochemistry*. Chapman and Hall, London.

Open University（Oceanography Course Team）（1989）*Seawater : its composition, properties and behaviour.* Oceanography Series. Pergamon Press, Oxford.

カイパー, ジェラード・ピーター
Kuiper, G. P.（1905-73）

カイパーが惑星天文学に果たした重要な貢献は，地質学においても重要な意味をもっている．カイパーはオランダに生まれ，ライデン大学で天文学を学んだ．1933年に米国に渡り，Gerrit Pieter Kuiper というオランダ名に対応した Gerard Peter という名で知られるようになる．米国では，最初にカリフォルニア州にあるリック天文台に勤め，その後ハーバード大学，シカゴ大学，アリゾナ大学へと移った．アリゾナ大学で彼は月惑星研究室という学際的な研究室を立ち上げた．

スペクトル分析の手法を用いて，土星の衛星タイタンに大気が存在することを最初に突き止めたのはカイパーである．地球科学者間では彼は太陽系起源論で有名であり，そのなかで彼は冥王星以遠に氷微惑星の供給源が存在するはずだと指摘している．また，クレーターの形成が衝突によるものだと明らかにする研究も行った．

カイパーは月面についての研究を行い月面地図を作成した．また，地球を含めた惑星大気，太陽系，星間システムといったものに関する出版物の編集者としても活躍した．カイパーベルトとは，彼に敬意を表して付けられた名称である．

[D. L. Dineley／宮本英昭訳]

海氷と気候
sea ice and climate

海水が海水中で凍結してできる氷を「海氷」という．海水は塩分が存在することにより，真水よりも氷点が低くなる．これには標準的な経験則があり，

海水中の塩分が1 PSU（practical salinity unit）増えるごとに氷点がおよそ0.05℃下がる．氷点は水圧が高くなることによっても下がる．世界中の海面近くの氷点はおよそ-1.9℃である．真水の密度は4℃で最大になるが，塩分の増加とともに最大密度になる温度は低下し，塩分濃度24.7 PSU（この値は普通の海面付近の塩分濃度よりかなり低い）以上になると，氷点に達するまで海水の密度は増加する．海水は冷やされると重くなって沈降し，反対に，深海の温かい水が海面に押し上げられる．そのため，深層の塩分が十分大きくて対流が妨げられるような状態でない限り，海氷ができるためには，海面から海底まで海水の全体が氷点まで冷やされることが必要である．一方，塩分濃度が深さによって急に大きくなると，その層の上層しか対流は起こらないので，表層の海水だけが結氷する．このように塩分濃度が急に大きくなる層を「極域塩分躍層」という．北極海では塩分躍層が存在するので，海氷が形成するためには表層の30〜50 m のみが冷やされればよい．

海氷のできはじめは，氷晶（frazil ice）と呼ばれる小さな氷の結晶である．氷晶は海面まで浮き上がると合体して，さまざまな形状の氷を形成する．海水が結氷してできる氷晶は，海水中の塩分の一部が結晶と結晶の間に閉じ込められるので，必ずしも真水の氷ではないが，塩分濃度は8 PSU 以下に留まる．海水の塩分のほとんどは，結氷の際に海水の中に取り残される．塩分が取り残されることによって表層の海水は地域的に塩分濃度が濃くなるので，重くなって沈降する．その結果，状況によってはかなり深い深層まで対流が生じる．世界気象機関（WMO）によって海氷のタイプには，標準的だが複雑な分類が行われている．いまのところ最も一般的な区別は，一年氷と多年氷を分けるものである．一年氷は一般的におよそ厚さ750 mm の新しい氷で一年以内にできたものである．多年氷とは，一年氷が1回以上夏を乗り越えたもので，冬ごとに5 m まで厚くなる．多年氷の結晶間に閉じ込められた塩分の量は一年氷（3〜5 PSU）より少ない．氷の表面が夏に融け，そのとき結晶から塩分が流出するからである．

北極と南極では地形が違うので，それぞれの地域の海氷の形態はかなり異なっている．北極海中央は閉ざされた海盆で，年間を通して永続的な多年氷で覆われている．氷に覆われた面積が最小になるのは

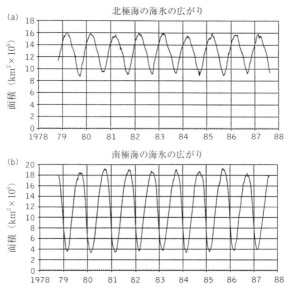

図1 衛星に搭載したマイクロ波レーダによって観測された海氷の広がり．(a) 北極海，(b) 南極海．(Gloersen, P., et al. (1992) *Arctic and Antarctic sea ice, 1978-1987: Satellite passive-microwave observations and analysis.* National Aeronautics and Space Administration Report NASA SP-511)

9月のおよそ $9×10^6\,{\rm km}^2$ で，最大になるのは，氷が北極海盆からハドソン湾，バフィン湾，カナダ半島，カラ海まで広がる3月のおよそ $16×10^6\,{\rm km}^2$ である．周辺の海の大部分，たとえばグリーンランド海，バレンツ海，ラブラドル海の狭い地域，オホーツク海なども海氷で覆われる．反対に南極は開いた海（海氷のない海域）に囲まれていて，通年海氷で覆われるのはウェッデル海の一部，ベリングスハウゼン海，アムンゼン海に限られている．南極では多年氷の割合が少ない．氷で覆われた面積は2月に最小（$3.8×10^6\,{\rm km}^2$）になるが，反対に冬は大陸からの氷が広がり $19×10^6\,{\rm km}^2$ 近くまで覆われる．地球規模の海氷の範囲は，NASAのニンバス7やニンバス5のようなマイクロ波センサーを搭載した衛星で観測できる．これらのセンサーで北極海と南極海の海氷で覆われた面積の年ごとの変化がわかる（図1）．

海氷の体積を計算するには，氷の厚さを知ることが必要である．これは海氷の面積を測ることよりははるかに難しい．北極海での氷の厚さの測定は，上方を見るソナーを用いた原子力潜水艦によって行われている．南極海の氷の厚さの計測は，海氷に穴を掘ることによって行われている．1990年代初頭，潜水艦による氷の厚さの計測で，北グリーンランドの海氷は急激に薄くなりつつあることがわかったが，これは氷が本当に減ったのではなく，気象の影響であった．グリーンランドと南極海の氷床の体積に比較すると，海氷の体積は微々たるものである．しかし，海氷は海面の広大な範囲を覆っている．北半球の冬には，海氷の面積は北半球全体の面積の5%を占め，南半球の冬には，南極海氷の面積が南半球の面積の8%を占める．地球規模では，地球上の氷で覆われている場所のおよそ2/3が海氷によって占められており，気候に大きい影響を与えている．

海氷が気候に与える影響を考えるとき，まず，海氷によって大気・海洋間の運動量，熱，物質の交換が遮断されるということがある．このため冬季に海から大気への熱輸送が少なくなるので，気候システムが安定化する．氷は日射をかなり反射するので（雪に覆われていない海氷の反射率は55%，雪に覆われている海氷の反射率は90%），気候システムには正のフィードバックがかかる．すなわち，海氷の面積が拡大すると反射率が大きくなって気候が寒冷化して，ますます海氷の面積が広がる．逆に，海氷の面積が縮小するとますます縮小する．極地の海を覆う氷はのっぺりと海面を覆っているわけでもな

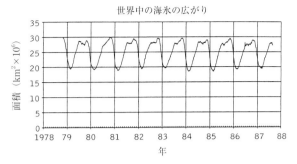

図2 衛星に搭載したマイクロ波レーダによって観測されたグローバルな海氷の広がり．(Gloersen, P., et al. (1992) *Arctic and Antarctic sea ice, 1978-1987: Satellite passive-microwave observations and analysis.* National Aeronautics and Space Administration Report NASA SP-511)

く，海域全体を覆っているわけでもない．海氷は複雑に変形する性質があり，風，海流，(海氷原の端では)波の作用で，崩れたり積み重なったりして移動する．これらの力により冬でも氷は移動して，リードと呼ばれる直線の割れ目や，ポリニアと呼ばれる氷原の穴ができる．冬季に海氷で覆われない海洋の面積は小さいが(北極で $2 \times 10^6 \text{ km}^2$ 以下，南極で $4 \times 10^6 \text{ km}^2$ 以下)，極地の海の熱バランスに重要な役割を果たしている．大気・海洋間の熱交換のおよそ半分はここを通して行われる．ポリニアは氷の工場とも呼ばれる．海氷のない水面ではかなりの量の氷ができ，塩分が排除される．1970年代にはウェッデル海に常にポリニアが存在し，南極底層水の形成の原因と考えられていたが，このポリニアは1970年代末に姿を消した．しかし，それ以降も，海氷の発生量は少ない．

極地の海洋で駆動される深層循環と太平洋中央部の熱帯海域における加熱が原因になって，地球規模の海水の循環が生じる．この循環は海洋コンベアベルトまたは「熱塩循環」と呼ばれている(循環が熱と塩分の両方によるものなので熱塩循環という)．海氷形成に伴う塩分の排除がおそらく深海水の形成の原因であり，それがコンベアベルトの北端になっている．そこは，大気から海への二酸化炭素の吸収と交換にも重要であると考えられている．グリーンランド海で海面からの大きな熱損失が生じるが，その結果，海氷が生成され，グリーンランド海特有の形状になる．それは「オッデン(ノルウェー語で岬)」と呼ばれる．オッデンから塩が排除されることで対流が起こる．このような現象は数千年以上続いており，北極海の低温で密度の大きな海水が，大西洋とインド洋の深海流を経由して太平洋へと循環し，逆に，暖かい海水が北極海へ戻ってくる．海底堆積物のピストンコアと花粉の記録のなかに，最近の50年ほどの間に気候が摂氏数度急速に変化したという証拠が残されている．この変化はコンベアベルトの経路の変化や，場合によって，コンベアベルトの様式の変化によって生じると考えられる．このような変化は，海氷面積の変動がきっかけになって発生するものと思われる．

海氷面積は地球全体で見ると，年ごとの変動が少なく，かなり一定のようにみえる(図2)．しかし地域によって違いはある．図1を見ると，8.8年間で北極海の氷はおよそ2％減っており，一方，南極海の氷には統計上有意な変化は見られない．海氷面積を決めるのに，海流，海氷の形成，深層対流などの過程が複雑に絡んでいるため，海氷面積は場所によって大きく変化するのである．

オッデン氷舌はグリーンランド海に少なくても200年は存在していることが捕鯨船の記録からわかっているが，スコット極地研究所のピーター・ワダムは，オッデン氷舌の大きさが過去10年で縮小していることや，1994年と1995年にはまったく存在しなかったことを専門家の間に警告している．この縮小は，深層対流や結果として起こるグリーンランド海の底層水形成に関連する．過去に1度，深層対流はおよそ水深4 kmに達したが，その後，1 kmまでしか及ばなくなり，1980年以降は，グリーンランド深層水の形成は生じていない．深層水の形成がないと，コンベアベルトが止まってしまう，とい

うわけではない．大切なのは，海氷の面積とその変化は比較的簡単に測定することができるのに，海氷の体積を測ることは難しいということである．海氷面積の変化は，海氷の体積の変化と関連しているはずであるが，詳しい関係がわかっていない．気候との関連で重要なことは，海氷の厚さの変化がグローバルにどうなっているか，ということである．

[Mark A. Brandon／木村龍治訳]

海盆
ocean basins

19世紀のチャレンジャー号の航海以来，外洋の水深が非常に深いことは知られていた．しかし，水深8kmよりも深く錘をつけた綱を下ろして測定することを考えれば，水深を密に測定することは不可能である．その観測値を補完して，等深線を描けば，深海底はきわめて平坦な地形になる．海底にも凸凹があることが認識されたのは，音響測深が可能になった後である．音響測深でわかったことは，中央海嶺付近はきわめて凸凹しているが，同じように驚くべきことに，海盆はきわめて平坦なことである．もうひとつの注目すべきことは，海底の多くは水深5〜6kmで，細く長く伸びた海溝（「島弧」参照）を除けば，それより深い場所はない，ということである．今では，中央海嶺から新しいプレートが生成されることにより海底ができることがわかっている．生成されたプレートはしだいに冷却され，最後にマントル内部に沈み込む．海底がこのような過程でつくられるとすれば，ほかの要因が働かないかぎり，水深に限度があるのは自明である．沈み込み帯では，非常に深い海溝か，または，火山帯を形成する．火山帯では，厚い地殻がつくられるために，海台が形成され，また，水深が標準的な5〜6kmよりも浅くなる．

海盆は，海洋地殻の上に広がっている．形はさまざまで，大きいのもあれば，小さいのもある．ぎざぎざしているものもあれば，なめらかな形のものもある．海盆の起源は，海嶺，海丘，海台の起源と同様，さまざまである．

最も驚くべき海盆は，深海平原である．そこは，真の海底に位置する特定の海盆で，形成初期に存在した海丘は堆積物のなかに埋め込まれている．いろいろな大きさのものが存在する．小さなものは，地中海のアルボラン海盆で，2600 km^{2}の面積である．北大西洋のマデイラ海盆の面積は5万4000 km^2，南大西洋のアンゴラ海盆は100万km^2，南極海のエンダービー海盆は370万3000 km^{2}である．小さな海盆の数千倍も大きい．海盆の形成には，陸から供給される堆積物が重要な条件である．大西洋では多く，太平洋では少ない．太平洋では，沈み込み起源の海溝や境界海盆（背弧海盆）が堆積物を吸収してしまうからである．例外は，北米大陸に接している北東の隅である．南極大陸は，氷が岩石を侵食しやすいために，南極海に膨大な量の堆積物を供給する．

深海平原の形成のおもな要因は，初期の凸凹の地形を堆積物が覆ってしまうことなので，深海平原は次の点に着目して分類される．

(1) 堆積物の組成（たとえば，陸源性か炭酸塩か）．
(2) 海盆が開いているか閉じているか（すなわち，乱泥流によって運ばれた堆積物が，堆積するか，出口から流出するか）．
(3) 深度，すなわち，炭酸塩補償深度（CCD）からの距離．
(4) 海盆の面積と比較して，どの程度の体積の堆

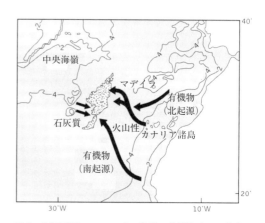

図1 水深5400 mのマデイラ海盆の地図とそこに集まるタービダイト．以下の3種類がある．(1) マデイラ諸島，カナリア諸島の地すべりで大量に発生した火山起源のタービダイト，(2) アフリカ大陸棚起源の有機物を多く含むタービダイト，(3) 西側の海山から発生した炭酸カルシウムを多く含むタービダイト．3番目の種類は重要ではない．（Weaver et al. (1992) より）

積物が供給されるか.

(5)　海盆の面積と比較して,周辺にどの程度の大きさの堆積物の流出域があるか.

最も詳しく調べられている海盆は,マデイラ深海平原である(図1)(そこは,かつて,放射性廃棄物の廃棄場の候補になっていた).この海盆に堆積物を供給する流入域(北西アフリカの一部を含む)の面積は海盆面積の50倍もあるので,堆積物の供給は過剰になっている.この状況は,堆積物の供給域の比率がひと桁少ない西部北大西洋と対照的である.堆積物の起源は,おもに,2万年から3万年ごとに,3カ所から供給された乱泥流である.堆積物(30万年で600 km³)の90%はタービダイトで,最大のものは190 km³の体積であった.遠洋性の堆積物は全体の10%でしかない.

太平洋の海底の特徴は,低地や深海の丘など,形成初期の凸凹した地形が現在まで残されていることである.このような海盆では,遠洋性の堆積物が主で,低地を埋めるというより,毛布をかけたように,地形全体を覆っている.堆積速度や堆積物の厚さは,その地形の上の生物生産量と関係している.海盆の多くはCCDより深いので,堆積物は,褐色粘土,放散虫軟泥,ケイ藻軟泥から構成される.鉄マンガンノジュールも,鯨の耳の骨やサメの歯と同じように,しばしば発見される.堆積物はなめらかに海底を覆っているが,場所によっては,一度堆積したものが丘から低地に落下して,再堆積することもある.海底がCCDより浅い場所では,石灰質の骨格物質は有孔虫やナンノ化石が多い.深海掘削によって発見された面白い特徴として,炭酸塩の生産量,陸源性堆積物による希釈,炭酸塩の溶解にはっきりした周期性があることがあげられる.周期はミランコビッチサイクルと一致しているので,CCDや氷河による陸からの物質供給に周期的な変化があることを示唆している.

大洋の比較的大きな海盆に比較して,初期段階のまたは地域的な海底拡大により,小さな海盆の形成も生じる.その例としては,紅海,カルフォルニア湾,地中海の海盆などである.太平洋では,背弧に日本海のような海盆も存在する.このような小さな海盆には,陸地からの大量の堆積物の供給がある.また,海盆がCCDより浅いことが多い.遠洋性の堆積物は浅い部分か砕屑性の堆積物が到達しない部

分に限られる.遠洋性の堆積物とそうでない堆積物が混ざっている場所もある.

[Harold G. Reading/木村龍治訳]

■文　献

Weaver, P. P. E. and Thomson, J. (eds) (1987) *Geology and geochemistry of abyssal plains.* Geological Society of London Special Publication No. 15.

Weaver, P. P. E., Rothwell R. G., Ebbing, J., Gunn, D., and Hunter, P. M. (1992) *Marine Geology*, **109**, 1-20.

海面水温と気候
sea-surface temperatures (SSTs) and climate

大気は下側の境界である地表面との間で相互作用を行っている.地表面の30%は陸面で,70%は海面である.それゆえ,大気と海洋の相互作用が,気候においても,天気や気候の変動においても重要であることは驚くにあたらない.しかし,相互作用の重要性が認識されたのは最近のことである.その一例として,すでに完了した国際共同事業である「TOGA」があげられるだろう.TOGAとは,Tropical Ocean and Global Atmosphere(熱帯海洋全球大気)の略で,熱帯気象と全球的な気象との関係を調査しようというプロジェクトである.

海洋と大気の相互作用とは,海面を通しての熱,物質,運動量の輸送のことをいう.この輸送は双方向に起こる.熱についていえば,水蒸気の蒸発に伴う潜熱,および気温と海面水温の差によって生じる顕熱のどちらも重要である.これらの輸送量は,風速,海面温度,海上気温のような因子に依存する.海面温度は,海流による冷水・暖水の移流や放射収支,水蒸気の蒸発量を左右する海上風に依存する.放射収支は,緯度,季節,雲量によって変化する.

このような複雑性にもかかわらず,大気海洋相互作用とその地方の気候は深く関係している.たとえば,大陸の西側を流れる寒流は,沿岸を砂漠化する.ベンゲラ海流とナミブ砂漠,フンボルト海流とアタカマ砂漠の関係である.北アフリカ,北米,オーストラリアの西側の海岸も同様である.大気・海洋過程に着目すれば,これらの寒流は,海面に接した大気を冷却することによって大気を安定化し,対流性

降雨の発生を抑制する．また，亜熱帯高気圧によって駆動される岸に平行に吹く風や沖合に向けて吹く風が沿岸湧昇を発生させ，深海から冷たい海水を海面に送って，海面水温を低下させる作用もある．

インドネシアの近海では，海面水温が30℃に達する．このような熱帯の対流雲がよく発生する海域では，海洋・大気間の熱交換が重要である．そこでは，潜熱・顕熱の輸送量が十分なので，対流圏の上部まで発達する積乱雲が発生する．このような現象が可能なのは，気温と飽和水蒸気量（とそれに関連する潜熱の放出）との関係が非線形だからである．一方，東熱帯太平洋では，海面水温は25℃程度で，空は晴れ，下降気流が卓越している．

大陸と海洋の温度差によって季節風循環が引き起こされる．日射は陸地では地表面で吸収されるが，海洋では数十mの深さまで染み込む．その結果，海水は陸地よりも熱の混合が大きな質量にわたって行われるので，陸地に比べて，暖まりにくく，冷めにくい．海面水温の季節変化の最高・最低になる時期は陸地よりも数カ月遅れ，季節変化の振幅も小さい．その違いが季節風循環を生むのである．また，大気と海洋の気温差は，気圧配置にも影響を与える．冬季の高緯度の海洋は低気圧で特徴づけられる．北太平洋のアリューシャン低気圧，北大西洋のアイスランド低気圧がその例である．一方，アジア大陸上にはシベリア高気圧が形成される．しかし，夏になると気圧配置は反転し，大陸上に低気圧が形成される．

熱帯大気循環における年による降水量の変化は，海面水温の変化と関連している．従来，海面水温の変化は小さいので，気象に大きな影響を与えることはないと考えられてきた．もう1つの原因は，熱帯海洋上の海面水温の観測データが少なかったということもある．

最もよく知られた大気海洋相互作用は，エルニーニョ現象であろう．エルニーニョ現象の大気側の現象（南方振動）は1920年代に発見されたが，エルニーニョ現象の全体像は，1960年代になって，ビャークネス（Bjerknes）が大規模な大気海洋相互作用であることを見つけるまでわからなかった．現在では，エルニーニョ現象は，かなり単純ではあるが，構造のしっかりしたシステムであることがわかっている．とはいっても，海面水温のアノマリー（気候値からの偏差）が原因で降水量のアノマリーを生じるのか，大気循環の変化によって海面水温のアノマリーが生じるのか，まだわかっていない．部分的には，この問題は，海面水温を変化させた大循環モデル（GCM）で研究されてきた．英国気象局で行った計算は，そのなかでも，最も詳しいものである．そこでは，大気循環のみを含むGCMに1903〜93年までに観測された海面水温を与えて，大気循環のシミュレーションが行われた．その結果，ほとんどの熱帯域の気象（とくに熱帯太平洋）は熱帯域の海面水温の変化とリンクしているが，中緯度の気象は，海面水温の変動とは直接関係しないで，かなりカオス的に変動することがわかった．

大気海洋相互作用の理解が進んだことで，実用に役立ったことがある．海面水温の変化はかなり緩やかであり，一方，熱帯の気象の多くは海面水温に対する応答なので，熱帯地域の降水量の季節予報を行うことができるようになったのである．サヘル地方，東西アフリカ，北西ブラジルでは，数カ月先の降水を予測できる．たとえば，サヘル地方の降水は，太平洋の海面水温にも大西洋の海面水温の変化にも敏感である．サヘル地方の10年に及ぶ最近の干ばつは，大西洋の海面水温と関係している．すなわち，大西洋の南部の海面水温の正の偏差がサヘル地方に乾燥した夏をもたらしたことが示されている．おそらく，大西洋の海面水温の正の偏差は，海洋循環のなかで，最もスケールの大きな現象である熱塩循環の変化と関係しているであろう．熱帯大西洋の熱帯低気圧の発生頻度もエルニーニョ現象やサヘル地方の降水量と関係している．一方，南アフリカの降水量は太平洋とインド洋の海面水温の変化に敏感である．南アメリカの穀物生産高は，熱帯太平洋の東側の海面水温のパターンと関連している．地球を半周するスケールである．さらに長い時間スケールでは，氷期のグローバルな海洋の冷却が大気大循環に大きな影響を与えたと考えられる．この時間スケールのなかには，前述した熱塩循環の役割も含まれている．

[R. Washington/木村龍治訳]

■文　献

Open University (1989) *Ocean circulation*. Pergamon Press, Oxford.

海洋化学
ocean chemistry

　海は地球の表面を覆う水域の98%を占めている．また地球表面の物質交換の主体であり，海面や海底を通しての物質交換，海水内部の物質循環という力学的な過程がつねに生じている．約100年前にチャレンジャー号によってはじめて海の科学的研究が行われたとき，観測できたのは海水を構成する主要成分のみであった．プラスの電荷をもった塩類（陽イオン）は，おもにナトリウム，マグネシウム，カリウム，カルシウムである．一方，陰イオンはおもに塩化物，硫酸塩，重炭酸塩である．これらの成分は海水に溶けている全塩類の大部分を占め，「塩分」と呼ばれる．塩分を固体にすれば，海水1 kgに対し35 gに近い割合を占める．さらに，成分の組成は，海域や深さによって変化するということがない．この性質をディトマー（Dittmar）の法則という．この性質のおかげで，海水の塩分は，海水の電気伝導度を測るだけでわかる．このことにより，塩分の測定は，定時観測で用いられる自動観測でも，$1 \mathrm{mg\,kg^{-1}}$の精度で求まる．

　大陸は，海への物質供給のおもな源である．風化作用によって岩が細かい粒子となり，川（$15 \times 10^{15} \mathrm{g\,yr^{-1}}$）や風（$1 \times 10^{15} \mathrm{g\,yr^{-1}}$）によって海へ運ばれる．川経由の場合，すべての固体のうち90%は河口や，その延長である海底峡谷に堆積している．したがって，川から外洋の深海に流入する固体は風からのものに比べ，かなり多いというわけではない．雨の中に溶けている大気中の二酸化炭素は，非常に希薄な炭酸溶液になる．炭酸は化学的な風化作用（$4 \times 10^{15} \mathrm{g\,yr^{-1}}$）に重要な役割を果たしている．化学的風化作用は，溶解成分を大量に海に流し込むだけでなく，粘土鉱物という重要な残余物質をもたらす．カリウム（K^+）は粘土鉱物のなかに取り残されるので，海の主要な陽イオンとなるのはナトリウムである．毎年，世界中の海で世界中の川から絶え間なく物質が流れ込んでいるにもかかわらず，海洋堆積物の記録によると，海の構成物質は過去6億年あまり変わっていない．これは，毎年海に入り込む物質の割合と，入り込んだ物質が深海底に堆積する割合

が正確に一致するからである．深海底に堆積した物質は，プレートテクトニクスによる地殻の隆起や変成作用を通じて，再び大陸へリサイクルされる．したがって，海は定常状態にあるといえる．

　海の化学作用において唯一一方向的な過程は，地球のマントルからもたらされる揮発性の物質や化合物が中央海嶺から気体となって抜けることである．中央海嶺とは，地球を囲む約6万kmの長さの一続きの海底火山で，プレートの境界になっている．この境界に沿って地球内部に閉じ込められていた揮発性物質が放出される．その代表的な過程が熱水鉱床である．中央海嶺に形成されたばかりの高温の岩石の内部に冷たい海水が染み込み，海水の性質が変化する．すなわち，鉄，マンガン，銅，亜鉛，銀，白金，金などの数多くの鉱物を溶かし込む．加熱された海水は浮力の作用で岩石の割れ目のなかを上昇し，無酸素状態で硫化水素を含む流体となって海底から噴射する．これがブラックスモーカーと呼ばれるもので，温度は350℃に達する．このような深海の熱水噴出孔は，1970年代にはじめて発見された．大陸の物理的化学的風化作用と同じくらい多量の物質を海へ流入させている．

　海水には濃度が$1 \mathrm{mg\,kg^{-1}}$に満たない多くの物質が含まれている．これらは海水の全体的な組成にはさほど影響を及ぼさないが，海洋学的には有用である．これらは「微量成分」といわれているが，海洋地球科学者は微量成分の分布を利用して，世界中の海で起きている物理学的，化学的，生物学的作用を調査している．たとえば，1950年代初めに大気に放出され始めたフロンガス（CFC）の海水での分布を計測することで，海面を通しての物質交換や，海洋表層と表層混合層の下側の深層との間での物質交換に関して重要な情報が得られるのである．1950～60年代に行われた核実験によって大気中に放出された短い半減期の人為的放射性核種も海洋内部に浸透し，トレーサーとして利用されている．

　別の例では，硝酸塩，リン酸塩，ケイ酸塩など，栄養塩と呼ばれる成分の研究が行われている．これらの成分はカルシウムや炭素と合わさって海水中のすべての生命の土台となっている．たとえば，$C_{120}N_{15}Ca_{40}Si_{50}P$という形で，プランクトンの骨格になる．海洋表層には，日射，炭素，カルシウムが常に豊富に存在するので，光合成とそれに伴うプラン

クトンの成長が活発に行われ，ケイ酸塩，リン酸塩，硝酸塩やこれらの混合物はほとんど消費されてしまう．この過程は一次生産として知られている．化学物質の固定に重要な役割を果たすプランクトンは寿命が短く，死骸は冷たく暗い深海に落ちて行き，柔らかい部分（有機組織）も硬い部分（殻のような物質）も分解されて再び海水に溶解する．溶解した栄養塩の分布を調べることで，地球化学者は，海洋表層でプランクトンの成長を制限する原因に関して，また，深海で起きている物質の再利用の過程に関して，重要な情報を得ることができる．このような研究からわかった最も重要な結果は，「深層水のコンベアベルト理論」として知られている．大西洋の北端近くの冷たい海面の水は海氷生成に伴って海底まで沈み，大西洋を南へ流れていく．一方，南極大陸の周辺でも，大西洋と同じような過程で南極底層水が形成される．それは南極海で大西洋からきた底層水と合流し，海底に沿って広がるが，一部は南アフリカの南端を通って北上し，一部は舌状の底層水となって，インド洋や太平洋へと流れる．また，日射を浴びた生産性の高い表層の海水からは常に有機物が深海へと降り注ぐので，深層循環のパターンは，大西洋からインド洋，太平洋にかけて観測される栄養塩の分布でわかる．放射性の炭素（^{14}C）は大気中でつくられて，海面を通して海水内部に侵入するが，その崩壊過程を計測することで，深層水の年齢（沈んでからの経過時間）がわかる．これにより北大西洋の深層水は，北太平洋の深層水に比べて若いということが確認された．さらに，北大西洋の北端地点で沈み込んでから太平洋の北東の表層にくるまでに，約1500年の年月がかかることがわかった．もちろん海水全体は循環しているので，深層水の混合時間で撹拌され，湧昇が起こり，表層に達した海水は再び極域に集まるのであるが，それでも，現在の深海の状況が表層に反映するのは，最短でも1000年後であることを覚えておくと便利である．

　現在の気候に関連した海洋化学の研究は最近とくに重点が置かれている．また，海底堆積物を調べることにより，過去の気候の変化を解明することも行われている．栄養塩の分布によって生物過程が世界中の海でモニターできることはすでに述べた．1970～80年代には，採集技術と分析技術の向上によって，海水中に溶け込んだ微量金属に栄養塩のような性質があることが認識された．栄養塩と異なり，このような微量金属は深海底の堆積物中にも蓄積されている．また，最近わかったことであるが，現存の貝殻の破片に含まれる微量物質の濃度，組成，およびそれらの同位元素（たとえば，カドミウム，バリウム，ホウ素など）は貝殻がつくられた海水の組成と一致する．そこから「古海洋学」という新しい分野の研究がはじまり，過去の海洋の配置の変化を再構築するべく深海堆積物の記録が調査されている．この方法で調べられた重要な物質には，リン酸塩，ケイ酸塩の濃度とpH（酸性・アルカリ性の度合い）が含まれる．海水のpHは8.5で，純水（pH 7）よりややアルカリ性である．これらの物質の過去の分布がわかれば，たとえば，前回の氷期や間氷期におきた海洋循環のパターンなど，過去の海洋の歴史が推測できる．

　海は地球の表面の70％以上を覆っている．このことは，大気組成の大きな変動が生じても，それが自然現象か人為的現象であるかにかかわらず，海面を通しての物質交換によって緩和されることを示している．近年注目されているのは，大気・海洋間の物質交換の研究と海底堆積物に記録された古海洋の研究との関連である．「過去の理解は未来を予測する鍵である」ということがキーコンセプトになっているのである．自然現象によって地球環境が過去にどのように変動してきたか理解することによって，人為的な原因で自然環境が将来どのように変わっていくか予測することができるだろう．最近の例では，いわゆる「鉄仮説」がある．この理論では，過去の氷河期に大気が乾燥したので風で運ばれるダストが増え，深海底に蓄積された．一方，ダストに含まれる鉄分が大部分の海洋で光合成生産を刺激することになり，結果として，地球の表面全体における光合成活動が増加した．これは同時に，大気中から二酸化炭素が大量に除去されたことを意味する．炭素は海中の植物プランクトンの柔らかい組織や炭酸カルシウムでできている殻に固定される．鉄仮説が正しいと証明されれば，このメカニズムを利用して，鉄の海洋散布が，産業革命からはじまった化石燃料の燃焼による大気中の二酸化炭素の漸近的な増加を軽減するのに役立つ日がいつかくることであろう．

　もっと短い期間の現象としては，毎日，川から沿岸海洋へ流出する有機廃棄物や有害金属の環境に対

するインパクトを知ることが緊急の課題になっている．これらは，工業先進国および発展途上国から絶えず排出され，排出量は増えつづけるので，まだ汚染されていない沿岸環境からできる限り多くの情報を得ることが急がれる．汚染されていない環境の性質がわかれば，人為的な汚染の影響が判断できるだろう．したがって基本的な海洋化学作用のさらなる理解が緊急に求められる．それを土台にして，将来，国内および国際的に重要な政治上決定がなされることになるだろう．1995年の北大西洋でのブレント・スパー油田の設置計画に関わる論争がよい実例であろう．この計画は環境問題の論議を呼び，結果として中止されることになった．環境に関する間違った判断が多いので，海洋化学の研究は21世紀に幅広い注目を受けるだろう．

[Christopher R. German/木村龍治訳]

海洋底拡大
sea-floor spreading

海洋底拡大は，新たな海洋リソスフェアが大洋中央海嶺の拡大中心において互いに離れ行く1組のプレートとして生成されるプロセスのことである．これは，最初に R. S. ディーツによって1961年に提唱され，そのすぐのちに発展したプレートテクトニクスの重要な構成要素となった．

大洋中央海嶺では，主として沈み込むスラブによる引張りや海嶺側面が重力によってすべり落ちることにより駆動されることで2つのプレートが離れ去る（「プレートテクトニクス」参照）．プレートが離れるのに伴い，その下のアセノスフェアから延性的な上部マントルが上昇し，断熱減圧（熱の得失なしに減圧）を受けその結果部分溶融する．溶けた岩石は地表に向けて上昇し，そこで固化して新たな海洋地殻を形成し，一方残りの延性的なマントルは発散するプレートと共に移動する．この残りのマントルが冷却するのにしたがって，より脆性的になり実質的にリソスフェアに付加し，リソスフェアはしだいにその厚みを増してゆく．

新たに形成された海洋地殻（とくに最上層部の噴出した玄武岩類）は，冷却する際に熱残留磁化を獲得する．また，地球磁場は時折方向を逆転するため，磁化の極性が交互に縞状に変わった地殻が形成される．これらは拡大中心に対して対称に正負交互の磁気異常を生じさせ，1966年にヴァインとマシューズによってはじめて示されたように海洋地殻の年代を決定するのに用いられる．

[Roger Searle/山本圭吾訳]

海　流
ocean currents

海流は大気の風と似ている．グローバルな海水循環の動力源は，水面を吹く風と海水の密度の変化である（「海氷と気候」参照）．海流とはこの2種類の力によって生ずる海水の運動である．世界中の海では，海面を吹く卓越風によって生成される表層海流（風成循環という）の複雑なネットワークができている（図1）．しかし，風成循環は海面から深さ1kmほどの深さまでで，それより深い深海の海流はおもに密度差によって生じる熱塩循環である．風成循環は，大気から海への（海面摩擦を通しての）運動量の輸送によって生じる．しかし，海流の方向は卓越風の方向と一致しない．海水は一度動き始めると，コリオリの力によって北半球では進行方向の右側に，南半球では進行方向の左側に偏る．海流の向きは最終的には北半球では風の約45°右側（南半球では左側）になる．このような流れは1905年にスウェーデンの数学者エクマン（Ekman）によって理論的に解明されたので，「エクマン吹送流」と呼ばれている．

世界で最も大きい2つの海盆の海水の大循環はとても似ている．北半球には太平洋と大西洋の両方に時計回りの渦があり，南半球には反時計回りの渦がある．北半球でも南半球でも渦は高気圧性の循環（北半球では時計回り，南半球では反時計回り）で，中緯度地域でとくに強い．インド洋の循環はモンスーンの影響を受けて，もう少し複雑である．この地域では5月から9月にかけて風はおもに南東から吹き，11月から3月にかけては逆に北東から吹く．季節

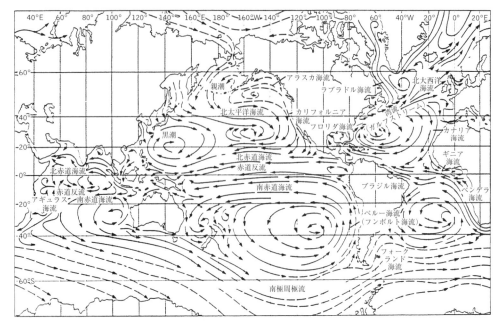

図1　12月の世界の表層海流の分布．（*Ocean Circulation*, 1989. Open University）

によって風の向きが変わることで，表層海流の向きも季節ごとに変わる．北極や南極の高緯度の海流については，次の「海流（高緯度の）」の項を参照してほしい．

　海洋循環のもうひとつの特徴は，すべての海盆の西側に，強い海流があるということである．さまざまな海流のなかでも西岸境界流は最も強い海流であり，ほかの海流に比べて詳しい調査が行われている．西岸境界流のなかでも最もよく研究されているのは，北大西洋のガルフストリームである．大西洋を横切る西から南西の卓越風によってガルフストリームは北上し，イギリス諸島に温暖な西岸気候をもたらす．その他の代表的な西岸境界流としては，19世紀の紅茶貿易船にとってとても重要だった南アフリカ東沿岸のアギュラス海流や，日本の東沿岸にある黒潮，東オーストラリア海流がある．これに対して，海盆の東側にある東岸境界流は幅広く，流速が小さい．

　大気の風系が変化すれば，海流も短時間に大きく変化する．この例としては，エルニーニョとして知られる周期的な大気・海洋現象がある．

[Mark A. Brandon/木村龍治訳]

■文　献

Pickard, G. L. and Emery, W. J. (1982) *Descriptive physical oceanography*. Pergamon Press, Oxford.

海流（高緯度の）
high-latitude ocean currents

　高緯度の海水の循環の様子がわかったのは，比較的最近のことである．極域の海洋調査には，中緯度の海流を観測する方法とはやや違った方法が用いられた．極域海洋調査の難しい点は，年間を通して，または，一年のある期間，海面のほとんどの部分が氷で覆われることである．そのため，観測結果のデータベースが非常に少ない．北米東岸を流れる湾流やアフリカ東岸を流れるアギュラス海流（「海流」参照）の位置の情報は，歴史的には，その上を通過する貿易船によってもたらされた．それに対して，南極のウェッデル海や北極海の大循環は，間接的な方法によって推定された．すなわち，ほかの海域以上に，極域の海水大循環の様子は，わずかな観測によって得られた温度と塩分の解析（「水塊」参照）から求められたのである．

● 北極海の海流

　北極海はほとんど完全に大陸に囲まれた深い海盆で，外洋へのおもな出入り口は，比較的深いフラム海峡のみである．北極海は，一年を通して，厚さ5mの海氷で覆われているので，その下の海水循環を観測するのはきわめて難しい．北極海の海流の知見は，歴史的には，漂流物が手がかりになった．すなわち，19世紀の末，グリーンランドの海岸にシベリア産のもみの木が漂着したり，シベリアで難破した船の漂流物がみつかったことから，ベーリング海峡から北極を横切ってフラム海峡へと流れる海流があるのではないかという説が生まれ，著名な学者も信じるようになった．フリチョフ・ナンセン(Fridtjof Nansen)は，1893年から1896年にかけて，特別に設計されたフラム(Fram:ノルウェー語で「前進」を意味する)号による北極海の漂流実験を行い，現在，極通過流（Transpolar Drift）として知られる海流に流されて北極海を横断し，この仮説を実証した（図1）．

　北極海の本格的な海洋調査が始まったのは，1930年代のセドフ（Sedov）号の漂流実験からである．ロシアは，1937年から1990年にかけて，毎年，流氷上に観測ステーションを設けて，海洋観測を行った．氷上にはキャンプ「北極」が同じ時期に最大で3カ所設置され，それぞれが，さまざまな物理的，生物学的研究を行った．流氷キャンプからの位置データや，衛星で追跡できる新式の漂流ブイが氷上に設置されたことによって，極通過流の流速は10〜40 mm s^{-1}の間であることがわかった．北極海の海水循環のもう1つの大きな特徴は，ビューフォート

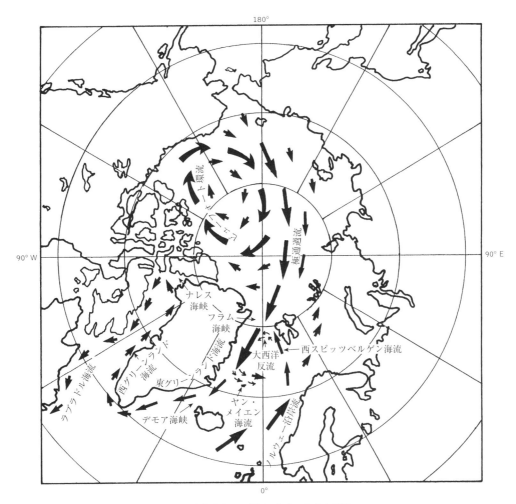

図1　北極海とその周辺の海域のおもな海流．

環流と呼ばれる，カナダ海盆内の高気圧性の循環である．この循環は，規模は大きいが，流速は小さい．水温が低いと，海水の密度は，おもに塩分濃度に支配される．塩分濃度が急に深さとともに増加する塩分躍層（ハロクライン）が存在することを考えると，ビューフォート環流の流れのほとんど（およそ80%）は水面から深さ300mまでに集中している．極通過流とビューフォート環流は，北極海周辺の海氷の分布に大きな影響を与える．極通過流はシベリア沿岸からフラム海峡に向けて大量の氷を運ぶ．氷が除外された海域には大量の海水が結氷し，その際に氷から塩分が排除されて塩分躍層が維持される．ビューフォート環流は，北グリーンランドやカナダの沿岸に氷を集積（ridging）させる原因になっている．沿岸に堆積した氷の厚さは平均で8mにもなる．北極海の循環についてわかっていないことは，まだたくさんある．ビューフォート環流が弱まり，数カ月にわたって停止する現象が生じることが，衛星により位置を追跡する漂流ブイの観測によってわかった．このような現象を調査するための大規模な観測研究が計画されている．

極通過流はフラム海峡から出る際，大量の氷を北極海から流出させる．この氷はグリーンランドの東沿岸をグリーンランド海流に乗って流れ，ノルディック海盆（Nordic Basin）に流れ込む．流入する海水は，ノルディック海盆に流入する海水の主要な供給源である．ナンセンは，海流の成因は地球の自転と沿岸に沿った浮力ではないかという仮説を提唱し，その後フラム号のデータにより証明した．

ノルディック海盆にあるもう1つのおもな海流は，北大西洋海流の一部で，ノルウェー沿岸でノルウェー海流になり，北緯およそ78°で西スピッツベルゲン海流になる．大西洋からきた温暖で塩分の濃い海水のフラム海峡付近での挙動は複雑である．一部は北極海へ流れ込み，一部は西へ，次に南へ方向転換して，北緯およそ79°で東グリーンランド海流と合流する．それが，北大西洋海流の反流である．

北極海から流出した低温で塩分濃度の低い海水は反流と合流し，北上する高温で塩分濃度の高い大西洋の海水との間に低気圧性の渦を形成している．その南端は北緯72°付近を東向きに流れる冷たく比較的塩分濃度の低いヤン・メイエン海流と合流する．冬季には，海面が海氷で覆われるが，この現象はオッ

デン（Odden）と呼ばれている．この海域の海氷は，北大西洋底層水の形成を通じて，海流コンベアベルトを動かすのに重要な役割を果たしている（「海氷と気候」参照）．

水温の低い東グリーンランド海流はデンマーク海峡を通過してノルディック海盆から去り，グリーンランドの東海岸に沿って南下し，グリーンランドの南端をまわって北へ方向転換し，西グリーンランド海流になる．この海流は北へ向かい，世界で最も活発な氷河から氷山を取り込む．ナレス（Nares）海峡でこの海流は再び進路を南に転じ，ラブラドル海流となる．ニューファンドランド島の近くの海域には，この海流が運んできた氷山が浮かんでいるので，航海上の大きな障害になる．

●南極海の海流

南半球の高緯度にある陸地の配置は北半球に比べて単純なので，南極海の海流は，北極海周辺の海流に比べて，構造がそれほど複雑でない．南極大陸は四方を深い海に囲まれており，南半球の高緯度で最も大きい海流は，南緯40°と60°の間を流れる南極周極流（Antarctic Circumpolar Current：ACC）である（図2）．この海流は南極大陸の周りを時計回りに流れ，陸地に邪魔されることなく$0.5\sim1.5\,\mathrm{m\,s^{-1}}$の流速で進む．大気中のジェット気流に似た流れと考えてよいだろう．南極大陸の周りの南極周極流の経路は海底地形によって決まるところが大きい．しかし，海面が氷で覆われている高緯度の海流の様子は，まだよくわかっているとはいえない．南極周極流の流速はアギュラス海流の下とドレーク海峡付近でとくに強い．そこにおける流量は，およそ10%の不確定性の下に$130\times10^{6}\,\mathrm{m^3\,s^{-1}}$であることが最近の測定によりわかった．しかし流速の瞬間値はこの値より20%は大きい．南極周極流は，エクマン輸送によって形成される．すなわち，強い偏西風が海上を吹き荒れ（ほえる40°），エクマン輸送によって，海水が北側（南極大陸の沖側）に運ばれるので北側の水位が上昇し，南北方向に水位差が生じる．これによる南向きの力と北向きのコリオリの力が釣り合うような地衡流が南極周極流なのである．

南極周極流は2つの主要な前線域に面している．北側の亜南極前線と南側の南極前線である．これらの前線は変動が激しく，10日で100km位置を変え

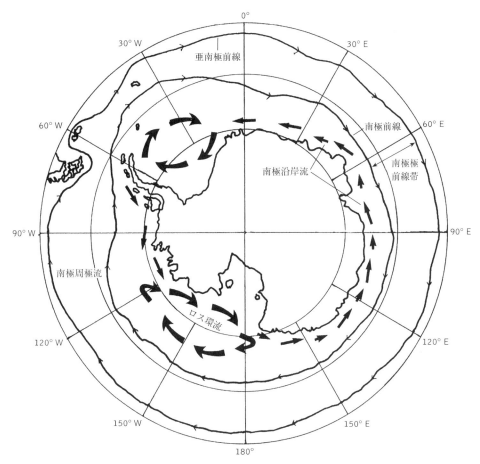

図2 南極海のおもな海流.

ることもある.前線の蛇行によって,湾流に見られるのと似た渦が形成される.2つの前線のうち,南極前線(南側)の方がよりはっきりしている.そこは,北からくる暖かい表層水と南からくる冷たい海水の境界である.歴史的には,この前線は,両側から水が集まるので,「南極収束帯」と呼ばれていたものであるが,最近の研究によれば,2つの前線に挟まれた南極周極流は,いくつもの帯状流から構成される複雑な構造をしており,そのなかに収束帯がいくつもあることがわかってきた.それゆえ,この海域は,現在では,南極極前線帯(Antarctic Polar Frontal Zone)と呼ばれている.南極極前線帯は,生物生産に重要な役割を果たしている.栄養分に富んだ深層水が海面に運ばれ,植物プランクトンなどの基礎生産(一次生産)の豊かな海域が形成される.植物プランクトンは,動物プランクトン,とくにオキアミによって消費され,オキアミは,各種の鳥,アザラシ,イカ,クジラなどの主要な食物になっている.

南極大陸の近く,南緯およそ65°に,西向きに流れている幅の狭い南極沿岸流がある.この海流についてはまだ深く研究されていないが,流速は普通 $0.1\,\mathrm{m\,s^{-1}}$ である.この海流は南極大陸を一周しているわけではなく,ウェッデル海とロス海にある2つの大きい環流系に吸収される.

ウェッデル海はつねに氷で覆われている.南極では,このような海域は数少ない.ウェッデル海に環流があるのではないかという推測は,1911年にドイツ(Deutschland)号がウェッデル海の南東で氷に閉じこめられ,9カ月間漂流した後,南極半島の近くで叢氷(密接した状態の海氷)から脱出するという事件がきっかけであった.さらに運が悪かったのはシャックルトン率いる「南極大陸横断探検隊」である.1915年にエンデュアランス号が南極大陸

の近くで氷に閉じこめられて漂流を続けたが，同年11月に氷の圧力で船が押しつぶされて沈没した．シャックルトンと部下達は，ウェッデル環流の北向きの部分に乗って氷上を漂流し，1916年4月に半島の端にあるエレファント島に上陸した．その後，彼らは，極探検史に残る有名な自力脱出を行って，全員生還した．ウェッデル海とロス海の環流の存在とそれらがひと続きになっていることは，その後の海洋観測と衛星で追跡する漂流ブイによって確証された．南極半島の北端地域はウェッデル-スコティア合流域（Weddell-Scotia Confluence）と呼ばれ，生物学上非常に重要な海域になっている．

[Mark A. Brandon／木村龍治訳]

■文　献
Smith, W. O. (ed.) (1990) *Polar oceanography. Part A, Physical science.* Academic Press, San Diego.
Dunbar, M. J. (ed.) (1977) *Polar oceans.* Arctic Institute of North America, Calgary.

海嶺の地球化学
ocean-ridge geochemistry

地球の固体の外殻は地殻と呼ばれ，比較的高密度で薄い（～6 km）玄武岩質の海洋地殻と，比較的低密度で厚い（～35 km）花崗岩質の大陸地殻からできている．大陸の岩石は地球の歴史の40億年の間のプレートの衝突やそのほかの出来事の記録を豊富に保存する．ところが，現在の海洋底は古くても約2億年よりも新しい．このような顕著な差は一部はそれぞれの性質の差による．たとえば，海洋地殻は，高密度のためにプレートの衝突のときにマントルの中に沈み込む．大陸地殻は軽いので，下層のマントルの岩石の上に浮いており，めったに沈み込まない．その結果，海洋地殻は短時間で再生を繰り返すのに対して，大陸は，衝突と隆起により繰り返し破壊されはするが，存続する．

海洋地殻は，地球規模の循環系である中央海嶺（図1）に沿った火山活動で生産され，3種の主要な層からなる．最上層は堆積物であり，海洋地殻の年齢とともに厚くなり，また海嶺軸から離れていく．中間層は固化したフィーダー（マグマ供給路）の上に広がる玄武岩溶岩流であり，ダイクと呼ばれる．最深層は斑れい岩であり，粗粒ではあるが組成は玄武岩と同じであり，マグマがゆっくりと冷えながら結晶化したものである．これらの成層した地殻はマントルの岩石（おもにかんらん岩）の上に位置する．移動しつつある海洋リソスフェアはこの地殻およびさまざまな厚さのマントルから構成され，そのマントルの厚さは高温の盛り上がった海嶺ではほとんど

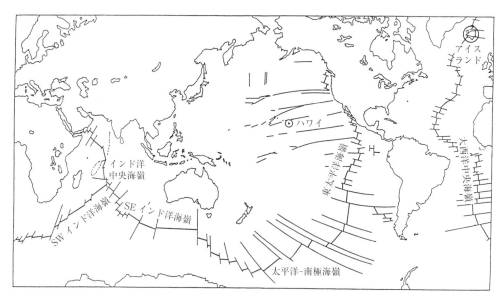

図1　全地球の海嶺系と断裂帯．ハワイおよびアイスランドのホットスポットは丸印で示される．（Floyd (1991) より）

ゼロであり，古い（6000万年より古い）冷たい深海底では75〜100 kmである．

海底玄武岩質溶岩の地球化学的性質は海洋地殻の形成に関する手がかりとなる．海洋地殻は地球の表面の約2/3を占めるので，その形成は地球上の主要な過程である．また，海嶺玄武岩の化学的情報から，マントルの性質やそこで起こる現象を推定することができる．すべての玄武岩は固体マントルの部分溶融で生じたと考えられる．ところが，陸上では，玄武岩は厚い花崗岩質地殻の中を上昇するはずであり，その花崗岩質地殻がとけてマグマを汚染するであろう．海洋地殻の中では，そのような汚染はほとんど起こらず，海洋玄武岩はマントルの化学的性質およびそこで起こる出来事の解明に利用できる．また，その結果から，地球の初期のアクリーションの過程，層構造の発達，および地球の内部を冷却し，またプレートの移動を起こさせるゆっくりした対流過程についての考えを発展させることにも有用である．また，若い海嶺玄武岩を古い時代の試料と比較することにより，地球の段階的変化を解明することも可能である．プレートの衝突のときに，海洋地殻の多くはマントルの中に沈み込む．しかし，小さなスラブはオフィオライト複合岩体として陸上に残される．このような複合岩体は，ときには30億年前もの古いもので，現在の海洋地殻と比較することにより，地球がどのように変化してきたかを知ることができる．

海嶺玄武岩の試料は20世紀のはじめに採取された．たとえば，大英博物館のジョン・マレーの探検のときのJ. D. H. ワイズマンによる採取があげられる．しかし，おもな海嶺の多くについては1950年代から1960年代前半まで試料採取は行われていない．最近の海嶺玄武岩の地球化学的研究は，スクリップス海洋研究所のA. E. J. Engelらにより1965年にはじめられた．彼らは，海嶺玄武岩が海洋島玄武岩と比較して化学的に異なり，アルカリおよび通常のケイ酸塩鉱物の結晶格子位置に入りにくい元素の濃度が著しく低いことを示した．したがって，海嶺玄武岩，すなわちMORBs (mid-ocean ridge basalts, 中央海嶺玄武岩) は，通常，インコンパチブル元素すなわち結晶から除外される元素（たとえばカリウム，ルビジウム，ストロンチウム，バリウムおよびウラン）および軽希土類元素（ランタンおよびセリ

ウム）に枯渇している．

また，1965年に，エンゲルと2人の地球化学者，米国地質調査所のM. タツモトとC. ヘッジは海嶺玄武岩が異常に低い$^{87}Sr/^{86}Sr$同位体比をもつことを示した．この研究およびその後のほかの同位体比（鉛，ネオジム，ハフニウム，ヘリウムなど）についての研究から，マントルが化学的に均質ではないことが示された．その代わりに，マントルは異なる変化の歴史を有する化学的および同位体的に異なる領域から構成され，それらのどの領域もすべて溶融し，さまざまな種類の海洋玄武岩が生成されることが明らかにされた．現在および将来の挑戦は，マントルの化学的差異の位置的分布を明らかにして，個々の領域が古い海洋地殻や堆積物のような沈み込みにより循環していると考えられる特定の成分とどう関係するかを明らかにすることである．

海嶺でプレートが広がることにより，そのままでは割れ目が生じるので，マントル物質がやむなくその割れ目を満たすように上昇する．この高温のマントル物質は，上昇により圧力が下がるために，おもにそのマントルの温度と組成により定まる深度で溶融しはじめる．この溶融と火山活動は，マントルが上昇するところ，すなわち海嶺でもプレート内部でもどこでも起こる．プレート内の火山活動の主要な形態であるホットスポットは，高温のマントル物質がはるか深部から細い円筒状（マントルプルーム）に浮上することに起因すると考えられる．ときには（たとえばアイスランド），ホットスポットが海嶺と同じところに位置することもあるが，多くの場合は（ハワイのように）プレートの境界からはるかに離れている（図1）．移動するプレートとは異なり，ホットスポットは動いておらず，ゆっくり動いている木の板の下に置かれたトーチランプにたとえることができるように思われる．すなわち，木板につく焦げ跡のように，移動する海洋リソスフェアの上に細長い島や海山が鎖状に形成される．

化学的には，ホットスポットの火山岩の起源となるマントル物質はMORBsのものとは異なるが，両者は混合することがある．ロードアイランド大学のJ.-G. シリングやその他の研究者によると，アイスランドやそのほかの海嶺のホットスポットにおけるより深部のプルームマントル起源はMORBs起源と混合したり，あるいは希釈されたりすることが明ら

かにされている．北大西洋では，中央海嶺の溶岩の化学組成はアイスランドおよびアゾレス（Azores）プルームの影響を強く受けている．太平洋とインド洋では，プルームの影響はあまり見られない．その代わりに，マントルは小さなばらばらに散乱したマントルプルームの破片を含んでいるようであり，その結果，東太平洋海膨およびインド洋海嶺に沿って，ホットスポットから遠く離れたところでところどころに豊富なMORB（E-MORB）が発生する．おもしろいことに，E-MORBの化学的および同位体的特徴は，一般に近くのあるいは離れたところのプルームと関係する溶岩に見られる4ないし5種類の明らかなマントル成分と関係づけられる．

　プルームから遠く離れ，マントルプルームの破片の影響を受けていない海嶺の溶岩はノーマル（正常な）MORB（N-MORB）と呼ばれ，驚くほど均質な組成である．しかしながら，わずかな化学的差異が特定の海嶺について局所的に見られるだけではなく，全地球のさまざまな部分についても地域的に認められる．主成分元素（ケイ素，アルミニウム，チタン，マグネシウム，鉄，カルシウムおよびナトリウム），微量成分元素（マンガン，カリウムおよびリン），および多くの微量元素についてみられるそのような化学的差異の原因は，いくつかは地質学的，地球化学的および地球物理学的な多くの観点から明らかにされている．1つの共通した原因として，上昇する上部マントルの部分溶融により生じたメルトが冷却，結晶化するときの影響があげられる．玄武岩質メルトは大変浮上しやすいので，溶融した場所から容易に上方に移動し，そうする間により低温の環境に達する．その結果の熱損失により結晶が生成し，残りの液の化学組成が変化する．実際には，すべての海嶺玄武岩が，マントルの中あるいは地殻中の浅い（1～6km）マグマだまりで起こるこの過程の影響を受けている．

　そのほかの化学的変化は，マントル起源物質の組成，溶融の深度および溶融の量により生じる．これらの影響は実験室における制御された実験条件下での固体岩石の溶融実験により研究されている．しかしながら，溶融深度の差は溶融の化学的結果について，たとえば，起源物質の組成の差や溶融の物理的形態の差などと同じ影響を与えるということが問題を複雑にしている．したがって，MORB溶岩の化

学的差異を説明するものとしてある1つの原因あるいは複数の原因の組合せを特定することは難しいことである．

　MORBsの主成分元素組成を決めている基本的なものはマントルの温度のように思われる．コロンビア大学のE.クラインとC.ラングミュアにより明らかにされたように，MORBの化学組成，海嶺の深度および海洋地殻の厚さの間には，強いそして相互に矛盾のない関連性がある．より高温のマントルはより深いところで溶融しはじめ，全体としてより多く溶融し，より厚い地殻を形成する．このことは，ケンブリッジ大学のD.P.マッケンジーによる初期の頃の理論的計算結果と矛盾しない．

　マントルの温度の差と溶融しはじめる深度の差は多くの観測結果を説明するようにみえるが，そのほかにもマントル起源物質の化学的差異のような重要な要素もある．ただし，そのような化学的差異がメルトの化学組成にどのような影響を与えるかはまだよくわかっていない．さらに，ハワイ大学のY. NiuとR. Batizaにより発見されたように，ゆっくり広がる海嶺と速く広がる海嶺では玄武岩の化学組成に系統的な差があり，その差はおそらくプレートの速度によりマントルの上昇および溶融についての基本的な違いを示していると考えられる．海嶺の地球化学について多くのことが明らかにされたが，しかし，観測され説明されなければならないことがまだ多く残っている．　　[Rodey Batiza/松葉谷　治訳]

■文　献

Floyd, P. A. (ed.) (1991) *Ocean basalts*. Blackie and Son, Glasgow.

Phipps Morgan, J., Blackman, D. K., and Sinton, J. M. (eds) (1992) *Mantle flow and melt generation at mid-ocean ridges*. Geophysical Monograph 71, American Geophysical Union.

化学層序学
chemostratigraphy

　化学層序では地層に特徴的なあるいは地層と関係する無機化学的情報が利用される．これは最近急速に発達した技術であり，生層序学的情報に乏しいケ

イ砕屑性堆積岩（ケイ酸塩鉱物質岩石の砕屑物から
できている砂岩のような岩石）の累重（積み重なり）
におもに応用される．これらの地層の組成はおもに
その原料物質の供給地域の特徴，とくに侵食された
岩石の組成に依存する．そのような層序の地層は広
範囲に広がり，全範囲で地球化学的特徴により識別
される．地球化学的特徴とは主成分元素の濃度およ
びその比であり，また微量成分元素の濃度も特定の
層準やイベント層序のイベント（event）を判定す
るのに利用できるであろう．

1980年代に迅速でしかも経済的な分析方法（た
とえば同位体比用質量分析法）が利用されだしたこ
とにより，化学層序学は生層序学的情報の乏しい地
層について石油産業や学術研究の分野でより経常的
に使われるようになった．化学層序が500kmもの
距離にわたり確認されるようなところでさえ，化学
的方法は堆積物の原岩や移動経路を認定することに
利用できる．世界中の数カ所でデボン紀の厚い黒色
頁岩中に地球化学的に判別できる地層が数cmの厚
さで広く存在するので，その地層は地域間の関係を
決めるのに有用である．また，白亜系上部の有名な
イリジウムに富む地層は全地球規模に広がっている
ようである．　　　　[D. L. Dineley/松葉谷　治訳]

核の冬のシナリオ
nuclear winter scenarios

1983年に雑誌‘Science（サイエンス）’は，大
気を一面に覆う（火災で生じた）煙と塵の結果とし
て地球の表面にまで達する放射の量が減少するため
に，核戦争は広範に気候を寒冷化させる可能性があ
るという論文（著者の頭文字からTTAPSとして
知られている）を掲載した．暗闇は広大な地域にわ
たって陸地の気温を−15〜−25℃に低下させる可能
性があり，生態系に破滅的な結果が生じると考えら
れた．核戦争のいわゆる「標準的なシナリオ」（1
万発で総量5000Mtに及ぶ）では，10億tの塵が
生じ，その80%は成層圏に留まる．大気は，有史
以来最大の火山噴火で生じたよりも非常に大量で微
細な塵を貯め込み，塵の雲はそのためにより長期間

にわたって持続して，気候に対してより長期的で劇
的な影響をもつと考えられた．

煙と塵の雲での日光の吸収によって生じた水平お
よび鉛直の大きな温度勾配が，強いモンスーン循環
を引き起こし，大陸地域に激しい降雪をもたらすか
もしれないとある科学者たちは考えた．ほかの専門
家たちは，北半球の大陸上の加熱が減少するため
に，モンスーン性の降雨は激しく減少することを示
した．また，広範にわたって凍結した結果，大量の
水蒸気が凝結して激しい雨として降るともいわれて
いた．この雨は，浮遊した煤や塵を大気中から洗い
落とす傾向にある．この洗い落としは，TTAPSの
モデルでは考慮されていない．オゾン層は，核爆発
からの窒素酸化物の放出によって損傷を受けるかも
しれない．

最初の予想は単純なコンピュータモデルからもた
らされたが，より現実的な三次元モデルを走らせる
につれて，終末的な主張は減少の一途をたどった．
発展しつづける気候モデルは，核爆発の結果として
北半球の多くを塵が一様に覆うと仮定する一方，批
判する人は，煙がつぎはぎ状に覆うことが非常に重
要であると指摘した．1980年代終わりまでには，7
月（最悪の月）に戦争が起きたとしても，凍てつい
た数カ月の間続く暗黒の代わりに，1カ月程度にわ
たって気温が数度低下するだけだろうことが示され
た．

「核の冬」は仮説であり，その背後にある詳細な
推論はまだ議論されている．その効果の強度につい
ては同意されないものの，このような考えが広く行
きわたった結果の政治的な含蓄は，核攻撃の開始を
抑止する助けとなったであろうことは主張できる．
核の冬は，その効果が最初に提示されたように苛酷
なものかどうか疑問があるにもかかわらず，最初の
核攻撃の結果の気候を容認できないものとしてい
る．　　　　　　　　　　　　[Allen Perry/田中　博訳]

■文　献
TTAPS (1983) Nuclear winter : global consequences of
　multiple nuclear explosions. *Science*, **222**, 1283-92.
Harwell, M. A. (1984) *Nuclear winter*. Springer-Verlag, New
　York.

78 火山性地震

火山性地震
volcanogenic earthquakes

　地球規模でみると，地震（とりわけ比較的深い震源をもつ地震）と火山活動との関係は非常に密接である．このことは，両方とも発散型プレート境界と収束型プレート境界で起こっている事実に示されている．これに対し，火山活動の直接的結果である（火山性）脈動は比較的広域に伝わる小さな震動である．

　火山活動がはじまる前に，局所的震動が通常観測される．これは，地下の岩石または火山構造自体のなかに存在する割れ目の開口によって引き起こされる．これらは，マグマだまりからマグマだまりへ通ずる火道下数 km の非常に熱い粘性マグマのゆっくりした運動が原因である．この運動は，網目状につながった岩筒を通じ，高い蒸気圧下で起こる．この過程では，マグマが岩体の割れ目を押し開けながら進むにつれ，周辺岩体のさまざまな部分が熱くなり歪みを受けるようになる．その結果，近傍に位置する岩体が破壊し，弾性反発により歪みが解放される．これが地震として感じられるのである．

　大噴火が止んだのち，カルデラと呼ばれる円形に近い形の火山構造性盆地が現れる．これは，地下のマグマだまりが噴火によって部分的に空洞化したために，地表岩が崩落することにより形成される．このカルデラ崩落は，地震を伴う非常に複雑な地動を誘起する．　　　　　[Harold G. Reading/大中康譽訳]

火山性地震活動
volcanoseismicity

　火山活動の活発な地域で，地震は普通に起こる．事実上すべての大地震を含む多くの地震は，断層運動により引き起こされる構造性地震である．しかし，火山活動の活発な地域における比較的小規模な地震活動は，通常火山過程の直接の結果であって，これらは火山性地震と呼ばれている．最高周波数が約5Hz（1秒当たり5回震動）の低周波火山性地震

活動は，噴火またはガスが火道を伝わって勢いよく噴出する過程で引き起こされる．火山直下約 10 km 以下に震源をもつ高周波火山性地震の場合は，地殻内のマグマ運動に関係した破壊によって引き起こされるようにみえる点を除けば，構造性地震に類似している．震動が単一周波数（通常約 1～5 Hz）で起こり，数時間あるいは数日間続く火山特有の地震活動も存在する．これは調和微動と呼ばれており，おそらくマグマやガスが地下の通路を流動する際に誘起されるのであろう．

　地震活動の監視は，火山活動を見張るきわめて有効な方法である．もし日別地震発生数が増大するようなら，火山は噴火活動に向かって準備しつつあるといえるかもしれない．火山の周りに地震計を配置すれば，震源の深さが決定されうる．もし高周波数地震や調和微動の深さがしだいに浅くなることが観測されるなら，これは，マグマが地表に近づきつつある強い兆候であり，大噴火の開始を予測するのに利用されうる．　　　[David A. Rothery/大中康譽訳]

間隙水の化学
pore-water chemistry

　間隙水は堆積物や堆積岩の空隙を満たしている．それらの化学組成は，水の起源，および岩石中の鉱物や有機物との続成（堆積後の）反応によりはじめの組成がどう変化するかの両方を反映する．

　チャレンジャー号に乗船した科学者たちは，1879年にはじめて間隙水の組成が堆積後非常に速く変化することを明らかにした．その後，深海掘削計画（Deep Sea Drilling Project, 1968-83）などにより試料採取技術が進歩し，浅部の堆積物中の間隙水の化学組成を規制する要因について多くの理解が得られた．新しい堆積物は陸上の風化生成物と海洋物質の混合物で，化学的に不安定である．堆積物-水境界の数 mm のところで，微生物による，有機物と酸素，硝酸塩，酸化マンガン，酸化鉄，硫酸塩などの酸化物質の間の触媒的反応により，そこに含まれる化学的エネルギーの利用がはじまる．間隙水の組成はこの反応により変化し，酸素，硝酸イオンおよび硫酸

イオンが失われ，鉄，マンガン，アンモニア，炭酸水素イオンおよび硫化水素が加わる．引き続くメタンバクテリアによる残りの有機物の代謝により，生物起源メタンが生成され，条件がよいときには，商業生産できるような量が集積する．間隙水は，また，初期の続成作用中にリン酸塩，炭酸塩，硫化物などの溶解，沈殿，再結晶などの反応が起こったことを鋭敏に記録する．

　堆積盆中の深部の水の組成は，おもに石油会社の掘削活動により明らかにされた．塩濃度はほとんどゼロから 30 万 mg l^{-1} までの幅があり，水理構造および地下のエバポライト（蒸発岩）堆積物からの距離に強く影響される．しかし，地下の高濃度の塩水は実際には石油探査よりも以前に知られていた．歴史的には，塩水は塩の貴重な資源であり，ヨーロッパや中国では石器時代から利用されていたことがわかっている．現在の産業界では，石油貯留層中の間隙水（産業界ではしばしば地層水と呼ぶ）が生産中の石油の圧力を保つために地上から注入された水と混合したときに起こる問題に興味が注がれている．この 2 種類の水が不適合であると，鉱物スケールを沈殿させる結果となり，石油の生産が著しく妨害される．

　塩化物，ナトリウムおよびカルシウムイオンが深部堆積物中の間隙水の主要な溶存イオンであり，そのほかの元素も微量に含まれる．これらの主成分元素はおもに堆積時に堆積物中に取り込まれた海水やエバポライトの溶解によりもたらされる．流体の混合および粘土や炭酸塩鉱物との反応は間隙水の組成を二次的に規制する重要な働きを果たす．ナトリウム，カリウム，マグネシウムおよびカルシウムなどのおもな陽イオンの濃度比は水と岩石中の鉱物との間の化学反応に強く影響され，また pH も同様である．さらに詳細な分析，たとえば水の水素と酸素の同位体組成や希ガスの情報を合わせると，水の起源や年代が明らかになり，また岩石中の鉱物との反応の経歴が明らかになる．したがって，間隙水は堆積物あるいは堆積岩の欠かせない部分であり，そこから堆積後の歴史について多くのことが明らかになる．

[**Andrew C. Aplin/松葉谷　治訳**]

慣性モーメントと歳差運動
moment of inertia and precession

　慣性モーメントは回転を伴う力学の基本的な性質である．それはトルク（回転力）と角加速度の比であって，一次元の力学における質量（力と加速度の比）と類似な役割を果たす．固体の場合には，慣性モーメントは質量の分布を知る材料になる．たとえば，球については，質量が中心付近に集中するほど，慣性モーメントの値は小さくなる．1930 年代に，K.E. ブレンは，地球や月の運動についての天体観測から地球の慣性モーメントが見積られることに気づいた．このデータを用いて，彼は地球の密度構造に関する最初の現実的なモデルを作成した（「地球内部の密度分布」参照）．

　点質量 m の慣性モーメントは，着目する軸からの距離を r として，mr^2 になる．固体の密度分布がわかっていれば，この公式を固体の各部分に当てはめて積分することによって，任意の軸のまわりの慣性モーメントが計算される．通常は重心を通る軸のまわりの慣性モーメントが問題になる．球の質量を m，半径を r，慣性モーメントを I として，2 つの単純な物体を地球と比較してみよう．

中が空洞の球殻	$I = (2/3)\,mr^2$
一様な固体球	$I = (2/5)\,mr^2$
地球	$I = 0.330695\,mr^2$

地球の慣性モーメントがどんな質量分布に対応するかを知るために，一様なマントル（密度 ρ，半径 r）が一様な核（半径 $0.546\,r$，密度 $f\rho$）をとりまく地球のモデルを考えてみると，$f = 3.01$ が得られる．すなわち，核の密度としてマントルより 3 倍ほど高い値が求まる．実際の地球はマントルも核も一様でないが，計算に用いた半径の比率は実際に観測された値なので，中心付近に密度のきわめて大きな部分があるのは間違いない．

　物体の慣性モーメントを求めるには，既知のトルクから生じた角加速度を測定する必要がある．地球の場合には，観測される効果を生じるようなトルクは，月や太陽との重力的な相互作用に起因するものだけである．もし地球が完全に球対称なら，重力的

80　慣性モーメントと歳差運動

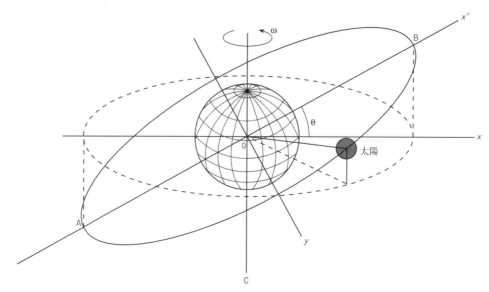

図1　歳差運動とトルクの幾何学的な関係．$Ox'y$面上に描かれた実線の楕円は太陽の軌道を示し，破線の楕円はその赤道面（Oxy）への投影である．

な相互作用は中心にすべての質量を集めた場合と同等になるから，トルクは生じない．したがって，地球に働く月と太陽のトルクは，質量分布の非対称な部分，とくに赤道方向の膨らみに作用する．トルクは膨らみを引っ張って力の方向にそろえようとする．

図1に幾何学的な状況を示す．y軸上の昼夜平分点では，太陽は赤道の直上にあるので，トルクは生じない．太陽がx'軸上のA地点かB地点にあって，赤道面と23.5°の角をなすときに，トルクは最大になる．このときに，地球には赤道（x）軸をx'方向に引っ張るようなトルクが働く．このトルクの向きは，太陽がA地点にあってもB地点にあっても同じである．したがって，太陽からのトルクは，最大値とゼロの間で強さが振動するが，決して符号が逆転することはない．トルクは半年の周期でオンになったりオフになったりするのである．同様に月に起因するトルクが存在して，半月の周期で強さが振動する．

自転する物体が自転軸の方向を変えようとするトルクを受けると，軸を垂直に動かそうとする反応が起こる．これが歳差運動である．自転軸は，黄道の極の方向，すなわち軌道面（図$Ox'y$）の法線の方向には向かず，その軸のまわりで歳差運動を起こす．自転軸は，黄道の極のまわりに半角23.5°の円錐を

描いて，2万5730年の周期で一周する．

歳差運動を起こす月と太陽のトルクは，地球の自転軸のまわりの慣性モーメント（C）と，赤道面内の軸のまわりの慣性モーメント（A）との差に比例する．したがって，$C-A$に比例するトルクが，地球の自転の角運動量$C\omega$に作用する．ただし，ωは自転の角速度である．自転軸の方向が変化する速度は，トルクと角運動量の比なので，歳差運動の定数を決める．一方，外部の物体から地球に働くトルクは，その物体に反作用として働くトルクと釣り合うので，その軌道に歳差運動を起こす．その効果は月について観測されているが，今日では人工衛星の軌道についてさらに高精度に見積もれる．軌道の交点，つまり，軌道が赤道面と交差する点は，ゆっくりと赤道のまわりを逆行し，その速度は地球の質量分布の非対称についての情報源となる．このようにして，回転軸のまわりの慣性モーメント値Cが$0.330695 Ma^2$と求まる．ここで，Mは地球の質量，aは地球の半径である．

　　　　　　　　　　　　　　　　　［Frank D. Stacey/井田喜明訳］

■文　献
Stacey, F. D. (1992) *Physics of the Earth* (3rd edn). Brookfield Press, Brisbane.

岩石の化学的変質
chemical alteration of rocks

変質は岩石の組成をさらに安定なものに変化させる化学反応の結果である．これらの反応が起こるのは，①固体の状態で，②溶解・沈殿反応を伴って，あるいは，③岩石の部分溶融を通じてである．そのような鉱物学的変化は地質学の重要な過程であり，多様な地質現象，すなわち化学的風化，続成作用，変成作用，交代作用，熱水変質作用，これはときには鉱化作用を伴うが，これらの現象の要因である．変質の規模は1cm以下から数十kmまで広い範囲でさまざまである．最も広い意味では，変質は岩石の鉱物組成が物理的に，化学的に，あるいは両方で変化する過程である．

最も一般的な物理的変質は温度，圧力あるいは差応力の変化により起こる．ある岩石が深部まで埋没すると，温度と圧力が上昇し，変成作用の一部として局所的に変質する．たとえば，はじめは100℃よりも低い温度で形成した堆積岩が埋没すると，明らかに温度および圧力の上昇を被る．はじめの鉱物組合せは，温度と圧力の上昇により不安定になる．この不安定性が引き金となり，一連の化学反応が起こり，岩石が置かれている高温・高圧の条件でより安定な鉱物組合せが形成される．そのような場合，鉱物組成は変化するが，岩石の全体としての化学組成は変化せず，その状態は等化学的と呼ばれる．同様に，高温の岩体が貫入した場合，周囲の母岩の鉱物組合せが変化し，接触変成帯が形成される．

岩石の化学的変質は，通常鉱物の空隙に含まれ移動する化学的に不適合な流体との反応により起こる．結果として生じる変質は反応する流体の起源と関係する．一般的な化学的変質は次のようなものである．①地表から浸透すると水と岩石の反応は浅成変質を起こす．②深部から上昇してくる流体と岩石の反応は深成変質を起こす．③地表の降水と岩石の反応は化学風化を起こす．④冷却中の貫入岩体に起因する高温の流体と母岩の反応は熱水変質を起こす．これらのいずれでも，変質した鉱物組合せは岩石の1つないし複数の鉱物と共存する流体の間の反応生成物として生成し，また変質岩の全化学組成を

変化させる．この変質の速度と程度は，岩石中に含まれる流体の温度，量，組成および流速に依存する．流体は変質過程の反応物としての働きをすると同時に，化学的反応物および生成分を溶存状態で運搬する働きも果たす．移動の速い流体の場合は，多量の溶存成分が容易に移動することができる．しかし，動きの遅い流体の場合は，溶存化学成分の相当の部分が拡散により移動する．

[Eric H. Oelkers/松葉谷　治訳]

岩石の地震波速度特性
seismic properties of rocks

岩石の地震波速度特性は，通常P波速度V_PとS波速度V_Sを用いて論じられる．これら速度は密度と弾性定数の関数である（「地震波：原理」参照）．V_P, V_Sおよび密度の知識から，地球内部を構成する物質の組成や物理状態について多くのことを知ることができる．とはいえ，地球はこのような単純なアプローチですべてが解明されるほど単純ではない．実験室における研究からは，鉱物結晶について詳細かつ精密な結果が得られるが，地球内部を伝播する実体波や表面波の解析に基づく測定では状況は非常に異なる．たとえば，物質は力学的に等方的であると仮定するのはごく普通で，この場合，独立な弾性定数は2つだけとなる．このときの測定量は通常V_PとV_Sである．最新の研究では，この単純な仮定を超えることも可能であるが，それでもV_P, V_S, 密度，Q値（一定と仮定される），それにパーセントで表示される異方性の決定どまりである．実際問題として，このことは21の独立な弾性定数から3ないし5個の弾性定数を測定することに相当し，伝播方向の関数である速度の違いが観測可能であるとの認識を意味している．

地震学者は物理的性質を可能な限り詳しく測定することを望み，その目標は地球の組成だけでなく物理状態も決定することである．組成の問題は，岩石がそれぞれ異なる地震波速度特性を有する鉱物の集合体であるため複雑である．一般に，リソスフェアの大部分を構成する結晶質岩石の弾性波速度は二酸

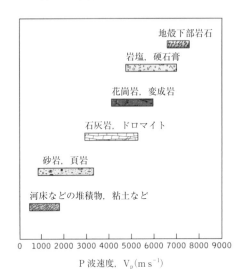

図1 さまざまな岩種のP波速度.

化ケイ素（シリカ）含有量に反比例し，鉄およびマグネシウム酸化物含有量に正比例する．

　間隙率，圧力，温度など多くの物理因子は岩石の弾性波（地震波）速度に影響を及ぼす．図1は種々の岩石のP波速度を表す．未固結堆積岩の弾性波速度は非常に遅い．砕屑性堆積岩（砂岩および頁岩）の弾性波速度は炭酸塩堆積岩（石灰岩およびドロマイト）の速度より遅い．典型的な結晶質岩石では，ケイ長質岩石である花崗岩の弾性波速度は苦鉄質岩石である斑れい岩の速度より遅く，斑れい岩の弾性波速度は超苦鉄質岩石であるかんらん岩より遅い．これらの関係は，通常リソスフェアの速度構造に反映される．リソスフェアでは，花崗岩質の上部地殻の速度はその上を覆っている堆積岩の速度よりも一般に速いが，苦鉄質の下部地殻の速度より遅い．超苦鉄質岩石からなるマントルは非常に鉄分に富んでいるので，もっと速度が速い．

　異方性の程度は鉱物粒の配列の度合いに支配される．たとえば，初期の異方性の大規模観測は，海洋底拡大中心部付近のマントルで測定されたP波速度によってなされたが，この拡大中心付近では，高い異方性を示す鉱物であるオリビンの配列のため，拡大中心軸に平行な方向の速度よりも拡大方向の速度の方が十分速くなる．この配列は，プレート運動を反映する鉱物の流動に関係するので，とくに興味深い．この結果，マントルのほかの場所で異方性を測定することに多くの関心が払われるようになっ

た．一部の変成岩や頁岩の鉱物配列は明瞭に岩石試料に現れ，有意な異方性を反映しているが，巨視的スケールで見るとほとんどの地殻岩石は大きな異方性を示すようにはみえない．しかし，ボアホール内の音波検層装置による測定のように，詳細な速度測定を実施すると，しばしば個々の岩石には有意な異方性が見出される．ただし，ときおりこのような異方性は亀裂の配列の結果生じる場合もある．

　地球表面近傍に存在する，とくに堆積岩の組成は岩石の弾性波速度以外の特性によって規定され，とくに間隙率は重要である．深く埋もれると被り圧が高くなり，とくに堆積岩は圧密を受けて固まる．圧密の過程で間隙率は減少し，それに応じて地震波速度は増大する．被り圧によって接合効果が増すので，たとえば砂や泥は堆積岩（砂岩および頁岩）へと進化し，速度は通常この進化の過程で増大する．時間経過とともに，堆積岩の弾性波速度は増大する．理由は，地球内部で起こる多くの過程は間隙率を減少させる傾向を示すからである．結晶質岩石も圧力の増大とともに速度が増加する．理由は内部に存在する微小亀裂が閉じ，間隙率が減少するからである．マントルでは，オリビンは相転移によって密な結晶構造に変化する．この相転移によって上部マントル遷移層で観測される地震波不連続面が形成されると考えられている．温度も岩石の地震波特性に影響を及ぼす．ほかの要因が一定であれば，温度の増大は通常地震波速度を減少させる．地球内部では温度は深さとともに上昇するので，地震波速度は深さとともに減少すると考えるかもしれない．しかし，この考えは，局所領域を除いて正しくない．なぜなら，一般に温度の効果は圧力や組成の効果によって相殺されてしまうからである．

　たとえば地球内部の不連続面からの反射波の振幅変化のような現象を研究するために，多くの場合V_P, V_Sおよび密度ρを知ることは重要となる．しかし，われわれはV_Pだけしか測定できない場合もある．このような場合でも，典型的な岩種のポアソン比は既知と見なしうるので，V_Sを標準的な関係式から計算できる．

　この関係は，重力測定やボアホールから採取された岩石コアの密度測定から，密度について独立な情報が得られるとき非常に有用である．ポアソン比に加えて，V_Pと密度との間にはよい相関関係が存在

する．この相関関係は多くの異なる岩種に対し，密度と V_P を測定して得られた経験的なものである．

このような経験式は，近似的とはいえ有用である．P波速度 V_P は岩種による差があまりない（図1）ので，岩種や物理状態をもっとよく決定できるほかの独立な測定が大いに望まれる．

地球内部を伝わる過程で生ずる地震波の減衰は，多くの研究対象ともなるテーマであるが簡単ではない．一般に地震波振幅は，波の伝播距離を x とすると，$e^{-\alpha x}$ に比例して減衰する．ただし α は減衰係数である．減衰係数は周波数の関数で，周波数が増大するとともに大きくなる．構造解析には短波長（高周波数）を必要とするので，高周波数地震波振幅ほど減衰が大きいという事実は深部構造を見るわれわれの能力に制限を課すことを意味し，これは地震学の根本的な限界といえる．多くの物質の α を周波数の関数として具体的に示すことは容易でないが，幸い α は典型的な地震波に対し周波数の線形関数として近似的に見なしうる．このことから Q 値は定数であることが導かれる．Q 値とは物質が地震波動エネルギーを吸収する程度を表す便利な尺度で，大きな値の Q は減衰が低いことを意味する．初期の大規模観測で，沈み込み帯における冷たい下降スラブの Q 値は高く，沈み込み帯直上の熱い火山弧の Q 値は低いことが明らかにされている．

[G. R. Keller/大中康誉訳]

■文 献

Telford, W. M., Geldart, L. P., and Sheriff, R. E. (1990) *Applied geophysics*. Cambridge University Press.

干ばつ
droughts

1968年から1992年までの25年間に，世界中で446回もの干ばつが起こり，180万人が亡くなった．さらに，14億7400万人が，干ばつや飢饉により家を失なったり被害を被ったりした（国際赤十字・赤新月社連盟編 'World Disasters Report' の全世界データによる）．250万人の命が奪われ，9万人が負傷し，1億3970万人が家を失ったり被害を受けた

りした内戦を除いては，この25年間に自然災害および人為的災害のなかで最も社会の混乱を招いたのは干ばつである．干ばつの地理的分布は一様ではない．同じ25年間で起こった干ばつの62.8%がアフリカで，18.6%がアジアで，11.8%が米国で，3.4%がヨーロッパとオセアニアで起こった．

物理的あるいは社会経済的な基準に基づく干ばつの定義を得るために多くの努力がなされてきている．たとえば，「恒常的干ばつ」は，陸地面積の約1/3を占める乾燥地域（図1）で起こる干ばつのことをいう．恒常的干ばつに見舞われる地域では，社会が降雨不足に適応しており，水を安定して供給するためのさまざまな代替方法が利用されている．これには，深い地下水の採取（オーストラリア，リビア，チュニジア）や海水の淡水化（クウェート，サウジアラビア，イラン），降水がより確実に見込まれる地域や融雪や湖で流れの支えられる河川からの摂水（ナイル河，チグリス＝ユーフラテス川，マランビジー川），そして大規模な貯水施設の建設（トルコのアタチュルクダム，エジプトのアスワンハイダム，インド北部のバクラダム）などがある．興味深いことに，アタチュルクダムの完成によってチグリス＝ユーフラテス川を通じてイラクに達する水量が大幅に減少した．この事実は，干ばつ改善の国際政治的な側面を物語る好例である．

「季節的干ばつ」は，降水に強い季節性が見られる乾燥地域縁辺部やモンスーン気候に支配される赤道域で起こる．皮肉なことに，季節的干ばつに見舞われるモンスーン域の多くは季節的な洪水にも見舞われる．

「偶発的干ばつ」は，高い降水量が期待されるが水供給の代替基盤が未整備な環境で，平年より降水の少ない状況が数カ月あるいは数年持続する状況をいう．一般に信じられているのとは逆に，偶発的干ばつは開発途上国だけで起こるとは限らない．例としては，米国の1930年代の大干ばつ（ダストボウル）時代や，1976年のヨーロッパでの干ばつ，1980年代中頃から後半にかけて北アフリカで起こった「サヘル干ばつ」，1990年代の南西オーストラリア干ばつなどがある．

「農業干ばつ」（「見えない干ばつ」とも呼ばれる）とは，農業生産を支えるのに十分な降水がありそうな状況に見えるが，蒸発率が普段より高いため植物

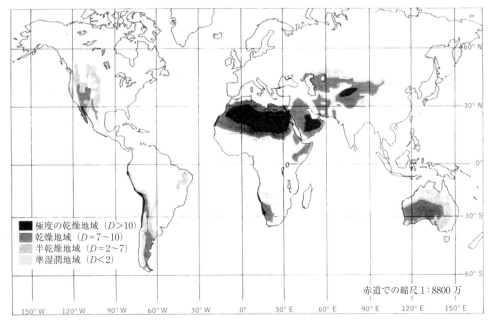

図1 Budyko (1977) の乾燥指数に基づく全世界の乾燥地域の分布．乾燥率 (D) は，年間に地表が受け取る正味の放射エネルギー (R) によって，年間平均降水量 (P) に相当する水の何倍の量を蒸発できるかで定義される．すなわち $D=R/(L\times P)$．ただし，L は単位体積の水を蒸発させるのに必要な熱量（蒸発潜熱）である．(Middleton (1991) の図 1.2. による．訳注：D の値が大きいほど乾燥度も高い)

に負担がかかり，収穫高が減ってしまう状況のことである．これは降水の統計だけを調べてもめったに検出されない．なぜなら降水量と流出量，蒸発量の関係を決める水収支についても考慮しなければならないからである（下巻「水文学的循環」参照）．

「生理学的干ばつ」は，土壌塩分濃度が高まって植物が苦しめられるというもので，乾燥した内陸の灌漑地域でよく起こる．土壌水分量は十分であっても，高い塩分濃度のために植物が水分を吸収できず，作物が十分に成長できなくなってしまう．

干ばつと判断される基準は地域によって異なっている．この理由の1つは，降水量の期待値やその自然変動の大きさが地域によって異なることである．降水量の空間変動性は河川流量の統計的な変動に反映され，これは各半球 25～45°の緯度帯で非常に大きくなっている（図2）．一般に，降水量の期待値が大きな地域ほど，少ない非降水日数で干ばつが定義される．たとえば，英国における干ばつの厳密な定義とは，連続する 15 日間のうちで，どの 24 時間をとっても 0.2 mm 以上の降水が記録されていない場合である．一方，乾燥地域や準乾燥地域では，公式に干ばつと宣言されるのはこうした状況が数カ

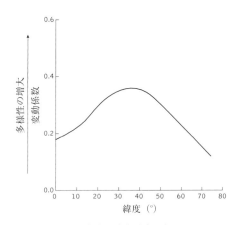

図2 河川流量の変動の緯度分布．(McMahon, T. A. (1982) *Hydrological Characteristics of Selected Rivers of the World.* UNESCO Technical Documents in Hydrology. UNESCO, Paris の原図による)

月持続してからであろう．

干ばつは異常な現象というわけではなく，世界中の多くの地域では現代の気候状態において普通に起こりうる現象である．干ばつは農業と人間社会にしばしば大変な混乱をもたらすが，多くの気候区においてはまったく普通のことであり，降水が間欠的に

しか起こらず確実には望めない乾燥した陸域ではとくにそうである．上にあげたどの定義であっても，干ばつがもたらす影響は同じである．つまり，植物が枯れて植生が減り，表土が風に吹き飛ばされてしまうか，その後にやってくる強い降雨で洗い流されてしまう（図3）．ただし，乾燥した多くの地域では，そこに自生する植物は干ばつによく適応していて，種子は発芽に十分な降水があるまで数年間も休眠状態を保つことができる．

　干ばつの原因を説明するため，これまで数多くの試みがなされてきた．部分的には気象学的な説明が適切である．中緯度においては，次々と西から移動してくる低気圧が数百 km^2 もの広い範囲に雨をもたらす．対照的に，乾燥地域では地表付近の加熱により生じる対流不安定によって雨が降る．ただしこの場合，雨に恵まれるのはわずか数 km^2 の狭い地域であって，その周辺域は乾燥したままである．乾燥した陸地では気団は安定なので，雨を降らせる大気擾乱は発達しにくい．一方，アフリカのサヘル地域での降水量と熱帯大西洋の海面水温との間に関係があることが過去の研究からわかっている．海面水温が低いときには干ばつがより頻繁に起きる傾向があるが，これは，おそらく水温の低いときには海面からの蒸発量が少ないためであろう．しかし，なぜそこの海面水温が低くなるかについてはまだわかっていない．気候と海洋との結び付きが重要であることがほかの海域についても知られている．たとえば，熱帯の東太平洋の広い領域でときおり12月に平年より水温が高くなることがある．これはエルニーニョと呼ばれる現象で，遠くオーストラリアやサヘルでの干ばつと関係があると考えられている．

　干ばつが気候変動との関連でもみられるということも重要である．少なくとも過去数百年にわたる歴史的な降水記録を見ると，干ばつは繰り返し起こっている．何人かの研究者は，サヘル地方で1970年代から1980年代にかけて持続した干ばつは世界の気候の長期的な変化を示唆するものだと主張している（図4）．一方，別の研究者はその期間の干ばつは特別なものではないと主張している．

　洪水やハリケーン，地震，津波といったほかの自然災害と比べた干ばつの特徴は，地理的に広い範囲に影響を及ぼすこと，その長期間にわたる持続性，物理的影響を受けるのが植生のみであること，そして人口の推移に劇的影響を与えることなどである．干ばつが砂漠化と直接関係するもののようにしばしば誤解されている．砂漠化とは，究極的に砂漠のような状況がもたらされうるほどに土壌の生物生産性が減少あるいは破壊されることである．気候変動や干ばつが問題を悪化させることはあるかもしれないが，過放牧や，燃料のための植物伐採，家畜糞尿の

図3　オーストラリアのニューサウスウェールズ州における砂漠化の形跡．（1994年12月に筆者撮影）

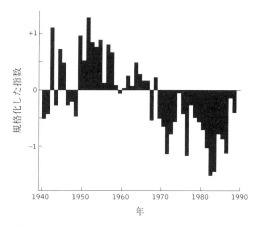

図4　西アフリカ地域での1940〜90年の降水指数．（Smith（1992）による）

燃焼，そして狭い地域での維持可能な発展が不可能になるほどに高まった人口増大の圧力など，人為的な問題が砂漠化をもたらしていると多くの研究者は信じている．

　干ばつに対する長期的な防衛策で最も一般的なものはダムや貯水施設を建設し，水を人工的に貯蔵したり輸送したりすることであった．膨大な費用を要する高度な技術によるこの解決策にいかに依存していたかは，とくに1945年から1970年にかけての，河川の治水の大幅な向上に見ることができる．1970年代の終わりには，ヨーロッパ，北米，アフリカにおける安定した河川流量の40％以上が貯水施設によって管理されるようになった．貯水施設はひどい干ばつにおいてもしばしば確かな水供給をもたらしてくれるが，その一方で多くの問題がもち上がってきた．まず第1に，世界の主要河川の多くは国境を越えて流れている．このため，上流での貯水や摂水に関して議論が巻き起こった．これは国際条約によってのみ解決できるものである．第2に，乾燥地域における貯水施設の寿命がもともと想定されていたよりも短いことがわかってきた．たとえば，モロッコ北東部のモハメッド5世貯水池では，1984年の竣工以来毎年1m近い割合で底に泥が沈殿し続けている．現在モロッコで稼動している21の貯水池を調べたところ，いずれももともとの容量の20％以上が失われており，なかには70％を超えているものもあった．第3に，サヘル地方のように過去20年干ばつに悩まされてきた辺境の地の多くでは，大規模なハイテクによる解決策は利用できないうえに，農業の95％が降雨に頼っており，灌漑の恩恵を受けていない．このため，灌漑された地域に比べて，干ばつの影響を緩和する選択肢はずっと少なく，水を管理し，農業に優先的に配給することもできない．サヘル地方で干ばつがもたらした最も重大な社会的影響の1つは，伝統的な農業から外貨獲得のための換金農業への推移だと指摘する科学者も何人かいる．これにより連作に使われる農地面積が増え，多くの場合そのせいで土地がやせてしまい，またそこから伝統的な酪農家を追い出した．酪農家はラクダやウシ，ヒツジ，ヤギを飼うといった，多様な家畜を管理する方法を発展させてきた．これらの動物はいずれも食べる牧草の種類や必要とする水の量が異なるため，新しい牧草地へ移動したり，必要なら家畜を市場へ売ったりと，干ばつに対するさまざまな対応を可能にしていた．

　干ばつが引き起こす最も重大な災害は間違いなく飢饉であろう．多くの先進国では激しい干ばつが発生することはあっても，発展途上国に比べると記録される死者の数はずっと少ない．これに対して，サハラ砂漠以南のアフリカのずっと貧しい国々では，飢饉が土地固有のほとんど慢性的なものと思えるほどである．こうした災害には，内戦や社会的動乱なども含め複数の原因がある．こうした飢饉に対する支援の1つは通常国際援助であるが，通信手段の不足や市民の暴動のために援助物資の配布がしばしば困難になる．世界で最も貧しい36カ国のうち29カ国を抱えるサハラ砂漠以南のアフリカでは，住民が自らは消費しない食糧を生産させられ，ほかの地域で生産されたものを買わされるような経済システムから抜け出せない状況にあると社会学者は指摘している．サハラ砂漠以南のアフリカ諸国では，過去の植民地政策と「西洋的」貿易システムの台頭のために，物理的・社会的環境の変化への適応性が低下したのだと主張する社会学者もいる．最も深刻な被害を被るのは間違いなく，自分の食料を確保できない社会の最貧困層の人々，すなわち土地をもたない人々や失業者，女性，そして子供たちである．

[Ian D. L. Foster/中村　尚訳]

■文　献

Chen, M. A.（1991）*Coping with seasonality and drought.* Sage publications, New Delhi.

Dawson, A. G.（1991）*Global climate change.* Oxford University Press.

Middleton, N.（1991）*Desertification.* Oxford University Press.

Smith, K.（1992）*Environmental hazards：assessing risk and reducing disaster.* Routledge, London.

Somerville, C. M.（1986）*Drought and aid in the Sahel.* Westview, Boulder.

World Disasters Report（1994）International Federation of Red Cross and Red Crescent Societies, Geneva, Switzerland.

気 圧
air pressure

　大気は何種類かの気体成分が混合したものである．おのおのの気体成分が質量をもつために，気柱にも重量がある．単位表面積をもつ気柱についてその重量を測ったものを「(大)気圧」という．気圧は，きちんと補正された水銀柱に，気柱によって加えられる力として測られる．これが気圧計の原理である．気象学における気圧の単位は通常ミリバール（mb）であるが，近年ではそれをメートル法で言い換えたヘクトパスカル（hPa）がしだいに多く用いられるようになっている（1 mb＝1 hPa）．気圧の測定は天気の変化を知るうえで有用である．地上の高気圧の上空には周囲よりも大きな質量の空気があり，通常 1020〜1040 hPa 程度である．一方，地上の低気圧の上空には周囲より小さな質量の空気しか存在せず，通常 970〜1010 hPa の気圧である．中・高緯度では，地上の高・低気圧は閉じた等圧線に囲まれたセル状の領域となっており，その規模はだいたい数百 km である．摩擦の影響により，地上高気圧においてはその中心から発散する流れがある．その上空ではそれを補償するような下降流があり，気柱を断熱的に暖めようとする．反対に，地上低気圧においてはその中心に吹き込むように風が吹く．収束した流れに伴う上昇流は気柱を断熱的に冷やそうとする一方，しばしば降水をもたらす．

　気圧がある地点でその上にある気柱の質量を反映することから，気圧は高度とともに減少し，大気上端ではゼロになることがわかる．ほとんどの天気現象は 300 hPa の気圧面よりも下層で起こる．中・高緯度では海面高度約 8000 m，すなわち地球上の最も高い山岳高度に対応する．空気の圧縮性のため，高さに対する気圧の減少率は直線的ではない．

　地表気圧は気温と逆相関関係にある．太陽放射によって強く加熱される地域（たとえば 7 月のスペインや北アフリカ）では一般に気圧が低く，強く冷却される地域（たとえば 1 月のシベリア高気圧）では反対に気圧が高い．こうした熱的な影響が及ぶのはだいたい地上約 2〜3 km に限られる．したがって，ある 2 つの気圧面（たとえば 1000 hPa と 500 hPa）間の厚さ（層厚）は有用な量である．それが，大気の三次元的構造に関する情報を与えるからである．層厚は一般にメートル（m）の単位で表され，両気圧面間の気温が低ければ小さな値を，高ければ大きな値をそれぞれ示す．

　南アフリカの断崖のように標高差の大きな地域では，地上天気図（地上気圧配置の図）に反映されるのは，実際の天気現象よりも単に標高差であるかもしれない．それは地上気圧が標高とともに急に減少するからである．こうした状況では，ある気圧面（たとえば 850 hPa）の高度（単位：m）の等高線図を描いた方がよい．ある気圧面の等高線図は，ある高さでの気圧分布図と同様，低い高度は低い気圧に対応する．　　　　　　　[R. Washington/中村　尚訳]

■文　献

Meteorological Office（1991）*Meteorological glossary*. HMSO, London.

気 温
atmospheric temperature

　大気において，気温は力学過程，物理過程に対して最も敏感な指標の 1 つである．気温は大気・陸面間や大気・海洋間の相互作用にも影響されるし，太陽や大気や地表面からの放射，あるいは（とくに高層大気においては）化学反応，また水の気体から液体，固体への（あるいはその逆の）相変化，さらには大気の鉛直運動からも影響を受ける．

　天気を予報するためには，大気のあらゆる場所における現在の気温を知ることが不可欠である．大規模な国際的取組みにより気温（および風と気圧）が数時間おきに詳しく観測されている．どのような場所においても気温はさまざまな要因に影響されるため，こうした観測をするときには観測した気温がその場所の大気を本当に代表するものであるかどうかを確認するために十分に注意を払う必要がある．

●温度の物理的意味

　温度は質量や長さ，時間と同様，物理学の基本概念の 1 つである．人間の感覚は体から熱が奪われる

とき，または体が熱を受け取るとき（たとえば，燃え盛る炎の前に立っているとき，あるいは氷の塊を手に持っているときなど）にしか温度を知覚することができない．熱は温度のより高い物質から温度のより低い物質に向かって流れ，逆の方向に流れることはない．これが熱力学第2法則の教えるところである．

熱はエネルギーの一形態である．すべての物質は，それが固体であれ液体であれ気体であれ，異なる速さで（程度の差こそあれ）ランダムに運動する分子により構成されている．いま，片方がもう一方よりずっと熱い2つの固体（たとえば，コンロの上の部分と料理鍋の底のような）があるとしよう．このとき，より熱い物体を構成する分子の方がずっと速く運動している．この2つの物体が接触すると，より速く運動する分子は，より遅く運動する分子と衝突する際，そのエネルギーの一部を受けわたす．その結果，冷たい方の物体中の遅く運動する分子のエネルギーが増えて，その物体の温度が高くなる．温度は物体中の分子のもつ平均的なエネルギーを測る方法の1つである．コップ一杯の熱いお湯と（同量の）コップ一杯の冷たい水とをジョッキに注いだとすると，混ざった後の水中の分子がもつ内部エネルギーは，もとのコップのお湯と水とがもっていた内部エネルギーの平均となるだろう．そして混ざった後の水温もまたもとの水とお湯の温度との平均値となるだろう．

これらの例において，物体に受けわたされたすべての熱は物体の温度の上昇をもたらした．このような場合の熱は「顕熱」と呼ばれる．熱のもう1つの形態は「潜熱」であり，こちらは直接温度変化をもたらすことはない．潜熱は物体がその状態を変える過程，たとえば気体から液体に変わる際（凝結），あるいは固体から液体に変わる際（融解）に発生する．雨が降って道路が濡れているとき，道路上の水と空気の温度はだいたい同じであろう．そこに，たとえば日射によって熱が加えられたとすると，水に加えられたエネルギー（の一部）により，水の分子間の結合（これによって液体分子は互いにつなぎとめられている）が解かれ，分子が気体の場合のように自由に運動できるようになるであろう．こうして，液体の水は蒸発して水蒸気となる．この過程において，エネルギーは分子の運動を増すことに使われ

ていないため［訳注：分子間の結合を解き放つだけに使われるため］，その温度は影響を受けない．すなわち，水は温度を変えることなく液体から気体に変化する．このような過程に使われる熱が潜熱である．「潜」熱と呼ぶのは，この熱が潜在的には有効で，実際，水蒸気が将来どこかで凝結し液体となるときに解放されるからである．道路の表面で蒸発した水は大気の中をもち運ばれ，ゆくゆくは雲の一部となり凝結して水滴となるだろう．こうして凝結が生じると，もともとは水の分子間の結合を解くために使われた熱が解放されて空気と水滴を暖め，それらの温度を上げることになる．潜熱としてある場所で受け取った熱が別の場所で解放されるということが起きるので，潜熱は大気にとって大変重要な要素である．風による水蒸気の大規模な移流は，潜熱の大規模な移動とも考えることができる．

●温度目盛

ほかの基本的な物理的性質と同様，温度は任意の単位で測ることができる．温度目盛を策定するため，18世紀に科学者たちは容易に再現できる2つの状況を選んで温度目盛の基準点とし，これらの間を等分して度という単位で呼ぶことにした．現在も広く使われている2つの目盛は，華氏（Fahrenheit，°F）と摂氏（Celsius，℃）の名をとってそれぞれ命名されている．華氏温度では水の沸点を上の基準点に，水・氷・塩の混合物のとりうる最低温度を下の基準点におのおのとり，下の基準点が0°F，上の点が（それ以前にニュートンにより提唱された温度目盛にしたがって）212°Fと定められている．この目盛においては，氷点は32°Fとなる．一方，摂氏温度（セ氏温度，セルシウス温度）においては，下の基準点を水の氷点（0℃），上の基準点を水の沸点（100℃）とおのおの決めている．18世紀にはほかにもいくつかの温度目盛が提唱されたが，現在にいたるまで使われ続けているのはこの2つのみである．

温度は分子の運動の尺度であるため，この温度では分子の運動がまったく止まってしまうという理論的な絶対零度が存在する．したがって，この絶対零度を下の基準点にもつような目盛を策定することもできる．この目盛はケルビン温度として知られており，1度の間隔は摂氏温度の場合と同じである．ケルビン温度での0度（0K）は−273.15℃である．

負の温度がないという利点から，科学的な目的にはケルビン温度が広く利用されている．

● 温度の計測

温度を測る器具としては温度計が最も広く使用されているが，大気の遠隔計測のためにはその他の道具も常用されている．気象学では数種類の温度計が利用されている．最高温度計は医療用の体温計と似て，液溜めの近くにあるくびれが一度膨張した液体の逆戻りを防いでいる（図1）．このため，この温度計はリセットされるまでの間に達した最高温度を記録する．一方，最低温度を記録するため，液体のなかに小さな金属マーカーを入れた最低温度計がある．温度が下がると，マーカーは液体のメニスカスにより管のなかを引きずり降ろされる（図1）．温度が上がって液体が管のなかを動いても，マーカーは同じ場所に留まるため，到達した最低の温度が記録される．

ガラス製の温度計は地上での温度計測には適しているが，高層観測においては実用的でない．地上から高度30 kmくらいまでの間の気温については，ラジオゾンデを用いた計測が約300カ所もの測候所において毎日2回行われている．ラジオゾンデは観測機器を梱包したもので，水素かヘリウムで満された風船によって持ち上げられる．観測機器は大変軽くなければならないし，発生させた電気信号を電波によって送信できなければならない．ラジオゾンデに載っている気温計測機器のほとんどは電気抵抗温度計である．これは，白金やセラミックスなどいくつかの物質の電気抵抗が温度によって変化するという性質に基づいている．

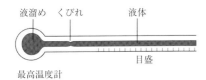

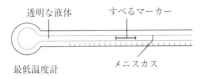

図1 最高温度計と最低温度計.

気温の計測は人工衛星によってもなされている．人工衛星による最も明らかな成果物は気象衛星画像であるが，多くの衛星は軌道に沿った全地点で気温の高度分布を測れるよう設計された装置も搭載している．これは地球上を定期的に観測する大変効率のよい方法である．宇宙からの観測はラジオゾンデによるものほどは正確でも詳細でもないが，観測範囲が大変広いため，とくにラジオゾンデのネットワークによる観測が不十分な海洋上において非常に有効である．衛星による気温観測には放射計を利用する．温度計測に用いるほかの機器とは違い，放射計は気温の遠隔計測（リモートセンシング）を行う．放射計は大気中の分子から出される放射を計測し，その放射強度から放射源である分子の温度を推定することができる．

熱帯の海上であろうが極域の氷床上であろうが，気温の測定値が本当にその場所での気温を表すものとなるよう，計測誤差が最小となるよう計測を実施することが非常に重要である．誤差の原因となりうるものはたくさんある．気温を実際より高く計測させてしまう要因には，温度計に直接太陽光が当たってしまうことや，日なたで地面に近すぎる場所で測ってしまうこと，晴天日に温度計の周りで風通しが不十分であることなどがあげられる．気温を実際より低く計測させてしまう要因には，雲のない夜に温度計を露出してしまうことや，温度計に雨がかかってしまうことなどがある．こうした誤差のほとんどは，風通しがよく，太陽光をなるべく吸収しないよう白く塗られた箱［訳注：百葉箱］のなかに，地面からちょうど1.5 mの高さに温度計を設置することで避けることができる（図2）．また，地面は芝生でなければならない．それは，日射の熱が吸収される割合が地表面の性質に影響されるため，地表面直上の気温が地表の性質に左右されてしまうからである．

● 気温に影響を与える要因

どこの場所においても，気温は緯度，季節，高度，大洋への近さ，時刻，風向き，そのときの天候など，さまざまな要因から影響を受ける．これらのうち最後の3つは数時間から数日ほどの短い時間スケールでの気温の変化をコントロールし，その他のものは週や月やもっと長い時間スケールで重要になる．

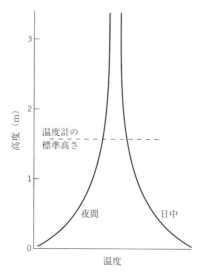

図2 地表近くでは気温は急激に変化する．標準観測高度1.5 mで観測することにより異なる地点での観測の比較を容易にできるようになる．

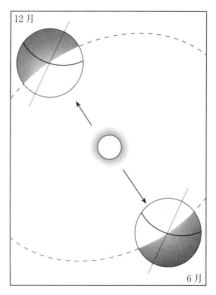

図3 地球の自転軸が傾いているため，北半球では6月に，南半球では12月に，より多くの太陽光が降り注ぐ．

短い時間スケールでは1日周期の変化が大きい．昼間は太陽放射が地表面で吸収され，地表面からの対流と熱伝導によりその上の空気が加熱される．太陽放射量が最大となるのは正午頃であるが，地面は加熱に対してゆっくりと応答するため気温が最大となるのは太陽放射の最大から2～3時間遅れる．あらゆる物体がそうであるように，地球の表面も熱を放射している．極域を除き，昼間は太陽からの入射熱の方が地表から放出される熱よりも多いが，夜間は逆に熱が正味として奪われるようになり地表付近は冷却される．この冷却は，日射による加熱が地表面から放射される熱よりも多くなるまで続くため，温度が最も低くなるのは夜明け頃になる．太陽から受け取る熱も放射により失われる熱も，曇っているときにはもちろん少なくなる．風向きを決める総観規模の高低気圧は，日々の気温の変化に影響する．つまり，ある地域に空気がより温暖な地域からやってくるのか，極域からくるのか，あるいは海洋からなのか，大陸からなのかによって，それぞれ違った性質をもっている．

気温の季節変化が生じるのは，地球が太陽の周りを回る公転軌道面に対して地球の自転軸が傾いているためである．つまり，1年のうちある期間においては南半球がより多くの日射を受けるが，その反対の季節には北半球がより多くの日射を受ける（図3）．夏半球側で気温が最大となる場所は赤道からほぼ30°の緯度帯のなかにあるが，それより高い緯度においても冬半球側に比べて暖かい．冬半球では極域で日射がいっさいなくなるほか，暖い熱帯域においても夏半球側の熱帯域よりは気温が低くなる．

熱帯域には極域よりも多くの太陽放射が降り注ぐため，緯度による気温の違いが生ずる．1月にノルウェーの北（70°N）からスペイン南部（40°N）まで旅をすれば，平均気温が約−12℃から+10℃に変わることを経験するだろう．この旅は，北米においてはカナダ北東部のバフィン島からニューヨーク市までの移動に相当するが，その旅で経験する気温変化は約−34℃から−12℃へとなるだろう．この気温変化の違いは，大西洋の海洋循環がもたらす効果を示す好例である．大洋を東へと向かう暖流の影響で，同じ緯度であれば西ヨーロッパの方が北米の東海岸よりずっと温暖である．一方，もし海岸から内陸地域へと同じ緯度を保ちながら移動していったとすると，1月の気温は海から遠ざかるにつれて低下してゆくことに気がつくだろう．これは海洋の方が陸地よりはるかに熱容量が大きいためである．同じだけの加熱や冷却があったとしても，これによる温度変化は陸地より海洋においてずっと小さい．夏にはこの違いによって，大陸は海洋よりずっと速く加熱さ

れる．このため，沿岸部の方が付近の内陸部より気温が低くなる．

気温に影響を与える別な主要因として標高がある．標高が1km上がるごとに，気温は平均して6.5℃の割合で低下する．よって，ほかの条件が同じであれば，標高が1kmだけ違う2つの町の平均気温は6.5℃違うものと予想される．だが，これは正しくない．空気が地面を離れそのまま大気中を上昇していくのと，丘の斜面に沿ってはい昇ってゆくのとは同じではない．それは，丘の斜面が太陽放射を吸収するため同じ高度の自由大気よりも暖かいからである．斜面がどれくらい暖められるかは斜面の向きによって異なる．南向きであればかなりの量の太陽光が吸収されるだろうし，北向きであれば非常に冷たくなるだろう． [Charles N. Duncan/中村　尚訳]

■文献
Willheit, T. T. (1993) Atmospheric remote sensing by microwave radiometry. *Science*, **262** (5134), 773-4.
Ahrens, C. D. (1994) *Meteorology today*. West Publishing Co., St Paul, Minnesota.
McIlveen, J. F. R. (1986) *Basic Meteorology*. Van Nostrand Reinhold, New York.

気候変動（最近の）
recent climate changes

気候のトレンドは気候の変動と区別することができる．というのはトレンドは単調で，たいていは最小でも20年のような継続期間をもつからである．最近の過去はたいてい測器観測の時代，すなわち気候のトレンドについての詳細な情報が得られる時代のなかにあるものとして考えられる．

200～300年にわたる長期間の測器の記録はほとんどヨーロッパに限られている．18世紀の気候の知識は，先駆者によって測器観測が導入されたが，残存する天気の日記の調査によって再現することができる．英国では，イングランド中部の1659年にさかのぼる月平均気温を与えた一連のデータがゴードン・マンレイ教授によって1970年代に計算された．そのデータは小氷期の終わりに関連する数十年の温暖化によって特徴づけられ，そのトレンドは1970年代以来再びはじまっている．

イングランド中部の気温（CET）データのような大気中の一連のデータの構築は，一様でない観測の空間および時間分布を，長期間データの値を加えて調整することで構築される．グローバルスケールでは，規則的なパターンの格子点での気温を計算することによって計算される．これは船舶による気温観測の解析を必要とし，これによって海面温度が見積られる．長期間にわたる観測方法の変化に対して注意深く手当てをすることは，データに非気候的なノイズを導くことを避けるためには必要不可欠である．

全球気温は19世紀半ばから増加傾向を示している．1854～1999年の間で最も温暖な年は1998年であった（図1と「地球温暖化」参照）．これは1950年代と1960年代の（北半球の大部分で）寒冷化によって中断したが，1970年代に世界の（全体ではないが）大部分で温暖化がそれまでになかった率で再びはじまった．この期間は疑いなく温室効果ガス

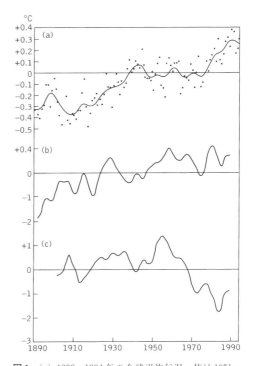

図1　(a) 1890～1994年の全球平均気温．値は1951～80年平均からの偏差で示した．21年移動平均を実線で表した．(b) 旧ソビエト域の年降水量の平均偏差．(c) サヘル地域における年降水量の平均偏差．(b) と (c) の値は全期間平均からの標準偏差である．(Folland *et al.* 1990 から引用)

の増加を証拠づけているが，過去100年間で観測された0.5℃の温暖化は自然変動の範囲内にあると考えられている．この温暖化の小部分（0.05℃と見積られた）は都市の温暖化の影響の増大が原因であったが，1940年代以降のCETへの都市の影響はだいたい0.1℃と考えられている．

1960年代以降の重要な局地的なトレンドは，グリーンランド，アイスランド，スカンジナビアのような北大西洋と隣接する海岸の土地の寒冷化である．これは北緯50〜65°の気温南北傾度の増大の原因となり，最近のヨーロッパ上空の，とくに冬に活発な西風の流れの激変につながった．これによって温和な海洋性の空気の移流を促進し，冬のヨーロッパの温暖化が増幅した．

太陽からの放射の変化は気温に対してより広大にわたって影響を及ぼす可能性がある．16〜18世紀の小氷期は（マウンダー極小期の太陽黒点の観測によって明らかにされたように）太陽活動の後退と一致していたが，どのような将来の太陽放射の減少も温室効果ガス増加の影響に比べれば，重要ではないことが考えられる．

昼の最高気温が，とくに北半球では夜の最低気温よりも上昇が遅いことが注目されている．これは産業起源から放出される硫酸エアロゾルによる対流圏での太陽放射の後方散乱の冷却効果によって起こると信じられている．この硫酸エアロゾルの冷却効果は温室効果による温暖化の1/3までを相殺することが可能である．その結果，（酸性雨に対抗する際に）硫酸エアロゾルを抑制する活動はさらに地球温暖化を急速に促すであろう．

硫酸塩粒子は火山噴火の結果として成層圏の気温のトレンドにも影響を与えうる．1982年のメキシコのエルチチョンや1991年フィリピンのピナツボ火山のようなおもな噴火は噴火後1年から2年にわたって全球気温に影響を与えうる硫酸塩に富んだ成層圏の塵の雲を生成しうる．これは1992年と1993年のような一時的な気温の低下の原因になりうる．逆に，赤道太平洋での継続的なエルニーニョイベントは一時的な温暖化を与えうる．これは東からの貿易風が弱まることによって起こり，南米海岸沖の比較的寒冷で栄養に富んだ水の湧昇を妨げる．南米の（洪水をもたらす）低気圧偏差と西太平洋の高気圧偏差はオーストラリアや東南アジアで干ばつをもた

らす（南方振動）．異常に継続したエルニーニョイベントは1991年にはじまり，地球温暖化との関係を考え出すようになった．

降水のトレンドは一般的に気温のそれよりも大きな空間および時間変動をもつ．20世紀半ばの終わり以降，北半球低緯度の降水は，とくにアフリカのサヘル地域で減少している．対照的に，高緯度の降水は増加している（図1）．中高緯度では，降水は活発な西風の循環と低気圧の経路によって影響される．英国北西部の1970年代後半以降の，とくに冬の降水の増加は，ヨーロッパの大部分に同じ期間にわたって影響を与えた夏の降水の減少とは非常に対照的である．これらの変動は低気圧の経路が北方へ移動したことに関連し，温暖化に対応していると信じられ，気温，降水，大気循環との関連を示している．

[Julian Mayes/田中 博訳]

■文 献

Bradley, R. S. and Jones, P. D. (eds.) (1995) *Climate since AD 1500*. Routledge, London.

Folland, C. K., Karl, T., and Vinnikov, K, Ya (1990) Observed climate variations and change. In Houghton, J. T., Jenkins, G. J., and Ephraums J. J. (eds.), *Climate change: the IPCC scientific assessment*. Cambridge University Press.

Hulme, M. (1994) Historic records and recent climatic change. In Roberts, N. *The changing global environment*. Blackwell, Oxford, pp.69-98.

Marsh, T. J., Monkhouse, R. A., Arnell, N. W., Lees, M. L., and Reynard, N. S. (1994) *The 1988-92 drought*. Institute of Hydrology/British Geological Survey, Wallingford.

気候変動と湖面水準
climate change and lake levels

湖は，地球の陸域のわずか1%しか占めていないが，過去の環境を復元するうえで非常に重要である．山岳は，正味の侵食と堆積物の損失が行われる場所であるので，湖は正味の累積と堆積物の増加を被る．結果としての湖成堆積物は，過去の生態系の状態や地形形成プロセスを維持しており，これらは花粉分析や磁場観測のような技術によって研究される．実際，ほとんどの湖は，結局は埋まって陸地になってしまうので，堆積物がたまるということは相対的に

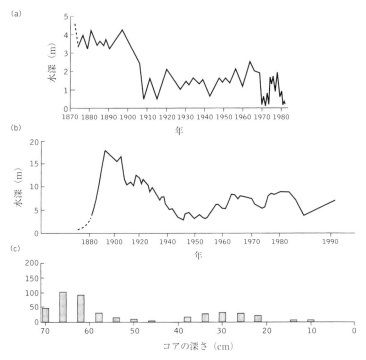

図1 湖水面の変化：(a) サヘルのチャド湖，(b) ケニアのナイバシャ湖，(c) ナイバシャ湖の隣のオロイデン湖底で得られた昆虫の一種の数．

短い特徴である．

　湖は，周りの環境の「記録保管所」としての働きだけでなく，湖面の水準と塩分における変化の研究によって，貴重な地域的気候変動の記録をももたらす．湖はその水収支で変化に対応するのに対し，敏感にすぐに定量化されるもののほとんどは，水文学的に閉じている．これらの「流出口のない」湖は，表面域と水深を，降水と川の流れという形で変化する入力と，蒸発という形で変化する損失と動的に適応させる．流出口のない最も重要な湖には，カスピ海，オーストラリアのエーア湖，北米のグレートソルトレイクがあげられる．これらの湖やほかのもっと小さい湖で気候上に引き起こされた変動は，歴史的な記録やわずかに探知されたイメージを通して，近年数十年で証明されてきた．たとえばチャド湖は，20世紀後半，面積は劇的に縮小した．この縮小は1970年代と1980年代のサヘルの干ばつと関連がある（図1a）．同様な例として，異なる理由によるものでは，アラル海の表面積は1960年から40%も縮小したが，これは生態系と人間によって引き起こされた損害の結果である．

● 湖の水文学

　湖の水収支は，入力，すなわち湖面に降る降水，流入する流れ，表面流水，泉のような湖底の地表面からの流入と，出力，すなわち湖面からの蒸発，川などによる流出，ドリーネ（すり鉢状凹地）のような湖底の地表面での流出によって決定される．湖が水文学的に平衡状態にあると，入力と出力は釣り合う．地下水の交換が無視できるという仮定のもとでは，平衡状態を維持する働きをする変動要因は表面流出である．湖水が過剰に増えると，それを補償するために流出が増える．しかしながら，湖からの余分な水をなくすということは可能であり，この場合，表面流出はなくなり湖は水文学的に閉じたものになる．

　流出口のない湖では，流出による交換によってではなく，湖の面積とそれによる蒸発を適応させることで水文学的な平衡状態が維持される．湖において，表面積は重要な水文学的要因であるが，これは湖面水準と共に相互変化する．表面積は，おのおのの湖特有の形態学によって決定される．面積-深さの測高曲線を用いることで湖面水準から計算される．これは基本的な水文学的関係で，気候と湖面水準の変

94   気候変動と湖面水準

動とを結びつけ，古陸水学的データから過去の水収支や気候を復元させることができる．

ところが実際は，湖が巨大な「雨量計」のようにはたらき，仮定がくずされるものもある．とくにそれは地下水流入による．湖は表面の水文学という見地からでは閉じているが，湖底の地表面での流入と流出は分離できない．事実，オーストラリアのビクトリア州西部のコランガマイト湖のように，湖底の地表面からの流入が大きく，本質的に地下水の「窓」となっている湖もある．

● 湖面水準と塩分

湖が開いた状態から閉じた状態に変わるときには，たいてい淡水から塩水に変化する．流出として押し流されることなく，塩分は湖水中に保持されて，蒸発によってますます濃縮される．湖面水準が低くなるにつれて，残っている水はまず塩気を帯びてきて，やがてすっかり塩分を含むようになり，最後には死海のように過度に塩分が高くなってしまう．この理由から，乾燥地域にある湖のほとんどは塩湖なのである．一方，もし湖面水準が流出するレベルまで上昇すると，塩分は系から流れ出て湖水の塩分はなくなる．過去の塩分は，湖の堆積物の化学合成物や同位体組成のなかに記録されている．流出している湖では，淡水珪藻土やコッチカ（有機体の泥）が堆積するが，湖の水収支が正から負へ変わると，水は化学的に濃縮し，さまざまなタイプの炭酸塩が溜まる．それに伴って，水のはじめの組成により，普通は2つのおもな進路のうちのどちらかに沿って展開が起こる．1つは，炭酸塩が支配的な陰イオンになって，最後にはトロナ（水酸化ナトリウム）のように塩を含んだ降水をもたらす．もう1つでは，塩化物か硫酸塩，あるいはその両方が優勢になり，石膏のような化合物を形成する．このような種類の蒸発残留岩が一連の堆積物のなかにあるということは，過剰な塩分がある，「プラヤ」タイプの湖環境であったことを示している．蒸発による濃縮は堆積物のなかの安定同位体の割合にも影響を及ぼす．とくに，酸素同位体比は，古陸水学の再現に有効であることがわかっている．

交互に淡水と塩水とを繰り返すことは，湖の堆積物の特性に影響を及ぼすだけでなく，そのなかに住んでいる有機体にも多大な影響を与える．生物が死んだ後，湖底の堆積物のなかに維持されると，その遺骸は過去の塩分，水深，そして気候を復元するために使われる．これらの指標となる生物のなかで最も有用なものは，ケイ藻，貝殻，軟体動物である．図1bと1cは，オロイデン湖から得られた短い堆積物の中心部からの大量の塩分耐性ユスリカ（幼虫）の頭皮膜を用いることで復元されたケニアのナイバシャ湖の湖面水準曲線を表している．主要な湖の入り江は分離されていて，1887年以前と20世紀の中頃に再び起こったような，湖面水準が低かったときには塩分を含んでおり，そのときこのユスリカ種は相対的に見てたくさんいた．生物指標によるより新しい研究では，過去の塩分を復元するのに，統計的な手法が用いられている．

岩盤が部分的に高い浸透性をもつとき，塩分は湖には維持されず，湖面水準の変動は塩分の変化には付随しない．たとえば，ミネソタ州のパーカーズプレーリー砂平原や，モロッコの中央アトラス山脈にある石灰岩中央山系の，地下水の供給がある湖ではそうなっている．このような場所では，塩分より水深の変動の方が，過去の水収支や気候における主要な記録を産する．水深の変動では，高い湖面水準が地形学的根拠をも示す．これは，とくに現在の湖面水準より高い海岸段地として表される．

● 湖に基づく気候の復元

過去の降水量を計算するために，湖それぞれに対してさまざまな方法が用いられてきた．主要な方法は，単純な水収支法と，水収支・エネルギー収支結合法の2つである．まず水収支法では，正味の水面からの蒸発損失を計算するために湖の面積が用いられ，これが降水量と貯水からの流出の和と釣り合う．この方法による重要な仮定は，蒸発率を大きく支配する，過去の気温がわかっているということである．2つ目の方法では，水収支式とエネルギー収支式を用いて蒸発項は除外されるが，アルベドやボーエン比（水蒸気圧と気温の関数で，蒸発作用の評価に用いられる）などの表面特性を見積る必要がある．これらの特性は以前の植生と関係している．この2つの方法や面積を用いた方法で，中熱帯アフリカのように地域ごとの過去の降水量が見積られている．中熱帯アフリカの降水量は，9000年前（放射性炭素による）には，サハラ，東アフリカ，南アジアで少

なくとも 250 mm は年間平均降水量が多かったこと
を示している.

　元来，雨の多い（湿潤な）状態は，高緯度の氷期
（または冷涼な時期）と調和した低緯度における気
候変動が原因であると考えられてきた．また，亜熱
帯域，とくにアメリカの南西部では，それが事実と
して表れている（下巻「多雨期湖」参照）．しかし，
ほかの多くの地域，とくに熱帯域では，放射性炭素
を用いた年代測定では，最後の湿潤期間は更新世後
期と完新世の前半（1万 2500〜5000 年前）にあっ
たと推定される．サヘルのような場所では，現在塩
分を含み乾燥している湖は，完新世前期には淡水で
あり，たくさんのさまざまな水生動物相を支えてい
た．完新世前期に湿潤になり，湖の湖面水準が上昇
したのは，インド洋のモンスーン循環が強化し北へ
移動したことによるもので，これはミランコビッチ
サイクルに関連する軌道の働きに関連している.

　湖の湖面水準は応答時間が典型的に速いので，よ
り短い「準ミランコビッチ」という時間尺度で，重
要な古気候データが得られる．より詳細な湖面水準
の記録の多くは，100 年から 1000 年続く変動を示
している．これは，主要な爆発的火山や海洋循環の
再編成，またはそれに類似した要素という相によっ
て急激な気候事象を表している．この事象において，
少なくとも 1 つ，新ドリアス期は全球規模であり，
熱帯においては湖面水準は急激に低下し，乾燥した
気候であったことを示唆している．湖，あるいは湖
成堆積物という形で残った湖の跡は，時間尺度の序
列によって，第四紀後期の気候変動と全世界の乾燥
地域の水文学における貴重な証拠をもたらしてくれ
る.　　　　　　　　　　[Neil Roberts/田中　博訳]

■文　献

Almendinger, J. E. (1993) A groundwater model to explain
past lake levels at Parkers Prairie, Minnesota, USA. *The
Holocene*, 3, 105-15.

Street-Perrott, F. A. and Harrison, S. P. (1985) Lake
levels and climate reconstruction. In Hecht, A. D. (ed.)
Paleoclimate analysis and modeling, pp. 291-340. John
Wiley and Sons, New York.

Street-Perrott, F. A. and Roberts, N. (1983) Fluctuations
in closed-basin lakes as an indicator of past atmospheric
circulation patterns. In Street-Perrott, A., Beran, M., and
Ratcliffe, R. A. S. (eds) *Conference on variations in the
global water budget*, pp. 331-45. Reidel, Dordrecht.

気候変動と深層水の形成
climate change and deep water formation

　過去 100 万年の間，地球の気候は，2 種類の長い
タイムスケールで変化してきた．それらは，数千年
以上の規則的な氷期-間氷期と，そのなかの不規則
で 10 年スケールの変化である．天文学的な変化に
よる季節変化の大きさの変化はときどき気候の変化
を引き起こす．しかし，氷コアに記録された，急速
な変化をもたらすほかの要素があることが明らかに
なってきた．そして，それはおそらく深層水の形成
の変化にある.

●近年の深層水

　深層水は，海底に接触していて，物理的・化学的
特性の明瞭な類似によって特定される水の塊であ
る．深層水の特定によく用いられる特性は，温位
（ポテンシャル水温）と塩分である．というのは，海
面から離れたところでは，これらの値は他の水の塊
と混ざりあわなければ変化しないためである．現在，
深層水は北大西洋と，わずかながら南極の大西洋に
あるウェッデル大陸棚で形成されている．この区域
では，2 種類の非常に際立った水の塊が形成される.
1 つは南に流れる温かく（2℃），塩分が高い（34.9‰，
すなわち 34.9/1000）北大西洋深層水（NADW）で
あり，もう 1 つは北へ流れる，冷ため（0℃以下）で，
塩分もそれほど高くない（34.7‰ 以下）南極底流
（AABW）である.

　冬季に，ノルウェーからグリーンランドの海で，
およそ 800 m の深さを北へ流れる流れは風の応力
によって上昇する．この水は 10℃から 2℃に冷やさ
れ，もともとの高い塩分と関連して密度が濃くなり，
海底へ沈み込んで NADW を形成する．冬季の北極
海からの塩分の高い水の供給が NADW の密度を高
くする．NADW はグリーンランドとスコットラン
ドの間の北の縁で，それが断続的にあふれ出て北大
西洋に落ちるまで蓄積する（それは 400 m より深
いところを流れる深層流に対して主要な障壁を形成
する）．NADW のおよそ 20% はラブラドル海で形
成され，ノルウェー海から西に移動する NADW と
混合する．NADW の形成では，北大西洋上に直接

入ってくる年間の太陽エネルギーの30%に等しい熱（5×10^{21} cal）が生じる．この熱のために西ヨーロッパの冬は穏やかなのである．

NADWはインド洋と南極周極流を経て，太平洋に流れ込む．それはしだいに浅くなり，北太平洋で表面に達し，上層の温かい循環の一部として北大西洋に戻っていく．これを「熱塩循環」と呼ぶ．地球の熱塩循環は，閉じた循環であると思われる．北大西洋において，NADWの流出は，温かい表層の流入によって釣合いがとれている．北大西洋の表層水は塩分が低いために，深層水は現在はこの地域では形成されない．塩分が低いことで，蒸発率が低い冷たい深層水が湧昇し，北大西洋から蒸発した新しい水が流入する．

AABWは（1）海水の塩分を高めることになる海の氷床への季節的な移動と，（2）ポリニアと呼ばれる海氷で囲まれた海の，表層の冷却によって形成する．最も大きなポリニアは縦横が350 kmと1000 kmにもなる．ウェッデル海で，冷たい水を中心として直径28 kmの渦ができ，AABWへと水を供給する冷水の管をつくる．AABWは大西洋，インド洋，太平洋の全域に現れる．これは海洋のなかで最も重い塊で，大西洋においてはNADWより2.5 km以上も下層のところを北へ流れている．NADWとAABWの特性の変化は，おもにこの2種類の水塊の混合によってもたらされる．

● 深層水の代替指標

深層水は形成領域から移動するにつれて，光の届く区域から生物死骸が絶え間なく落ちてくるために，溶けた有機物が多く含まれるようになる．これをエージング効果という．有機物が豊富になることで，水塊は，① より酸性になり，それによって$CaCO_3$を分解する．② $\delta^{12}C$は有機物に優先的に定着されるので，$\delta^{13}C$の値は低くなる（$\delta^{13}C$と$\delta^{12}C$は，それぞれ質量13の炭素同位体と質量12の炭素同位体のδ値であるが，サンプルと標準との相対的な値の差の大きさである）．③ リン酸塩が増えている．大西洋の深層流は，含まれるリン酸塩や硝酸塩は平均すると，太平洋の深層流のおよそ半分しかないのだが，南半球の周極深層水（CPDW）はそれら2つの混合したものを反映している．

海洋深層水の分布の時間変化は，堆積物の記録に反映される．$CaCO_3$と方解石の溶解度は，海洋底の水塊の腐食性を反映して変化する．大西洋の氷河では，方解石の溶解が増えることがあるが，これは古い深層水の存在を示唆している．底生有孔虫は，それらの殻に結合した炭素の安定同位体とカドミウムの濃度を用いることによって，過去の水塊の起源を調べるために使用されてきた．ある特定の種は，その殻の中に，周りの海水と平衡状態で$\delta^{13}C$とカドミウムが結合されることが知られている．ほかの種は周りの海水と平衡していない一定の割合で殻を形成する．これらもまた解析され，要素の調整がもともとの海水の組成に対する値を得るために適用されうる．カドミウムは，近年の海洋中で，海水のリンや硝酸塩との間に強い相関関係が見られるとして，重要な要素である．これら2つの代替指標は，一般的に，NADWのエージング効果における増加を示している．方解石の殻の^{14}Cと^{12}Cの割合は，殻を骨化するときの周りの海水の年齢に対して，代替物として用いられる．共存プランクトンの^{14}Cと^{12}Cの割合と，底生有孔虫の^{14}Cと^{12}Cの割合の間の変動は，海洋底の水塊の年代を推定するのに用いられる．現在，熱帯太平洋では年代差が1600年であるが，熱帯大西洋では350年である．すなわち氷期の大西洋の水塊が，現在より少なくとも2倍はあったということである．堆積岩の粒の大きさの変動，つまり火山灰の分布や深層水の経路もまた，深層水の分布や底層流の方向の変化をたどるうえで用いられる．

● 過去の深層水形成の変化

地理学的代替指標の変動を用いることで，熱塩循環には2つ以上の安定モードがあることが明らかにされた．NADWの生成の可変性には，2つの時間スケールがある．氷期や間氷期スケールの変動と，氷期や間氷期内の短期で急速な変動（たとえば新ドリアス期）である．NADWの生成は，数千年間の安定状態があり，それから10年スケールで新しい状態に急速に移行すると考えられる．このことにより，少なくとも過去150万年前は，間氷期に比べて氷期でのNADWの生成はなかったことがわかる．最終氷期の最盛期には，NADWの生成は非常に弱かった．これはアイスランドの北部地方で起こり，それを構成する水塊は海底に達しない，より浅い深

さのところで対流していた.

NADW の大きな時間スケールの変動の, いちばんもっともらしい原因は, 北米の氷床における変化であり, これはおそらく天文学的な過程によって駆動されている. この変動は2万3000年周期で起きており, したがって地球の歳差周期と関連していることがわかる. 大気大循環モデルでは, 北米の氷床は北大西洋の海面水温を直接支配している. 氷床の北斜面で生じる強くて冷たい風は, 海の上を吹き抜けて海面を冷やす. 海面水温が下がると, 蒸発が少なくなるので塩分は下がり, 表面水は濃度が小さくなる. モデルでは, ノルウェー海において, 表面水の塩分がわずかに小さくなると, 数十年の間に深層水の形成は著しく低下することを示した. 海面水温 (おもに浮遊性有孔虫の集まりによる) とNADW 生成の割合との間には, 氷期-間氷期の時間スケールで強い相関が見られる. 氷床の成長は, 極前線の南への移動によって起こるが, NADW の生成に必要とされる. 南大西洋からの塩分の高い表面水の流入をも抑える.

モデルでは, 周辺氷河地帯 (MIZ) に沿った風向の変化も示しており, このこともまたNADW の生成率を支配するうえで重要である. 現在, 冬季のMIZ に沿った主要な風は北東方向であり, 海水や氷はエクマン輸送によって北へ移動する. 氷がその下の海水を引きずる力は, 表面水が引きずる力よりも大きいので, 海水はMIZ に沿って南から戻るよりも早く北へと移動してしまう. そのため, 海水はその不均衡を矯正するためにMIZ に沿って湧昇するのである. この水は十分に冷やされ, 沈み込んでNADW を生成する. 氷期には, 北米に巨大な氷床が存在したために風向は西向きであった. このため南向きのエクマン輸送が起こり, MIZ に沿って海水が集まり, 海水は沈み込む. しかし, この水は海底に沈みこむほど濃度は高くない.

● 短いタイムスケールの変動

新ドリアス期は北大西洋の最後の退氷期における, 放射性炭素1万1000〜1万年前での解析から, ほぼ完全に氷期状態に戻った期間を表す. これは, 北米の氷床が溶けた水が流れ込むことが関連している. 新ドリアス期に, 溶けた水はアガシ湖を形成する氷床の南端で蓄積していたことがわかった. これ

により, 北大西洋では次々と複合の大氾濫が起きていた. このことで北大西洋では, より濃度の小さい「真水のふた」ができて, 海洋の安定した階層を維持する. 近年の観測によると, 表面の水の塩分が1‰以上も低下したことで, NADW の生成を抑制している.

1万4500年前から, ほかに少なくとも3回, 北大西洋の気候を急速に冷涼化した期間があった. それらはすべて, 溶けた水が流れ込んでNADW 生成率が低下したことによると考えられている. 溶けた水が流入する地点は, ミシシッピ川流系を経由したメキシコ湾と, シベリア川流系を経由する北極海との間を変動していた.

新ドリアス期の終結はきわめて急速で, おそらく10年以内しかかからなかった. グリーンランドの氷床は, 終結時に積雪が急速に増加したことを示した. モデルではNADW が生成されるようになると, 温かい表面水の極方向への移流が増加することが表された. これは新ドリアス期の終結と, それに関連した北大西洋における水蒸気の増加の原因と考えられる.

第四紀の終わりの北大西洋の堆積物には, 氷河が運搬した破片の範囲が含まれる. これらはハインリッヒ現象と呼ばれる. それは十数年にわたる大気と海面の冷却, 浮遊性有孔虫のフラックスの減少, 低い海水面の塩分, 短期間だが非常に大きな氷山の流出を表す. これらの現象は, 北米の凍結した堆積物上の氷床がゆっくりと厚くなった結果で (活発状態), 水浸しになった堆積物が解凍すると, 氷の流れを速めることになる (浄化状態). 大量の氷と溶けた水が流入すると「真水のふた」を形成し, NADW 生成率を低下させ, その結果, 北大西洋の温度はより低下する. ハインリッヒ現象の効果は広く広がり, 遠く離れた場所でもみられ, フロリダの花粉や, アンデスの氷床のなかにみられる. ハインリッヒ現象やNADW 生成に対するその効果は, 間氷期中の急速な気候変動のおもな原因と考えられる.

● 全地球への影響

過去1万4000年間にサヘルや熱帯メキシコで起こった長期の日照りは, 主要な北大西洋への真水の流入と同時に起きている. NADW 生成の減少は,

熱塩循環を弱め，北大西洋へ流れる水は減るので，表面水は冷たくなり，蒸発する割合も減少する．これによって周りの大陸への降水量も減少する．1968年から1982年にかけて，ノルウェー海とラブラドル海に見られる冷たく塩分の少ない海水は，NADW生成が減少したことを示唆しているが，熱帯降水帯が南に移動するにつれて西アフリカの降水が減少したことと相互関係をもっている．熱塩循環が不活発になると，赤道周辺の海洋における湧昇も弱くなる．これは地球の熱帯対流システムへの水分供給率にも影響して，高緯度でより乾燥した状態になる．

グリーンランドや南極の氷床に記録されているほとんど同時に発生した気候変動は，NADWが南極海に流れ出る変動によって駆動されていたと考えられる．減少したNADWの流入は，氷の成長によってアルベドが増加し，海洋から大気への熱放出が減少するために南極の表面温度を低下させる．さらに，南極気候が北部へ広がることで，大気を通した極方向への熱輸送を低下させる．しかし，モデルではNADWの流入が増加すると，NADWに結合しているより多くの温かい，表面から中間にかけての海水は移動して戻るはずなので，南半球を冷却させるということが示された．NADWの流入もまた，南極海の海洋で北へと流れる温かい中間の海水を移動させる．

●深層水と二酸化炭素の変動

二酸化炭素（CO_2）は主要な温室効果ガスであり，大気中のCO_2濃度の変動は地球の気候に重大な影響を及ぼす．氷期-間氷期の間の大気CO_2の実質変化は氷床に記録されている．これらの変化は少なくとも部分的にはNADW生成率の変動によって支配される．NADWは今日の観測によって，ほかの深層水が$2.4 \sim 2.45 \times 10^{-3}$ eq/kg^{-1} というのに対して，およそ 2.3×10^{-3} eq/kg^{-1} という非常に低いアルカリ性であることがわかっている．海洋のアルカリ度は，重炭酸塩と炭酸塩のイオン結合濃度として定義される．近年の海洋では，CO_2の分圧，$p(CO_2)$ はアルカリ度に支配される．アルカリ度が高くなると$p(CO_2)$ は高くなる．大西洋では，深層水の $p(CO_2)$ の変化は，おもにアルカリ度の低いNADWとアルカリ度の高いAABWの混合によって生じる．NADWはCPDWへ流れ込み，その一部は南極で湧昇し，南の低緯度表面水を形成する．これらの表面水のなかでは生物によって $CaCO_3$ はほとんど生成されないが，それが海水のアルカリ度を調整している．それゆえ，CPDWのアルカリ度変化はほとんどNADWによって直接支配される．

CO_2 は温かな表層水から冷たい表層水へと輸送される．CO_2 の溜まり場として，冷たい高緯度の表層水のポテンシャルが増加すると，その場所から考えられるよりも遠い場所まで影響が及ぶ．海洋の箱モデルでは，極域の海洋が温かな表層水の $p(CO_2)$ を制御し，それゆえ大気の CO_2 濃度をも制御していることが示されている．南の低緯度における表層水のアルカリ度と，それによる $p(CO_2)$ の変化は，氷河期の CO_2 減少と冷却を意味している．氷河期にはNADWはまだ南極まで達していたが，それはかなり低い水準であった．CPDWへのNADW流入量の減少は，表層水の $p(CO_2)$ を増加させた．重要なことは，NADWの南極海への流入の変化で，大気中の CO_2 変動の半分も説明できないということである．残りを駆動するいちばんもっともなものは，高緯度の表層水の生産力の増加と，全体の海洋栄養物分布の変動である．海水の pH の代わりに，有孔虫の方解石に含まれるホウ素同位体（11B/10B）とバリウム濃度を使用することで，この論題について多くのことがわかった．現在，より酸性な太平洋の深層水の Ba/Ca 割合が 4.5 なのに対して，NADWの Ba/Ca 割合は 1.8 である．

1万5000年前の退氷期の最初の傾向が見られる頃，NADW 生成が活発になるにつれて酸素が豊富な北大西洋の深層水がどっと流れ出ていたことが明らかになった．この酸化して事前に堆積していた有機物は，CO_2 を生成し炭酸塩を本来の状態に溶解させる．これら NADW，CPDW，南半球低緯度表層水の $p(CO_2)$，大気中の CO_2 の影響はいまだ明らかにされていない．

●新第三紀氷河の発達

南半球の氷床の発達と，それに起因する南北の温度差が大きくなることは，深層水の形成に関係がある．NADW は中新世後期になるまではなかった．中新世前期の深層水は，インド洋を通したテチス海の低緯度で形成され，NADW より温かく塩分も高かった．温かな深層水は高緯度で湧昇し，その結

果，南極海の表層水も温かくなった．このことにより，冷たい大陸の周りで蒸発が盛んになった．大気中の水分が増えると，降雪は増加し，中新世中期に東部南極氷床（EAIS）を発達させたと見られている．大気中の温度勾配が大きくなるにつれて，中緯度の大陸（オーストラリア大陸，アフリカ大陸，アメリカ両大陸）の乾燥化が激しい気候帯と，発達した草地の境界が強固になり，草食哺乳類を進化させる環境をつくり出した．

温度勾配が大きくなったことのほかの特徴として，海洋の循環が強くなったということがある．中新世中期に湧昇が強くなったことで，海水面の生産性が大きくなった．これは太平洋において広範囲に存在する，有機物を多く含む堆積岩に記録されている．たとえば，カリフォルニアにあるケイ藻を多く含むモンテレー堆積層である．これにより，CO_2は大気中から堆積岩に移動する．この主要な温室効果ガスの移動は，はじめは EAIS による冷却によって引き起こされるので，正のフィードバックループは温度低下をもたらす．このループは，海洋中の利用できる栄養物が使われきったときに止まる．新第三紀氷期後期には，地球を十分に冷やすという重要な段階があった．一般的に，新第三紀の単極氷床システムは，第四紀後期の双極氷床システムに比べて，深層水に対する反応がない．

暁新世の深海底生物層の絶滅は，深層水の変動に関連しているようである．高緯度の冷たく比較的新しい深層水から，低緯度の温かく塩分の高い深層水への切り替えは，深層水の酸素不足をもたらし，底生有孔虫から読み取ることのできる 3000 年を要さないような急速な絶滅を引き起こす．古い深層水でさえ，有機物を豊富に含んだ堆積岩は，深層循環の変化によって生じる炭素のポテンシャル維持における変化を反映する．これらの堆積物は，CO_2の溜まり場として振る舞うわけだが，大気中のCO_2濃度や，それに伴う地球の気候変動に重要な影響を及ぼすのである． [Stephen King／田中　博訳]

■文　献

Broecker, W.S. and Denton, G.H.（1990）What drives glacial cycles. *Scientific American* **262**（1），42-50.

Duplessy, J.C., Shackleton, N.J., Fairbanks, R.G., Labeyrie, L., Oppo, D., and Kallel, N.（1988）Deep water source variations during the last climate cycle and their impact on the global deep water circulation. *Paleoceanography* 3, 343-60.

気候変動と層状堆積物
climate change and laminated sediments

層状堆積物は，各層がそれぞれ特有な状況で沈殿した堆積物で構成されるので，短期間（たとえば季節や 1 年）の気候や海洋変動を推定するためにしばしば利用される．たとえばカリフォルニア海岸サンタバーバラ沖の海底については，年間を通しての降水によりシルト層の堆積がもたらされる．海底堆積物の記録から過去の気候を解読する最初のステップは，このように連続した堆積物の薄層の構成要素を特定することである．このような堆積層のデータを用いた調査は，現地において行うことができる．海底の堆積層は持続的に降下する堆積物（たとえば有機体によって生じる粒子や陸から運ばれた土石粒子）を蓄積し，その堆積期間はときとして 1 年やそれ以上に及ぶ．堆積期間中の季節変化に伴い，たとえば降水量の増減や氷河の融解，または藻の発生に起因する多量のケイ藻類の増減に対応したシルト堆積物の沈殿パターンの変化も観察されるだろう．そのような堆積物の季節変化は，今日の堆積物の直接観察と比較することができる．走査電子顕微鏡の後方散乱電子を画像処理する技術が進歩したことで，岩片中の微小スケールの堆積層を調査することが可能になった．これらの技術は，季節変化以下の時間スケールの堆積層を見分けることを可能にした．堆積層の分析と走査電子顕微鏡調査により得られたデータはほかの古気候データと比較することができる．このような研究によって提供される理解は，堆積物の年代計測研究や古気候と古海洋における長期変化の理解にも大いに役立つ．

堆積物薄片標本の色や濃淡の変化といった特徴について，顕微鏡を用いたりあるいは眼視により多くの分析がなされている．そして時間に沿った詳細な記述が蓄積され，統計的有意性が検討される．たとえ短期でも有意な周期性が検出されれば，気候や海洋の現象と関連づけられる．たとえば 2～7 年の周期性は，エルニーニョ南方振動（ENSO）に対応す

ると解釈される.

　層状堆積物はさまざまな堆積環境で生じるが，基本的には水が酸化されにくい，つまり不良有酸素(酸素の乏しい)か酸素欠乏(酸素がまったくない)状態の海底や湖底で堆積しやすい．これらの状況下では底生の有機体の活動は極度にあるいは完全に低下し，個々の堆積層は変質せずに保存される．この堆積層が生じる典型的な場所は，①たとえばカリフォルニアのボーダーランド棚のような，深水交換のほとんど生じない大陸棚，②たとえばカリフォルニア湾やペルー沖のような，湧昇流が強く第一次生産性が大きい有機炭素の堆積域，そして③たとえば北極や高山地域の湖底のような，水柱が安定成層をなして深層水の酸化を妨げているような湖，などである．最近では太平洋や大西洋で採集された深海のケイ藻類の堆積層の調査により，新第三紀中新世から鮮新世にかけて太平洋東部赤道領域において起きたエルニーニョに似た短時間スケールの現象の理解が進んでいる．淡水や塩水湖底における堆積層と同様に，海洋底において古代の堆積記録は，海洋酸素欠乏期から堆積層が良い状態で保存され，古気候や古海洋の変化に対する貴重な資料を提供している.

[R. B. Pearce/田中　博訳]

■文　献

Kemp, A.E.S. (ed.) (1996) *Palaeoclimatology and palaeoceanography from laminated sediments.* Geological Society Special Publication No. 116.

気候モデル
climate models

　気候モデルは気候システムへの変化をシミュレートしたり予測したりするものである．気候システムは5つの要素によって構成されており，いずれも気候システム内の1つのシステムである．その要素は，大気圏・水圏(あらゆる液体の水)・雪氷圏(あらゆる凍った水)・生物圏(生物)・岩石圏である．本質的に，気候は，地球に入ってくる太陽(短波)放射と地球から出ていく地球(熱的つまり赤外)放射の間のバランスによって決まる．熱帯地方で受け取

られる太陽放射の量は，極域での太陽放射量よりもずっと多い．これは温度のアンバランスへとつながる．その結果，大気と海洋の循環が赤道から極域への熱の再分配をする．これらの循環は，エネルギー輸送過程，質量輸送過程，運動量輸送過程を通して，気候システム内のその他の要素と相互に作用し，これが地球の気候を決めている.

　気候は力学平衡である．つまり，十分に長い期間では下向き放射と上向き放射が全球で釣り合っている．下向き放射量または上向き放射量のどちらかが変化すれば(強制力が働けば)，新しい平衡状態へと動くことによって気候システムがその変化に応答するだろう．気候は新しい平衡状態にすぐには動かない．つまり，気候には移行期というものがある．変化の原因となる強制力は，公転軌道の形状の変化のために地球に達する太陽放射量が変化するように，システムに対して外的なものもあるが，システムに対して内的なものもある．これらの内部強制力は気候システム内のフィードバックからの結果である．気候モデルは，人間活動により増加した二酸化炭素が，しばしば地球温暖化と呼ばれる気温の増加へとつながることを示している．この気温の増加は，大気中の水蒸気の増加へと通じるだろう．そして，水蒸気もまた温室効果ガスであるから，さらなる気温の増加へとつながるだろう．これはもともとの変化を強化するので，正のフィードバックと呼ばれる．気候システムのなかには，このようなタイプのフィードバックの例がたくさんある．もともとの変化を打ち消すであろう負のフィードバックは，あまり見られない.

　気候システムのどの要素も，放射レジーム(放射バランス)の変化に応答する時間は異なっている．大気は，応答するのに数日だけしかかからないが，海洋の表層は2ヵ月かかる．そして，深層循環は何世紀もかかる．気候モデリングにとって，時間のスケールは，空間スケールと同じくらい重要である．なぜなら，それらは気候モデルのなかで，どの要素とどの過程を考える必要があるかを決めているからである．この例として岩石圏があげられる．岩石圏は，山岳活動のような過程を通して気候を変えうる．しかしながら，その過程は，地質学的気候変化に関する研究を除けば，岩石圏が一定であると見なせる長い時間スケールのうえで起こる.

気候モデル　101

●類推モデル

「気候モデル」という言葉は，コンピュータに基づいた気候のモデルを記述するのに最もよく使われている．しかしながら，過去の気候は将来の気候の類似モデルとして使われうる．これらは地球温暖化の結果を予測するのに使われてきた．地質学的過去において長い間，大気中の二酸化炭素レベルが現在よりもずっと多かった，という強い証拠がある．地質学的資料から得られたデータを使うことで，それらの期間の気温や降水を再現し，その結果，気候の状態を築き上げることができる．これらのモデルは，人為的に増加した温室効果ガスによってかき乱される気候に対して，類推モデルとして使われうる．完新世最適期（5000～6000年前），最終間氷期（12万5000～13万年前）そして，鮮新世（300～400万年前）は，それぞれ，2000年，2025年，2050年に対する類推モデルとして使われてきた．類似モデルに対しては，過去の強制力メカニズムは将来の強制力メカニズムをまねたものではないかもしれないという批判がある．そのほかには，相対的に局地的な地質学的データが大きな領域を表現するのに使われているという批判や，代理のデータは不正確であること，つまり，再現された気候においては一致しないという批判がある．

●コンピュータに基づいたモデル

コンピュータに基づいた気候モデルは，基本物理法則から気候を予測することを試みている．これらのモデルは，現在・過去・未来の気候を調べるのに使われうる．モデルによってシミュレートされた今日の気候といくつかの強制力の変化によってつくられた気候の違いはシミュレートされた気候変化である．コンピュータをもとにした最も単純な気候モデルはエネルギーバランスモデルである．これらのモデルは，地球を緯度帯に分ける．緯度だけが用いられているので，これらは一次元モデルである．どの緯度帯に対しても，入ってくるエネルギーと出ていくエネルギーを計算している．モデルを支配する方程式は，通常は予測された地上気温を変数とする式ですべて書かれている．このタイプのエネルギーバランスモデルは1960年代後半に顕著になった．当時は，入ってくる太陽放射量の変化で気候の敏感性を評価するためにそのモデルが使われた．モデルは，

地球に到達する放射量の相対的に小さい減少が全氷河作用へと通じることを予報した．これらの結果が発表されたとき，北半球の気温は減少傾向にあった．これは，地球が新しい「氷期」に向かって進む可能性があるということである．しかしながら，極度の敏感性が，モデルの表現した単純な方法のために気候をつくり出した．そして，気候反応の真の姿を表さなかった．エネルギーバランスモデルは，洗練されつづけており，今日でもおもに地質学的な過去の気候研究のために使われている．

使われているモデルの1つのタイプである三次元大気大循環モデル（AGCM）は，最も複雑である．このタイプのモデルは，第二次世界大戦後に発達した数値予測モデルからつくられた．1960年代は，海洋大循環モデルが発達した．それ以来，海氷・生物圏のような気候システムのその他の要素の多くがモデルで表現されてきた．気候をシミュレートするために，これらのモデルは一緒に結合される必要がある．1990年代中頃まで，最も大きなスケールの気候変化実験はAGCMに限られていた．そして，以下はその事実を反映している．

名前が示すとおり，AGCMは物理学の基本法則から大気の大循環を予測することを試みている．大気の運動を支配する基本的な物理法則は，基礎方程式と呼ばれるなかに含まれている．それらは，運動量保存則（ニュートンの運動の第二法則），質量保存則（連続の式），エネルギー保存則（熱力学の第一法則），状態方程式（理想気体の法則）である．そしてまた，水分に対する基礎方程式もある．この方程式系は，空間と時間両方の基礎変数（気圧，風速，気温，湿度）と関連がある．開始時刻（初期条件）の変数に値を与えると，未来の時間に対して方程式を解くことができる．そして，変数の新しい値を得ることができる．しかしながら，方程式はきわめて複雑で，それらを解くために近似をしなければならない．これには2種類の方法があり，2つのGCMタイプになる．1つは空間格子モデルと呼ばれ，もう1つはスペクトルモデルと呼ばれる．前者は，地球の地図上に見られる緯度・経度のような格子である．後者は，基礎方程式を波の合成として表現するために，視覚化するのが非常に難しい．モデルの両タイプは典型的に，緯度・経度両方向に250～800 km広がる水平格子をもつ．第3の次元であ

る鉛直は，それを記述するために通常10～20レベルである．鉛直座標の実際的な選択は気圧であると考えられるかもしれない．しかしながら，これはいくつかの興味深い問題へとつながる．格子点は高度を変えうる．そして，山の内側に見えることさえある．これらの問題を避けるために，シグマ座標系と呼ばれる方法が発明された．この座標系では，ある点での実際の気圧を，鉛直的にそれよりも下にある点での表面気圧によって割っている．最も小さなシグマレベルは，地球表面の輪郭である．

基礎方程式は，大気の力学を予測できるけれども，放射・雲・大気境界層のようにモデル化される必要のある物理過程もある．これらの過程は，気候モデルの格子よりもずっと小さい空間スケールで起こり，物理学の基本法則から予測することはできない．かわりに，それらはパラメタライズされる．つまり，これらの物理過程を予測するための方程式を，基礎方程式から変数の関数として簡略化し定式化する．パラメタリゼーションをするのにはよい理由がある．まず第1に，物理学の基本法則からすべてのものを予測することは，コンピュータ的に不可能であるから．第2に，われわれが，物理過程の根底にある原理の詳細を十分に知らず，そして，方程式がいろいろな方法で簡略化される必要があるからである．多くのパラメタリゼーションは，経験的な証拠がもとになっていて，複雑な関数の近似になっている．後者の例として，地球に入射する放射の流れや地球から出ていく放射の流れのパラメタリゼーションがある．空間格子モデルとスペクトルモデルの両方にとって，これらのパラメタリゼーションの計算は空間格子上で完成される．それゆえ，スペクトルモデルは，ある格子タイプからその他の格子タイプへと変換される必要がある．

大部分の海洋大循環モデル（OGCM）は，大気に対する基礎方程式と同じものがもとになっている．しかしながら，重要な違いがある．大気は海洋よりもずっとエネルギーバランスの変化に敏感に反応する．それゆえ，OGCMはAGCMよりもずっと長い時間スケールを考える必要がある．対照的に，OGCMの空間スケールは，AGCMの空間スケールよりもずっと小さい必要がある．なぜなら，重要な運動はより小さい空間スケールで起こるからである．放射の扱い方は大気の場合ほど複雑ではない．

大気が地表の影響を受けるのよりもずっと，海洋は海底の影響を受ける．本来，海氷は大気や海洋とは異なっており，結果的にモデルもそうなっている．大部分の海氷モデルは，大気モデルのようにその特性を決定（予測）するというよりはむしろ，特定の位置と時間に海氷があるかどうかを予測することに焦点が集まっている．

いったん気候モデルが開発されたら，検証する必要がある．観測データとシミュレートされた現在の気候を比較することで検証できる．大循環モデルは現在の気候の特徴を全球規模で予測できる，ということが確認研究で示されている．しかしながら，早期の研究では，しばしば海面水温と海氷はやむをえず現実の値をもつとされていたことを心に留めておくべきである．地域的スケールの特徴の予測は乏しいと，広く認識されている．これらの大きいスケールの気候モデルは，地球温暖化を調べるために広く使われていた．その研究では，全球平均で2～5℃気温が上昇していると示している．そのように平衡を用いた研究はむしろ間違っている．二酸化炭素量がある一定レベルに達した後に，気候が時間をかけて平衡状態に達する．初期においては多くの研究は，二酸化炭素の瞬時の倍増をもとにした平衡状態の研究だった．しかしながら，それらはコンピュータ的には能率が良い．なぜなら，海洋の深層循環を必要としないからである．さらに，異なる気候モデルからの結果は，簡単に比較することができる．それにもかかわらず，海氷モデルを含む大気大循環モデルと海洋大循環モデルは，一過性の気候変化を予測するためにますます結合されている．これらの研究は，深層海洋循環と同様に二酸化炭素の緩やかな増加レベルを考慮に入れている．GCMは，二酸化炭素の変化に対する気候の敏感性は過大評価されているという批判なしでは考えられない．

地球温暖化とともに起こる地域的な変化についてさらに理解しようとする際，大きなスケールの気候モデルの結果は地域的スケールのモデル研究の初期条件として使われる．また，政策決定の必要性が地球温暖化の増加に関連しているように，将来の温室効果ガスの放出や，結果として起こる気候変化をモデルにしようとする際，さまざまな社会経済モデルとともに気候モデルを含むモデルが開発されている．

[Frances Drake／田中　博訳]

■文 献
Houghton, J. T. (1994) *Global warming: the complete briefing*. Lion Publishing.

気体水和化合物
gas hydrates

　水和化合物または包接化合物は固体で，水分子がかご状に固定されたところに気体分子が閉じ込められた構造の氷に似た物質である．その生成には，低温（4～6℃），高圧（約50気圧），そして溶解度を超える気体濃度が必要である．気体と水分子は化学的には結合しておらず，ファンデルワールス力で結合している．

　天然の気体水和化合物は極地大陸地域や大陸縁辺の海洋堆積物中に存在する．海洋堆積物の中では，水和化合物は通常海底よりも下に存在し，その存在は海底基盤の地形と平行な地震波の反射により検出される．気体成分は，最も一般的にはメタンで，ほかにもエタン，プロパン，ブタン，二酸化炭素あるいは硫化水素である．一定容積のメタン水和化合物は気体としてその164倍の容積のメタンを含むことができる．水和化合物中のメタンは，高温における有機物の分解で生じる熱分解メタンではなく，むしろバクテリアによる有機物の嫌気的分解による生物起源メタンである．

　気体水和化合物は利用可能なエネルギー資源として全世界的に重要である．地球上の大半の天然ガスは水和化合物として存在し，メタン水和化合物はわかっている全化石燃料鉱床に含まれる炭素量の2倍の量であると推定される．水和化合物の分解は，メタンが温室効果ガスであるので地球温暖化の一因となる．地質学的証拠は，過去に海水面が急激に降下し，深海の温度が上昇し，結果として水和化合物が不安定になり，メタンが放出され，地球が温暖化したことを示している．気体水和化合物の分解が，津波を起こすような海底地すべりにより起こることもある．　　　　　　　[R. John Parkes/松葉谷　治訳]

吸　着
adsorption

　地下水の溶存成分は水が流動する空隙の内壁となっている鉱物の表面に引きつけられる．この過程を一般に吸着と呼ぶ．溶存成分は天然起源であり，鉱物から共存する水に溶解したものである．また，さまざまな工業活動により環境に放出されるような人為的起源も考えられる．

　溶存成分は通常は電荷をもったイオンとして存在する．それらは正電荷をもったり（金属陽イオン，Pb^{2+}のように），あるいは負電荷をもつ（たとえばヒ酸イオン，AsO_4^{3-}）．同様に，鉱物の表面も電荷をもち，鉱物の構造を形成している金属陽イオン（Me）は鉱物の表面においては酸素と完全には配位していない（>$Me-O^-$）．したがって，表面は水からのH^+イオンにより中性化されている（Me-OH）．このような鉱物表面はさらに地下水の酸性度（pH）に影響される．一般に，鉱物の表面は，酸性度の高い水（高H^+濃度または低pH）では正に帯電し，酸性度の低い（低H^+濃度または高pH）場合は負に帯電する．鉱物の表面は通常，中性の水（中間のpH）の中では帯電しない（無荷電）．たとえば長石の表面を考えた場合，その表面を低pHでは>$Me-OH_2^+$，また高pHでは>$Me-O^-$と表すことができる（>は鉱物の表面を表す）．したがって，正電荷をもつ金属陽イオン（たとえばPb^{2+}）は高pHのときに長石に吸着し（>$Me-OPb^+$），負電荷をもつイオン（陰イオン），たとえばヒ酸イオンは低pHのときに長石に吸着する（>$Me-OH_2AsO_4^{2-}$）．このように鉱物の表面と水のpHを理解することは汚染水がいかに変化するかを予測するために最も重要なことである．吸着したイオンは，表面への強い直接の結合（内部錯体，たとえばPb^{2+}）を形成したり，弱いクーロン力の結合（たとえばNa^+）を形成する．弱いクーロン力の結合は，Na^+が4個の水分子と強く配位し（$Na(H_2O)_4^+$），それが直接の結合を妨害する盾の役割を果たすことによる．

　　　　　[K. Vala Ragnarsdottir/松葉谷　治訳]

キュリー温度（キュリー等温面）
Curie temperature（Curie isotherm）

強磁性物質の磁気配列を引き起こす力は物質の温度を上げていくと弱められていく．温度上昇は分子間の空間的な並びを変化させ，その結果，分子を一緒につなげている力を弱める．強磁性体の磁気配列を消失させる温度はネール（Néel）温度として知られている．フェリ磁性の物質（強磁性物質より細かな分類）では，この温度をキュリー温度（T_C）という．

キュリー等温面は地球内部でキュリー温度になっている深さをつないでつくられる温度面のことである．自然界の物質のキュリー温度は0℃以下から1000℃を越える範囲にある．地球のリソスフェアで認められている重要な磁気物質の多くは，低い側のキュリー温度をもっている．これらの磁気物質は以下の2つの固溶体系列に属している．200〜580℃の範囲のT_Cをもつチタノマグネタイト系列と680℃までのT_C値をもつチタノヘマタイト系列である．この範囲のキュリー温度は一般に地球の地殻深部や上部マントルの温度に対応するので，もし磁気探査が適切な探査要素（たとえば，10 kmの高度と間隔で，数百 kmの連続航空測線）で行われるなら，磁気異常データはキュリー等温面より浅い領域についての有用な情報，すなわち，その深さまでにある主要な磁性鉱物や岩石などの情報を与える．

[Dhananjay Ravat/森永速男訳]
［訳注：キュリー温度はピエール・キュリーによって発見された．ピエール・キュリーは，かの有名なマリー・キュリーの夫である．］

強震動地震学
strong-motion seismology

1970年代以降，地震学（「地震学」参照）の一分科が発達し，強震動予測に焦点が当てられるようになった．地盤震動は，激烈な損害を広範に引き起こしうるゆえに，地震による災害のなかで最も重要度が高いといえる（「地震災害と予知」参照）．地震危険度を理解し，これを予測して軽減することが試みられ，その結果，1990年代に強震動地震学が科学の重要な一応用分科として台頭するにいたった．

以下に述べる事実は長い間経験的に知られてきたことである．すなわち，①地盤震動の激しさは地震マグニチュードが大きければ大きいほど増大する．②地盤震動の強さは，震央からの距離が増すにつれて減少する．③地盤運動が距離とともに減衰する割合は地域によって異なる．④場所による地質学的条件（たとえば土壌や岩盤）の違いは地盤震動に大きな影響を与えうる．

少なくとも地震被害の観点からは，場所による条件の相違は地盤運動に影響を及ぼす最も重要な因子でありうる．とくに土壌や未固結堆積岩による地盤運動の増幅作用は深刻な地震被害をもたらす．最も顕著な近年の例は，1985年のミチョアカン地震（マグニチュード8）であろう．この地震は1万人の死者を出し，太平洋の震央から350 km以上離れたメキシコ市内の無数の高層ビルを崩壊させた．

強震動地震学は，ある意味で，地震工学と強震動地震計（加速度計）が出発点となっているといえる．将来の地盤震動予測を試みて，カリフォルニア大学バークレイ校のハリー・シードのような地震工学者は，実際の地震の加速度計記録（強震動記録）を解析し，地震マグニチュード，距離，観測点の地質学的条件，特定の地盤動パラメーターなどの間に成立する経験式を求めた．

米国では，強震動地震計はカリフォルニアに多数展開されている．同様に，顕著な強震動計測機器を展開している国には，日本，イタリア，台湾，メキシコなどがある．その他の国では，強震動地震計はまれである．1994年のノースリッジ地震（マグニチュード6.7）のようなカリフォルニア地域に起こったいくつかの大地震や，1999年の台湾集集地震（マグニチュード7.7）の観測データがデータベース化された結果，強震動データベースの大きさも質も著しく増大した．強震動地震計は，構造物から離れた場で地盤動を観測する点で有用なばかりではなく，建造物，ダム，橋梁などの構造物応答を求める点からも有用である．このような強震動記録の解析によって，構造物応答の理解が深まり，耐震設計が改良されるようになった．

強震動データベースの解析に基づき，異なる地域や，ごく最近では異なるタイプの地震断層運動（「地震のメカニズムとプレートテクトニクス」参照）の地動最大加速度に対して，数多くの減衰関係式が経験式として導かれるようになった．地動の減衰は地震波が幾何学的に広がって伝播したり，地殻やマントルでエネルギー損失を受けることが原因である．

1990年代以降，地盤震動予測の理論的アプローチも発展した．理論的アプローチは主として数値モデル化手法によるものであるが，この手法は観測データにより確かめられている．強震動データ，とくに大地震の近距離強震動データを一般に欠いているので，理論的アプローチは強震動地震学者に重要な手段を提供する．この点，土壌による地動増幅作用は地盤強震動予測の観点から重要な問題で，取り組むべき研究課題といえる．地盤震動の震源近傍の効果や盆地など地形的特徴を考慮する際重要になる二次元・三次元的効果なども，どの程度地震被害に貢献するのかを算定するために，数値モデル化されるようになっている．このような数値モデル化の例として，1971年のサンフェルナンド地震（カリフォルニア，マグニチュード6.7）や1995年神戸地震（兵庫県南部地震，マグニチュード7.0）があげられる．

[Ivan G. Wong／大中康譽訳]

極地方の地質調査
geological exploration of the polar regions

北極地域と南極地域は，2つ合わせると陸地面積が地球全体の約1/7を占めるが，地域の特徴はまったく異なる．北極地域は外縁に大陸をもつ海洋盆地なのに対して，南極地域は大陸である．北極地域は，カナダや米国によって，また英国，スカンジナビア，ロシアの人々によって，調査や開発が進められてきた．その探索は，古くは漁獲，鯨油，毛皮，中国への貿易経路を求めてなされ，その後は鉱物資源が対象になり，最近では戦略的な軍事目的で進められている．それに対して，南極地域には科学目的かそれ以外の非営利目的の遠征隊だけが入っている．南極地域では採鉱や天然資源を目的とする探査が国際協

定により禁止されている．南極大陸の周辺や南極点には科学目的で基地が設けられ，地質学，雪氷学，気象学に関する類のない研究が続けられている．

1570年代にマーティン・フロビシャーがカナダのバフィン島で鉄鉱石（貴金属を含むとされる）を採取したが，その後は，アラスカ・ユーコンのゴールドラッシュ（1896～99年）がはじまるまで，人々は北極地方の地質にほとんど関心を払わなかった．1842年にカナダ地質調査所が，また1879年に米国地質調査所が設立されたが，その関心はおもにもっと南方の地域に向けられた．20世紀に入ると，各国の調査機関や石油会社の国際協力によって，陸域から海域にわたる地質調査が行われ，北極盆地の西半分がほぼ踏破された．グリーンランド地質調査所（1876年に設立）は，1913年にはじまった民間の遠征隊の研究を引き継いだ．米国とカナダの地質調査所は，北米北極研究所（AINA）やカナダ北極大陸棚プロジェクト（CPCSP）を運営して，民間の遠征隊を支援した．ノルウェーではスピッツベルゲン極地研究所が多くの地質学的な研究（英国，スカンジナビア，ポーランド，ロシアによる）を進めてきた．

ソ連は自国の領土で行われる調査の指揮を執るために北極研究所を設立し，のちにその一部門として北極地質研究所をレニングラード（サンクトペテルブルク，1947年）に置いた．

南極地域の地質は20世紀に多くの国の遠征隊によって研究が進められ，とくにアルゼンチン，チリ，オーストラリア，ニュージーランドが継続的な調査に関わった．オーストラリア，米国，英国は，常設の基地を用いて地質学的な研究を継続的に行い，フランス，スカンジナビア諸国，ソ連，日本も研究に貢献した．英国では，南極半島に基地を置く英南極調査所（BAS）がフォークランド諸島属領調査局（FIDS）を引き継いだ．20世紀後期には寒冷地の旅行や居住に関する技術が進歩して，それが調査にも活用された．上述の施設やケンブリッジ（英国）のスコット南極研究所（SPRI）は，地質学関連の図書館やデータバンクを有する．1957～58年には，国際地球観測年（IGY）の一環として，12カ国が南極に基地を設けて地磁気や地球物理学的な調査を実施し，南極に関する知識を底上げした．IGYが公式に終了してからも，基地の多くは運用を続けている．それ以後は，国際的には南極研究科学委員会

（SCAR）が中心になって，科学的な研究協力や関連する会議や出版事業を進めている．

[D. L. Dineley/井田喜明訳]

■文献
Raasch, G. O. (ed.) (1961) *Geology of the Arctic*. (2 vols) University of Toronto Press.
Adie, J. R. (ed.) (1972) *Antarctic geology and geophysics*. (2 vols) Universitetsforlaget, Oslo.

巨大惑星
giant planets

われわれの太陽系には4つの巨大惑星がある．それらはあまりにも大きいために，内部に存在する固体の核は，大量の液体と気体に包まれるなど地球とはかけ離れた特徴をもつ（表1）．大気の主成分は水素で，ヘリウムも多少含むことはわかっているが，大気層の深部を形成するほかの成分やその割合については知ることができない．大気の最上層でヘリウムに次いで多く含まれているのは，木星と土星ではアンモニア，天王星と海王星ではメタンである．

木星と土星ではガス化した物質が数万 km の深さまで存在しており，そこでは水素が金属化するほどの高圧となっている．この下には，水に富んだ層（おそらく高圧氷）があり，これが地球数個分に相当する質量をもつ岩石質の中心核を覆っていると考えられている．ただし天王星と海王星では，金属水素が存在できるほどの高圧にはならず，気体の層の下にはおそらく水の氷でできた層があり，その中の岩石質の核はいくぶん小さいものとなっていると考えられている．

われわれが直接的に知ることができるのは，こうした惑星の最上部の大気だけである．こうした惑星

図1　2つの画像に見られる木星の大赤斑は9時間差で記録された．これは反時計回りに回転する大気渦である．変化は，最大風速 150 m s^{-1} となる暴風帯の外縁付近で最も顕著である．

における大気の循環は，内部からの熱放出と地球より速い自転によってほぼ決まるが，これは太陽からの熱に大きく影響される地球の大気と比べると大きく異なっている．4つの巨大惑星のすべてにおいて暴風帯が観測されているが，木星に限ってはそれが1年以上続く．大赤斑（図1）はそのなかでも最も有名なものであるが，これは17世紀から現在まで続いている．4つの巨大惑星は，いずれも塵と礫ほどの大きさの氷からなる輪をもっているが，土星の輪はとくに幅が広く美しい．輪を形成する物質の大部分は，巨大惑星の衛星と彗星の衝突に由来すると考えられている．

太陽系の近くに存在する恒星に，系外惑星が発見されているものがある．いずれも木星サイズの巨大惑星であるが，現在の技術レベルを考えると，これは驚くようなことではない．しかし，小さな地球のような惑星が，太陽以外の恒星の周りにも存在していると考えられる．

[David A. Rothery/宮本英昭訳]

表1　巨大惑星．

名称	太陽からの距離（百万 km）	直径（千 km）	地球との相対質量*	密度（tonnes m^{-3}）
木星	778.3	142.8	317.8	1.33
土星	1427	120.0	569	0.69
天王星	2870	51.2	14.5	1.29
海王星	4497	48.6	102	1.64

＊地球の質量は 5.98×10^{24} kg．

■文献

Rothery, D. A. (2000) *Teach Yourself Planets*. Hodder and Stoughton, London.

Beatty, J. K., Peterson, C. C., and Chaikin, A. (1999) *The new Solar System*, (4th edn). Sky Publishing Corporation and Cambridge University Press, Cambridge.

グーテンベルグ，ベノー
Gutenberg, Beno (1889-1960)

ベノー・グーテンベルグは地球内部の理解に重要な貢献をした．彼はドイツのダルムシュタットに生まれ，1926年，フランクフルト大学の地球物理学教授になった．この年に彼は，今日では上部マントルとして知られている場所に低速度層が存在するという地震学的証拠を発表している．この研究は，地震波が地球内部を通過する説明の必要から，ストラスブルグで彼がはじめて研究に着手して以来続けられてきたものである．翌年(1927年)，アルフレッド・ウェゲナーの大陸移動説の刺激を受け，月は太平洋から引き裂かれてできたものであり，単一の大陸が地球回転の影響下でいくつかの破片として撒き散らされ，現在のようになったのだという仮説を提唱している．

そのころまでに，グーテンベルグは，研究だけでなくユダヤの家系であるという問題にも時間を割かねばならないようになっていた．ドイツはナチズムに屈服しかかっていたのである．1930年，彼は米国カリフォルニア工科大学の教授職に転じ，カーネギー研究所の地震観測所所長にも指名された．

地震波が地球内部を通過するという研究から，彼は地球核の直径を計算した．マントルと核の間の地震学的境界は，現在ではグーテンベルグ不連続面として知られている．カリフォルニアでは，彼はC. F. リヒターと共同で研究した．彼らは，地球の形が回転楕円体であることを考慮に入れ，地震観測精度を上げる研究計画提案書を起草している．また，彼ら2人の著作 'The seismicity of the Earth' は標準的著書になった．第二次世界大戦後，グーテンベルグは，原子核爆発地の決定に地震学的手法を利用することに関係した政府機関の役職を務めた．

[**D. L. Dineley**/大中康誉訳]

雲
clouds

1803年，ルーク・ハワードは異なる型の雲に名前をつけて分類する方法を考案した．彼がつけた雲の名前の多くは現在でも地上からの観測者により使われている．彼の分類法では，雲はgenera（類）と呼ばれる10種類の型に分類され，それぞれにラテン語の名称と略号が与えられている．ある雲がどの型に属するかは，その雲の見た目と高度との微妙な組合せによって決められる．雲の形状の基本はcumulus（鉛直に盛り上がった雲，積雲），stratus（層状の雲，層雲），そしてcirrus（か細くてまばらな雲，巻雲）である．雨を降らしている場合にはnimbusという語が使われ，たとえばcumulonimbus（積乱雲）やnimbostratus（乱層雲）のようになる．類より細かい分類の型はspices（種）と呼ばれ，これによって雲をより詳しく記述できる．成層圏で発生する明らかな例外はあるものの，雲はたいてい大気の最下層の部分，つまり対流圏で発生する．雲は対流圏のどの高度においても形成されうるが，通常その高さを上層・中層・下層の3つのうちのどれかに分け，詳しい分類に利用している．これら3つグループの雲の正確な高度は，季節や緯度によって変化する．積乱雲のように鉛直方向にある1つの層を越えて発達する雲は，しばしば「鉛直に広がった雲（複層雲）」という第4のグループに分類される．表1に10の類型とその記号，雲底の海抜高度を示した．

雲の見た目はその形成メカニズムによって決まる．雲は，大気中のどこにでもある水蒸気が凝結して形成される．凝結は，空気が冷やされ，水蒸気に対して飽和に達したときに起こる．さらに冷えると，過冷却水滴や氷晶が形成される．清浄な空気中では凝結が起こることはめったになく，容易に過飽和な状態になることができる．凝結のほとんどは吸湿性エアロゾルの上で生じる．地球大気中では，砂塵（土壌粒子）や，波しぶきによる海塩粒子など，自然発生したエアロゾルが豊富に存在している．人間活動による汚染物質も雲の形成に適したエアロゾルを増やしている．雲を発生させる大気の冷却はさまざま

表1 雲の類型.

下層雲
雲底高度：すべての地域で2km以下
雲 の 型：層雲（St：stratus）
　　　　　層積雲（Sc：stratocumulus）
鉛直方向にやや広がりをもつ雲の型．いずれ
も雲底は下層（高度2km以下）にある．
　　　　　乱層雲（Ns：nimbostratus）
　　　　　積雲（Cu：cumulus）
　　　　　積乱雲（Cb：cumulonimbus）

中層雲
雲底高度：熱帯で2～8km，中緯度で2～
　　　　　7km，極域で2～4km
雲 の 型：高層雲（As：altostratus）
　　　　　高積雲（Ac：altocumulus）

上層雲
雲底高度：熱帯で6～18km，中緯度で5～
　　　　　13km，極域で3～8km
雲 の 型：巻雲（Ci：cirrus）
　　　　　巻層雲（Cs：cirrostratus）
　　　　　巻積雲（Cc：cirrocumulus）

な形で起こっている．最も一般的なものは空気が上昇するときである．この際，気圧の低下につれて空気が膨張し，周囲に仕事をして内部エネルギーを消費する結果，気温が下がる．大気が不安定なために空気塊が上昇するような場合には積雲が形成される．山を越えるときに空気塊が強制的にもち上げられる場合にも雲が発生する．前線（性質の異なる2つの気塊が交差している部分）に伴う大規模な上昇流によっては，おもに層状の雲が形成される．これとは別に，暖かい空気が冷たい地表面に触れて冷されると霧が発生する．下層雲はおもに水滴でできているが，巻雲のような上層雲は完全に氷晶でできている．

　雲は白くて反射能が高く，太陽からの短波放射をはね返す．このため，雲は地球を冷やす効果（雲のアルベド効果，あるいは日傘効果）がある．しかし，雲を形成する水滴は長波放射を効率よく吸収するため，雲は外向き長波放射が宇宙に逃げるのを妨げて地表面を暖かくする効果，すなわち，温室効果もあわせもつ．こうして，雲は地球の放射収支を大きく左右する．地球の気候を決めているのは究極的にはこの放射収支であるため，気候の研究にとって雲の放射効果は非常に重要である．中層雲と下層雲はアルベド効果の方が強く地表面を冷やすと考えられているが，上層雲では逆に温室効果が勝ると考えられている．雲の放射収支に対する効果は，雲量や高さ

といった巨視的な性質だけで決まるわけではなく，雲中の水滴の大きさや水分の全含有量［訳注：雲水量］といった微物理的な性質にも左右される．

　地上の観測者は，世界中で雲の型と高さ，雲量（雲に覆われた部分の空全体に対する割合）を記録している．雲量は通常8分雲量（oktas）という非線形な目盛で測られる．雲の高度は測器によって測ることもできるが，たいていの場合は目視に基づく推測による．地上観測による雲パラメーターの観測はすべて主観的なものなので人因誤差を含む可能性がある．そのうえ，地球全体を人の目で観測しつくすことはできない．1960年代に始まった人工衛星による観測は，地球全体にわたる客観的な雲パラメーターの指標をもたらしてくれる可能性をもつ．人工衛星の雲画像を最も的確に解釈できるのは熟練した気象学者ではあるが，衛星データ量の膨大さと，客観性への要求のため，コンピュータによる解析が必要となる．しかし，コンピュータアルゴリズムによる衛星のデジタルデータの解釈は複雑であり，それ自体問題を抱えていないわけではない．全雲量，つまり雲が地表面の何％を覆っているか，は比較的簡単に見積ることができるが，雲の型を特定し，それぞれについて雲量を見積るのはずっと難しい．上で議論してきた雲の型という概念自体，衛星データに関するかぎりやや誤解を招きやすいものである．衛星が受け取る雲パラメーターは，本質的には衛星のセンサーに届く放射に対する雲の効果を測ったものである．したがって，衛星の受け取る雲パラメーターを，地上で観測する雲パラメーターと直接同等に扱うことはできない．よって，われわれは互換性のない2種類のデータをもっていることになる．しかしながら，衛星データによって，雲の巨視的な物理特性にとどまらず，雲に関するずっと多くの情報が提供可能になることが約束されている．

[Frances Drake／中村　尚訳]

■文　献

Bohren, C.F.（1987）*Clouds in a glass of beer：simple experiments in atmospheric physics.* John Wiley and Sons, New York.

Scorer, R.（1986）*Cloud investigation by satellite.* Ellis Horwood, Chichester.

クラーク，フランク・ウィグレスワース
Clarke, Frank Wigglesworth (1847–1931)

　米国人の化学者であり，鉱物学に強い関心をもっていたF. W. クラークは 'Data of geochemistry' を取りまとめたことで有名である．'Data of geochemistry' は，最初に1908年のUS Geological Survey Bulletin（米国地質調査所，研究誌）330号として発行され，続いて1911年，1916年，1920年そして1924年に 'Bulletins' 491，616，695および770号として発行された．

　ハワード大学とシンシナティ大学に化学の教授として在籍したのち，クラークは1883年に米国地質調査所に異動した．クラークの研究は，全研究期間を通じて原子量やそのほかの基礎的な物理的および化学的な定数を正確に決定するものであった．米国地質調査所で主席化学研究員となるとただちに，彼は鉱物，岩石，水およびそのほかの天然物質の組成と起源に関する論文を立て続けに発表しはじめた．その大量の分析結果から，彼は 'Data of geochemistry' を作成した．'Data of geochemistry' は，いままでにない総括的な編集であり，それを土台として新しい地球化学の分野がつくり上げられている．

　Geochemical Society（国際地球化学会）は，2つのメダル（表彰）のうちの1つに彼の名前をつけることにより（ほかはV. M. ゴールドシュミットの名がついている），彼の研究が将来性の高いものであり，地球の化学的研究が隆盛になることに寄与したことを評価した．[**Brian J. Skinner**/松葉谷　治訳]

クラトン（大陸塊）
cratons

　「クラトン（大陸塊）」という語は，大陸の中心にあって，「造陸作用」だけに影響を受ける広大な領域を表す語として，長年使われてきた．したがって，

クラトンは活動的で地向斜をもつ「造山帯」と対比される．クラトンの実態は，かなり安定な大陸の楯状地であり，その基盤は先カンブリア時代の岩石でできている．クラトンは，南北両アメリカ，オーストラリア，ロシア，フェノスカンディア，アフリカで，現在の大陸の核となっている．これらの地域には，クラトンが，もっと活動的な帯状の領域で分離されて，いくつか見出される．この帯状の活動帯の内部には，非常に緩やかに沈下する「大陸塊内堆積盆」が発達する．

　クラトンと大陸塊盆にとって，堆積作用の性質はとくに重要である．断層運動や急激な隆起が存在しないために，そこでは堆積物が少ない．大陸塊盆の沈下は非常に緩やかなので，堆積物を貯める空間はごくわずかしか生じない．堆積物は，大陸塊盆の内部や，隆起域よりわずかに低い場所に広く分散する．これは，典型的な地溝帯が堆積物をすべて吸収してしまうのと対照的である．

　大陸塊盆の多くは湖になる．それは「垂下」湖として知られ，地溝帯に形成される湖と区別される．その典型的な例が北米のチャド湖である．チャド湖は非常に浅く，深さが数mしかない．この湖は，降雨量の変動によって，非常に短時間のうちに大きさを数百kmも広げたり縮めたりする．別な例として，オーストラリアのエーア湖や北米の五大湖がある．これらの湖に見られる共通の特徴は，周辺の川から運ばれる堆積物が存在しないことである．

　古いクラトンの重要な特徴に，広大な「岩床」砂岩の存在がある．この砂岩は岩石組織や化学組成の成熟度が非常に高く，なかにはほぼ純粋なオルソコーツァイトを産出するものもある．このようなオルソコーツァイトはクラトンの広い範囲に分布する．北アフリカのヌビア砂岩，ブラジルとベネズエラのロライマ砂岩，バルト海楯状地周辺の北ノルウェー砂岩，米国北中部の先カンブリア時代後期とカンブリア・オルドビス紀の広大な砂岩などがそれである．

　この砂岩の重要な特徴の1つに，堆積した環境が容易に判定できないことがある．とくに，先カンブリア時代のように化石のほとんどない時代にできた砂岩は，形成されたのが川の合流する海岸だったのか，岩礁砂州だったのか，経験豊富な堆積学者も決めるのが難しい．

クラトンのもう1つの重要な特徴は、非常に長い距離にわたって追跡できる不整合の存在である。北米では、「領域をまたがる」この不整合が、地層間のつながりを見出す目的で長年用いられてきた。このアイデアは、イリノイ州ノースウェスト大学で北米のクラトンについて研究するL.L.スロッスとW.C.クルンベインによって得られた。彼らは、不整合によって結びつけられた主要な地層に対して、「連続」という語を用いた。

もともとテクトニックな運動がなく、堆積物の供給もごく限られているので、長大な不整合や堆積物の集積がどんな原因で生じたのか、議論が絶えない。間欠的な堆積作用がわずかな造陸運動によるのか、海面変動によるのか、論争はまだ決着を見ない。エクソン生産研究グループ（Exxon Production Research Group）が連続層序学の概念を築いた際に、その中心を担ったピーター・ベイルがクルンベインとスロッスの教え子だったことも、偶然の一致ではない。　　　[Harold G. Reading/井田喜明訳]

CLIMAP プロジェクト
CLIMAP Project

CLIMAP（気候長期変動の地図化および予測）プロジェクトは、1970年代に過去100万年における全球気候変動を研究するために設立された。このプログラムのおもな目的は、過去の気候変動に対する応答の鍵となる要素の同定と考察、海洋-氷-大気間の複雑な相互作用をコントロールするメカニズムの探求である。CLIMAP プロジェクトの重要な目標の1つは、約1万8000年前の最終氷期極大（LGM）時の地球表面の状態を再現することである。

CLIMAP の調査の主体は、深海堆積物中に保存された昔の気候変遷の記録を解読することに焦点が当てられている。深海物質の研究は、いくつかの理由から都合がよい。①全球の深海コアのコレクションと、ほぼ連続的な古気候の記録は、選択された時間間隔の、局部と全球スケールの比較を可能にする。②とくに海水面温度といった古海洋の状態の定量的な代替計測は、さまざまなプランクトンの微化石集団の個体数から多変量の統計的な手法を通して決められた変換作用を使って計算されている。③大きな氷塊に記録された酸素同位体データや、深海コアのほかの堆積的特性、^{14}C法などは、詳細で全球スケールの層序的制約を正確な時間断面の再現で位置づけている。

総合的な全球再現の目的を達するためには、他の重要な気候システムの側面と関係する補助的な地質学的データを同化する必要がある。LGM の間につくられたかなりの量の広大な氷床は、劇的に地形や陸地の質量を変え、氷河期の海水面をかなり低下させた。以前の海水面の指標や植生パターン、湖水面レベル、氷河は、氷期の地球環境の変化の影響を記録しており、世界の気候について、追加的な情報を明らかにする。

CLIMAP は、氷期の世界における海水面温度は平均して2.3℃低かったと結論づけている。しかしながら、平均値は、複雑で著しい地域パターンを隠している。たとえば、北大西洋の中～高緯度は、極と亜極の水塊の南方への置換に付随し、10℃近くもの水温変化があるのに対し、熱帯、亜熱帯の大西洋の水塊の位置と温度は比較的安定を保っている。LGM における、この赤道方向に進む極前線のシステムは、緯度による温度勾配をさらにつくり出し、海洋循環を強めていると結論している。

CLIMAP の結果は、LGM 再現において、地質学的境界状態を明らかにするほかの重要な科学的な寄与（永久氷の広がりや厚さ、全球海面水温、大陸地形、アルベドパターンといったもの）は、間氷期と、氷期の地球の気候をコントロールするダイナミックなプロセスをシミュレートする大気大循環モデルのなかに組み込まれることを示した。

類似した研究が、約12万2000年前の氷の体積が現在の値と同じくらいの最終氷期について実施された。この CLIMAP による再現は、最終氷期における温度は、現在と有意な差はないことを示した。

[Mark R. Chapman/田中　博訳]

■文　献

CLIMAP Project Members (1976) The surface of the ice-age Earth. *Science*, **191**, 1131-7.

グリーンランド氷床コア
Greenland ice cores

1992年7月12日の12時30分頃,40ほどの分野の科学者たちが参加するヨーロッパ科学財団が出資するグリーンランドアイスコアプロジェクト(GRIP)が20万年前の氷までドリルを貫通させついに深さ3028.8mの岩盤まで到達させたことを祝った.GRIPの中心はグリーンランド中央の最も高い氷床を分ける氷の上に位置するいくつかの海抜3208mを超えるサミットに位置していた(図1).この計画はたくさんの難事業遂行のための,または技術的な専門知識を伴っていた.ベースキャンプは1989年に設置された.採掘作業は次の年からはじめられ,そして完全を期すまで3回季節が変わった.1300以上の長さ2.3m,直径100mmの個別の氷の円筒形試料の円柱(コアと呼ぶ)が11.5mの長さの電気ドリルで採掘された(1m以下の標本は採掘過程で失われてしまった).標本は地下50mの実験室で個別に解析され,皆が研究に使うコペンハーゲンの研究所に移動される前に安置された.

だいたい1年ほど経ったころ,1993年7月アメリカが出資したグリーンランド氷床プロジェクト2(GISP 2)は5カ年計画でGRIPの西28kmの地点を採掘した(図1).GISP2の氷の円筒形試料は,長さ6m,直径13.2cmの円柱から構成される.(岩盤まであと1.5m残して)3053.44mの地点で最も深い氷の円筒形試料が採掘された.

GRIPとGISP2の氷の円筒形試料の完成は古環境の調査において新しい時代の先駆となった.それらはいまだ知られていない気候変動の高水準のデータの詳細を明らかにした.そして,モデルを使ったり,気候変化の理論を使ったりして,気候の歴史のまだ知られていない部分の情報をもたらし,そして未来の気候変化の予測を行った.しかし,GRIPやGISP2はグリーンランドの最初の利用可能な深い氷の円筒形試料ではなかった.なぜこの2つだけそんなに重要なものと考えられるのだろうか?

1966年アメリカ寒冷域調査研究所はグリーンランド北西部のCamp Centuryで最初の氷の円筒形試料を完成させた.そして,その試料の厚さは1370mであった.さらに深い試料はグリーンランド東部のRenland(1981)や南のDye 3(1987)のレーダー局で完成された.

氷の円筒形試料は大気の構成や循環,そして汚染や火山活動,気候変化,そして太陽からの入射波の変化といった情報を豊富に含む.それらの解析におもに使うものとしては安定同位体解析(重水素や^{18}O)や,物性の解析(溶けた層準や微粒子など),そして化学的・電気的変化があげられる.しかしながら,Camp CenturyとRenlandとDye 3の試料は重要な限界があった.Camp Centuryの試料は氷の境目にある海抜高度1885m(GRIPより1345m下)の位置に位置していた.氷の流れによって(図2)氷が深くなるほどより遠くにいかなくてはならず層序を乱す可能性がある.Renlandもまたこの問題をかかえていて氷を分ける東側の境界に横たわっていた.Dye 3の試料は夏になって氷が溶ける北極圏の南端からだいたい100kmの場所に位置していた.氷が溶けるということはもう1つの問題を引き

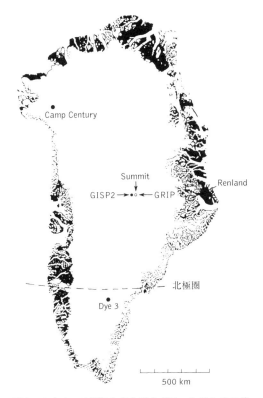

図1 アイスコア採取地点を示すグリーンランドの地図.(Peel, D.A. (1994) The Greenland ice-core project (GRIP): reducing uncertainties in climate change? *NERC News* **29**, 26-9, Fig. 1 より)

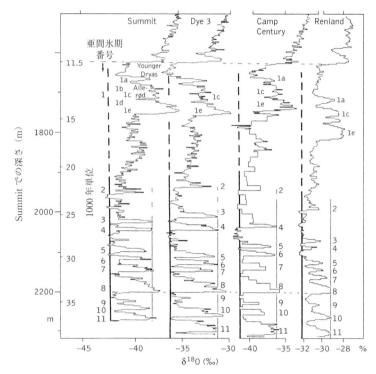

図2 グリーンランド4地点における過去4万年の^{18}Oプロファイルを深さで示したもの。おもな間氷期を数字の番号で示した。(Johnsen, S. J. and Clausen, H. B., et al. (1992) Irregular glacial interstadials recorded in a new Greenland ice core. *Nature* **359**, 311-13, Fig. 2 より)

起こす．なぜなら氷が凍る前に大気中の氷に溶けやすい性質をもつ気体を溶かし，そして氷の化学組成を変えてしまう．この試料から得られたデータを解析するには，その分を差し引いて考えなくてはならない．

グリーンランド氷床中のサミットのようなたった1つの地点は，氷の水平運動や溶けるといった問題がない完全な記録を再現する可能性をもっている．ここでさえ，しかしながら，下方の氷が大きな氷の圧力を受けてデータに影響を与える可能性をまだもっている．氷の境目の位置はときとともに移り変わる可能性をもっている．こういうわけでGRIPやGISP2のような2つの試料の分析が必要なのである．2つの試料の比較により氷の流れによる記録の中断を査定することが可能となる．

GRIPやGISP2を完成させるにはまだたくさんの仕事が残っている．しかし，いくつかの注目すべき結果はすでに公表されている．もしかしたら酸素同位体の記録（図2）が最も重要な記録であり，そし

て，それが氷ができたときの氷床全体の気温の見積りに役立っている．これらのデータは化学的あるいは電気的特徴をもったものであるが，過去1万年分の気候が比較的安定だったことを示している．しかしながら，最も際立った特徴として急速な気候変化の特徴もある．たとえば，1万1700年前の新ドリアス期の終わり頃に起こった最も最近の気候変化が7℃の気温上昇で50年間続いたというものがある．

急速で短期間の2万〜10万年前の最終間氷期中の暖期から寒期への変動のサイクルが20くらい存在する．図2にこれら11の変動期が表されている．

これらの寒・暖の振動はダンスガード-オシュガーイベント（2人の重要な氷の試料の科学者にちなんだ）と呼ばれ，Camp CenturyやRenland, そしてDye 3の試料の岩盤に近いところで観察された．しかし，層序学の考えがもとで起こった可能性も含んでいる．しかしながら，山の頂上やDye 3, Camp CenturyそしてRenlandの試料間で^{18}Oの相関が見られ，これは気温の急激な変化が現実に起こったこ

とを暗示している（図2）．

これらの出来事は不規則な間隔で起こってきたように見える．そして，互いに急速な温暖化や長い単発的な寒冷化の相を含んでいる．突然の温暖化は数十年にわたって気温の5〜8℃の上昇を起こす．そして，それはすべての氷期，間氷期の気温の差の1/2の温度である．

この周期を駆動させる力は，海氷と深層水と関連した暖流の北大西洋海流の方向と強さと関係があるとされている．グリーンランドの気候は海洋の熱の影響を大きく受けている．この熱の放射の強さと方向はグローバルな海流の熱塩循環と密接に関連している．そして，それはベルトコンベアーのように運動している．北大西洋の熱塩循環は底にたまった冷たい，高濃度の塩分を含んだ水によって運ばれ，海洋深層で暖流となって南方に移動する．このベルトコンベアーが働くと，暖流が北大西洋に流れ込む．グリーンランド氷床コアにみられる急激な変化は，このベルトコンベアーの変化の影響を受けている．

ベルトコンベアーのスイッチの切り替えが部分的に起こることは，北大西洋に広がる巨大なローレンシア氷床からたくさんの氷山が流れ出すことが原因である．この結果，表層水の急激な冷却が起こり，真水のふたのようなものがつくり出される．そして，表層水の塩分低下が起こり，熱塩循環のスイッチが切り替わる．ハインリッヒ現象として知られるこれらの氷山群の流出は北大西洋の海洋深層水の解析から明らかとなる（図3）．これらの試料の層はカナダからの氷が重なり合った岩屑がみられ，有孔虫の数が少なく，そして海からの産物が少ないことを反映している．ハインリッヒ現象は図4でいうところのH1からH6にみられる．

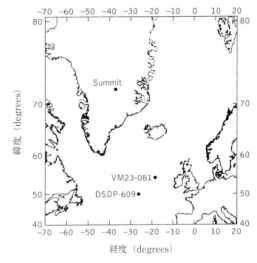

図3 サミットアイスコアと深海コアの位置を示すマップ．ここでの観測結果が図4に示される．（Bond *et al.* (1993), Fig. 1 より）

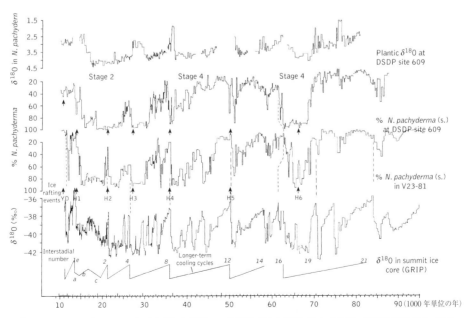

図4 サミットアイスコアにおける^{18}Oと深海コア DSDP-609 と V23-81 との比較．亜間氷期番号1〜21と長周期サイクル，ハインリッヒ現象H1〜6を図示した．（Bond *et al.* (1993), Fig. 3 より）

ハインリッヒ現象は1万年の間隔をおいてダンスガード-オシュガー中最も寒い時期の間に起こっているように見える．この周期の規則正しさは地球の歳差運動の周期と結びついて暗示される．しかしながら，一方では交互に生産そして消費されるローレンシア氷床の氷山の内部の力学も議論される．似通った，同期した流出イベントがあるという事実はいまやスカンジナビア氷床からうかがうことができ，それは氷床の外的要因が原因であることを示すといえる．なぜなら，2つの似通ってない氷床の内部の力学が調和していないからだ．

GRIPとGISP2の試料はまた以前の間氷期まで貫通されていて，そして前述の気候の不安定さをいっそう明らかにした．GRIPの試料でエーミアン間氷期は岩盤の上だいたい163～238 mの約80 mの部分を指す．間氷期の最初の部分に限り，海の同位体の5eの段階と等しく，気温が間氷期の温暖さに達したことが明らかとなった．この期間内でたくさんの短期間の亜間氷期（図5の5e2と5e4）が温暖な状態とともに（図5の5e1と5e3と5e5）点在しているように見える．そして，これらの温暖な状態においてたくさんの短期間の変化があった．たとえば5e1の温暖期で約70年続いた寒冷な時代（イベント1）が，気温が間氷期から氷期まで下がった間にあった（図5）．

最も温暖なエーミアン間氷期は平均して現在の間氷期より2℃暖かく，そして未来の温暖な世界の気候モデルとして使うことが可能となる．エーミアン間氷期中の点在したこれらの転換期はほかの試料にはみられない．もしこれが確かなものであれば，これらは現在の間氷期中で以前みられなかったようなスケールの未来の急激な気候変化をほのめかす可能性がある．

これらのエーミアン変動に対していくつかの議論がある．なぜならそれが試料の下部にあり，層序を乱しているかもしれないからだ．^{18}O層序学と電気伝導率を使って，GRIPとGISP2の試料を比較すると，試料の下部10%は別にして大幅な一致が見られた．エーミアン間氷期の最中で亜間氷期22からで2700 mより下では，2つの試料の相関が崩れる．これはGRIPとGISP2の2つの試料の層序が乱されていることを示す．

層序を乱すには2つの方法がある．大規模な褶曲の転倒と小規模ないくつかの層の締め出し（岩の圧縮と比較したプロセス）である．攪乱の追跡方法の1つとしては氷中の雲状のすじを見ることである．雲状のすじは塵の微粒子から形成された小さな泡からなり，一部は冷たい氷のなかにあり，かつて試料が深いところから取り出され，圧力が解放されたことによりできた．微粒子は夏の初期に堆積し，したがって先の氷の表面の状態を見せる．GRIPの試料の2900～2954 mまでの間の攪乱の証拠がいくつかある一方，これはエーミアン層の下部にある．

小規模スケールにおいて岩の圧縮はいくつかの層の締め出しやほかの層の集合の結果起こる．しかし，これは時間軸のいくつかの部分を引き伸ばしたり，縮小したりすることを引き起こす．広範な時系列の概要はいまだ有効であり，もともと安定した^{18}Oの記録が不安定化することはない．

急速なエーミアン間氷期の気温変化の証拠はほかでは見られないものである．これについては3つの可能性がある．①層序の乱れ（GRIPの科学者たちにはありそうもないが）．②観察された証拠がほかの地域では見られない地理学的限界の変化を表現するから．③この変化は北大西洋地域の外部で起こったが，しかしこの効果はほかの地域で適用されるような時間の推定方法があまり信用できないため弱

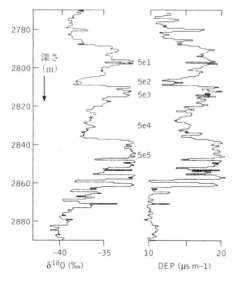

図5　GRIPコアのエーミアン層における詳細なδ^{18}Oと電気伝導度のプロファイル．(GRIP members (1993) Climate instability during the last interglacial period recorded in the GRIP ice core. *Nature* **364**, 203-7, Fig.2 より)

まったこと. この追跡は, 現在北大西洋の試料や北西ヨーロッパの湖や泥炭やボストークアイスコアの再解析の詳細といったものを含む不規則な海洋や大陸の記録と比較されている. 南極の新しい氷を掘る計画もある. 南極についてのアイスコアの計画（EPICA）がいくつかの氷期の急激な気候変化に焦点を当てることが期待されている.

[B. A. Haggart/田中　博訳]

■文　献

Bond, G., Broecker, W., Johnsen, S., McManus, J., Labeyrie, L., Jouzel, J., and Bonami, G. (1993) Correlations between climate records from North Atlantic sediments and Greenland ice. *Nature*, **365**, 143-7.

クロル, ジェイムズ
Croll, James (1821-90)

　ジェイムズ・クロルはスコットランドに生まれた. 機械工, 大工, 小売店主, 保険販売員の職に就いたのちに 36 歳でグラスゴーに転居, そこで 'The philosophy of theism' を著した. その後間もなく, 彼はグラスゴーのアンダーソニアン大学博物館で働くようになり, そこで物理学へ興味をもつようになった. 1864 年に彼は地質学, とくに氷期に関する論争に非常に興味をもつようになり, 地球軌道の気候変動に対する影響の研究をはじめた. 彼は, 地球軌道の離心率の変化が氷期のタイミングの決定に大きな役割を果たしているという説をまとめた. この問題に対する彼の最初の論文は 1864 年 8 月の 'Philosophical Magazine' に掲載された. クロルは, 過去 300 万年の地球軌道の離心率の変化の計算を試み, 氷期のタイミングと地球の軌道が著しく離隔するタイミングの間にはほぼ確実に相関があると結論した. 続いて彼は季節ごとに地球表面に達する放射強度の変動の評価を試みた. さらに彼は氷河作用の促進における雪氷のアルベドの重要性を認識した最初の科学者だった.

　クロルは, 地球軌道の天文学的な変化の結果として氷期の出現を説明するという慎重に考察した論拠を示した. 軌道の離心率の変化の結果として, 氷河作用の時期の発生は北半球と南半球の間で交替すると彼は主張した. クロルはまた, 氷河作用の開始には海洋循環が重要であることを示した. 彼は, 北半球の氷床の成長が低緯度側へ向かう海流のずれとつねに関連していると指摘した. 晩年に彼はスコットランド地質研究所で働き, 1875 年に名著 'Climate and Time' を出版した. その後, 彼は王立協会特別会員に選出された.

[Alastair G. Dawson/田中　博訳]

軍事地質学
military geology

　陸軍と英国地質学創設者との間には, 親密な関係があった. ナポレオン戦争の結果, 1809 年から J. マカロックによるブリテン島での野外調査が, 軍事目的の資金を用いて最初に行われた. 英国政府の技術者（時代順に, J. W. プリングル, J. E. ポートロック, H. ジェームス）は, 1826 年から 1846 年にかけて, アイルランドで政府による地質調査を行った. 英国地質調査所は 1835 年に創立され, 軍（兵站局）の管轄の下で 1845 年まで維持された. ロンドン地質学会の初期の有力なメンバーには, 予備軍（G. B. グリノー）や常備軍（T. F. コルビー, プリングル, ポートロック）で活躍する人や, 退職給を受け取る退役軍人（W. ロンズデイル）も含まれていた. 東インド会社のアディスコム陸軍大学では, 地質学は軍の幹部候補生が学ぶべき教科の 1 つであり, 1819 年から 1835 年まではマカロックが, 1845 年から 1861 年に大学が閉鎖されるまでの期間は D. T. アンステッドがその講師を担当した. 英国陸軍では, ウリッジにある英国陸軍士官学校のカリキュラムとして, J. テナントが, 1848 年から 1868 年まで英国軍の技師や砲兵に対して地質学の講義を行った. また, T. ルパート・ジョーンズは, 1858 年から 1870 年までサンドハーストにある英国陸軍大学の歩兵隊や騎兵隊の候補生に講義し, さらに 1882 年までキャンベリーにある海軍大学の参謀将校にも講義を行った. 軍事に関わる職業にとって地質学が重要であることを示すものに, 1849 年の R. B. スミスによ

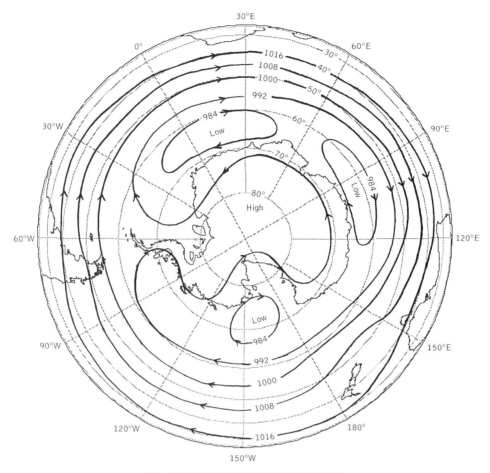

図1 南半球7月（真冬）の平均海面気圧（hPa）.

が内陸の地表近くにまで運ばれてくるときである．この空気は強く冷却され，氷に関して過飽和となって，水蒸気の一部が氷晶となって降ってくるのである．南極で悪名高いブリザードは降雪ではなく，積雪が風に飛ばされて起こる方が多い．

　南極高地上の対流圏下部における特筆すべき特徴の1つは，地表付近に1年を通じて存在する顕著な温度逆転層で，それは冬に最も強くなる．この逆転層の存在は，数百m上空の気温の方が地表気温より通常かなり高いことを意味する．冬の極端な状況ではこの気温差が30℃にも達することが知られている．この顕著な逆転の効果の1つに，逆転層の下に位置する大気最下層での風が，逆転層上空の風から完全に分離されてしまうことがあげられる．逆転層上空では気圧傾度と風の通常の関係［訳注：地衡風平衡］を満たすような風が吹いている．逆転層より下では風がおもに重力により駆動されていて，

冷たい空気が斜面を流れ落ちるように風が吹く．こうした風は「カタバ風（斜面滑降風）」と呼ばれている．ある場所では，地表の起伏の影響で強風が一度に数日あるいは数週間にもわたって吹き続けることがある．逆転層の最上部では，わずかな高度差で風向・風速が顕著に変わる場合がありうる．このことは，航空機のパイロットにとっては，離着陸時や低空飛行時に非常に重要な意味をもつ．それは，向かい風が突然弱まったり，逆に追い風が突然強まったりして，航空機が失速する原因となりうるからである．

　南極高地上空では，通常対流圏全体にわたって湿度が非常に低いため，ほぼ晴天となっていて，冬季には放射冷却が最大となる．冬は長くつねに非常な低温が続く．これまでの地表での最低気温（−89℃）は，標高3400mの南極高地に位置するロシアのボストク基地で観測されたものである．真夏の

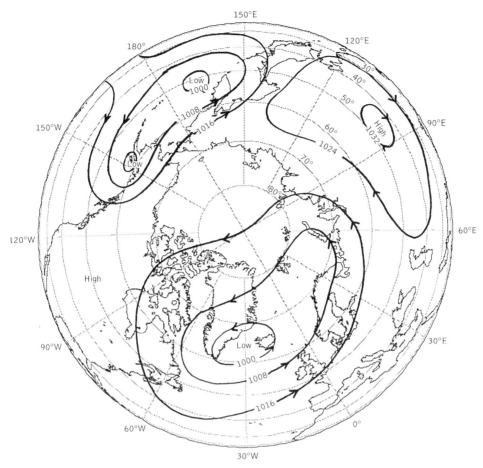

図 2 北半球 1 月 (真冬) の平均海面気圧 (hPa).

最高気温に達するまでの気温上昇は遅々としたものである．そして夏は短く，その後また急速に気温が下がる．

●北半球

　北半球の極域は周囲のほとんどが陸地で囲まれた海盆となっているが，その表面の大部分は年間かなりの期間にわたって氷に覆われている．ただし，ノルウェー海とバレンツ海は例外であり，夏には北緯80°まで海氷が消え，冬においてさえ海氷の縁は，とくにノルウェー海ではしばしば北緯70°辺りまでしか南下しない．北極海沿岸では夏には開氷域が広がるが，冬には全面的に氷に閉ざされる．こうして冬に広く海氷が張るため，この地域では海洋性環境よりむしろ大陸性の環境となる．南半球の極域との大きな違いは，地表が海面と同じかそれに近い高度である点である．標高が高いのは周囲の陸地，とくにグリーンランドにしかない．

　北極上空の対流圏中・高層の循環は，寒気を中心にもつ極渦に年間を通じて支配されている．極渦は冬に最も顕著となる．この極渦の周りを巡るように強い偏西風が中緯度を吹き抜けている．基本場としてのこの偏西風は，大陸の存在により歪められている．ことに北米においては，ロッキー山脈により上層大気に準定常的な気圧の尾根が形成され，これにより下流の北米東部の上層には気圧の谷が形成されている．

　上層の偏西風中を移動する波長の短い気圧の谷が，地表での低気圧の発達を引き起こすことがある．こうした低気圧の発生にとくに適しているのは，気温の水平傾度の最も高い冬場のアジアや北米の東岸である．こうしてできる低気圧は多くの場合北東方向に移動し，太平洋ではアリューシャン列島，大西洋ではアイスランド付近で勢力が最大となる．図 2

は1月の平均海面気圧を示したものである．冬の中緯度においておもな低気圧の領域は海洋上にあり，陸地は高気圧に覆われている様子がはっきりとわかるだろう．同じ緯度帯に低気圧と高気圧が並んでいるこの配置のため，南半球の同じ緯度帯よりもずっと緯度方向の流れが強くなっている．この結果，北半球では極域の対流圏下部の大気がしばしば中緯度まで移流され，亜熱帯にまで達することもある．この極域の空気の流れ出しはどの経度においても起こりうるが，アジアと北米おのおのの東端でとくに頻繁に強く起こる．極域の空気の中緯度への流れ出しは普通中緯度からの海洋性の暖かい空気の北極域への侵入と釣り合っている．これがとくに頻繁に起こるのは，ベーリング海およびスカンジナビアとグリーンランドとの間である．

大西洋や太平洋の低気圧系が衰退しながら北東へ移動を続け，完全に極域にまで入っていくことも珍しくはない．この段階においては，低気圧を発達させてきた気温の水平傾度の高い領域からは離れてしまっているため，通常低気圧の勢力は比較的弱まっている．こうなると循環は完全に極の冷たい空気のものになっており，極域に達した低気圧はほとんど降水を伴わない．北極域の年間総降水量は非常に少ないため，この地域が砂漠として分類されることすらある．極域の非常に冷たい空気は，多量の降水をもたらすに十分な水蒸気を含むことができないからである．

低気圧が支配的なときとは対照的に，冬季に北極域は高気圧に支配され，よく晴れた天気になることもある．こうした高気圧は，しばしばアジアや北米の中緯度のおもな高気圧系とつながっている．極端な場合には，高緯度域の地表気圧が1050 hPaにも達したり，それを上回ったりすることすらある．

夏の間は上空の極渦はずっと弱くなり，中緯度の陸上で停滞していた寒冷高気圧もいなくなっている．このため，極域と中緯度との間で起こる対流圏下層の気団の相互作用はずっと弱まる．この季節には対流圏の中・上層の極渦は対流圏下層にも反映され，極域での地表気圧が典型的には比較的低くなる．

[Norman Lynagh／中村　尚訳]

■文　献

King, J.C. and Turner, J. (1997) *Antarctic meteorology and climatology*. Cambridge University Press.

Sater, J.E., Ronhovde, A.G., and Van Allen, L.C. (1971) *Arctic environment and resources*. The Arctic Institute of North America, Washington, DC.

高気圧：気団の生成源として
anticyclone

名称の示すように，高気圧とは低気圧の反対語である．地上低気圧では周囲よりも地上気圧が低いのに対し，高気圧では周囲よりも気圧が高い．低気圧付近では下層で収束した空気が上昇流となって上空で発散するのに対し，高気圧付近の状況はその反対で，上空で収束した空気が下降流となり下層で発散する．また，[訳注：北半球では]低気圧は正の渦度を，高気圧は負の渦度をそれぞれもつ．つまり，高気圧周辺の風向きは，北半球では時計回り，南半球では反時計回りである．

定常的な高気圧の典型例としては，両半球とも緯度約20〜40°の間で東西に地球を取り巻くような亜熱帯高圧帯がある．図1に示すように，一般に高気圧は衛星画像において雲の少ない領域として認識される．高気圧のほとんどは差し渡し数千kmに及ぶ

図1　ヨーロッパの静止気象衛星Meteosatからの画像．ヨーロッパは高気圧に覆われほとんど雲がない．

大きな規模で，地上から圏界面にまで達する深い構造をしている．高気圧に覆われると下層では風が弱い．定在的な高気圧では，下層の空気塊は長い時間その場所に留まり，空間的に一様で特定の性質をもった空気塊が下層に形成されやすい．すなわち，こうした「気団」の生成源として高気圧は理想的である．

　高気圧内の深い下降気流に伴い，一般に高気圧圏内の気温は対流圏全体で周囲よりも高く，かつ乾燥する．気温の高度分布にしたがい，高気圧内は3つの層に分けられる（図2）．最も上の層は下降流が顕著で，周囲よりも温暖で乾燥している．この層内では気温は高さとともに減少している．下降流はその下の薄い逆転層で終わる．逆転層上端の空気は上層から下降してきたものだが，層の下端の空気はそうではない．したがって，上端の気温は下端より数℃も高い．それは，下降する空気塊は気圧の増加につれて圧縮され，温度が高まるからである．逆転層は一般的に薄く，その厚さが数百mを超えることはまれであるが，それに伴う温度成層がきわめて安定なために重要性が高い．対流圏内の平均的な状態では，気温は1km当たり6.5℃の割合で高さとともに減少する．ところが，逆転層内ではしばしば1km当たり約10℃もの割合で高さとともに増加する．この高い成層度は，逆転層がその下にある混合層（境界層）にしっかりと蓋をしてしまうことを意味する．混合層内の空気は，地表摩擦の影響で生じた乱渦によってつねによく撹拌されている．混合層の厚さは1km程度であるが，対流を引き起こす地表加熱がなくなる夜間には少し薄くなる．逆転層は，高気圧に伴う上空の下降流層と地表付近の乱流境界層とを分ける境界ともいえるだろう．

　高度約1kmにある逆転層と高度約10〜15kmにある圏界面との間では，雲は通常発生しない．しかし，境界層内では，とくに地表面が湿っている場合，背の低い雲が発生できる．高気圧に覆われると，しばしば夜間にこうした背の低い雲が発生するが，夜が明けて境界層が日射で暖められるにつれ，こうした雲は蒸発して消えてしまう．高気圧に覆われた地域では，通常晴れて暖かく降水をみないが，夜間晴れわたると地上気温が大きく低下することも多い．困ったことに，高気圧に覆われると，境界層内に放出された汚染物質が逆転層の下に閉じ込められ，かつ風が弱くて汚染物質が遠くへ拡散しにくいため，なかなか消散できない．ロサンゼルスなどの大都市でスモッグが危険なレベルにまで達するのはこうした状況である．ロンドンでは1953年にひどいスモッグによって数日のうちに何千人もの死者が出た．

　中緯度では高気圧は2つの型に分けられる．その1つは，上空の偏西風に流され西から東へと移動する2つの低気圧に挟まれた気圧の峰である．これらの高気圧に覆われると，低気圧のもたらす雨と風から一時的に解放される．ただし，これは1日か2日しか続かない一過性のものである．もう1つの型は「ブロッキング」高気圧（あるいは単にブロッキング）と呼ばれるより大規模なものである．これらは亜熱帯高気圧と似たような構造をもつが，より高緯度に形成され，数日，場合によっては2〜3週間も持続する．ブロッキングが形成される緯度帯は，通常低気圧が次々と西から東へと移動するが，いったんブロッキングが形成されると低気圧の東進が阻害され，それらを北や南へと迂回させてしまう（図3）．よって，安定したよい天気が何日も続くので，その期間は天気予報も比較的簡単である．しかし，ブロッキングの形成や減衰を予報するのはきわめて難しい．

　高気圧に覆われると天気は一般に穏やかである．

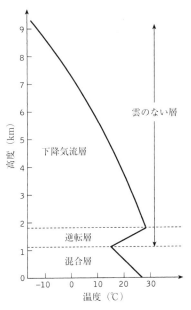

図2 高気圧内における典型的な気温の高度分布．

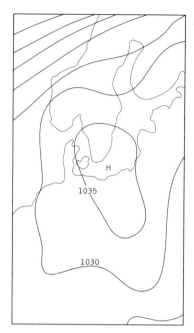

図3　ブロッキング高気圧に覆われたときの典型的な天気図．Hは高気圧中心．海面気圧（hPa）の分布を示す．

しかし，逆転層を挟んでの急激な温度や湿度の変化は，テレビや電話の通信に使われるマイクロ波の伝播に影響を与える．通常の伝播経路が曲げられ，普段よりも長い距離を電波が通るため，テレビ電波が弱まったり，画像が歪んだりする影響が出ることもある．　　　　　　　　　　　[Charles N. Duncan/中村　尚訳]
[訳注：「高気圧」2項目にそれぞれ特徴的な副題をつけた．]

■文　献
Ahrens, C. D. (1994) *Meteorology today.* West Publishing Co., St. Paul, minnesota.
Palmen, E. and Newton, C. W. (1969) *Atmospheric circulation systems.* Academic Press, London.

高気圧：高気圧の類型と天気との関わり
atmospheric high pressure

　周囲よりも気圧の高い領域を「高気圧」と呼び，地上ではその中心気圧が通常 1020～1045 hPa，ときには1060 hPa にも達する．高気圧の周囲の等圧線はやや集中するものの，低気圧とは異なり，中心の周りにかなり広く広がっており，一般に風は弱く，ときにはその向きもばらばらである．しかし，一般的には風の向きは外向きで北半球においては時計回り（南半球では反時計回り）であり，風速は外側ほど速くなる傾向がある．通常，高気圧は低気圧より大きく（直径が 4000 km になることもある），よりゆっくりと移動してより持続的である．天候はだいたい穏やかであるが，乾燥と晴天の度合いは地域によって異なるため，天気予報がとくに難しくなる．図1に高気圧に覆われた地域の例を示してある．

　高気圧の一番の特徴は，「対流圏内」で広範囲にわたって空気が下降することであり，このため断熱圧縮により空気が暖められることになる．この下降気流は空気を暖めるだけでなく，相対湿度も著しく低下させる．このため，下降気流の領域では通常雲は発生しない．しかし，下層の対流や乱流のために，下降してくる空気が地表面にまで達することがほとんどないため，地表から 500～1500 m ほど上空に冷たく湿った空気の層がつくられる．この冷たい空気とその上の下降してきた空気との間の境界は，温度逆転層（ふつう沈降逆転層と呼ばれる）をなすことが特徴的である．この逆転層が地表面からの対流に伴う上昇気流を抑制し，地上の天候に著しく影響する．

●高気圧の類型
　高気圧は「暖かい高気圧」と「冷たい高気圧」とに分類することができる．「暖かい高気圧」は対流圏上層での収束とその下での下降流によって形成されるものであり，沈降逆転層より上の対流圏全体にわたって空気が比較的暖かくなる．亜熱帯に見られる高圧帯はこの種の高気圧の例であり，北大西洋での中心はアゾレス高気圧である．これらの高気圧の形成を促す高層での収束は，ハドレーセルの極側の縁にある「亜熱帯ジェット気流」の下で生じる．こうして生じる高気圧は移動がゆっくりとしていて，晴天が長く持続する．また，サハラ砂漠やカラハリ砂漠のような，主要な砂漠の原因でもある．また，「暖かい高気圧」は，温帯地方でも「上空の偏西風」における気圧の峰（リッジ）のすぐ前方［訳注：東側］における収束に伴って形成される．これらは天気図においては，強い気圧の峰を通じて亜熱帯高気圧の延長としてつながっているもの，あるいは長期

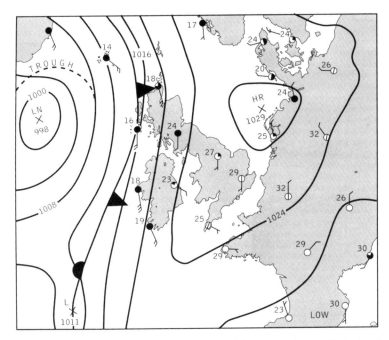

図1 高気圧の例を示す．1990年8月1日の12:00グリニッジ時における天気図．（英国気象局提供のデータから再作成）

間持続する「ブロッキング高気圧」として現れる．ブロッキング高気圧は偏西風の流れをブロック（阻害）し，低気圧が通常の経路を通ろうとするのを阻害したりする．ヨーロッパの北西部でブロッキング高気圧が形成されると，低気圧の経路はさらに北にそれるが，ときには南にそれることもある．そのようなときには，アゾレス高気圧が見られなくなることもしばしばある．こうした状況が顕著になると，ヨーロッパや北大西洋域が異常な天候に見舞われることが多い．ブロッキング高気圧がとくに長期間停滞しやすい地域は，北半球ではスカンジナビアや北大西洋の西経10〜20°の領域，アラスカおよび北西太平洋の上空であり，南半球ではオーストラリアやニュージーランドの上空である．

「冷たい高気圧」は熱的に生じる背の低い高気圧で，その背の高さは通常3000mより低い．これらは冷たい地表面の上で冷やされた下層の空気が収縮し，その上の大気が収束するために形成される．寒冷高気圧は南極や北極海の上空に1年中見ることができ，また冬季にはユーラシア北部やグリーンランド，北米でも形成される．その典型的な例は冬季に長期間停滞するシベリア高気圧であり，その中心気圧は1060hPaにも達することすらある．高気圧や

気圧の峰もまた，このような極気団に覆われた領域を起点として，低気圧を追うように移動し，次の低気圧がくるまでの間，寒冷であるがよく晴れた天気をもたらす．英国には，これらの高気圧は西もしくは北西の方角からやってくる．

● 天　気

高気圧のもとでは通常天気はよく晴れ，風も弱い．晩秋から冬にかけては，こうした天候のもとで，この季節の長い夜とあいまって，宇宙空間への長波放射によって地上数百mの空気が急速に冷却される．こうした条件のもとでは霜や霧が発生しやすく，日射が弱いために霧は翌日やそれ以降まであちらこちらで消えずに残ることがあり，そのため曇ってどんよりとした，うすら寒い天気になる．こうしてできる沈降逆転層が汚染物質の上方への拡散を妨げるため，大気の汚染状態が悪化する．こうした条件が数日続くと不快なスモッグが発生し，とくに高齢者や呼吸障害の症状を患う人々が死にいたることすらある．悪いことに，霧の発生は地域によってむらがあり，ある地域（とくに低地）では数日もの間日照がないのに，ほかの地域では昼間絶え間なく日射があって気温の日較差が著しいということも起こりう

る．逆転層の下にある接地境界層での湿度が高いと，広い地域で「高気圧性の暗がり」がみられる．これは空が層雲や層積雲に覆われることが特徴的な現象で，大気の循環が弱いがために持続しやすい．このような雲が長くとどまると夜間の放射冷却がずっと弱まるため，霧が広く分布することは普通なくなる．

夏季においては，高気圧に覆われると通常晴天で雲もない．陸上では強い日射の影響で気温が急速に上昇するため，午後になって逆転層の下で小さな「晴天積雲」が発生することがある．一方，夜間には雲がなく気温が急速に下がり，ところどころ霧や霞が発生することがあるが，それもすぐに消えてしまう．沿岸地域，とくに冷たい北海に面する地域では，春から初夏にかけて海霧が発生する．これは，空気が冷たい海水の上を通過する間に露点温度まで冷されるためである．図1において，寒冷前線はほぼ1日中英国北西部付近にとどまっていたのだが，北海の南にある高気圧の影響で，大陸の空気が英国の大部分の天気に影響を与えた．曇りでときおり雨の降ったスコットランド北西部を除いた多くの英国内陸地域で，13時間を超える長い日照時間のため気温が急上昇し，最高気温は30℃を超えた．しかしながら，高気圧のなかには雲量を増やすものもある．そうした場合，日中の気温が平年値を大幅に超えることはあまりない．雲の発生は，「弱まりつつある」前線が高気圧のなかへ移動してくるときにしばしば起こる．あるいは，湿った熱帯海洋性の気団が北大西洋を渡って北上し，西あるいは北西から英国に到達するまでに冷やされることによって，雲が発生する場合もある．

持続的なブロッキング高気圧は天候に重大な影響を及ぼし，1〜2カ月，あるいは季節をまたがって異常な天候をもたらすことすらある．実際にどのような天候になるかはブロッキング高気圧の正確な位置によって，また季節によって異なる．ブロッキング高気圧が冬にスカンジナビアの上空に発生すると，スカンジナビアではよく晴れた非常に寒い天候になるだろうし，高気圧中心の南の地域には非常に冷たい大陸性極気団の空気が流れ込み，それは英国にも達することもあるだろう．こうした状況では，北大西洋上を移動する低気圧は，ブロッキングの北や南を迂回して移動するようになり，英国のとくに南部に多量の降水をもたらすこともある．この場合，大陸性気団に覆われていれば，雪になることが多い．このような状況は1991年2月はじめに起こった．この期間，英国南部では日中の気温が0℃を大きく下回る天候が数日続き，広い範囲で雪が降った．1962〜63年の異常寒冬の主要因はスカンジナビアあるいはノルウェーとアイスランドとの間に居座ったブロッキング高気圧であった．この高気圧は非常に冷たい東風を吹かせ，ひどい霜と大量の降雪をもたらした．

1975〜76年における顕著な干ばつや1988から1992年にかけて起きた一連の干ばつのような，英国における異常乾燥はたいてい英国近くにとどまるブロッキング高気圧によるものである．英国の暑夏は，スカンジナビア上空，あるいは英国の東や南東をゆっくり移動する高気圧によって，大陸性の非常に暖かく乾燥した空気が英国上空に移流されるために起こることがしばしばである．一方，英国の夏が比較的乾燥して涼しくなるのは，アイルランドの西方に居座る高気圧が原因である．

英国付近のブロッキングが発生しなくなると，南北に蛇行する偏西風により，前線を伴う低気圧が英国をよく通過するようになるため，夏には涼しく湿った天候となり，冬には温暖な天候になる．

［John Stone／中村　尚訳］

■文　献

Barry, R. G. (1998) *Atmosphere, weather and climate* (7th edn). Routledge, London.

Young, M. V. (1994) Back to basics：depressions and anticyclones. *Weather*, September 1994, 306-11, and November 1994, 362-70.

航空磁気測量
aeromagnetic surveying

航空磁気測量は，大陸地域での複雑な地質構造をすばやく理解するための最も廉価に行える物理探査の方法の1つである．固定翼機，ヘリコプターの両方ともが，この探査には使用される．機体各部が及ぼす磁気の影響は，センサーの位置を調節して，それらができるかぎり打ち消しあうように注意深くバランスをとったり，「鳥」と呼ばれる（海上探査で

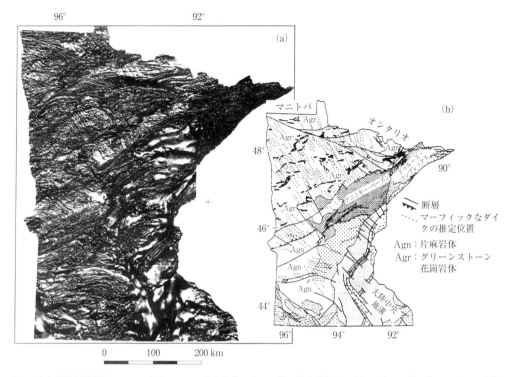

図1 (a) 飛行経路間隔400 m, 高度150 mで得られたミネソタ州の航空磁気図. (b) ミネソタ州の先カンブリア時代の岩体の地質図を単純化したもの. 地質構造区の範囲や, 構造の不連続 (たとえば北西走向のダイク) が, 航空磁気図のパターンから容易に読み取れる. (Chandler, V.およびミネソタ地質調査所提供)

呼ばれるところの「魚」) 非磁気区画の中にセンサーを設置し牽引したりすることにより, 最小限に抑えられる. 磁気探査についての一般的な様子は, 「地磁気測定: 技術と探査」の項目の最初の部分に議論されている.

この技術は, 第二次世界大戦中に米国海軍が, 潜水艦の捜索のための磁気探知機を開発したことにより発達した. 時間の経過とともに, 大陸の広い地域 (たとえば北米, ヨーロッパ, オーストラリア, 大部分のアジア, アフリカ, 南米地域) をカバーする大量のデータセットがまとめられている. GPSの登場により, 比較的簡単に位置が確定できるようになったため, 海洋地域での航空磁気探査も簡便になった.

大陸については, 飛行経路の間隔を狭め, かつ低空飛行で探査することによって, 得られる情報量を最大化しようとする傾向にある. このような高解像度の航空磁気探査は, 地質構造の単位や区分の境界をマッピングできるだけでなく (図1), 地表付近での断層帯や貫入岩に沿った地磁気の小さな変化さえもマッピングできるので, 地震の研究にも貢献している. 図1で用いられている仕様, もしくはそれより高い仕様による探査は, 多くの国々で, 天然資源のアセスメントや, 自然災害の評価, 環境管理などの目的で, それらに関連する異常をマッピングすることに使われている. [D. Ravat/大久保修平訳]

降 水
precipitation

降水, すなわち地面に降ってくる水は, 最も明瞭な天気の要素の1つである. 降水が起きればすぐにそれに気づくし, そのため降水の全継続時間は実際よりも長く感じられるかもしれない. しかし, 熱帯の最も多雨な地域や中緯度の海岸地域ですら, 降水日の日数と同じくらい, そして多くの場合, それより多くの無降水日がある. 実際, ほとんどの雲は降

水をもたらさない.

降水は雨や雪，みぞれなど，さまざまな形態をとる．また，その強さ（激しさ）も，雷雨や台風のときのような猛烈な豪雨から風上の海岸や丘でみられる弱い霧雨まで，幅広く変化しうる．また，にわか雨のようにすぐに通り過ぎることもあれば，長く続くこともあるし，また間欠的な場合もある．地表面の高さに出現した「雲」（すなわち霧や霞）がもたらす降水は，風によって運ばれた「雲」の水滴が建物や木などの障害物に当ったものである．降水のこうした一般的特徴を用いて，降水を分類することができる．また，こうした特徴は降水の形成過程を理解するうえでの重要な手がかりともなりうる．こうした過程についてはいまだ完全な理解にはいたっておらず，そのいずれの過程においても，雲を構成するごく小さな水滴や氷晶の集団からどのようにして地表に落下できるほどの大きさの雨粒がつくられるかという重大な物理的な問題が残されている．さらに，雲の下にある非飽和な空気中を，いかにして蒸発せずに地表まで到達できるのかという問題も残されている．

伝統的に降水量は英国標準形式に適合した雨量計を用いて計測される．通常，雨量計は毎日現地時間の午前 9 時ちょうどに 0.1 mm の目盛まで測られる．こうした記録は，多くの国では 19 世紀にまでさかのぼることができる．降水量をもっと短い時間間隔，たとえば 1 時間ごとに，自動的に計測できる雨量計もある．「もっともらしい」降水量の測定値を得るためには，雨量計は障害物を避けるよう十分な注意を払って設置されなければならないが，それでも誤差は避けられない．また，雨量計での計測値も，それを取り囲む広大な領域で測られるべき降水量のたった 1 つのサンプルにすぎない．降水は，空間的にも時間的にも小さなスケールで大きく変化する．雨量計を用いた計測しかできなかったため，最近まで降水量の観測は人の住む陸上に限られていたが，1980 年代から 1990 年代にかけてレーダーと衛星観測とを用いた降水量の遠隔計測に関する研究が急速に進歩した．現在では多くの国々がレーダー観測網を整備し，降水の発生や移動を 15 分間隔で精度よく推定できるようになった．また最新の衛星観測技術により，地球表面の 2/3 を占める海洋上でも降水量を精度よく推定できるようになった．

熱帯，そして暖候期の温帯地域では，下層の降水のほとんどが，地表に到達した際に液体の形態をとる．つまり，雨または霧雨である．両者のおもな違いはその大きさである．霧雨中の水滴はそのほとんどが直径 0.5 mm 未満と小さいが，雨粒の方は直径 0.5 mm 以上の大きさである．（英国では）時間降水量が 4.0 mm（4.0 mm h^{-1}）以上の強さの雨は強雨であり，0.5 mm h^{-1} 以下の強度なら小雨である．強度がこれら両極端の間に位置すれば弱雨である．シャワーのように降る雨の場合は，その「短期間のうちに激しく降る」性質のため，強さを表すのに上記とは異なる基準が用いられる（英国）．すなわち，強度が 50 mm h^{-1} を超える場合は「激しい」，10〜50 mm h^{-1} なら「強い」，2〜10 mm h^{-1} の場合は「中程度」，2 mm h^{-1} 未満なら「弱い」といった具合である．霧雨の強さの定義はより描写的である．つまり，「濃い」霧雨は「明らかに視界を悪くし，時間降水量が 1 mm までのもの」で，「中程度」の霧雨は「窓や道路の表面に水の流れをつくり」，「弱い」霧雨は「すぐ顔で感じることができるがほとんど水の流れは生じない」．

標高の高い場所や高緯度，また温帯でも寒候期には，降水が固体の形態をとることの方が多い．このような降水はたいていの場合は雪であるが，個々の降水粒子の大きさや構造によってさまざまな呼び名がある．よく知られているように，雪片は氷の結晶（氷晶）の緩い集合体であり，その多くは枝をもった 6 角形である．このほか，球形の雪あられや凍雨，霧雪，氷あられ，細氷などもある．雪と氷の違いは，雪片はつねに不透明である点である．雪の積もり方の強さは雨よりも 10 倍ほど大きい．つまり，10 cm 積もった新雪は 10 mm の降雨量に相当する．ときには，雪として降ってきたものが地表に到達するまでに部分的に融けたり，あるいは雨と雪が同時に降って「みぞれ」となったりもする．

固体の形態で降ってくる降水のうち，もう 1 つの重要な種類は雹である．雹の形成は，積乱雲のなかで起こる特有の一連の過程を通じてなされる．その過程のなかには，かなりの高さまで激しく上昇する暖かい空気塊や冷たく強い下降気流があり，これらはときに雷や竜巻を伴っている．雹粒の断面を見ると，不透明な輪と透明な輪が交互に重なって層をなしていることがわかる．不透明な層は，雲のなかで

急速に凍結が起こる部分を粒子が通過し，気泡が取り込まれたことを意味する．一方，透明な層は凍結がゆっくりと起こり気泡が逃げ出せたときに形成されたものである．これら透明層と不透明層の組合せは，暖かい空気塊の上に乗って高い高度までいったん急速にもち上げられた雹粒が，同程度に強い下降気流によって一気に下層に運ばれるという，一連の鉛直運動が雲のなかで繰り返されたことを意味している．凍結は雲の上層では非常に速く，下層ではそれよりずっと遅い．

　降水が生じるのは顕著で持続的な上昇気流を伴う雲の中においてである．このような状況下では雲は十分に厚くなり，降水を引き起こすようなさまざまな過程のうち1つ以上が起こるようになる．上昇気流のメカニズムのうち局所的なものは，にわか雨や雷雨をもたらす積雲や積乱雲のなかに存在する．これらの上昇気流は，空気塊が丘や山脈を越える際や，海風前線のように局所的に発達した収束域で強制的にもち上げられたりして引き起こされる．上昇流を引き起こす大規模な過程としては，熱帯低気圧や前線を伴った温帯低気圧のような気象擾乱によるものがある．こうした総観規模の気象擾乱のなかでも局所的な上昇気流が発達できる．

　このため世界中で降水がとくに卓越して起こる場所は，両半球の偏西風帯にある総観規模の気象擾乱が発達し頻繁に通過する地域［訳注：ストームトラック］や，熱帯低気圧が発生する地域，日中に持続的に地表面が加熱され激しく上昇する暖かい空気塊（サーマル）が発生する地域，それに高地の風上側斜面などである．こうした過程は通常季節的な変動や日変化も大きい．たとえば，雷雨や夕立のような降水がよく起こるのは，1日のうちでは午後から夕方にかけてであり，また中緯度では夏の季節に，熱帯では湿度の高い地域においてである．一方，大規模な温帯低気圧の発生は冬の半年間に多いが，熱帯低気圧は最も暑い季節に活発になる．

　これらの気象擾乱は，さまざまな時空間規模の降水を効率よく生み出している．しかしながら，より一般的には，雲のなかで降水を生み出すために，複数の条件が満たすべき枠はかなり限定されている．雲粒としての水滴や氷晶の密度は非常に薄く，またそれぞれの大きさはとても小さい．そのため，2つの隣り合った雲粒の間には，それらの容積よりも

ずっと大きな「間隙」が存在しているのであって，それは降水形成の可能性に重要な影響を及ぼす．まず，これほどの隙間があれば，雲粒どうしの衝突は起きにくくなる．また，これらはあまりに小さいため，多くは重力落下するよりも上昇気流によって上にもち上げられやすい．そのうえ，たとえ雲底から落下したとしても，その下に広がる不飽和の大気中では急速に蒸発してしまうであろう．だから，雲粒の大きさ（したがって，その質量）を有意に増大させる何らかの過程が必要なのである．

　降水に関する初期の理論では，雲が発達して体積的に大きくなると，それにつれて雲粒も成長し，そのうちのいくつかが降水として落下できるほどの大きさにまで達するものとされていた．球形の雲粒は，その半径のちょっとした増大が表面積の急激な増大をもたらす．表面積が増大すると，たとえ周囲に水蒸気が豊富に存在していた影響で，初期の凝結やその後の雲粒の成長が助長されていたとしても，雲粒への補給されるべき水蒸気が急速に消費されてしまう．小さな雲粒の成長速度は速いかもしれないが，大きな雲粒が雨粒ほどの大きさにまで成長するには，この理論では数日間かかることになる．これは，個々の雲の寿命よりも長い．

　雲粒が十分に成長してしっかりと降水をもたらすにいたるまでの基本的な過程には2つある．その1つは雲粒どうしの衝突を引き起こすもので，雲粒どうしで水平・鉛直方向（とくに後者）の運動速度に大きな差があり，雲粒の質量（すなわち大きさ）の違いによって下降・上昇速度が異なっていることに起因するものである．静止大気においては，小さな水滴や氷晶の重力落下は大変ゆっくりである．はじめのうちはその落下速度は加速度的に増大するだろうが，すぐに周囲の空気による抵抗が重力加速度と釣り合って，ある一定の終端速度に落ち着いてしまう．雲粒が大きいほど終端速度に達するまでの時間は長く，また終端速度自体も大きくなる．たとえば，半径 0.05 mm の水滴の終端速度は 0.25 m s^{-1} であるが，半径が 0.001 mm ならわずか 0.0001 m s^{-1} にしかならない．しかし，半径 2.5 mm の雨粒なら 9.1 m s^{-1} にもなる．また，小さな雲粒は大きなものよりも上昇気流で簡単にもち上げられるが，大きな粒子は小さな粒子よりすばやく地表まで落下する．こうして，下降する大きな粒子が小さな粒子

を一掃し，上昇する小さな粒子とも衝突するようにもなって，粒子間の衝突がかなり起きやすくなる．こうした液体粒子どうしの衝突は併合と呼ばれ，固体粒子どうしの衝突も併合と呼ばれる．一方，液体粒子と固体粒子の間の衝突は付着と呼ばれている．

雲のなかで降水を生み出すもう1つの過程は，1930年代に独立にこの理論を提唱した2人の気象学者の名前から「ベルシェロン-フィンダイセン過程」と呼ばれている．この過程の本質は，温度が0～-40℃の範囲なら，液相の雲粒と固相の雲粒の両方が同時に存在できることにある．温度0℃以上ではすべての雲粒は液相であり，温度-40℃以下ならすべて固相である．気温が氷点下となると，液相の（つまり過冷却の）水滴の数が減ってくる．-10℃と-30℃の間では通常，固相の雲粒と過冷却水滴とが混ざりあっている．多くの雲，とくに対流性の雲のように鉛直方向に厚い雲のなかには，気温がこの範囲にある厚い層が存在する．たとえば，雷雲では上層の気温は-40℃以下であるが，雲底近くの気温はしばしば0℃以上である．周囲に過冷却水滴が豊富にある場合，その水滴を糧として氷晶は成長していく．なぜなら，空気が氷に対して飽和していても，水に対しては不飽和だからである．まず，過冷却水滴から水が蒸発して，その大きさが縮小する．このとき，氷晶の周りの空気は過飽和であるから，氷晶の表面にその水蒸気が氷として凝結して氷晶が成長する．すると，水滴の周りの空気は再び不飽和となり，上と同じ過程が繰り返されて，過冷却水滴を糧として氷粒がかなりの大きさにまで成長できるのである．

通常，雲のなかでは，衝突過程，ベルシェロン-フィンダイセン過程のどちらでも起こりうるが，「暖かい雲（気温がどこでも0℃以上の雲）」では，水滴同士の併合成長しか起こらない．ただし，暖かい雲は熱帯以外では薄いため，降水が起きたとしても小雨か霧雨しか降らない．対照的に，「冷たい雲」のなかではいずれの過程も起こりうる．上端で気温-40℃以下，下層で0℃以上であるような積乱雲のなかでは，激しい鉛直運動により氷晶がそのなかを何回でも繰り返し循環できるため，あるときは衝突により，またあるときは付着や併合により氷晶が成長を続け，かなりの大きさの雹がつくられることがしばしばある．また，雲の上部からその下の気温の

高い部分へと氷晶が次々と落下し，それらが「種」となって成長する．同時に，新しい水滴が雲の上部へともち上げられ，ベルシェロン-フィンダイセン過程による雲粒の成長が持続する．

[Graham Sumner／中村　尚訳]

■文 献

Meteorological Office (1972) *Observers' handbook*. HMSO Publications, London.

Sumner, G. (1988) *Precipitation：process and analysis*, John Wiley and Sons, Chichester.

洪　水
floods

洪水とは，物理的には，河川の水位が上昇して自然堤防または人工の堤防を越えるもの，および海岸においては海水位が通常の水位を越えるもの，または沿岸の堤防を越えるものとして定義される．しかし，このような現象が人命に関わったり，建造物に被害をもたらさない限り，自然災害として扱われることは少ない．

洪水の原因は多岐に富んでいる．図1では，河川の洪水と海岸の洪水に分類した．河川の洪水は，気象災害，地震災害，または河川管理などの技術的欠陥に伴って発生する．多くの研究者は，森林の伐採が，とくにヒマラヤの広い地域の森林伐採が，近年の洪水増加の原因であると考えている．洪水の被害は，都市化（下巻「水文学的循環」参照）や堤防建設によって悪化している．都市域に洪水が多いのは，(1) 道路が舗装されているので，水が染みこまない，(2) 道路が平らなので，水がよく流れる，(3) 河川に設けられた橋脚やその他の建造物が川幅を狭め，水位を増加させる，(4) 都市の拡大に排水施設が追いつかず，水位が最大になると処理できなくなってしまう，というような理由が考えられる．英国だけでも，毎年3000件の下水事故が報告されている．その多くは，下水施設の排水溝から水があふれ出してしまうためである．

多くの研究者は，洪水対策のための堤防が河川周辺の低地に住む住民に間違った安全感を与えている

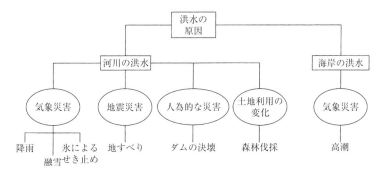

図1 洪水の原因と関連する要因（豪雨が洪水をもたらす最大の原因である）．(Smith (1992) より）

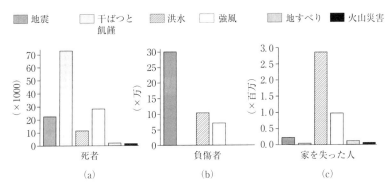

図2 自然災害による (a) 死者，(b) 負傷者，(c) 家を失った人．1968～92年の25年間の人数を示した．（世界災害レポート (1994) より）

のではないか，と考えている．自然の状態であれば，氾濫原が洪水のエネルギーを減少させ，洪水のピークを小さくする．ところが，堤防の建設によって，この効果が抑制され，洪水の危険性が下流側に先伸ばしされるのである．もしも，上流側に堤防を建設してしまうと，下流側にも建設せざるを得なくなってしまう．この劇的な例を中国黄河の平野部にある済南付近に見ることができる．この付近の堤防建設は50年間続けられているが，それは，堆積作用が大きくて浚渫作業が追いつかないからである．現在の河川は平野よりも6～10m高い位置にある．このような状態で堤防が決壊すれば，水は河に戻ることができないので，洪水の規模は劇的に増加することが予想される．この問題は，1993年にミシシッピ川の洪水でも示された．

洪水は，世界のどこでも発生する自然災害である．図2は，洪水による被害を地震，干ばつ，強風，地すべり，火山災害による被害と比較したものである．1968年～92年の25年間では，強風災害（1494件）について，発生件数が多い（1302件）．しかし，死者の数は，地震，干ばつ，飢餓のほうが多い．しかし，ほかの自然災害に比べて，怪我をしたり，家を失う人の数が多い．多くの場合，災害の起こる地域は，ほかの自然災害に比べて狭い範囲に限定される．たとえば，イングランド，ウェールズ地方，オーストラリアでは，氾濫域に住む人々は，全人口の2%以下である．しかし，米国では，人口の10%以上の人々が洪水の危険性に曝されている．とくにミシシッピ川の流域に多い．世界中の多くの地域では，洪水の範囲は広くないが，1988年にバングラデシュで発生した洪水は国土の50%を1mの深さまで浸水させ，この洪水だけで1500名に近い死者が出た．

洪水の社会的インパクトや洪水の結果を図2に示すような数値で一般化して表すことは可能である．しかし，洪水には，数値で表せない問題点もある．洪水の危険性が大きい地域とそうでない地域がある．危険性の大きな場所としては，よく氾濫する川や河口の低地に存在する人口密集地帯，鉄砲水が発生しやすい小さな盆地，構造が不安定なダムの下流地域，低地の内陸部に入り込んだ海岸，沖積三角州

の周辺などが考えられる．一般的に，洪水は他の自然災害とは性質を異にしている（「干ばつ」参照）．例外はあるが，普通，洪水の生じる場所は限定されており，持続時間も短い．数日から数週間で終わる．避難する人々も特定の地域に限定されている．しかし，家屋への浸水，通信の断絶，電力供給の停止など，深刻な事態が生じる．1988年から1992年までの5年間に世界全体で発生した洪水被害は，85億米ドルを超えた．被害は洪水の水深に比例するだけでなく，流速や河川水が運ぶ泥の量にもよる．川の流れが速く，運ばれる土砂の量が多いほど，被害が大きくなる．

　洪水対策の予算が世界中で増加しているにもかかわらず，洪水被害は増加している．このことは，物価上昇を考慮してもいえる事実である．その原因は2つ考えられる．1つは，気候変動である．東オーストラリアでは，1945年以後の被害がそれ以前の数百年間の被害に比べて増加していることを示す証拠がある．もう1つは，この理由のほうが多くの人々に受け入れられているのであるが，氾濫原が広がっているために，そこに住む人口も増加しているということである．

　最近の水理学の立場からみると，洪水対策は3つの段階に分類できる．すなわち，第1期は1930年代から1960年代，第2期は1960年代から1980年代，第3期は1980年以後である．第1期は「技術の時代」ともいうべきもので，貯水池の建設，堤防の建設，水路の改良（幅を広げたり，強度を強くするなど）の技術による解決が中心であった．第2期は「総合的洪水管理の時代」ともいうべきもので，技術的な側面だけでなく，社会的側面も含めて，被害軽減を総合的に考える段階である．社会的側面とは，①レーダ，降雨や水位のテレメトリー，洪水予報の数値モデルなどを用いて，改良された警報を発令すること，②洪水氾濫原を考慮に入れた土地利用計画，③政府，地方自治体の洪水対策費を補うための保険の比率を大きくすること，を意味する．しかし，これらの対策は，期待したほど成功しなかった．多くの場合，民間で洪水対策を行うことよりも政府に頼りすぎたからである．

　第3期は，「洪水後の被害軽減の時代」ともいうべきもので，将来の洪水に備えて，洪水が起こったのちに対策を行うことである．そのよい例は，1980年代の「兵士の森（Soldiers Grove）」に関する経済的な研究であろう．「兵士の森」とは，ウィスコンシン州南西部のキカプー川の近くにある小さな入植地である．この入植地は，1970年代に発生した一連の洪水でひどい被害が出た．そこで，2つの洪水後の対策が考えられた．川に直結した洪水対策のための貯水池の建設と洪水氾濫原にある市街地の住民の移転である．この2つの対策にかかった経費はほとんど同じであった．また，市街地の住民の移転から，洪水対策以外の余得が生まれた．

　これらの洪水対策は人口の少ない都市部では効果を上げるが，陸域の少なからず広い面積が洪水で水没するような国では多くの対策がうまくいかないことは驚くにあたらないだろう．開発途上国では，災害援助が被害を少なくするための本質的な因子である．ここで災害援助とは，技術的な援助と被害に対する援助を意味する．バングラデシュの1988年の洪水以降，国連開発計画は，海外の専門家による一連の研究をはじめた．その研究結果は，バングラデシュの主要な河川に堤防を建設することが重要であることを指摘した．しかし，それにかかる経費は60億米ドルであり，さらに年間経費として6億米ドルが必要である．この経費だけでも，このような対策は現実的でない．実際は，さらに，通常の季節によって発生するモンスーン洪水から利益を得る漁師やジュートの農家の補償を考慮することが必要になる．また，堤防を建設したとしても，非常に大規模な洪水を防ぐことはできないから，そのような場合に被害が拡大する恐れがある．

　社会学者は，その社会の社会経済システムによって生じる社会の脆弱性にしたがって，洪水被害がさまざまなインパクトを与えると考えている．私有財産制の程度，生産手段，洪水対策に対する個人の力などを決めている社会階級や社会の構造と関連しているのである．図3は，洪水被害が潜在的な大災害を発生させる主要な因子をまとめたものである．干ばつと似て，開発途上国における洪水に対する脆弱性は，社会の基盤がしっかりしているかどうかによる．基盤がしっかりしていないと，ホームレス，女性，子供が最も大きなリスクを受けることになる．

[Ian D. Foster/木村龍治訳]

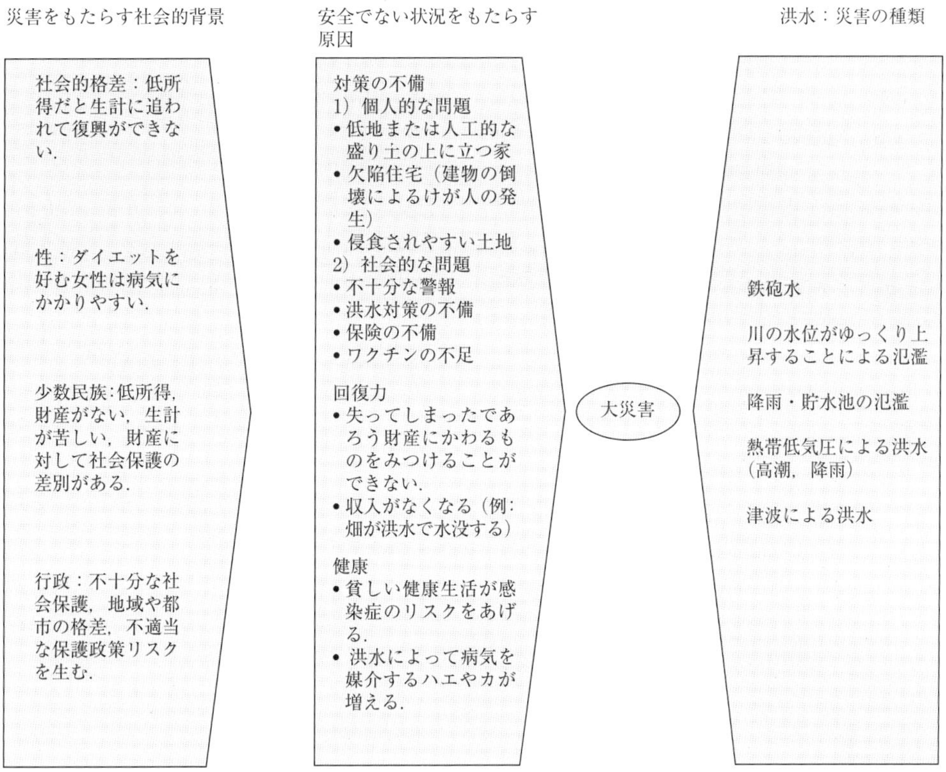

災害をもたらす社会的背景　　　　安全でない状況をもたらす　　　　　　　　　　　　洪水：災害の種類
　　　　　　　　　　　　　　　　原因

社会的格差：低所得だと生計に追われて復興ができない.	対策の不備 1）個人的な問題 • 低地または人工的な盛り土の上に立つ家 • 欠陥住宅（建物の倒壊によるけが人の発生） • 侵食されやすい土地 2）社会的な問題 • 不十分な警報 • 洪水対策の不備 • 保険の不備 • ワクチンの不足	
性：ダイエットを好む女性は病気にかかりやすい.		鉄砲水 川の水位がゆっくり上昇することによる氾濫 降雨・貯水池の氾濫 熱帯低気圧による洪水（高潮，降雨） 津波による洪水
少数民族：低所得，財産がない，生計が苦しい，財産に対して社会保護の差別がある.	回復力 • 失ってしまったであろう財産にかわるものをみつけることができない. • 収入がなくなる（例：畑が洪水で水没する）	
行政：不十分な社会保護，地域や都市の格差，不適当な保護政策リスクを生む.	健康 • 貧しい健康生活が感染症のリスクをあげる. • 洪水によって病気を媒介するハエやカが増える.	

大災害

図3 洪水による被害を大きくする要因.（Blakie ほか（1994）より）

■文　献

Blakie, P., Cannon, T., Davis, I., and Wisner, B. (1994) *At risk : natural hazards, people's vulnerability, and disasters.* Routledge, London.

Burton, I., Kates, R. W., and White, F. G. (1993) *The environment as hazard.* Guildford Press, New York.

Penning-Rowsell, E. C., Parker, D. J., and Harding, D. M. (1986) *Floods and drainage. British Policies for hazard reduction, agricultural improvement and wetland conservation.* Allen and Unwin, London.

Smith, K (1992) *Environmental Hazards.* Routledge, London.

World Disasters Report (1994) International Federation of Red Cross and Red Crescent Societies, Geneva, Switzerland.

合成開口レーダー（SAR）
synthetic aperture radar（SAR）

　一般的なレーダーでは，電波パルスを送信してから，遠方の物体から反射のエコーが戻ってくるまでの時間を精密に測定している．この方法では，非常に正確に距離の測定ができるが，方位についての角分解能には，アンテナの物理的なサイズ（開口径）による限界がある．合成開口レーダー（SAR）では，この限界を克服するために，いくつかの固定された小さなアンテナで受信したエコーを組み合わせたり，1個の移動アンテナで受信したエコー信号群を組み合わせたりして，実効的に大口径のアンテナによる観測を実現している．後者の方法では，飛行機や人工衛星のような小さなプラットフォームに載せて，詳細なイメージングツールとしてのSARの利用が可能となる．アンテナが軌道に沿って進行するのに従って返してくる，何組かのセットのエコーに，画像中のそれぞれの画素が依存するので，それらを適宜組み合わせないと，画像は再構成できない．再構成の方法は，ドップラー効果によって決まってくる．すなわち，プラットフォームの進行方向前方からのエコーがより高周波数側にシフトするのに対して，後方にある物体から返ってくる信号は，より低周波数側にシフトする．マイクロ波を用いるSARでは，地表面が雲によって遮られても影響をほとんど受けないし，太陽光によって地表が照らさ

れていなくても画像が得られるので，SAR の機器は，いくつかの人工衛星システム（ERS-1, ERS-2, RADARSAT, スペースシャトル，いまはもう運用されていない SEASAT や JERS-1）に搭載されてきた．可視光の帯域では濃密な大気のために，表面が見えない金星の表面をマッピングするために，SAR はマゼランミッションでも採用された．

さらに SAR を発展させた，干渉 SAR（InSAR）という技術がある．SAR 画像には，それぞれの画素からの返ってくるレーダー信号の振幅と位相についての情報が含まれている．もしある地域の2つのイメージを同じ SAR システムで撮れたとしたら，画素の位相差はそこでの地面の変動に応じた量になる．正確に同じ軌道を通過しないと，一種の実体視効果が生じて，地表面の標高に依存した影響が位相変化に含まれてくる．撮影地域で地殻変動がないとわかっている場合や，2枚の画像の撮影時期が同じならば，この効果を用いて，広い範囲の数値標高モデル（DEM）を作成することができる．もし標高の影響を補正するのに十分な正確な標高がわかっていれば，レーダーパルスの波長より短いスケールの地殻変動を検出することができる．ERS-1 と ERS-2 のケースについていえば，レーダー波長が 56 mm であるから，数 mm の分解能で変動を検出することができる．このレベルの感度があるので，InSAR は，地すべり，氷床の変動，地震，火山噴火による変動を容易に観測できる手法となっている．感度は，季節や天候の影響によって制約を受ける．つまり，レーダーのエコーは，陸水の動きや植生の成長に影響され，程度はやや低いものの大気の変動によっても影響を受ける．最適な条件下（砂漠）では，InSAR は，地震時や地震後の断層の運動に伴う，より小さな変形のシグナルをモニターすることも可能だろう． [Peter Clarke/大久保修平訳]

■文　献

Curlander, J.C. and McDonough, R.N. (1991) *Synthetic aperture radar : systems and signal processing*. Wiley Interscience, New York.

合成地震記象
synthetic seismograms

多くの地震学的応用で，地震学者は，観測地震波の走時だけを利用した計算から地下情報を導き出すことに甘んじてしまう．実際，多くの場合この方法で十分であり，比較的単純な計算で済む．しかし，この方法は，地震波が地球内部を伝播する過程で遭遇する物質や構造との相互作用を十分に考慮していない．この相互作用によって地震波の振幅および波形は変化する．したがって相互作用を理解すれば，単純な走時計算よりも，地球についてはるかに多くのことを明らかにすることができるのである．この相互作用の解釈には，地球がその内部を伝播する地震波に及ぼす効果をモデル化するために複雑な理論的扱いをしなければならない．この理論的扱いの主たる目的の1つは，地球上あるいは地球内部の特定の場所における特定の地震源に対する理論応答を計算することである．この理論応答は合成地震記象として示され，合成地震記象は観測データと比較される．したがって，この方法では，計算に用いられる地球モデルを，合成地震記象と観測地震記録とが一致するまで改良することになる．

合成地震記象を得るために使われる地震波伝播の理論的扱いは，この複雑な問題を2つの基本的な方法で扱う．1つは，波線理論（「地震波線理論」参照）を採用することによる方法である．波線理論は，特定の場所で記録された地震波実体波（「地震波実体波」参照）を波群として扱う有用な近似法に基づいている．波群の伝播経路は地球内部全域にわたり追跡可能で，もし地球の複雑さについていくつかの制限を課すなら，地震波が伝播する物質との相互作用も計算可能である．地球の与えられた数学的モデルに対して，波線理論は，特定の実体波に対する走時の非常に正確な値を与えることができる．しかし，波群に対して計算された振幅と波形は近似的なものにすぎない．複雑な地球モデルに対する計算でさえ，最近のコンピュータを使えばかなり直接的に解を求めることが可能なので，この方法は合成地震記象を計算するのに普通に使われている．

もう1つの理論的方法は，合成地震記象の計算に

最適で, 波動論(「地震波理論」参照)と呼ばれている. 古典物理学の波動方程式は, 少なくともいくぶん単純化された形で導かれており, 正確解ないし数値解が求められる. この方法の利点は, 震源から放射される全波動場が考慮されることである. しかし, 計算は非常に複雑で, 正確な数学解は単純な地球モデルに対してのみ導かれうる. たとえば, 反射率法は普通に採用され, 数学的にエレガントな方法であるが, この方法では, 水平層構造をもつ地球の特殊な場合に対してのみ, 完全な波動論的地震記象が得られる. もっと複雑な地球構造に対しては, 特定の応用のために多くの理論的便法が開発されたが, このような単純化された便法をもってしても, しかも最速コンピュータを使ってさえも, 計算には多大な時間を必要とする. 真に複雑な地球構造に対しては, 差分法のような数値計算法を採用しなければならず, このような計算は極端にコンピュータを駆使する必要がある. このようなわけで, 波動論的合成記象は主として大学の基礎研究者によって使われ, 応用分野では余分な経費がかかっても正当化されるような場合に限定される. [G. R. Keller/大中康誉訳]

古海洋学
palaeoceanography

古海洋学とは, 地質学的な海洋の変遷を研究する研究分野である. 地球の表面のほぼ71% は水で覆われており, 海と陸の両方において, この惑星の環境システムに海が及ぼす影響が甚大であることは明白である. それゆえ, 昔の海洋の状態を知ることは, 地球の進化, 気候, 生物相を理解するために必須である. 海の堆積物に記録されたさまざまな地球化学的・堆積学的なデータを読みとり, 過去の海の状態を再現するモデルをつくる. たとえば, 海水の循環のパターン, 海水の化学的性質, 生物の活動などである.

古海洋学におけるおもな研究テーマは, ①海洋が大気中の二酸化炭素濃度へ与える影響, ②海洋表層の海流と深層循環などによる海水中の熱の移動, ③海に残された記録と陸に残された記録との関係など

である.

古海洋学の記録には2つの大きい問題がある.

① プレートの沈み込みによって海洋地殻が除去されるので, 海底に古第三紀より古い物質はほとんど残っていない. それより古い深海堆積物は, たとえばヒマラヤ山塊の隆起によって大陸地殻に取り込まれて保存されている.

② 生物撹乱(生物によって堆積物が混合されること)により短周期の変動は除去されてしまう. 堆積物の多い地域では, 詳しい古海洋学的記録が得られる. ペルーや西アフリカ沖の湧昇域のような, 生産性の高い海域は, その好例である.

[Stephen King/木村龍治訳]

古気候学
palaeoclimatology

古気候学とは, 測器を用いた測定が行われる以前の時代における, 空間・時間的な過去の気候とその変動についての研究である. 過去の気候について, 純粋に裏づけするということに関する古気候学の目的は, 観測された過去の変化をもたらしたメカニズムを解明するということである. これは, 代替物(proxy)による気候変動の記録の収集と, それらが生じた時間スケールを定めることが必要となってくる. 代替物のデータ源には, ほかの地理的な痕跡や安定同位体のデータだけでなく, さまざまなものがある. 生物学的(たとえば年輪気候学, 花粉, 植物や動物の化石), 陸地の現象(氷核, 氷河・周氷河の堆積物や地形, 風系堆積物, 湖の堆積物, 洞窟生成物(洞窟内で見つかる化学沈殿物), 土壌学のしるしなど), 海に関するもの(植物や動物の多さや形態学, 鉱物組成, 塵や氷河の岩屑の累積, 地球科学的なデータ)などである. 維持されてきた気候の記録は, しばしば複雑であったり, 不完全であったり, 気候の影響からではない異質の大きな「ノイズ」を表すこともある. しかしながら, 古気候学的な記録は, 氷河期から間氷期状態への大きな変化を示し, なかには気候モード間の急激な変化を示す例もある.

現在のところ，過去250万年間の氷期-間氷期の気候変動を説明する方法として，最も重要な全球規模のメカニズムは，氷期のクロル-ミランコビッチ定理において包括される．この定理は，気候変動を，10万年，4万2000年，1万9000～2万3000年の間隔で生じる，太陽の周りを回る地球の軌道の周期的変動と関連づけるものである．

[Stephen Stokes/田中　博訳]

古気候学における変換関数
transfer functions in palaeoclimatology

第四紀の古気候を復元する方法として，変換関数がしばしば用いられる．変換関数とは，生物学的または化学的な多種・多様な変数と物理的なパラメーター（多くは，気温のように，環境変動に敏感な環境因子）を多変量解析で関連づけることを意味する．この関数を地質学的な過去のデータに適用することにより，過去の物理的パラメーターを定量的に推定することができる．変換関数は，動物や植物の種類や量を基に構築されてきた．それゆえ，陸上生物や海洋生物と気候との相互作用の研究に役立つ．また，グローバルな古気候の復元にも役立つ．

変換関数の原理は，生物の存在が，生態学的な要因や環境要因の特定の組合せに適用しているという事実に立脚している．その結果，生物群集の分布や種類が，物理的な環境のある範囲と関連づけられるのである．しかし，その関連が正しいかどうかは，次の条件が成り立つ場合に限られる．すなわち，(i)生物の分布が，推測された環境変数と密接に関係していること，(ii)現在の校正用データセットが，正確な生物の種-気候関係を表していること，(iii)いろいろな生物に対する環境条件が，着目する期間の間に変化しないこと．

変換関数は，定性的，半定量的，定量的データに基づいて計算されるが，より正確な多変量統計解析には，定量的なデータほど適している．また，1種類の生物の分布よりは，いろいろな種類の生物群集に関するデータの方が，個々の種類の生態系に対する応答に影響する因子の複雑性を説明することがで

きる．それゆえ，変換関数の精度が向上するわけである．

インブリ-キップ（Imbrie-Kipp）変換関数はよく使われる関数で，CLIMAPプロジェクトのなかで，プランクトンの微化石から海面水温の過去の変動を計算するのに用いられた．変換関数は2つのステップで計算される．すなわち，(i)深海堆積物のコアの最上層（現代に近い時代）に含まれる微化石の個々の種類（有孔虫，円石藻，放散虫など）の存在量の因子分析によって，生態学的な分類を行う．(ii)現代の海面水温とプランクトン集団との間の回帰分析を行い，温度関数を作成したうえで，過去のプランクトンデータに温度関数を当てはめる．

変換関数を求める方法は，このほかにもいろいろな種類が存在する．たとえば，過去のデータと現代の校正データとの差を見積るために，相似係数（たとえば，ユークリッド距離の2乗）を使う方法がある．過去の環境は，それに最も近い現在の気候値を使うか，または，重みをつけて推定する．共通気候レンジ法による変換関数では，相似係数を用いることは同じであるが，それが，データの定性的な存在・非存在に基づいている点が異なっている．

[Mark R. Chapman/木村龍治訳]

古気候と磁場
palaeoclimate and magnetism

堆積物中の岩石磁気変化によって，古気候と古環境変化に関する連続で間接的な記録が得られる．磁化率はそういった記録を調べる理想的な道具になっている．なぜなら，磁化率は磁性粒子の含有量，鉱物種そして結晶粒子サイズを反映しているからである．磁化率と古気候変動との関係が推論できるなら，磁化率を用いて堆積岩に残された古気候シグナルを復元できる．

堆積環境内で堆積する磁性鉱物の組成は，おもに堆積盆に流れ込む小川や河川などの上流域に分布する岩石の化学組成に依存している．しかし，磁性鉱物の含有量は河川系の水文学的な環境に支配されている．乾燥期には，水の流れは不活発になり，酸化

や水和反応の時期となる．湿潤期には，河川の速い流れによって，未成熟な岩屑が堆積環境に運搬される．その結果，堆積物中の磁性鉱物の組成と含有量は気候の時間変化に対応して変動する．連続する期間では，磁性鉱物含有量の多寡を示す堆積層の繰り返しが特徴として現れるようになる．同様に，深海底堆積物中の磁性鉱物の含有量変化もまた気候変化の記録を残していると考えられる．しかし，深海堆積物はきわめてゆっくりと積み重なっていくので，より低い解像度となるが，長期間の記録が保存されていることになる．そういった環境では，堆積する磁性鉱物の含有量は十分に変化しないようである．よって，一般に観測される磁化率変化は炭酸塩のような岩屑起源ではない（非磁性で生物起源の）物質の堆積速度変化を反映している．その結果，炭酸塩堆積が強められる温暖期には，堆積する岩屑粒子（すなわち磁性粒子）の割合が薄められる．

それでもやはり，いろんな原因で堆積物中の磁性鉱物量は変化する．これらには外来（外部から）の流入物（陸源，風成，火山性，宇宙起源，またはバクテリア起源の物質）も含まれる．たとえば，バクテリア起源物質もしくは無機的な磁性鉱物の沈積や磁性鉱物保存にかかわる続成過程（たとえば膠結）の効果などがある．そのため，堆積物中に含まれる磁性集合物の起源を決定することが重要になる．火山起源のマグネタイト粒子は典型的には粗い粒子（$1\,\mu m$ 以上）で，普通チタンのような，結晶格子中で置き換え可能な陽イオンを含んでいる．それらはほかの鉱物粒子間に細長い包有物として産する．磁気バクテリアによって生成されるバクテリア起源マグネタイトは超細粒（$0.1\,\mu m$ 以下），等方的で，ほかの陽イオンを含まない．

磁気と古気候との関連の証拠は氷河期に堆積したレス（風成堆積物）によって与えられる．レスの断面は磁化率の特徴的変化を示し，酸素同位体変化と密接に関連している．このことは磁化率変化が気候によって制御されていることを示している．一般には，初生的なレス層は低い磁化率をもっていて，間に挟まれた粘土質の古土壌（化石土壌）の層は高い磁化率をもっている．磁化率シグナルは大気中を遠い場所から運ばれてきた超細粒のマグネタイトの堆積によってもたらされていると元来信じられてきた．数千年間維持されてきた一定の大気流入率を仮

定すると，寒く乾燥した期間（氷期）には低い磁化率の風成シルトが大量に運搬され堆積するために，マグネタイト含有量が薄められると予想される．暖かく湿潤な間氷期には風で運ばれるシルトの堆積割合は小さく，中心的な磁気成分は超細粒の磁性を示す塵がもたらす．その結果，相対的に高いマグネタイト含有量となったと考えられてきた．しかし，もっと最近の研究では，堆積物の磁性鉱物学的な調査と光学もしくは電子顕微鏡分析を総合して，土壌の高い磁化率は土壌生成中に土壌中で超細粒マグネタイトが自生した結果であることが示されている．土壌内でのマグネタイト生成率とその保存は土壌の温度と湿度に依存している．それゆえ，レス／古土壌の磁気的性質が気候変化に対してどのように応答してきたか明らかにできる．

古地磁気学はまた，岩石が生成した古緯度の計算を可能にし，それに基づいて古気候を決定する間接的な方法を提供している．地球磁場は地球中心におかれた双極子磁場と同様の効果を示すので，磁気伏角と磁極からの角距離（余緯度，つまり $90°$ − 緯度）との間には直接的な関係が存在する．すなわち（余緯度を緯度に変換して），

$$\tan（伏角）＝2\tan（緯度）$$

という関係になる．岩石が生成時に地球磁場の伏角を記録するなら，この式から岩石が生成した緯度を決定できる（図1）．岩石の古地磁気から決められる古緯度と岩石のでき方との関係は古気候を判断する手段となる．広い範囲に存在する地質物質はその範囲の古気候を評価するのに用いられる（図2）．こういった古気候を示す要素のどれをとっても，地球の軸地心双極子磁場の真の軸対称性を定義する場合ほど十分に正確ではないけれども，このモデル（軸対称の地心双極子磁場モデル）を含め，すべての情報で認められる一致は古地磁気データが特殊な岩石種では古気候状態を推定するのに有効であることを示している．　　　　[**Paul Montgomery**/森永速男訳]

■文　献

Thompson, R., and Oldfield, F. (1986) *Environmental magnetism*. Allen and Unwin, London.

Tarling, D. H. (1983) *Palaeomagnetism*. Chapman and Hall, London.

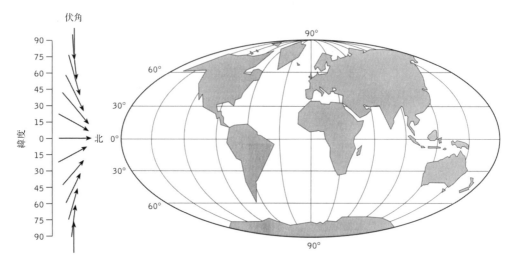

図1 地球磁場の伏角と緯度の関係.

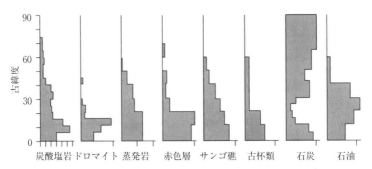

図2 古緯度と古気候情報の関係.（Tarling（1983）より）
［訳注：古杯類はサンゴと海綿の中間種］

古気候とレス（黄土）の堆積
loess deposition and palaeoclimate

1970年代以来，深海（とくに赤道太平洋の深海）から採取されたボーリングコアのなかの有孔虫（単細胞海洋生物）の酸素同位元素比（$^{18}O/^{16}O$）の解析によって，第四紀の気候変化の研究が行われている．^{18}Oの比率が大きいということは，気候が寒冷で，海水位が低く，氷床の量が多いことを示している．有孔虫は第四紀を通じて深海底に連続的に堆積した．有孔虫に含まれる$^{18}O/^{16}O$の変化は，気候の複雑な変化を示している．この変化は，ミランコビッチサイクルとよく対応している．ミランコビッチサイクルとは，地球の軌道要素（公転軌道の離心率，自転軸の傾き，近日点の移動）の変化によって生じる地表面に入射する日射の分布の変動である．酸素同位体比の解析ができるようになって，それ以前に考えられていたよりも，気候の変化が複雑であることがわかってきた．このことは，海底だけでなく陸上のデータを使って過去の気候変化を復元しようという気運を呼んだ．残念ながら，地表面の侵食が，大陸内部の堆積物の記録を不完全かつ不連続なものにしている．陸域の堆積物のなかで，最も完全な記録は，厚いレス（黄土）の堆積層である．それゆえ，レスをもとに古気候の復元をしようとする研究がたくさん行われた．

レスとは，風によって運ばれて堆積したもので，（シルトと同じ大きさの）20〜60 μmの直径をもつ角ばった石英や長石が主成分である．レスの層は，層状構造がみられない．構造的には，これらの主成分は，シルトの粒の間に点と点で接触している．シルトの粒どうしは，粘土で橋がかけられていること

もあるし，炭酸塩のセメントが支持していることもある．レスはやわらかく，砕けやすい．多孔質で，体積の半分程度は穴である．レスは構造を支えるだけの強度はあるが，濡れると，粒子どうしの結合が壊れ，崩壊するか流動する．レスに分類されている堆積層のなかには，細かな砂や粘土の割合が多く，層状構造が見られるものもある．それゆえ，レスを正確に定義することは難しい．

　レスの起源に関しては，2つのモデルがある．第1のモデルは，氷河期を起源と考える．氷床の下にある岩石が研磨されてシルト（砂と粘土の中間の堆積物）ができる．シルトは氷河によって流され，氷河の周辺に堆積する．そこで，風の作用で空中に飛散し，広い範囲に拡散して，再び堆積する．ヨーロッパや北米のレスの堆積は，このモデルで説明できる．第2のモデルは，砂漠を起源と考える．この仮説では，風による砂の侵食や磨耗や岩石の風化によってシルトができると考える．風の作用でシルトは砂漠から隣接地域に運ばれ，そこで堆積する．中央アジアのレスは，このモデルで説明できる．この2つの過程以外のプロセスでもレスは生成される．河川による侵食や磨耗，落石による破壊，凍結・融解過程による風化などである．上述した2つのモデルが正しいことは，氷河や砂漠から離れるにしたがって，レスの粒径が小さくなることからわかる．たとえば，中央アジアのレスに関しては，レスの供給域であるゴビ砂漠から西に行くにしたがって，より細かな粒径になる．特徴的な鉱物の集積も，レスの供給源の同定に役立つことがある．シルトの堆積に関しては，いろいろな議論があるが，一般的には，大気中の沈降が主な原因であると考えられている．

　重要な点は，シルトの形成，輸送，堆積過程は，気候条件によって大きく変化することである．寒冷な氷期には，砂漠地帯は，さらに乾燥し，シルトの形成量も輸送量も増加する．氷河地帯では，氷河による研磨が激しくなり，風によって，より遠くまで飛ばされる．砂漠や氷河地帯の隣接地域におけるレスの堆積も増加する．粒径の特徴や鉱物の含有率も，気候によって変化する．一般的に，過去の約250万年にわたって，レスの堆積はほとんど連続的に生じているが，堆積速度は過去の気候変化に応じて大きく変動する．その後の時代にレスが侵食されてしまうと，堆積速度の連続的な記録が失われ，層序を正しく解釈することが難しくなる．それに加えて，間氷期には土壌の形成が進行し，シルトの堆積が減少する．結果として，地層のなかに古土壌（パレオソル）を示すはっきりした層が形成される．この層の構造や鉱物の含有量は，過去の気候条件を知るうえで価値のある情報を含んでいる．とくに，レスやパレオソルは，砂漠の境界線の移動や過去のモンスーンの変動の再構築に有用である．

　最も厚いレスの堆積層は，中国の蘭州の近くのレス大地で，厚さが330 mもある．それゆえ，第四紀の気候変化の記録を最も長い期間にわたって記録している．堆積層の乗っている岩盤は，赤粘土が形成された鮮新世後期の堆積岩で，古磁気の調査によれば，レスの堆積がはじまったのは248万年前である．レスの堆積がはじまった時期と第四紀の氷期がはじまった時期がほとんど同じなのは偶然ではない．氷床の堆積と急激な気候変化がレスの形成を促進させる結果となったかもしれない．新第三紀の終わりに隆起したチベット高原が中央アジアに乾燥気候をもたらし，それがレスの堆積の開始になったのでないか，という議論もある．しかし，多くの地質学者は，チベット高原が最も隆起したのは1400万年前なので，レスの堆積とは関係ないと考えている（「ヒマラヤ・チベットの隆起と気候変動」参照）．

　図1aは，チベット高原のレス層の中のパレオソルを示したものである．最も新しい層をS1として，S1からS32まで番号を振ってある（レス単位：L1～L33の分類もある．L1が最も新しい層である）．レスの堆積速度の大きな寒冷で乾燥した気候の時期とレスの堆積速度の小さな温暖で湿潤な気候が交代したことを示している．温暖な時代には，土壌の形成が行われた．

　レス内部の磁性体は，その当時の地球磁場の方向を向いて堆積する．一方，地球磁場は，時代によって極性を反転させる．反転の歴史がわかっているので，レス内部の磁性体の向きから，堆積した時代がわかる．このような年代決定が，いくつかのレスの代表地点で行われた．ルミネッセンス年代決定技術（光を当てたのちに鉱物粒子に残っている放射線を測定する）もレス堆積層の年代のキャリブレーションに使われることもある．このほか，粒径分析，磁化率，古生物分析（おもに，軟体動物，しかし，脊椎動物や植物も用いられることがある），炭酸塩の

西峰（中国）におけるレスの層序

赤道太平洋深海コア（V28-239）における深海酸素同位体曲線（∂^{18}O vs 矢石化石標準）

レスの層序

年代（Ma）

磁場の極性

磁化率

← 寒冷　温暖 →

時代（Ka）

S0　マランレス
L1 a b c
S1
L2
S2　上部リシレス
S3
S5
S5
L5
S6　下部リシレス
S8
L9
S13
L15
S16
S20　ウェンチェンレス
S22
S26
S29
S32
赤色粘土

ブリュンヌ
マツヤマ
ガウス

(a)　(b)　(c)　(d)

含有量，有機炭素の含有量，鉄の含有量なども調査対象になる．

　磁化率（MS：magnetic susceptibility）はパレオソルや酸素同位体比との相関関係で，古気候の変動を調べるのに使われてきた．一般的にいって，パレオソルのMSのほうがレスのMSの値より大きい．その理由はよくわかっていないが，おそらく，間氷期の土壌のなかの磁鉄鉱が，土壌の圧縮過程で濃縮されたためと考えられている．もう1つの理由としては，非常に小さな粒径の鉱物が風で遠くの発生源から運ばれてくるとき，氷期にはシルトの堆積速度が大きいので，濃度が小さくなってしまうことが考えられる．一方で，MSは，土壌が形成されるときに，現場で磁性体が生成された結果である．レス内部の磁性体の種類をもとにすると，土壌形成過程で生成される磁性体がMSの大きさをコントロールする最

も重要なものであることが示唆される．それゆえ，MSは，古降水量の関数であると広く考えられている．レスに関する最も詳しい調査は，洛川にある西峰のレス台地の3つの地点で行われた（図1）．堆積の期間は250万年に及ぶ．これらの地点を総合したMSの最近の結果は，天文学的に調整された深海堆積物の酸素同位体比の結果とよく一致している．しかし，50万年以前は，あまり一致していない（図1）．レス台地のほかの場所，たとえば，湿潤で温暖な，西安近くの宝鶏や半乾燥地域の蘭州などの変化傾向も，全体的なトレンドはあっているが，短期間の変動は一致していない．おそらく，気候の地域差や土壌形成過程の差によるものであろう．MSの結果と太平洋深海コアの堆積物の結果の相関も調べられた．MSの高い値は，深海における高い堆積量とよく対応している（図1 e, f, g）．これは，おそらく，

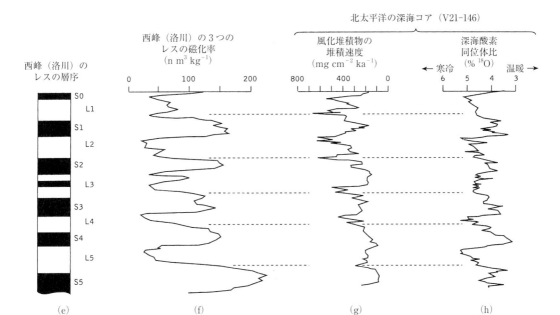

図1 中国のレス台地におけるレス-古土壌の層序と磁化率（MS）．比較のために，深海の酸素同位体比と太平洋の風化堆積物を示した．(a)，(b)，(c) は，それぞれ，西峰におけるレス層序，MS，赤道太平洋の深海酸素同位体曲線を比較して示した．3種の曲線がよく似ていることに注意．西峰におけるレス-古土壌層序の年代は古地磁気（b）による．(e) と (f) は，西峰（洛川）における3つの層序を合わせた結果である．(g) と (h) は，北太平洋の深海コアの風化堆積物と酸素同位体曲線を示している．レスの堆積と寒冷期の気候，磁化率の低下，風化堆積物の増加が対応していることに注意．(Xiuming Liu et al. (1992), Kukla et al. (1990), Hovan et al. (1989) をもとに作成)

間氷期に比べて強化された偏西風が中国から太平洋に堆積物を輸送した氷期を示しているのであろう．MSによるコントロールの理解が深まれば，気候変化をより詳しく調べることが可能になるであろう．

中国のレスにおいては，粒径が冬季の北西季節風の強さを示す指標になっている．荒い粒径は，寒冷で乾燥した氷期を示している．レスのある層（たとえば，L9, L15）はきわめて砂状を示しているが，これは砂漠の境界がかなり張り出したことを示している．中間の粒径はMSとよく対応しているが，最近の結果は，MS分析から得られた結果よりも複雑なパターンを示している．この分析手法は，過去の気候を詳しく解釈するうえで，大きな可能性をもっている．

レスの微細構造，粘土の組成，有機炭素，パレオソル内部の動物の排泄物は，場所や時代の異なるパレオソル間の台地の土壌形成過程の性質を決めるのに役立ってきた．レス内部の軟体動物の存在量は，過去の湿度や温度の情報を与えてくれる．初期の研究によれば，軟体動物の存在量とMSはよく対応している．この結果も，その時期が温暖で湿潤であったことを支持している．

レス堆積層の研究は，世界の他の場所でも行われている．しかし，記録は，中国の厚い堆積層に比べて断片的であり，より複雑である．たとえば，米国の東ワシントン州にある「パルース」地域では，レスの厚さは75mに達し，19層かそれ以上の数のパレオソルの層を含んでいる．この堆積層の形成には150万年から200万年かかっていると考えられているが，記録は不連続的で，レス堆積の周期の始まりが，氷期の間で起こったローレンタイド氷床の巨大な氷河湖の洪水によって支配されていたと考えられている．カシミールやヨーロッパのレス堆積層は，不連続で断片的であるが，MSをもとにした分析では，深海の酸素同位体比と有意な相関がある．

レス-パレオソル堆積層の解釈から得られた古気候の記録は，データの分解能がよくなり，また，地域的な気候システムのメカニズムや気候変化の強制力に関する理解が深まるにつれて，大きな改良が行われている．レスの粒径，MS，鉱物学，微細構造，その他の特徴のわずかな変化は，大陸上の過去の気候を復元するのに大きな潜在力をもっているといえ

146 古気候のデータ（歴史資料による）

る.　　　　　[Lewis A. Owen/木村龍治訳]

■文　献

Hovan, S. A., Rea, D. K., Pisias, N. G., and Shackleton, N. J. (1989) A direct link between the China loess and marine records：aeolian flux to the north Pacific. *Nature*, **340**, 296-8.

Kukla, G., Heller, F., Lui, M. M., Xu, T. C., Lui, T. S., and An, Z. S. (1988) Pleistocene climates in China dated by magnetic susceptibility. *Geology*, **16**, 811-14.

Rutter, N. (1992) Presidential address, XIII INQUA Congress 1991：Chinese loess and global change. *Quaternary Science Reviews*, **11**, 275-81.

Xiuming Liu, Shaw, J., Liu, Tungsheng, Heller, F., and Baoyin, Yuan (1992) Magnetic mineralogy of Chinese loess and its significance. *Geophysical Journal International*, **108**, 301-8.

古気候のデータ（歴史資料による）
palaeoclimate data from historical sources

　古気候のデータのなかに，過去の気候について書かれたさまざまな文献を加えることができる．文献の多くは，過去といっても比較的最近の気候の短周期変動の情報を提供する．この種の資料は，地域的な偏りが大きく，また，保存されている期間もさまざまである．最も古く，最も長い記録はナイル川の水位に関するもので，紀元前3000年までさかのぼることができる．

　歴史資料の種類には，古代の碑文，年代記，編年史，政府広報，民間の記録，海事記録，商業的な文章，個人的な記録，科学的な記述などさまざまなものがある．このような文献から過去の気候を読み解くときの難しさは，期間の短い断片的な記録に含まれる記述者の偏見をフィルタリングし，校正する必要があることである．文献には，一般的な気候の情報よりは極端な事象が強調されることが多い．可能であれば，歴史資料と同じ期間の測定器による記録とを比較することによって，文献の校正をするべきであろう．文献のなかには，直接体験した事象だけでなく，うわさに基づくものや，あとになって記録したものもある．それを区別することも重要である．後者は，誇張した表現になることが多い．

　過去の気候を表している文献は，3種類に区別できる．

　①特定の天気現象の記録．さまざまなものがあるが，たとえば，降雪日，降霜日などの気候因子に関する記述や気候に関連する事象の記録である．天候の記録が主目的でないことが多い．面白い記録としては，1400～1967年の期間に書かれた風景画がある．絵画から青空の度合い，視程，雲量などが読み取れる．その結果によれば，1400～1549年は，晴れた日が多く，視程もかなりよかった．しかし，1550～1850年の絵は暗いものが多く，雲量も多かった．

　②天気に関連した現象に関する記録．たとえば，干ばつ，洪水，川の凍結に関する記述．一定期間内の干ばつと洪水の頻度の比は，記述者のバイアスを除くのに有効である．このような記載は，たとえば穀物価格と関連するので，社会的な関心が高く，かなり多くの記述がある．

　③季節ごとに繰り返す生物現象についての記録．たとえば，渡り鳥の飛来，開花日，穀物の成熟などである．気候に敏感な植物の北限や南限の記録も，この範疇に入る．京都の桜の開花日の記録は，最も有名なもので，9世紀までさかのぼることができる．早い開花日は春の気温が高いことに対応している．

　測定器による気候の記録は過去の気候の直接的な記録であって，バイアスもない．ヨーロッパでは，かなり長い記録があるが，測定方法が統一されていないので，詳しい解釈の際には問題が生じる．最も長い記録はオックスフォードのラドクリフ測候所の記録で，350年以上に及ぶ．

[Stephen Stoke/木村龍治訳]

国際地質科学連合（IUGS）
International Union of Geological Sciences（IUGS）

　科学者の国際的な組織としては国際地質科学連合（IUGS）は比較的新しく，地質学者の上級組織である．このような連合のいくつかは，パリのユネスコから援助を受けて，国際科学会議（ICSU）の一般的な枠組みのなかで運営されている．国際地質科学連合は，1960年代の国際的な地質学の会議と

ユネスコの議論に基づいて設立され，最初の会議は1963年にローマで開催された．この組織は，利益を追求しない自発的な組織であり，地質学の研究を助成し育成すること，地質学とそれに関連する科学の国際協力を継続的に促進すること，万国地質学会議（IGC）を振興することを目的とする．国際地質科学連合は，メンバーである各国から選ばれた代議員1人から構成されており，1998年には112人の代議員がいたが，その内の28人は活動的でなかった．国際地質科学連合の研究活動は，委託委員会，諮問委員会，委員会，その他の密接に関連した28の組織に統合されている．これらの活動には高額の費用がかかるが，加盟国から集まる会費が遅れるので，財政は悪化している．日々の仕事は，事務局長の事務所で行われており，最近は米国バージニア州レストンにある米国地質調査所が事務局になっている．国際地質科学連合は会議を請合い，レポートと論文のシリーズをいくつか出版する．

万国地質学会議は4年に1度，異なる場所で開かれる．最大級の地質学的な会合で，地球科学に関係する全領域で講演がなされ，たくさんのシンポジウム，ワークショップ，展示，巡検が付随する．万国地質学会議は，論文の特集号のほか，論文の要旨，一般的な会議の会報や案内を出版する．会議には科学者数千人が参加する．

国際地質科学連合のなかで委員会によって意欲的に推進されている問題に，高温高圧下の実験岩石学，海洋地質学，岩石学の体系化，テクトニクスなどがある．国際地質科学連合内部の最大の組織は，国際層序委員会（ICS）と，その小委員会，ワーキンググループ，委員会である．それは，地球規模の層序学だけを扱う唯一の組織である．この委員会の目的は，層序学的な方法の基準を明確にして調整することと，標準のスケールで統一された層序学的な専門用語を生み出すことである．そうすることで，生層序学などの手段によって層序の関係付けに利用できるスケールが確立され，それを用いて地球規模の現象が曖昧さなしに記述できるようになる．その意図は，顕生代岩石中の化石を用いて，その期間に形成された地層の系，統，階のきわめて正確な定義を確立することである．これをするためには，地球規模の標準的な地層断面と地点（GSSP）に対する国際的な認知と合意が求められる．GSSPのおのおの

は，地質年代の定まった岩石断面中の唯一の地点である．それぞれの地層を検討するために，それを専門とする層序学者が小委員会を構成する．最初に考慮すべきことは，各地層の最下部（したがってその下の地層の最上部）を定義することである．まだ全員が最終的に合意したわけではないが，作業は毎年前進している．世界中の地層が考慮され，長い伝統をもつ先進国にも変える必要のあるところがあり，境界となる地層の選択について，いくつか激しい論争がある．デボン紀地層の系は，初めてGSSPの基礎として受け入れられ，その統やほとんどの階も今は定義されている．デボン紀と石炭紀の境界の位置は，世界中で多くの問題を生じたので，フランスでGSSPを，中国やドイツで補足的な地層を選ぶ前に，ワーキンググループはさまざまな国で地層を調査した．

国際層序委員会の背景には長い歴史がある．国際的な地質学の会議は，初期には，おもに層序学的な方法と専門用語を議論して決定するために，シンポジウムや会議を行った．1952年にアルジェで開かれた第19回万国地質学会議では，現在の委員会が設立され，1965年には国際地質科学連合によって認められた．今日では，委員会はその役員や小委員会の議長で構成されており，各小委員会には客員を含めて50人かそれ以上のメンバーが所属する．野外会議や実務会議，あるいはその両方が，可能であれば年に一度開催される．委員会は少額の資金をもち，会議運営のための実務と，成果や決定内容に関する出版を補助する．推奨される地層の境界レベルは，小委員会やワーキンググループから提案され，その後国際地質科学連合の議会で承認される．国際地質科学連合の公式ジャーナルである *Episodes* は，国際地質科学連合のニュース，進捗状況，会報，決定内容を掲載する．

研究者から提案された国際的なプロジェクトを推進するために，1972年にカナダのモントリオールで開催された第24回万国地質学会議で，国際地質対比計画（IGCP）がもう1つの組織として設けられた．国際的な連携，共同研究，情報伝達は，科学的な研究対象と同じくらい重要であると当初からみなされていた．資源を発見して評価するためのよりよい方法を見出すこと，地質学的な過程や現象が環境や人間の活動にどう影響するのかをよりよく解釈

すること，研究上の専門用語や手法を標準化することなど，重要な課題が決定された．その計画は，プロジェクトリーダーからの提案や報告を受理し，評価し，応答するための科学専門委員会とともに，国際地質科学連合とユネスコの共同で運営されている．科学専門委員会は，計画に時間を使える活動的な科学者たちで構成される．採択されたプロジェクトのリーダーには，毎年資金が配分される．この資金は，意見交換やメンバーの出張旅費として使われ，実際の調査に直接あてられるわけではない．評価委員の検討によって採択されたプロジェクトは，ほとんどが資金を5年間受け取る．1972年には，20のプロジェクトに資金が充当された．1994年には，その年に採択された10のプロジェクトを含めて，資金が充当されたプロジェクトの数は，34カ国から提案された54となった．

地球圏・生物圏国際協同研究計画（IGBP）は，地球規模の生命支援システムの急速かつ潜在的な変化が緊急に認識されたのを受けて，1986年に設立された．この計画は，地球上で人類のおかれた環境の変化について理解を進めるために，また，未来について長期的な予測をするために，地質学と生物学の学問領域全体にわたる研究や情報交換を壮大なスケールで促進しようとする．

国際測地学地球物理学連合（IUGG）と国際地質科学連合の要望を受け，国際リソスフェア計画（ILP）が，関連する国際的な委員会の下に，1980年にICSUによって創設された．これは，それ以前の上部マントル計画と地球ダイナミクス計画を引き継いだものである．国際リソスフェア計画の目的は，リソスフェアの起源，2億年前までさかのぼる進化，その他あらゆる観点からリソスフェアを調査することである．計画のとくに重要なテーマは，完新世後期の巨大地震，中央海嶺，大陸地殻の反射測量，地球深部過程のダイナミクスなどである．プレートの沈み込みに伴うマグマの発生や，古生物学的な分布による大陸の復元もターゲットとなっている．とくに研究に複合的な手法が採用される場合には，高度な技術と高額な費用が必要である．このような研究のために，国際リソスフェア計画は，国際的に利用できる資源を最大限に活用することを提案し促進する．実用的な観点には，とくに発展途上国で自然災害を予測し，軽減することがある．計画は，多くの

ワーキンググループや共同委員会を通じて運営される．

ヨーロッパ共同体がいろいろな分野で緊密な統合を進めるなかで，地球科学者の欧州連合が形成され，国家間の交渉は全盛期を迎えている．類似な国際的な協調はほかの大陸でも進んでいる．米国地球物理学連合がその好例である．

[D. L. Dineley/井田喜明訳]

■文　献

Fuchs, K. (1990) The International Lithosphere Programme. *Episodes*, **13**, 239-46.

Fyfe, W. S. (1990) The International Geosphere/Biosphere Programme and global change：an anthropocentric or an ecocentric future? A personal view. *Episodes*, **13**, 100-2.

Naldrett, A. J. (1990) International Geological Correlation Programme：an example of collaborative geoscience. *Episodes*, **13**, 22-7.

Skinner, B. J. (1992) Scientific highlights of two decades of international cooperation at the grassroots level. *Episodes*, **15**, 200-3.

古地震学
palaeoseismology

古地震学とは，地質学的・地形学的証拠に基づいて有史以前の地震の研究をすることである．ここで有史以前とは，この言葉の融通のきく通常の使い方とは対比的に，過去50万年を意味するとされる．古地震学は地震危険度を評価するのに重要である．とくに，被害地震発生間隔が数千年ないしそれ以上で，計測記録や歴史記録が使えないような場合に重要となる．

古地震学的研究の2つのおもな方法は，地震断層運動による食い違いあるいは変形の結果生じた①断層崖，②堆積地層を解析することである．過去に発生した地震のマグニチュードや地震間隔を決定するための断層崖解析の基本原理は，断層崖の形は地震によって形成された瞬間から削剥作用を受け続けるという前提に基づいている（下巻「断層崖」参照）．自然露頭あるいは特別に掘削されたトレンチで，断層を横断して下方ほど大きなオフセットが計測される場所では，もし地層の年代が正確にわかっていれ

ば，増加した変位量間の時間を計算することができる．もし地震動によって変形を受けた堆積層準が他の過程による層準と区別されうるなら，しかもその年代が既知であるなら，地震がいつ起こったかを算出することは同様に可能である．

[Paul L. Hancock/大中康譽訳]

古代と地球科学
classical times and the Earth sciences

　地球および宇宙の性質についての基本的な概念は，古代の世界から唯一生き延びて，近代になって直接的な観測で科学的に実証された．文学作品はきわめて多いのに，地球については，アリストテレス以降，ギリシャ人はほとんど何も書き残しておらず，ローマ人になると著作はもっと少ない．ギリシャ人によって地質学的な観点から書かれたものは，ミレトス生まれのタレス（紀元前 639-546 頃）によるものが最初である．彼は，河口に沈積する沖積土が水で運ばれたことや，水の作用が環境変化にとって重要であることを認識した．彼に続く人々は，古代ギリシャの著作によく出てくるテーマについて議論した．そのテーマには，地球の中心は赤熱している，大陸と海洋の相対的な位置関係は時とともに変化した，地層中に残存する化石は昔海がどこに存在したかを示し，それは岩石にどんな力が働いたかを示す，などがある．これらの議論に関与したギリシャ人は，ほとんどが紀元前 4 世紀に生きた．アリストテレス（紀元前 384-322）自身は，自然界の幅広いテーマについて記載しているが，岩石や化石や鉱物についての専門書は残していない．彼の弟子の 1 人であるテオフラストスは，当時の鉱夫と採石人との間に行きわたっている豊富な鉱物学的な知識を「石について」にまとめた．これは，ほぼ 2000 年もの間ガイドブックとして使われた．

　地球が球であると結論付けたのは，初期の哲学者たちだったようだ．紀元前約 250 年にアレクサンドリアで活躍したギリシャ人のエラトステネスは，幾何学で地球の大きさを決めた．彼は地球の周囲が約 4 万 km であるという結論に達したが，それは実際の大きさとほとんど違わない．ギリシャ後期の研究者は，地中海から中東地方に分布する鉱石や，興味深く役に立つ鉱物・岩石の場所や性質について，たくさんの情報を残した．英国にスズが存在することを彼らはすでに知っていた．山や川やさまざまな地形について議論され，それはたくさんのローマの研究者によって引き継がれた．

　ルクレティウス（紀元前 99-55）は，ローマ人の最初にして最も優れた研究者で，ローマ時代の最も偉大な作家であった．彼は，地下に存在する水，洞窟，温泉，川について，また火山噴火や地震について，その起源や性質の研究に携わった．彼は，金属鉱床や鉱物などの存在や分布に興味をもち，鉱山からの「廃棄物」が鉱夫の健康を害することを熱心に議論した．ローマの典型的なしきたりにしたがって，彼はどんな素材が活用できるかを研究し，採鉱と溶融の技術に注目した．風景を変えるうえで気候や排水がどんな役割を担うかも，彼の興味を引いた．ルクレティウスは，地下を流れる風が火山活動と地震を引き起こすと信じた．彼の地質学的な現象についての知識は，その時代では非常に豊かなもので，一連の彼の推論は同様に印象的である．

　ローマ時代のウィトルウィウス（ジュリアス・シーザーやアウグストゥスと同時代の陸軍工兵）も著名な著作家であったが，ローマで入手できる天然資源の種類と分布におもに興味をもった．彼はいろいろな地方の建築材と，その利用方法に注目した．ローマ人が水中で使用したモルタルとコンクリートの有名な記述は，彼の著作にある．火山物質や噴出物についての彼の観察は，広くて正確で，洞察力に富む．ウィトルウィウスは，ベスビオ山周辺の地下が高温であることを示すあらゆる徴候に魅了され，東ローマ帝国の土壌にアスファルトが存在することを記録した．

　地球科学のテーマを取り上げたローマ時代の最後の著作家は，2 人のプリニウス（叔父と甥）だった．年長のプリニウス（西暦 23〜79）は，裕福な家庭に生まれ，生涯の大半を帝国に勤めたため，地中海周辺のたくさんの国を訪れる機会があった．彼の「博物誌」は，西暦約 77 年に発表された．それは大作であり，単純に事実を述べたデータばかりでなく，神話や噂や完全な誤報も多く含んでいる．地質学的な対象についても幅広く記述されており，鉱物，岩

石，貴重な石，それらの活用方法などにも触れられていた．記述のほとんどは，非常に詳細であった．著書のすべては生き残って，ルネサンスが発展するための基礎知識の一部となった．年長のプリニウスはベスビオ山を訪れ，その噴火で命を落とした．甥のプリニウスは，その出来事を記録した．彼の自然界に対する興味は，国家や社会や商業などの広範囲にわたる著作や手紙類と比較すると，目立たなかった．

われわれは，ウィトルウィウスと年長のプリニウスを除いて，古代の著作家が地質学的な現象の調査をどう行ったか，知識がほとんどあるいはまったくない．彼らが地図や鉱山の見取り図をどの程度所持していたのかもはっきりしない．ある地域の地質学的な要素や構造を同定したり，近代的な意味で地球の理論を提議しようとする人は，彼らのなかにはいなかったようだ．ギリシャ人たちは，検証できない仮説を構築することに夢中になり，ローマ人たちは，純粋に実用主義的な感覚で地球科学から得られるものに興味をもった． 　[D. L. Dineley/井田喜明訳]

■文　献

Adams, F.D. (1938) *The birth and development of the geological sciences.* Dover Publications, New York.
Crombie, A.C. (1994) *Styles of scientific thinking in the European tradition* (3 vols). Duckworth, London.
Lindberg, D.C. (1992) *The beginnings of Western science：the European scientific tradition in philosophical, religious, and institutional context, 600* BC *to* AD *1450.* University of Chicago Press.

中に獲得される熱残留磁化が外部磁場強度に比例するという一般的に認められた仮定に基づいて行われている．研究室での実験は単調ではあるが複雑であり，この実験では，繰り返される加熱実験中に物質中の磁性鉱物が化学的に変化しないということが要求される．

グローバル双極子モーメントとして記述されている磁場強度は過去数千年間でかなり変動している．約6000年前から約2000年前までの間に，磁場強度はほぼ2倍まで増加した．非双極子磁場と双極子磁場はともに，ほぼ一定の割合で磁場強度変化に寄与しているようである．磁場の短周期変化の原因については，完全には知られていないが，その影響は無視できない．数千年の期間にわたる大気中^{14}Cの含有量変化は双極子モーメントの変動とそれが原因で引き起こされる宇宙線流入量変化が原因となって起こる．地磁気学者と核-マントルでの物理過程を研究する学者の両者は以下の考えで一致している．すなわち，双極子磁場の消滅，その結果生じる磁場強度の急激な減少，そして地球磁場逆転の可能性の増加は，おもに液体の外核における流体運動の変動によってもたらされていて，おそらくそれは核-マントル境界面の不規則な形状に関係している．こういった現象と軌道運動が影響している天体力学との関係は興味深いし，今後も興味をもたれていくだろう．

　[John WM Geissman/森永速男訳]

古地磁気学：過去の磁場強度
palaeomagnetism：past intensity of the field

　あらゆる地点の地球磁場を完全に記述するためには，その方向と強度の両者に関する情報が必要となる．古代の地球磁場とその時間変化の理解には，古地磁気方向の経年変化と古強度の両方のデータが必要である．地質学的に若い堆積物から得られる方向の経年変化データと火成岩や考古試料から得られる古強度データによって，磁場現象の周期性が明らかにされている．この古強度の決定は，高温から冷却

古地磁気学：技術と残留磁化
palaeomagnetism：techniques and remanent magnetization

　古地磁気研究では，1980年に噴火したセントヘレンズの火砕流堆積物から34億年前の始生代の岩石までのあらゆる種類の地質物質を対象とする．この研究の目的や採用される技術はきわめて多様で，その結果，各研究の目的も多様である．以下では，普段使われる古地磁気学的の技術と岩石中に見られるすべての種類の残留磁化に関する一般的な事柄をあげる．

　研究で使われる地質物質の採取は，代表的なもの

では次のような教科書的な手順を踏む．いくつかの別々に方向づけされた試料を各採取地点から採取する．採取対象の物質すべてが本質的に同時に磁化した（たとえば1枚の溶岩流）と考えられなければならない．理想的には7～10個の試料をそれぞれの地点から採取し，さらに採取試料から1つ以上の測定用試料を得る．試料採取地点をある調査地域で多数設定し，数カ所の調査地域を訪れ，十分な岩石採取を行う．

試料はいくつかの方法で野外にて採取される．露頭から試料を取り出す前に，普通は磁気コンパスで方向づけされるが，強く磁化した岩石では太陽コンパスが用いられる．しっかり固化した堆積岩や結晶質岩石では，携帯用のドリルを用いたコアリングがよく使われる採取方法である．長さ15 cm程度の円柱状試料を中空の水冷式ダイヤモンドビットを使って採取する．僻地や環境問題に配慮しなければならない地域では，小さな定方位ブロック試料（だいたい1辺が12 cm程度）の採取を行う必要がある．このようにして採取したブロック試料は実験室にもち帰り，円柱状試料に加工される．あまり固化していない岩石では，さらに手間のかかる方法が必要で，非磁性の道具で試料を切り分け，プラスチックの立方体容器または石英ガラスのチューブに収める．または試料に水ガラス溶液をしみこませたり，石膏で試料を現地で固めることもある．

実験室では，それぞれ方位づけされた試料から，野外での方向づけの印を残しながら1つ以上の測定試料を準備する．抜き取られた試料を，水冷式のダイヤモンドブレードを用いて，形状の影響が最小になる長さと直径の比，約0.86の円柱状に切断する．弱い磁化の物質では，磁気誘導の少ない環境で非磁性の道具を用いて，測定試料作成を行うことが重要である．

自然残留磁化（natural remanent magnetization, NRM）を決定するために，誘導磁化をもたらすような磁場のない環境で，磁気モーメントとその方向の両者の測定を行う．商業的に入手可能な磁力計はスピナー型もしくは超伝導型の磁力計のどちらかである．スピナー磁力計では，試料近くに据え付けられた円柱状もしくはリング状のフラックスゲート型ピックアップコイルを流れる電流の変動から試料の磁気モーメントを測定する．超伝導型もしくは冷凍型の磁力計は液体ヘリウムの温度に冷やされた超伝導リングと接点をもち，1つもしくは1組の，互いに直交するように巻かれた超伝導ピックアップコイルからなる．ピックアップコイル内に置かれた磁気モーメントはコイル面に垂直な磁気モーメントに比例した大きさの電流を誘導する．直交する3つのコイルを用いれば，磁化全体をすばやく測定できる．この磁力計の大きな利点は測定が速いということである．たいていの実験室の磁力計は，迅速なデータ取得，計算そして解析のためにコンピュータに接続されている．

岩石のもつNRMにはきわめて複雑なものがあり，いくつかの離散的な磁化からなっている．それぞれは岩石生成後の歴史のなかで獲得された異なる種類の残留磁化を示している．たいていの岩石は過去78万年間では存在環境の温度下で正極性磁場にさらされてきているので，一般的に粘性残留磁化（viscous remanent magnetization, VRM）を含んでいる．地質学的に古い時代に獲得された磁化は岩石生成時に獲得された初生時のもの，岩石生成後のおそらく大きく異なる磁場極性のときに獲得された二次的なもの，またはそれら両者からなる．岩石中にあるすべての磁化成分の方向と相対強度を決めるために，普通は交流磁場（alternating field, AF），熱，または化学的な技術を用いて，実験室で岩石のNRMを消磁する．場合によっては，連続して2つの方法を組み合わせた処理を採用することもある．

交流磁場消磁では，岩石は時間とともに減衰する交流磁場にさらされる．交流磁場が極値まで増加すると，その磁場強度以下の保磁力をもつ磁性粒子群は磁場の影響を受ける．交流磁場減衰中には磁場方向が交互に変わるため，それらの粒子群の磁化ベクトルはそれぞれまったく逆の2つの方向に向かされる（その結果，それら粒子群の磁化ベクトルの総和はゼロになる）．市販されている交流磁場消磁機では1000～2000 Oe（100～200 mT）の最大磁場が発生する．この磁場はマグネタイト粒子群を活性化するのに一般的には十分である．ヘマタイトの保磁力はマグネタイトのそれより大きく，そのためこの方法はおもにヘマタイトによって担われている磁化にはあまり利用されない．

熱消磁では，無磁場中における試料の一様な加熱と引き続いて冷却を必要とする．温度が磁化粒子の

アンブロッキング温度以上になると，粒子は冷却しても無磁場中では磁化を獲得できないので，効果的に消磁される．この方法によって，NRM のアンブロッキング温度スペクトルが求められ，すべての岩石の完全な消磁が可能となる．マグネタイトの最大アンブロッキング温度は約 580℃，ヘマタイトでは約 680℃ である．

化学消磁は典型的にはヘマタイトで膠結された浸透性のある堆積岩で応用されている．試料を濃縮させた塩酸溶液に既知の時間だけ浸し，弱い磁場中で蒸留水を用いてすすぎ，乾燥を経て測定する．だいたいにおいて，最も微細な粒子はこの処理の初期に取り除かれるヘマタイトピグメントであり，粗い物質はのちの処理で取り除かれる．岩石中の堆積粒子であるマグネタイトのほとんどは影響を受けない．

消磁結果は各消磁ステップ後に得られる，1 組の磁化の方向と強度である．磁性鉱物の変化（生成）や人工的な磁化による汚染を除けば，少なくとも NRM の 95% はその構成成分を適切に評価するために，消磁によって取り除かれるべきである．実質的にすべての実験室で用いられる消磁データの有効な表現法は直交プロットであり，これはユトレヒト大学の J. D. A. Zijderveld と共同研究者によって 1960 年代初期に公表された．このプロットでは，各磁化ベクトルの終点が水平面と鉛直面に同時に投影され（図 1），鉛直面は共通の水平軸に関して 90°回転した表現となっている．水平面と鉛直面の両方へ投影されたデータ点がともに直線的に並んでいれば，普通その消磁処理の範囲で単一の磁化ベクトル成分が取り出せたこと（分離できたこと）を意味している．また，両方もしくは一方に投影されたデータ点の曲線的な並びは，消磁範囲において，おそらく各消磁ステップごとに異なる割合で，最低 2 つのベクトル成分が取り出せたことを示している．おのおののベクトル成分の方向や，1 つ以上の磁化が同時に取り出せたことを反映している大円または平面の方向を少なくとも 3 つの消磁ステップのデータ点から定義する．それは直交プロットの観察によって確認できる．これらの方向は三次元の主成分分析を用いた手順に沿って決定される．

方向または平面などの磁化データの統計的な評価はいくつかの手法に沿って行われる．最初に手法を記述した英国の数学者フィッシャーにちなんで

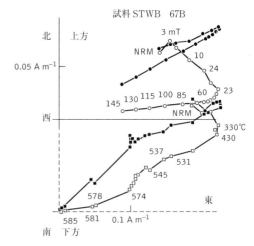

図 1 2 つの試料の消磁に対する挙動例．1 つは交流磁場消磁に対する挙動（● および ○ で，実線で示された軸に関して描かれている）．もう 1 つは熱消磁に対するもの（■ および □ で，破線で示された軸に関して描かれている）．どちらもモンタナ州南部 Beartooth 山脈，Stillwater 複合体中の同じ斑れい岩（約 27 億年前）から得られた試料である．両者の直交プロット図それぞれで，磁化ベクトル終点を水平面（● および ■）と鉛直面（○ および □）に同時に投影している．なお，東西軸はずらして描かれているが，両図に共通である．交流磁場のピーク値（mT，ミリテスラ）または温度（℃）を鉛直面投影のデータ点の横に付けてある．磁化強度の単位は $A\,m^{-1}$ である．これらの図では，データは地理的な座標上に描かれるが，層構造をもつ岩石では，一部の例であえて層序学的な座標上に描かれることがある．交流磁場と熱の両者の消磁において，東北東に向いた偏角と低角で負の伏角をもつ磁化が，約 30 mT の交流磁場消磁で，また約 430℃ の熱消磁で現れてくる．この磁化は，約 27 億年前の Stillwater 複合体が冷却・生成したときに獲得された初生的な熱残留磁化と解釈されている．

フィッシャー統計とよばれる古典的な方法では，真の平均値周りの球面対称と方向データがある確率密度関数に従って分布すると仮定する．古地磁気データには磁場の正極性と逆極性の両方の 2 種類の方向があるので，一方の集団を反転する必要が生じる．付加的な磁化の不十分な除去または磁場変化の不完全な平均化などのいくつかの理由により，方向データは円的というより楕円的な分布をもつ．

対応する統計値と許容程度（信頼性）の情報をもった古地磁気データは公表の際には一覧表にまとめられる．消磁結果については，直交プロットで表現したものを示す．地点平均や地層平均の方向については，仮想的地磁気極や古地磁気極の投影の際と

同様で，95％の信頼限界の円錐を投影した楕円とともにそれらデータの分布を図上に示す．統計学的な信頼性をもった磁化を得るために，十分な数の試料を採取することが重要である．研究対象の岩石の磁化の特徴は少なくとも3地点で判定されるべきである．また，それぞれの地点では，7個以上の別々に方向づけされた試料を採取する．逆と正の極性の磁化は意味のあるレベルの対極性をもつことが示されなければならない．さらに，磁化の消磁特性はいくつかの地点の試料で一致すべきである．

すべての古地磁気調査において，対象岩石の地質学的年代とその岩石に特徴的な磁化の獲得年代と起源は十分に決められるべきである．年代の情報は，できるだけ高い精度の同位体年代決定法やまたは生物層序学的研究により与えられる．特徴的磁化の地質時間での安定性はしばしば野外で行われるテスト，消磁の際の挙動，岩石磁気学的テストそして磁化方向データのまとまりなどによって評価される（図2）．

最も初期から用いられている野外テスト（褶曲テスト）では，変形した地層，すなわち褶曲の中の異なる位置にある同年代の地層を採取する必要がある．褶曲前に獲得された磁化では変形後によりばらつくようになるが，岩石の現在の走向に関して傾きを戻す，すなわち地層を過去の水平状態に直すことによって（構造補正），褶曲前の磁化ではばらつきが小さくなる．一方，褶曲後に獲得された磁化では，地層を水平に直すと，ばらつきは増加する．最も理想的な状況であっても，このテストは磁化が初生的かどうかではなく，褶曲前かそれとも後かを判定するのに使えるだけである．造山帯の変形した岩石に関する最近の研究では，しばしば岩石は変形中に特徴的な磁化を獲得すると主張されている．磁化獲得が褶曲と同時期であるとする解釈は，変形が流体の浸透性を生じ，磁化を担う粒子に影響を及ぼす可能性があることから，単純ではない．

礫岩テストは古地磁気調査対象の地層に無秩序に存在する砕片（礫）に適用される．もし，砕片が生成時のままの性質の磁化をもち，その磁化が礫岩中でランダムならば，磁化は侵食や輸送より前に獲得されたものである．もし，磁化がいくつかの砕片間で一定ならば，砕片およびおそらくそれらを含む地層も砕片の堆積以降に磁化したことになる．

コンタクトテストは，母岩と貫入した火成岩体それぞれの磁化獲得年代を評価するのに使われる．母岩は，貫入によって熱的な影響を受け，火成岩に接することにより，接触部にある母岩は同時に磁化のブロッキング温度以上から冷えていくと予想される．そのとき，貫入付近の母岩の磁化は貫入岩の磁化と同等になる．もし，貫入部分から離れた母岩が，方向に関して異なる，よくまとまった磁化をもつなら，全体的な結果はコンタクトテストに合格したものとなる．このテストの重要な欠点は，平面的な貫入（たとえば岩脈やシル）の場所がのちの流体の良い通路となり，直接接触する母岩と貫入岩体が，貫入後長い時間で流体によって化学的に再磁化させられる可能性があるということである．

多くの古地磁気研究では付加的な研究を行って議論するようになっている．磁化をもたらす物質は岩石磁気学的な実験を通して同定されるべきである．$^{40}Ar/^{39}Ar$ 同位体を用いた年代スペクトラム決定法は，熱ブロッキングを経て獲得された磁化に

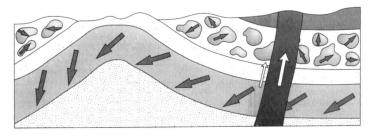

図2 磁化の地質学的な安定性（信頼性）を確かめる褶曲，礫岩およびコンタクトテストの概略図．褶曲前の磁化は最も太い塗りつぶしの矢印で示されている．同様に，褶曲前の磁化は礫岩中の砕片（礫）中の矢印でも表現されている．岩脈に接している範囲の母岩は岩脈と同じ方向の磁化を獲得する（白抜きの矢印）．(Fran Butler (1992))

関する高精度の年代情報を与える．走査型や走査透過型電子顕微鏡は磁化を担う物質の性質や起源の基礎的な情報を与える．磁性物質の総量を示す低磁場中での磁化率は古地磁気研究の重要なパラメーターというだけでなく，実験室で行われる消磁過程でしばしば調べられる．磁化率の異方性（anisotropy of magnetic susceptibility, AMS）データは，既定の手順を経て調査中の岩石がよく発達した磁気構造をもつかどうかを評価するために用いられる．変形し液体の浸透性のある岩石では，ときに AMS データを変形によってもたらされた磁化の補正のために用いる．

　種々の過程を通して，岩石は永久的なもしくは残留の磁化を獲得する．火成岩では，熱残留磁化（thermoremanent magnetization, TRM）が含有磁性物質のキュリー温度より低いブロッキング温度以下に冷やされて，つまりソリダス以下の温度状態で獲得される．1 個の単磁区粒子では，磁化が 180° 反転する時定数は，少しだけ冷やされた場合でも，約 1000 秒程度以下から数百万年まで増加する．そのとき，磁化がブロックされたという．いっそうの冷却に伴って，1 粒子がその磁化を反転する確率はよりいっそう減少する．なぜなら，逆転に対するエネルギー障壁が増加するからである．小さな磁性粒子のもつ TRM は地質時間に関して一般に大きな安定性をもっている．そういった磁化のなかで最も古いものは 30 億年前を超えている．TRM はマグマ中の磁性鉱物が結晶化した後すぐに獲得されるので，そのように獲得された磁化は初生磁化とよばれる．

　化学残留磁化（chemical remanent magnetization, CRM）は磁気物質の成長中に獲得され，その磁化は粒子サイズ増加の結果，ブロックされる．CRM の獲得は一般的には岩石生成後のある時点で起こる．このように獲得された磁化は二次磁化とよばれ，野外での調査によってその評価がくだされる．CRM 獲得の例には，堆積岩中で自生する磁性鉱物の成長，磁気物質の酸化と二次的な磁性鉱物による置換，そして鉄を含むケイ酸塩鉱物が磁性をもつ酸化鉄とほかのケイ酸塩鉱物へ化学的に変化することなどがある．CRM は磁化が固定されるときの外部磁場方向をつねに忠実に記録するわけではない．その方向は前から存在していた磁化と二次的な鉱物生

成の過程で獲得された磁化の両方の関数となる．

　侵食・運搬されたマグネタイトやヘマタイト粒子は，普通の堆積環境では結局堆積物の一部となる．十分に小さな磁性粒子の磁気モーメントは，水中の短い鉛直距離を沈んでいくとき，短時間で外部磁場と平行に配列する．この結果，堆積残留磁化（depositional remanent magnetization, DRM）を獲得する．これは厳密には初生的な磁化である．はやい速度で堆積した細粒堆積物の DRM はしばしば非常に高い忠実度をもつ地球磁場の記録媒体である．水流や不規則な堆積表面などの堆積の影響，粒子運動に関係した脱水・圧密や有機物の活動など，初期堆積後の影響，そしてのちの続成的な変化などすべてが重要な働きをして，DRM によって獲得された初生的で高い忠実性をもつ磁化記録を変えていく．

[John WM Geissman／森永速男訳]

■文　献

Butler, R. F.（1992）*Palaeomagnetism：magnetic domains to geologic terranes*. Blackwell Scientific Publications, Oxford.
Van der Voo, R.（1993）*Palaeomagnetism of the Atlantic, Tethys, and Iapetus Oceans*. Cambridge University Press.

古地磁気学：局地的変形
palaeomagnetism：local deformation

　古地磁気学的な手法は，大陸そのものの変形よりかなり小さなスケールの地殻変形を定量化するのにも用いることができる．古地磁気学的アプローチは，一般に行われる野外調査に基づく研究が制限される場合，もしくはあいまいな情報しか得られないような場合に最も威力を発揮することがわかっている．調査対象となる変形構造は一般に，鉛直軸周りの地殻ブロックの回転（たとえば，スラスト（低角の逆断層）の差分的移動）や水平軸周りの地殻ブロックの傾動の 2 つに分けられる．鉛直軸周りの回転または水平軸周りの傾動の大きさは絶対的または相対的な標準座標系のどちらかで決定される．前者（絶対座標系）では，基準となる古代地球磁場平均を知る必要がある．なぜなら，変形地域の古地磁気データは大陸の安定部分の古地磁気極から決められる標準

の時間平均磁場方向と定量的に比較されるからである．こういった決定の際の信頼性評価は標準データと観測されたデータの質（信頼性）に基づいている．よって，変形の予想される地域から多数の独立な磁場記録を得る必要がある．一方，ある地域内の相対的変形の比較は，1つの岩石単位（たとえば，側方に広がる溶岩流）からデータを得ることで可能である．このような古地磁気研究では，変形より先に少なくとも古地磁気の内部一致が認められるかどうかを考察する．　　　[John WM Geissman/森永速男訳]

古地磁気学と極移動
palaeomagnetism and polar wander

岩石に記録された古代磁場の必要性を理解する際に重要なのは古地磁気極の考え方である．これに関する初期の研究では，ある大陸に広範に分布する地点から得られる同一年代の磁化を比較する必要があったが，その際，古地磁気方向の単純な比較だけでは不適当であった．初期の研究者たちは時間平均磁場として軸対称の地心双極子磁場モデルを提案した．試料採取地点の座標がわかっているなら，磁化方向は磁極（厳密には古地磁気極）に変換でき，磁極から逆に研究地域の磁場が決定されると期待された．定義によれば，古地磁気極は複数の独立な測定値を用いて得られる地球磁場平均から正しく求められなければならない．「仮想的地磁気極（virtual geomagnetic pole, VGP）」という言葉は，磁場が短期間で軸対称の地心双極子磁場として表現されるかどうかにかかわらず，短期間の地球磁場（すなわち，1枚の溶岩流や堆積層に記録された磁場）を表現するのに用いられる．世界中の若い火成岩から得られた数千という数のVGPをまとめると，第一次近似として軸対称の地心双極子磁場が成り立つことがわかっている．対称性に関する証明によって，試料を得た大陸に対する古地磁気極の位置から大陸の古経度が決まらないことがわかっている．しかし，きわめて重要なことは，古地磁気伏角によって計算される大陸の古地磁気極と試料採取地間の距離から，その地域の古緯度が直接見積られるということであ

る．古地磁気偏角は大陸のかつての向きを示している．

古地磁気研究の最終目標の1つは，生成後に安定大陸の一部となってきた岩石から年代の正確に決まった古地磁気極のセットを得ることである．わかりきったことであるが，ある時代範囲で，いくつかの大陸ではほかの大陸に比べて，より精度が高く，より多くの古地磁気データが得られている．すべてではないが，古地磁気極は同位体年代決定法を用いて年代決定されている．初期の研究者が種々の大陸からの古地磁気極をまとめはじめた1950年代中頃には，研究者は新生代中期以前の極が自転軸に一致せず，異なる大陸からの同年代古地磁気極も多少たりとも一致しないことをすぐに明らかにした．その結果，各大陸からの古地磁気極の軌跡は見かけの極移動（APW）パスとして導かれた．なぜなら，それらが自転軸に対する双極子磁場の真の動きではなく，大陸の運動史を記録していたからである．正確なAPWパスは，地球の自転軸に対する過去の大陸運動の評価と比較を可能にする強力な基本的道具となる．APWパスは中生代前期のパンゲア分裂以前の運動を評価する唯一の手段を提供している．しかしながら，APWパスに基づく推論には制限がある．なぜなら，古地磁気極の考え方は軸対称の地心双極子磁場を仮定しており，古経度は決定されない．加えて，APWパスはデータベース，明確にいえば決定された古地磁気極の質や極の年代の正確さや精度と同様に難しい研究対象でもある．真の極移動は自転極と時間平均双極子磁場の非軸対称性を暗示している．評価するのは困難であるが，真の極移動は白亜紀と古生代中期の一部の時代で示されている．

[John WM Geissman/森永速男訳]

古地磁気学と大陸移動
palaeomagnetism and continental drift

1940年代中頃のきわめて感度のよい磁力計の開発によって，ほとんどの古地磁気調査が可能になった．そのなかには，5億4500万年より以前の先カンブリア時代の磁化の弱い堆積岩の測定も含まれ

る．1950年代には，当時ケンブリッジ大学にいたキース・ランコーンなどの英国の研究者が大陸移動説や真の磁極移動を調べるために西ヨーロッパと北米の顕生代岩石の古地磁気を求めはじめた．1956年になって，得られたデータにはヨーロッパと北米の古地磁気極間に約25°の系統的な差（これは大陸が移動したために起こった）が認められた．そのように，古地磁気データは大陸移動の考えをよく支持していた．その後，大陸移動の実際のメカニズムが提案され，驚くことなく受け入れられるようになった．

1960年代初頭のバイン-マシューズとモーリー-ラロッシェルの仮説は海洋の磁気異常パターンを海洋地殻が中央海嶺でつくられるとする考えの提案によって説明された．第一次近似ではあるが，海洋地殻は忠実に地球磁場の方向と極性を記録する．1960年代後半になって，過去数百万年の地球史におけるきわめて詳細な地球磁場逆転タイムスケールがまとめられ，それは海洋磁気異常記録が正確に地球の極性逆転史を記述していることを立証するのに使われた．プレートテクトニクスの枠組みは結果的に地球科学界の大多数から受け入れられ，大陸移動を解釈するために古地磁気データが正式に使われはじめた．

古地磁気極はすべての大陸で手に入るようになり，多くの地域から得られた時代ごとの古地磁気極分布から見かけの極移動（APW）経路が定義された．おのおのの大陸は異なる形のAPW経路を示した．それにより，APW経路は真の極移動というよりは，第一次近似で大陸安定部分の緯度方向移動と水平面内回転を記録しているという結論にたどりついた．異なる大陸からのAPW経路のさらに改良された対比によって，経路は，「何か」に関して地質学的過去に起こった，ときには大きな，移動を記録していることが明らかになった．いまでは，その「何か」はリソスフェアプレートとして知られるようになっている．対称性に関する証明によって，試料を得た大陸に対する古地磁気極の位置から大陸の古経度が決まらないことがわかっている．しかし，きわめて重要なことは，古地磁気伏角から決められる大陸の古地磁気極と試料採取地間の距離から大陸の古緯度が直接見積られるということである．

北米大陸の顕生代APWパス（図1）は第一次近

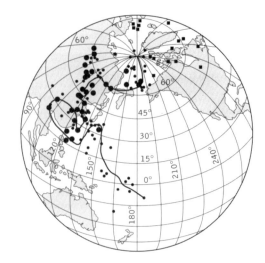

図1 以下のような信頼性基準を満たす古地磁気極（●）から決定された北米大陸中央部に関する顕生代の見かけの極移動（APW）パス（実線）．磁化のかなり正確な年代がわかっていること，完璧な消磁を行っていること，十分な地点数と試料数があること，量的にも時間的にも適切な地球磁場の平均が求められていること，そして研究地域が北米大陸内部の安定領域に含まれていること（以上すべてを満たす必要はない）．上記基準のうちの多くを満たしている極はより大きな●で示している．比較のために，北米大陸西側の岩石から得られた古地磁気極のいくつかを■で示している．これらのデータによって，北米大陸内部に対して，大陸西側の多くの地域は北米大陸の安定領域に合体するまでに北方移動と時計回り回転を経験したと解釈されている．

似ではあるが，いくつかのグローバルなテクトニックイベントを記録している．古生代の大部分と中生代初期の古地磁気極は北米大陸中央部から約90°離れており，この時期の層序学的記録が示すように，赤道付近に北米大陸があったことと調和的である．このAPWパスの古生代初期の部分は有意な反時計回り回転を暗示している．古生代後期と中生代三畳紀初期の極はほとんど同一の位置にあり，この大陸が相対的に動かなかったことを暗示している．それらはおそらく古大西洋（イアペタス海）の最終的閉鎖と超大陸パンゲアの安定時期を反映している．三畳紀中期からジュラ紀のはじめ頃までに，北米大陸は再び反時計回り回転を行った．しかし，ジュラ紀のはじめ頃にはプレートの動きに大きな変化があった．なぜなら，中央大西洋で互いに接する大陸どうしが分離しはじめたからである．APWパスの詳細とある古地磁気極に割り当てられた年代には依然として議論があるけれども，のちの時代には北方移動

と時計回り回転の両者が主要な運動となった．北米大陸は約1億1000万〜8000万年前の白亜紀中期に最も地理極に近づいた．白亜紀後期以降では，わずかな反時計回り回転と南方移動が起こっている．

顕生代のAPWパスはほとんどの大陸で確立されているが，残念ながらそれらのデータベースは北米大陸のものほど十分な内容ではない．にもかかわらず，大陸の過去のテクトニックな歴史の多くの性質を示すには十分な古地磁気データが存在している．たとえば，インド大陸のデータベースはジュラ紀初期にはじまったゴンドワナ大陸の分裂以降の大規模な北方移動を明らかにしている．北米大陸とは対照的に，南米大陸APWパスの中生代と新生代の部分はとくにデータが十分でない．また，南米大陸の古生代データは限られた数ではあるが，かなりの量の移動を示している．

プレートテクトニクス的運動に関する基本的な結論は，大陸は移動するということだけではなく，先に存在していた大陸の一部，海洋島，または沈み込む海洋底の一部が付加することによって，時間とともに大陸は成長するということである．北米の地球物理学者の多くが北米大陸内部の岩石を研究し，APWパスを確立するのに貢献していたころ，北米大陸の西側も多くの古地磁気研究の焦点になっていた．大陸西側の岩石からの古地磁気極の多くは北米大陸内部のAPWパス中で年代が対応する標準極とは一致しなかった．一般的には，それらは大陸内部APWパスに対して大陸から見て右側で，極をはさんだ遠いところに位置している．西ワシントン大学のM.ベックとほかの研究者たちは，この不一致を北米大陸内部に対して，大陸西部を構成するかなり多くの地殻が時計回り回転（東振りの偏角）と北方移動（相対的に小さな伏角）をしたためと解釈した．カリフォルニア半島（メキシコ）から中南部アラスカ地域に分布する岩石は，それらを含む地殻がわずかに認識できる程度の速度で運ばれてきて，最終的により大きな大陸へ付加したと考えられるデータを示した．APWパスの解釈と同様に，多くの疑問が古地磁気データの解釈にも依然として向けられている．たとえば，貫入した火成岩のデータは緯度方向の移動や回転を考える必要もなく，局地的な傾動によって説明できるのではないかといったようなことである． [John WM Geissman/森永速男訳]

■文　献
Butler, R. F. (1992) *Palaeomagnetism：magnetic domains to geologic terranes.* Blackwell Scientific Publications, Oxford.

Van der Voo, R. (1993) *Palaeomagnetism of the Atlantic, Tethys, and Iapetus Oceans.* Cambridge University Press.

COHMAP 計画
COHMAP Project

完新世気候図作成協力計画（COHMAP）は，過去1万8000年の間に生じた気候と環境変動の間の関係に対する理解を深めるという包括的な目的をもった学際的な調査計画である．計画の目的，調査の構想，そしていくつかの結果は，1988年の'Science'に掲載された．

COHMAPは，現地データと分析データの解釈から導かれる過去の気候と環境の変動の知識と，過去の気候をモデル化してシミュレートした大気大循環モデル（GCM）の結果を結合するという，二重の特徴的な研究方法を採用した．地層学の花粉データや過去の湖沼の水位，海洋の微化石といった古環境の情報は，世界中に分布する数百もの地点で採取された．この情報は，全球規模での古気候の変動の空間的・時間的な連鎖を再現するために用いられた．大容量のデータを取り扱うことができる高性能コンピュータの発達につれて，大気大循環の数値モデル（GCM）を構築することが現在は可能となった．ほとんどのGCMは，温室効果気体の大気中の濃度の変化によって，将来の気候の変動を予想するために使われている．COHMAP GCMは過去の気候変動をシミュレートするように設計されており，そのために確かな境界条件がモデルに組み込まれていた．これらの境界条件は，ミランコビッチサイクルに関連する太陽エネルギー，有孔虫の化石から見積られた海面水温，氷床の面積や高度，大気中の二酸化炭素とエアロゾルの概算といった数値を含んでいる．よって，気候と環境の過去の変動の間の相互作用を再現して説明しようと努力するために，古環境データセットと気候モデルという2つの独立したデータセットを試験できるようにこの計画は明確に設計されている．

計画ははじめ，7つの特定の時期（1万8000年，1万5000年，1万2000年，9000年，6000年，3000年前と現代）の気候と環境の状態を再現することに集中した．モデルからの結果によって，気候学者と第四紀科学者は，気候と環境の変動の間の関連性の確認をはじめることができた．たとえば，COHMAP の Kutzbach と Otto-Bliesner は，地球の軌道要素の変動が9000年前の中緯度の夏の日射の強度を増して，強化されたモンスーンの降水と北アフリカの湖沼の拡大を生じたことを示した．花粉の記録で示唆されるトウヒの木の分布とともに COHMAP GCM でシミュレートした気候の状態を比較すると非常によく一致しており，気温と降水が過去1万8000年の間のトウヒの地理的分布に影響を与えたことを示唆している．これらの例は，COHMAP 計画が気候システムの移動のパターン，氷床の拡大や縮小，気温と降水のレベルをどのようにシミュレートしたのか，次にその結果と植生の分布や湖沼の水位の変化をどのように比較したのかを説明している．

モデルシミュレーションを併用した現地データと分析データの組合せは，過去の気候の状態と環境システムのどちらかまたは両方の本質を決定したと思われる特徴を明らかにするための強力な道具となりうるので，COHMAP 計画は非常に有益なものである．たとえば Wright と Bartlein は，巨大な氷床の存在が北半球の大気大循環のパターンを変化させ，これらの特徴が化石データから推測された古気候のパターンを説明できるであろうことを見出した．モデルと古環境の証拠が広く一致することが確認されたからだけでなく，矛盾点もみつかったので，計画の結果は重要なものである．私たちの理解と将来の研究分野にある隔たりが明らかになったので，このことはきわめて有用である．気候のモデルシミュレーションと現地データや分析データの両方の精度と品質が向上するにつれて，過去の気候と環境の間の関係に対する私たちの理解は前進するであろう．

[T. Mighall/田中　博訳]

■文　献

COHMAP members (1988) Climatic changes of the last 18000 years : observations and model simulations. *Science*, **241**, 1043-52.

コリオリ効果/コリオリ力
Coriolis effect or Coriolis force

コリオリ効果は，コリオリ加速度やコリオリ力ともよばれ，地表で見るときに，気流の運動に見かけ上の曲げをもたらす．気流の水平運動は，この効果により北半球では右に曲げられ，南半球では左に曲げられる．曲げの大きさは，赤道ではゼロであり，南北両極で最大となる．コリオリ加速度（力）は，地衡風を支配する重要な要素である．

コリオリ効果を正しく理解するには，大気中の空気の流れに地球の自転が影響することを認識する必要がある．大気の流れは地表との関係が重要な意味をもつ．地球は，北極と南極を通る地軸のまわりを，約24時間に1回の割合で西から東へ回転する．この自転は，北極の上から見ると反時計回り，南極の上から見ると時計回りである．宇宙空間に対して，赤道付近は時速1600 kmを超える高速度で動くのに対して，両極付近は地軸のまわりを1日1回転するだけである．

この事実は2つの重要な結果をもたらす．まず，地表に沿って移動する空気が過去の速度を「相続」する点に注目しよう．相続した速度は，移動先の地表速度より速かったり，遅かったりする．北半球でも南半球でも，低緯度から高緯度に移動する空気は，地表速度の遅い地域に入っていく．反時計回りに自転する北半球では，地表と一緒に運動する観察者には，空気の運動が右向きに曲げられたようにみえる．空気は，過去の運動を引きずって，直下の地表より速く流れるからである．逆に高緯度から低緯度へと移動する空気は，地表速度の速い地域に入るので，やはり右向きに曲げられるようにみえる．時計回りに自転する南半球では，その効果は逆になり，空気の運動は左向きに曲げられる．

次に，地球はほぼ球であるために，空気の運動と自転軸の方位の関係も考慮しなければならない．赤道の真上を水平に（地表と接するように）流れる空気は，運動が自転の向きと直交する（垂直である）ので，自転の効果をまったく受けない．両極で水平に移動する空気は，運動が自転と完全に同じ方向なので，自転の効果を最大に受ける．類似の議論は，

対照的な結論を伴って，地表に対して垂直に移動する空気にも適用されるので，コリオリ効果は大気中の空気のあらゆる流れに働く．コリオリ効果は，運動の垂直成分と水平成分に分解して考えることができるが，一般によく知られているのは水平成分に対する効果である．

一般に，水平運動については，コリオリ加速度（a）は緯度Φの正弦と気流の速度Vに比例する．Ωを自転の角速度として，$a = 2\Omega V \sin \Phi$と表現される．

[Graham Sumner/井田喜明訳]

ゴールドシュミット，ヴィクトール・モーリッツ
Goldschmidt, Victor Moritz
(1888-1947)

V. M. ゴールドシュミットは地球化学の先駆者であり，スイスに生まれた．しかし，13歳のときにオスロに移住し，のちにノルウェーの国籍を得た．彼は，オスロで化学，鉱物学および地質学を学び博士号を取得後，1911年にMineralogical Instituteに職を得，3年後に正教授兼所長となった．1929年から1935年までは，彼はゲッティンゲンのMineralogical Instituteの正教授兼所長であったが，1935年にオスロに戻った．彼はナチにより収監されていたが，英国に逃げ，1945年にノルウェーに戻った．ゴールドシュミットの初期の研究は南ノルウェーの変成作用についてのものである．彼は，さまざまな堆積岩の接触変成作用で生じた10カ所のホルンフェルスの鉱物組合せが化学組成と，少なくとも450℃以上で深さとともに高くなる温度により定まることを明らかにした．この結果から，鉱物学的相律，すなわち平衡の状態で安定に存在する鉱物の数は化学成分の数と等しいかそれよりも少ないという彼の考えが得られた．

のちに，ゴールドシュミットは，Stavanger地域において花崗石や類似した岩石の貫入による粘土質岩石の変成が，貫入岩から物質が付加されることにより片麻岩を生じるものであることを明らかにした．この過程は交代作用と呼ばれる．ゴールドシュミットは，その過程に4つの基本的型式があること

を明らかにした．

75元素の約200種類の化合物についての地球化学的および結晶構造の研究から，彼は地球化学的分配の法則を明らかにし，はじめてイオン半径，イオン電価および原子間距離の表を作製した．また，彼は結晶の硬さをその構造と関係づけて説明した．これらをまとめた9巻の 'Geochemische Verteilungsgesetze der Elemente'（最後の1巻は1935年にオスロに戻ってから発行された）について，彼は編者であり，また主要な執筆者であった．これらの研究から，彼は，元素を鉄，硫黄あるいはシリカへの親和性に従って地球化学的に分類することを提唱した．ゴールドシュミットの『地球化学（Geochemistry）』は彼の没後A.ミュアの編集により1954年に出版された．

[R. Bradshaw/松葉谷　治訳]

コントロールソース電磁気マッピング
controlled-source electromagnetic mapping

コントロールソース電磁気マッピング（CSEM）は，岩石の電気伝導度の違いを用いて地下の構造や組成を明らかにする地球物理学的な手法である．電磁誘導の原理に基づいており，①変化する磁場は伝導体内部に電位差を引き起こし，その結果電流を誘導する．そして，②生じた電流は磁場を発生する．電流は誘導磁場によって起こるので，電気比抵抗探査で必要とされる大地に直接接する方法を必要としない．よって，この方法は一般に迅速で，装置は相対的に携行しやすいものになっている．たとえば，空中での応用にも適当である．さらにこの方法においては，ユーザーが使用する信号の周波数や送信および受信アンテナの配置などを選ぶことが可能で，探査すべき物質の種類や深さに応じて，それらを応答が大きくなるように設定することが可能である．

これらには以下の2つの主要な方法，すなわち周波数領域で行う方法と時間領域で行う方法がある．図1に周波数領域の方法の原理を示している．普通数千Hz（秒当たりの波数）の周波数の変動電流を

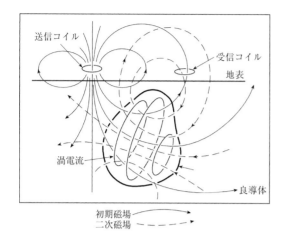

図1 コントロールソース電磁気マッピング（CSEM）法の原理．送信コイルから変動電流を発生する．この電流は初期磁場をつくり，磁場が大地に進入する．この進入した磁場は地下の良導体中で二次的な電流を誘導する．二次電流は二次的な磁場を発生する．地表の受信アンテナは初期と二次の磁場の合成結果を検出する．この合成磁場の変化が地下伝導度の変化を示している．(J. M. Reynolds (1997) *An introduction to applied and environmental geophysics*, John Wiley & Sons, Chichester より改変)

送信コイルで発生させる．この電流は磁場（初期磁場とよぶ）を発生し，送信側電流と同じ位相で変動する．初期磁場は空間に広がり，大地に進入する．進入深度には，信号の周波数が大きい場合や大地の伝導度が高い場合に逆に小さくなるといった制約があるので，探査に適した周波数を選ぶことが重要になる．初期磁場は，良導体である鉱床のような種々の電気良導体に遭遇すると種々の電位差を誘導するようになる．この誘導電位差が良導体のなかで，初期磁場と同じ周波数で，良導体の電気特性に依存した位相差をもつ二次的な変動電流を誘導する．二次電流は二次的な変動磁場を生成し，それを受信アンテナが地表で検出する．一般に初期と二次の磁場が合わさった結果が受信で検出されるが，初期磁場の影響を取り除くための装置が組み込まれている．どのような場合においても，調査範囲では観測装置を移動させるので，信号の変化は大地に伝導度変化があることを示している．

時間領域で行う方法では，一定の初期電流を作用させたのち，急激に切る．その場合に生じた初期磁場は時間とともに減衰していき，この時間変化が二次磁場を誘導する．その二次磁場を地表で検出する．

CSEMで用いる装置は一般的に数十mまでの大地進入が可能である．より深く進入させるためにはもっと低い周波数を使用する必要があり，大きいが携行可能な，数百m程度の範囲に張れるアンテナを用いた応用が知られているが，携行可能な発信器で磁場を発生させるのは困難である．もっと普通に用いられる装置は2つのコイル（送信と受信の）からなり，共通の基台に据え付けられている場合と別々の基台に据え付けられている場合のどちらかである．小さなサイズのものは1人でやすやすと運べる．しかし，送信と受信が別々の基台に据え付けられている場合には，2人のオペレーターが必要となる．

記録される信号の振幅と位相両者の結果には，一般的な地球物理学的方法と同じく，こういったデータ固有の不確定性があり，良導体の位置，形状，大きさ，そして電気特性に関する情報がすべて含まれている．たとえば，良導体の伝導度の増加と厚さの増加による影響を分離するのは難しい．しかしながら，この方法の利点の1つはきわめてよい水平方向の解像度をもつことと，直流（DC）抵抗法を用いた場合には分解しにくいような，点の形をした良導体を識別できることである．

この方法は電気伝導度変化がありそうな地域での探査に応用される．一般的な応用は金属鉱床の探索で，それらの多くは普通の種類の岩石と比べて高い伝導性を示す．環境研究において，この方法は，埋没している非磁性の非鉄金属の検出に用いられる．もう1つの重要な応用分野は地下水の調査である．地下水面の深さの検出（直流抵抗法でもこれを行う），水で満たされた割れ目や帯水層の検出，そして汚染物質の溶解程度に伴って変化する地下水の伝導度変化をマッピングするのに使われる．この最後の分野は環境汚染の研究でますます重要になってきている．

鉱床や汚染水といった特徴的な対象をマッピングするだけでなく，CSEM法は地質構造を明らかにするのにも用いられる．この方法は一定の伝導度を示す層の厚さ変化をマッピングするのにとくに有効である．表面に伝導性のある粘土層やまたは相対的に伝導性の高い凍土上の土壌などがその例である．

CSEMの最近の進歩は，地下進入レーダー（ground-penetrating radar, GPR）である．普通

100 MHz 程度の周波数で，適当に短いパルス的な
レーダー信号を携行用送信機で発生させる．送信機
は一般にそりのようなものに固定されており，鉛直
下向きに向けられている．パルス信号は普通の土壌
や岩石では数十 m くらいの深さまで進入する．こ
の方法はもともと数百〜数千 m も進入可能な氷床
の測深で開発されたものである．

　地中レーダーのパルスは電気的特徴（伝導度や屈
折率または導電性）の変化境界層で反射し，この反
射信号は送信に使われたのと同じアンテナで検出さ
れる．装置を測線に沿って動かして，空間的に密で
多くの結果を用いて地下構造図を作成する．これは
地震の反射法とほとんど同じ方法であり，反射法で
は地層の境界や，場合によっては個々の地層までも
識別する．反射法で行われる多くの処理や表示の手
法は GPR データにも応用される．GPR は，たと
えば土木工事の際に行われる探査や環境調査などの重
要な応用をもっている．［訳注：なお，現在 GPR は
遺跡探査などで考古学の世界でも普及してきてい
る．］
[**Roger Searle/森永速男訳**]

■文　献

Milsom, J. (1996) *Field geophysics* (2nd edn). John Wiley
　and Sons, Chichester.

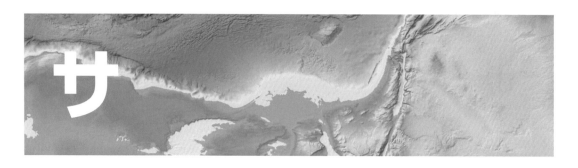

酸化還元平衡
redox equilibria

　レドックスはreduction-oxidation，すなわち還元-酸化を縮めた用語である．古くは，酸化は酸素と結合することであり，還元は酸素が切り離されることを意味した．しかし，最近では，その定義は，結合電子を与えるかそれとも受け取るかを意味するというものに広げられた．酸化還元平衡はそのような反応が微視的に定常的になる状態である．もし化学エネルギーが最小の場合は，平衡が安定であり，もし化学エネルギーが最小でないが反応がエネルギー的な障害により妨げられている場合は，平衡は準安定である．

●地球の酸化還元的成層

　酸化還元平衡は地球の誕生，変遷および性格に関係して非常に重要な役割を果たした．鉄と酸素は地球の中で最も多く存在し，おのおの全質量の1/3ずつを占める．地球の酸化還元の歴史はこの2つの元素がどのように結合し，また分離したかを中心に発展した．水素を主とする太陽系星雲は金属鉄，マグネシウムに富むケイ酸塩，および還元形態の炭素を含む還元状態の塵粒子として凝縮し，それらの粒子は重力により互いに引き寄せあい，岩石状の原始惑星が成長（アクリーション）したという考えは一般に広く受け入れられている．したがって，原始地球の内部では，おそらく金属鉄が局所的にほかの鉱物と酸化還元平衡の状態であったであろう．地球物理学的証拠からは，現在の地球は酸化還元的に成層している．すなわち，固体の鉄-ニッケルの内核，若干の軽元素を含む溶融した鉄の外核，2価鉄を含むマグネシウムに富むケイ酸塩のマントル，および2価鉄と3価鉄を含むシリカに富む地殻である．鉄のほぼ3/4は金属として核に存在し，酸素の大部分はマントルと地殻に存在する．地球および月はおそらくアクリーション過程の最終段階（あるいは直後）に溶融したと考えられる．惑星のような物体の巨大衝突が原始惑星を地球と月に分離し，地球の自転軸を傾け，さらに地球と月を溶融させたという考えが徐々に受け入れられはじめている．急速なアクリーションにより，重力ポテンシャルを失うことにより発生する熱の相当の部分が内部に取り込まれ，地球や月を溶融させたことも考えられる．酸化還元成層は，おそらく全地球規模の溶融とあわさって，圧力，断熱温度および重力ポテンシャルの勾配をもつ惑星大の連続系における酸化還元平衡を理解する方法を示している．勾配は増加する物質またその結果生じる地球の重力の増加により生じた．地球では，低エネルギー状態（すなわち平衡への接近）は鉄と酸素の結合による化学エネルギーの解放によるよりは，むしろ重力エネルギーポテンシャルの解放（鉄の下方移動および酸素の上方移動による）により達成された．

●マントルの酸化還元状態

　岩石の酸化還元関係を研究するための適当な熱力学的変数は酸素フガシティー（f_{O_2}と記す）である．フガシティーは，G.N.ルイスにより提唱された熱力学的用語で，物質の集合（固体，液体または気体）におけるある化学種のそこからの逃げ出しやすさの程度を表す．均一な複数の相からなる系における平衡の条件は，どの成分のフガシティーもおのおのすべての相（鉱物，メルト，気体）の中で等しいということである．岩石が生成した，あるいは再平衡になった局所的環境では，その岩石に固有のフガシ

ティーが定まる．1960年代に岩石学者が描いていたおもな考え方は，始原的玄武岩質マグマの酸化還元状態は供給領域（すなわち上部マントル）の状態を反映し，マグマは噴出するまでは閉鎖系であるというものであった．玄武岩のf_{O_2}は，磁鉄鉱（Fe_3O_4）-イルメナイト（$FeTiO_3$）組合せの鉱物学的研究からの推定，火山ガスについての直接測定，および火山岩の2価鉄/3価鉄比によると，偶然フェヤライト（Fe_2SiO_4）-磁鉄鉱（Fe_3O_4）-石英（SiO_2）f_{O_2}バッファー（緩衝）（略してFMQ）と呼ばれる鉱物の共存したものの値と近いものであった．しかし，さらに最近になり磁鉄鉱や火山ガスとは無関係な方法で求めた結果は，マントルがより還元的であることを示した．新たに受け入れられはじめている考えでは，マントルのf_{O_2}は炭素（C）-一酸化炭素バッファー（CCO）で規制されている．考えられる酸化炭素種は二酸化炭素（CO_2）と一酸化炭素（CO）であるが，後者はマントルの圧力では無視できる．

上部マントルでは2価鉄ケイ酸塩のf_{O_2}を規制する金属鉄も磁鉄鉱も存在せず，3価鉄/2価鉄比が低く（0.05〜0.1），鉄-酸素系は，全酸化鉄がほぼ10%（質量）も含まれるにもかかわらずf_{O_2}を規制する能力はほとんどない（図1）．炭素は質量当たり大きな還元能力をもつ（同じ質量のFe^{3+}に比べて18.6倍を還元できる）．炭素はグラファイトかダイヤモンドとしてマントル中に存在する．そのような炭素の鉱物はCO_2による噴出火道（キンバーライトパイプ）からもたらされた岩石の破片の中に含まれる．CCO反応によるf_{O_2}は，鉄-酸素反応と比較して，圧力の上昇に伴いより高くなり，また温度の上昇に伴いより低くなる．原始地球において，圧力および温度の上昇に伴う相反する効果は次のように相殺された．マントルが融解すると，圧力の原理に従ってCO_2が上昇し，核の中ではダイヤモンドがFeO（一酸化鉄）を金属鉄に還元し，CO_2を発生させる．ところが，上部マントルではCO_2が金属鉄を酸化し，炭素となる．このように炭素-酸素系は酸素を上方に運搬し，マントルでは外側（上方）にいくほど酸化的になるという酸化還元の勾配を形成した化学的過程を整えたはずである．

● マグマの酸素フガシティー

玄武岩質マグマは上部マントルの部分溶融で発生する．そのマグマが地殻で固化すると，残液中の鉄濃度が上昇する．1955年に，G. C. Kennedyは鉄の濃縮は玄武岩質マグマでは比較的低いf_{O_2}で起こることを提唱した．地殻深部で水含有量の低いマグマから結晶化した層状岩体（ソレアイト玄武岩）は鉄濃縮の傾向を示す．そのような岩石は，炭素同位体比から非生物起源炭素と判断されるグラファイトおよび高圧のCO_2流体包有物を含み，一般に3価鉄/2価鉄比が低く，結晶化した圧力，温度における炭素の酸化の状態に近いf_{O_2}をもつ．水を多く含むマグマから結晶化した岩石（たとえばアルカリ玄武岩，カルクアルカリ玄武岩）は鉄濃縮の明らかな傾向を示さず，グラファイトを含まず，一般には3価鉄/2価鉄比が高く，FMQバッファーよりも高いf_{O_2}をもつ．月の玄武岩は水を含まず，著しく還元的で，著しい鉄濃縮の傾向を示す．金属鉄が噴出岩の上に晶出している（おそらく低圧力下での炭素による還元の結果であろう）．

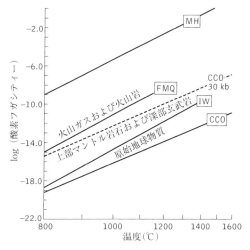

図1 いくつかの標準酸化還元バッファーの酸素フガシティーの対数が温度に対して大気圧下でどう変化するかを示す図（太い実線）．圧力が増加すると，これらの値はすべて比較的ゆっくりと増加する．ただし，気体のCCOバッファーは例外で，圧力の変化に対して指数関数的に変化する（点線は，30 kbar，すなわち地下100 kmの深度に相当する圧力下での$\log f_{O_2}$を示す）．注意：横軸の温度（℃）は熱力学的温度（K）の逆数が等間隔になるように目盛ってあり，その結果，図示した変化が直線になる．書き込みは，地球のさまざまな岩石のf_{O_2}温度範囲の概略を示す．四角で囲ったものは次の酸化還元バッファーを表す．CCO：炭素-一酸化炭素，IW：鉄-ビュスタイト（FeO），FMQ：フェヤライト-磁鉄鉱-石英（本文参照），およびMH：磁鉄鉱-赤鉄鉱．

水そのものは閉鎖系では，酸化しない．部分溶融の程度の低いとき（したがって，揮発性物質濃度の高いとき）以外は，アルカリ玄武岩はソレアイト玄武岩と類似した起源をもつと考えられる．最も軽く，最も動きやすい水素（H_2）の散失により，玄武岩質マグマの酸化の程度と水含有量の関係が説明される．マグマの中では，H_2O はまずはじめに炭素と反応して，H_2，CO_2 および CO を生成する．次にもし H_2 が散失すると2価鉄と反応して H_2 と3価鉄になる．はじめの水含有量が高いほど，マグマの H_2O および H_2 のフガシティーは高く，H_2 の散失およびその結果のマグマの酸化には好都合である．マグマの f_{O_2} が FMQ バッファーよりもわずかに高く（対数で約1まで）なると，磁鉄鉱がマグマから晶出する．含水量の少ないマグマに比べて，多いマグマは H_2 の散失が大きく，ただちに酸化される．したがって，磁鉄鉱は結晶分化のより早い時期に晶出して，マグマの鉄濃度を下げる．磁鉄鉱の晶出は，マグマから3価鉄が2価鉄よりも2倍多く除かれるので，マグマの f_{O_2} の上昇を抑える．そのほかのマグマ中の要因も f_{O_2} の上昇を制限する．f_{O_2} が高いほど，f_{H_2} は低く，H_2 の散失はゆっくりになる．マグマの f_{O_2} の対数の変化は Fe^{3+}/Fe^{2+} の対数の変化と類似する．したがって，酸化が定常状態のときには，f_{O_2} の上昇速度は磁鉄鉱が晶出する f_{O_2} 付近で Fe^{3+}/Fe^{2+} が1に近づくときにゆっくりになる．二酸化硫黄（SO_2）のフガシティーは気体が散失しはじめるために十分なほど高くなる．SO_2 の散失は H_2 の散失と逆方向に進む．硫黄はマグマの中ではおもに-2価の状態で存在し，S^{2-} と $2O^{2-}$ イオンが SO_2 として散失するためには $6Fe^{3+}$ が $6Fe^{2+}$ に還元され，電価の中性を保つ必要がある．多くの玄武岩質火山岩は，もし空気によりさらに酸化されることがなければ，この自己規制範囲の f_{O_2} をもった状態となる．上記の一連の脱ガス過程から考えると，マグマが地殻上部に貫入すると，H_2 と CO_2 が火山ガス中で最初に増加する成分のはずである．SO_2 が増加しだすまでには，マグマは噴出しているか，あるいはその直前である．このような気体の連続したモニタリングは火山噴火の開始を予測するための助けとなるであろう．

●原始大気と鉄堆積物

地球の原始大気は火山ガスから海洋に凝縮あるいは溶解したものを引いたものに類似すると考えられる．おそらく，大気は遊離酸素をほとんど含まず，CO_2 濃度が高く，また降水は酸化的ではなく中程度に酸性であったであろう．岩石の風化は先カンブリア時代の初期とは著しく異なり，鉄はそのような降水にとけやすく，容易に移動できたはずである．赤鉄鉱（Fe_2O_3）を含む最古22億年前の大陸の赤色堆積岩は酸化的大気への変化のときを示し，そののちは鉄の海洋への移動は起こらない．先カンブリア時代初期ないし中期の鉄に富む堆積物は，縞状鉄鉱鉱床（現在の主要な鉄資源）と呼ばれ，鉄鉱物（酸化物，炭酸塩およびケイ酸塩）とチャート（微細なケイ石）の互層からなり，浅い堆積盆中で化学的に沈積したと考えられている．最大の縞状鉄鉱鉱床は大半は22億年前よりも古い．赤鉄鉱および磁鉄鉱（あるいはそれの水和物）がはじめに沈殿したものか否か，また，もしそうだとしたら，遊離酸素がほとんどないと考えられる時期にそれらの鉱物がどのようにして沈殿したのかは，まだ議論の最中である．磁鉄鉱は遊離酸素がなくても，海水が弱アルカリ性まで中和され，不安定な2価鉄の水酸化物が沈殿する場合は，その不均化反応（H_2 の散失を伴う）により生成される．赤鉄鉱はこの方法では生じない．その生成は生物の関与によることが示唆される．酸素が限られた浅い盆地の中で局所的に少しずつ発展していく光合成生物により生成され，海水中に多量に存在する2価鉄イオンにより生じた酸素すべてが消費されたと考えられる．

●生命および酸化還元触媒

地表近くの環境における通常の温度では，ある種の無機的酸化還元反応は大変遅く，たとえ地質学的時間でも安定な酸化還元平衡は達成しない．生命の出現は，おそらく35億年よりも前で，準安定な酸化還元条件が継続したことによる．光合成型の生物以外は，生物は準安定に共存している1対の酸化体と還元体の間の反応についての自己再生触媒とみなされる．一部の生物学者は最も原始的な生物は硫黄代謝型のものであったと考えている．200℃以下の温度では，硫酸イオン（SO_4^{2-}）は水溶液の中で，無機的には容易に還元されることはなく，水素，硫化水素，アンモニアおよびそのほかの生物起源の還元物質と不安定な状態で永久に共存できる．硫黄代

謝生物は，反応方向を交互に逆転させ，その結果，生命維持に必要なエネルギーを得ることにより酸化還元反応を触媒のように起こしていると考えられる．最初の光合成生物も同じように硫黄に基づく反応機構を利用していたと考えられるが，結局は酸素に基づくものが主流となった．酸素による光合成は，太陽光エネルギーを準安定に共存する生物物質と遊離酸素の中に化学的に貯蔵する過程である．この過程が可能となるためには，O_2が地表の温度では急速な酸化剤ではないこと，すなわち酸素の二重結合O=Oが切れるためには高い活性化エネルギーを必要とする．したがって，空気は食物あるいは燃料といった還元的物質を湿った環境でも急速に酸化することはない．好気菌および動物は，準安定性を利用し，酸化還元反応を触媒的に進めることにより代謝エネルギーを取り出す．光合成された有機物のわずか0.1%が地表での生物的酸化を免れるだけであるが，地質時代を通じての積算量は相当なものである．化石燃料（たとえば石油，石炭，天然ガス）は埋没した部分（おもに酸化に強い脂肪，リグニン，フミン質物質およびケロジェン）から生成する．化石燃料の熟成作用は，埋没している生物物質から安定なH_2OやCO_2を取り去り，最終的にはメタンやグラファイトを生成する自発的な，遅い，しかも反応量の少ない過程である．

● 地表付近の酸化還元反応

光合成生物の増殖による酸素に富む大気の発展は，地表の酸化還元過程を完全に変化させた（図2）．深部で生成した岩石や鉱物，および噴出した火山岩は現在の大気との酸化還元平衡からは著しく外れており，酸化還元反応が常時起こっている．3価鉄の酸化物（赤鉄鉱，針鉄鉱）は大気にさらされた環境下で2価鉄のケイ酸塩，炭酸塩，磁鉄鉱および硫化鉄の酸化により生成し，ほとんど水に溶けず，その場に残留する．黄鉄鉱や白鉄鉱（両方ともFeS_2）の酸化では，過剰の硫酸が生じ，有毒なカドミウム，水銀，ヒ素およびそのほかさまざまな重金属酸化物が溶解し，移動しやすくなる．このような二硫化物は金属や石炭の鉱山排水中にごく一般的に含まれ，したがって，そのような地域の未処理の流出水は生命にとって著しく有害である．しかし，物事には両面がある．多くの金属硫化物鉱床，

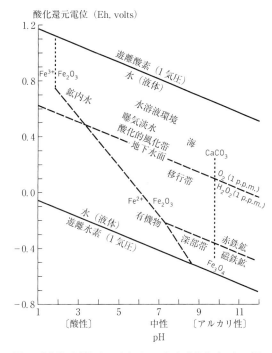

図2 酸化還元電位（EhまたはORP）と酸性度（pH）の図．地表付近（O_2に富む）から深部（O_2なし）までで水溶液の酸化還元条件がどう変化するかを示す．磁鉄鉱（Fe_3O_4），2価鉄ケイ酸塩および金属硫化物は，火山地域の岩石や鉱床に一般的に含まれるものであるが，わずかな遊離酸素が存在する状態でも不安定であり，容易に赤鉄鉱（Fe_2O_3）へと酸化され，特徴的な赤色になる．低pH範囲における赤鉄鉱および磁鉄鉱の領域を決めている溶存鉄（Fe^{2+}またはFe^{3+}）の活量は10^{-6} mol kg^{-1}と定めた．pHの最大値は純水中の方解石（$CaCO_3$）の値をとった．堆積物中に一般的な生物起源物質および硫化鉄もまた遊離酸素を消費し，二酸化炭素，水および硫酸イオン（SO_4^{2-}）を生成する．

とくに乾燥地域や半乾燥地域の鉱床は，浅成濃縮の過程により地下水面付近に銅や銀が濃縮され，はじめの低品位の鉱床が採掘可能な資源となる．そのような鉱床の酸化帯を通過して地下に浸透する降水は過剰の酸により酸性化され，酸化状態の銅や銀の鉱石を溶解し，金属を下方へ運搬する．溶液が地下水面の下まで降下すると，そこは遊離酸素がほとんど存在せず，酸性度も低く（中性に近い），電気陽性（electropositive）な（すなわちH_2よりも酸化力の弱い）銅や銀はもとの硫化鉱物中の鉄やその他の電気陰性（electronegative）な金属を置換する［訳注：ここで使用されているelectropositiveおよびelectronegativeという用語が何を意味するのか不明であるが，この置換反応はイオン化傾向（イオン化電位）の差によるものであり，酸化還元とは無関

係である．すなわち，水溶液と鉱物の間で2種類の金属イオンが，たとえば Cu^{2+} と Fe^{2+} が電価を変えることなく交換する]．還元性物質が存在していたり，電気化学的酸化還元電池効果があるときには，金属状の銅や銀が沈殿することもある．有毒な金属も同様に酸性度が低く，還元的な条件で沈殿するであろう．地表付近の酸化と金属硫化鉱物の置換は，酸化物が反応経路により規制される準安定状態になるので，酸化還元平衡が示す条件よりはより酸化的な条件で起こる．したがって，実際の反応機構の研究は地表付近の酸化還元過程を理解するために重要である．

●酸化還元混合

　プレート収束境界に沿った大陸地殻の深部および中央海嶺やホットスポット周辺では，還元的なマグマ物質，酸化的な地表物質および還元的な生物起源物質が混合し，完全に反応する．さまざまな形式の酸化還元平衡が関係する過程としては，マグマからの熱と揮発性物質による堆積物の変質，マンガン鉱床の沈積と変質，ウランやバナジウムの地表付近での移動，および火山地域における金属硫化物の沈殿などがある．これらから，地球上の酸化還元平衡について多くのことを学ぶことができる．

[M. Sato/松葉谷　治訳]

■文　献

Cloud, P. (1988) *Oasis in space : Earth history from the beginning.* W. W. Norton, New York.

Smith, P. J. (ed.) (1986) *The Earth.* Equinox, Oxford and Macmillan, New York.

酸性雨
acid rain

　酸性雨は1970年代から80年代にかけて最も話題となった環境問題であるが，その100年以上も前に，アンガス・スミスによって確認されていた．彼は英国の初代工場監察官を務めた化学者で，マンチェスターの都市域の降雨に，田園地帯と比べると濃度の高い酸が含まれていることを報告している．1972年にストックホルムで開催された第1回国連環境会議で酸性雨がもたらす環境破壊の実態が発表された．それ以後，酸性雨は，最も重要な環境問題として認識されるようになった．この会議では欧州での降雨の急速な酸性化，スウェーデンの河川や湖の酸性化，湖沼に生息する魚の減少，森林の減少などが発表された．魚や森林の減少の原因が酸性雨にあることを実証するのはかなり難しい．酸性雨の問題を理解する第一の要点は「酸性雨とは何か」という基本的な問題を考えることである．

　雨滴は，地面に落下するまでに，大気中に含まれるさまざまな気体を溶かし，塵や塩分などの不純物を取り込む．不純物には自然起源のものと人為起源のものがある．自然起源のものは，火山ガス，生物から発生した気体，海塩粒子，地面から風で飛ばされた粘土鉱物などである．人為起源のものは，化石燃料の燃焼生成物，自動車の排気ガスなどである．これらの不純物は，気体と粒子状物質に分類される．雨滴に取り込まれた物質が降雨の酸性度に及ぼす影響を知るためには，まず，酸性度の計測が必要である．

　酸性度は pH と呼ばれる尺度によって測られる．pH は，20世紀初めに，溶液中の遊離水素イオン（H^+）の濃度を表すために考案された．遊離水素とは，水中にはあるが，水の分子（H_2O）ではないもののことである．pH の定義には対数を用いるので，専門家以外にはわかりにくい．pH 値が下がると H^+ の濃度が上がる．遊離水素イオンが存在しない中性の場合が pH 7 で，pH の値が1だけ減少すると，水の遊離水素イオンは10倍増加する．したがって，pH 6 と pH 2 の間では濃度が1万倍異なる．水素イオン濃度と pH との関係を図1に示す．

　二酸化炭素（CO_2）は雨水のなかに溶けて炭酸を形成し，pH は約5.6になる．汚染されていない雨水に CO_2 以外の自然の酸が含まれている場合は，pH は約5に減る．雨水に含まれる大気中の不純物は，その組成によって，雨水の pH に影響を与える．自然の雨は酸性であるが，窒素酸化物，硫黄，塩素を含む汚染気体が溶けると酸性度が上がる．北米および欧州の工業地帯では，このような汚染物質の存在が酸性度を10倍以上増加させ，pH が約4の雨が降ることがある．

　酸性雨問題を理解するための第二の要点は，酸性雨をつくり出す汚染物質の種類を同定し，雨が酸性

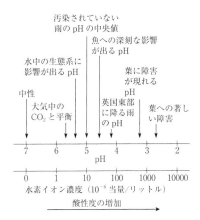

図1 酸性雨が環境に与える影響．2つの軸は水素イオン（H⁺）濃度とpHの関係を示している．(Howells (1995) による)

化する過程を明らかにすることである．上述したように，酸性雨形成の第一の要因となる汚染物質は，窒素酸化物と硫黄である．硫黄は化石燃料に含まれ，化石燃料の燃焼，とくに火力発電や鉱物の精錬の際に遊離する．窒素酸化物は，空気中に窒素が存在するため，内燃機関の燃焼過程で発生する．発生量は反応温度によって変化する．窒素ガスのなかには，アンモニアのように雨水に溶けるとアルカリ性になるものもある．しかしアンモニアは水素が除去されると最終的には酸性化の一因となる．大気中のアンモニアの80%は家畜の排泄物から発生すると考えられている．塩素は，酸をつくる第三の気体であり，欧州の塩素の75%は化石燃料の燃焼による

といわれている．大気中で硫黄，窒素，塩素が酸化して酸性雨をつくり出す割合は，工業の生産過程で遊離する揮発性の有機炭素の存在に依存する．さらに化石燃料の燃焼に伴って二酸化炭素が多量に発生する．工場の煙突などの点源から排出された物質は風に乗って数百，数千km離れた場所に拡散するが，高さ方向には地表から高度1kmまでの大気境界層に留まることが多い．気体の酸化過程において酸がつくられる速さはかなり遅く，変質する割合は1時間に1～3%ほどでしかない．煙突から排出された物質の濃度は大気中の拡散によって1万倍ほどに希釈される．

大気中の化学反応によって発生した酸化物が地表に沈着する過程には，降雨のほかにも多くの過程がある．乾燥した微粒子状で植物や地表に落下するエアロゾルにも酸化物が含まれている．雨以外にも，雪，霧，低層雲などに溶けて湿性沈着することもある．低層雲の場合，酸の粒は樹冠沈着と呼ばれる方法で植物の表面に沈着する．図2に，さまざまな酸性化過程を示す．

化石燃料の燃焼による硫黄の排出量は1850年の時点で0.5メガトンほどだったが，1965年には3.5メガトンを記録した．1965年以降の全世界の硫黄排出量は，天然ガスや原子力発電の採用により，減少傾向を示している．硫黄排出量が減る一方で，交通量増加による窒素排出量が増加している．硫黄の排出量が相当減少したのにもかかわらず，これが降雨の酸化に劇的に影響を与えたという徴候はほとん

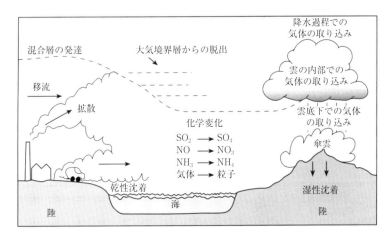

図2 酸性雨のもとになる気体の発生，拡散，酸化，沈着．(Fowler (1992) *Air pollution transport, deposition and exposure to ecosystems*, pp. 31-51 (ed. J. R. Barker and D. T. Tingey), Van Nostrand Reinhold, New York による)

どない.

　降雨の酸性度と土壌や湖沼の酸性度との関係を知るためには, 風化作用の結果として土のなかの化学物質が溶出する過程を考える必要がある. 土はおもに2種類の成分から成り立っている. 植物の腐敗によってできた有機物と, 岩石が物理的, 化学的風化作用によって変化した無機的な物質である. 有機物を多く含む土壌のある降水量の多い地域では, 有機酸が溶け出すために, そこを通過した水の酸性度が高くなる. 一方, 土壌の母岩に炭酸塩が含まれていると, 酸性度を緩和させ, 流出した水のpHを上げる作用をもつ. 水が地中を通って川にいたるまでの過程も重要である. 酸性度を緩和させる成分をもつ土を通過する場合もある. 英国では地域によって酸性雨が降ったときの土壌の変化に大きな差がある. 降水量が多く, 酸性の土壌と硬い岩石のある地域では, 酸性雨が降ると土壌は敏感に反応し, ほとんど酸性度が緩和されるということはない (図3).

　降雨, 土壌, 川, 湖に存在する水素イオンは環境に二次的な影響をもたらす. どのような土壌にもわずかに含まれている有毒金属, とくにアルミニウムを放出するからある. アルミニウムはpH 5から6の間で最も強い毒性を示す. その影響として, 魚が呼吸障害を起こしたり, 多くの植物プランクトン群の増加率が減少する.

　植生も土壌の酸性度に重要な作用を与える. 第1に, 落ち葉が土のなかで腐って有機物質を生成し, 有機酸を遊離させる作用がある. 針葉樹はほかの種類の木に比べて多くの有機酸をつくり出すことが知られている. ウェールズ北部の湖の沈殿物から得られた資料によると, 高地の植林が行われるかなり以前から酸性化ははじまっていた. また, 植林がはじまってから酸性化の進む割合が高くなったと考えられている. 第2に, 植生は樹冠沈着によって酸性エアロゾルを捕捉するという作用がある. これら2つの作用に加えて, 葉の表面から有機酸が放出されることを考えあわせると, 樹木の葉から滴り落ちる雨水 (下巻「水文学的循環」参照) の酸性度が高まる. ある研究では, 葉から滴り落ちる雨水のpHは, 樹冠に落ちる前の雨水のpHに比べて, 最低でも1単位は低くなることが示されている. これは, 水素イオンの濃度が10倍になることを意味する. 酸性雨が森林の成長率に与える影響はまだ立証されていない. 森林の減少は1つの原因で起こるようなものではない. 酸性化, 気候の変化, マグネシウムなどの必須元素が除去されること, といったさまざまな要素が森林の減少をもたらすと考えられる.

　1972年の国連ストックホルム会議以降, さまざまな研究が積み重ねられたことにより酸性雨問題の理解が深まった. しかし, まだ解決されていない問題はたくさんある. 酸性雨の被害を受けた自然をもとの状態に戻すことができるのか, また, 自然環境の現状維持は可能なのかという, 酸性雨問題における次の段階の問題に関心が向けられるようになったのは, つい最近のことである.

[Ian D. Foster/木村龍治訳]

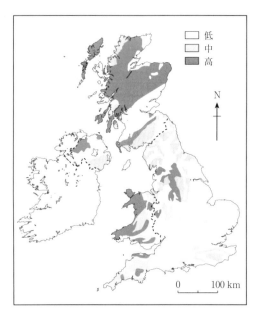

図3　英国における酸性雨の影響の受けやすさ (高, 中, 低で分類) の地域分布. (Foster (1991) による)

■文　献

Battarbee, R.W. (1988) *Lake acidification in the United Kingdom*. HMSO, London.

Foster, I.D.L. (1991) *Environmental pollution*. Oxford University Press.

Howells, G. (1995) *Acid rain and acid waters* (2nd edn). Eills Horwood, London.

Regens, J.L. and R.W. Rycroft (1988) *The acid rain controversy*. University of Pittsburgh Press, Pittsburgh.

Steinberg, C.E.W. and R.F. Wright (eds) (1994) *Acidification of freshwater ecosystems : implications for the future*. John Wiley and Sons, Chichester.

The Quality of Urban Air Group (1993) *Urban air quality*

in the United Kingdom. Department of the Environment, Bradford.

酸素同位体履歴
oxygen isotope records

　酸素の安定同位体履歴は，地球の過去の気候を理解するうえで重要な方法を与える．海水における酸素16と18の同位体比 $^{16}O/^{18}O$ のおもな長期変動は，氷床体積の変動に制御される．それらは過去の海面高度，氷の体積，海水温に反映し，記録された大気の温室効果ガスのレベルを含めて，パラメーターの範囲で直接関係づけられる．1940年代，シカゴ大学のハロルド・ユーリーは，おそらく化学組成は同一であるが，1元素の安定同位体がすべての化学過程で同様に振る舞わないことを主張した．水が蒸発するとき，より軽い ^{16}O 同位体の多くが水蒸気になり，残った水は ^{18}O に富むようになる．さらに，より重い同位体を含む水分子は，より軽い同位体を含む分子よりもすぐに凝結して降水として降る傾向がある．このことは，淡水が海水より高い $^{16}O/^{18}O$ 比をもつという結果となる．氷床体積が増えるにつれて，海から取り去られる ^{16}O の量は増加し，よって海水が ^{18}O に富むようになる．

　ユーリーは，たとえば有機・無機炭酸塩のような，水から沈殿された任意の酸素含有物質が，同じ同位体比をもつことを示唆した．同位体組成の変化は，たとえば化石のようにして保存される任意の同時代の沈殿物によって直接モニターされる．1950年代初頭にチェーザレ・エミリアーニは，有孔虫の殻からはじめて完全な酸素同位体履歴を取り出した．

　酸素同位体履歴は，浮遊性や底生の有孔虫，サンゴ，軟体動物により沈殿された炭酸塩から最も一般に開発されてきた．アイスコアと氷のなかの気泡にとらえられた酸素もまた，ますます酸素同位体分析のために用いられるようになった．

　分析結果は基準との $^{16}O/^{18}O$ 比の関係で表され，$\delta^{18}O$ と示される．過去の一般的な基準は，南カリフォルニアの白亜紀 Pee Dee 層からのベレムナイト（PDB, Pee Dee formation Belemnite）の鞘からの炭酸塩に基づいていた．しかし今日では，標準平均海水（SMOW）が用いられる．なぜなら，それはより広く利用でき，より再生可能な結果を与えるからである．PDBの結果をSMOWに変換するために，補正係数が適用される．サンプルは質量分光計を用いて処理される．そのサンプルは CO_2 に変換され，その $^{16}O/^{18}O$ 比を，SMOWと平衡状態にある標準気体のそれと比較することで分析される．

　貝殻中に炭酸カルシウムを蓄える生物は，生涯を通して平衡あるいは一定の非平衡状態を保っていたと仮定される．このことはつねに正しいとは限らない．なぜなら，特定の種はライフサイクルの間や進化的な変化の結果としても，その習性を変えることが知られているからである．たとえば，ある種の底生有孔虫は表生か内生のどちらかになり，それぞれ周囲の底層水か間隙水の変化を記録する．浮遊性有孔虫もまた，水深の範囲で移動することが知られている．炭酸塩沈殿物について比較された周囲の水の間の $\delta^{18}O$ の比は，気温，塩分，そして呼吸のような生物の影響によっても変えられる．既知の同位体値の水で培養された有孔虫からの測定は，その分別の度合についてのわれわれの理解を発展させるために利用される．

●海面高度

　全球海面高度は，大陸氷床内に含まれる水の量によって，影響される．これは今度は海洋生物の $\delta^{18}O$ に記録される．したがって，昔の海面高度変化を記録するのに $\delta^{18}O$ 履歴を使うことができる．1‰（1/1000）の $\delta^{18}O$ 増加は，約10mの海面高度の低下を表す．しかし，$\delta^{18}O$ と海面高度との間に単純な線形関係を適応することはできない．海水の $\delta^{18}O$ に基づく過去の海面高度の評価は，海水温変動の効果や氷が存在する形態のために矛盾が生じることを示す．海氷の形成は ^{16}O を取り去るが，海面高度に影響はない．

　中新世の間，氷床成長に関連した一連の海面高度低下が，海水の $\delta^{18}O$ 履歴に記録されている．過去1650万年の記録には，$\delta^{18}O$ 値における一連の階段状増加があり，それは比較的氷で覆われていない世界から，今日によく似た世界への遷移のためである．

●気　温

　気温もまた，$\delta^{18}O$ 履歴に影響することが知られ

ていて，より暖かい気温でより負となる．海面水温(SST)の履歴として浮遊性有孔虫の$\delta^{18}O$を用いることは，(1) これらの有孔虫が環境の変化に反応し，生息地を変える，(2) 気温変化がしばしば塩分変化に関連し，それもまた$\delta^{18}O$履歴に主要な効果をもたらすために問題がある．底生の履歴に対しては，蒸発率と淡水流入量の変化に起因する，深層水形成の際のもとになる表層海水の$\delta^{18}O$の変動のために，複雑さも生じる．

● サンゴ

サンゴは，最も高い分解能をもった$\delta^{18}O$履歴を与える．これらの成長の輪は月々残され，現在形成されている輪からさかのぼって数えることで，数十年以上の月変化履歴を提供できる．西ガラパゴス諸島のサンゴは，この地域のSST記録がはじまった1965年以来，$\delta^{18}O$とSSTの間の高い相関を示している．この情報を使って，サンゴの$\delta^{18}O$履歴から過去のSST値を評価することができる．東部太平洋における非常に暖かいSSTの期間で特徴づけられるエルニーニョ現象は，サンゴの$\delta^{18}O$履歴ではっきりとわかる．さらに，$\delta^{18}O$の記録とサンゴの成長率に11年周期がみられ，熱帯の気候変動が太陽周期に駆動されるという考えを支持する．

● アイスコア

グリーンランドや南極大陸の氷床から採掘されたアイスコアは，25万年前にさかのぼる$\delta^{18}O$履歴を与える．アイスコアの$\delta^{18}O$履歴は，(1) 大気のダストレベルや組成と直接比較できる記録を生み出す氷の結晶，(2) たとえばCO_2やメタンのような大気気体の変化と同時代の記録を与える気泡にとらえられたO_2から開発される．現在，大気の$\delta^{18}O$ ($\delta^{18}O_{atm}$) は，SMOWに対して+23.5‰である．この違いはドール効果として知られ，おもに光合成 (O_2生成の主要な方法) 時の生物学的同位体分別作用や呼吸，蒸発・降水時の水文学的分別作用の結果である．$\delta^{18}O_{atm}$と，有孔虫から発展した海洋性$\delta^{18}O$ ($\delta^{18}O_{ocean}$) が第四紀後期のあいだ同時に同じ大きさで変わるので，ドール効果がこの期間にほどよく一定のままだったことがわかる．したがって，$\delta^{18}O_{atm}$は，$\delta^{18}O_{ocean}$と同様のやり方で，氷体積記録の代替指標として使われる．これは，それが大気CO_2と氷体積の同種の記録を備えるので，非常に有用である．大気のCO_2は，大陸氷体積の初期の減少の少なくとも4000年前に減少しはじめたことがわかる．

アイスコア$\delta^{18}O$履歴の問題は，(1) ほかのどこかで形成された氷の存在，(2) 一般に氷床が厚くなった結果としての氷床面の高まりによる氷体積時の間の気温変化，(3) ^{18}Oの初期の選択的凝結のために，「より古い」雲が^{16}Oに富む降水を導くような大気循環の変化，(4) 長期の氷床変形，を含む．

グリーンランドSummit (72.6°N, 38.5°W) のGRIP (GReenland Ice core Project) アイスコアの$\delta^{18}O$履歴の断片が図1に示される．その断片は，ダンスガード-オシュガー (D-O) サイクルと呼ばれる，平均数千年の矩形の気候サイクルに支配される．しだいにより小さな負となる$\delta^{18}O$測定で特徴づけられるD-Oサイクルの束はボンドサイクルと呼ばれ，8000年続く．それらは，そのはじめと終わりにハインリッヒ現象 (H) で特徴づけられる．これらのサイクルは，氷床の徐々の強化とその急速な融解 (ハインリッヒ現象) を反映する．より寒い新ドリアス期は明らかにより負の$\delta^{18}O$で特徴づけ

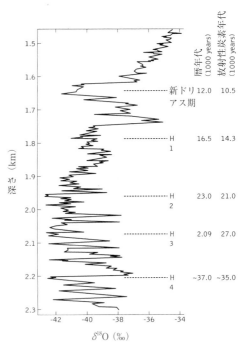

図1 Summit (グリーンランド) におけるGRIPアイスコアの記録．(Broecker (1994) *Nature*, **372**, 421-4 から引用)

られ，より暖かい完新世は，ダイヤグラムの最上での，より正の値で特徴づけられる．

●層　序

　氷体積が増加すると，$\delta^{18}O_{ocean}$ はより正になり，逆もいえる．これは，炭酸カルシウム殻内のコアに記録された，世界中で同時の変動サイクルを生じる．このことから，年代層序学が発展した．より正の氷期が偶数番号をもち，より負な間氷期が奇数番号をもつ．ステージは，現在の間氷期，ステージ1にはじまる．同様に，最終間氷期は同位体ステージ5と呼ばれる．主ステージ中の副ステージは，そのステージでの最後で最も低くなるように，文字（あるいは数字）で定義される．たとえば，副ステージ5eは，間氷期ステージ5のはじまりでのより負な（暖かい）期間である．

　多数の $\delta^{18}O$ 浮遊性有孔虫履歴に基づく合成履歴は，Prell やその他によって開発された．ステージの最後は，$\delta^{18}O$ 値の大変化をもつ急速な終末で特徴づけられる．たとえば，最終氷期の終末，ステージ2は，1万年以内に $\delta^{18}O$ 値で（現在の間氷期に対して）+1.8〜−2.0‰ までの変化が起こった．過去450万年には，152ステージが含まれる．新しい記録は，コアの年代を推定するために，この基準と比較される．堆積履歴の切れ目と，場所による強さの度合の変化のために，すべてのステージ，完全なステージがすべてのコアに記録されているとは限らない．

　$\delta^{18}O$ 履歴は，10万年ごとにピークがあり，おおよそ2万3000年と4万1000年の小さなピークが重なっている．これらのサイクルは，天文学的に駆動される気候サイクルの主張を強める．より長い方のサイクルは，地球の離心率サイクルと相関があり，より短い方のサイクルは，地球の歳差運動，黄道傾斜サイクルに関連する．浮遊性有孔虫の $\delta^{18}O$ 履歴に黄道傾斜サイクルを考慮したものに基づく年代モデルは，一般に化石データからのものよりも分解能の高い年代や平均堆積速度を生み出す．

　同位体データは，異なる天文学的サイクルの重要性が緯度によって変わるという古気候変動理論を支持する．たとえば，4万1000年サイクルはより高緯度のコアで顕著であり，一方，中・低緯度のコアは，より強い2万3000年サイクルをもつ．サイクルはまた，時間によって変化する．たとえば，10万年サイクルは，過去65万年の間でのみ主要な役割を演じる．　　　　　　　　[Stephen King/田中　博訳]

■文　献

Prell, *et al.* (1986) Graphic correlation of oxygen isotope stratigraphy：application to the late Quaternary. *Paleoceanography*, **1**, 137-62.

Sowers, T. and Bender, M. (1991) The $\delta^{18}O$ of atmospheric O_2 from air inclusions in the Vostok ice core：timing of CO_2 and ice volume changes during the penultimate deglaciation. *Paleoceanography*, **6**, 679-96.

ジェット気流
jet streams

　風速は普通地表から高度が増すにつれ増大し，対流圏界面付近で極大となる．上空の風の強さは広い範囲で一様なわけではなく，ジェット気流と呼ばれ，とくに大きな風速の集中した幅の狭い核の領域が存在する．これらは長さ数千km，幅数百km，鉛直方向に2〜4kmの広がりをもち，典型的な風速は40〜80 m s^{-1} である．ある地域では空気が上昇してジェット気流に合流し，別の地域では空気がジェット気流の下へと下降している．

　地球の対流圏には3つの主要なジェット気流がある．極前線ジェット気流［訳注：亜寒帯ジェット気流ともいう］は普通対流圏界面の下，高度8〜10km，緯度40〜60° の間で風速が最大となる．これは暖かい熱帯域と冷たい極域の間の温度傾度によって広い領域にわたって形成される偏西風の中心となっている．極前線ジェット気流は，極前線に沿って発達する低気圧と深く関係している．亜熱帯（西風）ジェット気流は高度12kmほど，緯度25〜30°の間のハドレー循環の極側の縁に存在する．蛇行し，ときには途切れたりもしてしまう極前線ジェット気流に比べ，亜熱帯ジェット気流はずっと安定性が高い．一方，熱帯東風ジェット気流は高度12kmあたりに形成され，夏のモンスーン期のインド亜大陸上空にとくに顕著に形成される．

　　　　　　　　　　　　[John Stone/中村　尚訳]

ジェフリーズ, サー・ハロルド
Jeffreys, Sir Harold (1891-1989)

英国の地球物理学者ハロルド・ジェフリーズは, 地球内部についてのわれわれの知識に対し重要な貢献をし, 1924年に最初に出版された彼の著作 'The Earth：its origin, history and physical constitution' は古典的な教科書となった.

ジェフリーズは, 数年間英国気象庁で過ごしたことを除けば, 研究生活のほとんどをケンブリッジで過ごした. 彼は1946年から58年まで天文学および実験哲学のプルミアン教授職 (ケンブリッジ大学で最も伝統のある教授職の1つ) についていた.

地震波を研究することにより, ジェフリーズは地球核が少なくとも部分的に流体であることを示した. 彼は, 今日われわれが上部マントルおよび下部マントルと呼んでいるところの間に顕著な違いのあることも見出した. K. E. ブレンと共同で, 彼は地震波記録を解析し, 地球物理学者にとって不可欠な研究手段である走時曲線を完成させた. 化学工場の爆破による人工地震記録を使って, ジェフリーズとドロシー・ウィンチは地殻の地震波速度を評価し, 地殻が多層構造であるに違いないことを示したが, これは地震学ではじめて爆破を実験的に利用したものだった.

ジェフリーズは, 地球内部物理学のほかの側面についても多くの研究を行った. 大陸移動説に対し彼が長い間反対したのも物理的議論に基づいていた. 彼はまた太陽系および地球のダイナミクスについて, また大気および海洋への流体力学の応用についても重要な仕事をしている.

　　　　　　　　　　[D. L. Dineley/大中康譽訳]

ジオイド
geoid

ジオイドは, 平均海面と一致する重力の等ポテンシャル面と定義される. 地球内部や周辺のいかなる物体も, 地球の重力場に起因する重力のポテンシャル (重力に逆らって物体を動かすために必要な仕事) をもつ. このポテンシャルは, 地球の重心からの距離に反比例して変化する. 物体の位置エネルギーは, 丘の麓よりも頂上の方が大きくなる (したがって, 物体は重力の影響を受けて落下する). つまり, 重力の位置エネルギーは地上から離れるほど増大する.

もし地球が球対称で自転がなかったら, どの等ポテンシャル面も球状になる. 等ポテンシャル面は, 地球から離れるにつれて位置エネルギーを増加させながら, タマネギの皮のように広がる. 重力場のもとで海水は自由に流れるので, 海面のどこもが最小の位置エネルギーに達するまで, 海水は流れ続ける. これが平均海面であり, それは明らかに重力の等ポテンシャル面と一致する. ジオイドは, 無数の「皮」のなかで, 正に平均海面と一致する「皮」である. ジオイドは海面という概念を用いて定義されるが, それはどこまでも続く海面である. 陸地のジオイドの高さは, 海につながる運河のネットワークを仮に作ったとして, そこに水が到達するレベルから, 数学的に決められる.

実際には, 地球はわずかに扁平な球 (厳密には回転楕円体) であり, 北極から南極までの半径よりも赤道の半径の方が約21km長い. この扁平さは, 地球の自転と組み合わさって, 重力のポテンシャルを多少変化させるので, ジオイドもわずかに扁平になる. 非常によい近似 (約6万分の1) で, ジオイドは短軸よりも約0.3%長い長軸をもつ回転楕円体である. 通常, 地図作成者, 測量者, 測地学者は, 地球の高さの測定用のデータとして, 実際のジオイドに一番合う完全な回転楕円体を用いる. しかし, 実際のジオイドはこの単純な形からは外れており, その差がしばしば重要になる.

●ジオイド異常

実際のジオイドとの差, すなわちジオイド「異常」は, 地球内部の物質が不均一に分布することに起因する. それを理解するために, 深さが一様な海のなかに孤立した山がある状況を想像してみよう (海山；図1). 海山のない所では, 海面の高さはどこも同じである. しかし, 海山は水よりも密度が高いので, 海山を取り巻く水は重力的な引力を受ける. このた

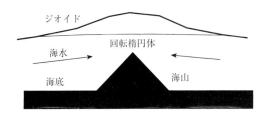

図1 最適な標準回転楕円体と実際の海面（ジオイド）との関係．高密度の海山が，重力で周囲の水を引き寄せて積み上がることで，海山の上ではジオイドが高まる．

めに，海山の上には水が積み上がり，ジオイドは押し上げられる．別の見方をすれば，海山が高密度であるために，地球の重力場はわずかながらも海山の上で強まり，同じ大きさの重力は，地球の中心からもう少し離れた地点で感じられるようになる．

大きな海山の上では，ジオイドは数十cm高くなるが，地球深部に存在する大きな物質異常は，ジオイド異常をずっと大きく歪める．図2は標準の回転楕円体を基準にしたジオイド異常の地図で，約100 mの範囲で変動する（インドの南部を見よ）．このように大きなジオイド異常は，物質の分布が地球規模で変化することを反映する．おそらく，これらの変化は，マントル対流によって熱的に生じた密度の変化や，核マントル境界の大きなでこぼこに対応する．

●ジオイドの決定

上に述べたように，ジオイドの高さ，地球の重力，地球内部の物質の不均一な分布には緊密な関係がある．ジオイドと重力場の数学的な関係は一義的であるが，ジオイドや重力場と，物質の分布の関係は一義的ではない（異なる物質の分布が同じ重力場を生むので）．だが，物質の分布はジオイドの形によって強く制約される．さらに，測鉛線や水準器で示される局地的な鉛直は，重力が引く方向で決まり，ジオイドにつねに垂直である．そのために，天文学的な枠組みを基準にすると，ジオイド異常によって「鉛直線の曲げ」が起こる．それは測量者にとって実用的に極めて重要な問題である．それゆえ，ジオイドを決めることは，測地学や地球物理学の重要な目的となる．

人工衛星が登場する以前は，ジオイドは重力場から決められた．重力場を決めるには，重力の強さや鉛直線の方向（あるいはその両方）を，地表の非常に多くの地点で測定する必要があった．測定の正確さや分解能は，観測できる地点の数と分布によって制約を受けた．人工衛星が出現してから，ジオイドの決定はもっと簡単で正確になり，高い分解能をもつようになった．決定には，2つの基本的な方法がある．その1つは初期に採用された方法で，人工衛星が地上ステーションから正確に追跡され，軌道の小さな揺らぎからジオイドを推測することである．

もっと最近になると，人工衛星に搭載されたレーダー高度計を用いて，海面の高さを直接測定できるようになった．ジオイドの決定には，波，嵐，海洋

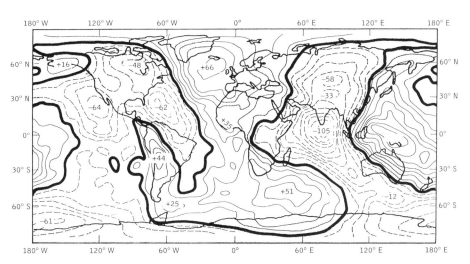

図2 ジオイド異常（標準回転楕円体からの差）の大まかな分布．単位はメートル．（Bott, M. H. P. (1982) *The interior of the Earth* (2nd edn) (Edward Arnold, London). 図1.2による）

潮流などの影響を取り去る必要があるが，この方法を用いることで，ジオイド高度は最終的には数 cm の精度で決められるようになった．この方法は陸には適用できないが，海のジオイドは，どこでもいまだかつてない高い分解能で決められた．人工衛星の軌道に沿う分解能は，数 km 以内である．人工衛星の軌道間の分解能は，軌道の間隔に依存するが，最もよい場合は 10 km 程度である．この方法を用いて，最近は海洋の重力場が非常に高い分解能で得られるようになってきた．短波長の重力異常はおもに海底の地形が原因となるので，この方法によって，海底地形がかつてないほど詳細に決められた．

[**Roger Searle**/井田喜明訳]

■文　献

Heiskanen, W. and Moritz, H. (1967) *Physical geodesy*. W. H. Freeman, New York.

Sandwell, D. T. and Smith, W. H. F. (1997) Marine gravity anomaly from Geosat and ERS 1 satellite altimetry. *Journal of Geophysical Research*, **102**, (B5), 10039-54.

磁気層序
magnetostratigraphy

磁気層序とは地球磁場極性の逆転年代学を，層構造をもつ物質（たとえば堆積岩や火山岩）の層序研究へ応用することである．正確な磁気層序の研究において本質的な標準となるのは，地球磁場逆転年代学に関する信頼できるタイムスケール，すなわち地磁気極性タイムスケール（GPTS）——注目に値する逆転の歴史そのもの——の発展である（図1）．初期の古地磁気研究によって，一部の岩石が現在の磁場方向と反対向きに磁化していることが主張された．たとえば，これは現在われわれが考えているように，北を指す磁気コンパスの針が南の極を指すということである．このことを説明するためには，地球磁場が地質時代の過去に数回ではなくて，少なくとも1回だけ逆転したということが必要とされた．別の説明では，少なくともある種の岩石には自己反転の能力があり，獲得される磁化は作用磁場と反対方向に向くということが議論された．地球磁場自身が逆転する可能性は核と下部マントルにおける物理

プロセスに関して重要な示唆を含んでおり，1920年代に述べられていたように，よく調べられなければならない．なぜなら，その場合には世界中の同じ年代の岩石は同じ極性を示すべきだからである．その後の調査は地球磁場が過去に何度となく逆転してきたとする明確な証拠をあげてきた．そして，未熟ではあるけれど地磁気極性タイムスケールが誕生した．

海洋底で認められる正および逆に磁化した地磁気縞模様と地磁気タイムスケールの逆転史との関係に関する発見はプレートテクトニクスという考え方を導き，その結果，地磁気タイムスケールの大幅な改良を促した．磁極期の年代幅に関する第1近似の見積りは海洋磁気異常の年代によって与えられるが，その磁極期境界の絶対年代は陸上岩石記録に関する独立な地球化学的情報（特定の逆転よりわずかに若い溶岩とわずかに古い溶岩の年代決定）に基づいており，つねに改善されている．さらに最近では，火成岩の $^{40}Ar/^{39}Ar$ の高精度同位体年代スペクトルと磁気極性データの組合せにより，極性タイムスケールの一部，とくに新生代の部分でより正確な年代推定値が得られるようになっている．たとえば，松山逆磁極期から現在のブリュンヌ正磁極期への逆転年代は，最新の値では73万年から約78万年に修正されている．より多くの研究によって，地磁気極性タイムスケールの年代学的枠組みが十分に改善され，その結果，極性タイムスケールに基づく磁気層序や地質過程の理解によって，一連の岩石の年代推定も改善されていく．現在では，連続的に生成した溶岩流や最近の堆積物から得られる詳細な古地磁気記録から，逆転途中の磁場変化の様相が明らかにされてきている．実際に起こってきた主磁場の逆転は一瞬で起こるのではなく，短い反転期間（数千年と見積られている）で起こるが，そのときには主磁場はほとんどゼロの大きさまで減衰し，相対的に小さな非双極子成分が主要な成分になるといった特徴がある．

磁気層序の研究には以下のようないくつかの到達目標がある．

（1）地球磁場極性の逆転史，とくに現在解釈のすんでいる海洋磁気異常データを示す最も古い海底リソスフェアの年代である約1億6000万年以前の逆転史を決定すること．

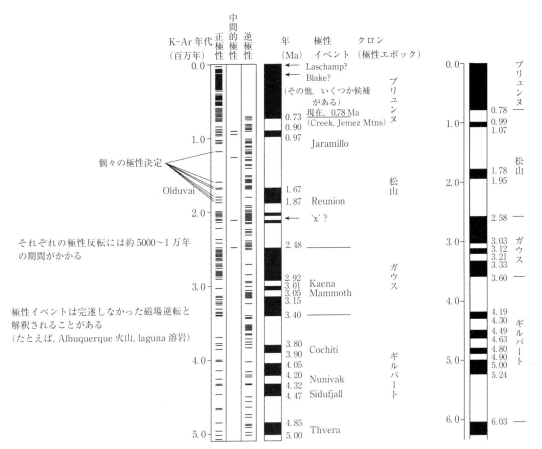

図1 過去500万年間の地磁気極性タイムスケール．このタイムスケール中の黒い部分は地球磁場が主に正極性であった期間（磁気ゾーン）を，白い部分は主に逆極性であった磁気ゾーンを示している．現在の磁気ゾーン，すなわちブリュンヌ磁気ゾーンには少なくとも5回の短命で完遂しなかった磁場逆転の証拠があり，そのうち最近のものは約3万～4万年前のものである．この地磁気極性タイムスケールは，1979年に米国地質調査所のEd MankinenとG. Brent Dalrympleによってまとめられたものである．多くの磁気ゾーン境界の年代はこのまとめ以降改良されてきている．たとえば，松山-ブリュンヌ逆転境界は現在では約78万年前と考えられている．
[訳注：最新の過去600万年間の地磁気極性タイムスケールを右に示す．このタイムスケールは，2004年にJ. G. OggとA. G. Smithによってまとめられたものである．]

(2) 異なる地層断面を年代学的に対比すること．
(3) 独立な情報（たとえば同位体年代値）が入手可能なすべての地層断面の絶対年代を決定すること．

いかなる磁気層序の研究においても，研究の進め方は通常行われる古地磁気学的手法と同じである．古地磁気学的手法では，ある岩石断面からできるだけ完全な極性変化記録を得るように試料採取を計画する．岩石地層中に含まれる時間的欠落の程度，測定試料の採取間隔，磁化獲得過程の信頼性などの要素が磁気層序研究を難しくそして複雑にしている．どの層序レベルにおいても，磁化の質すなわち極性決定の精度を正確に記載しなければならない．さらに，岩石が初生時の磁化をもつことを確かめなければならない．このことは一連の溶岩流では相対的に成り立つが，堆積岩ではより難しい問題である．例として，普通大きな残留磁化強度をもち，地質時代に広くかつ多く産するヘマタイトを含む堆積岩（赤色層）は，古地磁気研究と同じく磁気層序研究の中心的な対象になっている．おそらくまだ研究が少ないという理由から，この岩石（赤色層）は磁気層序の解釈に関する重要な論争の中心的テーマになっている．議論の中心になっているのは，この岩石を特徴づける磁化を担っている磁性鉱物は何か，さらに，

いつ磁化が獲得されたのかという点である．岩石磁気学的なデータによって，その磁化が一般にヘマタイトによってもたらされていることがわかっているが，そのヘマタイトは堆積したときすでに存在していた粒子であり，堆積時の外部磁場方向にその磁気モーメントをそろえたという考えと，堆積後いくらかの時間経過後，堆積物間隙を埋める充填物として化学的に沈殿したという考えの2つがある．多くの赤色層においてヘマタイトの沈殿が堆積後かなり早い時期に起こったとの合意が得られるなら，多くの赤色層は理にかなった高い精度の磁気層序を与えると考えられる．[訳注：赤色層の磁化はインドとアジアの衝突による東南アジアの変形現象をつきとめる研究などで幅広く利用されるようになっている．]

[John WM Geissman/森永速男訳]

■文献

Butler, R. F. (1992) *Paleomagnetism：magnetic domains to geologic terranes.* Blackwell Scientific Publications, London.

Tarling, D. H. (1983) *Palaeomagnetism.* Chapman and Hall, London.

磁　極
magnetic pole

　南北磁極は地理極近くの地表の2つの特異な場所である．そこでは，水平に支えられた磁気コンパスの針が地表に対して垂直方向に向く（'magnetic' と 'geomagnetic' の言葉の違いについては「地球磁場：主磁場・経年変化と西方移動」参照）．実際は，局所的に磁気的に強い地質物質や人工的な原因による効果があるので，磁気コンパスの針が垂直になるような磁気伏角を示す場所は地球上に多数存在する．それゆえ，磁極を正確に決めるのは，非常に長い距離にわたってコンパスの針が徐々に垂直になっていくような場所でなければならない．磁極は特別な科学的重要性をもたない．しかし，そういった場所の発見は，北極や南極の厳しい気候下での人類の耐久力を試したり，未知のことに対する人類の探求心のシンボルとして歴史的に重要であった．一方，地磁気極（主磁場を最も正確に表現する地心双極子の軸が地表と交わる場所）の位置

や地磁気緯度はもっと重要である．なぜなら，極域電離層での多くの現象が地磁気緯度と磁力線と関係しているからである．しかし，磁気緯度は赤道や中緯度地域においても科学的にさらに重要となる．

[Dhananjay Ravat/森永速男訳]

自己圧縮
self-compression

　地球は自己の重力のもとでまとまった形状を保っている．重力は地球を中心に向け引きつけ，ほぼ球形に保ち，その内部を圧縮している．地球内部は深くなるとともに一般に密度が増加する（「地球内部の密度分布」参照）．これが自己圧縮の原因の1つである．

　地球内部の大部分，とくに下部マントルと外核では組成と結晶構造が均一かそれに近い状態である．これらの領域では自己圧縮が密度変化をもたらす唯一の原因である．表1にマントルと核の密度変化の大きさを示す．この表にはそれぞれの領域の上部と下部の密度が示されている．また，それぞれ領域の物質を地表面の1気圧の圧力まで減圧したときの計算から求められる密度も示されている．これらの数値はおもに鉄であると信じられている核の物質が圧縮によって地球中心で密度がほぼ2倍に増加していることを示している．

[Frank D. Stacey/浜口博之訳]

表1　マントルと外核の密度変化.

領域		深さ (km)	圧力 (GPa)	密度 (kg m^{-3})
下部マントル	地表面にもどした場合	0		3990 ($T \approx 1800$ K)
		670	24	4381
		2890	136	5566
外核	地表面にもどした場合	0		6330 ($T \approx 2000$ K)
		2890	136	9903
		5150	329	12166

支持力
bearing capacity

　「支持力」は，岩石や土壌が耐えうる強度を一般的に定義する用語で，建造物を設計する基礎となる．建造物が完成すると，その下に応力がかかるが，土壌や岩石が耐えうる応力が支持力である．もっと具体的には，「最大支持力(q_f)」は土壌や岩石にかかる応力の限界値と定義され，それをこえると，土壌や岩石が壊れ，基礎や建造物が移動したり破壊されたりする．最大支持力(q_f)の値は，深さとともに大きくなる．土壌や岩石の厚みが増し，その重みによって圧力が高まるためである．

　強度に関する検査やデータは不足しており，地質学的な物質の性質や属性は，水平垂直方向のわずかな距離によっても変わるので，物質の最大支持力は十分な正確さでわかっていない．建築の基礎を設計する技術者は，そのことを考慮に入れる．不適切な設計は，悲惨な建造物の破壊を導きかねないので，彼らはそれも考慮する．誤差の大きさと影響の重大さを考慮して，安全係数(F)が設けられている．その値は通常 1.1（道路工事など）と 3（ダム）の間をとる．最大支持力(q_f)を適当な安全係数で割ると，「安全支持力(q_s)」が得られる．すなわち，安全支持力(q_s)＝最大支持力(q_f)／安全係数(F)．安全支持力(q_s)は，建築の基礎の構造計算に用いられる．構造計算で安全支持力を用いれば，応力は土壌や岩石の強度をこえず，破壊は起こりえない．しかし，応力がかかるので物質は変形する．その変形の効果で構造は安定化する．構造が安定化する程度と速度に注意を払うことで，深刻なダメージを受けずに，構造が居住に適応することが保証される．建造物の重みによって，安全支持力を超える応力が加わり，地盤が変形する可能性があれば，建築の基礎の大きさや形を変えることによって，変形と安定性を許容範囲内に留め，応力を下げる必要がある．建築地盤の強度に加えて，建造物の必要性も考慮した支持圧力は，「許容支持圧力(q_a)」と呼ばれる．地盤の変形とその安定状態が適応できる範囲内に保たれれば，許容支持圧力は応力の限界を示す．したがって，許容支持圧力(q_a)は安全支持力(q_s)と等しいか，

あるいはそれ以下となる．　　　[J. West／井田喜明訳]

地震学
earthquake seismology

　地震についての最初の記録は紀元前 2000 年にさかのぼる．しかし，近代科学としての地震学の幕開けは，地震計という敏感な計器が設置されるようになった 1800 年代後半以降のことである．人類が最初にこの自然現象を経験し深刻な被害を被って以来，地震とは何かという科学的探究の重要な問いかけは，たぶん地震学で繰り返されてきたテーマであったと思われる．

　地震についての基本的な疑問に答える試みのなかで，3 つの主要な道具が発達し地震学者に利用されてきた．これら 3 つの道具すべては，地震波形記録（図1）を必要とする．ここに地震波とは，地表に設置された地震計によって地動として記録されたものである．

　地震がネットワーク状に配列された多数の地震計で記録されれば，震源時，震源位置および深さ，そしてときには発震機構を求めることもできる．地震計をネットワーク状に配置した当初の意図は，実際，震源位置の決定と，最終的には地震源の評価にあった．震源位置は，水平面座標系で定義される 1 地点（たとえば緯度および経度）と基準面（通常，地表面）から測った深さで一意的に定まる．地震の原因となる断層破壊の開始時である震源時も計算されうる．震源位置と地震の規模は，1960 年代初期に世界中に展開された標準地震計観測網によって，全地球的スケールで，しかも比較的一様な方法ではじめて定量化されるようになったものである（「世界標準地震計観測網」参照）．

　地震の位置決定は，事実上 3 点観測の高度に洗練されたやり方といえる．現在の震源位置決定は，逐次最小 2 乗法（たとえばガイガー（Geiger）の方法）によるのが普通である．地震波（通常，P 波初動，およびときには S 波のような後続波）の到着時に基づき，仮の震源位置に対する観測走時を，地球の速度モデルに基づく理論走時と比較する．すべ

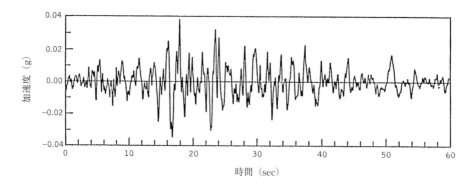

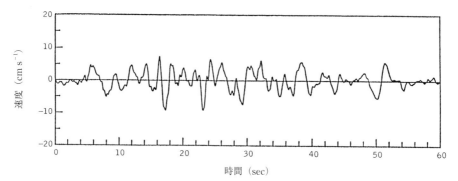

図1 メキシコ市内の観測点で記録された1985年メキシコ・ミチョアカン(Michoacan)地震(M_w8)の波形. 波形記録は通常速度波形の地動記録である. ただし, 加速度波形や変位波形のこともある. この地震は300 km以上離れたメキシコの太平洋岸沿いに起こったにもかかわらず, メキシコ市内の死者は, 主として高層ビルの崩壊のため, 1万人以上に及んだ.

表1 改正メルカリ震度階.

I	とくに感じやすい状態にある少数の人が例外的に感じる.
II	とくにビルの上層階で静止している少数の人だけが感じる. 揺れやすく吊るされた物体がゆらぐ.
III	とくにビル上階の屋内で著しく感じる. しかし, 多くの人は地震だと思わない. 静止している自動車はわずかにゆれる. トラックが通過するときのような振動.
IV	屋内の多くの人は感じるが, 日中屋外にいる人はさほど感じない. 夜中の場合目覚めることがある. 皿, 窓, ドアなどは動揺し, 壁はギシギシいう. 重量トラックがビルにぶつかるような感じ. 静止している自動車はかなりゆらぐ.
V	ほとんど誰もが感じ, 多くの人は目を覚ます. 皿, 窓, 脆い物体などは壊れることがある. 漆喰には数カ所亀裂が入り, 座りの悪い物体は倒れる. 木々, 旗ざおなど丈の高い物体の揺れが目立つ. 振子時計は止まることがある.
VI	すべての人が感じ, 多くの人は怖がって戸外に飛び出す. 重い家具でも移動してしまうものがある. 数カ所で漆喰が落ち, 煙突は損傷することがある.
VII	誰もが戸外に飛び出す. 設計やつくりのよいビルの損傷はほとんどないが, よいつくりでも通常の建物はわずかないし適度に損傷する. 設計やつくりの悪い建物はかなり損傷する. 煙突が壊れることがある. 車の運転中でも気づく.
VIII	特別設計建造物でもわずかに損傷する. 通常の堅牢な建物はかなり損傷し部分的に崩壊する. つくりの悪い建物の損傷は大きい. パネル壁が枠組構造から投げ出される. 煙突, 円柱, 記念建造物, 壁などが倒れ, 重い家具がひっくり返る. 砂や泥が少量噴出し, 井戸の水位が変化する. 車の運転が困難となる.
IX	特別設計建造物もかなり損傷する. 設計のよい枠組構造も傾いて投げ出される. 堅牢なビルの損傷は大きく, 一部は崩壊する. ビルは基礎からずれる. 地割れが目立ち, 地中パイプが破裂する.
X	つくりのよい建造物でも破損するものがある. たいていの石造建造物や枠組構造物が基礎もろとも破損する. 著しい地割れが生ずる. レールは曲げられ, 河川土手や急坂はかなり崩壊する. 砂や泥が移動する. 水が跳ね, 河岸を越えてこぼれる.
XI	残存(石造)建造物はほとんどなく, 橋梁も破損する. 大きな地割れが生じ, 地下のパイプラインは完全に不通状態となる. 地面が崩れ, ずれ落ちる. レールは大きく湾曲する.
XII	すべてが破壊する. 地表に波形が見られ, 視野方向や水平線が歪められる. 物体が空中に投げ出される.

ての観測点に対する両走時差を震源位置に集約し，走時残差の平方和が最小になるように決定する．コンピュータの利用により，このような逐次法はずっと効率的に行えるようになった．

　地震のマグニチュードという概念の発達以前においては，地震の規模は，その結果生じた強さで概略評価されるにすぎなかった．最初の震度階は1880年代に M. S. デロシィおよび F. A. フォレルによって考案された．今日最も広く使われている震度階は，G. メルカリによって考案された震度階の改正版である．その全12階級を表1に示す．震度階に基づいて，ある特定の地震の震度分布を示す地図を作成し，地図上に同一の震度域を囲う等震度線を引くことができる．この等震度線分布図から，一般に地震が大きければ大きいほど有感地域が拡大すること，震度は震央（震源直上の地表面上の点）から遠ざかるにつれ減少することなどが明瞭にわかる．ロバート・マレーは，1857年ナポリ地震を詳しく研究し，最初の等震度線地図を作成した．1994年カリフォルニア・ノースリッジ地震（マグニチュード6.7）の等震度線地図を図2に示す．

　1930年代初期に，チャールズ・リヒターは，ウッドアンダーソン型地震計と呼ばれる特定の地震計を使って，南カリフォルニア地域に発生した局所的地震に対するマグニチュードスケールを考案した．これは地震学における記念碑的な第一歩であった．というのは，これによってはじめて計測器の記録に基づいて地震源の規模が正確に定量化されるようになったからである．

　マグニチュードは地震計に記録された地震波の最大振幅に基づいており，それゆえに求め方は簡単なので，マグニチュードスケールはたちまち世界の標準になった．それ以来，表面波マグニチュードや実体波マグニチュードのような，ほかのいくつかのマグニチュードスケールも用いられるようになったが，現在にいたるまでリヒターのローカルマグニ

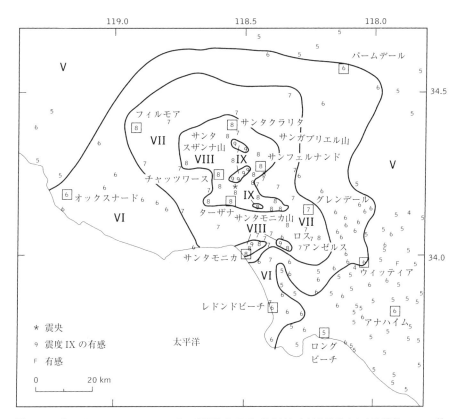

図2 1994年カリフォルニア・ノースリッジ地震（M6.7）震央域における改正メルカリ震度．ローマ数字は等震度線内の平均的な震度を表す．（米国地質調査所ジェームズ・デューイ（James Dewey）の厚意による）

チュードスケールは，最も普通に使われる尺度である．モーメントマグニチュードスケールも，地震学者の間ではますます使用されるようになっている．その理由は，このマグニチュードは地震モーメントに基づいているので，地震の規模を表す尺度として最善と考えられるからである．地震モーメントは，破壊領域である断層面積，断層面上の平均変位量および剛性率の積で表される．地震モーメントの単位は，dyne cm（＝$g\,cm^2\,s^{-2}$）である．「地震災害と予知」項目の表 1 に，これまでの記録に残されている世界最大規模地震の発生年月日，場所，マグニチュード，被害の程度などが示されている．

地震学の最も重要な進歩の 1 つに，1900 年代初期の日本の地震学者志田順や中野広，それにアメリカ・カリフォルニア大学バークレイ校のペリー・バヤリーらによる発震機構（断層面解とも呼ばれる）の研究があげられる．発震機構研究は，地震の震源過程にはじめて洞察を加えた研究であった．

岩石中の剪断破壊である地震源（「地震のメカニズムとプレートテクトニクス」参照）を点震源表示すると，震源に働く力のシステムが 2 つの相反する力のカップルからなり，その合力だけでなく合トルクもゼロになるようなダブルカップル（複双力源）で表すことができる．そのようなダブルカップルの P 波放射は，初動が交互に押しではじまるか引きではじまる 4 象限型のパターンになる．S 波放射も 4 象限型分布を示す．P 波初動から決まる各象限を分かつ 2 つの直交する節面の 1 つが断層面を表し，他の面は補助面と呼ばれる仮想上の面である．震源球上の初動パターンをステレオ投影ないし等積投影することにより，節面の向きや断層運動のタイプ，原因となる応力場の圧力（P）軸と張力（T）軸の 2 つの重要な軸が決定できる．これら 2 つの軸は，それぞれ最大主応力および最小主応力の方向を近似的に表す．図 3 は，断層運動の 3 つの主要なタイプである正断層運動，逆断層運動，横ずれ断層運動について，各発震機構解を具体的に示したものである（「地震のメカニズムとプレートテクトニクス」参照）．一般的な斜交断層は，これら 3 タイプの組合せによって表すことができる．

震源および地震破壊過程を解析する洗練された方法が 1970 年代から 80 年代にかけて発達した．地震モーメント，応力降下量（断層上の地震発生前の応力と地震後の応力の差），断層面上の平均的な相対変位量，破壊面積などの震源パラメーターは，たとえば 1970 年にジェームス・ブルーンにより提唱された円形クラックモデルのような震源モデルに基づいて計算されるようになった．もっと最近では，インバージョン解析により，断層面上のすべり量の不均一分布が推定されるようになり，より詳しい震源過程観が形成されるようになっている．

これら基本的道具を使って，地震学は地震現象のさまざまな側面に焦点を当てたいくつかの研究分野に進化し発展するにいたっている．たとえば，震源過程（「地震のメカニズムとプレートテクトニクス」参照），地震波伝播と地球の構造，地震活動とサイスモテクトニクス，地震の地理的分布と地質構造との関係，強震動と地震危険度（「強震動地震学」および「地震災害と予知」参照）などである．

地球内部構造や組成について明らかにされた多くは，地震動記録の解析によっている．地震波が地球内部を伝播するにつれ，その速度は変化し，地震波が伝播する物質の関数として異なる割合で減衰し，さらに組成境界や構造境界で反射したり屈折したりする．これらの効果は，地球の速度構造モデルや地質構造モデルを構築するために，自然地震（または人工爆破地震）の波形記録から解読されうる．たとえば，地震記象上に記録された反射相の解析から，20 世紀初頭，R. D. オールダムおよびベノー・グーテンベルグによって，深さ 2900 km にある地球内部外核が発見されるにいたったのである．

地球総体の構造が画像化されうるだけでなく，より微細な構造，とりわけ地殻内の微細構造も画像化されうる．数学的手法を使って，地震走時は大陸地殻の画像を得るために逆解析される．火山地帯では，逆解析によって地下のマグマだまりの特徴をつかむことに成功している．爆破のような人工地震源とその反射屈折の挙動の解析を利用する方法は，石油探査のため石油産業界では広範に利用されている．

図 3 地震発震機構の主要タイプ．黒い部分は初動が押し（地動上昇）を，白い部分は初動が引き（地動下降）を表す．P は圧力軸，T は張力軸．

地震活動研究によって，地震活動の空間分布およびその時間的変遷などを，断層のような地質学的構造との関連で特徴づけることも試みられている．ある地域の地震活動の評価は，地震活動が地域のテクトニックな変形過程や地質学的構造の発達にどのような役割を果たすのかを理解するうえで重要なだけでなく，同定された潜在的地震断層の危険度を評価するという点からもきわめて重要である．

[Ivan G. Wong/大中康譽訳]

■文　献
Bolt, B. A. (1993) *Earthquakes*. W. H. Freeman, New York.
Brumbaugh, D. S. (1999) *Earthquakes, science and society*. Prentice Hall, New Jersey.

地震学とプレートテクトニクス
seismology and plate tectonics

　地震学は，地震活動および地震発生のメカニズムを研究する分野と，地震現象を利用して地球内部構造を調べる分野の2つに大別される．この両分野ともに，プレートテクトニクス理論の発展に多大な影響を及ぼした．

● 地震活動とプレート境界
　プレートテクトニクスの基本的仮説の1つは，プレートが剛体的に振る舞うというものである．このような考えは，世界標準地震計観測網（WWSSN）の展開以降，1960年代に明らかになった世界中の地震源分布図が基礎になって生まれたものである．震源を世界地図上にプロットすると，とりわけ大洋で発生する大多数の地震源が狭い帯内に集中して発生し，それ以外の地域では地震が発生していないことに気づく（図1）．狭い帯状に分布する地震活動域は活発なプレート境界を表しているとみなされ，非地震性地域は剛体的なプレート内部とみなされる．異なるタイプのプレート境界で発生する地震活動の特徴について，以下に述べることにしよう．

● 地震のメカニズム
　地震は，プレートの境界位置を決定するだけでなく，「断層面解」あるいは「発震機構解」を決定することによって，断層運動の性質，主要な応力軸の方向，そしてときにはプレート相対運動の方向などを決定するのにも使われる．
　このための比較的単純な方法は，地震計に記録されたP波初動の向きを測定することである．P波の場合，地動は波線経路に沿って波の伝播方向に振動

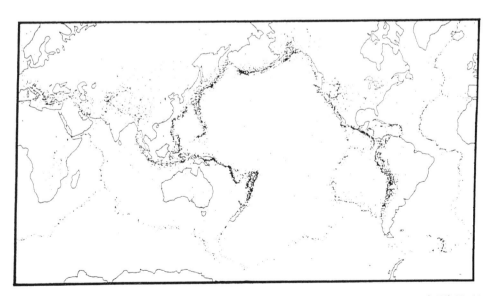

図1　世界の地震活動分布図．1つの点が1つの地震の震央を表す．（Barazangi, M. and Dorman, J. (1969) World seismicity maps compiled from ESSA, Coast and Geodetic Survey, epicenter data, 1961-1967, *Bulletin of the Seismological Society of America*, **59**, 369-380 より）

する.たとえば,横ずれ断層地震(図2a)を考えると,断層周辺の地面は,初動の向きが震央に向かうか震央から離れるかによって,4つの象限に分けられる.象限を分ける線上で初動はゼロである.これらの線の垂直延長上でも運動はゼロで,このような面は「節面」と呼ばれる.任意の方向を向いている断層に対しても,同様に象限に分割されうる.単純な断層モデルでは,節面はつねに互いに直交している.

震央から離れる向きの初動をもつ象限内に配置されている地震計はどれも震央から離れる向き(言い換えると,地震観測点に向かう)の初動を記録する.このような運動は媒質や地面を波の進行方向に向かって圧縮するので,この象限を「押し」の象限という.これに対し,初動が震央に向かう象限は「引き」であるといい,この象限に配置されている地震計の初動は観測点から遠ざかる向きに運動する.

初動は通常,震源を原点(中心)とする仮想的な球を考え,地震波線が交差する仮想球の下半球上にプロットされる.下半球上にプロットされたデータから2つの最適直交節面を求め,「押し」の象限に陰をつけると,ビーチボールのような図ができあがる.最大圧縮応力軸および最大引張り応力軸は,それぞれ「引き」および「押し」の象限の中心を通る.初動分布だけから,どちらの節面が実際の断層面かを決定することはできない.この決定には,地図上に示された断層の走向,地割れや余震の線状配列のようなほかの独立な情報が必要とされる.

最近では,P波およびS波の放射パターンのモデル化を含む発震機構決定の新方法も開発されている.

図2に示すように,「押し」や「引き」の異なるパターンは,横ずれ断層(水平)運動,正断層(伸張)運動,衝上断層(圧縮)運動の特性を表しており,「押し」や「引き」のパターンは異なるプレート境界上では異なっている.

● 発散型プレート境界

最も狭い地震帯は,発散型プレート境界を含む中央海嶺の頂と関係がある.これは,海嶺が地体構造的に活発であることを示す主要な証拠の1つで,このことに基づきプレートテクトニクスの重要な一部である海洋底拡大説が提唱されるにいたった.WWSSNのような世界地震観測網のおかげで,中

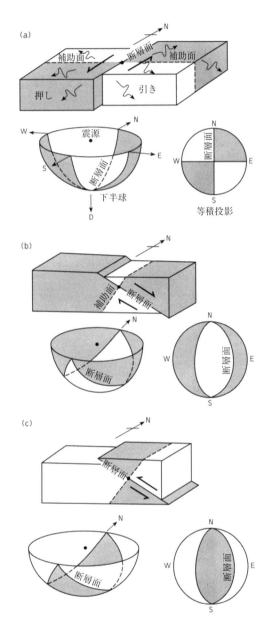

図2 「ビーチボール」図法による地震発震機構の表現.(a)横ずれ断層,(b)正断層,(c)衝上断層(逆断層).ブロック図は断層運動を示す.初動が(観測点に向かって)「押し」である象限に陰をつけてある.(a)に示されている矢印つきのくねくねした線は,初動の地震記録がどのようにして各象限に現れるかを模式的に示す.震源球の下半球がボール状に示され,初動の向きに応じて象限に陰がつけられている.右横の円は半球を水平面上に等積投影したものである.発震機構はこの投影法によって通常表現される.

央海嶺地震の震央の分解能が約20 kmまで上がり,地震帯の幅は通常これよりほとんど広くないこともわかった.もっと詳しい局所地域に絞った研究で

は，たとえば海洋諸島の地域的観測網や海底地震計を使って，中央海嶺の地震活動は数 km の幅のなかで群発的に起こっていることも明らかにされた．このような地震活動は，個々の断層，あるいは推定される貫入岩脈や割れ目噴火と関係しているようにみえ，幅数 km より広い帯で起きることはめったにない（とはいえ，海嶺軸から数十 km 離れた場所ではときおり起こる地震もある）．

発散型プレート境界で起こる地震は，実質的にすべて深さ 8 km 以浅に限られる．このことから，脆性-延性遷移層の深さや誕生したばかりのリソスフェアの底を定義できるかもしれない．

断層面解（図 3）から期待されるように，発散型プレート境界は主として伸張的な正断層メカニズムで特徴づけられる．発散型プレート境界で起こる地震はほとんどすべて，マグニチュード 6 以下の中小規模地震である．理由は，若くて弱いリソスフェアと正断層では，大地震を引き起こすほどの多量の弾性歪みエネルギーを蓄積できないからである．

● トランスフォームプレート境界

多くの中央海嶺，とくに東太平洋海膨のような比較的速い拡大速度で開口しつつある海嶺沿いでは，ほとんどの地震活動は発散型境界自体に集中するのではなく，数十～数百 km 間隔で存在する発散型境界を結合するトランスフォーム断層（横ずれ断層）に集中しており，きわめて狭いプレート境界である単一の横ずれ断層上に集中していることが詳細な研究によって明らかにされている．

トランスフォーム断層は，プレートテクトニクス理論のなかで重要な位置を占める概念の 1 つで，この考えは 1965 年にカナダの地球物理学者 J.T. ウィルソンによって提唱された．彼はトランスフォーム断層を 2 つのテクトニックな活動帯を連結する横ずれ断層と定義した．プレートテクトニクスでは，トランスフォーム断層それ自体が一種のプレート境界でもある．その重要性は，主要な水平横ずれ断層終端部で異なるタイプのプレート境界に変換してしまうメカニズムにある．

トランスフォーム断層は，2 つの発散型プレート境界である中央海嶺を連結する．もしウィルソンの提唱するモデルが正しいなら，地震活動は，プレートの拡大中心である 2 つの発散型プレート境界の間では活発であるが，発散型プレート境界を越えた延長上では不活発になるはずである（図 3）．海嶺とトランスフォーム断層上の地震源分布から，ウィルソンモデルの正しいことが確かめられている．しかも，トランスフォーム断層の運動の向きは，図 3 に示すように，海嶺から水平方向に運動するプレートの向きに規定される．このことも観測される地震の発震機構から確かめられている．

トランスフォーム断層は，大洋に限定されるわけではなく，カリフォルニア（サンアンドレアス断層系），トルコ（南北アナトリア断層），アジア（アルトゥン山断層），その他の陸域にも生じている．これら陸域のトランスフォーム断層系の多くは，おび

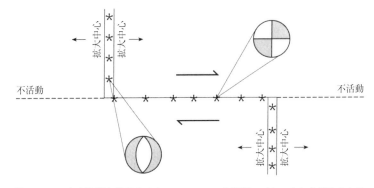

図 3　2 つの中央海嶺を連結するトランスフォーム断層．プレートおよびトランスフォーム断層の運動方向は矢印で示されている．地震活動（星印）は 2 つの海嶺およびトランスフォーム断層上に限定される．「ビーチボール」式に図示されている円（「押し」の象限に陰）は，プレートテクトニクス理論から予測され，かつ実際に観測される典型的な地震発震機構を示す．すなわち，トランスフォーム断層上の横ずれ断層運動と海嶺における正断層運動．

ただしい数の副次的網目状断層や枝分かれ断層を伴い，副次的断層の多くも活動的であるので，きわめて複雑である．このような複雑さは地震活動分布に反映されており，一例をカリフォルニア地域の非常に詳しい地震活動図に見ることができる．

陸域トランスフォーム断層では，中央海嶺におけるより大きな地震が発生し，マグニチュード7以上の地震の発生もまれではない（たとえば，1994年のカリフォルニア・ノースリッジ地震）．このような比較的マグニチュードの大きい地震は，通常，応力が大きく蓄積されうる逆断層成分をもつ断層で起こる．

陸域トランスフォーム断層上の地震活動は深さ約15 kmに及ぶ．この深さでは，地殻物質の変形は脆性から延性に遷移するようになる．

● 沈み込み帯

プレートテクトニクスでもう1つの重要な概念は，沈み込み帯といわれるものである．古地磁気学的研究やその他の研究が示すように，地球半径が急激に大きくなれないなら，発散型プレート境界で生成されたプレートはどこかで消滅しなければならない．沈み込み帯はこの消滅が起こる場所である．沈み込み帯では，プレートはある角度の傾斜角をもって，マントル内に下降する．沈み込みプレートの形跡は，和達-ベニオフゾーンと呼ばれる地震帯（図4）に残されている．なお，和達-ベニオフゾーンの名称は，最初に見出した日米の地震学者の名をとって命名されたものである．

和達-ベニオフゾーンの傾斜角はおよそ20°からほとんど鉛直までの範囲にあるが，通常は45°程度である．地震は深さ670 kmの上部マントル底部にいたるまで発生しているので，最深発地震の震央は地球表面上のプレート境界（多くの場合海溝が沈み込み口である）から何百kmも離れている．環太平洋地震帯の震央の幅が広がっているのはこのためである（図1）．

プレートが曲げられ沈み込む場所で発生する地震は，正断層伸張型のメカニズムをもつ．これは，曲げられたプレート上部には引張り応力が働くためと考えられている．このような正断層型の地震は深さ25 km程度までである．プレート境界およびプレート境界から数十kmの上盤プレート側で発生する地震は，沈み込みプレート境界や上盤プレートでは圧縮応力が卓越しているため，主として逆断層型である．沈み込みプレート境界に発生するやや深発地震や深発地震の震源分布が和達-ベニオフゾーンを形成している．

地域的地震観測網を使った詳しい研究によって，和達-ベニオフゾーンに二重深発地震面の存在することが明らかにされた（図4）．二重深発地震面の上面は沈み込むスラブ上面に対応し，下面はスラブ内部に存在する．二重地震面の上面の地震は圧縮力の卓越する場での破壊で，周辺のアセノスフェアの摩擦抵抗効果と組み合わさり，スラブが屈曲しないことが関係していると考えられている．二重地震面の下面の地震は下降するスラブの内部変形の反映で，震源の浅い地震は伸張型であるが，深い地震は

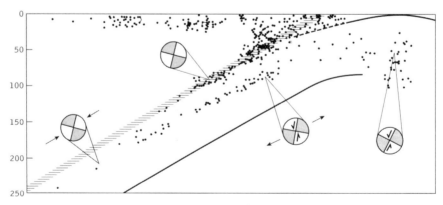

図4 沈み込み帯の浅い領域における鉛直断面図．地震源（点）と発震機構解が和達-ベニオフゾーンを通る鉛直面に投影されて示されている．（震源データはHasegawa et al. (1978) Geophysical Journal of the Royal Astronomical Society, 54, 281-296 より）

圧縮型となる．正確な原因は依然として不明であるが，浅所の伸張型はスラブの自重により生じ，深所の圧縮型は沈み込み抵抗の増大による圧縮力の増加や鉱物の相転移による体積効果によるのかもしれない．

最も規模の大きい地震は，沈み込み帯の主として多量の弾性歪みエネルギーの蓄積が可能な圧縮力の卓越する浅所のプレート境界沿いで起こる．1964年アラスカ地震（マグニチュード9.2）は，アリューシャン沈み込み帯に発生した観測史上最大の地震の1つである．

●大陸衝突帯

地震活動帯の幅が最も広いのは，ヒマラヤ，チベット，およびその周辺域のような大陸衝突帯である（図1）．これは，その地域のプレート境界が複雑であることの反映である．ここでは，リソスフェアは海洋リソスフェアより厚いが弱く，壊れて，数百ないし数千kmの幅をもつ領域内で活断層を境界とする多数のテクトニックなブロック構造を構成している．個々の地震は個別の断層で起こるものの，過度に破砕された構造のゆえに，複雑なパターンが形成される．このような小ブロックは相対的に運動しうるので，逆断層運動，横ずれ断層運動，正断層運動のどれもが衝突帯の異なる場所で起こりうる．

大陸衝突帯におけるほとんどの地震源は比較的浅く，リソスフェアの厚さ（100 km程度）に限定される．しかし，沈み込みつつあるスラブが，衝突帯をつくり出した沈み込み帯の過去の遺物としてか，下部リソスフェアが最近誕生した剥がれた積層ブロックとして，この深さ以深に存在するかもしれず，地表下数百kmに及ぶ深発地震によって明らかにされることになるかもしれない．

沈み込み帯同様，大陸衝突帯は圧縮応力場であるので，大地震が発生しうる．

●地震活動とリソスフェア

地震学は，プレートの境界位置を決定しプレート運動や変形についての情報を提供するだけでなく，岩石プレートおよびその周辺の性質についても重要な情報を提供する．

リソスフェアは強度の高い剛体層として定義されており，その厚さを地震学的に評価することができ

る．世界中のP波やS波についての研究から，地震波速度は深さおよそ100〜200 kmで明確な極小値をもつことが示されている．この性質はほとんどいたるところで見出されており，低速度層（LVZ）と呼ばれている．ほかのすべての条件が等しいなら，低速度は物質が融解点近くにあることを意味しており，低速度層は，融解点に近く，有意に弱化しているマントル物質に対応すると考えられている．それゆえ，低速度層はしばしば近似的にアセノスフェア（リソスフェア下部に位置する変形しやすい層）と同じであるとみなされる．これに対し，地震波速度がわずかに高い上部領域は強いプレートに対応している．

プレートの厚さ自体は，表面波を使って見積ることができる．大洋上の水波同様，表面波の粒子速度は地球内部に1波長の一部だけ入り込み，長波長ほど深部に侵入する．表面波の波長は数十〜数百kmに及び，その速度は表面波が侵入した深さにおける地震波速度を反映する．したがって，波長の長い表面波はリソスフェア底部近傍の地球内部特性に敏感である．観測された表面波から，低速度層（アセノスフェア）上部に横たわる高速度の「蓋」（プレート）というモデルが得られる．この「蓋」は，プレートの熱学的モデルから予測されるように，プレートの年齢が増すにつれ厚くなることが見出されている．

[**Roger Searle**/大中康譽訳]

■文　献

Isacks, B. L., Oliver, J., and Sykes, L. R. (1968) Seismology and the new global tectonics. *Journal of Geophysical Research*, **73**, 5855-900.

Kearey, P. and Vine, F. J. (1996) *Global tectonics*. Blackwell Science, Oxford.

地震災害と予知
earthquake hazards and prediction

世界の最も悲惨な自然災害の多くは地震が原因している（表1）．その理由の一部は，ハリケーンや暴風雨のように，地震は広大な地域に深刻な結果をもたらすからである．地震災害は，それが第一義的な効果か，二義的な効果かに基づいて，2つのカテ

186   地震災害と予知

表 1 世界の最も特筆すべき地震（一部）[1].

年月日	発生地	マグニチュード[2]	死亡者数
1290 年 9 月 27 日	中国・渤海	不明	100000
1531 年 1 月 26 日	ポルトガル・リスボン	6.9	30000
1556 年 1 月 23 日	中国・陝西	不明	830000
1737 年 10 月 11 日	インド・カルカッタ	不明	300000
1755 年 11 月 1 日	ポルトガル・リスボン	8.5	70000
1811 年 12 月 16 日	米国ミズーリ州・ニューマドリッド	8.2	不確実だが
1812 年 1 月 23 日	米国ミズーリ州・ニューマドリッド	8.1	これら 3 地震すべてで
1812 年 2 月 7 日	米国ミズーリ州・ニューマドリッド	8.3	たぶん 100 未満
1819 年 6 月 16 日	インド・カッチ	7.8	1500
1857 年 1 月 9 日	米国カリフォルニア州・フォルトテフォン	8	2
1897 年 6 月 12 日	インド・アッサム	8.7	1500
1899 年 9 月 10 日	米国アラスカ州・ヤクタット湾	8.0	不明
1906 年 4 月 18 日	米国カリフォルニア州・サンフランシスコ	7.9	2500
1908 年 12 月 28 日	イタリア・メッシーナ	7.5	120000
1920 年 12 月 16 日	中国・海原	8.5	235000
1923 年 9 月 1 日	日本・関東	8.2	143000
1939 年 12 月 26 日	トルコ・エルジンジャン	7.8	33000
1960 年 5 月 22 日	チリ	9.5	5700
1964 年 3 月 27 日	米国アラスカ州・プリンスウイリアム湾	9.2	131
1970 年 5 月 31 日	ペルー・アンカシ沖	7.9	66000
1976 年 2 月 4 日	グアテマラ・グアテマラ	7.5	23000
1976 年 7 月 28 日	中国・唐山	7.7	650000 (?)
1985 年 9 月 19 日	メキシコ・ミチョアカン	8.1	10000
1988 年 12 月 17 日	アルメニア・スピタク	6.9	25000
1990 年 6 月 10 日	イラン	7.7	40000
1999 年 8 月 17 日	トルコ・イズミット	7.4	>17000
1999 年 9 月 21 日	台湾・集集	7.6	2400

[1] Bolt (1993) から編集・修正された地震データ.
[2] 引用されたマグニチュードは，いくつかの異なる方法で決められるので，ある範囲の値をもちうる（「地震学」参照）.

ゴリーに分類されうる．第一義的な地震災害には，地面の震動，地表断層破壊，土地の隆起または沈降などが含まれる．地盤の液状化，地すべり，津波やセイシュ（seiche：湖沼あるいは湾の水面自由振動）のような水波は第二義的な効果である．理由は，これらが地面の強い震動によるか，または，津波の場合には地震時の海底高度変化（隆起または沈降）によるからである．

地面の震動は，地球表面に到達した地震波（「地震のメカニズムとプレートテクトニクス」参照）の結果である．地震動は，その効果が遠方に及ぶので，あらゆる地震災害のなかで最も損害を与える．地震動ないし地面の運動は，震源の大きさおよびメカニズム，震源断層からの距離，地震波伝播経路沿いの地球内部の減衰特性，観測点直下の表層地盤特性（「強震動地震学」参照）などの関数である．

地表断層破壊は，地表面まで達する断層破壊によって地震が発生する場合に起こる（図 1）．その

結果として，断層沿いに生じたすべり運動が地表に到達して地面に変位を生ずる．たとえば，1992 年のランダース地震（カリフォルニア，マグニチュード 7.3）では，地表で観測された断層沿いの最大変位は水平方向に約 6 m であった（マグニチュードの議論については「地震学」参照）．地表まで達している断層沿いに位置する構造物は，将来起こるであろう地震によって損傷を受けるであろう．米国の州によっては，州法がある種の施設を活断層帯沿いに建設することを禁じている．ただし，沈み込み帯に位置する巨大衝上断層（「地震のメカニズムとプレートテクトニクス」参照）を含むすべての断層が地表面に達しているわけではない．

土地の相当な上下変動は大地震発生時に起こりうる．たとえば，1964 年のアラスカ地震（マグニチュード 9.2）の際に，モンターグ島の場所によっては巨大衝上断層の上盤側で 11 m 隆起したし，下盤側に位置するプリンスウイリアム島でも約 2 m 隆起し

図1 1983年，米国西部に発生したマグニチュード6.8のボーラ山（Borah Peak）地震後のロストリバー（Lost River）断層沿いの地表破断．ボーラ山は背後に見える．アイダホ（Idaho）のこの正断層沿いの最大鉛直変位量はおよそ2.5mであった．この地震過程で少量の水平変位成分も生じたことが，変位したコンクリート製導管からわかることに注意．

た．この地震は，広大な海岸線をもつ環太平洋地域および環太平洋火山帯（「地震のメカニズムとプレートテクトニクス」参照）内の沈み込み帯で起こったため，地球上の多くの場所にかなりの被害をもたらした．また，海水面に対する土地の隆起は一般に長期にわたって続くので，港湾施設機能が永久に失われるようなことが起こりうる．

二義的ではあるが地震による劇的な結末は津波によってももたらされる．この巨大な海面波は，海底の急激な変位や地すべりによって引き起こされる．広大な海洋では，津波の波高は低いが，500〜800 km s^{-1}のスピードで伝播しうる．津波が海岸に接近すると，水深は浅くなるので，波高は20mもの高さに達する．1964年のアラスカ地震によって引き起こされた津波は，カナダや米国西部の太平洋沿岸で広範な被害をもたらし，100人以上の死者を出した．もう1つの水面波であるセイシュは，湖のような閉じた液体系で励起される．1959年，米国西部に起きたモンタナヘブゲン湖地震の場合のように，地震はセイシュを誘起することがある．

水で飽和した砂土や泥質土が強震動を受けると，液状化と呼ばれる現象が起こる．振動が土壌粒子の配列の仕方を変え，その結果間隙水圧が増大すると，強度の低下が起こる．このような状態の土壌は移動度が大きくなり，容易に変形してしまう．極端な場合，土壌粒子は地下水中に浮遊し，土壌は砂や泥を噴出する流体として働くことがある．大地震の際に液状化はしばしば起こるので，液状化による目を見張るような被害例には事欠かない．

地震により誘起される地すべりは，土地の強い震動が引き金になる点を除けば，ほかの種類の崖崩れに似ている．大災害をもたらしたこれまで最大級の地すべりの1つは，1970年ペルー地震の際に起こった．この地すべりは，実際には，ネバドアスカラン火山山頂で生じた大規模土石流で，320 km s^{-1}のスピードで流下し，2村を壊滅させた．犠牲者数は1万8000名以上に及んだ．

地球科学の最も重要な応用の1つは，地震危険度の評価である．地震危険度評価は，地震源を同定しその特性を明らかにすることと，付随する危険度の算定という2つの主要なステップからなる．前者は，地震学だけでなく，地球物理学の他分野や地質学，地形学をも含むさまざまな専門分野の研究手法を必要とする．地震発生過程のわれわれの理解を大きく深めたのは，たぶん古地震学という比較的新しい分野だったといえるだろう．古地震学的研究は，地表断層破壊，津波堆積物，液状化痕跡，埋没した沼地などのように，環境に及ぼされた地震の大きな痕跡の地質学的調査を通して，有史以前の地震を研究することである．

特定の地震危険度の評価には，地震学者，地質学者，地震工学者などがかかわってきており，強地震動は，現在でも最大の関心事であるとともに研究対象でもある．

● 地震予知

地震の悲惨な結果や災害を軽減したいという欲求が動機になって，地震の予知は以前から試みられてきた．しかし，地震予知が現代的な装いで試みられ

るようになったのは1960年代以後のことで，主として日本，中国，旧ソ連，それにそれほど熱心ではないが米国においてである．

　地震予知は，地震先行現象（地震が将来起こる合図となるような物理的指標）の探索が中心となって進められてきた．先行現象には，次のような異常変化が含まれうる．

① 地震が差し迫って起こるであろう地域の微小地震活動．
② 土地の水平および上下変動や地下水位変化などを含む地殻変動．
③ 重力や地球電磁場の変化．
④ ラドンのような気体放射．
⑤ 動物の異常行動．

これらは，地震前に地球内部で起こる歪みや応力変化に起因するのかもしれない．

　地震予知は，どこで（場所），いつ（時間），どのくらいの規模の地震が起こるかについて答える必要がある（「地震学」参照）．地震先行現象は，その時間スケールに応じて次のように分類されうる．①数百年程度までの長期，②数年程度までの中期，③数日から数カ月程度の短期．長期先行現象の例に「地震空白域」という概念があり，これは世界の沈み込み帯に最初に適用された．地震空白域というのは，過去に大地震が繰り返し発生した領域であるが，最近数十年間は発生しておらず，地震活動が低調な（ほとんど起こらない）領域のことである．やがてこのような空白域は，大地震とその余震が発生することによって埋めつくされる．この概念は，環太平洋ベルトの沈み込み帯に応用され，長期予知に成功した．

　かなり価値のあることとはいえ，長期的前兆の弱点は，将来の地震発生時を予知する不確かさが，数年ないし数十年のオーダーで大きいことである．現在の地震予知の困難な試みの基本的問題はここにある．将来起こる地震の発生場所と大きさの予知については，これまで大きな進歩がみられたが，地震発生時の予知は，依然として大部分未解決のままである．信頼性のある中期ないし短期先行現象は今日まで確定されるにいたっていない．このことは，これまで予知に成功しなかったといっているのではない．たぶん，短期予知の最も華々しい成功例は，中国の1975年海城地震（M7.3）で，前震活動，動物の異常行動およびほかのいくつかの前兆現象に基づ

いて予知された．海城から避難することにより，おそらく数万人の命が救われた．不運なことに，この1年後の1976年，同じく中国で唐山地震（M7.7）が起こったが，この地震の予知は成功せず，65万人の生命が失われた．

　近い将来起こるであろう地震の想定震源域中を伝播する地震波の速度や走時の変化を観測した旧ソ連の地震学者による成功報告の結果，米国では地震予知の試みが1970年代に加速した．しかし，米国の科学者は同様の異常現象を観測できず，総じて失敗に終わった．近年，唯一の意義深い米国の試みは，カリフォルニア州パークフィールドの町の近くにおけるサンアンドレアス断層の一区域沿いの実験に焦点を当ててきたことである．この場所では，過去に発生した地震の見かけの規則性に基づいて，M6の地震が期間1988±5年に発生すると予知されていた．この地震はいまだ起こっていないが，地震計，水位計，傾斜計，水準測量，三角測量および三辺測量アレー，ラドンガス監視装置，重力計，磁力計などを含む多様な観測機器で，想定震源域を監視する努力は続けられている．現在のところ，米国の努力は将来起こる地震の場所，大きさ，それに地震発生確率を数十年期間内で特定する長期予測に向けられている．

[Ivan G. Wong/大中康譽訳]

■文　献

Bolt, B. A.（1993）*Earthquakes.* W. H. Freeman, New York.

Brumbaugh, D. S.（1999）*Earthquakes, Science and Society.* Prentice Hall, New Jersey.

Reiter, L.（1990）*Earthquakes hazard analysis.* Columbia University Press, New York.

地震層序学
seismic stratigraphy

　地震層序学は，地震波記録から地層断面構造や地層構造を明らかにしたり研究する学問で，この分野の発展は石油やガスを貯えている岩体および構造を探査する石油会社の技師に大いに負っている．その原理は，地震波が地球内部の適当な深さの層理面あるいは反射面で反射し，地表に設置された地震計に到達することに基づいている（図1）．人工地震波

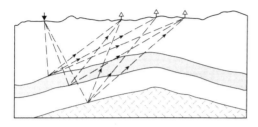

図1 深部構造および層序の地震探査では，地表の1点における爆破や力学的衝撃によって生成された人工地震波が地下の不連続面で反射し，この反射波を地表に多数配置したジオフォーンで記録する．反射面は異なる岩体の接触面で，反射波が地表に到達するのに要する時間は各反射面の深さに関係する．

は爆発物または力学的衝撃によって生成される．反射地震波は探査したい測線沿いに配列された一連の地震計（ジオフォーン）によって検出する．探査断面は長さ数 km に及び，深さは地震反射波が検出できる深さで，数百～数千 m に及ぶ．この方法は，大陸棚の研究のために海でも応用されている．

反射法地震探査断面を得るのは，あらゆる種類の地質や地形に対して可能である．一般に，地震波は密度の高い物質ほど速く伝播し，遠くに伝播すればするほど減衰する．反射地震波は岩体内に反射面が存在するから得られるのだが，地震波の反射は密度の急激な変化が生ずる場所で起こる．このような原理を利用して，成層構造や境界面の様子を明らかにすることができる．たとえば，英国諸島周辺の北海や沿海大陸棚の地質の多くは，この方法を利用して明らかにされたものである．中生代および新生代の岩の多くが顕著に発達している地層が明瞭に示され，断層帯における変位や不整合によるトランケーションが油田構造をモデル化するのによい二次元的拘束を提供している．

この方法がどの程度の深さまで有効かは，人工地震を引き起こす爆破力や十分に有効なジオフォーンの空間的な配置しだいで決まる．通常，深さ6 km あるいはそれ以深でも達成可能である．岩塩ドームやほかの崩壊岩体は一目で識別できるし，オランダやドイツ直下に一群の深部岩塩ドームが海岸線を越えて見出されたとき，北海の地下探査を促したのはこの方法であった．メキシコ湾やニジェールデルタ沖のように，三角州砂が海側に向かって伸びていることも，この方法によって発見された．

英国周辺におけるカレドニア造山運動やその他の運動の過程でつくられた構造の多くも，一連の深部地震探査によって明らかにされている．

米国における地震層序学的探査の最も重要な結果の1つは，エクソン社の地質学者たちによる，音波探査断面上に不整合で境されたシーケンスが広範囲に存在することであった．音波探査断面は既知のボアホール記録と相関があり，この事実によって，遷移を年代層序単元に割り当てることが可能となった．このことゆえに，大陸全体にわたるほかの探査断面やシーケンスとも関係づけられるのである．

相対的に安定な大陸内部では，石油やほかの資源探査のためだけでなく，深部構造についてのデータを得るためにも，この方法は使われている．アパラチア山脈は，数千 km^2 以上にわたって，深く根をはった衝上ブロックよりむしろ浅い衝上薄片状ブロックからできていることが，コーネル大学に本拠をおく研究組織により明らかにされている．

[D. L. Dineley／大中康譽訳]

■文献
Sherriff, R.E. (1980) *Seismic stratigraphy*. IHRDC Publications, Boston.

地震探査法
seismic exploration methods

地球物理学の応用についての教科書がはじめて書かれて以来，地震探査法は反射法と屈折法とに区分けされてきた．反射法，屈折法とも多数（少なくとも 12～数百）の携帯式地震計（ジオフォーン）が1測線（三次元反射法地震探査の場合は複数の測線）沿いに配置され，多くの人工震源が順に発破される（図1a）．ジオフォーンでシグナルを記録する方法は，震源特性同様，非常にバラエティに富んでいる．初期の実験では小規模爆発物を使ったので，実体波エネルギーを生成する発破と見なされた（「地震波実体波」参照）．地球内部をさまざまの波線経路沿いに伝播する波はやがて地表に到達し，ジオフォーンによって記録される．この波の走時や振幅の解釈から地下構造についての情報が得られる．

反射法は，地球内部の不連続面から反射するほぼ

鉛直な面内を伝播する波を記録して地下構造の詳しい画像をつくり出せるので，非常に有力な方法である（図1a）．他方，屈折法は，伝播経路に対し大きな水平成分をもつ波を利用する．個々の構造は，波線追跡（「地震波線理論」参照）のような技法を採用して，観測データをコンピュータ上でモデル化し，こうして得られたモデルから推定される．

　上述したような2つの方法に分けることは，データ解釈のアプローチが異なったり，計測器がもつ限界に規定されたりした時代には意味のあることだった．しかし，どちらの場合も実体波が採用され，反射波と屈折波の両方が記録され使われる．どちらの方法も非常に柔軟性に富み，工学的応用や環境問題への応用を意図した地表近傍の構造研究や地球深部の構造研究（「制御震源地震学」，「深部反射法地震探査」参照）に利用できる．仮に配置しうるジオフォーンの数が，たとえば48に限定されるとすれば，配置の仕方は，反射法で採用されるようにジオフォーンを互いに接近して配置するか，屈折法で採用されるようにジオフォーンを引き離して配置するかを選択する必要がある．いまの場合，反射法を選択すれば，地球の有用な画像をつくり出せるものの，速度を決定するための分解能に限界がある．これに対し，屈折法を選択すれば，速度は決定できるものの，地球の単純化されたモデルしかつくり出せない．しかし，計測器の進歩に伴い，数百あるいは数千ものジオフォーンの配置が可能となり，新たな理論的アプローチの進展も手伝って，上述のような反射法，屈折法という区分けは意味をもたなくなりつつある．多様な伝播経路を伝わってきた波はすべて密集して記録されうるので，両者の長所が同時に利用されるようになってきたのである．

　両方法の違いや基本的原理を，速度 V_0, V_1 の2層構造（ただし，$V_0 < V_1$）モデル（図1a）の走時を与える式を導くことにより，具体的に説明しよう．ほぼ水平に速度 V_0 で伝播し，反射・屈折せずに直接観測点に到達する波は直接波と呼ばれる．直接波に対する走時の表現式は，伝播距離 x が速度 V_0 に時間 t を乗じたものに等しいという関係式（$x = V_0 t$）である．

　この場合，距離 x に対して時間 t をプロットすると（図1b），任意の距離 x における到達時刻 t は傾きが $1/V_0$ の直線になる．屈折法は，臨界屈折波と呼ばれる屈折波に注目する．臨界屈折波とは，2層境界面に臨界角 $i_c = \sin^{-1}(V_0/V_1)$ で入射した波の下層への射出角が90°となるように，スネルの法則により波の進路が曲げられる屈折波のことである（「地震波：原理」参照）．速度 V_1 で境界面下部沿いに伝播し，適当な距離（臨界距離）伝播後再び屈折して上層に戻り地表観測点に到達する波を想定しよう．このように下層を伝播した波は，下層の伝播速度が上層より速い場合，たとえ伝播距離が長くとも観測点には直接波より早く到達しうる．この場合の走時を表す距離 x と時間 t の関係式は，傾きが $1/V_1$ で，境界面の深さ h に関係した時間軸の切片をもつ直線となる（図1b）．直線の傾きや切片は走時データのプロットから求まる．このようにして，境界面の深さや伝播速度は容易に計算される．3層以上の場合や境界面が水平でない場合，数式は複雑になるが，原理は依然として単純である．境界面に傾斜がある場合，未知パラメーターは増えるが，地震計を配置した測線の両端で人工震源を爆破させ，逆測線のデータを得ることにより解決される．

　伝統的に，屈折法は建築構造物の基礎を適切にデザインするために基盤岩までの深さを決定したり，地下水面を探り当てたり，表層土壌（風化層）の厚

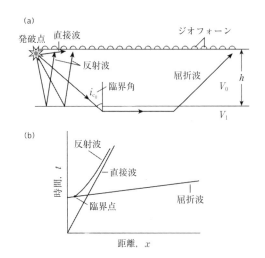

図1 屈折法と反射法の原理を示す模式図．(a) 発破点，ジオフォーン，直接波，反射波，屈折波を示す断面図．V_0 は上層の速度，V_1 は下層の速度，h は境界面までの深さ，i_c は臨界角を表す．(b) 直接波，反射波，屈折波の走時を示す図．距離 x と走時 t の関係は，直接波の場合 $t = \dfrac{x}{V_0}$，反射波の場合 $t = \dfrac{\sqrt{x^2 + 4h^2}}{V_0}$，屈折波の場合 $t = \dfrac{x}{V_1} + 2h\dfrac{\sqrt{V_1^2 + V_0^2}}{V_1 V_0}$ となる．

さや速度を決定するのに利用されてきた.

　反射法は屈折法より多くの震源やジオフォーンを必要とするので経費がかかる.高コストのゆえに,反射法は炭化水素の探査目的に主として使われてきた.加えて,反射法地震探査で集められたデータは,地下構造の画像をつくり出すために(「地震波信号処理」参照),大量の計算機処理を必要とする.一例を図2に示す.反射法では,ジオフォーンは震源からの最大距離が目標物の深さと比較しうる程度の距離に通常配置され,波線経路は臨界角より小さな角度で境界面に直達する.反射波の到着時は,距離 x が増大するとともに伝播経路が似てくるので,直接波の到着時に漸近するようになる.反射波の走時を与える式が時間軸と交わるのは,単に深さの2倍を速度で除した値 $t=2h/V_0$ で,これを鉛直入射走時という.この走時曲線は,曲率が V_0 の逆数に関係する双曲線で与えられる.反射データから速度を決定するのは,したがって曲率の解析に依存する.反射データから得られる速度は反射体と地表間のすべての物質に対する平均値であるが,この平均速度の正確な値は,震源と地震計との幾何学的配置や構造の複雑さに依存する.こうして得られる速度値は平均速度,RMS速度,あるいは重合速度などと呼ばれる.主要な目標は2つの反射体間に位置する物質の地震波速度を決定することである.この速度は区間速度と呼ばれる.その測定は,調べようとする構造が複雑になるにつれ,ますます複雑になる.

　地震探査の小規模な応用にボアホール検層がある.この目的の地震探査装置は,ボアホール内を下降できるように小型化されている.ボアホール内での地震波速度の測定は通常音波検層と呼ばれる.これは,ボアホール壁沿いの変質を受けた岩石が第1層を形成し,変質を受けていない岩石が第2層を形成する屈折法探査である(図3).石油探査における有用性のゆえに,この探査法はますます洗練されるにいたっている.もう1つのボアホール技術はクロスホールトモグラフィーといわれるものである(「地震(波)トモグラフィー」参照).震源をボアホール内に下げ,複数の地震計を別のボアホール内に下げる.震源と地震計間の走時はボアホール間の速度構造異常を検出するのに利用される.

　反射法または屈折法を使って,地球物理学者は地震探査がほかの地球物理探査,あるいはボアホールや露頭の地層のような独立な情報と対比されるよう

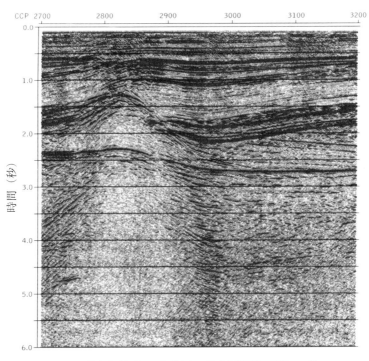

図2　反射法地震探査により得られる地球内部構造の画像の一例.

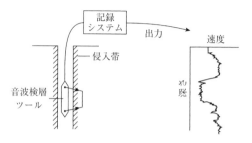

図3 ボアホール音波検層法の模式図.

工夫を試みる．こうすることにより地震探査データの解釈に信頼性が増す．反射法地震探査では，とくにボアホールからの音波検層に基づいて地球の応答を予測するために合成地震記象が使われる．合成記録にみられる特有の地層によって引き起こされる反射パターンは，地震反射法データの同一地層を同定するのに使われる．このパターンは地震波反射法記録断面全体にわたって追跡される．このようなパターン変化は地層のさまざまな物理的変化に関係しているかもしれない．屈折法では，地球内部の適当な波線経路に沿って伝播したと解釈される相の走時をモデル化することにより地球モデルが導かれる．このモデルは，相の波形に合うようにモデル化した合成地震記象を使って改良される．

逆解法（インバージョン）という言葉は，人間の介入を最小限にしてデータから直接地球の速度構造モデルを導出するための技法のことである．この技法は，人間の解釈による偏りを最小にし，導出するモデルの不確かさに定量的な評価を与えうる．反射法の目標は地球内部の不連続面で反射する波の分解能を高め，詳細な速度構造を得ることである．

[G. R. Keller/大中康譽訳]

■文　献

Telford, W. M., Geldart, L. P., and Sheriff, R. E. (1990) *Applied geophysics*. Cambridge University Press.

地震（波）トモグラフィー
seismic tomography

地震（波）トモグラフィーは，地球の速度構造を決定する比較的新しい方法である．この方法は，対象（不均質性）領域の画像を，求めようとしている対象領域を通過してきた多くの波の走時を解析することによって求める．何らかの基準地球モデル（速度構造）を仮定し，この基準モデルからの変化分を決定し，速度変化をパーセントで表すのが普通である．この方式は，医学分野でX線やCATスキャンのような超音波から画像を得るのに使われる方法と類似しているが，反射法や屈折法地震探査で使われる伝統的なアプローチとは根本的に異なっている．あいにく，地球トモグラフィーの研究では，伝播過程で進路が曲げられる地震波が使われ，地震計や地震源の分布も理想的とはいえない．たとえば，地震は地球内部のある領域に集中して起こり，地震計は大洋地域にほとんど配置されていない．しかし，最近の進歩によって，多くの新しい高性能地震観測点を展開することが可能になり，大量のデータを処理する能力をもつことも可能になった．加えて，限られた期間ではあるが携帯型地震計を設置することにより，特定の地域を目標にすることもできるようになった．同様に，ほかの地球物理学的観測法と同様，たいていの進歩は局所的スケールかグローバルスケールのどちらかには応用可能である．このようなわけで，地震トモグラフィーは，地球内部の速度変化の新しい画像をつくり出す活発な研究領域の1つに数えられている．

地震トモグラフィーの背後にある基本的概念は，地球内部を伝播する実体波走時が，伝播時間は距離を速度で除したものに等しいことを述べた積分方程式で表現可能であるということである．もし個々の地震波走時が基準地球モデルから期待されるものと異なるなら，われわれはこのとき走時残差が存在するという．この段階でわれわれは，速度異常が伝播する波の波線経路沿いのどこかに存在することを知るだけである．地震トモグラフィーの本質は，さまざまな波線経路を伝播してきた波の非常に多くの観測データを使って，速度異常を示す位置を決定することにある．この複雑な問題に対し多くの数学的手法があるが，最も普通に使われる方法は地球を三次元ブロックの網で近似することである．したがって，方程式の走時積分は波線経路と交わる個々のブロックを通過する走時の和になる．大規模観測の場合は，ブロックの速度が未知数となる大規模方程式系になる．この解の良否は，観測の数と精度，波線経路分

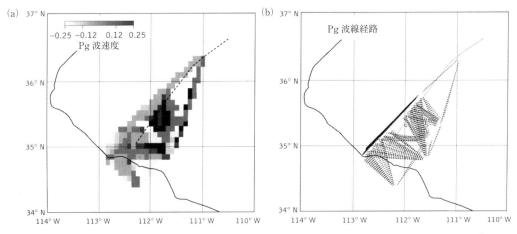

図1 (a) アリゾナのグランドキャニオン南方の火山地帯における地震トモグラフィー地図．地震波速度 $6.0\,\mathrm{km\,s^{-1}}$ からの変化分が示されている．上部地殻屈折（Pg）が採用された．(b) 同一地域における波線経路図．

布，ブロックモデルが真の速度構造を実際にどの程度正しく近似しているか，などに依存する．

典型的な例を図1aに示す．これは，アリゾナのグランドキャニオン南方の火山地帯で実行された研究で得られたものである．速度変化は色調変化により示されており，暗い色調が高速度を表している．高速度地帯は火山中心直下に検出されている．サンプルされていないブロックの速度は明らかに決定されていないので，どのような波線経路が採用されたか（図1b）を示す必要がある．

この問題に対するほかのアプローチも研究されつつある．とくに，球面調和関数展開がグローバルスケールの速度変化をみるために使われている．単なる走時摂動と等方的速度構造以上のものを目指した多くの研究も行われつつある（「地震波異方性」参照）．　　　　　　　　　　[G. R. Keller／大中康譽訳]

■文献

Iyer, H. M. (1989) Seismic tomography. In James, D. (ed.) *The encyclopedia of solid Earth geophysics*, pp. 1133-51. Van Nostrand-Reinhold, New York.

Lay, T. and Wallace, T. C. (1995) *Modern global seismology*. Academic Press, San Diego.

Nolet, G. (ed.) (1987) *Seismic tomography*. D. Reidel Publishing Co., Dordrecht.

地震のメカニズムとプレートテクトニクス
earthquake mechanisms and plate tectonics

人類が誕生し最初に地震を経験して以来，何が地震の原因かを問いつづけてきたが，その答えは過去1000年前まで概して神秘的なものであった．地震の原因とメカニズムについて近代的概念が生まれたのは，1880年代以降のことである．米国の地質学者 G.K. ギルバートは，地震は地質断層沿いの変位の結果であることを示唆した最初の地質学者だった．米国西部のユタ州北部および中心部にまたがるワサッチ山脈の観測で，ギルバートは，絶え間ない歪みの蓄積によって動く断層沿いの変位が，上方に向かって増大する（すなわち地震が起こる）結果，ワサッチ山脈が形成されたことを示唆したのである．これより前の世紀では，地震はマグマ過程（地質学的に生成される爆発）の結果であり，断層形成は地震の原因というよりむしろ，単にその結果の付随現象にすぎないと信じられていた．

1910年，H.F. リードは1906年サンフランシスコ大地震（マグニチュード8）の観測に基づき，地震の原因は弾性反発現象の結果であることを示唆した．この理論によれば，地震は強度を超えるまで歪んだ断層が破壊し，断層沿いに急激に変位することによって引き起こされる．弾性歪み蓄積の過程で，

断層両側は破壊にいたるまで反対方向に剪断応力を受ける．破壊とともに断層両側は急激に相対変位し，歪みを受ける前の位置まで弾性的にはね返る．断層沿いの歪みの蓄積と弾性反発の1サイクルが1つの地震を引き起こす．この弾性反発説は，すべてというわけではないが，大部分の地震発生モデルとして受け入れられている．ある種の火山性地震や深発地震は異なるメカニズムによるかもしれない．また，断層沿いの変位が必ずしもつねに地震を引き起こすとは限らない．ゆっくりした変位運動あるいはクリープは非地震性で，これは広く世界的に観測されている．

大部分の地震は，本質的にプレート境界で生ずるテクトニック応力によって引き起こされる．このような地震を構造性地震と呼ぶことにしよう．構造性地震は，数 cm の断層すべりによって生ずるマグニチュード 0 以下の地震から，断層すべり量が数 m のマグニチュード 9 以上の巨大地震にいたるまで広範囲に及ぶ．地震の規模は，変位量の関数であるだけでなく，破壊する断層面積の関数でもある（「地震学」参照）．それゆえ，破壊面積が大きければ大きいほど大地震となる．マグニチュード 7 の地震では，およそ $1000\,\mathrm{km}^2$ の断層面積が破壊する．これは断層の長さ 50 km，幅 20 km に相当する．

世界中で解放される地震エネルギーの大部分は，プレート境界沿いに発生する地震，とりわけ環太平洋火山帯と呼ばれる太平洋周縁部で発生する地震によるものである（図1）．とくに，最大規模の地震は沈み込み帯におけるプレート運動の結果である．最大地震として知られているのは，チリ海岸沖の南米沈み込み帯沿いに起こった 1960 年の地震で，マグニチュード 9.5 であった（「地震災害と予知」，「地震学」参照）．プレート境界沿いに起こる地震は，プレート間地震またはプレート境界地震と呼ばれる．これに対し，プレート内地震はプレートの内部で起こる地震をいう（「プレート内地震活動」参照）．プレート内地震がマグニチュード 8 を超えることはまれである．

地震は，どのようなタイプの断層であれ，非常に急激な変位によって生ずる．変位の仕方により，断層は正断層，逆断層ないし衝上断層，横ずれ断層の 3 つのタイプに分類される．沈み込み帯沿いの巨大地震は，沈み込みプレートと上盤プレート境界を構成する巨大衝上断層沿いに発生する．太平洋プレートと北米プレートを隔てる，カリフォルニアの長さ 1300 km に及ぶサンアンドレアス断層や，トルコの長さ 1100 km に及ぶ北アナトリア断層のような主要横ずれ断層も，繰り返し破壊してマグニチュード 8 程度の大地震を引き起こしてきた．地殻が引き伸ばされる伸張テクトニクスの領域では，正断層運動が，沈み込み帯沿いの地震ほど大きくはないものの，比較的大きな地震を引き起こす．米国西部奥地では，

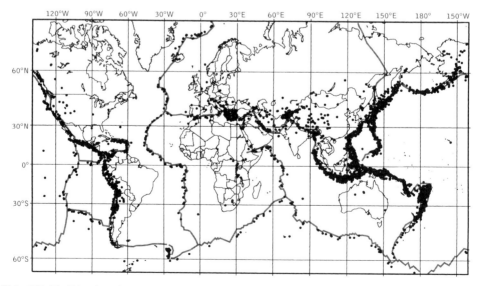

図1 1994 年に起こったマグニチュード 4 以上の地震．大多数の地震は主要なテクトニックプレート境界に一致している．（地震データは米国立地震情報センター Stuart Koyanagi および Waverly Person の厚意による）

正断層地震がベーズンアンドレンジ地域やリオグランデ渓谷の地塁や地溝風景をつくり出している.

沈み込み帯外で起こる世界のほとんどの地震は上部地殻に震源をもつ. 深さが通常15〜20 kmより浅い領域では温度は十分低い（約350±100℃以下）ので, 脆性岩石を破断する断層沿いに急激な変位が起こる. この変位様式は, 歪みの蓄積過程で断層面は固着し, 蓄積された歪みに耐えきれなくなった断層が急激にすべって地震を引き起こすので, しばしば「固着すべり」と呼ばれる. より高温領域（ただし, 温度がおよそ650±100℃と考えられている最上部マントル岩石を除く）では, 脆性破壊に代わり, 断層は塑性的挙動を示し非地震性クリープ変形するであろう. 最深発地震は, 沈み込みプレート内の深さ600〜700 kmで起こる. この深さにおける温度は極度に高いので, 深発地震が発生するメカニズムは十分理解されているとはいえない.

地震は単独で発生せずしばしば一連の活動として起こる. このなかで, 主要かつ最大の地震を本震という. 本震に先行する地震が前震, 本震後数十年にわたって起こる余効的地震活動が余震である. 1964年アラスカ地震（マグニチュード9.2）ののち, 数年間に数十万の余震が起こり, マグニチュード6程度の大きさの余震も数個含まれていた. 余震は通常, 本震発生時に破壊しなかった領域の残留応力が解放されるために起こる. しかし, 余震は本震と同じ断層上で起こるとは限らない. たとえば, 1992年のカリフォルニアランダース地震（マグニチュード7.3）では, 3時間後にベアレイク（Bear Lake）地震（マグニチュード6.2）が起こったが, この震源はランダース帯の西部30〜40 kmに位置する無名の断層であった.

断層すべりによる地震発生過程では, テクトニクな歪みエネルギーが解放され, 断層帯内の岩石破砕, 熱の生成, 地震波動エネルギーのために消費される. 地震破壊がはじまる断層面上の点を震源といい, 震源直上の地表上の点を震央という. 地震の震源深さは地表から震源までの深さをいう.

地震波は, 実体波と表面波に分けられ, 実体波はさらに粗密波またはプライマリー（P）波と剪断波またはセカンダリー（S）波の2つに分けられる. P波およびS波は, 地球のような物体内部を通過する波なので実体波と呼ばれる. P波は最も速度の速い波であり, 波の伝播方向に媒質が振動する. S波は伝播方向に垂直な面内で媒質が振動し, その伝播速度はP波速度の約1/2ないし2/3である.

実体波とは対比的に, 表面波は地球表層に限定される. 表面波にはラブ波とレイリー波の2種類が存在する. ラブ波は, 剪断波同様, 波の伝播方向に対し横断面内で媒質が振動するが, 鉛直成分はない. レイリー波は伝播方向鉛直面内で媒質が楕円状に逆戻りするように振動する. 深発地震は通常, 表面波を励起しない.

大部分の建築土木構造物の固有周波数では, 地震波として放射される地震エネルギーのほとんどはS波に含まれる. このことと, 地表に近づきつつあるS波が水平地動を引き起こす事実から, 地震から受ける地面の振動損害のほとんどはS波が原因であることがわかる（「強震動地震学」参照）.

[Ivan G. Wong/大中康譽訳]

■文　献

Bolt, B. A. (1993) *Earthquakes*. W.H. Freeman, New York.

Brumbaugh, D. S. (1999) *Earthquakes, science and society*. Prentice Hall, New Jersey.

Fowler, C. M. R. (1990) *The solid Earth*. Cambridge University Press.

Yeats, R., Sieh, K., and Allen, C. (1997) *The geology of earthquakes*. Oxford University Press, New York.

地震波：原理
seismic waves：principles

地球内部にテクトニック応力が蓄積し, 急激な剪断破壊（すなわち自然地震）が起こるか, 爆発または力学的手段により人工的に地震が引き起こされると, 地震波動の複雑な場が形成される. この波動場は, 石を池に投げ入れた地点から波が周囲に伝わるように伝播する（「弾性波伝播」参照）. しかし, 震源近傍の非弾性効果を無視するとしても, 地球内部ではいくつかの異なるタイプの波が震源で生成されるので, 状況はずっと複雑である. 地球は, さまざまな異なるスケールの不均質性を示す多くの異なる岩体や岩層からなっており, 地震波は三次元的に伝播する. さらに, 波動伝播エネルギーの一部は地

球内部の不連続面で反射したり屈折したりするので，伝播方向が変わる．一部の波動エネルギーは地球内部で吸収され熱に変換される．このような複雑な伝播過程の全体を統一的に数学的に扱うのは，今後も継続しなければならない大きな挑戦的研究課題といえる．

通常，地震波動エネルギーを3つのタイプの波動に分けて扱えば十分である．すなわち，①P波，この波は最も速く伝播する波で，波の伝播方向に媒質が振動する（縦波，「地震波実体波」参照）．②S波，この波はP波速度の概略60%のスピードで伝播する波で，波の伝播方向に垂直な面内で媒質が振動する（「地震波実体波」参照）．③表面波，この波はS波速度のおよそ90%のスピードで伝播する波で，大洋の表面上を伝播する波に類似している（「地震表面波」参照）．これらの波は，図1aに示すように，異なる経路沿いに伝播する．これらの波を地球表面上の1点で観測すると，図1bに示すような地震動記録が得られる．

地震波理論を数学的に扱いやすいようにするために，いくつかの単純化された仮定を採用する．第1の仮定は，観測者が地震源から十分遠方に位置し，実際の地動変位は十分小さく岩石の弾性限界内にあるとする仮定である．いい換えると，地震波は岩石の破壊を引き起こすことなしに伝播し，地球は地震波が伝播し去った後では，何の擾乱も残さないでもとの状態に戻るという仮定である．この仮定のもとでは，弾性限界内で応力と歪みの間に線形関係が存在するというフックの法則が成立する．フックの法則については，以下でもっと詳しく述べることにしよう．第2の仮定は，地球は適当なスケールでみると一様な物質か，あるいは一様でないとしても特定の地震波の波長に比べると緩慢に変化する物質で構成されているとする仮定である．いま時間を止めて，ある瞬間における地震波をみると，図1cに示すように，波長λは波群の隣り合う2つのピーク間の距離として決定できる．波長は空間的スケールを表す非常に有用な尺度である．なぜなら，波長に比べて小さい地球内部の不均質は，多くの場合，その波長によって平均化されたと見なされうるからである．当然，地球は震源で生成される周波数の高い波を伝播の過程で吸収するので，地震波が地球内部を伝播するにつれて，波長はゆっくりと増大すると見なされうる．このようなわけで，直接検出可能な不連続の最小の大きさも時間とともに増大する．地震学を地球内部構造の研究（「制御震源地震学」，「深部反射法地震探査」参照）に応用する際に伴う困難の1つは，地球内部を伝播する地震波実体波が通常われわれが望むより長波長であるため，深部構造を明瞭に「見る」われわれの能力に限界があることである．たとえば，地殻内の深さ約10 kmを速度$6\,\mathrm{km\,s^{-1}}$で伝播するP波は，最大周波数およそ10 Hzで，波長は概略600 mである．この場合，明らかに，花崗岩のような岩石を構成する個々の鉱物粒によって形成される不均質（1 cm程度の寸法をもつ不均質）は，重要な考慮の対象にはなりえない．その代わり，この花崗岩を構成要素の平均値の地震波特性をもつ岩石と見なしうる．波長に比べて大きな不連続面は，光学の古典的法則（スネルの法則）にしたがって，地震波を反射させたり屈折させたりする．この光学の法則については以下で述べることにする．第3の仮定は，地震波が伝播する物質は力学的に等方的であるという仮定である．等方という意味は，地震波速度が物質中を伝播する方向に依存しないということである．力学的異方性を考慮すると，地震波の取り扱いはかなり複雑になるが，この異方性の問題は多くの関心を引きつける研究対象で

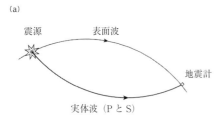

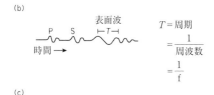

図1 地震波の伝播．（a）表面波および実体波の伝播経路．（b）典型的な地震波記録の模式図．Tは周期，fは周波数．$T=1/f$の関係があり，Tを秒で表すと，周波数fはヘルツになる．（c）典型的な地震波形記録と波長λ．

あった(「地震波異方性」参照).有意な異方性を示す領域を地図上に示すことは,流動や応力のような要因に関する貴重な情報を提供しうる.

フックの法則にしたがう物質は,定義によって弾性的である.地震波動により物質はわずかに変形するにすぎないので,地球物質は完全弾性体であると仮定してもたいていの場合さしつかえない.応力(単位面積当たりの力)を負荷して物体を変形させても,応力を除去すれば物体は完全にもとの状態に戻り,しかも応力と変形量(歪み)との間に一義的な関係があるとき,その物体は完全弾性体であるという.最も単純な表現形式は,応力 s と歪み x が線形関係($s = kx$)にある場合である.ただし,k は弾性定数とする.いくつかの弾性定数が通常採用され,実験室で測定可能である.その1つに,1方向に負荷された応力とその応力による物体の伸び縮みの関係を記述するヤング率がある.もう1つの弾性定数は体積弾性率である.これは,静水圧縮を受けたときの試料の体積変化を記述する弾性定数である.剪断応力を受けたときの物体の変形に対する抵抗の尺度を表す弾性定数は剛性率と呼ばれる.流体は剪断に対する抵抗を何ももたない.したがって,流体の剛性率はゼロである.ポアソン比は,物体が引き伸ばされたときの縦方向の伸びに対する横方向の縮みのことである.これは,物質を1方向に引き伸ばしたときに生ずる「くびれ」に対する伸びの比を求めることにより決定できる.ポアソン比はP波速度 V_P とS波速度 V_S とを関係づけ,ポアソン比が典型的な値である 0.25 のとき,$V_P = \sqrt{3}\, V_S$ の関係がある.

もし物質が一様かつ等方的であると仮定できるなら,弾性的挙動を記述するのに必要な弾性定数は2つだけである.この場合,任意の2つの弾性定数が与えられれば,残りの弾性定数は計算によって求めることができる.しかも,2つだけの実体波(PおよびS)が物体中を伝播し,実体波速度は2つの単純な式で与えられることが比較的容易に示される.

異方性が存在すると,問題はかなり複雑になる.この場合,3つの実体波が存在し,たとえば,最速の実体波(準P波)はもはや単純な音波に類似したものにならない.等方性が最も低い自然界の物体では,弾性的挙動を記述するのに21個の弾性定数が必要である.このような異方性を示す物体に対するフックの法則の表現形式は,2階の応力テンソルと歪みテンソルの関係を記述するテンソル方程式となり,弾性定数は21個の成分をもつ4階のテンソルとなる.

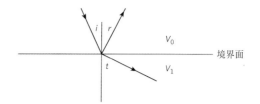

図2 スネルの法則にしたがう地震波の2つの媒質境界面における反射と屈折.i は入射角,r は反射角,t は屈折角,V_0 および V_1 は2つの媒質の地震波速度.

地震波が弾性波特性の明確に異なる2つの物質境界面に行き当たると,波動エネルギーの一部は境界面で反射し,一部はスネルの法則にしたがい境界面を通過する(図2).スネルの法則は,入射角と屈折角の関係を決める簡単な関係式である.明白かつ重要なことだが,反射角は入射角に等しい.

境界面に入射するP波エネルギーの一部はS波に変換され,S波エネルギーの一部はP波に変換される.エネルギーの分配については,境界値問題を設定し,これを解くことにより求めることができる.この定式化は,世紀の変わり目にノット(Knott)およびズープリッツ(Zoepprittz)によって導かれた代数学的に複雑な1組の方程式からなる.これらの式から,境界面における反射波の相対強度や通過波の相対強度だけでなく,エネルギー変換がどの程度起こるかも明らかになる.変換波は,入射角が変化するときに起こる振幅変化なので,とりわけ興味深い.応用的観点からは,境界面で反射されるエネルギー量がとくに関心事となる(「地震探査法」参照).この量は,通常数%にすぎず,地震波特性のコントラストが大きければ大きいほど,反射されるエネルギー量は大きくなる.

地震波振幅は,波が地球内部を伝播するにつれ,当然減少する.波面は伝播するにつれ拡大するので,波動エネルギーはますます大きな表面積全体に広がってゆく.この効果を幾何学的広がりといい,この効果によって十分遠方では振幅は伝播距離の逆数に比例する.振幅に及ぼすもう1つの効果は,エネルギーが物質によって吸収される現象に関係した非弾性減衰といわれるものである.この効果は周波数に強く依存し,高周波数ほど強く減衰する.この事

実は，地震学における分解能に根本的な制限を課している．なぜなら，小さい構造を「見る」には，周波数の高い波が必要とされるからである．岩石の非弾性減衰を記述するのに Q というパラメーターがよく使われる．典型的な地震波周波数に対しては，非弾性減衰は近似的に周波数の線形関数で，Q 値は一定となる．Q 値の高い物質は地震波を効率よく通過させるが，Q 値の低い物質はかなりの地震波エネルギーを吸収してしまう．

[G. R. Keller/大中康誉訳]

■文　献

Aki, K. and Richards, P.G. (1980) *Quantitative seismology*. W. H. Freeman, San Francisco.

Bullen, K.E. and Bolt, Bruce A. (1985) *An introduction to the theory of seismology*. Cambridge University Press.

Lay, T. and Wallace, T.C. (1995) *Modern global seismology*. Academic Press, San Diego.

地震波異方性
seismic anisotropy

　地震学者は，地震波が伝播する物質は力学的に等方的であると通常仮定する（「地震波：原理」参照）．等方的とは，伝播速度が伝播方向に依存しないことを意味する．この仮定は数学的な扱いを大いに単純化し，しかもたいていの問題に適用されうる．ほとんどすべての鉱物は異方性を示すが，造岩鉱物粒は通常ランダムな方向に分布しているので，結果として典型的な地震波の波長スケール（数 m～数百 m）では何ら異方性を示すことはない．しかし，異方性が有意である場合も多く，異方性を測定し，これを解釈したり数学的に取り扱う試みもますます普通に行われるようになっている．異方性は通常，物質を伝播する弾性波速度の最も速い速度と最も遅い速度の変化率をパーセントで表す．個々の鉱物によっては非常に高い異方性を示すにもかかわらず，集合体としての大きな岩体が 10% の異方性を示すというのは，十分に高い異方性といえるであろう．

　圧力や温度の影響を受け変成作用で鉱物が 1 方向に並んだ片麻岩のような葉状岩石が異方性を示すことは久しく知られている．伸長した鉱物粒からなる頁岩のような岩石も，堆積岩形成の過程で鉱物粒が 1 方向に並ぶので，異方性を示す．

　大規模異方性の初期の重要な観測結果は，海洋底拡大軸に平行な方向の測線よりも，拡大軸に垂直な測線（すなわち，プレート運動方向）の方が，上部マントルの P 波速度（Pn）が速いという一貫した結果が海洋における地震波屈折法探査によって得られたことである（「制御震源地震学」参照）．この観測結果はその後多くの研究によって確認されている．その原因は，マントルリソスフェアに含まれるオリビン結晶が，海嶺における海洋プレートの形成過程で配列する仕方にある．同様の観測結果は大陸地域ではまれである．理由は，上部マントルの P 波速度が精度よく決定されることはほとんどないからである．しかし，異方性は北米西部の盆地および連山地帯や東アフリカ地溝の東方支溝で報告されている．

　岩体が応力を受けると，内部に小規模破壊を引き起こし，多数の亀裂面が生じうる．このような亀裂面が 1 方向を向いて分布すると，岩体は亀裂面に垂直な方向では速い地震波速度を，亀裂面に平行な方向では遅い速度をもつような異方性を示すであろう．このような観測から，地球内部の応力状態についての情報が得られる場合がある

[G. R. Keller/大中康誉訳]

地震波実体波
seismic body waves

　自然地震または爆破のような人工地震源でエネルギーが放出されると，数種類の地震波が生成される．地球内深部までエネルギーを伝播することのできる短周期パルス波（波群）を実体波という．一様かつ等方的な媒質には 2 種類の実体波が存在する（「地震波：原理」参照）．速度の速い方の実体波を P 波（primary waves の略）といい，これは音波にほかならない．したがって，P 波は縦波のことで，媒質中を一連の疎密の振動が伝播する．P 波が地球内部の 1 点を通過するとき，その点の媒質は波の進行方向に振動する（図 1 a）．もう 1 つの実体波を S 波

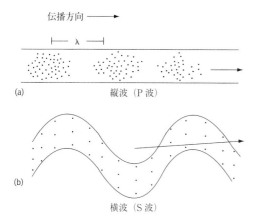

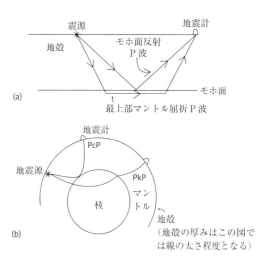

図1 P波およびS波を説明する模式図．λは波長を意味する．

図2 (a) 反射および屈折地震波線．
(b) 地球内部を伝播する実体波の反射および屈折．

(secondary wavesの略)といい，これは横波(または剪断波)のことである．S波はP波より遅く，剪断応力の抵抗に対し弾性応答する固体中にのみ伝播する．S波は波の伝播方向に対し垂直な面内で媒質が振動する(図1b)．数学的取扱いをするには，S波を鉛直成分 S_V と水平成分 S_H に分解すると都合がよい．もし波動伝播物質が力学的に等方なら，S_V 成分と S_H 成分は一緒に伝播し，両者が分離した波になることはない．しかし，もし物質が異方性を示すなら，これらの成分は分離し，異なるスピードで伝播する．分離したS波が異なる時刻に観測点に到着する場合，これをS波の分裂と呼ぶ．S波の分裂は地球内部の異方性を検出する重要な方法である(「地震波異方性」参照)．P波速度 V_P およびS波速度 V_S は，物質の弾性的性質を表す重要な物理定数である(「岩石の地震波速度特性」参照)．たいていの固体では，V_P の V_S に対する比は約 $\sqrt{3}$ である．流体の重要な性質は $V_S=0$ であることである．言い換えると，S波は流体中を伝わらない．地震波実体波の地球内部伝播の様子は，波線経路を使って容易に視覚化できる(「地震波線理論」参照)．波線経路は小さな波群の地震波動エネルギーが地球内部を伝播する際にたどる軌跡である．波線経路は三次元的に広がる波面に対しつねに垂直である．地震波速度が変化するとき，波線経路は反射および屈折の法則(スネルの法則)によって曲げられる．これは光が反射屈折するのと同じである．地震波速度の強い不連続面(異なる岩種の境界面など)では，地震波実体波が鏡のように反射し，レンズのように屈折する境界面をつくり出す(図2a)．震源から比較的近い場所の地震計で記録された実体波は，X線画像に類似した地殻の画像をつくるのに利用されうる．震源から比較的遠方で記録された場合には，地殻の底面(すなわちモホ面)やほかの深部境界面で反射したり屈折する実体波を，リソスフェア規模(数百km)の構造決定に利用しうる(図2a)．適当な規模の地震発生によって生成される実体波は，マントル内を伝播し，核-マントル境界で反射したり，核内を突き抜けて地球の反対側まで伝播する(図2b)．特定の経路に沿って伝播する実体波を相と呼び，おのおのの相はP波の場合はPcP, PkP, Pn, PmPなどと表現し，S波の場合はScSのように表現する(図2)．地震学における初期の学問的貢献の1つはS波が外核の中を伝播しないという観測であったが，このことのゆえに外核は流体であることが明らかにされたのである．このことから推察されるように，たとえばSkS相は核-マントル境界でS波がP波に変換されて核内を伝播し，核の反対側でマントルに出るとき今度はP波からS波に変換された波であることを意味する．

実体波を利用したもう1つの重要な研究は，地震源についての研究である．地震波は，震源機構についての情報を含んでいる．さまざまな距離および方位での実体波振幅や波形の観測記録は，放射パターンや地震源のメカニズムを研究するために利用される．

石油探査や土木地質学のような実用的な問題への地震学の応用では，S波も利用されるけれども，多くの場合P波が使われる．反射法は地下構造を画像化するのに複雑なコンピュータ処理を必要とし，屈折法は構造を明らかにするために到着時のパターンを解析する必要がある．どちらの方法もそれぞれ長所・短所をあわせもつ（「地震探査法」参照）．

[G. R. Keller/大中康誉訳]

■文 献

Bullen, K. E. and Bolt, Bruce A. (1985) *An introduction to the theory of seismology.* Cambridge University Press.

Lay, T. and Wallace, T. C. (1995) *Modern global seismology*: Academic Press, San Diego.

地震波信号処理
seismic signal processing

多年にわたり，地震動記録といえばペンまたは光線で振動を記録紙上に描いたものであった．このようなトレースは地球上の1点における震動のアナログ記録である．記録される全震動は，関心のある地震波信号だけでなくノイズも含むが，地震波信号からノイズを分離することはほとんど不可能であった．計算機革命の開花とともに，地震学はデジタル革命を経験し，その結果，地動振幅を表す地震計からの電圧変化はAD（アナログ-デジタル）変換器と呼ばれる電子機器に接続され，地震動記録は一定の時間間隔（通常，数ms）でサンプリングされた地動振幅を表す一連の数字の羅列になった．このデジタル記録は時系列データであり，数学的処理のためには最適である．このような処理は通常信号処理として知られており，多彩で，ときに複雑でもある．デジタル革命は，炭化水素の探査に焦点を当てた反射法探査業界ではじまった．のちに，デジタル記録式地震計が発達し，今日では実質的にほとんどすべての地震記録はデジタル方式で何らかの信号処理がされるようになっている．地震波信号処理の簡単な例は，採鉱や環境問題への応用で，人工震源としてハンマーが使われるときにみられる．ハンマー1回の衝撃は有用な信号として使うには弱すぎる．しか

し，最初のハンマーの衝撃によって生じる地動のデジタル信号をコンピュータの記憶装置に保存しておき，2回目のハンマー衝撃による地動デジタル信号を，コンピュータの記憶装置にすでに保存した1回目のデジタル記録に加算し，この加算されたデータを記憶装置に新たなデータとして保存する．3回目のハンマー衝撃による地動デジタル信号を，記憶装置に保存したデータと加算し，これを記憶装置に新たなデータとして保存する．これを繰り返すと，ランダムノイズは除去され，使用に耐えうる地動信号記録が得られるようになる．ほかの例としては，三次元反射法地震探査がある．この方法によって得られる最終的な画像の個々のトレースは，多様な複雑過程で加算された数万の地震波信号を表している．よい三次元画像を得るために必要な信号処理の努力は，実際のデータを得るのに必要とされるフィールド作業の集中的努力に匹敵するほどである．

地震波信号処理の最も基本的な目標は信号のノイズに対する比（S/N比）を高めることにある．ここで，ノイズとは関心事でない地動すべてを指すものとする．デジタル化されたデータでは，S/N比は単に信号振幅を表す数値のノイズ振幅を表す数値に対する比のことである．信号処理のもう1つの基本的目標は分解能を高めることである．ここで分解能とは，個々の反射波または屈折波を明確に識別する能力のことである．信号処理技術によって，個々の波をできるだけコンパクトにし，震源から間接経路沿いに観測点（地震計）に伝わる干渉波を除去する．反射法地震探査研究では，マイグレーションと呼ばれる過程が通常最も複雑な処理ステップである．最終目標は，複雑な地下構造のさまざまな効果を解き明かし，信号処理の究極の目標である画像の焦点を鮮明にすることである．

地震波信号処理は複雑なテーマで，最新の反射法地震探査処理は最も洗練されたコンピュータ集約型応用処理の1つである．しかし，多くの信号処理作業の基礎は比較的少数の基本原理からなっている．たぶん，考慮すべき最も基本的なものは，フーリエ（フランスの数学者）解析の応用である．フーリエ解析は地震波信号処理において非常に有用で，この分野におけるさまざまな進歩の陰の推進役を果たしている．地震動記録は，振幅と時間の関係としてみると，模範的な数学関数である．したがって地震動

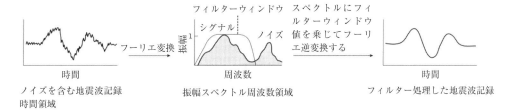

図1 地震波信号処理における時間領域，周波数領域およびフィルター処理の理想化された表現．

記録は，さまざまな周波数と振幅をもつ一連の時間シフト正弦波の和として表現されうる．さまざまな周波数をもつ正弦波を十分に集めて和をとれば，任意の精密度で地震動記録に近似させることができる．地震動記録を周波数の関数としての相対振幅（振幅スペクトル）と時間シフト（位相スペクトル）の言葉でみると（図1），地震波信号を周波数領域で表現し解析することになる．周波数領域での表現はフーリエ変換と呼ばれる数学的処理を経て得られる．これは地震動信号を表現する非常に直感的な方法である．たとえば，周波数フィルター処理は，単に必要な周波数領域では1を乗じ，不必要な周波数領域ではゼロを乗ずるだけのことで，非常に単純になる．このような乗算ののち，フーリエ逆変換によって，不必要な周波数が除去された地震動記録が得られる（図1）．

高周波数成分が不必要なときには，ローパスフィルターを使用し，低周波数成分が不必要なときにはハイパスフィルターを使用する．ある周波数領域の信号だけが必要な場合にはバンドパスフィルターを使用する．最近の地震学研究では，必要とする地震波信号が広帯域の周波数を含むため，広帯域周波数データを得るのを重視する．広帯域信号には，分解能がよいなど数多くの利点がある．このことは，正反対の極端な場合を想定すればはっきりする．正反対の極端な場合とは，単一の周波数だけからなる波のことで，これは定義によって正弦波にほかならず，きわめて狭帯域である．地球内部を伝播する正弦波は，途中で反射したり屈折するので，明確な到着時が認識できない正弦波の地震記録となってしまうであろう．このような分解能を欠いた記録は，必要とする記録のまさに正反対のものである．

信号処理でもう1つ基本となるのは線形系として扱えることである．線形系であれば，いったん地震波が震源で生成されると，コンボリューションと呼ばれる単純な演算で地震波の補正を数学的に表現できる．おもな補正は，地球内部の伝播の効果と地震計の応答の効果である．これらの演算は，周波数領域でなされるか，時間領域でなされるかの順序に依存しない．地震学者の目標は，観測記録に合致する地震記録を理論的に計算する（「合成地震記象」参照）ことによって，地球の応答をモデル化することである．線形系を前提にすれば，地震源と記録系の応答を，モデル化される地球の応答から分離することができる．

信号処理で基本となる最後のものは，S/N比の改良された結果を得るために，地震記録を重ね合わせる（重合）ことである．これは，小地震源からの地震波記録を加算することによって，ランダムノイズは減少するのに対し信号振幅は同位相であるため増加するという原理に基づいている．このような例は，単一震源位置からの一連の弱い信号を1観測点で記録し，これを単純に加算する場合である．もう1つの例は，共通中点重合（CMP重合）と呼ばれるものである．これは，1960年代に反射法地震探査業界で開発されたもので，この方法の概念図を図2に示す．ここで，一連の人工震源と地震計の間の中点を共有し，異なる波線経路沿いに伝播する地震反射波を解析すると想定しよう．これらの到着時は，はじめのうち時間的には一直線にそろっていない．反射境界上側物質の平均速度決定に基づく時間シフトの後でそろうのである．したがって，和をとると，データのS/Nは著しく改善される．最近の反射法

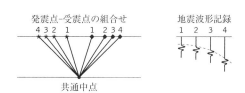

図2 地震波信号処理における共通中点重合法の原理．

地震探査では，同一の中点を共有する200以上の地震記録を得ることもめずらしいことではない．S/N比は，近似的に記録数の平方根とともに改善される．たとえば，S/N比を4倍にするには，記録数16の和をとらねばならない．

反射法地震探査業界で採用される地震波信号処理の手順は，地震学的技術のなかで圧倒的に複雑である．しかし，基本的ステップのうちの2つは，多くの地震学的応用のなかで共通する．その第1は，地震記録を保存するコンピュータファイルがいつ，どこで得られたのかを明確にするようにきちんと整理しておかなければならないことである．容易に認識しうるようデータを標準フォーマットで保存することはもちろんである．このことは，長距離にわたって数百の地震計や震源が分布する複雑な場合に感ずるほど些細なことではない．第2のステップは一般化するのが難しいが，基本的なフィルター処理に関係したことである．最初整理された形式でデータをみて，次いでたぶん地震記録を重合することになろう．最終ステップでは，反射法地震探査に適用するための洗練された演算操作が必要で，その目標は地下構造を画像化することである．

[G. R. Keller／大中康譽訳]

■文　献

Telford, W. M., Geldart, L. P., and Sheriff, R. E. (1990) *Applied geophysics*. Cambridge University Press.

Yilmaz, O. (1987) *Seismic data processing*. Society of Exploration Geophysicists, Tulsa.

地震波線理論
seismic ray theory

実体波が地球内部を伝播する様子を視覚化する最も容易な方法は，図1に示したように，波線経路と波面を図示することであろう．波面は，池に石を投げ入れたときに形成されるさざ波のような波の特定ピークまたは谷を表すすべての点を結ぶ仮想的な線である．波が伝播するにつれ，特定時刻における同一形の運動をする点を結ぶ波面は伝播とともに広がり，通過する物質中の波の速度が鉛直または水平に変化するとき波形は変化する．波線は震源からスタートし，つねに波面に垂直である．波が伝播する物質が一定速度をもつとき，この物質中の波面は円形で，波線は直線である（図1a）．これは池に石を投げ入れた場合を想起すれば容易に理解されよう．もし速度がしだいに変化するなら，波面は形を変え，波線はなめらかなカーブとなる．たとえば，地震波速度は深さとともに直線的に増加するかもしれない．圧密を受けるため多くの堆積盆地が近似的にこのケースに当てはまる．また，圧力と温度の相互作用を受けるためマントルの一部もこのケースに当てはまる．このような場合，図1bに示すように，波線は円弧状になる．波線の軌跡は波線経路と呼ばれ，これは震源で解放されるエネルギーの小さなかたまりの伝播経路と見なされうる．地震学における波線論は，伝播するのが光ではなく地震波であることを除けば，物理光学における扱いと類似している．たとえば，P波波線が異なる地震波速度をもつ物質境界を横切るとき（図1a），一部のエネルギーは反射し，一部は屈折する（すなわち，スネルの法則により波線は曲げられる）．また，一部のエネルギーは反射S波や屈折S波に変換される（「地震波：原理」「地震波実体波」参照）．スネルの法則から導かれるとくに有用な関係は，波線経路沿いに$\sin i/v$が一定（$=p$）となることである．ただし，vは速度，

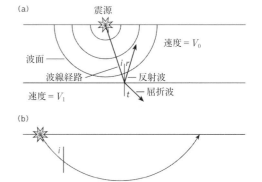

図1　(a) 異なる地震波速度をもつ2層媒質内の地震波線経路と波面．i：入射角，r：反射角，t：屈折角，V_0, V_1：2層媒質内の地震波速度．入射角と屈折角は2層媒質内の地震波速度と，関係式$\sin i/V_0 = \sin t/V_1$で結ばれている．(b) 地震波速度の連続的変化から生ずる弓状波線経路の一例．波線パラメーターpは$\sin i/V$に等しい．ここでiは入射角，Vは地震波速度．Vは$V_0 + kz$に等しい．ここでV_0は表面の地震波速度，kは定数，zは深さ．

i は鉛直線から測った波線の傾斜角を表すものとする．p を波線パラメーターという（図1b）．地球物理学者が地震波データを解釈するとき，多くの異なる波線経路沿いに伝播してきた波を採用する．そして，これら全体の波が伝播してきた媒質の構造を明らかにするのである．

震源と1観測点間の1本の波線経路沿いにおける走時計算だけが必要で構造が単純なら，単純な幾何学的アプローチで十分事足りる．しかし，構造が複雑で振幅情報が必要だと，もっと複雑な扱いが要求される．地震波伝播の理論的扱いでは，この問題を2つの異なるアプローチを使って取り扱う．1つの方法は波動論で，古典物理学の波動方程式を単純化された形で導き，正確解または数値解を求める．この方法の利点は，震源から放射される全波動場が考慮されうることである．波動論は実体波と表面波の両方を含む解を提供しうるし，いかに地震波振幅と波形が伝播につれ変化するかの実際の様子も示しうる．しかし，計算には極端なことが要求され，たいていの場合，波動論をルーチン的に採用することは実際的でない．もう1つの方法は幾何波線理論で，特定の地点で記録される実体波は波動エネルギーのかたまりとして扱われるという有用な近似を採用する．この波の地球内の伝播経路をたどることは可能であり，地球の複雑性についていくつかの制限を課すなら，伝播する物質と波の相互作用は計算できる．この近似から，アイコナール方程式として知られる関係式が得られる．この式は波動方程式を単純化したものと見なされうる．それゆえ，アイコナール方程式の解は波動方程式の正確解ではないが，地球内部の速度変化の割合が波長に比べて小さいなら有用である．与えられた地球の数学モデルに対し，波線理論は特定の実体波の走時に対し非常に正確な値を与える．しかし，計算される地震波の振幅や波形の正確さは，仮定された地球構造モデルに依存する．

［G. R. Keller/大中康譽訳］

■文献

Lay, T. and Wallace, T. C. (1995) *Modern global seismology.* Academic Press, San Diego.

Bullen, K. E. and Bolt, B. A. (1985) *An introduction to the theory of seismology.* Cambridge University Press.

地震波理論
seismic wave theory

地震波伝播の理論的扱いは，数学解が2つの基本的方法で取り扱われることからもわかるように，複雑な問題を含んでいる．1つの方法は波線論を採用することによるものである．波線論は，特定の場所で記録された地震実体波を地震波エネルギーのかたまりあるいは波群として取り扱う有用な近似に基づいている．このような波群の伝播経路は地球内部をたどって追跡可能で，もし地球の複雑性についていくつかの制限を課すなら，伝播物質と波群との相互作用を計算できる．地球の与えられた数学的モデルに対し，波線論は，特定の実体波走時の非常に正確な値を与えるであろう．しかし，地震波に対して計算された振幅や波形は近似的なものである．理由は，このアプローチがアイコナール方程式に基づいており，真の波動方程式に基づいていないからである．

地震波伝播を解析するもう1つの究極の理論的アプローチといえるものは，波動論によるものである．古典物理学の波動方程式はいくぶん単純化された形で導かれ，正確解または数値解が求められる．このアプローチの有利な点は，震源から放射される全波動場が考慮されうることである．たとえば，広く使われている反射率法は，水平層からなる地球の場合に対する波動方程式の正確解に基づいている．これには確実な根拠がある．なぜなら，地球は多くの場所で近似的に層構造をしているし，かつこの方法は表面波を含む波動現象のあらゆる複雑性を考慮に入れているからである．しかし，このアプローチでは，真に現実的な地球モデルを扱うことはできない．複雑な地球モデルを扱うためには，波動方程式に対する数値解に頼らなければならない．この数値解には通常差分法が使われ，解を得るにはやや単純化された仮定が必要とされる．この方法は極端なほどコンピュータを駆使する必要があり，決まりきった手続きを採用することができない．

波線論と波動論の間の物理的相違を煎じ詰めれば結局，波線論は無限に細い波線が通過する物質の効果だけを考慮する事実にたどりつく．このようなわけで，大きな不連続面はミリメートルサイズのもの

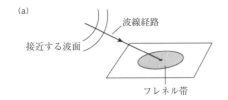
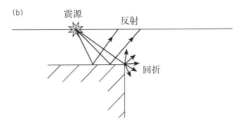

図1 (a) 波面とフレネル帯を示す模式図．波面が反射面と交わる1点ではなく，フレネル帯が反射波の波面に影響を及ぼす．(b) 地球内部の鋭角な不連続点で生ずる多重回折．これは，波面上の個々の点が二次的震源として働くというホイヘンスの原理の一例である．

によって見逃されてしまい，波線経路に何の効果も及ぼさないことになる．波動論の場合は，波が伝播するにつれ，波面の有限な部分は地球と相互作用することになる．不連続面（すなわち，地層や断層の境界面など）と速度変化が波面の特定の点に有意に影響を及ぼすフレネル帯の幅は，波面の走時，波の平均速度，それに卓越周波数に関係する．

フレネル帯については反射境界面の立場から考えると都合がよい．この場合，特定の波線に影響を及ぼすのは反射面上の1点ではなく，反射面上の広がりをもった領域がかかわっていることを理解する必要がある．反射特性に影響する反射面上のおもな領域は波線経路が反射面と交わる点に近く，反射面上の近傍の部分は反射波の性質に影響する（図1a）．

波動伝播の多くは，波動論に基づいてのみ数学的に取り扱うことができる．一例は，波面が断層のような鋭角地点にちょうど当たるときに生ずる回折現象であろう（図1b）．回折が生ずるのは，ホイヘンスの原理にしたがって角地点が震源として機能するからである．なお，ホイヘンスの原理とは，波面上の個々の点は二次的震源として働き，波動はこれら二次的震源の干渉が強めあいながら伝播する，というものである．もう1つの例は，反射境界面内の不連続がフレネル帯の幅より広くないなら，その不連続は反射波の波面に明瞭に現れないという事実である．要点は，地震波は波線経路上の特性に直接影

響されるだけでなく，フレネル帯を直径とする円形領域の特性の影響も受けるということである．

[G. R. Keller/大中康譽訳]

■文 献
Lay, T. and Wallace, T. C. (1995) *Modern global seismology*. Academic Press, San Diego.
Bullen, K. E. and Bolt, B. A. (1985) *An introduction to the theory of seismology*. Cambridge University Press.
Aki, K. and Richards, P. G. (1980) *Quantitative seismology*. W. H. Freeman, San Francisco.

地震表面波
seismic surface waves

地球内部を深く貫通するP波とS波（「地震波実体波」参照）に加えて，地球表面沿いに伝播する波も自然地震や人工地震によって生成される．最も普通に観測される表面波は，1887年にその存在を予言したレイリー卿の名をとって，レイリー波と呼ばれている．レイリー波は大洋を横断して伝播する波に似ている．泳者は波が通過するとき，上下に揺れるだけでなく前後にも揺れる．泳者の実際の運動は楕円を描く．レイリー波の場合も同様で，波が通過するとき地球の1点の運動は楕円を描く（図1a）．大洋を伝播する波の運動は，深さとともに急激に小さくなり消えてしまう．レイリー波の場合も同様である．陸地では，このような波は単に二次元的に広がって伝播するだけである．これに対し，実体波の場合は三次元的に伝播する．したがって，表面波の振幅は，実体波の振幅よりゆるやかに距離とともに減少する．表面波は通常，地震記録上めだった特徴を示す．とくに大地震が起こると，表面波は伝播して地球を何周も回りうる．表面波伝播の数学的扱いは複雑であるが，レイリー波は鉛直面内に伝播する，多重反射したP波とS波（S_V）の干渉による強めあいによって生ずると見なすことができる．第2のタイプの表面波は，20世紀初期にその存在を理論的に発展させたA.E.H.ラブの名をとって，ラブ波と呼ばれている．ラブ波は粒子の運動が水平面内にある，多重反射したS波（S_H）の干渉による強めあいによると見なすことができる．各表面波の場合，

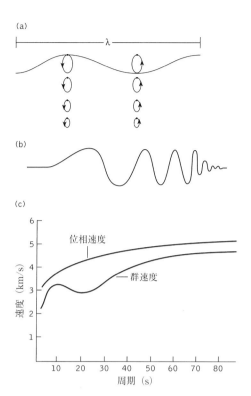

図1 地震表面波のいくつかの側面．(a) レイリー波の媒質粒子運動．(b) 分散性表面波．(c) レイリー波の典型的分散曲線．

波の達する深さは周波数の関数である．波の速度を v, 周波数を f, 波長を λ で表すと，関係式 $v = f\lambda$ が成立するので，低周波数ほど波長は長くなり，波は深部まで到達する．通常，速度は深さとともに増大するので，周波数の低い波ほど物質内を高速な平均速度で通過する．このことが，主要な属性である分散性（速度が周波数の関数であること）を表面波にもたせるのである．したがって，表面波は，地震記象上では，実体波のようにコンパクトな波群ではなく，周波数がしだいに増大する長い波列として表される（図1b）．表面波は，その分散性の解析を通して，地球構造の全体像を決定するのに使われる．地球は地域が異なれば速度の深さ分布が異なるので，各地域は異なる分散曲線（速度が周波数 f または周期 T とともに変化する関係曲線，ただし，f と T は $T = 1/f$ の関係にある）によって特徴づけられる．大陸地域の典型的な分散曲線を図1cに示した．図に示されている2つの速度は表面波の伝播に関係している．1つは位相速度で，これは波列の特定の特徴（すなわちピーク）あるいは周波数成分が伝播する速度

である．ほかの速度は群速度で，これはエネルギーの塊あるいは周波数帯が伝播する速度である．これら2つの速度の間には数学的関係が存在するが，表面波から地球構造を決定する試みのなかで，両者はしばしば独立に取り扱われる．

表面波分散の解析によって，地球について重要な発見が多くなされている．たとえば，大洋下および大陸下の深部構造の間にみられる非常に大きな相違，上部マントルに広く存在する低速度層，それに山岳地帯や古大陸塊のような大陸的特徴の深部構造の地域差などはすべて，表面波の分散性に基づいて確立されたものである．表面波分散は2観測点間に位置する領域の平均的モデルを与えるにすぎないが，低速度層を検出できるし，横波（S波）速度にきわめて敏感でもある．このような属性は，実体波研究を補足するという意味で，地震学者にとって好都合である．表面波研究は深部構造解析に限定されない．高周波表面波は，工学的研究の小規模スケールにも利用しうる．爆破のような人工地震源は地表近くにあるので，表面波を強く生成する．この事実は，反射法地震探査研究（「地震探査法」参照）にとっては厄介なことであり，大振幅の表面波を減衰させるために特別の対策が必要となる．他方，核爆発を検知する方法の一部は，核爆発によって生成される大振幅表面波を検出することに基礎をおいている．これに対し，深発地震は表面波をほとんど生成しない．一般に，表面波解析は地球構造や地震源特性を決定するための有用かつ費用効率の高い道具である．表面波解析から導かれる地球モデルは，ほかの地震学的手法を使って得られるモデルより一般性がある．

[**G. R. Keller**/大中康譽訳]

■文 献

Bullen, K. E. and Bolt, B. A. (1985) *An introduction to the theory of seismology.* Cambridge University Press.

Lay, T. and Wallace, T. C. (1995) *Modern global seismology.* Academic Press, San Diego.

沈み込み帯
subduction zones

　沈み込み帯は，海洋プレートがほかの海洋プレートまたは大陸プレートと衝突するところで形成される．海洋リソスフェアは，その密度がアセノスフェアの密度に近いので，沈み込んでかなり容易に最上部マントル中に入り込みうる．沈み込んだリソスフェアは周辺のマントル物質に比べると数百万年間冷たく，それゆえ密度が高いまま保持されるので，沈み込みは，いったんはじまると，沈み込みつつあるスラブの自重効果も手伝って，継続する傾向がある．

　古地磁気学的研究により，地球半径は中生代以降実質的に成長していないことが示されている．このことから，過去2億年間に中央海嶺で新たに形成された海洋リソスフェアの量をどこかで「消費」しなければならない．プレートテクトニクスで沈み込み帯というのは，リソスフェアが「消費され」，海嶺で生産される量とバランスがとれるようにしている場所のことである．

　沈み込み帯の存在を実証する最も説得力のある証拠は，深海海溝から傾斜角をもって地震源が深部に向かって分布する和達-ベニオフゾーンの存在である（「地震学とプレートテクトニクス」参照）．沈み込んだスラブは，地震波速度が高くかつ減衰が低いという特徴をもつ帯として，地震トモグラフィーによって画像化されうる．地震波速度が高く減衰が低いという特徴は，スラブが周辺マントルに比べて低温であるためである．

　ほとんどの沈み込み帯は，地表面が弧状の深海海溝（下巻「海溝」参照）を形成し，海溝の背後数百kmの位置で沈み込みスラブ直上に，海溝に平行な弧状の活火山が存在する．弧状溶岩の地球化学的解析から，そのマグマは溶岩直下の沈み込みスラブの深さに起源をもつことがわかっている．

●海洋-海洋沈み込み帯

　衝突するプレートの両方が海洋プレートであるか，一方だけが海洋プレートであるかによって，沈み込み帯は2種類存在する．海洋-海洋沈み込み帯

は比較的単純なので，最初に記述することにしよう．図1aは典型的な海洋-海洋沈み込み帯の断面を模式的に示したものである．ただし，図に示されている特徴のすべてがつねに存在するとは限らない．さまざまな特徴やその起源は，沈み込みプレートから沈み込み帯を経て上盤プレートへ横断する順に記述すると，次のようになる．

　沈み込みプレート上の海溝前方100 km以上にわたって，海溝外海膨と呼ばれる海底の低い膨らみが存在する．これは，プレートが沈み込むときに弾性的に曲げられる結果形成される．

　沈み込み帯の主要な地表面の特徴の1つは海溝の存在である．海溝底は2つのプレート間境界を形成している．海溝の外側傾斜はかなりなだらかであるが，プレートが曲げられる際に上部が伸張応力場で破壊するので，通常活発な正断層運動によって特徴づけられる．海溝底は平坦で，乱泥流堆積物で覆われている．

　海溝の内側傾斜は通常外側傾斜より急勾配であり，沈み込みスラブ上面が削られて形成された堆積物からなり，付加プリズムを形成している．これを沈み込み複合体と呼ぶことがある．付加プリズムは，いくつかの薄い堆積物からなる層を含みうる．付加プリズムの発達の程度は非常にさまざまで，海水面上に海嶺として現れるほど発達することもある．たとえば，中米カリブ海東縁に位置する小アンチル諸島のトリニダード，トバゴ，バルバドスの各島は実際付加プリズムの頂である．

　たいていの沈み込み帯は，海溝からおよそ150〜200 km離れた上盤プレート上に，海溝に並行した火山弧を伴っている．火山の多くは海面上に突き出て，火山性弧状列島を形成している．グレナダからセントキッツにいたる小アンチル列島はまさに火山弧である．弧状火山は主として沈み込んだ堆積物と一緒に下降するスラブ直上のアセノスフェアの溶融によって生じる．溶融は，間隙水としてあるいは含水鉱物に取り込まれて下降する多量の水の存在により助長される．なぜなら，水はマントルの融点温度を下げるからである．

　火山弧と付加プリズムの間には前弧海盆が存在する．前弧海盆は，火山弧やたぶん付加プリズムから生じる堆積物を含むかもしれない．

　火山弧を越えると，背弧海盆あるいは周縁海盆が

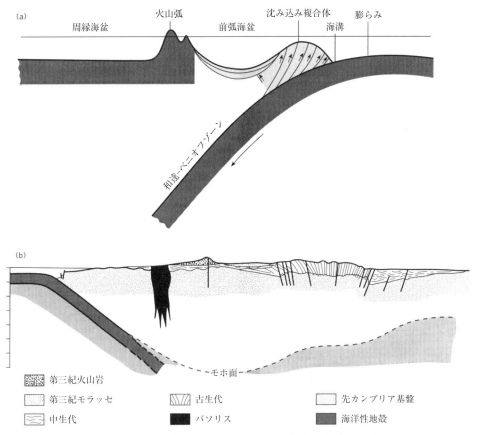

図1 (a) 典型的な海洋-海洋沈み込み帯の断面と，(b) 典型的な海洋-大陸沈み込み帯の断面．(Kearey and Vine (1996) を修正)

しばしば存在する．たいていの成熟した海洋-海洋沈み込み帯には，上盤プレートに働く引張り応力によって生じる背弧拡大中心が存在する．これは沈み込み過程それ自体によって生成されるものである．背弧拡大中心は中央海嶺と類似したもので，新しい海洋リソスフェアを海洋底拡大により背弧海盆につくり出す．しかし，沈み込んだリソスフェアから供給される水の存在ゆえに，中央海嶺でつくられるマグマとは化学的に異なるマグマとなる．日本海，南シナ海から南フィジーにいたる一連の海盆，ラウ (Lau) 海盆などを含む西太平洋には，多くの背弧海盆が存在する．

● 海洋-大陸沈み込み帯

多くの点で，海洋-大陸沈み込み帯 (図1b) は海洋-海洋沈み込み帯に類似しており，外海膨，海溝，沈み込みスラブ，付加プリズム，前弧海盆，火山弧などが含まれる．しかし，島弧マグマはここでは厚い大陸地殻を通して貫入してくる．このため，マグマの化学成分は大陸地殻によって変えられる可能性がある．たぶんもっと重要なのは，弱い大陸性リソスフェアが圧縮応力によって容易に変形し，その結果褶曲やスラスト運動が前弧や背弧の広範な領域に起こりうることであろう．このため，ペルー-チリ沈み込み帯の側面に位置するアンデスのような，褶曲や断層運動を伴った堆積岩や弧状火山からなる複雑な山岳帯が形成されるのである．このような地帯には背弧拡張の証拠が存在するとはいえ，海洋底拡大が十分に起こるようにはみえない．

大陸-海洋沈み込み帯に付加プリズムや島弧火山岩が蓄積することは，これが大陸付加のおもなメカニズムの1つであることを表している．たとえば，北米西部や東アジアにはよく発達した，大陸中心部に向かうにつれ年代が古くなる地殻の同心帯がみられる．これは，沈み込みが次々と続く過程で堆積岩などが付加し大陸が成長したためと考えられてい

る.

[R. C. Searle/大中康譽訳]

■文献

Kearey, P. and Vine, F. J. (1996) *Global tectonics.* Blackwell Science, Oxford.

縞状鉄鉱鉱床
banded iron formations

縞状鉄鉱鉱床は，BIF と略記され，地球の地質学的記録のなかで1つの独特な形式の堆積岩であり，科学的に重要であると同時に経済的にも重要である．縞状鉄鉱鉱床は世界の鉄資源の主要なものであり，各大陸に広大な堆積物として産出する．その鉄含有量はところにより重量で50%を超すこともある．たとえば，北米のスペリオル湖地域の縞状鉄鉱鉱床は米国が過去120年間に生産した鉄鉱石の大部分の産地であり，この鉄を容易に入手できることが米国がこの期間を通じて急速に工業化したことに大きく寄与した．北西オーストラリアや南アフリカのトランスバールの縞状鉄鉱鉱床は，数百 m の厚さで，数千 km² の範囲に地表に露出しており，これらの国の重要な収入源となると同時に，鉄鉱石が将来予測可能な期間中十分に供給されることを保証している．

西グリーンランドのイスア地域の地球上最古の岩石は縞状鉄鉱鉱床を含む堆積岩で，現在よりも38億年前のものである．実際に，縞状鉄鉱鉱床の大部分は非常に古く，現在よりも18億年以前に形成されている．新しい時代には同様なものがみつからないので，縞状鉄鉱鉱床の形成過程は1800年代の後半から地質学者により議論されつづけている．しかし，それは単に縞状鉄鉱鉱床の形成機構が非常に興味深いというだけではなく，これらの岩石は非常に古く，しかも特徴的な化学組成をもつので，地球の大気と海洋の初期の発達についての重要な手がかりとなる．そのように，縞状鉄鉱鉱床は地球上で生命がいつどのようにして発生したかの謎を解くための重要な情報を記録している．生物活動が縞状鉄鉱鉱床の形成に直接関与したという考えさえも提唱されている．

縞状鉄鉱鉱床は，著しく鉄に富む化学的に沈殿した堆積物で，通常薄い層状をなし，しばしばチャートあるいは微晶質シリカの層を挟むものであると定義される．これらの堆積物は岩屑，すなわち陸上起源の堆積物をほとんど含まない．世界中の縞状鉄鉱鉱床は，その形状ならびに関係する堆積物の種類から次の2つに区分される．アルゴマ型はレンズ状の堆積物で，火成岩と密接に関係する．スペリオル型は，最も一般的で，数万 km² にも広がり，炭酸塩，黒色頁岩，ケイ岩などの海成堆積物の地層の累重と関係する．縞状鉄鉱鉱床はその全岩化学組成および形成環境を反映する鉱物組合せからも特徴づけられる．鉱物組合せからは次の4つに区分される．

① 酸化物鉄鉱鉱床：赤鉄鉱，磁鉄鉱およびチャートを含む．

② 炭酸塩鉄鉱鉱床：シデライト，フェロ-ドロマイトおよび方解石を含む．

③ ケイ酸塩鉄鉱鉱床：含水鉄ケイ酸塩であるグリーナライト，ミネソタアイト，スティルプノメレン，緑泥石および角閃石を含む．

④ 硫化物鉄鉱鉱床：黄鉄鉱を含む．

過去に，縞状鉄鉱鉱床はさまざまな程度に変成を受けており，形成時の鉱物組合せはさまざまに変化している．その結果，形成時の化学的沈殿物の正しい鉱物組合せを明確に決定することは難しい．

縞状鉄鉱鉱床の化学組成は独特であり，そこから堆積時の状況を推定する有力な情報が得られる．鉄以外にも，縞状鉄鉱鉱床はつねにシリカに富み，鉱床の鉱石を晶出した水が鉄と同時にシリカにも飽和していたことを示す．縞状鉄鉱鉱床は，陸上の広域な侵食に一般的に伴う元素であるアルミニウムおよびチタンの含有量が著しく低い．この特徴は，岩屑堆積物を挟まないこととともに，縞状鉄鉱鉱床が河口デルタのような陸起源の物質の供給源からはるかに遠く離れたところで堆積したことを示唆する．縞状鉄鉱鉱床それ自体は有機質炭素をほとんど含まず，そのことが鉄やシリカの沈積と生物活動を直接結びつけることに対する反証となる．また，それらのマンガンおよび微量金属元素含有量も著しく低く，深海底で現在形成されているマンガンノジュールとも異なる．ところが，微量元素と希土類元素の含有量は，通常の海水と地熱水が混合した水から形成されるときの特徴，たとえば中央海嶺の鉱石に富

むブラックスモーカーの特徴と同様である．そのような海水と地熱水の混合した流体は，高温の流体として海底に浸透し岩石を変質させる結果，金属やそのほかの元素濃度が高い．

縞状鉄鉱鉱床のもう1つの特徴は，鉄が環境の酸化状態により異なる形をとるという鉄自身の化学的性質によるものである．酸化的な状態では，鉄は3価の鉄イオン（Fe^{3+}）となり，最も安定な鉄の酸化物は赤鉄鉱（Fe_2O_3）である．それよりも還元的な状態では，鉄の一部あるいはすべてが2価の鉄イオン（Fe^{2+}）として存在する．たとえば，磁鉄鉱（Fe_3O_4）は2価と3価の鉄の両方の混合物であり，またケイ酸塩や炭酸塩鉱物はおもに2価鉄イオンを含む．2価鉄イオンは比較的よく水に溶けるが，3価鉄イオンの溶解度はきわめて低く，そのため酸化的状態の現在の海洋では海水の鉄含有量がきわめて低いことは注目すべき重要なことである．多くの縞状鉄鉱鉱床では3価鉄と2価鉄の比は低く，磁鉄鉱および2価鉄を含むケイ酸塩鉱物や炭酸塩鉱物が赤鉄鉱とともに産出する．したがって，縞状鉄鉱鉱床は，赤鉄鉱の産出から単純に考えられるようにそれほど酸化されたものではない．注目すべき例外としては，比較的新しい時代の縞状鉄鉱鉱床，たとえば北西カナダのラピタン縞状鉄鉱鉱床などがあり，それらの鉱床は著しく酸化されており，赤鉄鉱と石英だけの単純な鉱物組合せである．

縞状鉄鉱鉱床という名称は，1つにはその成層すなわち層状構造による．その層状構造は微視的なものから巨視的なものまでさまざまである．また，その層状構造が水平方向に著しい広がりをもつことも注目すべきことである．たとえば，北西オーストラリアのハマースレイ鉱床では，厚さがミリメートル単位のチャートの各層が300 km以上にわたり連続しており，それらの地層の累重は5万km²以上の範囲に広がっている．そのような微細な層構造と広大な連続性は鉄鉱鉱床が静かな状況で堆積したことを示す．しかし，それとは異なる産状として，層が局所的に分断されたり，あるいはリップルマーク，洗掘（scours）および流路（channels）のような堆積構造（いずれも堆積物の表面が水の動きで乱された構造）が魚卵状組織やミクライト組織（peloidal, allochemical）を伴って認められる．そのような形状は，水流が海底堆積物を激しくかき乱すような環境（高エネルギー環境）での堆積を示す．

縞状鉄鉱鉱床が地質学的記録において出現するのは地球の歴史の初期に限られる．放射性年代測定によると，縞状鉄鉱鉱床はおもに始生代（25億年以前）から原生代前期（25億〜16億年前）の間に堆積し，最盛期は26億〜18億年前であることが明らかである．18億年前以後は，8億〜6億年前に起こった再生（resurgence）したものを除くと，縞状鉄鉱鉱床は本来存在しない．このような新しい時代の堆積は，北西カナダのラピタン鉱床も含めて，古い時代の鉱床と比較して明らかに異なる特徴を有し，それらが異なる状況で形成されたことが示唆される．6億年前以後は，本来の縞状鉄鉱鉱床は形成されていない．

● BIF の起源と形成過程

縞状鉄鉱鉱床の起源を説明する説は多数あり，また多様である．古くは，一部の地質学者は縞状鉄鉱鉱床がマグマから晶出したとさえ考えた．縞状鉄鉱鉱床の堆積機構と堆積環境は，それが水からの沈殿による堆積物であることは古くから認められているにもかかわらず，現在でも依然として議論されている．いかなる説明も，多くの特徴，たとえば長距離にわたって連続する層構造，鉱物組合せの多様性，形成年代が18億年前に限られることなどを適切に説明できるものでなければならない．さらに，大量の鉄とシリカの起源および運搬と沈殿の機構も説明する必要がある．

広範囲な堆積を説明するためには，鉄とシリカが溶液になっていなければならないということは一般的に認められている．このことは，鉄が2価鉄イオンとして存在し，したがって大気中の酸素（O_2）の量が，たとえ存在していたとしても，現在の海洋と大気中に存在する量よりも著しく少なかったことを示唆する．鉄とシリカの起源として2つの可能性が考えられる．1つは陸上の岩石の風化によるものである．大気中に酸素がないということは，鉄が河川により（2価鉄イオンとして）海洋に容易に運ばれたはずである．ほかの可能な起源は火山および地熱活動である．実際に，アルゴマ型の縞状鉄鉱鉱床は，始生代に一般的に産出し，火山岩と関連している．縞状鉄鉱鉱床の微量元素含有量も熱水作用起源を示す．しかし，熱水活動が多量の鉄（およびシリカ）を供給するとしても，そのほかの地球化学的考

察は河川流出も寄与していることを示唆する.

鉄の沈殿機構については多くの地質学者が想像力豊かに推論を重ねた.鉄の沈殿を引き起こし異なる鉱物組合せの鉄鉱鉱床を形成するためには,酸化状態および酸性度（pH）の変化が必要なことは広く認められている.また,殻や骨格をつくるために水からシリカを取り去る微生物が存在しなかったため,海洋はつねにシリカに飽和した状態に近かったはずであり,シリカの沈殿も多かれ少なかれ連続して起こっていたと考えられる.鉄の沈殿の原因として,1つに蒸発があげられる.そのような場合は,水の入れ代わりが十分に行われない盆地の中での堆積,あるいは極端な場合,湖水が周期的に干上がるプラヤ湖のような状況であることが必要である.その場合,微視的成層および巨視的成層は気温の日変化と季節変化に関係するであろう.この説明の弱点はそのような閉鎖的盆地であるという地質学的証拠がほとんどないこと,また縞状鉄鉱鉱床に伴う岩石は湖底堆積物よりはむしろ海成の特徴を示すことである.第2の説は,鉄の沈殿に生物活動が直接関係するというものである.その場合,原始的藻類が光合成により鉄の酸化に必要な酸素をある特定な場所だけで生成する.この考えを支持するものとして,生物により生成された有機色素中に鉄が含まれること,ならびにある種の現世のバクテリアの上に鉄の酸化物が直接沈殿することが観測されていることがある.この場合は,縞状鉄鉱鉱床の成層は光合成による酸素の生成の日変化あるいは季節変化によるであろう.鉄の沈殿と生物活動を直接結びつけることのおもな欠点は,鉄鉱鉱床自体とくに酸化物型の中に化石および有機質炭素が含まれていないことである.上記の2つのモデルが意味することは,さらに,蒸発が盛んに起こりまた光合成が行われたと思われるきわめて浅いところで鉄鉱鉱床が堆積したことである.しかし,縞状鉄鉱鉱床に伴う炭酸塩堆積物は浅いところでの生物活動を示す化石を含み,しかも鉄含有量が著しく低い.このことは,大気中の酸素の量は最低であったとしても,表面の水は鉄がほとんど溶存できない程度に十分に酸化的状態にあったことを示す.

また,これらとは異なる説は還元的な鉄に富む水と酸化的な水が混合し,鉄が沈殿するというものである.これは,原始的海洋が密度と化学組成の異な

る2層に成層しており,互いにはっきりと分離されていたという考えである.比較的薄い上層は,表面近くの光合成作用によりある程度の酸素を含み,その下の比較的還元的で,海底の熱水活動によりある程度の熱水が供給される下層を覆っていたであろう.鉄の沈殿は,湧昇流により深層の鉄に富む水が大陸棚まで運ばれ,比較的酸化的な表面水と混合するようなところで起こったであろう.湧昇流は現在の海洋では局所的に,たとえば南米の西海岸沿いというようなところで起こる.そのような流れは高海水準の期間中により効果的であったはずである.生じた鉄鉱物は海底に沈殿し,湧昇流の強さやおそらく光合成による酸素の供給の日,月あるいは季節変化と関連して多かれ少なかれ周期性をもつ層として沈積したであろう.この混合説は生物活動による酸素の供給を必要とするが,鉄の沈殿は多くの場合,生物活動の場よりも離れたところで起こるので,生物の関与は間接的である.

縞状鉄鉱鉱床の鉱物組合せの違いは,堆積環境の差による酸性度や酸化状態の差および有機物の供給の差に対応する.硫化物型鉄鉱鉱床では,黒色頁岩あるいはチャートが卓越し,有機質炭素含有量が比較的高い.このことは,硫化物型が生物活動の場に近く,したがって,湧昇する海水が周期的に流入する浅い囲まれた盆地に堆積したことを示す.炭酸塩型鉄鉱鉱床は有機質炭素含有量が低く,浅いけれども生物活動の位置からは離れたところで沈積した堆積構造をもつ.酸化物型鉄鉱鉱床は多くは乱されていない微細な層状構造を有し,有機質炭素含有量が低い.このことは堆積環境が静かな深海であることを示す.しかし,酸化物型の中には,水流の働きが作用する環境（高エネルギー環境）における堆積構造を示すものもあり,浅いところでの生成が予測される.酸化物型鉄鉱鉱床はおそらくさまざまな水深のところで堆積し,酸化物型になるか炭酸塩型になるかの差は,酸性度や有機物の供給などの化学的要因により決まったであろう.

8億～6億年前に堆積した新しい縞状鉄鉱鉱床の形成は,異なる鉱物組合せを有し,しかもその当時は十分な地質学的証拠から大気が酸化的であったことは明らかであるので,上記とは異なる機構で説明されなければならない.これらの鉱床は氷河堆積物と密接に関係し,氷河と因果関係があると考えられ

る．この時期は地球の表面を広大な氷床が覆い，海洋が大気から遮断されていたと考えられている．地質学的記録のなかにはほかにも広範囲な氷河作用を支持する証拠がある．このような環境は，海洋を水の循環の止まった還元的な状態にし，溶存2価鉄イオンが増加しつづけたであろう．そののち，氷床が溶けると，海水の循環が復活し，酸化が起こり，鉄が沈殿し，赤鉄鉱に富む鉱床が形成されたと考えられる．

　縞状鉄鉱鉱床の研究から集められた証拠は，地球の初期の進化を理解するために重要な役割を果たしている．最古の縞状鉄鉱鉱床が38億年前に堆積したということは，当時すでに海洋が形成されていたことを示す．原始の海洋は，還元的な深層を酸化的な薄い表層が覆うように成層していたであろう．海洋表層の溶存酸素の量は現在の海洋と比べてはるかに少なかったであろう．しかし，海洋に酸素が含まれるということは，38億年前という初期にすでに酸素を生成する微生物が存在していたことを示す．酸素の一部は大気中にも存在していたに違いない．しかし，その量はきわめて少なく，おそらく滞留時間の短いものであったであろう．生物により生成された酸素が酸化過程により縞状鉄鉱鉱床中に沈殿した鉄を含む鉱物として固定されることにより，原始大気中の酸素量は低く押さえられていたであろう．逆に縞状鉄鉱鉱床が存在するということは，海洋に溶存する2価鉄イオンを酸化するのに必要な酸素が光合成を行う微生物により供給されたことによる．現在の状況と比較すると，大気と海洋が全体的に還元的であったときから酸化的に変化する時点が過去にあったはずである．その時点は，生物により生産された酸素の供給の速度がさまざまな酸化反応により酸素が消費される速度を上回ったときであろう．縞状鉄鉱鉱床の形成が18億年前にやや突然に終わったことは，この変化の時期と一致するに違いない．事実，そのほかの地質学的な証拠から，18億年前という時点が地球の水圏と大気の進化の過程で重要なときであるということが確証される．8億～6億年前の異常な期間を除くと，海洋はそののち，酸化的な状態のままであり，その結果，微量な溶存鉄しか含まない．

[Alan B. Woodland/松葉谷　治訳]

ジャミーソン，トーマス
Jamieson, Thomas（1829-1913）

　トーマス・フランシス・ジャミーソンは1829年4月1日にアバディーンで宝石商の息子として生まれた．彼はアバディーングラマースクールとアバディーン大学で教育を受けたのち，エロン城地所の土地差配人になった．

　ジャミーソンは早くから地質学に興味をもちはじめ，ローデリック・マーチソン卿とチャールズ・ダーウィンの2人と書簡の交換をしていた．彼は1862年にロンドンの地質学会の特別会員に選出された．彼の初期の論文はほとんど岩石学に関連していたが，第四紀の科学に対する寄与が最もよく知られている．スコットランドの氷で摩滅した岩石に関する彼の論文（1862）は，イギリスの氷期の学説の確立に役立った．グレンロイのパラレルロードを，彼は氷でせき止められた湖の湖岸線であると解釈した（1863年）．この解釈は，それが海面変化によって形成されるとするダーウィンの解釈と対立した．

　しかし，ジャミーソンは，海面高度に関する研究に対する貢献でよく知られている．フォースバレーの海洋堆積物は，そこが沈降したときに堆積され，今は海面より上にある．この場所は氷の重みで押し下げられ，その後氷が解けて隆起したのである．この解釈を1865年に打ち出したのは彼であり，これは，氷河性アイソスタシーの概念の事実上はじめての説明だった．スコットランドでは上昇した汀線が25, 50, 100フィート（7.6, 15, 30.5 m）の高度にあるという．スコットランド地質調査所によって当時広められていた伝統的な意見と論争しながら，彼は後年この説に磨きをかけた．アイソスタシーを保ってスコットランドの海岸線が変化するという概念を，彼は1882年から1908年にかけて発表した5つの論文で明確に実証したが，それは1960年代になるまで受け入れられなかった．

　ジャミーソンは1913年に亡くなった．彼は生涯を通して，第四紀の地質学の発展に対して最も偉大な貢献をした．

[David E. Smith/田中　博・井田喜明訳]

自由振動
free oscillations

大地震発生後，地球は鐘のように鳴り響く．大地震は数週間も持続しうる定常波を励起する．この定常波は分単位で測定されるような長周期の特徴的な振動周期をもっている．このような振動は，たとえば月の引力による潮汐と異なり，何の強制力もなしに継続するので，自由振動と呼ばれている．1960年に地球自由振動が発見されて以来，何百もの周期が正確に測定されてきた．この周期は地球内部の詳細な構造に依存するので，結果的に地球内部について多くの情報をわれわれにもたらしてくれる．

ギターの弦を引くと，固定端間が波長の整数倍に一致する弦上で定常波が励起される．最大波長をもつ定常波を基本モードと呼び，倍音は半波長の整数倍となる．弦が定常的な点をノードと呼ぶ．周波数は波長によって決まり，波長はフレットを使い弦の長さを変えることによって変更できる．球の自由振動は三次元的な定常波であり，倍音モード波を規定する3つの数が必要になる．ノードは，定半径球面，定緯度円錐面，定経度子午線面上にある．半径方向序数 (n) は球状ノード面の数を表し，方位序数 (m) は子午線面の数を表す．これに対し，角序数 (l) は定緯度円錐数が $l-m$ となるように決定される数である（図1）．波長，いい換えると周波数は n および l に依存する．しかし，m は単にノード面分布が地理的北に一致するよう方向づけているにすぎない．多くの自由振動はそれゆえ同じ周波数をもち縮退しているといわれる．一様な球に対する自由振動の理論は，19世紀の終わり頃すでに解決をみていた．1882年，H.ラムは自由振動には伸び縮み振動とねじれ振動の2種類が存在することを示した．ねじれ振動は体積変化を伴わない純粋に水平方向の運動である．1911年には，A.E.H.ラブは地球の最も遅い自由振動周期は60分であることを明らかにした．

技術的困難のゆえに，長周期弾性波の観測は困難であった．たとえば，すばやい振動は棚の茶碗をがたがたさせることからもわかるように，短周期の振動の方が検出は容易なのである．これに対し，周期

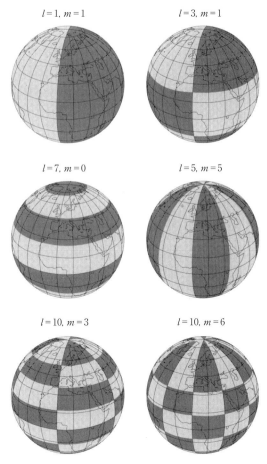

図1 さまざまな角序数 l および方位序数 m をもつ自由振動．節線が地球を明るい領域と暗い領域に分割している．伸び縮みモードでは，暗い領域は外部に向かって動き，明るい領域は内部に向かって動く．

数分から1時間の長周期振動の検出には，非常に安定な計器が要求される．1952年までに，H.ベニオフは彼自身が開発した歪み計で長周期振動を検出していたが，肯定的に確認されるには1960年5月に発生した巨大なチリ地震まで待たなければならなかった．いくつかの研究グループは，ヘルシンキで開催された国際地震学地球内部物理学協会の1960年総会で測定結果を発表した．これは，長周期地震学到来という新時代を予告するものであった．歪み計で観測される周波数のいくつかは重力計の記録からは見出されなかった．これらはねじれ振動だった．ねじれ振動は，純粋に水平方向に振動するので，重力計では記録できない．

56分から40秒以下にまで及ぶ範囲の周期をもつ

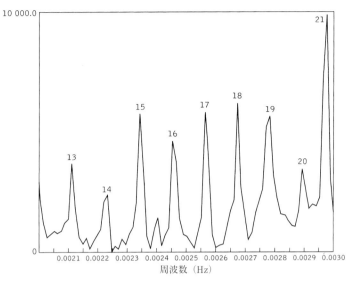

図2 アラスカ,カレッジの観測点CMOに設置された重力計に記録されたメキシコで発生した浅発地震.基本モードを示すため,時間は周波数に変換されている.図中の数字は角序数を表す.

1000モード以上が,現在展開されている長周期地震計や重力計のネットワークを使って同定されている.適度な大きさの地震のどんな記録も,個々の自由振動周波数におけるモードのピークを浮き彫りにするため,時間領域から周波数領域に変換できる(図2).観測される周波数は,地球の内部構造の詳しいモデルを使って計算される理論的予測と非常によく一致する.

1975年にF.ギルバートとA.M.ジウォンスキーは,地球内核が固体であることを実証することも含め,内部構造の理解をさらに精緻化するため,1044の自由振動周波数を使用した.地球は完全な球ではない.球対称からのずれは縮退を分離させる.このため,個々の単一周波数ピークは,近接して分布するいくつかのピークの「微細構造」になる.この微細構造は高分解能地震記象を使って調べられる.縮退分離の研究によって,マントル遷移層内の球対称からの大規模なずれの存在が明らかにされた.

図2のピークは基本モードで,半径方向に何もノードをもたない.基本モードは,浅発地震によって誘起される.半径方向の高次モードは深発地震源を必要とするが,深発地震の発生は比較的まれである.1994年6月9日に歴史上最大の深発地震がボリビア直下に起こった.この地震はほとんど被害を引き起こさなかったが,カナダのような遠方でも有感であった.この地震は,多くの臨時観測点を含む全地球規模のネットワーク状に展開された最新計器に記録され,新しい自由振動やその微細構造を同定するためのデータを提供している.

[David Gubbins/大中康譽訳]

■文　献
Dahlen, F.A. and Tromp, J. (1998) *Free oscillations of the Earth*. Princeton University Press.

収束プレート境界
convergent plate margins

収束境界は,プレートテクトニクス論で考える3種類のプレート境界の1つで,その3種類の中では最も複雑な構造をもつ.これは,2つのプレートが衝突する場所で生じ,その詳細な構造はその2つのプレートの性質によって決まる.

収束境界には,海洋-海洋型,海洋-大陸型,大陸-大陸型の3形態がある.これらの違いは,海洋リソスフェアと大陸リソスフェアの強度と密度の違いによって生じる.海洋リソスフェアは,比較的強固

収束プレート境界

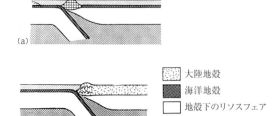

大陸地殻
海洋地殻
地殻下のリソスフェア
アセノスフェア

図1 簡略化した断面図.（a）海洋-海洋型,（b）海洋-大陸型,（c）大陸-大陸型それぞれの収束境界.（Kearey and Vine（1996）, Fig. 9.1 を修正）

で,その下にあるアセノスフェアとほぼ同じ密度をもつ.そのため,海洋リソスフェアは収束境界において壊れるよりは折れ曲がる傾向があり,比較的容易に沈み込む.一方,大陸リソスフェアは,比較的に軽くそれゆえ沈み込みにくい.また,海洋リソスフェアに比べて脆く,その降伏強度は沈み込みを生じさせるのに必要な力よりも小さい.そのため,大陸リソスフェアは,沈み込むよりは壊れる傾向がある（この結果として,大陸の岩石は一度生成されると概して地球の表面に残ってゆく.そのため大陸の岩石の領域は時間とともに増えてゆく傾向がある）.

3形態の境界のうち最も単純なのは海洋-海洋型境界である（図1a）.双方のプレートとも強固で,軽微な破砕のみで弾性的に折れ曲がることができる.どちらのプレートも比較的簡単に沈み込み,容易に沈み込み帯が形成される.2つのプレートのうちどちらが実際に沈み込むのかは,詳細な密度の違い（古い方のプレートが密度が大きい）,また恐らくは局所的な応力状態やマントル対流の様式によるものと考えられる.ひとたび沈み込みがはじまってしまえば,マリアナ海溝（太平洋プレートとフィリピンプレートの境界）やトンガ-ケルマデック海溝（太平洋プレートとインド-オーストラリアプレートの境界）などの西太平洋によく見られる典型的な海洋-海洋型の沈み込み帯が確立される.プレート境界は,海溝内の狭い領域に位置し,しばしば単一の活デコルマン断層に局限される.平面図で見ると,

沈み込み帯に関係する地震の震央は数百kmの幅をもって分布するように見えるが,三次元的には,震源は沈み込むプレートに沿ってその内部に位置する薄くまた傾斜したベニオフ帯にそのほとんどの範囲が限定されることがわかる.

次に単純な収束境界は,海洋-大陸型である.ここでは海洋プレートが容易に沈み込み,大陸プレートが単純に海洋プレートの上にのる（図1b）.このような収束域は,東太平洋の南アメリカプレートとナスカプレート間に良い例を見ることができる.沈み込む側は海洋-海洋型境界の場合に類似する.プレート境界域は幅が狭く,また薄くかつ傾斜した地震発生領域が認められる.一方,大陸リソスフェアは脆いため,大陸プレートは展張断層作用,圧縮断層作用,褶曲作用などのさまざまな変形作用を受ける.

大陸-大陸型収束域は最も複雑である.これらは,インド-アジア大陸衝突帯におけるヒマラヤ山脈とチベット高原のような大褶曲山脈やその関連地域に良い例を見ることができる.どちらのプレートも簡単には沈み込まず,初期の段階では双方のプレートとも強く変形作用を受けることとなる.少なくとも一方のプレートが衝上断層作用および褶曲作用により圧縮され厚くなり,もう一方のプレートは沈み込むことなく低角に逆衝上する（図1c）.収束が進行すると,厚くなったリソスフェアが上昇してくる.巨大で広域にわたる地塊が収束プレートの間から斜めに押し上げられ,最終的に収束縁が厚くまた標高が高くなり,それ程強固でない大陸地殻が自らの重さで崩壊し始める.2つのプレートの境界は1つの衝上断層面に局限されるが,活動的な変形作用は走向移動や,伸張変形作用,衝上断層作用や褶曲作用が起こる数百kmから数千kmもの幅に及ぶ広い領域にわたる（図2）. [**Roger Searle**/山本圭吾訳]

■文献
Kearey, P. and Vine, F. J.（1996）*Global tectonics*. Blackwell Science, Oxford.

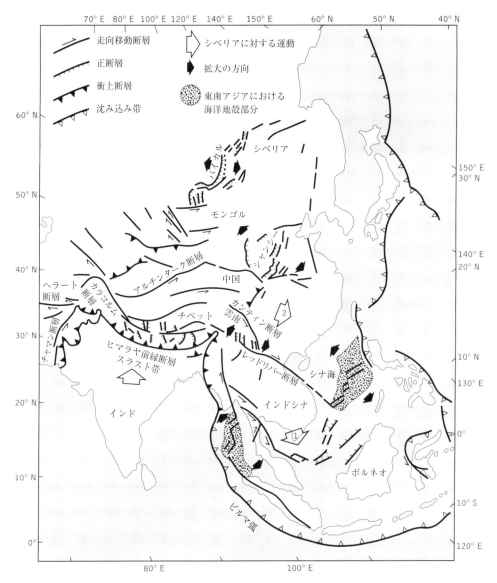

図2　ヒマラヤ大陸-大陸型収束境界に関連した複雑な変動帯の略図．(Kearey and Vine (1996)，Fig. 9.14 による)

重力測定と重力異常の解釈
gravity measurement and interpretation of anomalies

　地下の岩体の分布を決めるのに重力場の測定が用いられる．しかし，重力は地球のテクトニックな原動力となる力であるから，テクトニックなメカニズムのいくつかの最も基本的なものについての情報も与えてくれる．重力測定は，測定点間隔5mという詳細な測定から，人工衛星軌道が受ける擾乱を観測して波長数千kmの重力変動を求めることまで，あらゆるスケールで行われている．

　重力を使った方法を実際に使うときに生じるおもな問題というのは，測定されるさまざまな効果が非常に小さいということである．地球観測に際して使われる便利な単位 $\mu m\,s^{-2}$ すなわち重力単位 (g.u.) は，地球重力場の平均値約 $9.8\,m\,s^{-2}$ の1/1000万にすぎない．より古い単位であるミリガル (mGal) は10 g.u. に相当し，いまでも広く用いられている．両極から赤道まで，海面高度における重力値の変動は約5万 g.u. (9.78〜$9.83\,m\,s^{-2}$) に及ぶ．した

がって，比較的大柄の人ならば，ばね秤を使って赤道で測った体重は，極で測ったそれに比べて 0.5 kg ぐらい軽くなるだろう（かなり高い山の頂に登ればさらに小さくなる）．この重力の変化は，1 つには地球の半径が赤道方向になると大きくなるということによるものであり，また別の要因としては地球の自転効果が赤道で大きくなるということによっている．地質学的に意味づけられる重力変化はたかだか 2/10 か 3/10 g.u. に達する程度なので，重力計はトータルの重力値の 1/1 億の精度で測定できなければならない．

精度はともかくとして，重力は最初は振子を用いて測定され，その後も 20 世紀の半ばまでは振子式の重力計が使われ続けた．20 世紀初頭には，現地調査には，振子は，重力値そのものではなくて重力の水平勾配を測るねじり秤（トーションバランス）にとって代わられた．しかしスプリングによる釣合いを使う型の重力計の登場で 1930 年代に大きな飛躍を見た．これらの正確でポータブルな重力計では 1 分以内で測定が終了できたので（トーションバランスでは測定に 1 日要するのが普通であった），重力調査の数も調査対象域の数も急激に増加した．トーションバランスを使えば好適な環境下なら重力測定によって岩塩ドームの位置を決めることができたので，重力計の革新が石油産業から強く要請されたのであり，これはほかの多くの地球物理学的な進歩と同様である．

スプリング式重力計は重力調査の大黒柱としてあり続けているが，機械式システムにつきもののさまざまな欠点を持っている．たとえば，スプリングの弾性的性質が温度に依存し，デリケートであるため重力計には温度依存性がある．感度は複数のバネを無定位で釣ることで高めることができたが，1 本バネのときよりは破損やバネの絡みに弱くなってしまった．また重力計にはキャリブレーションが必要となるし，たとえキャリブレーションしたとしても得られるのは 2 点間の重力差であって，重力の絶対値ではない．したがって，重力調査は 1 つもしくは複数の，絶対値が既知の重力基準点を結合するような観測ネットワークに基づいて行なわなければならない．重力差を計算する際には，測定器のドリフトのみならず太陽・月が位置を変えることによって生じるバックグラウンドの変動（潮汐効果として知られ

ている）についても考慮しなければならない．幸いにして潮汐は予測可能であり，かつ小さい（普通は 1 g.u. より小さい）．

もともとは陸上での調査に開発されたのであるが，スプリング式重力計は船舶や，最近では航空機に搭載して使用できるように改良されている．重力場というのは加速度の場であるから，船舶・航空機の運動は「測定ノイズ」の主要な原因となる．しかし，重力計に強いダンピングをかけ，同時に短周期の加速度計を用いて加速度を測定して，補正を施すことにより，ノイズの影響を小さくすることができる．さらに難しい問題は，船舶・航空機が運動すると，それとともに動く重力計からは，地球の自転速度が変化するように見えることによってもたらされる．この影響はエトベス効果と呼ばれ，それを航空重力測量において除去するには，非常に精密な航跡決定が求められる．これがはじめて可能になったのは，GPS の進展によるものである．

0.1 g.u. かそれより良い精度で絶対重力測定を実施するために，現在では真空筒内でコーナーキューブを荷室に入れ子にして入れて，荷室を適切な加速度で降下させ，コーナーキューブが荷室に接触しないで自由落下するようにする．真空筒内に残留する気体による空気抵抗や浮力，および重力計全体に作用する地盤の雑微動加速度の影響を補正しなければならない．現在では，0.1 g.u. かそれより良い精度の絶対重力測定は，持ち運びもそこそこ可能なサイズの装置を使えば数時間でルーチン的に行える．しかし，普通は潮汐 1 サイクルに相当する丸一日の観測を行って 1 点の重力値を決める．絶対重力計 1 台の 25 万米ドルという価格は，スプリング式重力計の 10 倍程度である．現行の IGSN71 という国際重力基準点網では，網を規正するために，ほんの数カ所で高精度の絶対重力値を決め，そこからの重力結合（相対測定）で，ほかの大多数の点での重力値を求めたものである．

人工衛星は，地球重力場を測る新しい方法をもたらしてきた．最初の人工衛星が打ち上げられるとすぐに，その軌道のわずかなゆらぎ（摂動）の観測を使って，数千 km の程度の波長の重力場変動が決められていた．もっと最近では，衛星搭載のレーダー高度計を使って，衛星直下の数平方 km の領域（フットプリント）を平均した海面高度が，数 cm の精度

で測られるようになった．こうして重力の等ポテンシャル面のうち，平均海面と一致するもの，すなわちジオイドが決められるようになった．ジオイド面と地球楕円体（地球形状を二次関数で近似したときに，最もよくあてはまる形）とのずれは，局所的な重力変動によってもたらされるので，レーダー高度計のデータから逆に重力場を求めることもできる．いまの世代の衛星では観測区域の外になっている，両極から10°の範囲を除くと，この技法でほとんどすべての全地球の海上で，波長が約10 km以上の重力異常が決められている．

●重力更正

重力測定値を地質学的に利用するためには，まず，地質学的には直接的には興味を引かない，数多くのそしてときには小さからぬ種々の影響を除去しなければならない．これらのうち最も重要なのが，地球全体の質量からもたらされるバックグラウンドの効果であり，これは重力の絶対値から，海水準における正規重力を差し引くことで考慮できる．その残りの部分は，測定点の高度に強く依存する．そこでは2つの相反する効果がかかわってきて，その1つは地球の重心から遠ざかる（高度が高くなる）と重力が減少する効果であり，ほかの1つは測定点が高くなると海水準面の間に挟まれる岩石の質量が増えて重力を増やす効果である．前者の補正はフリーエア補正と呼ばれ，地球の半径と質量だけで決まる．この補正を施したものから，フリーエア重力異常とかフリーエア異常として知られる量が導き出される．また，後者の補正は，岩体の形状および密度の双方によって決まり，普通は2つのステップを踏んで行われる．最初のステップとして，重力点の周りの地形を，一様な密度で厚さが観測点高度に等しい無限平板（ブーゲー板）で近似し，観測点はこの平板上に載っていると考える．フリーエア効果は約3 g.u. m^{-1}であり，他方，ブーゲー効果は通常の岩石の密度を仮定すると約1 g.u. m^{-1}となる．フリーエア異常からブーゲー効果を差し引くと，単純ブーゲー重力異常とか単純ブーゲー異常と呼ばれる量が導かれる．

現実の地形を1枚の平板で近似するのは明らかにまずいし，そう仮定して得られる重力効果はほどほどの程度で真の補正量と一致するけれども，さらに補正を施さなければならない場合が多い．周囲の実際の地形がブーゲー板から高いところにある場合でも，低いところにある場合でも，さらに施す補正（地形補正）としては，単純ブーゲー異常に正の量を加えることになる．その結果がブーゲー異常として知られる量である．

●アイソスタシー

地球を構成する物質に，長い時間にわたって巨大な荷重をかけ続けると必ず変形が生じるという事実を考慮に入れて，重力異常の解釈をする前に施す最後の補正が加えられることがときにはある．ちょうど氷山が海水に浮かんでいるように，山脈の直下には，深部に軽い物質があって，それが山脈の巨大な質量を支えているに違いない．逆に，海や湖の水の層など，表面付近に質量欠損があれば，その深部には重い物質があって，釣合いをとっている．深部でのこの補償は，正のものであれ負のものであれ，結果としては表面付近の物質分布によって生じる重力の強弱を打ち消す方向に働く．したがって，北海北部に見られる第三紀の深い堆積盆地では，低密度の堆積物で生じる低い重力も，深部での補償作用で生じる高い重力でほとんど打ち消され，フリーエア異常はゼロに近い．

上述のような補償効果の研究が，重力測量の直接的な目的でないならば，この補償効果をあらかじめ取り除いて，アイソスタシー重力異常（アイソスタシー異常）を計算してから重力異常の解釈に進むのが好都合かもしれない．これが重要になるのは，山脈や深海盆の周辺のようにアイソスタシー補償が大きいところに限られるのが普通である．そのような地域でも，どのようなやり方で補償が行われるかによって地表での重力が変わってくるし，実際のところそれがどのようなものかがわかっていないのが普通だから，アイソスタシー重力異常図は誤解を招きやすい．この問題は，天文学者のエアリーやプラットらがそれぞれ独立に，異なる補償のメカニズムを提案した19世紀には，明らかになっていた．エアリーのモデルでは，深部の密度の不連続面が深くなることで，表面の荷重を支えると考えている（図1）．この不連続面は現在では地震学でいうモホ（モホロビチッチ不連続）面として同定されており，エアリー流アイソスタシー（地殻が有限の弾性をもつ場

合を考えたものは，エアリー・ハイスカーネンの改訂アイソスタシー）は，現在では，ほとんどの大陸地域で成立していると考えられている．最初にヒマラヤ山脈での観測を説明するために提唱されたプラットの流儀では，地表面からある深度までの柱状物体を考えて，その密度を軽くすることで表面質量が支えられると考える（図2）．この型のアイソスタシーは，温度が高く，したがって密度が小さくて，高くそびえる中央海嶺の下や，大陸でもエチオピアの高地のように伸張応力の働く地域で成立していると考えられる．

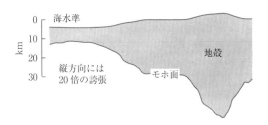

図1 エアリーのアイソスタシーモデル．モホ面は，海洋底では浅く，山脈の下では深くなっている．モホ面を境に深部では密度が増えることで，上下の質量の釣合いが保たれている．密度差は 400 kg m^{-3} 程度であるから，モホ面の起伏は海洋底の起伏の約4倍，陸上地形の6.5倍となる．

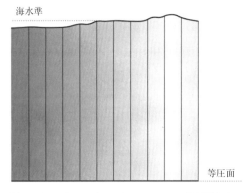

図2 プラットのアイソスタシーモデル．等圧面上方の柱状の岩体全体の密度が，地表面高度の高低に従って横方向に変化する．図に示す例では，表面地形は図1と同じであるが，影を濃くつけた部分は白い部分よりも高密度になっている．

●**重力の解釈**

重力場（磁場も同じだが）は，数学的にはポテンシャルエネルギーの関数として記述できるので，ポテンシャル場と呼ばれることがある．地球物理学的な解釈に関する公理として，ポテンシャル場の空間変動はどんなパターンであれ，それを生み出すもととなる物質分布としては無限の数の可能性があるということが知られている．このなんだか，がっかりするような事実で，重力法が地質学的手法として無意味であるように見えるかもしれない．しかし，単に可能性として許される物質分布は実際のところ，ありえない分布（たとえば，これまでに地質学的に知られている物質の密度にまったく対応させることができないとか，表層地質の情報と相容れないような地下構造とか）になることが多く，それ以外の分布でも違いがあってもそれはとるに足らないという場合が多い．重力的な手法にはつねにあいまいさ（不定性）が残るとはいえ，それを用いると，2つのかなり異なる地質学的仮説のどちらが正しいかを決定することができる場合も多い．たとえば，石灰岩中の洞窟を重力を使って探す場合ならば，ある指定された地域に空洞が隠されているという仮説と，そうではないという仮説とを立てることができる．重力を使えば，この2つの仮説のどちらが正しいかを判別することができる．もちろん，空洞があるとしても，その大きさ，形状および深さなどについての正確な値には，あいまいさが残るのではあるが．

理論的には，重力測定の結果から導ける情報であいまいさのないものが1つあり，それは考えている重力異常の原因となる物質の全質量（あるいは質量欠損量）である．ガウスの定理によれば，任意にとった閉曲面上で，重力ベクトルと法線ベクトルの内積をとって重力フラックスを面積分した値は，その閉曲面で囲い込まれた物質の全質量に比例する．もちろん，普通は閉曲面のすべてにわたって積分を行うことは不可能ではあるが，十分に広い地表面にわたって積分を行えば，質量異常がつくりだす重力フラックスの総量の半分が得られるはずである．残りの半分は地表の下に想定した面を下向きに貫くフラックスがまかなわれるはずだが，これは観測できない量となる．したがって，重力のフラックスを地表面上で測定し，その総和をとれば，考えている地下の高（あるいは低）密度の物体の全質量と，それと等価な体積を周囲の母岩で埋め尽くしたときとの質量との差が得られる．重力異常を推定するのにバックグラウンドの重力をどのようにとればよいのかは，実際上は難しい問題であるが，上に述べた手法は，空洞のサイズや硫化物鉱床体の埋蔵量などを

量的に評価するのに有効な技術である.

重力異常を生み出している物体の形状や深さが重要な場合には，フォワードモデリングで重力データの解釈が行われるのが普通である．まず，利用可能なあらゆる地質学的情報から，地下構造のモデルをあらかじめつくっておき，それから計算される重力を，実測された重力と比較する．次に，地質学的な制約条件を考慮しつつ，計算重力値と実測値とが満足できる程度に一致するように，モデルに修正を加える．もちろん，すべての条件を満たす質量分布はほかにもあるはずだから，得られた最終モデルが真であるという保証はない．しかし少なくとも，可能な解の1つであることは確かなのである．多くの場合，モデルの修正は，コンピュータの画面上に重力データとモデルとを表示させて，インタラクティブに行われる．人間の脳は質量分布を三次元的に視覚化する能力はやや貧弱なので（そしてまた，三次元的な質量分布を計算機で取り扱うには膨大な時間がかかることもあるので），測線を含む深度断面と直角な方向には地質構造の変化はないとする二次元近似が用いられる．一般的には，地下構造の走向方向の長さが，それとは直交する向きの長さの少なくとも3倍あれば，二次元近似は適当だといえる.

二次元の手法がもつ多くの簡便さをもちつつ，三次元モデリングを行う手法に2.5次元モデルがある．2.5次元モデルは測線からある決まった距離だけ二次元構造を伸ばし，そこから先はゼロとするものである．測線から完全にかけ離れた岩体でも，走向方向の長さを負にして方程式で取り扱えばモデルに取り込むことができる．この手法では満足できない場合には，複雑な三次元モデリングを行わなければならない.

重力場のインバージョンもコンピュータソフトが入手可能であり，測定値があればすぐに解となるモデルを計算することができる．厳密には，ポテンシャル場のあいまいさという問題があるので解を一意に定めることは不可能なのであって，そのようなソフトから得られる解は必然的に初期モデルに依存するし，プログラムの中で初期モデルを自動的に修正している．初期モデルが異なれば，最終的に解として得られるモデルも異なる．インバージョンの手法としては，2つのものが一般的に用いられる．非線形最適化法では，コンピュータはモデルに加えた修正

を追跡し続け，重力実測値とモデル計算値の差を最小にする向きにモデルを変更していく．モンテカルロ法では，モデルはランダムに修正を受けて，あらかじめ指定された許容範囲にあるすべてのモデルが試され，その結果が保存される．最適化法では，解は1つしか得られないし，これは実測値と計算値の差を表現する関数の大域的な最小値ではなくて，局所的な極小値に落ち込んでいるかもしれない．それに対してモンテカルロ法ではプログラムを1回動かしただけで，解のセットが得られる．またモンテカルロ法は，重力場および手元にある地質情報を同時に満たすような可能な解の存在範囲を，グラフィック画像として示すことができる.

非常に単純な構造によって生じる重力異常に基づいて解釈を進めるというやり方は，いまでは一般的にコンピュータモデリングにとって代わられてきている．しかし，点状の質量や均質球が生じる重力異常というものがときおり，必要になることもまだある．そのような物体から生じる重力異常の半値幅（大きさが最大振幅の半分になる2点を結んだときの幅）は，その物体の深さの3/4に等しい．しかし，水平方向にもっと広がった物体の場合，地表に生じる重力異常の様子は点質量や球の場合と非常に似ているが，前述の公式を用いて深さを計算すると，実際よりも深く見積ってしまうことになるだろう．水平方向に広がりのある物体については，密度が $100\,\mathrm{kg\,m^{-3}}$（＝$0.1\,\mathrm{g\,cm^{-3}}$）だけ周囲よりも大きい，厚さ1kmのブーゲー板で生じる重力異常は約40g.u.であることを覚えておくと役に立つだろう．密度が違ったり，厚さが違ったりするときには，単にそれらに比例するように計算すれば，重力異常が見積られる.

●重力と地質学

現実の地質構造から生じる重力異常の大きさというものは，アイソスタシーが働くことによってもたらされる限度があるにしても，非常に大きく変動する．ある限度以上に大きな重力場があると，それを消し去る，あるいは少なくとも小さくなる方向に，地球自身が変形する．地下空洞でできるたかだか1g.u.にしか満たない負の重力異常や，マッシブな硫化物鉱床がつくる10g.u.程度までの正の重力異常などでは，重力異常を解釈するときにアイソスタ

シーは重要な要素ではないのが一般的である．重力が関与してできる岩塩ドームでも，同じ程度の負の重力異常が生じるかもしれない．数千 g.u. を超える正の重力異常が，世界の主要なオフィオライト帯（かつての海洋地殻）上で見られる．海水準でのフリーエア重力異常としてこれまでに知られている最大値（4000 g.u.）は，西太平洋の小笠原前弧にあって，そこではオフィオライトが貫入する直前の段階にあると解釈される．強い負のフリーエア異常は海溝上で見られるが，一方，主要な山脈では強い負のブーゲー異常（ヒマラヤ地域では −6000 g.u. に達する）になっている．

堆積盆地に関連する重力異常からは，堆積物の分布だけではなくて，それの形成について考えるときの指針が与えられる．伸張応力場によって堆積盆地が発達するという古典的なモデルでは，アイソスタシーの釣合いがつねに作用し，おもな堆積物が最も厚くなる堆積心の直下では，それを補償するような質量分布になる．したがって，トータルで見た重力異常は負の値を取ることは取るけれども，振幅は小さくなるのが一般的である（図3）．他方，楔状の三角州（デルタ）では，それを構成する堆積物は比較的低密度ではあるけれど，堆積によって排除された水に比べると平均では少なくとも2倍の密度である．それゆえ，重力異常が周囲より高まっているのが普通である（図4）．アイソスタシー補償が浅い深度のところで，1点ごとにしかも瞬間的に成立するのでなければ，重力異常を正にしようとする強い効果が持続する．

山脈を越えてすぐのところにある前地盆地は，堆積心から水平方向にずらされてきた物質でできているから，大きな負の異常を示すのが特徴である．この物質の荷重はその一部のみが局所的に支えられているので，ブーゲー異常は普通は負になるけれども，アイソスタシー補正をした重力異常は正になるのが一般的である（図5）．沖合いの前地に伴う海面下の褶曲-スラスト帯では，フリーエア異常は強い正の値を取るのが普通であり，褶曲-スラスト帯の下に沈み込んだ重いスラブのためにさらに強調して見える場合もある．

人工衛星の軌道に擾乱を与える，非常に長い波長の重力異常の源は，リソスフェアの底よりも深部にあると一般的には考えられている．というのも，それに関係する波長がリソスフェアの厚さの少なくとも10倍はあるし，表層環境には長波長重力異常とよい相関をもつようなものは1つもないからである．しかし，アセノスフェア深部にある地震波速度の速い領域と長波長重力異常は驚くほど良い相関があり，広域的な高重力異常は 600 km かそれより深いところまで沈み込み，周囲と同化せずに残っているリソスフェアの場所を指し示しているという考えがしだいに広く受け入れられつつある．

[John Milsom/大久保修平訳]

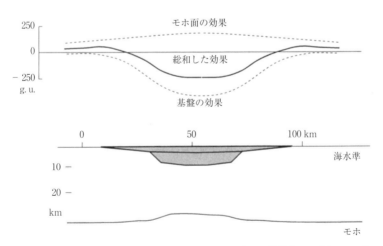

図3　エアリー流のアイソスタシー補償が働いているときの，伸張作用で形成される盆地上での重力場．中央地溝の上に，後でできた，より幅の広いサッグ（盆状沈降部）が乗っている．盆地が広くなるほど，堆積物による低重力は，モホ面が盛り上がることで生じる重力増加によって，より正確に補償されるようになる．

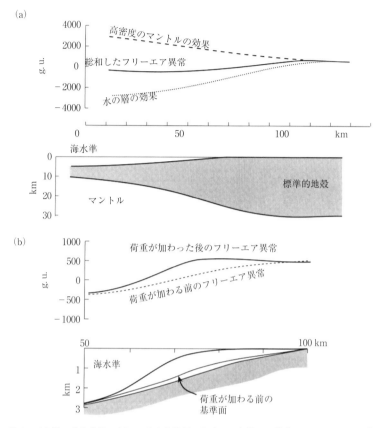

図4 三角州の重力効果．(a) に示す大陸縁における三角州での堆積は，その下にある基盤やモホ面の沈下にもかかわらず，三角州への全体としての質量輸送を生じる．その結果，これらの低密度堆積物 (b) の存在によって，重力場が増加する．

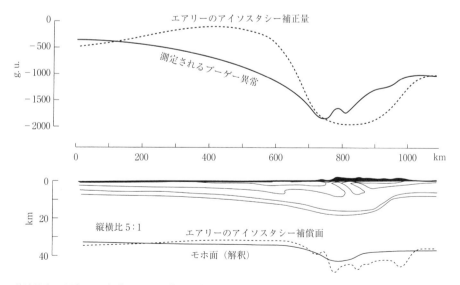

図5 前地盆地．山脈の下の褶曲-スラスト帯を，数個の大規模で類型的なスラスト（斜めの線で，これらの架空の断層を示す）で示す．山脈の質量はその下の厚い地殻の浮力のみならず，スラスト帯の前方の地殻が屈曲することによってリソスフェアの弾性によっても支えられている．その結果，単純なエアリーのアイソスタシーで期待される重力と実際の重力とには，かなりの差異が生じる．したがって，エアリー曲線に基づくアイソスタシー補正は山脈では補正過剰で，前地では補正不足になる．

222　主成分元素

■文献

Fowler, C.R.M. (1990) *The solid Earth*, pp.160-90. Cambridge University Press.

主成分元素
major elements

　主成分元素はしばしば地殻中の平均濃度が1.0 wt％以上の元素と定義される．この定義によると元素の数は濃度の高い順に酸素，ケイ素，アルミニウム，鉄，カルシウム，マグネシウム，ナトリウムおよびカリウムの8個に限られる．しかし，そのほかの元素も比較的多く含まれるので，通常，定義を拡大して，チタン，マンガン，水素およびリンが追加される．

　主成分元素の情報は，岩石の種類を単に特徴づけることから地球化学的過程の定量的な解明までの広い範囲で有用である．主成分元素の情報を利用する主要な目的の1つは岩石，とくに火成岩の分類である．火成岩の特徴は全岩の主成分元素の情報に基づいて定められる．ところが，広く利用されている岩石の命名法はその岩石中に含まれる鉱物の種類と量に基づく．この違いは，多くの火山岩は微晶質あるいは部分的にガラス質であり，したがって，鉱物組成から分類することの方が困難であることによる．火山岩の特徴を示すために，主成分元素の情報はさまざまな分類法に使用され，そのような分類法では酸化物あるいは陽イオン含有量（おのおの質量％あるいはモル％）に基づく区分図，あるいはいわゆるノルム計算，すなわち岩石の化学分析値からいくつかの仮定を組合せ鉱物の理論的含有量を計算する方法に基づく区分図が用いられる．主成分元素の情報は堆積岩（たとえば砕屑性堆積物）の分類についてはそれほど重要ではないが，その組成を現在の火成岩や堆積岩の組成と比較することによりその堆積岩の起源の性格を知るためには役に立つ．しかし，この方法が利用できるのは，堆積岩が変質や風化を受けておらず，しかも化学的に物質の出入りのない変成作用の場合に限られる．多くの主成分元素（とくにカリウム，ナトリウムおよび水素）が変成作用の間に容易に岩石から取り除かれたり，加えられた

りする（たとえば堆積岩の脱水や交代作用）ので，このことを証明することは難しいであろう．火成岩についても変成岩についても，主成分元素含有量は決められた圧力と温度の条件下で可能な鉱物組合せおよび鉱物組成を決定する本質的な要件である．主成分元素の情報は一般に変化図として図示され，そのような変化図はその情報のなかから異なる元素間の相関関係や傾向を解き明かすために非常に有効なものである．見出された相関関係から，2種類以上の成分の混合，分別結晶作用，部分溶融，メルトの上昇による母岩の同化作用，あるいは元素の移動のような地球化学的過程を推定したり定量的にモデル化することが可能である．変化図の利用は主成分元素についてだけとは限らない．主成分元素と微量元素の両方の情報を用いる場合，変化図はとくに強力な手法となる．

　酸素と水素は，その同位体比が同位体の質量差により変動するので，最近の地球化学では重要な役割りを果たしている．すなわち，鉱物や岩石の同位体比（$^{18}O/^{16}O$, D/H）の測定により，反応機構，拡散，蒸発，および流体-岩石相互作用などのさまざまな過程を理解することができる．さらに，酸素と水素の安定同位体比は地質温度計として利用されたり，ある元素の起源を明らかにする標識として利用される．主成分元素としてはカリウムだけが唯一岩石の放射性年代測定（K-Ar法）に利用される．

　主成分元素の濃度（慣例で酸化物の質量％で表され，酸素は分析されない）は通常X線蛍光分光分析法で測定される．水素（またはH_2O）含有量の測定および FeO と Fe_2O_3 の区別にはほかの分析法，たとえば従来の湿式分析，比色分析あるいは分光分析などが用いられる．

[Reto Gieré／松葉谷　治訳]

シューメーカー，ユージーン・マール
Shoemaker, E. M. (Gene) (1928-97)

　ユージーン・マール・シューメーカーは1928年にカリフォルニア州ロサンゼルスで生まれた．彼は

隕石や彗星の衝突が太陽系における重要な現象であることを発見した．短時間に生じる大きな現象によって，惑星や地球を形づくったり種の絶滅や進化を引き起こしたりしたことがある，という古い学説は「天変地異説」と呼ばれていたが，ほぼ捨て去られていた．しかし，シューメーカーによるこの発見によって，この古い学説が地質学的に重要な解釈として復活することとなった．この功績により，彼の名は20世紀の偉大な地質学者の1人として，さらには近代惑星科学の父として有名となった．

衝突が重要な地質学的な現象の1つであると認識されることにより，たとえば隕石衝突が恐竜などの絶滅を引き起こした，という説が広く認められることとなった．また将来の隕石衝突が防災の観点から議論されるようになった．

巨大衝突は核爆発と非常によく似ている，という彼の発言は，冷戦中に東西両陣営から大きな注目を集めた．シューメーカー‐レビー彗星は，シューメーカーと彼の妻であり共同研究者でもあったキャロライン，それからデイビッド・レビーによって発見された．この彗星が1994年に，複数の破片に分かれながら次々と木星に衝突した事実は，衝突という現象がいまも生じている現象なのだ，という彼のメッセージが正しいことを，まざまざと見せつけることとなった．

シューメーカーは衝突過程そのものだけでなく，惑星（とくに地球）に衝突する可能性のある太陽系内の物体（小惑星，彗星，隕石など）の分布や軌道にも関心をもっていた．そのため彼は地表と月面の地質やクレーター密度について研究するとともに，望遠鏡を使って彗星や小惑星を観測し，それらの軌道を計算した．彼とキャロラインはチームとして活動し，32個の彗星と1125個の小惑星を発見した．

彼は月面地質が層序学，すなわち層の上下関係で説明できると考え，早くから表層形成過程において衝突と火山活動が果たした役割を理解していた．望遠鏡を用いて体系的な月面の地図をつくる試みも開始した．彼はまた，衝突クレーターの空間密度の測定と衝突物の落下率に関する仮定をおくことで，月面の相対年代に大まかな絶対年代を与える手法を生み出した．現在では，この手法は太陽系のほかの天体に対しても応用されている．

シューメーカーには多くの名誉学位や，賞，メダルが与えられた．そのなかでひときわ輝くのが，米国国家科学賞（米国で最も権威ある科学に関する賞）であろう．彼はオーストラリア北部のグラニットで1997年にその生涯を閉じた．世界中の人々の惑星地質学への目を開き，彼の教えに影響を受けた多くの科学者を生み出したことは，彼の残した大いなる遺産である．
[Robin Brett/宮本英昭訳]

蒸　発
evaporation

蒸発とは液体が気体に変化する過程のことである．自然界で最もよく見られる例は，海や湖，川からの大気中への水の蒸発であろう．液体と気体のおもな違いは，液体と違って，気体中では分子がどこへでも自由に運動できることである．分子はほかの分子と衝突するまで自由に運動し，衝突後は運動の向きが変わる．液体のなかでは，分子間に働く引力によって分子は互いに結び付けられている．分子どうしの結びつきは，氷などの固体のなかほどは強くはないが，液体としてほとんどすべての分子をつなぎ止めるには十分なほどである．分子のもつエネルギーはすべて同じではなく，速く動くものもあればゆっくり動くものもある．

液体中のいくつかの分子は，ほかの分子とつなぎ止めている力を振り切ることができるだけのエネルギーをもっている．こうした分子が液体の表面から逃げ出したとき，その分子は気体状態となり，どこへでも自由に運動できるようになる．一方，気体中に数ある分子のなかには，自由に運動しているうちに液体表面に衝突するものもでてくるだろう．いったん衝突すると引力により液体につなぎ止められてしまい，この分子は気体状態から液体状態に変わる．こうして液体状態から気体状態に変わる分子の方が，気体状態から液体状態に変わる分子より多い場合，正味の効果として蒸発が起きたことになる．逆に，液体状態に変わる分子の方が気体状態に変わる分子よりも多い場合を「凝結」という．

「飽和状態」とは，分子が液体状態から気体状態になるのと同じ割合で気体分子が液体状態になって

224 蒸発・揮発

いる状態のことである．気体が飽和状態に達してしまうと，液体状態から脱する分子を増やすには液体にエネルギーをさらに供給し分子のエネルギーを増やすしかない．こうするには，液体を加熱し熱エネルギーをつくり出せばよい（温度を上げずに，蒸発を起こすためだけに使われる熱エネルギーは「潜熱」と呼ばれる）．こうして加熱されると，気体が飽和した（つまり，液体から分子が出ていく割合と分子が液体になる割合とが同じ）新しい平衡状態に達する．しかし，気体状態の分子数は加熱前より多くなっている．これは，エネルギーが増加してより多くの分子が液体につなぎ止める引力から脱することができるようになったためである．これは飽和状態が温度に依存することを意味する．温度が高いときはより多くの気体状態の分子を支えることができる．これにより，たとえば，夜になって気温が下がると，なぜ窓ガラスで凝結が起きるのかがわかる．はじめは水蒸気で飽和していなかった空気が冷やされ，ついには水蒸気で飽和する温度に達したのである．もし空気がこの温度よりさらに冷えれば，空気は水で過飽和となり，平衡を取り戻すために凝結が生じる．

　蒸発と凝結は水循環の重要な要素である．大気中には地球上の水のわずか0.001％しか存在しないが，地表から蒸発した水が雲粒に凝結し，雨粒や雪片として落下し地表に再び戻ってくるというサイクルが終わりなく繰り返されている．地球全体で平均すると，降水量は年間1000 mmほどになる．それに対し，ある瞬間に大気中に水蒸気として存在する水の総量は，液体水に換算して25 mmほどの深さになる．したがって，この年間降水量を生み出すために，水は上記のサイクルを約9日間で一巡していることになる．　　　　　　　　［Charles N. Duncan/中村　尚訳］

■文　献
Ahrens, C. D. (1994) *Meteorology today*. West Publishing Co., New York.
McIlveen, J. F. R. (1986) *Basic meteorology*. Van Nostrand Reinhold, New York.

蒸発・揮発
volatilization

　蒸発は液体（凝縮）相から蒸気（気体）相への物質の移動を表す用語である．この現象の1つとして，河川，湖沼および土壌水の蒸発があり，その結果，空気に湿気を与え，雲が形成される．この過程は地表での熱の移動を引き起こす．海水はおもに赤道付近で蒸発する（熱を必要とする）．その後，水蒸気は大気循環により南北の高緯度に運ばれ，雲となり，最後に降水となる（熱を放出する）．

　蒸発は，また石油中の炭化水素（ガソリン）や有機溶媒（トリクロロエチレン）などの多くの低沸点化学物質の挙動を決める重要な現象である．そのような化学物質はまた高い蒸気圧をもつともいえる．炭化水素はガソリンスタンドの臭気であり，トリクロロエチレンはドライクリーニングの臭気である．揮発性の低いポリクロロビフェニル（PCB）のような物質がホッキョクグマの体の脂肪中に発見されたことが報告されており，PCBも大気の移動により北極まで運ばれたことが明らかである．酸素（O_2）や硫化水素（H_2S）のような気体については水–大気間の交換が重要である．そのような気体は化学的にあるいは微生物を媒介して有機化合物と反応するであろう．水中に溶存する有機化合物や気体は大気–水の境界まで拡散し，水から大気へと放出されるはずである．　　［K. V. Ragnarsdottir/松葉谷　治訳］

小氷期
Little Ice Age

　13～14世紀頃から19世紀の終わりまでの期間は，小氷期と呼ばれ冷涼な気候が続いた．この影響は地球のほとんどの地域に及び，最終氷期の終わりから過去1万1500年もの間起こってきた数百年間続く一連の冷涼な期間のうち，最も最近のものを表している．

　小氷期の興味は，その後半が測器観測できる範囲

にあるということである．期間全体が，広範囲にわたる地質学的・生物学的・歴史的技法による解析の影響を受けやすいということである．

小氷期に入る前は比較的暖かであった．北部の航路は流氷もなく，西暦980年代にはグリーンランドの西部と東部にノルウェー人の新開地も開拓された．ヨーロッパでは農業が広まった．ブドウ園が現在より300～500kmも北までつくられ，穀物はより高地，高緯度で育てられ，氷河は後退していた．

しかし，小氷期になると平均気温は1～2℃低くなった．この温度低下はさまざまな場所でさまざまな時期に影響するが，全体としての影響は，人類や植物，動物に困難をもたらす．また，氷河の拡大や洪水，地すべり，雪崩，嵐などの地形学的・気象学的活動を活発にする．現在，アイスランドで夏季の気温が1℃低下すると，農耕地は15％減少するだろう．温度低下が長引けば，たとえばこの数字の2倍くらいまでになると，今日より技術的進歩がない時代では，より辺境地域の住民は困難を強いられることになるであろう．

たとえばグリーンランドでは，1200年以降，状況はひどくなっていった．嵐と海氷の増加によって，ノルウェー，アイスランド，グリーンランド間の航海は難しくなった．西部新開地は1350年頃に謎に包まれた環境下で滅び，ここよりも大きい東部新開地も1400年代の終わりに滅びた．グリーンランド中央のクレタアイスコアによると，新開地の消滅は，新開地ができた当初より2℃も温度が低下した状態

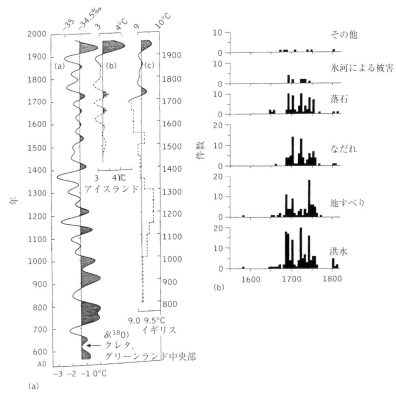

図1 (a) イギリス中央とアイスランドの気温をクレタアイスコアと比較した．グラフ左はクレタアイスコアに基づくグリーンランド南部の気温再現．アイスランドの気温は1850年までは観測，それ以前は海氷のデータに基づいている．イギリス中央のデータセットは1698年までは観測，それ以前は歴史的・植物学的データに基づく．(Bradley, R. S. (1985) *Quaternary Paleoclimatology*, Allen and Unwin, London, Fig. 5.24)
(b) ノルウェー南部のヨステダール氷帽近くの区域における，課税控除の請求で示された，氷河による被害や落石，雪崩，地すべり，洪水などの地形学的活動の発生率．(Grove, J. (1988) *The Little Ice Age*, Methuen, London, Fig. 12.2)

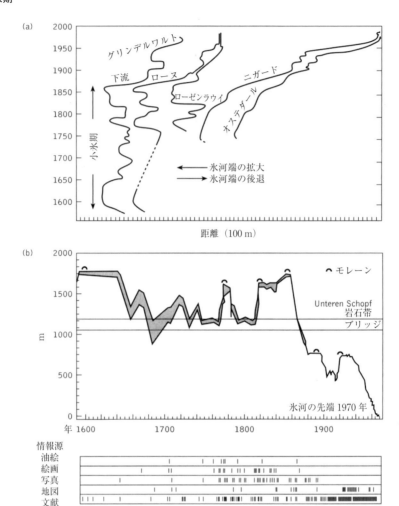

図2 (a) スイス・アルプスと，ノルウェー南部における氷河の縁の変動を示した時間-距離ダイアグラム．1850～1950年の後に小氷期の終結が明白に表されている．(Broecker W. S. and Denton, G. H. (1989) The role of ocean-atmosphere reorganizations in glacial cycles. *Geochimica et Cosmochimica Acta*, **53**, 2465-501)
(b) 1590～1970年の間のグリンデルワルト氷河の下流の先端位置．(Grove, J. (1988) *The Little Ice Age*, Methuen, London, Fig. 6.4)

が長期間続いたときに起こったことを示している．考古学的痕跡にも，気候の悪化が現れている．1350年以前にグリーンランドの北部新開地で埋葬された衣服は木の根が侵入していたが，1350～1500年に埋葬されたものは，永久凍土が拡大していて非常によい保存状態にあった．

気候学的ストレスによる状態のもとでグリーンランドの新開地が消滅したことは，進んだヨーロッパ社会のなかでの希少な失敗例であるため，広くわれわれの興味をひいた．この失敗はおもにグリーンランドの気候の生息限界によるものだということは間違いないが，社会・経済因子によって引き起こされた孤立と適応性の不足も原因の1つである．

クレタアイスコアの記録は，小氷期の南部グリーンランドの気温を再現するのにも利用される．最も目立つ特徴は，1200～1850年の気温記録が，一般的な冷涼傾向の上に一連の変動があり，最も寒冷な時期がさらに2つの期間（1400年以前と1750～1900年）に分けられるという点である．後半の小氷期の記録は，図1aにあるアイスランドと英国中央の気温の観測および代替データからの再現値とよく一致している．

これらの気温の推定値はほかの地質学的および歴史的史実と一致する．ノルウェーでは，ニガード（Nigardsbreen）氷河やオステダール（Austerdalsbreen）氷河に代表されるヨステダール（Jostedalsbreen）氷帽が，それまでに開墾された農地上に拡大し，その領域は1740年から1750年頃に最大となった．この時代の税金目録表は，財産の減少と身体的なダメージを明らかにしており，これらは直接氷河によるものであり，また，洪水や落石，地すべりによるものである（図1b）．1750年から，時間とともに氷河の縁が退行している様子を示した地図は，ヨステダール氷河がますます多くの旅行者や登山者，近頃は科学者も訪れるようになるのに伴って（彼らは観測したものを記録している），より正確に示されるようになっている（図2a）．

　スイス・アルプスでは，グリンデルワルト氷河も詳しい解析が行われてきた．1880年からの直接観測と同じように，油絵や素描，出版物や写真，地図，文献などが，1590〜1970年における，下流のグリンデルワルト氷河の先端位置の変化を地図化するのに利用されてきた（図2b）．1590〜1640年の間は，グリンデルワルト氷河下流の先端はUnteren Schopfと呼ばれる突き出た岩石帯より600mほども前方に位置していたようである．この岩石帯は，目立つ目印で素描やスケッチから容易にみつけ出され，17世紀後半には後退相に覆われていなかったのが，1870年くらいまでは覆われた状態であった．1770〜80年の間には，氷河の前進が侵食のためにモレーンを形成し，それはその時代のいくつかの油絵に表されている．氷河の前進に引き続いて，1794〜1822年までは再び氷河は後退した．氷河の拡大によって，1856年まで氷河の先端は前方へ移動したが，その後は変動しながら後退し続け，現在にいたる．1856〜1970年に，氷河は正味でおよそ1800mも後退した（図2b）．

　さまざまな手法から求められた氷河の縁の変動は，気候変化と氷河の最前線位置の変化との間のラグ効果の評価が困難ではあるが，小氷期における気候変化のタイミングや規模を評価するうえで有効な方針をもたらしてくれる．

　アイスランドは小氷期の気候変動に関する歴史的な情報が多い場所である．これは，国内不安や内戦などの要素が，判断を複雑にすることはないからである．ここでは干草づくりのための牧草がおもな作物であり，その収穫高は，気温（成長期とそれに先立つ冬）や積雪深，寒冷期の影響を直接受ける．厳しい気候が収穫を制限し，結果的には，死んだり食用に殺されるために家畜が減少する．基礎調査によると，1730〜66年の36年間のうち24年は家畜が寒さや飢餓で死んだことが報告されている．

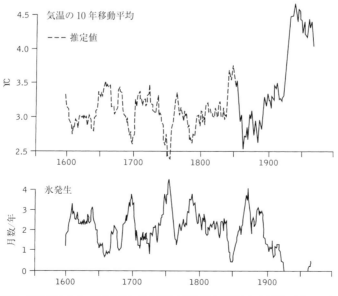

図3　1600年からの，アイスランドの海氷の発生率と見積られた気温．(Grove, J. (1988) *The Little Ice Age*, Methuen, London, Fig. 2.4)

漁の記録もまた有効な歴史的情報源である．14世紀から，アイスランドの主要な魚とおもな輸出品はタラであった．しかし，タラは2℃以下の水のなかでは生存することができず，13℃までの水温でしか多く見られない．寒冷期にはタラは南に移動しなくてはならない．1890年代まではアイスランド人は無甲板船で漁をしていた．嵐が多くなり氷河が現れてボート利用が制限されるようになったことと，タラの南部移動によって，小氷期の寒冷期にはタラの捕獲高が激減した．17世紀の大部分と18世紀は漁業産業は不漁で，このなかでもとくに1685～1704年，1744～59年の不漁が目立つ．

アイスランド付近の海氷の存在は気候の指標としても用いられる．「通常の」状態であれば北部沿岸は海氷に覆われてはおらず，岸より100kmほど北方にある．寒冷な時期にはその氷は北部沿岸にまで拡大し，とくに寒冷な年には南部沿岸にまで達する．歴史的記録を調査すると，はじめの新開地の時代まで時間をさかのぼって，氷の発生範囲とそれによってわかる気温も見積られる．図3は1600年までさかのぼる記録を示しているが，農業・水産業の記録からの情報とよく一致している．

小氷期が起こる原因は盛んに議論される．氷河の痕跡は，それが全球的な減少であったことを意味しており，最も最近に起こった冷涼期間は過去1万年内で数百年続いた．小氷期内では，ヨーロッパ内の

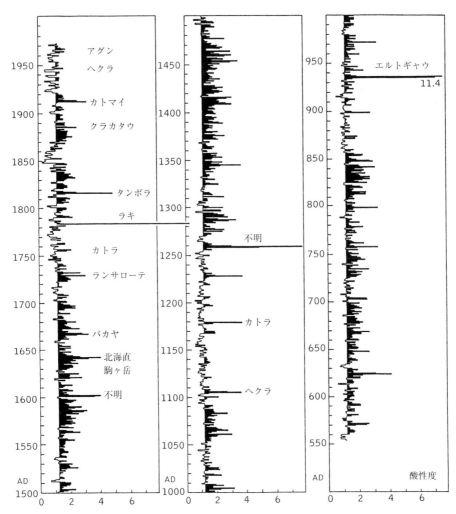

図4　533～1972年の，グリーンランド中央部のクレタアイスコアにみられる火山によって生じた酸性層．(Hammer, C. U., Clausen, H. B., and Dansgaard, W. (1981) Past volcanism and climatic revealed by Greenland ice cores. *Journal of Volcanology and Geothermal Research*, 11, 3-11)

おもな氷の発達のタイミングに調和が見られる．時期としては1600〜10年，1690〜1700年，1770〜80年，1815〜25年，1845〜55年，1870〜80年，1920〜30年である．原因のメカニズムは，氷期のあとや小氷期内にそのようなパターンを引き起こす能力があるのにちがいない．現在主要な論点になっているのは，海洋の深層循環の変動，火山，太陽放射の変化である．

今日では，北大西洋の北部で冷たく塩分の高い海水が形成されて沈み込み，南に流れて最後には全世界の海洋に行きわたる．そして，順繰りに表層を通って暖かくなった水が戻ってくる．この循環のわずかな変化が，北大西洋に達する暖水の量に影響を及ぼし，小氷期ほどのスケールの気候変動をもたらすと考えられる．

小氷期の間には，火山活動が多かったという証拠もたくさんある．火山による塵や岩片は，成層圏にまで噴き上げられ，エアロゾルといっしょに地球表面の温度を低下させることで知られている．クレタアイスコアには533年からの詳細な火山記録が残っており，これを見ると，1260〜1600年の間には大きな噴火がみられず，小氷期間には噴火が増えていることがわかる（図4）．おもな論点は，火山の影響は，小氷期とその期間に観測されただけの気候変動をもたらすのに，十分長い期間維持されていたのだろうかということである．

最後に，いまでは太陽の放射強度は1〜2%ほど周期変化していることが知られているが，これは小氷期を説明するのに必要とされる2℃の低下に変換できる．近年の太陽の放射強度の測器観測が行われる前には，適当な代用観測として太陽黒点の数が用いられていた．太陽黒点の数は太陽光の放射強度が低い時期に少なくなる．太陽黒点が少ない時期は，シュペーラー極小期（1450-1534）やマウンダー極小期（1645-1715）で知られているように，小氷期中に起こっている．しかし，その相関は完全ではなく，太陽黒点の減少はすべての小氷期をカバーしてはいない．

小氷期の原因やその変動は，これら3つのメカニズム（海洋の深層循環の変動，火山，太陽放射の変化）すべてがからんでいる．完璧な答えは，われわれの気候システムがどのように作用しているかということの，より進んだ理解を待ち受けているはずで

ある．
[B. A. Haggart／田中　博訳]

■文　献
Grove, J. M. (1988) *The Little Ice Age*. Methuen, London.

情報技術と地球科学
information technology and the Earth sciences

応用性が著しく高いという伝統のために，地球科学は学際性を有し，新技術と同化する長い歴史がある．海洋底を調査するために第二次世界大戦以降ソナーを用い，古気候の研究に安定同位体を用いたことは，地球科学に科学技術を適用した2つの例である．これは，概念の確立にとっても実用的な意味からみても，地球の歴史を理解するうえで，革命的な進歩を促進した．21世紀のはじめに，もう1つの学際的な技術革命の最先端をみて，地球科学は自らを再発見する．その革命とは，電子的な情報伝達や情報技術（IT）革命である．

研究者同士，生徒と教師間の通信を速める電子メールの利点に関しては，今日広く認識されているところであるが，IT革命はあらゆる科学の手法を根本的に変化させようとしている．それは，地球の歴史を研究する新しい手段を提供することによってではなく，その手段についての情報をできるだけ広い範囲に確実に行きわたらせ，大量の非常に専門的な情報に遠隔地からアクセスできるようにすることで実現される．IT革命は，研究の成果が科学界と文化の蓄積にもっと効果的に伝わることも可能にし，しかもその伝達は迅速で容易かつ安価である．これらの要因のために，専門的な地球科学界は，データの作成，管理，解釈に関する活動を再編成することを求められる．このIT革命は，ほとんどの科学分野が経験しているが，地球科学には不釣合いな効果をもたらす．というのは，地球科学の内容が一般になじみのある性質をもち，多くの科学的な論争の中心に地球科学が位置しているからである．

● データベース

あらゆる科学のように，地球科学はますます専門化している．しかしながら，専門家や学生が研究内

容をもっと広い背景のなかで考え，ほかのグループ（地球科学界内部および他学界）によって生み出されたデータを効果的に正しく活用するためには，この傾向を断ち切ることが必要である．さらに，科学者の総数が増えるにつれて，データの取得率や出版率が著しく増加したために，自分の狭い専門領域以外は，あるゆる重要な発展を追跡することが，個人では不可能になっている．この情報の洪水に対処することは，地球科学のIT革命にとって最初の重要な挑戦であろう．

この問題について現時点で最もなじみのある解決方法は，検索可能なデータベースやメタデータベースを構築することで，それは通常WWW（World Wide Web）に接続されている．WWWは，必要とする専門的な情報を個人に送信したり，その情報の質や無欠性を維持したり，ユーザーが理解かつ利用できる形式（例：グラフ・表・図）でそれらを表したりすることができる．簡単な例をあげれば，海洋地球科学を専門とするドイツのGEOMAR研究センターは，深海掘削による独自の層序ネットワーク（ODSN）を構築した．このデータベースは，WWWにアクセスして利用できる．このデータベースを使うと，広い範囲の時代と場所に対して，プレートの配置の正確な基礎地図がすばやくつくられる．

地球科学の研究プロジェクトの重要な研究成果を，科学界や非専門的な集団がITを活用して入手できる形で生み出そうとする流れがあり，それは政府と私的な研究財団によって奨励されている．地球科学のIT研究による産物は，最初の世代では，研究者にも教育者にも好意的に受け入れられてきた．これらの産物の量と質が改良されるにつれて，また地球科学界がそれらを利用するために自己教育を進めるにつれて，インターネットやWWWへアクセスすることは，研究や教育を目的とした図書館へアクセスするのと同じくらいに欠かせないものとなるであろう．

●電子出版

地球科学者によって生み出されたデータはますます専門化し，そこに彼ら自身が追従していくのがしだいに難しくなってきた．その理由は，専門化が進むにつれて，関係する出版物の数が急増するためである．地球科学のもつ学際性と，科学出版物が全般

的に増加し多様化する局面を迎えるという事実によって，事態は一層悪化している．これに加えて，図書館の予算の縮小やジャーナルの購読料（とくに研究機関に対する）の値上げは，今日絶え間ない圧迫となり，そのために，出版物を用いた情報への伝統的なアクセスは減少している．科学的な出版物へのアクセスを維持することの必要性は，IT革命のもう一面である電子出版によって主張されている．

近年，WWWは能率的な出版媒体として活用しうることが示されてきた．事業や文化にかかわる欧米の主要な機関は「ウェブページ」を誇示している．ウェブページは，一般的あるいは専門的な情報の需要を両方満たす初めての受け皿と，多くの人々がみなしている．それは，印刷物のない科学専門誌の作成に向かう小さな一歩にすぎない．地球科学に関する電子的な出版物（Palaeontologia Electronica は一例である）は，執筆の媒体としてはまだあまり使われていないが，その利点は地球科学界で幅広く認識されている．付け加えると，電子出版された文書は，専門家の間でオンラインに議論を進める基礎になり，議論の内容は，文書の本文に差し込むことが可能である．これにより，それまでスタティックであった科学文書はダイナミックで生きた文書に変わる．文書の価値は時とともに高まりうる．

地球科学で電子出版がありふれた存在になる前に，さまざまな難題が残っている．永続的な問題は，図書設備，人員，電子文書を管理するための資産が欠如していることである．また最近では，電子出版が出版目的にとって効果的であるという考えは，専門に閉じこもる形式主義によって排除されている．これらの問題は，地球科学だけが直面しているわけではない．科学者，専門家集団，図書館関係者，出資団体，一般大衆からは，電子出版に対するたくさんの要求があり，その要求にしだいに応じざるをえなくなっている．

●組織化された効果

IT革命は，データと解釈の作成，管理，普及の段階でいろいろな変化を起こす．変化を通して，IT革命は，地球科学のデータを作成したり活用したりする全機関に，組織上の構造との関連で，おのおのの位置を再検討することを強要する．地球の研究に専念する大きな機関でさえ，自らが行う科学的

な全活動を支援できた時代は,とっくに終わっている.たとえば石油産業では,1970年代には「社内で」まかなわれていた技術的な研究や事業の多くが,現在は外注されている.かつて課されていた多くの物理的な抑制が廃止されて以来,IT革命はこの傾向を助長する.さらに,地球科学に関するIT産物とデータベースの作成は,下部組織や人材を必要とする.それが社会に強いるのは,専門的な機関で行われる活動（博物館や商業的なプロバイダーのもつデータベース,電子図書館の出版物など）を位置付け,支援することである.この活動に皆がアクセスすることで,もとの資源そのものをおのおのが複写しつづける必要がなくなる.正しく運用されれば,この再編成は専門技術の発達をさらに進め,地球科学と関連する諸分野（研究者,博物館,事業,行政）間の相互作用を高めることに寄与する.

ITによって地球科学には重要な革命がもたらされたが,その必要性,手段,動機,資源は,このようにすべてが的を射ている.たった数年前まで,卓上コンピューターの能力や価格の制限のために,このような進歩はとげられなかった.コンピューター技術の発達が続いているおかげで,これらの制限は克服され,大規模で高性能なネットワークへの適用が,依然として残る技術的な限界を排除しつづける.地球科学者（と学生たち）は,設備の整った地球科学の図書館よりも,コンピューター,インターネット,WWWにもっと容易にアクセスするようになった.この革命は,データの利便性,科学者の技術,社会や文化の重要な問題への地球科学の応用を劇的に改善するだろう. [N. Macleod/井田喜明訳]

小惑星と彗星
asteroids and comets

●小惑星

小惑星とはいびつな形をした岩石質もしくは鉄に富んだ天体であり,多くの場合,火星と木星の間に存在している.さまざまな大きさのものがあり,大きなものは差しわたし900 km,小さなものは,その大きさに下限はない（図1）.およそ1 km以上の

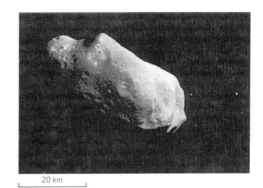

図1 小惑星アイダとその衛星ダクティル.探査機ガリレオが木星へ向かう途中に写したもの.

大きさのものは,5000個ほど確認されている.多くの小惑星は溶融し分化するには小さすぎるが,いくつかの巨大な小惑星は,太陽系の歴史のごく初期の段階で表面がマグマで覆われるほどの部分溶融を経験した可能性がある.この熱源としては,Al-26などの短寿命放射性同位体の崩壊や電磁誘導が考えられている.

かつて小惑星は惑星が壊れた破片であると考えられていたが,現在ではそもそも惑星になれなかった「微惑星」であると考えられている.木星による重力の摂動が,微惑星間の衝突を活発に生じさせたために,集積と破壊がほぼ同程度となって,微惑星が惑星に成長することができなかったのであろう.

小惑星のなかには,地球の軌道と交差する軌道をもつものがあり,地上に見られる多くの衝突クレーターは,このような小惑星が地球に衝突して形成されたものである.

●隕 石

隕石とは地球外から降ってきたあとで地表で集められた物質を指す.大気圏突入時の典型的な速度は数十 km s^{-1}に達するため,隕石の表面は摩擦によって白熱するほど熱せられる.そのため落ちたばかりの隕石は,黒色でガラス質の表面をもつことが多い.突入の途上で分解し,細かな破片となって地上に降り注ぐものもある.直径数m以上の大きな隕石が十分速い速度で落下した場合には,衝突クレーターを形成する.反対に,砂のような細かい隕石は大気中での摩擦により完全に蒸発してしまう.その燃え尽きる過程をわれわれは「流れ星」と呼んでいる.

隕石の大部分は小惑星の破片であり,その生成年

代は放射年代測定によって46億年前，つまり太陽系の形成と同時期であろうと推定されている．隕石の多くは石質で，粒度の小さい基質と呼ばれる部分の中に，コンドリュールと呼ばれる球状ケイ酸塩鉱物をもつ．そこでこのような隕石は，コンドライトと呼ばれている．コンドライトのなかには非揮発性物質の含有量が太陽とよく似たものがあり，これらは太陽系で最も始原的な（変成作用を最も受けていない）物質だと推定されている．このような始原的な隕石はほかの隕石に比較して炭素を多く含むため，炭素質コンドライトと呼ばれている．多くのコンドライトは基質部分に微細な粒子をもつが，これらは同位体測定によると太陽系が形成される以前につくられたものである．たとえば，恒星風によって太陽系外の巨星の大気から運ばれてきた，炭化ケイ素やダイヤモンドの微細粒子なのであろう．コンドライト以外の石質隕石は，玄武岩質で明らかに溶融状態から結晶化したものである．これは大きな小惑星では形成期に溶融が起こったという解釈と矛盾しない．鉄隕石は，とても特徴的な見た目をもつ隕石である．鉄とニッケルの合金からなり，衝突によって砕けた大きな小惑星の「核」の破片であると考えられている．石鉄隕石は，石質な部分と鉄ニッケル合金の混合物からなり，砕け散った大きな小惑星の核とマントルの境界部分の破片であると考えられている．

隕石のなかには形成年代，鉱物組成，同位体組成が月の石と一致するものがある．これらは月面でのクレーターが形成される際に，月の重力を振り切るほどの速度で吹き飛ばされた岩石の破片であろう．さらに数は少なくなるが，火星から来たと考えられている隕石もある．この火星隕石は玄武岩であり，そこには流体の水によると考えられる水質変成の跡が見られる．多くの火星隕石の結晶化年代は2億〜10億年前であるが，なかには形成年代が43億年前とはるかに古い試料（ALH84001）もあり，この試料が火星における生命存在の議論の的となっている．

●彗 星

小惑星が太陽系の内側に存在する始原的な物質のかけらであるように，彗星は太陽系の周縁部から飛んできた始原的な物質のかけらである．太陽からはるか遠くで形成されたために，少量の岩石と塵が含まれる以外は，ほとんど氷でできている．その大きさは，多くの場合，数kmから数十kmである．

多くの彗星は，その生涯のほとんどの時間をオールトの雲と呼ばれる領域に存在している．この領域は太陽から1兆km離れたところに球状に分布し，太陽から45億kmの天王星軌道よりもはるかに遠い．彗星が太陽系内を通過すると，太陽からの熱を受けて氷は蒸発し，気化したガスや塵は太陽光を受けて数億kmにも及ぶ輝く尾を引く．この尾は太陽風と太陽放射を受けることで，太陽の外側に向かって伸びているのであり，進行方向に対して後ろに流れているというわけではない．

木星などの大きな惑星の近傍を通過した彗星の軌道は，周期が数年から数百年の楕円軌道へと変化することがあり，そのなかには太陽の周りを周期的に回る彗星になるものもある．ハレー彗星はこうした彗星のよい例である（図2）．ハレー彗星は，定期的に太陽近傍を通過して揮発性成分を多く失っているので，近い将来ただの塵の塊へと変わっていくだろう．こうなると，彗星と小惑星の区別は難しくなる．そこで木星より遠い軌道をもつ小惑星のような天体や，いびつな形をした外惑星の衛星の多くは，じつは彗星のなれの果てと考えるのが最も適切かもしれない．

図2　1986年に太陽系の内側を通過したハレー彗星．中心の核は幅16kmしかないためこの写真では確認できず，そこから放出されるガスや塵しか見えない．

小惑星の衝突でクレーターが形成されるのと同様に，彗星の衝突も太陽系内の固体天体表層におけるクレーター形成の要因であろう．シューメーカー-レビー彗星が木星の潮汐を受けて粉砕されたあとで1994年に木星へと衝突した例からもわかるように，彗星が外惑星に衝突することもある．

●カイパーベルト天体

冥王星やカロン以外の氷でつくられた天体の多くは，海王星よりも遠く離れたカイパーベルトと呼ばれている場所で，太陽の周りを回っていることがわかってきた．最大でも数百km程度の大きさで，普通は断然小さいこうした天体を，地球上から観察することが難しいのは，当然のことであろう．

[David A. Rothery/宮本英昭訳]

■文　献

Beatty, J. K., Peterson, C. C., and Chaikin, A. (eds) (1999) *The new Solar System* (4th edn) Sky Publishing Corporation and Cambridge University Press, Cambridge.

Rothery, D. A. (2000) *Teach Yourself Planets*. Hodder and Stoughton, London.

植生と気候変化
vegetation and climatic change

気候は植生をコントロールする主要な要因のひとつである．このことは，世界の植生分布と気候区分図を比較すれば一目瞭然である．植生は10種類に分類される．おもなものは，極域のツンドラ，寒帯の針葉樹林（タイガ），温帯の森林，熱帯の草原（サバンナ），地中海性の植生（シャパラル），山岳の植生である（図1）．これらの植生の分布は，気温，降水量，日射量などに基づく世界の気候区分と非常によく対応している．それゆえ，気候と植生が密接な関係にあることは疑いない．

この関係は，植物の生理学的な変数（成長する期間の長さ，温度範囲，降水量など）や生存限界の地理的分布にはっきり示されている．1960年代の末から1970年代のはじめにかけて，リード・ブライソンとその共同研究者は，各地域の植生と天気システムの間に密接な関係があることを示した．すなわ

ち，メソスケールの気団の境界を表す平均的な前線の位置と植生の間によい統計的な相関関係があることを示した．カナダ北部では，森林の位置と，冬季には極気団に覆われ，夏季には亜熱帯気団に覆われる地域の位置とが一致する．ブライソンによれば，同じようなことが，北米大陸のなかでツンドラ，プレーリー，東部の落葉樹林，南東の常緑樹林に占められる地域に対しても当てはまる．いずれの地域も，地域的によく定義された異なる気団の支配下にある．このことは，気候の変化と植生の関係が，かなり小さなスケールまで成立していることを示している．

しかし，局地的なスケールになると，気候と植生の相関関係はあいまいになってくる．局地スケールでは，個々の植物の生育は，さまざまな要因に支配されるのである．そのなかには，土壌の種類，地形などの気候と直接関係のない因子もある．マーガレット・デイヴィス，ジョン・バークをはじめとする多くの生態学者は，個々の植物は，非常に小さいスケールでは，気候に関係する因子と関係しない因子の両方に，さまざまに異なる仕方で対応していると考えている．両方の因子の作用があわさって，植生が決定されるのである．しかしながら，気温，降水量，蒸発量，水，日射は主要な植生を説明する主要な要因であることに違いはない．このことは，個々の種のレベルでもいえる．たとえば，コリネフォラス（*Corynephorus canescens*）という草は，ヨーロッパの中央部，南部から大ブリテン島，スカンジナビア半島まで生息している．この北限は，7月の気温が15℃の等温線と一致している．マーシャルは，この原因として，この草は低温で発芽したり開花したりできないからであると考えている．最近の生態学は，どの程度の気候変化に植生の分布が耐えられるかという議論ができるようになった．

過去の植生がどのように拡大し分布したか調べることによって，気候変化と植生の関係を知ることができる．過去の植生を調べるためには，花粉分析が有効な方法である．なぜなら，植物の種類によって花粉や胞子の形状が異なるからである．親の植物から花粉や胞子が放出されると，広い範囲に拡散し，最終的には性状の異なる地面に落ちて保存される．酸性で嫌気性のピートや湖底の泥などに落ちた花粉は，長期間よい状態で保存される．過去の花粉の分

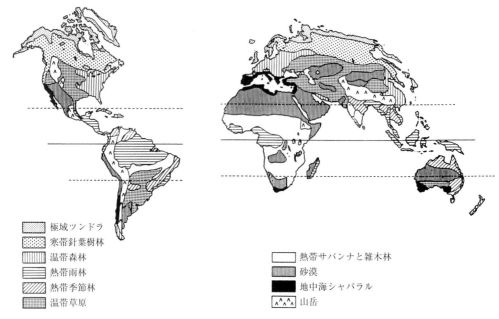

図1 世界の主要な植生．（Cox and Moore, 1985）

凡例:
- 極域ツンドラ
- 寒帯針葉樹林
- 温帯森林
- 熱帯雨林
- 熱帯季節林
- 温帯草原
- 熱帯サバンナと雑木林
- 砂漠
- 地中海シャパラル
- 山岳

布を分析することによって，過去の植生の分布を再構築し，その時間的変化の推移を分析することができる．しかしながら，その一方で，花粉化石の記録は，過去の気候の変化を推測することにも使われてきた．花粉から気候を知り，その結果を使って気候が植生に与える影響を調べるという循環論法を避けるためには，花粉以外の情報を使って，気候変化を知ることが必要である．幸いにして，過去の気温の変化は，氷床コア内部に含まれる酸素や重水素などの同位元素を使って推測することができる．また，堆積物中に保存されている甲虫の化石も過去の気温の推測に利用されている．多くの甲虫の種は，生存可能な温度範囲が決まっているからである．それによって，堆積が形成された時代の温度条件がわかるのである．花粉と甲虫化石の記録を比較することによって，過去の気候変化と植生の歴史の間の関係が明らかになる．花粉が含まれている地層の絶対年代は放射性炭素によって知ることができる．

植生と気候の関係を研究する最良の方法は，植生のパターンが氷期から間氷期にかけてどのように変化したか調べることである．最終氷期が終わり，現在まで続く間氷期（完新世）に移行したのは，1万4000〜9000年前である．国際共同研究IGCP-253の一環として，ヨーロッパ北西部の最終氷期の終了に伴う環境変化を調べる研究（NASP：North Atlantic Seaboard Programme）が行われた．比較的急激な気候変化に植生がどのように応答するか調べるには，地層内部に含まれる花粉の化石が役に立つ．図2は，甲虫化石をもとにした気温の変化と花粉分析とを比較した英国における研究（おもに，バーミンガム大学のラッセル・クープ教授の研究）の結果を示したものである．気候と植生の間に密接な関係があることは，以下に示すこの研究の要約がよく物語っている．

1万4000年前から1万3000年前の間，英国は氷期の状態であった．植生としては，草原が広がっており，そこには，イネ科，スイバ属，ヨモギ属などが含まれていた．その後，気候は急速に温暖化した．1万3000年前から1万1000年前の期間は，亜間氷期（ベーリング・アレレード期）と呼ばれる温暖期であった．1万3000年前から1万2000年前にかけて，7月の英国の平均気温は18℃であったが，その後徐々に低下し，1万1000年前には12℃以下になった．温暖化がはじまると，まず，低木が広がり，その後，森林が長年にわたってイングランド，ウェールズ，スコットランドを覆った．低木の代表はカバとネズであった．英国諸島の南部では，1万1500年前まで，マツの林が存在した．氷期から間氷期への移行はス

植生と気候変化　235

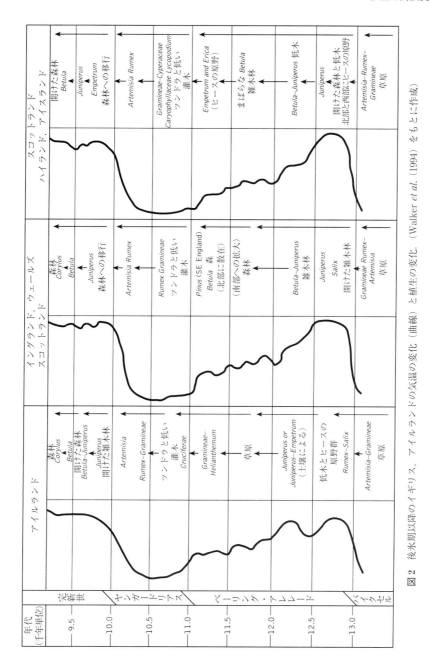

図2　後氷期以降のイギリス，アイルランドの気温の変化（曲線）と植生の変化．(Walker et al. (1994) をもとに作成)

ムースではなかった．化石の記録は，しばしば，急激に寒い気候に戻ったことを示している．これらの急激な気候の逆転は，「寒の戻り（revertance）」と呼ばれる．このような寒の戻りは，英国を含むヨーロッパ北西部の広い範囲にわたって，1万1000年前から1万年前にかけて生じた（ヤンガードリアス）．気候の寒冷化によって英国の植生も変化した．この期間，寒冷気候を好む高山性の低木が栄えた（イネ科，カヤツリグサ科，ナデシコ科，アブラナ科，スイバ属．高地ではイワヒバ属，ヒカゲノカズラ属）．この時期の7月の平均気温は10℃以下であった．完新世の時代はおよそ1万年前からはじまった．植生は，ツンドラや山岳低地に適応した低木から，落葉樹の雑木林に変化した．このような植生の変化は，気候の温暖化に対応している．最初に，草原がしだいにカバやネズを含む林になった．次に，落葉

樹の雑木林が広がった．9000年前には，英国では，マツやハシバミが栄え，それに続いて，オークとニレが栄えた．8500年前から6000年前には温暖化がさらに進み，ハンノキ，ライム，トネリコなど，温暖気候を好む樹木が現れた．この時期は，英国の気候が最も温暖化した時代で，9000年前には，7月の平均気温が16℃を超えた．このようなことがわかったのは，花粉や甲虫の化石分析からである．その結果，植生の変化と気候の変化の間に密接な関係があることが実証された．

植生と気候との関係に関する研究で，重要な論争が存在する．それは，ある時代の気候に，植物がどの程度の平衡状態として適応しているか，また，気候が変化した際に，どの程度の早さで植生が応答するか，という問題である．理論的には，応答に時間がかかるとすれば，気候が変化しても，平衡状態ではない植物が生存している可能性がある．植物が新しい気候に適応するのに要する時間を「遅延時間」という．マーガレット・デイヴィスは，遅延時間は植物によって異なると主張している．その理由は，個々の植物の寿命，種子の拡散の程度，成長速度などの植物の特徴が個々の植物によって異なっているからであると考える．トンプソン・ウェブ3世は，気候に対する植物の応答時間を詳しく調べた．その結果，応答時間は，気候変化のタイムスケールに依存することがわかった．1万年の時間スケールの気候変化に対する植物の応答時間はよくわかっていない．しかし，500年から1000年程度の短い時間スケールでは，遅延時間は比較的短い．

ある地域の植物の繁茂と消滅は，気候の変化が主要な原因であると一般には考えられている．しかし，局地的なスケールになると，その土地の性質も重要になる．たとえば，土壌の生産率などである．土壌は植物に栄養を与える．土壌が肥沃になるには，土壌に含まれる物質，地形，排水，気象条件など，さまざまな条件が関与している．さらに，侵食，堆積などによる地形の変化も重要な要素である．したがって，気候だけで，自動的に植物の繁殖が決まっているわけではない．自然による障害物，たとえば，山脈，海洋なども植物の拡散を妨げる．場合によっては，偶然の要因が関係している．意図的だろうがなかろうが，人類の存在も植生に影響を与えている．生存競争や病気などの生物間の相互作用も植生の構造に関係している．このようなことを考えると，とくに種のレベルでは，気候変化や気候変化と関係ない要因によって，植物は，さまざまな時間スケールで応答する，ということを忘れてはならない．気候と関係しない多くの要因も，理論的には，急激な気候変化に対しては，遅延時間を決めるのに関与している．そのことは，実際の植生が，気候の条件だけから推定される植物の生存条件にしたがっていないことを説明する．ウェブは，気候変化と関係しない要因が，気候変化の時間スケールによってさまざまな遅延時間を生み出す原因ではないかと推測している．10年から1000年程度の短い時間スケールであれば，気候と関係しない要因が全体的な応答に限界を与えていると考えられる．時間スケールが1000年以上になると，植物の非常にゆっくりした拡散と土壌の生産率のみが，気候の変化に対する応答を邪魔していると考えられる．

気候と直接関係しない要因が，間接的には気候変化と関係している場合もある．たとえば，J.S.クラークは，ミネソタ州の北西部にあるベイツガ・ストローブマツ森林帯では，山火事が植生をコントロールしていることを示した．彼の研究結果によれば，比較的，乾いていて温かい気候では，湿っていて寒い気候よりも山火事の発生率が高い．15世紀から16世紀にかけて，乾燥した温暖な気候であった．その時期の大規模な山火事は，33年から44年に1回の割合で発生した．それ以後，1600年から1864年まで，涼しくて湿った気候に変化した．この時期は「小氷期」と呼ばれている．小氷期には，88年に1回の割合で山火事が発生した．

植物の環境変化に対する応答時間よりも比較的短い時間で気候が変化すると，ある種の植物は，おもな分布を行う地域から切り離されて繁茂することがある．このように孤立した植物群落を遺存種またはレフュジアと呼ぶ．その存在は，かつて，その場所が，その植物に適した気候であったことを示している．その例は，イチゴの木に見ることができる．イチゴは，地中海地方が主要な分布の中心であるが，フランスの西部やアイルランドの西部など，西ヨーロッパの各地に孤立して存在する．コックスとムーアは，アイルランド西部のイチゴは，最終氷期が終わり，比較的温暖な時期に，イチゴの分布の中心から広い範囲に広がったためであると考えている．気

候の温暖化とともに，地中海地方から西ヨーロッパの海岸線に沿って，分布が北上した．アイルランドは湾流の影響を受けて比較的温暖な気候であった．湾流は，アイルランドに霜の降りない温暖な湿潤気候をもたらしたのである．その後，海水準の上昇によって，アイルランドが孤立し，気候も悪化したが，イチゴは，地中海の分布の中心から切り離されても，現在まで生き続けている．

　未来の気候を予測し，それが植生のパターンにどのような影響を与えるか予測することは，非常に難しい仕事である．しかし，気候と植生の関係を理解する必要性は，近年，ますます高まっている．それは，人類の活動が拡大し，大気の組成に人為的な影響が現れるようになったからである．とくに，温室効果気体（対流圏の赤外線を吸収する性質がある）が増加し，対流圏の気温や地表面温度を上昇させることが懸念されている．気候変動に関する政府間パネル（IPCC）は，数年ごとに報告書を出版し，人類の活動によって，化石燃料の燃焼による温室効果気体を大気中に放出し，また，二酸化炭素の吸収剤である森林を伐採していることを警告した．それによって，次の世紀には温室効果気体の増加が気候，とくにグローバルな気温を変化させると予測している．大気大循環モデルの予測によれば，二酸化炭素濃度が現在の値の2倍になれば，グローバルな地上気温が1.5〜4.5℃上昇する．グローバルな気温の上昇は，植物の分布に重大な影響を与えると考えられる．

　しかし，地域的なスケールや局地的なスケールで気候（したがって植生）がどのように変化するか，まだ，不確定性が大きい．多くの気候学者は，地球温暖化によって，降水量の分布や土壌水分のような気候学的な変数が変化すると信じている．気候変化の影響で生態系が変化するシグナルが最もはっきり現れるのは，極域のツンドラであろう．W.ドワイト・ビリングとキム・モロー・ペーターセンは，極域のツンドラに生存する植物は，氷点よりわずかに高い気温でないと成長や再生産ができない，と述べている．このことは，現在のツンドラの植物は，ほかの植物に比べて生存に有利な条件下にあることを意味している．しかしながら，もしもIPCCの気候の予測が正しいことが証明され，次の世紀を超えて地球温暖化が進行したとすると，ツンドラの生態系に壊滅的な影響を与えるであろう．第1に，気温の上昇は，永久凍土を融解させ，温かい気候を好む植物がしだいに侵略し，現在の植生に取って代わるであろう．クルマンは，20世紀前半の温暖期に，ヨーロッパダケカンバ（*Betula pubescens*）がスウェーデンのツンドラに拡大したことを述べている．この現象は，われわれの惑星で気候が温暖化したときの植生の多様性の程度，存在範囲，植物の種類などの変化を示す好例であろう．第2に，気候の温暖化によって，凍結ピートの融解が生じ，グローバルな炭素循環が変化する．地中から炭素化合物（二酸化炭素，メタンなど）が大気に放出され，その結果，大気中の温室効果気体の濃度が増加する．地球温暖化が森林に与える影響に関するジェリーF.フランクリンと彼の共同研究者による研究によれば，地球温暖化によって森林を構成する植物の種類が変化し，また，森林の分布も変化する．北米大陸北西部の太平洋岸に密集している針葉樹林は，現在，ダグラスファー（*Pseudotsuga*，モミ），ウェスタンヘムロック（*Tsuga heterophylla*，ベイツガ），アメリカネズコ（*Thuja plicata*，スギ），カナダツガ（*Abies amabilis*，モミ）が占めている．これらの植生は，降水量と（山火事，強風などの）自然災害によってコントロールされているが，降水量も自然災害も気候に支配されると考えられる．この地域の気候変化のモデルによれば，この地域の気候はより温暖になり，また，より乾燥する．平均温度が4℃上昇し，降水量は変化しない．その結果，植物からの蒸散量が増加し，主要な森林帯の位置がシフトする．現在，マウンテンヘムロックが占めている森林はウェスタンヘムロックが支配する森林に変化するだろう．森林帯の高度変化に関しても予想されている．たとえば，オレゴン・カスケード山脈中央部の西側の斜面では，気温が2.5℃上昇すると，乾燥気候を好むダグラスファーの森林が拡大し，一方でウェスタンヘムロックの森林は減少すると予想されている．フランクリンと彼の共同研究者は，気候が変化すると，山火事，嵐，病害などの自然災害の発生頻度も変化するので，このような気候変化に伴う間接的な影響も無視できないと考えている．ここで述べた植生の変化は，あくまで，気候モデルによる気候変化予想に基づくものである．しかし，気候モデルの不確定性や誤差（気候がいかに海洋や陸地と相互作用を起こしているか，まだよくわかっていない）を考慮し

ても，将来，気候が変化すれば，グローバルな植生の分布が大きく変化すると考えてよいだろう．

[T. Mighall／木村龍治訳]

■文　献

Peters, R. L. and Lovejoy, T. E. (eds) (1992) *Global warming and biological diversity*. Yale University Press, New Haven.

Cox, C. B. and Moore, P. D. (1985) *Biogeography: an ecological and evolutionary approach*. Blackwell Scientific Publications, Oxford.

Delcourt, H. R. and Delcourt, P. A. (1991) *Quaternary ecology: a paleoecological perspective*. Chapman and Hall, London.

Walker, M. J. C., Bohncke, S. J. P., Coope, G. R., O'Connell, M., Usinger, H., and Verbruggen, C. (1994) The Devensian/Weichselian Late-glacial in northwest Europe (Ireland, Britain, north Belgium, The Netherlands, northwest Germany). *Journal of Quaternary Science*, 9(2), 109-18.

新ドリアス期
Younger Dryas stage

Younger Dryas（ヤンガードライアス，新ドリアス）期とは，最終氷期の末期頃，すなわち現在の間氷期（完新世）がはじまる直前に生じた寒冷期を指す．地質学的には相対的に短期間のマイナーな気候学的イベントだが，気候変化の原因やメカニズムを解明するうえで，さらにある地域での気候のシグナルが地球上のほかの地域に伝達されるのかを調査する手段として，科学者たちの関心を集めている．

新ドリアス期は，スカンジナビアにおける沼地や湖の有機堆積物に関する研究によりはじめて確認された．堆積層中の花粉粒子の集積度の解析より，最終氷期末期に陸上でコロニーを形成していた植生の連続性（ないし系列）が一度ならず中断されており，温暖な気候を好む植生がツンドラ地域に見られるような植生（たとえば芝・牧草，カヤツリグサ科，とくにスゲ属，低木・灌木，苔など）にとって代わられていることを示していた．新ドリアス期は，最も最近かつ顕著なイベントを指しており，最も関心がもたれているイベントでもある．このイベントの名前は *Dryas octopetala*（学名，和名ではチョウノスケソウ）に由来している．イチゴに似た白や黄色の可憐な花をもち，スカンジナビアの低地において寒冷期に対応してそれら花粉粒子の高濃度集積層がみられる．それらの植物は現在でもスカンジナビアの山岳部の石灰岩質土壌において成育しており，Dryas heath という独立した群落を形成している．

新ドリアス期は放射性炭素を用いて年代同定されており，現在より約1万1000～1万年前とされている．現在では，放射性炭素による年代同定は，後氷期における全球的な炭素保持体の急変のため，推定年代に誤差が大きいことが知られている．新ドリアス期の正確な時期はグリーンランド氷床コアを使用することで同定されている．氷床中心部付近でのボーリングコアを使用して，年々の氷の層を詳細に解析することで新ドリアス期は1万2800年前に開始し1万1600年前に終結したとされている．このように，グリーンランド氷床コアは新ドリアス期を明瞭かつ強力に記録しているため，ほかのケースより求められた証拠と比較する際の指標として用いられている（図1）．氷床コア内に閉じ込められた酸素同位体より再構築された気温によると，新ドリアス期のグリーンランド中央部はその前後の温暖期と比べて約7℃寒冷であった．また，氷床コアによると，新ドリアス期開始時には比較的ゆっくりと寒冷化したのに対し，新ドリアス末期は非常に急速に，

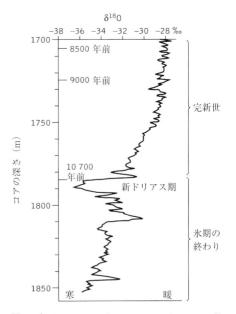

図1　南グリーンランドのDye-3アイスコアで得られた$\delta^{18}O$の記録．氷期から新ドリアス期完新世の期間で左ほど寒く右ほど暖かい．

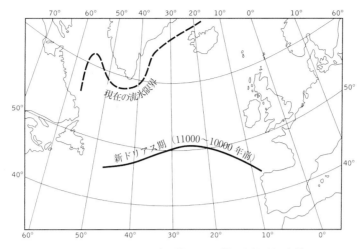

図2 大西洋における現在と新ドリアス期の流氷限界の比較．

数年ないし数十年程度で再び温暖化している．この急速な変化は北大西洋周辺部での海洋・地上でも同様に記録されており，新ドリアス期の最も興味深い特徴でもある．また，この急速な変化は最終氷期におけるほかの短期のイベント的現象の特徴でもある．グリーンランド氷床コアは大気組成も記録している．氷内部に閉じ込められた気泡の調査より，新ドリアス期にはいわゆる「温室効果ガス」(二酸化炭素，メタンなど)が現在よりも少なく，氷期での濃度と似ている．とくにメタンは大きな変動を示しており，気温変動とかなりよく一致している．さらに，新ドリアス期における降水量(積雪層の厚さ)はその後の完新世初期と比べて約半分にすぎない．寒冷な大気は温暖な大気と比べ大気中に含みうる水蒸気量が少ないことを考えれば，温度の記録とも整合しているといえる．

南極においてもそれほど明瞭ではないが新ドリアス期の寒冷期間が見られ，南極での氷床コアの酸素同位体の記録において最終氷期以後の温暖化傾向の中断ないし逆転(すなわち寒冷化)が見られる．南極でもグリーンランドと同様に二酸化炭素やメタン集積度が同期して減少しており，その変動傾向はグリーンランド氷床コアとかなり似通っていることがわかっている．しかし，現段階では南極でのイベントが新ドリアス期とまったく同じ期間に生じているかどうかは断定できない．

北大西洋海底堆積物中の微化石に関する研究より，新ドリアス期には低水温領域がスペイン北部付近まで南に広がっていたことが報告されている(図2)．現在では，温暖かつ塩分の高い表層の北大西洋海流の影響で，ヨーロッパ西部は温暖な状態となっている．たとえば，イギリス西部沖では同緯度のラブラドル海峡に比べて約4℃も温暖である．北大西洋海流は，グリーンランド付近で表層水が冷却され沈み込むことで形成される北大西洋深層水(NADW)による冷たい水の南向き輸送とバランスしている．この循環(いわゆる大西洋コンベアーという)は全世界規模の海洋による熱輸送という点で非常に重要であり，さらには北大西洋地域を温暖な状態に維持するのに決定的な役割を果たしている．地球化学的な研究より，新ドリアス期にはNADWの形成が中断されたばかりか，かなり南方に位置し，かつ弱かったとされている．新ドリアス期はほかの海洋ではそれほど明瞭でなく，同時期の北太平洋の循環にいくらかのシグナルが見られる程度である．カリフォルニア沖の海水の攪拌は現在よりも活発である一方，当時の日本海での深層水は(現在では攪拌されているが)低酸素状態にあったらしい．さらに，海洋での微化石に関する研究では，南・東アジア沖の海水温は現在よりも低かったことを示している．

陸上では，新ドリアス期はヨーロッパの大西洋沿岸や北米での生層序学的記録にはっきりと現れている．極度の寒冷化による植生の変化は昆虫の生息域でも明瞭に見られる(とくに甲虫類に関して)．バーミンガム大学のラッセル・クープは，甲虫類は生息

域がはっきりしているうえに環境の変化に応じてすばやく移動できるため過去の気温を知るのによい指標である，と指摘している．沼地や湖の堆積物中に残る甲虫類の痕跡より，イングランド中央部での最暖月と最寒月はそれぞれ10℃および−17℃であり，現在よりもそれぞれ7℃および20℃低温であったことが示されている．さらに甲虫類の記録によれば，新ドリアス末期の昇温傾向は非常に急激で，1.7〜2.8℃/100年であるとしている．

ヨーロッパにおける新ドリアス期の寒冷傾向は，英国，スカンジナビア南部，ドイツ北部，低地帯諸国（オランダ，ベルギー，ルクセンブルグ），フランス北部において最も顕著であり，それらより北部・南部・東部では寒冷傾向が弱くなっている．大西洋側ではカナダと米国東部の海沿いの地区では明瞭に寒冷期の特徴が見られるが，西に向かうにつれてその証拠ははっきりしなくなる．北米の太平洋岸からアラスカを北限とする地域では，花粉の集積層で示される幾度かの短期間の寒冷期が存在している．花粉を用いた学術研究により，新ドリアス期の寒冷期間は北部アンデス，チリ，日本，オーストラリアなどで確認されたが，それ以外の地域では確認できない，とされている．

新ドリアス期は，低緯度の大陸中央部における循環場および水蒸気のバランスにも変化をもたらしている．東部アフリカでは湖の水位が低下していることから，インド洋からの水蒸気輸送が減少し，乾燥状態にあったと考えられる．チベット高原でも同様に乾燥傾向だったらしい．それに対して，中国の中央部の高原では，新ドリアス前後の温暖期と比べてより湿潤であった．この湿潤状態は海陸の温度差がより大きくなることで，夏季モンスーンが強まったためであろう．アンデス高原のアルティプラーノでも湿潤であった．

新ドリアス期には，とりわけヨーロッパ北部・西部において氷河の成長に適した気候条件となった．スカンジナビア氷床は約1万2000年前（炭素年）まで後退していたが，ノルウェー，スウェーデン，フィンランド付近にまで張り出し，氷床の辺縁部で顕著なモレーン（氷縁堆積物）を形成した．英国における氷床は，約1万3000〜1万2000年前（放射性炭素年代）にスコットランドで孤立して残っているだけだったが，新ドリアス期にはScottish高地

西部までも氷に覆われ（局所的にはローモンド湖再拡大として知られている），英国およびアイルランドの山岳部でもいたるところで小さな山岳氷河が形成されている（図3）．新ドリアス期には，ヨーロッパアルプス，北米コルディレラ，アンデス，ニュージーランドなどでも弱いながらも氷河の成長が見られる．ただし，上記地域での氷河の成長時期は地域によってばらつきがある．地域によっては，氷河の記録が新ドリアス期の気候変化をよく示している．スコットランド西部では，いくつかの氷河の後退は新ドリアス末期の昇温前にすでに進行している．このことは降雪量の減少に対応して氷河の縮小がはじまったことを示唆している．数種類の花粉の量に関する調査でも，北部・西部ヨーロッパにおける新ドリアス期は湿潤で寒冷な期間に続く乾燥（かつ寒冷な）期間の2つの状態があったことを示している．

新ドリアス期に関するあらゆる説明も地域ごとの違いを説明できない．とりわけ，北大西洋中央部での極端な寒冷状態と，それ以外の地域での海洋・大気循環に大きな差がない点に関しては説明がつかない．新ドリアス期は地球の公転軌道要素の周期的な変動，それに伴う太陽放射の減少とそれが支配している大きな意味での氷期-間氷期サイクルのタイミング（ミランコビッチサイクル）とは関係がない．その代わり，新ドリアスイベントは太陽放射それ自身の変動や内部変動（海洋循環，氷床のダイナミクス，北大西洋地域での大気場の差と大気のさまざまな過程を通してほかの地域にまでその影響を及ぼすこと）などにより引き起こされる（と考えられる）．

ウォーレス・ブロッカーやジョージ・デントンにより，ある興味深い説が提唱されている．それは，北大西洋での新ドリアス期の寒冷化は，北米氷床の後退期に融解した水の流路が変化したために生じた，とする説である．氷床後退期の初期には，19世紀のスイスの雪氷学者にちなんでアガシ湖と呼ばれる，巨大な湖が氷床縁辺部（現在の地名ではマニトバ南部にあたる地域）に形成されている（図4）．最初はこの湖から流れる水は南に向かい，ミシシッピ川をへてメキシコ湾に流れ込んでいたが，約1万1000年前に氷河の後退に伴い五大湖からセントローレンス川を経由した東向きの流路が開けた．流量は最大で30万m³s⁻¹と現在のアマゾン川の流量の約1/6に達すると推測され，大量の冷たい淡水が

新ドリアス期　241

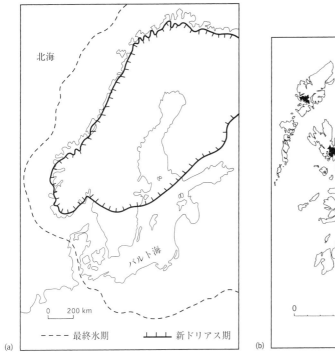
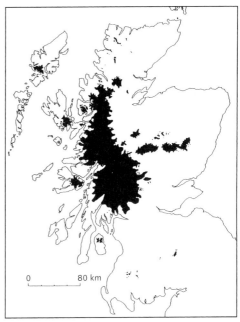

図3　(a) スカンジナビアと (b) スコットランドにおける氷河の範囲.

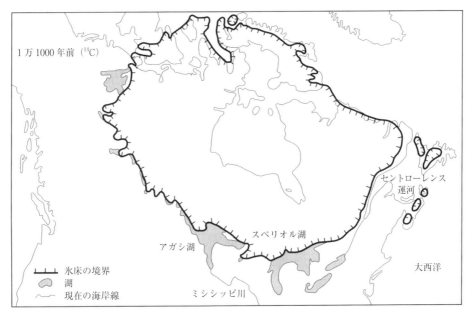

図4　1万1000年前の北米氷床でアガシ湖水がミシシッピ川に流れ出る様子を示す. のちにスペリオル湖からセントローレンス川へ新ドリアス期に流路が変わる.

242　深部反射法地震探査

北大西洋に流れ込んでいたことになる.

　淡水の流入に伴う北大西洋表層水の塩分の低下は北大西洋深層水の形成の阻害, すなわち大西洋コンベアーの破壊をもたらし極向きの暖水輸送を減少させる. この効果は氷床縁辺部の崩壊により形成される氷山の融解によりさらに強化される. 新ドリアス期の終了時期は, スペリオル湖近辺での凍結が再進行する時期と一致しており, この凍結が伸びることで氷床の融解水が東向きに流れるのを阻害し, 融解水は再度ミシシッピ川に流れ込むようになる.

　このモデルを立証するような証拠はいくつかあるけれど, このモデルが完全な回答とはならないことがいくつかの問題点から指摘されている. 第1に, (新ドリアス期終了後の) 約1万年前以降に再びアガシ湖より北大西洋に融解水が流れ込むことがあったが, そのときには寒冷化を引き起こしていない. 第2に, 新ドリアス期は北大西洋地域における何度か中断期があった最終氷期内でのイベントの1つにすぎないことである. これはある共通の起源をもつ可能性を示唆している. 最終氷期期間におけるグリーンランド氷床コアの記録では, ダンスガード-オシュガーイベント (Dansgaard-Oeschger events) という氷期の平均気温よりも寒冷な期間があり, 最終氷期期間では2000〜3000年周期くらいで発生している. 個々の寒冷期は比較的ゆっくりとした寒冷化と急激な温暖化からなり, 氷床縁辺部の崩壊により大量の氷山が形成され, それが北大西洋上に流出するというサイクルが数度生じている. これまではダンスガード-オシュガーイベントは北米氷床の流れの不安定ないし流入の不安定によるものとされてきたが, 最近の研究によれば氷床縁辺部は多くのイベント時に同時に成長しており, 海洋や気候の変化もそうであることが示されている. 海洋-氷床相互作用による大西洋コンベアーの振動や何らかの未知なる気候の周期的変動を引き起こす可能性のあるものとして, 太陽放射の変化が考えられる. すなわち, 新ドリアス期は独特な, あるいは特別なメカニズムで引き起こされる現象というよりも, 未知なる部分の多いある大きな現象の一部であると見なすべきかもしれない.

　現在の研究の主流は, 北大西洋での海洋循環の変動と冷却がほかの地域 (とりわけ南半球に対して) にどのくらいの影響を及ぼすか, という点にある.

北大西洋における蒸発および潜熱輸送の変化は大気循環場に対して強制力として作用する. しかし, それらは全球に及ぶ寒冷化を説明しきれそうもない. 1つの可能性として, 北大西洋での寒冷化が, 二酸化炭素およびメタンを減少させることで寒冷化を増幅・促進していることが考えられる. 短期間の温室効果ガスの変動は植生・堆積物・海洋の蓄積量に反映される. だから新ドリアス期の温室効果ガスの減少は生物による生産性や海洋の撹拌を変えてしまう. いったんある方向へ変化すると, 二酸化炭素とメタンの減少により大気中で吸収される長波放射量が減少し, 全球的な寒冷化を引き起こすかもしれない. 新ドリアス期の寒冷化を増幅するようなほかのメカニズムとしては, 海洋北部で海氷の面積が拡大することにより惑星アルベドの上昇をまねくこと, 地表面が受け取る短波放射量が減少すること, 大気中のエアロゾルが増加すること (地表面付近の強風による海塩粒子, シルトの大気中への供給による), などが考えられる. 新ドリアス期に関して, その起源や水平方向の規模, その終わり方についての問題は, 今日の大気・海洋の機能に関してのいくつものメカニズムの解明にもつながる, 学術的に興味深いものとなっている.　[Douglas I. Benn/田中　博訳]

■文　献

Atkinson, T. C., Briffa, K. R., and Coope, G. R. (1987) Seasonal temperatures in Britain during the past 22000 years, reconstructed using beetle remains. *Nature*, **325**, 587-92.

Bond, G., Broecker, W., Johnsen, S., McManus, J., Labeyrie, L., Jouzel, J., and Bonani, G. (1993) Correlations between climate records from North Atlantic sediments and Greenland ice. *Nature*, **365**, 143-7.

Broecker, W. S. and Denton, G. H. (1990) What drives glacial cycles? *Scientific American*, January 1990, 43-50.

Lehman, S. J. and Keigwin, L. D. (1992) Sudden changes in North Atlantic circulation during the last deglaciation. *Nature*, **356**, 757-62.

深部反射法地震探査
deep seismic reflection profiling

　上部地殻内の速度不連続面から反射される地震波記録から作成される地表下の画像は, 過去50年以

上の間，石油会社が地下探査する際に最も頼りになる道具であった（「地震探査法」参照）．反射法地震探査によってデータを得るのに多額の経費（年額約10億ポンド）がかかるため，これが技術的進歩を促し，さらに反射法探査技術の向上の必要性が計算機ハードウェアおよびソフトウェアの発展を促した．反射法探査技術の目標は，曖昧さを残さないはっきりした地質学的解釈を容易に行えるような明瞭な画像を得ることにある．震源から距離とともに地震波振幅が変化するように，物理的性質のわずかな違いを反映する微妙な変化がデータには存在する．ほかの能動的方法と異なり，反射法は，震源距離が反射面までの距離より短い観測点で地震波（通常，P波．「地震波実体波」参照）を記録するように，地震計を配列する．震源は何度も繰り返し使われ，地震計は何百ものグループに分けて配置される．こうして得られる大量のデータを解析することによって，雑音を減じ微弱な反射波シグナルをとらえ，速度変化を求める．反射法による地表下の画像作成には，弾性波速度についての知識が必要である．速度変化は，岩盤の種類や間隙率のような物理的性質を同定するのに有用である．典型的な反射法探査断面の個々の地震波記録は，地球内部を伝播してきた何千ものパルス波形の和で構成されている．

　反射法技術は高額で経費がかさむ．測線1kmのデータを得るのに，陸上の場合，数千ポンドの費用がかかる．海上の場合，反射探査装置を備えた観測船が必要である．最新鋭の観測船は，きわめて大量のデータが記録できるだけでなく，位置決定の精度もよい科学技術の粋を集めた驚嘆すべきものである．このような観測船は，震動源および受信器をつけた吹流しを曳航するので非常に効率的で，データを得る単位測線当たりの経費は低下している．

　データ取得後，これを画像化するための解析は，依然としてかなり手間のかかる作業である．データ処理および解析は，ほかの地震学的方法で必要とされるデータ処理や解析よりはるかに大変な作業で，事実，必要とされる計算は科学研究のなかでも最も計算機集約的な部類に属する．満足な画像が得られた後も，モデル化やデータの解釈には，コンピュータが不可欠である．

　深部地球内部構造や進行する物理過程に関心をもつ地球物理学者は，反射法地震探査が開発された初期段階から反射法データの価値を認識していた．しかし，大学関係機関所属研究者は，石油産業界が所有権を有するデータを出版できず，しかも自前のデータを得ることもできなかったので，多年フラストレーションを感じていた．しかし，1970年代以降は，大学関係機関所属研究者も自前の深部反射データを恒常的に得られるようになった．それは，全米科学財団により資金援助を受けた大陸下深部反射探査（COCORP）共同研究グループのおかげである．1980年代以降は，ほかの多くの国家も科学研究のための深部反射法地震データ収集に経費を支出するようになった．

　こうして得られた画像データから，地殻の構造や進化について多くのことが明らかにされた．最上部マントルの画像データが得られることもある．これら学術的貢献はとても多すぎて詳述できないほどだが，例をあげれば，米国東部の南アパラチア山脈では，約3億年前，アフリカ大陸と北米大陸との衝突の結果，結晶質基盤岩が大陸の端から内部に向かって数百kmも運ばれたことが明らかにされた．アルプスでは，アフリカ大陸とヨーロッパ大陸のプレート境界の収束により，2つのプレートがおのおのの頂上に積み重なっていることがわかった．ほかの場所では，比較的単純な地殻スケールの断層が，結晶質基盤岩の大ブロックを隆起させることによって，圧縮力を吸収していることもわかった．画像の一例を図1に示す．この図は，リソプローブ（LITHOPROBE）研究の一環として得られた画像で，ハドソン湾近くのカナディアンシールドの古い年代をもつ地殻の一部を示したものである．リソプローブは，一連の深部反射法地震探査に基づいてリソスフェアを理解することを目的とする，非常に成功したカナダの研究計画である．図1は，これまでに認識されている最も古い（約27億年前）沈み込み帯を示す．この画像から，南部のアビティビ（Abitibi）地殻は北部のオパティカ（Opatica）地殻の下に沈み込んでいると解釈された．地殻-マントル境界（モホ）は，反射画像が見えなくなる約40kmの深さにある．マントル内のほぼ70kmの深さまで伸びている傾斜した反射画像は，海洋スラブの遺物と解釈されている．

　深部反射法地震データのほかの利用例として地溝帯があげられよう．地溝帯では，地殻は伸張運動を

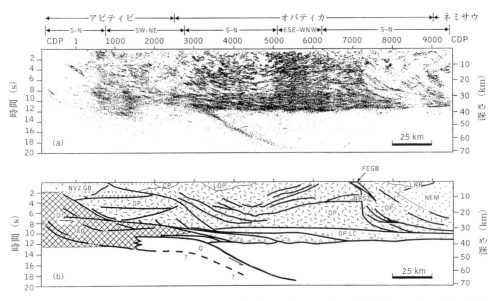

図1 カナダのスペリア区(Superior Province)における古地殻の画像. この画像は, 南(左側)のアビティビ(Abitibi)地殻と北(右側)のオパティカ(Opatica)地殻の衝突帯を示している. 音波探査は概略南北方向に実施された. ただし, 各セクションの探査の正確な方向については図(a)の上に示してある. 位置を表すために共通反射点(CDP)が示されている. AB: アビティビ地殻, CP: Canet深成岩体, D: アビティビ地殻を分割する断層, GB: 上部アビティビ地殻を形成するグリーンストーン帯, LOP: Lac Quescapis深成岩体, LRP: Lac Rodayer深成岩体, NEM: Nemiscau地殻, NRSZ: Nottaway川剪断帯, NVZ GB: 上部アビティビ地殻を形成するグリーンストーン帯, O: 海洋スラブの遺物, OP: オパティカ地殻, OPLC: オパティカ下部地殻. 解釈については本文参照. (Calvert, A. J., Sawyer, E. W., Davis, W. J., and Ludden, J. N. (1995) *Nature* **375**, 670-4 による. 画像はLITHOPROBE事務局により提供された)

受けている. 反射データによれば, 地溝帯は非対称で, 一方の壁に断層が発達する場合が多い. また, 火成活動によって地溝帯が大きく影響を受ける場合もあれば, ほとんど受けない場合もあるなど, 極端な多様性を示す. 　　　　　[G. R. Keller/大中康譽訳]

■文　献

Blundell, D., Freeman, R., and Mueller, St. (1992) *A continent revealed : the European Geotraverse.* Cambridge University Press. [With maps and database on CD-Rom.]

Meissner, R. (1986) *The continental crust : a geophysical approach.* Academic Press, San Diego.

Meissner, R., Brown, L., Durbaum, H.-J., Franke, W., Fuchs, K., and Seifert, F. (1991) *Continental lithosphere : deep seismic reflections.* American Geophysical Union, Geodynamics Series, Vol. 22.

神話と地球科学
myths and the Earth sciences

神話は,「完全に架空の物語で, 通常は超自然的な存在を含む. … 自然や歴史現象と関係するなじみ深い思想を擬人化する. … 先祖や英雄などの超自然的な存在を扱う伝統的な物語で, 文字を使用する文化より以前に生まれた. … 舞台は, 遠い過去やそれ以前の世界に設定される. … 神話で重要な役割を果たすのは, 神や動物である」.

神話と伝説をはっきり区別するのは不可能であり, 2つは混用されると, ヴィタリアーノは考えた(詳細は以下の文献を参照). 彼女は, 地質学的に刺激を受けたあらゆる言い伝えを, 神話や伝説の起源にかかわりなく, 幅広い意味で「地質神話」とよぶ. 地質神話は, 古代人や最近の無知な人々が自然現象を説明するために取り入れたものである. 初期の地質神話は, 地球, 太陽系, 天国, 神, 人類の起源に

ついて語る．それらは初期の科学であり，周辺や遠方で観察される環境について説明する．

　以下に述べるのは，今日知られる非常に多くの地質神話のほんの数例である．世界中の先住民の間には，ほかにも多岐にわたる言い伝えが残されている．

　ヘシオドスの「神統記」（紀元前8世紀）は，最も初期の物語の1つである．3人のミューズがヘシオドスのもとに現れ，混沌からどのようにして神々，地球，海，星，天国が創造されたかを彼に語らせた．神々は勇敢に振る舞ったが，轟音，地震，雷，稲妻を発して互いに争った．老齢な神々は打ち負かされ，下界に追放された．ゼウスは恐ろしい多頭怪物テュポエウスをも打ち倒し，永遠に天地に君臨した．

　創世記には，天地創造とノアの大洪水後の出来事に関する別の見解が述べられている．「大洪水（Deluge）」とは，人間の邪悪さに腹を立てた神が，ノアの箱舟に乗らなかったあらゆる動植物を絶滅させた物語である．この物語は，少なくとも一部分はバビロニアのギルガメシュに起源をもち，おそらく最も初期のシュメールの叙事詩に基礎を置いた．チグリス・ユーフラテス渓谷には大洪水が集中したので，疑いもなく，それについて刻まれた人々の記憶にも関係した．しかし，創世記では洪水はさらに誇張され，一番高い山々も覆ったとされた．現在も含めた数百年間にわたり，この神話が「地質学的な」考えに深く影響してきたのはそのためである．

　地球に関する初期の描像の例として，タレス（紀元前6世紀）は，地球は円盤であり，水に浮いたり，巨大な陸ガメ，ブタ，8頭のゾウなどが支えたりすると唱えた．これらの動物が動くと，地球が振動して，地震が起こる．別の考えとして，神々は自分の不満を表明したり，人間に罰を下したりするために地震を起こす．地球の内部に住む悪魔が激怒したり，巨大なモグラが穴を掘ったり，蒸気や風が洞窟内を勢いよく通り抜けたりしても地震が引き起こされる．

　エーゲ文明には，巨大なサントリーニ噴火に関する人々の記憶や，その地域の小噴火についての記述がある．そこから，エトナ山，ストロンボリ山，エーゲ海諸島での大規模で絶え間ない火山活動に，ギリシャ人は強い印象を受けた．彼らの信じるところによれば，怪物テュポエウスが拘束されて，エトナ山とフレグレイ平野の間の地下に埋められ，窮屈な寝床を揺らして地震を，また息を切らして火山噴火を起こした．ギリシャ神ヘパイトスとローマ神ウルカヌスは，エトナ山の下で秘密の会議を開き，ジュピターのために落雷を，ほかの神々や英雄のために武器を作り出した．その火が火山噴火の原因となった．

　最も有名な火山の神話は，おそらくハワイの女神ペレの活動に関するものである．ペレは，魔法の採掘道具をもってタヒチから逃れ，ハワイ諸島の最北西に位置するカウアイ島でむなしく掘削をはじめた．成功の度合いはさまざまであったが，彼女は次々に島を訪れ，ついにハワイ島にたどりついた．彼女は，ハワイで最も壮観な火山であるハレマウマウ火口，すなわちペレの火口を掘った．この火山は1823年から1924年にかけて絶え間なく噴火した．ペレはきわめて気性の激しい神で，怒って溶岩の洪水を，地団駄を踏んで揺れを起こす．今日でも，ペレは地元の人々におそれられ，溶岩流の進行を食い止めようと人々は彼女に食べ物を捧げる．

　地形の特徴は，地質神話に非常によく描写されている．ジブラルタル海峡とセウタ（地中海の入り口）は，ヘラクレスの柱として知られ，ヘラクレスに課された難業を記録し，放浪を制限するために建てられた．ヘラクレスが海峡を掘ったのは，大西洋を地中海に流れ込ませるためか，大西洋の怪物の進入を阻止するためだったろう．ドイツ平原北部に大量にばらまかれた巨大な角岩石（いわゆる迷子石）は，巨人が戦いながら互いに投げつけた飛び道具であるといわれていた．見事な玄武岩の円柱が並ぶジャイアンツコーズウェイ（巨人街道）は，憎むべきライバルのフィンガルを攻撃するために，巨人フィン・マックールがつくった街道の陸側の先端であると信じられていた．フィンガルも，スタファ島に類似な街道をつくっていた．激高して大きな北アイルランドの塊を持ち上げた巨人がおり，そのためにできた穴が現在のネイ湖（アイルランド最大の湖）である．また，彼がアイリッシュ海に投げ込んだ塊が，現在のマン島である．エアシャーからアイルランドまで大きな丘を運ぼうとした魔女がいたが，途中でその丘を落としてしまい，現在クライド湾にあるアイルサ・クレイグ島ができた．ワイオミングにあるデビルズタワーの側面には溝が付いているが，インディアンによれば，その溝は，逃げるインディアン戦士を攻撃するために，熊がよじ登ろうとしてつけた爪

跡である.

もっと小規模な現象についても言い伝えがある. パエトンが悲惨な死を遂げたときに, それを悼んで流した姉妹の涙が丸い琥珀の断片となった.

[R. Bradshaw/井田喜明訳]

■文 献
Vitaliano, D.B. (1973) *Legends of the Earth*. Indiana University Press. Bloomington.

水 塊
ocean water

海水の物理的化学的性質は, 海域ごとに異なっている. 水塊の性質を特徴づける最も重要な因子は, ポテンシャル温度と塩分である. ポテンシャル温度とは, その水塊を基準の深さ (普通は海面) まで移動させたときの温度である. ポテンシャル温度は, 密度を計算する際に, 現場の水温 (その水塊のある深さで測定した水温) の代わりに用いられる. なぜポテンシャル温度を使用するか, というと, 水温は圧力の影響を受けて, 深さによって, 断熱的に変化するからである (断熱的温度変化とは, 外部から熱の出入りがない状態での温度の変化をいう. 一般に, 水塊の圧力が高くなり収縮すると昇温する). 断熱的温度変化の影響を除去するため, 基準圧力 (海面の圧力) にしたときの温度をその水塊の特徴を示す温度と考え, ポテンシャル温度と呼ぶ. ポテンシャル温度と塩分は, 保存性がある. 保存性とは, 水塊が海面に接触しない限り, 値が変化しないことをいう. 海水中で水塊のポテンシャル温度 (T) と塩分 (S) が変化するのは, T, S の値の異なる水塊と接触して混合する場合に限る.

海域によって水塊の T と S が変化するのは, 海面上の気候が地域によって異なっているからである. 地中海の海水がよい例である. 地中海は閉ざされた海域で, 周囲の気候は比較的乾燥して暑い. 気温が高いので, 海面からの水の蒸発量が大きく, 塩は取り残されるので, 海水の塩分は高くなる. したがって, 地中海の海水の T と S を北大西洋の海水の T と S と比較すると, T も S も高い. その結果,

地中海の海水の密度が大きくなり, 地中海の海水がジブラルタル海峡から北大西洋に流出する際には, 大西洋の海水の下に潜り込むことになる. 大西洋に入っても, 地中海水の T と S は保存されているので, その水塊の位置を追跡することができる.

海面上の気候が広い範囲で同じ場合は, その下の海水の T と S も広い範囲で同じになる. それを「水塊形成」ということがある. 世界の気候はさまざまに変化するので, それに対応した水塊の地理的分布が生じる. それらの水塊の移動を追跡することもできる. 水塊の追跡に利用できるトレーサーは, 温度と塩分だけではない. 酸素濃度やリン酸塩, 硝酸塩のような栄養塩もトレーサーとして利用できる. しかし, 酸素濃度や栄養塩は保存性がない. 生物活動によって消費されるので, トレーサーとして使用する際には注意を要する. フロンガス (CFC) は冷蔵庫の冷媒やスプレー式殺虫剤の噴射剤として使われる人工的な物質であるが, これもトレーサーとして利用される. フロンガスは, 成層圏オゾンを破壊するということで世界的に注目されたが, 海洋観測の手段として, 非常に有用な物質である. 大気中のフロンガス濃度は, 1930 年以降, ほとんど指数関数的に増加しているが, いろいろな種類のフロンガスが, それぞれ既知の割合で放出されている [訳注: モントリオール議定書 (1987) によって, フロンガスの使用は禁止された]. それらが海水に取り込まれる速度も, 種類によって変化する. そこで, 種類の異なるフロンガスが海水に取り込まれた割合を測定することにより, 海水の「年齢」を推測することができる. すなわち, 過去 50 年ほどの間で海面に接触してから何年経過したかわかるのである. 海洋学者は, フロンガスの測定から, グリーンランド海の深層水形成の量が減少しつつあることを発見した. また, 炭素 14 などのトレーサーを用いることにより, ある海域の深層水の年齢が 1000 年以上であることもわかった.

1 点における海水の性質を測定するのに, CTD と呼ばれる装置が使用される. CTD とは, conductivity (電気伝導度), temperature (水温), depth (深度) の頭文字をつなげたもので, 文字通り, この 3 種類の物理量を測定する. 電気伝導度からは, 塩分がわかる. CTD はワイヤーにつるして船から深海まで降ろすが, 深さ 4000 m (海洋の平均水深)

まで測定しようとすると，そこまで降ろすのに4時間かかる．一般に，観測された水温と塩分の鉛直分布の意味を解釈するのは難しいが，普通は，ポテンシャル温度を縦軸に，塩分を横軸にして，データをプロットする（TSダイアグラムという）．

TSダイアグラムによって水塊の特徴を示すことができるが，これを基にして，海水の密度の分布もわかる．密度は温度と塩分によって決まるからである．1930年代に，海水の混合は，同じ深さの水が混ざりあうのではなくて，同じ密度の水が混ざりあうことによって生じることが認識された．すなわち，等密度面に沿って混合が起こる．表層の海水が寒冷な気候の影響を受けて冷却されると，海面近くから沈降して，同じ密度の面に達すると，その等密度面に沿って深海に広がっていく．高緯度の低温で低塩分の水塊は，熱帯の温かい海水よりも密度が大きい．その結果，高緯度の海水は中緯度の海水の下側に潜り込むようにして南下する．このような流れによって，深海に海面付近の情報が伝わる．このような海面と深海の水の交換を，「換気（ベンティレーション）」ということがある．

密度の異なった水塊は，海面から海底まで，層構造をなして積み重なっている．

図1は，中央大西洋のCTD観測によって得られた結果をTSダイアグラムに示したものである．このグラフを見ると，中央大西洋の海水は上下方向に起源の異なる海水が積み重なってできていることがわかる．すなわち，上から地中海水，南極中層水（AAIW），北大西洋深層水（NADW），そして一番下が南極底層水（AABW）である．このような層構造は，フロンガスやその他のトレーサーの観測によってそれぞれの層の海水の年齢を推定するときに役立つ．水塊ごとに（水塊形成過程の違いによって）TとSの組合せが異なっているので，水塊の特徴は，T-S空間（TSダイアグラムにほかならない）の1点で表現できる．もしも，TとSの組合せの異なる2つの水塊が混合するとすれば，混合した後の海水のTとSは，2つの点の中間にくるであろう（図1）．2つの点を結ぶ直線のどこに混合した後のT-Sの点があるかによって，2つの水塊の混ざり具合が推測される．たとえば，2つの水塊AとBが混合する場合，混合したのちのT, Sが水塊AのT, Sのそばにある場合は，混合水の大部分の海水はA

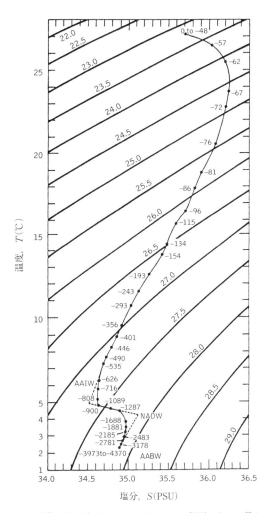

図1 熱帯北大西洋（5°N, 25°W）のCTD観測によって得られたポテンシャル温度と塩分の関係（TSダイアグラム）．曲線につけた数字は観測深度（m）．等密度線も示してある［訳注：密度はσの値で示してある．σ＝（海水の密度−1）×1000］．NADW, AAIW, AABWは水塊の名前．AAIWとNADWを結ぶ直線は，2つの水塊の混合の度合いを示している．同じような混合は，NADWとAABWの間でも生じる．（J. R. Apel (1987) *Principles of ocean physics.* Academic Press, Londonによる）

のもので，Bの海水が少し混合したことを示している．このような考えは，3つ以上の水塊の混合に対しても応用できる．

ポテンシャル渦度（または渦位）は，水塊の特徴を示すもう1つの保存量である．これは，「角運動量の保存則」の海洋学的表現といえる．ポテンシャル渦度の定義は，「絶対渦度＋相対渦度」を海水の層の厚さで割ったものである．実際は，絶対渦度（コリオリパラメーターに同じ）に比べて相対渦度は無

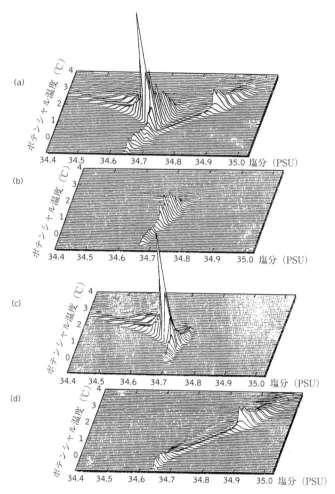

図2 温度-塩分で分類した温度が4℃以下の海水の体積（縦方向）．(a) 世界全体, (b) インド洋, (c) 太平洋, (d) 大西洋. (Worthington *et al.* Warren and Wunsch (eds) (1981) より)

視できるほど小さいので，実質的なポテンシャル渦度の値は，絶対渦度を層の厚さで割ったものに等しい．ポテンシャル渦度の地理的分布は水塊の移動を追跡するのに利用される．たとえば，ラブラドル海の海水は，北大西洋の海水のなかで，ポテンシャル渦度の極小値を示す．しかし，ポテンシャル渦度の分布図は，水温や塩分の分布図ほど一般的ではない．

普通の海水は，水温$-1.9 \sim 30$℃，塩分濃度$30 \sim 38$ PSU（practical salinity unit. 百分率の10倍）の範囲内にある．特別の海域では，海水がこの範囲を超えることもある．たとえば，紅海では海水の温度が45℃，塩分濃度が40 PSU以上になる．それに対して，河川の近くの海水では，塩分濃度がほとんど0 PSUである．しかし，このような場所は例外であり，世界の海の90%は水温$-1.9 \sim 10$℃，塩分濃度$34 \sim 35$ PSUの範囲に収まっている．

水温と塩分濃度の範囲を小さい部分に分けていくと，特定の性質をもった海水の体積を計算することができる．1981年にワーシントンがこの方法を用い，温度の最小区分を0.1℃，塩分の最小区分を0.01 PSUに設定して，水塊の正確な体積測定を行った．4℃より冷たい海水の水温-塩分-体積の関係は，世界中の水塊の分布について多くのことを示している（図2）．図2aに見られる一番高いピークは図2cにも現れる．これは26×10^6 km^{3}であり，太平洋の水であることがわかる．図2bの一番高いピークは容積6.0×10^6 km^{3}でインド洋中央の水であり，この水塊は太平洋の海水と性質が似ている．図2dの一番高いピークは大西洋のもので，体積は4.7×10^6 km^{3}である．ポテンシャル温度が零下になる海

水はすべての分布図に見られるが，これは南極底層の海水である．この水がすべての海盆で見られるということは，すべての海盆が南半球とつながっているということを示している（「海水」参照）．

[Mark A. Brandon/木村龍治訳]

■文　献

Pickard, G. L. and Emery, W. J. (1982) *Descriptive physical oceanography*. Pergamon Press, Oxford.

Warren, B. A. and Wunsch, C. (eds) (1981) *Evolution of physical oceanography*. MIT Press, Harvard, Mass.

スタイロライト
stylolites

　この用語は，堆積物の成層面が堆積当時から変化した状態を表す地質学用語である．しかし，明らかな成層面は必ずしも真の堆積面とはかぎらない．構造的に変形している地域では，最も明白な成層は劈開面（下巻「粘板岩（スレート）」参照）であり，節理もまたしばしば真の成層面をわかりにくくする．変形していない地域では，とくに石灰岩，苦灰岩，ケイ質砂岩などの比較的均質な岩石の中では偽成長が発達する．

　スタイロライトが生成する過程は圧力溶解作用（pressure solution）による．現在は，pressure dissolution という用語の方が一般に用いられる．結晶質固体は応力がかかっているときには応力が弱い部分やかかっていない部分よりも溶解しやすいので，局所的に圧力が増大する粒子と粒子の接触点において固体が溶解するはずである．このような溶解により，水溶液中での拡散あるいは流体流動による物質の移動が生じ，その結果，応力の弱いところで沈殿が起こる．

　構造的な応力や過度の重力荷重の両方により圧力溶解が起こる．炭酸塩は石英よりも溶解しやすいので，重力による圧力溶解は石灰岩や苦灰岩中の浅いところではじまる傾向があり，ケイ岩中では1000 m あるいはそれ以深で起こる．

　圧力溶解により形成された表面はなめらかか，波形（dissolution seams），またはのこぎり歯状

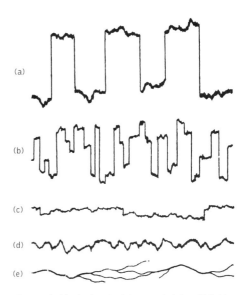

図1　圧力溶解表面の図．(a) および (b) は柱状型のスタイロライトを示す．(c) および (d) はのこぎり歯状表面のスタイロライトを示す．(e) は波形状のこぎり歯状表面を示し，これが溶解薄層（dissolution seam）である．(Railsback, L. B. (1993) *Journal of Sedimentary Petrology*, **63**, 513-22 より)

（serrated）になる（図1）．前者は粘土質のものに生じやすく，後者は粘土をあまり含まないときに起こる．スタイロライトという用語の定義には長い歴史的変遷があるけれども，今日では一般に，スタイロライトの面に垂直な断面で縫い合わせ状に見えるのこぎり歯状の2つの岩塊の境界を指す．このような縫い合わせ状薄層（seam）は，溶解しやすい鉱物が溶解したのちに不溶性の鉱物が残留したことにより生じる．そのような不溶性鉱物は，粘土およびその他のケイ酸塩鉱物，有機質および炭素質物質，あるいはときには鉄鉱物である．のこぎり歯の幅は構成粒子の直径よりもはるかに大きい．のこぎり歯状縫い目は無差別に岩石の構造（fabric）を横切り，粒子，セメントおよび基質（matrix）を切る．また，化石，ウーライト，脈およびほかのスタイロライトを切る．

　重力荷重で生成したスタイロライトは成層とほぼ平行になる．構造的力で生じた場合は，成層に対して傾斜したり，垂直になることもある．一方がほかを切っている場合は，その関係から岩石の続成作用や構造運動の経過を解明することができる．スタイロライトは透水性の障害となるだけでなく，流体の

通路となることもある．したがって，スタイロライトはドロマイト化作用や炭化水素の移動などの続成作用について無視できない影響を与える．

[Harold G. Reading/松葉谷　治訳]

制御震源地震学
controlled-source seismology

　地球内部構造を決定する地震学的方法には，受動的方法と能動的方法とがある．受動的方法とは，自然地震の起こるのを待ち，その地震波記録を利用する方法である．これに対し能動的方法とは，発破や機械的震動源によって人工地震を引き起こし，人工地震波を利用して構造を決定する方法である．能動的方法には2通りの方法がある．1つは反射法地震探査で，これはちょうどX線によって対象物の内部構造を画像化するのと同様，地下構造を画像化することによって，その構造を明らかにする方法である（「深部反射法地震探査」，「地震探査法」参照）．もう1つの方法は，地球内部を伝播してきた地震波の到着時刻や波形から，地震波速度構造や断層のような不連続構造を求める方法である．近年，地震計の進歩や数多くの地震計が利用しうるようになったため，構造決定の技術的進歩には著しいものがある．実質上すべての能動的震源技術に対する理論的基礎の便利な一側面は，能動的震源技術がスケールに依存しないことである．このため，環境問題に取り組む場合のように，空間スケールの限られた範囲の詳細な研究であれ，地球深部構造を決定する場合のように，空間スケールが広範囲に及ぶような研究であれ，その解析技術は基本的に同じである．

　制御震源地震学という言葉は，厳密に定義されているわけではないが，上述のように，すべての能動的震源技術を含むといえる．通常，制御震源地震学という言葉から，地球深部構造や震源と観測点間の数十km以上に及ぶオフセット決定のための大規模探査研究を連想する．しかし，同一の特徴をもつがそれ自体明確な研究手法を有する地震（波）トモグラフィーについては，別項で扱うことにする（「地震（波）トモグラフィー」参照）．

　たいていの入門書では，制御震源地震学と見なしうる分野を記述するのに，「屈折法」という言葉が使われている．地下構造が平らな境界面によって分割されている定速度層からなる場合，各層の地震波速度と層間境界面の幾何学的配置が決まれば，簡単な方程式によってこの問題を解くことができる（「地震波：原理」参照）．この方法は，多くの小規模スケールの構造解析に実際使われている．屈折法は，古典的には地殻の厚さや地殻および上部マントルの速度変化を調べるのに使われてきた．初期の屈折法による構造探査では，数十台の地震計が配置されるにすぎなかったので，観測点間隔が広すぎたため分解能は低かった．しかし，現在では，震源から放射される地震波動場を密に観測することが可能なので，屈折法と反射法の区別がしだいになくなりつつある．

　現在のリソスフェア構造探査研究では，通常数百の携帯型地震計を配置し，数十の人工地震源を使い，観測点間距離も1km以下というように短い．しかも，解析はデジタルデータ処理で，非常に複雑な地球内部構造を扱える洗練されたコンピュータモデリングシステムが使える．インバージョン解析や観測波形と合うような合成地震記象（「合成地震記象」参照）をつくり出すこともごく普通に行われる．現在の構造探査実験では，屈折法とはいうものの，記録され解釈に使われる実際の地震波は，たいていの場合，広角の反射記録である．最近の構造探査実験データの一例と大まかな速度構造を図1に示した．図1のNPEと称される実験は，1993年ネバダで行われた大規模な化学発破で，目的は核爆発と鉱山発破とを識別するためのデータを得ることであった．この実験では，約600の地震計が，発破地点から東方に向かって，死の谷，シエラネバダ連峰，カリフォルニア大渓谷を横断する測線沿いに展開された．図2には，上部マントルからのP_n波（マントル最上層を伝わる波）やモホ面からの反射波が示されている．

　制御地震学は，地殻および上部マントルの構造を理解するうえで重要な貢献をしてきた．この方法は，一般に，地殻の厚さ（モホ面までの深さ）や上部マントルの地震波速度（P_n速度）に対し最も強い拘束条件を与える．地殻の厚さやP_n速度はいまや測定可能量となり，プレートテクトニクスに果たす役

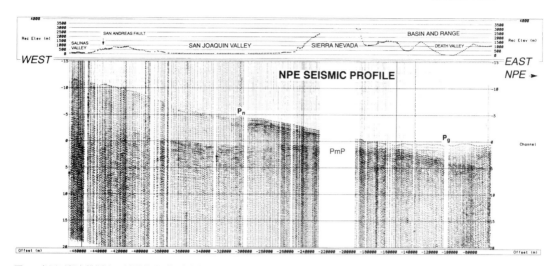

図1 米国西部を横断する長距離地震探査記録の例.測線は450 km に及ぶ.P_n は屈折してマントルを伝播する相,P_g は屈折して上部地殻を伝播する相,P_g が西方向に見かけ上連続的につながるのはモホからの反射相である PmP である.

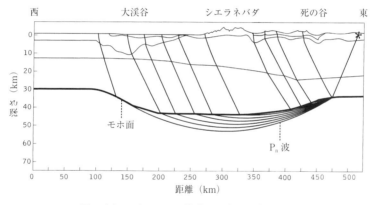

図2 図1に示した NPE 爆破の P_n 相の波線追跡例.

割のゆえに,地球科学のなかで頻繁に使われるようになっている.プレートの伸張境界域（下巻「地溝とリフトバレー」参照）では地殻は薄くなり,どの程度薄くなるかはプレートの伸張量に依存する.他方,アルプスやヒマラヤのような山岳地帯では,水平方向に圧縮力を受けており,このため地殻スケールの衝上断層運動が起こり,その結果として地殻の厚みは厚くなる.上部マントルの地震波速度は地体構造や熱流量の指標で,熱流量と P_n 速度との間に線形関係の存在することが示されている.テクトニクス的に活発な地域では,P_n 速度は遅く熱流量は高い傾向がある.加えて,制御震源地震学の結果を地域的および地球的規模で収集すると,地殻構造の変動が浮き彫りになるが,これは地殻の年齢と相関があるように見える.

近年,下部地殻の研究に多くの関心が集まっており,下部地殻は地震波を非常に反射しやすいことがわかってきた.このことは流体層の存在を示唆する.地域によっては,下部地殻の地震波速度が異常に高速度である場合があるが,これは下部地殻が火成活動によって変えられてしまっているのかもしれない.

長距離発破の結果からは,異方性の存在によって示唆されるように,上部マントル内に流動に関係するかもしれない境界面が見出されつつある（「地震波異方性」参照）.制御震源地震学の主要な進歩の1つに数えられるのは,マントル内を数百 km の深さまで探査する目的で,平時に核爆発を用いて行った超長距離地震探査である.これは旧ソビエト連邦で行われたが,このような探査結果は,たぶん二度

と繰り返して得られることはないであろう．地球内部の深部をみればみるほど，不均質性がますますみえてくる．それゆえ，制御震源地震学から多くの発見が期待できる． [G. R. Keller/大中康譽訳]

■文 献
Blundell, D., Freeman, R., and Mueller, St. (1992) *A continent revealed, the European geotraverse.* Cambridge University Press. (With maps and database on CD-ROM.)
Meissner, R. (1986) *The continental crust, a geophysical approach.* Academic Press, San Diego.

成層圏
stratosphere

　成層圏は，対流圏と中間圏の間にある大気層で，高度約 12～50 km に広がっている．この層のなかでは気温は高度とともに上昇し，高度 50 km で気温が最大（およそ 0℃）となる．大気中で温度が高度とともに高くなる領域は，鉛直運動に関して非常に安定である．数 m s^{-1} にも達する強い上昇気流を伴う大きな雷雨でさえも，成層圏にまで貫入することはできない．「成層圏」という名は文字どおり「層を成した領域」を意味しており，そのなかのある層にある空気は上下方向にあまり動かずにその層にとどまるのである．この点は，鉛直方向の対流がたいていいつでも起きている対流圏とはきわめて対照的である．対流圏では，空気中の塵がすばやく動き回り，数日か数週間のうちには地上に再び落ちてくる．それに対し，大規模な火山噴火によって成層圏にまで入り込んだ粒子がゆっくりと対流圏に舞い降りてくるまでには，1 年以上も成層圏内にとどまることができるのである．成層圏に到達した気体は，とくに化学的に不活性な場合には，成層圏内に数年も残留してしまうのである．

　大気の全質量の 80% ほどが成層圏の下に存在しており，かつ成層圏の化学組成は対流圏とほとんど同じであるにもかかわらず，成層圏は非常に重要である．それは，成層圏には少量のオゾンが存在しているからである．オゾン濃度が最大となる高度 25 km においてさえ，オゾン分子は空気中の気体分子 100 万個のうちわずか 10 個にすぎない．けれども，

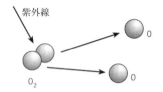

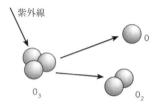

図 1　酸素分子は紫外線により 2 個の酸素原子に分解される．

成層圏の温度構造や地表面に到達する放射，そして究極的には多くの生命体の運命までもが，この層にあるオゾン分子によって決められているのである．

　オゾンは太陽からの紫外線を吸収する．その波長は 0.39 μm 以下である．大気上端に入射した紫外線がその後どうなるかは，その波長によって異なる．波長が 0.246 μm 以下ならば，酸素分子（O_2）を 2 個の酸素原子（$O+O$）に分解することができる．紫外線のうち波長が非常に短いものは，そのほとんどが高度 80 km あたりの熱圏で吸収されるが，そのわずかな残りが成層圏に到達し，成層圏にある酸素分子を分解する（図 1）．分解してできた片割れの酸素原子（O）は，周囲に豊富にある酸素分子（O_2）の 1 つと結合して，酸素原子 3 個からなるオゾン分子（O_3）をつくる．もちろん，片割れの酸素原子が別の酸素原子 1 個と結合して酸素分子になることもありうるが，酸素原子よりは酸素分子の方がずっと多いためオゾンが生成される割合の方が多い．酸素原子が結合して酸素分子やオゾンが生成されるこの反応は，ほかの分子の関与なしには起こりえない．この別な分子はどんな種類でもよいのだが，多くの場合は窒素分子である．この分子の働きは，結合の際に生ずる過剰なエネルギーを運び去ることである．波長が 0.31 μm 以下の紫外線は，オゾン分子を酸素原子と酸素分子とに分解（$O+O_2$）することができる．以上のすべての反応過程は，正味として，オゾンは絶え間なく生成と消滅を繰り返していることを意味する．大気の進化の過程において微妙な平衡関係が成立し，その結果，地表から

20〜30 km 上空の大気層に少量のオゾンが集中したのである（集中したといっても，その濃度はわずか 10 ppm ほどではあるが）．オゾンの生成過程においても，また消滅過程においても，紫外線が吸収される．そして，紫外線が運んできたエネルギーは，それが吸収される成層圏に残される．これこそが，観測されるように，対流圏より上で高さとともに気温が上昇する原因である．

オゾン層が現在存在している高さに形成されているのはなぜだろうか？　オゾン濃度のピークが高度約 25 km にある理由は，オゾンを生成・消滅させる反応を維持させる微妙なバランスにある．それより高い高度では紫外線がより豊富にあり，より多くの酸素原子が生成される．しかし，空気密度が薄いため，3 つの酸素分子が衝突してオゾンが生成される確率は，オゾンが酸素原子と結合して 2 つの酸素分子となる（$O + O_3 \rightarrow 2O_2$）確率よりも小さい．これにより，オゾン分子自体も消滅するし，オゾン生成に必要な酸素原子も減少する．一方，オゾン濃度のピークの高度より下には，紫外線はその上にあるオゾンにより吸収されてしまい，ほとんど届かない．このため，オゾンの生成も消滅もゆっくりとした速度でしか起こらない．この高度におけるオゾン分布は，おもに大気の運動によって決まる．

実際にオゾン層の平衡を保つ反応過程は，大気中のより微量な成分がかかわるため，前述の比較的単純な説明よりも複雑である．しかしながら，1970 年代後期にいたるまでは，オゾン層観測のすべての結果はオゾン層が安定な平衡状態にあることを示し，オゾンの生成と消滅はちょうど同じ割合で起きていると考えられていた．

● オゾンホール

オゾン層を維持してきた微妙なバランスは，人間活動によって崩されてしまった．クロロフルオロカーボン（CFC，フロン）は，現在でも冷蔵庫や，絶縁用の泡状プラスチックの噴霧剤，ファストフードの容器などに使われている．かつてフロンは，スプレー缶の噴霧剤として広く利用されていた．現在はスプレー缶ではほとんど利用されていないが，成層圏でのフロンの寿命は非常に長いため，成層圏に現存するフロンの多くはかつてスプレー缶から放出されたものである．

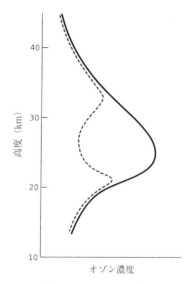

図 2　オゾンホールの発達前の冬季（実線）と発達後の春季（破線）における南極上空のオゾン量の鉛直分布．

1970 年代はじめに，フロンがオゾンを破壊する可能性があることが示唆された．しかし，実際にオゾンの減少が観測されたのは 1970 年代末になってからであった．オゾンの減少を最初に観測したのは英国南極調査局の科学者たちである［訳注：ほぼ同じ時期に日本の研究者もオゾン減少を観測していた］．彼らは長年にわたり南極上空のさまざまな高度におけるオゾン量を定期的に計測していた．彼らの記録を詳しく調べたところ，9 月から 10 月にかけて（南極における春），オゾン全量が 40% も減少していることがわかったのである．ある高度においてはオゾンがほぼ完全に消滅していた（図 2）．現在では衛星観測により，オゾンの減少は南極大陸よりやや広い領域にほぼ限られることが明白になったが（図 3），これほど大規模な減少はほかにどこでも観測されていない．この現象はなぜ南極で，それも春に生じなければならないのだろうか？　南極上空の成層圏での大気循環の特徴は，西風のとくに強い領域［訳注：極夜ジェット］が南緯 60° 付近に帯状に分布しており，それに囲まれる極域［訳注：極渦］の空気がその外側の空気からかなりの程度隔離されてしまうことである．冬の間，南極上空のこの領域は闇に閉ざされ，気温は −85℃ にまで低下する．このような条件下では極成層圏雲（PSC）と呼ばれる薄い氷の雲が発生する．この雲のなかでは，氷粒子

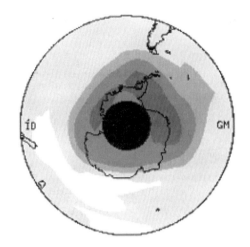

図3 Upper Atmosphere Research Satellite (UARS：高層大気研究衛星) により観測された南半球の春におけるオゾン分布．中心の黒塗りの円は衛星で観測できない領域を示す．最も濃い灰色の部分のオゾン量は，最も淡い灰色の部分の量の半分以下である．

の表面で起こる化学反応により（フロンから放出される）塩素が定着して蓄えられる．春になって日射が戻ると，気温の上昇とともに氷粒子が蒸発し，雲が消滅する．雲に蓄えられていた大量の塩素がこうして突然放出されると，オゾンが急激に破壊されてオゾンホールが形成される．しかし，その後数カ月の間に通常の平衡状態が取り戻され，オゾンホールは消滅する．

オゾンホールが存在するのは1年のうちの限られた期間だけで，それも人間の近づきがたい地域の上空においてだけであるが，同様なことがほかの場所でも起こりうるのかという点は気になるところであろう．南極ほど劇的ではないものの，それなりの程度のオゾン減少は，西風の強い緯度帯の外側［訳注：極夜ジェットの赤道側］でも観測されている．これにより，オーストラリアや南米などの場所で，地表に到達する紫外線放射が増大することが考えられる．北半球については，ほとんどの研究が北極に焦点を当てている．北半球にも南半球と同様に西風がとくに強い帯状の領域が存在しているが，それは完全にリング状にはなっていない．これは，海陸分布による影響が南半球より強いためである．すると，西風の弱い経度帯を通じて，中緯度の空気が極域の空気と混合することが許される．このため，北極上空では南極上空ほどは冬の成層圏の気温が低くならず，わずかな極成層圏雲がまばらに発生するにすぎ

ない．しかし，その影響により，南極のオゾンホールほどの規模ではないものの，北半球でもある程度のオゾンの減少が観測されている．

[Charles N. Duncan/中村　尚訳]

■文献
Ahrens, C. D. (1994) *Meteorology today.* West Publishing Co.

生物圏
biosphere

　生物圏とは，地球上の生物の部分を指し，次の3つの領域中におのおの含まれる．第1に岩石圏，これはおもに地殻に相当し，堆積した土壌や堆積物を含む．次に水圏，これは岩石圏の上を覆う水の部分であり，地下水を含む．第3は気圏（大気）であり，地球を取りまく気体の部分である．地球上の生命はきわめて古くから存在し，38億年前から進化してきている．生物は地球およびその気候の進展について重要な役割を果たしつづけ，現在も依然として影響を与えている．

　最大量のまた最多種類の生物が低緯度地域の岩石圏の表面および水圏の上層に存在する．ほとんどすべての生物は，その存在のために光合成に依存し，したがって太陽の光のエネルギーに依存し，それは植物や一部のバクテリアでは直接的，また動物や多くの微生物では間接的である．生物は地表からかなりの深部まで，またかなりの高度まで存在する．しかし，さらに深くあるいは高く，たとえば山を登っていくと，その種類も量も少なくなる．数としては，バクテリアが最も多い生物であり（全体で$4 \sim 6 \times 10^{30}$個体），また地球上の生物の主要なものである．これは，バクテリアが幅広い条件（たとえば，$-5 \sim 113℃$，pH $0 \sim 11$，ほぼ真空から1000気圧，および蒸留水から飽和食塩水までの範囲）のもとで成育することが可能であることによる．このように，バクテリアは生物圏を著しく大きくしている．

　大気上層では，生物はごく限られたものになり，そこが本当に生物の生息地かどうかは少々疑問である．それでも，成育できるバクテリアの細胞，バクテリアおよび菌の胞子が存在する．そこでは，微生

物の成長や増殖は栄養分および水がないためにほとんど行われず，太陽光の照射が致死的になる．

水圏ではいたるところに生物が存在する．しかし，生物が最も多く存在するところは表面近くの光が到達する透光帯である．そこより下では，生物は暗い，高圧の条件に適応し，食物として上から沈降してくる生物の死骸におもに依存する．海底では，そこは海面下 11 km もの深さで，生物は少なく，沈降粒子や多量のバクテリアを含む堆積物を食べる無脊椎動物がおもなものである．堆積物上部には，1 ml 当たりに 100 億(10^{10})個体のバクテリアが含まれる．酸素が供給される深さよりも下では，嫌気性バクテリアだけが生存する．堆積物の中のバクテリアの数は表面から下方へと減少するが，それでも海底から 850 m 下でもバクテリアがみつかり（分析された最深のもの），その下の岩石の中でも見られる．

海嶺で地殻が新たに形成されているところでは，熱水噴出口地域における生物のオアシスのような独特生態系が存在する．高温のマグマの噴出が海水の深部への循環を引き起こし，循環する海水が高温の地殻と反応し，化学的に変質し，その後 350℃ 以上の温度でブラックスモーカーとして海底に噴出し，あるいはより低温でホワイトスモーカーとして噴出する．噴出する熱水は硫化水素，メタン，および溶存する還元的金属を多く含み，そのような還元的物質，たとえば Fe^{2+} は海水中に酸素が含まれる場合，耐熱性バクテリアにとって化学的エネルギー源となる．このエネルギーは二酸化炭素から新たに有機物を生成するのに利用され，したがってバクテリアは光のない状態で成長し，分裂することができる．ある種のバクテリアは酸素さえも必要とせず，光合成とはまったく無関係であり，太陽光エネルギーではなく地熱エネルギーを利用する．熱水噴出口の周囲のバクテリアの数は著しく多く，局所的に多量の貝，エビおよびハオリムシ（チューブワーム）に食物を提供する．

岩石圏では，無脊椎動物や微生物はおもに土壌や堆積物中に含まれる．しかし，バクテリアは深部，少なくとも 3.5 km までは生息し，地下の岩石の割れ目，帯水層，塩や鉱物の鉱山，および石油の貯留層中にさえも生息する．5〜10 km の深さまでは，温度だけが制約の要因とは限らない．これらのバクテリアの一部は地下の地球化学的過程や地熱過程か

らエネルギーを取得し，したがって，熱水関連バクテリアと同様に地表の生物圏およびそれを動かしている太陽光からはおそらく無関係なものであろう．

[R. John Parkes/松葉谷　治訳]

■文　献

Postgate, J. R. (1994) *The outer reaches of life*. Cambridge University Press.

生物地球化学
biogeochemistry

生物地球化学とは，地表の主要な化学的循環を連携して推し進めている生物学的，化学的および地質学的過程の組合せを意味する．このような循環では，生命は主要な役割を果たし，生命現象の影響を受けないような反応は地球の表面にはほとんどない．このような循環を生物学的に促進するおもなものは微生物であり，とくにバクテリアである．微生物は見かけは大きな動物や植物のような強い印象は与えないが，これらの顕微鏡でしか見ることのできない大きさの生物の能力はその代謝様式の多様性である．地球上の生命の 70％ の期間（38 億年前から），バクテリアは唯一存在した生物種であり，その活動により大気およびそれに起因する気候などのような地表の化学的特徴が形づくられた．実際に，バクテリアによる酸素を生成する光合成の発展は大気の性質を大きく変化させ，そののちの後生生物の発展を可能とした．現在でも，大気は生物地球化学的循環の明らかな特徴を，大気中に酸化的気体（たとえば酸素 O_2）と還元的な気体（たとえばメタン CH_4）が化学平衡からは著しく離れた状態で含まれるという形で示している．このような化学的非平衡は生物によりもたらされ，ほかの惑星についても生命の存在および活発な生物地球化学的循環の証拠となるであろう．

生物活動は風化のような天然の化学反応の速度を速める．たとえば，黄鉄鉱の風化は 100 万倍速くなる．また，生物活動はほかでは起こらない独特の反応を起こすことができる．光合成からの酸素の重要性は上ですでに触れたが，酸素は単に不要の生成物

にすぎない．大気中の二酸化炭素（CO_2）から新しい有機物が生成され，それにより新しい細胞と新しいエネルギー源が形成されることが光合成生物にとって重要なことである．この光合成によるCO_2の固定は太陽光からのエネルギーを貯蔵し，そのエネルギーが草食生物から肉食生物のエネルギー供給へと引き継がれるという地球の生態系の基礎である．しかし，このような生物の死後，その炭素や栄養成分が循環されなければならない．さもないと，栄養成分の不足により光合成が終わってしまう．したがって，有機分の分解は，地球上の生命の維持にとって光合成と同じように重要である．この2つの過程が，生物学的炭素循環および関連元素の循環（たとえば窒素，硫黄，およびリン，これらは生体分子中で鍵となる）を推し進める．さらに，もし二酸化炭素が有機物の分解により大気に戻されない場合は，二酸化炭素の温室効果が減少し，地球は凍結しはじめる（4〜10年以内に）．

生命に特徴的なそのほかの反応は，著しい高温・高圧を除くと，窒素固定，硝酸化・脱硝酸化，硫酸および硫黄還元，およびメタン生成である．これらの反応は元素の循環に直接影響し，全地球規模の影響となる．たとえば，大半の硫黄鉱床は生物起源であり，また大気中のメタン（CO_2よりも60倍大きい温室効果をもつ）の大部分は生物起源であり，火山起源ではない．

生物により生成された有機物は，少量生物圏から外れて，地下に埋没し，地質圏（geosphere）内に貯蔵される．地質時代を通して，この過程は莫大な量を蓄積し，地質圏が地球上の大半の元素について最大の貯蔵場所となる．たとえば，莫大な量の有機物が堆積岩の中に貯蔵され，その一部が化石燃料となる．天然では，埋没した物質は結局は造岩活動や火山噴火などの地質現象により地表に戻され，元素の循環に組み込まれる．しかし，このような過程はきわめてゆっくりしたもので，だいたい3億年くらいを要する．ところが，生物的循環は著しく速く（1ないし10年），全地球規模の生物地球化学的循環は，遅い入れ換わりであるが莫大な貯蔵量の地質圏と，速い入れ換わりであるが小さな貯蔵量の生物圏の間の相互作用で規制される．地質圏と生物圏の相互作用により，地球の歴史を通じて熱流出，火山や構造活動および太陽光照射に変動があったにもかかわら

ず，気候が生命にとって安定なものに保たれた証拠がある．　　　　　　　[R. John Parkes/松葉谷　治訳]

■文　献

Schlesinger, W. H.(1997) *Biogeochemistry：an analysis of global change.* Academic Press, London.

生物的風化
biogenic weathering

ケイ酸塩鉱物の風化反応は地質学的時間の幅（1万年以上）で大気と海洋間の二酸化炭素の移動を調節しており，過去4億年の間，動物と植物を合わせた領域（生物相，biota）はこの風化の過程に対して重要な役割を果たしている．カルシウムとマグネシウムのケイ酸塩の風化は地質時代を通じて大気二酸化炭素（CO_2）の主要な除去過程（sink）である．ジェームズ・ラブロックは，先カンブリア時代に植物と動物が出現したことによる風化の増長が，ほぼ確実に大気CO_2濃度を減少させたと考えた．この因果関係は比較的単純であるが，非生物的風化から生物が関与する風化へ移行したことにより風化がどれだけ増長したかについては確かなことは明らかでない．生物相の増大の効果は風化を少なくとも数十倍，あるいは場合によっては数千倍以上増長させるといわれている．この生物相による増長の程度が不確実であることは，大気CO_2濃度の大幅な変化が温室効果により気温の変化の原因となるはずであるので，原始地球大気のモデルを考えるときに重大である．生物相による風化の増長が小規模であれば，地球全体の気温は陸上に動物と植物が生息することによりあまり変化しないことが示唆されるであろう．もし逆であれば，生物的風化の著しい増長は気温の大幅な低下をもたらすであろう．たとえば，もし生物的風化の速度が非生物的風化よりも10倍（または100倍）速かったとすると，その当時の地球は現在よりも15℃（または30℃）暖かかったであろう．このように，生物相効果が数桁も違うほどに確かでないので，地質時代を通じた全地球上での生物の生息しやすさ（global habitability）を想定することは難しい．したがって，土壌中の微生物，地衣類お

および維管束植物（シダ類，種子植物）による生物的風化の加速効果の程度（桁数）を決めることは重要である．しかし，これは簡単に答えが得られる問題ではない．地球の地殻の風化を制御している要因は複雑で，しばしば複合的であり，そのために野外の尺度で半定量的に理解されるだけである．有機物に富む土壌は一般的にCO_2分圧が高く，有機酸を多く含み，また有機物を含まない土壌よりも一般的に高温である．降水量の多いところでは一般的に土壌中の生物活動が盛んである．このような状況すべてが風化を加速することになる．風化の速度は，温度，周囲の湿度および生物活動に応じて増大する．その依存性は，鉱物学的，水文学的あるいは生物学的観点でまったく同じ風化盆地（weathering basin）を比較することで推定されるはずであるが，しかし，そのような風化盆地は2つとないので，推定はかなり近似的なものである．非生物的風化と生物的風化を比較すると，非生物的風化は降水量に比例するが，生物的風化は降水量に対して単純な比例よりもはるかに鋭敏であることが示唆される．したがって，非生物的風化は風化に利用される水溶液の量により規制され，さらに生物相が存在することにより次の3つの要因で増長される．第1の要因は有機酸が錯体を形成すること，第2は微植物相が土壌中の空隙壁への水分の保持力を増加させること，および第3は風化する表面積を生物相が増加させることである．

［K. Vala Ragnarsdottir/松葉谷　治訳］

生物分解作用
biodegradation

生物分解作用とは，微生物が関与した有機物の分解のことである．これには，微生物の種類の違いによる好気的および嫌気的いずれの条件下における有機物の酸化も含まれる．バクテリアおよび真菌類がおもに地球上の有機物の分解に関与する．したがって，それらは地表における生物地球化学的循環の進行において主要な役割を果たす．天然の有機物の分解は非常に能率的に行われ，土壌や堆積物中に埋蔵されるものはきわめて少量である．酸素が欠乏する

ところでは生物分解作用は酸素が存在するところよりも制限され，より多くの有機物が残存する．

生物分解作用は下水処理や家庭および工場廃棄物の埋立て地で利用される．また，それは安価なあるいは余剰農作物からメタンのような燃料を生産するのにも利用される．逆に食物関連品の生物分解は微生物を殺すこと（たとえば，缶詰にするときに高温にする，あるいは照射），あるいはその活動を弱めること（たとえば，冷凍，冷蔵，乾燥あるいは防腐剤）により防げる．生物分解作用は，石油産業（貯留層，貯蔵タンクおよび配管）やその他の工業でも大規模に予防されている．予防を怠ると，バクテリアの活動が製品を劣化させたり，生体が膜状に集合し，配管を腐食したり，ふさいだりする．このような状況では，大量の殺菌剤がバクテリアを増殖させないために使用される．

微生物はまた，除草剤や殺虫剤のような有毒な非生物性化合物（化学的に合成され，天然には存在しない）の部類も分解することができる．しかし，ある種の非生物性化合物は生物分解作用に抵抗性を有し，環境中に害を与えるようになるまで蓄積する．微生物は，多様な代謝様式を有し，またその代謝様式を変化させていく能力をもっているにもかかわらず，万能ではない．

生物変質作用も生物分解作用と関連する．その過程では微生物は化合物や材料を著しく分解することはないが，わずかに変質させ，その品質を低下させる（たとえば，食料や飲料のにおい，表面のさび，金属，鉱物およびコンクリートの腐食）．

［R. John Parkes/松葉谷　治訳］

■文　献

Atlas, R. M. and Bartha, R.(1998) *Microbial ecology : fundamentals and applications* (4th edn). Benjamin/Cummings, Menlo Park, California.

生命の起源：地質学的制約
origin of life : geological constraints

生命がどのようにして発生したかについて，反論できないような確かな証拠はない．しかし，生命の

起源についての仮説は多数ある．20世紀を通じて研究を推し進めた発想は，生命が従属栄養型代謝(すなわち有機質炭素を必要とする)の形態で現れたという前提である．この従属栄養型代謝では，生物出現以前に大気中に（おもに）外部から加えられたエネルギーにより生成した有機化合物のスープが利用される．推定される当時の大気は現在の地球のものとはまったく異なり，むしろ還元的な気体（メタン，アンモニア，水および水素）の混合物であり，その起源は地球の比較的ゆっくりしたアクリーションののちの核の分化という考えと矛盾しないと考えられる．この還元的な気体の混合物から放電やその他のエネルギー源を利用して膨大な量の有機化合物が合成されたということが，生命の起源のパラダイムとしてこの「生物出現前のスープ」という考えを強いものとした．

20世紀後半の多くの進歩がこのパラダイムに挑戦した．地球のゆっくりした分化のモデルは，惑星探査，星雲形成の動的シミュレーション，およびマントル，隕石および月の試料の同位体地球化学的証拠からほとんど捨て去られた．現在受け入れられているモデルでは，地球は激しいアクリーション過程で形成され，その結果，溶融，分化および脱ガスが同時に進行した．プレートテクトニクスはマントルの連続した運動についての確たる証拠により地球科学のパラダイムの1つとして確立された．地殻の広範なリサイクルは存在するけれども，地質学者，古生物学者，地質年代学者および地球化学者による相互に関連した研究から，地球および生命に関する40億年にわたる歴史の記録が前例のないほど詳細に明らかにされてきた．1970年代から1980年代にかけて，大気化学者は水蒸気の紫外線による光分解から水酸基ラジカルが生成し，それがただちにメタンやアンモニアと反応して，二酸化炭素（CO_2）と窒素（N_2）が生じることを明らかにした．初期の太陽からより多量の紫外線が照射される可能性が考えられるので，還元性気体は水蒸気が共存する状態では適当な寿命内に消滅するはずである．したがって，メタンとアンモニアは地球上に生命の存在しない状態では有機物の合成の材料物質とはなりえないであろう．同時に，遺伝学の進歩は現代の分子系統発生学を生み，すべての生命について最近の共通の祖先は炭素を有機物として必要とする従属栄養型で

も，また太陽光により無機質炭素を利用することのできる光合成独立栄養型でもなく，むしろ化学合成独立栄養型，すなわち二酸化炭素のような無機質の材料物質から生体物質を合成する型の微生物であることを明らかにした．このように，生命そのものからの証拠により，有機質炭素化合物を生成するために無機質な炭素酸化物の還元の方がメタンからの有機物の合成よりも重要であることが証明された．このような展開から，生命がどのようにして発生したかについて地質学的に統一のとれた新しい考えが求められる．

●**原始地球および生命の地質学的記録**

原始地球は厳しい場所であり，そこではいかなる生命も存在できなかったであろう．アクリーションのエネルギーは多量の熱を発生し，短寿命の放射性原子核による熱とあわさって，核，マントルおよび地殻の分化を引き起こした．これらの過程についてのある理論的モデルでは，マグマオーシャンがマントルのかなりの深度まで達していた可能性が示された．もし月が巨大天体衝突により形成されたとすると，この激烈な過程はケイ酸塩鉱物を蒸発させたであろう．月面での天体衝突を参考にすると，巨大な天体（直径100 km以上）による衝突は地球が形成されたのち，7億年もの期間まで続いたと考えられる．ただ，そのような衝突がどのような頻度で起こったかを推定することは難しい．衝突する天体の直径が約450 kmであれば，それは，現在の海洋と同じ体積の水を蒸発させるのに十分な大きさである．そのようなことは，おそらく地球上の生命の進展に大きな混乱を起こしたに違いない．

もし，生命の断絶という出来事が起こったとすると，複数回の生命の誕生が必要となる．きわめてまれだが，巨大衝突がわずかながら生命の進展の可能性を残し，それにより比較的少数の生物が生存し続けたことも考えられる．そのように地表に生き延びた生物は著しく悪い環境に直面したに違いない．初期の太陽からの紫外線の照射量はオゾンによる吸収により軽減されることがないだけではなく，照射量そのものが現在よりも桁違いに強かったであろう．同時に，可視光範囲の太陽の光度はおそらく比較的弱かったであろう．しかしながら，微化石の記録によると，地表あるいは地表近くの環境は地球の形成

後7億年までには生命に適するようになった. このことは, 生命がきわめて初期に地球上の通常の過程の1つとして確立されたことを示唆する.

地質学的記録は, しばしば, このきわめて活性な惑星である地球上で地殻物質が偶然保存されたものであるので, そのような地質学的記録の不十分なことにより, 原始地球での出来事の時間を定めることはかなり不正確である. それにもかかわらず, いくつかの事実の助けをかりて, 地球の劇的な誕生から生命が存在できる条件への移行をたどることができる. 地殻の最も古い部分として知られているものはカナダのサルベ・プロヴィデンスにあるアカスタ片麻岩複合岩体であり, 約40億3000万年前のものである. これらの岩体は変形した花崗岩(トーナル岩)であり, マントル起源のマグマ, 始原的地殻およびより古い水和した地殻が地殻内で再反応することにより生成したことを示す. この地殻物質の循環はおそらく沈み込み帯と関係する状況で起こったと推定される. 換言すると, この最古の岩石は通常の地球力学的および地球化学的過程が当時のマントルおよび地殻において作用し, またある期間継続して作用していたことを示す.

上記の岩石よりも若い岩石の中に発見される43億年前の年齢の個々のジルコンの粒が唯一保存されているより古い地殻の物質である. そのようなジルコン中の微量元素の特徴および鉱物包有物から, それらのジルコンが花崗岩質メルトから生成したことが明らかであり, このことからも今日見られるような地殻形成の地質学的な過程が沈み込みやプレートテクトニクスと類似した過程も含めて, 地球形成後わずか3億年後には進行中であったことが明らかである. 見なれた地殻の地球化学的過程である風化, 堆積, 続成作用, 熱水循環および変質, ならびに変成作用などが上記の最古の地球の歴史と同じくらい早い時期にすでに活発であったという結論が出されようとしている. もしそうであれば, 原始地球上での過程は現在観測できる過程ときわめて似たものであったと考えられる.

岩石に記録された生命の証拠は大陸地殻の最古のものほど古くはない. しかし, 保存状態の良いフィラメント状の微生物の化石が西オーストラリアの34億6500万年前のApexチャートの中に含まれており, さらにその下に位置するTower層(35億5600万年±3200万年)中にも, 正確な起源は明らかでないが, フィラメント状化石が含まれる. また, 同じ時代の南アフリカのOnverwacht累層(35億4000万年±3000万年)中にもフィラメント状微化石が含まれる. それらに加えて, 岩石中に残されたより古い生命活動の証拠が, 西グリーンランドの38億年前のイスアのスプラクラスタル岩(地殻浅所で生成した岩石)の変成した堆積岩についての炭素同位体比測定からもたらされる. それらの岩石から得られる炭素安定同位体比が示す生命誕生の可能性は以前から提唱されてきた. イオンプローブ質量分析計(IPMSまたはSIMS)によるおのおのの鉱物粒の大きさの範囲の測定からは, そのような生命誕生を支持する証拠が得られる.

●分子から見た原始生命の証拠

分子生物学の発展により, 複数の単分子からできている生体分子をすみやかに順序づけ, その生体分子の序列から進化の情報を引き出すことが可能となった. タンパク質は20個のアミノ酸からできており, また核酸は4個のヌクレオチドの配列からできている. タンパク質中のアミノ酸の配列は核酸すなわちDNAおよびRNA中に保存された遺伝子コード中に記録される. 進化の過程を通じて, 遺伝子コードは環境の変化に応じ, あるいは突然変異により変化する. したがって, アミノ酸の配列やヌクレオチドの配列は, 進化的な関係で説明できるさまざまな生物からの生体分子を比較する基準となる. もし多数の生物から十分に多量の情報が集められるとすると, それらの生物の関係を示す発生系統樹を数学的につくることができる.

このような数学的モデルの一例は, さまざまな生物のリボソームから得られたRNAの序列に基づく全生物についての発生系統樹である. リボソームはタンパク質が生成される細胞中に存在する. 多くの遺伝子情報はリボソームRNA中に保存される. 遺伝子の誤りはタンパク質中の酵素の作用を受けないようなほかとは異なる状態で蓄積されていくであろう. その結果, 必然的にリボソームRNAは進化により生じる長期間の変化を追跡する確かな手がかりを提供することになる. そして, 作成された系統樹はいくつかの印象的な特徴を示す. たとえば, 系統樹の最も下位(古い), そして最も近い枝は高温で

生息する生物（好熱性バクテリアおよび超好熱性バクテリア）により占められる.

最も下位の枝はすべて超好熱性バクテリアで占められ, そのような超好熱性バクテリアは光合成を行わず, また有機物の供給にも直接依存しない. その代わりに, これらは無機質な材料物質から自分自身で有機物をつくることにより成長する. これらの化学合成バクテリアが用いる反応経路は, その生物分子を含めた有機化合物を無機質炭素の還元により生成するものである. そのような過程についてのエネルギー収支の分析によると, この好熱性生物における有機物の生合成ではエネルギーが放出されることが示され, またそのような条件は現在われわれが生命を維持している条件とはまったく異なるが, それにもかかわらず生命にとってははるかに好都合なものであることが示された. たとえば, 酸化的な大気中では植物は, 二酸化炭素（CO_2）を水（H_2O）とともに炭水化物に還元するためには, その置かれた化学的条件に反する熱力学の仕事をしなければならない. 植物はこの仕事を太陽光を利用して行う. 多くの超好熱性生物は地質学的過程がC-H-O-N化学系を地球化学的に非平衡な状態にしているような環境に生息する. その結果, 生物は外からのエネルギー供給を必要としないで系のエネルギーレベルを低くする. そして, 全生物発生系統樹の最下位の最短の枝を占めるこの型の生物は光合成を行わず, 地球の表面に生息する必要のないことになる. したがって, 生命の誕生は地球の内部で起こった過程か否かを考える必要がある. これは地質学の問題となる.

●以前の考えと新しい考え

多くの教科書に示されている生物出現前の地球という考えは実際には自然界の観察によるものではなく, 室内における化学的実験に基づくものである. したがって, 地球の形成に関する過程についてより多くのことが明らかになると, 生物出現前の地球というよく知られた考えの特徴を原始地球についての地球化学的, 地球物理学的および地球の変動に関する現在の知識と結びつけることがますます難しくなってきた. この不一致は実験室で判明したことを自然界で実際に起こっていることに当てはめようとすることの1つの重大な欠点である.

研究者がアクリーション過程により地球が形成さ

れたということを最近に評価する以前は, 多くの人は生命はどちらかというと穏やかな環境で発生したと考えていた. 多くの研究者は「温暖な小さな水たまり」が生命が発生するのに適した場所であるというダーウィンの提案を受け入れていた.

1950年代初期以来, 非生物的有機物合成実験が成功したことにより, 「温暖な小さな水たまり」説から「生物出現前スープ」への変更が促された. 非生物的有機物合成実験の成功後の数十年間の研究では, しばしば, 関心のある有機化合物のほとんどすべてが存在していたと考えられていた. この種の考え方はRNAワールドのように一般的な概念になっていた. ある種のRNAが触媒的および発生的な働きを有するという発見から, 1種類の生体分子が現在の生命におけるDNA-タンパク質の枝分かれを決めているという考えが導入された. この刺激的な考え方は, RNAの起源という困難な問題を説明する必要がないので, スープ説と容易に適合した.

地質学的記録のなかにはスープ説あるいは生物出現前の地球を支持する証拠はなかったが, そのような記録が不確実であるために, 証拠がないことはないことの証拠にならないという安易な考え方により地質学的記録がしばしばこれらの説の弁明に利用された. 実際に, 炭素質コンドライト中に豊富に含まれる有機化合物やタイタンのスモッグ状の霧などのほかの惑星や隕石からの証拠は, これらの天体物体の歴史は地球とはまったく異なるにもかかわらず, スープ説を支持するものとなった. 炭素質隕石の分析, 星間塵, プレソーラー粒子, 彗星探査, および星間雲や星雲の天文観測によると, どちらかというと, 有機物はほぼいたるところに存在し, しかも豊富に存在する. このような証拠から, 有機物合成は太陽系の中のごく一般的な過程であり, しかもそれはほとんどすべて非生物的であり, 生命の起源についてはわれわれに多くを語るとも語らないともいえないようである.

地球の形成と初期の進展についてわかっていることと矛盾しない有機物合成のもう1つの経路に関する研究ははじまったばかりの研究領域である. 研究の多くは熱水系に関するものであり, 熱水系は鉱床形成の原動力であるように地球化学的非平衡状態をもたらすものと広く理解されている. 熱水系は液体の水が存在する状態でのマグマの活動により必然的

に生じる結果である．初期の発想は1970年代中頃に高温の海底熱水系が発見されたことと関係する．そのような考えはさらに議論が重ねられ，母岩の玄武岩およびその他の海底の岩石中での水-岩石反応により有機物合成が可能であるという理論的モデルが提唱された．

熱水実験により非生物的な有機物合成は可能のようであるが，初期の実験の多くは地球上の熱水系としてはありそうもない条件で行われた．実験室と天然の間の条件が著しく異なるために，一部の科学者は熱水系による有機物合成に疑問をもっていた．しかし，天然の熱水過程により類似した条件下での実験が広範囲の有機化合物の生成および変形に成功した．理論的モデルからは，熱水と海水が混合するときに二酸化炭素と水素から有機物が合成されること，あるいは火山ガスが地殻の水や大気と混合するときに二酸化炭素あるいは一酸化炭素から有機物が合成されることについて多くの可能性が示された．さらに，さまざまな地質学的物質から非生物的に有機物が合成されることが徐々に明らかになってきた．実際に，実験およびモデルの成功により，非生物的有機物合成は地球における継続した過程であるという考えが支持された．そのような有機物合成は生物的合成あるいは生物により合成された有機化合物の地球化学的変形と比較すると効率が悪いので，われわれはおそらくその重要性に気がつかないでいると思われる．

有機物の熱水合成実験の成功により，非生物から生物的過程への地質学的に可能性のある経路が開かれた．有機物の容易な熱水合成により，縮合反応や重合反応のための化合物が定常的に供給されるようになるはずである．多くの研究者により生体分子の形成が鉱物の表面への吸着により容易になることが示され，そのような鉱物の一部のものは酸化炭素の還元や単量体の重合反応において触媒の役割を果たすであろう．鉱物の表面にヌクレオチドの特徴があり，また高温でその反応性が高められたとすると，RNAワールドでさえも熱水系の中に存在するはずである．有機化合物の合成に好都合な地質学的環境は生物学的過程にも適しているはずであり，とくに容易に生成した化合物が現在は酵素が行っている触媒の役割の始原的働きを果たすときはそうなるはずである．環境が隕石の衝突および極度の紫外線の照射がなく，非生物的に合成された有機化合物が定常的に供給される場合，そのような環境は原始の従属栄養生物にとって著しく好都合の成育場所であったはずである．独立栄養生物よりも従属栄養生物が先という仮説は，可能としても，そのためには発生系統樹の最下位の枝の並び替えか，または間違いなく従属栄養生物で占められるさらに下位の枝が認められることについての相当の保証が必要となる．

熱水系において有機物が合成されるという地球化学的考えにより，明らかにスープ説によらないですむようになった研究者たちの間に，最も始原的な代謝方法は化学的に行われる独立栄養型のものであるという考えがさまざまに展開され，生命の起源よりも生命の誕生を問題にする歴史的なパラダイムからの明確な転換が進められた．この新しい考え方では，スープの蓄積，あるいは材料物資の貯蔵を必要とせず，代わりに熱水循環のような通常の地質学的過程により生命が誕生する条件が用意され，容易に整う地球化学的の条件に応じた単純な代謝過程が出現することが予想される．ある意味で，このような考えは生命の誕生に関する発生場に基づくモデルであり，生命の起源についての議論で忘れられていたものである．

特別な出来事ではなくだんだんに進む過程により生命が誕生したということが強調されることにより，地球化学的過程から生物学的過程への移行に関する実験的および理論的研究が活発に行われるようになった．極端な場合，この考え方では，有機物の合成は必須条件というよりは手段であると考えられ，またDNAやタンパク質のような複雑な生体分子は生命の原因というよりは徴候と見られている．このようなモデルでは，重要なこととして，生命が地球上のどこでも起こる現象として，活発に変化しつつある惑星において当然起こる過程の結果として発展してきたことになる．生命の誕生が通常の過程であるという提案は，地球の場合，いままでの主流である特殊な環境が必要であるとする生命の起源説とは著しく異なるものである．

[E. Shock／松葉谷　治訳]

世界標準地震計観測網
Worldwide Standardized Seismographic Network

地震学の分野で最も重要な進歩の1つは，地震計の世界観測網が築かれた1960年代初期に起こった．現在WWSSNと呼ばれているこの世界標準地震計観測網と，世界的規模で地震計データを協力国家間で相互交換しあう体制が整備されたことにより，地震活動を全地球的視点から見る目が拡大し，改善されるにいたったのである．全世界の地震活動観測の多くは，プレートテクトニクス理論の基礎を築くうえで役立った．大部分はWWSSNのゆえに，地震計データの質と量，それにデータ交換手続きなどが1960年代以降劇的に改善された．その結果，震央の決定された地震数は有意に増大し，しかも精度も大幅に改善されたのである．

世界標準地震計観測網というアイデアは，米国の'VELA Uniform'というプロジェクトの一部として1959年に誕生したものである．このプロジェクトの目標は，地球規模で地下核爆発を検知し特定する能力を高めることにあった．米国沿岸測地局は，全米科学アカデミーの特別委員会から受けた勧告のもとに，ただちに標準化された計測機器と正確な刻時装置を設計し，両者のセットを既存の地震観測所に設置した．計測機器は，直交3成分（水平2成分，鉛直1成分）短周期（1秒）地震計と長周期（15または30秒）地震計のセットが基本的な組合せであった．観測所間では一様かつ信頼度の高い刻時が重要なので，水晶時計の較正に標準ラジオ電波放送を使った．地震波形は記録紙上に記録された．1970年代初期のピーク時には，約115の連続観測を継続するWWSSN観測所が，共産国や以前共産国であった国を除くほぼ全世界各地に分布していた．

最近では，WWSSN観測所は，広帯域デジタル機器を利用する国際指針によってしだいに置き換えられている．とくに1983年，全米科学アカデミーの勧奨でWWSSNの質の向上が企てられるようになった．その結果，米国の大学はまとまってIRISという地震学のための研究所法人を立ち上げた．IRISの最終目標の1つは，150観測点の全地球規模地震計観測網（GSN）を展開することであるが，1999年の時点で2/3以上の観測網がすでに完成している．　　　　　　　[Ivan G. Wong／大中康譽訳]

前　線
weather fronts

前線とは異なる気団の境界のことである．気団とは，その性質がほぼ一様なきわめて大規模な空気の塊で，そのなかでは温度や湿度，視程，雲型にほとんど変化がない．気団が形成されるのは空気の流れが緩いところで，そこの地表面の性質が反映される．そのとくに重要な性質とは温度と湿度である．これら2つは気団を分類する際に利用され，乾燥した空気に対しては文字c（大陸性を意味するcontinentalの頭文字）が，湿潤な空気に対しては文字m（海洋性を意味するmaritimeの頭文字）が，また暖気に対しては文字T（熱帯性を意味するtropicalの頭文字）が，寒気に対しては文字P（極域を意味するpolarの頭文字）がそれぞれ用いられる．たとえばcT（大陸性熱帯気団）は米国南部や北アフリカといった場所で形成される暖かく乾いた気団を表し，mP（海洋性極気団）は北大西洋や北太平洋といった場所で形成される冷たく湿った気団を表す．雪氷域に起源をもつ非常に冷たい空気を表すために，文字A（北極を意味するArcticの頭文字）が用いられることもある．

前線の構造に関する基本的な概念モデルは，いわゆる「ノルウェー学派」の気象学者によって提唱されたものである．彼らは第一次大戦後，ベルゲン（ノルウェー）を本拠地に気象学のさまざまな分野で活躍した．「前線（front）」という語が著しく性質の異なる2つのものの境界を意味するようになったのは，第一次世界大戦のときである．彼らのモデルは前線の形成や典型的な構造を記述するうえで非常に有用であるものの，実際に観測される個々の前線がこの理想化されたモデルとまったく同じであることはめったにない．実際には，前線の様相や振る舞いは，さまざまな要因によってかなりの変化を見せる．たとえば，陸上であれば山岳の存在，海上であれば岸の存在によっても影響を受けるし，季節変化や，

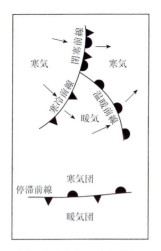

図1 前線を表す天気図記号.

ときには日変化による影響も無視できない.

　天気図上では，前線は記号を伴う線として描かれ，その記号には温暖前線であれば半円が，寒冷前線であれば三角がそれぞれが用いられる（図1）．ある地点を温暖前線が通過すると気団が冷たいものから暖かいものに変わる．寒冷前線の場合には逆のことが起こる．このため前線の名前はその動きによって決まる．もし温暖前線の動きが遅くなり，止まって，さらに逆向きに動き出すと寒冷前線になる．これはたまにではあるが，実際に起きることがある．また，前線の動きが遅くなって停滞前線となることもある．この前線は動かないので温暖前線でも寒冷前線でもない．停滞前線は半円と三角がそれぞれ反対側に描かれた線で示される．天気図では，前線記号は前線の動いてゆく側に描かれる．ただし，停滞前線の場合には，前線がその向きに動いたら温暖前線となる側［訳注：暖気側］に温暖前線の記号が描かれる．閉塞前線は温暖前線と寒冷前線が出会うことによって形成されるもので，このため両方の記号が同時［訳注：同じ側］に用いられる．

　地上天気図に描かれた前線は，その前線全体の一部にすぎない．前線は水平構造だけでなく鉛直構造ももっているのである．前線は実際には傾いた面であって，その前線面が地表と交わる線が天気図上の前線に当たる．前線面は，冷たく重い空気が下に，より暖かく軽い空気が上にそれぞれ位置するようにつねに傾いている．前線面は，まるで透過性のない固体表面のように振る舞うという際立った性質がある．つまり，一方の気団の空気が前線面を通り抜けて他方の気団内に入っていくことはなく，もとの気団内に留まりながら前線面に沿って上昇したり動いたりする．

　極前線は持続的で準停滞性の大規模な前線で，熱帯域の暖かい空気と極域の冷たい空気との境をなす．温帯低気圧はこの極前線上で発生する．低気圧が発達するにつれて，その周りの循環によってへし曲げられた極前線の部分がさらに前に押し出されて，温暖前線と寒冷前線とが形成される．低気圧がさらに発達するにつれ，寒冷前線は温暖前線より速く移動し，ついには温暖前線に追いついて閉塞前線が形成される．空気の流れは前線を横切ることができないため，低気圧の周りの気流は複雑なものとなる．その結果として前線面で生ずる上昇運動に伴い空気が冷却され，水蒸気が凝結して雲が発生し，やがて雨を降らせる．それぞれの前線の詳しい特徴を以下に示す．

●温暖前線

　温暖前線（図2a右側）はおよそ1/100の傾斜をもつ．つまり，典型的には，地上の前線から1000 km前方の上空10 km付近に前線面の最上部が位置することになる．地上前線の前方上空では全面的に，暖気団の空気が前線面に沿って上昇させられており，それが冷却されるにつれ水蒸気が凝結して雲が発生している．最上層の雲はほぼ完全に氷の結晶のみでできているが，中層の雲は氷の結晶と水滴が混ざりあってできている．雲が最も厚いのは地上の前線のすぐ前方であり，そこでは雨滴の小さな降水がある．この厚い雲には強い上昇気流を伴う帯状の領域がたいてい含まれており，そこではより強い降水が起こっている．温暖前線に伴う降水域は地上の前線から300 kmほど前方にまで広がっている．この降水域は，前線面の最先端にある最上層の雲よりも700 kmほど後方に位置する．前線が20〜100 km h^{-1}の速度で移動するため，近づいてくる一連の雲に気づくことで，温暖前線の接近を数時間も前から察知することが可能である．この接近してくる一連の雲は，氷晶からなる一様な高層の雲（巻雲Ciおよび巻層雲Cs）にはじまってしだいに雲底が低くなり，より暗く厚い雲（高層雲As）が現れるようになり，ついには雨雲（乱層雲Ns）がやってくる．上層の雲がしだいに暗くなってくるのと同

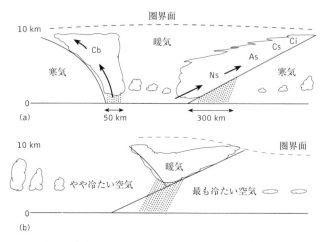

図2 (a) 寒冷前線および温暖前線の鉛直断面図．雲と降水が示してある．
雲型：As 高層雲，Cb 積乱雲，Ci 巻雲，Cs 巻層雲，Ns 乱層雲．
(b) 閉塞前線（温暖型）の鉛直断面図．

時に，下層の雲は小さくなり，完全に消えてしまうこともある．地上の前線は降水域の後方にあるので，暖気団に入って気温が上昇するのは，降水が止むのと同時か，また多くの場合，厚い雲の塊が消えるのと同時に起こる．地上の前線の通過に伴い，風向きもまた変化する（北半球では磁気コンパス上で時計の針の進む側から吹くようになる）．

● 寒冷前線

寒冷前線（図2a左側）のところでは寒気が暖気の下に潜り込んでおり，前線面の傾斜は温暖前線よりも急である．寒冷前線の典型的な傾斜は1/75であるが，地表付近ではさらに急になっている．前線後方の寒気が前方の暖気よりも速く進むため，暖気は前線面に沿って急激に上昇させられる．よって，寒冷前線の付近では背の高い対流性の雲（積乱雲）が発生して激しい降水があり，ときには雹や霰が降ったりする．寒冷前線に伴っては，雲が地上前線の後方で形成されることもあるため，温暖前線の場合のように，前線の接近を前もって察知することはできない．ただし，前線付近で発達した積乱雲の上端が，かなり遠方から確認できることもある．降水は，気温の低下や風向きの変化と同時にやってくる．風向きの変化と同時に，風速の急激な増大が起こることが多い．通常は，降水が止むと急速に雲が消えてほとんどなくなり，遠くまで見わたせる非常に澄んだ空が広がる．しかしながら，前線後方の寒気は不安定であり，前線が通過した数時間後に再び降水が起こることもよくある．

● 閉塞前線

閉塞前線は，寒冷前線が温暖前線に追いつくことで形成される．温暖前線前方の空気と寒冷前線後方空気のどちらがより冷たいかによって閉塞の仕方は2通りあるが，いずれの場合も，より冷たい空気が比較的暖かい空気の下に潜り込むときに，地表付近にあったさらに暖かい空気が上空にもち上げられる．閉塞の仕方は，それが温暖前線と寒冷前線とどちらに似ているかによって，温暖閉塞（図2b）や寒冷閉塞と呼ばれる．温暖閉塞の場合，温暖前線前方の空気が寒冷前線後方の空気よりもさらに冷たい．このため，暖域の空気と寒冷前線後方の空気が最も冷たい空気の上に押し上げられ，温暖前線の場合と同様に地上の閉塞前線の前方で降水がある．寒冷閉塞の場合にはこれと逆のことが起こり，閉塞前線は寒冷前線に似た構造となる．一般に，閉塞前線は温暖前線や寒冷前線ほど活発ではなく，風速や風向きの変化はそれほど顕著ではない．

[Charles N. Duncan/中村　尚訳]

■ 文献

Ahrens, C. D. (1994) *Meteorology today*. West Publishing Co.
McIlveen, J. F. R. (1986) *Basic meteorology*. Van Nostrand Reinhold.

全地球測位システム (GPS)
Global Positioning System (GPS)

全地球測位システム (GPS) は，米国国防総省により運用され，航法や正確な位置決定の両方で世界的に使用されている．そのシステムは，高軌道（高度2万km）を航行する24個の衛星から構成されており，地上のどの場所からでも，上空さえ開けていれば，少なくとも4個の衛星がつねに見えるように配置されている（図1）．それぞれの衛星は正確な原子時計を搭載し，2つのLバンドのマイクロ波（1.2と1.6 GHz）を送信する．これら2つの搬送波は送信時刻を指示するコードによって変調を受けている．4個の衛星を観測することによって，位置を示す3成分および信号の正確な到着時刻を計算することが可能になるので，受信機側には原子時計を装備する必要性はなくなる．もし，受信機の高さがわかっているなら（たとえば船舶など），3個の衛星からの観測で十分である．

変調には2つのコードが用いられている．1つは，C/A (Coarse/Acquisition) コードで，周波数の高い方の搬送波にのみ乗せられている．波長の短いP (Precise) コードは，両方の周波数の搬送波に乗っている．それぞれの衛星は，その軌道要素と時刻誤差情報も送信している．C/Aコードを使えば，衛星と受信機の間の距離を10 mの精度で測定できる．しかしながら，選別的利用可能性 (SA) と呼ばれる誤差が衛星時計と軌道情報に故意に導入されているので，民生用受信機の位置決定精度は100～150 mに劣化させられている[*]．Pコードは，軍事的な用途を目的としており，さらに暗号化されている (AS)．しかし，いくつかのGPS受信機では，この暗号化を回避することができ，Pコードを使って，いつでも10～15 mほどの位置精度を得ることができる．高精度C/Aコード法（差分GPS，またはDGPS）では，正確な位置が既知の基地局において衛星までの距離計算に与えるべき補正量を計算する．得られた補正量は周辺の移動局に電波で送信され，移動局では，算出した衛星までの距離測定値に補正を施すことができる．基地局と移動局とが，大気誤差，軌道誤差やSA誤差が共通と見なせるくらい十分に近い範囲にあれば，1～5 mの精度は達成可能である．この方法は，乗用車のナビゲーションや，精度の低い測量などに利用される．さらなる改良した方法として，ワイドエリアdGPSがある．これは，広範囲にわたって多数の基地局でネットワークを組み，基地局間の任意の観測点に与えるべき補正量を補間で求め，dGPSが精度よく使える範囲を広げようとするものである．

さらに高精度の位置決定は，2つかそれ以上の受信機によってGPS搬送波の位相を観測し，VLBI電波天文学と類似した位相干渉法（相対GPS）によって可能となる．数時間の測定結果を使えば，5 mmの確度を実現することができ，数cmの精度は，固定された基地局の近くで動く移動局（キネマティックGPS）では数秒の観測で実現できる．電離層や対流圏による誤差は，2つの周波数の電波による観測および大気の理論的なモデルを使うことにより取り除かなければならない．最高の精度を達成するためには，観測後しばらく経ってから，全地球的なネットワークからのGPSデータを使って，軌道情報を改訂し，それを用いて再計算しなければならない．なぜなら，リアルタイムで送信されてくる軌道要素は以前の軌道の外挿値をもとにしており，精度が不足するためである．GPS受信機を使えば手軽にポータブルで高精度の結果を得られるため，プレートテクトニクスによる変形，ポストグレイシャルリバウンド（氷河の融解後，粘弾性的に引き続く変形）や地震について研究する地球科学者にとって，相対

図1 高度2万km上空の6枚の軌道面上におのおの4個ずつのGPS衛星が配備されており，これにより，地上の受信機は常時，少なくとも4個の衛星からのシグナルを受信できる．

GPS は重要な道具となっている.

[Peter Clarke/大久保修平訳]

[*訳注：SA は米国東部夏時間の 2000 年 5 月 1 日 0 時に解除された.]

■文　献

Hofmann-Wellenhof, B., Lichtenegger, H., and Collins, J. (1997) *Global Positioning System theory and practice* (4th edn). Springer-Verlag, Vienna.

Leick, A. (1990) *GPS satellite surveying*. Wiley Interscience, New York.

Smith, J.R. (1988) *Basic geodesy : an introduction to the history and concepts of modern geodesy without mathematics*. Landmark Enterprises, Rancho Cordova, California.

前方陸地・前方陸地盆・後背陸地
foreland, foreland basin, and hinterland

　厳密な意味では, 前方陸地は, 衝突型の造山帯における沈み込みプレートに対応する. 後背陸地はそれとは異なり, 造山帯の上部のプレートである. たとえば, ピレネー山脈は, フランスの下に沈み込んだスペインプレートの沈み込みによって形成されたものである. つまり, そこではスペインプレートは前方陸地であり, ピレネーとフランスのプレートは後背陸地となる.

　地球表面では, 造山帯の普遍的な運動は地殻の厚化に伴うアイソスタシーによる上昇である. このようなアイソスタシーによる上昇は地質学的な遅い速度でしだいに山脈の激しい地形をつくり上げる. このような造山帯の内部構造は時間的に蓄積された運動の結果であり, それは地球上に拡がっている主要な造山帯に沿う地域に分布する平坦な地帯でみることができる. 造山帯のリソスフェアは厚くなった地殻の縁を支えることができるが, 同時にその重さゆえに下方に曲げられる. こうしてできる地域には厚く堆積する盆地がつくられる. それを前方陸地盆または前方陸地深海域と呼ぶ. その良い例はインド北部のガンジス平原であり, それはヒマラヤ山脈に隣接する盆地をつくる. もう 1 つの例は, アパラチア山地のカンバーランドとアレガニー台地である. さ

らにピレネー山脈の北にあるアキンタンと南にあるエブロの谷も好例である.

　別の様相をもつものもある. それは大洋地域にある島弧地域である. そこでは海洋地殻が大陸地殻の下に沈み込んでいて, 圧縮地域が帯状に分布している. これらは背弧盆と呼ばれる前方陸地盆である. それは海洋プレート沈み込みに伴うスラスト運動とリソスフェアの厚化で起こる沈降を示している. この良い例は縮退している太平洋西部にみられる. そこでは太平洋プレートはアジア大陸の下に沈み込んでいる.

　数値計算によると, プレート剛性厚さが, 前方陸地盆の幅と深さを決めている. つまり, 剛性が大きいほど前方陸地盆の幅は大きく, 深さは浅くなる. その曲がり方は剛性の大きさを決めている. そして, それはまた最後に非活動的な縁辺域になって以降の時間によっても規定されている. そこで, はっきりと曲げられているアルプス山脈の前方陸地盆は相対的には剛性の小さいリソスフェアによるものと考えられよう. そして, その弾性的な厚さはたかだか 25 km であり, 最後に加熱されて以降の時間は 2 億 5000 万年ほどである. これほど曲げられていないヒマラヤ山脈の前方陸地盆では, 90 km ほどであり, 時間も 10 億年と長い.

　ほかの地質構造においてよりも, 前方陸地盆の発達とスラスト帯の発達が結合していることが, プレートの衝突や上昇そして沈降と堆積過程を進めているのである. こうした明白な地質過程が初期の前方陸地盆で起こると, 堆積物は引き続き変形して, 隣接するスラスト帯を飲み込んでいく. これは自食作用と呼ばれる.

[Jonathan P. Turner/鳥海光弘訳]

総観気候学
synoptic climatology

　総観気候学は, 大気の循環と特定の場所・地域における気象・気候条件との関係を中心的に扱う気候学の 1 分野である. 研究対象は広く, 降水量など単一の気候要素を扱うこともあれば, 気温や日照時間

などを含む一連の観測量を同時に扱うこともあるが，つねに大気循環そのものとその現れである種々の観測量との関係が議論される．総観気候学の研究手法は，その性質上，経験的なものであり，測候所や人工衛星などによって得られた現在および過去の観測データが用いられる．このような「実際の」データを用いる経験的アプローチにおいては，有意な事象だけを抽出するために統計学的手法を注意深く用いなければならない．計算機の性能向上により，大量のデータを用いたより洗練された統計的手法に基づく解析が可能になった．しかし，大気循環と気象・気候条件の間に相関があることを示すだけでは当然不十分であり，その因果関係も明らかにしなければならない．この意味合いにおいては，特定の天候条件がいかなる大気中の過程によって引き起こされるのかに関する理解が総観気候学によって深められた．これは気象学者や他の気候学者が行うより理論的な研究とは相補的なものである．

総観気候学ではさまざまなスケールの現象が研究される．たとえば，最大の全球規模スケールでは，エルニーニョ現象に伴う循環変動とオーストラリアの干ばつやアジアモンスーンの降水変動の関連が議論される．このような関連は「テレコネクション（遠隔影響）」と呼ばれており，（たとえばオーストラリアやインドのような）地域規模の季節予報に役立つ貴重な情報を与えてくれる．しかしながら，こうした地域スケールやさらに小さなメソスケールや局地的な現象の研究こそが，多くの総観気候学研究の基礎をなしている．こうした研究は，ある特定の大気循環のもとで，ある地域にどんな降水分布が卓越するかなどの一般的描像を提供することによって，天気予報の科学に貢献する．たとえば，時雨をもたらす気団が北西から侵入したときイングランド地方北部の降水分布はどのようかという描像である．こうした研究は，長い目で見れば，将来利用可能な水資源がどれくらいかを調査することにも役立つ．同様に，地表付近の大気循環は地球温暖化によって地域的に大きく変化するであろう．さまざまな循環のパターンに対して降水のパターンがどのようになるかを知ることができれば，それぞれの循環パターンの頻度がどのように変化するかを予測することで，降水分布が将来どのように変化するかを推測する際に役立つであろう．

総観気候学の根本課題は大気循環を分類できるようになることである．そのような分類の最初のものは，1950〜60 年代にヒューバート・ラムによって発展された．この分類は現在も用いられており，現代の多くの総観気候学研究の基礎となっている．世界中のほかの多くの地域についても同様の分類がなされており，それらは最も頻繁に起こるいくつかの大気循環型を同定することに焦点を当てている．これら多くの大気循環型はそれぞれ特徴的な地表の天候パターンを伴うであろうと仮定されており，この仮定の真偽が統計的研究に基づき検定される．しかし，このような分類法は，コンピュータ登場以前のものであり，主観的なものである．現在ではコンピュータ技術が進歩したため，地上天気図を眺めての視覚的な判断に頼らずに，格子点上の数値データだけを純粋に用いた客観的分類が可能となっている．

[Graham Sumner/中村　尚訳]

■文　献

El Kadi, A.K. and Smithson, P.A. (1992) Atmospheric classifications and synoptic climatology. *Progress in physical Geography*, **16**, 432-55.

Lamb, H.H. (1972) British Isles weather types and a register of the sequence of circulation patterns, 1861-1971. *Geophysical Memoir*, **116**, Meteorological Office.

Perry, A. (1983) Growth points in synoptic climatology. *Progress in Physical Geography*, **7**, 90-6.

Smithson, P.A. (1986) Synoptic and dynamic climatology. *Progress in Physical Geography*, **10**, 100-10.

創造説
Creationism

創造説，あるいは 1960 年代以後「創造科学」と呼ばれるようになった説は，歴史的には米国の根本主義者の宗教によって生み出された．創造説は，宇宙の形成など，近代科学で解明された自然の発達史を否定し，それに防御する姿勢をとっているが，同時期の科学との不一致がとくに大きいのは，ダーウィンの生物学と進化論を激しく排撃していることである．創造説は，旧約聖書の創世記の最初の部分で語られることを，自然界の起源に関する完全で十分な記述とみなしている．とくに，創造説論者は下

268　創造説

等動物から人間が進化したという考えに，特別な嫌悪感を抱いている．ほとんどの創造説論者にとって，すべての生物，とくに人類は，伝統的な説にしたがって，紀元前4004年に神が6日間かけてエデンの園に創造したものである．この年代は，聖書のさまざまな著作に基づくアダムとイブの系図に由来する．創造説論者が一般に理解するところによれば，生物の地質学的な化石は，非常に古いものではなく，創世記の第7章にあるノアの箱舟に乗り損ねた生物が痕跡を残したものである．

　1859年にチャールズ・ダーウィンが「種の起源」を出版する以前，聖職者たちが科学を教えていたときでさえ，正統派科学は直写主義者が計算した紀元前4004年を問題にした．オックスフォード大学のウィリアム・バックランドとケンブリッジ大学のアダム・セジウィックは，アダムとイブが紀元前4004年に創造される一方で，宇宙，天体，絶滅した化石を豊富に含む地層が測り知れないほど古いことを1820年までに受け入れた．彼らは大学の地質学の教授であり，英国の大聖堂参事会員でもあった．聖書が絶滅状態についてまったく言及していないのは，魚竜やそれに類似した生物が不滅の魂をもたず，人類の魂の歴史を記述した創世記の著者にとっては興味がなかったからであると，ヴィクトリア女王時代の地質学者は議論した．ジョン・ウィリアム・ドーソンやジョージ・フレデリック・ライトのような20世紀の創造説論者のなかには，地球大変動のような古代の出来事は，アダムとイブが創造される以前のことであったという考えを是認する者もいた．

　下等生物からの人類の進化は，ダーウィンが「種の起源」のなかで示唆し，「人間の由来」（1871年）のなかで明言したものであり，アダムとイブの歴史的で宗教的な地位に紛れもなく異議を差し挟むものであった．しかし，ハーバードのアサ・グレイのような多くの信仰心の厚い科学者たちは，1860年代から新しい地質学と正統的なキリスト教神学との間に和解を進めることができた．結局のところ，進化は，創造についての唯一の布告から生み出されるより，ずっと驚異的な宇宙を形作った神の偉大さを示すものと解釈された．

　思い起こせば，創造説論者は，19世紀後期の科学ばかりでなく，同時代の文献学者や原典の研究者によっておもにドイツで展開された聖書の「さらに

高度な批判」も認めようとしなかった．この新しい学問は，聖書の背後にある神の実態とインスピレーションについて決して否定しているわけではないが，聖書自身が神話的で寓意的な要素に沿って構成上の矛盾を含み，ある程度人間的な要素をもつ文学作品であることを認めた．

　さらに高度な批判，ダーウィン説，創世記の非直訳的な理解に対する大衆的な最初の一斉攻撃に火をつけたのは，A.C.ディクソン牧師によって提議された「根本主義」である．それは12連からなる小冊子で，1905年から1915年の間に米国で出版された．20世紀の大半にわたって創造説論者が影響を及ぼした地域の中核は，プロテスタントが根強い米国の南部，中西部，西部であった．創造説は，キリスト教プロテスタント運動の大きな産物で，それは精神的な権威を，古い教会に属する神聖な伝統からではなく，聖職者の説教によって説かれた聖書のみから得る．その結果として，聖書そのものの権威への挑戦は，信仰の核心を突く．ローマ・カトリック，正統派，英国国教会など，聖書の逐語的な理解だけを基盤としないキリスト教派は，相対的には創造説に左右されない．

　根本主義と創造説は，米国の政治的に過激な伝統にも根ざした．この伝統は，奴隷制度の廃止や禁酒法など，法律制定によって社会を変革することを目的とし，1919年以降は進化論に反対するようになった．1926年に米国のテネシー州，デートンで起こった悪名高いスコープス裁判はその好例で，過激な根本主義者の政治家，ウィリアム・ジェニングス・ブライアン弁護士は，法律の力を利用して州立高校で進化論の授業を阻止しようとした．確かに，1919年以降の米国では，創造説論者の論争は，公立の高校や大学で教える内容を規制する是非に焦点が当てられた．

　聖書を厳格な基礎にしているにもかかわらず，創造説は意見の多様性を決して欠いていない．たとえば，バーナード・ラムの「科学と聖書のキリスト教的な概念」は，神が100万年以上もかけて人類と地球を進化させ，完全なものにしたという理解を支持した．それは創世記の創造物語でも定着していない考えであるが，それを受けて，ジョン・ウィットカムとヘンリー・モリスは「創世記の洪水」（1961年）で，若い地球と聖書に描かれた大洪水が最も重要な

地質現象であることを再度主張した.

1960年代初期に創造研究会ができた. そのなかで, ウィットカム, モリス, ウォルター E. ラマーツ, デュアン・ギッシュのような人たちは,「創造科学」を発展させ, 進化論の信用を失墜させて, ノアの洪水の歴史的な実在性を立証しようとした.

創造説は, 今日ではマスコミを使って, その科学性を主張しつづけているが, 文化的には米国の根本主義とのつながりを保持している. その神学は創世記の権威を文字通りに存続することに圧倒的な価値を見出し, その地質学と生物学は証拠に導かれることなく, いつも正確に聖書と一致することを求められる. 創造説は, カナダ, オーストララシア, 大英帝国など, プロテスタント諸国から発祥したが, それは近代の科学者だけでなく, 現在の大多数のキリスト教徒によっても拒絶されている. 彼らにとって, 古代創世記物語が文字通りの正確さをもつことは, 信仰上不必要なのである.

[Allan Chapman/井田喜明訳]

■文 献

Rupke, N. A. (1983) *The great chain of history : William Buckland and the English school of geology.* Clarendon Press, Oxford.

Larson, E. J. (1989) *Trial and error : the American controversy over evolution and creation.* Oxford University Press, New York.

Numbers, R. L. (1993) *The Creationists. The evolution of scientific creationism.* University of California Press, Berkeley.

測地学および測地学的計測
geodesy and geodetic measurements

測地学, すなわち地球の形状と重力場とを精密に測る学問は, 狭い地域の測量や地図作成で用いられる多くの手法に起源を発する. しかし, 対象とするもののスケールは, 際立って違っていて, 地球の曲率が重要になる程度の距離でなされる観測の解析のことを測地学というのが一般的である. 現代測地学では, われわれの惑星の形状を定量的に表すために, 地表面上の2点を結ぶ観測や, 地上局から実施する天文観測を用いており, 地球を周回する人工衛星から送受信される信号もしだいに多く使われるようになっている.

●測地学と重力

物理測地学というのは, 地球の重力場およびジオイド(海洋では平均海面にほぼ一致するような等ポテンシャル面)の計測に関する分野である. 惑星規模で見ると, ジオイドは, 短軸の周りに地球が自転することによって生じる, 扁平率が約1/300の回転楕円体として近似できる. 地球内部の不均質な質量分布の結果, ジオイドには回転楕円体からの永久的なずれが生じるし, また, 風・潮汐・海流などによって1mに達するような一時的なずれも生じる. 地球科学者にとっては, この2種類のずれは双方ともに興味の対象となるが, 測地学者にとっては,「ジオイド」という言葉は等ポテンシャル面の安定かつ長期的な特性を意味する. ジオイドを表現するには, ジオイド面と回転楕円体面の間隔, すなわちジオイド高を用いる. これは, ある与えられた準拠楕円体面から, ジオイドまでの距離を垂直に測ったときの値である. 歴史的には, 関心のある地域でのジオイド高を最小にするように楕円体が決められるが, 国ごとに対象となる地域が異なるので, 原点も異なれば, 長軸・短軸の長さも異なる準拠楕円体が使われることが多かった. しかし, 宇宙測地学のデータがしだいに使われるようになると, WGS-84やGRS-80のように地球重心を原点とするグローバルな準拠楕円体を共通に用いるのが現代では適当になりつつある. この場合には, ジオイド高は数十mに達することがある.

ジオイドは, 陸上・海上の位置がわかっている点での重力測定データから導くこともできるし, あるいはもっと直接的に海洋の上を低軌道で周回する衛星から精密レーダー高度計を使った海面高度を用いて決めることもできる. 後者の方法はジオイドの短波長成分を決めるのにとくに有効であることを実証してきた. 高度100kmを周回する衛星から, ビーム幅1°のマイクロ波レーダーパルスが送信されると, 海面上では半径3〜5kmの領域が照射を受ける. レーダー高度計の測定は海面の粗度および大気屈折の影響を受け, したがって, 測定精度は約0.2mが限界であるが, これは衛星軌道を追跡するときの精度に見合った程度の量になっている. それとは対

照的に，地上の重力測定から「重力ジオイド」を決めるのは，もっと複雑であり，かつ誤差が入りやすい．重力ジオイドの空間分解能は，重力測定領域より小さい長さスケールに限定され，また，重力測定データ自身にも各種の微妙な補正を加えて，測定点より上方にある物質の影響を除去しなければならない．

　真空中で小物体を落下させて，一定の落下距離に達するのに要する時間を測れば，地上重力値の絶対値の測定ができる．また，力学的な力の釣合いを利用した測定器を用いれば，相対的な重力値を測ることもできる．相対重力計には，ある指定値からの重力の差に比例して，スプリングに取りつけられた質量が変位する定位型のものと，与えられた重力の変動量に対して生じる変位が定位型よりもずっと大きい，より高精度の無定位型のものとがある．地表における平均的な重力加速度は $9.8\,\mathrm{m\,s^{-2}}$ である．重力異常は，ガルという単位（名前はガリレオにちなむ，1 ガル（Gal）$= 0.01\,\mathrm{m\,s^{-2}}$）や重力ユニット（1 重力ユニット（gu）$= 10^{-6}\,\mathrm{m\,s^{-2}} = 0.1\,\mathrm{mGal}$）で表示されるのが普通である．近代的な無定位相対重力計では，精度は $0.1 \sim 0.01\,\mathrm{mGal}$ の程度であるが，$0.05\,\mathrm{mGal/月}$ を超えるような長期的なドリフトの影響を受けるのに対して，絶対重力計の方は確度が $0.001\,\mathrm{mGal}$ に達し，時間的なドリフトの影響も受けない．海上重力測定は，第 1 には船のピッチングやローリングなどの動揺によって望ましくない加速度が測定値に含まれる（ジャイロを使った安定台で小さくすることはできるけれども）ため，また第 2 にはエトベス効果が加わるため，陸上重力測定よりも精度が劣る．エトベス効果というのは，船の速度が東西成分をもつと，それが地球の自転による東西方向の速度に付け加わって，遠心力加速度を変化させることで生じる．船の速度に $1\,\mathrm{km\,h^{-1}}$ の誤差があると，エトベス補正量には赤道で $4\,\mathrm{mGal}$ の誤差が生じるが，緯度が高くなるとともにこれは減少する．近代的な GPS を用いた航法システムでは（下記参照），これより 1 桁良い精度で船の速度を決めることができる．航空機を用いた重力測定でもエトベス補正は必要になるが，航空機の振動や加速度の補正で精度がかなり劣化する．航空重力に関する別の問題としては，$1\,\mathrm{mGal}$ の精度を達成するためには，航空機の高度が $1\,\mathrm{m}$ の精度でわかっていなけ

ればならないということがある．

●位置と座標系

　位置決定測地学にとって基本となるのは，位置を表現するときの座標系である．かつての海上航法では，太陽や他の星を水平線上から測ったときの最大もしくは最小角度を観測すれば，天文緯度は比較的容易に計算で求めることができた．天文経度の方は少し手の込んだ問題であって，なぜなら正確な経度決定は，経度原点（現代的な規約ではグリニッジ子午線）に対して，測定者の地方時を確定する能力によって決まるからである．正確なクロノメーター（経度測定用のきわめて精密な時計）が 18 世紀に開発されるまでは，恒星や惑星の食に基づく複雑な計算をすることによってしか，達成することはできなかった．天文測定では地球上のどの場所であれ，独立に位置決定が可能ではあるけれども，その測定は観測点のローカルな鉛直線（重力の働く向きで，ジオイドに直交する方向）に対してなさざるをえないという欠点がある．ジオイドは完全な楕円体ではなく，多少の起伏をもつので，地上の異なる 2 点での鉛直線が平行になることがありえ，そのときにはこの 2 カ所の天文座標は同一になってしまう．測地座標（緯度，経度，楕円体からの高度）を決定するには，このような鉛直線偏差を補正しなければならない．測地座標は楕円体に準拠して決まるので，場所ごとに一意的に定まる．したがって，位置決定においては，座標値だけではなく，用いた楕円体のパラメーターも明示する必要がある．

　上に述べたように，自国の領域内で準拠する楕円体とジオイドとがなるべく食い違いの少なくなるようにしようと，多くの国でばらばらの楕円体のパラメーター（長軸および短軸の径と重心の位置）が用いられることが多いので，楕円体に基づく座標系は普遍的とはいいがたい．ある地点の位置を示すのに用いられる別の方法としては，地球重心に原点をもち，互いに直交する 3 つの軸からなる，地心デカルト座標系を用いることである．Z 軸は地球の自転軸に一致させ，X 軸はグリニッジ子午線と赤道の交点の向きにとり，Y 軸は東経 $90°$ 子午線と赤道の交点の向きに選ぶ．ところで，1 日ないし 1 年というスケールで大気・海洋の質量分布が変化するので，自転軸は時間とともに変動し，しかも短期的に

はその予測が困難である. 14 カ月周期のチャンドラー極運動および 18.6 年周期の地球章動(自転軸の小振動)の結果, 長期的な自転軸の変動はもう少し予測が立ちやすい. したがって, 実際上は Z 軸は, ある時間範囲の中で平均した自転軸でもって定義される. X 軸, Y 軸もグリニッジでの観測で直接的に定義できるものではなく, 地球上に選んだいくつかの地点が指定の座標をもつようにという条件から, 非明示的に定められる.

天体および人工衛星の観測を扱う際には, 上述の地球固定の座標系だけではなくて, 遠方の星が固定されていて(近似的ではあるが), 人工衛星の運動方程式がなんらの外部回転項を含まない慣性系となるような適切な天球座標系も考える必要がある. 実際のところは, いちばん遠方の星でも他の星に対して小さな固有運動をしているし, また地球の近くを航行する人工衛星に働くすべての抵抗力を正確にモデル化することも不可能であるから, そのような天球座標系を完全な形で実現することはできない. いま考えている問題においては, 地心座標系もしくは太陽中心座標系(太陽系の重心に固定したバリセンター座標系)を考慮するのが, より適切であるかもしれない. どちらの場合でも, 太陽を回る地球の軌道面である黄道面と地球の赤道面に対して座標系が規定される. この 2 つの面の交線が春分点および秋分点, すなわち太陽の見かけの運行が赤道に達し, 南北のどちらかの半球から別の半球にのり移る点のある方向を定める. 太陽が南半球から北半球に移る春分点(昇交点としても知られている)が, 座標系の基本軸に選ばれている. 地球の自転軸と同様に, 実際の赤道面と黄道面は時間的に変動するので, ある定められた時間の間に観測された平均でもって, 天球座標系は規定される.

● 地上からの測地学的計測

地表面上から地表面上の別の点をたどっていく測地学的な位置決定は, ある意味において, 宇宙測地学(とくに後述する GPS)にとって代わられつつある. しかし, 小規模ないし中規模の位置決定については, いまでも地上測量が最良の方法であることが多い. また, 多くの地球物理学的な研究では, とくに地球回転やリソスフェアの変形ではそうであるが, 長期にわたって行われてきた地上からの測地学的計測が有用である. 最初の真の意味での測地学的計測は, 古代ギリシャの時代までさかのぼるが, 本質的には天文学的な手法であった. エラトステネス(アルキメデスと同時代人)は, アレクサンドリアの南中高度とアスワンのそれとを比較して, 地球の円周のきわめて正確な値を導いた. 時間を正確に維持する「保時」, 望遠鏡, 天文星表, それに大気による光の屈折のモデル化の進歩によって, 今世紀(20 世紀)の天文学的な位置決定の確度は経緯度で 0.3″ で, 絶対的な確度として 10 m になるが, これでは測量目的には不十分である. しかし, 近接した 2 点の位置の差はもっと精度よく測ることができる. たとえば, 1 点から他の点までの方位角は 0.5″ 以内の精度で測れるので, 2 点間の基線長が 10 km の場合なら水平精度 25 mm が達成できる. このような方位角測定によって, 方向の規正を行っている近代的な測量網は多い.

16 世紀のオランダの測地学者ゲンマ・フリシウスがはじめて提案した三角測量は, 衛星測地学が発展してくるまでは, 広域的な測地網を測る主要な方法であった. 最も単純化していえば, 1 組の隣接する三角形群の頂角が既知で, 1 つの三角形の辺の長さと向きもわかっていれば, 他のすべての三角形の頂点の位置は単純な三角法の関係式で計算できるという事実が三角測量の基礎となっている. この方法では明らかに, 2 つの頂点の間の見通し(視通)が確保されていなければならず, こういうわけで三角測量の基準点が普通は山の頂や高い建物の屋上に設置されることになる. 角度の測定はセオドライト(経緯儀)を用いて行われ, これは本質的には水平面内および鉛直面内で自由に回転できるようになっており, 取り付けられている目盛盤を使って, 角度を 0.1″ 以内の精度で読み取る望遠鏡である. この場合, 大気による光の屈折が重大な誤差要因となり, これに対処するために大気の温度構造がより安定している夜間に, 何組もの測定が行われる.

歴史的には, トラバース測量(既知点から未知点まで方向と距離を測りながら, 順繰りに伸ばしていく測量法)よりも三角測量の方が優れている点は, 全測量網に対して距離の測定が必要となるのはたった 1 回だけであるという事実である. ただし, 測量誤差の累積を避けるために, 1 つ以上の基線長測定を行っている測量網は多い. 昔の距離測定は, 熱膨

張係数の小さいインバールのテープで行われてい
た．しかし，この方法では，重力でテープがたわむ
ことや，2点を結ぶ間の地形起伏の補正がたいへん
であった．1950年代になって，マイクロ波レーダー
や可視光を用いた，電子光波測距システム（EDM）
が生まれたおかげで，視通のとれる2点間なら比較
的容易に距離の測定ができるようになった．可視光
の帯域では大気は分散性（信号の遅延量が波長に
よって決まり，後で補正することができる）である
から，大気屈折による誤差は2周波での測定から補
正計算すれば小さくすることができる．このように
して，EDM測定の誤差は測定距離の約1ppmに抑
えることができる．EDMを用いて，三角測量に似
てはいるが，角度測定の代わりに距離測定を行う三
辺測量が可能になった．

位置座標の垂直方向の成分は，鉛直三角法（三角
水準）もしくは水準測量法で測ることができる．大
気密度は高度とともに急激に変化し，大気屈折の誤
差があるため，前者の方法には大きな誤差が含まれ
るのに対して，後者はもっとずっと正確である．水
準測量では，目盛を刻んだ標尺と望遠鏡を使って，
数十m離れた2点間の高度差を求める．この手続
きを1本の路線や閉環に沿って順次繰り返すと，
路線長1kmに対して0.1mmの精度を達成するこ
とができる．

測地学で問題とする長さスケールでは，普通の平
面三角法を使うことはできず，準拠する曲面上での
計算を実行しなければならない．これが主たる理由
で，ある対象領域内でジオイドをよく近似する楕円
体を適切に選ぶことが必須になる．これらのすべて
の地上からの測地計測は，先に述べた鉛直線偏差の
影響を受けている．したがって，これを独立に推定
するか，あるいは測定点の位置座標を求めるときに
一緒に未知数として推定するかしなければならな
い．三角水準測量や水準測量では，正標高（オルソ
メトリック・ハイト，ジオイドから測った高さ）が
得られるのであって，楕円体から測った高さが得ら
れるわけではない．それゆえ，両者の差（ジオイド
高，すなわちジオイドと楕円体の間隔）も計算して
おかなければならない．

●宇宙測地学と衛星測位

1930年代に地球外にも電波源があるという発見

がされるとまもなく，これらの信号を使えば，2つ
以上の電波望遠鏡の間の距離が測れるということが
認識された．この測地目的の超長基線電波干渉法
（VLBI）という技術が十分に成熟したのは1960年
代になってからのことである．そのころから非常に
遠くに離れた2地点で受信された信号であっても，
原子時計を用いて，それぞれに精密な刻時マークを
つけて記録できるようになったからである（図1）．
おのおのの望遠鏡に波面が到達するときの時間差
は，2つの望遠鏡を結ぶ基線ベクトルの電波星の見
える方向の成分（視線成分）に比例する．測定周波
数の帯域は2〜8GHzのSバンド・Xバンドで行わ
れる．これらの周波数では電離層の荷電粒子が引き
起こす電波遅延が問題となるが，この影響は分散性
であるから，2つ以上の周波数で測定すれば補正が
できる．これよりもさらに重大な遅延が対流圏，と
りわけその中の水蒸気によって引き起こされる．こ
の効果は分散的ではないので，圧力・温度・湿度の
高度変化のモデルを用いて，推定しなければならな
い．これらの補正を施すことにより，現代のVLBI
による位置測定は数cmの精度を達成している．測
定する信号は遠方の星からくるので，VLBIシステ
ムは地球回転の自転速度や自転軸の変動にとくに敏
感であり，またプレート運動や固体地球潮汐による
変形を測定するのにも用いられてきた．

人工衛星が1950年代末にはじめて軌道に打ち上
げられて以来，宇宙測地学は発展してきて，いまや
電波や可視光の信号をさまざまな衛星から送受信し
て利用するようになっている．概念的には，最も単
純な手法というのは人工衛星レーザー測距（SLR）
であって，そこでは地上局からレーザーパルスを衛
星に向けて発射し，それが反射して戻ってくるまで
の往復時間を測定している．この往復時間そのもの
は0.1ns（ナノ秒）の精度で測定可能であるけれど
も，数nsにも及ぶ大気屈折の誤差が入り込むこと
や，低軌道（高度約1000km）を運行するときに受
ける大気摩擦とか地球重力場の短波長変動を正確に
モデル化しなければならないため，システム全体と
しての確度には限界がある．幸いなことに可視光域
ではマイクロ波の帯域とは違って，対流圏の水蒸気
による信号遅延の影響は非常に小さく，乾燥大気に
よる遅延成分はすぐにモデル化が可能である．SLR
システムはVLBIと少なくとも同等の位置決定精度

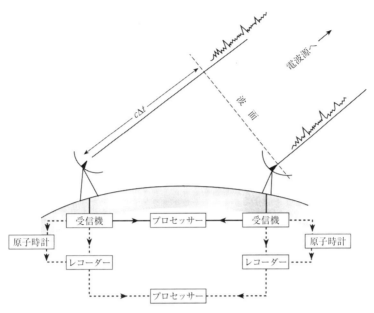

図1 電波干渉法の模式図．電波望遠鏡を結ぶ基線ベクトルの，電波星の方向の成分は，2つの電波望遠鏡に波面が到達する時間差 Δt と光速 c を乗じたものに比例する．かつての普通の短基線のシステムでは，受信信号はすぐに処理系にケーブル（図の実線の矢印）で伝送される．VLBIでは，受信信号は刻時信号を付加して記録され，処理系には後で送られる（破線の矢印）．(Lambeck (1988) による)

をもつが，VLBIよりは可搬性が高いので，グローバルもしくは広域的なテクトニックな変動を計測するのに用いられてきた．

初期の頃のマイクロ波を用いた衛星システムでは，低軌道の衛星からの信号を地上で受信したときのドップラーシフトを追跡して観測していた．そこでは使用周波数はVLBIに比べると低周波（初期のドップラーシステムでは，150ないし400 MHz）であるが，VLBIに対して行ったのと同様の対流圏遅延補正および電離層遅延補正を施さなければならない．軌道が低いので（観測点から各衛星が見えている時間は短い），数日間にわたって何十もの軌道追跡をしなければ，観測点の位置を1〜2 mの精度で決めることはできなかった．

さまざまなドップラー方式の衛星は，いまでは，米国国防総省が運用する全地球測位システム（GPS）にとって代わられている．GPSは，長期にわたる測地目的に堪える高品質な座標を与えることも，航法システムで必要になる程度の正確な座標を瞬間的に与えることもできるように設計されている．これが可能となるのは，地上の観測者がいつでも少なくとも4個以上のGPS衛星が観測できるように，シ

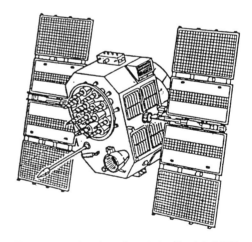

図2 Navstar (GPS) のブロック2で用いられる衛星．両側の大きなパネルは太陽電池で，つねに太陽の向きを向くように回転する．衛星に取り付けられたさまざまなアンテナはGPS信号および軍事用通信信号を送信する．(Fliegel ほか (1992), *Journal of Geophysical Research*, **97**(B1), 554-68)

ステムが高軌道（高度2万km）の24個の衛星で構成されているからである．各衛星（図2）は精密な原子時計を搭載し，搬送波としてLバンドの2周波（1.2 GHzおよび1.6 GHz）のマイクロ波を送

信している．搬送波は2つとも，信号が衛星から発射された時刻を定めるコードで変調を受けている．4個の衛星を観測すると，受信機の方ではその位置座標3成分と同時に信号の到達時刻も計算で求めることができる．すなわち受信機側に正確な時計は不要である．変調に用いられるコードは2種類ある．C/A（Coarse/Acquisition）コードは低周波側の搬送波にのみ乗せられており，またそれより波長の短いP（Precision）コードは2つの搬送波の両方に変調信号として乗せられている．各衛星からはまた，その時点での衛星軌道情報も送信されている．C/Aコードを使うと，各衛星までの距離を10mの精度で決めることができるが，民生用の測定精度を100～150mに劣化させるために，衛星の時刻情報や軌道情報に誤差が意図的に入れられている[*]．Pコードは軍事目的でさらに暗号化されているが，GPS受信機のなかにはこの暗号を解読しなくても，Pコードを用いて，瞬間ごとに確度10～15mで位置決定できるものもある．さらに強力なディファレンシャルGPSという方法では，位置のわかった地上の固定局で，衛星までの距離に含まれる誤差を計算しておき，それを移動局に電波で送信して補正を行う．固定局と移動局が，対流圏，電離層，衛星軌道の誤差や意図的に加えられた誤差が共通と見なせる程度に近接していれば，5mより良い精度が達成できる．この方法は，車両・船舶・航空機のナビゲーションや測量にしだいに用いられつつある．正確な位置決定には，2つもしくはそれ以上の数の受信機でGPS搬送波の位相を記録しておき，それらを組み合わせて，VLBI観測で使われている手順に類似したGPS干渉法（相対GPS）が用いられる．数時間の観測で5mmの確度が達成でき，受信機が移動している場合でも瞬時に数cmの精度を得ることができる（キネマティックGPS）．VLBIと同様に電離層や対流圏での遅延誤差を補正するには，2周波の搬送波を観測したり，大気の理論的なモデル化をしたりすることが必要である．それに加えて，衛星から送信されてくる軌道情報は，それ以前の軌道を外挿しているため精度が不足しているので，衛星軌道についてもグローバルな追跡ネットワークのデータを用いて，再計算をしなければならない．GPS受信機は簡単にもち運びができ，精度のよい結果が得られるので，相対GPSは，プレート運動に伴う変形，地震の研究，精密なナビゲーションおよび陸地測量にとって重要なツールとなっている．

[Peter Clarke/大久保修平訳]

[*訳注：誤差の意図的な導入は，米国東部夏時間の2000年5月1日0時に解除された．]

■文献

Bomford, G. (1980) *Geodesy* (4th edn). Clarendon Press, Oxford.

Lambeck, K. (1988) *Geophysical geodesy*. Clarendon Press, Oxford.

Leick, A. (1990) *GPS satellite surveying*. Wiley Interscience, New York.

Smith, J.R. (1988) *Basic geodesy：an introduction to the history and concepts of modern geodesy without mathematics*. Landmark Enterprises, Rancho Cordova, California.

ソービー，ヘンリー・クリフトン
Sorby, Henry Clifton（1826-1908）

ヘンリー・クリフトン・ソービーは19世紀英国の地球科学者のなかでも最も独創的で豊富な業績をもち，革新的な役割を果たした研究者の1人である．彼はシェフィールドの裕福な家庭に生まれ，私財で生涯を科学研究のためにささげた．

ソービーの研究で最も大きな影響を残したのは，地質学や冶金学に顕微鏡の技術を導入したことであり，それは1849年と1864年になされた．彼は薄片や偏光顕微鏡を用いた岩石の分析法を急速に発展させた．

その後ソービーはスレート劈開や石灰岩の微古生物学，その他の堆積現象に関する論文を発表した．彼は結晶に含まれる流体包有物の研究を創始し，その包有物から花崗岩が結晶化する温度を決めた．マグマ中の水の役割を研究したのも，米国のボーエンより先である．彼は鉱物，隕石，金属を酸で腐食して，それらの組織や履歴を解明した．

1864年にソービーは顕微鏡と分光計を組み合わせてスペクトル分析の実験を行い，この重要な分析法を創始した．1878年になると，彼は別な方向にのり出した．75tのヨットを水上実験室にして，彼は夏の間英国の東海岸沖を航海し，水と堆積物の運

動と，海洋生物学や生態学を研究した．

　ソービーは自分の発見のごく一部を発表したが，その論文は地質学者に大きな刺激となった．とくに堆積学の発展は，ソービーの好奇心と，堆積粒子のダイナミクスや堆積岩に関する研究手法に負うところが大きい．　　　　　　　[D. L. Dineley/井田喜明訳]

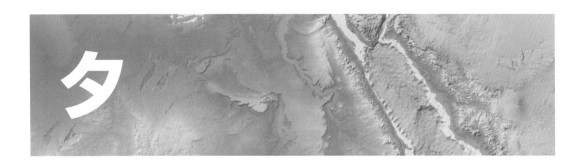

大気大循環
general circulation of the atmosphere

「大循環」とは，大気がどのように空気を循環させ，それにより水蒸気や熱を運ぶのかを表す用語である．長時間にわたる平均的な空気の運動が問題となるため，大循環論においては日々の変化はさほど重要ではない．しかし，循環の様子は普通，季節により異なるため，おのおのの季節について平均的な循環を定義することは可能である．

答えるべき最も重要な問題は，「そもそもなぜ大気中の空気は運動するのか？」ということである．運動はまったくデタラメなものなのであろうか，それともきちんとした理由があるのだろうか？ たとえば水星のように大気が存在しなかったとしたら，最も太陽放射に露出した部分がいちばん暑くなり，受け取る太陽放射量が最も少ない部分がいちばん寒くなるだろう．地球はほとんど球形で，年間の平均的な太陽の位置は赤道上にあるため，赤道域が最も多くの太陽放射を受け取り，よって最も暑くなると期待されるだろう．極付近においては太陽が天頂にくることは決してなく，太陽光線は広い面積に広がっているため加熱の効果は弱い．これは観測のとおりである．しかし，もし大気や海洋が循環していなかったとしたら，赤道域は暑すぎて現存するような生物は生きていられないだろうし，極域はいまよりもずっと寒くなっていただろう．大気は，熱帯周辺で受け取る多量の熱を取り出し，惑星のより寒い領域に再分配しようと貢献する．この過程で，冷たい空気は熱帯まで運ばれ暖められる．こうした熱の再分配において，海洋もまた重要な役割を担っている．このように，大循環は大きな温度差を解消しようとする働きがある．

最も大きな温度差があるのは赤道域と極との間である．この緯度による温度差は経度による温度差よりずっと大きい．このため，異なる緯度で何が起きるのかに注目し，同じ緯度帯での違いをある程度無視して，大循環を記述することがよく行われてきた．

大気大循環を記述する最初の試みは大航海時代になされた．この時代は，地球上のいろいろな場所ごとに卓越する風向や風速を知ることが死活的に重要であったのである．循環の最も単純なモデルは，間違ったものではあったが，いくつかの重要な点を明らかにした．もし空気が熱帯で加熱されたならば，浮力が働き上昇するであろう．極域で冷却された空気はより重くなり下降するであろう．もし，冷たい空気が極域から流れ出す一方，熱帯で暖められた空気が上層で極向きに流れたとすると，大気循環が成立する（図1a）．この循環は，赤道で受け取る熱をほかの緯度帯に分配とするという条件を満たすであろう．このような循環が実際に存在していたならば，どのような風のパターンが地表付近で観測されるだろうか？ 地球が自転しているという事実を無視すると，地表での流れは極から赤道へ向かうものとなるだろう．しかし，実際は地球の自転の効果により，地上の観測者からは，その運動の向きに直交する風成分があるかのように見える．たとえば，北半球においては，北極から南向きに吹く風が北東風のように見えるということになる（風向きは風が吹いてくる方角によって呼ばれることに注意）．一方，南半球においては，卓越する風は南東風となるであろう．もちろん，このような一様な風の分布は実際には観測されない．しかし，上に提唱された風のパターンは，赤道から約30°の緯度幅に見られる貿易風の領域で観測されるものとよく似ている．大循環のまさにこの部分は，1735年にはじめてこれを提唱した

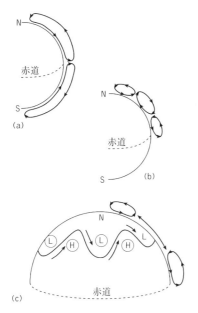

図1 大気大循環の模式図. (a) 各半球1つずつの循環セルからなるモデル. (b) より現実的な3セル循環モデル. (c) 中緯度波動擾乱の役割を正確に示したモデル. N：北極, S：南極, H：高気圧, L：低気圧.

図2 ヨーロッパの気象衛星 Meteosat による画像. ITCZ (熱帯収束帯) に沿っては背の高い雲 (積乱雲) が発達し, 亜熱帯高圧帯ではほとんど雲がない. また, 中緯度では, 波動擾乱 (温帯低気圧) に伴って雲が形成されている.

英国の気象学者ジョージ・ハドレーの名をとって, ハドレー循環と呼ばれている.

上に記述したような, 各半球に閉じた循環が1つずつあるという理論的大循環像は, やがて, 熱帯にハドレー循環, 極域に同様の直接循環, 中緯度 (30〜65°) に逆向きの循環からなる3セル循環システムによる説明 (図1b) に取って代わられた. このモデルには, 地表で卓越する風のパターンを非常にうまく説明できるという利点があった. しかし, その後, 高層大気の観測が行われるようになると, 中緯度の領域では上層の風が正しく記述されていないことが明らかとなった. 中緯度における熱の輸送についての説明が完全になされたのは20世紀になってからである. このころになると, 中緯度で卓越する移動性の高・低気圧が, ほぼ水平な運動を伴う波動であることがわかってきた. これらの波動は, 低気圧の東側で暖かい空気を極向きに輸送し, その西側では冷たい空気を赤道向きに輸送する. 実際には, こうした波動は厳密に水平というわけではなく, 極向きに動く暖かい空気はゆっくりと上昇し, 赤道向きに動く冷たい空気は下降している (図1c).

以上のことを受けて, 大循環の2つのおもな部分, すなわち, 全地表面積のおよそ半分を覆うハドレー循環と, その40%以上を覆う中緯度における波動について詳細に考えよう. ハドレー循環では赤道近くで空気が上昇し, 緯度30°付近で空気が下降する. 北半球と南半球とにおのおの1つずつ閉じた循環セルがある. 春や秋では, これら2つの循環はほぼ対称的である. 一方, 片方の半球が夏でもう片方が冬であるとき, 太陽は赤道上にはなく, 夏半球側の熱帯で加熱が最大となる. このため, 2つのハドレー循環の境界は夏半球側へ移動し, 夏半球から冬半球にまたがる循環セルの方が強くなる. この境界は上昇気流によって特徴づけられ, そこには北側から北東 (貿易) 風, 南側からは南東 (貿易) 風が吹き込み, 地表付近で空気の収束がある. この境界で上昇した空気は冷やされ, 水蒸気の凝結が起きて雲が発生する. 衛星画像においてこの領域で見られる断続的な雲の帯は ITCZ (熱帯収束帯) と呼ばれる (図2). ITCZ では南北両半球の熱帯域から水蒸気が運ばれてくるため, 非常に強い雨が降っている. ハドレー循環に伴い, 比較的乾いた上層の空気は ITCZ から離れるように動きつつ, 地球自転のために同時に東向きにも移動する. 下降気流は ITCZ から南北およそ20〜30°の緯度帯で生じる. 下降する空気は暖められ, より安定になるため, 亜熱帯高圧帯と呼ばれるこの領域では雲は発生しない. この亜熱帯域

での下降流は，ITCZ での強い上昇流に比べ非常にゆっくりとしている．この亜熱帯域ではよく空が晴れわたるため，雲に覆われた ITCZ よりも多量の太陽放射が地表まで到達できる．このため，この領域で地表気温がしばしば最高となる．こうして気温が高くなるため，海面からの蒸発も活発化し，大変湿った空気がハドレー循環の下層の流れ［訳注：貿易風］によって ITCZ にまで運ばれる．

中緯度の循環では，亜熱帯下層の暖気がほぼ水平に極向きへと運ばれる．暖気の極向き輸送は，高気圧と低気圧の間で，低気圧から見て東側の縁で起こる．運ばれる過程で，暖気は水平距離 200〜300 km につき 1 km というゆっくりとした割合で上昇する．この上昇により空気は冷やされて凝結が生じ，広い範囲で雲が形成されて降水が起こる．低気圧の反対側の縁では，高緯度上層の冷気がゆっくりと下降しながら亜熱帯へ輸送される．

大気大循環によって，地球の最も暖かいところからより冷たいところへと熱が輸送されている．同時にその過程においては，蒸発の多いところから降水の多いところへと水蒸気も輸送されている．大循環にはモンスーンのように，ここで説明した惑星規模の現象よりもやや小さなスケールで生じる重要な要素もある．　　　[Charles N. Duncan/中村　尚訳]

■文　献

Hunten, D. M. (1993) Atmospheric evolution of the terrestrial planet. *Science*, **259** (5097), 915-20.

Kasting, J. F. (1993) Earth's early atmosphere. *Science*, **259** (5097), 920-6.

Palmen, E. and Newton C. W. (1969) *Atmospheric circulation systems*. Academic Press, London.

大気中の収束・発散
atmospheric convergence and divergence

「大気中の収束」は，ある地点における大気質量の蓄積を意味している．地上での収束は通常よく発達した低気圧の中心で起き，上層では［訳注：西風中を伝播する］ロスビー波に伴う低気圧性循環の西端で起こる．個々の雲に伴う質量収束は測定が困難だが，上昇流の強さに基づく局所的な収束の強さは総観規模収束の 50 倍にも達する．収束の単位は s^{-1} で，総観規模の低気圧に伴っては $10^{-5} s^{-1}$ のオーダーである．これは風速がその方向に 100 km のうちにおよそ 1 m s^{-1} 変化することに相当する．こうしたわずかな風速の変化を測定することは，現在の観測点の間隔や測器の精度をもってしてはまず不可能である．もし $10^{-5} s^{-1}$ の収束が大気層の下半分（すなわち，地表から 500 hPa のレベルまで）に存在したとすれば，対流圏中層（500 hPa）では 5 cm s^{-1} の上昇流が存在するであろう．

収束は地表摩擦の効果によっても生ずる．気圧傾度力とコリオリ力の釣合いに伴って吹く地衡風がもしでこぼこした地面にさしかかったならば，その摩擦の効果で減速するであろう．コリオリ力の大きさは風速に比例するので，減速の結果その力は弱まるだろう．その一方で気圧傾度力は保たれるため，力の平衡が崩れ，風は等圧線（気圧の等しい地点どうしを結んだ線）を横切って気圧の低い方へと吹き込むようになるだろう．この摩擦による吹き込みは収束をもたらすもう 1 つの要素である．

「大気中の発散」は，大気の流れ（に伴う質量）が高気圧中心から流れ出る際に起こる．こうして発散した空気塊は水平に広がってゆき，しだいに伸張・膨張を受ける．しかし，この伸張はさまざまな形で起こり，おのおの特徴的な時間規模をもつ．それは，地表摩擦の効果によって等圧線を横切って吹く非地衡風であったり，流線（ある瞬間の大気の流れ）の発散であったり，流れの減速であったり，また山岳などによって流れが妨げられたりしても起こる．

地表における大きな水平規模の発散は，アゾレス高気圧のような大規模な高気圧に伴って典型的に見られる．地表における発散は，高気圧の中心付近における下降流によって補償され，質量の保存が成り立っている．大まかに見て数 cm s^{-1} の強さをもつこの下降流は，断熱的な昇温をもたらし雲の発生を抑える．成層度の影響はさほど大きくはない．発散はまた地表の摩擦の影響によっても生ずる．たとえば，陸風が陸上から海上へ吹き抜ける際，摩擦が小さくなるため加速が起こり，それが海岸付近に局所的水平発散を引き起こす．また，発散は上層のロスビー波に伴う流体粒子の局所的な加速・減速によっても起こる．上層の低気圧性循環の東端で起こる発散は，中層の上昇流を通じて下層の収束と結びつい

ており,それに伴い下層の低気圧の発生が促されることもある.一般に,収束・発散は地表付近や圏界面付近(高度約10 km)にて顕著である.その中間,高度5 km程度(500 hPaレベル)では発散は極小になる傾向にあり,そこは「無発散面」として知られている. 　　　　　　　　[R. Washington/中村　尚訳]

■文　献
Meteorological Office (1991) *Meteorological glossary*. HMSO, London.

大気電気
atmospheric electricity

　大気中にある電気回路は,電荷を交換したり放出する過程を伴う自然現象によって維持されている.大気電気は,最近はじまった現象でも,地球独特の現象でもない.1億年以上も前に落雷を受けた木の化石(閃電岩)が現存しているし,ほかの惑星でも雷活動が観測されている.落雷のもたらす重要な作用として(大気中の二酸化炭素濃度の増加につながる)森林の火災と空中窒素の固定があげられる.

●グローバルな電気回路

　グローバルな電気回路は大気層のなかにあり,激しい電気活動が行われるごく狭い領域と,電流が少ししか流れない広い領域から構成される.したがって,地表の大部分の場所では,大気電気の作用は小さい.大気電場は地上で観測できるが,それは高層大気(上空80 km程度)と地表との電位差を測定することに帰着する.大気電場は,空気などの弱電導体のなかでは減衰してしまうので,電位差が常に存在しているということは,大気中に起電力が存在して,大気が絶えず充電されていることを意味する.その起電力は雷雲の活動であるが,とくにアマゾンやアフリカのジャングルの上空で頻繁に発生している雷雲活動による所が大きい.

　図1はグローバルな電気回路の概念図である.電荷分離は雷雲のなかで,雲の微物理過程を通して行われる.普通,マイナスの電荷は大気電流や落雷によって地表に運ばれる.プラスの電荷は上空へ運ばれ,電離層内をグローバルに広がる.また,高層大気から地表面に向けて電流が流れているので,電離層内の電荷はつねに少しずつリークしている.大気全層の電気抵抗は約230 Ωである.仮に地球上からすべての落雷が消えるということが起こると,大気電場は1時間以内に消滅するだろう.

●晴天時の大気電場

　雷雲の活動がなくても大気中に電荷の放出と交換は起こる.大気中の物質が電離してイオンが発生する原因にはいくつかの現象が考えられる.窒素,酸素,水蒸気などの空気分子は,高エネルギーの粒子と衝突すると電離して小イオンを形成する.小イオンはプラスにもマイナスにも帯電する.イオン化の原因としてはほかに(とくに高層大気では)宇宙線(高エネルギー核)がある.しかし地表の近くでは,イオン化の最大の原因は,岩石が放出する放射線である.大気境界層(地表より1 kmほどの大気層)では地中から放出されるラドンがイオン化の最大の

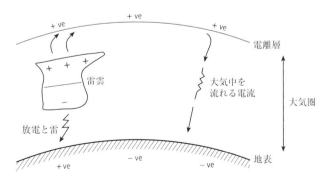

図1　大気電気回路の模式図.グローバルな雷雲中の電荷は地表と高層大気に分かれる.これは大気を垂直に流れる少しずつリークする電流からなる大気電場を形成する.

280   大気電気

原因となっている.

　大気中のイオンは自由に動くことができるので,電場によってかなり影響を受ける. 大気はわずかな電気伝導性があるが, 普通は絶縁体だと見なされている. 電気伝導性が少ないということは, わずかな電流しか流れていないということではあるが, 大気は地球全体を覆うので, 電流を合計すると約2000 A にもなる.

　雷雲の発生していない晴天の状態では, 地表近くの電場は普通 120 V m^{-1} ほどである. これは, 地表の電圧と地表から1mの高さのある点との電圧の差が 120 V だという意味である. 人間の頭とつま先ではそんなに電位が違うのかと驚くべきことのようだが, 実際は空気の電気伝導性は低いので電流は少ししか流れていない. 標準の電圧計では空中電場を測ることができない. 電位差の測定は微弱な電流の計測が必要である. 普通は, 電荷誘導を測るフィールドミル法や超高インピーダンス電位計など, 静電気を利用する測定法が用いられる.

　空気中の電気伝導度は小イオンの濃度に依存する. 小イオンの濃度は, 放射能によるイオンの形成と, エアロゾル（直径 0.0001 mm〜0.01 mm の固体粒子）や雨粒などによるイオンの除去とのバランスによって決まる. 大きい粒子が集まるとイオン濃度が下がるので, 空気の電気伝導度は個々の粒子の汚れによって大きく変化する. エアロゾル粒子や雨粒によってイオンが除去されると, 大きい粒子は本来もっていた電荷に戻る. 雨粒は無限に帯電できるというわけではなく, 「レイリー限界」と呼ばれる臨界点まで帯電すると表面張力に打ち勝って分裂してしまう. 固体粒子も帯電しすぎると電荷を放出する.

　晴天時の地表近くの空中電場の奇妙な点は, 電極効果である. これは, 地球表面にあるマイナスの電荷が大気中のマイナスイオンを跳ね返す現象で, 穏やかな天候のときは, プラスイオンが地表近くに貯まる.

●雷雲内の電気現象
　雷雲の活動は大気中に電気の作用があることを示す目に見える証拠である. 雷雲（積乱雲）は, 大気の成層が不安定なときに, 水蒸気を含んだ空気が上昇することによって発生する. 発達した雷雲は上部

にカナトコ雲をもち, 雷放電（稲妻）, 雷鳴, 雹, 大雨をもたらす. このような雲は個々で存在することもあり, 発達段階の異なるさまざまな対流セルの集合として存在することもある. 雷雲の発達は3段階に分かれている. すなわち, 積雲の段階（強い上昇気流）, それに続くやや長い成熟段階（強い上昇気流と下降気流）, そして最後に, 第2段階に匹敵する長さの減衰段階（衰弱した下降気流）である. 雷雲の寿命は1時間ほどである. 雷雲内の電荷分離はまだ完全には解明されていない. 雷雲の電荷分離理論は, 雷を起こすのに十分な電場がどのようにして数十分のうちにつくられるのか説明しなければならない. また, 雲の上層にプラスの電荷, 下層にマイナスの電荷, 雲の底部に少量のプラスの電荷が観測されることも説明する必要がある（図1）.

　雷雲の帯電のメカニズムについては多くの理論が提案されてきた. 雷雲内に外部から流入したイオンが上下に運ばれることによって雲に上下の電場が形成されるという考えもあるが, 氷晶や霰などの衝突によって電荷分離が起こると考える説が主流である.

　空中電場の中に存在する霰は静電誘導によって上下に分極する. 上部がマイナス, 下部がプラスに分極したとしよう. 上昇気流によって吹き上げられてきた氷晶が霰の下から衝突すれば, 氷晶にプラスの電荷の一部が移動する. プラスの電荷をもった氷晶はさらに上空に運ばれ, 一方, マイナスの電荷をもった霰は重いので落下する. このメカニズムは, 短時間のうちに雲内に電場が形成されることをよく説明するが, 一方で, 分極化のみによる電荷よりも大きい電荷をもつ霰が観測されている. この観測結果は, 氷の電気的な性質が重要であることを示唆する. 室内実験によれば, 衝突する氷の結晶と霰との間で交換される電荷の符号は, 気温によって変化する. 霰が氷晶と衝突すると, 気温 −18℃ 以下であれば, 霰がマイナスに帯電し, それ以上の気温ではプラスに帯電する. 符号が反転する温度は, 霰の落ちる速さや雲水量（1 kg の空気塊に含まれる雲粒の重さ）などさまざまな要因に依存する. しかし, 室内実験で得られた反転温度の範囲は雷雲の温度範囲内にあるので, この現象は雲の帯電を説明すると考えられている.

　雲の上部の気温が−18℃ 以下の層（地表から

7 km ほどの高度では雲の中心部の気温はおよそ −18℃である）では，霰は落ちるにつれてマイナスの電荷を得て，プラスに帯電した氷晶はさらに上空に運ばれ，カナトコ雲内にプラスの帯電層をつくる．落下する霰は雲の下部にマイナスの電荷をもった層をつくる．（臨界反転温度より気温が高い）雲の低層では，氷と霰の相互作用で雲の底部にプラスの電荷をもった層（ポケット正電荷層）ができる．この過程は観測された帯電量をよく説明するが，まだ説明のつかない観測結果も残っている．

●雷放電

十分な量の電荷分離が起きると，雲内に局部的に大きな電位差が発生し，雷放電が起きる．雷放電は，数 km にも及ぶごく短時間の放電で，雲の内部（雲中），雲と雲の間（雲間），または，雲と地面の間で放電する．雲とその側面の空気の間で起きる場合や，雲とその上部の大気の間で起きる場合もある．最もよく起こる雷放電は雲と雲の間である．最も劇的なものは雲から地面へのもので，ジグザグ型の稲妻が見られることが多く，放電の 20% を占め，雲から数十クーロンのマイナスの電荷を放出する．

ジグザグ型の稲妻は動きが速いので，雲から地面への落雷の過程を眼で追うことはできない．しかし，写真技術によって，その複雑な姿が明らかになった．雷放電には，弱い初期放電（矢型先駆またはステップトリーダー）からはじまって，地表へ向かってまっすぐでない道をたどり，明るい帰還電撃で終わるまでの多くの段階がある．

矢型先駆は通常約 10 万 m s^{-1} の速度で 50 m ほど進む．その放電路の直径は約 5 m である．矢型先駆が地表に接近すると，地表の複数の地点からストリーマーが矢型先駆に向かって昇る．ストリーマーが矢型先駆に達すると，雲と地表の間に電気抵抗の小さな通路ができて，地表から雲へ強い帰還電撃が起きる．帰還電撃とは強い電流の流れで，数マイクロ秒中に数万 A の電流が流れ，その後に数百 A に落ちて数ミリ秒保たれる．雷放電はこの時点で終わるが，雲内に新たな帯電が起こると，新しい矢型先駆が同じ通路をたどって発生し，2 回目の帰還電撃を発生させる．1 回の閃光で 3〜4 回落雷が起きる．また雷放電は電磁波を発生するので低周波のパチパチという音がラジオから聞こえることがある．雷か

ら出る電波（空電）は遠くの雷雲の位置を知るのに使われる．

帰還電撃の電流に伴うジュール熱で，放電路に沿って空気は急激に加熱され，爆発的に膨張するので，円筒形の衝撃波が発生する．それが，雷鳴として聞こえる．雷鳴が閃光より遅れて聞こえるのは，空気中で光の速さに比べて音の速さが遅いからである．最も強い音源は放電路の底部と考えられており，雷雲の近くで聞こえる衝撃音の原因と考えられる．雷雲から遠く離れて雷鳴を聞くとゴロゴロという音に聞こえるが，これは，音波がいろいろな場所に反射屈折して，その経路に時間差ができるからである．雷鳴は普通 0.1〜2 秒間持続する．

［訳注：1989 年，高感度カメラのテスト中に驚くべき現象が発見された．米国中西部の落雷はプラスに帯電したカナトコ雲から地面に落雷することが知られているが，これと同時に，カナトコ雲から電離層にむけて発光現象が起こっている写真が撮られたのである．1994 年に，ビデオの一コマに鮮明な発光現象が撮影され，それをきっかけに，カナトコ雲から電離層に向けての発光放電現象の研究が盛んに行われるようになった．現在では，ブルージェット，スプライト，エルブスと呼ばれる 3 集類の発光現象が起こることが知られている．ブルージェットは，成層圏まで到達する円錐状の青い光である．スプライトは中間圏から下部熱圏まで到達する円柱状の赤い光で，数本同時に見えることが多い．エルブスは，電離層の発光現象で，空電のエネルギーで電離層の電子が振動する際の発光と考えられている．］

［R. Giles Harrison／木村龍治訳］

■文 献

Chalmers, J. A. (1967) *Atmospheric electricity* (2nd edn). Pergamon Press, Oxford.

Saunders, C. P. R. (1988) Thunderstorm electrification. *Weather*, **43**, (9), 318-24.

Williams, E. R. (1988) The electrification of thunderstorms. *Scientific American*, November 1988, 48-65.

大気の鉛直運動
vertical air motion

　大気の水平方向の運動（すなわち風）とは異なり，鉛直方向の運動は計測が難しく，たいていその大きさも非常に小さい．しかしながら，鉛直運動は天気変化をもたらす立役者であり，よく晴れた天気と曇りや雨といった天気の違いをもたらす重要な要素である．空気が上昇したり下降したりする原因はいろいろある．山を越えるときに強制的に上昇や下降をすることもあるし，水平方向の流れの収束・発散により強制されることもありうる．また，水平風速の鉛直方向の差（風のシアー）によって，鉛直運動が引き起こされることもある．ただし，最も強い鉛直運動が生じるのは，熱力学的に不安定な条件のときである．そのような条件下では，なかば孤立している空気塊が，周囲の空気に対して生じる浮力によって上昇する．この種の上昇運動は積雲のなかでよく見られるもので，[訳注：湿潤]対流と呼ばれている．強制的にもち上げられた空気塊がどの程度まで上がるかは，大気の熱力学的状態に依存する．

　大気中の対流の最も単純な形態は，大気が地表面で加熱された結果生ずる上昇流に伴うものである．太陽放射は大気の温度を直接上げることなく，大気中を通過する．このため最初に加熱される層は地表面である．平均的には，対流圏では高度とともに気温は減少する．減少の割合は地表面の加熱の度合いや地表面の性質，上空での温度移流の有無などに依存するため，場所や時間によって異なる．この温度の減少の割合，すなわち（背景の）温度減率は，観測により把握されていなくてはならない．この定期的な観測には，ラジオゾンデという測器を載せた風船が用いられる．

　周りの大気から熱的に隔離された空気塊（サーマル）は，上昇とともに「断熱減率」と呼ばれる決まった率で冷却される．大気中では気圧は高度とともに減少するため，空気塊は地表付近の気圧の高いところから気圧の低いところへと上昇して膨張する．膨張する際には周囲の大気に対して仕事をする．なした分の仕事は，内部エネルギーの減少，すなわち温度の低下によって補償される．温度が下がると，空

気塊のなかに水蒸気という気体として含まれうる水の量も減少する．そして，温度が「露点」と呼ばれる閾値にまで低下すると，水蒸気が凝結し雲が発生する．同様に，下降する空気は収縮する．このとき周囲の大気はこの空気塊に対して仕事をし，これにより空気塊は内部エネルギーを得て温度が上昇する．すると，凝結していた水分は再び蒸発して水蒸気に戻り，雲は消滅する．乾燥した空気の場合，高さの変化による温度変化率は約 $10℃\ km^{-1}$ に固定されており，これは「乾燥断熱減率」と呼ばれている．もし水蒸気の凝結を伴う場合には，雲底より上で潜熱が解放される．それは，水が気体の状態（水蒸気）から液体の状態（雲中の水滴）に変化し，エネルギーの低い状態に遷移するためである．潜熱の解放により冷却率は小さくなり，$10℃\ km^{-1}$ であった断熱減率は平均して $6℃\ km^{-1}$ 程度にまで低下する．これは「湿潤（飽和）断熱減率」と呼ばれる．水蒸気が飽和した空気の場合（雲底より上では），高さに対する温度低下率は一定ではないという点は重要であろう．それは，低下率がその空気塊にもともとどれだけの量の水蒸気が含まれていたか，ならびに空気塊自体の温度がどれほどかによるためである．暖かく湿った空気塊は，一度凝結がはじまれば大量の潜熱を解放するため，凝結開始後の冷却は緩やかであろう．冷たく乾燥した気塊は，凝結高度までもち上げられても，乾燥した空気塊とあまり変わらない率で冷却されるであろう．言い換えると，冷たく乾燥した空気の場合には，乾燥断熱減率と湿潤（飽和）断熱減率には大きな差がない．

　ある気団中を周囲から熱的に隔離されて上昇する空気塊（サーマル）は，凝結高度までは乾燥断熱減率で，それより上では湿潤（飽和）断熱減率で冷却される．その際，そこの気団が安定か不安定かは，ある瞬間にその空気塊が周りの空気より暖かいか冷たいかに依存する．もし暖かい場合には，空気塊の方が周りの空気より軽いため，浮力によりさらに上昇させられる．この場合，空気は「不安定」であるという．反対に冷たい場合には，気塊の方が周りの空気より重いため気塊は下降する．この場合には空気は「安定」であるという．空気が安定な場合には対流は生じない．なぜなら，たとえば空気が山を越える際に上昇させられたり下降させられたりしても，もとの高度に戻ってくるからである．反対に，

大気の鉛直運動　283

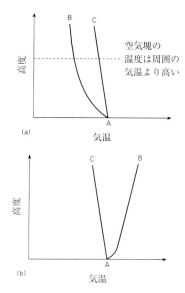

図1　気温の鉛直分布．(a) 上昇する空気塊（AC）と周囲の空気（AB：背景の気温減率）．(b) 強制的にもち上げられた気塊（AC）と背景の気温減率（AB）．

空気が不安定な場合には対流が生じる．

図1aはこのような関係を図示したものである．曲線ABは周囲の空気の気温減率，すなわち観測された気温減率を表している．地表面から高度とともに急激に温度が減少しているが，そうなる理由はいろいろある．上空で寒気移流があるかもしれないし，地表面が強く加熱されているかもしれない．曲線ABの気温分布は時間とともに変化するかもしれない．一方，地表面から上昇する［訳注：周囲との熱の出入りのない熱的に隔離された］空気塊の気温変化は直線ACで示される．ここでは，ある決まった割合で冷却される．ここでは凝結が発生せず，約 $10℃\,km^{-1}$（乾燥断熱減率）という一定の冷却率を示すものと仮定しているが，何が原因で空気塊の上昇がはじまったかについては問わないこととする．大気が安定かどうかは，上昇する空気塊の温度（直線AC）と周囲の気温（線AB）を同じ高度で比べることで判断できる．図1aの場合，どの高度においても上昇する空気塊の温度の方が周囲の気温より高いため，空気塊は自身の浮力により上昇する［訳注：つまり不安定］．

一方，図1bは安定な場合を示したものである．この場合，周りの空気の気温減率（曲線AB）は，周囲の気温が高さとともに上昇していることを示している．このような状況は気温逆転層の存在を示している．空気塊が強制的にもち上げられると，その気温低下は直線ACの示す乾燥断熱減率をなぞるであろう．もち上げられた空気塊は周りの空気より冷たく重くなるため，下降してもとの高度まで戻ることになる．

もう1つ別の種類の不安定として考えなくてはならないのは「条件付き不安定」である．条件付き不安定となるのは，上昇する空気が十分に水蒸気を含むか，むしろ飽和の状態に十分近く，上昇中に凝結が起こりうる場合である．凝結が生じれば，潜熱が解放され空気塊が暖められるため，周りの空気よりも軽くなるかもしれない．この状況を図示したのが図2aである．曲線ABは背景の気温減率を示している．そのなかを高度Aから上昇をはじめた空気塊は2段階の気温減率を示すだろう．はじめ空気塊は直線ACの示す乾燥断熱減率で冷却される．だが，高度Cで凝結がはじまると，それ以降の気温低下は，直線CDの示すように，湿潤（飽和）断熱減率にしたがいより緩やかなものとなる．すると，高度Eより上では空気塊が周りの空気より暖かくなる．このような場合，大気は条件付き不安定と分類される［訳注：対流が起きるためには，地表から高度Eまで気塊がもち上げられるという条件が必要である．なお，高度Eを自由対流高度という］．図2bの示す状況においては背景の気温減率は図2aの状況と同じであるが，空気がきわめて乾燥している点が異なっている．したがって，高度Aから上昇をはじめた空気塊は直線ACの示す乾燥断熱減率で気温が低下しつづけるが，「露点温度」（凝結が生じる温度）に達することはない．そのため，図2bでは，上昇する空気塊は周りの空気より冷たくありつづけるので大気は安定である．このように，条件付き不安定は空気塊に含まれる水蒸気量に依存する．

山岳による強制的なもち上げや，低気圧中での水平収束，あるいは風の鉛直シアーによって空気塊の上昇運動が引き起こされる．大気が不安定な場合にはその上昇運動はさらに強められる．とくに，条件付き不安定が引き起こされるためには，空気塊が強制的にもち上げられることが必要である．このことは，雷雨が山の近くや低気圧のなかで発生しやすいことからもわかる．空気塊が強制的にもち上げられ，不安定の生じる高度に達するに必要なエネ

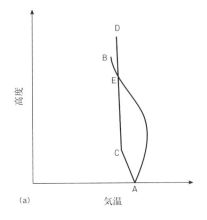

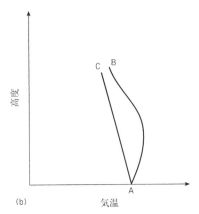

図2 (a) 条件付不安定に特徴的な気温の鉛直分布．曲線 AB は周囲の気温減率．空気塊ははじめ乾燥断熱減率（AC）で冷やされて飽和した後，湿潤（飽和）断熱減率（CD）にしたがう．高度 E より上空では，空気塊は周囲より高温となる．(b) 周囲の気温減率が (a) と同一だが，空気塊が非常に乾燥している場合．（凝結は起こらず）空気塊はつねに周囲より低温である．

ギーが供給されると，その後の上昇運動のエネルギーは周囲の空気との気温差による浮力から得られる．

これまでの議論では，上昇する空気塊が周囲から熱的に隔離されていることが仮定されていた．しかし，実際には，空気塊と周囲の空気との混合，すなわちエントレインメントが生じる．ただ，その効果は想像されるほど卓越することはない．たとえば，雲は，地表付近にある暖かく湿った空気が周囲の空気との混合を最小に抑えて，より高いところまで到達できるようなパイプのような働きをしている．

空気の上昇運動と下降運動の違いについては言及に値するであろう．通常，上昇運動は雲が塔のように立つ場所に限られており，活発な背の高い雷雲の中では 30 m s^{-1} にまで達することがある．一方，下降運動の方は通常ゆっくりとしていて数 cm h^{-1} 程度であり，上昇運動に比べてずっと広い範囲にわたって生じる傾向にある．大規模でゆっくりとした下降運動の好例がみられるのは，サハラ砂漠など地表の広い領域を覆う亜熱帯の砂漠域である．

[R. Washington／中村　尚訳]

■文　献
Meteorological Office (1991) *Meteorological glossary*. HMSO, Publications, London.

太陽活動と黒点
solar activity and sunspots

　地球の外から地上に到達するエネルギーは，大部分が太陽からのものである．太陽からのエネルギーの年平均値は約 1400 W m^{-2} であり，太陽表面の平均温度は 6000℃ と見積られている．さて地球から太陽光球の低緯度地域（北緯 30°～南緯 30°）を観測すると，暗い点が存在するという事実が 17 世紀から知られている．この点は黒点と呼ばれ，その大きさ，量，出現時間はさまざまである．つねに 20～30 個の黒点が存在するが，その直径は 10^3 から 2×10^5 km 程度まで大きく異なる場合が多い．それぞれの黒点は 4000℃ の真っ暗な中心部分と 5000℃ の半暗周辺部分をもつ．

　黒点は周期変動を繰り返しており，そのなかでも約 11 年周期の変動が最も顕著である．この 11 年周期の変動の最大値は，さらに大きな 90 年周期でも変化していることが知られている（グライスベルグサイクルと呼ぶ）．しかし，この 11 年と 90 年の周期性は，厳密な意味で周期性を示しているわけではないので，その時系列のパワースペクトルは鈍く，幅の広いピークを示す．22 年の周期性（ヘールサイクルと呼ぶ）も観測されているが，これは近接する 11 年の周期が，単に合わさったものである可能性もある．200 年周期で変動している可能性を示す証拠も報告されている．11 年周期における黒点の数と大きさの変動は，かなり規則正しい．この場合，

1つの周期の開始時には，黒点は太陽赤道から35°付近の上下両球に現れる．しばらくすると，この最初に現れた黒点は消え，新たによりたくさんの黒点が35°より低緯度地域に現れる．この周期の最後には，太陽赤道から5°付近に黒点が集中する．

黒点は一般的に，ウォルフ黒点相対数を用いて集計される．これは黒点群の数をおのおのの黒点数と結びつけた測定法であり，1カ月を単位に集計される．これまでに計測された黒点活動度は，年々変動している．最小値は，1525年から1850年の世界的寒冷期のなかのマウンダー黒点極小期と呼ばれたときで，「ゼロ」が計測された．最大値は，1957年に計測された200である．黒点周期の測定は，現在は計器によって行われているが，こうした測定は1750年から続いている．これまで22回の黒点周期が観測されているが，このサイクルの間の全球的なエネルギー変動は，1/1000程度の大きさ（1%より小さい割合）でしかない．

黒点とともに現れるものとして，白斑と呼ばれる明るい部分があげられる．太陽放射の総量，すなわち太陽エネルギーフラックスは，黒点サイクルと以下の式で書くことができる．

$$E = 1366.82 + 7.71 \times 10^{-3} S_n \, \mathrm{W \, m^{-2}}$$

ここでEは地表に到達する太陽エネルギーであり，S_nは黒点の数である．黒点の数が増加すると太陽出力が上昇するということは，すなわち白斑の輝度が変動することが，太陽エネルギーの総流量を決定するおもな要因であることを意味している．なお，太陽光の中のすべての波長にわたって輝度が単一的に変化するのではなく，紫外線域に顕著な変動が見られる．　　　　　[Stephen Stokes/宮本英昭訳]

■文　献

Bradley, R. S. and Jones, P. D. (1992) *Climate since A. D. 1500.* Routledge, London.

第四紀の海水位の変化
Quaternary sea-level changes

第四紀（現在から260万年前まで）は，かなり短期間の大規模な海水位の変化で特徴づけられる．こ

の変化の規模と性質は場所によってさまざまである．海水位変動は，世界中の海の体積の変化と，地殻変動の2つの原因によって生じる．この2つの要因の相互作用は複雑な応答を示すので，この期間中の海水位の変化の性質に関しては，研究者間で統一見解ができているわけではない．

●海水位変動の原因

第四紀の海水面の変動は多くの過程を経て起こった．そのうち最も重要なのは，第四紀の氷床の増加と融解による海水面の変化（glacio-eustatic changes）である．氷床が増加すると海水は海から陸へと移動する．このため世界中の海水面はおよそ150 m低くなる．氷床が融解すると水は海へ戻り，海水面は上昇する．このため，気候の変動周期は，海水位の変化で特徴づけられる．

ストックホルム大学のニルス・アクセル・メルナー（Nils-Axel Moerner）は海水位の大きな変動は，海洋のジオイド（海面高度）が環境の変化によって変化するために起きる，と提案した．衛星からの計測によれば，海の表面は球面ではなく，場所によって凹凸がある．たとえば，インドネシア付近の海水面はインド洋よりも180 mも高い．このようなジオイドの変化は，重力分布と海盆の形による．氷床の増加と融解に対応して海水面が上下すると，海盆が変形し，重力の分布が変わることをメルナーは提案したのである．彼は，このような変化はジオイドに影響を及ぼし，このため海水面の高さが変化すると考えた．しかし，彼は，この変化の大きさや形を定量的に示すことはできなかったために，ほかの科学者を説得することはできなかった．

もう1つの海水位変動を起こす原因は，海盆の体積の変化である．活動的なプレートの境界では，中央海嶺が成長し，海水が排水されて地球全体の海水位が上昇する．反対に，沈み込みが生じるプレートの境界や陸上の山脈形成が生じるような場合は，海水位は降下する．このような変動は氷期・間氷期の変化に伴う海水位変動ほど急速ではないが，（おそらく第四紀より長い）長期間を考えると，世界中の海の海水位に大きな影響を与えてきたと考えられる．

もっと小さい海水位変動は，火山活動によって海盆に新しく海水が増えたり，水温の変化によって世

286　第四紀の海水位の変化

界の海の体積が変わることによって起こる．世界中の海水温が1℃上がると，熱拡散によって，海水位は20 cm上昇すると予測されている．これは氷期・間氷期を原因とする海水位活動に比べると小さい変動である．

海岸に沿った海水位はプレート運動に伴う陸地の移動によっても変化する．世界のある地域（たとえば，ニューギニア）は，第四紀の間にプレートの境界に沿って大幅に隆起した．別の地域（たとえば，ミシシッピデルタ）では，堆積物の荷重や堆積物の圧縮の結果として，陸地の沈降が生じている．

多くの沿岸地域では，より複雑な地殻変化が生じている．過去に氷床で覆われていた地域では，氷床の増加の過程で地殻が押し下げられ，のちに氷床の融解によって回復（リバウンド）する．スコットランド，スカンジナビア，カナダなどの地域では大きく押し下げられたので，最終氷期以後，陸地が隆起し，その結果，海水位は降下している．反対に，氷床の端の多くの地域では氷の下にある物質が取り除かれるので，陸地は隆起する．同様に，多くの海域では，氷床の増加により海水から荷重が除かれ，海底地殻が（アイソスタティックに）隆起するので複雑な動きが生じる．結果的に氷床の増加による海水位の下降は，地殻隆起によってさらに下降することになる．氷床が融解し，世界中の海水位が上昇すると，水が内陸部に入り，地殻が沈降するので，海水面はさらに上昇する．

●第四紀の海水位の変化の性質

第四紀の海水位変動についての詳しい様子は，堆積の過程が連続して記録されているピストンコアの分析によってわかった．堆積物に含まれる有孔虫の殻が検出され，酸素同位体分析が行われた．結果（図1 a）は，氷床の体積の時間的変化を示している．これは，すなわち，第四紀の海洋の体積の変化を表している．結局，このようなグラフは海水位変動を決定するために利用されるようになった．この分析により，第四紀の急速な海水位変動は過去160万年で22回の氷期・間氷期の交代によって起きたことがわかった．注目すべきなのは，90万年前より以前には，海水位は100 mほどしか変動していなかったが，それ以降は180 m変動することもあったということである．間氷期の海水位は，毎回現在に近

い高さであったと推定されている．

酸素同位体のグラフは，過去14万年の海水位変動の大きさを見積るのに利用される（図1 b）．このグラフから，12万年ほど前の最終間氷期には，地球の海水位は現在より約5 m高かったことがわかる．その後，海水位は1万8000年ほど前に−130 mという最低値まで降下した．この海水位の沈降は徐々に下がったというものではない．急激な変動として記録されている．最終氷期の最後は，海水面の急速な上昇が生じた（6000～1万8000年前）．似たような状況は，最後の間氷期の直前にも起きている（14万～12万年前）．

第四紀の海水位変動の特徴は，長周期の海面低下のトレンドに重なって，短周期の海水位の振動が卓越していることである（図1 c）．酸素同位体のグラフは海水の体積のみを表し，海面低下の原因となる海盆の体積の変化を表していないとされてきた．過去の短周期変動の最高海水位は，現在の海水面とほぼ同じ高さであることに注意してほしい．また，この結果により，現在の海岸線の地形は，過去の，現在とは異なる環境状態のもとでできたと推測される．しかし，このモデルは地中海地域の海洋環境を基にしており，このような地形のほとんどはプレート運動の作用によって隆起した可能性が高いと考えられる．

多くの地域の海水位の変化は，海水面変動にプレート運動による陸地の変化が重なっている．最もよい例は，ニューギニアのフオン（Huon）半島のもので，沈み込むプレートの境界の近くにあるので隆起しやすい．サンゴ礁とデルタの地層が400 mの高さまで隆起しており，過去40万年にわたる海水位変動が見られる．ほとんどの場合，沿岸の地形は海水位が高いときにできたので，プレート運動の作用がデータから検出されると，地域的な海水位変動を推測することが可能になる（図1 b）．結果として得られた海水位変動のグラフは，過去12万年の間，海水準は高かったことを段丘が示している．これは酸素同位体から得られた結果と似ている．しかしこのデータは，海水位の変動が一定の高さの近くで上下しており，徐々に下がっているものではないということを示している．

世界中の多くの地域では，プレート運動の作用によって海岸が隆起している．こうした地域にはバル

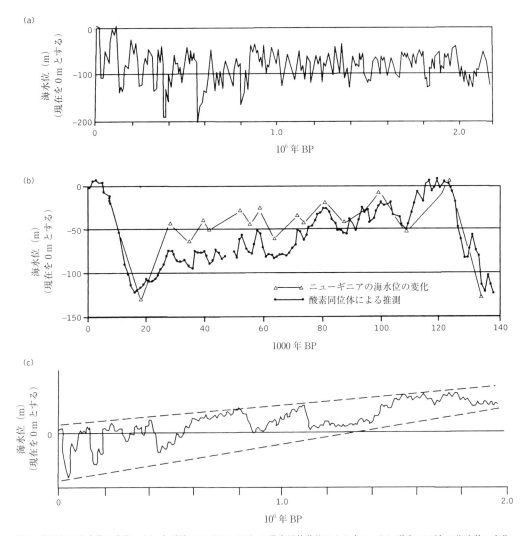

図1 第四紀の海水位の変化. (a) 太平洋コア (V28-239) の酸素同位体比によるもの, (b) 過去14万年の海水位の変化, (c) 地中海の海水位の変化. BP = before present (Bowen (1978) *Quaternary geology*, Pergamon; Dawson (1992) *Ice Age Earth: Late Quaternary geology and climate*, Routledge)

バドス, アメリカ東西海岸, 地中海沿岸線の多く, ニュージーランド, ニュー・ヘブリデスが含まれている. 別の地域 (スコットランド, 北米, スカンジナビア) では氷期・間氷期に伴う海水位変動が起きており, このため地殻が上昇下降している. また, 海の島々は沈下している. 一時期, 世界の多くの海岸線 (たとえば南米東海岸, オーストラリア西側, グレートバリアリーフ) は安定していると考えられていた. これらの地域では地殻変動の作用は小さいが, アイソスタティックな作用を受けている.

現在の時点で, 第四紀の海水位変動の正確なグラフを作成するのは不可能であるということが徐々に理解されてきた. 酸素同位体から推測される海水位の変化がベストであろうが, この変化のすべてが海水位変動によるものではない. 結果として酸素同位体グラフは, サンプルによって異なっている. 科学者のなかには, ジオイドの変化が重要と考える人もいるが, 現在では, まだ, 定説として確立していない.

[Callum R. Firth/木村龍治訳]

■文 献
Bowen, D. Q. (1978) *Quaternary geology*, Pergamon Press, Oxford.
Dawson, A. G. (1992) *Ice Age Earth: Late Quaternary geology and climate* Routledge, London.

第四紀の大洪水
Quaternary superfloods

第四紀になって，グローバルな天気システムの分布が変化すると，世界各地で氷床の成長や衰退が生じた．その結果，河川の活動が複雑に変化した．たとえば，低緯度では，モンスーンに伴う降水の時間・空間的な分布が大規模な河川の氾濫を引き起こした．氷床の縁付近には，それ以前に氷床が解けた場所に大きな湖がたくさん形成された．湖水がオーバーフローすると，湖に接した盆地にある河川に大量の水が浸入して氾濫した．最も大規模な洪水は，氷床が融解したときに生じた．ときどき，湖の壁になっていた氷のダムが決壊し，それ以前に地球上で起こったことがないような大規模な洪水が生じた．

●低緯度の大洪水

最終氷期の終わり近くに，ナイル川の活動が大きく変化した．第四紀の最終氷期の期間，2万5000年以前から，ナイル川流域は非常に乾燥した気候であったと考えられている．ところが，1万2500年前には，ナイル川の活動が変化した．この時期に，ヴィクトリア湖の湖水がオーバーフローして，ナイル川に流れ込み，エジプトのナイル峡谷では，とくに1万2000年～1万1500年前の時代に，大規模な氾濫が生じた．下流のヌビアでは，洪水による水位は9mにも達した．この大洪水は，当時のサハラ地方の気候が異常であったためと考えられている．すなわち，氷期には，氷床が邪魔をして，南西モンスーンがアフリカ大陸を横断できなかったが，氷床の衰退によって，東アフリカから南西モンスーンがナイル地域に吹くようになった．その結果，熱帯収束帯（ITCZ）の位置が変化して，降水量が多くなったと考えるのである．低緯度の大気循環の変化によって，西アフリカにも同じような洪水が発生したと考えられている．

●北米の最終氷床の融解に伴って発生した大洪水

最終氷期に北米の西部に形成された氷床（コルディレラ氷床）が後退しはじめたころ，氷のダムによって水がせき止められ，氷床の南の縁に沿って，

たくさんの湖が出現した．そのなかでも，ワシントン州とアイダホ州にまたがるミズーラ湖の氷のダムの決壊が原因で生じた洪水は，史上まれな大洪水であった．ミズーラ湖の氷のダムの決壊は40回にも及び，氾濫した水はワシントン州のコロンビア川の流域を西に向かって進み，最終的には太平洋に流入した．ビクター・ベーカーの見積りによれば，ミズーラ湖の氾濫によって生じた洪水は毎秒2000万 m^3 である．現在の世界全体の河川の海への流出量は毎秒110万 m^3 であるから，驚くべき量であることがわかる．

ロッキー山脈の東側にあったローレンタイド氷床の南側の縁にも，氷のダムで水がせき止められてできた湖がたくさん出現した（図1）．その最大のものは，アガシ湖と呼ばれた．アガシ湖は，最終氷期のローレンタイド氷床が融解している時代，1万2800年前から8000年前まで存在したが，大きさは時代によって変化した．アガシ湖が存在している時代を通して，ミネソタ峡谷への河川水の供給が増加し，ミシシッピ氾濫原を通過して，メキシコ湾に流入した．その時代のアガシ湖からの平均的な流出量は，毎秒400億から1000億 m^3 と見積られている．氷床の後退やほかの湖からの水の流入によってアガシ湖が拡大した時代には，アガシ湖からの流出量は毎秒100万 m^3 に達した．

ローレンタイド氷床の融解が進行している時代に，アガシ湖の氷のダムは，しばしば決壊し，ミシシッピ氾濫原だけでなく，ほかの方角にも，一連の大洪水を引き起こした．たとえば，約1万1000年前に，アガシ湖の東側が決壊し，スペリオル湖とセント・ローレンスの低地を通過して北大西洋に達した大洪水が発生した．ジム・テイラーは，洪水が起こるたびに，湖から約4 km^3 の水が流出したと見積っている．ローレンタイド氷床が後退した時代には，次々に新しい湖ができて，アガシ湖へ水を供給した．その結果，アガシ湖は，繰り返し，水が満たされたり空になったりしたが，空になるときは大洪水が発生した．このような洪水は8500年前に，アガシ湖が，その東にあるオジブウェイ湖と接続するまで続いた（図1）．アガシ湖とオジブウェイ湖は氷床の南の縁を囲んだが，その長さは約3100 kmに及んだ．氷床は，さらに後退するか，ほとんど停滞したが，オジブウェイ湖の氷のダムが突然ハドソ

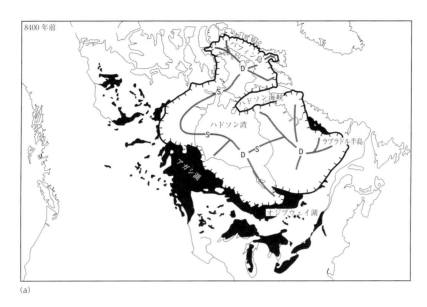

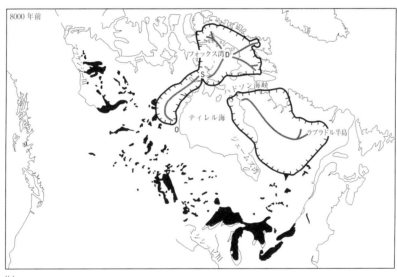

図1 8400年前（a）と8000年前（b）におけるローレンタイド氷床の広がり．分水嶺と峠をそれぞれDとSで示した．この図には描かれていないが，8000年前の氷床の分布には，ハドソン湾を覆う氷床の島も存在した．この島は，ローレンタイド氷床が最終的に分解し，ハドソン海峡を通って，アガシ湖とオジブウェイ湖に流れ込んだ際に生じた．（Dyke and Prest（1987）*Géographie Physique et Quaternaire*, **41**, 237-64, Dawson（1992）による）

ン湾の氷の下側で決壊し，湖水がハドソン海峡を抜けて北大西洋に流出した．その結果，アガシ湖とオジブウェイ湖の水位が少なくとも250m程度低下した．このとき流出した水の体積を正確に見積ることは難しいが，おおよそ，7万5000〜15万km^{3}と予測されている．この洪水は第四紀の洪水のなかで

も最大規模である．

ユーラシア大陸では，ロシアを覆った氷床の南側の縁に湖が形成された．氷床が発達すると，主要な河川を通じて氷床の融解水が南側に流出し，黒海に入って，最終的には東地中海に流入した．西シベリアの低地に，ピュア湖とメンシ湖と呼ばれる非常に

大きな2つの湖が出現した．M.G.グロスワルドの見積りによれば，この2つの湖は150万km²の面積を占めた．この2つの湖は，最終氷期の終わりの時代に北米に出現した湖と同じ程度の大きさであったと考えられている．また，2つの湖からの水の流出量はミシシッピ流域の流出量と同じ程度であったと推測されている．この2つの湖が最終的にどのようになったのか，詳細は不明である．しかし，完新世の初期に氷床が後退をはじめると，湖の氷のダムは決壊し，水は北側に大洪水を起こしながら流出したと考えられている．

[Alastair G. Dawson／木村龍治訳]

■文　献

Dawson, A. G. (1992) *Ice Age Earth : Late Quaternary geology and climate.* Routledge, London.

第四紀の氷期の降水
precipitation during Quaternary ice ages

　第四紀の氷期の間，全球的な大気循環パターンや水収支の変化によって，降水の地域パターンを複雑に変えた．高緯度では，北半球の主要な氷床の成長と広大な海洋を覆う海氷の成長により，大規模な変化が生じた．南半球では，南極氷床が増大し，それに伴って海氷も拡大した．両半球の氷床や海氷に覆われている場所では，永続する高気圧の影響を受ける地域が広がっていた．引き続いて乾燥化を促進させ，中緯度の低気圧をより低緯度に転移させた．結局，高緯度のいくつかの地域では，氷河の成長を維持できないほどに著しく乾燥した．これらの地域（たとえばアラスカ，北東シベリア，北部グリーンランド）では，氷期の乾燥化により，永久凍土の成長を促した．

　気温の低下による両半球の氷床の拡大は，低緯度における大気循環を複雑に変化させた．氷期における多くの低緯度地域では，熱帯収束帯（ITCZ）の位置が変化し，モンスーンによる降水の分布に変化を与えた．たとえば最終氷期のアフリカでは，ITCZの位置が数百km南に移動した（図1）．次に，ギニア湾上の南西モンスーンを弱め，北東貿易風の強化により，東部アフリカ上の南西モンスーンに転移した．反対に，氷期における冬季のアフリカのほとんどの地域では，乾燥した北風または北東風の影響を受けつづけた．これらの大気循環の変化によって，アフリカのほとんどの地域の乾燥化をまねき，そのため氷期のナイル川はかろうじて流れを維持していた．

　氷期の同様な気候変動は，南米北部でも見られた（図2）．ここでは，現在は熱帯雨林で占められている地域上のITCZの位置によって，冬季の北東モンスーンやそれに伴った乾燥化が制限される．熱帯南米やアフリカにおけるこれらの変化が，最終氷期中の熱帯雨林の大幅な減少を導いた．広域に広がった熱帯の乾燥化は，現在の熱帯雨林の地域に風成堆積痕や海底堆積物中に風によって沖に運ばれた堆積痕を残した．

　南半球では，南極寒帯前線の北偏によって南緯50°まで北方に海氷が拡大した．続いてこの変化は，アルゼンチンやアフリカ南部，オーストラリア南部，タスマニア上に温帯低気圧を北偏させた．南極高気圧の強化は，南半球の南太平洋・南インド洋・南大西洋を通る温帯低気圧の北偏も説明している．

　氷期における降水量の減少は，どの地域でも起こったわけではない．たとえば，北米西部では，ローレンタイド氷床の南縁に沿った温帯低気圧によって，降水量の増加と蒸発量の減少から，数多くの大きな湖（たとえばボンネヴィル湖）の形成を生じさせた．同様に，氷床南の地域の増加した降水によって，デスバレーに細長い湖を形成した．

[Alastair G. Dawson／田中　博訳]

■文　献

Dawson, A. G. (1992) *Ice Age Earth : late Quaternary geology and climate.* Routledge, London.

Goudie, A. S. (1983) *Environmental change.* Clarendon Press, Oxford.

Hamilton, A. C. (1982) *Environmental history of East Africa : a study of the Quaternary.* Academic Press, London.

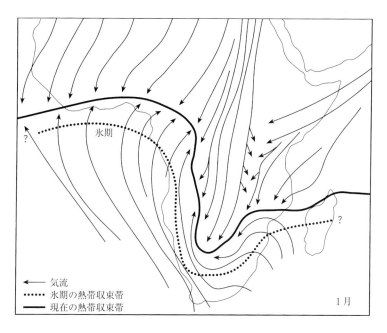

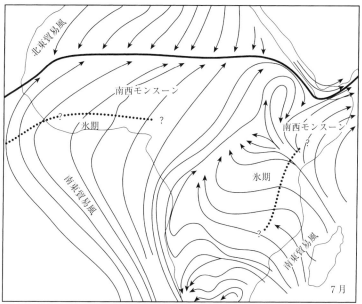

図1 南アフリカの1月と7月の熱帯収束帯と気流の図. 1万8000年前の熱帯収束帯の推定位置を点線で示した.

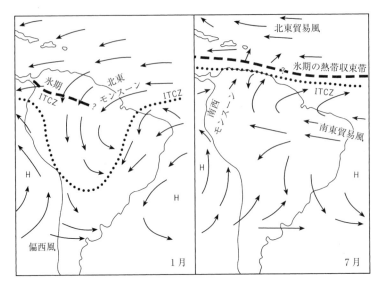

図2 南米の1月と7月の熱帯収束帯（ITCZ）の位置と気流の図．1万8000年前の熱帯収束帯の推定位置を破線で示した．

第四紀の氷床と気候
Quaternary ice sheets and climate

　一般的な認識としては，第四紀の期間全体をみると，現在と同じような温暖な気温は比較的短い期間しか実現していなかった．大部分の期間は氷期で，北米，ヨーロッパ，ロシアの広い地域が氷床に覆われていた．氷期の期間，南極とグリーンランドの氷床は拡大し，多くの高地では，雪線の低下（しばしば700 m程度の低下）が生じて，氷河や氷冠が発達した（図1）．

　氷期の期間，いろいろな氷床は，気候の変化に重要な役割を果たした．最も直接的な影響は北半球で見られた．北米とユーラシアの広大な氷床が地形の障害となって，対流圏の気流のパターンを変えたのである．これらの知見の多くは，氷期の気候を再現する数値シミュレーションの結果に負うところが多い．気候の変化を記録している生物相の層序や地層の層序の研究も，それを補い，数値モデルの精度をチェックするのに有効である．

　気候学的な視点では，気候に対する氷床の最も重要な影響は氷床の上にある空気を冷却することである．その結果，氷床の上にある大気の成層は安定になり，つねに高気圧が形成される状態になり，それに伴って，低気圧が個々の氷床の周辺を移動するようになる．このようにして，最終氷期の南極氷床の場合は，南極海に発生する低気圧が北上し，中緯度（たとえば，南オーストラリアを越えて）の降水量が増加した．

　北半球でも，低気圧が，北米やユーラシアの氷床の上に形成された高気圧のまわりを移動した．この過程は，主要な氷床を囲むように，中緯度のジェット気流が2本に分かれることと関係している（図2）．その結果，北米氷床の北側を流れるジェット気流は，北アラスカを越えて南東方向に南下し，北大西洋の上にある南側のジェット気流と合体する．このジェット気流は北米に低気圧による降水をもたらした．したがって，北米の上に氷床が存在した期間は，北米の多くの地域の降水量が増加し，気温低下によって，蒸発が抑制された．

　ヨーロッパでも，同じような中緯度のジェット気流の分岐が生じた．北側のジェット気流は極域ロシアを越えて流れ，南側のジェット気流は地中海を越えて南に向かった．北米と同じように，ヨーロッパを越えて南にシフトしたジェット気流は地中海地方の降水量を増加させた．

　これより東側のジェット気流の様子はよくわかっていない．それは，チベット高原の氷期の状態と深

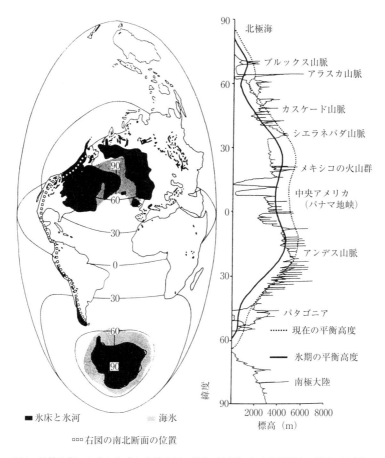

図1 最終氷期のおもな氷床と山岳氷河の分布(左図)と南北断面内の標高(右図).氷期の平衡高度と現在の平衡高度を比較した.(Broeker and Denton, 1990)

く関係しているからである.一般に信じられている説では,最終氷期にチベット高原の上に大きな氷床が形成され,この氷床がジェット気流の分岐をもたらしたと考える.もう1つの説は,最終氷期には,チベット高原の上に比較的少量の氷床しかなかったと考える.その理由は,この地域は氷期の間ひどく乾燥していたからである.この解釈によれば,ジェット気流の分岐は起こらなかった.どちらが本当なのか,気候学にとって重要な問題である.それによって,氷期の期間,中国の上を流れる気流のパターンが異なるからである.

上述したジェット気流のパターンの変化は部分的には氷床の厚さの関数でもある.北米,ヨーロッパ,ロシアでは,氷床の厚さは3000〜4000 mに達し,上部対流圏の気流の障壁として作用した.氷床の存在は,(とくに北半球では)極域海洋における海氷の発達とあいまって,南北方向の気温傾度を増加させた.その結果,大気大循環が活発になり,結果として,南北熱輸送量が増加した.さらに,氷床の存在と海面水温の低下は水蒸気の蒸発を抑制し,低緯度地域を乾燥化させた.

第四紀の氷床が大気循環のパターンに影響を与える付加的な作用として,氷床の周辺にある多くの地域で大きな湖が形成されたことがあげられる.ロシアの氷床の場合は,南側の縁に湖がいくつも形成された.最大のものはピュアとメンシ湖群であるが,150万 km^{2}を占めた.同じように,沢山の湖が,北米大陸のローレンタイド氷床の南の縁に形成された.それに加えて,その南側にも多くの大きな湖(たとえばボンネヴィル湖.下巻「多雨期湖」参照)が出現したが,それは,降水量の増加と蒸発量の減少が原因であると考えられる.これらの湖は気候学的

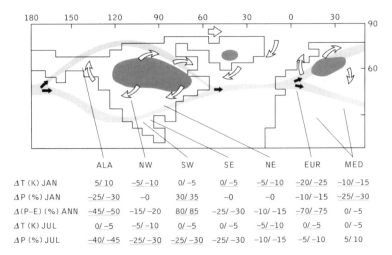

図2 18000年前の1月の北半球大気循環の様子. 白い矢印は地上風, 黒い矢印と影線はジェット気流を表す. 大陸上の影はおもな氷床を表す. ΔT, ΔP は, それぞれ, 氷期と現在の気温差, 降水量の差を表す. $\Delta (P-E)$ は降水量と蒸発量の差を表す. 差は5の間隔で近似した. たとえば, -7℃の温度差は$-5/-10$と示してある. 下線は統計的に顕著な値. ユーラシアとローレンタイド氷床の周囲でジェット気流が分流していることに注意. ALA：アラスカ, NW：米国北西部, SW：米国南西部, SE：米国南東部, NE：米国北東部, EUR：ヨーロッパ, MED：地中海. (J. E. Kutzbach and H. E. Wright (1985) (Simulation of the climate of 18 000 years BP；results for the North American/North Atlantic/European sector and comparison whth the geological record of North America. *Quaternary Science Reviews*, 4, 147-87)

に重要である. なぜなら, 大陸を横断する温帯低気圧に水蒸気を供給したからである. これらの水蒸気源が氷床の発達に寄与したかどうか, 現在のところ, よくわかっていない.

氷期にグローバルな天気システムが大きな改変を受けたことは, 比較的短い地質学的な時間で, 気象が不安定化することを示唆する. しかし, さまざまな地域の気象が不安定化にいかに敏感に反応するかよくわかっていない. しかし, 比較的最近に大きな変化が起こったという認識は未来の気候を予測するうえにもっと確かな根拠を与えるであろう.

[Alastair G. Dawson/木村龍治訳]

■文 献

Lamb, H. H. (1982) *Climate history and the modern world*. Methuen, London.

Broecker, W. and Denton, G. (1990) What drives glacial cycles? *Scientific American*, January 1990, 43-50.

Dawson, A. G. (1992) *Ice Age Earth：Late Quaternary geology and climate*. Routledge, London.

大陸移動
Continental drift

大陸移動とは, 大陸が地質学的な時間をかけて地球の表面上を水平方向に移動する過程を論じるものである. 20世紀前半に通用していた初期段階の説では, 大陸はあたかもマントルの海の上を何らかの理由で移動していくものであると考えられていた. この概念は広く一般に認められることはなく, とくに地震学的証拠からマントルはこのような移動が起こるには強固過ぎると考えていた地球物理学者達から反対を受けた. この問題は, 固体の熱変形の発見と1960年代のプレートテクトニクス理論の発展により解決を見ることになる. その結果, 現在では大陸が移動するという現象は広く受け入れられている. 一方で,「大陸移動」という言葉は, そのメカニズムが信用されなかったことを理由に,「プレートテクトニクス」の信奉者からは避けられている. そのメカニズム理論はともあれ, 大陸が移動すると

いう現象を表す言葉としていまもなお有用である．

何人もの学者が大西洋両岸の海岸線の形状がそっくりであることに気づき，その原因を考察していたが，1910年に米国の氷河学者フランク・テイラーが初めて大陸が地球の表面でその位置を変えるということを指摘したようだ．1912年には，ドイツの気象学者アルフレッド・ウェゲナーが大陸移動説を唱え，それに適する数々の証拠を示した．ウェゲナーの説は，ゴンドワナ大陸が分裂したのちについて大陸移動によって生じた結果のうちのいくつかが見事に示された南半球においてとくに支持を得た．南アフリカの地質学者A.デュトワは，その主たる支持者の1人である．

大陸移動については広範な地質学的証拠が存在する．このうち最も直接的な証拠は時間の経過に伴う気候の変化，とりわけその変化が全地球的なものの一部分というわけではなく異なる大陸であることによって異なるパターンの気候変化が生じたと示される場合である．

現在は離れ離れになっている大陸がかつては1つに合体していたことが数々の証拠により示されている．これらの証拠として，岩石種，気候帯，古期造山帯や化石がかつては隣接していた現在の大陸の縁にまたがって続くことがあげられる．重要な例の1つがペルム–石炭紀氷河である．これは約3億年前に生じた氷河で，南半球の大陸のすべてにおいて痕跡が認められ氷礫岩のような特徴的な堆積物を残した．これらの大陸を移動前の位置に戻してやると，氷河の境界線が大陸境界をまたいで一致するだけではなく，氷河の全体的な広がりがおおよそ古代の極を中心としたほぼ円形となる．

大陸移動に関するさらに重要な証拠は古生物学から得られている．たとえば，現在は離れた大陸に存在する種が，大陸分裂の時間までは同一の進化を辿り，その後分化した例が見られる．多くの場合，とくに陸生の種は，海や山などのような気候的または地理的な障害物によって限られた地域に生息しているが，新たな障害物の生成により孤立した種や逆に障害物の消滅により拡散が可能となった種の化石を証拠として大陸の分裂や衝突を突き止めることができる．緩やかに衝突したアジア大陸とオーストラリア大陸間における種の移動は後者の良い例である．

大陸移動の地質学的な証拠は多く，今では疑う余地はないが，大陸移動の最も決定的な証拠は古地磁気学によるものであろう．古地磁気学は地球物理学の一分野で，古代の地球磁場の強度と方位を研究する．自然界の作用により，岩石は当時の地球磁場と同じ方向に永久磁化される．この自然残留磁化の方向は，方向を付けて採った試料から測定され，古代の磁極位置が推定できる．

これらの古磁極位置をプロットすると，異なった大陸での位置が大きくずれることがしばしば見受けられる．このような結果を説明する唯一の方法は，大陸は互いに対してまた地球磁場に対して移動していったと仮定することである．さらに，同一の大陸の異なった時代の試料から得られた磁極位置をプロットすると，それらは一致せず見かけ磁極移動曲線として知られる曲線に沿って移動することがわかる．異なる大陸から得られる見かけ磁極移動曲線は通常異なるが，あるものはそのなかに一致する部分（その期間にこれらの大陸が合体し共に動いたことを示す）と不一致な部分（大陸移動中の期間を示す）をもつ．

最終的な証拠として，過去約2億年の期間では，海洋底に保存されたプレート運動の痕跡が広範囲に存在する．海洋底拡大によって生成される直線状の磁気異常はとくに重要である．これらは古代のプレート境界位置の痕跡を示しており，これらからプレート（それゆえ大陸の）運動の詳細な復元が可能となる．

古地磁気および地質学的証拠をあわせて考えると大陸移動の履歴は先カンブリア時代まで辿ることができるが，古い時代については詳細にかける（図1）．ウェゲナー自身は，ペルム–石炭紀にすべての大陸は一体化してパンゲアと呼ばれる1つの超大陸になっていたと考えていた．一方デュトワは北部は超大陸ローラシア（北米，グリーンランド，ヨーロッパ，アジア）で南部は超大陸ゴンドワナ（南米，アフリカ，インド，オーストラリア，南極）であると気がついていた．パンゲアは中生代の間に分裂しはじめ，この分裂は現在まで続いている．パンゲア自体はそれ以前シルル紀におけるローラシアとゴンドワナの結合によってできたが，ローラシア自体もそれ以前の多くの大陸塊からできていた．大陸の分裂，移動，衝突の繰り返しは，プレートテクトニクス論の先駆者の1人であるジェームス・ツゾー・ウィルソンに

2億年前

1億8000万年前

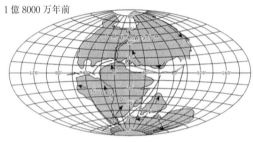

1億3500万年前

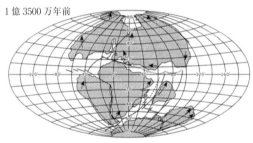

6500万年前

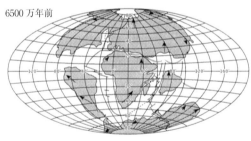

現在

図1 過去2億年間の大陸位置とプレート境界の略図.（F. Press and R. Siever（1986）*Earth*, Fig. 20-17. W. H. Freeman, New York. による）

ちなんでウィルソンサイクルと呼ばれている．地球の歴史において，このような数億年間続く周期が繰り返されてきたと考えられている．

[Roger Searle／山本圭吾訳]

■文　献
Kearey, P. and Vine, F. J.（1996）*Global tectonics*. Blackwell Science, Oxford.

大陸縁
continental margins

　大陸縁は，薄くて密度の高い海洋地殻と，厚くて軽く化学成分の異なる大陸地殻，あるいは中間的な地殻の境界である．術語の上で陸と海を区別しなければ，大陸縁は海洋縁と呼んでもよいはずである．しかし，海洋縁と呼ぶと，異なるタイプの大陸縁が存在するという事実を不明瞭にする．すなわち，大陸縁は，1885年にE.ジュースによって大西洋型大陸縁と太平洋型大陸縁に区分された．大西洋型大陸縁は，厚い堆積物が次々に積もって沈んでいく場所であり，太平洋型大陸縁は，火山活動，褶曲，断層，造山運動が生じて，全体として隆起する場所である．このように，長年の間，大陸縁は大西洋型大陸縁と太平洋型大陸縁の2つのタイプに分類されてきた．非活動的な大西洋型は，安定した大陸塊をもち，地震や広範囲に及ぶ火山活動がなく，古生代以降ほとんど変形を受けていない．それに対して，活動的な太平洋型には，海溝，火山活動，活発な造山運動，地震がある．

　1960年代に全地球的なテクトニクスに関する理解が深まり，プレートテクトニクス理論によって，大西洋型大陸縁と太平洋型大陸縁の存在理由が，少なくとも部分的に説明された．活動的な大陸縁は海洋地殻が失われる沈み込み帯の上や近くにあり，非活動的な大陸縁は，新しい海洋地殻がつくられる発散的な海洋底との境目である．この簡単な分類は間違いではないが，事実を完全には表現せず，2つの型の重要な相違点を不明瞭にする．とくに，トランスフォーム型大陸縁という3つ目のタイプが存在する．トランスフォーム型大陸縁は，以前は活動的な

大陸縁に分類されていたが，両方の要素をもち，地震活動は非常に活発だが，火山活動は不活発である．

現在，大陸縁は3つのタイプに分類されている．

(1) 非活動的で非地震性の大西洋タイプ．これはプレート上にあり，海洋地殻と大陸地殻の境界を示す．発散プレート上にあるが，プレート境界ではない．中央海嶺（下巻「中央海嶺」参照）に近接する．しかし，この幅広い定義には，おもに年代（若いか成熟しているか）と，隣接する大陸から運ばれた堆積物の種類と量を反映して，たくさんの異なるタイプが存在する．

(2) 活動的で地震性の太平洋タイプ．これは収束プレート境界を示す．しかし，必ずしもすべての収束境界が大陸縁ではない．海洋内の島弧では，海洋地殻の下に海洋地殻が沈み込む（「島弧」参照）．この海洋弧のタイプから，まさに大陸の縁を示すタイプ（中南米）まで多様であり，大陸と海洋の中間的な地殻の下に海洋地殻が沈み込むタイプや，孤立した列島の下に沈み込むタイプ（日本）が，その中間にある．

(3) トランスフォーム型．これはプレート間で水平運動が生じる場所で，地震は多発するが，火山活動は限られる．

非活動的な大陸縁は，ほぼ完全に大西洋とインド洋を取り囲む．紅海でさえ非活動的な大陸縁である．例外は，大西洋にあるアンチル島弧やスコット島弧，インド洋の北東部沿いにあるビルマ・アンダマン・インドネシア島弧，顕著な破砕帯をもつトランスフォーム型大陸縁などである（図1）．

現在の紅海は，大陸分裂の初期段階を示す例である（図2）．東アフリカ地溝帯の北端に位置する紅海は（下巻「大陸における伸張テクトニクス」参照），三重会合点の腕の1つであり，3つ目の腕はアデン湾にある．紅海では次のような過程が連続して起こってきた．まず，大陸プレートがアーチ型に湾曲する．それから，結合して分断され，地溝帯が形成されて，最後に分裂する．湾曲や地溝帯の形成には，初期段階で玄武岩を噴出する火成活動が付随する．地溝の縁が隆起するために，排水が地溝から離れ，地溝内の堆積物は断層で区切られた谷間に限定される．そこでは，非対称な伸張断層が，堆積物の運搬と結びついて交互に現れ，非常に複雑な堆積作用が起こる．この乾燥した気候で，蒸発岩が形成される．扇状地が下盤の急斜面の基盤に形成され，炭酸塩の岩礁が成長する．

現在の紅海とアデン湾は，大西洋の中心部などもっと成熟した非活動的な大陸縁の下に，どんな構造や堆積のパターンがあるかを示すので重要であ

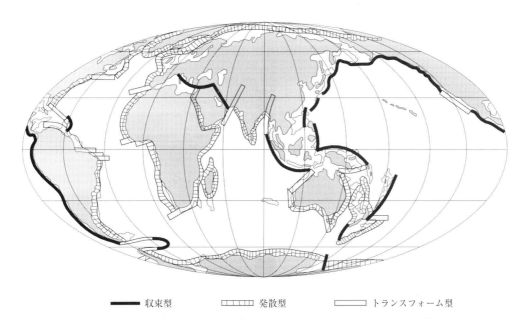

図1 収束型（太平洋），発散型（非活動的，大西洋），トランスフォーム型大陸縁の現在の分布図．(Emery, K.O. *Bulletin of the American Association of Petroleum Geologists* (1980) vol. 64, pp. 297-315, Kennett, J.P. *Marine geology*, Prentice-Hall, Englewood Cliffs, New Jerseyにより改訂)

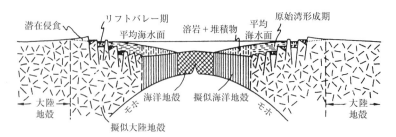

図2 地溝帯形成直後の初期の大陸分離の発達．若い大西洋型の非活動的な大陸縁の例として，現在の紅海をあげる．(Ingersoll, R. V. and Busby, C. J. *Tectonics of sedimentary basins* (1995), Blackwell Science, Cambridge, Massachusets)

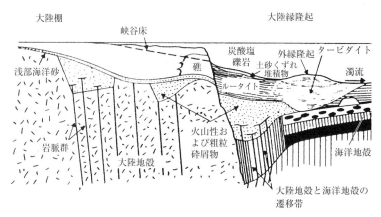

図3 大陸分離後期に見られる，成熟した大西洋型の非活動的な大陸縁．(Dewey, J. F. and Bird, J. M. *Journal of Geophysical Research* (1970) vol. 75, pp. 2625–2647)

る．このパターンは，現在未発達な状態で保存された非活動的な大陸縁にも見られ，それは北海の炭化水素を帯びた中生代の堆積物のようなもっと若い基底堆積物の下にある．

初期の大陸移動が継続し，拡大していく海底によって大陸が分離されれば，成熟した非活動的な大陸縁が発達する．これらの大陸縁は，大陸棚，斜面，台地に分けられる．大陸棚と斜面は，まとめて大陸段丘と呼ばれる（図3）．

大陸棚は大陸の海側の延長上にあり，海岸から始まり，その切れ目あるいは端にいたる．大陸棚に沿って，その勾配は際立って増加し，約1:1000から1:40以上になる．大陸棚の端の深さはさまざまであり，その平均は130 mである．

大陸斜面の幅は比較的狭い（200 km以下）が，その深さは100〜200 mから1500〜3500 mまで変化する．大陸斜面は険しいことが重要な特徴である．その縦断面には，上向きに緩やかに曲がる凹面も見られ，複雑な急斜面や堆積物でいっぱいになった複合的な盆地も見られる．斜面には堆積物が積もるが，堆積物はむしろ不安定で，大量の堆積物が斜面の下部に断続的にどさりと落ちて，乱雑な回転地滑り断層を形成する．

大陸台地には，海に向かうほど緩やかになる勾配（1:100〜1:700）がある．その幅は，平らな深海の平原に向かって，100 kmから1000 kmまで変化する（「海盆」参照）．大陸台地はおもに堆積構造を示し，現在はアジアの川からインド洋に流れ込む堆積物の受け皿となり，アメリカ，アフリカ，ヨーロッパ大陸の沖合に見られる．おもな堆積物は，散発性の混濁流によって浅瀬から運ばれ，砂を含んだ大きな深海扇状地を形成して，深海の平原上に広がる．

大西洋では，大陸斜面や大陸台地を形成する上で，別の堆積過程が同様な重要性をもつ．これは，半永久的な海底深層流が熱塩海流の結果として生じ，非常に複雑なパターンをとるためである．深海底の水

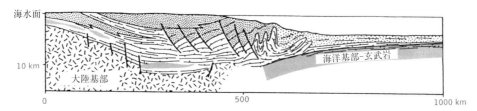

図4 三角州の前方に形成される大西洋型の非活動的な大陸縁．テクトニックな変形と同時に進行する堆積構造を示す．(Beck, R. H. and Lehner, P. *Bulletin of the American Association of Petroleum Geologists* (1974) vol. 58, pp. 376-395)

は，高緯度の海面で水が冷却して沈むことによって形成される．たとえば，北大西洋では，深海底の高密度の冷水は北極から南へ流れ，コリオリ力の効果で西側の大陸縁に乗り上げる．コリオリ力は，北半球では流れを常に右に曲げる．西部境界深層流と呼ばれるこの海流は，大陸斜面や大陸台地に沿って流れる．この深層流は，等高線に沿って流れるので「等高線海流」とよばれ，海底に「等高線堆積物」を生み出す．等高線堆積物は，細粒の砂，シルト，泥でできている．これは，さまざまな大きさの粒子からなるタービダイトとは対照的である．タービダイトの組成は，おもにその発生源の性質に依存する．等高線海流は半永久的に保持されるが，かなり不規則に変動する．北大西洋の西側では，その流速は10～20 cm s^{-1}に達し，100 cm s^{-1}をこえることもある．

非活動的な大陸縁の性質は，年代とともに変化するが，分裂，堆積物の供給，気候，海水準の変化など，多くの要因によっても変化する．

一見すると，大陸縁は海洋の端に沿って数千kmも伸びているように見える．しかし，実際の大陸縁は，地溝帯や中央海嶺のように，横ずれの割れ目や断層によって細かく区分される（下巻「中央海嶺」参照）．これらの割れ目のなかには，大陸の大きな断層につながるものもある．中央海嶺の小さなトランスフォーム断層から生じたものや，初期の大陸地溝帯内のトランスファー断層として生じたものもある．北大西洋の西側の大陸縁は，表面はほぼ連続した構造をとるが，その内部では海盆が細かく区分されていることが，地震波速度の構造断面や海底の掘削結果からわかる．内部の海盆は8～18 kmの堆積物で埋まり，破砕帯によって分離される．破砕帯には大陸に入り込むものもある．

ミシシッピ川，ニジェール川，インダス川，ガンジス・ブラマプトラ川などの沖合では，堆積物の供給は異常なほど多く，非常にたくさんの堆積物がデルタ状の海底扇状地複合体に堆積して，大陸縁を覆う．メキシコ湾の大陸縁では，更新世の時代に限っても，局所的に7 km以上の堆積があり，その厚みは全体で16 kmに達する．堆積速度が高くなると，堆積の不安定が生じ，断層の成長や頁岩ダイアピルの発生を伴って，さまざまな堆積構造の発達が同時変形的に進行する（図4）．

北米大陸の東側の大陸縁では，メキシコ湾と比べて，大陸性の堆積物が相対的に少ない．しかし，上に述べたように，堆積には南側へ流れる等高線海流の影響が大きい．これらの事情により，大陸縁に沿う堆積物の厚みが実質的に決まる．熱塩等高線海流の効果は，北極で下降する冷水に依存して，過去に著しい変動が見られた．間氷期の時代には，その変動の重要性がずっと低かったので，大陸縁の堆積は非常に減少した．

陸源の堆積物は，付近の大陸から供給されるにせよ，大陸縁に沿って供給されるにせよ，大陸縁にさらに少なく，完全に枯渇する場合もある．その今日見られる例は，深さ850 m，幅300 kmの大陸縁をもつブレイク高原である．ブレイク高原は，メキシコ湾流がフロリダ海峡から北に向かって堆積物を運んだ古第三紀以降，堆積物のない状態を保持している．事実上，白亜紀以降，堆積物は蓄積されていない．中生代には，膨大な炭酸塩質の堆積物が蓄積した．このような堆積は，現在バハマ諸島で見られる．バハマ諸島は，新しい炭酸塩堆積台地に関する研究をするために，古くから調べられてきた地域である．

バハマ諸島は，深いフロリダ海峡によって，本土から大陸棚が分断された際に発達した．深海に囲ま

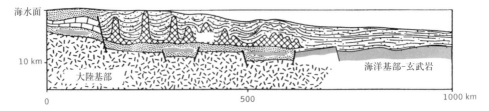

図5 大西洋型の非活動的な大陸縁で，岩塩層のダイアピル運動によって生じた変形．(Beck, R. H. and Lehner, P. *Bulletin of the American Association of Petroleum Geologists* (1974) vol. 58, pp. 376-395)

れた孤立する浅水台地の1つとして，炭酸塩堆積物の成長によって形成された．孤立したすべての岩礁と同様に，層相の分布は，おもに卓越風と嵐の方向によって決まる．

しかし，炭酸塩質の大陸縁にはほかのタイプが存在する．いわゆる縁取られた大陸棚のように，浅水台地と深海の間の大陸斜面に顕著な切れ目がある大陸縁もある．現在見られる例として，オーストラリアの東海岸沖にあるグレートバリアリーフ，フロリダ南部の大陸棚，中米のカリブ海にあるベリーズ大陸棚などがある．大陸棚の縁は，ほぼ連続する堡礁の外形線か骨格化した魚卵状岩の砂州，あるいはその両方によって形成される．これらの縁の背後には，広大な礁湖がある．メキシコ湾にあるユカタン海岸では，炭酸塩堆積斜面は緩やかに傾斜（1°以下）する表面をもち，堆積物は，それに沿って浅海性の炭酸塩砂から深海泥に緩やかに推移する．海岸沖合には堡礁や礁湖がない．

大陸縁の形成に海流が果たすもう1つの役割は，栄養豊富な海水を湧き上げることである．栄養豊富な海水と一緒に，リン酸塩を豊富に含む水が湧昇するが，それは南西アフリカの沖合やペルーの収束大陸縁沖に見られ，経済的に非常に重要である．このような水の湧昇は，大陸縁に沿ってたくさんの堆積物を供給し，それは堆積物のなかで大きな割合を占める．そこは高圧砂漠帯の西側に面した海岸に位置し，隣接する大陸は非常に乾燥しているので，陸源の堆積物は少ない．

全地球的で相対的な海水準の変動は，堆積様式全体の輪郭を決めるわけではないが，その詳細を制御する主要な要因となる．海水準の変動の効果は，非常に複雑である（下巻「シーケンス層序学」参照）．局地的な状況に依存する例外は多いが，一般に，砕屑性の大陸縁における海水準の相対的な下降は，堆

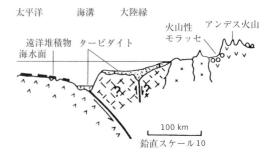

図6 アンデス型の収束大陸縁．大陸基盤が沈み込み帯の真上にあることに注意．

積の増加を引き起こす．反対に，海水準の相対的な上昇は，海岸線を陸方向に移動させるので，海洋への堆積物の供給を減少させる．これは炭酸塩系の堆積物の場合と対照的である．炭酸塩堆積物は海面や海面直下の発光帯内で生成され，それが起こるのは堆積物の蓄積する通常の地域である．したがって，堆積物が生成され供給されるのに最も適しているのは，海水準の上昇時である．

非活動的な新しい大陸縁の重要な特徴で，決して見過ごすことのできないのは，大陸縁下の岩塩の存在と，それに付随するダイアピル構造である（図5）．岩塩は地溝帯形成の初期に海盆に堆積したので，西アフリカ（とくに，ガボン沖，アンゴラ沖，スペイン南部沖にほど近いモロッコ沖），南米，メキシコ湾にある大陸縁は，岩塩ドームの上昇運動や水平運動のために，この構造や上部の海盆の形態が顕著に見られる．ただし，局所的には頁岩ダイアピルが同様な重要性をもつ．

収束大陸縁の観察に最も適するのは，アンデス山脈の大陸縁（図6），中米沖，北米オレゴン州やワシントン州の沖など，太平洋の東部沿いである．収束大陸縁に関与する過程の多くは，「島弧」の項で述べられる．収束大陸縁では，背弧盆は発達せず，

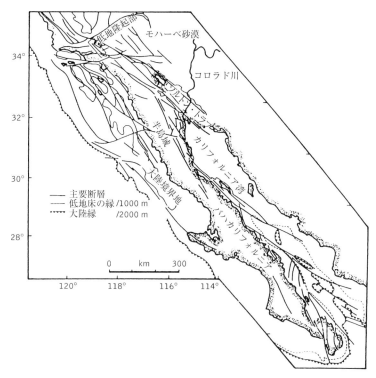

図7 太平洋プレートと北米プレートの間にあるトランスフォーム型の大陸縁（複数の文献による）．

火山弧は古い大陸地殻に完全に含まれる．ここでは，圧縮力が顕著である．この地域のなかで，アンデス山脈そのものは5つの地帯に分けられ，そのうち3つだけに火山の活動がある．火山地帯と非火山地帯の区分は，沈み込む太平洋プレートの性質，とくに沈み込みの傾斜角の相違による．傾斜角が約30°の場所には火山が存在するが，5～10°程度で傾斜が緩やかな場所には火山は存在しない．アンデス山脈の大陸縁（チリの最南端を除く）には，前弧海盆と海溝斜面の切れ目がほぼ完全に失われている．海溝は相対的に狭くて小さく，大陸に近接している．これは，アンデス山脈や大陸内部から堆積物が大西洋に向かって東側に運ばれるせいでもあるが，主要な原因は，気候が乾燥質で太平洋に運ばれる堆積物が少量であるためである．対照的に，中米沖や米国北西部のオレゴン州沖では，付加プリズムが非常によく発達する．これは，中米沖とオレゴン州沖で，激しい降雨があるためである．このように，付加プリズムが発達してもしなくても，大陸縁の性質は降雨に依存する．

トランスフォーム型の大陸縁は非常に複雑で，それを一般的に記述することは不可能に近い．綿密に研究された最近の例として，カリフォルニアからメキシコ北部にいたる北米の西海岸（図7）があげられる．そこは長さ数千km，幅500kmに及び，サンアンドレアス断層帯はそのほんの一部である．太平洋プレートが北米大陸に向かって相対的に北側に移動するにつれて，その帯状の地域は右向きの変形を受ける．

この広大な断層帯の北部には，圧縮を受け衝上断層をもつ山脈と湖盆や海盆があり，非常に狭い大陸棚と大陸縁との間には，広大な大陸地殻がある．大陸縁は大陸境界地（図7）として知られ，2000mの等深線にある．この地域には，横ずれ断層をもつ海盆が二十数個あり，その間には丘や島が介在する．海盆の深さは通常1000mあり，場所によっては2000mにも及ぶ．その内部には無数の深海扇状地が広がり，それは深海堆積物のモデルとして詳細に研究されてきた．

このトランスフォーム型大陸縁の南部では，局地

的な伸張の度合いが増し，カリフォルニア湾が開く
につれて，海洋地殻が形成される．トランスフォー
ム型大陸縁の北端，海面下110mの位置に，ソル
トン・トラフがある．そのトラフの下には，おそら
く初期の海底拡大の中心があり，そのために顕著な
火山活動や貫入的なマグマの活動が存在する．これ
らの特徴は実際にカリフォルニア湾で見られ，そこ
では新しい海洋地殻が中央海嶺で形成されている．
このように，カリフォルニア湾は海洋の一部であり，
ほぼ同じ大きさのバハカリフォルニアの大陸地殻に
よって，太平洋の主要部から分けられる．

　南米の海岸北部にある起伏と，対をなすアフリカ
西海岸に沿って，ほかのトランスフォーム型大陸縁
が存在する．そこでは，大西洋中央のプレート運動
は，海底拡大の中心によってではなく，フラクチャー
ゾーンに沿って生じる．南アフリカの南部大陸縁は，
もう一つのトランスフォーム型大陸縁である．ここ
では，南西側に流れて大陸棚に衝突するアグリアス
海流によって，堆積が支配される．フォークラン
ド高原が分裂し，変形によって180°回転したのは，
この大陸縁からである．そこには，大陸縁に関する
複雑なテクトニクスの歴史がある．

[Harold G. Reading/井田喜明訳]

■文　献

Burk, C. A. and Drake, C. L. (eds) (1974) *The geology of continental margins*. Springer-Verlag, New York.

Edwards, J. D. and Santogrossi, P. A. (eds) (1989) Divergent/passive margin basins. *Memoir of the American Association of Petroleum Geologists*, No. 48.

Watkins, J. S. and Drake, C. L. (eds) (1982) Studies in continental margin geology. *Memoir of the American Association of Petroleum Geologists*, No. 34.

大陸地溝
continental rifts

　一般に地溝は壊れて落ち込んだ細長いブロックを
指す．このブロックはしばしば著しく発達した線
状の凹地となる．しかし，大きな大陸地溝は何百
km，何千kmも広がる複雑な断層系からなる．典
型的な大陸地溝は特徴的な地震や火山の活動をも

ち，厚い堆積物で覆われる．地溝帯の重要な構造は，
張力に起源をもつ険しい断層である．伸びの量は多
くの場合約10%と小さいが，水平方向に伸びる過
程はすべての地溝を生み出す基本的な原因である．

　活動的な大陸地溝はどれも地殻と上部マントルに
異常な構造を示すが，それはリソスフェアが薄く
なったために生じたと解釈できる．大陸地溝の特徴
の多くは海嶺と共通である．たとえば，どちらも通
常より熱流量の高い領域が中央にあり，その下に低
密度のマントルの領域（地溝の「枕」とよばれる）
がある．

　火山活動は種類も量もきわめて多様である．火山
活動がまったくみられない大陸地溝もあれば，非常
に活発で多量の溶岩に囲まれたところもある．

　大陸地溝には現在の活動的なプレート境界の一翼
を担うものがあるが，プレート境界とつながりなが
らも，プレート内部の奥深くまで入りこんだものも
ある．さらには，どのプレート境界からも遠く離れ
て完全にプレート内に埋没する例もある．過去の大
陸地溝には，拡大して海底に発展したもの（例：現
在の大西洋の前身となった大陸地溝）がある一方で，
地質時代の長期にわたって海底を形成するにいたら
なかったもの（例：東アフリカ地溝系）もある．う
まく開いた海底をつなぐ大陸地溝は，「開きそこね
た地溝」とよばれる．これらの地溝は，しばしば適
当な角度をなして「三重会合点」で交わる地溝の3
番目の枝となり，うまく開いた地溝系をつなぐ役割
をする．アフリカ地溝系の西端に位置する西アフリ
カのベヌエトラフは，開きそこねた大陸地溝の好例
である（図1）．

　実際の大陸地溝系の多様性は，アフリカ地溝，ラ
イン川地溝，米国西部のベーズンアンドレンジ地方
の事例を用いて説明する．

●アフリカ地溝系

　有名な東アフリカ地溝は，大陸全体に広がるずっ
と広大なシステムの一部であり，中央アフリカを横
切って西は大西洋まで，東は紅海やアデン湾地溝ま
で達する（図1）．東アフリカ地溝系の2つのおも
な分枝（西部地溝と東部地溝）は，南へ合流して，
モザンビークのベイラでインド洋につながる．この
ように，地溝系の3部分はアフリカを3つの区域に
分割する．紅海とアデン湾はともに活動的なプレー

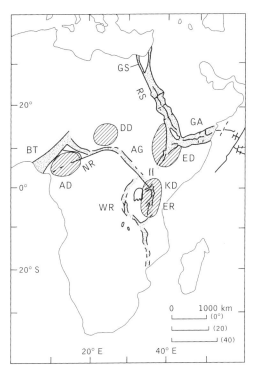

図1 アフリカ地溝系．AD：アダマワドーム，AG：アブ・ガブラ地溝，BT：ベヌエトラフ，DD：ダルフールドーム，ED：エチオピアドーム，ER：東アフリカ地溝の東部分岐，GA：アデン湾，GS：スエズ湾地溝，KD：ケニアドーム，NR：ヌガウンデレ地溝，RS：紅海，WR：東アフリカ地溝の西部分岐．(Girdler, R. W. and Darracott, B. W. (1972), Comments on the Earth Sciences, *Geophysics*, 2(5), 7-15 による)

ト境界の一翼を担って，アフリカプレートの東の縁を形成する．これらは，北は地中海へと伸びるプレート境界に，南はインド洋海嶺系へとつながる．残りの2つの地溝は，大西洋とインド洋にある現在は非活動的な大陸縁につながる．

この地溝系には4つのドーム状の隆起が付随し，中新世以降の2000万～1000万年前に火山活動の中心となってきた．4つのドームとは，エチオピア，ケニア，スーダン西部のダルフール，カメルーンのアダマワである．これらのドーム状隆起は，地溝の火山活動の重要地点であり，リソスフェアが最も顕著に薄くなっている場所である．

東部地溝，すなわちケニア地溝はケニアドームと交差する．ケニアドームは平面図では楕円形をしており，長軸は地溝の軸と平行，その長さは約1000 km である．更新世初期にあたる約150万年前に，ドームは最も大きく成長し，高さは平均1400 m に達した．

ケニア地溝帯の主要な断層は，複雑に枝分かれする地溝系が全体としては南北に伸びることを明確に示す（図2）．ただし，個々の断層や地溝は，一般に北北西-南南東や北北東-南南西に向いている．はっきりとわかる中央の地溝「グレゴリー地溝」は楕円形の隆起を縦断し，その北端と南端であまり輪郭のはっきりしない凹地に置き換わる．地溝の主要な部分は幅が60～70 km，長さが750 km あり，エシェロン状に配列した険しい正断層と境を接する．エシェロン状断層の隣接する端の間では，台地から地溝床へ傾斜した斜面が下りていく．

地溝と隣接する主要な断層崖は高さが2000 m に達し，地溝盆地の底は厚さ2 km に及ぶ堆積層で覆われている．したがって，これらの主要な断層で生じた変位は合計で4 km になる．地溝床に向かって険しく傾斜する断層の原因は張力である．断層で観測される変位を説明するために，地殻の伸張量は少なくとも5 km が必要である．実際には，地溝床は地溝壁と平行なたくさんの小断層で切られているので，これらの隠れた小断層の寄与も考慮すると，伸張量の総計はおそらく2倍の10 km に達するだろう．

ケニア地溝の活動は中新世の2000万～1000万年前にはじまったように見える．同じ時期に，西部地溝の側面で激しい火山活動を伴って褶曲が開始した．最初の顕著な断層運動は約500万年前の鮮新世初期に起きた．そこで生成されたマグマは，カリウムに富むアルカリ玄武岩で，地溝火山の一般的な特徴を有する．さらに北のエチオピアでは，地溝系は1年に約3～5 mm の速度で拡大する断層帯（図1）へと発達し，ずっと膨大な火山活動を生み出した．

東アフリカ地溝系は，中央アフリカを越えて2つのドーム状隆起，ダルフールとアダマワにつながる（図1）．その間には，スーダン西部で北西-南東に走るアブ・ガブラ地溝と，カメルーンで北東-南西に走るヌガウンデレ地溝がある．これら2つの地溝は堆積物に満たされた谷で，1億年以上前の白亜紀に最大の発達をとげたが，現在は活動をほぼ停止している．ヌガウンデレ地溝は最終的にはナイジェリアのベヌエトラフにつながる．ベヌエトラフは，南大西洋が開く前の白亜紀に大西洋中央海嶺と接続さ

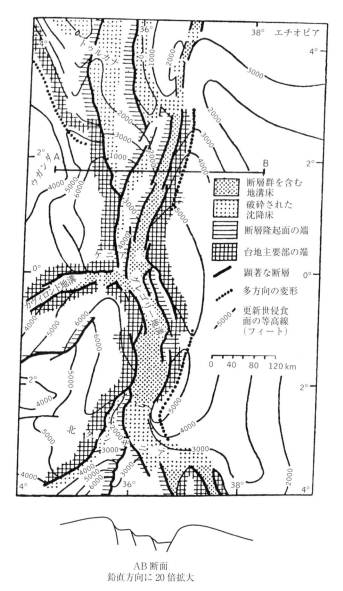

図2 東アフリカ地溝系ケニア区域の断層様式と隆起地溝の肩角. 等高線は地殻の隆起量をフィート(単位)で示す. (Baker, B.H. and Wohlenberg, J. (1971), Nature, 229, 538-42による)

れた開きそこねた地溝である.

アフリカのもう一方にアデン湾がある. その海底は過去1000万年間に形成された海洋地殻で覆われており, インド洋海嶺系につながっていく(図1). アデン湾は, 北は海底を海洋地殻に覆われた紅海地溝へと続く. ここは過去300万～400万年にわたって毎年2cmの平均速度で開いてきた. しかし, この海洋が開く前は, 白亜紀時代以降, そこで活動的な沈降と火山活動が起きていた. その北端で, 紅海地溝はさらにスエズ湾地溝と死海地溝に枝分かれし, 最終的には地中海を横断するプレート収束境界につながる. スエズ湾地溝は火山活動を伴わず, 地溝軸と5～35°傾く断層ブロックを側面にもつ中央トラフからなる. 過去にドームを形成した形跡はなく, 地溝は地溝軸と垂直な水平方向の伸びによって形成されたことが断層の形状からわかる. 伸びの量

は，過去2500万〜3000万年間で20〜50%と見積られる．

このように，アフリカ地溝系は，全体としてみると異なる時代に形成された異なる構造からなり，その一部はもはや活動を停止している．地溝系の一部はドーム状の隆起と深く関係し，過去あるいは現在に大規模な火山活動の中心となってきた．一方で，火山が活動的でなく，張力的な断層のみがみられるところもある．アフリカ地溝系の活動はおもに3つの時期に分けられるようにみえる．最初の活動期は約1億3000万年前の白亜紀初期で，おそらくベヌエトラフの活動を通して，南大西洋が開くことに関係した．その時に一連の堆積盆地がアフリカを横切って形成され，大西洋とインド洋をつないだ．第2の活動期は紅海地溝が誕生した約4000万〜3500万年前である．第3の活動期は約1000万〜500万年前の中新世後期にはじまり，活発な火山活動とともにケニアとエチオピアでドームを形成し，東アフリカ地溝が発展した．同時に，紅海地溝とアデン湾地溝が開きはじめ，活発な地溝を連続的に形成しながら，北はスエズ湾地溝まで，南はアフリカ地溝系の東部地溝まで活動を拡大した．これらの地溝はアラビアからアフリカを分離し，アフリカの他の地域からソマリアを孤立させた（図1）．

● ライン川地溝

ライン川地溝は西ヨーロッパの中心に位置するので，最近活動する地溝系のなかでも最も有名であり，最も幅広く研究されている．この地溝は，アルプス山脈の端にあるバーゼルから北はカッセルまで，北北東-南南西に距離にして440 km伸びるが，そのおもな分枝はマインツで北西に向きを変え，ライン川に沿って300 km続いてから，アーネムで最近の堆積物に覆われて見えなくなる（図3）．分枝はさらに北に伸びて北海盆地の下に横たわる地溝系とつながるものと考えられる．

ライン川地溝の南側の部分では，断層系は複雑に分岐して，地溝の外側にみられる北東-南西方向から，内側の南北方向に湾曲する．この断層形態は，ここが左向き（左横ずれ）の剪断変形を受けていることを示す（図3）．しかし，多くの場所では，張力的な形状の古い正断層が水平な筋と折り重なっており，異なる方向に運動する2つの活動時期があっ

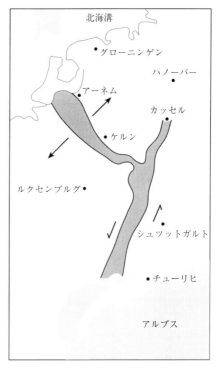

図3 ライン川-ルール地溝系，アルプス山脈および北海溝との位置関係を示す．北方分岐には北東-南西方向の伸張があり，南部には左横ずれの剪断変形があることに注意せよ．(Illies, J. H. and Greiner, G. (1978), *Bulletin of the Geological Society of America*, 89, 770-82 による)

たことが示される．もう一方の北側の部分では，東北東-西南西方向の伸張を受けて，地溝に平行に北北西-南南東に伸びる険しい断層が多数存在する（図3）．この部分には連続する地溝の特徴はみられない．

アフリカ地溝と同じように，ライン川地溝にも火山活動や地溝の端を持ち上げるような局所的な曲げがみられる．地溝に積もった礫岩堆積物の調査によると，地溝の境界は，地溝全体がおもに沈降した約1億〜3500万年前と同じ時期に上昇した．地球物理学的なデータによれば，地溝の下には通常より高い熱流量をもつ薄い地殻が存在する．

地溝系が誕生したのは約1億〜8000万年前の白亜紀後期だが，地溝の2つの分枝に伸張がみられるので，そのときには運動の傾向はほぼ東西方向の伸張であったに違いない．9000万〜5500万年前に北大西洋が開く前は，ヨーロッパ北部に全般的に伸張がみられたが，ライン川地溝の形成はそれと関係す

るのかもしれない．もっと直接的には，アルプス山脈が8000万年前に受けた南方向の圧縮とかかわる可能性もある．

隆起と沈降は始新世や漸新世まで続き，約3500万年前に最盛期に達した．その後，中新世にアルプス山脈の収束が弱まって隆起に転じると，活動は衰えた．約300万年前の鮮新世時代中期に，地溝は再び活動を開始したが，運動方向は異なるものだった．そのときには，南側の地溝に沿って左横ずれの剪断変形が，北側の地溝に沿って東北東-西南西の伸張が生じた（図3）．現在の応力場は詳細に調査されている．この地域はアルプス山脈と西ヨーロッパの両方で全般的に北西-南東方向の圧縮を受けており，それは最近の活動状況と調和的である．

●ベーズンアンドレンジ地方

ベーズンアンドレンジ地方は北米大陸の西部に位置し，メキシコ北部のカリフォルニア湾から米国西部を通って，ブリティッシュコロンビア州南部まで3000 km以上の距離を広がる（図4）．この地域はネバダ州とそれに隣接するユタ州，カリフォルニア州，オレゴン州の一部からなり，その幅は約1000 kmに達するが，南側と北側は狭くなっている．上に述べた2つの事例とは異なり，ベーズンアンドレンジ地方は輪郭のはっきりした地溝ではなく，個別の多数の地溝（たとえばリオグランデ地溝）や盆地を含む広大な伸張地帯である．

ベーズンアンドレンジ地方は，高さ1～2 kmで幅広く隆起した高地にあり，その内部には大きな排水流域のグレートベースンが広がる．この伸張地帯の南端は，カリフォルニア湾を通って東太平洋海嶺につながり，北端は火山活動の活発なカスケード山脈の東部で終わる．オレゴン州とワシントン州の西岸に沿って活動的な沈み込み帯があるが，カスケード火山地帯はその約300 km東部に位置する．

ベーズンアンドレンジ地方の主要部をなすネバダ州と隣接州の一部は，火山活動がほとんどみられないが，熱流量は高い（通常レベルの約3倍）．この地方は断層で区切られた細長い線状地形からなり，新生代から最近までの堆積物で覆われた盆地によって分断される．線状地形は25～35 kmの間隔で分布し，その間に幅が10～20 kmの盆地が介在する．このブロック構造は，西北西-東南東方向の張力的な応力場に呼応する険しい断層系によって制御される．過去1000万～1300万年間に生じた伸びの量は約20%と見積もられるが，2000万年以上前にはもっと大きな伸張活動があったと考えられる．

古い時代の伸張活動は活動的な火山活動を伴っており，断層はずっと大きな運動の痕跡を残す．多くの場合，断層は地殻の伸張によって低角に回転してきた．このように低角に傾いた断層は，基底部に結晶構造をもつ広大な地域の表層部にみられる．コアコンプレックスとして知られるこの構造は，地殻が伸張して薄くなるために地表にもたらされるものである．構造の一部は地震波の反射探査によって深部断面がとらえられ，15～20 kmの深さまでたどることができる．伸張ひずみの量は50～300%に達すると見積もられるが，これはアフリカ地溝系やライン川地溝にみられるひずみ量のどれよりもずっと大きい．

この伸張地域の起源については論争がある．中生代には北米沿岸に接して沈み込み帯が存在したので，ベーズンアンドレンジ地方はこの沈み込み帯の上側プレートに生じた「背弧」の伸張に起因すると

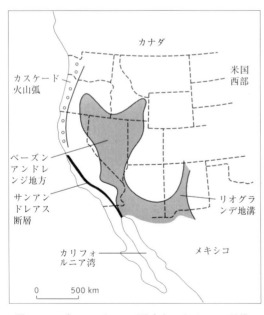

図4 ベーズンアンドレンジ地方とリオグランデ地溝．カスケード火山弧とサンアンドレアス断層との位置関係を示す．(Zoback, M. L., Anderson, R. E., Thompson, G. A. (1981) *Philosophical Transaction of the Royal Society*, **A300**, 407-34 による)

いう考えが唱えられた．ところが，太平洋プレートの運動を4000万～5000万年前まで再構築してみると，米国西部大陸縁の南方区域沿いでは，沈み込みに伴う火山活動はしだいに終息して，かわりにサンアンドレアス断層の活動がはじまった．その結果として，約2000万年前に南部ではじまった沈み込みに伴うマグマ活動は，歴史的な「活動停止」に終わり，徐々に北に移動して，現在はオレゴンのカスケード火山弧に存在する．したがって，ベーズンアンドレンジ地方の南部や中央に現在みられる伸張場を，沈み込みに直接関連づけることはかなり難しい．ベーズンアンドレンジ地方の起源を深部から湧き上がるマントルプルームの効果に帰する別の考えもある．このマントルプルームはもともと太平洋の下に存在したが，北米が西方へ移動してその上に乗り上げ，現在はベーズンアンドレンジ地方の北端に位置する広大な火山活動の下に位置する．

●大陸地溝の形成機構

大陸地溝の形成機構には伝統的に2つの学説がある．1つは地溝の誕生がマントルプルームの効果によるとする説，もう1つは地殻の伸張によるとする説である．プルームを起源とするモデルでは，リソスフェアが薄くなることによって一連の火山ドームが形成され，その結果として地殻が伸張し，最終的にはドーム中央部が崩壊する．このようにして地溝の断片が形成され，それが結合されて連続的な地溝に発展する．このモデルは，海洋の形成を説明する目的で，1973年にジェームズ・バークとジョン・デューイによって提案された．もう1つのモデルでは，主要なプレート境界で働く力によって地殻の伸張が生じ，それが地溝を生み出す．このモデルでは，伸張によってリソスフェアが薄くなることが基本的で，火山ドームの形成や火山活動はその二次的な産物である．

上に述べた事例から，活動的な地溝には明らかに2種類がある．1つは火山ドームの形成と火山活動が特徴となる地溝，もう1つは張力的な断層形成のみからなる地溝である．2種類は同じ地溝のシステム内に混在する（たとえば，東アフリカ地溝をスエズ湾地溝と比較せよ）．その場合，ライン川地溝にみられるように，張力的な盆地が火山性の事例に先行することが多い．結局，両方のメカニズムが地溝

帯の起源の一翼を担うという結論は免れられない．アデン湾や大西洋の事例にみられるように，地溝が海洋の形成に向かって「飛び立つ」ためには，広域的な（プレート規模の）伸張が前もって存在する必要があると思われる．東アフリカ地溝系のように，明らかにマントルプルームに関係するが圧縮的な応力状態にある地溝は，張力が卓越する状態になったり，海洋に発展したりするとは思えない．顕著な地溝系が発達するために，広域的な伸張は必要条件だが，おそらく十分条件ではない．アフリカ地溝系が最初に形成されたのは，おそらく白亜紀の間だったが，そのときにすべてのアフリカプレートは張力的な応力場に置かれていたと思われる．しかし，それに続く南大西洋の形成を確かなものにするためには，都合よく存在したマントルプルームの手助けで地溝が発達する必要があったろう．

[**R. G. Park**/井田喜明訳]

■文　献

Park, R. G. (1988) *Geological structures and moving plates*, Chapter 4. Blackie, Glasgow.

対流圏
tropsphere

対流圏は，雲が発生し，降水，降雪，ハリケーン，竜巻，前線など，さまざまな天気が生じる大気圏の一部分である．英語名の語源はギリシャ語のtroposに由来する．troposとは，「方向回転する」という意味であるが，それは，対流圏の空気が鉛直方向にも水平方向にもよくかき混ぜられているからである．

大気は，性質の違いによって，層（または圏）に区分される．気温の高さ方向の変化率の違いに着目すると，大気圏は，対流圏，成層圏，中間圏，熱圏の4つの層に分けられる．大気組成に着目すると，均一圏と不均一圏に区分される．均一圏の大気組成は一様であるが，不均一圏の大気組成は高さによって変化する．高度80 kmまでは均一圏であるが，それより上空は不均一圏である．そのほかにも，特別な名前のついた層がある．「電離層」では，原子

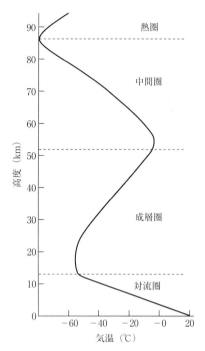

図1 季節変化や場合による変化を平均した気温の高度分布.

や分子の一部が電離している．もっと上空の「外気圏」では，空気を構成する分子の一部が地球の重力を振り切って宇宙に拡散している．

対流圏は地表面から圏界面までの大気層で，気温は上空にいくほど減少する（図1）．圏界面とは対流圏と成層圏の境界面である．成層圏の気温は，成層圏下層では高さによらず等温であるが，その上では上空にいくほど気温は上昇する．圏界面の定義は，気温の減少が止まり等温になる高度である．圏界面の高度は一定ではない．場所によっても時間によっても変化する．熱帯では約16 km，極の近くでは6〜8 kmである．緯度40〜60°にある中緯度帯では約10〜12 kmである．これらの高さは，対流圏内の大規模な気流の変動に伴って日々変化している．

対流圏の気温が高さと共に減少する割合は，平均して1 kmごとに6.5℃である．上空にいくほど気温は低下するので，この割合を「気温減率」という．ある日ある場所の気温減率を測定したとすれば，おそらく，1 kmごとに6.5℃の減率ではないかもしれない．しかし，10℃ km^{-1}を超えることはないだろう．一方で，気温減率がゼロになることはしばしば生じる．そのような大気層を等温層という．場合によって，気温減率が負になることもある．上空ほど気温が高くなることを示している．このような層を（気温減率が逆転しているという意味で）逆転層という．等温層や逆転層の厚さが数百mを超えることはめったにない．

対流圏の空気はつねに循環しているので，空気が動くとどのような変化が生じるのか知ることは重要である．空気の変化を想像するために，見えない風船に閉じこめられた空気塊を考えてみよう．この風船は変形自在であるが，その内部の空気塊が周囲の空気塊と混ざり合うことはない．その風船が地面に接触している場合，地表面温度より風船の温度が低ければ加熱され，高ければ冷却される．一方，地表面は，昼間，日射を吸収して暖まり，夜間は赤外線を宇宙に放射して冷える（放射冷却）．

地面に接した空気塊は昼間温められる．地面温度は場所によって異なるから，空気塊も強く温められるものと弱く温められるものがある．強く温められるほど空気塊はより膨張し，周囲より軽くなり，浮力によって上昇を始める．そのような上昇する空気塊をサーマルという．サーマルは上昇気流の一部である．上昇気流は，周囲より日射による昇温が大きい地表面の上に形成される．

気圧は上空ほど低い．上昇する空気塊の内部の圧力は，同じ高さの周囲の気圧と同じになるので，空気塊は上空に昇るほど膨張する．ところが，膨張するためには，周囲に対して仕事をする必要がある（圧力に抗して広がるためには仕事が必要である）．空気塊が地表面に接している場合は，仕事に必要なエネルギーは地表面から（熱として）与えられる．しかし，上空の空気塊は，仕事に必要なエネルギーを外部から与えられることはない．その結果，自分自身の熱エネルギーを使って仕事をすることになる．その結果，空気塊の温度が下がる．どのくらい温度が下がるかは，熱力学第1法則（エネルギー保存則）によって計算できる．その結果によると，空気塊が1 km上昇するごとに10℃低下する．この気温減率を乾燥断熱減率という．乾燥というのは，水蒸気の作用（潜熱）を含んでいないという意味である．断熱というのは，外部から熱の供給がないという意味である．減率というのは，上空にいくほど温度が低下するからである．

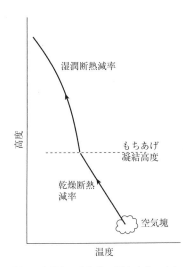

図2 上昇する空気塊の温度変化. もちあげ凝結高度で雲が発生する.

乾燥断熱減率は空気塊の周囲の気温減率より大きいので, 空気塊はある程度上昇すると, たとえ地面付近で空気塊の温度が周囲の気温より高くても, ある高度まで上昇すると周囲の気温と等しくなってしまう. そうすると, 浮力を失い, その高度以上に上昇することはできなくなる (図2).

地表面付近にある空気は水蒸気を含んでいる. 地表面近くでは不飽和でも, その空気塊が上昇すると温度が下がるので, 水蒸気が飽和することがある. その高度を「もちあげ凝結高度」という. その高度より空気塊が上昇すると, 水蒸気が凝結して, 雲が発生する. それゆえ, もちあげ凝結高度が雲底になる. 水蒸気が凝結すると潜熱が解放され, 空気塊が加熱される. 空気塊がさらに上昇すると, 持続的に潜熱が解放されるので, 気温減率は乾燥断熱減率より小さくなる. 飽和した状態を保ちながら上昇する空気塊の気温減率を「湿潤断熱減率」という. どのくらいの量の水蒸気が凝結したかによって, 湿潤断熱減率は変化するが, 平均すれば1km当たり6.5℃で, 実際に対流圏で観測される気温減率に近い.

[Charles N. Duncan/木村龍治訳]

■文 献
Ahrens, C. D. (1994). *Meteorology today*. West Publishing Co.
McIlveen, J. F. R. (1986) *Basic meteorology*. Van Nostrand Reinhold, New York.

ダーウィン, チャールズ
Darwin, Charles (1809-82)

チャールズ・ロバート・ダーウィンは生物学者として世界的に知られるが, 生涯にわたって地質学にも強い興味を寄せた. 彼の科学に対する貢献は偉大であり, 進化論は古生物学はもちろん, 西洋的な思考に深く影響した. 彼は1825年にエディンバラ大学で医学を志したが失敗に終わり, 3年後にはケンブリッジ大学のクライストカレッジに入った. しかし, 彼はそこでも突出した学究成果を修めたわけではなく, 現代科学の基礎となる彼の仕事についても, 何らかの研究費を獲得してなされたものとは思われない. 彼のケンブリッジ大学の友人に, 地質学でウッドワード教授となったアダム・セジウィックがいた.

ダーウィンは, 帆船ビーグル号の航海へ科学者として参加することに魅力を感じた. 1831年から1836年までの航海で, 彼は南大西洋や太平洋の多数の国々を訪れた. 彼の地質学的な観察は, さまざまな分野について抜け目なく詳細に記載され, そのなかには劈開に関する正確な分析さえも含まれる. 彼は地質学の試料を多数収集した. 英国へ帰国してから, これらの多くが彼の出版物のなかで記述された. 彼は「サンゴ礁の構造と分布」で岩礁形成の理論を提唱し, その理論の大部分はいまも正しいとされている.

ダーウィンの時代には, 南米の南部で哺乳類や軟体動物の化石を収集することが可能だった. その化石を用いて, 動物の活動範囲を, 新生代を通して区分することができた. 彼はアンデスで火山学的な観測も行った. 太平洋沿岸地域で地震活動や地形構造の特徴を見出した. 未発表の著作をみると, 大陸や造山運動の分布やその境界の特徴に彼が興味をもったことがうかがえる. 大陸の移動やその可動性について, 彼の頭に何らかのアイデアが浮かんだのかもしれない.

英国に帰国すると, ダーウィンは古生物学的な執筆を蔓脚類 (フジツボ) に関する研究論文に限定したようにみえる. 彼の健康状態は断続的に悪化し, 彼の著作が議論の的となったときも, 彼はその論争に加わらなかった. 1856年にはじめた「種の起源

の執筆が半分ほど完成したとき，アルフレッド・ラッセル・ウォレスから，ダーウィンと同じ発見と見解を記述した原稿を受け取った．彼の友人である地質学者チャールズ・ライエルは，あらゆる学派を満足させるために，リンネ学会でダーウィンとウォレスが共同発表を行う手はずを整えた．そのときの著書（1250部）は出版日に完売した．

種の起源や人類の起源についての論争は長く激しいものだったが，ダーウィンの理論はとりわけトマス・ヘンリー・ハクスリー（「ダーウィンのブルドッグ」の異名をもつ）によって擁護された．その理論は西洋の科学的な思考に計り知れない刺激となった．ダーウィンの地質学者としての業績は生物学者としての名声の陰に隠れがちだが，最近の研究によると，彼は近代的なテクトニクスや造山運動の理論を予見するような考えをもっていた．彼は1882年4月に亡くなり，ウエストミンスター寺院に葬られた．

[D. L. Dineley／井田喜明訳]

図1 1985年にロングアイランドを襲ったハリケーン「グロリア」．(*Time* (1987) より)

高潮
storm surges

1970年11月12日にベンガル湾を襲った史上最悪の熱帯低気圧は水位が9mにも及ぶ高潮を引き起こし，ガンジス川の三角州地帯の広い範囲が浸水した．この災害で，30万人が命を失い，470万人が被災した．被害は甚大であるが，この高潮災害は例外的というわけではない．規模や頻度はさまざまであるが，しばしば発生する．

高潮は，気圧の変化と海面における風応力によって引き起こされる．浅海ほど水位の上昇が大きい．高潮は，北半球でも南半球でも，熱帯でも中緯度帯でも発生する．熱帯低気圧に伴う高潮は，北緯7度から25～30度の緯度帯で発生する．この海域の海面水温は低くても26℃以上である．北太平洋の西側では台風，北太平洋の東側，カリブ海，大西洋ではハリケーン（たとえば，1985年のハリケーン「グロリア」（図1）），ベンガル湾，アラビア海を含むインド洋ではサイクロンと呼ばれている．

岸に吹き付ける強風は，海水を海岸に吹き寄せて水位を上げる（正の高潮）．一方，沖に向かう強風は水位を下げる（負の高潮）．一方，熱帯低気圧に伴う気圧の低下によっても，水位は変化する．1.005 hPa気圧が低下すると，1 cm水位が上がる．1934年9月9日に大阪地方を通過した室戸台風は，中心気圧が945.3 hPaで，岸に吹き付ける風の風速は42 m s^{-1}に達した．その結果，約3 mの高潮が発生した．

熱帯低気圧は直径20～50 kmの眼をもっており，その部分の気圧が最も低い．そのため，中心部の水位は4 mほど上昇する．熱帯低気圧の多く（70%）は北半球で発生する．そのなかでも，熱帯低気圧の97%は7月から11月の間に発生する．海面水温が26℃以上の面積が拡大すると，熱帯低気圧の発生頻度は増加し，それに連動して，中緯度まで北上する熱帯低気圧の数も増加する．

中緯度帯では南北の温度差が大きいほど，高潮の発生頻度が増加する．このような現象は，16世紀から18世紀にかけての小氷期の時代に特徴的であった．1588年8月14～18日に発生した高潮は，スペインの無敵艦隊の多くを破壊した．風速が20～30 m s^{-1}であったことが，航海記録に記されている．1570年11月11～12日に北海で発生したストームに伴う高潮では，40万人が犠牲になった（おもに，オランダ）．それから1720年代まで，英国の海岸では，しばしば高潮が発生した．

北西ヨーロッパの海防が進むにつれて，高潮による犠牲者の数が少なくなった．しかし，1953年1月31日の夜から2月1日にかけて北海に発生した高潮では，オランダで1800名，英国で307名の

図2 1953年に英国キャンベイ島で発生した高潮による洪水.(*Geographical Journal* より)

犠牲者が出た.英国での被害はおもにテイムス河口にあるキャンベイ島で発生した(図2).このとき,突風は 31 m s^{-1} を超え,気圧は 968 hPa であった.水位は平常の潮位から 2.2〜3.0 m 高くなった.このような高潮は 200 年に一度起こるような激しい現象であった.しかし,それ以後の 40 年間で,このときの水位を超える高潮が,東イングランドだけで,12 回起こっている.ヒューバート・ラムは,1509〜1990 年に北海とその隣接地域で発生したストームと高潮の記録をまとめ,高潮を起こす気象条件を調べた.同じような研究は,日本では,土屋義人が行っている.とくに大阪地域の高潮に関しては,150 年に一度の割合で大きな高潮が発生している.これは,1934 年の室戸台風クラスの台風が発生する頻度でもある.

しかしながら,正確に高潮の発生頻度を計算できるほどの観測記録もなければ,文章による記録もない.過去の高潮を記録しているのは,海岸付近の堆積物である.サスキア・ジェルゲスマは,オランダの砂丘に高潮で運ばれた貝の年代を調べることによって,紀元前 2450 年以来,高潮に伴う最高水位がしだいに高くなっていることを発見した.海岸付近の淡水のラグーンでは,海洋性のケイ藻が,現在の間氷期のはじまり(完新世)からの過去 1 万年の間に発生した高潮の目撃者になっている.

[M. Tooley/木村龍治訳]

■文献

Lamb, H. H. (1991) *Historic storms of the North Sea, British Isles and northwest Europe.* Cambridge University Press.

Tooley, M. J. and Jelgersma, S. (ed.) (1992) *Impacts of sea-level rise on European coastal lowlands.* Blackwell, Oxford.

Tsuchiya, Y. and Kanata, Y. (1986) Historical study of changes in storm surge disasters in the Osaka area. *Natural Disaster Science*, 8(2), 1-18.

ダットン,クラレンス・エドワード
Dutton, Clarence Edward (1841-1912)

ダットンは米国の最初の地球物理学者の 1 人.エール大学で教育を受け,南北戦争中は連邦軍に従軍した.1875 年に米国南西部の広大な台地地帯に関する研究に着手した.この 10 年にわたる研究は,米国領土地質学・地理学調査隊の一員として,J. W. パウエルの指揮下ではじめられ,1879 年以降は米国地質調査所の職員として続けられた.

ユタの高地に関する研究と,グランドキャニオンの地質史に基づいて,ダットンは地殻の特定な部分に見られる隆起と沈降の原因を考察した.侵食によって陸地の荷重が除去され,堆積作用によって海底の荷重が増加するために,海底を下げ,陸地を押し上げる力が生ずることを論じた.この沈降と隆起の平衡関係から,ダットンは「アイソスタシー」の概念を発見した.

ダットンは,引き続いてハワイ,オレゴン,カリフォルニアの火山を研究した.ハワイに分布するカルデラの類似性から,オレゴンにあるクレーター湖の原因がカルデラにあることを見出した.1886 年 8 月 31 日にサウスカロライナ州チャールストンに甚大な被害をもたらす地震が発生したが,ダットンは,この地震を研究して,震源の深さと地震波の伝達速度を見積る新しい方法を考案した.

[Brian J. Skinner/井田喜明訳]

312 竜 巻

竜 巻
tornadoes

竜巻はスケールが小さく，寿命も短いが，非常に破壊的な現象である．強風に加えてスケールが小さいために，観測することがきわめて難しく，他の大気現象に比べて不明な点が多い．竜巻は発達した積乱雲に伴って発生する．積乱雲の内部には強い上昇気流があるが，それは雲底での収束を生み，収束に伴って柱状の渦巻きが形成される．雲底から漏斗（じょうご）のような形の雲が下向きに成長して地面に達する．渦巻く風の風速は $100\,\mathrm{m\,s^{-1}}$ を超えることがある．渦巻きの中心部は非常に低圧で，水蒸気が凝結するために，渦巻きの中心部は雲で満たされている．竜巻の内と外では，$100\,\mathrm{m}$ で $25\,\mathrm{hPa}$ もの気圧差が生まれる．ハリケーンの場合は，非常に強いハリケーンでも，$100\,\mathrm{km}$ で $20\,\mathrm{hPa}$ 程度の気圧差であるから，竜巻の風速がいかに速いかわかるであろう．

竜巻の破壊力は驚異的である．それは3つの作用による．第1は強風で，竜巻の内部に入った物体は飛ばされて著しく破壊される．第2は強い上昇気流で，軽いものは雲底まで舞い上げられ，重たいものは渦巻きの接線方向の外向きにはじき飛ばされる．第3は竜巻中心部の低圧で，建物に接近すると，建物の外側の気圧が急に低下する．そのため，窓やドアが閉じていて建物内部の気圧が低下しないような場合は，家の内外の圧力差のために，ドア，壁，屋根などが吹き飛ばされる．

竜巻の寿命は一般に短い．竜巻を生み出す親雲（積乱雲）の対流活動は時間的にかなり変動する．そのため，1つの親雲から大小さまざまな竜巻が発生することがある．同時に発生することもあれば，次々に発生することもある．また，雲底の異なる場所で発生することもある．竜巻は曲がりくねりながら進行するが，全体的には親雲の移動にしたがって移動する．地面に接触してからの経路の長さはおおむね数 km である．しかし，数百 km 移動した観測事例もある．竜巻の直径は，大きいものでも $200\,\mathrm{m}$ 程度である．規模も小さく，移動距離も短いので，竜巻に出会うことは比較的少ない．しかし，そのこと

は，竜巻の罹災者にはなぐさめにならないだろう．

竜巻は，極端な大気の不安定性に関連しているので，発生する季節，場所に偏りがある．竜巻の起こりやすい場所は中緯度の大陸内部である．春や初夏になると，日射が強くなり，大気が不安定になって，竜巻が起こりやすくなる．しかし，大陸内部でなくとも，春や初夏でなくても，発生することがある．オクラホマ州，テキサス州，カンサス州など，米国の大平原では，ロッキー山脈を越えて北からやっている冷たい乾燥した空気が，メキシコ湾からやってくる暖かくて湿った空気の上に積み重なるとき，竜巻がたくさん発生する．その発生頻度は，世界的にみても最大である．

[Graham Sumner/木村龍治訳]

■文 献

Eagleman, J. R., Muirhead, V. U., and Willems, N. (1975) *Thunderstorms, tornadoes and building damage*. Lexington Books, London.

探査地球物理学
exploration geophysics

探査地球物理学は，地球物理学的な手法の鉱物探査への応用である．さまざまな手法が使われており，通常は用いられる物理学的な性質にしたがって分類される（表1）．これらの探査手法から，目的に応じて適切な手法を選択することが重要である．地球物理学的には鉱物の堆積を直接みつけられない場合もあるが，堆積につながるような特徴を見出したり，探査地域の地質構造を決めたりして，探査に間接的に利用することはできる．そこで，いろいろな手法を組み合わせて活用するのが一般的である．探査に要する費用も重要である．まず安価な手法が用いられ，綿密な調査が必要になったときに，もっと高価な手法が採用される．

探査手法の多くは，上空や海洋上から，また試錐孔を用いた調査である．環境調査への利用が増加してきている．　　　　　　　　　　[Roger Searle/井田喜明訳]

表1 探査地球物理学の手法.

手法	測定される性質	費用	おもな対象
重力	密度, 質量	中価格	地域的および局所的な構造 高密度な鉱物をもつ鉱床 (例：クロム鉄鉱, 岩塩) 残留資源の総合的な見積り 空洞の検出
磁気	磁化率；自然残留磁化	低価格	地域的および局所的な構造 磁性鉱石体 (例：磁鉄鉱) 鉄鉱床
電磁気	電気伝導度	低〜中価格	地域的および局所的な構造 導体鉱物の鉱床 地下水脈の探査 放射能汚染を受けた地下水
電気	電気伝導；電位	中価格	局所的な構造 導体 (あるいは高抵抗) で電荷を 　帯びた鉱物の鉱床 地下水や地下水面 放射能汚染を受けた地下水
放射能	天然放射能 人工放射能	中価格	放射能鉱物 粘土や岩石
地震波の反射や屈折	地震波速度； 音響インピーダンス	高価格	地域的および局所的な構造 炭化水素

弾性波伝播
elastic wave propagation

　自然地震や人工爆破のような震動源から伝播する波の観測から，初期の研究者はこの波が地球の弾性的挙動を表していることを認識していた．フックの法則は，応力（単位面積当たりの力）と歪み（変形）の間に線形関係が存在するという経験的の事実に基づいている．応力を受けたとき，フックの法則にしたがう物質は弾性的であるという．固体地球を構成するたいていの物質は，少なくとも低応力下では弾性的である．完全弾性体は，負荷応力を除去すればただちに原形を回復し，エネルギーが失われて物質に破損が生じたり熱に変換されたりするようなことはない．バネを引張る力を解放したときのバネの振動は，地震発生時に地球内部を伝播する弾性波に対するのと同様に振る舞う．静止した池に石を落としたときに波が生成され伝播するように，弾性波は振動源から伝播する．ただし，地球内部を伝播する弾性波は，水面波の場合と異なり，三次元的に伝播する．弾性波の一種に音波がある．弾性波動振幅は距離と

ともに減少する．これは震源で生成された弾性波エネルギーのかたまりが，弾性波の伝播につれますます広域に分散することになるからである．加えて，弾性波（地震波）速度の不連続的変化はエネルギーをいくらか散乱させ，熱エネルギーに変換されて消失する．震源から十分遠方の地震計によって記録された地震波のパターンや振幅から，震源過程だけでなく地球の弾性的性質や構造も推定可能である．

[G. R. Keller/大中康誉訳]

炭素循環
carbon cycles

　炭素は地球を構成する主要な元素の1つである．地球上の生物の大部分は有機質炭素からできており，他方，無機質炭素は天然の物質界に存在する．この元素は，太陽からの光のエネルギーにより引き起こされる大気，海洋および陸間の連続したしかも複雑な物質交換に関係するという点で大変興味深いものである．産業革命以後の大気二酸化炭素 (CO_2)

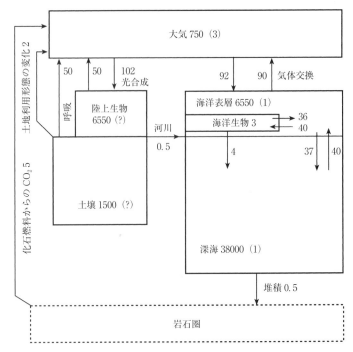

図1 炭素容器中のギガトンで表した炭素の量（Gt C）およびその移動量（Gt C yr^{-1}）．

濃度の26%の増加はおもに化石燃料の燃焼によるものであり，この増加が気候変動と関連するものであろうと予測されることから，炭素循環の理解が重要視されている．この循環を理解するためには，地球の主要構成部分の役割を理解することが必要である．

炭素の循環を規制している過程そのものはかなり単純である．次の3種類の過程があげられる．①生命の主要なエネルギー変換過程，光合成と呼吸における同化作用と異化作用であり，その循環量は年間，炭素として数千億tである．②二酸化炭素の物理的交換．③炭酸塩物質の溶解と沈殿（堆積）．それらは石灰岩や苦灰岩のような堆積岩を生成する．これらの過程では基本的には物質の収支が釣り合う．しかし，沈殿だけはおもに過去に起こったものである．水圏では，沈殿過程は同化作用や異化作用と比べるとその速度が1/100も遅いものである．これらの過程は，3つの主要な炭素の容器である海洋，大気および陸のなかあるいはそれらの間で起こる．図1は，それらの主要な炭素の容器中の炭素の存在量および容器間の炭素の移動量を10^{5}年の時間単位で表したものである．以下に，順に議論する．

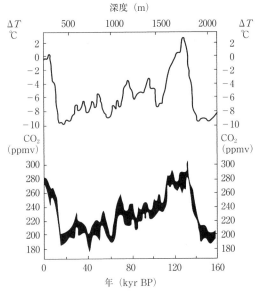

図2 過去16万年間の気温と大気二酸化炭素（CO$_2$）濃度の変動．

大気中の炭素のおもな形状は，二酸化炭素，メタンおよび一酸化炭素であり，二酸化炭素とメタンは長い平均滞留時間をもつ．気候と炭素循環は著しく，しかも同調しているような変化をしている（図2）．

このような変化が炭素循環かそれとも気候のどちらの原因によるものであるかは，気候学の研究において1つの未解決な問題である．過去200年にわたり，人類は炭素循環を乱してきたようである．二酸化炭素は地表から放射される長波長の光を吸収し温室効果ガスの役割を果たすので，過去数十年間の気温の上昇は大気中の二酸化炭素の増加によるといえる．

海洋は大気よりも60倍以上の炭素を含み，地球上の移動可能な炭素の最大の容器となっている．海洋では，溶存する無機質炭素が最も多い．海洋の生物圏はより小さな容器ではあるが，その中での炭素は溶存する有機質炭素としてより早く入れ代わる．海洋の表層における一次生産量（光合成量）は陸の植生の約30〜40%である．海洋で起こっている過程は2つのポンプと見なすことができるであろう．1つは溶解ポンプであり，それはCO_2を深海へと運搬する．ほかは生物学的ポンプである．

海洋は次の3層に分けられる．表層（75 m），そこは十分に混合されている．次に，温度躍層（1 kmまで），そこでは深さとともに密度が増加し，温度が低下することにより安定な停滞層となる．底層は深海である．冷たい高塩濃度の表層水は沈み込み，深部へと広がる．そのように沈降する水は，極地で最もよく見られ，表層の溶存CO_2を深海へと運搬する．そのようなCO_2は深海に数百年間あるいは数千年間滞留する．この溶解ポンプの効率は表面に溶解するCO_2に依存し，また海水と空気の間でのCO_2の圧力の差に依存する．水温が低いほど多くの気体が溶解するので，二酸化炭素は熱帯で海洋から大気へと溶出し，北大西洋や南極海などの極地で海洋に溶解する．そのほかのところでは，CO_2の移動は，亜熱帯渦の収束および温度躍層と亜熱帯表層水の間での鉛直方向の拡散により生じる．しかし，この過程は大変遅いものであり，表層水が混合層（表層）の下に入り込むのに数百ないし数千年を要する．

生物学的ポンプは光合成作用により作用する．しかし，光合成により固定された大気炭素の大部分は表層中で数日ないし数カ月の間に酸化（呼吸）される．おおよそ10%程度の炭素が酸化を免れ，深海に沈降する．そのような炭素は数百年間深海に滞留する．

窒素とリンには一次生産を制限する働きがある．湧昇流は栄養塩に富む水を表層へと運び，植物プラ

ンクトンの生育を促進する．この発生には明らかな季節変動がある．春には，表層が温まり，上下混合が弱まり，さらに加えて日照が増大することにより，水柱（water column）が安定になり（上下の混合がなくなり），植物プランクトンの量が爆発的に増加する．南アフリカの西海岸沖にみられるような風により引き起こされる湧昇流では，もし人為的な原因で炭素循環に変化が生じ，それにより気候が変動した場合には，海洋と大気間の関係に何か興味深い変化が起こるであろう．

地球の炭素の大部分は石灰岩のような堆積岩の中に存在する．しかし，これらはおもに移動しないものであるので，生きている生物，リター（litter，枝葉，枯枝）および土壌炭素の3つの容器を問題にする．生きている生物については，炭素の入れ替わり時間の差により，しばしば草と樹木を区別する．亜寒帯，温帯および熱帯林がこの容器の中では最も重要なものである．炭素の循環は光合成，呼吸および分解を通して行われる．

生きている植生は大気中に含まれる炭素（CO_2）とほぼ同程度の量の炭素を保持する．ところが，陸上の枯れた（死んだ）生物体の量は大気中の炭素の2倍以上である．陸上の植物が光合成により固定する炭素の量は，年間100 Gt C（炭素としてギガトン，10^9 t）である（総一次生産量）．およそこの半分の量が植物の自己代謝のための呼吸作用により大気に戻される．残りは「正味一次生産量」と呼ばれ，60 Gt Cにのぼる量が有機質炭素となり，植物組織として組み入れられる．枯れた植物の炭素は，一部は土壌中の有機質炭素となり，非常にゆっくりと酸化される．

最も重要な最近の研究問題の1つに，大気CO_2濃度の変化に対する植物の応答がある．これはいわゆる間接的変動問題の1つである．多産化効果（fertilization effect），すなわち，栄養塩と水が無制限に供給される場合には，大気CO_2濃度の増加により植物はより速く成長するということがおもな結果として考えられる．水の供給が不十分でCO_2濃度が高い条件下では，気孔の開いている時間は，蒸散による水の散失を減らすために短時間になる．大気CO_2の増加が陸上の炭素の貯留量を増やすのか，それとも単に炭素の入れ替わりの速度を速くするだけなのかは明らかでない．実際に，ある研究では，

植物は高いCO_2濃度に順応することが示唆された.陸上の生物圏は,気候が変化したときに炭素の循環経路の1つの重要な部分となる.たとえば,乾燥化が進むと,森林が枯死し,山火事が増え,陸に貯留されている炭素の総量が変化するであろう.

地球規模の炭素循環のモデルが,炭素循環を定量的に理解したり,変化に対する感応性を評価する目的で開発されつつある.多くのそのようなモデルでは,炭素の容器は箱(ボックス)として(図1のように)表され,ボックス間の炭素の移動量は,単位時間当たりの移動量が箱の中の存在量に比例する一次移動速度で表される.炭素交換を定量化するために,炭素の移動を追跡する標識(トレーサー tracer)が用いられる.最も重要な標識は炭素の安定同位体である^{13}Cと放射性同位体の^{14}Cである.核実験により^{14}Cが大気中で増加したため,その前後における$^{14}C/^{13}C$比の変化を利用して炭素循環を追跡することができる.樹木の年輪からこの比が過去に1950年ごろまで減少しつづけていることがわかる.

化石燃料起源の二酸化炭素(放射性炭素同位体を含まない)が大気中に放出されてきたことにより,定量化のモデルとしては,1970年代に開発されたボックス間の物質移動のモデルから,地球を三次元構造として扱った大気と海洋の大循環モデル(general circulation model, GCM)に基づいた精密な数値モデルまでさまざまなものがある.炭素の移動量は,生態系,土壌組成,土地利用形態,農業形態などの局地的な特質,あるいは海洋では湧昇流の流量,または深海水の生産量(沈降流の流量)に依存する.

おそらく,炭素循環のなかで最も興味深い問題は,「不明な除去過程」(missing sink)である.すなわち,1980年代に毎年1.5 Gt Cが炭素循環の総収支で行方不明である.この不明な除去過程は北半球効果と考えられ,おそらく多産化と関係すると考えられる.豊栄養化(eutrophication)のようなほかの効果も重要であろう.この問題の一面は,大気中に供給されるCO_2のうちのどれだけの割合が大気中に残れるかということである.1957, 58年の国際地球観測年以後のマウナロア(ハワイ)における観測結果は増加を示す.しかし,この記録には,海洋および陸上生物圏の炭素の容器への吸収により隠されてし

まった増加分は含まれない.大気二酸化炭素の時間変化は,化石燃料の燃焼量,海洋への出入,および土地利用形態の変化や森林の燃焼などによる生物圏の正味の収支などに依存する.大気二酸化炭素の変化は全期間でわかっている.化石燃料の燃焼量はエネルギー消費量から推定できる.しかし,陸および海洋の放出量はそれらよりも推定が困難である.その推定のためには次の4つの方法がある.①炭素循環のモデル化,②大気-海洋間の移動量の直接測定およびその結果の外挿,③大気-陸間の移動量の直接測定およびその外挿,④トレーサー研究.最も正確な方法は,よく定量化された成分を用いた海洋のモデル化と思われる.

[R. Washington/松葉谷　治訳]

■文　献

Schlesinger, W. H. (1991) *Biogeochemistry: an analysis of global change*. Academic Press, London.

チェンバレン，トーマス・クラウダー
Chamberlin, T. C. (1843-1928)

チェンバレンは,米国の教育者であり,地質学者である.彼はイリノイ州に生まれ,1866年にウィスコンシンにあるベロイト大学を卒業し,1873年に同大学地質学分野の教授に着任した.1876年に州立地質研究所の主席研究員となったあと,さらに米国地質調査所の氷河地質学部門長に着任した.1878年にはスイスの氷河の研究を行い,1894年にはピアリー島の地形調査探検のためにグリーンランドに赴いた.その当時,彼はシカゴ大学の地質学科の学科長であり,1919年に引退するまでそこに所属していた.

彼の研究は最初はウィスコンシン州の地質と氷河地質に関するものであった.研究者として現役の間,地質学に関する重要で,ときに根本的なテーマについて執筆を続けたが,最も際立った功績は,惑星の起源として微惑星の存在を提唱したことであろう.この仮説はまず,恒星が太陽の傍を通過すると太陽の表面が引きつけられて,噴火したり潮汐によって

大きく膨らんだりするという考えからはじまる．そして気体でできた2つの曲がった「腕」が伸びるとした．これはわれわれがプロミネンスと呼ぶ現象に似ているが，はるかに規模の大きなものを考えていたらしい．その後，こうして伸びた部分の大部分は太陽へと戻っていくが，ある程度の部分は軌道上に残り，徐々に気体から固体状の微惑星へと凝縮するとした．さらにこの微惑星どうしが衝突を繰り返しながら成長することで，その重力が増えていき，最終的には惑星となると考えた．そうすれば，惑星が形成される頃には，その軌道上にはほかに何も残らなくなることがうまく説明できる．彼の提唱した，「冷たい物質から惑星が集積した」という考え方は，ほかの地質学者や宇宙科学者によって，その後さらに発展していった．

この仮説自体にはのちに多くの反対が唱えられたが，集積したという根本的な考え方は，現在においても受け入れられている．1940年代や1950年代には，星雲や雲，冷却物でできた円盤からの凝集を主張する新たな仮説が提唱されたが，これらはすべてチェンバレンの発想に，多少なりとも基づくものであった．　　　　　　[D. L. Dineley/宮本英昭訳]

地殻運動と変形様式
crustal movements and deformation styles

地殻運動とそれに付随する変形のほとんどは，プレート運動に由来し，それは地球内部の熱的および重力的な過程によって引き起こされる．岩石の変形機構は，岩石に働く力と，周囲の物理化学的な条件に依存する複雑な関数である．この条件のなかでとくに重要なのは，鉱物組成，温度，圧力，流体の存在，歪みである．脆性破壊は，地殻浅部の低温（<300℃）低圧条件で進行する．それは，岩石の粒子間で結合力が失われるために起こる．可塑性の流動は高温高圧で進行し，圧力による溶解，結晶境界の滑り，転位の移動など，粒子スケールのいくつかのメカニズムが関与する．脆性破壊と可塑流動は，岩石中で両方同時に起こるが，条件に応じて，そのどちらかが卓越する．

異常な熱の発生がなければ，典型的な地温勾配（20～30℃ km^{-1}）の下では，脆性破壊と可塑流動間の転移は，深さ10 kmから15 kmの間で起こる．この深さは，大規模な大陸内断層をもつ地震発生帯の基盤に対応する．強い変形を受けた状態が，地殻の中位から深部にかけて形成されるという認識は重要である．なぜなら，山脈が露出する岩石は，大陸の隆起と削剥作用に先行して，10～25 kmの深さで，しばしば変形を受けるためである．したがって，山脈の岩石試料は，地殻の中位から深部の物理化学的な条件を覗く「窓」となる．要約すれば，現在地表に露出する岩石の変形タイプは，露出の程度にかかわりなく，多くの要因の関数である．

以下に地殻の運動と岩石の変形について議論するが，それはプレートテクトニクスの枠組みと作用のなかでとらえられる．変形様式がテクトニクスの枠組みと地殻変形のレベルの両方の関数になることに，とくに注目しよう．

●プレート収束境界

プレートの収束は，火山列や大山脈など，地形的にも地質学的にも，地球上で見られる最も壮観な特徴を生み出してきた．プレート収束境界で進行する変形の特徴は，浮力をもつ大陸プレートの下に高密度な海洋プレートが沈み込む場合（非衝突的な収束）と，2つの大陸地殻がぶつかり合う場合（衝突的な収束）で大きく異なる．

●海洋プレートと大陸プレートの収束

海洋プレートと大陸プレートが収束する場所では，「沈み込み」と呼ばれる過程によって，密度の高い海洋プレートが大陸プレートの下に沈み込む．この過程は，上にのる大陸プレートに重要な影響をもたらす．目に見える沈み込みの産物は，火山弧の発達である．火山弧は，島弧を海洋側の前弧と，大陸側の背弧に分ける．非衝突的なプレート境界の異なる部分で起こる変形の様式は，以下で議論される（図1）．これらの地域では，すべての要素が必ずしも均等に発達するわけではない．

沈み込み帯は海底地形に海溝を生み出すが，海溝に接して大陸側に分布する付加プリズムは，その最も顕著な表面構造である．付加プリズムは，沈み込むプレートから派生する物質が堆積したものであ

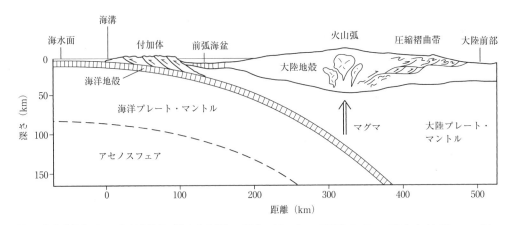

図1 非衝突的なプレート収束境界（沈み込み帯）の構成．(Hamilton (1988) In Ernst W. G. (ed.) *Metamorphism and crustal evolution of the western United States*, Vol. 7, pp. 1-40. Prentice-Hall, Englewood Cliffs, New Jersey)

る．プレート上部を構成する海洋地殻や堆積物の裂片は，軽すぎて沈み込めない．これらの物質はプレートから剥ぎ取られ，上にのる大陸プレートの先端に付加する．付加プリズムは，海溝に平行して海面上あるいは海面下に分布し，幅100 km，厚さ15 km以上に達する．付加プリズムの特徴は，極度に短縮されていることである．また，付加プリズムは，幾何学的・運動学的には，褶曲圧縮帯の構造をとる．地震波の反射断面を見ると，付加プリズムの内部構造は，大陸側に20～30°傾斜してうろこ状に重なり合った衝上岩床からなり，海溝方向に強く押されている．最近形成された付加プリズムには，台湾西部，アリューシャン列島東部，バルバドスのものがある．

前弧海盆は火山弧と付加プリズムの間に介在する．この海盆は，付加プリズムと火山弧の両方から堆積物を集める．前弧海盆は沈み込みによっては変形しないが，その後，島弧と大陸の衝突，あるいは大陸どうしの衝突が起こると，その堆積物が変形する．

背弧地域の応力状態は，圧縮，伸張，中立のいずれにもなる．収束帯の背弧地域が伸張状態にある場合，その原因はよく理解されておらず，諸説がある．背弧地域の多くは，海洋環境でも大陸環境でも，明らかに伸張地域の造構運動や火山活動によって特徴づけられる．大陸環境で形成されたものの例として，米国北西部のベーズンアンドレンジ地域（しかし，ここでは少なくともある部分で，拡大が島弧マグマの領域内で始まった），チリ南部にある白亜紀のロカス・ベルデ複合体がある．太平洋南西部の地震データの研究によると，背弧地域では横ずれ断層運動が顕著である．衝突造山運動が続いて起こると，堆積岩，火山岩，海洋地殻は収縮変形する．

収束帯の最も顕著で壮観な変形は，低角度の沈み込みによって，背弧地域が局所的な圧縮や基盤剪断変形を受けるときに見られる．この場合，極度に収縮する変形帯が発達し，それは褶曲圧縮帯として知られる．物質は火山弧地域から大陸方向に移動する．上部地殻岩石の造構運動の方向は，変形しない大陸塊を基準にすると，上にのるプレートの海洋プレートに対する運動の方向と反対である．

褶曲圧縮帯は50%短縮されうる．つまり，かつて幅200 kmあった領域が，変形後には100 kmになる．大陸に向かう前方地では，未変形な結晶からなる基盤層の上で，堆積地層が褶曲したり圧縮断層をつくったりして，短縮が地殻浅部で調節される．広範囲の堆積地層（平面）は，造構伝達方向に局所的に切断された層序学的な上層部（斜面）と隔てられ，圧縮断層は一般にその界面に沿って生じる．大規模な褶曲は，地表に達せずに「直接見えない」圧縮帯の端で，斜面上に形成される．前方地の上部地殻地層の短縮は，後背地の島弧に対する地殻深部の可塑短縮と釣り合いを保つ．多くの圧縮帯をもつ後背地には，一面に褶曲した岩石を切断して，主要な圧縮方向に可塑剪断変形が見られ，それが真の地殻短縮を記録する．

●大陸プレートどうしの収束（衝突）

プレート間の収束が続くと，海洋プレート上にある海山，島弧，大陸は，沈み込み帯に近接する．これらの大陸地殻物質は，海洋地殻よりも厚くて浮力をもつので，完全には沈み込めない．その結果として，島弧どうし，島弧と大陸，あるいは大陸どうしの衝突が起こり，衝突する物体の間に縫合帯が形成される．縫合帯は，地殻浅部では褶曲圧縮断層の形をとり，地殻深部では逆方向の鋭い可塑剪断変形を受けた地殻塊となる．この変形は著しく不均一で，縫合帯から数百あるいは数千 km も広がる．

大陸衝突のおそらく最も壮観な例は，古第三紀から始まったインドプレートとユーラシアプレート間の衝突で，その結果として，ヒマラヤ山脈とチベット高原が生み出された．衝突に先行して，アジアの真下でインド海洋プレートの沈み込みが起こり，アジアプレートの先端に火山弧を生み出した．その結果，アジアプレートはインドプレートよりさらに暖かくなり，軽くなった．この状況は，インド大陸地殻が海溝にぶつかった際に，沈み込みが始まる原因となった．

ヒマラヤ山脈の前面には，幅 200〜300 km の褶曲圧縮断層が，主要な圧縮帯の北側に沿って集中する．しかし，衝突が関与する変形は，縫合帯の内側，2500 km 先まで見られる．その事実に基づいて，インド大陸地殻はアジアの下に 2000 km 先まで沈み込んでいると考える研究者もいる．中国とモンゴルに顕著な横ずれ断層が出現するのは，衝突による南北の短縮を調節したり，ユーラシア大陸のプリズム形をした塊が東向きあるいは南東向きの運動をして，「逃げていく」のを助けたりするためである．中国とシベリアでは，東西伸張のために，バイカル地溝のような広大な地溝が形成される．

インドがアジアの下に押し込まれることによって，ヒマラヤ山脈やチベット高原の下にある大陸地殻の厚みは 2 倍になる．南北伸張を調節する大規模な伸張構造がチベット高原に存在することは，数人の研究者によって最近独立に記録されてきた．チベット高原が伸張するのは，厚くなりすぎた地殻が重力不安定を起こすためと考えられる．これらの伸張構造は，収縮構造と共存するが，2 つの構造は造山運動の異なる部分，地殻の異なる深さで生じる．このように，衝突によって造山運動が起こると，圧

縮断層，正断層，横ずれ断層が複雑に組み合わさった構造が生み出され，その様相は地殻の深さや縫合帯との相対的な位置に依存する．

●プレート発散境界

地球の岩石圏（リソスフェア）に働く伸張力は，大陸に地溝帯（断層境界のある細長い低地）を生み出す．地溝帯は，離れていく大陸プレートの間で，最終的に新しい海洋地殻を形成する．伸張力を受けるほぼすべての地域は，マグマ活動の場でもあるが，マグマと伸張の関係には諸説がある．伸張過程は，海洋地殻が発達する前に，大陸に地溝帯を生み出す．地溝帯が新しい海盆の形成につながるとき，非活動的なプレートの縁が，地溝帯に面した発散プレートの両端に形成される．

地殻浅部の伸張は，傾斜 30° 以下から 70° 以上にわたる正断層によってまかなわれる．地溝帯から海底の拡大に移行する過程がよく観察でき，非常に良く調査された地域の 1 つに，東アフリカ地溝帯の紅海（アデン湾）がある．東アフリカ地溝帯は，地溝帯発達の初期段階にあるのに対して，アデン湾は活発な大陸分離が始まった状態にある．はじめのうちは，地殻の伸張が大きくないので，傾斜があまり緩くない正断層が生じる．この正断層は，地溝帯軸とほぼ平行に分布するが，完全に平行である必要はない．これらの構造は横ずれ断層によって切断され，「エシェロン」構造をとって変位が連続する．典型的には，標準的な正断層のつながりが，地溝帯の一端に境界線をつくり，地溝の半分を形成する．この一連の断層は，走向に沿って反対に傾斜する正断層を連ね，地溝帯のもう一方の境界線を形成する．これらの断層が介在する地域は，互いに絡み合う正断層からなり，緩衝地帯とよばれる．地殻に働く伸張力と拡大速度が大きくなると，横ずれのトランスフォーム断層が，同時期に伸張を受ける地域を連結する．

地溝帯の異なる変形様式は，米国北西部のベーズンアンドレンジ地域に見られ，今日ではチベット高原でもその過程が起こっている．これらの地域では，地殻の伸張は幅 800 km の範囲に分布する．伸張は，高角度と低角度の両方の正断層によってまかなわれる．低角度の正断層が出現するのは，地殻上部に集中する極端な伸張を緩和するためである．この伸張

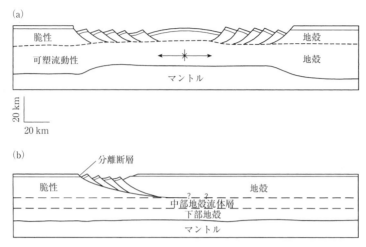

図2 大陸伸張の2つのモデル：(a) 純粋剪断型，(b) 単純剪断型．(Lister *et al.* (1986, *Geology*) and Wernicke (1992, *The geology of North America*))

は，間隔，時代，大きさが不均一である．伸張構造に2つの異なる様式が発生する理由は理解されていないが，局所的な伸張が広範囲にわたる（ベーズンアンドレンジ様式）のは，実体力が優位を占める場所（地殻が厚くなりすぎた場所など）であるようだ．さらに局在化した地溝帯は，リソスフェアの基部で働く引力によって形成され，その引力はアセノスフェアの流れのために生じる．

地殻やマントルで地殻伸張がまかなわれる様式には，諸説がある（図2）．「純粋剪断」による変形を提起するモデルでは，伸張は地殻の均一な可塑性伸張と，中位から深部にかけた厚みの減少でまかなわれる．上部の地殻は，一連の断層帯を作り出す伸張を受けて，脆性破壊を起こす．このモデルでは，上盤と下盤の間で，水平移動がほとんどないか，まったくない．鉛直な地殻の塊は，いろいろな深さで働く脆性伸張と可塑性伸張の適当な組合せによって，どれもが容易に薄くなる．「単純剪断」による変形を提起する別のモデルでは，伸張する分離断層に沿って，上盤が下盤に対して水平に移動し，伸張がまかなわれる．分離断層は，地殻中位の流動帯に根付く．分離断層のなかには，地表に対して20°以下の角度を保って，60 kmも移動したように見えるものもある．分離断層は高角度で発生し，下盤が跳ね返るメカニズムによって，低角度へ転じることもある．

伸張過程が最も顕著に見られるのは，おそらく変成岩核複合体である．変成岩核複合体は山脈規模で生じ，ベーズンアンドレンジ地域，チベット高原，地中海東部，アルプスで記録された．変成岩核複合体は，変成岩と深成岩の中心「核」からなる．これらの岩石は，伸張の直前には地殻中位に存在したものと思われる．結晶化した岩石は分離断層によって分けられ，その上部でプレートは脆性正断層に沿って強く引っ張られる．この脆性正断層はほとんどが同じ方向に傾斜する．上部のプレートはいろいろな年代の岩石を含むが，そこには，伸張の前か初期段階に地表に堆積した堆積岩や火山岩がつねに存在する．それゆえ，分離断層に沿って地表の岩石と地殻中位の岩石が並び，そこでは15kmかそれ以上の深さまで地殻が抜け落ちる．プレートの分離断層より下では，結晶化した岩石が，通常厚さ数kmの圧砕岩（マイロナイト）帯を形成する．ある核複合体を見ると，圧砕岩帯内部の剪断変形の方向は相互に一致し，それは上盤にあるほとんどの脆性断層の運動方向と運動学的に調和する．

●トランスフォームプレート境界

トランスフォームプレート境界は，拡大中心，沈み込み帯，ほかのトランスフォーム断層など，ほかのプレート境界を連結する横ずれ断層である．トランスフォーム境界のほとんどは海洋地殻で生じるので，その構造によって生み出される変形は，多くの場合不明瞭になる．海洋地殻では，純粋な水平運動

の効果はあまり重要でない．しかし，大陸が関与する場合には，トランスフォーム境界で横ずれ断層が複雑に絡みあい，幅数十〜数百 km にわたって，強い変形の効果を生み出す．

　典型的な場合には，水平運動は横ずれ断層の走向上では消滅し，エシェロン部分に移る．この様式では，断層の「飛び」（「揺れ」ともよばれる）は，重なりの領域で局所的に伸張や短縮を生じる．その結果，主要な横ずれ断層境界の多くは，m から km 規模の「伸張分離」盆地や隆起（「圧縮上昇」構造）を有する．相対的なプレート運動の方向が，トランスフォーム境界域と正確には平行でない場所で，これらの効果が際立つ．

　トランスフォーム境界などに沿って，プレート間の運動に収束成分が存在する場所では，短縮構造が発達し，それに通常は横ずれ変形の構造が加わる．プレート間が多少斜めに収束する場合には，変形は断層に沿う斜め運動ではまかなえないので，短縮成分と水平すべり成分に分けられる．短縮の起こる場所では，褶曲と圧縮断層の発達が見られる．水平すべりは，横ずれ断層によってまかなわれる．現在斜め収束をしているプレート境界の例として，カリフォルニアのサンアンドレアス断層系があげられる．約 400 万年前にプレート運動が再編成され，太平洋プレートと北米プレートの間にわずかな収束成分が生じた．その結果，褶曲圧縮帯がコーストレンジ内で発達し，サンアンドレアス断層系とはまったく独立に活動しているように見える．

　トランスフォーム境界に沿ってプレート間に発散成分が存在する場所では，伸張構造が斜め張力域で発達する．正断層と横ずれ断層は，運動学的に調和をとって伸張盆地を生み出す．その例がカリフォルニア湾である．

［Ernest M. Duebendorfer／井田喜明訳］

■文　献

Moores, E. M. and Twiss R. J. (1995) *Tectonics*. W. H. Freeman, New York.

地殻の組成と循環
crustal composition and recycling

　地殻は地球の固体の外側の層であり，モホロビチッチ不連続面あるいは略してモホと呼ばれる地震波の速度の不連続面の上に位置する（図 1）．地殻は，まさに地球の表面を動いているリソスフェア（岩石圏）プレートの最上部を構成する層である．地殻は大きく分けて海洋地殻と大陸地殻の 2 つに分けられる．海洋地殻は 5 ないし 15 km の厚さがあり，全地殻面積の 59% を占める．大陸地殻は 30 ないし 80 km の厚さで，全地殻体積の 79% を構成する．島，島弧および大陸縁は中間的な地殻で，厚さは 15〜30 km である．海洋地殻も大陸地殻も両方とも沈み込み帯でマントルの中に戻っていくが，海洋地殻は比較的速く循環し，最古の海洋地殻はわずか 2 億年前のものである．ところが，大陸地殻では，少なくとも 40 億年前のものがかなり残っており，地殻の平均年齢は 20 億年である．

　地質学的には，地球の地殻は実に多様で，特徴の類型から 11 種類の地殻の型に分けられる．楯状地は深く侵食された大陸の断片であり，起伏がほとんどなく，長い期間，おもに先カンブリア時代以来構造運動的に安定に存続している．楯状地が厚さ数 km のおもに平坦な堆積物で覆われている場合は，台地と呼ばれる．造山帯は，2 つの地殻が衝突したことにより岩石が隆起し，変形して生じた，長い曲がりくねった帯状の山岳地域である．大陸リフトはニューメキシコのリオグランデリフトやヨーロッパのラインリフトのように断層で区分された谷で，地殻の伸張応力により形成される．火山島は海底で活動する火山により形成され，島弧は沈み込み帯の上に形成される鎖状の火山の配列であり，そこでは海洋地殻がマントルに戻される（図 1）．海溝は海洋の中の最も深いところで，沈み込みのはじまりを示す．海盆は地球の表面の大部分を覆い，玄武岩質溶岩の上を堆積物が薄く覆ったものからなる．海嶺は海洋地殻中の直線的な隆起地帯であり，そこでは熱い上昇するマントルに由来するマグマにより新しい地殻が定常的に生成されている．最後に縁海盆は島弧の間の小さな海盆であり，また内海盆はカスピ海

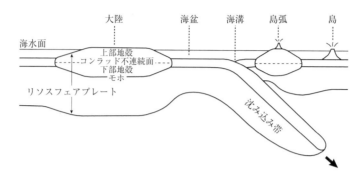

図1 リソスフェアの概念的断面図．大陸地殻および海洋地殻の現象を示す．

やメキシコ湾のような盆地で，一部または完全に大陸で囲まれている．

地殻の構造は，そこを通過する，あるいはその中の岩体から反射する地震波の速度により決定される．地震波の速度の証拠から，海洋地殻は2層または3層に分けられる．上から順に，堆積層（0〜1 km厚），基盤層（おもに玄武岩溶岩，0.7〜2.0 km厚）および海洋層（シート状玄武岩ダイク，斑れい岩は不確実，3〜7 km厚）．大陸地殻は，一部は上部（10〜20 km厚）と下部（15〜25 km厚）に分けられ，上部層の上に堆積岩の層があったり，なかったりする．上部と下部の境界はコンラッド不連続面と呼ばれる（図1）．

●地殻の組成はどのように推定されるか

地殻の大部分は地下に埋もれており，試料を入手できないので，地質学者は組成の推定を間接的に議論せざるをえない．最も初期の方法の1つとしては，大陸の大部分を表していると考えられる氷河粘土やそのほかの細粒の堆積物の化学分析に基づいた．一部の科学者は，地表に露出している岩石の組成と存在量を地下に隠された部分の推定に利用した．また，岩石について実験室で測定された地震波の速度と地殻について実測された速度の比較も役に立った．おそらく，最も決定的な証拠は，海洋地殻および大陸地殻が両方とも隆起し，その断面が地表に露出しているところで，地質学者が野外で下部地殻を実際に見ることができることによる．また，火山の噴火により，地殻下部の岩片が地表に運ばれてくることも有益である．

●地震波の速度

実験室において，大陸の地下1〜15 kmの深さに相当する圧力で測定された地震波の速度は，これらの深度では多量の花崗岩質岩石が存在することを示す．大陸の15 kmよりも下の深度では，測定された地震波の速度は，高圧下で生成した変成岩であるグラニュライトが広く存在することを示唆する．しかし，地震波の速度は，そのグラニュライトの化学組成を明らかにするほど感度のよいものではない．

●楯状地

楯状地に露出している岩石の広範囲な採取と化学分析から，大陸地殻上部の鉱物および化学組成の両方を推定するための大規模なデーターベースがつくられる．深部で生成した岩石がいまなぜ楯状地に露出しているのであろうか．最初に大陸の衝突の期間に岩石が深部に埋没するとき，その鉱物組合せが変成作用により変化する（図2）．そののち，地殻の

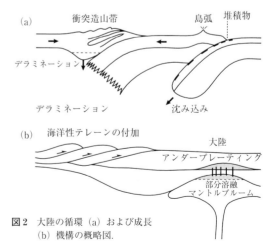

図2 大陸の循環（a）および成長
（b）機構の概略図．

表1 大陸地殻および海洋地殻の平均化学組成.

	花崗閃緑岩	大陸地殻 上部地殻	大陸地殻 下部地殻	全地殻	安山岩	海洋地殻
	1	2	3	4	5	6
SiO_2	66.8	65.5	49.2	57.4	58.8	49.6
Al_2O_3	16.0	15.0	15.0	15.0	17.2	16.8
TiO_2	0.5	0.5	1.5	1.0	0.9	1.5
FeO	4.3	4.3	13.0	8.7	7.3	8.8
MgO	1.8	2.2	7.8	5.0	3.5	7.2
CaO	3.9	4.2	10.4	7.3	6.9	11.8
Na_2O	3.8	3.6	2.2	2.9	3.5	2.7
K_2O	2.8	3.3	0.5	1.9	1.7	0.2

岩石の化学分析値は酸化物の質量パーセントで表される. 大陸地殻も海洋地殻も
おもに SiO_2 と Al_2O_3 からなり, 両地殻ではおもに CaO と K_2O 含有量が異なる.

隆起によりこれらの岩石は地表に戻され, 侵食により表面の物質が取り除かれる (すなわち化石侵食面). 楯状地の中に露出した変成岩の研究により, 大陸地殻上部は80% が花崗岩質岩石, 残り20% が火山岩と堆積岩であり, この上部地殻はまとめると花崗閃緑岩と呼ばれる普通の花崗岩質岩石と類似した化学組成をもつことが明らかにされた (表1).

● 細粒堆積物

大陸が隆起すると, 風化・侵食が起こり, 侵食された物質は河川あるいは大気中に浮遊する物質として海洋に運ばれる. この浮遊物は海洋で沈積し, 堆積物を形成する. 運搬の途中で, 風化生成物とくに微細な粒子は十分に混合される. したがって, 細粒堆積物は地殻上部の組成の一種の加重平均値を示すはずである. このことは, 希土類元素やトリウムのような水に比較的溶けにくい元素についてはとくに当てはまる. 細粒堆積物の希土類元素濃度が地殻の岩石に見られる大きい変動と比較して著しく均一なことは, 侵食と堆積を通じて混合が十分に行われたことを証明する. 細粒堆積物に基づく地殻上部の化学組成の推定は, 楯状地からの推定結果とよく一致し, 花崗閃緑岩と類似した組成を示唆する.

● 地殻断面

大陸の衝突において (図2), 大陸地殻の一部は造山帯では深部に埋没し, のちに地殻が新たな水準に平衡になるときに再び上昇する. この過程の途中で, 大陸地殻深部の連続した断面が, 一般には衝上断層に沿って地表に現れる. このような断面から,

地殻下部は玄武岩組成のグラニュライトからなり, 地殻上部は花崗岩, 火山岩および堆積岩が混合し, 花崗岩が主要を占めるものであることが判明した. とりわけ, 地殻断面は, 大陸地殻中で水平方向にも垂直方向にも岩相および化学組成の相当な変動があることを示す.

● 地殻捕獲岩

地殻捕獲岩は火山噴火により地表まで運ばれてきた深部地殻の破片である. それらは通常 $1\sim25$ cm の大きさである. 捕獲岩中の鉱物の化学組成の研究およびそれらの鉱物が生成する温度・圧力の実験による情報から, その捕獲岩がもたらされた地殻の深度を推定することができる. ある火山地域では, たとえば西南アメリカのナバホ地域のように, 地殻のさまざまな深度からの捕獲岩が得られ, 地殻の断面図を描くのに非常に有益である. 大陸の上で噴出した火山岩中の地殻下部の捕獲岩は著しく多様であり, 地殻深部が均質ではないことを示す. 20 km 以深からくる捕獲岩はおもに玄武岩質グラニュライトであり, 大陸地殻の下部が玄武岩質組成であることを示す.

● オフィオライト

海洋地殻の断片は沈み込みあるいは島弧, または大陸の衝突のときに大陸の上に押し上げられる. このような断片はオフィオライトと呼ばれ, おもに縁海盆中の海嶺において形成され, そののち研究や試料採取が可能な地表まで隆起したように思われる. オフィオライトおよび海底をドレッジして得た火山

岩の化学分析結果から，海洋地殻の組成を推定することができる．

●地殻の組成

大陸地殻上部の平均的化学組成は，楯状地の広範囲の試料採取，細粒堆積物の化学的研究，および露出した地殻断面から十分に明らかである．表1に示すように，地殻上部はシリカ（SiO_2）とカリウム（K_2O）に富み，これらの酸化物はおもに石英と長石に含まれ，これらの鉱物が地殻上部に多く存在する．大陸地殻上部は著しく不均質であるが，その平均組成は花崗閃緑岩と類似する（表1の縦列1と2を比較）．大陸地殻下部の組成はそれほどよくわかっていない．地殻断面および深部地殻の捕獲岩から，地殻下部の大部分は全体としては玄武岩質組成であることが示唆される（表1，縦列3）．上部地殻と下部地殻を1対1で混合させるとして推定した地殻全体の組成は，安山岩の組成と類似する（表1，縦列4と5を比較）．

海洋地殻の主成分元素組成の推定値は表1の縦列6に示すとおりである．この推定値は，オフィオライトの化学分析値，およびドレッジで得られた試料や海洋地殻の基盤（玄武岩）層まで達するボーリングコアの試料の情報に基づく．深海堆積物は，海洋地殻の組成に5%以上は寄与せず，この推定では無視した．海洋地殻の平均組成は，大陸地殻とは際立って異なり，玄武岩の組成であり，カリウムが著しく少ない（K_2Oがわずか0.2%である）．

元素は液相あるいは固相のどちらに入りやすいかで区分される．著しく液相に入りやすい元素はインコンパチブル元素（固相に不適合の意）と呼ばれ，カリウム，トリウムおよびバリウムのような元素である．固相中に入りやすい元素はコンパチブル元素と呼ばれ，鉄，ニッケルなどを含む．図3は，地殻中の多くの元素の含有量をコンパチブルの程度に従って示したものである．すべての元素濃度は地球のマントルの始原的濃度で規格化されており，図から違いを容易に見ることができる．マントルで部分溶融が起こると，最もインコンパチブルな元素，たとえばルビジウムやウランは著しくメルト中に濃縮し，そのようなメルトは，密度が周囲のマントルよりも低いために，地表まで上昇し，インコンパチブル元素をマントルから地殻へと運搬する．中程度に

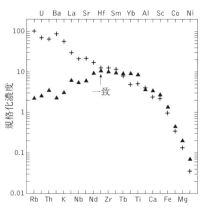

図3　大陸（＋）および海洋（▲）地殻における元素含有量．元素の濃度は始原的地球のマントルの濃度で割った値であり，その規格化された濃度を縦軸に示す．横軸の元素の配列は，左端からインコンパチブル程度が最も大きい元素から右端の最も小さい元素まで順に並ぶ．

インコンパチブルな元素，たとえばジルコニウムやチタンおよびコンパチブルな元素は，部分溶融においておもにマントル中に残留する．現在インコンパチブル元素が少なくなっているマントルは枯渇したマントルと呼ばれる．枯渇したマントルではインコンパチブル元素の濃度が著しく低くなっているので，次にその部分溶融が起こると，生じたマグマでもインコンパチブル元素濃度が低くなる．たとえば，海洋地殻は枯渇したマントルに由来する（図3）．図3に見られる大陸地殻と海洋地殻の間でのインコンパチブル元素の相反する濃度関係は，マントルからの地殻の分離が2段階に行われたことを示唆する．第1段階では，大陸地殻が分離し，第2段階では第1段階で残留した枯渇したマントルから海洋地殻が分離する．しかし，大陸地殻も海洋地殻も両方とも継続的にマントルから形成されていることは明らかであり，したがって実際には単純な2段階モデルは正しくないであろう．両方の地殻とも継続的にマントルから分離・生成し，再びマントルに戻されているが，しかしそのような過程でもインコンパチブル元素の著しい差は保たれる．このことは，大陸地殻は海洋地殻を形成する枯渇したマントルへは循環していくことができず，したがって，マントルは2種あるいはそれ以上の地球化学的リザーバーからできており，それらは時間の経過とともに互いに実質的に混合することはないことを意味する．

● 大陸の成長

大陸地殻の火成岩の同位体年代の分布は，ある年代の岩石（たとえば27億および20億年前）がほかの年代の岩石よりも多く存在し，30億年前よりも古い地殻はきわめて少ないことを示す．地殻の年代のピークは地殻の成長に関するある出来事として説明できるが，それは地殻の岩石がマントル中に戻されない場合だけにいえることである．より正確には，ピークとなる年代は大陸地殻の保持速度を表す．すなわち，成長速度（マントルから地殻が新たに形成される速度）から地殻がマントルに戻される循環速度を差し引いたものを表すと考えられる．現在，地殻が成長する過程として3つの主要な過程，すなわちテレーン（地体）の衝突，マグマのアンダープレーティング（底面付加）および沈み込みに関係する火山活動が考えられる．島弧，海台および島のような海洋性テレーンはしばしば大陸と衝突する（図2）．そのような衝突において，海洋性テレーンは大陸地殻の上にもち上げられ，地殻の一部となる．たとえば，北米の成長の約25%は過去1億年の間の北米西部へのテレーン衝突により起こったものであり，アラスカのほとんどすべてがそのようなテレーンから形成されている．地殻はまたマントルプルームに由来する玄武岩質マグマのアンダープレーティングでも成長する．マントルプルームは浮上するマントル物質の塊であり，地球の非常に深いところ，おそらく核との境界の直上から上昇してくる．そのようなプルームがリソスフェアプレートの底に到達すると，溶解がはじまり，玄武岩質マグマが生成する．そのマグマが上昇し，大陸の下側に付加されたり，地表に噴出し，インドのデカン高原のような洪水玄武岩を形成する．そのようなマグマが海底下に上昇すると，噴出し，南西太平洋の巨大なオントンジャワ海台のような海台を形成する．大陸はまた，南米のアンデスのように大陸縁に沿って発達する沈み込みの帯の上でも成長する．そこでは，マントルからくるマグマが花崗岩の深部への貫入および火山岩の地表への噴出により大陸縁に付加される．

大陸物質は2つのおもな方法でマントルに循環する（図2）．大陸が隆起すると，侵食され，侵食物が海洋に運ばれ，堆積物として沈積する．そのような堆積物の一部は沈み込みによりマントルに戻される．2番目の循環過程であるデラミネーション（剥落）はあまりよくわかっていない．大陸が衝突すると，巨大な圧力により地殻が著しく厚くなり，地殻の下部が下向きに曲がるために温度と圧力が上昇し，鉱物の変化が起こる．新しく生成する鉱物にはざくろ石が含まれ，その密度が地殻よりも大きいため，衝突造山帯の底部は重力的に不安定となり，デラミネーションによりマントル中に沈降する（図2）．

このように，過去のどの地質学的時代に形成された大陸の量も，マントルから新たに地殻が分離する速度と古い地殻がマントルに戻される速度の微妙な均衡で定まる．循環の速度はおそらく地球が冷却することと連動して時代とともに減少してきていると考えられるので，平均的な地殻の残存の速度は増大し，その結果，若い地殻の方が古い地殻よりもより多く現在まで残存している．

[Kent C. Condie/松葉谷　治訳]

■文　献

Condie, K. C. (1997) *Plate tectonics and crustal evolution* (4th edn). Butterworth-Heinemann, Oxford.

Taylor, S. R. and McLennan, S. M. (1985) *The continental crust : its composition and evolution*. Blackwell Science, London.

地球温暖化
global warming

「地球温暖化」は，全球平均気温の上昇を示す用語で，一般に，温室効果の高まりと関連している．1980年半ば以来，温暖化の予想は現実のものとなった．地上と海水面の観測を結合した全球気温は，過去100年間に0.5～0.8℃上昇したことを示しており，最も暖かかった年は1998年で，次いで1997，1995，1999年であった．この温暖化は，温室効果の高まりのコンピュータモデルの進行に一致している．地球表面から放出される（外への）長波放射が，温室効果ガス（主として二酸化炭素，メタン，亜酸化窒素，さまざまなクロロフルオロカーボン，対流圏オゾン，水蒸気）によって，吸収されるという作用である．温室効果ガスの大気中の寿命は，20世紀末に放出したガスは，21世紀末の温室効果に寄

与することを意味している.

気候モデリングは,温室効果ガスによる放射収支の変化を含む大気プロセスの変化の影響をシミュレートする試みである.（結果として来るべき）産業革命前の倍増の温室効果の平衡応答から,21世紀末の2~4℃の温暖化が予測される.

1980年代後半から,調査は,気候変動に関する国際政府間パネル（IPCC）を通してまとめられた.温室効果ガス濃度の比率の上昇と,このような変化に対する気候システムの反応性は,いろいろな形での正と負のフィードバック（たとえば,雲の覆う量の変化などとの関連）とともに不確定要素の鍵である.1990年代初期に,過渡的な（時間に依存する）モデルが海洋の温度慣性をもっと十分に組み込みはじめ,温暖化の起こりうる割合を指摘した.それらは,2040年くらいまでに平均して1~1.4℃の温暖化を示した.大きな大陸の内陸（とくに高緯度地方の冬季において）ほど温暖化は卓越し,海水面や海岸に近接した地域では少しもしくはまったく温暖化が起こらないであろう.

21世紀の気候変動の不確定な結論と重大性は,国際政策の応答の確定の緊急性を要している.1992年の地球サミット後に調印された気候変動に関する国際規約は,条約国に,2000年までに温室効果ガスの排出を1990年レベルに削減することと,1997年までさらなる削減に努めることを義務づけた.しかしながら,依然として,地球はこれからの50年でこれまでの150年間の2~3倍の温暖化が確約されることになるであろう.付加的な不確定性は,気候システムのほかの構成要素の温暖化に対する応答からもあげられ,とくに,降雨の分布における大気循環の変化があげられる（「気候変動（最近の）」参照）.したがって,地球温暖化は,現在の最も広域に及ぶ環境問題の1つであるということができる.

[Julian Mayes/田中　博訳]

■文献

Ferguson, H. L. and Jager, J. (eds) (1991) *Climate change : science, impacts and policy*. Proceedings of the 2nd World Climate Conference. Cambridge University Press.

Houghton, J. T., Jenkins, G. T., and Ephraums, J. J. (eds) (1990) *Climate Change : the IPPC scientific assessment*. Cambridge University Press.

Houghton, J. T., Callander, B. A., and Varney, S. K. (eds) (1992) *Climate change 1992 : the supplementary report to the IPPC scientific assessment*. Cambridge University Press.

Watson, R. T., Zinyowera, M. C., and Moss, R. H. (eds) (1996) *Climate change 1995. Impacts, adaptations and mitigation of climate change : scientific-technical anlayses. Contribution of Working Group II to the (2nd) Assessment Report of the Intergovernment Panel on Climate Change.* Cambridge University Press.

Parry, M. L. (ed.) (1991) *The potential effects of climate change in the United Kingdom*. UK Climate Change Impacts Review Group, 1st Report. HMSO, Norwich.

地球科学
Earth sciences

地球科学は,地球がどのように活動し,どうやって現在の状態にいたったかを理解するための学問である.地球科学は,地球の作用と歴史を支配する複雑なシステムを対象とし,おもにそれを解明する学問と考えられている（図1）.今日まで,地球科学は,異なる分野に所属しながら重要なテーマや問題を一緒に研究する科学者集団による調査で大きく進歩してきたが,科学者個人の役割は減っていない.今日では,地球科学の技術の進歩は,数学,統計学,情報処理の技術の進歩に負うところが大きい.

19世紀を通して,地球科学は自然のなかでの人間の居場所についての議論を大いに盛り上げた.「現在は過去を解く鍵である」という斉一説が広く採用された.地球科学は,歴史的な構成要素と強く結びついている.われわれの認識へのおもな貢献は,地質学的な「遠い過去」の重要性を認識させたことである.もう1つの懸念は,35億年間かけて進化してきた地球の地殻や大気に対して,生命がどのような役割を果たすかである.緊急で進行中のテーマとして,天然資源の保存に関するものや,人類の未来に影響を与える急速な自然変化に関するものがある.地球科学は,現在は惑星科学や宇宙探査などの新しい分野にも影響している.

[D. L. Dineley/井田喜明訳]

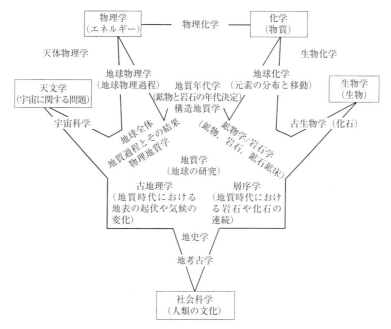

図1 1944年に出版された古典的な著書「物理地質学の原理(一般地質学)」において,アーサー・ホームズは,地質学の区分および他分野の科学との関係を図のように示した.今日では,この図は固体地球科学に関するものと理解されている.地球科学には,固体地球科学のほかに気象学と海洋学もある.ホームズがこの図を描いてから,考古学は地質学的な技法と推論が活用され,大いに進歩した.最近特別な進歩をとげた花粉学や堆積学は,古生物学や岩石学などの項目に含めることができる.

地球化学異常
geochemical anomalies

　地球上および地下の多くのところで,ある元素あるいは複数組みになった元素の濃度がその地域の構成物について一般的に見られるバックグラウンド濃度よりも高いことがある.この構成物とは天然に存在するすべての物質を指し,岩石,土壌,河川あるいは湖沼堆積物,氷河岩屑,植生,水などであり,異常な高濃度は地球化学異常と呼ばれる.地球化学異常は,ある元素が何らかの過程によりその元素の起源の構成物よりも量的に小さなほかの構成物の中に濃縮されることにより生じる.そのような形式の異常としては鉱床が最も良い例である.鉱床を形成するような過程は共通して一次分散(primary dispersion)を引き起こす.他方,一次的に濃縮していたものが再び移動する過程により生じることもあり,その場合は周囲に広範囲により低濃度であるが,それでもまだ高い濃度のハロー(halo)が形成される.この過程は二次分散と呼ばれる.これら2つの形式の地球化学異常は地球化学的鉱物探査の主要な注目点であり,地質学者が有用元素の鉱床を探すときに鉱床そのものよりもはるかに広範囲な目標となる.

　地球は絶え間なく変化しているものであり,その地下および地表では元素はつねに移動している.はるか深部では,そこでは温度と圧力が著しく高く,岩石がとける.この過程では,一部の元素はマグマの中に濃縮し,ほかの元素は残留物中に残る.このようなマグマが上昇し,温度と圧力が下がると,結晶化が起こる.最初に現れる鉱物はマグマから晶出し,ある元素について著しく異常な濃度となる.この一例として,ほとんどすべて苦鉄質鉱物からできている超苦鉄質マグマから形成されたクロム鉱床があげられる.また,マグマの結晶化に伴い,水を主とする流体が放出され,この過程である元素が流体中に濃縮する.このような流体は上部の岩石中の網目状の割れ目中を上昇する.上昇により冷却される

と，溶存元素は割れ目中や周囲の岩石中に沈殿するはずである．低温の流体は地球内部に降下し，加熱され，岩石と反応し，岩石からある種の元素を溶出する．このような流体が上昇し，冷やされると，異常な濃度を生じる．このような過程が世界中の銅，鉛，亜鉛，銀，金，およびそのほかの金属の鉱床の大半の成因である．溶融，結晶化，溶解および沈殿が，地下および地表の地球化学異常を形成する主要な過程であり，一般には深成または一次鉱化作用と呼ばれる．

　人間の時間尺度では，岩石は恒久的な不変なものと思われる．しかし，地質学的時間尺度では，岩石はつねに上昇し，侵食されている．この結果，ある元素が一次的に異常濃縮したところが地表の物理的および化学的過程にさらされる．これが二次分散を引き起こし，地表に地球化学異常を生じる．このような異常は地球化学的探査や環境問題の研究者にとって大変興味あるものである．

　物理的過程による分散は重力によるものであり，単純な下方移動，水による運搬および氷河による運搬である．斜面では，土壌は側方クリープという現象により目に見えないほど遅い速度で下方にすべることがある．もし土壌がある元素が異常濃縮した岩石の風化したものからできている場合は，その一次異常が乱され，土壌の動きの方向に広がる傾向がある．崖錐斜面の上や地すべりの中で起こるような軟岩や土壌の急速な下方移動では，異常はもとの場所から移動するか，あるいは完全に引き離されるであろう．

　物理的な意味で二次分散を引き起こす最も一般的な過程は流水による運搬である．運搬されるものは巨礫から粘土まで幅広く，運搬量および大きさは水流の速度と乱流に依存する．強雨による洪水や湧水流出により，流水は岸から大きな岩片を移動させることができる．そのような岩片は徐々に小さな岩片へと砕かれ，大きさにより分別され，最後は微細な粘土がゆっくりした流れの河川中で水中の懸濁物として運搬される．水位や流速の季節変化は以前の堆積物の移動・再堆積を促進するであろう．比較的限定された一次地球化学異常が流水により運搬され大きさで分別されることにより，複雑でより広範囲な二次異常が生じる．

　二次分散は物理的には大陸および山岳の氷河作用によっても引き起こされる．北米，ヨーロッパおよびアジアの北部では，地表は周期的に厚い氷床で覆われる．氷河が移動すると，氷河はその下の多量の岩石や未固結の岩屑を侵食すなわち削り取る．この岩屑は氷河の進行のときに氷とともに移動し，擦り砕かれる．氷河の縁に沿ったところに，多量の堆積物が運ばれてきて，氷が溶けるとともに再堆積する．このように氷河作用は鉱化地域から広大な二次的地球化学異常をつくり出す役割を果たす．地球化学的探査に携わる場合，広域な氷河作用を受けた地域の地球化学的情報を説明するときに，この点について十分に注意する必要がある．

　化学的な二次分散でも地球化学異常が生じる．多くの鉱石鉱物，とくに硫化鉱物は地表の環境では不安定である．鉱石鉱物が地表水と接触すると，分解したり酸化されたりしやすく，その結果，その鉱物に含まれる金属が流域に放出される．物理的に運搬された物質でも，化学反応を受け，風化し，新しい鉱物へと変化する．このような過程で，元素は水に溶解し，さらに下流へと運ばれ，そこで堆積物の中に濃集されたり，水の中に残留する．すべての元素が表面水の中にある程度は溶解する．運搬される元素の量は，当該する水の中でのその元素の化学的移動性とその水の化学組成に依存する．比較的移動しにくい元素は起源に近いところで沈殿し，比較的限られたところでの河川堆積物の異常を引き起こす．そのほかの元素はさらに遠くまで運ばれ，検出しにくいような広範囲の異常を生じる．

　二次的分散により生じた地球化学異常の重要な特徴は，物理的あるいは化学的過程のいずれによる場合でも，異常の原因となる起源と比較して一般には著しく広範囲なことである．その結果，地球化学異常は未発見の鉱床をみつけるための鉱床探査や，地表水の汚染源を突き止めるための環境地球化学の分野で広く利用される．

[Bruce W. Mountain/松葉谷　治訳]

地球化学的移動性
geochemical mobility

元素の地球化学的移動性は,元素の移動を調節し,その結果,地球化学的反応が起こるか否かを調節するので,きわめて重要である.そのような反応は,プレートテクトニクス,地震,火山活動および金属鉱床の形成により引き起こされる地球上の鉱物学的な事象を制御したり,また気候変動,地球上の生物の分布およびすべての生物が必要とする栄養物質の供給に影響する地表水,地下水および大気の化学組成を規制する.

地質学的過程では化学的移動の多くは液相中で起こるが,揮発性成分は気相中でも移動する.気体物質(たとえば火山からの脱ガス)は,気体が速く拡散できるので液相中の物質よりもはるかに移動しやすい.「収着」という用語は,沈殿,吸着および錯イオン形成の過程に適用されるものであり,これらの過程は溶液から物質を半永久的に取り除き,その結果そのような物質の移動性が減少する.多くの無機化学的元素,とくにカルシウム,ナトリウム,マグネシウムおよびカリウムのような主成分元素の移動性は含まれる固相との化学平衡で規制される.そのような元素は,溶液中の濃度がある値を超えると沈殿として溶液から取り除かれ,また逆の場合,溶解により溶液中に戻される.重金属汚染物質のような微量無機化学的元素や多くの有機化合物は,鉱物や有機物のような固相の表面への吸着により溶液から除かれる.この過程は表面との電気的作用によるものであり,表面へ直接結合することになる.溶液中の反対の電荷のものと錯イオンを形成する場合,もし生じた錯イオンが金属イオンよりも強く吸着されるとすると溶液中のその金属の移動性は減少する.錯イオンを形成したものがより弱く吸着される場合は,その物質の地球化学的移動性は増加する.また,溶液中に懸濁する微細な非晶質物質(コロイド)に吸着すると,多くの物質の移動性は増加する.一度コロイド物質に吸着すると,吸着していない状態のときに移動性を減少させるような過程に影響されなくなる.したがって,その物質はコロイドが懸濁している水と同じ流速で移動する.

沈殿,吸着および錯イオンの形成はすべて系のEh(酸化の度合)とpH(酸性度)に強く影響される.これらの要因は溶液中の物質の存在形態(化学的)および固相表面の存在形態と電価を決定する(スペシエイション,speciation).ある元素が,酸性の還元的な状態ではよくとけ,逆にアルカリ性の酸化的な状態ではとけないことがあり,これはその元素の溶存形態が変わることによる.固体の溶解度はpHとEhの関数として変化し,また一般に温度の上昇とともに増加する.正あるいは負の電荷をもつ化学種(species,存在形態の種類)はおのおのアルカリ性あるいは酸性の条件のときに最も強く吸着する.それは,表面は一般的にアルカリ性のときに負に帯電し,酸性のときに正に帯電するためである.微生物活動は多くの物質の地球化学的移動性を強く規制する.微生物は環境中に広く生息し,上記の過程を調節することにより多くの反応の速度と進行の程度を規制する.

地球化学的移動性を規制する反応は化学熱力学により記述できる.現在では,化学平衡および反応速度に関する十分な情報がそろっており,地質現象を限定されたコンピュータモデルで表すことができる.たとえば,地下水層中の汚染物質の拡散を予測することができたり,金属鉱床の形成を予測することができる.　　　[Simon R. Randall/松葉谷　治訳]

地球化学的鉱床探査
geochemical mineral exploration

地球化学的探査あるいは地化学探査,化学探鉱などとも呼ばれるものは,鉱物や石油の鉱床を土壌や水や植物などの地表の物質についての化学元素の異常な濃度を検出することにより発見する方法である.便宜上,地球化学的探査は2つの分野に分けられる.すなわち,①金属鉱床の調査,および②原油や天然ガスの集積の調査である.調査の目的はどちらの場合も同じで,地球化学異常と呼ばれる周囲の正常値よりも明らかに高濃度の化学元素や炭化水素化合物の分布を発見することである.そのような異常が地下に鉱床や炭化水素の集積が存在することを

示していると期待される.

●金属鉱床の探鉱

地下に埋もれた鉱床の地球化学的探鉱は古来からの方法である. 数千年前の探鉱者は地下の鉱床の存在を示すものとして岩石の上の鉄や銅のさびを探した. さびは地球化学異常といえる. すなわち, 硫化鉱物の鉱体が大気と降水と反応し, 生じた酸化物が周辺に分散し, 岩石の上のさびが生じる. 河川堆積物中にみつかる金も地球化学異常である. 河川堆積物中の金の椀がけは最古の, しかも優れた探鉱法である.

現在の地球化学的探査法は1930年代にロシアで, また1940年代に北米で実践された. 河川堆積物の椀がけのような伝統的な方法から変わった点は, 迅速で正確な化学分析法の発達であり, その結果, 肉眼ではわからないような百万分率 (ppm) 単位の濃度の異常を検出できるようになった.

●地球化学的調査の種類

調査は概査と精査に分けられる. 概査は100あるいは1000 km^{2}の範囲の評価であり, 広い範囲の中で低密度の試料採取が行われる. 典型的な例は1 km^{2}当たり1試料採取である. 概査は通常は河川堆積物試料について行われる. その目的は特定の鉱床を探し出すことではなく, むしろ調査地域内に鉱床が存在するかあるいはさらに詳しい探査を行う価値があるかの可能性を査定するものである.

精査は数km^{2}程度の狭い範囲で行われ, 試料採集は2, 3 m間隔で行われる. 精査の目的は特定の異常の輪郭を描き, その結果, 鉱床の位置を定めることであり, また既存の鉱床の拡張の可能性を探るものである.

土壌調査は異常を詳細にまた局所的に査定するために最も広く使われている地球化学的探査法の1つである. この方法は, 原理的には地下の鉱床の風化や溶脱により異常に高濃度の重金属が土壌や地下水中に放出されることを利用する. 放出された重金属は周囲へと広がり, 土壌中に起源の鉱床よりもはるかに広範囲の分散ハローを形成する.

一般には, 土壌調査に最も適しているのは土壌のA層とB層であり, とくにB層が適している.

岩石調査 (または, 岩石地球化学的あるいは基盤岩調査) では, 風化していない基盤岩の採取, 通常はボーリング掘削による採取が必要となる. その目的は鉱化作用の可能性をもつ母岩の概略を明らかにすることである. 岩石調査は概査の場合最も効果的である.

河川堆積物調査は一般には概査に利用される. 河川堆積物調査は流域盆中の堆積物の試料について行われる. なぜならば, もし試料が適切に採取されていると, 河川堆積物は試料採取地点より上流の流域盆中の構成物を正しく混合したものを表すからである. 金の椀がけは河川堆積物調査の一例である.

水調査は表面水と地下水について行われる. 化学元素の濃度増進は地下水について見られる傾向があるので, 地表水調査において多くの場合地下水調査が選ばれる. 地下水調査はしばしば土壌調査と合わせて行われ, 最も効果的な精査方法である. 地表水の場合, 溶存重金属の多くが河川堆積物中の細粒な粘土に吸着されるので, その濃度はきわめて低いことが多い.

生物地球化学的調査は植生が検査対象として利用できる場合に用いられる. 地球植物学的研究は古くから探鉱手法として利用されている. ある種の植物あるいはその群落が土壌中に特定の化学元素が高濃度で含まれることを表す指標となることは古くから知られている. また, ある種の微量元素が高濃度の場合葉の奇形を引き起こしたり, 植物の色づきを増したりすることも事実である. そのような手がかりは地下に鉱床が存在する可能性を示す指標として古くから利用されてきた. 最近の生物地球化学的調査では, 元素の異常濃度を知るために植物を採取し, 化学分析を行う. この方法は, ある種の樹の根は50 mもの深さに達することに基づく. したがって, 樹の小枝, 針状葉, 葉, 樹皮などの適当な部位を分析することにより, 多大な容積の土壌を採取することと同じになる. 生物地球化学的調査の場合, 植物の年齢, 地域的気候および分析した植物の部位により得られる結果に差があるので, その精度は土壌や地下水の調査よりは劣る.

気体調査は地下の鉱床の位置を決めるのに有用である. 鉱床は二酸化硫黄, 硫化水素, 水銀やヨウ素の蒸気, およびラドンのような気体の検出により発見される. これらの気体のあるものは土壌中で測定されるが, あるものたとえば水銀の蒸気は地表上空

100 m まで検出することができる．したがって，空中探査技術を用いて測定することができる．

●地球化学的探査の有効性

地球化学的調査は一般に地球物理的方法などのほかの探査方法と組み合わせて行われる．したがって，探査に成功したときにどの部分が地球化学によるものかを決めることは難しい場合が多い．それにもかかわらず，近代的な地球化学的探査はここ半世紀の間に広く利用され，カナダ，オーストラリア，メキシコおよびアフリカにおける多くの鉱床の発見に寄与した．

●石油の地球化学的探鉱

石油と天然ガスの地球化学的探鉱では，2つの異なる方法が有効に利用されている．第1は，地下のボーリング掘削中に得られる有機物の検出と分析であり，これは広く利用され，そこから大変有益な情報が得られる．地下の地球化学は石油探鉱のための間接的な方法にすぎず，堆積盆中に石油が存在する可能性についての局所的な指標となる．有機物の分析は，金属鉱床の探査における岩石の地球化学的分析と類似したものである．

第2の方法は地表の地球化学異常の検出である．この方法は，原理的には，石油の集積を封じ込めている上部の岩石は決して完全に非透過的なものではなく，石油成分の液体や気体が上方に拡散することは避けられないことを利用する．地表の地球化学異常はそのような漏れ出しの結果である．そのような異常の検出は，陸上の場合でも海底の場合でも，土壌や海水中の炭化水素の測定による．異常は，また土壌と石油の反応で生じた非炭化水素気体，あるいは地下から放出されるラドン，ヘリウムさらにはハロゲンさえをも利用して検出できるであろう．

地球化学的探鉱に利用される方法の多くは，また環境汚染の影響の監視や評価にも利用できる．たとえば，石油の微量の漏れ，あるいは鉱山排水の漏出事故による重金属の河川への分散などの場合に利用される． [Brian J. Skinner/松葉谷　治訳]

■文　献

Kovalensky, A. L. (1987) *Biogeochemical exploration for mineral deposits*. VNU Science Press, Utrecht, Netherlands.

Levinson, A. A. (1974) *Introduction to exploration geochemistry* (2nd edn). Applied Publishing, Wilmette, Illinois.

Tedesco, A. A. (1995) *Surface geochemistry in petroleum exploration*. Chapman and Hall, New York.

地球化学的指標種
geochemical indicator species

未発見の鉱床の探査は，地表の構成物質中の金属含有量の異常をみつけ出すことに基づく地球化学的探査のさまざまな方法を発展させてきた．地下に鉱床が存在していることによる地表の構成物質のそのほかの異常も，地下に隠された鉱床（潜頭鉱床）への重要な手がかりとなる．地球化学的探査にとって有用な地表構成物質の1つは植生である．植物は鉱床への手がかりとして2つの方法で利用される．第1に，植物が土壌からその中に濃縮している金属を吸収することにより植物中のその金属含有量が高くなる．このことは生物地球化学的異常を生じ，そのような異常は植物を採取し，分析することにより発見することができる．第2に，金属含有量が高くなる影響は植物の特徴や分布について目で見ることのできるような差を与える．一例としては，超苦鉄質（低シリカ）岩石から生じた土壌では，一般に植物が小型化し，また植生がまばらになる．それは，そのような土壌中にニッケル，銅およびクロムが高濃度で含まれることによる．もし，ある金属が高濃度に含まれることが，特定の植物に異常な特徴を生じさせるとすると，その植物種には，土壌あるいは地下の岩石中の高濃度を示す指標となる可能性がある．指標となる植物種は探査にかかわる地球化学者により地表で直接発見されたり，また空中写真や衛星画像により間接的に検出される．

すべての植物は，成長に必要な有機化合物を生成するために水と二酸化炭素を必要とし，そのほかにもカリウム，窒素，リンおよびマグネシウムのような一般的な元素を必要とする．多くの植物は，特殊な有機化合物をつくるために銅，亜鉛，鉄およびさらに特殊な金属を少量必要とする．ある種の植物が，特定の元素が土壌中に高濃度に含まれることを必要

とすることさえもある．たとえば，カラミンバイオ
レット（calamine violet）は土壌中に亜鉛が著しく
含まれるところだけで成育し，カッパーフラワー
（copper flower）は銅鉱床の地域のみで成育する．
金属は，土壌中では，土壌水への溶存状態で，土壌
中の鉱物や有機物の構成元素として，あるいは鉱物
や有機物の表面に吸着したイオンとして存在する．
植物の根は土壌中やその下の基盤岩の割れ目中に伸
びていき，ときには50 mの深さに達する．植物の
根のごく近くは局所的に酸性になり，その結果，土
壌から金属が溶出する．そのような金属は根の組織
の中に濃縮され，あるいは葉や種などのような植物
の上部に移動する．土壌や地下の岩石が特定の金属
あるいは一群の金属を高濃度に含む場合，植物のあ
る部位にそれらの金属が濃縮される．このように，
鉱化作用を受けた可能性のある岩石の上で成育する
植物は，地球化学的探査のための有力な手がかりと
なる．

　多くの植物は必要とする特定の物質を選択的に吸
収することができるが，土壌中にある元素が著しく
多量に含まれる場合は，植物はその事態に対処でき
ない．たとえば，多くの金属は高濃度の場合，植物
にとって不利に影響し，植物の奇形や小型化の原因
になったり，植物を枯死させたりする．水系の変動
や日照量の局所的変化のような環境の要素は共通し
た植物の分布状態を生じるが，土壌中の金属の過剰
な濃縮はある特殊な状況を生じる．このようにして，
特別な指標となる種あるいはそのような種の一群は
地下の鉱床の位置の手がかりとなる．

［Bruce W. Mountain/松葉谷　治訳］

地球化学的循環
geochemical cycles

　地球上の多くのさまざまな過程は天然の循環であ
る．いい換えると，物質ははじめの状態からほかの
形態に変化し，最後にもとの状態に戻る．全地球規
模の循環の1つの重要なものは，いわゆる岩石循環
であり，次の過程である．地球内部の溶融したマグ
マは結晶作用により海洋地殻と大陸地殻を形成す

る．地殻の表面は大気や流水による物理的および化
学的作用により分解，すなわち侵食され，侵食され
た物質あるいは水に溶解した物質が海洋に運ばれ海
底に沈積する．その後，地殻の沈み込みにより海洋
堆積物は地球の深部に戻され，そこで溶融し，はじ
めのマグマの状態に戻り，循環が完結する．

　どの循環にも，それが完結するのに必要な固有の
時間があり，地球内部から地表へ，そして再び地球
内部へと移動する物質循環は数億年ないし10億年
以上の地質学的に長い時間を必要とする．これは地
球の年齢である45億年という単位で見ても，ある
いは約38億年という最も古い水中で生成した堆積
物の年齢からみても長い時間である．

　地球化学的循環は，その名の示すとおり，地球の
固相，液相および気相の部分について化学組成およ
び物質収支を規制する過程を含むが，同時に，その
ほかの多くの物理的，地質学的および生物学的過程
とも密接に関係する．地球化学的循環はさまざまな
程度に次のようなおもな要因により規制される．す
なわち，大陸の地形や高度，火山発散，海底の拡
大，地表および地下の水の流れ，陸上の植生，陸上
および水中の生物学的生産および気候により影響さ
れる．

　地球の表面およびその付近の循環過程と地球の
深部での過程は，表成および内成循環という専門
用語で区別される．歴史的により古い概念である
epicycles（大きい循環のなかの小さい循環）とい
う用語は地質学的文献ではいまは使われない．大陸
および海洋における過程に関する，循環するという
性格についての初期の議論は，1785年のジェーム
ズ・ハットンによる記述にさかのぼる．それは，陸
上の堆積物が侵食され，海洋に運ばれ，海底に堆積
し，固化し，そして隆起し再び侵食されるというも
のである．彼の記述は，おそらく18世紀の後半と
しては，地表において直接は見ることのできない過
程を含む堆積作用に関する地球規模の循環を推定す
るための地質学的考えとしては大きな功績であった
といえる．

●水循環

　地球規模の水循環（図1）は地表の地球化学循環
の主要な担い手の1つである．そこでは水は運搬の
手段であるとともに，地殻および大気の鉱物や気体

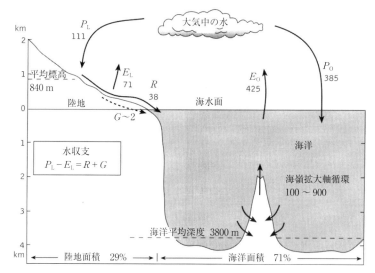

図1 地球規模の水循環．縦軸は陸の平均標高（840 m），海嶺の深度（約 2000 m），および海洋の平均深度（3800 m）を示す．横軸は尺度づけをしていない．矢印は主要な水の移動を年間 1000 m³（10^3 m³ yr^{-1}）の単位で表す．海洋では，蒸発（E_O），降水（P_O）および拡大帯における循環，陸上では，植物の蒸発散（E_L），降水（P_L），海洋への河川流出および表面流出（R），および地下水流動（G）が主要過程である．

と化学的に反応する物質である．デイトン大学の C. ブライアン・グレゴール教授は，1988 年に 'Chemical cycles in the evolution of the Earth（地球の変遷における化学的循環）' という本の序言に，直接的には循環とはみえない循環過程の最も良い例の 1 つは地球規模の水循環であると記した．もしある観測者が，単純に，川は一方向にのみ流れ，とにかく水が戻ってくることはないとするならば，したがって世界中の海面は上昇しつづけると結論することも可能であろう．そのような上昇は，極端な場合，約 10 年で 1 m となり，歴史のなかで気づかれないままになることはありえない．1 万 8000 年前の最終氷河期以後，氷河融水が海洋に加わりつづけ，海水面が全体で約 120 m 上昇した．海水面の上昇の速度はこの期間中一定ではないが，平均すると 10 年に数 cm になる．

海洋は地表の水のリザーバーのなかで抜群に大きなものであり，また大気中の水蒸気の主要な起源である．海洋表面から大気への水の移動はおもに熱により引き起こされ，水蒸気は大気中の主要な温室効果気体であり，地球の気候を地球が太陽放射を受け取ることだけから予期されるよりもはるかに温暖にする．海洋上の大気の中での水蒸気の凝縮は水を直接その起源に戻すことであり，また陸上での凝縮は表面流水，地下水層の涵養および動植物の生命となる．氷河や氷床は，過去に気候条件により降水（雪）を寒冷地域に集積することにより成長した．現在は，海水の容積の約 2% に相当する水が北極と南極に氷として固定されている．海洋リソスフェアの拡大帯を通って海水が循環し，そこでは新しい物質が海底に加えられ，高温の岩石あるいはメルトと海水が反応する．これはリソスフェアと海洋間の化学的物質移動の重要な機構である．

● ナトリウム循環

ナトリウムは地殻物質，堆積物および海水の主要な構成物質の 1 つである．ナトリウムの地球化学的循環もまた地質学的過程の循環するという性格についての考え方が 19 世紀のはじめからどのように変化してきたかを示す 1 つの例である．ナトリウムと塩素は海水に溶存する 2 つの最も多く含まれる元素であり，食塩は海水が蒸発したときに晶出する鉱物（岩塩，組成は NaCl）である．しかし，海岸で激しく蒸発が起こり，食塩が晶出するような地域は世界中に分散しており，ナトリウムが溶液から粘土鉱物へと取り除かれている海底では鉱物成長反応を容易

334　地球化学的循環

に見ることはできない．以前の考えは，その当時に容易に観測できる過程や経路に基づき，ナトリウムは河川により陸から海洋に運ばれ，海洋に継続的に集積するというものであった．したがって，海洋の年齢が海洋中のナトリウムの量と河川による年間搬入量から求められると考えられた．すなわち，海洋中のナトリウムの量と1年間に河川により海洋に搬入されるナトリウムの量の比は，当然，海洋にその量が蓄積された年月，すなわち海洋の年齢を表すはずである．幾度となく多くの研究者により推定されたこの数値は，6500万年ないし1億1000万年程度である．この数値は地球の海洋の年齢としてはあまりに短すぎる．海洋では生命が38億年前に誕生し，6億年前からは高等生物が生存している．しかしながら，この推定値はその当時考えられたような海洋の年齢ではなく，海水中のナトリウムの全量を大陸から河川搬入で補充するのに必要な年月である．一般に，あるリザーバー中の元素の量（たとえば海水中に溶存するナトリウムの量）が時間に対して変化しない場合，あるいは流入と流出を考慮すると，それは定常状態にあり，ある一定期間に流入する量はその間にリザーバーから取り除かれる量と釣り合うはずである．したがって，リザーバー中の存在量を供給速度で割った値はリザーバー中の量を入れ換えるのに必要な時間であり，これは滞留時間と呼ばれる．

実際には，ナトリウムの地球化学的循環は相当複雑である．まずはじめに大陸では，ナトリウムは花崗岩のような地殻の岩石の構成元素であり，通常の造岩鉱物である曹長石として存在する．曹長石はナトリウム，アルミニウム，ケイ素および酸素から構成される（$NaAlSi_3O_8$）．地殻の岩石が地表に露出すると地表水あるいは地下水と反応して，ナトリウムは水に溶出し，河川により溶液として海洋に運ばれる．しかし，河川は3つの起源からのナトリウムを運ぶ．ナトリウムの一部は海水表面のしぶきとして海塩が陸上に運ばれたものであり，結局は海洋へと洗い戻される．ナトリウムの一部はまた地球の地質学的歴史の流れの中で海水から生成した古い塩堆積物の溶解によりもたらされる．3番目に，ナトリウムの一部は大陸地殻中の曹長石のようなアルミノケイ酸塩鉱物の溶解に起因する．このように，河川で運ばれるナトリウムのかなりの部分はすでに海洋に

存在していたものであり，地球の表面で海洋と大陸の間を循環しているものである．

ナトリウムは海水から化学反応により次のように取り除かれる．すなわち，海底に堆積する鉱物中に，海洋底拡大帯の玄武岩中に，および蒸発が活発に起こる地域における岩塩の晶出として取り除かれる．最後に，ナトリウムは海洋および海洋堆積物から地球の地殻深部へと戻される．この過程での最長の経路は，堆積物が海底の沈み込みにより地球深部へ移動する時間，およびナトリウムが地表付近で水との化学反応を被る前に地殻の岩石中に含まれている時間である．

●炭素循環およびその関連

炭素の地球化学的循環（図2）は地球の歴史の大部分を通じての興味ある独特な状態のものである．二酸化炭素，水およびその他の揮発性物質は地球の形成および冷却の初期に深部より脱ガスしてきたものと信じられている．そののち，2つのおもな過程により初期の地球の大気から炭素が取り除かれた．その過程の1つは石灰岩の堆積である．石灰岩は炭酸カルシウム鉱物からできており，海水から無機的沈殿および生物の組織や骨格の中に内蔵される炭酸カルシウムが取り出されることの両方により生成する．第2の過程は光合成過程であり，そこでは二酸化炭素（窒素，リンおよび硫黄とともに）が有機物に変えられ，遊離酸素が生成する．1970年代以来，ジェームス・ラブロックは彼の地球のガイアモデルについての著書のなかで，生物による地球の大気の化学組成の変化およびとくに二酸化炭素を現在の濃度になるまで取り除いたことに関する生物の役割について広く書いている．エール大学のロバートA.バーナー教授は，過去5億年間の地球大気の二酸化炭素濃度を計算し，現在よりも18倍も高い時期があったことを示した．長い間には，二酸化炭素は海底から高温の深部への沈み込む炭酸カルシウムの分解および海洋あるいは陸上の火山からの放出により大気へと戻される．この過程の裏には，高温で起こる炭酸カルシウムと酸化ケイ素間の化学反応，すなわちその反応では二酸化炭素とカルシウムケイ酸塩鉱物の生成があり，この反応は，その提唱者であるカリフォルニア大学のハロルドC.ユーリーにちなんでユーリー反応と呼ばれる．

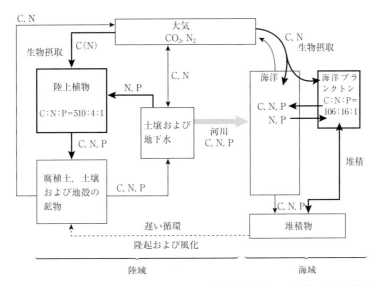

図2 炭素循環の主要リザーバーの図，および大気中，陸上および海洋における窒素とリンの循環と炭素循環の関連．太線は生物的リザーバーを示し，またそれらのC:N:P原子比および移動をあわせて示す．

石灰岩および堆積物中の有機物として貯蔵される炭素の量は著しく大きく，海洋と大気中の量を合わせたものの2000倍である．現在の陸上の植物は大気中の炭素量とほぼ同じ（20％以内で）量を保持し，二酸化炭素に関して大気に依存する．この均衡は，陸上の植生の地球規模での変化は，それが自然現象あるいは人為的要因のどちらによる場合でも大気中の二酸化炭素の量に強く影響する．海洋の表層中の光合成植物中の炭素の量は陸上の植物と比較するときわめて少ない．しかし，海洋の植物の成長速度がはるかに速いので，大気から陸上の植物への二酸化炭素の流量と海洋表層への流量にはそれほど差はない．

二酸化炭素の1分子が光合成で有機物に変化するときに，1分子の酸素が放出される．実際に，大気中に酸素が存在するということは，生物が二酸化炭素と水から有機物を光合成するという活動の結果である．植物が枯れると，その炭素は最終的には酸化され，二酸化炭素となる．しかし，この過程は100％起こるものではなく，有機物の少量の部分は酸化を免れ，堆積物中に貯蔵される．堆積物中に貯蔵された有機質炭素の総量は生成した酸素の量を表し，その量は現在の大気中の酸素の量の約30倍である．地質時代の時間尺度における大気の炭素と酸素の効率良い循環の結果，大気二酸化炭素の完全な除去および環境的にありそうもないような高濃度の酸素の蓄積が阻止された．

地球規模の循環における地球化学的無機的過程と生物学的過程の間の関係は，1920年代前半までには十分に理解されていた．そのころ，ジョンズホプキンス大学のアルフレッドJ.ロトカは'Elements of mathematical biology'（数理生物学入門）という著書を出版し，そのなかの数章を二酸化炭素，窒素およびリンの循環に当てている．地球上の生命の状態は，有機物の主要な構成元素であるこれらの元素（そのほかの有機物の主要構成元素は水の水素と酸素および硫黄）の地球化学的循環の中に含まれている．地球化学的世界と生物の世界を結び付ける重要な過程は化学的還元および酸化反応の関係である．炭素，窒素および硫黄は光合成過程では化学的には還元され，また有機物が代謝されたり，分解されたりするときは，これらの元素は酸化され，環境状態に戻される．

陸上および海洋の生物リザーバーは4つの生命必須元素である炭素，窒素，リンおよび硫黄の地球化学的循環を密接に関連づけている．光合成作用では，陸上および水中植物はこれらの元素をあるほぼ一定の割合（発見者にちなんでレッドフィールド比と呼ばれる）で異なる環境から取り込む．たとえば，二酸化炭素は大気から取り込まれ，またリンは地殻の

鉱物の溶解によりもたらされ，土壌や堆積物中の死んだ生物の有機物から水中に放出される．リンの1原子当たりに，陸上の植物は500〜800原子の炭素を取り込み，水中の植物では106原子の炭素が1原子のリンとともに有機物を形成する．天然水中にはリン酸イオンの形で存在するリンが少ないので，それが利用できるか否かは陸上および水中の植物にとって決定的に重要である．短期間で見ると，有機物の分解が必要なリンのおもな供給源であるが，地殻や土壌からのリンの溶出は遅いけれども生物圏へのリンの新たな供給の本源的な起源である．

過去2ないし3世紀の間に，生命必須元素の地球化学的循環は，全球規模で，工業および農業活動により乱されてきた．そのような変動の影響についての観測は，一般に二酸化炭素，メタンおよび一酸化窒素のような温室効果ガスの大気中の温度の上昇，およびそれが将来地球の気候にどう影響するかの問題に集中している．しかし，地球化学的循環の関連から判断すると，地球規模の変化は大気だけに限ったことではなく，地表ならびにその主要なリザーバーである大気，陸，生物相および水が関係する過程および物質移動に影響を与えることは確かである．　　　　　　　　　[A. Lerman/松葉谷　治訳]

地球化学的滞留時間
geochemical residence times

滞留時間は，ある物質（たとえば化学元素あるいは沈降粒子）が1つのリザーバー（reservoir，天然の容器）の中にほかのリザーバーに移動するまで，あるいはほかの化学種（存在形態）に変化するまで滞留する時間の平均値を表すものである（平均滞留時間ともいう）．滞留時間は，地球科学の多くの分野，たとえば，対流圏での大気汚染物質について，海洋における溶存元素について，あるいは堆積盆中の堆積物についての滞留時間などについて適用される．滞留時間の測定には，その化学種のリザーバーへの流入量，リザーバー中の存在量およびリザーバーからの流出量が必要である．それらを用いて，滞留時間は次のように定義される．

リザーバー中の量 / リザーバーへの流入量

または

リザーバー中の量 / リザーバーからの流出量

滞留時間として求めたこの2つの値が等しくない場合は，系（リザーバー）は定常状態ではなく，リザーバー中の化学種の量は時間とともに変化する．しかし，これらのパラメーターを正確に測定することは多くの場合困難であり，したがって，滞留時間は系が定常状態にある場合についてしばしば推定される．　　　　　　　　　　[M. R. Palmer/松葉谷　治訳]

地球化学的分化
geochemical differentiation

化学的分化は，異なる化学組成をもつ共存している相が物理的に互いに分離するときにつねに生じる．化学的分化の例としては，マグマだまりにおける分別結晶，溶鉱炉でのからみの生成，および地殻またはマントルの岩石の部分溶融があげられる．化学的分化は地球における化学的多様化の主要な過程であり，化学的な成層構造をもたらす．

分化は，多成分系の中に共存する結晶，液体および気体などの相の化学的および物理的性質により起こる．これらの相の間での化学成分の分配は圧力，温度および系の全体としての組成に依存する．熱力学的理由で，元素は2つの相の間で等しく分配されることはほとんどない．このことから，共存する相が，化学的に，そしてその結果，物理的にまったく異なる性質をもつことになる．たとえば，高温の玄武岩質マグマは，かんらん石（マグネシウムとニッケルに富む），スピネル（クロムに富む），オージャイト（カルシウムとマグネシウムに富む）および斜長石（カルシウムとアルミニウムに富む）の結晶と平衡にあり，組成がそれらの結晶と明らかに異なるケイ酸塩液相すなわちメルトからできている．もし結晶が物理的にメルトから分離すると，結晶はおのおのに富む成分をもち去る．逆に，結晶に入らない元素（たとえばケイ素，カリウム，ウランおよびトリウム）はメルトに濃縮される．このように，結晶

作用が進むとともに，メルトは徐々にシリカ（SiO_2）に富み，酸化マグネシウム（MgO）に不足するようになる．この過程はマグマ系で一般的に起こり，分別結晶作用と呼ばれる．同様な過程は岩石の溶融のときにも起こる．たとえば，中央海嶺の下では，マグネシウムに富む，斑れい岩が約 10% 溶融して，ケイ素，アルミニウムおよびアルカリに富む玄武岩質液が生じる．この液が分離し，上昇し，もとの斑れい岩とは化学的に明らかに異なる海洋地殻を形成する．この過程は分別溶融と呼ばれる．分別結晶あるいは固化・再溶融により玄武岩がさらに分化すると，シリカ，アルミニウムおよびアルカリに富み，大陸地殻に特徴的なさまざまな種類の岩石が生成する．地球の核も，その歴史の初期に類似した過程で生成した．その過程では，高密度の鉄に富む金属相（固体あるいは液）が下方に分離し，上方にケイ酸塩マントルが残留した．この初期の地球からの揮発性成分の脱ガスは，その冷却期間中に大気圏と水圏を形成するための中心的な役割を果たした．

物理的分離は化学的分化の重要な点である．多くの場合，分離は密度の異なる相に作用する重力の働きによる．たとえば，マグマだまりでは高密度の鉄・マグネシウム鉱物が沈降し，マグマだまりの底で集積岩となる．ところが，部分溶融では低密度のメルトが上方に浸透する．相分離の速度は 1 つの相がほかの相と再平衡になる程度を調節し，したがって分化の効率を決定する．たとえば，マントルのメルトが割れ目を通って急速に上昇すると空隙中の遅い移動の場合よりも化学的分化がより効果的に起こる．相分離は実際には複雑な流体力学的過程であり，粘性，密度，拡散率および物理的形状に影響される．流体が関係し，化学的分化を起こす物理的過程の例として，たとえば，岩脈やシルの中の流れの分離，生じた液相の圧力による搾り出し，不混和液相の，とくにカーボナタイトあるいは鉄玄武岩質系における分離，および熱に起因するソーレ拡散（温度勾配により濃度勾配が生じること）があげられる．化学的分化は固体状態についても起こる．たとえば，ゆっくりと冷却する岩石や鉱物では，1 つの鉱物からほかの鉱物が離溶する．気体の状態では，たとえば，火山の下でのマグマ脱ガスがある．自然界では，複数の分化過程が連動して起こる．

［**J. D. Blundy**/松葉谷　治訳］

地球化学的分布
geochemical distribution

化学元素およびそれらの同位体は地球（またはほかの惑星）において均一には分布していない．各元素や同位体に固有の性質のために，各元素あるいはそれらの集合したものの地球化学的挙動は異なり，液体，メルトおよび固体（鉱物や岩石）の間で明らかな分別が生じる．そのような分別，またその結果の分布を生じさせる要因としては，おもに次のものがある．①地球化学的過程の物理条件（たとえば，温度，圧力，気相の有無），②固体，メルト，液体およびその構成成分の性質（化学的，物理的，熱力学的および構造的性質），および③速度係数（たとえば核形成，結晶の成長速度，反応速度）．生物学的活動も，ある程度は，元素や同位体の分布を調整する働きをする（たとえば生物学的堆積物の生成，硫酸イオンの還元）．

地球化学的分別により，類似した電子配置，あるいはそれに起因する性質（たとえば希土類元素）をもつ元素は相互に同じ挙動をとりやすく，また異なる性質の元素（たとえば銅や亜鉛）からは一般に分離される．元素が同じ挙動をとるということは，多くの場合，ある特定の地質学的状況の特徴（たとえば，ペグマタイト中のリチウム，ベリリウム，ホウ素，フッ素およびアルカリ金属元素，塊状硫化物鉱床中の銀）である．したがって，典型的な元素の同一挙動をみつけることは地球化学的探査にとって重要である．

［**Reto Gieré**/松葉谷　治訳］

地球科学におけるフラクタル
fractals in Earth science

「フラクタル」という用語は，ある種の構造や組織をもつ現象や対象にいろいろな形で適用される．その構造や組織とは，縮尺をこえてそれ自身と関連するか，縮尺に依存しない不変性を示すようなものである．1960 年代後半に IBM トーマス J. ワトソン

研究センターのB.マンデルブロは，英国の海岸線の長さを測定することと関連して，「フラクタル次元」の重要性を確立し，「フラクタル」という用語を案出した．海岸線など多くの対象の長さは，測定する尺度によって変わる．この事実を視覚化する簡単な方法は，定規を使った測定をイメージすることである．数kmもある非常に長い定規を使用して測定した長さは，数mの小さな定規を使用して測定した長さより短く見える．定規の大きさによる海岸線の長さの見かけの変化は，フラクタルの重要な特徴である．数学者によって「怪物曲線」とよばれる特殊な対象は，定規が無限に短くなるにつれて，見かけの長さが無限大に近づくのである．

地球科学者たちは，写真に写った物の大きさがわかるように，ハンマーやレンズキャップをよく一緒に写す．それは，地形のような多くの地質学的な現象を，大きさのわかる物体と比較して，尺度をはっきりさせるためである．ハンマーなしで，形だけから大きさを決めるのは難しい．豊富なアイデアが次々と生み出されるなかで，マンデルブロは，フラクタルが自然現象の幾何学的な特徴を描写するうえで，重要かつ有効なもう1つの手段であると示唆した．一般に「フラクタルとは，部分が全体に似た形である」という特徴があり，それは自己相似とよばれる．自己相似は，たとえば，具体的な物体の輪郭，理論幾何学的な対象ばかりか，ある過程が機能する様式などにも適用できる．フラクタルは，現象がどのようにして尺度と関係するかを体系的に示すので，地球科学の重要な概念となっている．フラクタルの概念の適用は，地形学的な例を参照しながら，ここでは簡潔に説明する．

地形学では，地形の形状，流れのネットワークの形態，地形学的な過程のリズム，およびそれらの効果を描写したり，定量化したりするために，フラクタルはいろいろな状況下で使われる．地形のでこぼこさは，フラクタルがどのようにして地形学に適用されるかという一例である．フラクタルを使って，地形のでこぼこさは，どのように表現できるのだろうか．地形は，ある尺度ではでこぼこしていても，別の尺度では平らに見える．このような尺度との関係は，地形にいろいろな尺度を適用する操作の結果である．フラクタルは地形を定量化する手段となるので，地形の計量分析に活用される．たとえば，地

質構造上にせよ気候上にせよ，地形を特徴づける尺度はフラクタル科学の方法を使って研究できる．フラクタルは，洪水記録，地震，地盤の隆起，降水量，堆積作用など，地表で見られる現象の記録を時間的に分析するうえでも役に立つ．

[**Larry Mayer**/井田喜明訳]

■文 献

Jurgens, H., Peitgen, H-O., Saupe, D., and Zahlten, C. (1990) *Fractals, an animated discussion*: *A film and video*. W. H. Freeman, New York.

Mandelbrot B. (1967) How long is the coast of Britain? Statistical self-similarity and fractional dimension. *Science*, **156**, 636-8.

Snow, R. S. and Mayer, L. (eds) (1992) Fractals in geomorphology. Special Issue. *Geomorphology*, **5**.

地球科学の躍進（第二次世界大戦後の）
specialization in the Earth sciences after the Second World War

第二次世界大戦が停戦を迎えると，停戦の効果は輸送，通信，装置の改良の分野に即座に表れた．戦時中に達成された科学技術の進歩は，おもに米国で平和目的に利用された．その当時は化石燃料や建築素材などの天然資源に対する需要が新たに世界中で喚起され，経済的な必要性が地球科学に関する実験室やフィールドでの研究の進歩に拍車をかけた．石油会社は探査地質学や掘削技術の方法を開発し，それを採鉱会社がおもにほかの地域ですぐに活用した．まもなく航空写真，地球物理探鉱，分析技術を提供する新しい会社が先進国で設立されて，石油や鉱物の探査に乗り出した．その後計算事業や情報工学が研究や開発のペースを速め，1980年代までに人工衛星写真やリモートセンシングで得られた情報が市販されるようになった．米国航空宇宙局（NASA），ソ連，ヨーロッパによる宇宙計画は，月や惑星の地質学に対する人々の関心を高めた．

その間に，学術的な興味と商業的な利益を求めて海洋研究が大きな勢いを得た．その状況には，ソ連による海洋軍事力の拡大に対抗する欧米の戦略的な必要性も関係した．カナダと米国は，アラスカ，北

極諸島，グリーンランドの防衛を強化するために，関連する調査や投資を積極的に行った．新しい独立国や発展途上国は，自国の天然資源の開発や利用を目的とする投資に力を注いだ．専門教育を受けた地球科学者が数多く国際的な規模で求められたので，大学などの教育機関は教育と研究の機能を急速に拡大した．これらすべての状況は，地球科学の新たな分野の発展に好都合だった．大学やその他の研究・教育機関は戦後すぐに拡大をはじめ，拡大は1950年代初期に進行した．1960年代の中期から後期にかけて，さらに重要な要素が加わった．それはプレートテクトニクス理論によって引き起こされた地球科学の紛れもない革命である．この理論は地球科学のほぼすべての分野に大きな刺激を与え，世界各地に地質学的な調査や再検討を求めた．

終戦の効果とプレートテクトニクス理論の確立の結果として，学際的な研究を進める必要性がときとともに高まり，地球科学の異なる分野間の目立った相違が解消されていった．1970年代後期と1980年代には，環境への意識が高まり，利用可能な資源に限りがあることや環境汚染の効果が重要視され，地球科学の分野をこえた研究をさらに加速した．このときまでに通信などの技術革新が進み，研究と情報交換はその速度，量，効率を大いに高めた．科学的な能力が，地球の繁栄に科学を利用しようとする社会的・国際的な力を上回るようになった．基礎的な地球科学は魅力を高め，それを応用する地球科学に対する需要もしだいに増大した．

室内実験との関連で戦後最も発展した分野は堆積学である．炭酸塩岩や砕屑岩は，電子顕微鏡，イオンプローブ，質量分析計，その他の迅速な分析法などの新しい手法を用いて研究されるようになった．砕屑性の堆積物の輸送と堆積のダイナミクスは，実験室の研究によって解明されてきた．地球化学的な研究や同位体を用いた研究は，堆積岩の定着，続成，地層としての地質年代学的な発達からなる過程を理解するために活用された．有機物質の地球化学や微生物学は，最近の堆積環境や古い堆積物を研究する手段として活用された．堆積物が生成され，その内部で化石として痕跡を残す過程で，有機物質がどんな役割を担うかは，特別な研究を必要とする注目すべき分野となった．堆積物の地勢や環境のモデリングが盛んになり，堆積構造学は種々の堆積物の起源

や供給速度を地質構造作用に関連づける学問として発達した．

室内実験は，大気や水中にある物質，高温・高圧下にある物質などの移動を研究する手法として広く普及した．鉱物結晶の生成，火山作用，鉱床の貫入についての物理化学過程が解明され，これらの分野の研究が拡大し続けている．

古生物学では微化石に関する知識が驚異的に増えて，生物層序学への活用に目覚しい拡大がみられた．とくにコノドント，パリノモルフ，ナノ化石は，全地球的な生物層序学の発展や層序間の相関の検出に重要な寄与をした．分岐学的な分析は進化論的な概念に影響し，とくにプレートテクトニクスの刺激を受けて，分類学や生物地理学の研究に採用された．古生態学が古生物学の重要な部分として生み出され，有機物を過去の生息環境と関連づけた．きわめて保存のよい化石動物相が最近新たに発見され，化石化が幅広い関心を集めて話題となった．

構造地質学では，メソスケールの構造や微構造岩石構造の解釈が急速に発展するテーマとなり，大規模な構造学と，また最近ではネオテクトニクスと関連づけられるようになった．ネオテクトニクスは，最近形成されたか，構造を研究する学問として現在も形成途上にある．

地層の相関と古地理を研究する分野で，重要な発展をみせたのは古地磁気学である．第二次世界大戦後の地球物理学で，古地磁気はおそらく最も大きな発展を遂げた分野であろう．同位体地球化学の発達と結び付いて，古地磁気は地質年代や古環境を決める代え難い方法となった．

地球物理学的な探査や調査は，石油会社が先駆的な開発を手掛け，現在は基礎研究と応用研究の両方で有益な手段となっている．その発達の重要な一環に地震層序学があり，現在は中生代と新生代に形成された大陸棚を含めて海洋と陸地のデータを提供する．

専門家が急増した応用地質学の分野には，水文地質学，土壌力学，岩石力学，地質工学がある．最近では，掘削可能な資源や廃棄物処理に関する研究が質・量・細目で大幅に増加した．これらすべての分野で，モデリングはいまや評価作業の本質的な部分となっている．統計学，データ処理法，計算技術の役割は過去30年かそれ以上にわたって成長しつづ

けており，地球科学のあらゆる分野が，基礎か応用かにかかわらず，定量化の方向に発展しつつある．

[D. L. Dineley/井田喜明訳]

地球化学の歴史
history of geochemistry

　地球化学は地球で起こる元素の分配と移動を取り扱うものであり，その意味で過去にさかのぼって出来事を研究する鉱物学や岩石学とは区別される．地球科学の一分野であるこの地球化学は20世紀に著しく発展したが，地球化学という用語そのものは1813年にスイスの化学者C. F. シェーンバインによりはじめて使われた．そのようななかで，未知の元素の発見はそのたびごとにこの分野の歴史に新たな局面を与えた．それは，おそらくラボアジェが1789年に31個の元素を発見したことからすべてがはじまった．18世紀の終わりまでに，さらに8個の元素が発見された．19世紀には，D. I. メンデレーエフの周期表の事実上の完成をみた．ただちに，いくつかの短寿命の放射性の元素が加えられた．このように，この時期の約100年間は，地球化学的情報はおもに地球の地殻の最上部についての鉱物学的研究の副産物であった．

　1884年に，米国地質調査所は主席化学研究員としてF. W. クラークを迎え，地球の化学を研究するための研究室を設備した．そこは，調査所の野外調査担当職員から送られてくるあらゆる種類の試料の分析を担当し，多量の化学分析結果を蓄積した．1904年に，ワシントンのカーネギー研究所により地球物理学研究室（Geophysical Laboratory）が設置されると，物理化学の原理が地質学的過程の研究，とくに造岩鉱物の生成過程の研究に応用された．

　数年後，オスロ大学のV. M. ゴールドシュミットが相律を堆積岩の接触変成作用による鉱物組合せの変化に応用した．彼の変成作用についてのその後の研究では，変成作用による変化はすべて化学平衡の原理により説明できることが示された．そのころに，X線結晶学がドイツのM. T. F. フォン・ラウエによりはじめられたが，地球化学で活用されるのは少しのちのこととなる．分光学的方法もこのころ発展した．地球化学者は地球化学的循環（geochemical cycle）という考えに興味をもち，地球内部の物質の性質や地球の化学的進化について考察しはじめた．USSR（旧ソ連）では，地球化学の分野がV. I. ヴェルナドスキーおよびA. P. ヴィノグラドフなどの彼の後継者により精力的に推し進められた．彼らの研究の方向はおもに鉱物資源の探査に向けられた．

　第二次世界大戦ののちに，地球の中の放射能に関する興味が沸き上がり，新しい分析方法やエレクトロンプローブのような新しい装置が考案された．今日，最も重要でしかも急速に発展している2つの研究分野は有機地球化学と生物地球化学である．有機物は始生代以後すべての時代の多くの堆積岩中で発見される．有機地球化学の研究はおもに生物物質の起源と進化，および地下に埋没後のその物質の変化を扱っている．多くの研究は石油産業にとって興味あるものであり，また後援されており，多様な研究が古生物学にとってと同じように層序学や堆積盆の研究にとっても重要なものである．

[D. L. Dineley/松葉谷　治訳]

地球化学分析
geochemical analysis

　地球化学は地質学的に問題とする物質の組成および地質学的過程における個々の元素の挙動を研究する分野である．地球化学分析は地質学的および環境科学的研究の多くの分野で重要な手段である．たとえば，地球化学分析は，水，土壌および空気の質，岩石や鉱物の生成，化石化の機構，水および土壌から生物への金属の蓄積，ならびに土木工事用の材料の適性の研究において利用されている．最も一般的に利用されている方法の数例を次に示す．

エレクトロンプローブ微細分析（EPMA）

EPMA は非破壊分析法であり，鉱物，ガラスおよび合成物質について表面を研磨し炭素蒸着したものについて行われる．また，有機物や非研磨，非炭素蒸着の試料についても元素の含有の有無を知るために使用できる．この分析法では，試料の表面の

個々の点（通常，直径が 1 ないし 40 μm）について，あるいは狭い範囲（通常 1 mm² 以下）について元素の分布を測ることができる．周期表のほとんどすべての元素が測定可能であるが，原子番号の小さい元素，おもに水素，リチウムおよびベリリウムは分析できず，また多くの装置ではホウ素，炭素，窒素および酸素も分析できない．試料は真空の試料室（chamber）に入れられ，分析する位置を探すために高倍率で観察される．電子ビームを試料の表面に照射すると，各元素に固有のエネルギーと波長をもった X 線が発生する．装置は組成がわかっている標準物質を用いて較正されている．EPMA の最も有益な利用法は，元素分布の測定による鉱物中の微細な化学的累帯の研究である．このような累帯構造は多くの場合，光学顕微鏡では見ることができないが，EPMA の結果からマグマや熱水溶液の結晶化の状態や化学的性質の変化についての情報を得ることができる．

蛍光 X 線分光分析（XRF）　　XRF は岩石や鉱物の主成分および微量元素を 1～2 ppm（百万分率）から 100％ までの濃度範囲で測定する通常の方法である．測定用の試料の調製は，一般に主成分分析の場合は試料粉末を市販の溶剤（flux）と一定の割合で混合し，溶融し，ガラス円板をつくる方法により，また微量成分の場合は試料粉末を固結剤と混合し，加圧してなめらかな表面をもつ円板にする方法が用いられる．試料の表面を一次 X 線で照射すると，元素に固有のエネルギーと波長の二次 X 線が発生する．元素の濃度は，さまざまなエネルギーまたは波長のピークの強度を濃度既知の標準物質のものと比較することにより測定される．XRF の最も一般的な使用方法の 1 つは，地殻やマントルの変化の研究における火成岩，変成岩および堆積岩の地球化学分析である．

誘導結合プラズマ原子発光分光分析（ICP-AES）　ICP-AES は水および水溶液中の主成分元素およびさまざまな微量元素の迅速測定に用いられる．固体試料の場合は，均一に粉末にし，一定量を高純度の酸の混合物に溶かし，希釈して分析用試料溶液とする．試料溶液は高温のアルゴンプラズマ中に噴霧されると，そこで蒸発し，イオン化し，元素に固有の発光がその含有量に比例した強度で発生する．発光の強度から較正曲線により元素の濃度が求められ

る．試料の検出限界は 0.005 wt% である．周期表のほとんどすべての元素が測定可能であるが，ある元素，あるいは濃度の低い場合はほかの方法の方が適していることもある．ICP-AES の最も有益な利用法は，ICP-MS（下記参照）では十分には分析できない天然水中の遷移元素あるいはその他の人為的汚染元素の分析である．

誘導結合プラズマ質量分析（ICP-MS）　　ICP-MS は低濃度のさまざまな元素の迅速定量分析に用いられる．ICP-AES と同様に試料はアルゴンプラズマ中に導入されるが，X 線の代わりにイオンが測定される．試料が小さな固体物質の場合も，研磨された試料の表面から大強度のレーザービームを用いて直径 10 ないし 100 μm の穴（深さはさまざま）を溶融・蒸発（ablation）させることにより分析できる．水溶液の分析の場合，検出限界はきわめて低い（溶液中で ppb，10 億分の 1 以下）．ところがレーザー溶融・蒸発法ではそれよりは高い（固体中で 10 ppb ないし 1 ppm）．周期表の大半の元素が分析可能であるが，良好な結果は原子量が 80 以上の元素について得られ，また通常は主成分元素については適当ではない．ICP-MS の使用例は，マグマの起源と変遷の研究を目的とした火成岩の希土類元素の分析，および鉛のような有害元素と考えられるものについての道路の塵，植物，水，土壌および動物組織の分析である．

地球化学的情報の解釈　　主成分元素の測定結果は通常，酸化物の質量パーセント（たとえばシリカは SiO_2 wt%）として報告され，また微量元素は百万分率（ppm）あるいはマイクログラム/グラム（$\mu g\, g^{-1}$）で表される．測定値の解釈において最も重要な注意すべきことは分析の精度である．組成のわずかな変化を問題にするときはとくに重要である．最も一般的な誤差の要因は，試料の汚染，試料の不十分な分解（ある種の鉱物は酸により著しく分解されにくい），元素間の妨害（たとえば EPMA では 2 種類の元素の X 線エネルギーが重なる），および装置の較正の不備である．これらの誤差の程度は，分析のときに十分に注意し，また実験室の経験豊かな職員に相談することにより最小限にすることができる．しかし，そのような誤差を完全に除くことはできない．したがって，分析値の報告には分析誤差を示すべきであり，また図示するときは「エラー

バー」を付けることが望ましい。組成既知の標準物質を定期的に分析したり，1つの試料について2回以上測定することにより誤差の大きさを見積ることができる。測定結果の解釈をやりやすくするためには，しばしば測定値を図示したり計算機用の統計処理用プログラムに入れることがある。さまざまな形式の図を描くことにより，測定値を以前の研究と比較したり，傾向や新しい解釈を示したりすることができる。

[Ben J. Williamson, Tim P. Jones/松葉谷　治訳]

■文　献

Gill, R. (1997) *Modern analytical geochemistry：an introduction to quantitative chemical analysis techniques for Earth, environmental and materials scientists.* Longman, Harlow.

Rollinson, H. (1993) *Using geochemical data：evaluation, presentation, interpretation.* Longman, Harlow.

地球型惑星とそれ以外の地球に類似した天体
terrestrial planets and other Earth-like bodies

太陽の周りを回る惑星や惑星サイズまで成長した天体は数多く，地球はその1つにすぎない。惑星というとかつては天文学の領域であった。しかし，宇宙探査機から送られてくる情報によって，地質学者や隕石学者の研究対象とする分野になったが，これはとくに近接画像によるところが大きい。地球と似ているほかの天体においても，地球の表面でよく見られるプロセスが同じように生じている場合があるが，地球とは少しずつ環境が異なっているため，必ずしもまったく同じ結果をもたらすというわけではない。つまりこうした天体の研究をすることで，われわれの地球についての理解がいっそう深まるともいえる。これとよく似た例として，木の一生について研究することを考えてみたい。もしたった1本の標本，たとえば何の心配もなく草原ですくすくと育つカシの木だけを見ていると，風の強い丘や深い森林のなかでは，同じ種類の木であっても，まったく異なった成長をとげることが理解できないであろう。こうした状況では，その木についてだけでな

く，木というもの全般に関しても，あまり理解できたとはいえないだろう。マツやイバラのような常緑針葉樹を一度も見たことがないからといって，季節によっては葉を落とすことで，動物に対してまったくもって無防備になるというカシという木がもつ性質を，すべての木々が普遍的にもつ性質と考えることは，もちろん大きな間違いである。

地球によく似た天体は，地球型惑星と呼ばれている。これに分類される天体は歴史的には4つあって，太陽に近いものから水星，金星，地球，火星の4つがある。これらに共通な特徴は，密度が高くて鉄に富んだ核をもち，大きな岩石質の惑星であるという点である。月は地球の衛星であって，天文学的には惑星とは認められないが，月もこうした特徴をすべてもちあわせているために，地質学的には5つ目の地球型惑星と見なすことができる。木星の大きな衛星のなかで最も内側を回っているイオも，月と同じ境遇にある。そのため，地球に類似した岩石質の天体は，全部で6つということになる（表1）。

巨大惑星（木星，土星，天王星，海王星）は地球とは大きく異なっているため，別の項目（「巨大惑星」参照）として取り扱うことにする。核とマントルへの内部の分化，火山活動や断層，衝突などの表層プロセスの存在という意味で，程度の違いはあっても地球に似た特徴を示す天体は，太陽系には19個も存在する。これらの天体は，地球型惑星よりも太陽から離れた位置にみつかる傾向があり，岩石質の核を氷のマントルが覆っている。組成的には地球とは異なっているが，氷の外層で起きている地質過程は，地球型惑星で生じているものに非常によく似ている。こうした氷を含む天体の多くは巨大惑星の衛星だが，冥王星とその衛星カロンも同様の天体として分類される（表2）。

表1　地球に類似した岩石質天体

名称	太陽からの距離 (100 万 km)	直径 (km)	地球との質量比	密度 (t/m³)
水星	57.9	4878	0.0553	5.43
金星	108.2	12104	0.815	5.25
地球	149.6	12756	1.000	5.52
月	149.6	3476	0.0123	3.34
火星	227.9	6786	0.11	3.95
イオ	778.3	3630	0.0149	3.57

地球の質量は 5.98×10^{24} kg。月は地球のただ1つの天然の衛星。イオは木星の衛星。

表2 地球に類似した氷を含む天体

名称	左の衛星が付随する天体	直径 (km)	月との質量比	密度 (t/m³)
エウロパ	木星	3138	0.653	2.97
ガニメデ	木星	5264	2.02	1.94
カリスト	木星	4800	1.47	1.86
ミマス	土星	396	0.00052	1.17
エンケラドス	土星	502	0.00109	1.24
テティス	土星	1048	0.0104	1.26
ディオネ	土星	1108	0.0143	1.44
レア	土星	1524	0.0339	1.33
タイタン	土星	5150	1.83	1.88
イアペトス	土星	1436	0.026	1.21
ミランダ	天王星	472	0.00102	1.35
アリエル	天王星	1158	0.0184	1.66
ウンブリエル	天王星	1192	0.0173	1.51
タイタニア	天王星	1580	0.0474	1.68
オベロン	天王星	762	0.0397	1.58
プロテウス	海王星	418	0.00054	1.1
トリトン	海王星	2700	0.291	2.08
冥王星	(太陽)	2320	0.191	2.1
カロン	冥王星	1270	0.015	1.3

冥王星を除き，これらはすべて惑星の衛星である．わかりやすいよう月の質量（7.35×10^{22} kg）と比較した．唯一薄い氷の殻をもつエウロパは，典型的な氷質体と表1に示した岩石質の天体の，中間的な性質をもつ．

太陽系にあるその他の固体天体は，形状が球になるほど重力が大きくなく，内部が分化を起こすほど大きくもない．たとえば直径 900 km 以下の岩石質な小惑星や，直径 400 km 以下の氷で覆われた天体などは，この範疇にはいる．こうした天体もまた地球とは大きく異なっており，ほかの項目で取り扱うことが適切であろう（「小惑星と彗星」参照）．

● 月

地球に似た天体について説明する際に，最初に議論すべき天体は月であろう．月は地球に最も近い天体であるし，われわれがサンプルを取得したことのある唯一の天体だからである．月のおもな内部熱源は，地球と同様に放射性元素の壊変である．ところで岩石質の天体における熱の生産量は天体の質量に依存し，熱の放出量はその表面積に依存する．そのため天体の大きさが小さくなればなるほど，質量に対する表面積の割合は増加するため，熱の放出がすみやかに行われることになる．月は地球の 1/18 の質量しかもたないために，内部のほとんどの熱を放出し，深さ約 1000 km まで冷え固まっている．そのため月面での火山活動やその他の地質活動は，過去 30 億年にわたりほとんど見られない．こうした

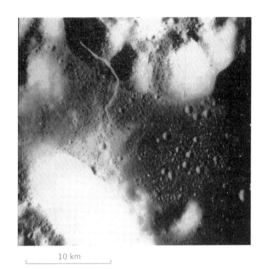

図1 アポロ 17 号が着陸した月の高地地域．比較的小さな衝突クレーターのみが見られ，最も大きいものでも全長 2 km である．（画像は NASA の厚意による）

理由によって，地球であれば侵食や火山活動，変形，埋没によって完全に消し去られているような非常に古い時代の痕跡も，月ではいまだに残っている．

月面で最も古い地域は，月の高地地域である（図1）．高地は地球に向いている面の半分以上の領域と，裏側の大部分の領域を占めている．この高地地域の顕著な特徴は，最大で直径数百 km の大きさをもつような，無数の衝突クレーターでびっしりと覆われていることである．クレーターは，かつては火成活動によって形成されたとも考えられたが，現在では月面のほぼすべてのクレーターは数十 km s^{-1} の速度で表面に衝突した天体の破片が原因であることが明らかにされている．この衝突現象によって衝突時に発生する衝撃波は，円形に拡大して衝突した天体の直径の約 30 倍の大きさのクレーターを形成し，周辺域に放出物を撒き散らす．

月にはとくに大きな規模の衝突でつくられた，直径 1000 km にも上る多重リング構造の衝突クレーターがいくつかみつかっている．こうしたクレーターのなかで地球に向いている方の面に存在するものは，すべて玄武岩質溶岩流によって埋められている．しかし，月面で最大のクレーターであるサウスポール・エイトケン盆地は地球と反対側の面に存在しており，溶岩で埋められることはなかった．溶岩に覆われた領域は，ところどころ盆地の境界を越えて飛び散ったものも含めて月面の「黒い部分」とし

て有名であり，月の海もしくはマリア（ラテン語で海，単数形はマーレ）という通称で呼ばれている．

この「海」が，その周りの高地よりも若いことは，次の2つの単純な観察事実として示すことができる．1つ目は，海の溶岩は高地よりも上に覆い被さっているように見える，というものである．地質学の基本である地層累重の法則に従えば，これは高地よりも海が若いことを示す．2つ目は，どの海の領域も高地に比べて際立ってクレーターが少ないというものである．衝突現象は本質的に地域性のない現象であるために，クレーター密度の低い領域は，クレーター密度の高い領域に比べ若いはずである．

月からもち帰ったサンプルの放射年代測定によって，上の推論はより確固たるものとなった．月の海は約5億年にわたる溶岩の流出によってつくられ，これは約31億年前に終わったと測定結果は示している．意外なことに，高地のクレーター密度は海よりもずっと大きいにもかかわらず，最も古い海と比べてそれほど古いわけではなく，表面の年代は約39億年前であると推定された．そこで高地にあるクレーターは，太陽系誕生時（46億年前）から続いた大爆撃期の最終期につくられたのではないか，と考えられている．つまり，それ以前の高地の歴史はすでに消し去られてしまったのだろう．月の海に見られるクレーターや，高地の最も若いクレーターは，その後の小さな小惑星や彗星の月への偶発的な衝突によるものである（これはもちろん地球にも起こったであろう）．月以外の天体は，放射年代測定結果が得られていないので，ある領域のクレーターの数を数え，それを月面のクレーター年代と関連づけることが，その表面年代を見積るために現在できうる最良の方法ということができる．

月は大気をもたないので，細かな宇宙塵を防ぐことはない．そのため，顕微鏡で見られるほどの大きさにいたるまで，ありとあらゆる大きさのクレーターが存在する．クレーターの形成時に地表面から放出された物質は，その後の侵食作用などで動かされることがないため，新しく衝突が起こって再放出されないかぎり動くことはない．そのため月のほとんどの場所では，少なくとも数mの深さまで，岩石の破片や，ほこりのような岩屑物が基盤岩を覆っている．この岩屑物を「月の土」とか「レゴリス」と呼ぶが，1969～72年のアポロ計画の際に，月面

着陸をした宇宙飛行士が足跡を残したのは，まさにこの上であった．

宇宙飛行士たちは月のサンプルをもち帰っただけではなく，さまざまな地球物理学的な測定器を月面に設置した．たとえば月震計は月の振動を記録したが，これによって地球以外の天体のなかで，最も詳しく内部構造を知ることが可能となった．これらのデータから，月の核は月の体積の約2%を占めるにすぎないことがわかった．

●水　星

水星は一見すると地球型惑星のなかで最も月に似ている．しかし，実際は密度が高く，全体積の40%を占めるほどの比較的大きな鉄の核をもっているようだ．これまでに水星を訪れた探査機はマリナー10号だけであり，1974年と1975年に行われた3度のフライバイ（接近通過）しかない［訳注：2004年，探査機「メッセンジャー」が打ち上げられ，2011年にはじめて周回軌道に入り観測を行った．2015年5月，水星に落下し4年のミッション

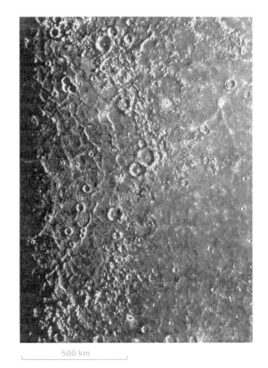

図2　水星の表面．左側の環状の衝突地域は直径1300 kmのカロリス盆地である．半分に日があたっている．そのほか，直径100 km以下の多くの衝突クレーターが見られる．（画像はNASAの厚意による）

を終えた］．探査機から送られてきた写真は，多くのクレーターで覆われた表面の姿（図2）を明らかにした．月の場合と同様に，太陽系の歴史の最初の5億年間に起こった激しい衝突による傷痕を消し去るような地質活動が，この星ではほとんど起きていないのであろう．

●金　星

金星は，大きさや質量，密度がそれぞれ地球よりも若干低いだけという意味で，地球に最も似た惑星である．しかし，その進化の歴史はまったく異なったものであった．最も顕著な違いは大気である．金星大気は，地球大気とはまったく異なる方法で進化した．金星大気は二酸化炭素が大部分を占め，地表面における大気圧は，地球の海面での大気圧の90倍である．二酸化硫黄の液滴が多く含まれるため，金星の表面は絶えず層雲に覆われており，この雲が太陽光を強く反射する．そのため宵の明星や明けの明星といわれるように，地球の空で最も明るく輝いて見える．金星大気は太陽光のほとんどを反射しているが，温室効果によって太陽からの熱を蓄えているので，表面の温度は460℃という高温である．

金星の表面の様子は，1985～92年に軟着陸したソビエトの7つの探査機によって明らかにされた．この探査で得られた画像によると，地表面はかなりのっぺりとしている．多少大雑把な化学分析が行われたが，それによると表面の岩石タイプは，地球の大陸地殻よりも海洋地殻に似ていた．このような断片的な情報よりも重要なものとして，全球の詳細画像がある．これは金星の周回探査機によってレーダー画像として取得されたが，特筆すべきものは米国のマゼラン探査機（1990～93年）によるものである．この探査で得られた画像は，金星が驚くほど多様な地形をもっていることを明らかにした．たとえばハワイ島のような楯状火山や，広大な溶岩流平原，溶岩流により削られた長く細いチャネル状の地形，アパラチア山脈に似た褶曲山脈，厚い大気中の風に吹かれて形成された砂丘，ひどく破砕された領域などがみつかっている（図3）．

天体内部の熱源によって引き起こされる諸現象は，現在の金星ではまったく見られない．金星では衝突クレーターはめずらしいものではなく，その分布に地域性は見られない．クレーターの数から，地

図3　金星のレーダー画像．激しい変形を受けた地域（オブダ地域）．（画像はNASAの厚意による）

表面が約5億～8億年前の年代をもつと推定されているが，これより低いクレーター密度をもつ若い地域は見つかっていない．つまり金星の表面は，地球の表面に比べると，はるかに古いようだ．地球では，海底地殻は絶えず海嶺から生み出されて，その後しばらくすると沈み込み帯で破壊されるし，大陸地殻は火山噴火や活発に隆起した山脈における侵食作用，低地での堆積作用によって，地表面が更新されるからである．このように大きな差が，金星と地球という2つの惑星間で存在することは，この2つの惑星がほとんど同量の放射性熱源をもっていること，すなわち，ほぼ同じ平均率で熱を放出するはずであることを考えると，じつは驚くべきことである．上に記した地質現象は，究極的には地球から宇宙空間へ熱が放出されていることに起因するが，その割にこうした現象が現在の金星では見られない．この1つの説明として，金星における現象は単発的であった，というものがある．金星の歴史のなかで，大半の間は現在のように熱が惑星の強固な殻（あるいはリソスフェア）の下に閉じ込められていたのであろう．マントル内部が暖まると，冷たくて高密度である外側の地殻に対して強い浮力をもつようになる．その結果，金星の全面において地殻が激変するイベントが起こり，全球的な火山活動が生じて地表が更新されて，その結果新たな地表が形成されたのであろう．そのときいくつかの地域では，地質構造の変形も生じたと考えられる．この現象が約5億～

8億年前に終わったとすると，新たなリソスフェア
が厚く強固に成長するにつれて，新しく火山活動が
生じる回数が減退していくはずであり，これはわれ
われが現在金星で観察されたことをうまく説明する
ことができる．おそらくわれわれが再びこのような
活動を見るには，さらに1億年ほど待たなければな
らないだろう．

●火　星

　火星は小さいながらも，さまざまな種類の地質学
的作用による痕跡をもつ．南半球はほとんどの場所
でクレーターの数が多く古い年代をもつ一方，北半
球は，ほとんどが低地の平原であり，火山活動や南
半球の高地から来た物質が堆積することで形成され
ている．数十億年前には，北半球は浅い海で覆われ
ていたとする説もある．この説は現在もまだ議論の
余地が残されているが，かつて大量の水が現在も地
表面に見られるチャネル状の地形を通るなどして南
半球の高原から平原に流れ込んでいた，ということ
は確実であると考えられている．

　現在の火星の大気圧はわずか6 mbarと大変小さ
なもので，水は液体として存在できない．そのため
火星の発達したチャネル地形は，全球的な気候変動
が生じたという明らかな証拠である．今日火星で確
認されている唯一の水は，南北の極域に存在する氷
冠に含まれており，これは秋に大気から凝集し，春
には再び蒸発する季節的な二酸化炭素の氷で覆われ
ている．これよりもはるかに大量の氷が，場合によっ
ては広範囲にわたって存在しているかもしれない地
下の永久凍土層に取り込まれている可能性もある．
実際，火星上のチャネル地形は，降雨による表層水
で形成された場合に特徴的な枝状のネットワークを
示すものもあるが，地下の氷がとけたことによって
地下が掘られて形成されたように見える形態のもの
もある．

　水は含水鉱物としても存在しており，火星起源が
確実とされるめずらしい隕石グループのなかにこの
ような鉱物が発見されている．これらの隕石のなか
には，生物活動の跡を示す安定炭素同位体の著しい
分別や，これに伴う多量の有機分子の配列，そして
電子顕微鏡でとらえられた微生物に似た形状などが
発見されたことがあり，火星にかつて原始的な生命
が存在したとする仮説のよりどころとなっている．

火星はかつて現在より大量の水を保持し，（必然的
に）暑く，火山活動により鉱物に富んだ噴出物が湧
き出していたようだ．地球では，これと同じような
環境下で生命が誕生したことを考えれば，火星で生
命が誕生していたと考えることは妥当なのかもしれ
ない．そうだとしたら，微生物に似た生命体は，極
冠や地中でいまでも生き延びているかもしれない．

　ここから先は，あまり異論がない火星地質に関す
る話題に移ろう．現在の火星の環境下では，堆積物
の移動はほとんどが風によるものである．季節的な
砂嵐は表面を覆い隠すほどであるし，砂丘が広く分
布している．砂丘はとくに北極冠の周辺に多く分布
している．縦列砂丘が多く見られるが，三日月形の
バルハン砂丘も存在している．

　火星のいくつかの地域には，巨大な火山がある．
巨大な火山のなかで最も古い（衝突クレーターの数
に基づくと約31億～37億年前に形成されたとされ
る）ものは，パテラと呼ばれている．パテラの斜面
は概してとても緩やかで，直径が数百km あるにも
かかわらず高さは数km しかない．また頂上に直径
数十km のカルデラがあることも多い．このことか
ら，おもに爆発的な火山活動でつくられていて，そ
の山腹にあるものは火山灰の堆積物であろうと考え
られている．若い火山は地球の楯状火山に似た形状
をしており，おもに玄武岩質溶岩の噴出によって形
成されている．その多くは，3000 kmにわたって地
殻が隆起しているタルシス火山地域に集中してい
る．この火山地域は，標高の高い南半球と標高が低
い北半球との境界域を，局所的に乱すような場所に
位置している．タルシスの楯状火山のなかで最も若
いオリンポス山は，高さが24 km，直径が600 km
以上という太陽系最大の火山である（地球最大の火
山はハワイ島であり，太平洋海底からの高さ9 km
である）．オリンポス山がいつ形成されたか推定す
ることは難しいが，最後の活動はたったの約2億年
前だったと考えられている．

　火星においてほかに注目すべき特徴として，マリ
ネリス峡谷があげられる．タルシス地域から東の方
向に伸びて北半球低地にいたるまで，4000 kmにわ
たって存在する峡谷である．マリネリス峡谷は，お
そらく最初は地殻運動によって生まれたが，その後
流水や地すべりの影響を受けて形を変えていったの
であろう（図4）．マリネリス峡谷の深さは7 km，

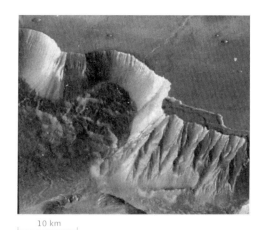

図4 マリネリス峡谷の壁の一部．平野のいくつかの衝突クレーターが，多くの崩壊の痕跡を示している．（画像はNASAの厚意による）

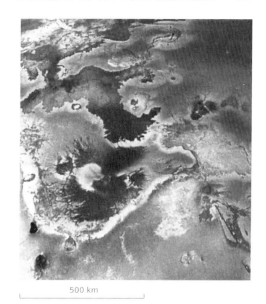

図5 イオの地表の一部．若い溶岩流は，放出される気体の凝縮によって漂白された部分を除いて，比較的暗い．（画像はNASAの厚意による）

幅は200kmに及ぶ．オリンポス山がハワイ島と比べて非常に大きいのと同様に，地球のグランドキャニオンと比べるとマリネリス峡谷ははるかに大きい．

●イオ

大きさや質量，そして密度（表1）だけを見ると，イオは月に似た天体であると考えてしまうかもしれない．ところが，月では火山活動が数十億年前に停止しているのに対し，イオには現在も約1ダースの火山が常時噴火している．これは木星の強力な重力に伴う潮汐加熱によるものである．潮汐の影響で，イオの木星側はその反対側より数kmも隆起するが，この潮汐隆起による応力変化は，放射壊変と比べるとイオの内部を100倍も速く熱してしまう．イオは，強力な磁場をもっている．これは内部の熱が原因で分化した内部構造を形成しただけでなく，鉄に富んだ核が流体として存在すること，つまり溶融していることを意味する．

イオには衝突クレーターがない．これは火山性の堆積物による表面更新が，全球平均で毎年1mm以上に上ることからも予想できる．その代わり，イオの表面には火山性の特徴的な地形があり，とりわけ頂上に直径数十kmのカルデラがあり放射状の溶岩流に囲まれた緩やかな楯状火山（図5）が多く見られる．イオの濃い黄色は，これらの溶岩流が溶融硫黄によって形成されていることを示していると以前は考えられていたが，現在ではイオの溶岩流は普通のケイ酸塩溶岩（おそらく玄武岩質）であり，このような色は硫黄と二酸化硫黄によって表面をコーティングされたためであるとされている．地球の火山では，火山活動で放出される揮発性成分はおもに水蒸気であるが，イオでは大きく異なって，二酸化硫黄と硫黄である．イオで揮発性物質が強烈に噴出されると，プルーム状の火砕性噴火となる．その高さは300kmにも及び，直径1000km以上の領域に傘のように広がる．

●木星のほかの衛星

木星はほかに3つの大きな衛星をしたがえており，いずれもイオよりも外側に軌道をもっている．そのなかで最も内側のものがエウロパで，岩石質の天体と氷天体との中間的な様相を呈している．エウロパの表面は冷たい氷でできているが，全体の密度が大きいので，この氷は100kmの厚さしかもちえない．そこでこの氷の層の下に厚い氷のマントルがあり，さらに下には鉄に富んだ小さな中心核が存在していると考えられている．

エウロパの表面の構造はとても複雑で，幾度となく生じた断層と曲線状の隆起で構成されているので，氷の殻が無数の小板へと砕けたという歴史を示唆するように見える（図6）．木星のほかの衛星と

図6 エウロパにある，より新しく薄い氷によって分けられた厚い氷の「いかだ」．いかだの隆起と地溝のパターンが相互に見られるのは，これらが破壊されてからどのように動いたかを示している．（画像はNASAの厚意による）

異なり，エウロパにはクレーターがほとんど見られず，その表面の年代は非常に若いと考えられる．このことは，エウロパの岩石質マントルが上部において潮汐加熱で得られる熱量を考えると理解しやすい．現在見られている氷が，底面まですべて固体であるのか，それとも水の層の上に浮いているのかは，まだよくわかっていない．全球的ではないにしろ，最近まで数十 km の深さにおいて局所的な溶融が起こっていた可能性は高いが，これはとくに若い地表年齢と流体でできたような地形から示唆されていて，後者は部分的に結晶化した氷の塩水の噴出によると解釈されている．

　エウロパの内部には，氷もしくは水の層と直下の岩石の層とが接している場所があるはずである．その場所でどのような相互作用が生じているのか，さまざまな推測がされている．潮汐加熱の観点からは，何らかの熱水活動が生じているに違いない．そこでは水が岩石の中を移動し，しだいに岩石から溶解した化学物質によってイオン化される．そして暖かな熱水噴火口から塩水として放出されるであろう．似たような熱水孔は，地球の海洋底ではブラックスモーカーと呼ばれているが，ここは自立した生態系の場となっている．エネルギーを化学反応に依存するような熱耐性のバクテリアが，もしも突然ブラックスモーカーからエウロパの氷の下の孔に移動させられたとしても，生存していられる可能性がある．生命がエウロパで誕生したかどうか，まだ結論は出ていないが，地球の生命の起源が熱水孔であると考

図7 カリストの一部を100 m四方に拡大したもの．主画像には，重なったクレーターの連なりの一部が見られる．このようなクレーター鎖は，潮汐破壊された彗星による連続した衝突の断片によって生み出されると考えられている．（画像はNASAの厚意による）

えられている現在，可能性はかなり高いといえる．

　ガニメデとカリストは，完全に氷で覆われた天体であり，半径の半分以上の深さまでが氷でできている．磁場と重力の測定結果は，ガニメデの岩石質の層の中に液体の鉄の核が存在していることを示している．カリストは木星の大きな衛星のなかでも最も外側に位置していて，非常に多くのクレーターがあるが，内部から駆動された地質過程の痕跡は見られない（図7）．一方，ガニメデには，黒くて大量のクレーター跡をもつ古い地域があるが，これが若くて青白い帯状の地形に乱されている．この青白い領域は，さまざまなスケールの隆起と溝が驚くべき形態を見せており，地殻変動と氷火山の活動の歴史として記録されているようだ．いわゆる「切った，切られた」の関係でみると，青白い溝をもった領域は，複数の段階を経て発展してきたらしい．最も若い領域でさえ，多くのクレーターをもつことから，これらのイベントはかなり前（おそらく30億〜40億年前）には終わっていたのであろう．表面温度が -100 ℃よりもはるかに低いため，氷は非常に低温

であり氷河のように動くことはできない．その物性は，非常に深いところまで地球のリソスフェアのように振る舞い，巨大なクレーターでも壁が移動することなくその形を保っている．

● ほかの氷衛星

土星や天王星，海王星の大きな衛星は，基本的には小さな岩石の核をもつ氷でできた天体である．こうした衛星の表面は，多くの場合クレーターに覆われているが，過去40億年の間に激しい加熱（潮汐力によると予想される）を受けたものは，表面のクレーターは少なく若い表面をもち，内部熱源による地質活動の痕跡を残している．こうした氷天体の火山活動を支配する重要な要素は，太陽系の外側で太陽系星雲から低温で凝集したアンモニアやメタン，一酸化炭素などの物質が存在しているということと，こうした物質の氷が混合していると信じられている，という点である．このような混合氷は，ケイ酸塩鉱物の混合体である普通の岩石が溶融するのと同じように溶融する．水とアンモニアからできた氷は，鉱物学的には，2つの異なった化学組成の結晶で形成される．1つは純粋な水氷（H_2O），もう1つはアンモニアの水和氷（H_2O, NH_3）である．こうした氷は加熱すると－97℃で溶けはじめるが，これは純粋な水氷やアンモニア水和氷の融点よりも低く，2つの水と1つのアンモニアからなる溶融体を生じる．とける前の氷が，あまりにもアンモニア成分が多い場合を除き，固体の残存物は純粋な水氷の結晶となる．このような溶融は部分溶融といわれ，次の2点の意味で重要である．まず，低温で融解を起こすということである．次に，はじめに形成される溶融物と固体残余物とを分離することによって，地下のマントルとは化学的に際立って異なる地殻を生み出すということである．粘性のあるアンモニア水の噴出は，ミランダでは氷溶岩流として，とても明瞭に見ることができる（図8）．

氷火山活動以外にも，注目すべき特徴は多くある．氷衛星のなかには，過去の地殻変動を示す割れ目構造をもつものがあるし，大気をもつ氷衛星も2つある．1つは土星のとくに大きな衛星であるタイタンである．タイタンは窒素を主成分とし，メタンと高濃度の炭化水素で濁った高密度の大気をもっていて，これは原始地球の大気と大きな違いはないので

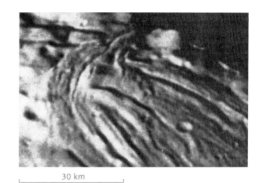

図8 ミランダの一部．おそらく，粘性のあるアンモニア水の溶融物が噴出して形成された，氷のような「溶岩」の流れと思われる（上部中央）．（画像はNASAの厚意による）

はないかと考えられている．もう1つは，天王星最大の衛星であるトリトンである．トリトンの非常に希薄な大気は大部分が窒素であるが，この窒素は太陽に照らされた窒素氷の極冠（メタンに富んだ表土を覆っている）から昇華し，反対側の暗い極冠で凝固している．

● 冥王星とカロン

多くの氷惑星は，惑星を回る軌道上で形成されたと考えられている．しかし，トリトンは逆行軌道をもつので，別の場所で形成されたのちに，天王星に捕獲された可能性を示している．冥王星は衛星カロンをもっているが，冥王星自身は捕獲を免れたトリトンに似た天体と考えられる．対となっている天体としては，冥王星とカロンは地球と月の関係よりもはるかに互いに対等な関係にあり，太陽系のなかでは連惑星と呼ぶに最も近い関係である．

[David A. Rothery/宮本英昭訳]

■ 文 献

Beatty, J. K., Petersen, C. C., and Chaikin, A. (eds) (1999) *The new Solar System* (4th edn). Sky Publishing Corporation and Cambridge University Press.

Rothery, D. A. (1999) *Satellites of the outer planets* (2nd edn). Oxford University Press, New York and Oxford.

Rothery, D. A. (2000) *Teach yourself planets*. (2nd edn). Modder and Stoughton, London.

地球資源の保存
Earth-heritage conservation

　地球資源の保存とは，不適切な開発や乱獲や自然破壊から，地球の天然資源を保護することである．地球の天然資源は直接的には地表でしか手に入らない．天然資源は，保護する目的からみると，2つの基本的な要素を考える必要がある．第一は自然にできた風景の物理的な特徴からなる地形で，おもに地形学のテーマである．第二は岩石の露出部であり，存在はするが必ずしも地表にさらされてはいない岩石の単位を表して，おもに地質学のテーマとなる．岩石は，自然発生的に，また人工的な手段によって地表に露出する．結果として構築された環境も，根本的には地質学的で地形学的な資源の現れである．これらすべての形態は，開発や不正管理の脅威にさらされており，その保護は一般に地球資源の保存の問題である．

●地球資源保存のための基盤

　保存について一般にいえるように，地球資源の保存には4つの基本原則がある．①資源はそれ自身のために保存されなければならない．②資源は経済開発の基礎になる．③資源は調査や訓練や教育の基礎になる．④資源には美的で文化的な価値がある（図1）．

　基本原則の第一は，一般には野生生物の保存に関することと理解されている．傷つきやすい野生生物とは対照的に，地球資源は強固さや不変性をもつという見かけや印象を与える．そのために，地球資源の保存は，野生生物の保存とは関係が薄いとしばしば考えられている．第二と第三の原則は相互に関連している．どちらも経済的な開発と結びついており，調査や訓練に利用されることで究極的には人類の進歩に重要な意味をもつ．第四の原則と関係して，地球の天然資源は創造や美の主張に題材を提供し，精神的で情緒的な意味で人々を幸福にする．

　地球資源の保護の基本は効果的な管理にあり，傷つきやすい場所や形状を保護したり，利用価値を高

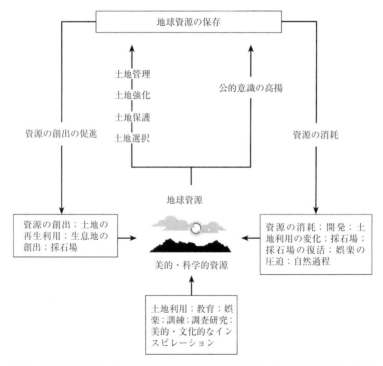

図1　地球資源の保存：効果的な管理を通じた資源の創出と，開発や不適切な土地利用による資源の消耗との間の均衡．資源保護の基礎は，調査研究や教育や娯楽に広く供することにある．(Bennett, M. R. and Doyle, P. (1996): *Environmental geology*. John Wiley and Sons, Chichester)

めたりできるかどうかは，それが鍵となる．管理に要求されることは，地球資源の新たな創出と，開発による消耗とのバランスをとることである（図1）．効果的な管理には，おもに評価，認識，保護，強化という4つの要素が必要である．これらの要素は以下に議論される．

● 評価と認識

　地球資源の価値に対する評価は，おおむね主観的である．ある地域は，美的，文化的，科学的な点でほかの地域よりも重要であると想定して，評価がなされ，さまざまな規模の地域保護が実施される．南極圏は最後の巨大な未開拓地であり，景観的にも科学的にも非常に重要な大陸として，誰もがその重要性を疑わないが，岩石の露出点や重要な地形など，典型的な地点を数 m^2 ごとに保護することに科学的な根拠があるかどうかに，一般大衆は困惑する．地球資源の価値やもろさに対する意識を高めることが，保存を成功させる最も重要な観点となるのは，このためである（図1）．地質学的な対象は基本的にはもろいものであるという意識が，不運にも人々には欠如しており，そのことが効果的な保存の妨げとなっている．たとえば，人口の 80% が都市部に住む英国では，地方で地球資源の品質が低下していることが，ほとんど認識されておらず，そのために，効果的な保存を支持する国家的な風潮が生まれない．

● 保護と強化

　地球資源の保護は，適切な保存方法の定義に依存する．保存方法の選択は，「密閉管理」のように変化のない状態を維持することと，資源は時とともに必然的に変化するという認識のもとに保存したり保護したりすることの相違に似ている．維持は一般的に活動をほとんど停止した歴史記念物の保護を連想させる．一方，保存は通例生態学的な問題や野生生物に対して適用され，そこでは動植物による侵害を防ぐために有効な管理が必要である．

　景色の美しさと文化的なつながりに基づいて選ばれた景観地は，だいたいは維持と保存の原則を活用して管理されている．保存のための有効な管理は，環境の特質を維持することと，動植物による侵入を防ぐことが本質的に重要である．風景の中の特定な

要素は，強制的な維持命令によって保護される．

　科学的な重要性を基礎に選ばれた地質学的・地形学的な特徴も，維持と保存の原則に基づいて管理されているが，この原則の適用の仕方は，科学的な興味の性質によって異なる．その違いは，限られた資源を代表する場所（未破壊地域）と，資源は豊富だが他の地域では特徴が明確でない場所との差にある．これらの場所は，内部が地表に露出する限られた場所で，山岳部の露頭，海岸の絶壁，採石場などから成り，「露出地点」と呼ばれる．

　未破壊地域は，めずらしい化石や鉱物群を含んでおり，再生が不可能でかけがえのないものである．もとの地形が残っている場所は，ほとんどがそのなかに入る．露出地点は，特定の地質単位の典型的な例であることから，ほとんどが地質学的に興味のある場所として，保存の目的に選ばれる．未破壊地域で適応される保存原則は，その地域の状態を完全に維持することである．これは明らかに維持の概念に近い．露出地点の効果的な活用には，観察する者の出入りを許す必要があるが，そこが破壊されるおそれがあるようなら，別の場所を選ぶか，原理的には地下に豊富に存在する同じ岩石単位の露出地点を新しくつくることで，複製できるだろう．

　効果的な管理と保存には，強化技法の開発も求められる．その中身は，単に意識を高めること，もっと具体的に保存法を考えること，不要な植物や廃棄物を一掃するような行動をとることなど多様である．地域保存の強化は，小さな地域，とくに露出地点でしばしば必要となる．そこでの最も重要な保存原則は，露出されたものを保持することである．とくに露出地点の物質が強固でなく移動しやすい場所では，最も重要な地勢を定期的に掃除し，きれいにすることを継続する必要がある．

● 地球資源への脅威

　地球資源が存在する地域への脅威は，特定の物理的な景観地の品質を低下させるうえで，どんな影響を与えうるかに応じて分類できる．脅威を減らす方法は，問題の規模や保存される地域によって，また美的・文化的・科学的にみた資源保存の論理的根拠によって異なる．

　美的で文化的な景観地は，一般に広大な土地を含む国立公園のような場所である．それを脅かす可能

性があるのは，大規模な産業や住宅の開発，道路などの輸送手段，大規模な建設作業，新たに開発された採石場などからの大規模な鉱物抽出，風景を著しく変えてしまうような消費管理計画，大勢の観光客の娯楽行為から生じる圧迫，観光客が散歩しマウンテンバイクや自動車を使用することで生じる腐食作用，さらには新規の建築作業や農業習慣の変化などの行為に伴う腐食の増加などである．

科学的な基準で選ばれたほとんどの地域の管理の仕方は，未破壊地域であるか，露出地点であるかによって決まる．両地域へのおもな脅威は，大規模な開発に関係しており，たとえばその地域が海岸の絶壁に位置するのか，使われなくなった採石場に位置するのかといった地域の特性によって決まる．おもな脅威には，露出地点を隠したり未破壊地域を壊したりするような産業や道路などの大規模開発，海岸を守るための防御策，採石場などの空間に捨てられた廃棄物，新しく露出地点をつくるうえでは有益だが洞窟，地形，例外的にめずらしい鉱物や化石に損害を与えるような採石行為などがある．化石や鉱物の収集は，目的が科学，販売，娯楽のいずれであっても，最も影響を受けやすい地域を除くと，あまり重大な脅威にはならない．しかし，国際資源の保護を掲げて，多くの国々は影響を受けやすい地域での収集を禁止している．

●脅威に打ち勝つこと

未破壊地域への脅威に打ち勝てるかどうかは，意識の高まりや効果的な法律制定に大きく左右される．地質学的・地形学的な地球資源の価値に対する意識の高まりは，上に述べたほとんどの脅威に打ち勝つ可能な限り最良の方法となる．その効果は，もう一方の野生生物の保存の場合に最もよく示されており，脅威にさらされた生物が生存する地域を防御するために，自然保護の力強い圧力団体が結集されている．自然保護への圧力は，南極大陸や主要な野生地域だけでなく，世界各国の国立公園などの大規模な景観地を保護するうえでも効果的である．岩石の露出部や地形は，単に科学的な価値を有するだけなので，それを保護するうえで，圧力団体の関与は一般にあまり期待できない．そのためには効果的な法律制定の必要性が大きい．制御の方法には，保護すべき地域の損害に対して重い罰金を課すことから，潜在的に損害を与えうる行為に警告することまで，多様である．

[Peter Doyle/井田喜明訳]

■文献

O'Halloran, D., Green, C., Harley, M., Stanley, M., and Knill, J. (eds) (1994) *Geological and landscape conservation.* Geological Society, London.

Wilson, R. C. L. (ed.), Doyle, P., Easterbrook, G., Reid, E., and Skipsey, E. (1994) *Earth heritage conservation.* Geological Society, London.

地球姿勢
Earth orientation

地球姿勢は，地球基準系と慣性外部基準系とが，ある瞬間にどのような角度で関係しているかによって定義されている．この概念と深いかかわりをもつものとして，数千年から数時間までのタイムスケールをもった地球の自転や姿勢変化率の問題がある．最も粗い近似では，太陽の周りを回る地球の軌道は傾いており，地球の赤道と軌道面（黄道）のつくる角度，すなわち黄道傾斜角は約23.4°となり，地球の自転軸は慣性空間上で固定されている．地球はこの軸に沿って24時間すなわち8万6400秒周期で回転している．地球の姿勢の観測や地球の自転に影響を及ぼす作用の理論的研究が発展したため，こうしたモデルのパラメーターにいっそうの磨きがかかり，どの瞬間の姿勢でもセンチメートルレベルの精度で決定できるようになってきた．

地球の形状は扁平楕円体であり，南北方向の直径は赤道方向のものよりも45 kmほど短い．赤道部の膨らみにかかる太陽と月の重力による引力により，自転軸は2万5600年程度の周期で黄道軸を中心としたなめらかな歳差運動を引き起こす．このなめらかな歳差運動に重なって地球-月系の重心が複雑な軌道をとるために，太陽と月の重力の影響を受けて生じるやや不規則な振幅の小さな動き（章動）が加わるが，これは数日から18.6年の周期をもつ．ほかの惑星の重力が地球へ与える影響により，黄道面自身は慣性空間上でゆっくりと動き，そのため黄道傾斜角はゆっくりと変化する．

地球自転軸の歳差運動と章動に加え，地球自身も揺れており，地殻は自転軸に沿って2つの周期と振幅が組み合わさった形で移動する．1つ目はチャンドラー運動と呼ばれており，地球と海洋とが自然に共振する周波数で起きる．約435日の周期で，振幅は地表面で約6mである．2つ目は1年周期の運動で大気により励起され，約3mの振幅をもっていると理解されている．これらの運動をまとめて極運動と呼んでいる．

地球の自転周期（すなわち1日の長さのことで，LODと呼ばれる）は一定ではない．下に示してあるように，標準的な8万6400秒から数ミリ秒ほどのずれが，周期全体を通して存在する．

月-地球間の潮汐相互作用は，月が地球の自転を遅らせるような力を与える．そのため地球の自転速度は遅くなり，LODは100年で約2ミリ秒ほどの割合で線形に上昇する．この際，地球-月系における角運動量を保存するために，月は毎年約3 cmずつ地球から離れていく．さらに，海洋と地球の固体部分は，月と太陽による潮汐を受けることで地球の角運動量を変化させ，1ミリ秒ほどの短周期のLOD変化が生じる．また，地球の核と固体マントルの相互作用は，数十年にわたって測定された結果，数ミリ秒のLODの変化を生じていると考えられている．大気と地表との角運動量の交換を1年ほどの時間スケールで考えると，およそ数週間で1〜2ミリ秒のLODの周期変化に相当する割合であることが知られている．

このようなさまざまな力が働いた結果，LODは原子時計で管理されている世界標準時（UTC）と比べて平均して約2ミリ秒ほど長くなっている．この超過分が日々蓄積していくので，地球の自転を観測して決められたUT1と呼ばれる標準時は，18ヵ月の間にUTCと比較して約1秒失うことになる．国際的な同意により，1秒の増加分は定期的にUTCに組み込まれており，超えた時間分を遅らせることによって，常用の時間を地球の自転に合わせている．

地球姿勢は，世界中の観測基地と分析基地のネットワークによって，定期的に観測されている．天文学的な技術と宇宙測地的な技術という2つの側面が存在するが，これらは互いに相補的となり重要な情報を提供しているので，実用的な用途や研究活動

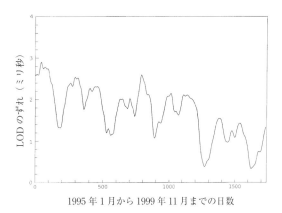

図1 1995年から1999年までの，地球の自転周期（LOD）．1日の長さが数ミリ秒変化していることがわかる．

に必要となる地球の姿勢に関連したすべての値は，正確かつすばやく決定される．

電波望遠鏡の観測網を使えば，銀河外の電波源を干渉法観測することができるが，その位置から慣性基準系が定義され，それと比較することで歳差，章動，極運動，原子時計とUT1の差が決定されている．

光学望遠鏡の観測網はレーザー測距計によって，地球周回衛星まで（ときとしては月まで）の距離をセンチメートルの単位で計測することができる．その観測結果は，人工衛星の軌道での動きを決定するだけでなく，極運動やLODなど地球姿勢のパラメーターを決定するためにも使われる．同様の分析は，米国のGPSシステムからの位置信号に対しても行われており，地球姿勢に関する要素の決定に日々利用されている．

図1は5年間にわたるLOD値の変化を示している．衛星のレーザー測距計により決定されたものを8万6400秒の標準日と比較することで，LODが数ミリ秒ほど長いことが見て取れる．なお，ここではより明確となるように，月との潮汐相互作用から予想されるLODの短周期変化はデータから取り除いている．大気の影響によるLODの季節的変化が，1〜2ミリ秒の振幅をもって存在しているのが明瞭にわかる．またLODの超過分は，減少傾向にあることも見て取れる．もしこの傾向が続くようであれば，閏秒をUTCに取り入れる頻度は低下していくだろう． 　　　　　　[Graham M. Appleby／宮本英昭訳]

■文　献
McCarthy, D. (ed.)(1996) *International Earth Rotation*

Service Technical Note 21：IERS Conventions. Observatoire de Paris, 61 Avenue de l'Observatoire, Paris. Munk, W. H. and Macdonald, G. J. F. (1960) *The rotation of the Earth*. Cambridge University Press, New York.

地球磁場：外部磁場
geomagnetism：external fields

　地球は自身で生成する内部磁場（「地球磁場：地球内部磁場の起源」参照）をもつだけでなく，地球外部で生成される磁場にも囲まれている．これら後者の磁場は外部磁場とよばれている．外部磁場は，太陽風，太陽放射，地球内部磁場と地球大気との相互作用によって地球近傍に生じる複雑な環境の結果発生している．太陽のコロナ，すなわち太陽表面直上にはきわめて高い温度の領域が存在する．コロナでは，太陽水素の陽子と電子がプラズマ，すなわち電離した荷電粒子として分離した状態で存在する．これら荷電粒子はとても速い速度をもつので，太陽の重力場から解放され，外向き放射状にコロナから連続的に脱出する．秒速 400 km 程度の速度の荷電粒子の宇宙空間放出は太陽風とよばれる．太陽風はその経路にある障害物―太陽系の惑星，彗星やほかの物体など―の近傍で流れをそらされる（太陽風存在の最初の手がかりは彗星の尾がいつも太陽から離れる方向に伸びているという事実の発見による）．太陽風は荷電粒子でつくられているので，惑星内部で生成する磁場の形状（磁力線）は太陽風によってかなり曲げられる．荷電粒子と磁場の相互作用によって，太陽風は太陽に近い側で惑星磁場を包み込み，圧縮し，また太陽から遠い側では磁場を離れる方向に引き伸ばす．地球磁場が包み込まれている広い領域を磁気圏（図1）とよぶ．内部起源の磁場をもつ惑星はそれぞれ磁気圏をもっている．磁気圏内では，捕獲荷電粒子（バン・アレン帯として知られている領域にある）は最も顕著な磁気圏電流の1つであるリング電流を生じる．地球近傍の環境に及ぼすリング電流の磁気的影響は大きくて，数百 nT と測定されている（「地磁気測定：技術と探査」参照）．

　大気をもつ惑星は周囲に電離圏とよばれる領域をもっている．電離圏でラジオ波がはねかえされるので，地球の電離圏の存在は全世界に広がる短波通信

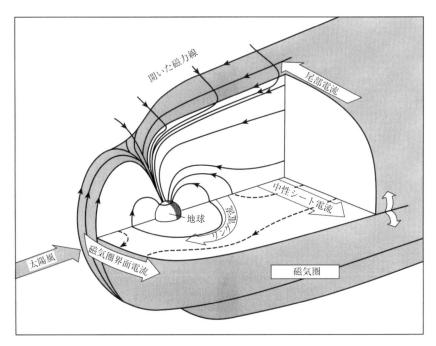

図1　地球磁気圏の概念図．矢印は種々の電流の流れの方向を示している．（L. J. Lanzerotti, R. A. Langel, and A. D. Chave (1993) Geomagnetism. In *Encyclopedia of applied physics*, Vol. 7, pp. 109-23. VCH Publishers, Inc. による）

を可能にしている.この電離圏は太陽紫外線が大気に衝突することによって生成されている.紫外線は大気分子と原子を陽子と電子に分離や電離して,プラズマをつくる.プラズマの荷電粒子は地球磁場や,太陽熱と地球自転によってもたらされる大気循環によって十分に影響を受け,いろんな形状の(全体的な傾向では)循環パターンの流れを示す.1882年に,スチュワートはこれら荷電粒子の流れが電流をつくり,その結果,電離圏に磁場がつくられることを示した(「地球磁場:地球内部磁場の起源」参照).普段の太陽活動期には,電離圏の電流による2種の磁気的影響が赤道や中緯度地域で優勢となる.1つはSq(太陽静穏時日変動),もう1つは赤道ジェット電流とよばれる(図2).両者とも地方時の昼にもっと強くなる.Sq電流は両半球のほぼ30°の磁気緯度に中心をもち(「地磁気測定:技術と探査」参照),北半球で反時計回り,南半球で時計回りに流れている.この磁気的影響は地表付近で最大約40 nTまでの範囲にある.一方,赤道ジェット電流は磁気赤道に沿う狭い緯度範囲で昼間に東向きに流れ,その高度もまた地球上空の約105 km近くまでに限られる.地表におけるその磁気的影響は最大約100 nTまでである.

太陽風の荷電粒子は,主要な磁力線に密着して流れながら,地球磁場によって加速され,太陽の活動期には秒速6万km以上のスピードをもつようになる.地球の極電離圏へのそれら粒子の下降はオーロ

ラとよばれ,色鮮やかにきらめく光のカーテンとして認められる.オーロラは地磁気現象のなかでもっとも壮観なものである.太陽風の荷電粒子が大気と衝突すると,大気中の種々の気体が熱せられ,分子を原子に分かち,原子を電離する.最後には原子は冷却され,電離状態を終え(すなわち,いくつかの電子をもとの状態に戻し),その過程で光子を放出する(赤道地域での電離過程とはほぼ逆の過程である).荷電粒子エネルギーの大きさにしたがって,粒子は異なる大気高度に進入し,異なる気体を電離するので,異なる色のオーロラが発生する.オーロラに加えて,磁気圏と電離圏との複雑な相互作用が極地域で起こっている.荷電粒子の流れが沿磁力線電流(またはビルケランド電流,訳注:ビルケランドはこの電流を提唱したノルウェー人)をつくっている.両極周辺の電離圏と大気循環とのカップリングにより,オーロラジェット電流とよばれる強い電流もつくられる.その地表への磁気的影響は1000 nTくらいまでである.

[Dhananjay Ravat/森永速男訳]

■文 献
Consolmagno, G. J. and Schaefer, M. W. (1994) *Worlds apart: a textbook in planetary sciences*. Prentice Hall, New Jersey.

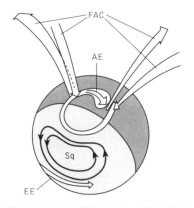

図2 地球電離圏のおもな性質.FAC:沿磁力線電流,AE:オーロラジェット電流,EE:赤道ジェット電流,Sq:太陽静穏時日変動.(L. J. Lanzerotti, R. A. Langel, and A. D. Chave (1993) Geomagnetism. In *Encyclopedia of applied physics*, Vol. 7, pp. 109-23. VCH Publishers, Inc. による)

地球磁場:極性逆転
geomagnetism: polarity reversals

逆転という,太陽磁場が示す周期性(約11年の黒点サイクルに対応している)とは対照的に,地球磁場は無秩序に(カオス的に)その極性を反転するらしい.地球磁場の2つの状態は「正極性」(現在の磁場方向に対応)と「逆極性」(現在と逆の方向)とよばれ,磁場軸が自転軸に近いことから,自転が磁場生成に果たす影響の証拠となっている(「地球磁場:地球内部磁場の起源」参照).逆転の間隔は短いときで10万年程度とされている(その平均は約50万年である)が,両者どちらかの極性状態がいかなる逆転も含まず数千万年間も続いた時期もある(たとえば,白亜紀の正極性や石炭紀-ペルム紀

の逆極性のスーパークロン．スーパークロンは長期の同極性期間を示す言葉）．海洋底堆積物に保存されている過去の磁場方向記録から，粗い見積りで極性の逆転には1000～1万年程度かかることがわかっている．しかし，コーと彼の共同研究者は，いくつかの逆転が数週間で起こったとする証拠を冷却・固化して生成する溶岩でみつけている．逆転現象に加えて，いくつかの湖底堆積物や溶岩にはかなり大きな地球双極子磁場方向の時間変化が記録されている．この地球磁場方向の大きな変化は地磁気エクスカーションとよばれ，完遂できなかった逆転と見なすことができる．

地球磁場の過去の振舞いは岩石に残された古代磁場の特徴からのみ復元できる．メローニの研究によって19世紀の中頃から，火山岩が外部の磁場方向を永久磁化として記録することが知られている．しかし，地球磁場が地質時代のいろいろな時代にその方向を反転していた可能性は，20世紀初頭になってはじめて，デビッド，ブリュンヌ（溶岩に焼かれた粘土の研究による）やメルカントン（逆転方向を示す試料が世界中に分布することを確かめたテストによる）によって調べられた．1920年代には，松山が多くの年代決定された玄武岩試料で行った綿密な磁気測定結果から地磁気極の位置を計算し，更新世のわりと最近に磁場が逆転していた可能性を主張した．逆転とその時期に関する古地磁気の証拠は，ランコーン，アーヴィング，そしてコックスの研究によって，1950年代に徐々に積み上げられていき，永田・秋本・上田による榛名山の石英安山岩の示す鉱物学的な自己反転の発見，ネールによる自己反転を証明する理論的説明などの反証に直面しながらもその正当性が認められてきた（自己反転は岩石中で起こる現象であるが，まれな現象である）．このころには，地球磁場の発生モデルを研究する理論研究者たちがダイナモモデルによって逆転をシミュレートできるようにもなった（「地球磁場：地球内部磁場の起源」参照）．また，海洋研究に関連して，R. S. ディーツとH. ヘスは海洋底拡大の過程によって海洋底が進化するとするアイデアをまとめた（「海洋底拡大」参照）．それゆえ，この時代は地球科学に革命を起こすような思いもよらないアイデアが盛んに提出された時代であった．

船や飛行機を用いた磁気異常探査が1950年代と1960年代の期間に，東部太平洋ではScripps海洋研究所によって，北大西洋ではカナダの地質調査所によってまとめられたので，大洋底の磁気構造が大陸とは異なる，すなわち，大洋には海嶺軸に平行な，磁気の高い領域と低い領域が繰り返し存在することが明らかになった．英国ケンブリッジ大学のF. バインとD. H. マシューズは同時期にインド洋の同様な磁気異常を解釈していた．彼らとL. モーレイ（独立に研究していたカナダの地磁気学者）は，海洋底拡大過程を通して，地球磁場の逆転と大洋底で観測される磁気の高低の縞模様とが関連するという証拠をまとめた．彼らの説明はきわめてシンプルで，彼らは大洋底の磁気パターンが中央海嶺で起こっている過程からもたらされたものであると提案した．海嶺における新しい火山岩は，冷却しキュリー温度（「キュリー温度（キュリー等温面）」参照）より低い温度になったときに地球磁場方向に向いた永久磁化を獲得する．また，海洋底拡大過程は海嶺で岩石を両側に分かち，海嶺から離れる対称的な方向に岩石を運ぶ（図1）．よって，中央海嶺はテープレコーダーの磁気ヘッドのように，新しい海洋地殻に周囲の地球磁場とその逆転を記録し，大洋の古い部分に向けて地殻を巻き出す．ほかの仮説よりももっともらしいこの考え方は大洋底の磁気縞模様を説明するだけでなく，研究者が，隣接する磁気縞模様の地域

期間1：正極性の地球磁場のときに生成した岩石

期間2：逆極性の地球磁場のときに生成した岩石

期間3：正極性の地球磁場のときに生成した岩石

図1 中央海嶺の磁気縞模様を海洋底拡大過程と地球磁場逆転によって説明するための模式図．詳細については本文を参照．

で掘削を通してそのモデルを証明しようと挑戦するような，ある種の新しい情報，すなわち，岩石種，地球化学的年代，磁化方向，そして当然ながら，海嶺に関しての対称性が保たれなければならないデータなどをあらかじめ予想することができた．このアイデアにはきわめて大きな影響力があることが証明され，プレートテクトニクスの革命をもたらした．

[Dhananjay Ravat/森永速男訳]

■文　献

Cox, A. (1973) *Plate tectonics and geomagnetic reversals.* W. H. Freeman, San Francisco.

Merrill, R. T. and McElhinny, M. W. (1983) *The Earth's magnetic field : its history, origin and planetary perspective.* Academic Press, London.

地球磁場：主磁場・経年変化と西方移動
geomagnetism : main field, secular variation, and westward drift

　地球外核で生じる磁場を主磁場とよぶ（「地球磁場：地球内部磁場の起源」参照）．地表面での主磁場のだいたい 90% は磁気双極子によってつくられる磁場で近似できる．そのため，それを双極子磁場という．磁気双極子で表現できない部分を非双極子磁場とよぶ．地表の磁気赤道から地磁気極付近にかけて，主磁場はだいたい 2 万 4000〜6 万 6000 nT（ナノテスラ）まで変化している（この地磁気 geomagnetic という言葉は一般に，数学的な主磁場の双極子モデルのために用意された言葉で，磁気 magnetic という言葉は局所的な磁場状態を表しており，非双極子磁場や地質物質の影響も含んでいる．訳注：日本ではこのように厳密にいい分けることはまれである）．ロンドンにおける 50 年間にわたる磁気偏角の観測によって，H. ゲリブランドは主磁場が空間的だけでなく時間的にも変化することを確信した（1634 年ごろ）．主磁場の特徴（たとえば強度，伏角そして偏角）の時間変化は主磁場の経年変化（時間変化）として知られている．地球の自転は地磁気双極子の軸を自転軸に近づけようとする重要な働きをしている（「地球磁場：地球内部磁場の起源」参照）．過去 400 年間では，歴史的に記述

されてきた磁気図に基づいて，年間約 0.80° の割合で双極子軸が西方に移動していることが知られている．しかし，最も顕著な西方移動はいくつかの非双極子磁場の特徴をもっている．歴史記録である磁気図や約 2000 年たどられている考古地磁気データ（とくに双極子磁場伏角から系統的にずれている考古地磁気伏角データ）によって，1 年に 0.3〜0.6° の割合で西に動く非双極子磁場成分の特徴などが示されている．非双極子磁場成分は停滞性であるというもう 1 つの特徴をもっている．しかしながら，非双極子磁場のそれら 2 つの成分は時間とともにその大きさを変える．双極子磁場の強度もまた時間変化する．考古地磁気試料（陶器，煉瓦やかまどなど）や連続的に生成した岩石群（たとえば湖底堆積物）を試料とし，種々の強度測定技術を用いて過去の磁場強度を推定する．そういった多数の研究によって，過去 1 万年間の地球磁場強度が現在の地球磁場の 0.8〜1.5 倍の範囲で変動していることがわかっている（現在の双極子モーメントは約 $8 \times 10^{22} A\ m^2$ である．）しかし，だいたい 5 万年ほどさかのぼった測定では，磁場が極端に大きかった二，三の時期を除いて，最小の磁場強度（現在の約半分）が示されている．一般には，これら種々のタイプの経年変化，それらの比率そして特徴は外核における流体運動や地球磁場生成のモデルに制約を与える．

[Dhananjay Ravat/森永速男訳]

■文　献

Merrill, R. T. and McElhinny, M. W. (1983) *The Earth's magnetic field : its history, origin and planetary perspective.* Academic Press, London.

地球磁場：地球内部磁場の起源
magnetic field (origin of the Earth's internal field)

　私たちは方向を決める目的で磁気コンパスを用いるが，コンパスの針を動かすエネルギーの源について考えることはほとんどない．このエネルギーは地球磁場によって与えられている．地球磁場の起源は過去 4 世紀にわたり，多くの最高の科学者たちを虜にしてきた複雑な問題である．アインシュタインは

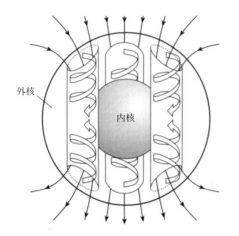

図1 地球磁場は地球外核の対流により生じている。正確な対流配置は現在も研究中である。(Bloxham and Gubbins (1989) より)

かつて，この問題が物理学における3つの最重要問題の1つであると述べた。しかしながら，地球磁場の発生に関する確かな様相は現在かなりよく理解されている。地球磁場は液体からなる外核で発生しており，核を構成する伝導性の高い鉄-ニッケル合金の対流の結果発生する電流によって生成されている。核内での流体運動がきわめて複雑であっても，地表（核からほぼ3000 kmの距離にある）における磁場は簡単な棒磁石のつくる双極子磁場とほぼ同程度に単純なものである（図1）．残念ながら，この単純さのために，われわれはそういった磁場を発生する正確なメカニズムを推論できないでいる．磁場発生の正確なメカニズムも対流セルのパターンのどちらも正確に知られていない。その結果，磁場の物理的起源を研究する科学者は，全体的な磁場の特徴と同様に，磁場が示す個々の特性をあてにせざるをえない。一般には，いかなる理にかなった磁場の物理モデルであっても，数千年のタイムスケールでそれ自身が逆転する能力だけでなく，磁場の経年変化をも説明しなければならない（「地球磁場：主磁場・経年変化と西方移動」「地球磁場：極性逆転」参照）．こういった制約のもとでは，磁場発生の全体的なメカニズムは通常の発電機（ダイナモ）と同様と考えられている．発電機は運動する伝導体からの機械的なエネルギーを電磁気的なエネルギーに変え，その結果，電流を発生する．しかし，伝導性の高い外核における流体運動はそれ自身では，外核に電流，その結果としての磁場を発生することはできない．初期の（つまりきっかけとなる）磁場が発電機をスタートさせるのに必要となる．地球では，このきっかけとなる磁場は，金属的な，鉄-ニッケル核が地球内部に生成したころに，太陽によって供給されたらしい．それ以来，対流セルの幾何学的配置とまた磁場の性質は，内核が固化しサイズが大きくなるにつれて変化していった．核のすべてが固化するとき，（現在の月のように）内部起源の磁場は存在しなくなるだろう．

しかし，地球磁場は単に外核の高伝導性流体の存在によって維持されているわけではない（高温のため，この液体は地球表面の水のように流動性をもっている）．熱と重力による対流は，この磁場を維持するように働く．もし，対流が止まり，流体運動が停止すると，1万年程度と推測される減衰特性時間で磁場は減衰していく．磁場方向は，対流パターンを形成している地球の自転によって決まっている．地球自転のために対流する流体はコリオリの力を受け，北半球の対流体の下降流側の縁で時計回り循環，そして南半球では反時計回り循環を引き起こす（図1）．

地球磁場が外核における電流と，伝導性流体，重力，地球自転，外核上部と下部の境界の温度差，対流体の動きなどの相互作用による，ある種の発電機（ダイナモ）のような過程によって発生していることは明らかである．しかし，そういったダイナモの物理モデルを発展させるのはきわめて困難である．数学的な処理では，それらの数値が非常に不確定な物理パラメーターを含む，約10個の難解な数式を同時に扱うことが必要となる．それらの複雑さにもかかわらず，ダイナモモデルは地球磁場の逆転と同様に魅力的である．なぜなら，磁場が多かれ少なかれ地球の自転軸と平行であるとモデル化できるからである．

多くのダイナモモデルがあり，ここでそれらすべてを述べることはできないが，全体像をつかむために以下の短い研究リストを紹介する．1919年に，ラーモアは太陽と地球の磁場の起源を説明する回転ディスクによるダイナモモデルを提出した（図2a）．ディスクダイナモでは初期磁場は回転する伝導性ディスクに外向きの電流を誘導する．その電流はブラシと電線からなる部分を経て流れていく．電線はディスクの軸周りに巻かれており，初期磁場を

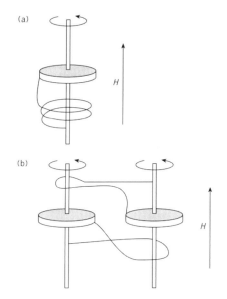

図2 初期のダイナモモデルの例. ラーモアのディスク1つのダイナモ (a) は初期磁場を増大させることができる. 一方, ディスク2つからなるダイナモ (b) は実際に観測されるカオス的な逆転も再現できる. 図中の H は磁場.

強める働きをする. 磁場方向の逆転はディスク1つのダイナモで起こすことはできないが, 1950年代後半に力武によって議論されたように, 地球で観察されるような無秩序な (カオス的な) 逆転は2つのディスクを組み合わせたダイナモで再現できる (図2b) (地球磁場の逆転は1950年代後半になってはじめて確立されたので, ラーモアは逆転するディスクダイナモモデルを提案する理由がなかった). 流体運動をもち自己励起磁場の発生メカニズムの類推において重要な過渡期は, 米国の W. M. エルザッサーと英国の E. C. ブラードが研究していた1940年代であった. この時期になってはじめて, 地球磁場の数値計算が試みられるようになった. 1955年に, E. N. パーカーは外核における流体運動に任意の大きさの速度場を仮定し, また H. アルベーンの凍結流入の概念を考え入れれば (「地球における電磁流体力学波 (MHD波)」参照), 初期磁場を増強できること ($\alpha\omega$ダイナモ) を発見的に示すことができた. このような運動論的なモデルでは, 磁場はいつまでも成長しつづける. 磁場の強度は維持され, さらに, 外核内の選択的領域における渦流運動によって発生する不安定性を考えれば, 逆転も再現できる (レビイ-パーカーモデル). 不安定性はまた, S. I. ブラジンスキーによって提案された電磁流体力

学 (magnetohydrodynamic) モデルにおいても重要な役割を担っている. そのモデルでは, 磁力 (ローレンツ力) は流体運動の形成に重要になる. 流磁 (hydromagnetic) モデルとよばれる別のモデルでは, 速度場はダイナモの数式を適当に組み合わせることによって導き出す. 1970年代に F. H. ブッセによって構築された流磁モデルでは, 対流は自転軸に平行な柱状になる. 柱状の対流パターンは, J. ブロックスハムと D. グビンス (図1) によって, 地表で観測される磁場を核-マントル境界の表面に数学的に投影することによっても推論されている.

地球磁場の起源の不思議さを解読している地磁気学者は, 以下の種々の方法で得られる磁場の一側面を用いて磁場モデルに制約を与えようとしている. Magsatのような衛星, これは地殻の磁場を測定している. 1960年代中頃に飛翔していた POGO系の衛星. 地球上に散在する地表磁場観測所. そして歴史上の航海図 (ハレー彗星の発見者エドモンド・ハレー (1656-1742) の時代までさかのぼる) など. さらに地磁気学者は, 焼けた陶器やかまどのような考古学的遺物 (数千年さかのぼる) や地質時代に生成した岩石 (数百万~数億年さかのぼる) に残されている磁場の強度と方向に関する情報も用いる. すでに述べたように, 外核での物理過程のモデルは観測される変化の性質や形状を再現しなければならない (たとえば, 頻繁に逆転が起こる期間, 逆転の静穏な期間, 双極子モーメントの変化率, 双極子磁場の経年変化速度, 非双極子磁場の西方移動など).

[Dhananjay Ravat/森永速男訳]

■文 献
Bloxham, J. and Gubbins, D. (1989) The evolution of the Earth's magnetic field. *Scientific American*, **255**, 68-75.
Merrill, R. T. and McElhinny, M. W. (1983) *The Earth's magnetic field : its history, origin and planetary perspective*. Academic Press, London.

地球深部での相変化
phase transformations at depth in the Earth

化学, 地質学, 材料科学の学問分野では, 一定の化学組成をもつ物質でそれとは異なった組成あるい

は構造をしたものと機械的に区別できるものを物質の相と呼んでいる．したがって，液体の水と気体の水と固体の氷は同じ H_2O という組成をもっているが異なった構造をもつ別個の相である．物質が選択できる特有の構造は，それが受けている圧力と温度条件で決定される．

地球上の多くの生物過程や非生物過程を問わず相変化は基本的で最も一般的なものである．その中心的な役割に寄与する2つの大きな要素は，構造的変化に由来する物理的性質の不連続的変化とそれに同時に起こる熱の放出あるいは吸収である．構造の重要性は自明である．氷が昇華するときのように固体から気体への変化では密度が急激に変わる．それはちょうど H_2O の振る舞いにみられるようなもので

ある．同じように重要なことは，一般に相変化に伴って熱の移送があることである．たとえば，大気中の水が凝縮して雨になる際には熱が放出されるが，それは地球と太陽系の外側に位置するガス状惑星の気候システムの発展にとって決定的な要素である．

固体地球のなかでなぜ相変化が起きるかということは，圧力と温度が深さとともに増加する影響を考えれば理解されよう．圧力は地表面から地球中心にいたる間に $3.5×10^6$ bar だけ増加し，温度は17倍に増加する（図1）．これら圧力や温度の幅が違っていようとも相変化を支配する熱力学的要素に圧力と温度はほとんど同等な効果をもたらす．したがって，地球深部のマントル内では相変化に対して圧力も温度も抜きん出た支配力を及ぼさない．圧力と温度が深さとともに対応しながら増加するため，深さに応じて独特の相変化が起きる．期待される深さより浅い，あるいは，より深いところで起きている相転移は局所的な温度あるいは組成異常を示している．したがって，ときには深さが増加するとともに局所的影響で乱され異なった相が連続していることがある．

地球内部を研究する地震学的遠隔探査方法を用いて相転移を検出することができる．地震波速度は岩石の弾性的性質と密度によって決まり，それらは結晶構造の配列によって変化する．地震波が弾性的に異なった層に入射した際には地震波の一部分は層から反射，残りはその層を透過する．地震によって励起された地震波は下方に伝播し，1つの層に出会うと，そこで2つの波に分かれた経路をとって地表に向かう（図2）．適切に配置された地震計によって

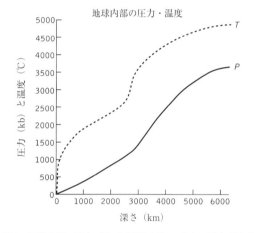

図1 地球内部の圧力（P）と温度（T）の分布．圧力は地表面の1 bar から地球中心の360万 bar まで増加する．これに対して，温度は約25℃から約4500℃まで増加する．あるいは絶対温度スケール（ケルビン，K）では17倍増加する．

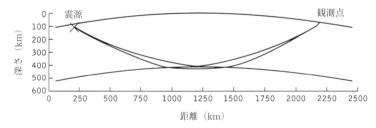

図2 震源から出た地震波が弾性的性質の異なった層で反射または透過する波線の様子を描いた図．地球内部のマントルでは一般に深さとともに地震波速度が増加する．このために最初下方に射出された波も上向きに進路を変える．反射波の波線は透過波に比べて短く遅い媒質のなかを伝わる．透過波の波線は遠くまで深いところを伝わる．2つの波はわずかな時間差をもって地震観測点に到着し，この差から反射層の深さを推定することができる．この図では410 km深さの層が描かれており，410 km不連続面が研究された方法が示されている．

反射波と透過波という2つの波は少しの時間差をもって検出される．反射波はより深く潜った透過波ほど遠くまで伝播しないが，岩石の強度が深さとともに増し地震波速度が速くなることから深く潜った波は速く伝わる．反射波と透過波の到達時間と振幅を相互に使って層の厚さと弾性体の性質の相違に関する情報が得られる．

地殻の下のマントルから核まで地震波速度は一様に増加する．核の表面では岩石質のものから液体の鉄の組成へ変化が起こり，地震波速度はほぼ地殻中の値まで激減するとともに横波は消滅する（「地球の構造」参照）．地震波速度が一様に増加する傾向が著しく変わるところがマントル中の深さ410 kmと660 kmにある（図3）．「410 km不連続面」「660 km不連続面」という名称はそれぞれの深さに注目し付けられたものである．「410 km不連続面」ではP波速度が4±0.5%と急増し，「660 km不連続面」では6±0.5%急増する．また，密度もそれぞれ8±4%，8±1%増加する．マントル中の岩石の密度に大きな不確定性があるのは，マントルの密度を拘束するために超低周波の全地球振動解析が用いられていることに起因している．岩石の密度はその性質が深さ方向で急変することにあまり敏感でなく，推定された密度はあいまいさのあるその他の特性に依存する．

観測される地震波から求められる岩石の性質はそれを構成する鉱物の性質の体積加重平均である．このためマントルの地震波の性質を理解するうえでは少量の鉱物は無視され，次の3つの主要な鉱物要素に焦点が当てられる．主要な鉱物とはオリビン（Mg, Fe)$_2$SiO$_4$（かんらん石），パイロキシン（Ca, Mg, Fe)$_2$Si$_2$O$_6$（輝石），ガーネット（Ca, Mg, Fe)$_3$Al$_2$Si$_3$O$_{12}$（ざくろ石）である．深くなるにしたがってこれら3種の鉱物は異なった相転移の経路をたどり，最終的には2種の鉱物の混合からなるマグネシオブスタイト（Mg, Fe)Oとペロブスカイト（Mg, Fe)SiO$_3$+CaSiO$_3$になる．ガーネット系列は最も直接的にパイロキシンの系列と組み合わさる．ガーネットは圧力の増大とともにパイロキシンを取り込み，通常アルミニウムが占めている6重の場所にシリコンを収容する．最後に下部マントルの圧力ではマグネシオブスタイトとペロブスカイトに分解される．この最後の段階でカルシウムパイロキシン（clino-Pyroxene）成分は分解し，(Mg, Fe)ペロブスカイトと違ってカルシウム成分に富んだCaペロブスカイトになる．オリビンの変化の末路は3つの異なった結晶構造をもつ．α（オリビン），β（変型スピネル，ワードスライト）そしてγ（スピネル，リングウードライト）になる．上部マントルで深くなるにしたがって順々にこれらの結晶構造になる．リングウードライトはついには不安定になりマグネシオブスタイトとペロブスカイトに変わる．これよりさらに深いところでは地震学的に検出される相転移の存在は知られていない．核の直上のマントル部分は異常な状態にあり，速度と深さ傾向が風変わりな様相を示す（図3）．この領域の地震波の性質は全地球的に一様ではない．速度低下の原因は相転移と違った別の原因の可能性もある．

地球内部の温度と圧力は深さとともに増加するが，しかし，地表面の熱流量は地理的に変動している．沈み込み帯，中央海嶺やホットスポット火山は熱流量が極端に変化している場所である．これらの地域の下には下降または上昇する対流がマントルの温度分布に影響を与えており，そのために相転移の特性にも影響が出ている．なぜこんなことが起きるかは相転移のもう1つの大きな効果に関係する．ある相転移は発熱反応であるが，ほかの相転移は吸熱反応である．発熱する相転移は周囲の温度の低減している状態で圧力が低下したときに起きる．逆に吸

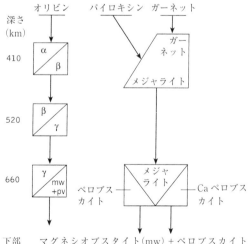

図3 主要なマントル鉱物であるガーネット（ざくろ石），パイロキシン（輝石）とオリビン（かんらん石）について連続的に起きる相転移の模式図．

熱の相転移はより高温の領域のなかで低圧のもとで起きる．このように相転移は温度センサーの見本である．相転移が起きる深さは地域の加熱または冷却に対応してより深くなるか，または浅くなる方向に動く．地震学は410 kmと660 kmの不連続の深さで起きる変化を検出する能力があるので地球内部の温度を調べる用具を提供する．410 kmと660 km不連続面の近傍でのマントル温度の完全なマッピングは不十分である．初期の研究結果には，およそ±50 kmの深さのずれがあった．このずれは横方向の温度変化が±650℃あることに置き換えられる．今日，不連続面の深さのマッピングにおいて小規模の特徴を解明することは一見無駄のようにみえるが，このスケールでマントルの性質とその発展過程を洞察するために大いに必要である．さらなる研究によってマントルプルームのサイズや中央海嶺での岩石の融解の深さ，さらには大陸下での詳しい温度分布の特徴が明らかにされるであろう．

[G. Helffrich/浜口博之訳]

地球ダイナミクス
geodynamics

　地球ダイナミクスは，構造地質学のうちでとくに地質学的な変化や過程を取り扱う分野で，堆積，侵食，火山作用，流動体，熱伝導などがそのなかに含まれる．取り扱う現象の範囲は，全地球的なもの（マントル対流，プレートテクトニクスなど）から，広域的なもの（造山運動，盆地形成，リソスフェアの曲げ），局所的なもの（断層運動，褶曲，マグマの貫入と噴出）まで多岐にわたる．しかし，その研究対象は巨視的な構造に限られ，個々の岩石粒子が関与する微視的な構造は通常対象外とされる．現実には，微視的な過程や原子規模の過程は，地球ダイナミクスが対象とする現象に密接に関係する．たとえば，岩石の巨視的なレオロジーは，原子スケールの転位クリープに支配される．
　地球ダイナミクスは，物理的な理論の動的な地質現象への応用であり，数学的・数値的なモデリングや定量的な予測などによって特徴づけられる．変形

の規模が局所的な現象は岩石力学でも扱われるが，そこではおもに静的な構造を伴う現象や動的な過程の結果が問題になる．　[Roger Searle/井田喜明訳]

地球潮汐
Earth tides

　地球と月の間に働く引力によって2つの惑星は共通の質量中心をもつ軌道を保っている．その質量中心は地球中心から4670 km離れた地球内部にある．地球と月はどちらもほぼ球形をしているから，両者の間に作用する引力はあたかもそれぞれの中心の質点に働く引力とほぼ等価である．したがって，おのおのの惑星に働く求心力は互いの惑星の軌道中心にそれぞれの質点を保持しようとする力である．月により近い地球の側面は残りの部分に比べて月を軌道上に保つ必要から強い引力を受ける．そのため地球は月の方向に引き寄せられる．逆に地球の反対側は月の引力が平均より弱くなる．この結果，地球と月を結ぶ軸に沿って地球を扁長の楕円（長円形）に引っ張る潮汐力のパターンが生じる（図1）．
　太陽による潮汐は月の潮汐よりも0.46倍小さい．太陽ははるかに大きな質量をもっているが，その影響は太陽までの距離が大きいため相殺される．このため月と太陽による全体の潮汐は両者の潮汐力による膨らみの重ね合わせとなる．その大きさは月齢に

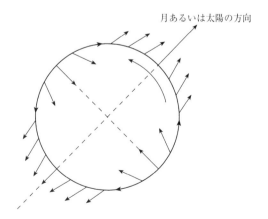

図1　月と太陽の引力によって引き起こされる地球表面の潮汐力のパターン．

よって漸進的に変化する月と地球の相対的な位置によって決まる．新月と満月ではそれぞれ太陽と月が同じ側かあるいは反対側にあり，月と太陽による2つの潮汐成分は加算され最大の潮汐（大潮）が観測される．一方，太陽と月が $90°$ 離れている半月には弱い潮汐（小潮）が起きる．

観測される潮汐は，地球が回転しているため，月と太陽に相対的な位置で決まる2つの潮汐変形の包絡面の範囲内にある．多くの場所では 12.42 時間の周期をもつ月の半日潮汐が卓越し，この潮汐振幅は 12 時間の太陽潮汐と調子を合わせるように半月ごとに振動する．月や太陽の軌道が地球の赤道面と一致していないために，ある緯度では1日潮が卓越する．そして，軌道が楕円形であることや月の軌道の歳差運動に由来して別の周期をもった潮汐も存在する．

平衡潮は月と太陽の方向に伸びる2つの扁長楕円体の伸びの和である．固体地球はこの平衡潮に従い弾性的に変形する．しかし，約 $0.4\,\mathrm{m}$ の変形量は高感度の測器でしか観測されない．海洋潮汐ははるかに顕著であるが大変複雑である．さらに水深が深い海においても地球を1回りする潮汐波の自然速度が地球回転の速度よりはるかに小さく，海洋はほぼ $90°$ の位相遅れをもって潮汐力に応答する．この結果，平衡潮から干潮が期待されるところで満潮が現れる．人工衛星の軌道解析から見出される潮汐力による膨らみは固体潮汐と海洋潮汐の和であり，固体潮汐を単独に観測した場合よりも小さい．地球潮汐という言葉はときどき固体潮汐と海洋潮汐を合計したものを指しているが，歴史的には固体潮汐のみを意味していた．

海洋潮汐は地域によって大きく変動する．とりわけ湾や河口のような水深の浅いところでは大きな潮汐遅延や共鳴による振幅の増幅作用が起きる．浅瀬での潮汐運動は全地球的に $3\times10^{12}\,\mathrm{W}$ の量になり，潮汐エネルギー散逸のほとんどを説明すると信じられている．潮汐エネルギー散逸のほんの一部分は固体地球が完全弾性体でないことによって起きている．

人工衛星からわかるように，エネルギー散逸は地球–月を結ぶ軸に相対的に全地球的な平均月潮汐力による膨らみの方位が $2.9°$ 遅れていることに現れている．膨らみは月自身によって起こされているか

ら，この配列の不一致は膨らみをもとの直線上に戻す方向にトルクを生じる．このトルクは地球回転にブレーキをかける作用をし，1日の長さを徐々に大きくする原因となっている．月と太陽によるこのトルクの複合的な影響によって地球の1日の長さは毎年 $24\,\mu\mathrm{s}$ 長くなっている．地球の年齢が 4.5×10^{9} 年であることを考慮すると，地質時代にわたってこの潮汐摩擦が大きな影響を与えたことは明らかである．6億5000万年前には1年の長さは 400 日であった．地球が非常に若かったときには，1日はたぶんいまより $6\sim8$ 時間長かったであろう．

月の地球に与えるトルクは月の軌道上のトルクと釣り合っており，軌道半径は1年に $3.7\,\mathrm{cm}$ だけ増加する．地球の自転によって失われる回転運動量は月の軌道の伸長として現れており両者の総計した回転運動量は保持される．地球が誕生した初期には月はもっと地球に近かった．そして，月は自転していたが，地球によって月に引き起こされる大きな潮汐摩擦のため月は相対的な回転を完全に止めた．このためいまでは月は地球に一定の面を向けるようになった．　　　　　[Frank D. Stacey/浜口博之訳]

■文　献

Darwin, G. H. (1898) *The tides and kindred phenomena in the solar system.* (Reprinted 1962). W. H. Freeman, San Francisco.

Stacey, F. D. (1992) *Physics of the Earth* (3rd edn), pp. 115-33. Brookfield Press, Brisbane.

地球と太陽系の年代と初期進化
age and early evolution of the Earth and solar system

地質学者によく投げかけられる質問のなかに「一体どのようにして岩石の年代を知ることができるのか？」というものがある．地質学者たちは古くから，堆積層は規則正しく積み重なっていることに気づいていた（ニコラス・ステノ（1638-87）など）．年代が違う岩石ごとに含まれる化石の組合せが異なっていて，さらに同じ組合せは違う年代で現れることはないので，その岩石に含まれる化石の組合せを利用すれば，それぞれの岩石の生い立ちを知ることが可能となることは，ウィリアム・スミス（1769-1839）

によって明らかにされた．しかし，この時代の地質学者たちにとって，それぞれの層序が一体どれくらいの時間で隔てられていたのかは，まったくの未知であった．そのため19世紀においては，「代」や「紀」などという地質年代を示す名称は，単に化石や層序に基づいていた（下巻「層序学」参照）．この決定法についてはセジウィック（1785-1873）やマーチソン（1792-1871）の功績が非常に大きいが，絶対的な年代区分はなされていない．

地球の形成年代を知るための最初の試みは，1654年のアッシャー司教にまでさかのぼる．彼は聖書に基づき，紀元前4004年の10月26日の午前9時という重要な時に地球が創造されたとしたが，伝えられるところによれば，ウミユリの化石をトウモロコシの穂と誤認していたらしい．その後ビュフォンは1749年に，広く知られている化石を含んだ層がつくられるためには，7万5000年が必要だと主張した．1860年には，ケルビン卿が地球の冷却率を使い9800万年との推定値を得たが，この誤差範囲は広く，下限値に2000万年，上限値に4億年というものであった．また1899年には，ジョン・ジョリーが海水の塩分濃度を用いて8000〜9000万年との推定にいたっている．われわれはもちろん，これらの推定方法に誤りがあることを知っているが，ケルビン卿の推定は物理法則によって打ち立てられたものとして当時は賞賛を受けていた．そんななか，米国のT.C.チェンバレンはこれは不正確であり，物理法則に何か誤りがあるに違いないと主張した．

1896年に放射能が発見されたことで，地球の年代を直接測定できるようになった．1907年にはボルトウッドによって，少なくとも4億年（もしくは20億年）という値の方がより正しいことが示された．今日までに原子の壊変に基づいて，さまざまな新しい放射年代測定法が開発されてきた（U-Pb，K-Ar，Rb-Sr，Rh-Os，Sm-Nd，放射性炭素，核分裂飛跡など）．その結果，地球の年齢の推定値は大きく上昇して35億年を超え，現在では45億年が妥当な数字であると考えられている．放射年代法は，方程式の形としては単純なものであるが，その測定に用いられる岩石は不透水環境にあった必要があり，さらに娘核種，親核種の外部とのやり取りがないものでなければならない．放射年代法は現在では，イオンプローブ分析器のような高性能機器を使

うことで精度が大幅に改良している．その結果，変成作用（熱や圧力による）や続成作用（埋没による），さらには火成活動による分化作用の年代が岩石から読み取れるようになった．こうして地質年代の表全体が，実際に計測値に基づくこととなった（図1）．

● **太陽系の形成**

太陽や惑星，衛星および小惑星は，自己重力で収縮した気体と塵の雲から生まれたと一般に考えられている．この雲は最初からいくらか回転していたために，角運動量保存則にしたがって，中心部分が収縮するにつれて残りの部分は平らな円盤，つまり原始太陽系円盤となって太陽を含む面となって回転していた．この過程に1万年かかったとされている．元素合成は，この段階が完了する前にはじまっており，太陽はすでに激しく輝いていたとされる．このような進化のシナリオは，非常に若い恒星の観測によっても裏づけられている．こうして形成された物質は，星間空間に失われるか，または逆に凝集して太陽系の固体物質となった．このプロセスによって星雲の密度が低下すると，熱の放射効率が上昇するので，星雲は冷却される．それにつれて星雲物質から惑星が凝集し，集積していった．

太陽の元素組成（スペクトル分析による）と始原的隕石の元素組成（化学分析による）から，初期の太陽系星雲の組成を見積ることができる．石質隕石の大部分は，オリビン（かんらん石）や輝石といったありふれた鉱物からなる丸い細かな石質粒子（コンドリュール）で構成されているので，これらは凝集でできた球体として広く分布していたようだ．ただし二次的な変成を受けていない粒子は，炭素質コンドライトのような始原的隕石に限ってみつかっている．コンドライト隕石に対して火成岩と同じように放射年代測定を行うと，その形成年代を知ることができる．こうした測定によると，コンドライト隕石は凝集作用によって10万年かけて形成され，その形成年代は45億年前である．これがすなわち太陽系の年齢（および地球の年齢でもある）と考えられている．

現在最も正しいと考えられている太陽系の形成シナリオによると，太陽から遠い物体ほど多くの揮発性物質を含むことになっている．これを裏づける観測事実としては，たとえば外惑星とその衛星におけ

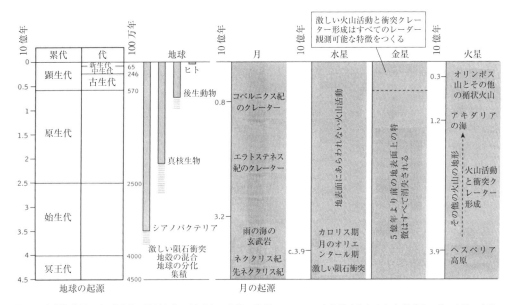

図1 地質柱状図の主要区分の放射年代．地球上の生物の出現についての広く受け入れられた年代と，月，水星，金星，および火星についての絶対的および理論的な年代．

る氷の存在がある．惑星がどのように集積したかというと，緩やかで不均質な集積とする説と，すばやく均質な集積であるとする説が考えられているが，この2つの極端な説の間に正解があるのかもしれない．

衛星は，捕獲されたのではなく，凝集によって形成されたとする考え方があり，これは軌道傾斜角という天文学的な証拠で裏づけられている．しかし，天王星の衛星トリトンは，これと逆行する軌道をもっているので，太陽系外縁のどこかから捕獲された可能性がある．ほかにもこのような捕獲された衛星が存在するかもしれない．

● 月，水星，金星，火星の年代測定

月面で取得された岩石サンプルは，放射年代測定法によって年代が求められている．その結果は，月でクレーター活動が活発であった年代は39億2000万～31億7000万年前であり，最も古い先ネクタリス代の岩石は，45億4000万～41億7000万年前であるという，驚くべきものであった．現在の月の表層は，大部分が32億年前までに形成されたが，これ以降の年代についての測定はあまり行われていない．なお，月のクレーターは小天体衝突によるものであると広く考えられている．

火星の層序学は，クレーターの数をもとにした経験的なものである．最も古いヘスペリア高原の岩石は39億年前と考えられていて，逆に若い地形はアキダリアの海が12億年前に形成されたとされている．またオリンポス山やほかの楯状火山は，3億年に形成されたとの意見がある．しかし，火星から飛来したと考えられている隕石以外には，直接放射年代の測定が行われていないので，上に述べたクレーター数に基づく年代の推定値は，大きく外れている可能性がある．オリンポス山や楯状火山で見積もられている年代と，火星から飛来したと信じられているシャーゴッタイト隕石から放射年代測定により求められた年代の間に関係があるかもしれないが，隕石の年代決定がクレーター数に基づく年代決定の基礎となりうる可能性は低い．

金星では，レーダー観測で見つかった地形が，どのように重なりあっているかという観察に基づいた経験的な層序学が提唱されている．しかし，衝突によると考えられるクレーターの分布に規則性がなく，しかもそれから求まる推定地表面年代は，驚くほど若くて3億～5億5000万年でしかない．つまりこの惑星が形成された後，現在にいたるまでの8～9割に相当する期間に生じた地質学的痕跡は，その後の火山活動によって消されてしまって，現在の地表面に残っていないと考えられている．

水星の表面には多数のクレーターがあり，表面年

代とクレーターの形成史は月と大きく変わらないようだ．そこで月のオリエンタール期以降と水星のカロリス期以降の年代が等しい（3億8000万年前）と提案されているが，水星の岩石に対して放射年代測定がなされていない現在において，これを確かめることはできない．

外惑星とその衛星に関していえることは，いくつかの衛星には層序が見られるといった程度でしかない．

太陽系は，宇宙のほんの切れ端にすぎない．宇宙の大きさと年代は，最低でも1000～2000光年離れたセファイド（ケフェイド）と呼ばれる変光星に基づいて，天文学者が計算している．最近の研究では110億～120億年という数字が宇宙の年代として提唱されている．もちろんこれはビックバンからの年代であって，ビックバン以前に一体何があったのかすらわかっていない．

●地球の初期の歴史

集積と凝集が終わったあとの地球の歴史は，岩石の歴史，海の起源，大気の起源，生命の起源という4つの大きな段階がある．地球が現在見られるような多くの特徴をもつ惑星へと成長したのは，地質学的には比較的短い最初の約5億年であった．現在知られているなかで最も古い鉱物はジルコン（オーストラリア西部のナリヤ山から産出した42億7000万～41億年前のものなど）である．地表に露出している岩石で最も古いものはカナダのスレイブ地方のアカスタ片麻岩（大変有名な片麻岩）であり，その年代は40億年前である．

45億～40億年前の間の冥王代については，これといった記録がないにもかかわらず，多くのモデルが提唱されている．とくに月に見られるような激しい隕石衝突が起きたあとで，重力の影響によって地球内部に多層構造が形成されたとの説は妥当なものと考えられている．このとき生じた多層構造とは，中心部で高密高温である固体の内核と液体の外核，コンドライト質ケイ酸塩物質からなる溶融したマントル，そして非常に動きやすい原始の地表である．地表はおそらくマグマの海で覆われており，そのなかには活発なマントル対流によって分離する小さな花崗岩質の大陸前駆物質も含まれていただろう（なお，花崗岩質地殻の分離に関してはほかのモデルも提唱されている．たとえば，グリーブは巨大隕石衝突によりできた海盆の沈降と玄武岩質火山岩の部分溶融で説明できるとしている）．集積と地殻の分別に関してどのモデルを信じたとしても，コンドライトのもとの物質と考えられる炭素質コンドライトに10～20%の水と揮発性物質が含まれていることから，原始海洋と大気が最初から分離していたことは間違いないだろう．ただし初期の大気は還元的，すなわち非常に酸素量が少なかった，と考えられる．最初の原始大陸が40億年前までに現れたことは確実であるが，南アフリカのカープファールやオーストラリアのピルバラなど，より広い領域が安定した大陸塊となった32億年前にいたっても，大陸は地表面の5～10%を占めるにすぎなかった．25億年前まで続いた始生代においては，マントル対流が無数の小さな領域で生じていて，その速度は現在よりも速かったらしい．つまり，今日のプレートテクトニクスを生じる大きな領域での対流は，それ以降の現象のようだ．堆積物として記録に残っている最も古いものは，変質砂岩（変質珪岩），鉄鉱層，粘土質堆積物（擬片麻岩）である．34億8400万年前の蒸発残留岩(現在でいう塩湖や塩鉱床のようなもの)がオーストラリア西部ピルバラのノースポール地域で記録されている．縞状鉄鉱床は初期堆積過程の産物であるが，これに含まれる酸素は，当時の還元的な大気のなかで，おそらく光合成生物によってつくられたあと，海に取り込まれていったのだろう．

どのようにして生物が生まれたのかは，われわれにはわからない．しかし，原始単細胞シアノバクテリア（原核生物）は，35億年前の岩石（南アフリカのオンバーワクト，オーストラリア西部のワラウーナ）のなかに化石としてその姿を見ることができる．シアノバクテリアは活動期が長く，真核性植物プランクトンが現れたのは，大気が完全に酸化的になった約20億年前であった．後生動物すなわち多細胞の動物は6億年前，先カンブリア時代の最後の1億年になって生まれた．もっとも，後生動物の化石かもしれないものが13億年前の岩石からみつかっているように，限られた先カンブリア時代の化石で決定された年代は確実なものではなく，これら3種の生物がもっと早い段階から存在していた可能性もある．　　　　[G. J. H. McCall/宮本英昭訳]

■文　献

Carr, M. H., Saunders, R. S., Strom, R. G., and Wilhelms, D. E. (1984) *The geology of the terrestrial planets*. NASA Scientific and Technical Information Branch, Washington, DC.

Eriksson, K. A. (1995) Crustal growth, surface processes, and atmospheric evolution of the early Earth. In Coward, M. P. and Ries, A. C. (eds) *Early Precambrian processes*, pp. 11-25. Geological Society Special Publication No. 95.

McCall, G. J. H. (1996) The early history of the Earth. *Geoscientist*, **6** (1), 10-14.

Rothery, D. A. (1992) *Satellites of the outer planets*. Clarendon Press, Oxford.

Schopf, J. W. (ed.) (1992) *Major events in the history of life*. Jones and Bartlett, Boston.

Van Amdel, T. H. (1994) *New views on an old planet*. Cambridge University Press.

地球内部の放射性熱の産出
radioactive heat production in the Earth

地球内部から地表を通して外部に流れ出している熱量は総計約4万GW（$4×10^{13}$ W）である．この熱量は太陽から地表に届くものに比べて2000倍も小さい．太陽からの加熱効果は大きいが，地表の最上部の数mに限られている．たとえば，地中1mの深さでの日中と夜間の温度差は1℃以下である．

地球の内部から流れ出る内部熱または地熱は，深さとともに温度が増加することに起因している．大陸地殻では深さとともに温度が増加する割合（地温勾配という）は30℃ km^{-1}である．このために深い鉱山のなかの気温はとても暑い．この地温勾配を地球の深くまで外挿すると深さ50kmでのマントルの温度は1500℃ほどになり，周りの岩石を融解するほど熱い．しかし，地震波の研究からマントルはほぼ完全に固体の状態にあり，したがって，融けているという推定は事実と異なる．地表近傍の地温勾配を地球中心まで外挿すると中心の温度は約2万℃になる．これは太陽の表面温度より高い温度である．しかし，実際の核の温度は約4700℃と考えられている．

上部地殻に比べてマントルの地温勾配は明らかにかなり小さいに違いない．これには2つの根拠が考えられる．1つは熱源に関連したものであり，も

う1つは地球のなかでの熱輸送に関連したものである．

地球表面から外部に漏れる熱のあるものは地球が誕生したときの熱であり，始原の熱として知られる．地球の生成時に微惑星や惑星発達の初期のものが衝突した際に放出したエネルギーは若い地球を非常に熱くした．1つのモデルによると，地球はかつて融けたマグマの海で覆われていたという．これが事実でないにしても，地球はそのとき以来冷却してきたと考えられる．現在の熱流の20～50%は宇宙空間に放出される始原時代の熱の残余であると考えられる．少なくとも地球の熱流の残り半分は説明できない状態にある．この残りの部分は今日新しく地球のなかで生産されねばならない．この熱のうちわずかなものは潮汐力によってつくり出された熱であるが，ほとんどの熱は放射性元素の崩壊による放射性（または放射崩壊による）熱である．多くの放射性元素は不安定な放射性同位元素をもっており，親元素が娘元素に崩壊する際に少量の熱を必ず放出する．

地球内にはたった3つの放射性元素が豊富に存在しているにすぎないが，それらの崩壊によって十分な熱が解放され放射性熱の産出に大いに貢献している．3つの元素とはウラン，トリウム，カリウムである．ウランは2つの放射性同位元素（ウラン235（^{235}U）とウラン238（^{238}U））をもっている．トリウムとカリウムはそれぞれトリウム232（^{232}Th）とカリウム40（^{40}K）の放射性同位元素をもっている．それぞれの元素はいわゆる熱生成同位体として異なった速度で崩壊するため放射性熱生成の総量は変化し，それぞれ同位体の相対的重要性は時間とともに変わる（図1）．カリウム40は地球の歴史を通じて最も重要な熱生成同位体であった．しかし，最も速い崩壊率（最短の半減期）をもつウラン235は地球誕生から最初の5億年の間に2番目に大きな寄与をしたが，今日では4つの同位体のなかでは熱生成量が最も少ない．

地球の熱の大部分がどのように生み出されるかを知ればマントルに比べて地殻中の地温勾配がなぜ大きいかを説明することができる．ウラン，トリウム，カリウムはすべてマントル中より地殻中にはるかに豊富に存在する．岩石が融解したときすべての液相濃縮元素はマグマのなかに優先的に移動するため，

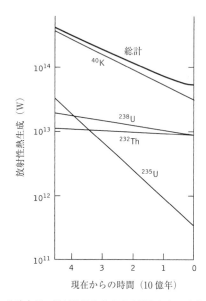

図1 地球内部の放射性熱生成率が時間とともに減少していく割合を示した図. カリウム40, トリウム232, ウラン235, ウラン238の4つはそれぞれ異なった崩壊率をもつため, 熱生成放射性同位体の時間的な減少の割合が異なる.

マントル中より地殻内にはるかに豊富になる. 地殻が生成される際にマントル由来の融解物にはこれら液相濃縮元素が一般に濃縮される. したがって, マントルの体積は地殻の数百倍も大きいが, 地球の放射性熱生成の半分は地殻内で起きる.

地殻内での熱生成は一様ではない. 液相濃縮元素が最も高度に濃縮されている花崗岩類の岩石では熱発生が最大である. このことは大陸性地殻の上部で熱の発生率が最大であり深くなるにしたがって減少することを意味しており, $30°C\ km^{-1}$という地温勾配は上部地殻にのみ適用されるものである. 玄武岩組成からできている海洋性地殻はウラン, トリウム, カリウムがさらに乏しく, しかも体積も小さいので, 熱の生成量は大陸の地殻下部に比べていちだんと小さくなる. マントルのなかでは熱生成の同位体がさらに乏しいため地温勾配は再び減少する.

マントルのなかで地温勾配が小さいもう1つの理由は, マントル中の熱輸送の様式に関係している. 熱は伝導によって地殻から外界に逃げてゆく. 地温勾配は熱供給の割合と岩石の熱伝導率に支配されている. 同じことは上部マントルについてもいえる. しかし, 上部マントルは固体ではあるが, 深くなると高温になり, やがて対流によって熱を運ぶようになる. 熱くてより密度の小さいマントル物質は上昇するが, その過程で熱を失って冷え密度が増すと, やがてそれは沈降に転ずる. 対流は伝導よりもはるかに効率的な熱の輸送方法である. リソスフェアを含む上部マントルは剛体であり対流しないが, その下のマントルでは対流によって熱が運ばれるため地温勾配が上部のマントルに比べてずっと小さくなる.

熱生成の放射性元素の総存在量はほとんどわかっていないので, 放射性元素による地球の熱生成の現在量を正確に見積ることはできない. 採取した単一の試料について正確な熱生成量を測ることはできるが, 地殻はその組成が大きく変化するので信頼にたりるグローバルな平均量を推定することは難しい. したがって, 比較的よく実証されている上部地殻の熱生成の量においてもどちらか一方に50%くらいの不確定がある. さらに複雑な要素としては, 核内の放射性熱生成量について実質的に何も知らないことである. 外核はほとんど鉄であると思われているが, そこを通過する地震波速度を説明するために軽元素が10%ほど存在しなければならない. この軽元素についてはいくつかの候補があがっている. その1つはカリウムである. もし外核の軽元素がカリウムであるとすれば, 核は地殻とマントルを合わせたよりはるかに多いカリウム40を保有することができ地球の放射性熱生成に大きく寄与することになる.

ウラン, トリウム, カリウムは今日の熱生成元素の重要なものであるが, 地球が非常に若かった時にはいくつかの短期生存の放射性同位元素が含まれていたに違いない. 重要なものとしてはアルミニウム26 (^{26}Al)のほかに, 塩素36 (^{36}Cl), ヨウ素129 (^{129}I), 鉄60 (^{60}Fe), プルトニウム244 (^{244}Pu)などが含まれていたであろう. これらは半減期が大変短いので, 時間の経過とともに検出限界以下に消滅しているが, 地球の初期数百万年の間にはこれらの元素崩壊が放射熱生成を著しく増加させた.

[David A. Rothery／浜口博之訳]

■文　献

Brown, G.C. and Mussett, A.E. (1993) *The inaccessible Earth* (2nd edn). Chapman and Hall, London.

地球内部の密度分布
density distribution within
the Earth

　地球の質量，したがって平均密度の評価は，重力測定のいかんにかかっている．地球中心から距離 r にある地球外の任意の点における重力 g は，万有引力の法則により，

$$g = GM/r^2 \tag{1}$$

である．ただし上式では，地球が回転楕円体であることや地球表面上で重力測定が行われる場合の地球自転の効果は考慮されていない．G は万有引力定数，M は地球の質量である．人工衛星の軌道加速度の観測から，G と M の積（GM）は 9 桁の精度で求められている．しかし，万有引力定数 G 自体の値は，自然界の基本定数のなかで最もわかっていない定数である．このことが，地球質量 M に対するわれわれの知識に限界をもたらしている．米国立標準局が求めた，現時点で最も精度の高い G 値を用いると，地球の平均密度は $5515 \, \mathrm{kg \, m^{-3}}$ である．ただし，最後の桁には 1 程度の不確かさが含まれている．

　こうして得られた地球質量の値は，地球内部のあらゆるレベルの密度評価に際して拘束条件となる．もし G の値が 1% だけ小さければ（1980 年代にはありえた仮説である），M と地球内部のあらゆるレベルの密度は同じファクターだけ大きく訂正されることになろう．深部地球物質の弾性定数が同様に訂正されても，重力や地震波速度，地球自由振動の周波数などが影響を受けることはない．したがって，平均密度は地球全体の密度のスケール因子であることがわかる．

　地球全体を特徴づける慣性モーメントも，地球の密度構造を決定する際の拘束条件となる（「慣性モーメントと歳差運動」参照）．慣性モーメントは，K. E. ブレンによる 1930 年代の地球モデル研究ではじめて使われ，彼のモデルはその後数十年間標準モデルとされた．自転軸の周りの慣性モーメント C は，地球の質量 M および赤道半径 a と次の関係にある．

$$C = 0.330695 \, Ma^2 \tag{2}$$

地球密度の深さ分布モデルが，式 (2) から決まる M の新しい値に合致するようスケールし直されるとしても，数値係数は影響を受けない．それゆえ，数値係数は M とは異なる役割をもつスケール因子である．地球質量はモデルの絶対密度を支配するのに対し，C/Ma^2 は異なるレベルにある相対密度を支配するといえる．

●地震学的観測

　完全に別個とはいえないが，地球モデルを構築するのに使われる，地震学上の情報には実体波，表面波，自由振動の 3 種類がある．自由振動は補足的データとして使われる．最も初期の地球モデル研究では，地震波縦波（P）および横波（S）速度変化を得るのに地球内部を伝わる実体波走時が使われた．地球内部の主要な境界では，速度が深さとともに不連続的に変化するか，異常に急激に増大する．速度の不連続的境界で分けられる各領域で速度が深さとともに増加するのは，深さとともに圧力が増大する効果で説明できる．実体波速度は，密度に対する弾性率の比で与えられる．密度を独立に求めることは不可能で，付加的データを使って推測しなければならない．このことは，自由振動が観測される以前では，地球質量，慣性モーメントおよび構成鉱物物性の室内高圧実験測定が重要であることを意味していた．

　表面波は，地表表面近傍の層構造に導かれて効率的に伝播する．波動振幅は，実質的に波長の 1/2 ないし 1/3 の深さまでに制限され，それ以深では指数関数的に減衰する．したがって，波長が長ければ長いほど（周波数が低ければ低いほど），深い領域の情報を含む．速度は一般に深さとともに増大するので，長波長の表面波ほど深い領域に達し速度も速い．表面波は強い分散性（波長または周波数とともに速度が変化する性質）を示す．この点，ほとんど分散性を示さない実体波と異なる．しかし，実体波同様，表面波速度も密度に対する弾性率の比で与えられる．表面波は，表層についての情報を与え，水平方向の構造変化を表すのに重要であるが，密度については何の独立した情報も与えてくれない．

　自由振動は，大きな鐘が振動して鳴るのと同様に，大地震発生による衝撃によって地球全体が文字どおり振動することである．自由振動には，伸び縮みモードとねじれモードの 2 つの基本モードが存在する．最も単純なねじれ振動は，2 つの半球間のねじれ運動で，半径方向の運動や体積変化は起こらず，密度について独立した情報を何も与えてくれない．これ

に対し，伸び縮み振動は，半径方向の運動を伴い，地球はわずかではあるが体積変化する．したがって，重力は復元力として貢献し，それゆえモード周波数に貢献することになる．このことは，密度が２カ所で運動方程式に関係してくることを意味する．１つは，実体波や表面波速度のように弾性率との比の形で，もう１つは，重力と結合した形である．それゆえ，伸び縮みモード周波数から独立に密度構造を評価しうる．その際，スケール因子として地球の全質量を拘束条件とする必要がある．

●密度の深さ変化

　最も広く使われている地球モデルは，PREM（Preliminary Reference Earth Model）という名称で知られている．これは，一般に受け入れられる規範モデルの必要性を認識して発足した国際委員会の要請を受けて，1981年ハーバード大学のA. M. ジウォンスキーとカリフォルニア工科大学のD. L. アンダーソンとにより発表されたものである．モデルの準備に非常に大量のデータが使われ，自由振動周波数がとくに重要な役割を果たした．名称に'preliminary'の言葉が入っているのは，改良モデルによって将来置き換えられることを期待してのことであるが，わずかな改良点のために早期に改良モデルをつくる必要もないし，たいていの目的のためには現モデルで十分であろう．

　PREMは，地球をいくつかの同心球面状の層に分け，各層内の密度，P波速度，S波速度を半径の多項式で表現している．このモデルは，最外層以外は球面方向に平均化されたモデルで，最外層では大陸性構造と海洋性構造とは異なるとしている．このモデルの密度の深さ分布を図1に示す．密度の深さ分布から一意的に決定される重力と圧力の深さ分布を図2に示した．

　通常の弾性論は無限小歪みが前提とされているので，圧力ゼロのもとでの密度計算には有限歪みの理論が必要である．弾性率に比べ非常に小さくはない圧力領域では，弾性率を定数として扱えず，圧力とともに増大するとしなければならない．事実，弾性率は密度よりはるかに大きく圧力とともに増大する．内核の体積弾性率（地球物理学では通常非圧縮率と呼ばれる）は，常圧下における鉄の体積弾性率の約8倍である．地球内部では，圧縮は圧力が増大

するにつれしだいに困難となる．このことを説明するため，多くの経験式は地球モデル表に適合するよう決められている．有限歪みの十分満足しうる理論は存在しないが，代替計算間の違いは僅少であり，外挿された圧力ゼロの密度は，図1に破線で示されているように，うまく拘束されている．

　地球内部では，圧力同様，温度も深さとともに増大する．それゆえ，地球内深部の構成鉱物は熱膨張するので，温度の深さ分布は圧力が深さとともに増大するのを妨げるように作用する．1 km当たり約7℃の温度勾配は，密度に及ぼす圧力の効果を相殺するに十分である．上部地殻の温度勾配は，これよりファクター3程度大きい．しかし，核-マントル境界の薄層を除いたほかの地球内部の温度勾配は，ファクター約20ほど小さく，自己圧縮による密度変化が完全に支配的になる．それにもかかわらず圧力ゼロの密度解釈に際し，温度の効果は重要である．図1の破線は，熱膨張を考慮に入れた冷却物質の低圧下の密度を与える．

　地球科学の基本的目標の1つは，地球内深部組成を決定することである．圧力ゼロのもとでの密度は出発物質の基礎となる．低圧型鉱物で占められるマントル最浅層の可能な鉱物組成が何であるかの直接的決め手は，観測で得られた密度に合致することである．もっと深いところでは，高圧型の高密度結晶構造が現れる．このような密度の高い高圧型結晶構造は，実験室の高圧装置でのみ観察可能である．したがって，深部地球組成物質の高圧実験は，地球内部密度データを解釈するうえで不可欠である．

●核

　隕石中や太陽系大気中に鉄が豊富に存在することは，核の存在が地震学者により見出されたとき，鉄を密度の高い地球核の候補物質とするに十分だった．このため，高圧下の鉄の性質がかなり注目されることになったのである．有限歪み理論のパイオニアであったF. バーチは，核の密度は地球核内圧力下にある純鉄の密度より低いことを最初に指摘した．どの程度低いかは，高温高圧下における鉄の状態図についての不十分なわれわれの知識に依存してしまうが，10%程度であろう．核の組成は鉄が主成分であることはほとんど疑いないが，密度を観測値まで下げる副成分については，さまざまな見解が

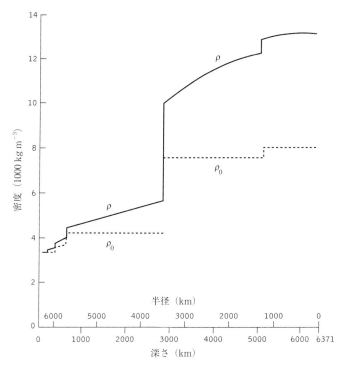

図1 PREM 地球モデル（実線）の密度の深さ分布と圧力ゼロおよび低温度への理論的外挿値（破線）．(Stacey (1992) より)

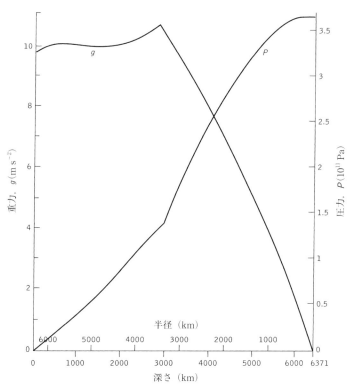

図2 図1に示した密度の深さ分布から得られる重力および圧力の深さ分布．

ある．酸素，硫黄，炭素，ケイ素，水素などは有力な副成分とされている．これらの軽元素すべてやほかの元素がある程度含まれることはありうることである．多少のニッケルや遷移金属が存在することはほとんど確かだが，これらは密度を減少させない．

流体の外核と固体の内核との境界では，密度が約$650 \, \mathrm{kg \, m^{-3}}$だけ不連続的に急増している．非常に正確に観測されているわけではないが，この不連続的増加は核圧力下における一様な合金の固化による密度増加よりはるかに大きい．実際，合金の固化による密度増加は$200 \, \mathrm{kg \, m^{-3}}$程度と見積られている．この差は，組成の違いによって説明されなければならない．内核は軽元素をまったく含まないわけではないが，外核ほど多くは含まない．地球はゆっくりと冷えつつあるので，内核はしだいに固化することにより成長しつつあるに違いない．それゆえ，固化の過程で軽元素は液体中にとり残される．このため，軽元素の残滓は外核の底に溜まる．外核の底に溜まった軽元素が上昇しつつ外核全体に混入する過程は，重力エネルギーを解放する．これは地球磁場ダイナモの有力な（唯一の）駆動源であると信じられている．

外核は流体であり，したがって，明確な結晶構造をもたない．しかし，内核は依然としてはっきりしないものの，結晶構造をもった固体であるとされている．通常の実験室条件下では，鉄の結晶構造は体心立方格子（α相）で，低圧下でのみ安定であり，これは核とは無関係である．面心立方格子（γ相）構造は，高温下では，圧力ゼロの条件下でも現れるが，高圧下ではもっと現れやすい．低温下では，α鉄は圧力が増大すると六方最密構造（ε相）に転移する．高温下で安定なγ鉄も，圧力が核圧力に近づくと六方最密構造に転移すると最近まで信じられていた．現在では，これら以外の相転移の存在することがわかっている．したがって，核圧力下における鉄の固体相がどのようなものかは明らかでない．ともかく，核に含まれる軽元素は状態図を変えうるであろう．しかし，内核がε鉄のような非等方的結晶構造からなるとすれば，内核が地震学的に非等方的である（P波は赤道面より極方向の方が速く伝播する）という観測結果を説明するのはずっと容易になる．純鉄に比べ核の密度減少量が10％程度と信じられているのは，核をε鉄と比較した結果に基づいている．

●下部マントル

下部マントルは深さ約$670 \, \mathrm{km}$から$2890 \, \mathrm{km}$のマントル-核境界まで，とするのが普通である．下部マントルは，図1の密度が深さとともにしだいに増大し，不連続のない深さ領域で，その深さ領域では組成や相は一様であるように見える．実際には，地球物理学用語で「D″層」と呼ばれる核直上の層や，深さ$670 \, \mathrm{km}$直下のたぶん$100 \, \mathrm{km}$程度の領域には不均質が存在する．しかし，これらは図中に示されていない．下部マントルの上限境界を$670 \, \mathrm{km}$とする意義は，この深さが，高圧力によって上部マントル構成鉱物が深部マントル構成鉱物の特徴である密度の高い結晶構造に変換される一連の相転移の起こる最深部であることにある．

1976年，ダイヤモンドアンビル間に挿入された微小試料を圧縮する当時の新技術を使った，L. G. リウによるオーストラリア国立大学における実験は，上部マントルの重要な構成鉱物を下部マントル圧力下で熱すると，主生成物としてペロブスカイト構造をもった苦鉄質シリケイト（$\mathrm{Mg, Fe})\mathrm{SiO_3}$が得られることを示した．この結晶構造は，かなりまれな鉱物ペロブスカイト$\mathrm{CaTiO_3}$に有利なはじめての結果である．副生成鉱物（$\mathrm{Mg, Fe})\mathrm{O}$も得られた．$\mathrm{FeO}$をビュスタイトというので，この副生成物は通常マグネシオビュスタイトと呼ばれている．しかし，マグネシウム含有量の方が鉄より多いので，フェロペリクレースと呼んだ方がよいかもしれない．オーストラリア国立大学のその後の実験で，S. E. ケッソンとJ. D. フィッツジェラルドは，下部マントル起源と信じられているダイヤモンド中の微小量含有物を調べ，下部マントル鉱物のFe/Mg比は，シリケイトペロブスカイトでは約1:20，マグネシオビュスタイトでは約1:7であると推定した．このことから，鉄はマグネシオビュスタイトを好むことがわかる．

シリケイトペロブスカイトとマグネシオビュスタイトのこれら組成から，下部マントルの2つの主要構成鉱物と信じられている物質の圧力ゼロにおける密度および弾性率を知ることができる（表1）．これらの数値は，外挿されたゼロ圧力下の下部マントルの密度および弾性率と比較しうる．ただし，下部

表1 下部マントル鉱物の圧力ゼロにおける密度と非圧縮率.

	シリケイト ペロブスカイト $(Mg_{0.95}Fe_{0.05})SiO_3$	マグネシオ ビュスタイト $(Mg_{0.88}Fe_{0.12})O$
密度 $(P=0, T=0)$	4163 kg m^{-3}	3880 kg m^{-3}
非圧縮率 $(P=0, T=0)$	263 GPa	162 GPa

Data from L. G. Lin, S. E. Kesson and J. D. Fitzgerald

マントルの値はゼロ圧力下とはいえ高温下の値であることを考慮する必要がある.

下部マントル（$P=0$） 密度　　　 3977 kg m^{-3}
　　　　　　　　　　 非圧縮率　 205 GPa

密度および非圧縮率がいかに温度とともに変動するかがわかれば，外挿された下部マントルの特性に合致する2つの鉱物の混合比と温度を見つけ出すことができる．こうして，約75%のペロブスカイト，25%のマグネシオビュスタイト，温度約1800℃という結果が得られる．この温度の見積り値から，上記混合物を下部マントル密度まで圧縮することによって，実際の下部マントルの温度範囲は2300～2700℃と計算される．下部マントルの構成鉱物は，たぶんここで仮定されたような単純なものではない．したがって，この見積り結果の扱いは，もちろん慎重にしなければならない.

●地殻および上部マントルの密度

地殻上部は，数多くの掘削コアによって抽出標本が得られており，組成も密度も非常に変化に富むことがわかっている．堆積岩は一般に，より深部で産出される火成岩より密度が低いが，堆積岩は地球上をうわべだけ薄く覆っているにすぎず，地球の密度構造全体からすれば有意といえるものではない．地殻中の2つの代表的な火成岩は，花崗岩（密度約2700 kg m^{-3}）と玄武岩（密度約2900 kg m^{-3}）である．これらは，最上部マントル（3370 kg m^{-3}）よりはるかに密度が低い．重力測定で明らかにされているように，最上部マントルには，軽い大陸性岩石が浮かんでいる．最上部マントルと670 km境界の間では，マントル構成鉱物は一連の相転移を受け，図1に示されているように，漸進的に密度の高い構造に遷移する．室内高圧実験は，下部マントル構成鉱物だけでなく，これら上部マントルを構成する鉱物相を同定することも行ってきた.

●密度の水平方向変化

地殻の水平方向の不均一は非常に明白である．とりわけ地球表面を大陸と海洋に分けている．大陸地域と海洋地域との間の構造の相違は，少なくとも100 kmから200 kmの深さにまで及んでいるのがみられる．しかし，その相違は深さとともに減少する．マントル深部では，水平方向の変化は非常に小さいようにみえるが，核にいたるまでのあらゆる深さで存在している．核-マントル境界にもきわめて強い不均一な層が存在する．地震学者は，トモグラフィーと称される技術によって，マントルの水平構造を研究し，マントルの三次元構造を明らかにしつつある．トモグラフィーによって，マントル内に地震波速度変化の存在することが示されている．これら速度変化を密度の言葉で解釈することは，依然として論議を呼ぶ問題ではあるが，この仕事がとりわけ興味深いのは，水平方向の密度変化が浮力の変化を意味するからである．それゆえ，このような変化は，地球表層で起こる，非常に興味深いテクトニック過程を引き起こす対流パターンに関係しているに違いない． 　　　　　　　[Frank D. Stacey/大中康誉訳]

■文　献

Bullen, K. E. (1975) *The Earth's density*. Chapman and Hall, London.

Stacey, F. D. (1992) *Physics of the Earth* (3rd edn). Brookfield Press, Brisbane.

地球における電磁流体力学波（MHD波）
magnetohydrodynamic waves in the Earth（MHD waves）

電磁流体力学波（アルベーン波）は磁場と伝導性の高い流体間の結合力によって生じる．電磁流体力学波を理解するには，まず純粋な磁気波を考える．ギターで使われる一般的な弦を永久磁化した物質からなる弦に置き換え，弦の1つを引っ張ると，弦の物理的な振動を観察できる．弦は磁化しているので，ギター周辺の磁場も弦とともに振動する．ギター近くに置かれた磁力計は弦の振動によってつくられる磁場強度の時間変化を検出する．もし，フラックス

ゲート型磁力計（「地磁気測定」参照）を用いて連続記録を取るなら，磁場強度測定値は弦の力学的振動周波数に対応する周期で時間経過に伴って系統的に変化する．そのように，磁気的な波が磁化した弦の振動によって発生することを示すことができる．

次に，その弦を弾性的な性質を保ったままで，磁力線（磁場線）に置き換えた場合を想定してみよう．また，弦を引っ張るために，弦を横切るように荷電粒子または伝導性の高い流体からなる噴出物を注入する．はじめに考えた永久磁化した弦は引っ張られて振動する．同様に仮想的な弾性的磁力線は，弦を横切るように，高伝導性流体が注入されたとき振動するだろう．ここでも，磁気的な波が仮想的な弦（磁力線）内に生じ，それらが弦に沿って最も効率的に伝わることをフラックスゲート磁力計によって知ることができる．こういった磁気的な波がアルベーン波である．

地球の外核は永久磁石のように磁化していない．なぜなら，そこの構成成分，すなわち鉄とニッケルの溶融状態の合金はキュリー温度（その温度以下で物質は磁性をもつようになる）以上の温度になっているためである．この液体の電気伝導度は地球磁場を発生する電流（「地球磁場：地球内部磁場の起源」参照）を通すのには十分に高い．流体の物理的な運動（すなわち，流体力学）は沿磁場を保つことができる．伝導性の高い物質からなる外核内に沿磁場を保つ能力は，凍結流入モデルとして知られ，H. Alfvén（アルベーン）がノーベル賞を受賞した理論である．伝導性液体の複雑に変化する運動は地球の自転と外核における熱-組成的（重力）対流によって影響を受けている（そして，S. I. ブラジンスキーによって1960年代に名づけられた，さらに複雑な磁気-アルキメデス-コリオリ（MAC）波を導く）．ギターの弦の実験では，弦の振動周波数を決定するために磁気データの連続記録を必要とした．同様に核内の磁気過程を研究する研究者は少なくとも地球磁場のほぼ連続的な変化記録を必要とする．そういったデータはおもに磁場観測や古地磁気調査から得られるものである．観測記録の周期的変化は外核における流体運動の物理モデルを評価する助けとなる．十分な量のデータがあれば，おそらく地球の主磁場の起源を明らかにできるだろう．

[Dhananjay Ravat／森永速男訳]

地球のエネルギー収支
energy budget of the Earth

地球の歴史を熱と構造に焦点をあてて理解するには，地球の形成過程で大量の重力エネルギーが解放されたことをまず認識すべきである．集積時に発生したこのエネルギーは，放射性元素による発熱（放射能発熱）も含めて地球に誕生以来供給されたほかのいかなるエネルギー源より大きい．地球内部の温度が高いのは，放射能発熱のせいだとよくいわれるが，これは間違いである．地球全体のエネルギーに寄与するおもな項目を表1に比較する．この表の最初の項目は，地球が星間物質から集積し，現在の密度構造に分離する過程で放出された全重力エネルギーである．その内訳は続く4行に示される．これらは発生時期の異なる過程から派生したので分けてある．そのおのおのが地球の進化と関係する．

集積エネルギーの90%は，もともと広範囲に分散していた物質が，地球と同じ質量と半径をもつ一様な球として集積する過程に対応する．残りの10%は重い物質が地球の中心に沈むことに起因するが，その80%は高密度の核の分離が原因である．液体の外核が固化することによって固体の内核がゆっくり成長したり，地表で軽い地殻が分離したりする過程は，地球物理学的には重要な現象であるが，表1で見るように，重力エネルギーの放出という点ではあまり重要でない．

表1に示す放射能発熱の見積りは，熱的に重要なウラン，トリウム，カリウムから派生する4つの放射性同位元素の含有量に基づく．この放射性元素による現在の発熱率は約 30×10^{12} W である．この発

表1 全地球のエネルギーへの寄与．

集積の重力エネルギー	
現在の密度構造	2.49×10^{32} J
一様な地球	2.33×10^{32} J
核の分離	1.61×10^{31} J
内核の形成	8.3×10^{28} J
地殻の分離	7.6×10^{28} J
放射能発熱	8.0×10^{30} J
残りの（蓄積された）熱	1.8×10^{31} J
潮汐による消費	$2 \sim 3 \times 10^{30}$ J
現在の自転エネルギー	2.1×10^{29} J

熱率は，地球が形成された46億年前は現在より4倍高く，46億年間の平均をとると現在の2倍になる．初期の地球は，寿命のもっと短い放射性同位元素で暖められた可能性がある．しかし，その可能性を考慮しても，地球内部を暖める上で放射能発熱の寄与が多少上積みをされるだけで，重力エネルギーの方が重要だという結論は変わらない．地球内部が熱いのは，あくまでも初期の重力エネルギー放出のためである．この事実を強調するために，地球内部に現在蓄積されている熱は，地球の誕生以来放出された放射能発熱全体の2倍に達することを指摘しておこう．

地球の自転エネルギーは潮汐によって消費される．角運動量は保存されるので，地球-月間の軌道や地球-太陽間の軌道は膨らむが，地球の自転が遅くなることによって軌道に移されるエネルギーはごくわずかである．失われる自転エネルギーのほとんどは，地球で消費される．しかし，潮汐エネルギーのほとんどは海が吸収し，地球内部を暖めるために使われるのは約5%だけである．

星間物質が集積する過程では，重力エネルギーのかなりの部分が放射によって失われただろう．熱として残る割合は，集積過程が進行する速度に依存したはずである．しかし，核が分離するためには，地球がほぼ完全にできあがったときに高温になっている必要がある．初期の熱放射のために，核の形成に1億年以内の遅れが出た可能性もある．核の形成によって放出される重力エネルギーは，ほとんどすべてが熱になり，すでに熱かった地球の温度をさらに3000℃も上げただろう．この熱の残りで，地球は今も約$11×10^{12}$ Wの割合で熱を失い続ける．

●地球の冷却

地球の表面を通して失われる全熱量は，現在得られる最良の見積りで$44×10^{12}$ Wになる．それを放射能発熱量$29×10^{12}$ W，熱収縮による重力エネルギー$2.5×10^{12}$ W，重力分離によるもの$1.5×10^{12}$ Wと比べると，$11×10^{12}$ Wが不足する．この不足分は，マントルが10億年に約70℃の割合で冷却され，核がさらにゆっくり冷却されることで生み出される正味の熱損失に対応する．この熱損失が継続せざるをえないことは，地球内部から地表に熱を運ぶメカニズムを考えれば理解できる．

マントルでは熱対流が進行中である．熱い物質が上昇し，そのあとに冷たい物質が沈降して置き換わることで，全体として熱は上方向へ運ばれる．対流の速度は，マントル物質の粘性率，すなわち流動のしづらさに支配されるが，粘性率は温度に非常に強く依存する．マントルの粘性率の温度依存性は，対流を安定化する効果をもつ．もし対流が早く進みすぎると，マントルは早く冷えすぎ，流動しづらくなる．その結果として，対流は遅くなり，熱源は対流にまた追いつくことができる．逆に，対流が止まったり，速度が低下したりすると，マントルは加熱され，柔らかくなるので，対流は加速する．しかし，継続的に得られる主要な熱源は放射能崩壊によるものなので，時間とともに減少していく．そのために，粘性率の温度依存性に起因する自己安定化効果が働いて，対流による熱輸送も遅くなる．対流の速度は温度に支配されるので，温度も低下することになる．

●力学的エネルギーと地震

地球のマントルは一種の熱エンジンである．熱い地球内部から冷たい地表に熱を運ぶ過程は力学的な力を生み出し，その効率はマントル物質の熱的な特性から容易に算出される．効率は約15%である．すなわち，対流で運ばれる熱流量の15%が力学的なエネルギーになる．マントルの熱流量が$32×10^{12}$ Wだから，全地球的なプレート運動を駆動する力学的エネルギーの総計は約$4.8×10^{12}$ Wになる．このエネルギーは固体マントル物質の変形に使われる．つまり，対流が生み出すエネルギーを，対流自身が消費する．対流はその過程で変形する物質を熱するが，それは独立した熱源ではなく，マントルの熱の一部である．マントルの熱は，力学的エネルギーに変換されてから，再びもとの熱に戻されるわけである．

地震を起こす応力など，マントルの応力は，対流の速度とならんで，この力学的エネルギーに直接関係する．変形する物質のブロックを考え，その表面に応力を加えれば，応力によってなされるエネルギーは，応力と歪み速度と体積の積である．この関係式は，よく知られた方程式「仕事＝力×距離」を書き換えたものであり，対流に伴うマントルの変形に直接適用することができる．地表のプレート運動の観測から速度が得られ，関与する体積は容易に推

測できるので，上に述べた全エネルギーの値から，テクトニクスに関与する応力の平均値を見積ることができる．答えは約5MPa（50bar）となるが，マントルの流動速度が可変なので，見積りには2倍程度の不確定さがある．地震で弾性波として放射される応力は1〜10MPaと推定されるので，この見積りは地震に伴う応力の範囲内にある．応力を見積る最良の方法は地震を用いることなので，この一致はテクトニクスが地震を含めて熱対流に駆動されることを満足に示すものと理解しよう．

地震によって解放されるエネルギーは年平均で約4×10^{17}Jである．これは仕事率に換算すると1.3×10^{10}Wになり，テクトニックなエネルギー全体の約0.25%にあたる．地震はマントルや地殻のテクトニックな運動が不均一に局在化する現象であり，それ以外のマントルの運動はほとんどが非地震的である．巨大地震は時には年間の平均エネルギーよりも大きなエネルギーを解放する．1960年5月にチリで発生した巨大地震は定量的に記録された最大級の地震で，放出されたエネルギーは1.6×10^{19}Jと見積られる．

●核のエネルギーと地球磁場

地球の磁場は金属鉄でできた流体の外核で発生するが，その原因は乱流対流運動で駆動される電流である．この対流運動のエネルギー源は，地球が徐々に冷却されるときに放出する熱であろうと想像できる．放射能発熱は，核の内部では無視できる．鉄とマントルのケイ酸塩を用いた融解実験によれば，熱の発生に重要なウラン，トリウム，カリウムといった元素は，鉄のなかには入れないからである．これらの元素は鉄隕石に完全に欠如している．

核が冷却とともに熱対流を起こすことは原理的には可能だが，その効率は決してよいとはいえない．核は熱伝導率が高いために，3.7×10^{12}Wもの熱が熱伝導によって失われてしまうからである．この熱流量をこえる分は対流に使えるが，効率はたったの12%である．いずれにせよ，核の熱流量はこれより大きくなれそうにない．モスクワのS.I.ブラジンスキーは次の点を最初に指摘した．核の冷却とともに外核物質が固化して内核表面に付着し，固体の内核が成長するが，その際に固体と液体の間で組成は厳密には同じにならない．外核に溶けていた軽い元素（おそらく酸素，ケイ素，硫黄，炭素，水素などとの混合物になっている）は，固化する部分に入ることができず，過剰な軽元素として流体の境界に取り残される．この軽元素が対流によって外核全体に混ざることで，表1にあげたように，内核形成に伴う重力エネルギーが放出される．現在の重力エネルギー放出率は3×10^{11}Wと見積られ，少なくともその半分1.5×10^{11}Wが地磁気ダイナモを駆動するのに消費される．

流体の外核で生じる運動は，マントル対流の速度より100万倍も速いにもかかわらず，対流運動の力学的なエネルギーは非常に小さい．核の内部の対流エネルギーは，ダイナモの作用によって直接磁場エネルギーに変換される．磁場の総エネルギーは約10^{22}Jである．このエネルギーは，核に電流が流れて電気抵抗のために発熱することで，絶え間なく失われる．したがって，エネルギー供給量1.5×10^{11}Wは，エネルギーが失われる割合と同じになり，このことから，磁場が維持できずに消失するのにかかる時間を次のように計算できる．

$$10^{22}\text{J}/1.5 \times 10^{11}\text{W} = 6.7 \times 10^{11}\text{秒} = 2000\text{年}$$

この計算は大雑把ではあるが，地球磁場が反転する典型的な時間尺度の見積りになっている．

●地表のエネルギーバランス

地球内部から地表に放出される熱の平均流量は0.086Wm^{-2}である．地殻内部の温度勾配は，この平均熱流量に対応して約25℃/kmとなり，それは深い鉱山や掘削孔の温度上昇によってはっきりと認識できる．しかし，この熱流量は地表には意味のある効果をもたらさない．太陽光の放射エネルギーは1367Wm^{-2}，夜の領域を含めた地表全体の平均を取っても342Wm^{-2}にもなる．地球内部の熱は，火山の噴火を起こすことを除いて，気候にほとんど影響しない．

●将来の展望

地球内部でテクトニクスを駆動するエンジンは，放射熱源によって維持されると考える限り，バネで動く時計に似ている．しかし，この類似は非常に不完全である．バネのエネルギーには明確な終わりがあるが，放射性物質の崩壊にはそれがない．さらに，表1の数字で示すように，地球に蓄積された熱量は，

誕生以来放出されつづけてきた放射能発熱量全体の2倍，これから地球が死ぬまでに放出される放射能発熱の6倍になる．放射熱源は地球の冷却を遅らせるが，対流とテクトニクスの全過程は，蓄積されたエネルギー源によって，少なくともこれから100億年間は維持できる．それより前に，エネルギーを使い尽くした太陽が最後の膨張をして，地球を飲み込んでしまうだろう． [Frank D. Stacey/井田喜明訳]

■文 献
Stacey, F.D. (1992) *Physics of the Earth* (3rd edition). Brookfield Press, Brisbane.

地球の応力場
stress field of the Earth

地球の固体部分である地殻とマントルは数秒から数分の周期の応力に対して短期的には強度を保持しており，地震によって励起された横波（S波）が地球内部を伝播することを可能にする．しかし，数年より長い周期の応力に対しては大部分の地球マントルは軟弱な媒質として振る舞い流動することができるために，対流運動やプレート運動が起こることを可能にする．

地球の外側のリソスフェアとして知られる強度の大きい層は100 kmほどの厚さをもち，地殻とマントルの最上部から構成されている．リソスフェアはその下のアセノスフェアに比較してその強度を根拠に定義されるが，相対的に強度が大きいのでリソスフェアは十分な応力に耐えることができ，その一部に加えられた力はかなりの距離まで伝わることができる．

リソスフェアに影響を及ぼす応力系は「継続可能なもの」と「継続が不可能なもの」の2つの型に分けられる．継続可能な応力とは，この応力による歪みエネルギーが連続的に散逸するにもかかわらず応力の原因となる力が連続的に再度加えられているため持続する応力である．この型の応力のおもな力源はプレート境界に作用する力と山脈や高原による地殻への表面荷重がある．継続が不可能な応力は，たとえば熱の膨張や収縮あるいはリソスフェアの曲げによるもので，全体的な応力の状態にさほど重要な寄与をしない．

プレート境界に作用する力のおもなタイプにはスラブ引張り力，海溝の吸引力，海嶺の押しの力，マントルの曳力がある（図1）．スラブ引張り力（SP）は沈み込むプレートに働き，冷たく高密度の沈み込むスラブによる負の浮力のために生じる．海溝の吸引力（TS）あるいは沈み込み吸引力は上面プレートが沈み込むスラブに固定されるために沈み込み帯の上面プレートに作用する．海嶺の押しの力（RP）は海嶺の下にある暖かくより低密度のマントル物質が横方向に拡大する結果として引き起こされる．マントルの曳力（MD）はプレートの基底部に作用し，アセノスフェアの流れの方向によってはプレート運動を促進するかあるいは妨害する力である．注目すべき応力は山脈や高原のような大きな地形的な荷重が深所の低密度の物質で支えられるような場所でも生じる．これらの応力はちょうど海嶺と同じように周りのリソスフェアに隆起と圧縮応力と交差して水平方向の引張り応力を及ぼす．

このような力の大きさの推定値は0〜50 MPaの範囲にあり，リソスフェアの厚さ全体にわたって作用している．しかし，時間の経過とともに下部リソスフェア内の応力減衰は上部リソスフェア中の応力を増幅し数百 MPaのレベルに高める．この応力は

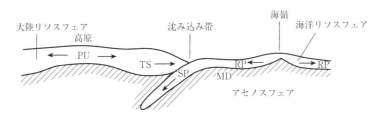

図1 リソスフェアのおもな応力源．RP：海嶺の押しの力，SP：スラブの引張り力，TS：海溝の吸引力，MD：マントルの曳力，PU：高原の隆起力．

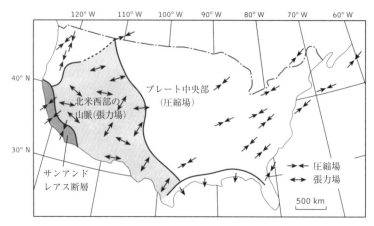

図2 米国とその隣接地域の応力分布.（Zoback, M. L. and Zoback, M.（1980）*J. Geophy. Res.*, **85**,（B11）6113-56）

地殻の最強の部分を破壊するのに十分なものである.

上部地殻中の現在の応力場は地震の発震機構の研究や孔井中の水圧破砕法，歪みゲージ法のような現場技術を使った直接測定から推定される．地球上の多くの場所でこれらのデータは入手されているが，その地域分布は一様でない．多数の測定は米国，西ヨーロッパと中央アジアで実施されている．しかしながら，水平応力の方向や大きさは広地域にわたって一様であり，しかも安定した大陸や海洋地殻内部では一般に圧縮状態にあることが明らかとなった．局所的な引張り応力は大陸と海洋リフト，隆起した高原で作用している．

米国での上部地殻内応力の解析から，安定した中央および東部地域が一様な北東-南西から東北東-西南西の圧縮応力が作用していることがわかった（図2）．しかし，ロッキー山脈やベーズンアンドレンジ（Basin-and-Range）地方から構成される西部の広範囲の地域は，北東-南西から北西-南東に方向が変わる水平張力場で特徴づけられる．サンアンドレアス断層近傍や西部の大陸縁に沿って応力場は北東-南西の圧縮場に再び変わる．張力場の地域の応力状態は隆起した高原から期待されるものと調和しており，隆起した境界にほぼ直交して東北東-西南西方向の圧縮力が安定な大陸内部に伝わっている．しかし，米国東部の北東-南西の方向の圧縮は大西洋海嶺の押しの力とは明らかに関係しない．

西ヨーロッパの応力はかなり一様であり，北西-南東の方向の最大水平応力が特徴的である．この方向は，西方の大西洋から東南東方向の海嶺の押しとアルプスのフロントからの北方への押しを折衷した力と矛盾しない．

応力軸の方向と絶対プレート運動の方向の間には世界的な相関関係があることが以前から指摘されている．このことはプレートの動きに原因がある正味のプレート境界力がプレート内部の応力分布に著しく影響を及ぼしていることを示唆している．

［R. G. Park/浜口博之訳］

■文献
Park, R. G.（1988）*Geological structures and moving plates*, Chapter 2. Blackie, Glasgow.

地球の形状
figure of the Earth

「地球の形状」とは，地球の重力場の「形状」である．海洋域では，平均海水面がこの形状と理解できる．この考えを大陸域にも拡張するには，海洋から狭い運河を大陸に掘ったとイメージすればよい．このときの水位が，ジオイドと呼ばれる面上にくる．ジオイドは，重力の等ポテンシャル面の中で，海水面との一致が最もよい面である．地球の形状とは，このジオイド面の形状である．

ジオイドは，実際の地形そのものよりもむしろ，なめらかな楕円体にはるかに近い．ジオイドの起伏

をより見やすくするために，楕円体の特徴である赤道域での膨らみを取り去ってみても，大陸や海盆の存在は，ジオイド起伏を表す等高線図上には認められない．大陸は，アイソスタシーで釣合いがとれている，つまり，大陸は，より重いマントルの上に浮いているように見える．大陸とジオイドの起伏との間には，直接的で簡単な関係はない．ジオイドの起伏は，むしろ地球深部に起源がある．

地球の形状が，球形から逸脱している最も顕著な点は，楕円体に近いこと，いいかえれば極域がへこんでいる点である．これは，重力と回転の効果による遠心力のバランスの結果である．赤道半径は極半径より約21 km大きく（これは1/300に相当し），それ以外のジオイドの起伏成分はそれより何百倍も小さい．ジオイドの楕円体からのずれが最大になる地域はインドの南で，そこでは105 m低くなっている．これは，陸域地表面の起伏や，大陸と海洋底の平均高度差5 kmと比べると大変小さい．

楕円体に近いことと地球の自転とが複合した結果，緯度によって重力が変化する．両極での重力は赤道での値より0.53%大きい．この違いの大部分（0.35%）は遠心力によるものであるが，残りの0.18%は，地球が楕円体であることによっている．

もし地球が均一な密度構造であったならば，赤道の膨らみは，1/230程度になるだろう．観測される扁平率がそれより小さいという事実は，遠心力の影響が比較的重要でない地球の中心に向かって，質量が集中していることによる．さらに，遠心力が起こそうとする変形に対抗して，惑星形状を球にしようと中心方向に引っ張る重力は，惑星の密度が大きければ大きいほどより効果的にはたらく．これは，地球内部の層の扁平度が表面のそれより小さいことを意味する．結果として，ジオイドを扁平にしようとする効果のうち地球内部の層からの寄与も小さくなっている．

観測される地球の扁平率（1/298.26）は，地球が流体であったとしたら観測されるであろう静水圧平衡状態での値（1/299.63）より若干大きい．その差は，赤道域での膨らみに換算して100 mにも及ぶが，それにはいくつかの理由がある．2つの最も重要な理由として，①地球はより高密度の物質が赤道域に移動しやすいように調整する傾向がある（ジオイドの高まり）．これは，角運動量を固定したとき

の回転エネルギーを最小にする状態である．②極域は，最近の氷河期の氷床荷重により押し下げられており，現在はアイソスタティックな状態に復元している過程にあるためである．

[Frank D. Stacey/大久保修平訳]

地球の構造
Earth structure

地球の内部は人が近づくことができないところである．いまわれわれが知っている地球の内部情報は地表の岩石の知識，全体としての地球の形やその物理的な性質，さらに地球物理学と地球化学の実験結果をもとに演繹されたものである．

地球を理解したいという願望ははるか昔の旧約聖書や古代ギリシャ，さらには中国の歴史までさかのぼる．しかし，地球の内部構造に関する理解は19世紀ビクトリア朝時代の英国の物理学者（たとえばレイリーやラザフォード）や，1924年に古典的著作である『*The Earth*』を最初に出版し近代地球科学の基礎を築いたハロルド・ジェフリーズ卿の時代にはじまったといえる．観測機器とくに計算機の急速な発達に伴って1980年代以降，地球内部の微細構造と仕組みについての詳細な知識は大きく進展した．

大まかにいえば地球は同心円的な一続きの球殻である．おのおのの球殻は個別の物理的・化学的な性質をもっている（図1，表1）．地殻は最も外側の最も薄い球殻である．内部に入っていくと次の球殻はマントルと呼ばれる．それは深さ2891 kmまで達している．マントルは上部マントルと下部マントルの2つの層に分けられる．最後の球殻は地球の中心にあるコア（核）である．このコアは外核と最も内部の内核に分けられる．

●地　殻

地球の表面に露出している岩石は地殻の一部である．地殻はシリカ（石英）に富んだ岩石の薄い層から構成されているが，下層のマントル物質が融解し，それが引き続き変成作用あるいは侵食作用を受け地

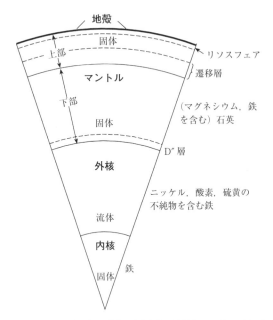

図1 地球の大局的な内部の区分．地殻とマントルはケイ酸塩で，また核はおもに鉄からできている．地殻とマントルは固体で，外核は流体，内核は固体である．

殻となった．場所によっては変成作用と侵食作用の両方を受けている場合がある．

したがって，地殻を構成する岩石はそれらの履歴によって火成岩，変成岩，堆積岩に大きく分類される．地殻は最古の冥王代（Hadean, 40億年以前の時代）から最も若い現代の溶岩まであらゆる年代の岩石を含んでいる．大陸を構成する地殻はその起源，構造や組成からして海洋底の地殻とは異なる．概して大陸地殻は花崗岩質（granitoid）からなるが，海洋地殻は玄武岩質（basalt）からなる．大陸の下では地殻の平均の厚さは約38 kmである．しかし，ドイツのライン地溝帯や東アフリカ地溝帯のような大陸が伸長している地域では，地殻の厚さは地溝帯の両脇の厚さより10〜15 kmほど薄い．一方，アンデス山脈，アルプス山脈，ヒマラヤやチベットのような高地の下では，大陸地殻は通常よりは厚く，しばしば50 kmを超える．ある意味では大陸地殻は，密度の大きいマントルに浮かんでいる軽い「浮き滓」と見なすことができる．それは氷山や丸太の木が水に浮いているのに似ている．地球の歴史を通じて大陸地殻の体積は増大してきた．大陸（たとえば北米大陸）の中心を構成するクラトン（楯状地）は太古代（25億年より以前）の年代をもった地殻である．このような太古の楯状地の周りやそれらを覆いながら，新しい岩石が時間とともに大陸に付加されてきた．アイソトープ比にもとづく「地殻の成長速度モデル」によると，大陸地殻は太古代の大部分の期間にわたりじわじわと成長し，太古代の後期に成長速度が増加し，それ以降は緩やかに成長した．現在の大陸地表面の70%は4億5000万年より以前につくられたものである．堆積岩の風化や堆積が連続的に起きているプロセスは地殻の岩石のなかでずっと再循環している．プレートテクトニクスというベルトコンベヤーシステムでは，大半の堆積物が上側のプレートの付加帯の端に付加されていることは確実であるが，一部の堆積物は沈み込み帯でマントルのなかに連続的に失われている．マントルの部分溶融に直接由来する火山岩からなる新しい地殻が大陸に連続的に付加されている．

大陸地殻と違って海洋地殻は年代が若く，厚さも薄くて，化学的にはマグネシウムに富んでいる．すべての海洋地殻はジュラ紀以降の産物である．ジュラ紀中期の地殻はわずかばかり残っている．海洋地殻の平均的厚さは7 kmである．海洋地殻は海嶺の下の浅いところのマントル内で減圧溶融の結果つくられたものである．そのため海洋地殻は玄武岩からできており，その組成も均一である．海洋玄武岩は一般にMORB（中央海嶺玄武岩）と称せられる．海洋地殻を構成する上昇するマグマのある部分は海底で噴火するが，多くのものは噴火することなく固

表1 地球の各層の体積，質量と密度．

	深さ (km)	体積 (10^{18} m^3)	体積 (全体に占める割合(%))	質量 (10^{21} kg)	質量 (全体に占める割合(%))	密度 (10^3 kg m^{-3})
地殻	0-モホ面	10	0.9	28	0.5	2.60-2.90
上部マントル	モホ面-670	297	27.4	1064	17.8	3.35-3.99
下部マントル	670-2891	600	55.4	2940	49.2	4.38-5.56
外核	2891-5150	169	15.6	1841	30.8	9.90-12.16
内核	5150-6371	8	0.7	102	1.7	12.76-13.08
地球全体	—	1083	100	5975	100	

地球の構造　381

表2　海洋地殻の大まかな層構造.

	岩石学的層構造	平均厚さ (km)	地震P波速度 (km s^{-1})
Layer 1	堆積層 (可変)	約0.5 (年代による)	約2
Layer 2	玄武岩 破砕溶岩層	2.1±0.6	2.5-6.6
Layer 3	岩脈群, 斑れい 岩層, 沈積岩	5.0±0.8	6.6-7.6

化して海洋地殻に特徴的な成層した層をつくる. 大まかな岩石学的層構造は地震P波速度から推定される. Layer 2とLayer 3は岩質と物理的性質の細かな特徴によって表2に示すように一般に細分される.

　地殻の最上部は掘削によって直接試料を採取できる. 海洋底掘削の大規模共同計画である国際深海掘削計画（ODP）によって海洋地殻の微細構造の詳細な情報がもたらされ, 海域の細部にわたる構成に関する疑問について解答が与えられた. 一方, 大陸に関しては地殻の中程まで達する2つの深部掘削計画がある. 1つはドイツでのKTBであり, もう1つはロシアのコラ半島のものである.

　掘削による情報が少ないにもかかわらず, さまざまな地球物理学的手法の長所を活かして, 大陸地殻の微細構造のみならず異なったテクトニックな地域で大局的な総合的構造が求められている. 重力探査からはもっともらしい地下密度構造のモデルをつくることが可能である. 岩石の密度はその組成に大きく依存するから, 重力測定は岩石の種類を推定することに使われる. 電気的・磁気的探査からは地殻や上部マントルの電気的・磁気的な性質についてモデルを求めることができる. 鉱物の組成, 間隙率, 透水率は岩石の電気伝導や磁化率を支配する補足的な要素である. しかし, 地震学的方法は海域と大陸の両方の地殻について最も詳細で一意的なイメージを与える.

　反射法地震探査によって小地域の微細構造をイメージングすることができる. これは堆積岩中にある炭化水素をみつける石油探査の主要な方法である. また, この方法は結晶質の地殻と, ときによっては最上部マントルをイメージングする際にも用いられた. 米国のCOCORP, カナダのLithoprobe, 英国でのBIRPSのように, それぞれ国の地震探査計画は大成功を収めている. 地震反射断面からは反射波が戻ってくる構造や特徴に関してイメージングが得られる. 反射は地震波速度か密度に変化がある場合にのみ起きる. 反射波は堆積物や火成岩の接触面や深成岩の底面から反射して記録される. しかし, 岩塩ダイヤピルや花崗深成岩のように全体的に均質な物質では反射波は存在しない. 広角反射法地震探査法や地震屈折法は, 地殻や最上部マントルをイメージングする際に用いられるもう1つの制御震源による地震探査法である. 一般にこの方法では反射法のように微細な構造は得られないが, 地震波構造を求める際の重要な方法である. 地震波速度の深さ分布モデルは岩石学の専門用語を用いて解釈される. 大陸地殻は海洋地殻のように成層しておらず, また特徴的な地震波構造ももちあわせていない. それでも堆積物の下の結晶構造をもつ地殻の最上部10 km位では一般にP波速度が6.0～6.3 km s^{-1}であり, さらにその下の速度は標準的に6.5 km s^{-1}を超えている. 地域のテクトニックな履歴やそれらの複雑性に由来して地殻内に低速度層が存在したり, 7 km s^{-1}を超える下部地殻の物質が存在したりする.

　地殻とその下のマントルの境界はモホロビチッチ不連続面（略称モホ面）と呼ばれる. 1909年にこの境界面の位置をはじめて決めたA.モホロビチッチにちなんでこの名称が付けられた. 標準的な上部マントルのP波速度は8.1 km s^{-1}である. しかし, 局所的にはかなりのばらつきが観測されており, 中央海嶺軸沿いのようにマントルが熱いところでは地震波速度は遅くなり, 冷たくて高密度の地域では地震波速度が速い.

●マントルと深部の内部構造

　制御震源による方法は地殻やマントル浅部の構造決定には都合が良いが, 地球の深い部分の地震波速度を決定するのには適していない. 地震波走時を求めるためには制御震源の代わりに自然地震をエネルギー源とし地震観測網を利用する方法が使われる. 走時は地球深部の地震波速度の変わり具合を計算するのに用いられる. 表面波の周波数の違いによって速度が異なるという分散特性を利用して, 同様にマントル内の地震波速度が求められる. 図2には全地球の地震波速度構造を示す. この図は走時データだけではなく, 地球自由振動の周期, 地球の質量や慣

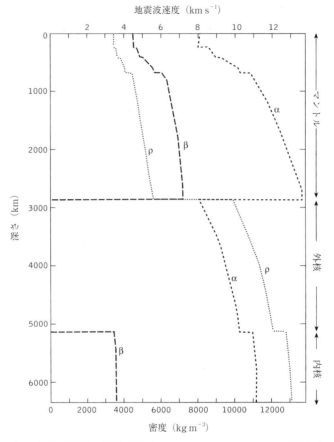

図2 地球の地震波・密度に関するPREMモデル．このモデルは地震波走時と地球振動，地球質量，慣性モーメントの同時インバージョンから求められた．α：P波速度，β：S波速度，ρ：密度．

性モーメントも利用して決められたものである．

熱の伝わり方によって地球を類別することができる．リソスフェアプレートは地球の最も外側の剛体に近い冷たい表層であり，地球の表面を動くことができ，このプレートの縁に沿って多くの地震活動と火山活動が起きている．リソスフェアのなかを熱が伝わるおもな機構は伝導である．このプレートは厚さがおよそ100 kmで，地殻とマントル最上部を含んでいる．リソスフェアの下のマントルは比較的高温であり，短時間には固体のように振る舞うが，地質学的な時間スケールでは流動することができる．この事実は対流がリソスフェアの下のマントルを通して熱を伝える機構であることを意味する．上部マントルと下部マントルが2層に分かれたシステムとして対流しているかどうかということについてはかなりの科学的議論がこれまでに行われた．対流が別々に起きているかもしれないということは次の4つの論点から示唆された．(a) 地震波速度と密度が深さ670 kmで急増すること，(b) 沈み込み帯で起きる深発地震の最深の深さが670 kmであること，(c) 沈み込んだプレートのあるものは深さ670 kmで折れていること，(d) 地球化学的モデルによると上部マントルは（たとえば部分溶融と地殻の抽出によって）微量元素が涸渇しており，地球の長い歴史の間にわたって下部マントルと分離している．しかし，マントルの三次元速度イメージングからプレートは下部マントルに沈み込んでいることがわかっており，マントルは完全には2層に成層していないかもしれないことが最近の研究から示唆されている．

マントルのなかではP波とS波速度は深さとともに増加する．P波速度はマントルの上部で8.1 km s^{-1} から増加し，核・マントル境界（CMB）では

13.7 km s^{-1} になる．しかし，地震波と密度の深さ分布には一様に増加する変化に加え，いくつかの大きな不規則な変化が重なっている．上部マントルにはS波の低速度層があり，およそ 220 km の深さまで達している．この低速度層は表面波の分散データによってはっきりと同定され，一般にアセノスフェアとして知られている．接頭語の「アセノ」はギリシャ語で「軟弱な」「病的な」という意味である．アセノスフェアの下では地震波速度と密度は深さ 400 km まで一様に増加する．そして，この 400 km と 670 km の深さで地震波速度と密度が急激に大きくなり，その後，地震波速度は下部マントルを通り抜けてマントル基底部の厚さ 200 km の層まで一様に増加する．マントルの最下部では速度の増加割合は大きく減少する．この部分には地震波の振幅や走時のばらつく領域があり，かなり不均質性の高い領域であることが示唆されている．

マントルの主要な構成鉱物であるオリビン（Mg, $Fe)_2SiO_4$ に関する実験に基づく研究によると，約 400 km と 670 km の深さに相当する圧力で相転移が起きる．この相転移では鉱物の組成変化は含まれず原子がより稠密な結晶構造になると理解される．390 km と 450 km の間でオリビンはスピネル構造に変化し 10% の密度増が起きる．オリビンからスピネルへのこの変化は発熱反応であり，潜熱の形でエネルギーを放出する．その他の主要なマントル鉱物であるパイロキシンもこれらの深さで相転移を起こしガーネットに変わる．深さ 670 km で起きる変化によってスピネル型からペブロスカイトや酸化マグネシウムであるポストスピネル型の構造に変わる．この変化もまた 10% の密度増加をもたらすが，吸熱反応であり，変化が起きるためには熱を必要とする．この相転移は 670 km の深さで地震活動が停止することや上部マントルと下部マントルという 2 つの独立したシステムとしてマントル対流パターンが維持されていることを支配していると推測されている．上部マントルに蓄積した大量の物質がその基底部から下部マントルに降下するときに，周期的にどっと流れ込むという対流様式が起きているかもしれない．下部マントルの底は実際には沈み込んだプレートの廃棄物集積場であるかもしれない．

マントルを記述する古い用語について説明しよう．400〜670 km の深さの全領域はマントルの遷移層と呼ばれる．その下の 670〜2700 km までのマントルはしばしば D′ 層と呼ばれる．マントル最下部における深さ 2700〜2900 km の厚さ 200 km の層は D″ 層と呼ばれる．マントルの残りの部分では熱が対流で運ばれて入るのに対して，この D″ 層では地震波の速度変化率が減少し，また不均質であるのは，熱が伝導によって移動していることによるかもしれない．D″ 層は石英からなるマントルと鉄からなる核の間で起きる旺盛な化学的相互作用の結果として出現したのかもしれない．

●核

核の存在は 1906 年に R. D. オールダムによって発見され，1912 年に B. グーテンベルグによってその深さが 2900 km であると正確に位置が決められた．核とマントルの境界（CMB）はグーテンベルグ不連続面として知られている．核は物理的にも化学的にもマントルとは異なる．核の組成はおもに鉄が多いが，その他の元素が少量含まれている．1926 年にハロルド・ジェフリーズは地球潮汐の研究から外核は流体であることを示した．それから 10 年後の 1936 年に I. レーマン（1888-1993）は核の中心部には固体の内核が存在することを明らかにした．この発見は，ニュージーランドで起きた地震から射出された地震波が地球の中心を通ってヨーロッパで観測されたことを利用して導かれたものである．外核と内核の境界は発見者にちなんでレーマン不連続面と呼ばれる．

CMB 上では，P 波速度は 13.71 km s^{-1} から 8.06 km s^{-1} に減速する．またS波速度は 7.26 km s^{-1} からゼロに激減する．一方，密度は 5567 kg m^{-3} から 9903 kg m^{-3} に増加する．このことは外核が流体であることと一致する（流体はS波を通さない）．外核内ではP波速度は一様に増加し外核と内核の境界で 10.36 km s^{-1} になる．境界ではP波速度は 10.36 から 11.03 km s^{-1} となり，S波はゼロから 3.50 km s^{-1} になる．密度は 1 万 2166 kg m^{-3} から 1 万 2764 kg m^{-3} に増加する．内核のなかではP波，S波速度および密度はわずかに増加し，地球の中心でそれぞれ 11.26 km s^{-1}，3.66 km s^{-1} および 1 万 3088 kg m^{-3} の値になる．

核の試料が入手できないため核の組成を証明することは難しい．かわりに巧妙な工夫と類推という

手段を頼りに組成を推定する．太陽と隕石のなかで相対的に多い元素をもとに核はおもに鉄からできていること，そして大部分はニッケルを少量含んだFe_2Oで近似できることが示唆されている．地震波速度と密度構造と高温・高圧下での室内実験から内核はほぼ純粋な鉄であることが示された．外核は10％ほどの軽元素（候補の元素は酸素，硫黄，ニッケルそして石英）を含んだ鉄の合金である．実験によると融解した鉄と鉄の合金は固体の鉄とマグネシウム石英と強く反応する．だから核・マントル境界（CMB）での地震波の複雑な挙動は，この境界での化学反応で説明ができる．CMBは地球のなかで最も化学的に活発な場所である．

外核が流体で内核が固体であることは地球潮汐や地球回転の研究ばかりでなく地震観測の結果とも調和する．2つの研究は流体の核の存在が必要であることを示した．流体の外核は地球磁場の源である．外核は巨大な球状のダイナモ（発電機）として働き，相対的に軽くて上昇する対流の流れが電流を運ぶ．この電流が地球の磁場と反応して磁場を強化している．これは自己励起ダイナモと呼ばれるもので，外核が流体で対流しており，しかも鉄分に富んでいて電流を通すことによって起きるものである．

[C. Mary R. Fowler/浜口博之訳]

■文　献

Bolt, B. A. (1991) *Inside the Earth : evidence from earthquakes.* Freeman, San Francisco.

Brown, G. C. and Mussett, A. E. (1993) *The inaccessible Earth* (2nd edn). Chapman and Hall, London.

Claerbout, J. F. (1985) *Imaging the Earth's interior.* Blackwell Scientific Publications, Oxford.

Fowler, C. M. R. (1990) *The solid Earth : an introduction to global geophysics.* Cambridge University Press. (2nd edn. 2000.)

Grand, S. P., van der Hilst, R. D., and Widiyantoro, S. (1997) Global seismic tomography : a snapshot of convection in the Earth. *GSA today*, Geological Society of America, **7**, No. 4, 1-7.

Dziewonski, A. M. and Anderson, D. L. (1981) Preliminary Reference Earth Model. *Phys. Earth Planet. Inter*, **25**, 297-356.

Jeanloz, R. (1983) The Earth's core, *Scientific American*, **249**, 56-65.

McKenzie, D. P. (1983) The Earth's mantle. *Scientific American*, **249**, 66-113.

地球の自転と公転
rotation and orbit of the Earth

「地球は1日に1回自転し，1年で太陽の周りを1周する」という説明は地球の動きをうまく要約しているが，多少単純化しすぎている．とくに大きな問題は，基準座標系が欠如している点である．北極上空から眺めると，地球は反時計回りに回り，同じ方向で太陽の周りを回っている（図1）．

地球が1回転する間に，地球は太陽の周りを秒速30 kmで1/365周動く．つまり地球が1回転したときには，地球から見た太陽の位置が多少異なったものになっている．自転と公転は同時に進行するため，自転が完全に1回転するのに必要な時間と，地上での昼（ある地点から見て太陽が最も高い一時点）を基準に定義されている1日とは等しくない．真昼から真昼までが24時間であり（これを基準としてわれわれのいう1時間が定義されている），この期間が太陽日と呼ばれている．地球が完全に1回転する

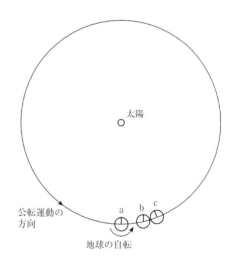

図1 地球の公転運動と太陽日・恒星日との関係を示すための，縮尺概念なしの模式図．地球（と太陽）の北極の上から見て，地球は反時計回りに回転する．地球（そしてほかのすべての惑星）の公転運動は反時計回りである．位置aの地球は，任意の開始時間を表す．これは，地球上の特定のある点における真昼である．地球が正確に1回転を完了した正確な1恒星日の後でも，その公転運動は地球を位置bに運んでおり，地上の基準点ではまだ真昼ではない．開始から1太陽日の位置cに地球が到達するまで真昼にはならない．

ために要する時間（恒星日と呼ばれている）は太陽日よりやや短い約 23 時間 56 分 4 秒である．地上のある地点からある星を観察すると，日々 3 分 56 秒ずつ早まって地平線を昇ってくるという事実は，この違いを感じることができるよい例であろう．夕刻に見られる星の位置が 1 年を通して徐々に変化するのは，このためである．

　季節変動は，地球の自転軸が公転面に対して 90° ではなく，23°30′ 傾いて（人間のタイムスケールにおいては）固定されているために生じる．毎年 6 月 21 日ごろに北極は最も太陽に近づき，太陽は最遠北点に到達する．このとき北半球は夏となり，南半球は冬となる．これが夏至であり，このとき北半球では昼が最も長くなる．反対に 12 月 21 日ごろに北極は太陽から最も離れ，北半球は冬（最も昼が短い）となり南半球は夏となる．これが冬至と呼ばれる．夏至と冬至の中間にあるとき，自転軸の傾き方向が太陽方向に対して直角となり，地表のすべての場所で昼と夜の期間が等しくなる．この昼夜平分時は毎年 3 月 21 日ごろと 9 月 21 日ごろに起こる．こうした特定の日のカレンダー上での日付は毎年変わっているが，これは 1 年を太陽日ではっきりと表せないことが原因である．正確な値では 365.25636 太陽日が 1 年，厳密にいうと 1 恒星年となる．この値を 365 と 1/4 日と近似し，常用年を 365 日としたために，4 年に一度 366 日を導入する暦が採用されている（4 の倍数の年がこの年に当たる）．この 366 日の年が閏年である．西暦年が 100 で割り切れる年のうちで 400 で割り切れる年は閏年とする，という現在の暦は，1582 年に教皇グレゴリウス 13 世によって導入されたので，グレゴリオ暦として知られている．これは実際の値と近似値である 365 と 1/4 日との差である 0.00636 日を埋め合わせるので，1000 年につき 7 時間 16 分の誤差が残っているだけとなる．

　さらに複雑なことに，地球軌道は完全な円ではなくて楕円軌道である．最も太陽に近づくときを近日点と呼び（1 月 3 日前後），地球-太陽間距離が 1 億 4710 万 km となる．最も太陽から遠ざかる点を遠日点と呼び（6 月 4 日前後），その距離は 1 億 5110 万 km となる．ここで惑星公転速度は近日点で最高となり遠日点で最低になるのだが，自転速度は一定である．そのため，通常の時間から要求される「平均的な太陽」で期待される位置からはややずれが生じるので，日時計は 2 月には 14 分遅くなり，11 月には 16 分早くなる．

　地球の公転軌道と自転は，長期的に見ると一定ではない．太陽と月の引力によって赤道方向の半径が極方向の半径よりも大きくなる影響や，小さいけれどもほかの惑星の重力による影響も受けている．地球の自転軸の傾斜方向は，2 万 2000 年周期できれいな円を描き，傾斜角は 21.8° から 24.4° まで 4 万年周期で変化する．公転軌道の形は円に近づいたり遠ざかったりを 11 万年周期で繰り返している．こうした周期の複合的な影響は，全球的気候変動を生じる重要な要素であろう．自転速度の変化には，より長い時間がかかっている．その最大の要因は月の潮汐力であり，1 日の長さは過去 4 億年で 2 時間遅れている．
　　　　　　　　　[David A. Rothery/宮本英昭訳]

地球の熱流量
heat flow in the Earth

　融解した外核から穏和な地球表面まで地球の温度は数千℃にわたって変化している．地球内部の熱は次のようないくつかの機構によって蓄積されるが，それらの関連はまだ十分には理解されているとはいえない．①落下する隕石や小惑星の破片の凝縮過程で地球が獲得した位置エネルギー，②ケイ酸塩岩から鉄が分離沈降して地球の核をつくる過程で重力エネルギーから変換した熱エネルギー，③岩石や核の内部の放射性元素が連続的に崩壊する過程で放出された熱エネルギー．地球の歴史の間に内部の熱は宇宙空間に徐々に逃げていったが，ケイ酸塩岩からなる地球のいちばん外側の層は熱の絶縁体として作用しその散逸を防いだ．地球の熱エネルギーは主として伝導と移流という 2 つの機構によって運ばれる．

　伝導による熱の流れにおいては高温側から低温側に熱エネルギーは流れる．T_1 と T_2 をそれぞれ高温側，低温側の温度，両者の間の距離を ΔZ とするとエネルギーの流量は温度差 $\Delta T = T_1 - T_2$ に比例する．個々の物質には $\Delta T/\Delta Z$ を決める比例定数 κ が存在し，この定数 κ は熱伝導率として知られてい

る．ケイ酸塩岩の熱伝導率は非常に小さく，黄鉄鉱（FeS_2）のような鉄硫化物の熱伝導率の 1/10，銅（Cu）のような純粋の金属の 1/100 である．地表面近くの伝導による安定した熱流量は深さとともに徐々に温度が増加することで維持されている．地下では深さが 50 m 増すごとにおよそ 1℃温度が増加する．鉛直の熱流量 $Q = \kappa (\Delta T / \Delta Z)$ は，井戸の内部の 2 点の深さ Z_1, Z_2 での温度と，その間隔 $\Delta Z = Z_1 - Z_2$ の間にある岩石の熱伝導率 κ を測定することから推定することができる．

ケイ酸塩岩中の伝導は能率が悪いので，地球の熱エネルギーは物質が移動することで熱を運ぶ移流によって行われる．割れ目を通じてあるいは多孔質な岩石の間を浸透する水によって熱は移流することができる．火山地帯では地殻のなかに数 km 深く潜りこんだ雨水がその後温泉や間欠泉（ガイサー）として地表まで上昇してくる．熱の移流の劇的な形態は溶けた岩石やマグマが噴火したときに認められる．マントルや地殻中のケイ酸塩岩はおもに固体の状態であるが，地質年代的なスケールで見ると浮力に応答して流れている．温度が上がったり下がったり変化すると岩石は膨張したり収縮したりする．それはちょうど熱気球のようであるが，はるかにゆっくりと変化し，岩石が熱せられると膨張し，それに対応して密度が減少し地球の内部を上昇しようとする．同様に岩石が冷やされると密度が増して沈降する．地球のマントル中では対流というプロセスで熱い岩石の上昇と冷たい岩石の沈降が連続的にやり取りしながら熱を上方に移流する．

溶けた鉄からなる核から地表の地殻まで運動のない岩石を通じて熱を伝導で伝えるよりはむしろマントル対流で熱を伝えているということを地球物理学者はどのようにして決定したのであろうか．相当大きな熱せられた岩石の試料を想定してほしい．熱せられた岩石の上昇の度合いは熱膨張係数 α で決まる．ケイ酸塩岩の典型的な熱膨張係数 α は温度が 100℃上昇するごとに 2/1000 の割合で膨張することを示す．またマントルの上部と下部の間の温度差 ΔT が大きくなれば浮力は促進される．平均的な地球の表面温度は 17℃に近く，マントル底部での温度はその下の核の鉄の融点より高い．核の融点についての知識は不十分であるが，おそらく 3800℃を超えているであろう．流れが起きるためには浮力が粘性率 η で決まる流体の抵抗に打ち勝たねばならない．また，上昇傾向にある岩石の熱伝導率 κ によって熱を逃がす力に浮力は打ち勝たねばならない．潜在的に対流している領域がどれくらいの大きさであるかもまた重要な要素である．なぜなら，そのシステムが有限の大きさであれば，高温と低温の岩石が反対方向に流れを維持するのが困難になるからである．これらのパラメーターの評価は系の熱の流れが対流であるか伝導であるかを決定するレイリー数 Ra と呼ばれる 1 つの無次元の量に集約される．レイリー数 Ra がある基準値より大きいとそのシステムは対流的な不安定性が勝り，移流による熱の輸送が支配的になることが実験室でのモデル実験から推定された．20 世紀の中頃にはすでに地球物理学者は，レイリー数が対流の限界値をはるかに超えていることから，核から熱はマントル内を対流で運ばれていそうであると判断した．対流的不安定性は全マントルとしてではなくたぶんマントル内で地域的な規模で起きている．

マントルの厚さ 2900 km の約 10％にあたるマントル上部とその最下部の 100～200 km ではまだ伝導による熱流が大きな役割を担っている．伝導の層は境界層を形成し，下部の核から熱を吸収し，地殻を通して熱を外の大気に逃がしている．上部の境界層はリソスフェアとして知られており，また下部の境界層は地震学者が D″ 層と名づけたものである．この D″ 層は散乱など地震波の異常な伝搬があることで特徴づけられ，リソスフェアに匹敵する複雑な状況にあることが示唆されている．境界層内では深くなるにしたがい温度が大きく増加し，その層内を流れる熱流が強化される．しかし，2 つの境界層に挟まれたマントル内では伝導による熱輸送はほとんど実在せず，この間は断熱温度分布になっている．断熱温度勾配はその上の荷重によって岩石が圧縮されることに伴って温度上昇するもので，内部固有の熱源によって温度が上昇しているものではない．

1944 年に出版された A. ホームズの有名なテキスト『物理的地質学の原理』はプレートテクトニクス説が出版される前に書かれたものであるが，対流セル内でのケイ酸塩岩の定常的な移動としてマントル中で熱の移流の様子が描かれている．そこでは上昇する高温の物質領域は対称的に下降する低温物質領域と釣りあうように描かれている．実際のマントル

では流れはこれ以上に複雑である．高レイリー数をもつマントルでは上昇流と下降流の進行が時間的にまた空間的にも散発的に起きている．もし，地球の歴史をテレビ広告くらいの時間に縮めてみれば，地球内で起きているマントルの流れはまったく乱流のように見えるであろう．ケイ酸塩岩の粘性は温度に強く依存するからで，低温の領域は固くて流れにくくなり，高温の領域は流れやすくなる．その結果，冷やされた地球の表面は固いテクトニックプレート（リソスフェア）となり，プレートの相互の境界に沿って地震という脆性破壊が起こりやすくなる．これらの冷たいプレートが沈降し薄い板状のスラブとして海溝から上部マントルに沈み込むと，地震の起こりやすいベニオフ-和達ゾーンをつくる．上向きに湧き上がるマントルの岩石は粘性がより小さく局所的なプルームまたはホットスポットとして上昇する．プルームがリソスフェアに衝突すると，海域に火山島をつくるばかりでなく大陸では連続した火山列をつくり出す．核-マントル境界から地表の境界層まで運ばれるプルームの熱の大半は移流による熱移動を表現したものであろう．しかし，ほとんどの火山活動は，ホットスポットと別の場所の厚い表面プレートの弱い境界に沿って起きている．最も顕著なホットスポットの１つはハワイ島の火山列をつくった．これは海面下で湾曲した火山列として北西太平洋を横切って連なっている．ホットスポットの運動は単に見かけの上のものである．太平洋の海面下にあるテクトニックプレートは１億年以上にわたって年間５〜10 cm の速度でマントルの上を移動している．これに対して，大西洋中央海嶺はアイスランドをつくったホットスポットの上に同じ期間大して移動することもなく止まったままである．

　下部マントルは上部マントルに比べて粘性が10〜30 倍大きいと推定されている．その理由は，深さ 670 km で鉱物が低圧相の構造から高圧相の構造に相変化を起こしているからである．深さとともに粘性が増加することは下向きの対流にとっては妨げとなり，スラブは 600〜750 km の深さで止まってしまう．核-マントル境界から湧き上がってくるプルームが横方向に漂流することを高粘性の下部マントルが妨げている．このためホットスポットは固定した座標系をつくり，地球表面のプレート運動が追跡可能となる．高レイリー数と温度に依存する粘性

を組み入れた対流のコンピュータによるモデル計算によって，固い表面の境界層，もぐり込むスラブや上昇するプルームなど観測されるマントル対流の大局的な特徴が再現された．コンピュータによるシミュレーションによって 600〜700 km の深さで流れを止めた冷たいスラブが，ときおり深いマントル内へ急激にどっと流れ込むということが示された．このようにマントルの岩石が上下ひっくり返る現象は，地球史のなかで広範囲に及ぶ強力な火山活動のエピソードが存在したことを説明する手がかりを与えてくれるかもしれない．

　地表での熱流量の傾向は部分的にはリソスフェアの下のマントル対流によって，また部分的にはプレートの境界の位置によって，また一部分は地殻中の放射性元素の集中度合いによって規定される．地質学者によって現在の火山活動の中核をなす数十の活動的なホットスポットが認定されている．プレート境界の熱流量は境界の特性に依存する．カリフォルニアのサンアンドレアス断層のようなプレートが互いに横滑りする横ずれの境界では，表面の火山活動は皆無か，あってもごく少数である．プレートが互いに離れる境界では 1300℃ と推定されるマントルの岩石が隙間を埋めるように上昇し，圧力解放によって融解が起こる．マグマは多孔質流として上昇し，海洋底では直線的な海嶺に沿って新しい海洋地殻をつくる．また，東アフリカ地溝帯のような陸上では直線的な火山列をつくる．マントルの岩石はその温度がいったん 1100℃ より下ると粘性がかなり増大するためにテクトニックプレートは中央海嶺において発達し，新しいリソスフェアは冷却するとともに厚くなり固くなる．表面近くの大方の冷却は海洋地殻のなかを移動する海水によっている．新しいテクトニックプレートの熱流量はプレートの年代の平方根に反比例して減少することが，理論的計算と海底での熱流測定からも確かめられた．冷却するリソスフェアの熱的な浮力は中央海嶺の海洋底地形の盛り上がりに反映され，海嶺の山頂は海洋底より2 km ほど隆起している．ほぼ一様な深さの深海底ではリソスフェアは 7000 万年後におおむね 100 km と厚くなるが，それ以降は厚さの成長は鈍る．冷たい岩石で付加的に厚くなったものは小規模の対流的不安定性のため剥がれ落ちてマントルのなかに沈み込んでいく．

プレート収束境界では1つのプレートがもう1つのプレートの下になりマントルのなかに沈み込みその跡に深い海溝が形成される。プレートが沈み込むにしたがって水（H_2O），二酸化炭素（CO_2），硫化酸素（SO_2）のような揮発性成分は沈み込むスラブから解放され周りのマントルを融解する誘因となる。溶けたマグマは上昇し，海溝から一定の距離のところで上側のプレートに火山列を形成する。もし，上側のプレートが海洋性のものであるなら，ニュージーランド北方のトンガ-フィジー弧のような島弧が形成される。もし上側のプレートが大陸性のものであれば，火山弧は南米大陸のアンデス山脈のように広域的に山脈をつくる。

地表面での伝導による熱流量の総量は32兆W（32×10^{12} W）と推定されている。循環している水による熱流量は上記の量に10兆W加算するものと見積られ，総計42兆Wとなる。この大量の熱エネルギー流出は全体的に見れば平均的な伝導熱流量が0.06 W m^{-2}というわずかなものである。サッカー場の大きさの場所から流れ出す熱流量は100Wの電球3個のパワーに相当する。

大陸上の熱流量は地表の下に若い年代の岩石のあるところで大きくなる傾向がある。海域と違って陸域でこの増大傾向を支配する要素は，大陸地殻の花崗岩中に年代に依存して放射性元素の濃縮度合いが増えることによる。海洋地殻は大陸性のものに比べて薄く，しかもその組成は放射性元素の濃縮が少ない玄武岩である。10億年以上前にできた大陸性の岩石ではウラン（U），トリウム（Th），放射性同位元素であるカリウム（^{40}K）が崩壊して，ウランとトリウムは鉛（Pa）に，^{40}Kの場合はアルゴン（Ar）になる。年代の古い岩石中の放射性崩壊はこのため地殻の熱エネルギーとして寄与しない。大陸地殻岩の大きな放射性起源の熱生成は，その下部の大陸性マントルからの平均$0.02 \sim 0.025$ W m^{-2}と推定される低い伝導性熱流を埋め合わせている。厚さが100 kmより薄く年代が2000万年より若い年齢をもつ海洋性リソスフェアに比べて厚さが200 kmを超え年齢が10億年より古い大陸リソスフェアで熱流量の欠損している根本的な理由がここにあるかもしれない。大陸性のリソスフェアは長い間にわたって単調に冷やされ続けてきた。しかし，なぜ小規模の対流的不安定性が大陸リソスフェアの底部を崩壊さ

せて沈ませ，それによって成長を制限する要因とならなかったかはまったくわかっていない。

[Jeffrey Park/浜口博之訳]

■文献

Fowler, C. M. R. (1990) *The solid Earth : an introduction to global geophysics.* Cambridge University Press.

Sigurdsson, H. (1990) *Melting the Earth : the history of ideas on volcanic eruptions.* Oxford University Press.

地球微生物学
geomicrobiology

地球微生物学は地球化学的変化を引き起こす要因としての微生物についての学問である。地球化学的変化は，地球の化学組成，すなわち鉱物，岩石および大気の組成，またその結果としての気候を制御している。地表付近では微生物は大半の地球化学的変化を制御し，その結果，地表の化学および地質学への重要な影響力をもつ。そのような生物地球化学的過程は元素の循環を引き起こし，地表付近の生物学的循環は小さなリザーバーを短時間で入れ換え，同時にはるかに大きく，ゆっくりと入れ換わる（約3億年ごと）地質圏と相互に作用しあう。この相互作用は，2つの分離した領分，すなわち生物圏と地質圏という考え方を生む。実際には，この2つの系および過程は大きく重複する。この重複はおもに微生物と関係し，そこから地球微生物学が生まれ，発展した。たとえば，微生物，とくにバクテリアは地質圏の相当深いところ（数km）にも存在する。そこでは，光合成と無関係な，したがって地表の生物圏と無関係な微生物群に対して地熱活動がエネルギーを供給する。そのような微生物は鉱物を生成したり消費したりする。また，地下のバクテリアの活動は石油の貯留層や鉱床の中で活発になる。さらに，微生物は地球の進展を通じて地表付近の化学的性質のおもな変化の原因を招いてきた。

●バクテリア，ストロマトライトおよび光合成の発展

バクテリアは，地球上で最初に発展し，しかも地球の生命の歴史のはじめの70%の期間に唯一存在した生物である。バクテリアは約38億年前に発生

し，化石の証拠によると明らかに35億年前までにはさまざまに細胞の形が異なるものが生じた．同時に，相当量の同位体的に軽い堆積岩中の有機炭素が生成し，その炭素濃度は現在のものと同程度である．そのような原始のバクテリア群集の量は，したがって現在の生態系と同程度であった．複雑なマット状の微生物群集がその直後に発展し，それらはバクテリアフィラメントの層中に堆積物を取り込み，鉱物と反応して炭酸カルシウムを沈殿させた．この活動により，特徴的な層状で，こんもりした構造のストロマトライトが形成され，それは現在まで岩石として残存している．この構造体は浅い湾内や沿岸の大きな砂州の上で成長し，連結した．25億年前までのストロマトライトはオーストラリア，北米，スピッツベルゲンおよびアフリカなどいたるところで発見される．ストロマトライトは現在はほとんど生息しないが，それでもカリフォルニア湾，西オーストラリア，および温泉のような暖かく浅い水の中にいまでも発見される．そこでは，暖かさと高塩濃度が組み合わさったことにより後生生物が生息し，バクテリアをえさとして食うことが制限されている．後生生物はほかの堆積環境では広く生息し，その活動がバクテリアマット群集を妨害し，ストロマトライトの形成を妨げる．

原始のストロマトライトはおそらく光合成バクテリアを含んでいたが，しかしそれらは現在のストロマトライトとは大きく異なっていたであろう．原始地球は当時はまだ還元的（酸素が存在しない）であり，したがって光合成バクテリアは非酸素型（酸素を必要とせず，また生成しない）であったはずである．非酸素型の光合成バクテリアは現在でも存在する．そのようなバクテリアは，現在の光合成における水（H_2O）の代わりに，原始地球では多量に存在していたはずの硫化水素のような化合物や硫黄や2価鉄のような元素を利用する．また，それらはほかのバクテリアと相互作用社会を形成し，微生物マットを形成する（図1）．

堆積物の表面では，非酸素型光合成バクテリアが嫌気性バクテリア（硫酸還元バクテリア）の生息する層の上部に生息する．硫酸還元バクテリアは有機物を分解（代謝）する際に，非酸素型光合成バクテリアが必要とする硫化水素を生成する．逆に非酸素型光合成バクテリアは，嫌気性バクテリアに対して

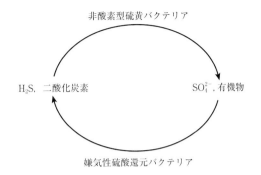

図1 2種類の嫌気的微生物マット状バクテリア間の簡単な硫黄と炭素の循環．

死んだ細胞としての有機物および硫酸イオンを供給する．結果として，炭素と硫黄はこれら2種類のバクテリアの間を循環する（図1）．このことはバクテリアの組合せが化学的物質循環を推し進めることができることを示し，原始の炭素と硫黄の生物地球化学的循環のモデルを提唱する．

約27億～22億年前に，ある種の非酸素型光合成バクテリア，おそらく一種のシアノバクテリア（一般にラン藻類と呼ばれるが，これはバクテリアである）が光合成過程において還元剤として水（H_2O）を利用する能力を発達させた．これは別の光系に関係するより複雑な光合成の形式であるが，これらのバクテリアは水から無制限に電子を得る方法を得ることができ，その結果，これらの微生物が激増した．しかし，それらが放出する酸素は酸素が存在しない還元的な原始地球にとっては著しく反応性の高いものであり，硫化水素，2価鉄およびそのほかの還元的物質は酸化され，取り除かれた．約20億年前に大気中の酸素濃度が増加する以前に著しく多量の還元的物質が酸素により酸化された．その結果，大気が酸化的になることが遅れたことは，生物の進化にとって大変幸運なことであり，嫌気的バクテリアが有毒な酸素に対処し，さらに利用するように生化学的メカニズムを進化させるための時間に余裕を与えることとなった．この進化的な発展がはじめの好気的生物を生むこととなった．

多くのバクテリアは酸素に対応することができず，微量の酸素が存在しても死滅する．このような絶対嫌気性菌は現在でも土壌や堆積物中，浸水した土壌，ある種の湖，フィヨルドなどの無酸素状態の環境に広く生息する．さらに，多くの好気的バクテ

リアは効率よく，急速に酸素を取り去り，十分に酸化的な環境（たとえば，土壌の塊，バイオフィルムおよびバクテリアコロニー）の数 mm 離れたところに嫌気的微生物の生息場所をつくり出す．大気中の酸素の増加はオゾンを生成し，有害な紫外線の照射を遮り，酸素型光合成バクテリアをさらに繁殖させる結果となった．その後の急速な酸素の増加が後生生物のカンブリア紀の爆発的増加（540-510 Ga）の引き金となったと予想される．このことが，また，バクテリアに対してそのような後生生物の表面および内部に新たな生息場所を与えることとなり，嫌気的バクテリアにとってはこの新しい生息場所が後生動物の消化器官のこともある．

●バクテリアと鉱床，ブラックスモーカー

　バクテリアは上記のように地表の化学的特徴の変遷に強い影響力をもち，また元素の生物地球化学的循環を通じて影響を与えつづけている．さらに，バクテリアは岩石・鉱物の生成にも強い影響力をもつ．たとえば，バクテリアにより生成された酸素による 10 億年間にわたりつづいた 2 価鉄の酸化は，大量の縞状鉄鉱鉱床（BIF）を形成することになり，その縞状鉄鉱鉱床は全世界の鉄資源の 90% を占める．同様に硫黄鉱床の大半は硫酸還元バクテリアによるものである（図 1）．

　別の大規模の鉱床が，海洋地殻が新たに形成されている中央海嶺における熱水活動により形成される（たとえば，銅，亜鉛，鉄，ときには金さえも）．地殻が冷えると，割れ目が生じ，海水が浸透し，高温の玄武岩と反応し，金属イオンが熱水中に溶出する．このような還元的な熱水が，270〜380℃で，有酸素状態の 4℃の海水中に噴出し，金属硫化物を沈殿させ，スモーカーと呼ばれる黒色の噴煙状のプルームを形成する．酸素が存在する状態では，還元的な金属や硫化物はバクテリアにとって特徴的なエネルギー源となる．高密度のバクテリアの集団（1 ml 中に 10^8〜10^9 細胞）が噴出口の周辺やチムニーの中にさえ存在する．そのようなバクテリアにとって，できるだけスモーカーに近いことが好都合であることは明らかであり，超好熱性菌（80℃以上で生息するバクテリア）がこの特徴的なエネルギー源を活用する．*Pyrolobus fumarii* は最高 113℃ から最低 90℃の温度で生息し，現在のところ高温の生息温度

の記録保持者である．バクテリアのエネルギー源は熱水流体からの水素である．

　高密度のバクテリアの生息は懸濁物を食料とする底生生物の独特な生態系を形成する．そのようなところは深海の生物のオアシスとなるが，そこには大型の生物は通常はほとんどいない．この独特な生態系はエネルギーを太陽光からではなく，地熱活動から得ており，そこではバクテリアが有機物の一次生産を行っている．その極端な例がハオリムシ（チューブワーム，*Pogonophora*）であり，一部の噴出口の周囲に見られる．この生物は口，内臓あるいは肛門をもたず，代わりに体の半分近くを占める大きなスポンジ状の組織であるトロフォソームをもつ．このトロフォソーム中にはバクテリア（化学合成菌）が生息し，ハオリムシにより供給される噴出口からの硫化水素と海水からの酸素をエネルギー源として利用する．この共生関係において，ハオリムシはバクテリアが生成した有機物や死んだバクテリア細胞からエネルギーを得る．これはきわめて短い，驚異的な食物連鎖である．

$$H_2S + CO_2 \rightarrow バクテリアの炭素 \rightarrow ハオリムシ$$

しかし，これはわれわれにとってもっと身近なウシやヒツジのような反芻動物と類似している．ウシやヒツジは草を直接食べるのではなく，バクテリアの生成物を食べる．これらの動物中には，特殊な消化器官である第 1 胃中に大量のバクテリア群集が生息し，それらが草のセルロースを分解する．反芻動物はセルロースの分解生成分をエネルギー源として吸収し，またバクテリア細胞は重要なタンパク質とビタミンの供給源となる．

●地下のバクテリア

　超好熱性菌（バクテリアとアーキアの両方）は地球上のバクテリアのなかで最も原始的なグループである．分子的発生系統分析によると，これらは生命の全系統発生樹の最下部に位置する．このことから最初のバクテリアは超好熱性菌であり，それらは地熱水活動や温泉から発生したと考えられる．バクテリアは熱水噴出口やチムニーの中だけでなく，周辺の岩石や堆積物の中にも生息する．したがって，噴出口地域の下にはさらに多量のバクテリア群集が生息していると考えられ，おそらくさらに高温の環境で生存しているであろう．研究によりバクテリアの

生息が確認されている環境としては、ほかにもたとえば帯水層、白亜紀頁岩、地上の玄武岩や花崗岩、海底堆積物およびその下の岩石、ガスハイドレート堆積物、石油貯留層、岩塩および鉱物鉱床、ならびに氷河がある。バクテリアは3 kmの深さのところでも見つかっており、おそらくさらに深部でも生息しており、またペルム紀（2億9000万〜2億5000万年前）の岩塩鉱床中のような古い時期のものでも見つかっている。それらの群集の大きさは相当なものであり、そのように深い地層中で単に生き残っているのではなく、盛んに活動していることが明らかである。たとえば、北海の石油貯留層では、3〜16 kgの超好熱性細菌が毎日汲み出す石油中に含まれている。地球上のバクテリアの90%は地下に生息していると推定される。このことから、バクテリアは最初は地下で発生したと推測される。地下は、バクテリアにとって地球の形成後の隕石や彗星の衝突に対して安全な場所であった（そのような衝突は地表を殺菌温度まで加熱したであろう）。この地下のバクテリア群集は、その後、今日の石油貯留層の超好熱性菌のように地表に広がったと考えられる。

しかし、もしそのような地下のバクテリアが地表からはるか離れた、しかも地球上の全生命の基礎である光合成生物からも遠く離れているとすると、そのようなバクテリアはどこでエネルギーを得ているのであろうか。上記のように地熱活動は1つの源である。さらに、一部のバクテリアが長期間に地表から埋没した有機物により、非常にゆっくりと（たとえば1000ないし2000年に1回の分裂）成長することにより生存することができる。たとえば、活性なバクテリア群集が約9000万年前に堆積した白亜紀の頁岩中に生息することが知られている。有機物がさらに深く埋没すると、地温が上昇し（1 kmで約30℃上昇）、有機物が反応しやすい状況になり、化石燃料となるメタンやその他の炭化水素に分解するであろう。ある証拠によると、このような分解も深部のバクテリアの活動によると考えられる。温度に関するかぎり、バクテリアが石油の生成温度（100〜150℃）範囲では活性ではないとはいえない。深い石油貯留層中のバクテリアの働きは石油貯留層中にバクテリアが生息することを明白に説明するはずである。バクテリアはまた原油中の化合物を嫌気的な状況でも分解することができて、ある適当な条件

のときには炭化水素の物理的分解と同じように天然ガスとして重要なメタン（CH_4）を生成する。

有機物あるいは酸素を必要としないということで光合成とはまったく無関係なバクテリアのエネルギー源が火成岩であり、有機物をほとんど含まないコロンビア川玄武岩の中の深さ1.5 kmのところで見つかった。地表の下の嫌気的な条件でも、活発な微生物群集が存在し、メタンを生成しており、その量は20世紀の初期に天然ガスとして商業的に開発したほどの量である。このメタン生成のためのエネルギーは岩石の風化で発生する水素（H_2）である。その水素が独立栄養バクテリアが新しい細胞および不要な生成物のメタンを生成するのに利用される。1つの相互作用をもつバクテリア共生体があり、SLIME（Subsurface Chemo Lithoautotrophic Microbial Ecosystem, 地下岩石化学合成微生物系）と呼ばれる。それがほかの惑星で表面に生命が存在しない場合でも、深部に存在する生物圏のモデルである。たとえば、玄武岩、液体の水および炭酸水素イオンはすべて火星の地下に存在すると考えられる。

玄武岩の風化は、
$$2FeO + H_2O \rightarrow H_2 + Fe_2O_3$$
SLIME 共生体は、

メタン発生　　$4H_2 + CO_2 \rightarrow CH_4 + 2H_2O$
酢酸生成　　　$4H_2 + 2H_2CO_3 \rightarrow CH_3COOH + 4H_2O$
硫酸還元　　　$4H_2 + SO_4^{2-} + H^+ \rightarrow HS^- + 4H_2O$

同様な風化反応は、おそらく海底堆積物の下の玄武岩の中のバクテリアについてのエネルギー供給と関係するであろう。海洋玄武岩は、10^{18} m^{3}の体積があると見積もられ、地球上の最大の生息域である。バクテリアは玄武岩層の237 mの深さで見つかり、それらは風化が進んだところと関係する。

●バクテリアと鉱物

鉱物は微生物にとってはきわめて重要である。鉱物は、(a) 微生物が付着する物質であり、(b) 微生物の代謝に必要な溶存物質（NH_4^+, K^+, Mg^{2+}, Co^{2+}, Cu^{2+}, Fe^{3+}, Mn^{2+}, Ni^{2+}, Zn^{2+}および他の微量陽イオン、酸素酸イオンのPO_4^{3-}, SO_4^{2-}および微量陰イオン）の供給源であり、ならびに、(c) 岩石化学合成菌（岩石食い）にとってはエネルギー源である。このことは、ほかの有毒な金属（たとえば、Ag^+, Cd^{2+},

Hg^{2+}, Pb^{2+}）の濃度を規制する必要があることもあわせて，微生物が陽イオン，陰イオンおよびそれらのイオンを供給する鉱物と広範囲に相互作用することができることを示している．鉱物上に住みついたり，鉱物を溶解したりすると同時に，微生物は鉱物を生成することもできる．そのような鉱物には，炭酸塩，ドロマイト，石膏，金属硫化物，閃ウラン鉱，アパタイト，シデライト，酸化鉄，磁鉄鉱，酸化マンガン（バーネス鉱, vernadite, buserite），シリカ，および鉄-アルミノケイ酸塩がある．

このような鉱物の生成は微生物により直接的にあるいは間接的に支配される．たとえば，3価鉄の硫酸還元バクテリアの呼吸作用による還元における磁鉄鉱の生成，あるいは間接的に微生物の活動によるものとして，2価鉄が存在するところで硫酸還元バクテリアにより硫化水素（H_2S）が生じることによる黄鉄鉱の生成などがあげられる．バクテリアにより形成された鉱物の1つの特徴は著しく微細粒子であることである．このことは，古生物学者にとっては，化石化の際に原形が正しく模写されるという点で大変好都合である．嫌気的バクテリアの活動がとくに鉱物の形成に関係する．それらの活動により，軟組織が短時間（数週間）で鉱物により置換され，大変保存性のよい化石が形成される．したがって，逆に見ると，良好な化石の形成には，活発な無制限のバクテリアの活動が必要である．

とくに印象深いバクテリア支配の鉱物が磁場感知性バクテリアにより生成する．このような能力をもつバクテリアは水中に生息する．最も生息密度が高いところは堆積物と水の境界であり，そこでは有酸素状態と無酸素状態が移り変わる．そのようなバクテリアはマグネトソーム（磁性器官）中で磁鉄鉱（Fe_3O_4）とグリグ鉱（Fe_3S_4）の両方を生成する．これらの鉱物がバクテリアを磁場の方向に並ばせるので，バクテリアは水中から堆積物に向かって移動する．磁場感知性バクテリアが死ぬと，マグネトソームは堆積物中に残留するので，良好な古地磁気記録となる．

他方，微生物による鉱物の溶解は岩石を風化する．鉱物がエネルギー源として利用される場合は，その反応から通常比較的少ないエネルギーしか得られないので，多量の鉱物が酸化される必要があり，微生物による風化はとくに活発になる．この種の風化の重要な例の1つは，金属硫化物の風化であり，たとえば黄鉄鉱，黄銅鉄，輝銅鉱，硫ヒ鉄鉱，方鉛鉱，閃亜鉛鉱などが風化する．反応は通常好気的である（Me は金属を表す）．

$$MeS_2 + 15/4 O_2 + 7/2 H_2O \rightarrow Me(OH)_3 + 2 H_2SO_4$$

この反応が生物が関係する過程のなかで現在わかっているもののうち最も強い酸を生成するものであり，局所的に非常に低い pH（約 pH 2）の環境をつくり出す．バクテリアに似た *Thiobacillus ferrooxidans* はこの反応の速度を 100 万倍速くすることができる．この微生物はそのような酸性の状態で最もよく成長し，したがってそのような特殊な生息様式に順応できる．これらの微生物は，鉱山業において，低品位で，通常の採鉱法では採算のあわない鉱石について，銅，ウラン，金などの金属を溶解・抽出する方法に利用される．しかし，このような酸の生成は，また地下のコンクリート製のパイプやその他の構築物に相当の損害を与える．さらに，SLIME 共生（上記）の硫酸還元バクテリアは水素を利用し，そのために金属を腐食する．

バクテリアの過程が以前に考えられていたよりははるかに広範囲に地質圏に関係していることは明らかである．地質圏の研究では，太陽光ではなく地質圏の過程からエネルギーを得る独特な深部の生物圏は含まれていなかった．同様に，従来非生物的と考えられていた地下の過程のあるものはバクテリアと関係することが示された．これらの結果は，地球の生命およびおそらくほかの惑星の生命の理解にとって意味深い説明を含んでいる．

［R. John Parkes/松葉谷　治訳］

■文　献

Banfield, J. F. and Nealson, K. H. (1997) Geomicrobiology : interactions between microbes and minerals. *Reviews in Mineralogy*, **35**.

地球物理学における電気技術
electrical techniques in geophysics

地球物理学で用いられる電気技術のなかには，地下浅部の地球物理探査で用いられる最も重要ないく

つかの手法がある．普通の調査深度領域は数cm〜数百mである．それゆえ，これらの技術はとくに考古学，土木工事，地下水や鉱物の調査に応用されている．

最も簡単な技術は自然電位法（self-potential, SP）であり，この方法では地表面下の自然電流に関連して生じる地表面電位の測定を行う．これらの電流は，地下における電気化学的な反応や流体の流れによって広範につくられ，測定される電位差は数百mVくらいまでである．自然電位は土壌中に差し込まれた，2本の非分極電極に接続された高感度の電圧計で簡単に測ることができる．地表面の電位差パターンのマッピングは埋立て地の液状化，ダムからの水漏れや鉱物沈殿の広がりを探査するのに使われる．

電気技術で最も重要なのは電流を地下に作用させたとき生じる電位差の測定を通して，電気抵抗を調査することである．すべての電気的な調査の目的は岩石の電気抵抗を決定することであり，それは基本的な物理的性質の1つである．この場合の岩石の電気抵抗は電流の流れに対する抵抗力を意味している．石英（砂岩中の）や方解石（石灰岩中の）のようなありふれた造岩鉱物は絶縁体であるが，たいていの岩石は空隙をもっている．それゆえ，電荷は間隙水溶液中のイオンによって運ばれる．粘土もまた電気をよく通す．結果として，岩石の電気抵抗を支配する重要な要素は含有地下水量，地下水中の塩分濃度そして粘土の含有量である．

普通の岩石の電気抵抗は広い幅をもっていて，典型的な値は粘土で5〜50Ωm，砂で50〜300Ωm，礫で200〜1000Ωm，砂岩で100〜400Ωm，石灰岩で500〜5000Ωm，そして火成岩や変成岩では1000Ωm以上である．

広範囲に広がる地質の電気抵抗は4本の電極システムで測定され，低周波の電流Iが土壌中に差し込まれた金属-鋼鉄または銅でつくられた杭を通して地中に流される．電流は一定の間隔で置かれた対電極を通って戻ってくる．電位差Vは別の対電極間で測定される．抵抗Rは電流に対する電圧の割合（比）である（$R = V/I$）．この比を電極間の相対的間隔を考慮した計算で得られるのが見かけ比抵抗である．

地質構造を解明するためには，異なる間隔と位置

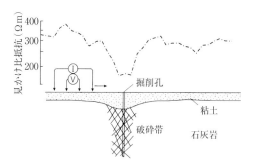

図1　水平方向探査の原理．

に並べた電極を用いた一連の測定を実行する必要がある．

水平方向の測定では，4本の電極間隔を固定し，同じ電極配置を測線上で移動しながら，測定が等間隔で繰り返される．これは対象領域の存在位置を決めるのに簡便な技術である．たとえば，この水平方向探査技術は石灰岩（高比抵抗）中の破砕帯（低比抵抗）の位置決めに採用されることがある．そういったところでは固体状態の地質を覆っている土壌や沖積層がある（図1）．解釈は普通は定性的なものであり，結果は掘削によって確かめられる．

垂直電気探査（vertical electrical sounding, VES, 電気的掘削）は比抵抗の垂直方向の変化を調べ，たとえば，基盤岩までの深さまたは砂礫層の厚さを決定するのに用いられる．4本の電極の中心点は固定されており，電極間隔は測定ごとに広げられていく（図2a）．このやり方では，電流は徐々により深いところまで流れるように強められていくので，比抵抗測定は深さ方向の比抵抗変化を与える．

電極間隔に対する比抵抗変化を描いた垂直探査曲線（図2b）は定量的に解釈され，地下の層の厚さと比抵抗を導き出す．一連の探査の結果から，地下の電気的断面（図2c）を作成することができる．この技術には，本質的に水平な地質構造を求める，地下水，採掘鉱物や土木工事の調査などの重要な応用がある．

電気的イメージングトモグラフィーは最近になって発達した技術で，水平方向と垂直方向両方の探査からなる．この探査の進行過程で大量の測定値が得られるので，この探査は普通コンピュータでコントロールされ，自動的にデータの取得が行われる．得られたデータは，測線に沿う岩石比抵抗変化の具体

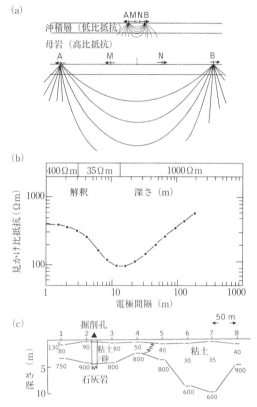

電流の周波数を0.001～1000 Hzの範囲で変化させたときに生じる小さな比抵抗変化を利用するようになっている．これらのスペクトル強制分極法または複雑な比抵抗技術は離散的に広がる硫化物の鉱化作用の存在にも感応し，鉱物や液体の化学的変化によって起こる電気化学的効果にも敏感である．これらの技術は汚染された土地の調査などで，少量の不純物を識別できると見込まれている．

[Ron D. Barker／森永速男訳]

図2 垂直電気探査．(a)電流電極(A, B)と電圧電極(M, N)を，電流が徐々に深く進入していくように中心地点から広げていく．(b) 垂直探査曲線と解釈．(c) 層の比抵抗（Ωm）で表した地下電気的断面．

的イメージを得るために逆問題を解く手順にかけられる（図3）．この電気的イメージングはこれまでの伝統的な技術を適用しにくい複雑な地質構造の地域でとくに役に立つ．一般的な岩石の比抵抗に関する知識を用いて，そのイメージから地質学的な構造を求める．

こういった技術は現在も発展してきており，作用

地球物理学の歴史
history of geophysics

地球の特徴や進化に関する研究のために，地球物理学は物理学の法則や方法を用いる．その近代的な副産物として，「地球物理探査」あるいは「探査地球物理学」は，これらの法則や方法を天然資源の調査に応用し，工学的な目的のために地下構造の情報を得る．これらの手段によって，遺跡の存在する場所など，考古学的な情報も得られる．

すでに西暦132年に，張衡が地震計を中国に設置して，地震が発生した時刻と最初に到達する地震動の向きを検出した．ルネサンス時代のレオナルド・ダ・ヴィンチ（1452-1519）は，地質学，地球の重力，波動の伝達と反射に関してかなりの知識をもっていた．磁気や電気に関する科学を樹立し，地磁気が緯度に依存する角度で下に向くのをみつけたのは，ウィリアム・ギルバート（1540-1603）である．その直後に，イタリアではガリレオ・ガリレイ（1564-1642）が振り子の運動を正確に表現する公式

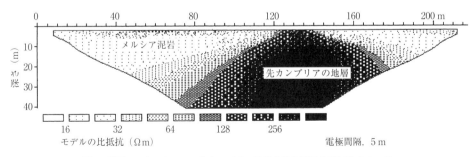

図3 英国レスターシャーの先カンブリア時代尖峰を横切る電気的イメージ．

を導き，重力の研究に非常に重要な一歩を踏み出した．オランダのクリスチャン・ホイヘンス(1629-95)は，界面への波の入射や回折を解明した．アイザック・ニュートン卿（1642-1727）は，微積分学の概念や運動の基礎法則を生み出し，海洋潮汐の本当の原因を説明した．

18世紀には実験技術や計器が発達し，ピエール・ブーゲ（1698-1758）は，地球の広域的な質量と山の存在による局所的な質量を振り子実験によって識別した．今日では，ブーゲ補正は位置標定基準と測定高度の差を重力測定値に補正するために用いられる．1798年には，初期のケンブリッジ大学地質学ウッドワード教授に選ばれたジョン・マイケルが，「ねじり秤」を用いて重力場を測定する方法を開発した．同年には，シャルル・クーロンが磁力や電気力を測定するために類似な装置を開発した．19世紀になると，エトベスねじり秤が発明され，また全地球的な観測ネットワークが構築されて，関連分野の研究は大きく発展した．多数の地磁気観測点が世界中に設けられ，重力が広範囲のさまざまな地形環境で測定された．

地震のネットワーク観測には精密な地震計の開発が必要だった．この要求を満たす計器は1880年にようやくつくられ，1887年に地震計がカリフォルニア大学に設置された．間もなく，27個の地震観測点を相互に連結したネットワークが世界中の地震を観測し，1903年には国際地震学協会が組織された．それから地震学の研究が活発になり，地球深部の不連続面がA.モホロビチッチ（モホ不連続面）やベノー・グーテンベルグ（グーテンベルグ不連続面）によって発見された．

第一次世界大戦と第二次世界大戦のときに，陸や海での位置測定が音響学や地震学の手法でできるようになった．2つの大戦にはさまれた期間には，重力，地震，電気，磁気の手法を用いて，天然資源の探査が盛んに行われた．とくに石油産業は，地震探査を中心に，探査方法を進歩させるために多大な投資をした．第二次世界大戦後も，電子工学や電子計算機の助けを借りて，探査方法の進歩が続いた．「冷戦」期間中は，核実験の場所を特定するために，空や海からの偵察に先端技術が使われ，またリモートセンシングが発達した．第二次世界大戦後にプレートテクトニクスの概念が台頭したが，その発達には

精密化する計器を用いた深海探査（これも防衛のために開発された）が大きく寄与した．

[D. L. Dineley/井田喜明訳]

■文　献
Bates, C. C., Gaskell, T. F., and Rice, R. B. (1982) *Geophysics in the affairs of man.* Pergamon Press, Oxford.

地形と気候
landscape and climate

W. M.デービスは，彼の古典的な地理的なサイクルまたは侵食のサイクルを「地表面の大部分は，雨と河川，気象と水のよく知られた過程（中略）によって刻まれた」という確信に基づかせていた．「典型的」な気候地域を「それほど乾燥しないが地表のすべてが海に続く流域をもっており，それほど寒冷ではないが冬の積雪がすべて夏に消える」と彼は定義した．彼の定義は，19世紀末と20世紀はじめの北米東部とヨーロッパ西部に共通している一定の地域性を示している．デービスの理論体系では，乾燥地域や氷河地域は極端な気候地域として見られた．「典型的」と「事故的」な地形の発展の概念は，ポール・マッカーによるベルギーの教科書‘Principes de géomorphologie normale：étude des formes du terrain des régions à climat humide’(1946)と同様に，高名なニュージーランドの地形学者チャールズ・コットン卿によって著された広く読まれている2冊の書籍‘Landscape as developed by the processes of normal erosion’(1941, 1948)と‘Climatic accidents in landscape-making’(1942, 1947)で不朽のものとなった．気候的な事故は，湿潤から乾燥へ，寒冷から温暖な状態への変化を含むという意味でコットンはデービスを引用したが，気候的な事故に関する彼の著書で，彼はこれらの簡単な分類を氷河作用による地形に加えて乾燥と乾燥期の気候による地形のタイプを含むように大きく拡大した．

●気候的造地形運動
第二次世界大戦以降，気候的造地形運動の概念

は急速に発展し，とくに東ヨーロッパではピエール・ブリオの著作 'Le cycle d'érosion sous les différents climats' (1960) がそのはじまりとなり，J. トリカルの 'Introduction á la géomorphologie climatique' (1965) と J. ビューデルの 'Klima-geomorphologie' (1977) がそれに続いて出版された．今日の地形学者の本棚には，特別な気候のもとで形成される地形を扱う教科書が何冊も見られるであろう．それらの教科書のなかで，氷河，周氷河，半乾燥サバンナ，湿潤熱帯，そして高山における特殊な地形が説明されている．特殊な気候のもとでの造地形運動には，気候の特殊性が複雑にかみ合った地形発達過程が見られ，それぞれの地形の特殊性の原因となっている．造地形運動の概念は，地形進化の結果としての構造と時間の考察が基本となっている．極端な例として，おのおのの気候区での独特の地形が，時間と構造とは無関係に形成される場合があると述べられている．しかしながら，コットンとブリオは，デービスの理論の基本的な侵食サイクルの考えにしたがい，気候が決める標準的サイクルを提唱している．コットンは乾燥・半乾燥域，サバンナ，高温湿潤サイクルによる侵食の最盛期に見られる地形の特徴を述べている．一方，ブリオはその著書のタイトルに見られるように，通常の気候，熱帯，乾燥・半乾燥，乾季と雨季，乾燥気候と湿潤気候の交代，そして周氷河気候のもとでの周期的な地形変化を説明している．地形学者の多くは，時間と構造に依存しないなどという極端な気候的造地形運動を信じてはいないが，周氷河地形，砂漠，熱帯雨林での地形が，気候に依存して異なっているということは，地形を学んだことのない旅行者ですら認識している．

ケッペンの気候区分にしたがうと，氷に覆われていない地表は次のように区分されている．熱帯湿潤気候 20%，乾燥・半乾燥気候 26%，温帯湿潤気候 16%，雪に覆われるタイガ 21%，そして寒冷な無森林帯 17%．別な分析によると，約 10% の陸地は氷被覆，22～25% は多年性氷被覆，33% が海洋に達しない河川で覆われた地域として，よい乾燥指標となっている．これらの地形カテゴリーは，独特の造地形過程を示している．今日では，これらが造地形運動としてどの程度独特といえるかが議論されている．

●新生代後期の気候変化

新生代後期の気候研究から持ち上がった新たな地形学のパラダイムは，過去 2500 万年，とくに過去 270 万年の間の気候変化の大きさと頻度が，地形の応答だけでは説明できないスピードで進行していることである．よって，若い地形を除くすべての地形は，さまざまな一連の気候変化に応答して形成されている．地形のおよそ 30% は過去 1700 万年の間に何度も氷河に覆われている．おそらく 40% の地形は周氷河の影響下にあり，その形跡を今日にまで残している．亜熱帯の砂漠や熱帯雨林またはサバンナは，古い地形に覆いかぶさるように拡大や縮小を繰り返してきた．

ビューデルは，今日のヨーロッパの地形の 95% が，度重なる氷河帯（亜氷河帯），周氷河帯（峡谷寒帯），サバンナ帯（植生亜熱帯）の繰り返しで形成されていることを示した．赤道から極域までの多くの大陸地形は，古第三紀または白亜紀の湿潤準平原であると彼は議論している．新第三紀に気候の南北分布が明瞭になるにつれ（図1），湿潤準平原と島状丘（インゼルベルク）が熱帯に集約され，緯度にして 40°以上の残ったほとんどの高地は，のちに周氷河地形になり，その一部が氷河地形となった．湿潤準平原の一部は 1 億年の周期で形成されており，他の若い更新世の氷河や周氷河地形と比べるときわめて安定である．Büdel の気候が地形を制御するという仮説は，多くの気候地形学者の認識からすると，ほんの一部の仮説にすぎないが，彼の仮説は地形学的に検証可能な説として興味深いものである．

●気候の類推の困難さ

気候帯が北上または南下する際に，気候の特徴をそのまま維持しつづけることはできない．氷久凍土帯と重なる今日のツンドラ帯は，もともとは高緯度に存在するものであり，そこでの昼と夜の長さは季節により大きく変化する．地形学的，生物学的活動は，日変化よりはむしろ年変化による明るさの変化に依存している．氷久凍土の上の躍動層での年間生産量や，北極圏河川の春の流出開始時期は，気候の状態を明瞭に反映し，地形にその痕跡を残す．しかし，北緯 35～40°の米国イリノイ州や朝鮮半島に見られるような周氷河地形は，氷河末端の氷床の痕跡

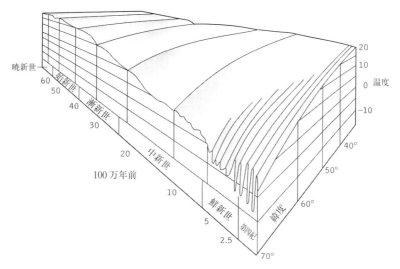

図1 新生代の北大西洋平均気温を緯度の関数で表した図. (Based on a diagram by A. Weidick, with revised timescale. Bloom (1998) *Geomorphology: a systematic analysis of Late Cenozoic landforms* (3rd edn), Figure 4-1. Prentice Hall, Englewood Cliffs, New Jersey から引用)

だろうか. 氷久凍土層の分析では, その年平均土壌温度は-5℃以下である. 夏の太陽は天頂からわずか15°で, 冬の太陽も十分に高い状態で, どのようにして中緯度に周氷河地形が形成されたのであろう. 1月に雪解けがあっただろうか, 夏になれば冬の寒さは押しやられるはずである. 今日の高緯度のツンドラは, 当時の様子を類推するよい材料とはいえないのである. 緯度は気候を決定する重要な要素であり, 太陽の天頂角や日の長さも重要である. これと同様に, 低緯度の高山地帯の氷久凍土は, 中緯度の周氷河地形を類推するには適していないのである.

気候の類推に適さない端的な例として, 古第三紀の温室効果による温暖な気候が, 北極海の海氷を完全に溶かしてしまったという類推があげられる. カナダとデンマークの古生物学者は, 木の化石の分析からそれが北極周辺10～20°の高緯度で生育していたことを示したが, その年輪が霜害にあっていたという証拠を見出せていない. 高緯度の沿岸植物が, 年間を通して豊富な河川水に恵まれ, 降水量も多く, シラカンバとトウヒが繁茂しながら, しかし, 1年の半分もの間, 太陽が隠れるような気候帯を, 今日の気候に見出すことができるだろうか. そのような気候帯は存在しないが, カナダやスカンジナビアの結晶質楯状地では, サプロライトの風化土壌層が発達し, その後, 氷河によって侵食された痕跡がある.

われわれは, 今日の特徴的な造地形運動が生じている緯度とはかけ離れた緯度で, 気候に依存した造地形運動が生じていると説く地形学者に, 疑問を呈しなければならない. 今日の熱帯サバンナは古第三紀のヨーロッパの状況を類推させるだろうか. 極度の日照りと多雨が季節的に繰り返される気候が, 北緯40～55°の湿潤準平原を形成できるものだろうか. 南フランスの周氷河地形は, 近年の高緯度のツンドラと同等で同じ地形であっただろうか. これらの疑問が, 今後の気候地形学の中心課題となるであろう.

[Arthur L. Bloom/田中 博訳]

■文 献
Bloom, A. L. (1998) *Geomorphology: a systematic analysis of Late Cenozoic landforms* (3rd edn), Chapters 4 and 18. Prentice Hall, Englewood Cliffs, New Jersey.
Büdel, J. (1982) *Climatic geomorphology* (Trans. L. Fischer and D. Busche). Princeton University Press.

地 圏
geosphere

人類が食物, 燃料, 鉱物資源のほとんどを依存す

る固体地球の表層部を「地圏」と呼ぶ．地圏は地球の大陸地殻の上部（おもに花崗岩でできている），玄武岩，その他火成活動による生成物を含む．地球の長い歴史を通じて堆積した堆積物と，その風化した堆積物の最上層，および地殻の岩石は，レゴリスと呼ばれ，それも地圏に含まれる．レゴリスの風化した鉱物は，有機物や水の混合物と合わさって，土壌を構成する．

生物全体は生物圏という用語で表される．この用語は生物が生息する環境を表すためにも使われる．水は，液体，水蒸気，氷の3つの形態を取って，水圏を構成する．地圏，大気圏，水圏，生物圏は，物理的に接触するだけでなく，相互に作用し合っており，どれか1つの変化がほかのものにいろいろな影響を及ぼす．これら4つの領域によって形成されるシステムでは，隣接する2つの領域は物質を交換し合う．隣接する領域の組合せは6通りある（図1）．たとえば，地圏は生物圏に物理的な生息地と栄養となる物質を与え，生物圏からは有機物の栄養分を受け取る．また，地圏は大気圏と気体を交換し，化学的に反応して，大気の沈殿物を受け取る．海洋と地圏の相互作用は，陸地から運ばれる物質が大きな寄与をするが，大陸を流れる水と大気に含まれる水による二面的な相互作用がある．世界の人口が増加し，科学技術が進歩するにつれて，地圏とほかの領域間の交換の規模や性質は，歴史とともにかなり変化してきた．これらは重要な地質要因となっており，予測可能な未来の範囲ではその状態が保たれるだろう．

地球環境における地圏の重要性には，2つのおもな理由がある．

(1) 地圏以外に比べて，地圏の質量は大きく，その化学組成と鉱物組成は多様である．そのために，地圏は多くの物質の究極的な源になる．陸地から海洋までのおもな物質運搬の方向は，陸地の表面の高さによって決まる．

(2) 人間の産業活動は，活動に必要な燃料や素材を地球の堆積物や地殻から抽出して地上で営まれる．人間の農業活動はおもに陸地の植物や土壌に影響を及ぼす．地圏で営まれるこれらの活動は，その生成物を通じて，水圏や生物圏や大気圏をかき乱す．

(1)と関連して，地圏の質量は，次に述べる大きさの程度である．堆積物の質量は，深さ2kmに及ぶ結晶質の大陸地殻や海洋地殻の層と合わせて，全部で$3×10^{21}$ kgと見積られる．地圏の総質量は約$6×10^{21}$ kgである．水圏は$1.4×10^{21}$ kgの水（97.5%が海水である）を保有しているが，溶解する固体成分は約$5×10^{19}$ kgしかない．大気圏の質量は$5×10^{18}$ kgである．生物圏の質量は，そのほとんどが陸地の植物であり，動物は全体の約1%，海洋生物はそれよりもさらにわずかな割合を占める．生物圏は，炭素，窒素，リン，硫黄，酸素，水素の6つの主要元素で構成される．生物圏における乾燥した有機物の質量は，$1.5×10^{15}$ kgである．言い換えれば，上で示したように，水圏の質量は地圏の約5分の1から4分の1，水圏に溶解する固体成分の質量は，地圏の質量の約100分の1である．大気圏の質量は地圏の1000分の1，生物圏の質量は約100万分の1である．

過去の地圏は，不変というには程遠い．大陸の高

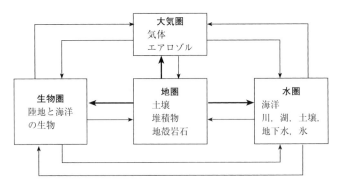

図1 地表の各領域と地圏の相互作用を表す模式図．太い矢印は，地圏と人間の擾乱が隣接する領域に及ぼす直接的な影響を示し，それについては本文で詳しく説明する．地圏からの物質移動は，ほかの領域に含まれる内容と，その間の2方向の流れに影響を及ぼす．

さ，氷の質量，地表の面積，植生などの特徴は，地質時代を通じて変化し，その変化は，人類の産業活動による変化よりもずっと大きかった．

植物の生息は，風化した地表から物質的な支えを得ている．岩石粒子間の割れ目，ひび，継ぎ目などは，単純な植物や維管束植物の根が育つ場所となっている．植物やバクテリアによって生じたり，生物の死骸の分解過程で形成されたりする有機酸は，土壌鉱物を溶解し，それらの化学成分をろ過して水に混入させる．土壌中の生物の死骸の分解は，窒素やリンなどの栄養分を放出するが，これらの元素は植物の成長に不可欠である．地殻岩石と堆積物にろ過された成分は，有機物の分解生成物と一緒に地下水に入り，川を通って海洋へ運ばれる．有機物の分解生成物には，窒素とリンの酸化物や二酸化炭素として大気圏に戻るものもある．逆に，大気圏の窒素分子は生物の一部として地上に固定される．窒素とリンの酸化物には，微粒子となり雨として地上に堆積するものもある．人間による擾乱が始まるまで，二酸化炭素は雨を酸性にする気体の主要成分であった．土壌や造岩鉱物に作用して酸性になった水は，鉱物と反応して，化学的にさまざまな程度に中和される．石灰岩は，浸透する水とすばやく反応して酸を中和し，カルシウムイオンと炭酸水素塩イオンを溶解させる．一般に火成岩はもっとゆっくり反応するので，水の酸性を弱めたり中和したりする能力は，同程度の時間で比べると大きくはない．

現在の産業時代は地圏から有機物や無機物を集中的に抽出したり，土地を活用したりすることで，地球全体の人口の成長率を昔よりかなり高めた．地圏での人間の擾乱は，約300年前の1700年ごろから始まっており，この年代は明らかに「産業革命」と関係する．森林を伐採したり，木材を燃やしたりする人間の農業活動は，疑いもなくずっと古くから行われているが，その活動規模は，人口の増加，農業の実施，産業の発達とともに非常に増加してきた．農業活動は，自然のままの土地を農地（耕地）へと変化させ，森林開拓，再植，土壌侵食など，土地を活用する幅広い活動の一部となっている．一般的な効果からいえば，その活動は炭素が地上に滞在する時間を変化させる．現在，世界の耕地面積は大陸表面の約13%であり，64%の土地は自然のままの植物に覆われている．残りの23%は，氷，砂漠，植生のない土地である．耕作，森林開拓，建設やそれに関連する土地活用は，水や風による土地の侵食率を増加させる．米国では，$1\,m^2$ごとに1年間に平均1.1kgの土壌が侵食されており（$1.1\,kg\,m^{-2}\,year^{-1}$），これは170万$km^2$近くの農地全体，国土の約18%に影響を及ぼしている．この侵食率は，厚さ約4cmの土壌層が100年で消失することと同じである．それは，個々の大陸で川によって運ばれた堆積物から世界全体の土地の削剥率を見積った値よりもずっと高い．世界全体で平均した土地の削剥率は，約$0.2\,kg\,m^{-2}\,year^{-1}$であり，これは大陸表面を100年で約0.7cm取り除くことと同じである．侵食した多くの物質はすぐには海洋に運ばれず，地上や川の谷間のどこかで蓄積されるので，農地や耕地では土壌の侵食率はおそらくもっと高い．

地球表面での森林開拓，とくに熱帯雨林の開拓（あとに述べる化石燃料の燃焼）は，陸地から大気への二酸化炭素放出の2番目に重要な原因である．しかし，農業やそのほかの土地活用は，陸地から海洋の海岸地帯へ無機物や有機物を運ぶ大きな原因にもなる．これは，負のフィードバックの効果ももつ．土壌中の有機物の再利用が速くなり，窒素やリンなどの栄養素の放出が増えると，土地の肥沃化と植物の成長が促進される．土地活用は，亜酸化窒素やメタンなどの気体が大気に放出されるのを促進する．なお，メタンは，家畜の消化器や田畑におけるバクテリアの働きによって生み出される．

エネルギー源を利用する歴史は，自然の最大の源である太陽放射には向かわず，地圏で発生する石炭，石油，天然ガスのような化石有機物にたどりついた．過去3世紀における化石燃料の燃焼が，二酸化炭素増加のおもな原因となっており，地球大気中の二酸化炭素含有量は275 ppmv（ppmvは，体積で100万分の1）から350 ppmvまで，30%近く増えている．初期の化石燃料の燃焼や土地活用とは無関係に，約1万8000年前に最盛期にあった最終氷期から，産業時代の始まりまでに，大気中の二酸化炭素含有量は，180 ppmvから275 ppmvまで上昇した．

化石燃料の燃焼は，気候の変化や温室効果をもたらすだけでなく，酸性雨を発生させる気体を大気中に放出する．石炭と石油は窒素や硫黄を含んでおり，二酸化炭素と一緒に燃焼して酸化物をつくり，それが大気中に放出される．さらに光化学的に酸化した

窒素と硫黄の酸化物は，水に溶けると硝酸と硫酸になる混合物に変質する．それが雨の小滴に溶けると酸性雨となり，噴霧状の微粒子が陸地に堆積すると，地表で酸性の水をつくる．二酸化炭素が大気中の水を酸性にする効果より，硝酸や硫酸の効果が強くなるような場所では，水は過去数十年間にだんだんと酸性になってきた．産業時代以前にも，水は地圏でつねに中和されていたわけではなく，長期にわたって酸性の状態を保つこともあった．酸性の降雨は，産業国では森林の損害を引き起こした．魚類やその他の海洋有機体は酸に対する免疫力が乏しいので，湖の酸性化は生態系の多様性を減らしたといわれている．生物圏に対する酸性水の付加的で逆の効果は，地殻岩石からアルミニウムのような金属を溶かす効果を強めることであり，酸性水に有機物への毒性の濃度を保持することである．

人類の科学技術は本質的に鉄文化であり，鉄鉱石鉱物からできた金属鉄の産出量は，地球全体でその他の金属の産出量よりもはるかに上回る．しかし，科学技術社会で利用される天然資源でいちばん多いのは，結晶質の岩石や堆積物であり，石・砂利・砂などの名前で建設に使用されている．1989 年の米国における 1 人当たりの天然資源の消費量は，石・砂・砂利が年間 7700 kg，鉄・リン酸塩・石膏・塩・ほかの金属などの鉱物資源が年間約 750 kg であると報告された．この数字は 1 人当たりでみると大きいが，単位面積当たりの総量は $0.23\,\mathrm{kg\,m^{-2}\,year^{-1}}$ である．抽出された地殻資源の平均量は，侵食によって取り除かれた土壌の量 $1.1\,\mathrm{kg\,m^{-2}\,year^{-1}}$（上述）よりもかなり少ない．

地圏から抽出された資源は，さまざまな形で利用され，最終的に廃棄物として処理される．これはまったく一方向的な過程であり，産業廃棄物から地球の資源を再利用することは地球規模なものに限定される．

現在進行する地圏の擾乱と人口密度との間には，強い相関がある．統計データが利用できる産業国でみると，化石燃料からのエネルギーの生成，農地への化学肥料の利用，産業・農業・都市での廃棄物（年間の土地単位ごとの量として測定）の発生などの過程は，人口密度と相関をもつ．一般に，人口密度の高い国ほど，多くのエネルギーを生み出し，たくさんの肥料を使い，単位面積につき多くの廃棄物を発生させる．これをみても，地圏の作用に人間が果たす役割の重要性を増していることがわかる．地圏は人間の擾乱でできた産物の全てを吸収したり蓄えたりするわけではないので，これらは，しだいに量を増して，海水，地水，生物圏，大気圏にわたされる．結果として，地球環境の変化は将来の方向性が不確かである．

[A. Lerman／井田喜明訳]

地磁気測定：技術と探査
geomagnetic measurement: techniques and surveys

地磁気測定はめずらしい岩石，ロドストーン（天然磁石）の発見からはじまった．西暦 1 世紀頃，中国の人々はロドストーンをさじ状に切り出したものを回転させると，毎回ほとんど同じ方向を向いて停止することを知っていた．コンパス（羅針盤）の磁針や，磁石の指す北と地理的な北とのなす角，すなわち磁気偏角の発見はこの知識から発達したものである．それらのことは 1088 年に沈括［訳注：中国の科学者，磁気コンパスについてはじめて言及し，化石の起源についても正確に説明した人物として知られる］によって記載されている．図 1 はある地点の地球磁場座標系を示している．ロンドンの測定器制作者，ロバート・ノーマンは水平な旋回軸に磁針をのせた伏角計（傾斜を測定する円盤状のもの）を

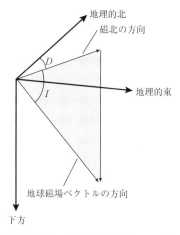

図 1 ある地点における地球磁場座標系．D：磁気偏角，I：磁気伏角．いくつかの異なる座標系が地磁気データの解析で用いられる．

発明した．これによって，磁気伏角，すなわち地表面と地球磁場の方向との間の角度（鉛直面内）を記録できるようになった．しかし，地球磁場の不思議さは，ウィリアム・ギルバートによる，ロドストーンを材料とした地球模型を用いた，先例のないアプローチであり理路整然とした実験によってはじめて明らかになりはじめた．おそらくその医学的な利用の可能性についての考察がきっかけで進められたロドストーンの性質の探求によって，はじめての現代的科学書 'De Magnete'（1600）が完成した．のちに，ギルバートは女王エリザベス1世と王ジェームス1世の医師となった．地球磁場強度の考えはギルバートによって定性的に知られていたが，ある地点の磁場強度が伏角計の磁針の変動周期の平方に反比例することを発見したのはフォン・フンボルト男爵であった（1798年頃）．

おそらく，地磁気に最も重要な寄与をしたのはカール・フリードリッヒ・ガウス（1777-1855）である．地磁気に関する多大な科学的寄与のなかで，彼は測定のための標準地球磁場座標系（図1）をつくり，ヴェーバーと共同で任意に配置した2つの磁石（彼にちなんで，ガウスAとガウスBと命名された）と彼自身が開発した最小2乗法を使って，磁気モーメントと水平磁場強度の測定実験を発展させた．そして，彼は質量，長さ，そして時間の単位を用いて，磁場強度と磁気モーメントを表現した．彼はまた，球面調和解析法を開発した．それによって，地球上に広く分布する地域磁場要素を数式によって包括的に表現できるようになった．のちになって，地磁気測定分野はマイケル・ファラデー（1791-1867）とジェムズ・クラーク・マクスウェル（1831-79）によって確立された電気と磁気との関係に関する知識によって進歩した．電気と磁気の関係によって，次々に高度に洗練された20世紀の装置，探査技術，そして技術開発（たとえば，地上用，航空機に搭載，船に設置，そして人工衛星に搭載の磁力計）がもたらされた．

現在，探査対象は使用する磁気測定装置の特性，探査要素（たとえば観測高度やデータ間隔），そしてデータ解析に用いられる座標系などによって左右される．いまでは，ベクトル量測定装置（たとえばフラックスゲート磁力計）を用いてある方向の地磁気強度の相対変動をきわめて高い精度で測定できる

し，スカラー量測定装置（伝統的な，プロトン歳差運動磁力計，または一般にはアルカリ蒸気磁力計）を用いて磁場の全磁力を測定することも可能である．地質学的な解釈においては，3つの直交方向に配置したベクトル測定装置で得られるデータはスカラーデータを得るのと同等である．また，逆も成り立つ．しかし，ベクトル検出装置を用いた構成は地球外核，電離圏や磁気圏で認められるような運動流体による磁気効果を調査するときなどに有利である．これらの装置の感度は普通0.1～1 nT（ナノテスラ，ガンマとしても知られる）の範囲にあり，たいていの調査に適している（比較のためにあげておくが，地球表面における地質物質の示す磁気効果は，航空磁気測量で数 nT から数千 nT の範囲にある．地球の主磁場は約2万4000～約6万6000 nT の範囲にあり，それぞれは磁気赤道と磁極に対応している）．特殊な応用のときにはデータ取得速度や携行性が装置の選択にかかわってくる．データ取得速度の遅い装置は，据え付け架台を迅速に移動させる場合には不向きである．

一般に，地球近傍のあらゆるところで行われる磁気観測値には，地球内部起源の磁場（主磁場），電離圏や磁気圏起源の外部磁場（「地球磁場：外部磁場」参照），地質物質起源の磁場，そしてときに強磁性物質や電力供給電線のような文明（人工）起源の磁場などの情報が含まれている．計算機ソフトなどを用いて，調査対象である原因物質による磁場は解析の最後まで保持される．可能であれば，諸現象をモデル化したり，信号処理技術を用いて，まずほかの原因による磁場を引き去る．地質的解析の際，最後まで残っている磁場を一般に磁気異常とよぶ．それは，外部起源磁場を補正した観測値と観測域の標準磁場すなわちバックグラウンド値との差である．磁気異常は地質物質や地層中の磁性鉱物の量や種類（おもに，マグネタイト（磁鉄鉱 Fe_3O_4），ヘマタイト（赤鉄鉱 Fe_2O_3）やピロータイト（磁硫鉄鉱 FeS））の相対量変動によって引き起こされ，地表下の地質情報を推察するのにきわめて役に立つ．岩石は外部磁場によって磁化するので，磁気異常には地球磁場の逆転も記録されている．それゆえ，磁気異常は調査する地質領域の性質や進化を解読するのに大いに役に立つ．L. W. モーリーや F. J. バインと D. H. マシューズが1960年代はじめ頃同時に，海洋

底拡大と地球磁場逆転との関係についての仮説を明白に証明した磁気異常の高低パターンはまさしくこれである.

探査要素（データ取得間隔や高度）は探査対象物に依存して変わる. 地質学的な探査では測定に適した間隔（データ間隔）というのは，対象としている異常の特徴を正確に決めるのに何が必要かといった観点に依存している（これは循環論法のような感じがするが，最良の探査を計画するには対象異常に関する最小の空間次元を見積らなければならない）. どんな原因による磁気異常も原因からの距離が増加するにつれて異常の強度は減少する. 一方, 距離の増加に伴って（たとえば高い高度では），異常の波長は広がっていく. これらの関係から有効な「目分量」が得られる. 測線間隔を対象となる原因物質とセンサー間の鉛直距離にほぼ等しくなるように設定するというものである. 小さな領域の地下探査や人工衛星による磁気探査ではほとんど問題なくこの測線間隔を達成できる. まさにこのようにして決められた間隔で行われる航空磁気測量が増える傾向にある（より深く知りたければ，「航空磁気測量」の項や米国ミネソタの航空磁気地図を参照）.

徐々に変わる地球主磁場の時間変化は，測定時の標準的主磁場がわかっていれば，地質的原因による磁気異常を分離するときのさまたげにはならない（国際標準地球磁場 IGRF は 5 年ごとに更新されている）. しかし, 地球外部磁場は探査時間内で変化しており, 連続記録を取得するために設けられた基地ステーションの磁力計を用いた固定点での磁場の時間変化を調査するなどして，観測データからその時間変化を引き去る必要がある. これは地上, 船上そして空中での磁気測量において適切な手順である. なぜなら, 外部磁場による時間変化は基地ステーションと移動点の磁力計センサー両方で同様の現れ方をするからである（ただし，近隣の調査であれば）. しかし, 宇宙からの磁気異常のマッピングでは, 人工衛星データそのものを用いて電離圏や磁気圏の影響による磁場の実験的モデルを同時に推論しなければならない. 電離圏と磁気圏の影響を解析するには, 時間的にまたは空間的もしくは両方に適した電流シ

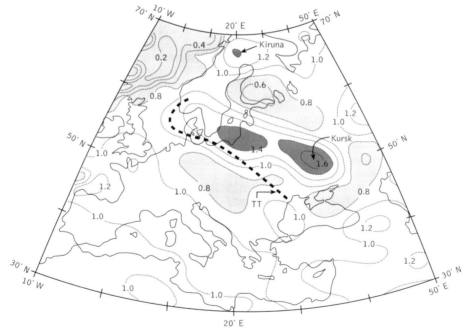

図 2 マグサット（Magsat）のデータより導き出されたヨーロッパの磁化率マップ（M. Purucker and R. A. Langel の厚意による）. この地図中の磁化率の違いの多くは，ヨーロッパ大陸をつくった独特な構造的イベントの際に生成した大規模岩体の磁気的性質変化を反映している. TT は，若く，薄くそして熱い西ヨーロッパの古生代地殻と，古く，厚くそして冷たい，その北東に広がる先カンブリア時代の地殻を分離する Tornquist-Teisseyre 地帯. Kursk と Kiruna は顕著な大きさをもつヨーロッパの 2 つの衛星磁気異常である.

ステムを構築するような座標系を用いる必要がある．いくつかの例として，地方時，磁気（伏角）緯度，地磁気（双極子）緯度，磁気地方時，そしてさらに地磁気線といったものがある．そういった処理の努力によって，衛星による地球の磁気異常が決定されるようになった．いったん磁気異常がまとめられると，地域的な磁化や磁化率変化に変換でき，地球リソスフェアの進化の理解に使われるようになる（図2）．より低い高度で，より長い時間の衛星磁気測定計画によって，上部リソスフェアや外核の地質過程，そして電離圏の電流システムの知識が21世紀には一段と増加するだろう．

[Dhananjay Ravat／森永速男訳]

■文　献

Merrill, R. T. and McElhinny, M. W. (1983) *The Earth's magnetic field : its history, origin and planetary perspective.* Academic Press, London.

地質学愛好家
amateurs in geology

多くの人々は，「地質学者」という言葉を聞けば，ひげを生やし重いツィードの服を着た，ヴィクトリア朝の化石収集家のようなイメージを思い浮かべがちである（図1）．地球科学を研究している今日のプロのなかには，物理学者のような他分野の科学者の視点に立てば，地球科学と愛好家との伝統的なつながりは，地球科学の地位を実際には高めていないと考えている．それにもかかわらず，愛好家たちは地質学へ重要な貢献をしてきたし，非常に高価な設備が不可欠だと考えられている現代でさえも貢献を続けている．

地質学では実際，愛好家たちは科学的な設備にはほとんど投資せず，さまざまな方法を用いて研究することができる．長年いわれてきたように，最良の研究場所は地質現象のみられる現場であり，そこでは鋭い観察力さえあればよい．野外を研究する科学として，地質学は多くの人々に愛好され，その魅力は試料が実験室で準備され研究されることで拡大していく．試料は，それらの起源がよくわかるにつれ

図1　「はい，喜んで，緑砂層の下部に沿って行くと，青白泥層にぶつかります．それから，石灰質の砂岩に沿って左に曲がって下さい．そうしたら，石灰岩断層上の右手にリトル・ガーストが見えます」．これが伝統的な地質学愛好家の光景である．その後，新世代の愛好家により一掃されてしまったが．（パンチ誌の提供）

て，大きな価値をもつ．多くの愛好家は，宝石細工人として，試料を切ったり，磨いたり，調べたりし，風景画や地質学的な現象の写真家となり，簡単な地震観測点をつくったりして，いろいろな技術を習得する．

ある意味では，地質学の誕生や初期の進歩は200年前の愛好家たちの熱意や活力によるものだった．プロと呼べる人々は，自然哲学などの役職を任命された学者であった（地質学のために英国で最初に設けられたのは，1728年に設立されたケンブリッジ大学のウッドワードの役職だった）．

18世紀後半と19世紀前半の英国には，幸運にも，地質学の高い能力をもつ愛好家が多数存在した．「近代地質学の創始者」であるジェームズ・ハットンはスコットランドの地主であった．田舎の紳士には地質学は適当な気晴らしであり，彼らの多くは鉱物や化石を度々収集していた．ローデリック・マーチソンは，地質学的な観察のために狐狩りをやめた．これが，地質学の歴史に大きな利益をもたらした．同時代の愛好家T.H.デ・ラ・ベッキは，英国陸地測量部の地図に「地質学的な色」をつけるように政府

から求められ，なりゆきとして英国地質調査所の所長に任命されて，地質学の指導的な地位に就いた．古生物学も利益を受けた．たとえば，サセックスの地方医師キデオン・マンテル（1790年生まれ）は，恐竜の化石のいくつかを最初に発見した．

　ロンドン地質学会は，1807年に13人の愛好家によって設立された．すでに存在した英国鉱物学会も同様であった．プロばかりでなく愛好家も入れて1858年に設立された地質学協会はそれ以後ずっと栄え，地方組織は英国各地で会合を開いた．活動内容として，英国各地や海外のいたるところに調査に出かけた．地方組織はしばしばその土地に一時的に露出した試料を記録し，収集した．最近でも，露出場所がみつかると，地質学的な痕跡は保存され分類される．学会や収集家の指針は，地主にも一般人にも不便や危険をかけないようにすることである．環境問題にも関心が強い．

　地質学的な試料の売買は無法な収集を招いてきたが，ほとんどの場合，愛好家はこのような行為に抵抗するので，愛好家たちとプロの地質学者との間には良好な関係が保たれている．雑誌や会報や他の通信手段を用いて，交換や販売のために地質学的な素材が宣伝され，交換や授受のために定期市も開かれている．

[D. L. Dineley／井田喜明訳]

地質学的な概念のはじまり
beginnings of geological thought

　地球とその宇宙での位置づけに関して，古代人の多くは独自なモデルをもっていた．古代バビロニア人の考える地球は，中が空洞の山であり，周りの海に支えられていた．死者の世界は地下にあり，太陽や月や星は固い天蓋に沿って動いていた．古代エジプト人は，宇宙が4つぞろいの神でできていると考えた．ケブ（Keb）は植物に覆われる地球に横たわる大地の神であった．空は上品に身体を曲げる女神であり，大気の神に支えられていた．太陽の神は天国と夜の闇を往来した．ヒンドゥー教の教義によれば，地球は巨大なカメに乗る4頭のゾウに支えられ，そのさらに下にはコブラがいた．これらの概念は科学的というより宗教に根ざすものであったが，そこには地球，太陽，月，星，地震，季節を説明しようする意図が見られる．知識が増えて別のモデルが必要になったり，宗教や文化が変化したりしたとき，これらの概念ははじめて破棄された．

　これらのモデルがどのようにして生まれたかを解明するのは難しいが，神話と人々の記憶がそれに関わったのは間違いない．おそらく，人間が直接経験できる環境の範囲では論理的な思考が働いたが，既知の世界や時間の経過と対比して，未知があまりにも大きいことに気づくと，思考は停止した．こんなときは超自然が呼び起こされる．超自然はまだ大部分の人類にとって身近な存在だからだ．

　ギリシャ人やその後に活動したアラブ人は，物事や現象をまとめたり，分類したりするようになった．この作業が進むと，彼らはその範囲を拡張して，自分達の世界に作用する変化を解明しようとした．アリストテレス（紀元前384-322）は，物質の異なる状態や異なる構成要素の間で生じる変化に関心をもった．彼は火，大地，大気，水を4つの基本的な要素と見なし，それらが熱い，冷たい，湿る，乾燥するの4つの基本的な性質のうち2つを有することを述べた．たとえば，大地は「冷たい」と「湿る」の組合せで特徴づけられる．物質に働く力より物質の性質に焦点を当てる別の考えも提案され議論された．しかし，エンペドクレスは物質を変化させる力の必要性に気づき，結合をもたらす愛と，分離をもたらす嫌悪を，2つの基本的な力と考えた．数世紀後に，錬金術師たちは2反原理を唱え，特定の物質の相反する性質が，地球深部で接触して異なる金属を生み出すと主張した．この間に，金属や貴重な鉱物など，さまざまな物質がどこでどのように形成されるかについて知識が増え，それについての記述が，実在するものと架空なものを含めて，さまざまな形で残された．

　16世紀のヨーロッパでは，大量の情報を扱う新たな手法が豊富にもたらされ，哲学者や錬金術師や熟練工に使われた．英国の大法官であり，哲学者や文学者でもあったフランシス・ベーコン（1561-1626）は，科学的な手法を用いる研究の父と見なされる．彼は実務的な科学者ではなかったが，知識がどう成文化され検証されるかを知っていた．彼はのちに続く人々に大きな影響を及ぼした．彼は物理学を形而

上学と区別し，自然科学はさまざまな形（物体）をとって起こる自然の表現を探るものとなった．それが地質学的な研究に影響するにはさらに時間を要した．この間に，大陸の学者はさまざまなやり方で地質学的・生物学的な物質を収集し分類した．物質に関する古い価値や神秘的な性質が破棄される大きな変化がやってきた．とくに，鉱物学者は鉱物を科学的な対象として扱いはじめた．そこには超自然的あるいは人為的な要素はもはやなかった．化石はさらに古い時期にわたる問題を提起した．

17世紀初期には，イタリアのユーリシス・アルドロバンディが「地質学（geologia）」や「化石学（fossillibus）」という語を使った．英語としては，「地質学」はロベル（1661）による鉱物の研究で最初に使われた．「化石」という語が近代的な意味で使われるようになるのは，150年近く経ってからのことである．　　　　　　　　[D. L. Dineley/井田喜明訳]

■文　献
Adams, F.D. (1938) *The birth and development of the geological sciences.* Dover Publications, New York.
Crombie, A.C. (1994) *Styles of scientific thinking in the European tradition* (3 vols). Duckworth, London.
Lindberg, D.C. (1992) *The beginnings of Western science：the European tradition in philosophical, religious, and institutional context, 600 BC to AD 1450.* University of Chicago Press.

地質学的なユーモア
geological humour

19世紀初期から，地球科学にはさまざまな形式のユーモアが見られ，「ベリンガー博士の偽の化石」（人造化石，1726年）でさえ，彼の生徒たちによる冗談とみなされた．ベリンガー博士自身には，とても冗談とは思えなかっただろうが，すべてはあまりにも明白な欺瞞であるとはいえ，これは悪質なユーモアの実例である．このような例は一般的ではない．というのは，地質学者の個性はしばしば風刺的に描かれるにせよ，地質学的な冗談のほとんどは，人よりもむしろアイデアや事実を題材にしてきたからである．初期の例としては，1838年にエディンバラのジョン・ケイによって風刺的に描かれたジェーム

ズ・ハットンがある．過大に装備したウィリアム・バックランドもその例としてあげられる．彼は氷河作用の野外調査のとき，2つの試料をもって行った．1つは，形成されるのより3万3333年前に氷河によって削られた試料であり，2つ目はワーテルロー橋で荷車のタイヤによって一昨日削られた試料である．これらは英国のユーモアの例であるが，そのほかにも米国やフランスなどでいろいろな例が知られている．

ユーモアに富んだ多様な場面のうち，恐竜，マンモス，絶滅した野獣と一緒に描かれた穴居人の風刺漫画は，ほとんどすべての著作でとても人気のある呼び物であった．それらは，「フリントストーン」のように高く評価されるテレビアニメにもなった．恐竜は，科学的興味や公衆の興味が更新されるごとに頻繁に注目の対象となった．博物館に展示されるにせよ，中生代の脚本のなかで生きるにせよ，恐竜の巨大さ，よく知られたどう猛さ，怪奇な骨格などは，すぐにユーモアに富んだ場面になった．進化しつつある魚や両生類のような生物も，大いに笑いを誘う題材であった．高等な脊椎動物として，人間も同様にいろいろな冗談の的となってきた．ダーウィン自身も完全にはユーモアの対象から逃れられなかった．おそらくこの種のほとんどの著作は，決して出版されないだろう．注目すべきヴィクトリア朝の作品は，「わかりやすく描かれた地質学」である．これは長さ12フィートの手書きで色付けされた引出しページであり，礫岩，古赤（砂岩），貫入岩などの用語がC. M. ウェブスターによって漫画で描写されており，1840年ごろロンドンでつくられた．この時代のユーモアは，風変わりで面白く，男子生徒のようであり，近代の冗談とは非常に異なっているが，このようにユーモアとは変わりうるものである．1840年には，地質学は人気のある新しい科学であった．

地球科学の詩や散文では，ユーモアは多くの外観を取ってきた．マーク・トウェイン以来，地質学や地質学者を風刺した評論や散文がいろいろな形で書かれてきた．架空の地質学的な事柄ばかりか，惑星地質学でさえも嘲弄する記述は，いつの時代にもあった．それらの記述のなかには，読者を混乱させるのではなく，面白がらせようとするのが意図だと，最後の土壇場に判明するものもあった．地質学

図1　地質学的なユーモアの一例.「辻褄が合うようにつながったけど,骨が1つ残ってしまった」.

者の集団やその活動についてのユーモアに富んだ解説は,R.L.ベイツによって「地質学コラム」という題目で書かれ,米国地質協会の月刊誌ジオタイムズに何年間も掲載された.

ユーモアに富んだ五行程度の韻文は数え切れないほど存在し,そのなかには面白いが下品で印刷に適さないものも少なくない.地質学的な内容の韻文でもっと長いものは,まじめなものから下品なものまである.何人もの有名な地球科学者も,その著者になってきた.

大学試験の答案から選び集めた地質学的に滑稽な間違いは,しばしば引用され,グラスゴーの地質学会（1980年）によって小さな本にまとめられた.短い標語は,近年では車のバンパーやウィンドウのステッカーとして用いられている.「大陸移動を止めろ」は標語の典型的な例である.この先例にならって,帽子やTシャツに書かれた「ゴンドワナ大陸を再び合体させよ」などの類似の標語が,生徒たちに人気がある.　　　　　　　　[D. L. Dineley/井田喜明訳]

■文　献
Craig, G. Y. and Jones, E. J. (eds) (1982) *A geological miscellany*. Orbital Press, Oxford.

Rhodes, F. H. T. and Stone, R. O. (eds) (1981) *Language of the Earth*. Pergamon Press, New York and Oxford.

地質学的な論争
geological controversies

　地質学は,固有の科学としてほんの2世紀ほど前に誕生した.誕生の当初から,地質学は論争とともに進歩してきた.論争の問題点は劇的に表現されがちであり,背後の仮説や中心人物の言動もしばしば公表されるので,論争の焦点は容易に鮮明にされる.さらに,論争は課題の研究と解明にとって最も重要な問題に注意が集まる.ここでは,以下の4つの大論争を,おおよそ起こった順に取り上げることにする.

●水成論者と火成論者

　「最初期の」火成岩や変成岩から未固結の堆積物まで,一続きの岩石を解釈する際に,先駆的なドイツの地質学者アブラハム・ゴットロブ・ウェルナーは,最も高い山々でさえも原始海洋に覆われていたという,18世紀後半に広く受け入れられた見解を提案した.花崗岩のような火成岩も含めて,今日目にするすべての古い岩石は,原始海洋からの化学的な堆積物であると,ウェルナーは理解した.ウェルナーの理論に占める水の役割を強調して,彼は水成論者と呼ばれた.ところが,玄武岩の起源について大論争が起こった.ウェルナーは,もちろん火山の存在を否定できなかったが,火山活動は非常に最近の出来事で,石炭の薄層が下で燃焼して局所的に融解が起きる現象とみなした.この解釈は,フランスのオーベルニュなどでの詳細な調査によってしだいに否定された.花崗岩は必ずしも最初につくられた岩石ではないと認識され,水成論者に対抗するもっと基本的な考えが生まれた.たとえば,ジェームズ・ハットンは,スコットランドの貫入岩脈で,母岩より若い花崗岩が存在することを確立した.19世紀の最初の20年間に,水成論がしだいに衰え,火成論が明確に確立された.

●激変説論者と斉一説論者

「激変説（天変地異説）」と「斉一説」という用語は，ウィリアム・ヒューウェルによって1832年につくり出されたが，「激変説」はチャールズ・ライエルの教義と対立する一連の信条を公平に評価できなかった．体系を構成する重要な要素に，「方向主義」と呼ばれるものがあったからである．ライエルによって輪郭を示された「斉一説」は，体系であると同時に方法論である．「斉一説」という用語は，大陸の「アクチュアリズム」と同義語としてよく使われており，過去の出来事を現在進行する過程の知識を用いて解釈する．しかし，アクチュアリズムの方法を使って，「激変説論者」の結論を完全に導くことができる．

19世紀初期に「激変説論者」を先導していたのは，フランス人のジョルジュ・キュビエとレオン・エリ・ド・ボーモンであった．キュビエの考えは，おもにパリ構造盆地の第三紀の層序学的な研究を基にしている．彼は，地層の分断や海面レベルの激変ばかりでなく，動物相の絶滅を導く地殻激変の繰り返しを取り上げた．エリ・ド・ボーモンは，キュビエの考えを引き継いだ．彼は，傾いて折り重なった地層は急激な擾乱を示し，「激変する」現象は少しずつゆっくりと「作用する現在の原因」からは導けないと主張した．

英国では，1820年代から1830年代にかけて活発な討論が行われた．ウィリアム・バックランドやアダム・セジウィックなどの激変説論者たちは，いわゆるノアの洪水論を唱えた．それは，聖書に記述された洪水によって多くの地質学的な現象を説明するという考えであった．ノアの洪水論はすぐに捨て去られた．しかし，ライエルは自分の事例を強調しすぎており，地球は彼の好きな定常状態ではなく，歴史的に変化していくという信念は頑固に残った．生物がより複雑な形態に進化して人類にいたったことを表す化石の記録から，このことはきわめて明確に確立された．その流れから，自然淘汰の概念を導入したダーウィンの進化論が生まれた．

●地球の年齢

19世紀中頃までは，地球は生まれてからわずか6000年しか経っていないという考えが，聖書の根本主義者によって主張された．地質学者の大多数は，ライエルにしたがって，地球の年齢が6000年よりずっと古いと考えていたが，地球の年齢をおおよそ見積もることにさえ一般にはためらいがあった．最初の重要な見積もりは，1860年にジョン・フィリップスによって行われた．彼は最善のデータとして，累積された地層の厚みと現在の堆積率を用い，地球の地殻形成におおよそ9600万年かかったと見積もった．この見積もりは，地球の年齢がほとんど無限であるというライエル主義者の見解に挑戦するものだった．

ほんの数年後，スコットランドの物理学者のウィリアム・トムソンは，まったく違った基礎に立って地球の年齢を見積もった．彼は，のちに貴族に昇進して，ケルビン卿と名乗った．地球は，重力エネルギーによる熱で，もともとは熱く溶けた球であったが，熱伝導で徐々に冷えたというよく知られた仮説が，この見積もりの基礎であった．彼による年齢の見積もりは9800万年であり，これはフィリップスの見積もりとほぼ一致した．ケルビンの研究は，地質学者に最初は受け入れられた．しかし，この年齢が生物の進化には短すぎることをダーウィンは問題にした．ダーウィンの従者であるトーマス・ヘンリー・ハックスリーは，ケルビンの基本的な仮説の妥当性を疑問視した．

ケルビンへの批判は地質学者の間でしだいに高まった．批判がとくに厳しくなったのは，ケルビンが1897年までに，地球の年齢を独断的に2400万年に短縮したときであった．アメリカの地質学者トーマス・チェンバレンは，原子に内在するエネルギー源があると推測した．19世紀の物理学者はこのことをまったく知らなかった．1896年の放射能の発見は，この先見的な考えを立証し，数年のうちにケルビンの仮説は完全に覆された．放射年代決定法が確立されるとともに，20世紀はじめに，地球の年齢は数十億年であると広く認識されるようになった．

●大陸移動説

地質学者の間では，地球は誕生以来ずっと冷却され，体積が収縮してきたという意見の一致が19世紀の終わり頃までにみられ，この収縮の結果として造山運動帯を説明しようとする試みがなされた．ヨーロッパ人は，沈下した大陸が広大な海洋の下にあると信じたがった．米国人は，アイソスタシー論

に強い影響を受けた．重力調査のデータをアイソスタシー論で解釈すれば，海洋の下にある地殻は大陸より高密度であり，大陸の地殻とは決して交換できない，と彼らは考えた．どちらのグループも，大陸が海洋を横切って，水平に顕著な運動をする可能性を否定した．大陸の移動は，安定主義者の地球モデルと完全に矛盾した．

　大陸の水平運動を最初に提案したのは，ドイツ人のアルフレッド・ウェゲナーではなかったが，大陸移動説といえば，気象学者であり地球物理学者でもある彼の名前がまず連想される．というのも，さまざまな自然現象を広く考慮しながら，大陸移動説の十分な証拠を，首尾一貫した論理で最初に提出したのが，彼だったからである．彼は，地球の冷却と収縮のモデルにいろいろな観点から挑戦した．収縮によって山脈に対応する「しわ」ができるが，それがなぜ一様に分布せずに狭い地帯に限られるのか，この収縮仮説ではわからなかった．さらに，広範囲に分布する岩石から放射能が発見されたことにより，地球冷却説の根拠が失われていった．放射能でかなりの量の熱が生成されて，宇宙に逃げていく熱を補うからである．

　ウェゲナーが立てた仮説によれば，巨大な超大陸であるパンゲア（Pangaea）が分裂し，中生代から現在にかけてばらばらに移動して，大西洋とインド洋ができた．西部コルディレラ山脈は，アメリカ大陸が西方に移動する間に圧縮されて造られた．アフリカとインドがユーラシア大陸に近づいて，アルプスやヒマラヤがつくられたように．彼は，多くの地質学的な現象を取り上げ，自分の仮説を支える証拠とした．たとえば，大西洋の両側で造山運動帯が合わさり，南の大陸間で類似な化石が出ることは，昔は2つの土地がつながっていたことを意味する．さらに，南米，アフリカ南部，オーストラリア，インドには，古生代後期の氷床に関する説得力のある証拠があり，それらは現在のばらばらに分布する大陸では説明のつかないものであった．ウェゲナーは地球物理学的な議論も展開したが，説得力のある大陸移動のメカニズムは提案できなかった．

　ウェゲナーの仮説への最初の反応は，必ずしも敵対的ではなかったが，二度の世界大戦の間に，その仮説はしだいに支持を失った．地球物理学者たちは，地球は強度が強く，大陸がその表面を移動するのは

不可能だと主張し，大陸移動説に強く反対した．彼らは，ウェゲナーが提案した大陸移動のメカニズムを嘲笑した．しかし，ウェゲナーには強い支持者があった．そのなかでも注目されるのは，エミール・アルガン，アレキサンダー・デュトワ，アーサー・ホームズであった．とくにホームズは，大陸移動の説得力のあるメカニズムとしてマントル対流を提案した．それにもかかわらず，大陸移動説の支持者はたいてい変わり者であると見なされて，20世紀中ごろまでに，その仮説は地球科学者の間でほとんど葬り去られた．状況は，第二次世界大戦後の研究の進歩によって根本的に変わった．最も注目されるのは，岩石磁気の研究であり，海底について新しい知識が得られたことである．これらの進歩は，ウェゲナーの死後に彼の考えを立証することになった．プレートテクトニクスは大陸移動説が発展したものであり，1960年代後期に提出され，数年間の間に地球科学者たちに受け入れられた．

[Anthony Hallam/井田喜明訳]

■文　献

Hallam, A. (1973) *A revolution in the Earth sciences: from continental drift to plate tectonics*. Oxford University Press.

Hallam, A. (1989) *Great geological controversies* (2nd edn). Oxford University Press.

地質学とそのほかの地球科学
geology and other Earth sciences

「地質学（geology）」という言葉は，ギリシャ語の geo と logia に由来しており，文字通り訳せば，地球についての研究あるいは科学という意味になる．この言葉は，神事に関する研究（神学）に対比して，地上の事象の研究を意図し，ノーサンブリア王国修道院の学者で歴史家でもあるベーダ（ヴェネラビルス・ベーダ）によって，8世紀の中世ラテンでつくられた．18世紀後期に，その言葉は地球の構造，組成，歴史などを科学的に調べるという近代的な意味をもつようになった．続いて，地質学と関連したさまざまな学問が現れた．そのなかには，化石を研究する古生物学，鉱物を研究する鉱物学，地形を研究する地形学，地球の化学的な性質とその解

析手法を研究する地球化学があり，さらに，地球の磁場，電場，重力場や地震波の伝播を活用して惑星内部を綿密に調べる地球物理学がある．そのために地質学という語は，狭い意味で使われ，地質学者は岩石とそれがつくられた環境についておもに研究する人を指すようになった．

1960年代から1970年代にかけて，地質学やそれに関連するすべての学問を含めることを意図して，「地球科学」という包括的な表現が流行した．地質学者，地球物理学者，地球化学者たちは，「地球科学」という語をこれら3つの学問領域に限定する意味にしばしば使った．しかし，地球科学の内容はさらに広がり，測地学（地表の縮尺を測り，地図を作成する科学），海洋学（海洋の研究），気象学（大気の研究）の分野や，地理学で扱われる内容も含むようになった．

「惑星科学」とは，広い意味でも，狭い意味でも，「地球科学」の手法をほかの惑星の研究や惑星一般の研究に適応する科学である．科学の進歩により，地球を越えた科学の広がりを記述するために「地球科学」の語は不十分であることが示され，地球に類似した天体を扱うすべての関連学問を表すために，人々は皮肉にも「地質学」という用語をまた使い始めている．たとえば，「月学」や「火星地理学」といったなじみのない用語の代わりに，今日では「月の地質学」や「火星地質学」の語が使われている．本来のギリシャ語「geo」は，地球という個体よりも，むしろ地球に類似した天体という含みをもっているので，これは完全に正当な使い方である．

[David A. Rothery/井田喜明訳]

■文　献

Rothery, D. A. (1997) *Teach yourself geology.* Hodder and Stoughton, London.

地質学における詐欺
fraud in geology

地球科学は，全体としては，詐欺師の気まぐれから被害をあまり受けなかったように見える．学生や石切り工やいたずら者が，金銭的な利益のためとい

うよりむしろおもしろ半分に，教授や専門家を困惑させようとしたことがあった．化石は，とくに偽造や「改良」がされやすい．1726年にヴュルツブルクのヨハン・ベリンガー教授は，ムシェルカルク石灰石から出土する化石に興味をもっていたが，そのことを知る教え子たちに騙された．生徒たちは，実在あるいは架空のいろいろな生物を，粘土を使って鋳造して，多くの「化石」を用意した．石に似せるために焼いたものを，ベリンガー教授が発見すると思われる場所にばらまいた．化石の多くは非常に奇抜で，ヘブライ文字を含むものさえあった．ベリンガー教授はまんまと騙されて，イラスト付の論文を出版し，それが偽物である可能性を反ばくさえした．ある日，ベリンガー教授は自分の名前が書かれた化石の破片をみつけ，騙されていたことに気づいた．ひどく悔しい思いをしながら，教授は自分の出版物全部を買い占めるために貯蓄を費やした．これが，彼の生涯を縮めたといわれている．

「完璧」あるいは「完全」な標本を作るために，石切り工たちが異なる化石を組み合わせることは，めずらしいことではない．たとえば，ある化石の尻尾と別の化石の頭を注意深く接合することは，いままで何度も行われた．刻まれた化石を架空の部分で柔軟につないで，繊細に描いた例は非常に多く，とくに蛇のような頭を加えたアンモナイトが好まれた．

ヴィクトリア王朝時代の初期，悪名高いアルベルト・コッホは，ヨーロッパの各都市で，巨大な古代鯨の骨格を（時にはその他の化石を利用して），海蛇として展示した．展示会を開くたびに，この行為に憤慨したギデオン・マンテルによって彼は的確な非難を受けた．コッホは出ていかざるをえなかった．

1953年に暴かれたピルトダウンの偽造は，もっと深刻であった．英国サセックスのピルトダウンで，人間の頭蓋骨と称される破片が，川の砂利から採取された．1912年，大英博物館（自然史）のアーサー・スミス・ウッドワードとチャールズ・ドーソンは，それを人類の遠い祖先を発見した素晴らしい業績であると公表した（*Eoanthropus dawsoni*）．その人間もどきのものに付随して，道具や動物の骨も出土した．頭蓋骨の破片と歯の整合性や，石器と動物の骨の起源ついて，さまざまな時代に疑惑が抱かれた．それにもかかわらず，道具を使用する初期の人

類が，英国ではピルトダウンで最初に発見されたものであると，長い間受け入れられてきた．最終的には，この頭蓋骨と歯は，現代人とサルのものを組み合わせ，古く見せるために腐食させて汚したものであると，進歩した分析技術によって立証された．骨角器は，鋭い金属製の縁によって削られたことがわかった．結局，ピルトダウン人はまったく存在しなかった．ピルトダウンのつくりごとは，冗談としてはじまったようだが，そのまま世間へと広がってしまったと思われる．論争での重要人物は，G.エリオット・スミスやアーサー・キースのような解剖学者を含めて，偽造が見破られる前に皆死去した．

　大規模な詐欺が，もっと最近になって，インドのV.J.グプタ教授の出版物から発見された．グプタ教授は，ヒマラヤのさまざまな場所で彼自身が発見したと主張する化石について記述した．化石の多くは，生層序的にかなり重要性があり，この発見を基礎に，世界中の多数の化石が相互に関係づけられ，層序学的な偽の記録がつくられた．化石の描写は，ほかの著者がどこかで描いたものと類似していることがわかり，化石の採れた場所は，現実には存在しないと示された．論文のいくつかは，グプタ教授によって発表された．ほかにもおもに西洋の著者たちによって発表されたものがあったが，この著者たちは，彼らの名前がかつて使用されていたことに気づいていなかった．おもにその事件の解明に当たったのは，オーストラリアのジョン・タレント教授であった．グプタ教授は詐欺を激しく否定したが，その研究を反証する出版物は，しっかりした資料から得られており，彼のいかがわしい考えと矛盾する現場証拠は，説得力がある．

　宝石や鉱石などと偽って提示することは，採鉱に投資を引きつけるために，疑いもなく何回も行われてきた．石油の埋蔵も，偽の記録やサンプルに基づいて証拠づけられた．ときには，莫大なお金が絡むこともあったが，経済的に重要な発見の証拠は，今日では異なる出所からのデータによって強化されることが求められる．それゆえ，詐欺の可能性は少なくなった．　　　　　　　　[D. L. Dineley/井田喜明訳]

■文　献

Weiner, J. S. (1955) *The Piltdown forgery*. Oxford University Press, London.

地質学会
geological societies

　世界各地にはいろいろな地質学会があるが，以下に取り上げるのは，そのなかのほんの数枚のスナップである．

　地質学を専門に扱う学会は，19世紀初期まで存在しなかった．1807年にロンドン地質学会が最初に設立されたが，それは「地質学の英雄時代」の中頃のことである．この学会は多くの点で学会としての典型的な性格をもち，科学的な議論のために討論会を主催し，雑誌を出版し，図書館を維持した．この設立メンバーには，短期間しか存在しなかった英国の鉱物学会（1799年設立）の主要メンバーが含まれ，彼らはその活動をもっと広範囲の地質科学に受けわたすことを決めた．それまでは，西ヨーロッパで生まれかかっていた地質科学は，英国王立学士院やパリ科学学士院のように，科学全般を扱う学会や国立の組織の傘下にあった．たとえば，英国では，王立協会の会議や出版物は，地質学的な題材も含んでいた（「ドイツの鉛鉱床」に関する論文は，英国王立学士院の会報の1660年代第一号に掲載され，火山活動や古脊椎動物学を題材とするような重要な論文がその後に続いた）．協会は地質学的な試料も集めた．1754年に設立された芸術学会は，鉱物分布図の作成を助成し，ウィリアム・スミスを財政的に支えた．もっとあとになると，王立研究所（1799年設立）も同様な役割を果たした．ロンドン以外では，バーミンガムの月学会の活動が地質学を特徴づけ，それは1770年代に全盛期を迎えた．さらに北では，ニューカッスル・アポン・タインの文学会と哲学会が1793年に設立され，地質学，とくに採鉱に関与した．また，多くの地質学的な論文が，エディンバラの王立協会の会報に掲載された．

　ロンドン地質学会は，1825年に勅許状を与えられた（しかし，明らかに王室の賛助は要求しなかった）．学会を設立したメンバーは，「アマチュア」のグループであった．科学が職業化したのは，もちろん，もっとあとのことである．その時代に見られるほかの学会のように，会議は科学的な意味をもつだけでなく，社会的な催し物でもあった．メンバーは

まず食事をし，それからクラレット酒で乾杯し，論文の講読や議論に取りかかった（もっとあとになると，順序が逆転した．それによって議論の質が高まったか下がったかは，推測の域を出ない）．1970年代に再建されるまで，学会の会議室は，二組のベンチを互いに向かい合わせにした座席の配列をとった．この配置は議会と同じもので，おそらく19世紀に行われた重要な討論にふさわしいものだった（この時代の学会メンバーには，実際に国会議員もいた）．

19世紀初期には活動メンバーは比較的少数で，家族あるいはエリート集団とみなされた．家族であるとしても，女性を含まない家族だった．会議への女性の出席が最初に許されたのは1860年であったが，この制度はほんの1862年までしか続かなかった．女性の著者（マリア・グラハム）による最初の論文は，1824年に出版されたが，1907年まで女性は学会の準会員として認められなかった．女性が男性と同等の権利をもって会員になるには，1919年まで待たなければならなかった．

前もって学会で読まれた論文の出版は，1811年に地質学会の会報の初刊ではじまった．それは，四つ折判であった．引き続いて，会議の成果論文が1827年に，季刊誌が1845年に出版された．出版の遅れや期待に反する売れ行きのために，会報の出版は1856年に掲載された論文を最後に取りやめになった．

以前王立協会がしたように，地質学会は鉱物試料や化石の収集を行った．これらの資料の保存には費用がかかり，資料館にはスペースが必要なことに加え，学会が収集物を維持する必要はないという認識がもたれたため，1911年には応用地質学博物館へ資料を寄贈することになった．

ロンドンの地質学会は，単独では長く存在しなかった．イギリス諸島では，コーンウォールの王立地質学会が1814年に設立され，1818年にその会報が出版されるようになった．この学会は，採鉱や鉱物学と非常に深くかかわりながら現在も存在し，収集物や博物館を保持している．エディンバラのウェルナー自然史学会は，1808年にエディンバラの王立協会から離れて，組織の素晴らしい発展を遂げた．しかし，A.G.ウェルナー理論が疑われるようになると，1830年代に束の間のうちに衰退した（ロンドン地質学会の初期メンバーは，ほとんどが実質的にウェルナー論者であったが，ロンドン学会は，どんな学説にも完全に染まることがなかったので，致命的な打撃を被らなかった）．

まもなく，大英帝国以外にも地質学会が出現した．ロシアの学会はまったく違っていた．その設立は，エカテリーナ大帝によって18世紀になされ，彼女は地質学者を含む多くの外国人科学者をロシアに招いた．1817年にサンクトペテルブルクで設立された鉱物学会は，鉱物学ばかりでなく地質学を幅広く含んで，ロシアの地質学の発展に重要な役割を果たした．ヨーロッパ西部では，フランスの地質学会が1830年に設立され，ドイツの地質学会は1848年に設立された．大西洋をわたって，米国地質学会は1888年に設立された．近代的な学会は，出版物や施設（多くの場合，図書館や事務所）に加えて，役員やその下で働く雇用者を有するような形態をとって，急速に確立された．今日では，実質的にすべての先進国とほとんどの発展途上国に地質学会が存在する．

驚くことではないが，ロシアや中国の発展は，かなり違っていた．ピョートル大帝によって1725年に設立された科学会は，1918年にレーニンが引継いだ．彼は，地質学と地理学を含むいくつかのセクションに科学会を分けた．レーニンのもとで，科学会は研究を重視する方向に機能を再編成した．中国でも中央集権は明白であり，学術的な学会は全中国科学会連合に所属している．北京の地質学図書館に基礎をもつ中国の地質学会は，1922年に創立された．古生物学，海洋学，陸水学，地球物理学などに関連する中国の学会は，1940年代後半からはじまっており，地質学の学会よりももっとあとに設立された．

地質学全般を扱う学会が一度設立されると，もっと専門的な学会が現れるまで長く時間はかからなかった．初期に登場したのは記載古生物学会であり，英国形成後の化石の図版を出版するために1847年に設立された．もっと広い目的をもつ古生物学会は，1世紀以上あとの1957年まで誕生しなかった．鉱物学は非常に多くの学会の中心となり，関連する学問を鉱物学と結合させて，岩石学が生まれた．ロンドンの鉱物学会は1876年に，フランスの鉱物学会は1878年に設立された．

地球科学の応用は，もう1つの実りある分野とな

り，ますます専門化して，いろいろなところで開花した．ここでは，王立気象学会（1850年）や採鉱・冶金学会（1892年）などが例としてあげられる．おもな発展は20世紀に起こり，探査地球物理学や石油地質学が，非常に経済的な重要性をもつようになった．米国の石油地質学者の学会は1917年に創設され，事実これは世界最大の地質学会となっている．

米国地球物理学連合（AGU）は1919年に創設され，「純粋な」地球物理学を求めて，先駆的な学会として確立された．探査地球物理学者の学会も米国を基盤として1930年に創立され，米国の基準でも，非常に会員数の多い学会となった．英国では，地質学会と王立天文学会（1820年設立）が地球物理学に関心を示した．1970年代後半にこの2つの学会が統合して，地球物理学会がつくられ，同じ分野で2つの学会が張り合うみっともない光景は免れた．

国によっては，広義の地質学会が，資格を与えたり，会員の行動規準を確立したりする機能をもつこともある．たとえば英国では，地質調査所と結合した1990年以降，地質学会は学際的な学会としてだけでなく，専門的な集団としても機能しており，適切な資格と経験をもちあわせた特別研究員に，称号が授与される．また，フランスでは，フランス地質学連合とその地方組織が，同じ目的で1960年代につくられた．米国でも同じような機能が米国地質学者協会によって果たされている．

さらに発展して，20世紀には欧州地質学連合という超国家的な組織形態ができた［訳注：2002年には欧州地球科学連合となった］．ストラスブルグで開催される隔年会議は，地質学者にとっては重要な行事であり，その会議のプログラムは，古生物学を含めた地球科学に関するほとんどの分野の論文を扱っている．専門家の集団としては，1980年に確立された欧州地質学者連盟があり，その目的には地質学の専門家がヨーロッパ共同体のなかで自由に行動できるように促すことがある．連盟には，16カ国7万人以上の地質学者が所属しており，高度の訓練や経験をもつメンバーには，欧州地質学者（EurGeol）の称号が授与される．連盟は，教育，訓練，環境工学，鉱物資源，土地活用計画などに関するワーキンググループを保有する．

これらすべての活動の総括は，1982年に創立された地球科学史学会（HESS）が，将来明確にするだろう． 　　　　　　　　　[B. Wilcock/井田喜明訳]

地質考古学
geoarchaeology

あからさまにいえば，地質考古学は考古学的な解釈への地質学の応用である．地質学的な手法なしに，考古学者の解釈はもちろん是認されない．多くの考古学的な技法は，地質学者によって19世紀につくり出された．これらの技法のなかで注目すべきは，地層の重なりを重視する層序学と古生物学的な年代決定法であり，各層序の年代は，そこに含まれる動物相を参照して見積ることができる．さらに，先史学の先駆的な開拓者は訓練を受けた地質学者であった．いまも複雑さを増す考古学は，植物学などの学問と同じように，地層の年代を決める仕事の方を，地球科学より優先することがある．これに対して，地質考古学は人類の記録を評価するたくさんの手法を懸命に融合させようとしている．

解決されるべき問題は，人類の進化や種形成などの人類共通の謎から，生計や商売といった個人的な内容にまで及ぶ．地質考古学者の仕事は，極端な場合をあげれば，入手しやすさの査定から，ミリメートル単位の降雨量の調査，鉱物や牧草地の品質と利用価値の調査まで多様である．決めつけた言い方をすれば，肥沃な場所が隔たって存在するのは人間の所業であり，自然は環境に依存して決まり，個別に規制されることはめったにない．

地質考古学が用いる技法は，伝統的な地質学を越えて，物理学や生物学にも及んでいる．今日では，居住地や土壌の年代は，放射性炭素，アイソトープ，花粉，古地磁気などを使って算定される．その解釈の結果は，生態学や遺伝学や地震学と関係し，気候の変化，大気や宇宙の変わりやすさを予言する．しかし，地質考古学の根底には，堆積物や鉱物や地形の分析がある．データは，おもに特定の場所の発掘（局所的な地形変化が調査されるときなど）と，広域にわたる調査（海面の変動や火山の噴火が疑われたときなど）によってもたらされるが，地質考古学

は基本的には特定な場所とその状態の変化を問題にする.

このように, 地質考古学が成功するかどうかは, 焦点の定まった考古学的な疑問がつくられ, それに対して地球科学からよく練られた解答が得られるかどうかにかかっている. 古典的な例として, ベーリング海峡がアメリカの植民に果たす役割, 昔のギリシャ人やローマ人が見た風景の豊かさ, モヘンジョダロ文明の衰退に及ぼすインダス川産シルトの重要性などがある.

地質考古学は, 地球科学に寄生しているのではなく, むしろ地球科学のパートナーである. 地質形態学や地震学やネオテクトニクスは, とりわけ人類の記録に年代や洞察力を加える分野である. 地球磁場の変化に関する研究は, 古代の陶器炉の磁力分析によって深みを増した. 地震の記録は, 地震計で得られる期間は短いが, 遺跡や碑文から収集した証拠を用いることにより, 非常に長くなった. 地殻の大変動は, 水没したり乱されたりした人類の居住地や建造物から証拠が得られ, 哺乳動物や飛べない鳥類の絶滅は, 群島や大陸を覆う貝塚から歴史をたどれる.

[C. Vita-Finzi/井田喜明訳]

■文　献

Rapp, G., Jr and Hill, C.L (1998) *Geoarchaeology.* Yale University Press, New Haven.

Herz, N. and Garrison, E.G. (1998) *Geological methods for archaeogeology.* Oxford University Press, New York.

地質図とその作成
geological maps and map-making

地質図は, すべての土壌が取り除かれたとして, 地表で見えると予想される岩石の分布を示す. 異なる岩石は, 色かあるいは白黒の模様で区別される(図1a). このような地図の信頼性は, いくつかの要素に依存する. 第一は, 岩石がどの程度広範囲に露出しているかである. 第二は, ある露出点と別の露出点の間の地下で, 何が起こっているのかを解釈する地質学者の能力である. 異なるタイプの岩石は, 異なる様式で形成され, 異なる出方をするが, それに

関する地質学者の知識も地図の信頼性に影響する.

岩石の分布傾向や構造は, 地図上に記号で示される. 地図に記される情報を利用して, 岩石が地下にどのように続くかを断面図で示すことができる (図1b). しかし, 断面図はただの投影図であり, その信頼性は地質図の信頼性に依存する. 掘削された岩石, 採鉱作業, 地球物理学的な探査によって, 地下の情報が得られることもある. しかし, 地質学的な情報が, 確信をもって広げられる深さは限られている. 4〜5 km まで広げられればいい方で, たいていはそこまでいかない. それより深部は推測されたものであるが, それは岩石の性質に関する知識に基づいており, 根拠のある推測である.

地質図を作成するのにはたくさんの理由がある. 最も明白な理由は, 水や石油や鉱物を探す手助けをすることである. というのは, これらの資源はすべて特定のタイプの岩石やその構造と関係するからである. 建設や設計のためにも, 地質図から得られる情報が必要となる. ダムやトンネルや高層ビルの建設は, その例である. じつは, 地質図は経済発展にとって, また産業汚染物質の広がりを制限する環境保護にとって, 必要不可欠である. このことが為政者にあまり高く評価されていないのは, 残念なことである. 学術的な動機も大きい. どのようにして地球が形成されたのか, その歴史や未来をわれわれは知りたい. また, 地震や火山噴火を予知し, 被災しそうな人々に適切な警告を出すことを学びたい.

用途が非常に多いので, たくさんの地質図が異なるタイプ, 異なる縮尺でつくられている. 地質学的にあまりよく理解されていない地方の調査地図は, 最初は25万分の1かもっと粗い縮尺でつくられ, いまも使われる. よく使われる地図は, 5万分の1で測量されるものである. よく調べられた地域では, 地質調査は1万分の1かもっと詳しい縮尺でなされ, 採鉱や設計に用いる地図は500分の1程度の縮尺で通常つくられる. もちろん, ある縮尺でつくられた地図が, 出版用にはもっと粗い縮尺で印刷されることもある. 英国の一連の地質図は, 5万分の1の縮尺でつくられているが, これは1万分の1の縮尺で集められた野外情報に基づくものである.

●地質図の作成
過去50年くらいの間に, 地質図の作成法は根本

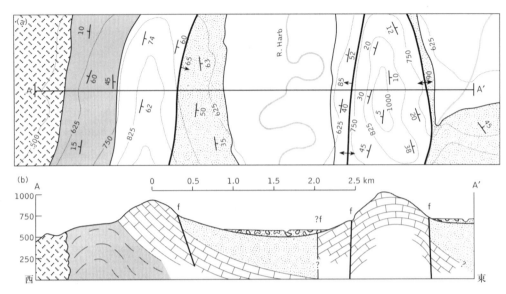

図1 (a) 地質図の一部．2つの石灰石の隆起部（模様なし）が，頁岩（斑点模様）と西方に貫入した花崗岩（断続線模様）との関連で描かれる．厚い沖積層が渓谷床を覆い，岩石は断層で切られている．地層の傾斜角は，度で示される．
(b) 地下構造の解釈を示す A–A′ 線上の断面図．この断面図で，石灰石は煉瓦状の記号で示される．

的に変化した．それまでは，地質学者は地形図を野外へもっていき，自分の足で地面を覆う情報を集めた．発展途上にある地域では，場所によっては信頼できる地形図がまったくなかったので，しばしば平板測定法を用いて自分で地形図をつくらなければならなかった．地質学者は野外でみつけた岩石を体系的に分類して記録した．また，分布傾向を計り，異なるタイプの岩石間のつながりをたどり，実験室での試験用に岩石のサンプルをもち帰った．調査された岩石にもし化石が含まれていたら，まず自分が発見した化石を見分ける．それから，その岩石を詳細に検討し，別の場所で取れた化石と比較する．岩石は，化石で年代を決定でき，ときにははるか離れた別の地域の岩石と関連づけられる．

1940年代後期になると，航空写真が使われはじめた．1950年代初期までに，これらの航空写真から精度の高い地形図がつくられたので，地質学者のかかえる問題がいくつか解決した．加えて，石油会社が開発した写真地質学的な解釈手法が，今日では一般に使われるようになった．これは，立体鏡を通して2つの航空写真を見て，地面の三次元的なイメージを得る方法である．このイメージを使って，地下の状態が体系的に検討される．土壌で覆われていても，地上では見えない多くの地質学的な特徴が読み取れる．色合いや構造の変化から，異なる岩石のタイプが見分けられ，侵食の微細な構造から，堅い岩石と柔らかい岩石が区別される．また植生の変化は，あるタイプの岩石よりも，別のタイプの岩石を覆う土壌の方が植物に好まれることを示す．岩石群の境界，断層線，主要な節理も，しばしば地上で見るよりはるかに簡単に写真でたどれる．それでも，地質学者は，写真で見たものを確かめるために，やはり地上で作業しなければならない．野外に行かなければ，地層の傾斜を測定したり，岩石を正確に見分けたり，化石を集めたりすることはできない．しかし，写真地質学は，地質学的な解釈にきわめて役に立つことがわかった．加えて，航空写真を使えば，自分が地図上のどこにいるかを容易に知ることができる．

地質図を作成するためのほかの方法も，同時期に発展した．携帯用の磁気計を使えば，磁鉄鉱に富む岩石を，磁気を帯びていない岩石と区別することができる．このようにして，南アフリカの重要な帯水層であるカルー高原の粗粒玄武岩は，土壌に覆われているか否かにかかわらず，簡単にたどることができる．地下の状態の把握には，いろいろの地球物理学的な方法が使われた．岩塩ドームなど，低密度な物質の大きなかたまりが地下に埋まっていれば，その輪郭は重力の系統的な測定で描くことができる．地表で小規模な爆破を起こし，地質学的な境界での

反射波や屈折波を用いることにより，調査の範囲はかなりの深さまで及ぶ．

　航空機を用いた地球物理学的な方法も開発された．広い地域の上で磁気測定をすることで，磁気を帯びた岩石群と帯びない岩石群を迅速に区別できる．シンチレーション計数管を使うことで，放射能の調査を同時にすることもでき，花崗岩をナトリウムに富むものとカリウムに富むものに区別できる．この方法は，広大な地域で短時間に鉱物調査をするときにとくに役に立つ．こうして，「遠隔観測（リモートセンシング）」という用語が生まれた．

　1970 年代以降，人工衛星も地質図作成に役割を果たしてきた．人工衛星の映像（「擬似カラー」を用いて，見えないものを可視化し，カラー写真にした映像）は，しばしば重要な構造を驚くほど詳細に示す．人工衛星を利用した携帯用の GPS（全地球測位システム）装置は，野外を調査する地質学者の助けにもなる．GPS を用いれば，理論的には，10 m あるいは数十 m 以内で所在地を決めることができるが，米国国防省が情報を制限しているので［訳注：2000 年に解除］，一般市民は 50 m から 100 m の正確さでしか位置を決められない．それでも，この情報は野外で役に立つ．

[**J. W. Barnes**/井田喜明訳]

■文　献

Barnes, J. W.（1995）*Basic geological mapping*（3rd edn）. John Wiley and Sons, Chichester.

Maltman, A.（1990）*Geological maps：an introduction*. Open University Press, Milton Keynes.

地質調査所
geological surveys

　ある地域で産出する岩石や鉱物の地域分布に関する知識は，経済的な重要性をもつものと昔から認識されてきた．古代文明には，鉱石鉱物や装飾に使える石などが，どの辺りに堆積するのかを入念に記録したものがある．ルネサンスの時期には，地質学的なデータを含む地図が，イタリアと中央ヨーロッパでつくられた．ヨーロッパでは，地形を正確に示す近代的な地質図は 17 世紀から存在しており，その後数百年間のうちに露頭をとくに詳しく示す地質図が数多くつくられた．産業革命とともに，石炭や鉄鉱石など，原料鉱物の需要が急速に増えた．完全に営利を目的とする地質調査は，著しい知的進歩を伴った．地質学的な情報へのアクセスは，あらゆる目的に必要である．1794 年以降の数年間，英国の農業省は土壌や露出した岩石に関する一連の地方地図を出版した．層序学に関する新しい学問ができあがると，実用的かつ学際的な価値をもつ地質図ができるようになり，18 世紀の終わり頃には測量士や学者によって実際につくられた．

　英国地質調査所は，1835 年に軍事地質調査所として出発し，世界最古の国立地質調査所と見なされている．その設立に先立って，ロンドン地質学会の T. H. デ・ラ・ベッキ（1796-1855）長官に，イングランド南西部の軍事調査図に地質の色彩を加えることが依頼された．彼の仕事は大いに賞賛され，地質学に関心をもつ 2 人の軍事調査所のメンバーの助けを受けて，彼はコーンウォール地質調査所を創始するよう，1835 年に委任を受けた．仕事は順調に進み，最初の会報は 1839 年に発行されて，その調査はウェールズ南部に広がった．おもな目的は，ブリテン諸島全体の地図を 1 マイル 1 インチの縮尺でつくることだった．採鉱，採石，農業なども詳細に扱われた．

　その後，英国地質調査所は疑いもなく重要な役割を演じ，近代的な調査と研究をする機関に発展して，他国の多くの地質調査所のモデルになった．フランスは，1830 年代に地質調査所（Service de la Carte géologique de la France）を設立した．また，デ・ラ・ベッキを大いに助力したウィリアム・エドモンド・ローガンは，1842 年にカナダへ移住して，カナダの地質調査所を設立した．20 世紀はじめまでに，カナダ地質調査所は北部へ観測船を送って，ハドソン湾やカナダの北極諸島を調査した．北米でも，地質学と天然資源に関する調査所が各州に設立され，1889 年には米国地質調査所（USGS）が設立された．初年度のその予算は，10 万ドルであった．類似の政府組織は，19 世紀の間に，ヨーロッパ各国と海外にある英国領土でも創立された．たとえば，インドの地質調査所は 1851 年に設立され，はじめの数十年間はきわめて活動的であった．世界各地に点在する英国植民地は，植民地質調査所によって調査さ

れ，その仕事はのちに海外地質調査所（OGS）によって統括された．1966 年に，海外地質調査所は英国の地質調査所と合併し，地質科学研究所となった．1984 年に，その機関名は英国地質調査所にまた戻った．

ロシア帝国，のちのソビエト連邦では，その広大な土地が政府の調査機関の注目を集めた．公式な地図をつくる仕事は，最初採鉱省に任されていた．採鉱省は，1584 年に設立された「石部門」に由来した．ピョートル大帝の監督下で，採鉱省は 1700 年に採鉱部門となり，1729 年に採鉱省に改名された．調査組織として「地質委員会」が設立されたのは，1833 年のことであった．この委員会のもとで，国の広大な領土に対する地図がつくられた．1929 年の再編成により，地質委員会は解散し，地質図作成所が新設された．この組織は能率が悪いことがわかり，中央科学研究地質調査機関（ZNIGRI）という新しい組織が創立された．この組織は，全連合科学研究地質機関として，1938 年に再編成された．

中国では，体系的な地質図をつくる仕事は地質研究所が請け負っており，この研究所は地質省の管理下にある．1954 年に設立されたこの機関は，北京近郊に本部がある．基礎研究に携わる中国科学院も，各地の調査に着手している．

遠く離れた南極大陸でさえも，その地域を管理する政府の注目を大いに集めている．南極の工業化は国際協定で禁止されているが，どんな資源がそこに存在するのか発見したいという関心は強い．たとえば，英国南極調査所では，精力的な地質調査計画が続けられ，米国地質調査所の活動も同様に精力的である．

地質調査の改善と拡大のために，いたるところで新手法が加速的に採用されるようになってきた．地球物理学的な探査方法と航空写真術（のちにリモートセンシングとなる）が，とくに活用されている．最終的には，人工衛星とたくさんの遠隔観測手法の活用によって，地球全体にわたるような広大な地域のデータも集めることが可能になった．コンピュータや地理学的な情報システムを活用することで，地図を作成する仕事でさえも大きく改良され，処理の速度を上げた．

これらの情報システムと進歩する高速データ転送によって，地質調査所の作業にすでに革命が起き

ている．地殻のさらに深部の探査がその好例である．新しい鉱物の堆積をみつけることは明確な目的になるが，危険な廃棄物を安全に保管する必要性は緊急の課題となっている．英国の地質学研究所では 1977 年に深部地質学部門が設立され，英国領土の探査を続けている．世界各国の人口密集地で災害を起こしつづける地震は，地殻の深部で起こる．現在も地震観測所によって予知できる地震があるだろう．しかし，地殻の局地的な応力状態に関する知識が増え，断層地形のような目に見える地震の特徴が調査されれば，地震を予知する能力が向上する．地質調査を目的とするほとんどの機関が，このようなモニタリングに関与する部門をもつ．

露頭や地下の地質図，および地球物理学的，鉱物学的，地球化学的な特徴を示す地図を作成することに加えて，1950 年代以降，陸地に隣接する大陸棚にまで地質調査が拡大している．海洋地域での石油やガスの発見が，この調査を駆り立てている．今日では，石油会社と国立地質調査所との間に緊密な協力関係がある．

各所の地質調査所にとって，今後緊急に取り組むべき活動は，行政や産業と密着して，環境計画に関わることである．放射性廃棄物の処分は，地質学的な難問である．都市化した人口密集地に対する自然災害の予測や評価は，明らかに必要性が高まっている．この活動のために，米国地質調査所は，1993 年に 3500 万ドルの予算を得たが，その後この予算は著しく減ってきた．それは愚かな展開と批判された．

出版された地球科学データの大部分は，世界中の地質調査所によって得られている．このデータは，地球化学図から鉱物統計学や微古生物分類学にまで及んでいる．1835 年に最初の地質調査所が設立されると，ほとんどの調査所は国家の産業と密着し，要望があれば，一般の人々にデータや助言も提供してきた．このサービスにかかる費用は，とくに新しい科学技術を活用すると非常に高くなるが，依然として総国家支出のほんの一部にすぎない．それにもかかわらず，近年，政府はその調査を産業と関係する契約企業や別の政府機関に依頼する傾向にある．これは，純粋に科学的な研究を行い，基本的な地図作成計画を続ける能力を制約する．個人的なかかわりを目的とする仕事を請け負うことは，英国地質調

査所などの本来の目的からかけ離れている．そうすることで，公共的なサービスを提供する能力が，かなり悪化しているにちがいない．しかし，本来の目的は，近代の科学技術組織でも維持されなければならない．どの国立地質調査所も任務がどんなふうに終了するかを予見できず，その結末は惨めなものにもなりかねない． [D. L. Dineley/井田喜明訳]

■文　献

Bailey, Sir E. B. (1952) *Geological Survey of Great Britain*. George Allen and Unwin, London.

Wilson, H. E. (1985) *Down to Earth. One hundred and fifty years of the British Geological Survey*. Scottish Academic Press, Edinburgh.

Winch, K. L. (ed.) (1976) *International maps and atlases in print* (2nd edn). Bowker, London.

Wood, D. N., Hardy, J. E. and Harvey, A. P. (eds) (1989) *Information sources in the Earth sciences* (2nd edn). Bowker-Saur, London.

地生態学
geoecology

地生態学（景観生態学）は，地理学（景観）と生態学（生命と環境の相互作用）を統合した学問である．地生態学者（景観生態学者）は，景観を一様でもまったく不規則でもない（不均質の）モザイクと考えている．景観モザイクは，パッチ，コリドー，背景基盤という3つの基礎的な要素からなる．景観のこれらの要素は，個々の植物（木，低木，薬草）や小建造物でできている．パッチは，環境とは異なるかなり均質な（一様な）地域である．森林，畑，池，岩石の露出点，家などは皆パッチである．コリドーは，両側とは異なる細長い土地で，互いに結び付いてネットワークを形成する．道路，生垣，川などはコリドーである．背景基盤は，生態系の背景か，パッチとコリドーが一緒になっている土地活用の形態である．たとえば，落葉樹の森林や耕作に適した地域がそれである．

地生態学は，景観モザイクがどのように創られ，それがどのように変化するのか理解しようとする．景観モザイクを創るおもなメカニズムには，基質の不均質性，自然発生的な乱れ，人工的な乱れの3つ

がある．基質の不均質性には，丘と渓谷の分布，濡れた場所と乾いた場所の分布，異なるタイプの岩石や土壌の分布などがある．自然の乱れは，物理的要因（風，水の流れ，火）と，生物学的要因（穿孔動物，家畜，伝染病，病原菌）によって起こる．人工的な乱れは，耕作，森林開拓，採鉱，採石，道路建設，都市建設などの活動を通じて発生する．生物学的あるいは生態学的な過程は，これらのメカニズムによって創られた景観モザイクをしばしば変形させてしまう．

景観モザイクの変化は，景観要素間の相互作用から生じる．この相互作用が起こるのは，自然素材（水，気体，固体），人工的な素材（化学肥料，車），生命体（動植物，種子，胞子）が，パッチ，コリドー，背景基盤の間を移動するときである．このような移動によって景観モザイクが変化する．景観モザイクの変化によって，素材や生命体の移動は逆に影響を受ける．このようにして，景観モザイクの変化は果てしなく続くのである．

景観生態学者は，伝統的に景観要素が約 $10 \, \mathrm{m}^2$ より大きく，全体が約1万 km^2 より小さい景観を興味の対象にしてきた．今日では，景観単位の幅をずっと広げることが流行している．景観単位の階層は，小（マイクロスケール），中（メソスケール），大（マクロスケール）から，最大（メガスケール）にまで及ぶことが認識されている．スケールの小さな景観は，数 m^2 程度である．中規模な景観は，約1万 km^2 までの地域である．それぞれのタイプは，同じ大気候，類似な地表形態や土壌，乱れの方式の類似な組み合わせによっておもに影響される．スケールの大きな景観は，約100万 km^2 までの地域で，アイルランド並みの大きさである．最大規模の景観は面積が100万 km^2 以上で，大陸や地球全体の陸地が含まれる． [R. J. Huggett/井田喜明訳]

■文　献

Forman, R. T. T (1995) *Land mosaics : the ecology of landscapes and regions*. Cambridge University Press.

Huggett, R. J. (1995) *Geoecology : an evolutionary approach*. Routledge, London.

地熱水の化学と熱水変質
chemistry of geothermal waters and hydrothermal alteration

　降水および降雪にはつねに少量の溶存固体物質が含まれ，それらはおもに海水のしぶきやエアロゾルを起源とする．エアロゾルは空気中に浮遊する小さな粒子であり，降水により洗い落とされる．風が波頭から小さな水滴を引きちぎり，海水のしぶきとなる．その水滴は大気中で蒸発して，空気中にエアロゾルとして浮遊する可溶性固体となる．

　降水あるいは融雪水は通常の造岩鉱物については不飽和である．したがって，この水が土壌や岩盤と接すると，鉱物を溶解しはじめ，その溶存固体濃度は増加する．さらに，有機物の分解で生じた二酸化炭素や有機酸がその水に加わる．地下に浸透した降水は土壌や岩石を溶解し，一般には数種類の鉱物に飽和する．その結果，それらの鉱物は溶液から沈殿しやすくなる．

　岩石の溶解と二次的鉱物の沈殿の過程が地表近くで起こるときは，まとめて化学的風化と呼ばれる．このような化学的過程が地下深部の高温・高圧下で起こると，その過程は熱水変質と呼ばれる．化学的風化や熱水変質により，土壌や岩石の鉱物組合せは変化し，ときには化学組成も変化する．

　風化や熱水変質は酸と塩基の化学反応と見なされるので，しばしば「水素イオン交代作用」と呼ばれる．水溶液が酸として働き，岩石が塩基として働く．造岩鉱物としてとくに重要な多くの鉱物は，水に溶解するときわめて強い塩基となる．したがって，それらの鉱物の溶解は水素イオンを消費する．それと同時に，種々の陽イオンが溶液中に溶出する．天然水の反応性，すなわち岩石中の鉱物を溶かす能力はその水への酸の供給に依存する．大部分の天然水では，最も重要な酸は炭酸（すなわち溶存二酸化炭素）である．地熱水中では硫化水素，ケイ酸およびホウ酸も重要であろう．やや高濃度の酸を含む水は，比較的反応性が高く，水素イオン濃度が高い（pH が低い）．逆に，溶存する酸の濃度が低く，反応性の高い岩石と接していると，岩石の溶解により水素イオン濃度が低くなる（pH が高い）．

　地熱水の化学組成はきわめて多様である．溶存固体の含有量は，数百 mg l^{-1} から 30% までもの範囲にわたる．化学組成を決めるおもな要因は温度と水が流動するところの岩石の化学組成である．しかし，海水の地下への浸透やマグマからの脱ガスも地熱水の化学組成へ影響を与えるであろう．一般の岩石はおもに酸化物およびケイ酸塩鉱物からできているが，少量ではあるがさまざまな含有量の可溶性塩を含む．そのような可溶性塩の岩石中の含有量は地熱水中の溶存固体の濃度に強く影響する．ある種の岩石，たとえば蒸発岩堆積物などは可溶性塩のみでできている．そのような岩石と関係する水は著しい高塩濃度となり，塩水となる．

　ボーリング掘削が行われている世界中の地熱地域では，地熱水の化学組成および変質鉱物組合せの研究から，温度が 50〜100℃ 以上の場合，鉱物と水溶液の間で，化学平衡がほぼ達成されていることが明らかである．

　熱水変質は，地熱資源開発のために掘削が行われている活動中の地熱系や，侵食により地表に露出した過去の地熱系（fossil system）について広範に研究されている．掘削地域では温度は深くなるとともに上昇し，350℃ という高温，ときにはそれ以上にさえも達する．活動中の地熱系における熱水鉱物は典型的に深度に対して累帯分布を示し，これらの個々の鉱物あるいはその組合せがある温度の範囲で安定であることを示す．石英のような鉱物はほとんどすべての温度範囲で安定である．過去の地熱系では，熱水鉱物の累帯分布は，その地熱系の熱源であったと考えられる貫入した地層の周囲（aureole）に認められる．地熱系によっては，原岩の構成鉱物がすべて熱水鉱物により置き換わることがあるが，他方，変質が限定されることもある．変質系の年代，水と岩石の接触した範囲，および原岩中の鉱物の反応のしやすさにより，変質の程度が定まる．

　多くの熱水鉱物の溶解度は，石英の例を図1に示すように温度に依存する．地熱水は，深部の地熱貯留層中にある程度の期間，たとえば数年間，言い換えると熱水鉱物とほぼ化学平衡になるのに十分な時間滞留する．そのような地熱水は，貯留層から地表の温泉まで上昇する間に周囲の岩石への熱伝導や沸騰により著しく冷えるであろう．そのような上昇の時間は比較的短く，しばしば地熱水が冷やされた状態に応じて再平衡にはならない．すなわち，温泉と

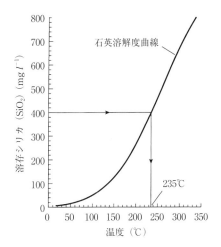

図1 石英の溶解度の温度依存性.（Fournier and Potter（1982）*Geochimica Cosmochimica Acta*, Vol. 46 より）

して湧出する地熱水の化学組成は貯留層中に滞留していたときのものとほぼ同じである．このことが地熱探査に利用されている．温泉水を採取し，分析すると（たとえばシリカ濃度），その値から貯留層の温度が予測できる（図1）．たとえば，シリカ濃度の分析値が $400\ \mathrm{mg}\ l^{-1}$ であるとすると，貯留層温度は235℃と予測される．地熱開発において最も重要な地熱貯留層の性質の1つが温度であり，この235℃であるという予測は重要な結論である．

このようなシリカ温度計は地熱探査で最初に開発されたものである．その後，さまざまな地質温度計が開発され，おもにナトリウム/カリウム，ナトリウム/リチウム，マグネシウム/カリウムなど溶液中の陽イオンの濃度比に基づいている．

多くの地熱地域，とくに標高の高いところで，地下水の水位が低く，そのために地表に温泉が湧出できないようなところでは，噴気孔（水蒸気の噴出口）だけが存在する．水蒸気は，二酸化炭素，硫化水素（有名な臭気ですぐにわかる），水素，窒素などのさまざまな気体を含む．気体地質温度計も地熱探査のために開発されている．それらは，噴気孔から得られる水蒸気の気体含有量と水蒸気が生成する地下の地熱貯留層の温度を関係づけたものである．

[Stefán Arnórsson/松葉谷　治訳]

■文　献

Ellis, A. J. and Mahon, W. A. J.（1977）*Chemistry and geothermal systems.* Academic Press, New York.

Nicholson, K.（1993）*Geothermal fluids.* Springer-Verlag, Berlin.

中緯度対流圏循環
middle-latitude tropospheric circulations

緯度が約30〜65°の地域に住む人々は，ほかの地域の人々よりもずっと激しい日々の天気変化を経験している．この地域の特徴は気象擾乱が急速に発達し，すばやく移動していくことである．こうした天気変化はたいていの場合，高気圧や低気圧によってもたらされる．とくに急激な天気変化はほとんどの場合，前線の通過に伴って起こる．前線は温帯低気圧の一部であり，両者は切り離して考えることのできないものである．

対流圏内で気温の水平方向の変化が最も大きい場所は中緯度である．中緯度は，低緯度側の暖かい熱帯の空気と高緯度側の冷たい極域の空気とに挟まれているため，南北方向の温度差が非常に強い．温度差が最大となるところが極前線［訳注：地表傾圧帯ともいう］である．温帯低気圧が発達するのは普通この前線においてである．低気圧の発達は，南北温度差をエネルギー源とした不安定過程である．温度差が大きいときに低気圧が発生すると，その発達は速く，成長するにつれて南北温度勾配を解消するような循環をもたらす．そして，低気圧の最盛期にはその場所での温度勾配は最も弱められている．最盛期を過ぎると，低気圧は摩擦により徐々にエネルギーを失い，次の温帯低気圧が発達するまで再び温度勾配が強まる．通常，温度勾配が完全に解消されてしまうことはないため，温帯低気圧は次から次へと立て続けに発生する．すべての過程にかかる時間はおよそ5〜6日ほどで（図1），この間低気圧は発達しながら移動する．多くの場合，低気圧は西から東へと移動する．

低気圧の発達の初期段階では，暖気団と寒気団とが極前線により隔てられている（図1の0日目）．前線の上空を発散を伴う領域［訳注：上空の低気圧性渦］が通過すると，地上で温帯低気圧が発達しはじめる．発散を伴う領域のために前線の上空の空気

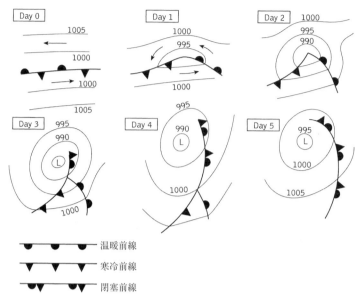

図1 極前線低気圧の生涯．L は低気圧領域，気圧は hPa．

が取り去られるため地上気圧が下がり，気圧の低い領域が現れる（1日目）．低気圧の周りの循環により暖かい空気は低気圧の前方に押し出され，冷たい空気は低気圧の後方へと押し流される（2日目）．低気圧前方の前線では，もともとあった冷たい空気が暖かい空気によって置き換えられているため，温暖前線と呼ばれる．一方，低気圧後方にある寒冷前線は温暖前線より速く移動し，いずれ温暖前線に追いついてしまう．これが最初に起こるのは，もともと両者の距離が近い低気圧の中心付近においてである（3日目）．寒冷前線が温暖前線に追いつくと閉塞前線が形成される．この段階で低気圧の中心気圧は最も低くなる．その後，前線はさらに前方へと移動するが，低気圧中心の移動はゆっくりになる（4日目，図2）．ここでは成長の過程はもはや終了し，摩擦の効果が支配的となるため，中心気圧は高くなりはじめる．この間，低気圧中心の移動速度はさらに減速してやや極側に移動する（5日目）．もとの極前線のなごりは低気圧の後方に伸びる寒冷前線だけとなり，この前線に沿ってまた新たに低気圧が発達することができる（6日目）．

温帯低気圧の生涯に関する上記のような見方は，天気図を用いて簡単に説明できるのだが，基本的には三次元的な過程を二次元的にとらえているにすぎない．たとえば，前線は本当は線ではなく斜面であ

図2 気象衛星がとらえた発達した低気圧．

り，天気図で線として描かれているのは，その斜面と地表面とが交わっているところである．空気は地上の低気圧の周りを巡るだけでなく，上向きにも動く．これによって雲ができ，雨が降るのである．上空では風速は高度とともに増大する．これは赤道と極の間の水平温度勾配による［訳注：温度風平衡］．風速が最大となるのは高度およそ 12 km の対流圏界面付近である．風速が最大となるこの核の部分がジェット気流であり，民間航空機が西から東へ向か

うときに追い風としてこれを利用することがある.

ときには, 低気圧がいつもよりはるかに急速に発達し, 中心気圧が24時間以内に50 hPaも低下することがある. こうした「爆弾低気圧」の中心気圧の低下は, 典型的には48～72時間に30～40 hPaほどである.

移動性の低気圧と低気圧の間には高気圧が形成される. こうした移動性高気圧は温帯低気圧と力学的には同一のシステムに伴うものである. 低気圧の場合に地上気圧の低下が上空の発散により生じるのと同様に, 高気圧では上空での収束により地表気圧が上昇する. より重要な種類の高気圧はブロッキング高気圧である. ブロッキング高気圧はいったん形成されるとその場からほとんど移動せず, その周囲に低気圧を迂回させ, それらの移動経路を変えてしまう. 　　　　　　　　[Charles N. Duncan/中村　尚訳]

■文　献

Ahrens, C. D. (1994) *Meteorology today* (Chapter 13). West Publishing Co., St Paul, Minnesota.
Palmen, E. and Newton, C. W. (1969) *Atmospheric circulation systems*. Academic Press, London.

中間圏
mesosphere

高度50～80 kmに広がる大気層を中間圏という.「中間」を意味するギリシャ語 'meso' に由来する名称であるが, 適切なものとはいいがたい. 顕著な天気現象のすべてが高度15 kmより下の対流圏のなかで生じており, 中間圏にある大気の質量は大気全体の0.1%にも満たない.

中間圏にはその下の成層圏やその上の熱圏にあるような大きな熱源が存在しない. 中間圏の下の境界での気温はおよそ0℃で, 夏にはこれよりやや高く, 冬にはこれよりやや低くなる. このように中間圏で気温が比較的高くなっているのは, 成層圏で紫外線放射が吸収されることにより中間圏の下で加熱が生じるためである. この熱のうちいくらかは中間圏の下部に輸送され, 中間圏全体に弱い鉛直運動を生じさせる. 空気が上昇するにつれて冷却され, 中間圏全体にわたって高度とともに気温が低下することが

観測されている. しかし, その気温減率は空気の対流から期待されるほどは大きくなく, 対流圏で観測される気温減率の半分ほどの大きさである. このことは, 中間圏の温度構造には放射の過程も寄与していることを示している [訳注:中間圏の鉛直運動は, 対流圏から伝播してくる大気重力波によって駆動されている].

中間圏の上の境界, 中間圏界面の気温は夏の−110℃と冬の−60℃の間で変動する. 夏の中間圏界面は全大気中で最も冷たい. この領域では気温が低いため, 弱い上昇気流でも希薄な雲を形成することができる. このような雲は非常に薄いため, 普通の状況では見ることができない. しかし夕暮れ時には, 大気の下層の方は地球の影に隠れてしまっても上層の方がまだ太陽に照らされている時間があり, このようなときには中間圏界面の雲を見ることができる. このためこのような雲は夜光雲と呼ばれる. その最も見えやすい条件は夏至のころ, 中緯度においてである. 夏至のころには中間圏の温度が最も低くなり, 夕暮れの時間も最も長くなる.

　　　　　　　　[Charles N. Duncan/中村　尚訳]

■文　献

Wallace, J. M. and Hobbs, P. V. (1977) *Atmospheric science : an introductory survey*. Academic Press, London.

中世温暖期
Medieval Warm Period

中世温暖期 (MWP:Medieval Warm Period) とは, 西暦900年から1200年にかけて, 世界の多くの場所で見られた温暖気候につけられた名前である. 温暖のピークになった期間は, 小温暖期 (Little Optimum) と呼ばれ, 紀元前5000年から紀元前2000年まで続いた後氷期温暖気候 (Post-glacial Climatic Optimum) と区別される.

過去の気候の復元には, 歴史的な資料と年代決定技術という2つの道具が必要である. 現在の知識の多くは, 英国の気候学者のヒューバート・ラムとフランスの歴史学者のル・ロワ・ラデュリの2人のそれぞれ別々の研究に負うところが多い. 最も有用な

資料は，農業の記録と計算書である．農作物の収穫は気候に支配され，社会を不安定化させる要因である．

● ヨーロッパとその周辺における文献調査

1960年代のヒューバート・ラムの文献調査は，中世ヨーロッパ社会の繁栄がいかに気候に影響されているか明らかにした．ノルウェー人のグリーンランドとアイスランドの植民地化は，（気候が温暖になったために可能になったことであるが）気候の影響が敏感である地域の貴重な記録を残した．実際，高緯度は気温上昇の最も顕著な証拠を残している．それは通常，海氷の消長に見られるのであるが，11世紀から12世紀にかけて，アイスランドとグリーンランド南部周辺の海域には，海氷はほとんど存在しなかった．

20世紀初頭，ノルウェーの凍土地帯の植物の根と墓地の発見によって，当時の気温は20世紀よりも2〜4℃高いことがわかった．海氷の記録から復元されたアイスランドの年平均気温の変遷によれば，1100年ごろ，最も温暖気候になった．このことは，農業の繁栄の証拠にも示されている．現在まで残っている最大の農家の基礎は，ノルウェー起源である．

中央ヨーロッパのブドウ畑は，今日よりも200 m高い位置に存在した．夏季の気温が1.5℃高いことを示している．ブドウ畑は，高度が高い位置に進出しただけでなく，北方にも進出した．イングランド南部の広い範囲に分布していたことが知られている．これは，晩春に霜が降りず，夏は比較的乾燥し天気がよかったことを示している．このことは，ラムによる気温と降水量の季節変化の推測によっても確かめられている．彼によれば，1150〜1300年のイングランド中部の7〜8月の気温は16.3℃で，1900〜1950年の15.8℃より0.5℃高い．

文献の記述がはっきり誇張されている場合は例外であるが，ラムは，「普通の天気」のとらえ方の変化を調整する必要があった．調整された結果は，個々の文献の記述の標準になるような大気循環を用いて検証した．ストームトラック（低気圧の通りやすい経路）は気温に敏感である．このことは，極の氷が北方に後退するにしたがって，夏季のストームトラックの位置が北にシフトすることで示された．そ

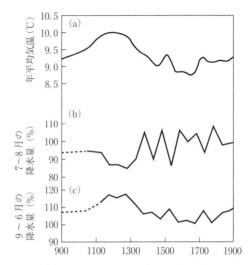

図1　(a) イングランド中部の年平均気温（℃），(b) イングランドとウェールズの7〜8月の降水量，(c) イングランドとウェールズの9〜6月の降水量の復元．(b) と (c) は1916〜50年の平均降水量に対する百分率で示した．(Lamb, 1965)

の結果，温暖期にはより乾燥した夏が訪れる（図1）．ラムは，中世の導水路がアルプスの谷に建設されたことに注目した．中世に建設された地中海地方の多くの川にかかる橋のスパンは，現在の川幅が必要とするスパンに比べて長い．

● 年代決定技術からの証拠：中世温暖期のグローバルな分布の検証

年代決定技術は，文献の証拠の検証に使われる．モレーン（氷河堆積物）から発見された木片の放射性炭素の年代決定から，ヨーロッパでは1200年以前に氷河が最小になったことがわかった．アルプスの谷を横切る道が，氷河の下にあることが知られている．ラデュリは，1200年代の初期に中央ヨーロッパの氷河の発達がはじまったと結論している．

ほかの地域の温暖化の証拠は，湿潤になったという証拠よりも少ない．このことは，低緯度の農業が乾燥に敏感であるという事実の反映である．北米の乾燥した西部は，現在は砂漠地帯であるが，中世には豊かな農業が行われていた．たとえば，ニューメキシコやアリゾナでは，畑の開墾や灌漑が行われていた．

年輪年代学の進歩により，1000年を超える過去の解析が可能になった．アリゾナ大学の年輪研究室では，ホワイト山系に成育するマツ（*Pinus longaeva*）の炭素同位元素の比を測定することにより，1080 年から 1129 年にかけての湿潤アノマリーを示した．過去数千年のなかで，最も湿った期間であると考えられている．シエラネバダ山脈の年輪解析によって，1100 年から 1375 年の期間の気温が 20 世紀後期の気温より高いことがわかった．カナディアンロッキー南部の年輪解析からは，950 年から 1100 年にかけて気温上昇があり，その後，氷河が発達して，森林の上を覆ったことが示された．早い期間に高緯度で温暖気候が訪れたことは，グリーンランドの氷床コアが 1130 年から 1190 年にかけて急速な寒冷化を示していることと整合している．

中世に気候が温暖化したことは，世界の多くの場所（とくに高緯度）で見出される．北半球では偏差が見られるが，年代決定が多くの場所に適応され，気候変化に対する関心が高まるにつれ，気候アノマリーのグローバルな分布がよりはっきりしつつある．12 世紀の温暖化は，タスマニアの年輪解析で検出された．中国における柑橘類栽培の文献は，13 世紀に温暖化のピークがきたことを示唆している．アリゾナ大学のヒューとディアズは中世の温暖化がグローバルに起こったことを支持していない．この主張は，グローブとスイツアによる氷河堆積物の放射性炭素による年代決定と矛盾している．しかし，この時期が，世界中の多くの場所が 20 世紀後期より温暖であった最後の時期であったことは，疑いない．　　　　　　　　　[Julian Mayes/木村龍治訳]

■文　献
Hughes, M. K. and Diaz, H. F. (1994) Was there a 'Medieval Warm Period', and if so, where and when? *Climatic Change*, **26**(2-3), 109-42. (See also other papers in the same issue.)
Lamb, H. H. (1965) The early Medieval warm epoch and its sequel. *Palaeogeography, Palaeoclimatology, Palaeoecology*, **1**, 13-37.
Le Roy Ladurie, E. (1972) *Times of feast, times of famine : a history of climate since the year 1000*. Allen and Unwin, London.
Grove, J. M. and Switsur, R. (1994) Glacial geological evidence for the Medieval Warm Period. *Climatic Change*, **26**(2-3), 143-69.

超長基線電波干渉法（VLBI）
very-long-baseline interferometry (VLBI)

超長基線電波干渉法（VLBI）では，1 組の電波望遠鏡で同一の電波源を受信する．このとき，電波信号の到着時刻の差が，その 2 つを結ぶ線の長さと方向の関数となることが基本原理となっている．VLBI のターゲットとして使われている電波源は，非常に遠くに離れており（地球に依存せず），そして，それぞれ相対的にあまり動かないために，VLBI は，地球の回転速度や回転軸方向の変化，および電波望遠鏡の位置情報を取得するよい手段となっている．受信される S バンドと X バンド（2〜8 GHz）のマイクロ波の信号は微弱で，通常は大口径アンテナ（10〜100 m）が必要である．しかし，小さい可搬アンテナ（4〜5 m）で得られるデータも，大口径アンテナから得られたデータと組み合わせて使うことができる．電波干渉法そのものは 1930 年代から可能だったにもかかわらず大きな発展を遂げたのは，正確な原子時計の発達によりアンテナ間の物理的な接続を必要としなくなった 1960 年代になってからのことである．アンテナの間を物理的に接続すると，信号が接続経路を伝わる際の遅延要因が加わるし，アンテナ間の基線の長さも限定されてしまうからである．現在では，入ってくる信号は安定した局所発振器（通常，1/10^{14} の周波数安定性をもつ水素メーザー）からの純粋な正弦振動とミキシング（ヘテロダイン化）されており，結果として生じるビート（うなり）振動数は，時間と一緒に記録され，のちの解析に供せられる．この操作は，関心のある帯域中のたくさんの周波数帯で同時に行われる．

VLBI 観測の解析は，いくつかの要因のために複雑になる．まず第一に，入力信号は，地球の電離層（地球の大気の電離した外側の層）と対流圏（地球の大気の低層）で遅延を受ける（また，ある程度は屈折する）．電離層での遅延は「分散的」であり，周波数に応じて系統的に異なった遅延量が生じる．この遅延量は，複数の周波数で測定すれば補正できる．対流圏での遅延は，分散的ではないために補正するのは難しい．乾燥大気による遅延成分（大気中の水蒸気を無視する）は，ほとんど地表の圧力と温度と

ともに変化するので，モデル化が可能である．しかし，湿潤大気遅延は，信号の伝播経路に沿った水蒸気量に依存しており，高い仰角での観測において最小になるとはいえ，簡単には評価することはできない．第二に，生の位相測定量には「位相の不定性」があるということである．入力信号はそれぞれのサイクルの繰り返しであるから，位相測定される遅延量に 2π の整数倍を加えたものが真の位相遅れということになる．この整数の値がわからないならば（基線の長さについて非常によくわかっていることが要求される），この問題は群遅延時間を使うことで克服されなければならない．これは位相遅延の周波数変化を表す量で，不定性はないが，位相遅延ほどには正確には測定できない．第三に，局所発振器と時計の誤差を考慮しなければならない．そして最後に，電波望遠鏡は大構造物であるから，電波測定を行っている点（位相中心）と地面の基準標との位置を関係づけるのが難しいし，位相中心は周波数によって変化するし，アンテナの向き・風・温度で変形すると移動することもある．このような困難にもかかわらず，VLBI 測定は，数 cm の位置決定精度を達成することができ，数年間にわたるプレート運動や，非常に小さな潮汐変化，地球回転速度・極運動を測定するのに十分な精度をもっている．

[Peter Clarke/大久保修平訳]

塵
dust

dust という言葉は，工学分野では「粉塵」，気象学の分野では「細塵」と訳される．塵の厳密な定義はないが，空気中に浮遊する固体粒子，または風によって運ばれて地面に積もった細かい粒子として定義することができる．大気中に浮遊している塵の直径のほとんどは $100\,\mu m$ より小さい．そのうちの多くは $20\,\mu m$ 以下である．それは，$20\,\mu m$ 以上の粒子は比較的落下速度が大きく，強風のときを除けば地表にすぐ戻るからである．

塵の成因は，火山噴火，工場の排煙，宇宙起源（宇宙塵）など，いろいろある．しかし，量として最も多いのは，地表の堆積物や土壌が風化されたものである．現在，塵の発生源として最大なのは，乾燥地帯および準乾燥地帯であるが，とくに多いのは，周期的に干ばつが発生する地域や，開墾，過度の放牧，建設が行われている地域である．とくに，サハラ砂漠と中国北部の砂漠は，塵の2大発生地域である．これらの砂漠はそれぞれ大西洋と太平洋の赤道地帯に数千 km に及ぶ高濃度の塵を含む空気塊を発生させる．第四紀の氷期には，広大な範囲にわたる氷河堆積物が風で侵食され，大量の塵が発生した．この現象は，とくに，北米，ヨーロッパ，シベリアで顕著に見られた．

塵の輸送にはさまざまな種類の風が関係している．小規模な塵旋風（つむじ風），山谷風，貿易風，雷雲に伴う強い下降気流，季節風，温帯低気圧による風などである．局地的な塵の舞い上げは，気温や気圧が急に変化する状況で生じる．一方，広範囲の輸送には，塵が対流圏の上空まで運ばれ，そこで，風速の大きな上層風に乗ることが必要である．

塵の輸送は，地質学，地球科学，生物学において，かなり重要である．北太平洋の一部の海底では堆積物の 2/3 がアジアの砂漠からの塵で構成されている．黄土として知られる中国中北部の塵は 300 m を超す厚さで堆積している．これらの堆積物は，世界的にみても，最も肥沃な土となり，6億人もの人口を支えている．塵に含まれている鉄は，大陸から遠く離れた外洋の生物活動レベルをコントロールし，その結果，グローバルな大気中の二酸化炭素（CO_2）濃度に影響を与え，気候に間接的な影響をもたらす．一方，上空に運ばれた土壌や火山灰は気候に直接的な影響を及ぼす．塵が成層圏まで運ばれると，滞留時間がおよそ数年になり，長期間にわたって太陽放射を遮り，太陽放射の反射率（アルベド）に影響を与え，地球の放射収支に影響を与えるからである．

砂嵐が頻繁に発生する地域では，風に飛ばされた塵が人体の健康に危険を及ぼし，多大な経済損失をもたらす．大気中の塵の濃度が高いと，呼吸器系の病気や，さまざまな細菌性，ウイルス性の伝染病にかかる割合が高くなる．また，塵による視界の悪化は自動車事故や飛行機事故の原因となり，飲料水の汚染，作物の被害，エンジン，電気機器の損傷，無線通信，テレビ，電話などの遠隔通信の障害など，

経済的悪影響が出る．米国南西部やオーストラリア南東部など砂嵐の危険のある先進国では，塵による被害を最小にするために砂嵐警告システムが設置されているところもある．一方で，塵の輸送と堆積は，酸性雨を中和し，ミネラルを与えて土壌を肥沃にし，移動の激しい砂丘の表面を固定化したりするというプラスの効果もある．　　　　　[K. Pye/木村龍治訳]

■文　献

Pye, K. (1987) *Aeolian dust and dust deposits.* Academic Press, London.

月
Moon

　月は空にある見慣れた天体である．というのも，月は私たちに一番近い隣人であり，地球を回る唯一の自然物体だからである．月は地球よりも小さいが，太陽の周りを独立な軌道を描いて回ることを除いて，地球型の惑星の重要な特性をすべてもっている．月に関する基礎データを表1に示す．

　月はいつも私たちに同じ面を向けていることで，より親しみやすさを感じる．これは月が地球のまわりを1回公転する間に正確に1回自転している（同期回転）からである．同じような現象は，巨大惑星のまわりを回転するほかの衛星にもみられる．それは惑星と衛星との間の潮汐力が，自転と公転の周期が合うまで衛星の回転を遅くするからである．

　月は公転と同じ周期で自転するとはいえ，我慢強

表1　月に関する基礎データ．

赤道半径	1738 km
質量（地球との比）	7.35×10^{22} kg (0.0123)
密度	3.34 g ml^{-1}
表面の重力	1.62 m s^{-2}
自転周期	27.32 日
回転軸の傾き	6.67°
地球からの距離	38 万 4400 km
公転周期	27.32 日
軌道離心率	0.05
表面組成	岩石質
表面の平均温度	1℃
大気の組成	アルゴン，ヘリウム，酸素原子，ナトリウム，カリウム
表面の大気圧	2×10^{-14} 気圧

くみれば地球からはその表面の約59%を見ることができる．1つの理由は，地球の自転の結果，12時間かけると地上の同じ場所から見ても，少しだがはっきりと違う眺めが得られることである．同じような視界の変化は北極から南極へ動くことによっても得られる．もう1つの理由は，月の自転は一定速度で正確なのに，公転の方は，ケプラーの惑星運動の第二法則にしたがってわずかに楕円軌道を描くので，月の表面の見えるところが変わってくるからである．わずかに月が楕円軌道を描いて地球に近づくとき，移動速度は速くなる．結果として，たとえ地球の中心から見たとしても，月は軌道を回りながら，あちこちふらふらするように見えるので，観測者は月の西端と東端をわずかに見ることができる．しかし，月の端近くは斜めに見るので，地形はあまりよく見えない．いずれにせよ，地球からはどこから見ても，月の表面の41%は見ることができない．

●月への飛行計画

　月は宇宙探査計画の最初の対象となった．宇宙探測機は宇宙時代がはじまった当初から月の探査を目指して進み（表2），1960〜70年代に米国と当時のソ連との間で繰り広げられた「宇宙開発競争」で重要な目標となった．最後は，NASA（米国航空宇宙局）だけが人類を月へ着陸させようと試み，アポロ計画で成功した6回の着陸では，合計382 kgの月の岩石をもち帰った．ソ連の無人探査でほかの場所から集められた0.3 kgの岩石と一緒に，これらのサンプルの放射年代を決めることによって，クレーターによる時間の尺度（単位面積ごとの衝突回数に基づく尺度）を較正することができた．その関係は，月のサンプルが得られていない場所や，太陽系の内側に位置するほかの天体表面の年代決定に使われている．サンプルの地球化学的な分析は，月の起源や歴史についての現在の理解を向上させるうえできわめて重要なものであった．

　1972年にアポロ計画が終了した後は，月の調査を進める努力はほとんどなされなかった．1994年になると，クレメンタイン探査機が月の軌道に入り，地形，地殻の厚さ，月全体にわたる地殻の化学組成の変動について，いままで知られていなかった価値ある情報を集めた．この調査は1998年にもう1つの人工衛星，ルナプロスペクターに引き継がれ，南

426 月

表2 月へのおもな探査計画.

名 称	探査内容	時 期
ルナ2号	表面への衝突	1959年9月
ルナ3号	低空観測飛行, 裏側の映像	1959年10月
レンジャー7～9号	衝突前の至近映像	1964年6月～1965年3月
ルナ9号	無人着陸, 表面からの写真	1966年2月
ルナ10号	月を回る最初の観測	1966年4月
サーベイヤー1, 3, 5～7号	無人着陸, 表面からの映像	1966年6月～1968年1月
ルナオービター1～5号	軌道からの映像	1966年8月～1967年8月
ルナ11～12号	軌道からの映像	1966年8月～10月
アポロ8号	初の有人飛行	1968年12月
アポロ11, 12, 14～17号	有人着陸, 地質学的・地球物理学的研究, サンプルをもち帰る	1969年7月～1972年12月
ルナ16, 20, 24号	無人飛行でサンプルをもち帰る	1970年9月～1976年8月
ルナ17, 21号	ルノホート表面無人搬送車	1970年11月, 1973年1月
ガリレオ	木星探査飛行の途上で, 組成地図の作成	1992年12月
クレメンタイン	軌道からの高精度・多スペクトル映像とレーザー高度測定	1994年1月～3月
ルナプロスペクター	軌道からの地球物理学的・地球化学的な地図作成	1998年1月～1999年7月
ルナA	日本の月の人工衛星と地震計	2003年
セレナ1号	日本の月の人工衛星とランダー	2003年

ルナ計画はソ連によって実行された. そのほかはとくに断らない限りNASAの探査計画である.

北両極で土壌中に分布する氷の存在など, 新しい知識や発見をさらにもたらした. 欧州宇宙機関と日本は, それぞれ21世紀初頭に月の探査を計画している.

●月の起源と歴史

45億年前に, 地球形成の最終段階にあった原始地球は, 月か火星程度の大きさをした天体と巨大な衝突をした. 明らかに, 月はその結果として形成された. これは現在の大きさまで地球を成長させた巨大衝突の最後の衝突であったが, 衝突した物体の破片と, 地球から飛び出した破片の多くが, 結局は月を形成して地球の周りを公転することになった. これは異常な出来事であった. ひとたび太陽系の内側で最後の巨大衝突が起こると, 最終的に残った地球型の惑星は4つ (水星, 金星, 地球, 火星) だけであった. もし月を地質学的な意味 (大きさと特徴) から惑星として数えるなら, 地球型の惑星は合計5つとなる. もっとも, 天文学的な意味では, 月は太陽ではなくて地球を回るから, 惑星とはいえないが.

地球型惑星のその後の進化と内部の分化は, おもに惑星の内側から駆動され, マントルの化学組成を大きく変えて, 最も外側に地殻をつくった. しかし, これらすべての天体は, 表面にクレーターのあとを残した小さな微惑星など, 太陽系の形成から取り残された隕石の爆撃によって, 外部から非常に重要な影響を受けた. 侵食がない場所では, 一度作られたクレーターは, 新しいクレーターで壊されるまで残るので, クレーターは月の表面で最も簡単に研究された. クレーターの形成は, 初期に「後期重爆撃」でもとの地形をほとんど破壊してしまったが, 約39億年前頃に激しさが衰え, 現在の水準で今日まで続いている. 惑星の表面で単位面積当たりの衝突クレーターの数を数えるのは, 実際上, 表面の年齢 (すなわち, 現在表面を形成している物質がどのくらいの期間そこに存在してきたか) を見積る唯一の方法である. クレーターで決めた時間の尺度は, 古い表面の方が新しい表面よりもクレーターが蓄積する時間が長いことに基づいている. クレーターによる年代は純粋に相対的なものであったが, 月から集められた岩石のサンプルについて, 自然放射元素を用いて実験室で年代の絶対値が決められるようになった.

●極氷と大気圏

クレメンタイン探査機は, 月の両極, とくに南極近くのはっきりした映像を初めてもち帰った. その映像によると, そこは永久に太陽の光が当たらない影になっていて, 氷が蓄積している. クレメンタインのレーダーは, 凍った水がそこに存在することを初めて指摘した. この指摘は, 月の両極一帯で, 宇宙線によって生み出された中性子の平均速度が減少するというルナプロスペクターの測定によって劇的に支持された. その唯一の合理的な説明は, 中性子

が氷分子中の水素原子と衝突することである．現在，両極で3億tもの氷が土壌と混ざっていると考えられる．これは，各極に1.5kmの角氷があることに相当し，月の大きさと比べたら多量ではない．しかし，月に居住する人間が直接必要な量を十分にまかないきれる．

月の重力は弱すぎて，気体をほとんど保持できない．だから，その大気は極端に薄いのである．月の大気圏で検出されている原子を表1に示す．これらの原子はすべて軽いので宇宙空間に簡単に逃げてしまう．したがって，検出された原子の混合物は定常状態にあって，つねに補充されている．思うに，これらの成分は，微小隕石から連続的に供給されているか，隕石の衝突や太陽からの放射で月の表面から遊離しているのであろう．

水は大気圏では未だに検出されていないが，月の極氷の一部，あるいはほとんどは，彗星の衝突かガス放出によって供給された大気圏の水分子を起源とする可能性が高い．大気圏の水分子の一部は，宇宙に散逸したり，放射によって水素と酸素に分離したりするというありふれた運命を避けて，極域にさまよい極氷に取り込まれた．

●月の内部

地球以外では，月は地震学的なデータによって内部を知ることができる唯一の天体である．アポロ12, 14, 15, 16号の着地した4カ所に地震観測点が設置され，予算的な理由で計画を終了した1977年9月まで，データを送りつづけてきた．月は地球と比べると地震活動が非常に静かで，月震のほとんどは典型的な地震より規模が何桁も小さい．アポロ地震計は，隕石衝突や，アポロ宇宙船に装備された物体の落下から得られたさまざまな振動も検出した．隕石の衝突のなかには，核の大きさの上限を決めるデータもあった．

アポロの地震データを，クレメンタインとルナプロスペクターによる地形や重力の地図と結合することにより，月の地殻の厚さが平均で約70kmであることが明らかになった．しかし，地殻の厚さは高地では100kmを超え，衝突盆地の下では約20kmになっている．地殻は地球から離れると厚くなり，そのために，月の重心は幾何学的な中心と比べて地球の方向に約2km近づいている．

マントルは約1000kmの深さまで堅く，その深さまでは月震が起きている．したがって，この深さは月のリソスフェア（岩石圏）の底に対応し，その下はおそらくゆっくりと対流している．月のマントルは，地球のマントルと同じように，組成はおおよそペリドタイト（かんらん岩）であるが，細かく見ると場所ごとに変化する．

月の核は半径が約220〜450kmあり，核とマントルの境界は少なくとも1290kmの深さにある．核はおもに鉄でできていて固体である．核の質量は月の総質量の4%弱で，その値は地球型のほかの惑星のどれよりもずっと小さい．これは月を誕生させた巨大衝突のコンピュータモデルによって説明できる．このコンピュータモデルによれば，衝突してきた天体が原始地球に付加し，月は宇宙に投げ出された2つの天体のマントルから形成された．月で現在磁場がないという事実は，核が固体であることを示している．しかしながら，月のおもな衝突盆地には，場所によって弱い残留磁化が存在する．このことは，衝突盆地が形成された36億年前には，核の一部はまだ液体であり，月に磁場を生み出していたことを示唆する．

●月の表面

月の表面は，明るい背景に暗いまだらがあるのが裸眼でも見える．この簡単な観測で，月には2種類の地殻があるのをはっきりと見分けることができる．明るい地域は月の高地であり，暗い地域は月の海(maria, 単数mare)である．月の高地でも海でも，表面にさらされている基盤はほとんどない．これは，クレーターをつくるような大小の衝突が起きて，噴出物が厚さ何mもの土壌となって基盤を埋めているからである．詳しく見ると，土壌は岩や結晶やガラス（衝突で溶けた液滴が凝結したもの）の破片の混合物である．これが，長靴の靴跡がつくような土壌になる（図1左）が，ほかにもさまざまな大きさの大岩が点在している（図1右）．

高地は，おそらくマグマの海の表面に浮き上がってきた結晶によって，最初に形成された月の地殻である．マグマの海は，月を形成する物体が衝突して熱が発生したために生まれ，若い月を覆っていたと考えられている．この地殻の岩石は，主成分がアノーサイトという鉱物（カルシウムに富む種々の斜長石

図1　左：月の土壌にできたアポロ宇宙飛行士の靴跡．右：比較的最近の衝突によって月の土壌の表面に作られ，破砕された大岩塊．左下に写っている宇宙飛行士によって岩の大きさがわかる．

図2　クレーターのたくさんある月の反対側の場所．アポロ11号の軌道から撮られた写真．最大のクレーターは，直径約80 kmである．

鉱物）なので，アノーソサイトと呼ばれる．月から集められた最古のアノーソサイトのサンプルは，年代が45億年と決められた．しかし，高地の表面は，現在の水準に衰えるまで激しい衝突を受けたので，岩石のほとんどが40億〜38億年に溶結した破片からなる．

図2で注目すべき眺めは，高地の地殻にできたたくさんのクレーターである．この写真は，クレーターの形態が大きさにどのように依存するかも示している．直径が約15 kmより小さいクレーターは，単純なボウル型をした凹みで，縁が高くなっている．しかし，この図で最大のクレーターは，内側が台地になっていて，中央に高まりがある．これは，これより大きいクレーターの特徴である．直径がもっと大きくなると，中央の高まりは環状になる．最大のクレーターは，複数の高まりが環状に連なった衝突盆地で，年代が40億〜38億年前である．月の裏側，南極にあるエイトケン盆地は直径が2500 kmあり，月で最大のクレーターであるが，月の北西を占める「雨の海盆地」など，月の表側にもいくつか例がある．

高まりが環状に連なった衝突盆地は，低地へどっと溢れ出て月の海を形成した玄武岩からなる第2種の地殻よりすべてが古い．月の海の多くは環状の高まりをもつ衝突盆地を含んでおり，海を満たす玄武

岩が盆地を形成する衝突で直接つくられたものとかつては考えられていた．しかし，地球にもち帰られた海の玄武岩は年齢が38億～31億年前であることから，マグマは衝突を起源とするものでは明らかになく，単に最も簡単な道筋をとって表面に出て，最後に盆地になったのである．月の海域の映像は現在も収集が続いているが，その詳細な解析は月の海を形成する噴火が約1億年前まで続いたことを示唆する．唯一の大規模な海域は月の表側にあり，月の裏側の盆地のほとんど（南極にあるエイトケン盆地も含めて）は，洪水のような溶岩の噴出から免れていた．おそらくそれは，裏側の地殻が厚かったせいである．

海の玄武岩は，おそらく莫大な溶岩流を何回も流出し，その厚さは総計が数百mになった．個々の溶岩流の端がまだみられる場所があり，トンネルに溶岩が流れ，屋根が後で壊れて露出しためざましい痕跡がある．アポロ15号の表面探査でおもな焦点になったハドリー山のリル（ハドリー溝）がそのよい例である（図3）．上の左図にはアペニン山脈がみられ，そこは雨の海盆地（月の表側の高まりが環状に連なった広大な衝突盆地）を縁取る高地地殻である．ハドリー溝は海の溶岩が噴出の後期に洪水となって流れた道で，山の縁からはじまり，海の玄武岩の平らな台地を蛇行する．おそらく，冷やされ凝結した溶岩がそのリルを屋根のように覆い，熱を遮蔽して，膨大な量の溶岩が凝結しないでトンネルを通って流出し続けられたのだろう．溶岩が流出した後でトンネルの屋根が崩壊したために，月の表面のリルは今日では目に見える．

● 月での生活？

月に永久的な基地を建設する計画は，アポロ計画の終了のために，ずっと未来に延ばされてしまったようだ．しかし，われわれが完全に宇宙探査を諦めないかぎり，いつかは実現するだろう．月に居住す

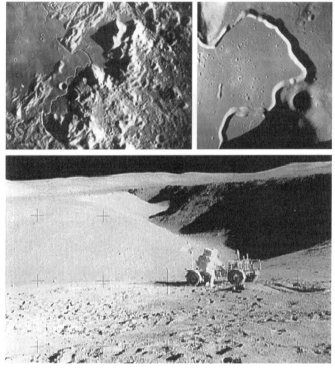

図3 1971年7月にアポロ15号が着陸した場所を，段階的に詳しく示す．左上：幅200 kmの景観（アポロ15号計量用カメラ）．右上：さらに詳細なハドリー溝の中央部分の眺め．最大のクレーターは直径2 kmである．リルの縁の右上にあるクレーターで最大のものは直径300 mで，エルボウと名づけられている．下図：ハドリー溝に沿って北西を見た写真．エルボウクレーターの縁から撮られたもの．宇宙飛行士が，月の搬送車のそばに立っている．この乗り物で，宇宙飛行士は着陸した場所から3 km以上も移動した．

るうえで大きな問題は，水の不足であるが，これは両極近くで大量の氷が発見されたことによって解消された．月で産業を興す必要性について説得力のある理由はまだ出されていないが，月探査自体のための利便性は別にして，月の裏側は，携帯電話などによって増加する電波妨害を遮るので，電波天文学をする最良の場所となるだろう．

[David A. Rothery/井田喜明訳]

■文　献

Spudis, P. D. (1996) *The once and future Moon*. Smithsonian University Press, Washington D. C.

Rothery, D. A. (2000) *Teach yourself planets*. Hodder and Stoughton. London.

津　波
tsunamis

「tsunami」は日本語で，「港の波」という意味である．英語ではtidal waveといわれたことがあるが，潮汐（tide）とはまったく関係がない．津波は，沖合の地震，海底斜面崩壊，また，ときどきは海底火山によって発生する海面の波である．いずれの場合でも，断層や斜面崩壊の結果として，大規模な海底の隆起または沈降が生じる．それに対応して，まず，その上に積み重なっている海水全体の隆起または沈降が生じる．その結果，水面の一部が盛り上がったり，凹んだりする．それが原因で，波長の長い波が励起され，発生域から外側に広がっていく．その速さは，時速450 kmを超えることもめずらしくない．海岸にどのくらいの高さで津波が打ち寄せるかは，もちろん，発生した波の振幅によるが，それだけでなく，海岸地形や海底地形の形状の影響を大きく受ける．かなりの高さの津波が押し寄せることがあり，建造物が破壊され，多くの人命が失われる．

津波によって海岸地形が変化するはずであるが，津波の地質学的な側面はよくわかっていない．地球科学の教科書で，津波の地質学や地形学を扱っている本はまれである．しかし，津波は侵食作用と堆積作用を伴っているので，独特の海岸地形を形成する．津波はしばしば巨石を堆積させる．多くの海岸では，

津波の侵入とともに，海底堆積物が連続的に，また不連続的に陸地に運ばれる．地震によって海岸が沈降するような場合は，海岸が浸水する場合もある．海底では，堆積物をかき回し，津波独特の堆積層（いわゆるツナマイト）を形成する．

最近まで，過去の津波の発生頻度は過去の文献にあるかどうかで判断されてきた．例えば，ハワイの津波を記録した文献は1850年までさかのぼることができる．それ以前にもハワイで津波は何回も起こったはずであるが，文献がないのでわからなかった．最近になって，過去の津波は海岸に堆積物を残していることが明らかになった．これを利用すると，10^4年〜10^5年の時間スケールで過去の津波の発生がわかる．たとえば，日本の地質学的な研究によって，過去4000年間に起こった津波の歴史が明らかにされた．

1990年代の最初に，世界各地で大きな津波が発生した．これらの津波に関する地形学的研究によって，津波に伴う侵食と堆積の性質が明らかになった．この時期に起こったおもな津波は，1991年にニカラグアとコスタリカを襲った津波，1992年12月12日にインドネシアのフロレス島を襲った津波，北海道とロシアの千島列島を襲った津波，ジャワ島，インドネシア，フィリピンを襲った津波などである．これらの津波の水位のデータが集められ，津波発生の数値モデルが作製された．数値モデルは，地震による海底の変形を与えて，それによって励起される津波の伝播を計算する．その結果によれば，数値モデルによる津波の予報の方が，単純な数学モデルによる予報よりも大きな津波になることがわかった．

津波のすべてが沖合の地震によって生じるものではない．前述したように，海底堆積物の崩壊によっても発生する．海底崩壊が最もしばしば起こるのは，ノルウェーの西海岸の沖である．ストレッガ海域と呼ばれているが，過去3万年間に，例外的に大きな斜面崩壊が3回発生している．それによって，巨大な津波が発生したと考えられている．最もよく知られているのは，約7000年前に発生した斜面崩壊で，大陸斜面の1700 km³の堆積物をアイスランドの東側の深海底に落下させた．この崩壊に伴って発生した津波は，ノルウェーの西海岸に10 mの高さまで押し寄せた．同時に，スコットランドの北と東の海岸や現在アムステルダムがあるはるか南の地域ま

で，陸地に海水が侵入した．

　世界最大の津波は 10 万 5000 年前に太平洋で発生した．この津波はハワイのラナイ島の南の大規模な海底斜面の崩壊が原因で発生した．ラナイ島では 360 m の高さまで津波が押し寄せたと推測されている．また，東オーストラリアのニューサウスウェールズの海岸に沿って 20 m の津波が押し寄せた証拠がある．

　海底の斜面崩壊でも津波が発生するということは，津波の数学的なモデルをつくることをさらに難しくしている．さらに重要な点は，過去の主要な津波がすべて地震によるという考えは誤りであるということである．そのはっきりした例は，6500 万年前（いわゆる K/T 境界）に中央アメリカで起きた隕石の落下である．この落下によって恐竜が絶滅したと考えられている．多くの地球科学者は，この隕石落下によって，非常に大きな津波が発生し，多くの海岸が浸水したと考えている．なかには，この浸水がほとんど世界中に及んだと考える研究者もいる．

　太平洋域では，多くの人命が失われ，大きな物的損害が発生した経験を踏まえて，津波警戒システムが構築された．その目的は，津波がやってくる前に，住民に津波の来襲を伝えることである．1946 年 4 月 1 日に，アリューシャン海溝で発生した地震の際には，まだ，津波警戒システムはできていなかった．オワフ島に司令部のある米国海岸測地調査所が「太平洋津波警報センター」（PTWC）を設立したのは 1948 年である．現在では，太平洋周辺の 30 カ国と連携して活動している．これらの国からは，太平洋に津波をもたらすような地震のマグニチュードや震源の位置の情報が寄せられる．地震が発生すると，警報センターは受信局に対して「津波注意報」を伝える．さらに，最初の津波が検出されると，それをもとにほかの海岸への津波到達時刻を計算して，津波警報を発信する．

　津波警戒システムの精度は，1960 年 5 月 21 日のチリ津波で検証された．チリ地震の震源が決定され，潮位の記録が分析されると，警戒システムは，津波が 14 時間 56 分後にハワイにやってくることを予測した．実際は予測よりも 1 分遅れて，午後 9 時 57 分にヒロに到着した．

　津波は太平洋以外の海域ではきわめてまれに起こ

るので，太平洋以外に津波警報センターをつくるのは，コストに見合うかということが問題になった．現在までに起こった津波としてはポルトガルの事例がある．1755 年 11 月 1 日，ヨーロッパで記載された最大の地震が発生し，リスボンが壊滅した．その地震で発生した津波は，ポルトガル北部からモロッコ南部まで広域の被害をもたらした．リスボンだけでも，約 5 万人が犠牲になった．多くは，17 m から 20 m に及んだ津波で溺れ死んだ．近年では，1941 年 11 月 25 日と 1969 年 2 月 28 日に，ポルトガルの海岸にそれほど大きくない津波が押し寄せた．ポルトガル政府は，この津波をきっかけにして，西ポルトガルの地震計と波高計を設置して，1755 年にリスボンを襲った津波のような被害を出さないために，津波の警戒を行っている．このほかの地域では，（太平洋を除いて）海岸近くの住民は津波から保護されていない．彼らは，自分の住む海岸に津波はやってこないだろうと思っている．

　　　　　　　　[Alastair G. Dawson/木村龍治訳]
[訳注：2004 年 12 月 26 日，スマトラ沖で地震（マグニチュード 9.3）が発生し，それに伴う津波がインド洋周辺に伝播した．平均の高さは 10 m，最高で 34 m に達した．インドネシア，インド，スリランカ，タイ，マレーシア，東アフリカの海岸で，死者 22 万人以上の犠牲者が出た．津波観測史上最悪の被害である．この地域には津波警戒システムはなく，無防備の人々に津波が襲ったために大惨事になった．2011 年 3 月 11 日，東北地方の沖でマグニチュード 9.0 の地震が発生し，それに伴う津波が東北地方の海岸に来襲した．波高は 40 m に達し，死者 19689 名，行方不明 2563 名という甚大な被害をもたらした．地震と津波が原因で原子力発電所が事故を起こし，多くの住民が避難を余儀なくされた．]

低緯度対流圏循環
low-latitude tropospheric circulation

　ここで扱う低緯度の対流圏循環とは，1 年のうち少なくとも一度は太陽が天頂から 10° 以内の高度に位置することがある地域〔訳注：赤道から緯度 33°

以内］での大気循環を意味する．多くの教科書を読むと，この地域における大気の構造や働きは単純で，日々の風の流れがほとんど変わらないかのように信じ込まされてしまう．しかし，興味深いことに，中緯度に対する準地衡風理論のように簡単な理論的枠組みで，熱帯大気について全体的な理解を得られるものはまだ存在していない．後述のように，扱う現象の空間規模がはらむ問題のため，熱帯について包括的な数学的枠組みを探求することは大気大循環についての残された重大な問題であるとみることができる．

大気の大規模な構造を評価する際の最も単純な基準の1つは気圧の分布を見ることである．南北の緯度30°における地表気圧は赤道付近での気圧よりも高い．このため，地表付近では東風（東風なのはコリオリ力により流れが偏向するためである），すなわち貿易風が赤道へ向かって吹いている．貿易風の吹く海面から蒸発により奪われた熱と水分は赤道向きに輸送される．このため，地表付近の風は暖かく湿っている．赤道付近で大気が収束し，強制的に上昇させられるため，熱帯収束帯（ITCZ，または熱帯合流帯 ITC とも呼ばれる）では大量の雨が降る．降水に伴う潜熱の解放と顕熱フラックスの収束とによって，この強い上昇気流はますます強められる．こうして潜熱エネルギーと内部エネルギーの両方が位置（ポテンシャル）エネルギーに変換され，上層の空気によって極向きに運ばれる．上層での位置エネルギーの極向き輸送の方が下層での潜熱エネルギー・内部エネルギーの赤道向き輸送よりもわずかに大きいため，小さな正味の極向きエネルギー輸送があることになる．角運動量のバランスに関する拘束条件［訳注：東西風に関する温度風平衡］があるため，南北方向の循環は極向きにエネルギーを輸送する手段としてはあまり効率のよいものにはならない．

ITCZ での上昇気流を補償するため，亜熱帯では下降気流が生じている．このことは，亜熱帯高気圧，その上空での強い下降流とそれによる好天，それに伴うナミブ，カルー，カラハリ，サハラ，アタアマなどの砂漠の存在などにはっきりと見ることができる．乾燥した雲のない大気では，日中強烈な太陽放射があっても夜間は地表面からの赤外放射が効率よく宇宙空間へ逃げていくため，気温の日変化は50℃にも達することがある．

全体的にいって，低緯度の特徴は沿岸付近を除いて気温の水平勾配が緩いことである．これは，大気を駆動するエネルギー源が中緯度とはまったく違っていることを意味する．すなわち，中緯度では，水平温度差を反映して大気［訳注：等温位面］が傾いているために生じる有効位置エネルギーが大気運動を駆動するのに対し，熱帯大気の大規模な循環はおもに潜熱の解放によって維持されている．

この熱的に駆動された両半球の低緯度の循環は，こうした循環を考え出したジョージ・ハドレー（1685～1768）にちなんでハドレー循環として知られている（図1）．ただし，ハドレーは1つの閉じた循環が赤道から極まで達していると考えていた．11月から3月にかけては北側の循環が，5月から9月にかけては南側の循環がそれぞれ卓越し，4月と10月にこれらが急に反転する．

熱帯大気の特徴の多くが由来するのは，コリオリ因子が小さく，地球の自転の影響が小さいために，空気が気圧の高いところから低いところへより直接的に流れるということである．このため，気圧や温度の空間的なばらつきは効率的に相殺される．これに対し，地球の自転の影響が大きい中緯度では，風がより大きく偏向される結果，空気の流れは高気圧や低気圧の周りを回るようになり，気圧や温度の空間的差異が基本的に保たれることとなる．

以上のような概観によって低緯度大気の大規模な

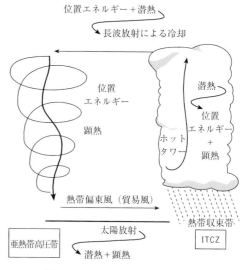

図1 ハドレー循環とエネルギー変換．

働きについては最も好都合に洞察を得ることができるのだが，残念なことに，これは同時に熱帯大気の興味深くまた複雑な性質を隠してしまっている．たとえば，赤道に位置するITCZで大規模な上昇気流があるといった単純なモデルは，観測とも理論とも整合的でない．大きな規模で見ると，熱帯の大気は高度約5 kmより上空では安定である．つまり，対流圏の最上部にまで及ぶような上昇気流が，あたかも安定成層した大気層を突き抜けて，言い換えると，エネルギーの低い方から高い方へと流れているということになる．こうなると上層の大気は上昇気流によって冷やされることになってしまうが，こうした状況は熱帯域での熱的な不均衡に反するものである．リールとマルカスは，上昇気流が生じる場所が，雲の中でホットタワーと呼ばれる空気の飽和した場所でなければならないことを示した．この雲のなかの通り道を通り抜けることで，暖かい空気が大気の最上部にまで到達できるのである．このためITCZは，大規模な空気の上昇域というよりは，むしろ積乱雲の群れ（クラウドクラスター）として現れる．熱帯で必要な熱の上方輸送量に見合うためには，1500〜5000個ほどの雲，あるいはホットタワーがつねに存在していなくてはならない．

このため，熱帯全体の力学を理解し統合するためには，個々の雲のスケールでの力学を理解し，それを統合しなければならないということになる．これは，流体に関する研究で扱うスケールについて想起しうる問題で最も難しいものの1つである．こうしたことを念頭に置いたうえで，熱帯大気のいくつかの性質について考えることができる．これにはITCZや偏東風波動，熱帯低気圧，モンスーン，そして熱帯の経年変動などが含まれる．

時間的に平均すると，たとえば大西洋や太平洋の北緯5〜10°では，ITCZは背の高い対流雲が1本の線状に連なったように見える．しかし，日々観測すると，晴天域で区切られた直径数百kmのクラウドクラスターが移動しているように見える．大陸上では，ITCZのクラウドクラスターはずっと規模が大きく，あまり帯状に細長く分布せず，基本的には加熱された陸地の全体に広がっている．雲量が非常に多いのは，南米，アフリカ，インドネシア付近の3地域である．インドネシアは赤道直下にあり，海が浅く陸地が比較的少ないため降水量が最も多い．実際，この地域［訳注：「海洋大陸」と呼ばれる］は，ほかの熱帯大気に対する熱的強制の中心となっている．

平坦なアマゾン盆地は，大西洋からの非常に湿った東風を受けるように広がっているため，年間に2000 mm以上もの降水がある．アンデス山脈が障壁となって，大西洋から運ばれてきた水蒸気が太平洋側へ抜けるのを防いでいるのである．対流によって潜熱が解放され，対流圏の下部が加熱される．これによって気圧が下げられ，地表により多くの水蒸気が流入する．降水量が最も多くなるのは年初で，降水量が最も少なくなるのは，中央アメリカで降水の増える8月である．

ITCZの季節的な移動は陸上で最も大きい．これは陸地の熱容量の実効値が非常に小さいためである（図2）．対流活発域が最も劇的に季節変動する場所はインドネシアを中心とするもので，南北方向にも東西方向にも大きく変動する．南半球の夏には，対流雲は南太平洋上を南方へ広がり，遠く（南緯30°，西経140°）あたりまで確認できる．これは南太平洋収束帯（SPCZ）と呼ばれている．北半球の夏にはSPCZは日付変更線の西にまで後退する一方，インドネシアの対流域は北西にベンガル湾にまで広がり，そこで夏のアジアモンスーンに伴う対流域とつながっている．

熱帯の東風には，潜熱解放によって駆動される弱い偏東風波動擾乱が重畳しており，ITCZに沿って

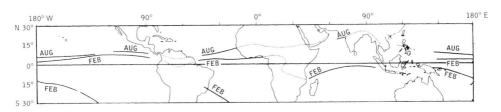

図2 夏季および冬季における熱帯収束帯（ITCZ）の位置．実線：熱帯収束帯（ITC）の雲バンド．点線：陸上の熱帯前線（ITF）．2月（FEB）と8月（AUG）の位置．(Barry and Chorley (1993) による)

8～10 m s^{-1} で西向きに伝播している．擾乱に伴う雲域は 3000～4000 km の間隔で連なっており，典型的な周期は 4～5 日程度である．擾乱が最も強まって降水量が最大となるのは，対流圏中層の温度が平均より暖かいとき（といってもたいていの場合，高々 1℃ 程度であるが）という傾向がある．こうした擾乱においては，下層での大規模な収束に伴い，背景の大気の湿度が高まって不安定化し，小規模な熱的対流でも容易に自由対流高度まで達して背の高い積乱雲に発達することができるようになる一方，こうした積乱雲が今度は大規模な熱源として働き，これに駆動された二次循環が下層での収束をもたらすといった相互作用が働いている．以上のことは熱帯のほとんどの場所に当てはまるのだが，北アフリカにおいては，サハラ砂漠と赤道域との間の温度差によっておもに維持される東風ジェットが偏東風波動のエネルギー源となっている．

　これらの擾乱は，（潜熱解放と上昇流とによって生成される）位置エネルギーを運動エネルギーに変換する役割をしている．偏東風波動はときおり，閉じた等圧線を伴った擾乱へと発達することがある．こうした偏東風擾乱はさらに引き続き発達して熱帯低気圧（高度 10 m で風速が 19 m s^{-1} 超．訳注：台風やハリケーンなど）に発達し，ついには強い台風やハリケーン（海面気圧 950 hPa 以下，あるいは水平気圧傾度が 1 km 当たり 1 hPa 以上，高度 10 m で風速が 33 m s^{-1} 超）にまでなることがある．熱帯低気圧は地球上の天気擾乱のなかで最も激しいものであり，1 年間におよそ 80 個，緯度・経度 5° の格子で海面水温が 27℃ を超えるような海洋上で発生している（図 3）．

　発達した熱帯低気圧の中心にある眼の周囲には，環状に分布する上昇気流に沿って積乱雲が密に連なっており，そこから数百 km も外に向けて巻雲が広がっている．眼の部分では気圧が非常に降下しているが下降して暖められる空気でよく晴れている．中心部から外側，しばしば赤道方向に数百 km にわたって伸びる雲の腕は，積乱雲が曲線状に細長く連なったもので，スパイラルバンドと呼ばれる．

　熱帯低気圧は，その中心に暖気核がある点がほかの熱帯擾乱とは異なっている．それらは（前述のホットタワーに貫かれてはいるものの）中心に寒気核をもっている．たとえば，核の部分で気温が周りの気塊より 6℃ 高い場合，熱帯低気圧の中心地表気圧は 50 hPa も低くなる．すると，接地境界層での摩擦収束により，低気圧の底の部分に水蒸気が供給され，これにより積乱雲を伴う対流が強化され，収束もさらに強められるという正のフィードバックが働き，全体として成長が強められる．

　熱帯低気圧が上陸すると，水蒸気供給が遮断され，潜熱解放によるエネルギー供給が断たれるため，多くの場合中心気圧が上昇する．多くの低気圧は西方へと移動した後，高緯度へ向けて移動する．興味深い科学的な進展としては，大西洋上での熱帯低気圧の発生頻度の季節予報を，海面水温やエルニーニョ・南方振動（ENSO）の状態，成層圏における QBO（準 2 年周期振動）の状態，サヘル地域における降水などに基づいて行おうとする試みがある．

　熱帯低気圧が最も強力ながら空間的に小規模な熱帯擾乱の代表格とすれば，最大の空間規模をもつ熱帯擾乱としては，ほぼ全球に影響を及ぼすモンスーン（季節風）があげられる．モンスーンは大気循環の向きが季節的に反転する現象であるが，これは海陸の温度差によって駆動されている．陸地では加熱される層が薄くて熱容量が小さいため，熱的な応答が海洋とは異なっている．このため，陸地では太陽

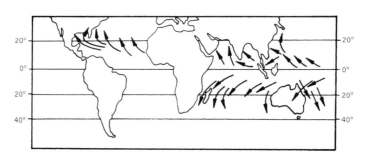

図 3　熱帯低気圧のおもな通り道．(Barry and Chorley (1993) による)

放射による温度上昇が海洋上よりずっと速いペースで生じる.地表付近が暖められると積雲対流が生じ,潜熱解放により対流圏全体が暖められる.こうして生じた海陸の気圧差によって,陸上の下層に収束,上層に発散を伴う熱的な直接循環が駆動される.鉛直運動と温度場の間に正の相関があることから,モンスーンが擾乱の位置エネルギーを擾乱の運動エネルギーに変換する役割をすることが示唆される.そして,擾乱の運動エネルギーは摩擦により散逸される.

　南北方向の季節的変化が最も大きいのはインド-アジア地域で,モンスーンを伴っている.このため,インドでは夏は高温多湿で,冬は冷たく乾燥する.インド亜大陸では通常6月後半までにモンスーンがはじまる.モンスーンに南から流れ込む風は南半球の南東貿易風から続くものであるが,北半球に入るとコリオリ力により右に曲げられ南西風となっている.これらの風は,北半球の夏に水温が29℃にまで達するアラビア海から水分を蒸発させる.モンスーンの雨はゆっくりと移動するモンスーン低気圧によりさらに強化される.この地域では,夏季を通してほぼ定常的に北緯15°付近の上空に偏東風ジェット気流が存在している.これは,より高温の北側の陸地と相対的に低温の赤道域との間の(通常とは逆の)加熱勾配に対する応答として,温度風平衡を通じて形成されるものである.

　夏のアジアモンスーンは9月には弱まりはじめ11月には消滅する.上空にあった偏東風ジェット気流は,ヒマラヤ南端に位置する幅の狭い西風亜熱帯ジェットに取って代わられる.冬になると陸地は海洋よりずっと速く冷却されるため,循環が反転し,下層の風は陸地から海洋へと吹くようになる.冷却はヒマラヤの上空でとくに顕著である.大陸では高気圧が形成され,乾燥した下降気流が生じ,海洋上では雨が降る.冬場には大量の寒気がヒマラヤの北部および東部に蓄積されており,ここから北西風とともに寒気が押し寄せてくることがある.

　熱帯大気の特徴は,気圧や降水量に大きな経年変動があることで,このかなりの部分が海面水温の変動によって強制されることが示されている.最もよく知られている例としてはENSO(エルニーニョ/南方振動)のメカニズムがある.この振る舞いに関する比類なき知見がハドレーセンターによる20世紀気候再現実験により得られている.この実験は1900年から1993年の期間に観測された海面水温を強制として与え,大気大循環モデルを数値積分したものである.モデル実験は初期条件を変えて数回実行された.各実験によって大気の経年変動がどの程度異なるかを見ることで,大気が境界条件の違いだけによってどの程度コントロールされているのかを知ることができる.この実験の初期の解析結果によれば,熱帯大気は海面水温による強制に対して直接的に応答したのに対し,中緯度における気圧や温度,降水の経年変動は初期条件に対してきわめて敏感であった.このため中緯度ではよりカオス的であるものと考えられる.以上のような熱帯大気の傾向からわかる重要なことは,季節的な降水量が数カ月前から予報できる可能性があるということである.このような予報は,ゆっくりと変動する海面水温の状態に基づくものである.

[R. Washington/中村　尚訳]

■文　献

Barry, R. G. and Chorley, R. (1993) *Atmosphere, weather and climate.* Routledge, London.

Burroughs, W. J. (1991) *Watching the world's weather.* Cambride University Press.

Meteorological Office (1991) *Meteorological glossary.* HMSO, London.

DNA：究極のバイオマーカー
DNA (the ultimate biomarker)

　最も注目すべき生体分子は生命の青写真であるDNAである.それは,原理的には種の進化に関する疑問に答えるバイオマーカーとしての可能性をもっている.さらに,注目すべきこととして,この明らかに壊れやすい分子の識別できる程度の部分が考古学的遺物やある種の化石の中に検出される.しかし,ジュラ紀の恐竜の骨にDNAが含まれるという初期の頃の主張はいまでは疑問である.

　DNA分子は1000～100万個のヌクレオチド塩基がビーズのように鎖状につながった特定の配列したものである.目的のヌクレオチド配列をポリメラーゼ連鎖反応(PCR)により高感度にまた精度よく拡

大する方法は，その構造が判明するのでほかとは比べられないほど重要な研究方法である．しかし，化石のなかに目的とするDNA配列を示すのに十分な断片をみつけることは，汚染菌の方が古い時代のDNAの痕跡よりもはるかに多いので挑戦的な課題である．それにもかかわらず，数百の塩基が結合した断片があれば，数万年前までの埋没した植物，骨，およびそのほかの残留物についてPCR法による拡大を利用することにより，有機物の保存が低温，著しい乾燥状態，および樹脂，結晶あるいは還元的な堆積物中に閉じ込められるなど特殊な状況の場合に限り，その原形を適切に回復することができる．復元は数百万年前の試料については困難であり，一部の研究者が最良の保存物体であると期待しているコハク中に閉じ込められた昆虫からのDNAでさえも復元は無理である．

DNAは最も注目すべき分子的遺物であろう．しかし，それは決して最も耐久性のあるものではない．組織タンパク質が通常は最も長期間残存し，木質組織，植物や昆虫の外皮，脂肪，油およびワックスが地質年代を通じての有用なバイオマーカーとして存続するであろう．湖底や海底の堆積物は分子的バイオマーカーをわれわれが予想するよりははるかに多く含む．ある種のバクテリアは，海底土中の1kmもの深所，あるいは岩塩の結晶の中のような極端に異常な状況でこれらの分子をゆっくりと消費する．その場合，これらの結晶は活発に研究されている興味深い可能性である地球上の最も古い生命の一部の隠し場所となるであろう．

[Geoffrey Eglinton/松葉谷　治訳]

■文　献

Herrmann, B. and Hummel, S. (eds) (1994) *Ancient DNA*. Springer-Verlag, Berlin.

低気圧
cyclone

低気圧を意味する英語'cyclone'は，正[訳注：北半球では]の渦度で回転する大規模な天気システムを指す言葉である．低気圧にはおもに2種類あって，それぞれ熱帯低気圧（tropical cyclone），温帯低気圧（extra-tropical cyclone）と呼ばれている．後者は英語で'depression'とも呼ばれる．これら2種類の低気圧の発生メカニズムと構造は非常に異なっているので，別個のものと考えるべきである．両者がcycloneと同じ名前で呼ばれているのは大変不適切なことである．

●熱帯低気圧

熱帯低気圧はハリケーンや台風としても知られている．これらは熱帯の海上で発生し，非常に激しい降雨や，ときおり持続的に$100\ \mathrm{m\ s^{-1}}$を超えるような破壊的な風を伴うことがある．衛星写真（図1）を見ると，熱帯低気圧は対称性が顕著な円形で，中心に小さな（半径50km程度）雲のない「眼」があることがわかる．ハリケーン［訳注：台風も］の発達しやすい場所は風が弱くて，湿度が高く海面水温も高い（たいてい27℃以上）領域が広がる海上である．こうした条件は，限られた地域に1年のうちある時期にしか存在しない．熱帯北大西洋や熱帯北太平洋においては，6月から11月にかけて「ハリケーンシーズン」や「台風シーズン」なる期間が存在する．

熱帯低気圧に必要な条件は，同時に激しい積乱雲，つまり強い上昇気流を伴う深い対流雲の発生に適した条件でもある．下層に収束があると雷雨は組織化され熱帯低気圧になることがある．ある地点に収束

図1　雲のない「眼」を中心にもつ，強いハリケーンの衛星画像．

するような風が吹くと，北半球では反時計回りに，南半球では時計回りに，大規模な回転が加速される．この回転が熱帯低気圧の発達に重要である．ちなみに，赤道ではこうした回転が発生しないため，赤道から±5°以内の緯度帯では熱帯低気圧はほとんど観測されない．

空気が収束するにつれて積乱雲群はより組織化され，互いにより接近するようになる．暖かい海面から蒸発する大量の水蒸気は帯状に連なる積乱雲の中をもち上げられる．空気は上昇すると冷やされ，水分が凝結して潜熱が解放される．解放された潜熱は空気の浮力を高め，上昇気流はさらに強められる．そして，強められた上昇気流により下層の収束はさらに強められる．雲底にまでもち上げられた暖湿な空気はさらに上昇気流を強めるため，正のフィードバックが存在する．対流圏界面では空気は低気圧中心から遠ざかるように四方に発散している．この高層での空気の発散が下層での収束を上回ると地表気圧が低下し，低気圧の中心域が形成される．その周りを空気が回転しながら収束し，より暖湿な空気が中心へと運ばれ，低気圧がさらに強化される．

低気圧中心に位置する雲のない「眼」は，周囲を取り囲む発達した雷雲（積乱雲）から［訳注：壁雲］くる下降流によってつくられている．この狭い領域では，下降する空気が昇温し［訳注：静的安定度が高まり］，雲の発達が妨げられ晴れた「眼」が形成される．最も激しい嵐は眼の壁雲の部分で起こる．そこでは，降雨量が最も多く，時間降水量が250 mmに達することもある．また，風も最も強く，風速が100 m s^{-1}に達することもある．

熱帯低気圧はかなり不規則に動くため，その進路を正確に予測することは難しい．水温のあまり高くない海域にやってくると，エネルギー源を失い減衰していく．

●温帯低気圧

温帯低気圧は中緯度対流圏の循環系をなすもので，英語では 'depression' とも呼ばれている．温帯低気圧の生涯はしばしば極前線の枠組みで記述される．そこでは，低気圧が，その発達につれ，成長して前線を変型させてゆく擾乱としてとらえられている．ここでは温帯低気圧の三次元構造とその発達のメカニズムを別の枠組みで記述する．図2は，波動擾乱（温帯低気圧）の発達過程における最盛期の様子を示したものである．地上天気図には，成長する低気圧に伴って，その中心に開いた暖域が描かれている．上部対流圏では，気圧の谷（トラフ）が地表の低気圧中心よりやや後方（西側に）位置している．これこそが低気圧中心の発達（つまり，さらなる気圧低下）に必要な構造なのである．

上層には空気の発散する領域がある．トラフの周りを通る空気は，曲がりくねった部分では比較的ゆっくりと動き，流れが真っ直ぐになるにつれてより速く動くようになる．この結果，低気圧中心の上空の気柱内にある空気量は減っていく．しかし，地表付近の流れは低気圧中心の周りを単に回転するだ

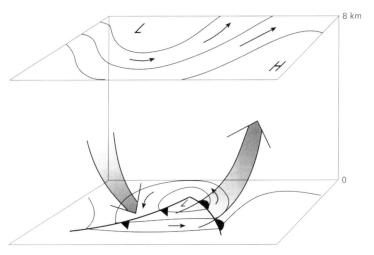

図2 発達中の温帯低気圧の地表および上層における構造．Lは低気圧，Hは高気圧．

けではなく，中心へと向かう流れも存在する．その
ため地表付近では，空気が低気圧中心上空の気柱に
加えられる．低気圧の発達におけるこの段階では上
層での発散は下層での収束より大きいため，正味の
効果としては気柱から空気が減らされていくため地
表での気圧は下げられる．より初期の段階において
は，下層より速く移動する上層のトラフが極前線の
領域にやってきて，その初期擾乱が引き起こす上層
での発散効果により下層で低気圧中心が形成され，
発達がはじまる．

　温帯の波動低気圧（温帯低気圧）の循環は反時計
回りである（南半球では時計回りであるが，冷たい
空気が南側にあるのでメカニズムは同じである）．
暖域の下層の暖かい空気は温暖前線で上にもち上げ
られる．このことは地表付近の空気だけでなく，そ
の上のかなり高いところの空気にまで成り立つ．同
時に低気圧中心の後側で南方へ動いてゆく冷たい空
気は等圧面高度を下げる．冷たい空気の方が暖かい
空気より密度が高いため，暖かい空気が上昇し冷た
い空気が下降する結果，低気圧全体の「重心」が下
がることになる．これにより，位置エネルギーが取
り除かれ運動エネルギーに変換される（われわれが
高いところから物体を手放して落下させると，それ
は物体の位置エネルギーを運動エネルギーに変換し
たことになる）．温帯の波動低気圧の場合には，運
動エネルギーはそれに伴う風の強さとして表され
る．まさにこうした風こそが暖かい空気をもち上げ
冷たい空気を下降させるのであるから，こうした過
程は自らにフィードバックされ，いっそう加速され
る．傾圧不安定として知られるこの不安定な状況は，
暖かい空気が地表から対流圏上層へもち上げられる
まで続く．

　暖かくて比較的軽い空気が上層のトラフの前面
［訳注：東側］へと送り込まれると，そこの気圧は
低下する．一方，冷たい空気がトラフの後方に移動
すると，そこの気圧は高くなる．こうして，気圧の
谷は西から東へ移動する．これは，発散の領域もも
はや地上低気圧の中心のすぐ上空にはないことを意
味する．実際，上空では収束も発散もなくなってし
まい，地表での収束だけが残る．このため地表での
気圧は高まり，これが低気圧の生涯の最終局面とな
る．　　　　　　　[Charles N. Duncan/中村　尚訳]

■文　献

Ahrens, C. D. (1994) *Meteorology today*. West Publishing Co.,
　St. Paul, Minnesota.
Palmen, E. and Newton C. W. (1969) *Atmospheric circulation
　systems*. Academic Press, London.

ディーツ，ロバート
Dietz, Robert Sinclair (1914-95)

　ロバート・ディーツはきわめて創造的な科学者と
しての長い経歴のなかで多くの寄与をしてきたが，
そのうちの2つはとくに重要で，それらによって彼
の名は今後も長く，そして確実に記憶されていく．
米国で生まれ，教育を受けたディーツは幼少時代の
鉱物学への興味からイリノイ大学で地質学を学ん
だ．そこで彼は，カリフォルニア海岸沖の海底渓谷
に関する画期的な研究をはじめたばかりのフランシ
ス P. シェパード教授（1897-1985）の影響を受けた．
ディーツは海底地質学を彼の生涯の研究の主要目的
とし，その研究はプレートテクトニクスの発展の鍵
となる先進的な一歩となった．1961年6月にディー
ツは「海洋底の広がりによる大陸と海洋盆の進化」
と題する論文を 'Nature' に公表した．この論文
で，彼は新しい海底が中央海嶺でつくられ，海嶺か
ら遠ざかるように横方向に動くという考えを提出し
た．この論文でディーツは現在ではなじみのある言
葉「海洋底拡大」を紹介している．この論文は非常
に大きな注目を集めた．ディーツとは独立に，プリ
ンストン大学のハリー H. ヘス（1906-69）は1960
年に同様な考えを示したプレプリントを書き，周囲
には知らせていたが，公表するにいたっていなかっ
た．この海洋底拡大の考えはヘスやディーツによっ
て述べられたように，大陸移動の考えが抱える動力
学の問題を説明できる理にかなったメカニズムを提
出した．海洋底拡大は，ただちに1960年代後半の
プレートテクトニクスの考えの発展のための重要な
一歩となった．

　少年時代の天文学への興味から，ディーツは月表
面の地形的特徴の起源についても熟考した．彼はイ
リノイ大学の博士論文としてその話題を提出した
が，その提案は拒否されている．にもかかわらず，
彼は月表面の地形的特徴を隕石起源とする論文を書

き，それは1946年に 'Journal of Geology' に公表された．彼はまた，長い間，神秘的な火山地形と考えられていたインディアナ州のケントランド構造が隕石衝突地点の侵食残留地形であるという考えも心に描いていた．彼がケントランドを訪れたとき，すじ状の模様をもつ円錐構造（shatter cones）の方向を観察・測定し，円錐が火山活動を原因とするような下からの破断力ではなく上からの破断力でできたことを暗示する構造を見つけた．テネシー州のフリン・クリークやウェルズ・クリーク盆地におけるその後の研究で，彼は衝突によってできた円錐構造がいたるところで認められることを証明した．その後数年間，ディーツは世界中のいろんなところにある多くの地形を調べ，衝突起源であると主張した．

ディーツが最初に衝突起源であろうと認識した多くの構造のなかには，世界的な大規模ニッケル供給地の1つであるカナダ，オンタリオのサドベリー複合火山帯がある．このサドベリー複合火山帯で見られる変形した同心円構造の起源は長い間地質学者を悩ませていた．ディーツによって示された衝突起源を暗示する円錐構造やほかの地形の発見は，すぐにはすべての研究者に受け入れられなかったが，時間をかけたその証拠に関する詳細な研究により，いまではほとんどすべての地質学者が彼の結論に同意している． [Brian J. Skinner／森永速男訳]

哲学と地質学
philosophy and geology

哲学と科学はいろいろな形で相互に作用する．あらゆる思考法の形而上学的な基盤は，それぞれの時代に突出した役割を果たす科学概念の枠組みに影響し，影響される．哲学と科学手法は相互に影響し合い，その影響は，おのおのの科学的研究がなされる方法で見分けられる．これら2つの相互関係は，地質学に関する歴史や活動に認められる．

●形而上学

いかなる時代の思想にも，固有の科学と形而上学的な幅広い抽象観念との境界付近で，ときおり脚光

を浴びる原理が存在するが，それは当然のこととしてあまり関心を引かない．現在にいたる地球の歴史については，地質学者の間で新事実の提示や論争が繰り返されてきたが，それはルネサンス後の世界観で得られた根本的で深い時間の概念と密接に絡みあってきた．ハットンの限定的な一時性は，莫大な時間に広げることができたにしても，そこからダーウィンによる生物の進化に関する概念は想像できない．地質学では2つの大論争が繰り広げられた．1つは，水成論者またはウェルナー論者（現在の地球の状態は大洪水の結果であると唱えた）と，ハットンのような火成論者（莫大な熱の効果を考慮しないと，現在にいたる地球が解釈できないと主張した）との論争，もう1つは，激変説（天変地異説）論者（変化は不連続で激しく起こる）と，ライエルのような斉一説論者（変化は徐々に起こる）との論争である．これらの論争では，時間についても議論された．地質学的な時間について，水成論者と激変説論者は一般にきわめて短いと考え，火成論者と斉一説論者は広がりをもつと考えた．この論争を分けるのは，地球が自然の過程で作り出されたものか，神が創造したものかという考えの相違であった．これらの論争は，小説になることも，知識人の形而上学的な興味を刺激することもなく，哲学にはとくに劇的な影響を与えなかった．

初期の科学的な地質学は，形而上学に人間中心の世界観からの大きな転換をもたらした．水成論者と火成論者の議論や斉一説論者と激変説論者の議論は，考慮する時間枠の問題であり，それはいずれにせよ人間が一生のうちにかかわる時間枠とはまるで異なる．ほかの科学分野でも，人間の生活基盤からのまったく同じような転換が18世紀後期に起こった．たとえば，温度の尺度として考案された摂氏は，人間の体温とは無関係に導入された．

●方法論：「科学的な」ものの境界

しかし，科学としての地質学にはどんな方法論があるのか？ ウィリアム・ダイスの有名な絵画「ペグウェル湾」に見るように，地質学的な研究と風景画は密に絡みあっており，そのことはルプケが指摘した．1830年代になると，地球の表面の描写は，美術を目的にするものから，地質学的な構造を描写するものに変わった．目に見える地表の状態にも地

質学的な説明が必要であると見抜くことができ，そのことによって，2つの異なる科学的な方法が必要になった．それぞれの方法は，地球の状態や過程の見えない部分と対比して，地球の見える部分を説明しようとした．

現在の地球の状態を，過去と対比して説明することには疑問が生じた．そのためには，人類が存在せず，原理的に記録が残らない時代に起きた出来事についても，知識が必要だったからである．過去に起きたどんな出来事も，現在では直接観測することができないが，その痕跡は残されていた．どんな帰納法的な仮説によって，過去から現在を推論すべきなのだろうか？　その推論では，そこで説明された事象の状態を，循環論法に陥らずに明らかにする必要がある．地質学者は自分の「岩石を読む力」をどう正当化するのだろうか？　化石の分布状態は哲学的な論争を生んだ．地質学者の信念を試そうと，創造説論者は最後までしぶとく自説を主張し，その考えには今日でも聞くに値するものがある．

痕跡の総体と見なす現在とその原因である過去との循環は，最良の帰納的な原理を用いて打破する必要がある．火成論者，水成論者，激変説論者，斉一説論者は長い論争を繰り広げており，われわれは科学手法の観点からその論争を見ることができる．帰納的な原理に応用するうえで，放射能はきわめて斬新な科学技術として出現したが，それは地質学的な帰納法の伝統にも大きな影響を与えた．

しかし，見えない現象を扱うもう1つの分野で，地質学的な手法として仮説が最も重要な役目をもちはじめた．直接観察できる地形や岩石などを説明するために，地球内部の構造が地下深部で現在どうなっているかという疑問が生じた．一般に，科学を扱う哲学者は，説明のために思い描かれた構造を「モデル」と呼ぶ．現在は直接観察できない地下の過程と構造について，モデルを形成するためには，地質学者の創造性に富む想像力が必要となる．モデルを形成する論理は，仮説に基づく演繹的な方法を用いる論理よりさらに複雑である．モデルが表現する内容に信憑性があると示せなければ，それが広く承認されて普及することはない．地質学には，モデルの力強さを示すきわめて興味深い論争例がある．それは，地球全体の過程を描く大陸移動説とその発展形であるプレートテクトニクスに関する論争である．

大陸移動の着想には長い歴史があるが，20世紀初期にウェゲナーによってなされたその体系化は，激しい論争に火をつけた．この論争は，モデルがどんな論理で形成されるかを示す実例となるばかりではない．科学者の信念は，科学的根拠に対する冷静な評価に基づくだけでなく，同じくらい社会的かつ心理的な影響を受けることも示す．ウェゲナーの仮説は，一方で科学的な困難に直面した．ハラムが指摘したように，「ウェゲナーの仮説を受け入れるうえで最大の障害となったのは，根拠となるメカニズムの性質である」．ウェゲナーのモデルには，大陸移動の駆動力を説明する別なモデルも必要となった．また一方で，ウェゲナーの仮説はどの科学分野にも見られる保守主義の怒りをかった．ウェゲナーの仮説が「定性的なデータ」に基づいていたので，ジェフリーズはそれを「非科学的」と断言した．R.T.チャンバリンは，「やっと怒りが静まり」急に目立ってきたウェゲナーの仮説を，そんなに強くは攻撃しなかった．

「主流となる考え」の堅固な支持者が，革新者をいくぶん残忍に扱った時代の科学には，そのほとんどにスキャンダルがある．地質学でも時代は移り変わる．今日「プレートテクトニクス」と呼ばれる概念を誰が拒むだろうか？　地質学は幅広く哲学に影響を及ぼす．その1つは，広大な宇宙にどのように人類が誕生したかという問題である．もう1つの影響は，科学手法に関する学問を生み出す点であり，平凡だが同様な重要性をもつ．

[R. Harré/井田喜明訳]

■文　献

Gillispie, C. C. (1951) *Genesis and geology.* Harvard University Press, Cambridge, Mass.

Hallam, A. (1973) *A revolution in the Earth sciences : from continental drift to plate tectonics.* Clarendon Press, Oxford.

Hutton, J. (1795) *Theory of the Earth with proofs and illustrations.* 2 vols. Edinburgh.

Lyell, Sir Charles (1830-3) *Principles of geology.* London.

Rupke, N. A. (1983) *The great chain of history : William Buckland and the English school of geology.* Clarendon Press, Oxford.

鉄砲水
flash floods

　鉄砲水は，世界中の多くの場所で，人命を脅かし，建造物などに被害を与える重大な脅威である．ゆっくりと水位の上がる洪水と異なり，ごく短時間に多量の水が襲来する．鉄砲水の発生から来襲までの時間は場所によって異なる．6時間前に警告を出せる場合もあるが，砂漠，山岳地帯，渓谷などでは，30分前に警告を出すのが限度である．一般に，人命被害の方が物的な被害よりも深刻な問題を引き起こす．たとえば，1996年，南アフリカ，モロッコ，アフガニスタンで発生した鉄砲水で，800人以上の人命が失われた．

　鉄砲水は田舎でも都市でも発生する．とくに発生しやすいのは，急峻な地形で植生がまばらであり，激しい雷雨がまれに起こる場所である．沖積扇状地では，危険地帯での人口が増加しているので，鉄砲水の脅威も増加している．都市でも深刻な鉄砲水の問題が増加しているが，それは，都市では植生が取り除かれ，橋や側溝などが流れの抵抗になり，建造物や舗装が多く，水が地面に浸透しないからである．都市の排水が十分でないと，激しい雷雨の際に，大きな被害が出る．激しい雷雨であっても，人の住んでいない地域に発生すれば，誰も気づくこともなく，被害も出ない．堤防の決壊，ダムの決壊，氷床ダムの決壊なども，鉄砲水の原因になる．

●鉄砲水の2つの事例

　サウスダコタ州のブラック・ヒルの麓にあるラピド市はラピド川に沿って広がっている．1972年6月9日午後6時から強い雨が降りはじめた．6時間以内で380 mmの雨が降った．パクトラダムの放水路が自動車や建物の流出物で塞がれ，ダムの水位が3.6 mも高くなった．自然の洪水が発生しようとした時期にあわせたようにダムが決壊し，大量の水が市内に流れ込み，238名の犠牲者が出た．

　1976年7月31日，コロラド州のエステス・パークの近くのビッグ・トンプソン渓谷には，土曜日で多くの住民や訪問者がいた．そこに鉄砲水が発生し，140名が亡くなった．ビッグ・トンプソン流域の中央部の180 km^{2}の地域には，午後6時半から11時までに強い雨が降り，渓谷の西側斜面で300 mmから360 mmに達したと推測されている（洪水によって雨量計が流されたため，正確な雨量のデータはない）．人々が自動車で逃げたり，家に留まらずに，高台に逃げていれば，人命はこれほど失われなかったであろう．

●鉄砲水の軽減：警報システムと予測の進歩

　鉄砲水は地域性が大きく，発生から襲来までの時間が短いので，通常の天気予報システムは，あまり予報の効果がない．人命を守るという立場から，鉄砲水を検出して警告を出すシステムの開発に重点が置かれている．1980年以来，使われているのが，ALERT（automated local emergency response in real time：自動地域緊急警報）と呼ばれるシステムである．よい警報システムは鉄砲水の検出と警報を合わせもっている必要があるが，多くの場合は，検出だけを行っている．しかし，住民に危険を知らせる方法がなければ，人命を救うことはできない．

　ALERTは，鉄砲水の検出だけでなく，水質のモニタリング，水供給の管理，高分解能の天気予報，大気汚染のモニタリングにも利用されている．ALERTは貯水池管理や都市部のゴルフ場の散水管理に利用されるので，市の予算を年間数百万ドル節約し，さらに，システム自身の維持費をまかなっている．インターネットの利用により，河川管理の担当者や地域住民は，河川を24時間モニタリングすることが可能になった．アリゾナのマリコパ郡では，すでに実用化されている．河川の状態をリアルタイムでモニターすることは，警報に向けての第一歩である．しかし，それだけでは不十分で，住民に危険を知らせ，すみやかに避難させる手段が必要である．

　鉄砲水の予測は実用化に近づいている．ドップラー・レーダーと地理情報システムをALERTと組み合わせ，集中豪雨の発生をピンポイントで予測できるようになった．しかし，技術的な限界のために，鉄砲水の被害が生じた後にならないと，鉄砲水の発生が検出できないこともある．

　米国とヨーロッパでは，鉄砲水による死者は，自動車のなかが多い．人々は水の力を過小評価しているようだ．水深が1 mに満たない場合でも，自動車は流されてしまう．たとえば，1996年，ペンシ

ルベニアで発生した事例では，警官が冠水した道路を封鎖した．それにもかかわらず，その道路を運転しようとしたドライバーが多く，警官は水のなかに立って，交通違反のチケットを50件発行した．鉄砲水による死者を少なくするためには，ドライバーは，警報に注意し，道路周辺の状況（降雨がいつから続いているか，土がどの程度湿っているか，川の音が激しくなっているかなど）を把握し，高台に逃げるタイミングを知る必要がある．現実には，雨が降っている下流の乾いた地域で死者が出ることがある．

　天気予報の技術が進歩し，激しい鉄砲水の発生は事前に予測できるようになった．しかし，季節と鉄砲水の関係を調べた最近の研究によると，雨季以外の季節に発生する鉄砲水の予測は非常に難しい．たとえば，1990年代には，鉄砲水の犠牲者は旅行者に多い．1996年スペインでは79名の犠牲者が出た．1997年では，アリゾナの狭い峡谷で11名の旅行者が亡くなった．どの雷雨が鉄砲水をもたらすのか，雨が降り出す以前に予測することができないのが，現在の水理学や気象学の現状である．

[E. Gruntfest/木村龍治訳]

■文　献

Gruntfest, E. and Huber, C. J. (1991) Toward a comprehensive national assessment of flash flooding in the United States. *Episodes*, **14**(1), 26-35.

デュトワ，アレクサンダー
du Toit, Alex (1878-1948)

　アレクサンダー・デュトワは南アフリカ人で，自国を含む南半球の国々に関して幅広く詳細な知識をもっていた．その知識によって，彼はアルフレッド・ウェゲナーが唱える大陸移動説の支持者となった．デュトワは，南アフリカと南米東部の地質が著しく類似していることにとくに強い関心をもった．ウェゲナーが1915年に「大陸と海洋の起源」を出版したとき，その考えは敵意に満ちた批判を受けた．とくに地球物理学者はそのような移動が起こるはずがないと否定し，地質学者も批判に同調した．デュト

ワにとっては，大陸移動説は魅力的な概念であった．彼は，南大西洋諸国から得られた構造，層序，放射性同位体のデータをもとに，ウェゲナーの理論を支持する長い論文を1927年に出版した．

　ウェゲナーはデュトワの論文を読み，論文に書かれた移動説を支持する証拠を本の第4版で引用した．その後1937年にデュトワは「大陸の驚異（Our Wandering Continents）」を自ら出版した．その本ではもとの大陸移動説に多少の改良や修正が加えられた．大陸移動説は多くの地質学者から敵意ある非難を受けつづけたが，デュトワの提示した新しい証拠は論争に大きな関心を呼び起こした．ウェゲナーと違って，デュトワは2つの超大陸，北半球のローラシア大陸と南半球のゴンドワナ大陸を提案した．ウェゲナーの理論を支持する主要な貢献として，デュトワの著書は第二次世界大戦前になされた最後のものとなった．終戦を迎えて平和が戻ると，大陸移動説への関心が再燃し，それに関するシンポジウムが1949年にニューヨークで開催された．しかし，デュトワはそれ以前に南アフリカで亡くなっていた．

[D. L. Dineley/井田喜明訳]

天気予報
weather forecasting

　正確な天気予報がもたらす経済的・保安上の効果は絶大なものである．航空や陸運，建設業など天候条件に左右されやすい産業活動は，短期予報に負うところが大きい．一方，航海にはより長期の予報が役立つだろうし，農業には数時間から1カ月，さらにはより長期の予報までもが利用されるであろう．

　コンピュータが導入されて以来，天気予報は大気運動を支配する方程式系の数値積分解に基づき行われるようになった．扱われる方程式系がよく確立され正確なものであるから，信頼できる正確な予報が可能だと考えるのは無理がないようにみえる．

　予報の作成過程は比較的単純である．大気状態は世界中何千もの地点で観測されている．観測にはおもにラジオゾンデが用いられる．ラジオゾンデとは，いくつかの測器が梱包されたものを風船で打ち上げ

るもので，高度 25 km くらいまで上がる．ラジオゾンデは，上昇しながら，気温・湿度・気圧・風速・風向を計測する．残念なことに，その観測のほとんどは陸上で行われており，海洋上での観測は非常に少ない．海洋のかなりの部分は衛星観測でカバーできるが，人工衛星ではラジオゾンデほど正確で詳細な観測はできない．

　こうした観測データは，地上から高度およそ50 km 以上にまで，地球全体を覆う規則正しく配置された格子点に補間される．そのうえで，運動方程式に基づき，気象要素それぞれの変化の割合を算出することができる．この変化の割合から，少し先の将来，たとえば10分後の値を計算することができる．変化の割合を計算する過程を繰り返すことでもう10分先まで予測できる．こうして1日から1週間ほど先までの予報ができる．予報をする際，時間間隔は短くとらなければならない．それは，ある1つの気象要素の変化が他の気象要素の変化の仕方に影響を与えるためである．ある時間の計算をするときに用いた条件が，その後長い間変わらないとは限らないのである．

　［訳注：決定論的］数値予報ができるのは短期予報に限られる．はじめの観測値に存在していた小さな誤差が数値計算の途中で成長してしまい，予報時間が長くなるにつれ予報精度が悪くなってしまうからである．そのため，予報のほとんどは予報時間が1週間を超えると実用的価値はほとんどなくなってしまう．予報期間の限界は観測システムを改善することで克服できるかもしれない．しかし，およそ14日以上先の数値予報を正確に行うことは，おそらくできないであろう［訳注：10日以上先の予報には，わずかずつ初期値を変えたアンサンブル予報による確率予報が用いられる］．

　天気予報に用いられる方程式系は非線形である．非線形の方程式はカオス的な振る舞いを示すことがある．実際，自然界で最初にカオス的性質が見出されたのは，大気のシミュレーション実験においてであった．カオス的な方程式の重要な性質の1つは，大気状態の観測データに含まれるどんな初期誤差も予報時間が長くなるにつれて急速に増大してしまうことである．最初の誤差は必ずしも大きいものでなく，たとえ非常に小さなものであっても増大してしまう．このため，日本の蝶の羽ばたきが1～2週

後にはヨーロッパの天気に影響を及ぼしうるとさえいわれている．　　［Charles N. Duncan/中村　尚訳］

■文献
Atkinson, B. W.（ed.）（1981）*Dynamical meteorology: an introductory selection*. Methuen, London.

電離層
ionosphere

　高度 80 km より高い大気層は，太陽から放射される有害な紫外線や高エネルギー粒子を吸収する作用がある．波長の長い紫外線はこの層を通り抜け，成層圏のオゾンに吸収されるが，太陽放射のなかで最も有害な波長帯の光は高度 80 km より高い大気層で吸収される．太陽から降り注ぐ微粒子と紫外線は大気中の原子や分子に衝突すると，原子や分子から電子を分離したり，電子を吸着させる．その結果として発生する電離した原子や分子をイオンという．陽イオンとは，電子が分離してプラスの電荷をもった原子や分子のことである．陰イオンは電子を吸収してマイナスの電荷をもつことになった原子や分子である．

　電離層とは荷電粒子を含む大気層のことで，高度約 80 km から大気圏の外縁にかけて広がっている．この高さの空気は電導性があるので，特定の波長帯の電波を反射する．AM ラジオに使われるような長い波長の電波は，アマチュア無線に使われるような短い波長の電波よりも低い高度で反射される．テレビや FM ラジオに使われる短波長の電波はまったく反射されない．電波が電離層で反射されるために，AM ラジオは，直進する電波が（地球の球面作用のために）直接届かない遠距離でも受信できる．

　オーロラもまた電離層で発生する現象である．地球磁気圏のなかに捕捉された微粒子（電子や陽子）が空気を構成する気体分子に衝突することにより，気体原子の電子が励起状態（エネルギーの高い状態）になり，その電子がもとの状態に戻る際に発光する．

　　　　　　　［Charles N. Duncan/木村龍治訳］

■文　献

Slanger, T. G. (1994) Energetic molecular oxygen in the atmosphere, *Science*, **265** (5180), 1817-18.

同位体地球化学
isotope geochemistry

同位体地球化学は地球科学の最も重要な進展の一部を担っている．岩石や鉱物中の放射性同位体の含有量の研究は地質学的過程の経過時間を正確に測定する唯一の方法である．この方法は地球の年齢の測定からプランクトンの微化石の進化速度の測定までさまざまな分野で利用される．放射性および安定同位体はまた地殻-マントル相互作用のような過程における元素の起源や，海水の組成を規制する要因を明らかにすることにも利用される．安定同位体分別の温度依存性を利用して，氷期と間氷期の間の気候変動のような低温での現象についての情報から，花崗岩質マグマの結晶化のような高温での過程までを明らかにすることができる．要するに，地質学のなかで天然の同位体の変動と関係しない分野はほとんどない．

●一般原理

原子核は中性子と陽子からできている．原理的に，ある元素の原子はすべて同数の陽子をもつ．しかし，多くの元素には中性子の数が異なる原子がある．このような同じ元素でありながら異なる形の原子は同位体と命名される．たとえば，炭素には地球科学で問題になる3種の同位体がある．すなわち，炭素12(^{12}C)，炭素13(^{13}C)および炭素14(^{14}C)である．これらの同位体はすべて6個の陽子をもつが，中性子の数はおのおの異なる．たとえば，^{12}Cの原子核は6個の中性子をもち，合わせて質量数が12になる．これらの3種の同位体のうち，^{12}Cと^{13}Cは放射性壊変（原子核の崩壊）を起こさず，安定同位体と呼ばれる．ところが，^{14}Cは不安定で^{14}N（窒素14）へと壊変（崩壊）する．不安定な同位体が自発的にほかの同位体（これ自体が不安定なこともある）に壊変することは放射能と呼ばれる．放射性壊変において，親同位体はいくつかの異なる過程の

どれか1つによりほかの元素の娘同位体へと変化する．放射性壊変で生成する同位体を放射能起源同位体（radiogenic isotope）と呼ぶ．地球のさまざまな部分について測定された元素の同位体組成の差異は2つの分離過程による．放射能起源同位体の量の差は，地球の各部分の親/娘比の違いおよび経過時間の差に起因する．経過時間の差は，その間にその部分で放射能起源同位体が定常的に増加しつづける量の差となる．安定同位体についても，一方の同位体が相互に関係しあう2つの相の一方に選択的に取り込まれる場合，同位体組成の変動が生じる．これらの2つの過程が同位体地質学を放射能起源同位体の研究と安定同位体の研究に自然に区分する．

●放射能起源同位体

天然には多くの放射性同位体が存在する．そのなかでとくに地質学的研究で問題にされるものは，^{40}K/^{40}Ar（カリウム-アルゴン），^{87}Rb/^{87}Sr（ルビジウム-ストロンチウム），^{147}Sm/^{143}Nd（サマリウム-ネオジム），^{232}Th/^{208}Pb（トリウム-鉛），^{235}U/^{207}Pbおよび^{238}U/^{206}Pb（ウラン-鉛）である．これらの詳細は表1に示すとおりである．放射性同位体の半減期は一定量の親同位体（たとえば^{40}K）の半分が娘同位体（この場合は^{40}Ar）に壊変するのに要する時間である．

これらの同位体の組合せは地球科学でいろいろと異なる方法で利用される．そのなかでも同位体年代の測定が最も重要である（下巻「同位体年代測定」参照）．年代を測定するために基本的に必要なことは，鉱物が同時にしかも互いに平衡な状態で生成し，その後ルビジウム（親同位体）あるいはストロンチウム（娘同位体）が加わったり失われたりしないということである．さまざまな同位体組合せが火成岩の年代測定に利用される．しかし，おのおのの同位体の化学的性質の違いから，問題とする岩石の中に

表1 地質学的にとくに問題とされる天然の放射性同位体.

同位体組合せ	半減期 ($t_{1/2}$)	問題とされる同位体比
^{40}K → ^{40}Ar	1.40×10^9 年	^{40}Ar/^{36}Ar
^{87}Rb → ^{87}Sr	4.89×10^{10} 年	^{87}Sr/^{86}Sr
^{147}Sm → ^{143}Nd	1.06×10^{11} 年	^{143}Nb/^{144}Nd
^{232}Th → ^{208}Pb	1.40×10^{10} 年	^{208}Pb/^{204}Pb
^{235}U → ^{207}Pb	7.04×10^8 年	^{207}Pb/^{204}Pb
^{238}U → ^{206}Pb	4.47×10^9 年	^{206}Pb/^{204}Pb

親同位体あるいは娘同位体がどれだけ含まれるか，ならびにそれらの同位体が変成・変質作用によりいかに影響されやすいかによって各同位体組合せはおのおの異なる年代測定に用いられる．

地球の各部分では，放射能起源同位体の量は，時間の経過とともにおのおのの親/娘比の差を反映して変化していく．たとえば，ルビジウムはストロンチウムよりも選択的に地殻に取り込まれる．したがって，大陸地殻の Rb/Sr 比はマントルの値よりも高く，その結果，地殻の岩石の $^{87}Sr/^{86}Sr$ 比はマントル起源の岩石の値よりも高い．

●安定同位体

元素の安定同位体組成の変動は化学反応や物理的過程の差に起因する．このことは，分子の熱力学的性質がその分子を構成する原子の質量に依存するということの結果である．実際には，この安定同位体の分別は質量数が 40 以下の同位体についてのみ意味のある大きさである．地質学的に利用されるおもな安定同位体は表 2 に示すものである．

安定同位体の変動は，一般には同位体比そのものではなくて，デルタ (δ) 表記で表される．たとえば酸素同位体組成は次式で表される．

$$\delta^{18}O = \left[\frac{\left(\frac{^{18}O}{^{16}O}\right)_{試料}}{\left(\frac{^{18}O}{^{16}O}\right)_{標準}} - 1\right] \times 10^3$$

したがって，$\delta^{18}O$ 値がプラスになるほど，酸素同位体組成は重くなる（重い同位体，^{18}O が増す），すなわち，$^{18}O/^{16}O$ が高くなる．2 種類の化学物質の間での安定同位体分別の程度は一般には比較的単純に温度に依存し，低温になるほどその程度は大きくなる．安定同位体分別について，そのほかの一般的な傾向として次のものがある．軽い同位体が還元型化学物質中に選択的に取り込まれる（たとえば，SO_4^{2-} の $\delta^{34}S$ は共存する H_2S よりも重い），生物相は軽い同位体を濃縮する傾向がある（たとえば，植

物の $\delta^{13}C$ 値は大気 CO_2 の値よりも軽い）．また平衡にある 2 種類の鉱物の間では重い陽イオンを含む方に軽い同位体が濃縮する（たとえば方鉛鉱，PbS の $\delta^{34}S$ は共存する閃亜鉛鉱 ZnS の値よりも軽い）．

●地球科学における同位体地球化学のそのほかの利用法

マントル起源の岩石や鉱物（たとえば中央海嶺玄武岩（MORB）や海洋島玄武岩（OIB））の安定同位体組成は一般に大きな変化は示さない．それは，マントルが高温のため安定同位体分別がほとんど起こらないことによる．しかし，放射能起源同位体（おもに，ストロンチウム（Sr），ネオジム（Nd）および鉛（Pb））はかなりの変動を示す．このことは，マントルは全体が均一なものではなく，異なる同位体組成を有する各部分から構成されていることを示す．また，各部分の同位体組成の差異はマントルの中の過程や地殻とマントルの間での物質交換による．マントルのある部分は地球がまったく分別を受けていない均一なものであるときに期待される同位体組成と類似した同位体組成をもつ．ところが，マントル起源の岩石の一部には，マントル物質から分離した地殻と実際上同じ同位体組成をもつものもある．また，マントルの別の部分では，再循環により大陸物質がマントルに戻されたり，マントル内部での交代作用時の流体が移動したり，あるいは両方が起こったと思われる同位体組成がみられる．

島弧のようなプレートが壊れていく縁辺は地殻とマントルの相互作用が起こる主要なところである．ときには，そこでのマントル起源の岩石は MORB や OIB の変動幅をはるかに超えた安定同位体組成（とくに酸素とホウ素）や放射能起源同位体（おもにストロンチウムと鉛）をもち，ある元素に関してマントル以外の別の起源を有することを示す．この別の起源の同位体組成は，島弧の下に沈み込むプレートにより運び込まれる変質した海洋地殻および堆積物の同位体組成と類似している．このように，同位体的研究により，沈み込む物質は少なくとも沈み込むスラブから取り除かれ（溶融か脱水反応のいずれかにより），その上の火成岩の中に取り込まれるという最も明白な証拠が得られる．

大陸地殻の性質および発展・変遷は地球の研究の最も基本的な問題の 1 つである．地殻についての 2

表 2　地質学的にとくに問題とされる安定同位体．

同位体	同位体比	表記法
$^1H, {}^2H$	$^2H/^1H$	δD
$^{10}B, {}^{11}B$	$^{11}B/^{10}B$	$\delta^{11}B$
$^{12}C, {}^{13}C$	$^{13}C/^{12}C$	$\delta^{13}C$
$^{16}O, {}^{17}O, {}^{18}O$	$^{18}O/^{16}O$	$\delta^{18}O$
$^{32}S, {}^{33}S, {}^{34}S, {}^{36}S$	$^{34}S/^{32}S$	$\delta^{34}S$

つの考え，すなわち大陸地殻のすべてが地球の歴史のきわめて初期に形成され，その後はその大きさはほぼ不変であるか，それとも大陸地殻は地球の誕生後多かれ少なかれ一定の割合で成長しつづけているかは意見の分かれる問題である．同位体的研究から，大陸地殻の各部分についての直接の年代決定（おもにジルコンのU-Pb年代測定による），および大陸の風化で生じた堆積物の平均的年代（Sm-Nd法による）に基づいて，この疑問に対する答えが部分的に得られている．これらの研究から地球の歴史を通じて大陸が急速に成長した時期（とくに27億年前）と，現在から20億年前までの大陸地殻の大きさがほぼ一定である時期の2つの期間があるように思われる．

　花崗岩は大陸地殻の相当の部分を構成する．同位体（およびそのほかの地球化学的指標）は，花崗岩の多くは2つの混合の端成分であるIタイプとSタイプの中間的な組成をもつことを示す．Sタイプ端成分は古い大陸地殻や砕屑堆積物と類似した同位体組成（とくに酸素とストロンチウム）をもつ傾向がある．したがって，Sタイプ花崗岩はそのような物質の溶融により生成したと考えられる．ところが，Iタイプ端成分はマントル起源の岩石と似た同位体組成をもつ．したがって，Iタイプ花崗岩は地殻物質の混入を受けていない上部マントルの溶融したものから生成したと考えられる．

　さまざまな形式の鉱床は高温の岩体の中を循環する水を主とする流体から生成したと考えられる．この過程で化学的および同位体的交換が各部分の間で起こり，熱水鉱物の同位体組成として記録される．同位体的研究（とくにホウ素，炭素，硫黄，ストロンチウムおよび鉛）から鉱床中の元素の起源（たとえば，ある元素が海水起源かそれとも岩石起源か）についての情報が得られる．酸素と水素の同位体は流体の起源と鉱床に関する水の動き（たとえば，流体は海水，塩水，それとも天水起源か，および流体と岩石の間で反応がどれだけ進行したか）を知るために大変有用である．

　プランクトンが炭酸カルシウムの殻（硬組織）を形成するときに，それが成育するところの海水の温度と同位体組成（おもに氷床の量に依存する）がその殻に記録される．プランクトンが死ぬと，その殻は海底の堆積物中に沈積する．年代の異なるそのよ

うな殻の微化石の分析から，海洋の気候の歴史を再現することができる．そのような研究から，地球の気候は規則的に変動し，その変動は地球の軌道の変化すなわち自転軸の傾きの変化（ミランコビッチサイクル）と連動していることが明らかにされた．

[M. R. Palmer/松葉谷　治訳]

■文　献

Faure, G. (1986) *Principles of isotope geology* (2nd edn). John Wiley and Sons, New York.

同化作用
assimilation

　同化作用とは，外部物質がマグマの中に物理的あるいは化学的に取り込まれ，その結果はじめの液の化学組成に変化が生じる過程である．この過程を想像すると，典型的なものはマグマだまりの中にその周囲の母岩あるいは壁岩の小さな破片が浮かんでいる状態である．もしこの母岩の破片が飲み物の氷のように溶けたり，あるいは水の中の泥のように分離できないように細かく分散したりすると，液の組成ははじめのものとは変わるであろう．

　捕獲岩すなわち壁岩の破片，あるいは外来結晶すなわち捕獲岩起源の単一の鉱物の粒子は一般に火成岩の露頭で見ることができる．捕獲岩あるいは外来結晶の存在は，一般にはマグマの同化作用のあったことの証拠となる．しかし，外来物質の存在だけでは単なる状況証拠だけであり，単に存在するだけでははじめのマグマが本当にその含まれている物質で汚染されたことを決定的に示すことにはならない．融食組織，これは捕獲岩あるいは外来結晶が徐々に溶解したことを示す特徴であり，同化作用についてのより説得力のある組織の証拠となる．融食組織のわかりやすい例は，玄武岩の中の石英やアルカリ長石の表面ででこぼこしていることである．これらの鉱物は玄武岩質マグマから高温で晶出したものではなく，外来の鉱物が結晶面を失っていることや，角が壊れた面をもつことから，融食すなわち鉱物が溶解したことが強く示唆される．

　20世紀の前半では，火成岩の化学組成の変化は

議論の主要課題であり，同化作用の過程はそれを主張する多くの人を満足させる説明であった．その当時は，過熱状態のマグマは地殻中を上昇するときに母岩を多量に同化することができると考えられていた．炭酸塩を多く含む岩石の同化はシリカに不足するアルカリ岩類の起源を説明する脱ケイ酸作用として提唱され，また石英を多く含む泥質岩の同化はアルカリ玄武岩と非アルカリ玄武岩の間の組成の差を説明するために用いられた．同化作用により主成分元素組成が変化することを支持する証拠のおもなものは，観測された組成範囲のマグマが生成するのに適していると思われる組成の捕獲岩が実際に野外で産出することである．そののち，岩石や鉱物の比熱，潜熱および融点の知識が整備された．その結果，最も条件のよいときでも，同化される母岩の容積はマグマの容積と比べて著しく小さく，観測された主成分元素の化学組成の差を説明できないことが明らかになった．したがって，同化作用では主成分元素組成の大きな差を説明することはできないが，しかし容積の大きなマグマの場合，母岩との境界で局所的に組成が変化することはありうるであろう．

主成分元素組成の変化については限りがあるにもかかわらず，同化作用はマグマの放射能起源の同位体および微量元素については明らかに影響を与える．一般の火成岩や堆積岩の中では，これらの元素の濃度は数桁の大きさで変動する．したがって，特定の元素を著しく多く含む岩石の少量の同化でも，その元素をごくわずかしか含まないマグマの場合，マグマ中のその元素の濃度が大きく変化する．同化作用と関連するそのほかの現象には，混成作用，マグマ混合，および AFC 過程（同化と分別結晶が同時に起こること）がある．

[J. C. Schumacher/松葉谷　治訳]

島　弧
island arcs

島弧は，列や弧をなす活動的な火山とともに活発な地震活動が分布する帯状の地域として，長く認識されてきた．19世紀半ばにW. J. ソラスは，アリュー

シャンとアラスカ半島，東インド諸島（インドネシア）で，複数の山脈が弧状の形状をもち，それが地球の大円と一致することに注目した．ラップワースは，「太平洋の火山の帯（現在は環太平洋火山帯とよばれる）」が形成時期も幅も異にする「隔壁」として「プレート」を連続的に分離すると考えた．海洋の最深部をなす海溝は弧の海側に細長く伸びる．環太平洋火山帯の性質が調査されるにつれて，安山岩（アンデス地方にちなんで名づけられた）の分布線が太平洋周辺に存在することが認識された．この分布線の外側では安山岩が，内側では玄武岩が卓越するのである．

しかし，地球物理学的なデータが得られるようになるまで，島弧の起源はほとんど解明されなかった．海洋の内部構造に関するデータは，オランダの地球物理学者ベニング–マイネッツによって1930年代に最初にもたらされた．彼は，大きな負のアイソスタシー重力異常が明確な帯をなして島弧に平行に分布することを見出した．この発見の驚くべき特徴は，重力異常の中心が海溝軸の真下ではなく，その島弧側にあったことである．したがって，この重力異常は現在の地形とは関係がなく，もっと深部に起源をもつ．海溝や島弧の表面は，その特徴からみて張力場に置かれているので，相対的に密度の低い多量の物質を内部に引き込むような下向きの応力が働いていて，重力異常はその証拠であると考えられた．この考えは，圧縮力によって，また収束する対流の引きによって，海洋地殻が鉛直下向きに曲げられるというテクトジーンの概念をもたらした．しかし，大きく傾斜する衝上断層面が海溝付近から700 kmの深さまで沈み込むという単純な概念がはっきりと確立されたのは，1949年になってからのことである．この年にベニオフは地震の震源が海溝の海側から火山弧に向けて徐々に深くなることを示した．

かくして，1950年代までに太平洋周辺，インドネシア沖，カリブ海周辺で豊富な地球物理学的データが集められ，沈み込み帯に沿って島弧の下に巨大なスラブが引き込まれていることが判明した．これがベニオフ帯として普遍的に知られる構造である．

だが，次の重要な進歩は1968年までもたらされなかった．1960年代に海洋底の拡大に関する仮説が確立され，新しいリソスフェアが連続的に生み出されていることが判明した（下巻「中央海嶺」参照）．

地球が膨張を続けているのでなければ（当時の地球科学者の間に膨張説を強く支持する意見もあった），生み出されたのと同じ量のリソスフェアがどこかで消滅されなければならず，それは沈み込み帯で起こるにちがいないと認識された．海洋リソスフェアのスラブが沈み込むと，約150〜200 kmの深さで部分融解が生じる．この部分融解で生み出されたマグマが，海溝軸から150〜200 km離れて分布する火山から噴出されるのである．

沈み込み帯は震源の分布によって認定される．震源は下降するリソスフェアのスラブの上面に集中する．この地震活動は沈み込み帯の「地震面」を決め，その厚さは20〜30 kmに及ぶことがある．スラブが下降する傾斜角は多くが30°と70°の間にあるが，沈み込み帯によっては深部でさらにきつく傾斜するものもある．スラブの傾斜角は海溝でのプレートの収束速度と逆相関をし，沈み込みが誕生してからの時間とともに変化する．下降するスラブはその下に広がる塑性的なアセノスフェアより重いので，重力で受動的に沈下する．そのために，リソスフェアが古くなるほど，沈み込みの角度が大きくなるのである．

「島弧」という語は「火山弧」の同義語としてよく使われるが，この2つの語はまったく同じ意味ではない．火山弧は沈み込み帯の上にある活動的な火山帯をすべて包括する．火山帯は島として海洋のなかにあってもよいし，中南米の西海岸にみられるように大陸にあってもよい．それに対して，島弧は海底の拡大によって大陸から分離した火山帯のみを指す．

そこで，島弧には多種多様なタイプがある．島弧には完全に海洋の内部に存在するもの（太平洋のマリアナ諸島，ニューヘブリディーズ諸島，ソロモン諸島，トンガ，大西洋のアンティル諸島，スコットランド弧）がある．大陸と海洋の中間状態にある地殻をもつような小さな海洋や縁海が，島弧を大きな大陸から分離した例（アンダマン諸島，バンダ諸島，日本，千島列島，スラウェシ）もある．また，アリューシャン弧は北米大陸にある「コルディレラ型」の褶曲帯を横切る．大陸との関係が極端なタイプは，ビルマ・アンダマン・インドネシア弧の一部がビルマやスマトラ/ジャワに沿うように，大陸地殻に接して形成されるものである．さらに進むと，アンデス弧のように火山帯は完全に大陸に埋没し，もはや島弧といえなくなる．島弧の年代も多岐にわたる．1000万年より若いものがある．白亜紀には達しないまでも，古第三紀までさかのぼれるずっと古いものもある．

露出したマグマ起源の島弧は，海側の端にある海溝から大陸側の縁海や背弧海盆にいたる地質構造帯の一部である（図1）．

海溝は海洋底の最も深い部分で，その深さは7000 mから深いものではほとんど1万1000 mに達する．最も深いのはマリアナ海溝とトンガ海溝である．太平洋のほとんどの海溝は，標準的な玄武岩質の海洋地殻を遠洋堆積物や灰が覆ってできている．このような薄い堆積層は大陸側のプレートの下に簡単に沈み込んでしまう．しかし，海溝には陸地から相当な量の陸源堆積物が運びこまれるので，この単純な沈み込み様式は撹乱される．撹乱は大陸と直接接する海溝（例：中南米のアンデス型の沈み込み帯）の堆積物について最大であるが，アンダマン諸島沖のような海溝の末端部でも重要な意味をもつ．加えて，大量の堆積物が深海扇状地をつくって海洋底に蓄積される．深海扇状地の最大のものはベンガル扇状地で，400万 km^{3}に達する堆積物がビルマ・アンダマン・インドネシア弧に向かって東に広がる．海洋底が水深5000〜6000 mの平坦な広がりではなく，

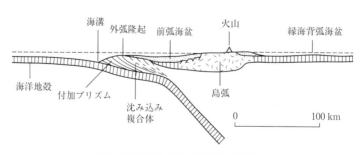

図1　海洋内部に存在する島弧の断面図．

さまざまな凹凸をもつことも海溝を複雑にする. 海洋高地, 海嶺, 海山, ギヨー（頂上の平坦な海面下の山）は海洋底から何千 m も盛り上がり, 数 km^2 から何千 km^2 にわたって広がる. これらの不規則な海洋底が海溝に到達して陸側のプレートとぶつかると, それらは沈み込んで下降するスラブに吸収されたり, 海洋プレートからけずりとられて陸に接して楔状に蓄積されたりする.

このようにして付加プリズム（楔状の堆積物）が発達し, 海底面が盛り上がって外弧隆起や海溝傾斜縁が形成される. この地形の背後には前弧海盆が広がる. 付加プリズムは, プレート運動によって物質が付着する過程で, 海溝からけずりとられた堆積物が圧縮されて積み重なったものである. このような堆積物は, インドネシア本島の西部に位置するメンタワイ諸島や, 小アンティル火山帯の東部に位置する非火山島のバルバドスで調べることができる. 付加プリズムの重要な特徴は, それぞれの堆積物の連なりが上にいくほど若くなる一方で, 着目する地点が最初に形成された火山弧側の楔から海側の先端部へ移るにつれて, けずりとられた海洋堆積物や海洋底の破片が若くなり, 堆積年代や変成年代が新しくなることである. 古い海洋堆積層が徐々に押し上げられ, 前弧海盆地帯が隆起するのは, この「順に下からつけ加わる」物質のためである. 長年にわたってバルバドスで認識されてきた付加プリズムの際立った特徴は, 大量の泥噴出物（下巻「泥火山・砂火山」参照）の存在である. この泥噴出物は, 未固結の半遠洋性の泥と生物起源のメタンが付加プリズムの下へ運ばれて圧力を過剰に高め, 付加プリズムを突き抜けて上昇する過程で形成される. 付加プリズムの表面は単純ではない. 物質が次々とつけ加わる過程で褶曲や断層がたくさんの隆起を生み出し, 起伏の多い変則的な海底地形を形づくるのである. 個々の衝上断層は, 隆起する海溝堆積物の楔を通って海側に次々と形成されるので, 変形の最前線が未撹乱の海溝環境を撹乱された付加プリズムから分離し, この構造境界が時間とともに海側へ移動する. しかし, 古くて上位にある衝上断層が同時に再活性されることがある. プリズムを形成する複合体は何度も活性化されて, 海溝傾斜盆地として知られる無数の小さな堆積盆地を生み出す.

火山弧と付加プリズムの間には幅 100 km 程の前弧海盆がある. このような海の盆地は, 通常は火山弧の侵食で生じた未成熟な火山砕屑性の堆積物で埋められる. しかし, 前弧海盆の堆積は非常に複雑にもなりうるし, どんなタイプの堆積物も集めうる. 例えば, ビルマ・スマトラ・ジャワ火山弧の西部やアンダマン・ニコバル・メンタワイ諸島の外縁弧東部には, 非常に広大な前弧海盆があり, ビルマ川から運ばれて河流作用でできた北側の三角州状の堆積物から, 南側にみられる深海の濁流物質や大陸棚の堆積物まで, さまざまな堆積物が広がる.

島弧の火山活動の様相は, 陸側のリソスフェアの厚みや組成によって変化する. 完全に海洋の内部に存在する島では, マントルを起源とするマグマは, 上昇をあまり妨げられないために非常に流動性の高い状態で噴出し, しばしばアフィリックな（斑晶を含まずに微細結晶からなる）ソレイアト質玄武岩や玄武岩質安山岩を生み出す. 島弧が発達するにつれて, 島弧地殻は厚みを増して海洋地殻の層を押し下げる. 島弧地殻の厚みが約 20 km に達すると, 密度でマグマを濾過する作用がはじまり, 初生マグマは連結した高レベルのマグマだまりにせき止められる. とくに島弧中央部の下では, マグマの上昇はゆるやかで断続的になり, 分化によってカルクアルカリ質や安山岩質のような中間的なマグマが生み出される. なお, カルクアルカリマグマはアルカリ（Na_2O や K_2O）に比べて相対的に多量のカルシウム（CaO）を含む. 日本の島弧では, 噴出地点が海溝から離れるにつれて, マグマ中でアルカリの量が増加し, それはマグマの産出地点がベニオフ帯に沿って深くなることに対応するようにみえる. しかし, この単純な性質がすべての島弧でみられるわけではない. おそらく, それは陸側のプレートが不均質であったり, 部分融解がさまざまな深度で生じたり, 沈み込むリソスフェアのタイプが異なったりするためだろう.

海洋火山弧は厚さ数 km の大きな火山砕屑性の砂礫堆積層に囲まれており, その体積は火山自体の体積をはるかにこえる. 島弧の基礎をなすのはおもに溶岩であるが, ほとんどの砂礫堆積層は, 浅海や陸地の爆発的な噴火で生み出された火山岩の破片や, 再堆積した火山砕屑岩でできている. 島弧火山の水面下の勾配は険しいので, そこでは地震活動が高まったり, 土砂崩れや地すべりによって堆積物が急速に再堆積したり, 混濁流が頻繁に生じたりする.

残念ながら，島弧に接する堆積物は深海掘削によって深部の試料を直接採取するのが難しいので，隆起した堆積物を陸地で調べることによっておもにその知識を代用する．このような堆積物はニューヘブリディーズ諸島や日本のような活動中の島弧でもみられるし，ウェールズ北部のオルドビス紀の地層や英国湖水地方のような古い島弧でもみられる．

活動中（小アンティル，ニューヘブリディーズ諸島など）や古い島弧の研究で得られた興味深い成果を以下に要約する．

① 島弧周辺の堆積物は，卓越風の方向，島弧の傾斜の違い，海流などの影響を受けて，通常非対称に分布する（小アンティルでは西風がほとんどの火山灰を大西洋へ吹き流す）（図2）.

② 島弧の発達につれて，スコリア，ガラス破片（熱い溶岩が水や湿った堆積物と接触したときに形成される），シャードなどの古くて苦鉄質の火山砕屑物がまず堆積し，火砕岩を多量に含む分化したマグマの噴出物がその上を覆う．島弧が静穏になると，火山砕屑性の砂礫堆積層はシルト岩質の砕屑性（再堆積した）濁流物質で覆われる．

③ 島弧や個々の火山の位置は移動することがある．移動はしばしば海溝に向かって海側に，あるいは島弧に沿って起こる．

④ 火山が浅海にまで成長し，さらに海面上に顔を出すと，噴火は爆発的になり，噴出物を火山から遠く離れた地点までまき散らす．

⑤ 火山砕屑物は，堆積の過程で粒の大きさや密度に応じて絶えずえり分けられる．基部は枕状溶岩の破片と岩屑なだれやラハール堆積物などの粒子の粗い物質で，中間部は土石流堆積物で，末端部は薄い濁流物質の層や降下火山灰で構成される．

⑥ 島弧の火山作用や背弧海盆の拡大は，島弧の火山活動が連続する時期と，火山砕屑性の砂礫堆積層の分級に好都合な拡大が減少する時期とで速度が異なる．

島弧が発達し，拡大し，成熟するにつれて，日本やニュージーランド北島でみられるように陸生の堆積物や植物が豊富になり，とくに火山のカルデラ内部では礁湖や湖の発達がみられる．隆起した地層の観察から，島弧が深成岩の核をもっており，それらがカルクアルカリ質で，おもに閃緑岩質から花崗閃緑岩質であることがわかる．島弧は全体としては伸張状態にあるので，地溝が発達し，日本やニュージー

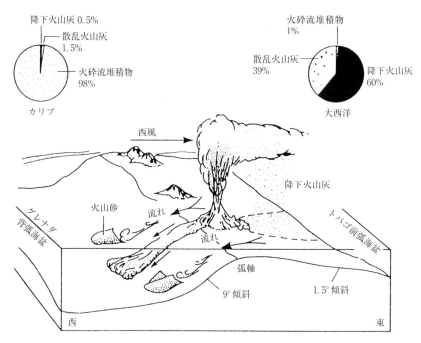

図2 小アンティル火山弧の概念図．火山性堆積物の分布を，堆積物の非対称な再配分を起こすおもな過程とともに示す．小アンティル火山弧に沿って長さ400 kmにわたって，過去10万年間に約500 km³の火山物質が生み出された．火山弧にはこの火山物質の20%しか残っておらず，あとの80%は再分配された．（Sigurdsson et al. (1980) Journal of Geology より）

ランド北島のタウポ地溝のように横ずれ成分をもつものもある.

島弧で見出される鉱物の種類は年代によって異なるが，特徴的な鉱石は同時代に多量に生成された硫化物であり，それが発見された日本での呼び名から黒鉱と名づけられた．この鉱石は亜鉛，鉛，銅に加えて銀や金も含む黄鉄鉱であり，海洋火砕岩質の流紋岩ドームやカルデラに起源をもち，局所的な堆積盆地の側面で海水から沈殿したものと思われる．

西部太平洋の際立った特徴は，大きくて複雑な海盆に覆われた広大な地域をもつことである．この縁海盆は火山弧の背後に広がり，大陸と接する．縁海盆の地殻は，厚さが大陸地殻に近いのに，地震波速度の方は海洋地殻に似ている．このことが認識されて以来，縁海盆は長い間論争の対象になってきた．現在の知識によれば，ほとんどの縁海盆は島弧の背後にとり残された古い海洋底である．縁海盆は太平洋西部のみに限定されるわけではなく，ビルマ・インドネシア火山弧背後のアンダマン海がその例であり，アンティル弧やスコシア弧の背後にも存在する．年代からみると，海洋地殻の内部で最近発達した非常に若い背弧海盆（海洋内部の背弧海盆）から，大陸と接して成熟し現在は非活動的な日本海のような背弧海盆（大陸の背弧海盆）まで，縁海盆は多岐にわたる．

これらの海洋背弧海盆は地殻の伸張によって形成されることがわかっている．この地殻の伸張は，最初は地溝を生み出し，その後中央海嶺（下巻「中央海嶺」参照）と類似した機構で海洋底を拡大させて新しい海洋地殻を成長させる．背弧海盆の起源が伸張であることは，正断層や高熱流量によって，時には隆起中央部のまわりに見られる磁場の縞模様によって示される．背弧海盆の拡大は，古くて冷たいリソスフェアが沈み込み，沈み込みの角度が険しい場所でとくによくみられる．その正確なメカニズムについては見解が分かれるが，おそらくいくつかのメカニズムの結果として起こるのだろう．メカニズムの例には，沈み込むプレートの上で海溝と火山弧が海側へ移動することがあり，ダイアピルが上昇したり，プルームや沈み込むスラブによって熱が供給されたりしてマグマが貫入し上昇することがある．

[Harold G. Reading/井田喜明訳]

■文　献

Busby, C. J. and Ingersoll, C. V. (1995) *Tectonics of sedimentary basins*. Blackwell Science, Cambridge, Massachusetts.

Fischer, R. V. and Smith, G. A. (eds) (1991) *Sedimentation in volcanic settings*. Special Publication No. 45, Society of Economic Paleontologists and Mineralogists, Tulsa.

Orton, G. J. (1996) Volcanic environments. In Reading, H. G. (ed) *Sedimentary environments: processes, facies and stratigraphy*, pp. 485-567. Blackwell Scientific Publication, Oxford.

トムソン，ウィリアム（ケルビン卿）
Thomson, William (Lord Kelvin) (1824-1907)

W. トムソンは19世紀中頃の英国随一の物理学者であり，地球科学にも大きな貢献をもたらした．1846年にグラスゴー自然哲学協会の議長となり，その後53年間にわたって議長職を務めた．

熱力学に対する関心から，太陽系の熱の散逸過程から地球を含む太陽系の年代を知る手がかりが得られるというアイディアを思いついた．彼は深い鉱山の坑内に温度勾配があることに気づき，それをもとにして地球の熱損失量を計算した．計算から地球の地殻が固化した時点から今日の温度勾配になるまでの時間を求めることは可能である．彼が導いた約1億年（100 Ma）という数字は地球の年代に関してそれまでに提案されていたいかなる数値よりはるかに大きく，その後長い論争を引き起こすこととなった．この結果は斉一論の信奉者を大いに憤慨させたが，彼らの多くはこの考え方に躊躇した．当時，大多数の地質学者は地球の年齢は1億年より若いこと，そして太陽の年齢もまったく同じであることに賛成であった．

1897年にW. トムソンは地球の年齢に関する分野について自分の考え方をまとめ，地球が生物にとって生息するのに適した期間は2000万年より短く，4000万年よりは間違いなく長くはないと結論づけた．米国のC. キングは同じく2400万年と推定した．今日の生物の世界をもたらした自然淘汰にははるかに長い期間を必要とすると考えたダーウィンはこれらの数値に驚いた．この問題に関して討論が行われ

ている時代には，科学者は放射性元素の崩壊によって地球内部で熱が発生していることを知らなかった．その後に，知られていなかった放射性元素による熱源からの寄与が認識された結果，地球の年齢が1億年よりはるかに古いことがはっきりした．

W.トムソンは1866年にナイトの爵位を授与され，1892年にラーグスのケルビン卿として貴族の地位に昇進した．1899年に引退し，1907年に死亡しウエストミンスター寺院に埋葬された．

[D. L. Dineley/浜口博之訳]

トランスフォームプレート境界
transform plate margins

プレートテクトニクスにおいては，トランスフォーム断層は，リソスフェアの厚さ全域にわたる走向移動断層であり，ほかの2つのいずれのプレート境界をも接続する．トランスフォーム断層は海洋でよくみられ，大部分が大洋中央海嶺の拡大中心にずれを生じさせる海嶺-海嶺型トランスフォーム断層である．しかしながら，海溝-海溝型トランスフォーム断層（たとえばナリ海溝南部とスコシア海溝北部を接続している）も存在する．有名なサンアンドレアス断層系はトランスフォーム断層であり，その南端で海嶺に接続し，北端では（メンドシノ海溝-トランスフォーム-トランスフォーム型三重会合点で）海溝とトランスフォーム断層に接続する．大部分のプレート境界と同様に，トランスフォーム境界は強固な海洋性リソスフェア内に形成されたものに比べ弱い大陸リソスフェア内ではより複雑となる傾向がある．

●海洋のトランスフォームプレート境界

海嶺-海嶺型トランスフォーム断層は，一般的には数十kmの幅をもち，通常その中に実際のプレート境界である一本の活動的な走向移動断層が存在する．通常トランスフォーム断層は，プレート境界に沿った方向に数km以内の深さをもつ細い線状の谷のなかに位置する（図1）．このようなトランスフォーム構造谷の方向はプレートの相対運動方向の1つの指標となる．活動している走向移動断層は，通常海底に幅数十m深さ数mの細い直線状の溝として示される．一般的にこの溝では，地殻や最上部マントルのすべての深さの岩片を含んだ断層角礫がみられる．

トランスフォーム構造谷は，いくつかの異なった形成過程をもつと考えられる．トランスフォーム断層では，海洋地殻は2km以下ときわめて薄いことが知られており，この薄い地殻のアイソスタシー効果により谷が生成されると考えられる．トランスフォーム断層を横切る方向に少量の伸張成分もある

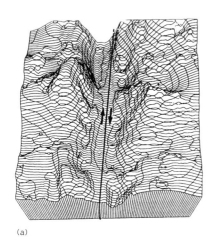
(a)

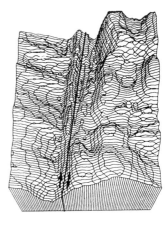
(b)

図1 大西洋中央海嶺の北緯24°にあるケイントランスフォーム断層の地形．150 kmの長さをもつトランスフォーム断層の中心点から (a) 西向きおよび (b) 東向きに見た図である．垂直方向の拡大は10:1．(R. A. Pockalny et al. (1988) *Journal of Geophysical Research*, **93**, 3179-93を修正)

と考えられ，正断層や地溝の形成を生じさせている．海洋底拡大過程に関連した力学的な力も地形形成の一部に寄与していると考えられる．トランスフォーム構造谷の一部は海面下6km以深に達することがあり，海溝以外の海盆のなかでの最深部分となっている．

トランスフォーム構造谷の斜面には断層が生じていることが多く，これらの断層は地殻や上部マントルからのさまざまな種類の岩石を露出している．これらの岩石から地殻の層序を推定しようと試みた者もいたが，非常に限られた量のサンプリングしか得られておらず，このような試みは注意深く取り扱われるべきである．それでも，トランスフォーム断層はたとえば（上部マントル由来の）蛇紋岩化かんらん岩のような地下深部に存在する岩石が比較的よくみられる場所であることは明らかである．このような通常地下深部に存在する岩石がトランスフォーム断層で露出するのは，断層運動あるいはダイアピル作用によるのであるが，簡単にいえばこれらの岩石は海嶺とトランスフォーム断層の結節点で形成された海洋地殻の重要な成分であるからという理由による．

とくにずれの大きいトランスフォーム断層のトランスフォーム構造谷は，通常そのすぐ脇の側面にこれらと平行に横断山脈（transverse ridge）を伴う．このような山脈の成因としては，力学的な力，断層運動，過度の火山生成，上部マントルかんらん岩が水和して低密度の蛇紋岩を生成した結果による浮力上昇などといったさまざまなモデルが提案されている．

トランスフォーム断層帯で生成された地形の大部分は，断裂帯とよばれる海嶺-海嶺型トランスフォームが活動を終えた痕跡中に残る．この地形とともに，断裂帯の両側の斜面はそれぞれの年代に従って沈降し（下巻「中央海嶺」参照），その結果断裂帯を横切って深さの差を生じる．これによって，海盆を横断して一直線に伸びる数百mあるいは時に数千mの高さをもつ壮大な断崖が生じる．北太平洋のメンドシノ，マレー，モロカイ，クラリオンやクリパートンといった大断裂帯がよい例で，海底地形や衛星重力の全地球図のうえでよく目立つ存在である．

●大陸のトランスフォーム断層

主要な大陸のトランスフォーム境界の例は，カリフォルニアの太平洋プレートと北米プレートの境であるサンアンドレアス断層帯，紅海北方のアフリカプレートとアラビアプレートの間にある死海断層，ニュージーランドのインド-オーストラリアプレートと太平洋プレートの境であるアルパイン断層，そしてトルコの北および南アナトリア断層である．

大陸リソスフェアは海洋リソスフェアに比べて弱く，より簡単に変形し，また不均質であるので，大陸のトランスフォームプレート境界はやや複雑となる傾向がある．実際にサンアンドレアス断層帯はところどころで200～300kmの幅をもつ複雑な断層系である（図2）．抵抗となる地質構造が存在するため主断層帯がところどころで屈曲し，このため圧縮帯あるいは走向移動変動と圧縮の混合帯（いわゆる「トランスプレッション」）が発達する．また，二次的な走向移動断層と衝上断層が主走向移動断層帯から枝分かれしている．また古地磁気の結果からは，このプレート境界に沿った運動の際に顕著な回転運動を受けてきた多数の小規模な断層地塊が存在することが示される．サンアンドレアス断層は主たる断層であるが，この断層系上で見積られた1500kmの総移動量のうちの約300kmほどしか占めておらず，残りの部分は二次的な断層や褶曲によって解消されていると推定される．

サンアンドレアス断層系の地震活動はおよそ最上部15kmに限られており，それ以深では変形は延性的であると考えられる．サンアンドレアス断層に沿って測定された地殻熱流量は断層上の摩擦で期待されるものより非常に小さく，また断層周辺の圧縮応力は断層に対して垂直方向を向く．このことは，断層帯に充満した高圧の流体が存在することによって断層が非常に弱くなっていることを示唆する．

大陸のトランスフォーム断層の地形は，通常海洋のトランスフォーム断層に比べてより複雑である．単一の主たる走向移動断層がある場所であっても，大陸のトランスフォーム断層はかなり複雑な地形を呈する．断層上のわずかな上下移動によって断層に沿って並ぶ小さな崖を生じさせる．異なる岩質が並んでいると侵食様式の違いによって断層を横断した高低差が生じる．断層帯中の角礫化した岩石の侵食によって断層に沿った線状の谷が形成される．河川，

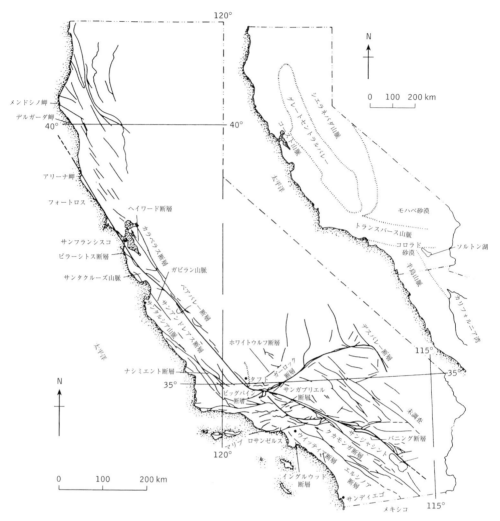

図2　サンアンドレアス断層系の略図．(Kearey and Vine, Fig. 7.8 による)

堆積扇状地やその他の地形的特徴が断層によってずらされる．走向移動断層が（おそらくは大陸リソスフェア中の不均質の結果生じる）屈曲を含む場合は，圧縮応力の成分をもつこととなり，褶曲，スラスト運動や隆起地形を生じさせる．これは拘束性屈曲とよばれる．逆センスの屈曲は開放性屈曲であり，伸張，沈降および地溝や盆地の形成を生じる．このような地形的特徴はトランスフォームプレート境界に沿った侵食や堆積作用を決定づけるのに重要であり，またこの結果石油探査にとっても重要である．

大陸のトランスフォーム断層の深部構造は興味深い．サンアンドレアス断層系における地震観測によると，いくつかの場所では地表で観測される走向移動断層が約8 kmの深さまでしか達していない一方で，さらに深部のリソスフェアにはこれから水平方向にずれた場所に構造境界が存在している証拠が得られている．このようにトランスフォーム境界は異なる深さでは少々異なる場所に存在している可能性があり，これらの異なる活動帯はおそらく水平なデタッチメントによってつながっていると考えられる．このことがトランスフォームプレート境界における一般的な特徴かどうかについてはまだよくわかっていない．

[Roger Searle/山本圭吾訳]

■文　献

Kearey, P. and Vine, F. J. (1996) *Global tectonics*. Blackwell Science, Oxford.

南極圏の気候
Antarctic climate

　南極圏の気候は，大陸の地理的位置，その地形，そして南半球高緯度の大気と海洋との相互作用などの多くの要因によって決まる．北極域とも共通することだが，南極大陸の表面は赤外線の放射による冷却に比べて太陽から受け取る熱放射が少ない．これは太陽高度が通年で低いこと，そして南極圏では冬の間は太陽が地平線の上まで昇らないためである．さらに，大陸表面の97%を覆う永久氷雪と，冬の終わり頃には周辺海域の2000万 km² 以上を覆う海氷は，ともにアルベドが高く，太陽放射の85%以上を反射してしまうのである．極域の正味冷却量は，低緯度地域からの大気による熱輸送によってバランスが保たれている．北極圏では，この輸送を担当する主要なものは定常プラネタリー波であり，これは北半球の大規模山岳の力学的効果で励起されている．南半球においてはこのプラネタリー波は北半球よりも弱く，南極域への熱輸送のほとんどは大気の平均子午面循環と短周期の総観規模擾乱による．

　東部南極氷床は，最大海抜が4000 m以上にも達する台地になっている（図1）．高原の内陸部では，表面の傾斜はおよそ1/500かそれより小さく，沿岸部になると1/100かそれ以上に増加する．しかし，このような小さな内陸部の斜面でさえも，持続的な表面冷却の結果，ほぼ永久的な気温の接地逆転を形成することで，大陸の気候に多大な影響を与えている．表面付近の空気塊は低温により密度が増加し，斜面を下る方向に加速される．そして斜面を下る際にはコリオリ力が働いて左に曲げられ，摩擦力とバランスして最終的にはカタバ風として知られる斜面

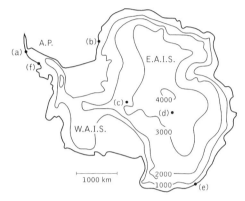

図1　南極の地図．1000 m ごとの地形を示す．A.P.：南極半島，W.A.I.S.：西部南極氷床，E.A.I.S.：東部南極氷床．名前のあがっている地点 (a) ファラデー，(b) ハーレー，(c) 南極点，(d) ボストーク，(e) ケープデニソン，(f) ワーディー棚氷．

下降風を形成する．このような風は，南極大陸内陸部を特徴づけるものである．傾斜が緩やかな高原斜面では，カタバ風の速度は5 m s^{-1}を超えることはあまりなく，局所的な傾斜方向に対して約30〜40°左の方向に向かって吹く．カタバ風は地形斜面によって駆動されているので，自由大気の擾乱とは無関係に，地形斜面方向に一貫した流れを形成している．沿岸部の急な斜面上では，斜面下降風は加速され，海岸谷へと収束し，風速がいっそう強化される．たとえばアデリーランド海岸のケープデニソンでは，1912〜13年のモーソン探検隊の記録によれば，年平均風速の世界記録である 19.4 m s^{-1}（おおよそ43.4 mph）が記録され，猛吹雪が冬季に203日も連続的に続いたとされる．このような強風は地形的にカタバ風が収束するようないくつかの地域に見られるが，南極沿岸部の地域での典型的な年平均風速は5〜10 m s^{-1}である．

　カタバ風と関係する冷気の流出は大気最下層（100 m くらい）に限られ，極向き熱輸送の半分を

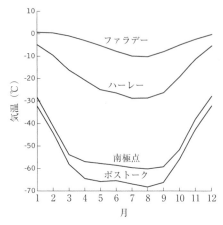

図2 南極の4地点の気温の年変化．位置は図1を参照．

担う熱対流を形成している．カタバ風によるこのような熱輸送が，地表面からの放射冷却とバランスしている．この冷気流の上では，カタバ風の補償流として暖気の流入があり，これは徐々にカタバ風のなかへと沈降してゆく．地表付近での東向きの成分とは対照的に，この上層の風は弱い西向きの成分をもつ．カタバ風は南極氷床上で形成される局地風をコントロールすると同時に，その影響力は南極大陸全体に広がっている．

南極内陸部の各地点での気温の年変化は，沿岸部のものとは著しく違っている（図2）．沿岸部では，夏の平均気温は0℃付近で，最寒月は7・8月に生じている．高地では，標高が高くなることと，高緯度であるため太陽放射も減少することから，気温はもっと低くなる．ボストーク基地では，−89.5℃の最低気温を記録している．これらの内陸基地での記録のうち，特徴的なことは，冬季の最低気温の生じる月を決定しにくいということである．このように，気温変化が冬季に鍋底となり，真冬の特定が難しいのは，地表の放射バランスの特徴と低緯度地方からの熱輸送の年変化の特徴によるものと考えられている．

南極において降水のほとんどは雪であるが，南極半島と周辺の島々においては夏の間に雨が降ることもある．最大降水は低緯度地方から移動してきた総観規模擾乱が急な斜面に衝突する大陸沿岸の周辺で起こる．この南極東部沿岸域は，（水に換算して）年間300〜400 mmの降水がある．総観規模擾乱が内陸高地に向けて侵入してくることはほとんどない．内陸高地の空気は大変冷たく乾燥しているので，降水はわずかしかない．南極東部の高地のほとんどは，（水に換算して）年間50 mm以下の降水しかないため，砂漠としてクラス分けされる．高地上での降水としては，晴天時に連続的に降る氷晶が大きな割合を占めていて，これはダイヤモンドダストとして知られている．南極内陸の降水強度はとても小さいが，低温であることから融解・蒸発はほとんど無視できるので，その少量の降水により，場所によっては厚さ3 kmを超える大陸氷床が維持されることになる．

南極に向かって熱と水蒸気を輸送する総観規模擾乱は，南半球中緯度を取り巻く低圧帯で発生する．この気候学的低圧帯はストームトラックという名称で知られ，南緯66°周辺で南極を取り巻くように分布している．この低圧帯は半年周期で南北に移動し，3月と10月に南極に最も接近する．それに伴い，南極沿岸の地上気圧もこれらの月に最も低くなる．この半年周期の地上気圧は，周極低圧帯の移動を反映しており，南半球高緯度地方のどの地点でも見られるものである．低圧帯の北側では，強い気圧傾度により南洋上に強い偏西風を駆動する．トラフの南側では地上風は東向となり，地上気圧は大陸に向かって高くなり，南極大陸の上には，恒常的な下層の高気圧の存在が示される．

1995年には，南極の気象観測を目的とした基地が30カ所設けられている．それらのほとんどは，南極東部と南極半島に位置している．それらのうちで，IGY（国際地球観測年）にまでデータをさかのぼることができる地点はほとんどない．したがって，南極の気候変化を10年規模，またはそれ以上の周期で直接的に測定した観測点はない．永久的な基地が建てられる以前のいくつかの情報は，探検隊による記録から拾い集めることができる．しかし，それ以前のデータとなると，南極の氷床コアを用いたプロキシデータ（代替データ）と呼ばれる間接的な記録から，数千年の過去にさかのぼって気温や降水量を推定することになる．南極大陸での最も長い直接観測は南極半島のもので，この半島には1945年から永久的な基地がある．この地域の気温の記録によると，非常に大きい年々変動に重なって，10年間で約0.6℃の温暖化のトレンドがみられる．この傾向は南極および南半球中緯度のどこよりも大きな値

である．この近年の温暖化傾向は，南極半島の一部の急速な氷河融解の観測事実によって確認されている．ワーディー棚氷において，氷の広さは1966年の2000 km^2 から1989年の700 km^2 まで縮小した．しかしながら，この温暖化傾向が現れている地域はごく一部に限られており，今日ではこれを半球的または全球的な温暖化傾向と関連づける証拠はほとんどない．南極東部からのデータは少ないが，この地域の気候の年々変動は南極半島よりも小さく，明瞭な気温変化のトレンドは見られない．南極半島の気候が年々大きく変動する理由としては，この地域の大気，海洋そして海氷の間の複雑な相互作用があげられる．

地球温暖化によってもたらされる南極の気候の応答は，氷床の融解が増加し地球全体の海水準の上昇に寄与するということから，とても興味深いことである．大気海洋結合モデルを用いた実験によると，北極域における温暖化は全球平均よりかなり大きいことが予想される一方で，南極域における温暖化は少なくとも短期的にはそれほど大きくないことが予想されている．これは，ディーコンセルとして知られている南洋の風によって駆動される海洋循環が，大気から深海へ大量の熱量を取り去り，温暖化傾向を抑制するためと解釈される．逆説的になるが，暖かい空気はより多くの水分を保持し，降雪の増加をもたらすことから，多少の温暖化傾向は，南極氷床を拡大させると考えられる．しかしながら，地球温暖化が続くならば，南極周辺の海氷は徐々に融解して消え，沿岸部の氷棚は暖かい海水によって溶け出すだろう．もしこうなってしまったら，西部南極氷床が急速に融解し，地球の海水準は500年で1 mも上昇してしまうだろう． [J. G. King／田中　博訳]

■ 文　献
King, J. C. and Turner, J. (1997) *Antarctic meteorology and climatology*. Cambridge University Press.
King, J. C. (1991) Global warming and Antarctica. *Weather*, **46**, 115-20.

南極の氷床コア
Antarctic ice cores

南極氷床コアのうちの3地点（図1）では，1万8000年前の最終氷期までさかのぼって調査が行われている．南極西部のバードコアは，1968年に2163 mの深さの基岩まで掘削を完了し，その10年後，南極東部のドームCコアは，905 mの深さまで掘削を行った．しかしながら，最も注目すべき記録は，南極東部中央に位置するボストーク（海抜3490 m）で達成された．ここでの現在の年平均気温は-55.5℃である．

最初にボストークで得られた調査（1Γ と 2Γ）は，1970年からはじめられたもので，最も深い950 mのものは1974年に採取された．少ない氷の蓄積率とその厚さにより，ペヌルチメート氷期を越える過去まで記録をさかのぼることができ，しかも，氷の移動により乱されていない状態で保存されている．3番目の深層コア（3Γ）は1982年には2083 mの深さまで達し，さらに1986年には2202 mまで延長された．4番目のコア（4Γ）は1985年に掘削がはじまり，1989年には2546 mの深さに達した．そこでの氷は20万年前よりも古い．さらに，5番目のコア（5Γ）は，現在もなお掘削中である．

南極の氷床コアから，正確なタイムスケールを得

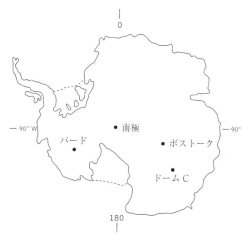

図1　地図は南極のおもな深層氷床コアの場所を示す．
(Bradley, R. S. (1985) *Quaternary Paleoclimatology*. Allen and Unwin, London, Fig. 5.2 より)

ることは難しい.酸素の同位体比 $^{18}O/^{16}O$ は夏と冬とで異なるが,ドームCとボストークの氷の蓄積率は低いため,年代測定法としてこの同位体比の季節変化の挙動を目印に過去にさかのぼるのは困難となる.これらのコアの年代計測には,大きく分けて2つの方法が用いられている.それはコアの酸素安定同位体のプロファイルを深海コアのものと比較する方法と,氷の移動モデルを使用する方法の2つである.ドームCとボストークの記録の相関関係も重要である.ボストークのコアでは,^{10}Be(ベリリウム)の安定同位体のピークが約925mと600mの深さで見られるが,その年代は約6万年前と3万5000年前に相当する.新しい方のピークは,ドームCのコアでは820mの深さで検出されている.

図2は,ドームC,ボストーク,そしてバードにおける,現在から6万5000年前までの気温変化の比較を示す.コアの記録は明瞭な一致を示し,大陸規模での気象変化を表すのには1つのコアの記録で十分であることを示唆している.

図3は,ボストークでの3Γコアによる過去16万年間の,平滑化した気温プロファイルを示している.これは最後の氷期-間氷期の周期が約10万年であることを示しており,氷期と間氷期の間では,約6℃の温度差が見られた.また,海洋同位体(MI)のステージ5eに相当する12万5000年前の最終間氷期の温度は,完新世の最大値よりも明らかに暖かったことも注目すべき事実といえよう.さらに,気温のピークは10万年前と8万年前にも見られる.これは,MIステージの5cと5aに相当しているように見える.最終氷期には,約5万年前と3万5000年前に見られる2つの気温のピークによって分けられた3つの寒冷期が見られる.これらの温度ピークは最終氷期の寒冷期よりも3〜4℃暖かい.

ボストークコアの時系列のスペクトル分析は,10万年,4万年,2万3000年,そして1万9000年前に明瞭なスペクトルピークを示している.これらは,ミランコビッチサイクルが,第四紀における氷期から間氷期への気候変化の周期をもたらすおもな要因であることを支持している.

海洋の ^{18}O の記録による独立した年代測定の結果との比較は,11万年前まではとても良い.しかし,それ以前での記録は互いに若干ずれていて,最終間氷期のはじまりとその長さに関しては,2つのデータの間には対応していないところがある.

そのほかにもボストークでは重要な研究がなされている.図3bは3Γコアによる気温,アルミニウム,ナトリウム,そして酸度の標準化したプロファイルを示している.アルミニウムのプロファイルは,大陸起源の物質の流入を示しており,氷期に増加するという特徴を表している.ダスト粒子もまたこのパターンを表し,この特徴は氷期における風速の増加,植物被覆の減少,乾燥地域の増加,海水準低下による大陸棚の露出などにより,大陸起源のダスト粒子などの不純物の飛来拡大といった要因によって説明される.加えて,ボストークでの氷の蓄積率は氷期に約半分に減少する傾向にあるため,サンプルのなかの不純物は濃縮される.ナトリウムのプロファイルは,海洋起源の塩類の増減を反映している.氷期には海氷が成長するにもかかわらず,海洋起源の塩類は氷期に増加する傾向がみられる.これはおそらく,風向の変化や風速の増加といった大気循環場の変化を反映しているのであろう.酸度のプロファイルは,おもに成層圏にまで達する火山噴火による硫

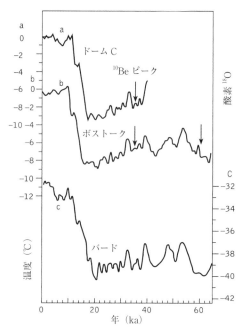

図2 過去6万5000年間の南極の氷床コアの比較(ドームC,ボストーク,バード).矢印は,観察された ^{10}Be のピークを示す.(Jouzel, J. *et al.* (1993) A comparison of deep Antarctic ice cores and their implications for climate between 65000 and 15000 years ago. *Quaternary Research*, **31**, 135-50, Fig.3 より)

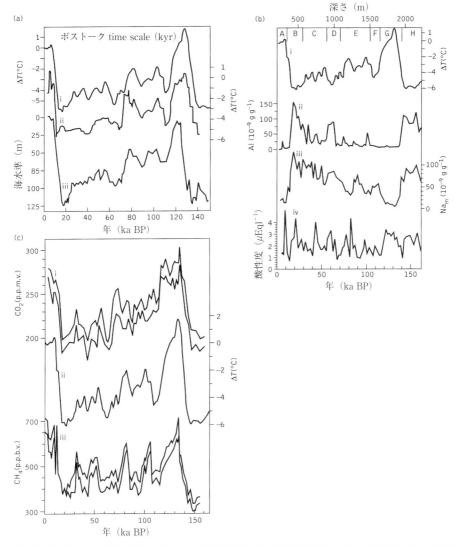

図3 (a) (i) ボストークの気温の記録, (ii) インド洋側 MD84-551 地点の海面水温, (iii) 海面水位を示す SPECMAP の $\delta^{18}O$ の記録. (Lorius, C., Jouzel, J., and Raynaud, D. (1993) Glacials-interglacials in Vostok: climate and greenhouse gases. *Global and Planetary Change* **7**, 131-43, Fig. 3 より)
(b) (i) ボストークにおける気温の記録, (ii) アルミニウム含有量, (iii) ナトリウム含有量, (iv) 酸度. (Lorius, C., Jouzel, J., and Raynaud, D. (1992) The ice core record: past archive of the climate and signpost to the future. *Philosophical Transactions of the Royal Society of London*, **B338**, 227-34, Fig. 2 より)
(c) (i) ボストークにおける CO_2 の記録, (ii) 気温の記録, (iii) CH_4 の記録. 気温は平滑化されており, 二酸化炭素とメタンの記録はエラー幅を考慮した値を示す. (Lorius, C., Jouzel, J., and Raynaud, D. (1992) The ice core record: past archive of the climate and signpost to the future. *Philosophical Transactions of the Royal Society of London*, **B338**, 227-34, Fig. 4 より)

酸エアロゾルの放出を反映している. このプロファイルと気温のプロファイルとの間のミスマッチは, 火山活動と気候の間には長期的には相関関係がないことを示唆している.

ボストークでは, 氷の中の気泡に含まれる温室効果ガスが測定されている. 図3cは, 深さ2083m の3Γコアから測定された過去16万年の CO_2 と CH_4 (メタン)の変動を示している. 温室効果ガスは, すべての期間において気温推定値ときわめてよい相関が見られる. 実際, これら2種類の温室効果ガスの変化によって, 気温変化の78%を説明することができる. さらに詳しくいうと, 最終氷期

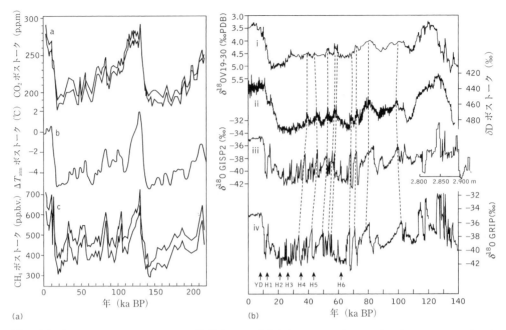

図4 (a) ボストークの4Γコアによる22万年前までの二酸化炭素, メタン, 気温の記録. (Jouzel, J. et al. (1993) Extending the Vostok ice-core record of palaeoclimate to the penultimate glacial period. Nature, 364, 407-12, Fig. 5)

(b) (i) 深海コアV19-30による底生の$\delta^{18}O$の記録, (ii) ボストークでのデイトリウムの記録, (iii) GISP2の$\delta^{18}O$の記録, (iv) GRIPの$\delta^{18}O$の記録. 図下部にハインリッヒ期間を示した. (Jouzel, J. (1994) Ice cores north and south. Nature, 372, 612-13, Fig. 1 より)

のCO_2の値は完新世のときの値よりも25〜30%も低く, CH_4については40〜50%も減っている. 最終間氷期では, CO_2とCH_4の両方とも最大値を示すが, CH_4のレベルはそれ以後急速に減少する一方で, CO_2は引き続き高いレベルを保っている. 最終氷期に入ると, メタン濃度は急速に変化しているが, CO_2ではそれが見られない.

CO_2とCH_4のレベルは, おもに生物生産とさまざまな貯蔵媒体による吸収とのバランスによってコントロールされる. これは気候と生物圏が密接に関係し, 温室効果ガスの発生源や吸収先と気候とが複雑に絡みあっていることを意味している. この高い相関の発見により, 今日では二酸化炭素とメタンの変化が, 比較的弱いミランコビッチサイクルの強制力を拡大する働きの一部を担っていると考えられるようになった. ミランコビッチによる軌道の変化は, 北半球の大陸に強い影響を与えるので, 温室効果ガスによる増幅効果は北半球と南半球の気候的変化のつながりを与えていると考えられる. 統計学的な分析によれば, ボストークで見られる気温変化の半分は, 温室効果ガスの増加効果の結果だとされている.

ボストークでの, 長さ2546mの4Γコアの分析は現在終了していて, ペヌルチメート氷期(14万〜20万年前)を過ぎて, それに先行する間氷期にまでも達している. 温室効果ガスと気温の高い相関(図4a)は, いまもまだなお継続しているが, ペヌルチメート氷期開始後の22万〜19万年前の間は, 10万〜7万年前とは違って, 二酸化炭素の変動に明瞭な一致が見られる. メタンの記録で特徴的なのは, ペヌルチメート氷期の間の細かい振動がないことである. 年代計測の再調査によると, ボストークでの最終間氷期の持続期間は2倍長く, 深海記録の特徴と比べると最高気温に到達する時期も5000〜6000年早まっている. なぜこのような時間差が生じたかというタイムスケールの正当性について, 議論はいまも続いている. しかしながら, この違いは事実で, ボストークでの気温の上昇の5000年後に北半球の氷床が解けはじめたとする説も有力である.

現在, ボストークとグリーンランド氷床頂のGRIPとGISP2での詳細なコアの比較がなされている. 図4bは, 深海の記録, ボストーク, GISP2そしてGRIPの過去14万年の間の相関を示してい

る．過去10万年のGRIPとGISP2とボストークの間の相関はとてもよい．しかしながら，細かくみれば，北大西洋での急速な気候変化と異なる南極の応答が見てとれる．2万年前と10万5000年前の間，GRIPとGISP2のコアは，北大西洋での気候の急変を反映して22回の短期的な温暖期を記録している．しかしボストークでは，この時期には9回だけしか温暖期を記録していない．ただし，グリーンランドで温暖期が2000年以上続いているときには，つねにボストークでも温暖期を記録している．

しかし，10万年前より前では，両者の記録はあまり合わない．GRIPとGISP2は最終間氷期の間，急速な気候変動を示しているが，ボストークではそれが見られない．ボストークの4Γコアの2546m地点は基岩からはまだほど遠い（基盤は3700mの深さにあり，それは50万年前の氷と推定される）．したがって，この矛盾の1つの説明として，GISP2の底層では氷流出の影響があると考えられる．GRIPではしかし，最終間氷期の後半部分に層状の乱れは生じていない．この最終間氷期における急速な気候変動についての議論はまだ続いている．もしもこの問題が解かれたならば，なぜわれわれのいるいま現在の間氷期が，このように安定した気候なのか，という興味深い問題の答えが明らかになるであろう．　　　　　　　　[B. A. Haggart/田中　博訳]

■文　献

Bradley, R. S. (1985) *Quaternary palaeoclimatology*. Allen and Unwin, London.

Jouzel, J. (1994) Ice cores north and south. *Nature*, **372**, 612-13.

熱　圏
thermosphere

気温の鉛直分布の形によって大気の層構造を分類するとき，最も上部に位置するのが熱圏で，高度80kmから大気圏の外縁まで広がっている．Thermosとはギリシャ語で「熱い」という意味である．その言葉が示すように，熱圏は大気中で最も温度の高い部分である．高度80km付近で気温が極小になり，そこを中間圏界面（メソポーズ）と

いうが，それより高度が高くなると，高度とともに気温も上昇する．もしも熱源がなければ，高度80kmより上空で，高度とともに気温は下がるはずである．熱圏の熱源は，太陽放射，および太陽風として地球に降り注ぐ高エネルギー粒子である．太陽は可視光線だけでなく，紫外線，エックス線，電荷粒子，電子，イオンなどを放射している．これらは大気上部に降り注ぎ，十分に強いエネルギーをもつ光や粒子は，空気を構成する気体の分子を電離したり，分解したりする．

個々の気体分子は，太陽放射を吸収したり，荷電粒子と衝突する際に，いろいろな変化が生じる．衝突時にエネルギーを吸収して，入ってきた粒子がエネルギーを失って出ていく場合もある．太陽放射を吸収することにより電子のエネルギー状態が変化する場合もある．分子どうしを結合させている以上のエネルギーを吸収し，分子を分解させる場合もある．こういった作用はすべて熱圏内で起こり，気体の運動エネルギーを増加させるが，これは，気温が上昇することを意味する．同時に，気体が電離するので，この層のことを電離層とも呼ぶ．

下層大気のほとんどを占めるのは窒素（体積にして78%）と酸素（体積にして21%）である（普通，大気組成には水蒸気を含めないが，水蒸気は0%から4%程度まで変動する）．酸素も窒素も分子の形で存在し，それぞれの分子は2つの原子でできている（N_2およびO_2）．熱圏ではどちらの気体も衝突と放射の吸収により変化する．酸素は即座に原子状態になり，2つの酸素原子は分子のときよりエネルギーをもつようになる．窒素の分子は酸素分子より強く結合されているので分解はしないが，電子が除去されてプラスにイオン化する．熱圏下部の窒素分子の数は窒素原子の数より多いが，酸素原子（O）は，酸素分子（O_2）より多い．高度180km以上の大気層では，酸素原子の数の方が窒素分子の数よりも多くなる．その1つの理由は，すべての酸素分子が分解されて原子の状態になったことによる．もう1つの理由は，窒素分子の方が酸素原子より重いので，重力によって重いものが下へ，軽いものが上へ移動したことにもよる．重力による大気組成の変化は，熱圏より低いところでは起こらない．それは，空気の混合によってすべての気体が均質に混合されるからである．しかし，高度100kmでは，原子や

分子は衝突する前に平均0.1m動く．これは下層大気の1億倍の距離である．高度180kmでは，この距離（気体分子の平均自由行程）は100mになる．

[Charles N. Duncan/木村龍治訳]

■文　献

Ahrens, C. D. (1994) *Meteorology today*. West Publishing Co.
McIlveen, J. F. R. (1986) *Basic meteorology*. Van Nostrand Reinhold, New York.

熱帯雨林と氷期
rainforests and ice ages

　現在の地球上では，熱帯の低地に動植物の豊富な熱帯雨林が発達している．そこでは，気温が高く，日変化や季節変化が小さい．降水は一年を通して豊富である．熱帯雨林は海抜高度1300mの高地にも見られる．海抜3000mの高地では，山岳性の熱帯雨林が見られる．種類は低地ほど多くないが，低地と同じような種類の生物が存在する．

　35年前までは，これらの熱帯雨林は，地質時代の長い時間にわたって変化しないものと考えられていた．豊富な動物相や植物相は，安定な気候に対する応答と考えられていた．とくに，第四紀の一連の氷期では，中緯度の気候は厳しく，200万年にわたって，動植物の種類に大きな変化が生じたが，低緯度では湿潤気候が持続し，生物はほとんど変化しないと見なされていた．しかし，ジョン・フレンリーが指摘したように，その後の地質学的な研究や生物学の研究によって，それが間違いであることがわかった．氷期には，低緯度の環境も大きな影響を受けたのである．中緯度や高緯度では，氷河が発達したが，低緯度の気候は乾燥化した．それに加えて，海抜高度が3800mを超える熱帯の山岳地帯の多くで，氷河が発達したことも見逃すことができない．環境の変化が大きかったのは，このような高地であるが，そこでの氷は，1万5000年から9000年前の間に消失した．

　気候モデルや化石の証拠によれば，第四紀の氷期の期間の熱帯の気温は，低地で2～4℃，高地で5～15℃程度現在の気温よりも低かった．年降水量は20％低下し，季節による降水量の変動も現在より大きかった．しかしながら，ポール・クランボーによれば，年降水量（アマゾンで，現在，2000mm～7000mm）が1/5ほど減っても，熱帯低地の降水量はかなりのもので，熱帯雨林の生物の生存が脅かされるまでにはいたらない．さらに，クランボーは，低緯度のどこでも，乾燥化が進んだわけではないことを強調している．大気循環の変化や海洋循環の変化は，熱帯のある場所で降水量を増し，別の場所では降水量を減少させたと考えられる．

　過去の熱帯雨林の植生に関する情報は，湖底堆積物やピートのなかに保存されている植物の微化石（花粉，胞子）や大型化石（種子，葉，木片）である．多くは高地から得られるものであるが，気候が寒冷化すると，植生のベルトが狭くなり，1500mの海抜高度まで降りてくる現象が生じる．このことは，第四紀の氷期のなかで，森林になったり，サバンナになったりする周期的な変化や植生が緯度にして5°程度変化したことを推測させる（下巻「熱帯レフュジア」参照）．

●南　米

　南米には広大な熱帯雨林が存在するが，それは，おもに，アマゾン盆地やアンデス山脈を越えた太平洋側のコロンビアやエクアドルに存在する．この地域の過去数百万年の植生の変化は，おもに，T. ファン・デル・ハメンと共同研究者によって解明された．現在は森林になっている海抜2600mのサバナ・デ・ボゴタの湖底にある厚さ200mの堆積物を調べることによって，鮮新世（新第三紀の後期）の植生は現在の熱帯森林の植生に近いことがわかった．第四紀初期までは，パラモ（草原）の植生は，現在の山岳部の植生に近く，当時の気候が寒冷であったことを示している．花粉の記録によれば，その後の植生は，気候のゆらぎに応答して植物帯が上下に移動し，草原と山岳性の森林の間をシフトした．アマゾンには，第四紀の植生の歴史を示すような花粉学的なデータがほとんどないが，この時期に，熱帯雨林とサバンナの状態を繰り返したと推測される．しかし，クランボーは，洪水や山火事のような物理現象がアマゾンの生態系を変化させる大きな要因であることを指摘している．このような現象は第四紀の期間を通して起こったと考えられている．クランボー

は，アマゾンの植生の変化を考えるうえで氷期の効果が過度に重要視されてきたと指摘している．マーク・ブッシュとポール・クランボーによってパナマの低地から集められた花粉の化石は，中央アメリカのこの地方の過去15万年の植生の変化を明らかにした．しかし，この記録は，氷期の期間に熱帯雨林がサバンナに変化したことを結論として示すことはできなかった．

熱帯のラテンアメリカの気候変化は，北東ブラジルの低地アマゾンと東部コロンビアに見ることができる．そこでは，現在土壌に繁茂している熱帯雨林が，氷期には乾燥した気候で形成された表土に繁茂した．その堆積の状態から，第四紀に寒冷気候がおそらく何回も繰り返したことがわかる．

●アフリカ

現在のアフリカの熱帯雨林は，他の熱帯地域に比較して，それほど広くない．ポール・リチャードによれば，その理由は，乾燥気候の時期に植物の多くが絶滅したためである．アフリカは，ほかの地域に比べて熱帯域の面積が小さく，大陸の西と東の山岳地帯に分かれて存在している．

第四紀の植物相の歴史はよくわかっているが，それは，おもに，A.C. ハミルトンの仕事による．2万6000～1万4000年前の氷期の気候の時代の植生は，現在の低降水量地域の植生か，季節によって降水量がかなり変動する地域の植生に似ている．1万4000～8000年の間に，現在の植生と似た状態になり，過去8000年間持続している．

アフリカの過去の気候を示す非生物学的証拠として，コンゴの熱帯雨林の下の広い範囲に堆積している砂があげられる．この砂は，第四紀の中期の寒冷・乾燥気候の時期に，カラハリ砂漠から運ばれてきたものと考えられている．その結果，森林面積がかなり減少した．

●アジアと太平洋地域

インドからマレーシアにかけて，おもに山岳地方に，熱帯雨林が発達している．植物の種類は，マレーシア，インドネシア，フィリピン，パプアニューギニアでは似ているが，南インドとスリランカでは異なっている．熱帯の太平洋諸島の植生は，マレーシアの植生に似ているが，種類は少ない．最終氷期

に見られたニューギニアの植物帯の低下は，南米やアフリカの植物帯の低下と歩調をあわせていた．ニューギニア高地の植物のデータは，この地方の気温が，1万8000～1万6000年前に，現在より11℃低下し，その後，9000年から6000年前に，現在の気温になったことを示している．スマトラの低地の気温も同様の傾向をたどったが，1万1000～8000年前には，現在よりも2～4℃低かったと考えられている．

●オーストラリア

現在のオーストラリア北部の熱帯雨林は東南アジアの熱帯雨林に近い関係がある．熱帯雨林は北東のクイーンズランドまで広がっている．ピーター・ケルショウは，アサートン高原の熱帯雨林（南緯17°）にあるリンチクレーターの沼地の花粉分析から，過去20万年の植生の変化を明らかにした（図1）．この期間のなかにある間氷期には，この地域は湿潤で，複雑な構成の熱帯雨林が存在した．16万5000～12万6000年前は乾燥した気候で，ナンヨウスギ（*Araucaria*，マツ科ナンヨウスギ属の植物）を主体とする森林が発達した．解析結果は，湿潤気候から乾燥気候に移行するのは，かなり唐突であった．6万3000～2万6000年前（最終氷期の最中）にはナンヨウスギの森林が再び栄えた．約3万8000年前には，森林は次第に革のような葉をもつ硬葉樹を主体とする森林に変化した．このような森林は，9000年前には，複雑な熱帯雨林に変化した．ナンヨウスギの森林から硬葉樹の森林への変化は乾燥気候の最初の期間には起こらなかった．ケルショウは，この事実と変化が漸近的であることから，植生を変化させる要因は気候だけではないと推測した．森林火災は植生の変化に重要な役割をはたしてきたと考えられている．

クイーズランド北東部の降水量の減少は，おそらく，グローバルな気候低下と氷期の間の海水面低下による海面からの蒸発量の減少の結果である．海面低下によって，オーストラリア北西部のサフル大陸棚が陸地になった．現在の熱帯雨林を養っている水蒸気は，おもに北西風によって運ばれてくる．その量は，風が内陸に侵入するにしたがって減少する．同じことは，オーストラリア東部の気候に寄与する北東貿易風についてもいえる．

熱帯低気圧
tropical cyclones

熱帯低気圧は単独の気象現象としては世界で最も大きな被害をもたらすものであり，平均すると1つの熱帯低気圧が4000～5000人もの死者を出しうるほどである．熱帯低気圧は広い地域を破壊し，ときには多くの人命を奪い，国民の財産に甚大な損害を与える．風速は $75\,\mathrm{m\,s^{-1}}$ （$250\,\mathrm{km\,h^{-1}}$）を超えることもあり，降水は非常に激しく，1日に250mmを超えることもある．また，気圧の低下と猛烈な風は，局所的な海面高度の上昇を引き起こす．このような影響は1つの地域で通常何時間も持続する．熱帯低気圧の発生から消滅までの典型的な一生やその間の移動経路を考えると，数日のうちに多くの地域社会が1つの熱帯低気圧によって影響を被りうることは想像に難くない．

熱帯低気圧による損害を，死亡や大けがといった人間に対するものと国民財産が被る経済的なものとに分けた場合，そのどちらがより深刻かは損害を被る国や地域によって著しく異なる．オーストラリアや米国のように，先進技術が発達して防災体制が整い，損害をただちに復旧できる国では，効果的な警報システムや避難・保護体制によって，死傷者数は比較的限られている．このどちらの国においても，個々の熱帯低気圧の死者は平均して100人に達しない．その一方で，経済的被害はしばしば甚大なものとなる．1989年9月のハリケーン「ユーゴー」による経済的被害は，米国とカリブ海諸国とを合わせて100億ドルにも達し，その大半は米国での被害であった．より貧しい国，たとえばバングラデシュなどでは，人命に対する被害の方が重大となる．1970年11月にバングラデシュを襲ったサイクロンによって20万以上もの人が犠牲となった．また，1990年5月にインドのアンドラプラデシュ州を襲ったサイクロンは514人もの命を奪ったうえ，650万もの人々に何らかの直接的な被害をもたらした．カリブ海のモントセラト島では，ハリケーン「ユーゴー」によって全人口の90％もの人々が家を失った．このように，1つの低気圧の被害者数は通常数千～数万人にも達する．

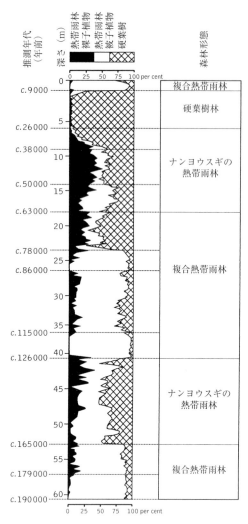

図1 オーストラリア・クイーンズランド北東部にあるリンチクレーター沼地の花粉分析から復元された植生の変化．（Kershaw (1986) Nature, 322, 47-9, Williams et al. (1993)）

[R. L. Jones／木村龍治訳]

■文献

Flenley, J. R. (1979) *The equatorial rain forest: a geological history*. Butterworth, London.

Hamilton, A. C. (1982) *Environmental history of East Africa: a study of the Quaternary*. Academic Press, London.

Williams, M. A. J., Dunkerley, D. L., De Dekker, P., Kershaw, A. P. and Stokes, T. (1993) *Quaternary environments*. Edward Arnold, London.

熱帯低気圧の名称は地域によって異なり（図1），熱帯北大西洋とカリブ海［訳注：および熱帯北東太平洋］ではハリケーン，北西太平洋では台風，南西太平洋とインド洋ではサイクロンと呼ばれている．また，地元の言語で呼ぶ地域もある．たとえば，北東太平洋の島々ではパパガロス，フィリピンではバギオス，マダガスカル付近でトラバドスといった具合である．地域によって呼び名が異なっても，熱帯低気圧の性質はどの地域でも共通で，個々の熱帯低気圧にはアニーやボブなどと女性と男性の名前が交互に付けられる［訳注：台風には動物名も用いられる．なお，日本では番号で呼ばれる］．平年で熱帯低気圧が最も多く発生するのは北西太平洋で，その数は年間およそ25～30個であるが（図1），ほかの発生地域と同様に年々変動が大きい．北西太平洋域での発生数の変動はENSO（エルニーニョ/南方振動）現象の発生と関係があるといわれている．熱帯低気圧の発生数は，北東太平洋と南西太平洋（オーストラリア周辺）で年間10～15個，カリブ海では通常10個以下である．熱帯低気圧はインド洋でも発生する．南西インド洋ではマダガスカル付近とアフリカ南部，北インド洋ではインド亜大陸の西方とベンガル湾で発生する．インド洋では，どの地域でも年間発生数はたいてい10個に達しない．熱帯低気圧の発生頻度は季節変化も顕著で，その大半は各半球の晩夏，すなわち，北半球なら7～10月，南半球なら1～3月にそれぞれ発生する．

熱帯低気圧が何を起源としてどのように発生し，その後どのように振る舞うのかについてはつい最近まであまり理解されていなかった．熱帯低気圧に関する知識が，またその予報技術が飛躍的に進歩したのは，1960年代になって気象衛星が配備されてからのことである．熱帯低気圧は熱帯海洋域のある領域で海面から熱と水分の供給を受けつつ発達するが，こうした領域では人工衛星による監視がなければ観測が難しい．しかし，いったん陸地に到達すると，そのころにはしばしば最大勢力に到達しているため，その影響は甚大なものとなる．したがって，人工衛星により熱帯低気圧の発生，発達，移動経路を継続的に監視することが必要である．

熱帯低気圧はもともと存在していた擾乱から発達する．熱帯低気圧の一生に関しては，重点的に研究がなされてきた北大西洋上のものについて，最も多くのことがわかっている．ここで発生する熱帯低気圧の多くは偏東風波動と呼ばれる擾乱から発達する．偏東風波動のいくつかはまた西アフリカ上のスコールラインから発達することがある．熱帯低気圧が発生しうるいずれの地域においても，し

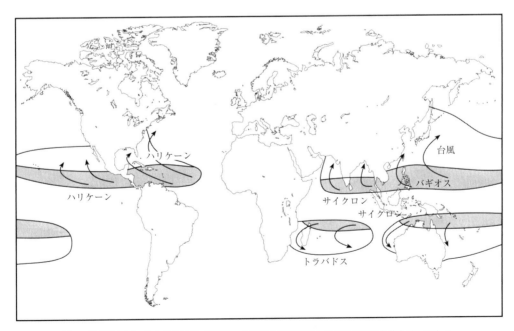

図1 熱帯低気圧の主な発生地域（陰影）．典型的な移動経路とその地域での名称も示してある．

かるべき季節には，降水を伴う組織化されたどの雲の塊も，人工衛星から注意深く監視されている．ハリケーンの発生は，擾乱に伴う風速が $33\,\mathrm{m\,s^{-1}}$ を持続的に上回り，中心気圧が $990\,\mathrm{hPa}$ を下回って，中心の周りを回転する流れが明確になったときである［訳注：台風は $17\,\mathrm{m\,s^{-1}}$］．これより持続的風速が弱い場合には，このような組織化された系は，単に熱帯低気圧と呼ばれる．ハリケーンや台風の中心気圧は $950\,\mathrm{hPa}$ 以下にまで下がることもある．この値は最も強力な温帯低気圧の中心気圧と同程度であるが，中心付近の著しい気圧傾度はより小さな半径のなかに限られている．この半径は $300\,\mathrm{km}$ を超えることはめったにない．外洋でこれほど気圧が低くなると，海面は通常より約 $4\,\mathrm{m}$ も高くなるだろう．そのうえ，強風により高さ $10\,\mathrm{m}$ を軽く超えるような高波も起こりうる．したがって，熱帯低気圧の上陸に際しては，破壊的な強風を吹かせ洪水を起こすほどの激しい降雨をもたらすだけでなく，標高の低い海岸地域に高潮や高波による深刻な浸水被害をもたらしうるのである．

　熱帯低気圧の多く発生する季節が決まっており，発達する海域も限られていることから，気象現象としての熱帯低気圧の発生と発達に関する理解の糸口を得ることができる．熱帯低気圧は海面水温が $27\,{}^{\circ}\mathrm{C}$ を超えるときによく発生する．熱帯低気圧は暖かい海面からの熱エネルギーの供給を受けて，また水分の持続的な供給も受けている．しかしながら，中心周りに強い回転性の循環が発達するのは，地球表面からくる回転エネルギーを十分に得られるところに限られる．つまり，緯度約 5° 以内の赤道域では，コリオリ力の効果が非常に弱いので熱帯低気圧はめったに発生できない．おもな発生場所は緯度 $5\sim15^{\circ}$ の地域である．どちらの半球においても，地表付近では熱帯低気圧の中心へと強い風が螺旋状に吹き込んでおり，これにより熱と水蒸気が中心付近に供給されている．その風の向きは北半球で反時計回り，南半球で時計回りである．低気圧の内部では上昇気流が生じており，その上層での回転性の吹き出しは上空の高気圧性循環とつながっている．熱帯低気圧の勢力の維持には，付随する循環のこのような水平および鉛直構造どちらもが重要である．しかし，顕著な流れの場が前もって存在していた場合には，熱帯低気圧の発生は強く制限される．このよう

な状況はモンスーンの最盛期のインド亜大陸近くでよく見られる．たとえば，7〜8 月の間，ベンガル湾では低気圧がほとんど発生しない．

　熱帯低気圧の勢力維持にとって，熱と水蒸気ともに重要である．いったん低気圧に取り込まれると，水蒸気はその後の低気圧の発達に重要な役割を演ずる．暖かく非常に湿った空気塊は，上昇させられると冷却されて余分な水分を凝結し，雲の量を増やす．この過程で大量の潜熱が解放されるので，低気圧系全体としてさらに多くの熱が加えられる．こうして空気が膨張して上昇流が強化されると，上空の外向きの流れもさらに強められると同時に，地表面付近ではより多くの空気が低気圧中心へと収束するようになる．このようにして，熱帯低気圧は自身の作用で十分に持続できるようになる．このような過程は熱帯低気圧の暖気核（中心付近の非常に温暖で湿った空気）の形成にもかかわっている．暖気核は，ほかの熱帯擾乱にはない熱帯低気圧の特徴である．

　熱帯低気圧において，風が最も強く降水が最も激しいのは中心付近である．低気圧を取り巻く組織化された螺旋状の雲（スパイラルバンド）もまた強風と豪雨を伴っている．このバンドの雲はしばしば激しい雷雨をもたらし，局所的に竜巻が発達したりもする．スパイラルバンドは中心から外側に向かって移動するようである．移動するにつれて水平方向に離散し濃密さが薄れ，最終的には低気圧の系からかなり離れたところに到達し，低気圧前面のスコールラインのようになる．この螺旋の源は低気圧の中心の「眼」の近くにあるようである．「眼」は熱帯低気圧が十分に発達したことを知らせる目印である．「眼」とは低気圧渦の中心にあるほとんど雲のない領域で，ここでは風は穏やかで日差しも十分だ．その直径は $1\sim40\,\mathrm{km}$ ほどで，周囲を背の高い発達した積乱雲の壁で囲まれている．熱帯低気圧は激しい天気を伴うため危険なものであるが，皮肉なことに，「眼」の形成によって低気圧のもたらす影響が複雑なものになる．低気圧の「眼」のなかに入って，まぶしい日差しとともに穏やかな天気がやってくると，それが単に一時的なものにもかかわらず，嵐の終わりを告げるものと勘違いしてしまうこともあろう．そんな「眼」のなかにいるときに無謀にも屋外に出ている人がいたら，「眼」が通り過ぎた後には豪雨と強風が，今度は反対側から再来することに気

づくべきであろう．はじめに嵐がやってきたときに飛ばされた瓦礫は，今度は低気圧の反対側の風によって反対向きに飛ばされるであろう．

　熱帯低気圧が1週間以上持続することはほとんどないが，その間に何千 km も移動することはある（図1）．はじめのうち低気圧は，熱帯で卓越する偏東風に乗って西向きに移動し，その後極向きに進路を変えて亜熱帯高気圧の周りを回り中緯度に到達する．その後進路を東向きに変え中緯度の海洋を横切り，強力な温帯低気圧となって，たとえばヨーロッパ方面に達することもある．実際，カリブ海で発生したハリケーン「チャーリー」は 1986 年 8 月に英国西部に大惨事をもたらした．ただし，強調すべきことは「チャーリー」が英国に到達したときにはもはやハリケーンではなく，その特徴はすべて失われていたということである．

　よく知られているように，個々の熱帯低気圧の移動経路は気まぐれで予測が難しい．同じ場所に何日も停滞することもあれば，ある地点の周りをぐるりと円を描くように動くこともあれば，もときた道を逆戻りすることすらある．しかしたいていの場合は，いったん上陸すると熱帯低気圧は弱まりはじめる．それは，海面からの水蒸気供給が断たれるためである．それでも熱帯低気圧は数百 km も内陸にまで豪雨をもたらしうる．サイクロン「ボビー」は 1995 年 2 月，オーストラリア西部の砂漠地帯を南東方向に進み，そこに大量の降水をもたらした．熱帯低気圧は，すぐ脇の海面からエネルギーを得ながら，海岸線に沿って移動することもある．このようなことが起こると米国東海岸やオーストラリア，アジアなどの沿岸域は被害を受けやすい．1972 年 6 月にハリケーン「アグネス」が米国の東海岸に沿って北上したときは，熱帯低気圧としての性質を失うことなくニューイングランド地方にまで達し，人口密集地域に激しい豪雨と強風をもたらした．

[Graham Sumner/中村　尚訳]

■文　献

Eden, P. (1988) Hurricane 'Gilbert'. *Weather*, **43**(12), 446-8.
Rappaport, E. N. (1993) Hurricane 'Andrew'. *Weather*, **49**(2), 51-61.
Simpson, R. H. and Riehl, H. (1981) *The hurricane and its impact*. Basil Blackwell, Oxford.

年輪気候学
dendroclimatology

　年輪気候学とは，年輪の厚さを解析して過去の気候を復元するというものである．この手法は 20 世紀のはじめに米国人の天文学者，A. E. ダグラスによって開発された．彼の研究はツーソンのアリゾナ大学年輪調査研究室での業績で，1980〜90 年代に非常に発展していった．

　この手法は，木の年々の成長層を判別して数えるということに基づいている．この年輪は，典型的に温和な場所に位置する森林の種でははっきりと現れるが，熱帯種ではほとんど判別できなかったり，年輪がなかったりする．温帯種の成長増加は，比較的大きく，広い間隔の薄い細胞壁（early wood）と，それに加えてより密集して厚い細胞壁（late wood）から成り立っている．1 年に成長する年輪の幅の平均値は，固有ファクター（木の種類や樹齢）と外部ファクター（土壌養分や土壌水分状態，日射，降水，気温，風速，湿度，季節変動）の両方に制御される．さらに，森林火災の発生，大規模な霜害や洪水の発生は，木に対して特有のストレスを与え，それが年輪にしばしば記録される．

　年輪を用いた最も長い年表は，9000 年以上前まで及んでいる．このように長い年表は，ヨーロッパの *Quercus*（オーク：落葉広葉樹）や *Picea*（トウヒ：常緑針葉樹），北米西部の *Pinus longaeva*（密生したマツ，もとは *Pinus aristata*），ニュージーランドの *Agathis australis*（カウリ）などの種類に基づいてつくられた．

　年輪の幅は，木の密度の年々の変動性や変化を観測するのに利用される．年々変動は，（変動しやすい環境と位置づけられる）気候によって成長が制限される地域で最も顕著である．年輪気候学による気候復元には，それぞれの輪の正確な年代の判定が必要となる．これは，たくさんの同じ種類に対する特有の年輪の組が，地理的に近い場所から集められ，なるべく現存する木に近づくように拡張する，クロスマッチング（あるいはクロスデイティング）で達成される．クロスデイトされると，樹齢が増えるのと関連して年輪の幅の変動を調整するために，その

順序が標準化される.

気候の復元は，記録された期間に，同じ場所で観測された1つ以上の気候要素（たとえば気温，降水，日射時間）を背景にして，年輪の変動をさかのぼる統計学的手法でなされる．年輪と気候との有意な相関を示すことで，測器時代を超える期間での両者の関係へ拡張することができる．一般的には，利用された記録の期間の，ほんの一部で年輪と気候の関連を見出し，残りの期間は，実際の気候と年輪の変動から推定された気候がどれだけ違っているかを検証するサンプルとして使われる.

より最近の研究では，過去の気温を直接見積る方法として，酸素や水素の安定同位体率の有用性が調査されている．さらには，大気中での放射性炭素の生産率変動の調整など，放射性炭素の時間尺度の検定が，年輪のより重要な側面とされてきている.

[Stephen Stokes/田中　博訳]

■文　献

Lowe, J. J. and Walker, M. J. C. (1984) *Reconstructing Quaternary environments.* Longman, Harlow.

バイオマーカー/生物指標（化学化石）
biomarkers (chemical fossils)

化学化石，生物学的指標（biological markers），あるいは生物指標とは，化石や堆積物の中に微量に含まれる生物起源の有機炭素化合物（生体分子 biomolecules）の総称である．最も一般に使用される用語は生物指標（バイオマーカー）である．生物指標である炭化水素の複雑な混合物は石油の主要成分である．たとえば，フィタン（phytane），これは1分子中の炭素数が20で，枝分かれ鎖の飽和炭化水素であり，海藻のクロロフィルに由来するものであり，石油中の含有量は1～2％に達することもある．

生物によりつくられる生体分子は，コレステロールのような小さなもの，ホルモンのように中位の大きさのもの，あるいは組織タンパク質やDNAのように非常に大きなものであったりする．生体はさまざまな分子の巨大な集合体を構成するので，もしその一部の分子が腐敗や変質を免れた場合，その生体の分子的特徴の様式はもとのまま，あるいはもとのものを認知できる程度にわずかに変化しただけで残存する．現在，ある種の生体分子およびその分解生成物が化石や堆積物の中に100万分の1（ppm）あるいは1/1000（‰）の濃度で数千年間，ときには数百万年間残存することがわかっている．しかし，地球の地殻中に含まれる炭素質有機物の大半は不溶性の非晶質な残留物であり，分析することは大変難しい．現世の堆積物中に最初の記録として残留するものはその当時の生物の組成とほぼ同じであり，かなりよく保存されているDNA，タンパク質および炭化水素がまだ検出される．このような記録はおもに微生物の活動により数十年の間に消し去られる．しかし，この消滅の過程は選択的であり，部分的であり，また不完全である．結果として，比較的容易に生分解した化合物や生体高分子が深部埋没や地熱による加熱を受けていない水成堆積物中に少量残留する．生物指標は堆積物や化石から有機溶媒により抽出できる．おもに研究される生物指標は脂質（脂肪）であるが，ある種の色素（たとえば金属ポルフィリン）も用いられる．炭素化合物の生物学的に特徴的な分布は，始生代から現在まで，約40億年間の堆積物からの抽出物中にみられる．各時代の生物相は始生代からあまり変わらないまま引き継がれている酵素系を用いている．生体分子からは，それがもとのままであっても，あるいは変質していても，その起源および残存し続けた期間の履歴についての手がかりが得られる．生体脂肪（biolipid）の記録は始生代までさかのぼり，顕微鏡観察や同位体比（炭素）から確認されている30億～40億年前の最古の生命までもさかのぼる．

この種の情報は考古学や地球科学の研究，たとえば過去の気候変動の研究などにおける新しい道の扉を開いた．生体分子情報は，石油鉱床とその根源岩，熱履歴および層序との関係，さらには生産および精製に関する検討についてきわめて有用である．

[Geoffrey Eglinton/松葉谷　治訳]

■文　献

Logan, G. A., Collins, M. J., and Eglinton, G. (1991) In Allison, P. A. and Briggs, D. E. G. (eds) *Taphonomy: releasing data locked in the fossil record*. Plenum Press, New York.

バクテリア
bacteria

バクテリア（細菌）は原核（prokaryotic, 意味は核の前）細胞構造によりほかのすべての生物と区別される．これらの極微小な生物は，典型的なものは1〜5 μm の長さで，核，ミトコンドリアおよび葉緑体のような細胞内の器官，オルガネラがないということでも区別される．そのようなオルガネラは高等生物の真核（eukaryotic）細胞中に存在する．バクテリアは太古からの生物であり，38億年前にはじめて発生し，地球の生命の歴史のはじめの70%の期間中に存在した唯一の生物である．しかし，バクテリアは原始的ではない．バクテリアは幅広い生息環境に十分に適応し，地球上で最も多い生物であり，その分布が生物相の範囲を決めている．

バクテリアの細胞の形態は限られるが（棒状，球状，らせん状，フィラメント状），そのことからは考えられないような多様な代謝様式を有し，また著しく広範囲の条件のもとで成育する能力を有し，たとえば−5〜113℃，0〜11の pH の範囲，ほぼ真空から大気圧の1000倍の圧力下，および蒸留水から飽和食塩水の中で成長することができる．

バクテリアがエネルギーを得る方法は種類により異なる．

①ある種のバクテリアは光合成により，植物で行われているものと類似した過程でエネルギーを得る．ラン藻類，これは確かにバクテリアであるが，酸素を生成する光合成を最初に発展させたと考えられている．ラン藻類の活動により，酸素を主成分とする大気が形成され，その結果，酸素を必要とするさまざまな後生生物（植物や動物）が発達した．

②しかし，ある種の光合成バクテリアは酸素を生成することも消費することも行わない．この酸素を利用しない光合成菌は光合成のより始原的な形式のものである．そのような光合成菌は硫化水素や2価鉄（Fe^{2+}）のような還元的な化合物を利用し，それぞれ硫黄と3価鉄に酸化する．3価鉄（Fe^{3+}）の嫌気的な状況での生成は原始の縞状鉄鉱鉱床の形式にとって重要である．

③ある種のバクテリアは動物のように好気的呼吸を行うことができる．この種は好気的従属栄養菌と呼ばれる．

④しかし，ある種の従属栄養菌は呼吸に酸素を使用せず，しかもこの種の嫌気的バクテリアの多くにとっては酸素は有毒である．この種のバクテリアは酸素の代わりに硝酸イオン（NO_3^-），硫酸イオン（SO_4^{2-}），二酸化炭素（CO_2）のようなほかの化合物を利用し，ときには金属酸化物（たとえば鉄やマンガン）を使うことさえある．

⑤もう1種類の従属栄養菌は呼吸のための化合物をまったく必要とせず，その代わりに有機化合物を還元的なものと酸化的なものに分解することによりエネルギーを得る．この過程は発酵と呼ばれる．発酵生成物は産業的に重要である．たとえば，クエン酸は広く食品や飲料水の香料として利用され，またイタコン酸はアクリル樹脂の製造に使用される．

従属栄養型のバクテリア（上記③〜⑤）は解体の専門屋であり，ほかの微生物と共働で死んだ植物や動物の有機物をきわめて効率よく分解し，その後の光合成にとって必要な栄養素を自然に戻す．これらのバクテリアは，同時に，主要成分である炭素，硫黄および窒素の生物地球化学的循環を推し進める．このような微生物の作用は下水処理施設で有効に利用され，人間が高人口密度で互いに汚染しあったり，居住地域を汚染することなく生活できるようになる．

⑥ある種のバクテリアは有機物からではなく無機物から専門にエネルギーを得る．この特徴的な代謝は還元的な金属や鉱物をおもに酸素を直接利用して酸化するものである．この反応では，比較的少量のエネルギーしか得られず，したがってこの種のバクテリアは多量の物質を処理する．採鉱の間に鉱物は酸素と接触する．したがって，バクテリアによる酸化はとくに廃止された鉱山では重大な問題である．そのような状況では，バクテリアが黄鉄鉱（FeS_2）のような硫化鉱物を酸化し，硫酸イオンと2価鉄イオンにするので，坑内の水の金属濃度が高くなり，また硫酸のような無機酸の濃度が高くなる．この酸性の水は酸性鉱山排水と呼ばれる．地下水や周辺の沢水が著しく酸性（pH 2以下）になり，多くの野生生物を殺す．しかし，このような状態はバクテリア採鉱業者にとっては最適である．バクテリアによる鉱物の酸化は低品位の鉱石から金属を抽出する産

業として利用される．還元的な金属や硫化物はまた海嶺の熱水噴出口周辺のバクテリア集団にとって主要なエネルギー源である．還元的な熱水は地熱活動の産物であり，そのような金属や硫化物をえさとするバクテリアや動物の集団は特異的な生態系である．

⑦さらに奇妙な無機的代謝として，無機的発酵がある種のバクテリアにより行われる．

天然では，バクテリアは相互に作用しあう集団として活動する傾向がある．通常はバクテリアは著しい数の集団をなすが（たとえば土壌 1 cm³ 中に 20 億），そのなかのはるかに少ない数のものが活動的である．小さな環境の変化が非活動的な部分のバクテリアにとってより適した状況をつくり出す．その結果，バクテリア集団の中にエネルギー源の効率よい処理を維持するために急速な変化を生じる．さらに，バクテリアの成長速度は非常に速く（最も速いものは，20 分ごとに 1 つの細胞が分裂する），その結果，バクテリアの集団が環境の変化に適応しやすくなる．突然変異の割合はこのような速い成長速度と関係し，その結果，遺伝子的な変化および新しい環境への適応が可能となる．バクテリアの広範囲な代謝活動およびその適応性・発展性を考慮して，バクテリア万能説が提唱される．この説から，バクテリアは環境に人為的に付加された殺虫剤や除草剤（生体異物）のような化学物質をどんなものでも分解できるようになるであろうと推測され，そのためにそのような化学物質の使用についてほとんど何も警戒されていない．しかし，バクテリアは多くの生体異物を分解することもできるが，ある種の生体異物はバクテリアにとって直接有毒であったり，あるいは有毒な分解生成物が生じる．また，そうでなくても，分解に要する十分なエネルギーが得られないこともある．したがって，バクテリア万能説はあまりにも単純すぎる考えである．

バクテリアはほかの生物の内部あるいは外部に効率よく生息している．バクテリアは一般に動物，とくに草食動物の消化器系の中に多数生息しており，植物のセルロースのような消化しにくいものの分解を助けている．ウシやヒツジのような反芻動物では，この関係は別の胃（第 1 胃）が発達し，そこでは多量のバクテリア集団が生息し，草のセルロースを分解することができるまでに発展している．動物はセルロースを分解する酵素をもっていないが，バクテリアによるセルロース分解生成物を吸収し，また生産されるバクテリア細胞を消化することにより生き延びる．ウシにとってのバクテリアの重要性はその第 1 胃の大きさが 100〜150 l もあることが示している．同じような共生関係は豆類のような植物の根でも生じており，そこではバクテリアは小さなこぶを形成する．このようなバクテリアは植物から栄養を受け取り，その代わりに主要な栄養成分であるアンモニアを植物に供給する．バクテリアはこのアンモニアをバクテリアに特有な過程である窒素固定により大気中の窒素から得る．しかし，高等生物に対するバクテリアの作用は必ずしも都合のよいものとは限らない．ある種のバクテリアはさまざまな病気を引き起こす主要な病原体であり，なかには致命的なものもある．幸いなことに，バクテリアを含む微生物は，このような病気と闘う抗生物質を提供する．しかし，多くのバクテリア病原体は抗生物質に耐性を有するようになり，ある種のバクテリア（細菌）による病気が新たに流行することがある．たとえば，結核は結核菌によるものであり，それにより毎年 300 万人が死亡している．

分子遺伝子学的解析では，原核生物は明らかに 2 種類に区別され，すなわちバクテリア（以前は真正細菌，Eubacteria）とアーキア（Archaea，以前は古細菌，Archaebacteria）に分けられる．これら両方は生命の最高の段階，ドメインを代表する．植物や動物を含む真核生物は単一のドメイン，ユーカリア（Eukarya）に属する．3 種のドメインのうちの 2 種が原核生物の属するものであり，このことが原核生物の多様性をはっきりと示している．おもしろいことに，真核細胞のミトコンドリアや葉緑体などのオルガネラはユーカリアドメインではなくバクテリアドメインに属する．このことは，これらのオルガネラははじめは単独で生存するバクテリアであったものが，真核細胞と安定した内部共生関係へと進化したことを示す．このように，バクテリアはわれわれすべてにとって不可欠な構成要素である．

[R. John Parkes／松葉谷 治訳]

■文 献

Madigan, M. T., Martinko, J. M., and Parker, J. (1997) *Brock biology of microorganisms* (8th edn) Prentice Hall, London.

バクテリア同位体分別
bacterial isotopic fractionation

　ある元素の原子核中の陽子の数は一定であるが，中性子の数は変わることがある．その結果，1つの元素について，化学的性質は同じであるが，原子量の異なる同位体が存在する．同位体には，不安定で，放射性壊変を起こすものと，安定なものとがある．炭素は天然ではおもに^{12}C（陽子と中性子が各6個）であるが，少量の重い安定同位体^{13}C（6個の陽子と7個の中性子）および放射性同位体の^{14}C（6個の陽子と8個の中性子）も存在する．同様に，硫黄はおもに^{32}Sであるが，より重い^{34}Sも一部存在する．

　安定同位体の存在量はデルタ（δ）表記法により，比較標準物質に対する千分差として次の式で表される．

$$\delta \mathrm{X} = (R_{\text{試料}} \div R_{\text{標準}} - 1) \times 10^3$$

ここで X は ^{13}C，^{34}S あるいはほかの同位体であり，R は ^{13}C/^{12}C，^{34}S/^{32}S あるいはほかの元素の同位体比である．

　標準に比べて質量数の大きい同位体が少ない試料は，「軽い」と表現され，負のδ値をもつ．ところが，質量数の大きい同位体を多く含む試料は，「重い」と表現され，正のδ値をもつ．

　炭素，硫黄，およびそのほかの元素が関係する生物的な反応の多くは重い同位体を区別し，生物的な生成物は軽くなる．このことは，ある化合物の安定同位体比に明らかな生物的な特徴を与えている．たとえば，緑色植物の光合成では新しい有機化合物や細胞をつくるために二酸化炭素が取り込まれるときに，^{12}CO$_2$ の方が酵素反応により ^{13}CO$_2$ よりも速く反応が進行する．したがって，新たに生成した植物物質は同位体的に軽くなり，残った CO$_2$ は重くなる．この差が，生物が二酸化炭素から炭素化合物を生成することを可能とし，同時にまた地質学的記録の中に生物が存在していたことを検知するための方法を与える．同位体的に軽い有機質炭素は35億年もの古い岩石の中に含まれており，生命はこの時以前から進化しつづけ，検出できるだけの十分な量の軽い有機物を生成しつづけていたはずであることを示す．同様に，石油の軽い炭素同位体比は石油が生物の有機物が埋没し，加熱され形成されたことを示す．

　硫黄同位体比も地球上のさまざまなところで生物的過程と地質学的過程の区別を可能とする．たとえば，硫化物には，バクテリア起源，すなわちおもに嫌気的硫酸還元による代謝作用に由来するものと，地質学的起源（たとえば火成岩や熱水鉱床に由来する）のものの両方がある．しかし，バクテリア硫酸還元は重い ^{34}S 同位体を還元しにくいので，この過程を起源とする硫化物は同位体的に軽くなる．地質学的起源の硫化物は重い同位体をほとんど区別しないので，それらのδ値はゼロに近い．海底堆積物中の硫化物の軽い同位体比はそれらがバクテリア起源である証拠であり，逆に火成岩の中の硫化物のゼロに近いδ値は非生物的起源を示す．事実，利用可能な硫黄鉱床の多くはむしろバクテリア起源であり，火山性起源ではない．

　地球の外に由来する試料の同位体組成もまたほかの惑星における生命の研究の助けとなる．たとえば，月の岩石中の硫化物の同位体比は非生物的起源を示す．　　　　　　[R. John Parkes/松葉谷　治訳]

■文　献

Madigan, M. T., Martinko, J. M., and Parker, J. (1997) *Brock biology of microorganisms* (8th edn) Prentice Hall, London.

博物館と地質学
museums and geology

　地質学は，その始まりから，物の収集や博物館と結び付いてきた．19世紀初期に，地質学が学問として認められたとき，その興味の中心は地層にあった．この時代に，ウィリアム・スミスは，自分の収集した標本をできる限り利用して，化石が相互に対比し得ることを立証した．彼は専門知識に通じてなかったので，当時の複雑な分類学に頼ることなく，地層のモデルを立てた．10年以上後に，パリのジョルジュ・キュビエは，アレクサンドル・ブロンニャールの助けを得て，独立に同じ結論にたどりついた．彼は，世界の最も重要な自然史博物館を設立した人物である．ここで彼は，動物学の優れた理解と古生

物学の基礎に基づいて化石を対比した．近代鉱物学も新しい学問として成立した．

地質博物館の初期の例をみると，それが現在どんな役割を担うべきかについて手がかりが得られる．いくつかの点で，博物館は三次元的な出版と見なされるが，収集物は決して不変ではなくつねに発展し，いろいろな使い方ができる．博物館の収集物は，とくに組織的に集められた場合，非常に膨大で豊富なデータを含むので，それを調べることは現地調査をするのと似ている．現地調査と違うのは，いろいろな時代に遠隔地から集められた標本を比較できることである．博物館には，科学的な処理や分析の設備もあり，基本的な情報を得たり種類を同定したりするのに使える．

収集物は，研究や情報伝達にとって順応性の高い資源でもある．たとえば，ウィリアム・スミスは，地質学の研究は「難解な専門用語」を要求するものではないと信じていた．収集物は，ほかの方法では伝えられないことを伝えることができる．実物そのものは，非常に説得力が強い．そればかりでなく，博物館は系統分類学，生体力学，結晶学といった複雑な事柄が研究される場所でもある．博物館の情報の多くは，ほかのもっと複雑な概念や解釈を支える点で，根本的に重要である．

地質博物館の基本概念は，まぎれもなくその歴史の産物にある．その歴史は，19世紀初期にはじめられた地質学の類型によって，また政府が科学のために発達させた機構によって決められている．博物館は，化石，鉱物，岩石など，当初から科学を積み上げてきた材料にいまだに依存しつづける．これらの材料は，アマチュアのおもな活動内容であり，専門家と愛好家を結ぶ役割を果たす．加えて，産業過程や科学分析で得られたもの，掘削試料，隕石，偽物や偽造物，ノートや通信文の古記録，歴史的かつ地質学的な技術に由来する収集物を保持する．しかし，博物館には収集物をはるかに上回る価値がある．博物館の保有する専門技術と設備には，同じような重要性がある．研究領域によっては，博物館の地質学者は，公的に接することができる唯一の科学者である．博物館の多くは実験室を所有し，そこでは化石を抽出し，鉱物を分析し，岩石を切断し，収集物を保存することができる．博物館は，さらに収集や科学情報の交換について世話をして，専門的な技術

の中心を担う．

しかし，地質学的な収集物を単なる科学の産物や材料と見なすのは，間違っている．時間が過ぎれば，地質学的な収集物は必然的に歴史の産物にもなり，過去にどのような地質学的な調査がなされたのかを伝えるものとなる．過去の歴史をみると，これらの収集物は，愛着の対象，所有をめぐる争いの原因，名声の獲得，地方経済の振興などと関係して，幅広い文化的な役割を担ってきた．今日では，これらは研究手法や科学文化を明らかにする題材になっている．収集物は，愛好家の野外調査や休日の小旅行で採取され，住宅の拡張の際にみつけられ，ささやかな研究で得られたものだったかもしれない．実際，科学的に精密な吟味が世界中の博物館でいまだに行われ，その収集物を使って新しい発見がなされることもある．たとえば，最初のコノドント動物（最も原始的な脊椎動物の1つ）は，博物館のなかで発見され，それまで10年間気づかれずに置かれていた．

程度の差はあれ，博物館は時代とともに変化してきた．しかし，あらゆる博物館の内容を予見するのは難しい．ある専門に特化した地方の小博物館にも，国際的に重要な地質収集物や革新的な展示物がありうる．大きくて著名な博物館にも，体系的な展示だけしかないことがある．このような状況は，博物館の入館者だけで決まるものではなく，運営方法や資金によっても左右される．博物館は，大学，国や地方機関，個人の基金によって運営されるが，博物館に対するそれぞれの見方は異なる．

自然史博物館は，もっと利用しやすく，もっと効果的に情報を伝達しようと努力している．そこでは，大学の研究至上主義者はもはや支配権をもっていない．今日の展示場は，人為的な技術を用いて，ロボット恐竜が鳴き叫び，鉱物が閃光を放つ．博物館は，訪問者を刺激して強い興味をもたせることを，事実を知らせることよりもずっと重視している．実物を見ることで，彼らの想像力はかき立てられる．カーディフのウェールズ国立博物館やアラブ首長国連邦のシャルジャ自然史博物館では，実物が豊富なマルチメディア展示物と一緒に目立つ場所に置かれている（図1）．フランクフルトにあるゼンケンブルク博物館などでは，ゾルンホーフェンやメッセルのような見事な化石が，自分で語りかける．ユタにあるダイナソア国立モニュメントでは，恐竜の展示物は，

図1 ウェールズ国立博物館にある「ウェールズの進化」の展示場に置かれたマンモス．この博物館出身のスタッフは，アラブ首長国連邦のシャルジャ自然史博物館にまったく同じ展示場を作った．（写真：T. Sharpe）

本来存在すべき穴のなかにいる．ディスカバリーセンターを導入して，訓練されたスタッフに助けられながら，見学者が実物を手で触ったり吟味したりできるようにする博物館が，世界中で増えている．めずらしいタイプの展示は，パリの120km南にあるジオドロームである．ここには，さまざまな場所から集められた800tもの岩石や鉱物の標本が，フランスの形をした「地質庭園」に配置されている．

ほかの例として，ロンドンの自然史博物館や台湾の台中にある自然科学国立博物館は，コミュニケーションの追求を掲げて，たくさんの実物を展示することから目的を大きく切り変えた．ここでは，科学中心運動のおかげで，工夫を凝らした展示物と対話しながら，展示場で学ぶことができる．展示する標本を減らすのが悪いというのなら，大規模な地質構造が今日では正確に複写できる事実に注意してほしい．たとえば，米国自然史博物館の地球惑星館では，グランドキャニオン，サンアンドレアス断層，ベスビオ，スイスアルプス，スコットランドのシッカーポイントをラテックスでかたどりして展示している．展示内容も幅広くなってきており，今日では，固体地球ばかりでなく，大気圏，海洋，環境なども

テーマとしてよく取り上げられる．しかし，このような傾向とは無関係に，世界中の展示場で突出しているテーマの1つは，恐竜である．

展示に加えて，博物館は幅広く変化に富んだ公開プログラムを提供している．たとえば，アルバータのロイヤルティレル博物館では，来館者は恐竜の発掘に参加する機会が与えられる．ロンドンの自然史博物館では，実験室への訪問や巡検などの活動が準備されている．多くの博物館では，子供や大人向けの教育プログラムが公式に，また非公式に実施され，それが博物館と野外調査をつなぐ．一般に，地質学者のいる博物館は，地方の地質学的な活動をサポートしているが，地質学的な収集物を有する博物館が，必ずしもその専門家を置いているとは限らない．

地質学的な標本の多くは，適切に保護しなければ，急速に劣化する．しかし，不十分な情報に基づく不適切な保存は破壊を進行させることに，非専門家は気づくべきである．国内および国外に，この問題にかかわるグループは比較的少ない．知られているなかでは，英国地質学会の保存グループがおそらくいちばんすぐれている．

[Simon J. Knell/井田喜明訳]

発散プレート境界
divergent plate margins

発散プレート境界は，2つのテクトニックなプレートが離れつつある場所にみられる．最もよく知られた例は大洋中央海嶺で，そこでは海洋底拡大によって新しい海洋プレート物質の付加が生じている．一方でアイスランドやエチオピアのアファール低地のように「海洋性」拡大中心が陸上に現れているものも数例ある．

現世ではまれではあるが，発散境界は活動的な大陸リフティングによっても生じる．このタイプの境界として最もよい例は，東アフリカ大地溝であり，そこではヌビア（西アフリカ）プレートとソマリア（東アフリカ）プレート間のプレート運動に統計的に有意な違いを認めることができる．また，南西太平洋のソロモン海にあるウッドラーク海盆のよう

に，海洋拡大中心がパプアニューギニアの大陸地殻のなかに能動的に進行しているような場所もある．

大洋中央海嶺の拡大中心や大陸リフトの地質については別の項目において記述されている．そこで本項目では，中央海嶺における発散境界の形状と運動学に焦点をあてて記述する．

●海洋拡大中心

プレートテクトニクスでは，発散境界がプレート分離の方向に対し（直角に）直交することを必要としてはいないが，多くの例では，海洋拡大中心の方向は局所レベルでプレート分離方向に対して直交している．とはいえ，より広域にみるとそれらはしばしば直交からかなり外れる．発散プレート境界は，プレートの初期分裂の際に生じた初期の形を少なからず受け継いでいる．とくに大陸分裂の場合は，初期形状がすでに存在していた大陸の構造や地質に強く支配されるためプレート境界の大部分が新しい拡大方向に対し極度に斜交している．大西洋中央海嶺のアゾレス諸島から赤道の間の部分で，北アメリカと西アフリカ間の境界がほぼ半円形をしているのがわかりやすい例である．

●海嶺−海嶺型トランスフォーム断層

プレート境界が，局所的には拡大方向に対し直交に近いことと，より広域にみた際には斜交していることとは，海嶺上に多数のずれが存在することにより説明がつく．古典的なプレートテクトニクスでは，そのようなずれはトランスフォーム断層によって説明され，一般的には斜交した発散境界は直交した拡大中心が海嶺−海嶺型トランスフォームによって分断されずれを生じた階段状のパターンをもつ．

1970年代および1980年代の詳細な高解像度探査によって，端から端までが走向移動断層である真の意味でのトランスフォーム断層はきわめてまれであることが示された．これらは海嶺−海嶺間のずれが約30 km以上の場合にかぎってみられ，また海嶺に沿ってかなり広い間隔をもって分布する傾向がある．一般的にはおそらく1000 kmは隔たっている．たとえば，アイスランドとアゾレス諸島の間には大西洋中央海嶺上の北緯53°にあるチャーリー・ギブス断裂帯に真の意味でのトランスフォーム断層が1つあるのみである．アゾレス諸島南西の海嶺上

2500 kmの間にはヘイズ，オーシャノグラファー，アトランティス，およびケインの4つのトランスフォーム断層が存在する．ほかの大洋中央海嶺上においても同様な頻度分布でみられる．

これらの主要なトランスフォーム断層は，海盆が生成しまた消滅するまでの期間中存続する傾向があり，おそらくはもとの大陸分裂時から受け継がれたものである．たとえば赤道大西洋では，北大西洋と南大西洋の間にある大西洋中央海嶺の巨大な東西のずれによって，世界で最も長大でかつ近接して並ぶトランスフォーム断層のいくつかが存在しているが，これらの痕跡である断裂帯の軌跡は大陸縁まで追うことができ，またそこで陸上における構造的弱線やずれに一致する．

●非トランスフォーム性のずれ

主要なトランスフォーム断層間に，拡大中心に沿って数百kmの長さをもつにもかかわらず拡大方向に対し斜交した部分が存在する．これらの海嶺部分は，トランスフォーム断層ではなく非トランスフォーム性のずれ（しばしば非トランスフォーム不連続とよばれる）によって短い間隔でずれている．非トランスフォーム性のずれ間の海嶺セグメントは，拡大方向に対しほぼ直交する傾向がある．

非トランスフォーム性のずれは，一般的には拡大中心上の25 km以下の長さの斜めずれである．これらのずれの大部分は，とても小さいものを除けば中軸に沿ったくぼ地に生じており，トランスフォーム断層と同様に，中軸の外側にくぼ地の並びあるいは連続した谷としてその痕跡を残す．非トランスフォーム性のずれは，比較的に高重力異常域となる傾向があり，地殻が薄いことに関係があることを示している．これらの非トランスフォーム性のずれは海嶺軸に沿って約50 kmの間隔をもって現れる（図1）．

実際の地図上でこのずれは，雁行状に配列した斜交したプレート境界の短い一部として，あるいは隣の拡大中心にわずかに重なり合った形としてみられる．とくに大西洋中央海嶺のような低速拡大海嶺の低温で堅いリソスフェアにおいてはほかの拡大中心では拡大方向に対し垂直となる傾向がある正断層が，非トランスフォーム性のずれに向かって斜めに曲がり，拡大方向に対して45°にも達することがあ

476　発散プレート境界

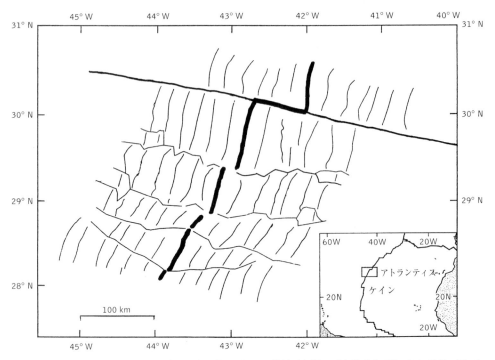

図1 低速拡大系である大西洋中央海嶺の一部にあるプレート境界(太線),磁気等時線(細いほぼ垂直の線)およびトランスフォーム断層と非トランスフォーム性のずれの痕跡.(R.C. Searle *et al.* (1998) *Earth and Planetary Science Letters*, **154** (1-4), 167-83 を修正)

る.東太平洋海膨のような高速拡大海嶺では,重複拡大中心がよく発達し,重なりの長さは典型的にはずれの長さの約3倍である(図2).大部分の重複拡大中心はさしわたしで25 km以下であるが,直径が数百 kmほどに成長し海洋性マイクロプレートになるものもある.

　トランスフォーム断層および非トランスフォーム性のずれの双方とも,地殻物質の付加が非対称に起こることによりそのずれの大きさが変化する.海洋底拡大は1000万年の期間にわたり平均すると通常ほぼ対称となるが,数百万年の時間スケールでは局所的には約30%までの非対称となりえる.非トランスフォーム性のずれが約30 kmの臨界長を超えて成長すると,定常的な走向移動断層が発達しトランスフォーム断層となりえる.同様に,トランスフォーム断層が臨界長以下に縮むと,非トランスフォーム性のずれに変化し,さらに縮みつづけると,ずれが完全になくなりその方向が逆転さえすることもある.

●伝播性リフト

　非トランスフォーム性のずれの大きさが時間とともに変化するように,その位置も海嶺軸に沿って移動することがある(トランスフォーム断層には同様のことはいえず,海嶺軸に沿った移動に対してきわめて安定している).非トランスフォーム性のずれがある程度移動することはきわめて一般的であり,その移動により軸の外側でV字形の痕跡を残す(図1,2).

　海嶺のずれが海嶺軸に沿って移動することは,ガラパゴス拡大中心(ココス-ナスカプレート間)ファンデフカ海嶺(北東太平洋の太平洋-ファンデフカプレート間),オーストラリア-南極海膨(オーストラリア南)といった中速拡大海嶺において最も顕著である.ここでは大きな(約25 km)非トランスフォーム性のずれが数百万年にわたって一定の方向と速度で海嶺軸に沿って移動することがある.

　このようなものは伝播性リフトと呼ばれる.これらは,「疑似断層」と呼ばれる特徴的なV字形の軌跡を残し,その通過領域において一方のプレートから他方のプレートに細いリソスフェア断片を移動す

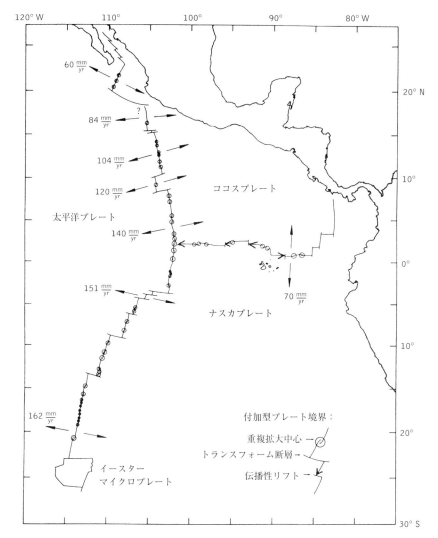

図2 東太平洋における高速拡大系の太平洋-ココスプレート境界と太平洋-ナスカプレート境界および中速拡大系のココス-ナスカプレート境界．全般的なプレート境界の方向を直角に横に切る線はトランスフォーム断層．矢じり型は伝播性リフトを，また境界におけるほかの不連続は非トランスフォーム性のずれを示すが，大部分は重複拡大中心である．(Macdonald K. C. et al. (1986) *Journal of Geophysical Research*, **91**, 10501-10 から修正)

る．これらは海嶺軸に沿った地形勾配に由来する圧力差によって駆動されているようにみえ（しばしばマントルプルーム上方に存在するホットスポットに関係している），発散プレート境界の再構成における重要なメカニズムとなっている．

● **海嶺のセグメント化**

　非トランスフォーム性のずれの発見は，大洋中央海嶺の構造および付加過程を解明するのにきわめて重要であった．それ以前は，大部分の海嶺は広く隔たったトランスフォーム断層間において海嶺軸方向にはほとんど変化をもたない2次元構造であると考えられていた．実際，大洋中央海嶺のマグマ溜りのモデルの1つは，推定された断面形状と走向方向へ無限に続く形状から「無限の玉葱」とよばれていた．現在では海嶺軸に沿った方向にも有意な構造変化をもつということが明らかにされている．非トランスフォームやトランスフォームのずれ間の（長さ約50kmの）拡大中心部分を個々のセグメントとする海嶺のセグメント化という言葉がよく用いられ

るようになった．現在では，これらのセグメントは海洋性リソスフェアを形成する際の個々のブロックとなっていると考えられている．

重力探査および屈折法地震探査によると，セグメントは中央部で最も地殻が厚く（低速拡大海嶺で約8km），端部では地殻が薄くなる（約3km）傾向があることが示されている．よってセグメントは，拡大方向に沿って厚い地殻と薄い地殻が交互に細長く並ぶ構造を形成している．このパターンは，セグメントの端部に比べて中心部により多くのメルトが運ばれていることを示しているが，この「メルトの集中」を引き起こす正確な理由についてはまだ完全には解明されていない．メルトの集中は，海洋性リソスフェアの形成様式に重要な影響を及ぼしている．セグメントの中心部へのメルト供給量が多いほど，端部に比べより厚い地殻が形成されより多くの熱が供給される．どちらの効果もより弱いリソスフェアを生成する傾向があり，この効果はセグメントに沿った断層や火山活動の変化として見られる．

[Roger Searle/山本圭吾訳]

■文　献

Macdonald, K. C., Scheirer, D. S., and Carbotte, S. M. (1991) Mid-ocean ridges: discontinuities, segments and giant cracks. *Science*, **253**, 986-94.

Sempere, J.-C., Purdy, G. M., and Schouten, H. (1990) Segmentation of the Mid-Atlantic Ridge between 24° N and 30° 40′ N. *Nature*, **344**, 427-31.

反射法地震探査
seismic reflection surveying

反射法地震探査では，地表下を伝播する地震波が地質学的境界面で反射後，地表面に達する走時が測定される．地下における地震波伝播速度についての知識があれば，走時から境界面までの深さを求めることができる．こうして，地質学的構造が決定されうる．

地震波の反射は地球物理学的探査手段のなかで最も広く使われている．理由はそれが潜在的な炭化水素トラップを同定するに足る十分に詳しい地下構造の画像を得る唯一の方法だからである．

この方法は，海底から反射した音波の到着時から水深を決定するために音響測深機で使われる方法に類似しているが，はるかに低周波の波が使われる．反射法は，地震波が異なる速度をもつ媒質境界で反射または屈折する点で，地震波が光と類似した振舞いをする事実に基づいている．一般に岩石の地震波速度は，間隙率が減少し密度が増大するとともに増大する．

地震波は，陸上で使われるときにはジオフォーン，水中で使われるときにはハイドロフォーンとして知られる計器（地震計）で検出される．これらの計器は，地震波動を電気信号に変換する．

地震波の反射は多くの異なるスケールで使われている．地表直下数十mの構造研究では，大槌で叩いて生成される地震波が使われる．これに対し，弾性波が大陸地殻を伝播するには，もっと強力な地震源が必要とされる．たいていの反射法探査は，水柱に高圧空気を急激に発射し爆発と同じように振動する気泡をつくり出すエアガンのような非爆発物震源を使って実施される．この種の震源ははるかに便利で，すばやく再度発射することができ，かつ最新のデータ処理法で利用しうる正確に繰り返し可能な震源をつくり出すことができる．実際，計算機を利用するデータ処理では，さまざまなタイプのノイズを犠牲にして反射波のS/N比を高めることが普通に行われている．

地震波反射の解釈は，多重反射（検出器に到達する前に一度以上反射を繰り返すこと）の存在によってしばしば混乱する．この多重反射の影響は計算処理技術によって除去可能である．

震源と測線沿いに並んだ一連の検出器を移動させることにより二次元音波探査断面を得ることができる．検出器をもっと複雑に配列すれば三次元構造を得ることも可能になる．反射法で得られる画像は多数のトレースが互いに接するように綿密に並んでいるので連続的な模様のようにみえる．したがって，反射法でつくられた画像は地質学的断面を模写したようにみえる．一例を図1に示した．地層の地震波速度を使ってy軸の双方向反射時間を深さに変換するには，さらにいっそうの計算機処理が必要であり，反射面が有意な傾斜をもつ場合の非鉛直反射経路に対する修正も必要になるかもしれない．

[P. Kearey/大中康誉訳]

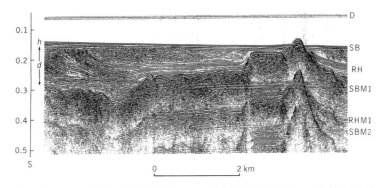

図1 ギリシャのパトラス湾（Gulf of Patras）における反射法断面．*h*, 完新世半遠洋性堆積物；*d*, 三角州堆積岩；RH, 古い岩石の不規則侵食面；SB, 海底反射；SBM1 および SBM2, 水層内の反射で生成される海底の第1および第2多重反射；RHM1, RH の多重反射．(Kearey, P. and Brooks, M. (1991) *An introduction to geophysical exploration* (2nd edn), Blackwell Scientific Publications, Oxford より)

非活動的縁辺域
passive margins

　大陸地殻の縁を示す領域である大陸縁辺域は，隣接する海洋地殻に同じプレートの一部としてつながっているかあるいはプレート境界によって切り離されているかによって「非活動的」あるいは「活動的」に分類される．非活動的縁辺域は，成熟度によって，また沿岸に島弧が存在するか否かによってさらに細分される．成熟した非活動的縁辺域は，大西洋，東アフリカ，インド，南極，およびオーストラリアの西海岸縁に沿って存在している．未成熟な非活動的縁辺域の最もよい例は紅海で，できてからわずか1000万年の未発達な海洋である．世界中の石油と天然ガスの多くが存在する場所である上に，多くの先進国，発展途上国が非活動的縁辺域に隣接している．このため，石油会社も国の機関も非活動的縁辺域の発達を理解することにかなりの力を注いできた．

　成熟した非活動的縁辺域は，海洋の開裂と拡大，これに続く縮小，大陸の衝突（造山運動），そして大陸分裂（リフティング）と続く循環の海洋拡大期に発達する．その結果，非活動的縁辺域は，リフティングおよびアイソスタシーによる沈降からリソスフェアの伸張が停止するまでのリフト期における堆積層序，あるいは（冷却に伴い新たな海洋地殻が生成・付加することによって生じる）熱的な沈降の開始期である後リフト期に特徴的な堆積層序を示す．

　大陸リフティングは，通常地殻が実質的にゼロの厚さになるまで薄化し，マントルの岩石が地表に噴出し新たな海洋地殻を形成するようになるまで継続する．現在やかつての大陸のリフト盆地についての研究によると，ひとたび地殻が通常の 35 km の厚さの半分に薄化すると，玄武岩の部分溶融が起こるようになり，その結果火山噴火活動を生じる．北海の地殻がこの臨界値を超えて薄化した時期がジュラ紀中期の火山岩に記録されている．しかし，この火山活動のすぐあとにさらなるリフティングが止まり，完全な海盆には発達しなかった．

　海洋の開裂が開始したことは，2つの変化によって示される．すなわち伸長断層運動の停止および薄化し熱くなったリソスフェアが熱的に安定することである．これらの変化は後リフト期の堆積作用が開始することを示している．後リフト期の堆積シーケンスの基底部は，通常明瞭なリフト終了時の不整合によって示され，かつて隆起し侵食および堆積の休止を経た領域が熱的に沈降したことによって生じた堆積間隙を表している．非活動的縁辺域を掘削したボアホールデータからは，リフト期の陸上堆積環境から後リフト期の深化した海洋堆積環境への遷移が明らかとなっている．熱的に沈降した海盆は，もとのリフト盆地の面積よりもかなり大きくなるのがつねである．リフト終了時の不整合によって示される海成氾濫および後リフト期の海洋環境の深化は，熱的な沈降の領域の拡大や自然延長を表している（図1）．米国東岸の大陸棚をはじめとしたボアホール

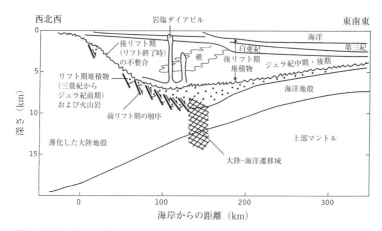

図1 米国北東大西洋縁における観測結果に基づいた非活動的大陸縁の地殻断面図．図には，傾斜した断層地塊によって制約された堆積盆下のリフト期堆積物，厚い後リフト期堆積物，ジュラ紀の炭酸塩礁のプログラデーション，および岩塩ダイアピルが示されている．(Grow and Sheridan (1988) に基づく)

データを用いた非活動的縁辺域の沈降履歴のモデル計算によると，初期の熱的な沈降は典型的には100万年間で30mの割合で起こり，しだいに指数関数的に減少し約1億5000万年ののちに定常状態になることが明らかとなった．

[Jonathan P. Turner/山本圭吾訳]

非地震性海嶺および海台
aseismic submarine ridges and oceanic plateaux

非地震性海嶺は，周囲の海底からの比高が最大で4km，幅400km長さ5000kmに達する巨大な線状の構造である．非地震性という用語は，ほとんど地震活動がないことからつけられたもので，これらがプレート境界の近くに位置していないことを示している．海台も形態が違うことを除けば本質的に同様の構造である．これらは数百km^{2}の広さに達し，周囲の海底から少なくとも1000mは高くなっている．この2つは，それぞれ海底の面積の25%および10%を占め，世界の地形学上非常に重要な構造である．しばしば海膨(rise)（たとえば，ヘス海膨）という用語が同様の構造に用いられるが，多くの「海膨」は実のところ海台あるいは海嶺である．riseという用語は，大陸縁におけるコンチネンタルライズ(continental rise)に限るのがよい．

非地震性の海底の高まりは非常に広く分布することから，これらの起源はかなり多様であることが想像される．たとえば，北大西洋のロッコール海台，南大西洋のアガラス海台，西インド洋のマスカリン海台などは，リフティングや海洋底拡大の間に分離された大陸地殻の孤立断片である．これらは，本質的には微小大陸である．

一方，下部が大陸地殻ではなく海洋性の火山岩であるものはさらに重要である．これらは，北西太平洋のハワイ-天皇海山列，インド洋の東経90°海嶺，南大西洋両岸のリオグランデ「海膨」とウォルビス海嶺などである．ハワイ-天皇海山列では，活火山を伴った標高の高い大型のハワイ側の島から，火山活動をやめ海面下に水没した北端の島までの明瞭な推移が見られる．当初の説明では，これらは地殻中の長大で深い割れ目を表していて，南に進行しながら開いていきそれに沿ってマグマが上昇し火山島を形成したとされていた．これに代わる説明として現在一般的に受け入れられているのは，J.T.ウィルソンとW.J. Morganによるもので，この水平移動は太平洋プレートが「固定された」ホットスポット上を動いていった結果である，というものである．

対をなすリオグランデ「海膨」とウォルビス海嶺は，初期段階の南大西洋の開裂に関係している．双方とも1億年から8000万年前までの海洋性火山岩類でできている．これらは白亜紀に海嶺の頂上で発

達し，その北縁と南縁は当時の主要な断裂帯によって形成された．それ以降，これら2つの海嶺は，南大西洋の地形の発達と堆積環境に重大な影響を与えてきたが，これらの発達史は，現在トリスタンダクーニア島の下に位置するホットスポットの動きによって複雑なものとなった．

非地震性海嶺と海台は，非常に不均整な地形を作り出しながらこのように海底の広大な部分を占めているので，必然的に沈み込みの様式あるいは特徴に対して極度な影響を及ぼし，また消費プレート境界が複雑であることの主要な原因となっている（「島弧」参照）．このことは，現在ハワイ–天皇海山列と千島–アリューシャン弧が交差する場所においてとりわけよく認められる．

[Harold G. Reading/山本圭吾訳]

ヒマラヤ・チベットの隆起と気候変動
Himalayan–Tibetan uplift and global climate change

新第三紀から第四紀にかけての地球規模冷却や大規模な大陸氷床の成長における，新第三紀後期のヒマラヤ・チベット高原の隆起のもつ潜在的役割は，1980年代後期から1990年代初期の間にとくに注目された．ヒマラヤおよびチベット高原の構造は，地球の大気循環を変化させ，新しく露出した岩石の表面の風化の増加に伴う生物地球化学循環の変化に起因する大気中の気体濃度を変化させ，その結果として地球規模冷却に結びついていると考えられている．

インドおよびアジア大陸プレートが5400万～4900万年前の間に衝突していたという動かない証拠がある．そのころから，インドはアジアに向かって北側に，毎年40～50mmの割合で動きつづけている．このことは，ヒマラヤや南チベットでの，インド地殻の褶曲や断層に帰着している．チベットの同種からなる地形が，地殻の厚さを薄くしたり倍にしたりして，ヒマラヤとチベット高原を平均海抜5000～5500mまでにもち上げている．しかしながら，一部の地球科学者の意見によると，インドの北側への動きによる構造的な力では，地殻が厚さを増すのを説明しきれず，高原は自身の重さで下方に広がってしまうという．近年，高原は拡大しており，東西方向に正断層で100万年に1%の割合で広がっている．

この海抜高度の上昇は，気候をさまざまな点で変化させるだろう．まずはじめに，高原の上昇は周辺の大気システムを歪めたり妨げたりし，それによってジェット気流は曲がりくねって，北半球の氷床が形成される重要な地域である北米や北西ヨーロッパではとくに，極の冷たい大気の南方への移動を容易にするだろう．このことは結局，地球規模の大気循環に影響を与えるだろう．2番目に，隆起した地域では，高原上の大気圧力システムが夏と冬それぞれに高くまたは低くなるに伴って，温度勾配による大気の流れが強められるだろう．これによってインドモンスーンが強められ，ヒマラヤの前面地域では降水が激しくなり，一方で，北側に進んだ季節風がヒマラヤの影響で水分を失うことによって，チベット高原と中央アジアの乾燥は増大するだろう．中央アジアでは，乾燥の増大によって，夏季の高温や冬季の極端な低温が起こるだろう．加えて，高原は大気中に高く隆起するにしたがって低温となり，氷河が成長するかもしれない．この氷河は正のフィードバックをもたらし，太陽光入射を反射してさらなる冷却につながるかもしれない．3番目に，新しく露出した岩石の表面や，侵食過程によって形成された岩屑の有用性が増すにつれて，化学的な風化がとって代わるようになるかもしれない．化学的風化を引き起こす大気中の二酸化炭素が岩石を形成するケイ酸塩鉱物と反応して炭酸水素塩を形成する間は，それらは海に洗われて，最終的には炭酸塩岩を形成する．二酸化炭素は主要な温室効果ガスであり，大気を暖めるのを助けるから，大気中の二酸化炭素量の減少は，地球の寒冷化につながる．このような過程によって4000万年前の二酸化炭素が減少し，氷室効果が起きて，第四紀の氷期がはじまったのではないかと議論されている．

新生代の間，ほかの構造的出来事もまた起こっており，それらは気候変動に影響を及ぼしえた．大陸の移動によって海洋の配置が変化し，水路が開いたり閉じたりした．これらのことによって，地球規模および地域規模の海洋循環が大きく変化し，地球全

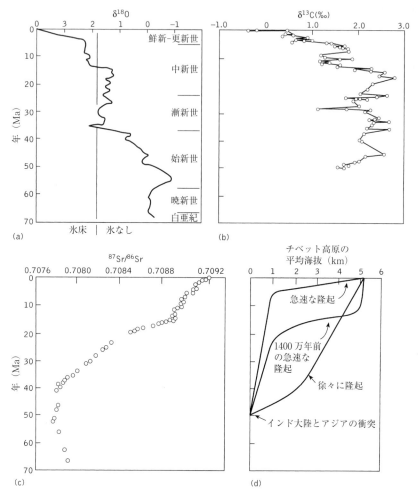

図1 チベット隆起と放射性同位体の関係.(a)大西洋深海コアの $\delta^{18}O$ との比較.(b)過去7000万年の海洋底炭酸塩の $\delta^{13}C$ との比較.(c)同様に $^{87}Sr/^{86}Sr$ 比との比較.(d)チベット隆起のいくつかの説.(a、b、c は Raymo and Ruddiman(1992)より)

体の熱交換が変化した.海床の拡大の割合もまた第三紀の初期の間減少し,火山噴火から大気への二酸化炭素の供給が減少していた.海床の拡大が減少するにつれ,海洋の拡大している端が冷やされ,静まり,海水準は下がった.これによって風化されたり植物が育つことのできるような利用可能な陸地が増え,二酸化炭素を有機炭素として蓄え,大気中の二酸化炭素量をさらに減少させる.第三紀に寒冷化をもたらし,ついには第四紀で氷期がはじまったことにおけるこれらの過程や山の隆起の重要性は,立証・評価するのが難しい.

チベットの隆起と地域規模および地球規模の気候変動との関係を説明する,さまざまな代替データは与えられている.海洋性堆積物のなかに保存されていた有孔虫(海洋単細胞生物)の石灰質の殻の酸素同位体比は,過去の海床量を本質的に記録しており,海洋の温度の代わりとなる.5500万年前の酸素同位体比は $\delta^{18}O$ 値の長期的な増加を示しており,急速な寒冷化の期間に区切られる,激しい寒冷化を表している(図1a).最初のおもな $\delta^{18}O$ 値の増加は,3500万年前に起こっており,おそらく南極氷床の成長のはじまりを示している.それに引き続き,2000万年の間寒冷がある. $\delta^{18}O$ 値のさらなる増加は中新世中期(約1500~1300万年前)および鮮新世(約400万~200万年前)に起こっている.これらの増加はおそらく,南極の氷床のさらなる成長と,北半球の氷床の形成をそれぞれ表している.漂礫土,モレーン,氷に浮かんでいた堆積物,古生物学的証

拠が，この寒冷傾向および，3500万年前の南極と，約450万〜250万年前の北半球の氷河作用のはじまりに，影響を与えている．

海洋性炭酸塩中の$^{87}Sr/^{86}Sr$同位体比は，ほかの方法で科学的風化の割合を見積るのに重要なものである．始新世後期（約3800万年前，図1c）の$^{87}Sr/^{86}Sr$同位体比の顕著な増加はおそらく，風化の増加，または風化される岩石の種類の変化（岩石の侵食は，陸からの放射崩壊によるストロンチウムを供給する），または海床の熱水供給の減少によるものと考えられる．後者は，海床拡大の割合の変化に左右される．4000万〜3000万年前の間に海床拡大の割合はほとんど変化していないので，$^{87}Sr/^{86}Sr$同位体比の変化は風化の増加によるものであると考えられる．今日，ガンジス-ブラマプトラ河川システムは日常的に高い$^{87}Sr/^{86}Sr$同位体比を示すことから，新生代の$^{87}Sr/^{86}Sr$同位体比が，ヒマラヤの風化の増大の影響を受けていると考えられている．しかしながら，値の増加は，南極氷床の成長に伴う氷河侵食の供給の強まりを反映していると論じている人もいる．

このような侵食の増加は，大気中のすべての二酸化炭素を，数百万年のうちに使い果たしてしまう．したがって，二酸化炭素を大気中に取り戻すような，負のフィードバックが働かなくてはならない．1つの可能なメカニズムは，有機炭素副循環の不安定に関連する．海洋性炭酸塩中の$^{13}C/^{12}C$比は，有機炭素貯蓄の大きさの変化を反映する．たとえば，もし有機物の貯蔵地が減少したら，$\delta^{13}C$は減少する（$^{13}C/^{12}C$比の減少）．海洋性炭酸塩中の$\delta^{13}C$は，新生代に顕著な減少を見せており（図1b），炭素の貯蔵地もまた減少している．これはすなわち，さらなる二酸化炭素が，海洋および大気中に放出されうるということである．酸素は有機物を酸化させ二酸化炭素を放出するのに不可欠であるから，貯蔵された有機炭素の減少は，海洋に溶解された酸素濃度の増加につながるだろう．酸素溶解度は温度の減少とともに増加する．したがって，海洋への酸素の溶解度は，海洋が冷やされはじめると増加する．このことは有機物の酸化につながり，大気中への二酸化炭素放出の増大につながる．二酸化炭素と酸素の大気中の残留時間（二酸化炭素は100万年以下，酸素は約1000万年）により，これらの過程の完全な均

衡は保たれない．むしろ，有機副循環の均衡は，時間とともに効果を失っていく．新生代後期に二酸化炭素が急速に使い果たされていくなかで，このことは，さらに強力な寒冷化の原動力となるかもしれない．ほかの二酸化炭素を大気中に放出するような負のフィードバックメカニズムには，ケイ酸鉱物の深海への降下や，玄武岩の海床侵食があるが，これらの過程についてはほとんど理解されていない．

これらの複雑な過程の，気候変動における重要性を評価することは困難である．しかしながら，新生代の気候の進化を地球大気のコンピュータモデル（GCM）を用いてモデル化する試みは行われてきた．GCMを用いてアメリカの地球科学者は，ヒマラヤ・チベットの隆起に伴う大気の変化を研究してきた．彼らの初期の結果によれば，モデルから計算された降水や気温の地球規模の変化の多くは，観測された過去4000万年の地質学的記録に反しないということである．さらなる実験により，GCMによってインドモンスーンを感度よく調べることができるようになった．その結果によると，標高が今日の半分の高さであったとき，今日のような強いモンスーンは強い太陽の力によって引き起こされていた．そうすると次のような問題が生じる．チベットは，いつモンスーンがはじまるのに十分な高さをもったのか，また，このことはほかの地球寒冷化や，800万〜700万年前のモンスーン活動の増加の証拠と一致するのか．

隆起の気候変動への寄与のなかで，隆起のタイミングはおもな不明点の1つである．隆起のタイミングを考えるうえで，3つの対照的な考えがある．おおむね，哺乳類相，古カルスト，地形学に基づいていて，最初の考えは，鮮新世の後期から更新世の隆起を強く支持している．これらの動物相，古カルスト，地質学的変化は，均一であるが，気候変動に寄与しているものと思われる．2番目の考えは，隆起は始新世の初期から徐々に起こっており，始新世の後期までに十分に隆起したのだと提唱している．これは中国東部の湖の岩石の変化に基づいているのだが，この仮説には不明な点が多い．

最も一般的に受け入れられている3番目の考えは，およそ2500万年前に急速な隆起が起こり，高原が現在の高さになったのは1500万〜1400万年前であると考えている．これは，今日の高さや高原の

広い範囲の地形は，おそらく，対流によってマント
ルの下部リソスフェアが薄くなったことによる隆起
によるものであるという仮定に基づいている．中新
世中期後のチベット高原北部からの溶岩がマントル
のリソスフェアから運ばれたことが，マントルのリ
ソスフェアが薄くなった起源である．この溶岩は，
約1300万年前のことである．さらに，高原の衝突
の結果としてできたネパールのThakkola断層の拡
大は，1400万年前のことである．これらの例は，
最大の高度は1400万年前より前にできあがってい
たという見方を支持する．インド・ガンジス平原や
ベンガルに堆積した堆積物の再解析によれば，800
万年前にヒマラヤからの堆積物の供給の減少が見ら
れる．このことは800万年前以降の構造活動の減少
に起因しており，高原の隆起が約800万年前以前に
起こったという説をさらに支持する．あるいはまた，
侵食の減少は，約800万年前の植生の大きな変化に
よるものとも考えられる．この，いつ隆起したかと
いうことは，モデリングのうえで，また隆起の気候
変動への役割を考えるうえで必要不可欠なことであ
る．

　隆起と気候変動に関するほかの説は，ヒマラヤで
の第四紀の氷河作用が，隆起を強めたと提唱してい
る．この説によれば，地球表面が均一に侵食され，
ならされたとき，調和的な再調整が起こり，地殻は
もとの高さの約5〜6倍になるだろう．しかしもし，
氷河が地形を深く侵食するように，地殻が均一に侵
食されなくても，同じ量の物質が移動されたなら，
その反響は，高い山頂を形成するのを助けるだろう．
この過程は，ヒマラヤに高い山頂をつくるのを助け
ただろう．この過程は隆起のほかの説を説明したも
のの，地質学のデータは，ヒマラヤはおもな氷河作
用がはじまる前に現在の高さになったということを
提唱している．しかしながら残念なことに，ヒマラ
ヤとチベットの最も古い氷河作用がいつかというこ
とや，氷河作用の広がりについては，ほとんどわかっ
ていない．したがって，氷河作用と隆起の関係を見
積ることは困難である．

　まとめると，新生代後期の気候変動がヒマラヤと
チベット高原の隆起に起因すると明確に考えること
はできない．研究者たちは，新生代後期の気候変動
を操る複雑な過程やフィードバックメカニズムを理
解しようとしはじめたところである．ヒマラヤ・チ

ベット地域や，世界のほかの地域の気候変動のさら
なるほかのデータが，構造・気候変動のタイミング
や本質を実証するのに必要である．

［Lewis A. Owen/田中　博訳］

■文　献
Raymo, M. E. and Ruddiman, W. F. (1992) Tectonic forcing
　of late Cenozoic climate. *Nature*, **359**, 117-22.
Ruddiman, W. F. and Kutzbach, J. E. (1991) Plateau uplift
　and climatic change. *Scientific American*, **264**, (3) 42-51.
Ruddiman, W. F. (1997) *Tectonic uplift and climate change*.
　Plenum Press, New York.

氷河時代
ice ages

　暖かい気候（間氷期）と寒い気候（氷期）の間の
変動を繰り返すのは，250万年前（第四紀）の古気
候の特徴である．ほかに氷河時代であった地質時代
は，石炭紀（2億5000万年前），カンブリア紀（6
億5000万年前），そして原生代に2回（9億年前と
12億5000万年前）があげられる．第四紀の氷河作
用は，最初は，広く広がった間氷期に妨げられて，
4回しか起こっていないと考えられた．しかしなが
ら，深海のコアからの詳細な科学的またはほかの証
拠によると，20以上の気候上の変化が，過去250
万年の間に起こったと考えられる．

　先に述べた広い氷河作用の証拠は，高緯度の氷の
コアのなかや，急速な寒冷化や大陸性ダストの増加
を表す海洋性堆積物のなかに残されている．中緯度
では，さまざまな堆積学的・生態学的・形態学的証
拠が，現在では氷に覆われていない地形の氷の存在
を示している．低緯度では，氷河時代の証拠は少な
いが，一般的に，冷やされた海面からの蒸発の減少
と，強い貿易風の組合せによる，広い乾燥や砂漠の
広がりが示唆されている．

　北の高緯度地域では，太陽光の入射の幅広い変化
に合わせて，氷床が成長したり衰退したりすること
が明らかになっている．これらの緯度では，太陽加
熱の減少によって1年中雪で覆われるようになる．
それによって表面のアルベドが減少し，寒冷化を強
める働きがあり，そのなかで，正の（冷却する）フィー

ドバックをもたらす．氷の後退はさらに複雑に起こり，おそらく入射に関連して起こる正の（暖める）フィードバックで，水分の欠如，海水準の上昇による氷床不安定，温室効果ガスの量の変化などを理由としてもっている．太陽入射は同期していないのにかかわらず，氷床の拡大と後退は，地球規模で同時に起こる．このことは，海洋の中間および深い層での熱の再分配における重要な役割と関係していると考えられている．氷期から間氷期への，突然の気候変化が記録されている．それらは，太陽入射による変化から予測されるものより急速で，海洋-大気相互作用および海洋-陸面相互作用の変化に関連していると仮定されている．

最終氷期は，約1万8000年前に終わっている．大陸の環境の大幅で急激な変化に加えて，海水準は約120 m下がった．この期間の間，年平均気温は5〜10℃低く，氷は陸地の1/3近くを覆っていたと見積られる．西ヨーロッパと北米の大部分は数 kmの厚さの氷に覆われていた．これらの氷はフェノスカンジヤ（ヨーロッパ）や，ローレンタイドおよびコルディレラ（北米）の氷床となり，中緯度の偏西風の蛇行の急激な変化をもたらした．

[Stephen Stokes/田中　博訳]

■文　献

Dawson, A. G. (1992) *Ice age Earth : Late Quaternary geology and climate.* Routledge, London.

Lowe, J. J. and Walker, M. J. C. (1984) *Reconstructing Quaternary environments.* Longman, Harlow.

氷河時代の乾燥
ice-age aridity

現在や過去に見られる風成砂丘は，過去に相当拡大したことを示している．現在の活動的な砂漠の分布は，赤道の南北30°近辺の範囲（ハドレー循環が降下する場所）や，大陸内陸部，寒流の影響を受けている地域にほとんど限られている．これらの地域の特徴は，年降水量が150 mmを超えないことである．過去の砂漠は北緯30°から南緯30°の範囲の大陸の50％以上を占めていた．砂漠化のタイミングや全球気候との関連は，いまもなお大きな議論の的

である．

米国の地形学者 G. K. ギルバートが提唱した19世紀後半に一般的だった理論は，寒冷期（氷期）と乾燥地域における雨の多い状態（湿潤）が互いに関連しているというものであった．彼は，北米南西部のグレートソルトレイクとウォサッチ山脈にある過去の湖水位と，それと関連した氷河性モレーンを研究し，高い湖水位と山岳氷河の最大前進に関係があると結論づけた．

1970年代中頃になると，この理論は3つの異なる証拠によって疑問視された．1つ目は，いくつかの砂漠と砂漠性堆積物の炭素同位体による年代決定によって，氷期で砂丘の活動が活発になっていることが示唆されたことである．たとえばサハラ砂漠南部の拡大は，南方へ500 km移動したためである．2つ目に，熱帯や北部アフリカの湖では，約1万8000年前の最終氷期極大期に最小水位を示した証拠がある．3つ目に，大規模な砂漠に近接した海岸で掘られた海洋コアに供給する砂塵や風成砂は，氷期に最大であった．氷期の最大の砂塵沈降は，その後，極で掘られたアイスコアでも確認された．高緯度の氷河の拡大と中低緯度の乾燥との全球的な関係は，このように確立された．

いまでは，氷期における低緯度砂漠域の寒冷乾燥が，アフリカやアジアのモンスーン性の雨季の弱化と基本的に関連していることがはっきり理解されている．モンスーン性の降雨は，おもに暖かい大陸と，砂漠に近接した冷たい地域の間の，強い夏の気温傾度によって駆動している．陸地と海洋の気温差の低下は，モンスーン性降雨強度を減少させ，砂漠の拡大を導く．もし冷たい湧昇水を駆動する風成が海洋近辺で弱まったら，この傾向はさらに強められるだろう．夏季の気温のおもな影響は，ミランコビッチサイクルによる氷期・間氷期のタイムスケールで操られる太陽の日射量で決定する．

氷河時代の乾燥のさらなる証拠は，ヨーロッパやアジアの広域な黄土分布からも得られている（図1）．黄土は，とくに氷河の粉砕活動によって解放された粒状の風成堆積物で，長距離の移動をし，強風や乾燥を指し示す．深海のコアから得られた古気候との関係から，黄土が堆積した時期は，氷期と関係している．

氷河時代の乾燥化のさらなる要因は，氷期に関連

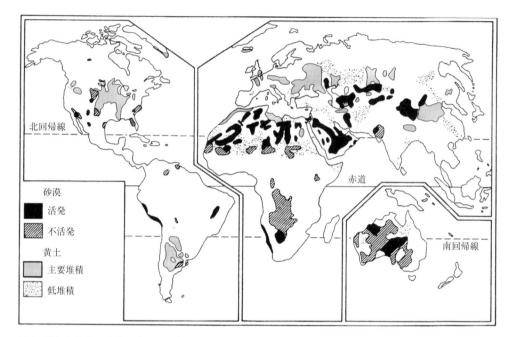

図1 現在と過去の砂漠の広がり．(Thomas, D. S. G. (ed.) (1989) *Arid zone geomorphology: process, form and change in drylands*. John Wiley and Sons, Chichester から引用)

した海水位の低下と関係がある．海水位の低下によって，海岸近くの広大に広がる大陸棚が現れ（場所によっては200 km広がった），広大な氷河性大陸となった．この陸地化の効果で，内陸部に運ばれる水分を多く含んだ空気塊は，大陸内部に到着するまでに大きく水分を失われる．極から赤道（南北方向）の気温傾度は氷河時代に極大となっており，その結果，貿易風循環も強化される．強化された貿易風によって蒸発量も増大する．

短い持続時間の海洋の熱塩循環や海面水温の変化によって，北大西洋と太平洋の間の海面水温偏差の関係やサヘル地域の乾燥化に示されたような，重大な影響が与えられる．

上述された一般場の変化が発生する．この特別で重要な例が，G.K.ギルバートによって議論されたグレートソルトレイク盆地なのである．この地域にボンネヴィル湖とラホーンタン湖があるが，最終氷期の最盛期に最高水位となった．この時期にこれらの地域で雨が多かった証拠は，偏西風の縁が南方に移動し，次に冬季の低気圧活動の強化したことで，降水が増加したことで説明できる．更新世末期のローレンタイド氷床の最盛期に，偏西風が転移してきた．最終氷期の氷床の後退によって，また偏西風の縁は北半球の高緯度に移っていった．

最近の時代である第四紀後半の乾燥・半乾燥地域における最大湿潤期は，約9000年前に起こった北半球の最大分離と広域に一致した．この時期のモンスーンによる降雨は強化されていた．

[Stephen Stokes／田中　博訳]

■文　献
Dawson, A. G. (1992) *Ice Age Earth: Late Quaternary geology and climate*. Routledge, London.

氷河時代理論
ice-age theories

近年の気候変化のすがたは，広範囲の地質学的証拠からますます明らかになっている．最近8億年で3度，地球は氷河作用に支配されていた．先カンブリア時代後期，ペルム紀と石炭紀，そしていちばん最近では第四紀である．第四紀に関するわれわれの理解は，証拠が最も豊富で，利用できる地質学的手法の範囲が広く，事象の時・空間分解能が高いので，

最も詳細にわたる．深海コアの解析は，第四紀氷河時代の最近約200万年で，全球気候の主要な変化を反映する60を超える同位体の段階があることを示した．ゆえに，氷河時代を説明するどんな試みも，2つの問題に焦点を当てねばならない．すなわち，第1に，なぜ氷河時代がはじまるのか，そして第2に，なぜ第四紀にそのような主要な気候の改変があったのかという問題である．

　第2の問題をはじめに取り上げると，ミランコビッチサイクルが，1万年の時間スケールでの第四紀の気候変動にひそむ主要な強制メカニズムであることが受け入れられているようだ．加えて，グリーンランドの氷床コアにおける最近の研究は，海洋の熱塩循環の始動/停止のようなほかのメカニズムが，とくに短い時間スケールでの気候変動に大きな効果をもたらすことを示唆した．しかし，ミランコビッチサイクルは地球の歴史を通して作用していて，そのほとんどは未氷結であったのだから，氷河時代を開始するメカニズムとして働くことはできない．

　「氷河時代はどのようにはじまるのか？」という問題に答えるために，はじめに未氷結な世界から氷結した世界への推移の歴史をレビューすることが必要である．国際深海掘削プログラム（DSDP）地点での酸素同位体から，始新世の間の約3600万年前に南極で氷が形成されはじめ，それは約2000万年前の寒冷化に引き続いているという証拠がある（図1a）．1500万年前での中新世中期の気温のさらに顕著な減少は，おそらく南極での増加した氷床成長を反映している一方，鮮新世後期の減少はおそらく北半球の大陸での氷床形成による．

　鮮新世後期の寒冷化をより詳細に扱うと，深海コアの最近の酸素同位体解析は，460万年前と430万年前の間に氷体積が増大した時期があり，410万〜370万年前まで長期の温暖化トレンドがあり，350万年前にはじまる明瞭な寒冷化トレンドが続き，285万年前以降の第四紀氷河時代として知られる大規模北半球氷河作用のはじまりへ進行したことを示唆する．

　第四紀氷河時代のはじまりを説明するために，多くの理論が出された．これには，プレート運動（大陸の漂流），地殻の隆起，大気循環の変化，大気のガス組成の変動，火山活動，そして海洋循環の変化が含まれる．

　極域上への大陸の変位が氷河作用のはじまりを説明するという理論は，とくにペルム紀・石炭紀の氷河作用について受け入れられた理論である．しかし，過去1億年の間，極域への大陸変位は無視でき，この説は，結局は第四紀氷河時代を導く約5500万年前の始新世初期以来観測された寒冷化を説明できない．

　2番目の理論は，とくにチベット高原の地面隆起が氷河作用をはじめるのに十分であったことを示唆する．チベット高原は，地球上で最も壮大で大規模な地理的特徴の1つである．5km以上の平均高度をもち，米国の半分の面積がある．始新世中期（5200万〜4400万年前）にはじまり現在も続く，アジアプレートへのインド-オーストラリアプレートの衝突によって形成された．

　チベットの隆起は，大気循環に2つのおもな効果をもつ．第1に，現在のチベット高原は非常に高くて広大なので，全球スケールの大気循環に影響する．とくに南北に大きな高い山脈は，東西循環に対して障害として作用し，大気循環を極（子午線）方向へ偏向するように強制する．ヒマラヤや，北米のロッキーのような大山脈は，子午線方向に上層大気循環を偏向する効果をもち，おそらく上層大気における大規模停滞ロスビー波の原因となる．ロスビー波はとりわけ，暖かい南西大西洋から冷たい北東大西洋近くの大陸へ湿潤空気を運ぶのに重要で，氷床の形成に対する重要な水分源である．

　第2に，チベット高原はインドモンスーン循環を駆動する主要因である．高原は高いので，太陽光線はほとんど大気を通り抜けない．夏には高原は急速に加熱し，空気は上昇して，南や東からモンスーンの風を引き込む強烈な地上低気圧の原因となる．

　しかし，気候モデル研究者の研究は，チベット高原の発達が，前の冬の雪を融かすことで氷床に効果的なコントロールを及ぼす高緯度の夏の気温にまったく効果がないことを示唆している．したがってこのことは，チベットや北米の高い山脈の形成が，それ自身で大きな地球の氷床の成長をはじめるのには十分でないことを示唆する．1899年にT.C.チェンバレンは，全球寒冷化をはじめるに十分な大気のガス組成への変化と，地面隆起を結びつけた理論を提言した．

　今日われわれが知っているように，大気中の二酸

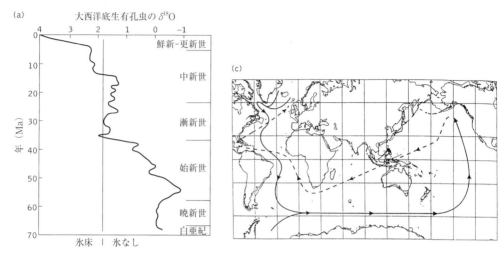

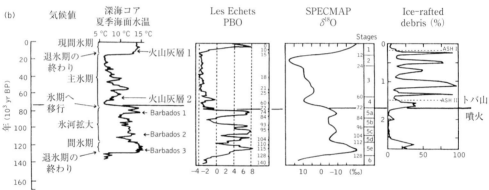

図1 (a) 始新世以降の気候変動．過去7000万年間の大西洋における酸素同位体測定．データは，国際深海掘削プログラムの10地点から収集された．(Raymo, M. E. and Ruddiman, W. F. (1992) Tectonic forcing of late Cenozoic climate. *Nature*, **359**, 117-22, Fig. 1)

(b) 最近14万年の気候指標．水平太実線はトバ山噴火の時代を示す．PBO（古生物気候オペレーター）は，「最も可能性のある」気候プロファイルの尺度である．より高いPBO値は，より暖かい気候を示す．(Rampino, M. R. and Self, S. (1993) Climate-volcanism feedback and the Toba eruption of 74000 years ago. *Quaternary Research*, **40**, 269-80)

(c) 全球熱塩循環の「コンベアーベルト」．深層水は実線，非常に大雑把な表層輸送は破線で示される．(Hay, W. W. (1993) The role of polar deep water formation in global climate change. *Annual Review of Earth and Planetary Sciences*, **21**, 227-54, Fig. 7)

（図中の用語説明）

$\delta^{18}O$ は以下の式で表される.

$$\delta^{18}O = \left\{\frac{(^{18}O/^{16}O)_{\text{sample}}}{(^{18}O/^{16}O)_{\text{SMOW}}}\right\} \times 1000\ [‰]$$

ここで，SMOWは標準平均海水である．底生有孔虫：*benthic foraminifera*．大きさ0.1～1 mm程度の，海底に生息する原生生物．沿岸の潮間帯から深海域までの多様な環境に生息．主として炭酸カルシウムからなる殻をもつ．BP：before present のこと．Les Echets：フランス・リヨン郊外の地名．SPECMAP：Spectral Mapping Project．世界中で得られた過去40万年前までの古気候データを集めた．Ice-rafted debris：漂流岩屑．海氷の形成時に取り込まれた陸源性砕屑物が海氷とともに漂流し，海氷が融解する際に解放されて海底に堆積したもの．

化炭素（CO_2）レベルは，全球気温に影響する．短い時間スケールで，CO_2のおもな発生源は有機物質の燃焼，火山爆発，CO_2が炭酸塩の岩石として海洋に吸収・貯蓄される割合での変化に由来する．しかし，100万年より長い時間スケールでは，大気におけるCO_2のレベルは，（主として地球内部からやってきて火山活動で放出される）CO_2の入力の割合と，（化学反応の一部として大気からCO_2を吸収するケ

イ酸塩岩石の化学的風化によっておもに達成される）CO_2 の欠損の割合とのバランスに制御される．

マサチューセッツ工科大学の Maureen Raymo とヴァージニア大学の Bill Ruddiman は，チベットの隆起が化学的風化へとケイ酸塩岩石をもち上げて露出させ，それによって大気から CO_2 を抜き取ったということを示唆している．同時に，チベット高原により生じる強化されたモンスーン気候は，風化生成物を川の険しい傾斜を下って洗い流し，新たな化学的風化に対して新鮮なケイ酸塩鉱物の供給物を絶えずあらわにする．

しかし，この理論の1つの必要条件は，CO_2 のレベルを加えるメカニズムがあることである．なぜなら，もしそのプロセスが変化なく働けば，大気は数百万年のうちにその CO_2 のすべてを失ってしまうからである．研究者たちは，これがまず埋蔵されている炭素量の減少によってより多くの CO_2 が利用できる結果となり，次に（CO_2 を分離しない）ケイ酸塩沈殿率に比較して，（CO_2 を分離する）海底での炭酸塩沈殿率の減少によって達成されると示唆している．この仮説は近年ますますポピュラーとなり，中新世にはじまって南極の氷形成期を通じて続き第四紀氷河時代に終わる気候急降下を引き起こす，もっともらしいメカニズムを与えると，多くの人に思われている．

火山活動もまた，氷河作用を起こしうる原因としてあげられた．地質学的記録は，第四紀の爆発性火山作用が，中新世や鮮新世より平均約4倍大きかったことを示唆する．爆発性火山作用は，寒冷化効果のある成層圏の大量のダストや岩屑を噴出できる．しかし，おもな気候学的効果はおそらく，成層圏に噴出される硫黄によってもたらされる．それは急速に硫酸に変わり，そのエアロゾルは太陽放射を後方散乱して対流圏を寒冷化する．

最近の研究は，ダストが火山事象のあと長くは大気中にとどまらず，火山性エアロゾルは気候において長期の効果はないことを示唆している．たとえば，1815年のタンボラ山（インドネシアのスンバワ島）の噴火は翌年の北半球に平均 0.7℃ の降下をもたらしたが，気温はすぐに回復したことが考えられる．同様の短期効果は，1980年のセントヘレンズ山（アメリカのワシントン州）の噴火で注目された．しかし，上で示した事象は比較的小さなスケールであ

る．対照的に，およそ7万3500年前のスマトラ島のトバ山（インドネシアのスマトラ島北部）の噴火は，第四紀で知られた爆発事象で最大のものであった．噴火は，最終氷期のはじまりで急速な全球氷蓄積の時期と一致していたと思われる（図1b）．その噴火が，北米北部に形成されたローレンタイド氷床（最終氷期初頭から最寒冷期に北米北部に形成された大陸氷床）の成長域で，2〜3年の間夏の平均気温を約12℃寒冷化させたことが示唆されている．したがって，非常に大きな火山噴火がほかの気候因子と同時に起こると，氷河時代を開始する能力をもつのは不可能ではない．

海洋循環の変化もまた，氷河時代を開始することのできるメカニズムとして提言された．1300万〜180万年の間徐々に起こった，中央アメリカ域における大西洋と太平洋の間の地峡の仕切りは，おもに北大西洋の海洋循環における効果に関して重大なイベントと見なされている．

長期・短期両方の時間スケールで，第四紀の気候変動の1つのおもな決定要素は熱塩循環の強さである（図1c）．北大西洋で，冷たく密度の高い塩水が形成され，海底で南方に流れ，ついには世界の海洋のすべてに到達する．より暖かい水の反流が引き起こされて，北大西洋と近隣の大陸の温度に大きく影響する．熱塩循環の1つのおもな必要条件は，密度の高い塩水の形成である．パナマ地峡が開いていて太平洋と大西洋がつながっていたとき，太平洋から大西洋へ向かって，その逆よりも多くの水が流れ，北大西洋での塩分の濃い水の形成を制限したと示唆される．いったん地峡が閉じると，メキシコ湾流が強まって，北米東部の高蒸発域と北大西洋の塩分増大をもたらす．

中新世の間，グリーンランド–スコットランドリッジと呼ばれる北極海の囲いが沈降し，より冷たい極の水を北大西洋に逃がすようになったという証拠もある．北大西洋の塩水が成長し，冷たい極の水の流出が増加するにつれて，熱塩循環は有効に増大し，北大西洋に温暖な冬の気温と大量の水分を供給し，それは近隣の冷たい大陸での大規模な大陸氷床の形成に不可欠である．

したがって，第四紀氷河時代の原因は答えるには非常に複雑な問題でありがちである．チベットの隆起とその結果起こる大気 CO_2 の減少による気候の

寒冷化が中新世における気候の下降をはじめたが,中央アメリカ地峡の閉鎖は北半球の氷河形成の引き金となったと思われる.それからこれは,ミランコビッチサイクルが氷河時代のペースメーカーとなる機会を与え,氷期・間氷期を交替する原因となる.

[B. A. Haggart/田中　博訳]

■文　献
Andersen, B. G. and Borns, H. W. (1994) *The ice age world*. Scandinavian University Press.
Imbrie, J. and Imbrie, K. P. (1979) *Ice ages：solving the mystery*. Erslow Publishers, Short Hills, New Jersey.

氷床と気候
ice sheets and climate

氷床や氷帽は,必ずしも低い位置にあるわけでなく,比較的平らな陸地に積み重なったドーム状の氷塊である.そのドームの形は典型的な凸状で,氷はその中央から外側に向かって放射状に流れる.氷床と氷帽の違いは,氷帽の面積が5万 km^2 以下であるように,規模の差である.結果的にたくさんの氷冠は確認されているが（パタゴニア,アイスランド,カナダ北極地方）,現在はたった2つの氷床しか存在していない.それらは,グリーンランド氷床（172万6400 km^2）と,南極氷床（1253万5000 km^2）であり,2つとも高緯度に位置している（前者が北緯60°〜82°,後者が南緯65°〜90°）.

氷床は,多くの特徴的な気候を示す.1つ目は,氷床は極端に寒いという特徴がある.たとえば,南極大陸の年平均気温は,海岸地域の−10℃から海抜4200 m の氷床の頂上の−60℃まで変化する（図1）.冬季の気温はもっと下がって,内陸部では−70℃を下回る.そのため南極大陸は,ボストークで1960年8月24日の−88.3℃の記録をもつ地球上でいちばん寒い場所となっている.グリーンランドはそこまで寒くないが,まれに年平均気温が−20℃に達することもあり,北部海岸沿いの冬季平均気温は−45℃になる.

図1　南極の年平均地上気温とおもな観測地点.（John and Sugeden (1975) Coastal geomorphology of high latitudes. *Progress in Geography*, **7**, 53-132 に加筆）

2つ目に，降水量は一般的に少ないという特徴がある．東部南極氷床の中央部では，ビクトリアランドのような氷がない地域のように，年降水量が50 mmに達しない．降水量は海岸に向かって増加し，海岸沿いでは通常年平均200～600 mmの降水がある．最も降水量が多いのは冬季である．グリーンランド氷床でも似たような特徴の降水となっている．中央部や北部で最も乾燥しており（年平均140 mm程度），南部の海岸沿いでは1000 mmに達する．ただし，降水のピークは夏である．

3つ目に，風は氷床気候の重要な特徴である．放射冷却で極度に冷却されることによって，氷上の厚さ100～200 mの気温の逆転層が形成される．これと凸状の地表面が組み合わさって，わずかにコリオリ力によって転向したカタバ風を形成し，海岸に向かって流れ落ちる．これらの風は，強度と風向はほとんど一定である．南極大陸東部では，カタバ風のためおそらく地球上でいちばん風が強く吹く場所で，年平均風速が$19.4 \mathrm{m\,s^{-1}}$の記録がある．風速は，氷表面の低摩擦のため，さらに強化される．

氷床の明瞭な特徴的な気候には多くの理由がある．厳しい寒さは，低い太陽高度である高緯度の少ない正味放射量で一部説明できる（ただし，真夏の極の太陽放射量は地球上のどの場所よりも多い）．さらに，表面のアルベド（反射率）は非常に高く，太陽放射の90%は反射し，地表面で熱にならない．外向き長波放射を捕らえる大気の自然起源や人為起源の汚染物質がないことによって，この冷却過程が促進されている．氷床が高緯度にあることは（南極大陸の半分以上は，高度2000 m以上である），空気が100 m上がるごとに1℃断熱過程で低下する重要な要因となっている．

とくに冬季における高圧の空気塊（高気圧）は，氷床の特徴であり，それによる晴天によって広域の極度に少ない降水量を説明できる．氷床の縁で（たとえば亜南極諸島やサウスジョージア諸島），寒帯前線に沿って移動する低圧の気象システム（低気圧）によって，湿気や雲や暴風雨がもたらされる．南極大陸の最大の降水量は，地形性の降水が大きい標高1600 mの海岸から近い内陸でみられる．内陸では降水は非常に少ない．

氷床上では永続する寒冷状態とからんだたくさんの要素がみられる．年間の放射エネルギー不足は，低緯度からの熱の輸送によって平衡し，さもなければ氷床は連続的により冷却する．暖かい低緯度からの空気塊は，氷床に顕熱を輸送し，同時に水蒸気から雨に変わることで潜熱が解放される．メキシコ湾からくる北大西洋海流のような暖かい海流は，グリーンランド氷床周辺の海に熱を輸送するが，海流が大陸を周回する南極大陸では大して重要ではない．

[Stephan Harrison/田中　博訳]

微量元素
trace elements

微量元素は，岩石の中の含有量が0.1 wt%（質量パーセント）以下の成分元素であると定義される．また，この用語は，鉱物学においては鉱物の主要な構成成分ではなく，低濃度（通常は明らかに1.0 wt%以下）で，結晶格子の中に含まれたり，鉱物の表面に吸着する元素にも用いられる．微量元素は多くの造岩鉱物について主成分元素を置換して結晶構造の中に取り込まれる．微量元素の吸着は最も一般的には堆積，続成および熱水変質などにおいて酸化物，水酸化物および粘土鉱物の表面でみられる．

微量元素は，その地球化学的挙動が地球化学的過程および特定な地質学的環境において特徴的であるので，ますます地球科学的に重要になってきた．したがって，微量元素は地球化学的挙動によって分類される．2つの異なる分類法が微量元素を区分するのに広く用いられる．第1は，周期表の位置に基づくものである．元素の化学的特徴はその電子配列に大きく依存するので，類似した電子配列の元素は同じような地球化学的挙動を示すと期待される．この方法で通常区別されるおもな4種類の区分は，①希土類元素（REE），これらはランタノイド元素およびイットリウムである．②アクチノイド元素，このなかでウランおよびトリウムが天然に存在する最も重要なものである．③白金属元素（PGE），これらはルテニウム，ロジウム，パラジウム，オスミウム，イリジウムおよび白金である．および④第1遷移系列の遷移金属（スカンジウム，バナジウム，クロム，マンガン，コバルト，ニッケル，銅および亜

鉛）．第2は，もっと経験的な分類であり，マグマ過程における元素の地球化学的挙動に基づく．冷却中のメルトから鉱物が晶出する過程で，コンパチブル元素と呼ばれる微量元素は固相に入りやすく，そのほかの元素は液相に残る傾向をもつ．後者は，インコンパチブル元素（不適当な元素）と呼ばれ，結晶化が進むと，インコンパチブル元素は，多くの結晶化する鉱物の構造中に取り込まれにくいので，ますますメルト中に濃縮され，最後にそのような元素を結晶構造に取り込むことのできる鉱物として取り除かれるか，またはマグマから分離する流体中に移動する．そのようなマグマ過程の末期に，微量元素はそれ自身の鉱物（たとえば REE 鉱物）を形成し，そのような鉱物がときにより鉱床として濃集する．インコンパチブル元素は，さらにその陽イオンのイオンポテンシャル（電価とイオン半径の比）により分類される．イオンポテンシャルの高い陽イオンは低い元素とは明らかに異なる挙動を示す．前者は高配位子場力元素（HFS 元素，たとえばジルコニウム，ハフニウム，ウラン，トリウム，ニオブ，タンタルおよび希土類元素）の分類に属する．後者は，大イオン親石元素（LIL 元素，たとえばルビジウム，セシウム，ストロンチウムおよびバリウム）と呼ばれる．ウラン，トリウム，鉛，ルビジウム，ストロンチウム，サマリウムおよびネオジムなどの微量元素は地球化学的過程や環境を特徴づけるために重要なだけでなく，それらの同位体存在比を利用して岩石の絶対年代を決めるためにも不可欠である．

岩石や鉱物の微量元素の濃度（通常百万分率 ppm ないし十億分率 ppb の範囲）を測定する場合，複雑な試料調製と高度な分析装置（たとえば中性子放射化法，同位体希釈法，誘導結合プラズマ分光分析法）が必要である．これらの方法の多くは，現在，環境地球化学，とくに地下水や土壌の微量元素（たとえば鉛，カドミウム，ニッケルおよび亜鉛）による汚染を検知するために広く利用される．また，それだけでなく，工場や有害物質の廃棄場周辺の環境の監視にも利用される．

[Reto Gieré/松葉谷　治訳]

フック，ロバート
Hooke, Robert (1635-1703)

実験哲学者のロバート・フックは，科学関連のさまざまな分野で精力的に活動し，地球科学にも多大な貢献をした．彼は牧師の息子であり，オックスフォード大学で学位を取得したが，体が弱かったので聖職者になるための教育は受けなかった．彼は英国学士院のフェローとなり，そこで長年にわたり実験関連の理事を務めた．

フックは1つの研究から次の研究にと急ぐので，「聡明だが十分な結果を得ない」といわれた．彼は重力の測定に振り子を用いた．それに続いて太陽を回る地球と月の運動について考察し，それは惑星の運動を理解する基礎となった．彼は彗星を観測し，天気の変化と大気圧の関係を研究し，地震の効果について講演し，化石の性質や生物の遷移について正しい解釈を述べるなど，さまざまな活動に関与した．彼の著書「地震叙説」（1668）は，地面や地球の大規模な変形に地震が顕著な効果をもつことを強調した．この見解は180年後にライエルの興味を引いて研究を誘発した．彼の弾性に関する実験によって，今日「フックの法則」として知られる公式が導かれた．「フックの法則」は完全な弾性体に適用される応力と歪みの関係であって，構造地質学に応用されてきた．

[D. L. Dineley/井田喜明訳]

ブラケット，パトリック（チェルシーのブラケット男爵）
Blackett, P. M. S. (Baron Blackett of Chelsea) (1897-1974)

パトリック・メイナード・スチュアート・ブラケットはロンドンで生まれた．彼は第一次世界大戦の時に王立海軍に入隊し訓練を受けた．その後，ケンブリッジ大学に入学し，まず一般教養を，次に物理学を学んだ．ブラケットは1933年までケンブリッジ大学にとどまり，キャベンディッシュ研究所で核物理学を研究したが，その研究は高い評価を受けた．

1933年には，ロンドンのバークベック・カレッジに移り，本格的に宇宙線の研究に取り組んだ．4年後，マンチェスター大学の物理学講座に移籍し，W. L. ブラッグに師事した．ブラケットは物理学教室を宇宙線研究に関する近代的な研究所に変えた．ここで彼は天文学全般と天体物理学に関する興味を示すようになった．太陽や地球の磁場の振る舞いを考察するうちに，さらに地球磁場や古地磁気に関心をもつようになった．ブラケットは磁力計改良の必要性を感じ，磁力計の設計と製作を行った．さらに地磁気観測のためには非磁性材料でつくられた研究所が必要であることから，彼はジョドレル・バンクにそれを建設した．そこには，大学の天体観測所があった．

第二次世界大戦前と戦時中，ブラケットは防衛研究に関する政府委員会に積極的にかかわり，原子力エネルギー委員会のメンバーでもあった．

1953年にロンドンのインペリアルカレッジの物理学講座に移り，そこで古地磁気学の研究を続けた．その研究は古地理や大陸移動の問題に古地磁気学を応用しようとしていた若い研究者たちに影響を与えた．彼が実際に示した結果の重要性はただちに理解されるようになり，極移動は，大陸移動に関して行われてきたあいまいな論争に対する適切で，新しい話題となった．ブラケットは1964年に大陸移動に関する王立協会討論会の組織づくりに尽力し，大陸移動に対する敵対勢力の態度を変えるなど，強い影響力を示した．最後のころの会議の席上で地球物理学者は大陸移動に対する反対理由を述べた．ブラケットはさらなる地球物理研究の必要性を強く訴えた．

以上の尽力に加えて，ブラケットは大学や政府団体という立場で，アドバイザーや委員会メンバーとしての仕事をこなし，発展途上国，とくにインドの学術と科学の発展に対してつねに関心を示していた．彼は1965年に王立協会の会長に選ばれ，1967年に終身貴族の称号を授かったのち，1974年にこの世を去った．ブラケットの地球科学分野への最大の貢献は古地磁気学の先駆的な研究や彼の影響力のみならず，物理学と地球科学の研究者を同じ席上に集める彼の説得能力にある．彼は海洋底拡大や大陸移動に関する論争において最も重要な影響を残した． [D. L. Dineley／森永速男訳]

ブラックスモーカーとホワイトスモーカー
black smokers and white smokers

中央海嶺（MOR）では，海水が加熱され，海底深部まで循環し，陸上の地熱系と同様の局所的な対流系を形成する（下巻「地熱エネルギー」参照）．海底の岩石が玄武岩質であるので，この地熱系の化学組成は南西アイスランドの海水を起源とする地熱系とよく似ている．おもに異なるところは，MOR系は水深が約3000 mのところにあり，したがって，約300 bar［3 MPa］の静水圧がかかっているが，アイスランドの地熱系は地表の約1気圧（約1 bar）の下にあることである．この差により，MOR地熱系は硫化水素ガス（H_2S）を多く含み，そのために循環する熱水のpHは低い（約3）．

中央海嶺における熱水噴出口は，1979年に太平洋のガラパゴス島の近くではじめて発見された．大西洋中央海嶺では熱水噴出口は1985年まで発見されなかった．噴出口は米国政府の所有する深海潜水艇Alvin号によりはじめて発見された．Alvin号から見ると，噴出口には噴出物（噴煙状）が黒く見えるものと白く見えるものの2つの異なる種類があった．その後，これらはブラックスモーカーとホワイトスモーカーと呼ばれる（図1）．

ブラックスモーカーでは，流体の温度は360℃以上であるが，ホワイトスモーカーの流体は一般にそれよりも低温である（260～300℃）．噴出口から熱水が噴出すると，熱水は海水と混合し，高温で低密度のため浮力により上昇し，その溶存成分も上昇す

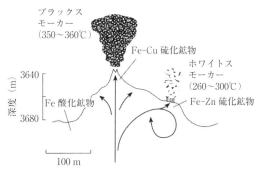

図1 大西洋中央海嶺上の活動中のTAGマウンドの模式断面図．矢印は地下の水の流れを示す．(Humphris, S. H. et al. (1995) Nature, 377, 713-16 より)

る．このような溶存成分が周囲の海水と異なる部分はプルームと呼ばれる．そのようなプルームは現在は温度や化学的異常で容易に識別できる．化学的異常のところには，マンガン（Mn）のような微量金属やヘリウムの低存在度の同位体（^{3}He）が含まれる．プルームの典型的なものは幅40 km，高さ1 km程度である（図2）．そのようなプルームは海洋全体で数十カ所でみつかっている．

熱水噴出口の典型的なものは直径が50〜200 mで，ときには高さが20 mにも達するものもある．このような構造は一般にマウンド（mounds）と呼ばれる．1つのマウンドの上には一般にブラックスモーカーとホワイトスモーカーの両方が存在する．

深部まで循環する海水の化学組成は玄武岩との反応で変化する．上述のように，pHが低く（3〜4），硫化水素ガス（H_2S）の濃度が高く，またマンガン（Mn），鉄（Fe），銅（Cu），亜鉛（Zn）の濃度が高い．しかし，コバルト（Co），鉛（Pb）およびカドミウム（Cd）の濃度は低い．

大西洋中央海嶺のTAGと呼ばれる熱水マウンド（26°08′N）は米国のウッズホール海洋研究所の研究者により研究されている．そこでは，マウンドの構造を解明するためにボーリングが行われた．TAGマウンドはブラックスモーカーとホワイトスモーカーが存在するMOR上の典型的なものである．マウンドの上部は塊状の黄鉄鉱角礫岩からなる．深部でははじめは硬石膏，それから非晶質シリカが見出される．さらに深部では，シリカに富むようになった玄武岩母岩，変質鉱物である緑泥石に富む玄武岩へと変化する．マウンド自体は20 mの円錐で，数本のブラックスモーカーがまとまって存在する（図3）．これらのチムニー（円筒状のブラックスモーカー）の構成鉱物はおもに黄鉄鉱（FeS_2）および多少の黄銅鉱（$CuFeS_2$）と硬石膏（$CaSO_4$）である．流体の亜鉛濃度は比較的低い（45 μmol l^{-1}）．ホワイトスモーカーはマウンドの縁に存在する．その構成鉱物はおもに黄鉄鉱と閃亜鉛鉱（ZnS）である．流体はブラックスモーカーとは異なり高亜鉛濃度である（300〜400 μmol l^{-1}）．この流体は，起源のブラックスモーカーの流体がマウンド中を流れ，

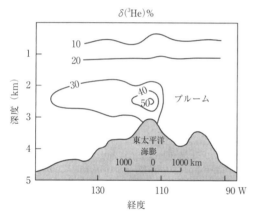

図2 太平洋の東太平洋海膨上の15°Sにおける海水中の$\delta\ ^3$Heの分布．（Lupton, J. E. and Craig, H. (1981) *Science*, **214**, 13-18 より）

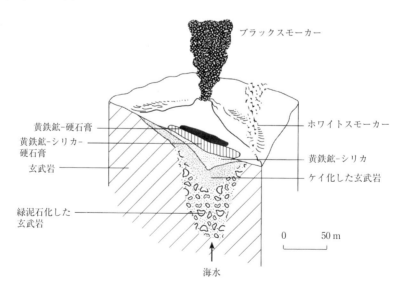

図3 大西洋中央海嶺上のTAGの立体図．（Humphris, S. E. *et al.* (1995) *Nature*, **377**, 713-16 より）

金属硫化物（たとえばFeS$_2$）を沈殿させることにより変化したものと考えられる．この反応は流体のpHを低くし，その結果，閃亜鉛鉱が溶解する．このように，ホワイトスモーカーの流体は亜鉛に富む二次的なものである．この反応は次の化学反応式で表される．

$$Fe^{2+} + 2HS^- + \frac{1}{2}O_2 = FeS_2 + H_2O$$

$$ZnS + H^+ = Zn^{2+} + HS^-$$

硬石膏（CaSO$_4$）は，噴出する高温の流体と硫酸イオンに富む海水が混合すると（150℃以上の温度で）沈殿する．これは，硬石膏がほかの鉱物とは異なり温度が高くなるほど溶解度が低くなるためである．

噴出口の上の高温の海水プルームの中では，金属は溶存状態や小さな粒状物質として含まれる．マンガンはプルームの中に2週間も残留する（最高で14 nmol l^{-1} もの濃度で）．ところが，鉄，コバルト，銅および亜鉛などのそのほかの金属はプルームの中から短期間に沈殿する（図4）．その場合，金属の70％は硫化物として，残りは酸化物（たとえば赤鉄鉱Fe$_2$O$_3$），酸化水酸化物（たとえば針鉄鉱FeOOH），および水酸化物（たとえば褐鉄鉱Fe(OH)$_3$）として沈殿する．

TAGマウンドは1〜2重量％の銅を含む．ブラックスモーカーは700 ppm（百万分率）の亜鉛，および250 ppb（10億分率）の金を含む．ところが，ホワイトスモーカーは1〜4重量％の亜鉛と3 ppmの金を含む．TAGマウンドはキプロス，オマーンおよびニューファンドランドの古い塊状硫化物堆積物と比較される．TAGマウンドの銅の総含有量は3.9×10^6 tであり，キプロス（3×10^6 t）とほぼ同じである．キプロスとTAG堆積物のおもな違いは，キプロス堆積物には硬石膏が含まれないが，TAG堆積物では約10^5 m^3 も含まれる．この差は硬石膏の再溶解によるものである．キプロスの地層中では長期間にわたり浸透してくる地表水により硬石膏が溶解し，取り除かれる．この過程で，キプロスマウンドは崩壊し，角礫岩が生じる．TAGとキプロスの間のもう1つの差は，TAGマウンドは非晶質シリカ（SiO$_2$）を含むが，キプロスマウンドはへき玉（jasper）を含むことである．へき玉はシリカの微晶質な形態のもので，非晶質シリカから長い年月を経て形成される．

プルームから沈積するものは水酸化鉄を多量に含む堆積物を形成する．そのような堆積物は噴出口から数十kmも離れたところまでもみられる（図4）．噴出する流体の溶存化学成分は全地球規模の元素の循環に影響を与える．また，プルームのところには，著しい数の巨大な貝やチューブワーム（tubeworms）が生息する（「生物圏」参照）．

[A. Michard, K. Vala Ragnarsdottir/松葉谷　治訳]

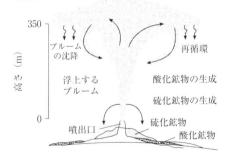

図4　浮揚性プルーム中の物質の化学的および物理的変化と移動．(Rudnicki, M. D. (1995) in *Hydrothermal vents and processes*. Geological Society Special Publication No. 87 より)

ブラード，サー・エドワード
Bullard, Sir Edward (Crisp) (1907-80)

ブラード（1907-80）の経歴は物理学者として始まったが，1931年にはケンブリッジ大学に新しくできた測地・地球物理学科の一員となった．彼は，地球物理学のいくつかの重要な考え方に関心をもち，2年間にわたり東アフリカのリフトバレーを横切る重力調査を実施した．彼は，リフト近傍に顕著な重力の負の異常を発見し，それらを説明する新しいモデルを提案したが，その原因についてはまだ問題を含んでいる．彼はまた海上でも精力的に活動し，戦争のはじまる1939年以前より，トロール船による地震観測を行った．この仕事は実際，海洋底の地球物理学的研究の先駆けとなり，のちに，地球科学における重要な研究分野となった．

海軍での軍務を終えた後，ブラードは，海洋地球物理学，地震観測や重力の研究に再び携わることに

なった．彼はまた，地球の磁場についての研究を行い，米国にいたウォルター・エルザッサーと同じ時に，地球磁場の起源としての自己持続ダイナモの考え方を提唱した．

1950年代の初頭，北大西洋の海底の熱流量の研究に携わった．その間，彼は，熱流量測定と伝導度の研究を目的とする海洋底からのサンプル回収のための新しい装置の開発に成功した．1950年代の末頃までには，彼は，大陸移動に果たす熱流量の役割や，熱異常が明瞭に認められる深海底の性質について深く関心をもつようになった．これらの重要性は，のちに中央海嶺と海底火山活動が認識されることによって立証されることとなった．彼は地球物理学におけるケンブリッジ学派や，のちの海洋底拡大説の発展に対して深い影響を及ぼした．彼は，1953年にナイトの称号を授与された．

［D. L. Dineley/大久保修平訳］

プレイフェアーが「地球理論の解説」で重要な点として強調したなかで，2つの点が注目に値する．まず，急激な変化と地質年代の大きさを示す指標として，地質現象が繰り返す過程で不整合（層序の不連続）を選び出した．また，化石は生物を起源とするものであり，堆積の状況と組み合わせると，堆積環境を知る手がかりとなることを認識した．プレイフェアーは，多くの用語を地質学的な意味ではじめて使用したことでも知られる．

スコットランド人のジョン・プレイフェアーは，もともとは聖職につくためにセントアンドリューズ大学で学んだが，数学に才能を示して1785年にエディンバラ大学の数学教授になった．彼はエディンバラの英国学士院会員であり，活動的な会員の多くと親しかった．1805年に自然哲学の教授に任命された．

［D. L. Dineley/井田喜明訳］

プレイフェアー，ジョン
Playfair, John (1748-1819)

ジョン・プレイフェアーは傑出した数学者の素質をもっていたが，友人であるジェームズ・ハットンの思想を広めたことで有名である．彼らは18世紀末エディンバラの知識階級に所属した．ハットンの出版した「地球の理論」（1795年）は，画期的だが難解な著書だった．そのなかで彼は変化と再生が定常的に起こるとする原理を提唱した．のちに斉一説として知られる原理である．その2年後にハットンは死亡した．ハットンとともに地質学的に興味のある場所を何カ所も訪れたことのあるプレイフェアーは，この革命的な著書を基盤にして，説明に役立つ実例や読みやすい注釈を加えて出版し，すぐに成功をおさめた．この出版はハットンをしのんでなされたものだったが，科学の発達にも貢献した．プレイフェアーは自分自身の観察も加えて，著作や講演でハットンの理論を意欲的に広めた．「ハットンの地球理論の解説」は，ウィリアム・スミス，W. D. コニーベアー，ジョン・フィリップスにとくに強い影響を与えた．

プレートテクトニクス―原理
plate tectonics, principles

プレートテクトニクスは，少数の剛体板（プレート）が，その境界部のみにおいて互いに作用し変形しながら地球の表面上を相互に運動することによってテクトニックな現象を説明するものである．プレートテクトニクスは，テクトニックな活動について包括的かつ自己矛盾のないグローバルな説明を与えるため，1960年代におけるその発展により，地球科学における真の意味での大変革が始まった．それ以前の局地的あるいは地域的な現象のために専用に用意された説明は，もっと広範囲，さらにはグローバルな現象の一部として説明することができるようになった．さらには，異なる種類のプレート境界に伴うテクトニックな活動や火山活動の様式についても理解が得られたことで，地質学による予測技術が高まった．プレートテクトニクスは，大陸移動についての観測事実を説明する物理的に現実的なメカニズムを最終的に与えたことでも重要であった．

約12枚の主要なプレートがいくつかの小さなプレートとともに知られている（図1）．これらのプレートは，細い地震活動帯にまわりを囲まれ，その

図1 世界の主要なプレートとその境界.（Turcotte, D. L. and Schubert, G.（1982）*Geodynamics; applications of continuum physics to geological problems*, Fig. 1.1. John Wiley and Sons, New York による）

内部領域ではほとんど地震が起こらない（「地震学とプレートテクトニクス」参照）．この観測結果は1960年代における世界標準地震計観測網（World Wide Standard Seismograph Network）が設置された結果得られたもので，これによって，リソスフェアがその境界部でのみテクトニックに活動するいくつかの大きな剛体の板に分割されるという着想に導かれたのである．

プレートテクトニクスは，このようにリソスフェアは剛体であるという概念に基づいている（「リソスフェア」参照）．この層は，流動学的には地球の固い最外層として定義され，一般的に地殻と上部マントルの最上部分を含む．この層は約100 kmの厚さをもつ一方で，主要なプレートは数千 km^2 の拡がりをもつ．プレートはこのように地球の表面を滑る薄い殻として振舞う．アセノスフェア（「アセノスフェア」参照）は，リソスフェアのすぐ直下にある延性的な層であり，プレートをその下のマントルから切り離していると考えられている．

プレートテクトニクスと先行概念である大陸移動説との重要な違いは，プレートは大陸リソスフェアと海洋リソスフェアの両方から構成されるということである．大陸移動説に対する最初の反対意見の1つに，大陸が，剛いと考えられていたマントルの上を移動し，移動する大陸の先端や終端部あるいは海底に大きな傷跡も残さずに動くことを可能にするメカニズムが欠けていたことがあげられていた．プレートテクトニクスでは，海洋そのものがプレートの一部分であり，大陸とともに剛体的に移動する．その移動は，アセノスフェアの存在により容易となるが，アセノスフェアの高い延性度は熱によるクリープの結果生じるもので，そのプロセスは20世紀初頭の物理学者たちには知られていなかった．

広義には，プレートテクトニクスは2つの異なる分野を包含している．プレート運動とプレート境界の幾何学的形状変化を記述するプレート運動学，およびプレートの生成，消滅および相互作用といった地質学的な結果を扱う狭義のプレートテクトニクスである．

●プレート運動学

これまでに述べたように，基本的にプレート境界はその境界で起こる地震活動によって定められる．しかしながら，プレート境界は，特有の地形学的特長，幅の狭い変動帯，時には単一の主要な断層によって表されることもある．活動的なプレート境界は，数十 km 以上の幅になることはなく，数 km かそれ以下であることもある．

3種類のプレート間相対運動に対応して3種類のプレート境界が知られている（図2）；発散（海嶺または付加）境界，トランスフォーム（保存）境界，そして収束（沈み込みまたは消費）境界である．一

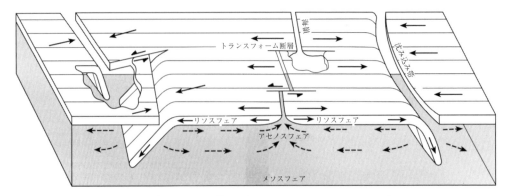

図2　3種類のプレート境界．(Kearey and Vine, Fig. 5.1. による)

一般的に，どの種類のプレート境界もほかのどの種類とも接することができる．発散境界は大洋中央海嶺でみられ，海洋底拡大による新しいリソスフェアの生成場所である．トランスフォーム境界は，プレートが広さを変えることなく互いに横滑りする場所である．これらは1つのプレート境界とほかのプレート境界の間を接続し，そのためある種の構造境界（たとえば伸張性）から別の種類（たとえば圧縮性）に転化（transform）することができ，したがってこの名前なのである．トランスフォーム境界は，大陸・海洋リソスフェアの双方にみられる．プレートテクトニクスにおける厳密な意味での収束境界は，海溝および関連する沈み込み帯でのみ生じる．

大陸中の収束するプレート間においては圧縮変形帯（たとえばアルプス-ヒマラヤ帯）も見られるが，これらは通常のプレート境界よりかなり幅が広い．これは，大陸リソスフェアが海洋リソスフェアより弱く容易に変形してしまうこと，また密度が小さいため沈み込みによって容易に取り除かれるということが起こらないことによる．プレートテクトニクスは，このような幅の広い大陸収束帯についてはあまり有用な説明を与えない．

トランスフォーム断層を除けば，プレートテクトニクスはプレート境界における相対運動の明確な方向を規定しない．しかしながら，低角の斜め拡大や斜め沈み込みが一般的である一方で，強く斜交した相対運動はまれである．同様に，プレートテクトニクスは非対称の拡大（一方のプレートが他方より速く成長する）を許容している．一時的に非対称となる拡大はよくみられるが，数百万年にわたり平均化すると通常ほぼ対称になる．このことの正確な原因は完全にはわかっていない．

異なる種類のプレート境界がもたらす地質学的事象については，それぞれの個々の項目において記述されている．

● 回転極

プレート運動学の優れた点は，簡単な幾何学によってプレート運動を記述でき，このため地球上のどの場所においても相対運動の正確な予測ができることである．この幾何学の核心部分は，球面表面上の剛体の変位はある1つの軸のまわりの回転として記述できる，というオイラーの定理である．このような軸は，地球の表面と「回転極（あるいはオイラー極）」と呼ばれる一対の点において交差する．ひとたび極と回転角が指定されると，運動全体が完全に決定される．このように，プレートの運動は，オイラー極とその周りの回転角速度によって特定される．

実際には，個々のプレートの運動をある共通の基準座標系に対して決定することは容易ではない．しかしながら，プレート間の相対運動はかなり直接的に決定できる．このような相対運動についても回転極を用いて記述できる（ただし，極の位置はプレート対のどちらか一方に対して指定されなければならない）．このような相対回転極がプレート運動学についての大部分の記述の基礎となっている．

オイラー極は回転軸の方向を定義し，回転の角度あるいは速度はそれらの大きさを定義するため，極はベクトルとしても記述される．これにより，プレート運動の計算にベクトル代数と行列代数を用いることができ，計算の大幅な単純化と高速化が行われ，

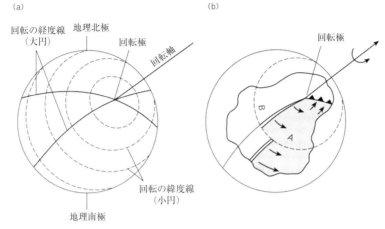

図3 (a) 回転極，小円および大円．(b) 回転極に対し一方の側で開き他方の側で閉じる2つのプレート．実際には，オイラー極はプレート境界上に位置する必要はない．(Fowler, C. M. R. (1990) *The solid earth: an introduction to global geophysics*, Fig. 2.8. Cambridge University Press, Cambridge による)

コンピューターによる機械的な実行が可能である．

ただし，ある瞬間の運動を記述するいわゆる「瞬間的な極」と長期間にわたる運動の累積結果を記述する「有限回転の極」とを区別することは重要である．現在のプレート運動の記述には，「瞬間的」とは通常約過去100万～300万年がとられる．それより長期間にわたる運動は，それぞれが数百万年にわたる期間の運動を記述したいわゆる「ステージ極」が連なったものとして近似される．

オイラー極は地理極のように座標グリッドの中心と考えればよい（図3）．緯度線に相当するのは極を中心とする「小円」である．プレートの相対運動はどの場所においてもこれらの小円に平行である．さらに，角速度は与えられた小円に沿って一定であり，その円の（円から極へ地心角度として測られた）角半径の正弦に比例する．極を通る「大円」（角半径が90°）は経度線に相当し，小円と直角に交わる．

● プレート運動の測定

プレートは平均で1年に数十mmの速度で動く．プレート運動の決定には，最近になって十分精密な直接的測地測定法が開発されたが，これまでは比較的間接的な方法が用いられてきた．プレートの発散速度を決定する最も一般的な方法は，海洋底拡大（「海洋底拡大」参照）の際に生成される縞状磁気異常（バイン-マシューズ異常）を用いるものである．この縞状異常は，地殻生成のアイソクロン（等時線）を現しており，様々な方法で年代決定されている．そのため，あるプレート上の最近の磁気アイソクロンともう一方のプレート上のその対との間の距離を測定することで，「瞬間的」な発散速度が決定される．（よく使われる「拡大速度」は1つのプレートが成長する速度である―対称的拡大においては発散速度の半分となる．）拡大速度または発散速度は，オイラー極からの距離により変化するため，プレート境界に沿っていくつかの場所で拡大速度を測定することで原理的には極への距離を決定することができる．この距離と発散速度を合わせて用いることで，その極のまわりに開いていく角速度が得られる．

プレート相対運動の方向を測定するものとして最もよいのは，トランスフォーム断層の方位角である．これらの場所では，相対運動は純粋に走向移動（すなわち，断層方向に沿う）になる．トランスフォーム断層は，その地形（たとえば，大洋中央海嶺における海嶺-海嶺トランスフォームには細い直線状の谷）により容易に認められる．トランスフォーム断層は，オイラー極に対する小円に沿う．小円に対して直行する大円は極を通る．よって，プレート境界に沿ったいくつかのトランスフォーム断層の方位角が決まると，それらに対して直交するように大円を描くことができ，それぞれの大円はオイラー極で交差するはずである．

実際上は，極の位置を解くため拡大速度とトランスフォーム断層の方位角の両方が用いられ，時には

相対運動方向を見積るため地震の発震機構（「地震学とプレートテクトニクス」参照）などのほかのデータも補足的に使用される．オイラー極は，それぞれのプレート対や，プレート群，あるいはグローバルなプレートシステムに対して計算される．イリノイ州のノースウエスタン大学の C. DeMets らによって行われたグローバルなプレート運動の決定により，精密でかつ矛盾のないプレート運動の記述が提唱された．

これまでに述べたように，プレート運動学の重要な点は，プレート運動を予測することが可能となることである．一例として，沈み込み帯における収斂速度を決定することが可能となることがあげられる．海洋-海洋沈み込み帯においても，一方のプレートはその上にのった磁気縞模様とともに消え去る．従って，精密な測地学的手法が開発されるまでは，このような運動を直接測定する方法は存在しなかった．しかし上記のように，プレート間の相対運動をグローバルに決定することができるので，沈み込み帯を含むプレート境界上の任意の点における運動をオイラー極のデータから計算することができるのである．

現在では，測地学的な手法が，プレート運動を直接測定できるレベルにまで発展している．陸域にプレート境界が存在する場所（たとえば，アイスランドにおける大西洋中央海嶺やカリフォルニアのサンアンドレアス断層）では，光波測距のような標準的な測地学的手法を局所的スケール（数 km 程度の範囲）で用いることができる．数十から数百 km の多少大きなスケールでは，GPS 衛星網を利用することで（数 mm の精度といった）精密相対位置決定が可能である．遠く離れた大陸間の相対位置は，遠方のクエーサー（準星）からくる電波信号の位相を用いる超長基線電波干渉法（VLBI）によって決定可能である．現在では，これらの方法によって数年にわたり測定を繰り返すことでプレート運動を実測することができ，また従来の方法で決定されたプレート運動とも大局的にはよく一致している．古地磁気学も，急速に回転するマイクロプレートの回転速度を決定するのに使用されることがある．

主要なプレート間のオイラー極まわりの回転速度は，ココス-太平洋プレート間における 100 万年当たり約 2.1° からアフリカ-ヨーロッパ間あるいは

アフリカ-南極間における 100 万年当たり約 0.1° の範囲であり，インド-アラビア間では 100 万年当たりわずか 0.03° である．マイクロプレートの多くはこれよりさらに速く回転し，100 万年当たり数十度である．速度に関しては，現在における最速のプレート発散速度は太平洋プレートとナスカプレート間の東太平洋海嶺上に存在し，100 万年当たり約 160 km（1 年当たり 160 mm）である．最も遅いものでは，北米プレートとユーラシアプレートの境界が北シベリアでそのオイラー極のごく近傍を通っており，相対運動は実質的にゼロである．

● プレートの絶対運動

これまでの議論は相対運動のみを扱ってきたが，これは決定がかなり容易である．一方，すべてのプレートの運動を，ある共通の基準系に対して記述するいわゆるプレートの「絶対」運動の決定も重要である．これは，マントルプルームを考えることで可能となる．マントルプルームはマントル深部，可能性としては核-マントル境界からまわりより熱い岩石が細い柱状の形態で上昇してくるものである．これらはいわゆる「ホットスポット」として地球表面に到達し，そこで活発な火山や地震の活動域として現れる．よく知られた例としてはアイスランドやハワイであるが，数十のこのようなホットスポットや関連したプルームが存在すると考えられている．

ホットスポットは，火山列や火山性の海山列と，火山によって生成された厚い地殻によって構成される明瞭な軌跡を地球表面上に残す．ハワイから北西方向に連なるハワイ-天皇海山列はその最もよい例であるが，南西太平洋にはプルームによって生じたほかの多数のほぼ平行な海山列が存在する．もしこれらの軌跡に沿った各点が（たとえば火山生成物の放射年代測定により）年代測定されれば，プルームとプレート間またはそれらのプルームどうし間の相対運動が決定される．さらには平均したプルーム運動に対する個々のプレートの運動についても計算することができる．

その結果，プルームどうし間の相対運動はきわめて小さく，プレート間の平均的な相対運動に比べて著しく小さいことがわかる．このこととプルームがマントル中を上昇することを考えると，マントルに対する平均プルーム運動はきわめて小さいと仮定す

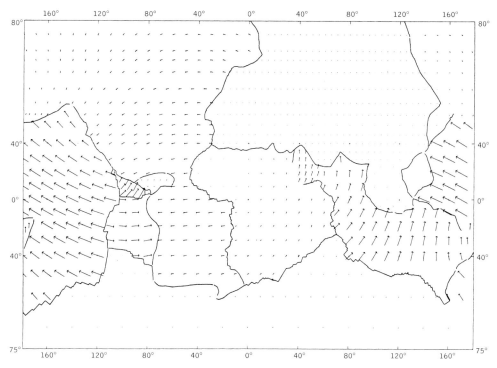

図4 プレート境界および絶対運動ベクトル．矢印の長さはプレート速度に比例しており，最も長い矢印（西太平洋にある）は年間約100 mmの速度に相当する．(Fowler, C. M. R. (1990) *The solid earth : an introduction to global geophysics*, Fig. 2.20. Cambridge University Press, Cambridge による)

ることは理に適っている．もしこれを0と仮定すれば，マントルに対するプレート運動が与えられ，これらはプレートの絶対運動とよばれる．これらはオイラー極を用いても記述することができる．図4にプレートの絶対運動を示した．

● プレートテクトニクスのメカニズムおよび原動力

プレート運動は，究極的には地球の熱エネルギーによって駆動されており，この熱によって駆動されているマントル対流と密接に関係している．実際，プレートというものの1つの見方は，単純にマントル対流セルの表層部を表しているというものである．熱く延性的なマントルが地表に上昇するに従い冷却し脆性的になる—これがプレートである—そして地表を剛体板として移動し沈み込む．すると温度が高くなり再び延性的になる．地震波トモグラフィーの結果によると，環太平洋において冷たい物質の薄い層が沈み込み帯の下で下部マントルまで深く下降しており，マントル運動と沈み込むプレートが強く結合していることが示唆される．

しかしながら，その結合は完全ではない．たとえば，大洋中央海嶺（発散型境界）のある部分では，(アセノスフェアより下の) 下部マントルが上昇ではなくむしろ下降している場所がある．このようなものの1つが，オーストラリアの南のいわゆるオーストラリア–南極不連続である．また，アフリカのように，まわりのほとんどを海嶺で囲まれ，境界上にほとんど沈み込み帯をもたないプレートもある．このような例では，プレートがマントル対流セルへ堅く結合しているとすると，上昇流部分はその環状の面積を拡大せねばならず，その内部に柱状の下降流を有するといった特異なシナリオを考えなくてはならなくなる．実のところ，プレートテクトニクスの利点の1つは，延性的なアセノスフェアによってプレート運動が深部のマントル流から部分的に切り離されることを認めていることなのである．

駆動メカニズムの問題を調べるもう1つの方法は，プレートに直接作用している力を考えることである．考えられる力は多々あるが，そのなかでも最も重要なのは海嶺押し力，スラブ引き力，海溝吸引力，マントル曳力である．海嶺押し力は，大洋中央海嶺の側面上にあるプレートが，海嶺下で熱的に領

域が拡大したアセノスフェアの斜面を滑り降りようとすることで生じる．スラブ引き力は，沈み込むプレートの負の浮力により，プレート全体を引きずり下げようとすることで生じる．海溝吸引力は，沈み込み帯において互いのプレートを引きつけようとする力で，おそらく沈み込みによって駆動された局所的な対流の結果生じている．マントル曳力は，プレート下面とその直下にあるアセノスフェアの間の摩擦力である．

これらの力のうちのいくつかは少なくとも近似的には見積ることが可能であり，相対的にどの力が重要なのかもプレート内で観測された応力や推定されたプレートの絶対速度を検討することで見積ることができる．プレート速度はとくに役立つ．絶対速度はプレートの総面積にはあまり関係がないことがわかるので，かつては考えられていたようなマントル曳力が全般的な原動力であるということは疑わしくなった．言い換えると，プレートはマントル対流セルの最上部にのって受動的に動かされているのではない．一方で，プレート速度は，大陸リソスフェアの面積には反比例しており，大陸の大部分がブレーキとして作用していることを示唆している（おそらく，このようなリソスフェアはとても厚いか，大陸下のアセノスフェアはかなり粘性が高いことによる）．最も速度の大きいプレートは（おもに太平洋にある）境界に沿って長い沈み込み帯をもつものである．このことは，計算によって示唆されてきたように，スラブ引き力，海溝吸引力，あるいはその両方が原動力として重要だということを意味する．プレート上の海嶺の実効長とは適度の対応関係があり，（これも計算により示唆されるように）海嶺押し力は原動力の1つではあるが海溝における引き力ほどは強くないということを示している．プレート内部の応力の観測結果はこれらの結論と調和的である．

●プレートテクトニクスの検証

プレートテクトニクスに対する数々の検証が行われてきた．その理論の一貫性，予測されるプレート運動の直接的な測定，地震の発震機構および地震の分布のすべてが，この理論を確証するための役割を果たしてきたのである．

[Roger Searle/山本圭吾訳]

■文 献

DeMets, C., Gordon, R. G., Argus, D. F., *et al.* (1990) Current plate motions. *Geophysical Journal International* **101**, 425-78.

Kearey, P. and Vine, F. J. (1996) *Global tectonics*. Blackwell Science, Oxford.

プレートテクトニクスーそのパラダイム史

plate tectonics : the history of a paradigm

ジェームズ・ハットンとその継承者が多大の努力を払って地球の歴史の概観を明らかにしてきたにもかかわらず，150年以上にわたって，地殻の変化が何によってもたらされたか，不明のままであった．アルフレッド・ウェゲナーが1915年，『大陸と海洋の起源』のなかで大陸移動説を提唱して，現在の大陸の位置にどのようにいたったかについて大きな議論を巻き起こした．当時，火山活動や造山運動は地球の変化のなかで起こるが，大陸と海洋は不変のものであると考えられていたのである．ところが，ウェゲナーのモデルでは，大陸移動は長距離にわたって起こるものであったため，それはドイツ以外では受け入れられないものであった．大陸移動のメカニズムについてふれられていないこともこれに拍車をかけた．

地球物理学者はこのアイデアに猛烈に反対した．1922年と1956年に開かれた大陸移動に関する国際会議では，まだ支持する研究者はきわめて少数であった．そのときに支持した人に南アフリカのアレキサンダー・デュトワと英国のアーサー・ホームズがいた．2つの大戦の間，デュトワは膨大な支持データを集めた．一方，ホームズはマントル対流を考えれば，大陸移動は可能であるとするモデルを提案した．第二次世界大戦後，2つの大きな科学的な前進があった．1つは古地磁気学であり，もう1つは海洋底調査と試料採取である．P. M. S. ブラケットがはじめて古地磁気を発見して以降，地磁気の逆転が明らかにされ，そしてその後，磁極か大陸かどちらかが移動したという結論を得た．

第2の先端研究は海洋底調査にあった．その研究

は非常に重大なものとなったのである。大きく改善された探査機器や海底の巨大資源開発の方法を地球物理学的な研究に持ち込むことで，世界の中央海嶺が発見された。そして，海嶺だけでなく，深海平坦面からも岩石標本を採取できるようになったのである。火山岩は玄武岩と考えられ，堆積岩はどこでも白亜紀やジュラ紀よりも古いところがないと考えられた。さらに海嶺は地震がきわめて活発で，玄武岩の噴出しているところであるのが明らかにされてきた。そして，地球物理学者は，大陸の花崗岩質地殻よりも深海底の玄武岩質地殻が十分に薄いことを示した。さらには深く沈んだ海洋島がすべての海洋地域でみつかったのである。

これらの事実を総合して，プリンストン大学の著名な地質学者であるハリー・H．ヘスは次のようなモデルを提案した。それは，ある種の対流が海洋地殻の下で起こっていて，中央海嶺の軸に沿って左右に物質を供給して，海洋底を拡大しているのであるというものである。そして，拡大した海洋底は海溝で沈むとされた。そのようななかで，ついに海洋底に顕著な磁気縞模様が発見されたのである。さらには，驚くべきことには，磁気縞模様の線構造に食い違いが発見されたのである。これはまったくの謎であった。ケンブリッジ大学のF.J.バインとD.H.マシューズは，これこそがヘスのモデルの検証になることに気づいた。つまり，すでに知られていたように，地球の磁場は一定の期間で逆転する。このことにヘスのモデルの海洋底拡大過程を重ねると，それぞれの時代に帯磁した玄武岩が海嶺に並行して分布する。すると，規則的に極性の違う帯磁した海洋地殻が海嶺軸から外側へと縞模様をつくって拡がるに違いない。このアイデアは受け入れられ，多くの地球物理学者がより精度の高い磁力計を用いて海洋底を測定し，地磁気縞模様を調べた。こうしてバイン-マシューズ仮説は新しいデータによって確定していったのである。

中央海嶺は新しく発見された海洋底拡大の中軸である。それは浮動するものではなくランダムに曲がりくねるものでもない。そして，それは長大な破砕帯で食い違いが起こる。そのような断層帯では両側で食い違いがあるときに限って地震活動が起こっている。そして，そうした破砕帯に境されるように海洋地殻をつくる玄武岩マグマの噴出速度が不連続的

に変わる。このように場所ごとに拡大速度が違うというのはずいぶんとおかしいことである。ただし，海嶺軸の両側では拡大速度は同じである。さらに海洋底玄武岩の同位体年代を測定した結果，磁気縞模様の年代が決定され，7600万年の間に約170回以上の磁場逆転が明らかにされた。その後も海洋底拡大は続いていて，現在大西洋では年に約5cmの拡大速度である。海溝では，プレートは約45°で沈み込みはじめ深部に達する。海嶺から海溝までの間に玄武岩の上に堆積した堆積物は一緒に沈み込まずに海溝斜面に付加体をつくる。一方，沈み込んだプレートは高温になり，高圧下で島弧の火山活動を引き起こす。

プレートテクトニクスの基本的アイデアは，カナダの研究者のツゾー・ウィルソンによって1965年に『ネイチャー』に発表された。彼は，地殻の変動帯は，山脈となっていて，地震活動や火山活動が活発であり，断層運動が起こっていること，またそれはトランスフォーム断層で断ち切られることを示した。それは，連続的な海嶺や山脈，そして海溝をつないで地球表層をいくつかの大きなプレートに分割している。そしてその後すぐに，プリンストン大学のジェイソン・モルガンとケンブリッジ大学のダン・マッケンジーが独立に，地球表層が3つの種類のプレート境界により，プレートあるいはブロックに分割されるとした。そして，1つは海嶺で新しい地殻が生成される境界，1つは海溝でそれが消滅する境界，そしてトランスフォーム断層である。プレートは厚さ100km程度と考えられ，弱く塑性変形するアセノスフェアの上に載っている。いくつかのプレートには大陸が載り，その結果，プレートとともに大陸移動が起こるのである。

1960年代後半から1970年代にかけて山脈の形成，つまり造山運動の周期性は，活動的な大陸周辺部や大陸衝突によると考えられた。スラスト運動，火山活動，そしてマグマの上昇は，プレートの沈み込み帯での現象である。古地磁気学や構造地質学的な研究は古い時代の地形すら示し，大陸の回転や移動を明らかにした。拡大する海洋や衝突する大陸，その破断はプレートテクトニクスの基本的枠組みで容易にモデル化された。そして，この運動は顕生代を通して起こっている。さらには，原生代や始生代にも少し違った形であるが起こっていた。プレートテク

トニクスの衝撃は地球科学における革命といわれ，長い間求められてきた地球の理論の到来であり，すべての地球科学者にとっては真のパラダイムである．　　　　　　　　　[D. L. Dineley/鳥海光弘訳]

■文　献

Hallam, A. (1983) *Great geological controversies*, ch. 6. Oxford University Press.

Kearey, P. and Vine, F. J. (1990) *Global tectonics*. Blackwell Scientific Publications, Oxford.

Muir Wood, R. (1985) *The dark side of the Earth*. Allen and Unwin, London.

Park, R. G. (1988) *Geological structures and moving plates*. Blackie, Glasgow.

プレート内地震活動
intraplate seismicity

　地球上で最も地震活動が活発で，しかも大規模地震の発生する場所は，テクトニックプレートの境界である（「地震のメカニズムとプレートテクトニクス」参照）．しかし，大陸を含む地球表面の大部分は，プレート境界ではなくプレート内にあり，このようなプレート内の領域でも地震活動が有意に起こっているのである．プレート内地震活動も，基本的にテクトニック応力がプレート境界からプレート内部に伝達される応力に原因が求められる．テクトニック運動や地震活動が活発なプレート内あるいは大陸内地域の例として，米国西部（ネバダやユタなど）や中国の多くの山岳地帯があげられる．

　安定なプレート内地域としては，米国およびカナダの中部や東部，オーストラリアなどがあげられる．これらの地域はプレート境界から比較的離れているけれども，大地震は起こりうるし，起こったことがある．特筆すべき例は，米国中部のミシシッピ川近くで起こった1811～12年のミズーリ州ニューマドリッド地震である．2カ月間に，モーメントマグニチュード（「地震学」参照）約8の地震が3回起こった．もし今日繰り返されれば，疑いもなく米国史上最悪の自然災害となったであろう．プレート内に起こったほかの顕著な被害地震としては，1819年インド・カッチ地震（$M_w7.8$），1886年米国サウスカ

ロライナ州チャールストン地震（$M_w7.6$），1918年中国南澳地震（$M_w7.4$），1933年カナダバフィン湾地震（$M_w7.7$），1935年リビア地震（$M_w7.1$）などがあげられる．

　安定なプレート内部における地震発生モデルは，適当な方向を向いた断層のような地殻内の既存弱面帯の存在を必要とする．弱面帯構造がテクトニックな応力場に対して適当な方向を向いているときには，弱面構造は再度活性化し地震を発生しうる．適当な方向とは，断層の向きが最大主応力方向に対し10～50°以内である場合である．既存断層帯の存在は，プレート内部に蓄積されるテクトニック応力が概して低レベルであるために必要とされる．断層帯強度を支配する物理的性質も，断層が再活性化し地震を発生させるか否かを決めるうえで重要な役割を果たす．

　1811～12年に発生したニューマドリッド地震の震源となったニューマドリッド地震帯直下の大陸地溝（図1）は，再活性化された既存断層帯の一例である．この地溝（幅およそ70 km, 長さ200 km）は，先カンブリア時代の大陸内部のグラーベンに似た構造で，もともと異なる組成の基盤岩を隔てている境界沿いに形成されたのかもしれない．地溝と境を接し，たぶんそのなかに含まれるのが地殻の断層で，この断層はニューマドリッド地震活動の震源となった．火成深成岩体も地殻内のこの断層帯を通って貫入した．地溝はたぶん地殻伸張の産物であったと思われるが，今日観測される地震は，現在この地域に影響を及ぼすテクトニックな圧縮応力場によって生ずる横ずれ断層運動および逆断層運動の結果である．このテクトニック応力は現在の応力場を反映し，地溝が目下再活性化しつつあることを示す．ニューマドリッド帯直下の地溝は，数kmの沖積層堆積岩で埋められているため，その地質学的調査はなかなか進んでいない．大部分のプレート内地震にとって，震源の正体や特性は未知のままなのである．

[Ivan G. Wong/大中康譽訳]

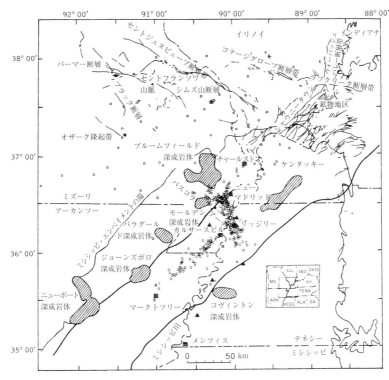

図1 ニューマドリッド地震帯．細実線は断層，白丸は地震の震央，斜線をほどこした部分は火成深成岩体，太実線は地溝境界をそれぞれ表す．(Hamilton, R. M. and Zoback, M. D. (1982) Tectonic features of the New Madrid seismic zone from seismic reflection profiles. In McKeown, F. A. and Pakiser, L. C. (eds.) Investigations of the New Madrid, Missouri, earthquake region. *U.S. Geological Survey Professional Paper* **1236**, pp. 55-82 より)

文学と地質学
literature and geology

　文学と地質学はいくつかの点で関連をもつ．そのひとつは，景観，地形，場所の設定との関連である．文学は，資源や地質学的な物質（とくに金）をよく取り上げる．自然災害や地質学的な特徴とも関連する．

　古代の文書は，自然界の性質，宇宙のなかで占める位置，人類に降りかかる自然災害などに関連するものが多い．それらのほとんどは，直接的な観察ではなく神話であるが，それでも価値がある．一方，古代のほかの書物にある天文学的な観察のなかには，詳細で広範囲に及ぶものがある．古代エジプト語やヒンズー語などで書かれた書物や，古典時代に学者が書いた書物については，ほかの項目で述べる．

　聖書には，初期の地質学者の注目を集めた多数の節が存在する．最も注目すべきなのは，大洪水の物語である．第四紀の地質には，たくさんの洪水の痕跡がメソポタミアと黒海盆地に広く見られ，ノアの洪水との関係で調査がなされた．同じように，イスラエル人が紅海を渡って逃げた事実は，津波や突然の激しい地震の発生を想像させるものであった．

　自然災害は他にも小説のシナリオに使われた．たとえば，ブルワー・リットンの「ポンペイの最後の日」（1834年）がある．そこでは，紀元前79年に起きたベスビオ山の突然の噴火が描かれており，それが地域社会の退廃の背景として物語のクライマックスになっている．

　もっと後の時代には，文学への地質学的なアイデアが普及し，1873年に出版されたトーマス・ハーディの小説「青い眼」がその範例となっている．ハーディの作品の劇的なエピソードのなかで，「色白の地質学者」であるヘンリー・ナイトは，はるか下に

海を臨みながら，絶壁にしがみつく．この危険な状況下で，彼は岩から浮き出た「両目をもつ生物」三葉虫を見ながら，化石生物の時代から現在に至る数百万年間に存在した無数の生物を思い描く．

鋭いユーモア感覚をもつ米国のマーク・トウェインは，「ミシシッピの生活」（1883 年）という著作のなかで，この大きな川の蛇行に触れており，河川の作用の速度について面白い結論を導いている．彼は専門用語をよく知っており，それを好んで苦もなく用いた．

物語や歴史に出てくるような壮大な地形が，多くの近代作家によって描写されている．

ゼイン・グレイの小説は，アメリカ西部での冒険についてはじめて詳しく書かれたもので，地形が詳細かつ正確に描かれている．その後，伝統はルイス・ラムーアに引き継がれた．T. E. ロレンスは，彼の著作「知恵の七柱」で，つまらない風景が戦争の背景として重要であることを認識していた．近代小説家のうち，ハモンド・イネスやネビル・シュートは，地形ばかりか地質にも鋭い目を向けた作品を書くために，田舎に活動拠点を置いている．

「不思議の国のアリス」の冒頭には，ウサギの穴にアリスが落ちる有名なエピソードがあるが，英国地質調査所のトニー・クーパー博士によれば，それは地質学的な現象によって思いついた．1834 年にリポンで石膏床の陥没が起こり，深さ 18m 以上の穴があいた．その近くには，ルイス・キャロル（チャールズ・ドジソン）がよく知る聖職者の家があった．ルイス・キャロルはリポンで育ったので，そこで起きた陥没や類似の出来事について聞きつけていたのではないかと，トニー・クーパーは推測する．陥没は，地下水によって石膏（カルシウム硫酸塩）が溶解したために起きた．

こっけいな詩や自叙伝以外に，詩歌や散文の執筆に時間を割く地質学者はほとんどいない．「旧赤色砂岩」の著者として有名なヒュー・ミラー（1802-56）は，注目すべき例外である．これは，おそらく驚くべきことである．地質学者の生活は，野外の活動が中心であり，奇妙な場所や野生生物，自然の美や危険，友好的でない先住民などに遭遇する．近代では，F. J. ペティジョン，G. G. シンプソン，J. ツゾー・ウィルソンなど，北米の地球科学者が，自らの旅行や業績に関する非常に読みやすい記述を著している．

科学小説（SF）はこの主題に適したジャンルのように見えるが，実際には，初期の著名な作品を除いて，その例は少ない．ジュール・ベルヌの「地底旅行」（1864 年）と「海底 2 万里」（1873 年）は，もともとフランスで出版され，地質学的な現象を詳しく解釈して，その時代に人気を博した．コナン・ドイルの「失われた世界」（1912 年）は，アマゾンの森林を背景に，地質学者と恐竜の両方が描写されており，その時代の冒険小説の輝かしい例となった．マイケル・クライトンの「ジュラシック・パーク」は，地質学的に保持された DNA によって恐竜が復活することをテーマにし，画期的な映画として 1992 年に華々しく世に出た．

地球科学者が英雄として描かれることは，文学上まれである．ジョン・ファウルスの小説「フランス軍中尉の女」に登場する英雄は，若いアマチュアの古生物学者であり，絶壁の中生代岩石から化石を採集するためにドーセット州のライム・リージスを訪れる．これは，ハーディの小説に登場するヘンリー・ナイトの模倣だろうか？

地球科学に関する作品で非専門的な著作集は，少なくとも英語で書かれたものはほとんどない．例外となる著名な作品は，F. H. T. ローズと R. O. ストーン（1981 年）によって編集された「地球の言葉」である．この作品は，ゲーテの時代から 1970 年代までの散文作品を含む．その詩集の選択は，「ヨブ記」にさかのぼり，その 28 章は地球から人類が採鉱した高価で貴重な物質を扱っている．

古生物学者でスコットランドの国家主義者であるアーチー・ラモントは，「文学における古生物学」を執筆したが，その驚くべき情報源は，1947 年の「採石場管理者のジャーナル（Quarry Managers Journal）（30 巻，1 月号と 3 月号）」であった．ラモントは，散文よりも詩を参照し，有名な詩人の作品やあまり頻繁には読まれていない詩人の作品をたくさん引用した．これを見ると，地球科学に関する詩（あるいは韻文）の選集を出版する時期が来ているのかもしれない．選ぶべき詩はたくさんある．ミルトン，シェリー，テニスン，ワーズワースは，地質学的なテーマに感銘を受けた詩人の例である．近年の地球科学における多くの目覚しい進歩を題材にすれば，古生物学者などが立派な詩集をつくれると思えるが，現実にはまだ出版にいたっていない．近

代の地球科学では，大陸移動やプレートテクトニクスが重要な概念として出現し，有名な地質学者たちがそれについての詩集をつくるのを促している．

科学やその歴史は，ここ数十年間に各国でその作家が増えたために，目覚しく普及した．英国では，ナイジェル・コールダー，ロン・レッドファーン，ジョン・グリッビンなどの作家が，幸運にも地球科学に興味をもった．一方，米国では，スティーブン・ジェイ・グールドが注目すべきエッセイの流れを生み出した．テレビの科学番組向けの作品が，エッセイや本の出版に拍車をかけた．ラジオ，テレビ，映画，大衆的な出版物のすべてが，地球科学への作家の能力や興味を疑いもなく助長する．その文学への影響も，間接的ではあるが，重要である．

[D. L. Dineley/井田喜明訳]

■文　献

Craig, G. Y. and Jones, E. J. (1982) *A geological miscellany.* Orbital Press, Oxford.

Hazen, R. M. (ed.) (1982) *The poetry of geology.* Allen and Unwin, London.

Rhodes, F. H. T. and Stone, R. O. (1981) *Language of the Earth.* Pergamon Press, New York.

分　配
partitioning

化学および地球化学においては，分配という用語はある化学成分が接している2つの相の間に分配する，すなわち両方に分かれて入る程度を記述することに使用される．要するに，分配は，ある化学成分がある相に，ほかの相よりもどれだけ選択的に入るかを表すものである（相とは，ある系の中に存在する物理的に区別される物質の形状．たとえば，液体とそこから晶出する固体は液相と固相の2相系をなし，その液体と固体は相境界で分けられる）．たとえば，水溶液と方解石結晶からなる天然の系では，ストロンチウムイオンおよびマグネシウムイオンの濃度が方解石と溶液中では等しくなく，熱力学の原理に基づきこれら2相に均等にない状態で分配される．分配の方向と強さは，系が融解，減圧，結晶化などの変化を被ったときに成分がどのような挙動を

とるかを決定する．地球化学でとくに重要なものは，マグマ中での鉱物とケイ酸塩メルト間の微量元素の分配である．マグマ過程は地球上の地球化学的分化に関して主要な役割を果たし，また火成岩の微量元素の化学分析およびその同位体比分析からこれらの過程に関して多くのことが明らかにされているので，微量元素の分配は地球化学的考察にとって不可欠なものである．また，そのほかの多くの地質学的過程，たとえば鉱床の生成，地下水層中での汚染物質の移動，およびマントルでの相転移などについても分配は重要である．

ある元素の分配は分配係数Dで表される．分配係数は，一方の相ともう一方の相中の問題とする元素の濃度を分率（たとえばモル分率）で表したときの両者の濃度の比として定義される．分配係数は成分により，あるいは相によりかなり大きく異なる．分配は熱力学的な過程であり，分配係数は適当な化学反応を選ぶと，その平衡定数Kと関係する．DはKと同様に温度および圧力に依存し，複数の電価をもつことのできる化学種の場合は酸化状態にも依存する．定圧・定温の状態では，分配はさらに置換種の大きさ（たとえばそのイオン半径），電価，錯体形成の程度，および共存する相の構造によっても規制される．結晶-メルト間の分配の場合は，結晶構造がおもな規制要因となり，結晶格子にちょうどよく適合するイオンが選択的に結晶に分配する．鉱物-メルト間の分配係数のイオン半径に対する関係は特徴的な放物線の関係を示し，最大値は置換が起こる結晶格子の大きさに相当するイオン半径のところに位置する．選択的にメルト相に分配される元素はインコンパチブル（不適合）元素，固相を選択する元素はコンパチブル元素と呼ばれる．固相-固相分配では両相の構造を考慮しなければならない．ある場合には，分配は温度（たとえば，サンゴのあられ石と海水間のストロンチウムの分配），あるいは圧力（たとえば，マントルの岩石中のかんらん石と単斜輝石間のカルシウムの分配）に強く依存し，地質温度計や地質圧力計に適する．

分配係数は岩石中に共存する鉱物の分析あるいは室内実験により決定される．両方の場合とも，分配は，温度や地球化学的過程の速度により平衡条件下で起こったり，あるいは非平衡条件下で起こったりするであろう．非平衡になる要因としては，鉱物の

累帯構造，表面吸着および急速成長があげられる．そのような条件下では，分配は動的あるいは化学反応速度的要因により規制され，平衡の場合とは相当に異なる．マグマの温度では，ほとんどの分配が平衡状態で起こると考えられる．

[J. D. Blundy/松葉谷　治訳]

ヘス，ハリー・ハモンド
Hess, Harry Hammond (1906-69)

　米国の地質学者 H. H. ヘスは，おそらく海洋底の地質学と地球物理学における業績によってもっともよく知られている．若いとき，彼は，ベニング-マイネッツとともに，カリブ海で重力測定するために潜水艦航行を行い，その後，多くの研究をその地域で行っている．第二次世界大戦中やその後に，潜水艦による音響探査の技術を発達させたことによって，彼は，太平洋の海底地形に対する重要な寄与をもたらし，海中にある頂上が平坦な海山（平頂海山）を示すギョーという新しい言葉をつくった．彼はまた，太平洋の海溝での重力異常についての調査も行った．

　プリンストン大学で，彼は，海洋底玄武岩が中央海嶺の断裂帯に沿って生成されているというモデルを発展させ，輝石や超塩基性岩の古典的な研究と，それらが地殻の進化に果たす役割について研究を進めた．マントルの上昇流は，海洋底の形成や水平方向への拡大を担っていることを示した．この研究は，カナダ人の J. ツゾー・ウィルソンと共同で行ったもので，1960 年代後半から 1970 年代にかけて大西洋の両岸での多くの他の研究者により検証され，支持を受けた．プレートテクトニクスの概念はこのような研究から形づくられた．

　ヘスは，優れた研究者であるばかりでなく，研究マネージャーとしても有能で，1957 年にはじまり 1966 年に断念された野心的なモホール計画で指導的な役割を果たした．この計画は，海洋底から地球のマントルまでの掘削を目指していたが，深海掘削計画にとって代わられた．ヘスは，最後は全米科学アカデミーの宇宙科学委員会の議長になり，惑星探査の科学目的についての非政府部門の筆頭アドバイザーとしての任を担った．

[D. L. Dineley/大久保修平訳]

ベニオフ，ヒューゴー
Benioff, Hugo (1899-1968)

　和達-ベニオフゾーンは，島弧系下で傾斜し深さ 200 km およびそれ以深に沈み込む活動的な地震帯のことである．この名称に現れるベニオフという名前は，多年カリフォルニア工科大学で地球物理学教授を務めたヒューゴー・ベニオフの名をとったものである．島弧下鉛直から約 33° の角度で大陸に向かっておよそ 300 km の深さまで沈み込み，それ以深 700 km の深さまでは約 60° のさらに急峻な角度で沈み込む約 50 km の厚みをもつ帯内の震源位置および深さに基づき，今日和達-ベニオフゾーンと呼ばれている地震帯について，彼が記述したのは 1946 年のことであった．

　ヒューゴー・ベニオフは，1899 年米国カリフォルニアに生まれ，カリフォルニア工科大学を卒業すると同時に教員となり，人生のほとんどをカリフォルニアで過ごした．彼は 1917 年から 21 年までウイルソン山天文台に採用され，1923 年以降ワシントンのカーネギー研究所とかかわりがあった．1923 年までに彼は地球物理学に専念するようになった．地震学は彼が最も重要な貢献をした分野である．

　彼の震源位置決定に関する研究は，第二次世界大戦勃発によって研究が中断されたときにはすでによく知られていた．彼は研究技師として水中信号会社に雇われ，いろいろな政府の戦時研究団体に参加することを求められた．とりわけ彼のもつ地震学上の技術は需要が高かった．1945 年 7 月，ベニオフは，米国南西部の約 10 地震観測点から得られたデータを使って，ニューメキシコ砂漠における奇妙な地震の発生時刻と場所を決定したが，これは世界最初の極秘下で行われた原子核爆発であった．このような核爆発を地震学的方法で検知することは米国国防研究上優先度が高くなり，何年間かベニオフは空軍科学研究局の一員となった．のちに彼は全米科学財団

のコンサルタントにもなっている．彼はまたカリフォルニア水資源局諮問委員会議長でもあった．彼は地震計設計の名匠として広く認められ，地震活動が活発でその被害を受けやすいカリフォルニア州で，公衆の安全と公益上，地震学が重要であることをよく認識していた．

ベニオフは 1964 年に隠退し，米国およびその他の学術団体から栄誉を与えられ，1968 年カリフォルニアで逝去した．　　　[D. L. Dineley/大中康誉訳]

[訳注：島弧系地域の海溝から島弧側に傾斜して深く入り込んだ深発地震面の存在は，和達清夫が日本列島下の深発地震面を 1927 年から 35 年にかけて最初に明らかにし，1946 年から 54 年にベニオフが世界中の島弧系断面の震源分布図を作成して，深発地震面の存在を明確にした．この深発地震面を，欧米ではベニオフゾーンと呼ぶが，日本では和達の功績を考慮して，和達-ベニオフゾーンと呼んでいる．]

ベニング-マイネッツ，フェリックス・アンドレアス
Vening-Meinesz, F. A. (1887-1966)

フェリックス・アンドレアス・ベニング-マイネッツは，20 世紀における重力測定の第一人者であり，重力値のもつ意味を深く探求した．1910 年，このような調査の先駆けの 1 つであるオランダの重力調査に参加した．そこでは，地面が軟弱で不安定な重力基準点で重力計を安定的に支えておくことが難しかった．この問題を解決するために，望ましくない振動を取り除く重力計の設置方法を考案した．そして，1921 年までに，51 の基準点で重力を測定した．次の段階は，海域での重力調査を試みることであった．

海況が静穏であっても重力測定は船舶の上では行えなかったので，彼は，当時のオランダ領東インド諸島（現在のインドネシア）の島弧域で潜水艦を使って調査し，海溝と関連した巨大な負の重力異常を測定した．1923 年には，初期の結果が公表され，その解釈を提示した．すなわち，軽い堆積物が，地殻の凹みに分厚くたまっているという解釈である．この堆積物の荷重で地殻が屈曲し，凹みの両側がしだ

いに引き寄せられて，中にたまっていた堆積物が搾り出されて，細長い造山体の褶曲やナップに押し込められると考えた．彼ののちの仕事はこの考えを裏づけた．

ベニング-マイネッツは，地殻のバックリングの兆候がなく隆起している地域（たとえば，氷床が最近溶けたような場所）についても検討した．彼は，横方向のたわみには限界があり，大陸はその位置はしっかりと固定されていると確信していた．したがって，大陸移動説には反対したが，マントル対流の流れがコアへと向かうところでは，造山活動の屈曲が表面で起こると考えていた（ベニング-マイネッツ帯）．これらは，20 世紀の中盤に歩調を速めつつあった大陸移動説，造山運動，地殻構造についての議論において，特筆すべき貢献であった．

[D. L. Dineley/大久保修平訳]

ベルセリウス，イェンス・ヤコブ
Berzelius, Jöns Jacob (1779-1848)

スウェーデン人の J. J. ベルセリウスは当時の偉大な化学者であり，地球科学，そのなかでもとくに鉱物学に重要な寄与をした．彼ははじめは医学を学び，1807 年にストックホルムのカロリンスカ医学研究所の所長に選ばれた．そこから 1811 年に農学アカデミーの運営に携わるために移動し，そこで鉱物学に興味をもちはじめた．化学者としては，彼は電気化学理論と原子の性質をおもに研究し，また元素を表す記号を使用しはじめた．1818 年に発表された論文では，2000 以上の簡単なあるいは複雑な物質の分析結果を示し，セレン，セリウムおよびトリウム元素を発見し，ニオブとケイ素を最初に単離し，さらに少なくとも 12 個の元素の原子量を決定した．

1811 年に彼が鉱物学に興味をもった当時は，1742 年という早い時期にヴァレリウスが鉱物の分類は最終的には化学的性質に基づくべきであると示唆していたにもかかわらず，鉱物の分類は基本的には物理的性質に基づいていた．ベルセリウスは鉱物学をしばしば化学の 1 分野とみなし，ケイ酸塩を鉱物の 1 つの個別な種類と認めた．また，鉱物の化学

的分類法を作製し（1815 年頃），それは一部修正されて現在もまだ使用されている．弟子のミッチェルリヒとともに，彼は多形および同形の概念を提示した．

　彼の地質学的活動はスカンジナビアと中央ヨーロッパの旅行と関係する．カールスバッドでは，ゲーテと火山の起源について議論し，世間でいうようにゲーテの考えが誤りであることを示した．彼はスカンジナビアの隆起した海岸が，地球が冷えて収縮した結果海水面が下がったことによると考えた．

［D. L. Dineley／松葉谷　治訳］

ベルーソフ，ウラジーミル・ウラジーミロビッチ
Beloussov, V. V. (1907-90)

　ウラジーミル・ウラジーミロビッチ E. ベルーソフは旧ソビエト連邦（ソ連）の上級地球科学者であり，20 世紀中頃に議論が最盛期であった海洋底拡大説と大陸移動説・プレートテクトニクスへの代替説の主唱者であった．彼はソ連学士院会員とモスクワ地球物理研究所員であった．またロンドンの地質学協会の外国人会員であり，1966 年に同協会において「地球の地殻と上部マントルの構造とその発展の近代的概念」について，その後に「ソ連の東アフリカ調査研究」についての講演を行った．彼は海洋底拡大説に反対し続け詳細な代替説を提案した．地殻とマントルの性質と構造に関する彼の考え方は複雑に入り組んでいる．熱い塩基性と超塩基性マグマが大陸性地殻を破壊し，それを融解して海洋性地殻にすっかり変えるというプロセスが広範囲にわたって活発であったと主張した．このプロセスは大陸の端で最も活発であると考えた．西欧で一般に支持されている考え方と大きく異なった火成作用と造構運動の間の可能な関連性を 1971 年になっても提案した．

　ベルーソフは海嶺の周りの海洋底で認められる規則正しい地磁気の縞模様を信じようとはしなかった．縞模様は玄武岩の層状構造とかなり不規則に撒き散らばった玄武岩の破片によって生じていると考えた．大陸の上下運動を支持し，大陸全体が大きく水平運動をするとの考え方を受け入れなかった．それにもかかわらずベルーソフは地球科学の分野に大きな貢献をもたらし，ソ連やその他の国で高く評価された．1960 年代にソ連の 3 回にわたる東アフリカ大地溝帯の調査隊を指揮し，大陸の深部構造とマントルの研究に取り組んだ．1960 年には国際測地学・地球物理学連合の上部マントル委員会の議長としてフィンランドで開催された第 13 回国際測地学・地球物理学連合総会において新たな国際的プロジェクトの必要性を提案し，それは国際地球観測年（IGY）の締結となった．このプロジェクトの当初の名称は「上部マントルと地殻の発達への影響」であったが，プロジェクトの発足の際には取り上げられなかった．

　その生涯においてベルーソフはソ連学士院団体で多くの名声ある地位に指名された．また，いくつかの国際的な科学団体の会員であった．彼の考え方は後世には受け入れられなかったが，偉大な知力と独創性と推進力をもちあわせていた．第二次大戦後におけるソ連の地球科学の発展への影響は高く評価されている．

［D. L. Dineley／浜口博之訳］

放射性元素
radioactive elements

　放射能という現象は 19 世紀の終わりまでは発見されていなかった．その理由は，われわれ人間が疑いなくその現象をみつけるための感知器官をもっていないことである．放射能は直接感じたり，におったり，見えたり，聞こえたりすることはなく，ただ機械，すなわち電子機器により感知することができるだけである．1880 年ごろに，パリの物理学者である H. ベクレルは硫酸ウラニル複塩の結晶に紫外線を照射すると蛍光が発生することを実験で明らかにした．彼は，自分の観測結果とドイツの物理学者である W. C. レントゲンの観測結果から，これらの結晶が目に見えないが，黒い紙を透過し，写真乾板に感光する光線を放出していることを実証した．この研究は，ポーランドの科学者マリー・スクロドゥ

スカ（のちのマリー・キュリー）とピエール・キュリーによりさらに進められ，トリウムもまた透過性光線を放出することのできるものであることを発見した．2人はさらにこの光線を放出する2つの元素を発見し，それらをポロニウムとラジウムと命名した．ラジウムの放射により放射能（radioactivity）という用語を提唱したのがマリー・キュリーである．1903年にキュリー夫妻とベクレルは放射能の発見に対してノーベル物理学賞を分けあって受賞した．ピエールの死後も，マリーはラジウムの化学についての研究を続けた．1911年に，彼女は純粋なラジウムを分離するための不断の努力が認められノーベル化学賞を受賞した．彼女は放射性物質を医学に利用するための研究を続けたが，1934年に放射性物質の研究が原因で白血病で死亡した．

●放射性壊変（崩壊）

ラジウムから放出されるイオン化した放射線はケンブリッジ大学のキャベンディッシュ研究所のE.ラザフォードに好奇心を起こさせた．カナダのマックギル大学に移ったのち，ラザフォードはさらに研究を進め，放射性物質が放出する放射線に3種類の異なるものがあることを報告し，それらをα, βおよびγ線と命名した．α線は結局はヘリウム原子核であり，β線は電子と同じものであることが判明した．γ線だけがレントゲンにより発見されたX線と同じ電磁波であることが判明した．ラザフォードはF.ソディーと共同してトリウムの放射能を研究した．この研究から，彼らは放射性壊変（崩壊ともいう）の原理を数式で表した．彼らは放射性元素の原子が自発的にほかの元素の原子に壊変することを示唆した．彼らは，この壊変がα, βおよびγ線の放出を伴い，また放射線の強さはそこにある放射性原子の数（N）に比例することを提唱した．彼らは時間の変化（dt）に対する放射性原子の存在数の変化（dN）は壊変定数（または崩壊定数，λ）とNの積に等しいことを示した．この壊変定数は1つの原子が時間の1単位内に壊変する確率を表す．ラザフォードは1907年にマンチェスター大学に移り，1908年に放射能の研究が認められ，ノーベル物理学賞を受賞した．マンチェスターでは，彼はさらに原子の構造と構成についての基礎的なことを発見した．彼の実験結果は，原子が小さな正電荷をもつ核と，その核の周囲に軌道状に存在する電子から構成されることを示した．ラザフォードは1919年に原子核の中の正電荷をもつ粒子を陽子と命名し，翌年，原子核が中性の粒子を含むことを推測した．この仮想的な粒子，中性子はのちにSir J.チャドウィックと共同研究者の実験により発見された．ラザフォードによる原子のモデルは，オランダの物理学者N.ボーアにより，マックス・プランクとA.アインシュタインにより開発された量子力学を用いてさらに改良され，その後，シュレディンガーと共同研究者により波動力学を用いてさらに改良された．

ウランとトリウムの放射性壊変系列を研究しているときに，これら2つの元素に壊変の速度の異なる複数のものがあることが明らかにされた．また，元素の原子量が以前に考えられていたのとは異なり整数ではないこと，およびウランの壊変で生じた鉛は天然の鉛とは異なる原子量をもつことが明らかになった．このような観測結果から，ソディーは周期表のある元素が占める場所に2種類以上の原子が入ることができるはずであると示唆した．彼は同じ元素の異なる形のものに対して同位体（または同位元素，アイソトープ，ギリシャ語で同じ場所の意味）という用語を当てた．このことから，たとえばネオンに原子量が20，21および22の3種類の原子があることが明らかにされた．同位体の発見は，キャベンディッシュ研究所の若い化学者であったF.W.アストンにより開発された質量分析計によりおもに進められた．アストンは質量分析計の性能を高めることに専念し，天然に存在する287種の同位体のうち212種を発見した．彼はまた，これらの同位体の質量を測定し，天然に存在する同位体の質量と相対存在率に基づき元素の原子量を計算した．この研究により，彼は1922年にノーベル化学賞を受賞した．

●地質年代測定法

A.ニアーは，ハーバード大学でK.T.ベインブリッジと一緒に研究をする間に地質年代の測定法および地球の年齢に興味をもつようになった．G.P.バクスターと共同で，彼は鉛の同位体組成の測定をはじめ，ウランおよびトリウムが鉛まで壊変することに基づく年代測定法を開発した．ニアーがミネソタ大学で開発した質量分析計により多くの科学者が同位体の研究に携わるようになり，20世紀の終わり

までに同位体地球科学の著しい発展に寄与した．年代測定法の発展により，科学者は放射性壊変が熱を発生する過程であることにも気がつきはじめた．岩石の中の熱の発生の割合は J. ジョリーにより 1908 年に 'Radioactivity and geology（放射能と地質学）' という題の本の中に記述されている．この本の中でジョリーは岩石の中の放射能の測定および多色性ハローの成因についても議論した．

ウランを含む鉱物や岩石の年代ははじめにラザフォードとボルトウッドにより測定された．ラザフォードは 1905 年に，ウラン鉱物の年代がその中に蓄積されたヘリウムの量により求められることを提唱した．彼が求めた最大の年代は 5 億年であり，ケルビン卿が推定した地球の年齢が 4000 万年であるということが誤りであることの証拠となった．1907 年にボルトウッドは 3 個のウラン試料についてウラン-鉛（U/Pb）比に基づく年齢の測定結果を発表した．その年齢は 4 億 1000 万〜5 億 3500 万年の範囲であった．これに続く 50 年間には放射性壊変の理解が急速に進み，岩石の年代測定への放射性壊変の利用方法が進歩した．カリフォルニア工科大学のパターソンは，1956 年にはじめて鉛同位体（^{207}Pb, ^{206}Pb および ^{204}Pb）の組合せにより地球および隕石の年齢が 45 億 4000 万年であると決定した．20 世紀の後半に開発されたその他の放射性年代測定法には，カリウム-アルゴン（K-Ar），カリウム-カルシウム（K-Ca），ルビジウム-ストロンチウム（Rb-Sr），サマリウム-ネオジム（Sm-Nd），ルテチウム-ハフニウム（Lu-Hf），レニウム-オスミウム（Re-Os）およびトリウム-鉛（Th-Pb）法があり，また宇宙線起源の放射性核種であるベリリウム 10（^{10}Be）やアルミニウム 26（^{26}Al）による方法もある．放射性同位体の研究により，科学者は太陽系，惑星，地球および月の年齢や変遷についての理解を深めつづけている．

[K.Vala Ragnarsdottir/松葉谷　治訳]

■文　献

Faure, G. (1986) *Principles of isotope geology* (2nd edn). John Wiley and Sons, New York.

放射能の測定と影響評価
radioactivity measurement and surveying

試料の放射能を測定するには，電気計測やフィルムに残された痕跡が用いられる．放射能の強さは，単位時間に放射崩壊を起こす原子数で表される．放射能の測定に用いられる基礎単位はキュリー（Ci）である．1 Ci は毎秒 3.7×10^{10} の割合で放射崩壊が起こる強さを表し，あらゆる放射核種に対して用いられる．この単位はもともとラジウムに対して決められたもので，1 Ci は $^{226}_{88}$Ra の 1 g 中で起こる放射崩壊の量である．放射能の SI 単位はベクレル（Bq）であり，放射崩壊を 1 秒間に 1 回起こす放射性同位元素の量（原子数）で定義される．1 Bq は 27×10^{-12} Ci に等しい．

放射線が通過すると，電離によって生物組織に危害が及ぶので，放射能には注意が必要である．ただし，放射能による危害の兆候は，かなり時間が経過してから表れるのが普通である．被曝がもたらす被害の内容や深刻さは，粒子や放射の種類，放射されたエネルギーの大きさ，被曝を受けた時間，被曝にさらされた体の部分，被曝を内部から受けたか外部から受けたかに依存する．放射エネルギーと放射が届く範囲は，アルファ，ベータ，ガンマ（α, β, γ）粒子の間で異なる．0.5 MeV のエネルギーをもつベータ粒子は，空気中で 1 m の範囲まで届くが，エネルギーによっては，到達範囲は 10 m にも達する．放射が遮蔽物によって塞がれると，ベータ粒子は制動放射と呼ばれるさらに貫通力のある副次的な放射を生み出す．放射能から保護するための防壁として最も有効なのは，アルミニウム，パースペックス（有機ガラス），ゴムのような原子番号の小さい固体である．たとえば，厚さ 2.5 cm のパースペクスは，4 MeV ものエネルギーをもつベータ放射を遮蔽する．1 MeV のエネルギーをもつベータ粒子は，人間の皮膚を 4 mm しか貫通しない．アルファ粒子が人間の体を貫通する力はさらに弱い．これらの粒子に比べると，ガンマ線は電離を生じないので，貫通を防ぐのがもっと難しい．ガンマ線の強度は距離とともに指数関数的に減少する．高い原子エネルギーをもつ物質は，光電吸収を起こすことが

ある．すなわち，ガンマ線のエネルギーが電子に移
されて，電子が原子シールドから放射される．コバ
ルト60（^{60}Co）は核分裂によって生み出される危険
な物質であり，平均で1.26 MeVのエネルギーをも
つガンマ線を放射する．ガンマ線の線量を1/10に
減らすには，厚さ4.6 cmの鉛が必要となる．線量
をさらに1/10に減らそうとするごとに，4.6 cmの
鉛を付け加える必要がある．

　放射線への被曝量を測定する単位としてはラド
（rad）が用いられる．1 radは細胞組織に100 erg
g^{-1}（10^{-5} J g^{-1}）のエネルギーが放射されたことを
意味する．これは1レントゲンの被曝量に相当する．
被曝はレム（rem）でも測定される．remには「特
性係数」が加味される．特性係数の値は，危険度の
高いアルファ粒子に対しては10である．1ラドの
放射レベルに対する被曝は，10レムである．グレ
イ（Gy）は吸収線量を表すSI単位で，1 J kg^{-1}を
意味する．被曝線量のSI単位はシーベルト（Sv）
であり，放射タイプに対応する特性係数と，被曝
した組織による重みを，Gyに掛け合わせて求めら
れる．Svは，全身に浴びたX線や電子に対するGy
の値と数値的に等しい．

　屋外や屋内で人間がさらされる放射線として，最
近ラドンに注目が集まっている．ラドンは放射能を
もつ唯一の気体であり，ウランやトリウムの放射崩
壊によって形成されて，大気中に存在する．ラドン
を吸い込めば，肺が損傷を受ける．^{222}Rnの半減期
は3.82日である．解放された戸外では，ラドンの
濃度は通常非常に低い．しかし，花崗岩や煉瓦な
ど，ウランを多く含む岩石で造られた建物のなかで
は，ラドンの濃度はバックグラウンドのレベルより
かなり高くなる．英国放射線防護局（NRPB）は，
200 Bq m^{-3}をこえる放射が1%以上の家屋から検
出される地域を「影響地域」と定めた．この地域は
おもにデボンやコーンウォールの花崗岩周辺に集中
する．そこでは家屋の換気に特別な対策が必要であ
る．　　　　　　　　[K. Vala Ragnarsdottir/井田喜明訳]

北米西部の地質調査
geological exploration of the North American West

●米　国

　大西洋沿岸に定住し生まれ育った人々にとって
は，ヨーロッパの植民地であった時代の初期から，
北米西部は魅力的な存在であった．北米大陸の科学
的な調査は，ルイス・クラーク遠征隊（1804～06年）
によってはじめられた．この遠征隊は，ミズーリ川
とコロンビア川を経由して大陸の北西を横切る陸路
の開発を目的に，ジェファーソン大統領が派遣した
もので，「国の土壌と地勢」について報告するとい
う職務を非常に効果的にまっとうした．装備は万全
で任務にも適任であったので，セントルイスやワシ
ントンに帰還するまでに太平洋にたどり着いた．彼
らは大陸内部の地形の概要を明らかにし，この種の
調査が非常に有意義であることを示した．引き続い
て政府によるさまざまな調査が行われた．1806～07
年には，Z. M. パイクがミズーリ川からプラット川
を上って西へ進み，グレートプレーンズを横断して
ロッキー山脈の麓にたどり着いた．1819～20年に
は，S. H. ロングがアーカンソー川に沿って西に向
かい，「グレートアメリカ砂漠」に到達した．この
頃には「マウンテンマン」と呼ばれる探検家や罠猟
師が個人で多数活動するようになり，中央平原を越
えてロッキー山脈やグレートベーズンに，さらに太
平洋に至る西部に侵入した．彼らは，ジェデディア・
スミス，ジョセフ T. ウォーカー，ベンジャミン・
ボンネヴィル大尉などの有名人も含めて，多くが旅
行と観察を行い，その活動範囲は現在のカナダ国境
から南はモハーベ砂漠やコロラド川に及んだ．彼ら
は地質学の専門家ではなかったが，地形，野生生物，
先住民などについての豊富な知識をもたらした．

　人口の増加と陸地調査の必要性から，西部の開拓
は大平原の端まで押し進められた．現在では多くの
人々が，居住に適することで知られる西海岸へ移住
している．1841年には米国工兵隊の地形技術者た
ちが一帯の陸地調査を開始した．ロッキー山脈か
ら西方の調査はジョン C. フレモント中尉の指揮で，
太平洋内陸から西方の調査はチャールズ・ウィルク
ス大尉の指揮で行われ，科学的で専門的な調査結果

がまとめられた．ロッキー山脈西部山地の広がり，多様性，鉱物資源がしだいに明らかにされてきた．

西部への拡大に合わせて，1850 年代にはミネソタ州，アイオワ州，アーカンソー州から鉄道の路線を伸ばすための調査が行われた．この技工作業を通して，膨大な地質学的情報が収集された．19 世紀半ばには，カリフォルニアに至るゴールドラッシュに世間の注目が集まり，ミシシッピ川西方のいくつかの州で独自の地質調査機関が設立された．国の調査は 1860 年にはじまり，現在まで国土の大半の調査を終えた．西部地域の地質学者としては，ヘイデン，キング，パウエル，ウィーラーが有名である．1879 年には，彼らのひとりクラレンス・キングが米国地質調査所の初代所長に就任した．採鉱事業がはじまり，地質学の訓練を受けた人員の増加が見込まれた．1870 年までにイエローストーン川周辺に特異な火山作用の存在が認識され，米国初の国立公園を設立する動きがはじまった．

●カナダ

面積 997 万 1500 km^2 を有するカナダは世界で 2 番目に大きな国であるが，国土のほとんどは北緯 49° 線以北から北極（高緯度地方）にかけて広がっている．そこは広大で寒くて未開拓であり，国土の約半分が先カンブリア時代のカナダ楯状地にある．プレーリーやロッキー山脈は，アメリカ平原やコルディレラ山脈とつながっている．初期の探検家はおもにカヌーで旅をしたが，不凍期は 6 カ月より短い．彼らは通常鉱物よりも毛皮に魅力を感じた．多くの探検はハドソン湾の居住地から出発した．サミュエル・ハーンは，北方の海洋を目指して，ハドソン湾からカッパーマイン川流域を横断した（1769〜72 年）．ジョン・リチャードソンは，1821 年に北部の海岸から南に旅する途上で，岩石や鉱物を観察した．北西へ伸びる陸路を探索したり，1850 年代に行方不明となったフランクリン遠征隊を捜索したりする探検家もいるが，この地域の地質学にはほとんど目が向けられなかった．そのなかで，J. B. ティレル（1858-1957）は幅広く旅をした地質学者で，19 世紀に山岳地帯とハドソン湾の間で先カンブリア時代の多くの地形を調べた．

ティレルの時代に，カナダ地質調査所は五大湖とハドソン湾の西側で国土の体系的な調査をはじめた．その調査団は，1879 年にロバート・ベルの指揮下で，ウィニペグ湖の北部と北西部を 2735 km に及ぶ経路に沿って調査して，結果を地図にまとめた．2 つの世界大戦の間に，航空機が野外調査にはじめて用いられた．北極諸島を対象として 1955 年に実施された初の包括的なマッピングプロジェクトでは，ヘリコプターが多用された．

[D. L. Dineley/井田喜明訳]

■文　献

Goetzmann, W. H. (1966) *Exploration and empire : the explorer and scientist in the winning of the American West.* Knopf, New York.

Zaslow, M. (1975) *Reading the rocks—the story of the Geological Survey of Canada 1842-1972.* Macmillan Company of Canada and Canada Department of Energy, Mines and Resources, Ottawa.

ホームズ，アーサー
Holmes, Arthur (1890-1965)

アーサー・ホームズは，20 世紀における最も著名な英国の地質学者の 1 人である．彼は地球化学の分野で傑出した研究を行い，地質年代測定学について初期的ではあるが非常に重要な貢献をし，地球の年齢の決定を行い，大陸移動を起こす原動力の仕組みについて提案し，また革新的なベストセラー教科書を書いてそれが 4 版を重ねた．

1907 年にホームズは物理学を専攻するためインペリアル・カレッジに入学し，その後さらに地質学の学位を得るために留任した．次にモザンビークで現場経験を積み，その経験が古期岩石，火成の物質の起源や物理地質学に対する初期的な興味を彼にもたらした．彼は，地質学の教授としてダーラム大学に戻る前にビルマの石油会社に地質学者として勤務した．1943 年から 1956 年の間は，エディンバラ大学で欽定講座担任教授であった．

1913 年にホームズは，彼が取り組んできた先駆的な放射年代解析について議論した本 "Age of the Earth（地球の年齢）" を出版する．この本では，長い間挑戦されることの無かった地質柱状図内の各点に年代の見積りを与えることに成功した．ホーム

ズは，ケルビン卿が見積った地球の年齢は少なすぎ，少なくとも 16 億年が必要であるということを示した．彼の見積りはウラン，トリウムおよび鉛の同位体の解析に基づく最初の近代的な年代尺度であった．と同事に，地球内部の放射壊変による熱の寄与が，その惑星としての歴史において最も重要な要素であることが認識された．

彼は，火成岩，とくに花崗岩の研究も継続して行った．花崗岩に対しては，「花崗岩化作用」（岩石の成分が取込まれたり除去されることにより母岩がその場で花崗岩に変化すること）の原因について情熱を注ぐこととなった．第二次世界大戦のころ，このことは激しく論議されたテーマであったが，ホームズの考えがひどく疑問を唱えられることはなかった．

彼はまた，ウガンダおよび東アフリカ大地溝帯の火成岩についても論文を執筆した．

ホームズは，ウェゲナーの大陸移動説において，マントル対流が不可欠な役割を果たすという革命的なモデルを提唱した．彼の書いた "Principles of physical geology（一般地質学)"（1944）の初版では，基礎地球物理学が地史学や構造地質学に役立つということをホームズがどれだけよく認識していたかをうかがい知ることができる．このただちに大成功を収めた書物は英国の名著となっている．

生涯，アーサー・ホームズは英国また世界中の地質学のコミュニティーから多大なる敬意を払われた．　　　　　　　　　　[D. L. Dineley/山本圭吾訳]

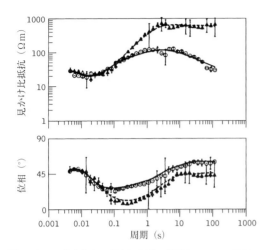

図2 2つの直交方向で得られた単一観測点でのMT法見かけ比抵抗と位相の例。東西および南北方向それぞれが三角（▲）と円（○）で示されている。

EM波の周期 T を秒，電場 E を mV/km，そして磁場 H を nT（ナノテスラ）もしくはガンマで表したとき，見かけ比抵抗は Ωm（オームメーター）の単位で表わされる。

Z の位相（θ というシンボルで表される）は複雑なインピーダンスの虚数部（imag Z）と実数部（real Z）の比，すなわち θ = imag Z/real Z（単位は度）で求められる。

磁場の鉛直成分 H_z と磁場の水平成分との関係は地中の電気走向を見積るのにも用いられる（そして，電流集中方向，もしくはMT法におけるインダクションアローの方向を決めるのにも用いられる）。インピーダンステンソルの回転および鉛直-水平磁場の関係から決められる地中の電気走向の違いは，地下伝導性構造の三次元性を示すものとして役に立つ。

MTデータ（一般的には見かけ比抵抗と位相）を解釈するために数学的なモデリングテクニックがある。地下が水平成層した岩石からなるとき，電気抵抗は深さ方向にのみ変化し，抵抗構造は一次元（1D）の物性分布をもつという。一次元解析で求められるパラメーターは層の抵抗と厚さ，もしくは電気伝導度と厚さの積である。地質構造が水平に成層していない場合には，電気抵抗構造は三次元であると考えられ，いろんな方向に変化する。しかしながら，テクトニックな過程は地下物質中にはっきりとした直線的な構造（たとえば，主要な断層，角度不整合や不調和的に貫入する岩体）を与えるといった種々の状況があるので，決定可能な走向が存在する。それゆえ，全体的な地下の電気構造は近似的に二次元であるとして扱われる（すなわち，構造の走向を横切る方向と深さ方向にだけ変化する）。一次元，二次元そして三次元の解釈はコンピュータを用いて，フォワード（前進）モデリングもしくは自動化されたインバージョン数値モデリングによって実行されている。

●地質学および環境学への応用

地下に存在する鉱物，炭化水素（石油類），地熱などの資源や汚染拡散過程など，これらすべての形成には水と熱が関係している。地下の液体含有量や温度変化に最も影響される物理的性質は電気抵抗である。そのため，MT法が一般的な天然資源探査や環境調査に用いられる。

炭化水素探査でMT法を採用する地質学的な根拠は，探査対象の地下が広がりをもった炭化水素の層からなること，または帽岩（おもに頁岩層）と貯蔵岩（典型的には砂岩層や，石灰岩や苦灰岩のような破砕した結晶岩）をもつという事実である。それらは対照的な電気的性質をもっている。頁岩やほかの細粒砕屑岩は電気伝導性が高く（一般的には30 Ωm より小さい），一方，砂岩や炭酸塩岩は電気抵抗が高い（普通 50 Ωm より大きい）。典型的な炭化水素貯留層では，石油や天然ガスが絶縁体になり，伝導性の高い塩水の上に留まっている。その結果，そういった貯留層はときにMT法にとって，とくに浅部ではよい標的となっている。MT法はまた深いところにある堆積盆を可視化するのに大変重要である。なぜなら，電磁波の周波数や周期を選ぶことで幅広い深さ範囲（ほぼ 10 m～600 km）の探査を達成できるからである。10^{-4}～10^3 Hz（すなわち，10^{-3}～10^4 秒の周期）の周波数帯が一般的な堆積盆評価の研究に用いられる。堆積盆探査では構造的かつ層序学的な下方変化を決定する必要がある。これは探査地域に張り巡らされた多数の地点で深さ方向の探査を実施することで達成できる。解釈モデルでは，表層堆積層の厚さ，電気的な抵抗性や伝導性をもつ地下地層のだいたいの分布，そしてその結果，貯留層や資源または帽岩の存在していると考えられる位置が決定できる。

MT法はまた地殻やマントル，山脈そして主要なリフトバレーの構造といった大規模な地質的特徴の研究にも応用される．さらに古代や現代の火山やその内部を可視化するのにも用いられる．

[Maxwell A. Meju/森永速男訳]

■文　献

Cagniard, L. (1953) Basic theory of the magnetotelluric method of geophysical prospecting. *Geophysics*, **18**, 605-35.

Vozoff, K. (1972) The magnetotelluric method in the exploration of sedimentary basins. *Geophysics*, **37**, 98-141.

マシューズ，ドラモンド・ホイル
Matthews, Drummond Hoyle (1931-97)

D.H.マシューズは英国の地球物理学者の1人であり，プレートテクトニクス理論に最も重要な寄与をし，のちには大陸地殻深部の研究にも寄与した．王立海軍の国家サービスを経てケンブリッジ大学を卒業後，彼はフォークランド諸島の属領調査（現在，英国南極調査）に参加した．彼は1955年から1957年に行われた南極における野外調査に従事した．そのころ，大陸移動の考えに興味がもたれるようになっていた．同じころ，ヨーロッパや北米ではその考えはむしろ異端とみなされていたが，そのアイデアを支持する地質学的な証拠は南半球でより好意をもってみられていた．マシューズは1958年ケンブリッジ大学に戻り，北大西洋東部の深海底から採取された玄武岩を研究した．

この研究は，北大西洋，インド洋そして地中海における一連の海洋地球物理調査航海という形に拡大された．インド洋調査で得られたデータによって，1963年に彼とF.J.バインは，海洋底に広がる磁気縞模様を中央海嶺での火山岩の噴出と地球磁場の周期的な逆転で説明した．このときから，海洋底の一時性（古い海底が存在しないこと）と大陸移動の規範となる考え，すなわちマシューズと彼の大学院学生たちによって巧みにそして急速に発展させられた考え方が発達していった．

1970年代に，マシューズとD.J.ブルンデルは英国協会反射プロファイル評議会（British Institutions Reflection Profiling Syndicate, BIRPS）を設立し，大陸地殻深部地震を研究した．このプロジェクトは大いに成功し，約80 km以上の深さに達する，英国本島およびその付近の地震縦断面図作成が行われた．そして，それは深い基盤の多くを示し，基盤上には地質図上に現在記載されているような構造が決定された．　[D.L. Dineley/森永速男訳]

マスメディアにおける地球科学
geoscience in the media

地球科学は，どれくらいニュースになっているのだろうか？　異なる学問領域にわたって同じようなレベルで情報を得るのは困難であり，存在する多くの研究は時代遅れである．英国のジャーナリストの要求で，1985年にロンドンのノバルティス財団によってメディアリサーチサービス（MRS）がはじめられ，1998年12月までの間，次のような集計がなされた．健康と医学39.2%，心理学と社会科学13.6%，生命科学10.6%，環境4.2%，物理科学5.6%，産業3.1%，宇宙と軍事2.3%，地球科学1.8%，エネルギー1.1%，その他18.1%（情報源：メディアリサーチサービス）．

ノバルティス財団のメディアリサーチサービスは，ジャーナリストからの自発的な要求に応じている．大学の専門家とジャーナリストの接触を保つためには類似のシステムがあるが，それを運営する経験によれば，このような要求は，とにかくニュースになり，ジャーナリストが専門的なコメントを欲しがるような事項が動機になっている．そのために，この要求には報道デスクの偏見が含まれ，人間の興味を強く引くテーマとして，医学，生物学，社会科学が好まれる．

1989年に，レスター大学のアンダース・ハンセンは英国国立報道機関の2カ月間のサンプルを分析し，地球科学関連の記事が，全体でたったの0.8%しかないことを見出した．それ以降，報道分野は紛れもなく変化している．環境変化への関心は，古典的な地質学も含めて，あらゆる種類の自然災害に関する関心を高め，科学が強調して報道されるように

なってきた．古典的な地質学（ハンマーで叩けるものを扱う科学）が，地球システム科学として今日みられる学問の一部となってくるにつれて，地球科学の範囲も広がってきた．

全般的な印象としては，地質学が取り扱う恐竜や，地震・火山・津波のような自然災害の重要性を考えると，地球科学が0.8%あるいは1.8%しか報道されないのは，少なすぎる．たとえば，1998年の英国科学振興協会（科学の振興を目的とした米国科学振興協会に相当する英国の組織）総会の一週間の会期中に，地質学的な新聞記事は（特約寄稿も数えて），科学情報全体の約30%を占めた．この割合は，どの学問分野にとってもかなりの掲載量であるが，地球科学が会議のプログラムの5〜8%しか占めてないことを考慮すれば，驚くべきことである．

科学を扱うジャーナリストは，一般の関心が地球科学に大いに集まっていることを認識しており，それに関する情報が手に入れば記事にしたいと熱望している．しかし，英国科学振興協会や米国科学振興協会のような大きな科学者の集団以外は，新聞記事をニュースにしようと努力する人が少ないので，科学に関する報道量はしだいに減っている．地球科学のほとんどが小規模で分散しているのに対し，巨大科学や医学は，その価値を世界に伝えることに専念する資金豊かな大施設をもつ．公金の消費が増えるにつれて，その関心を増すために費やされる金額も巨額になる．

さいわいなことに，報道で使われる科学用語がすべての分野についてみな同じとは限らない．火山や恐竜は，原子内粒子よりも身近な言葉である．そのために，ひとたび適当な新聞記事が掲載されれば，地球科学は強い反響をもたらす．ロンドン地質学会は，地質記事のページの執筆で，100%の記録的大ヒットを経験した．2年間に学会が出版物や会議のなかから取り上げてほしいと推薦した内容で，記事にならなかったものは1つもない．制約になるのは，記事にする適当な内容があるかどうかである．

ほとんどの科学者や専門的な職業人と同じく，地球科学者たちはメディアが地球科学を粗末に扱うと考えている．注意深い科学的な警告が無視され，同意できないような見出しが記事に付けられるので，その経験が情報を提供する気力を失わせる．報道関係者と一緒に働いて記事をつくった科学者は，その

ために要した時間と努力が無駄だったと感じている．

あらゆる学問分野で，科学者たちは報道で注目を集めたがっているが，それは単に自分の言葉で報道されたいのである．それにこだわって失敗し，しばしば悔しい思いをする．報道は教育事業であると科学者たちは信じているが，実際のところ，報道は娯楽産業の一部である．英国ではこの誤解がとくに強く，英国放送協会（BBC）の最初の長官であり，尊敬の念を起こさせるレイス卿の精神が，いまだに海外で生きている（少なくとも知識人の視聴者の間では）．

この誤解のために，メディアの人たちがどうしたら彼らのやり方を変えて，科学にもっとうまく適用し，よい記事を書いてくれるか，科学者たちはその問題に誤った労力を費やしてきた．これは成功しそうにない．優れた報道への本当の道は，メディアが求めるものを提供することにある．ほとんどの科学者が必要と考える報道の質の向上は，専門的な報道との関係を念入りに改善し，もっと多くの科学者が記者の立場を学ぶことでしか実現しないだろう．

●テレビのドキュメンタリー番組

ほかのメディアで働く人々のように，テレビのディレクターはドキュメンタリー番組の材料を提供するために，一般に不吉な地球の振舞いに目を向けてきた．火山噴火，地震，洪水，津波，竜巻などは紛れもなく映像に向いており，畏敬の念を起こさせる．気候変化などの環境への脅威は，たとえきわめて印象的でなくても，人々の生活と資産にとって明らかに脅威となり，視聴者の注目を集めることができる．

英国のテレビやラジオ番組では，地球科学への関心の高まりが，最近になって明確になってきた．たとえば，英国放送協会のテレビでは，1998年に2つの地質学的なシリーズ番組を放映した．最高級の番組は8編から成る「地球の物語（Earth Story）」で，日曜の晩に放映された．これは，司会者が今までの研究史を紹介する贅沢なドキュメンタリーで，ケネス・クラークの「文明の開化」や，ヤコブ・ブロノウスキーの「人類の進化」など，「個人の発見の歴史」を偲ばせる番組であった．エディンバラ大学を退官した自然史のオブレー・マニング教授は，シリー

ズの前線に立って企画を鼓舞した．新たに調査から戻った地質学者は，番組で案内人の役割を果たすわけではないが，自分がみつけた驚異を世界に紹介したいと熱望した．デビッド・シントンは「地球の物語」のプロデューサーであり，オックスフォード大学のサイモン・ラムはそのシリーズの顧問であった．

シリーズの顧問は，テレビのドキュメンタリー番組の隠れた英雄であるアンナ・グレイソンである．彼女はこの役割を立派に果たして，英国放送協会のテレビで1998年に放映されたもう1つの地質学のシリーズ「岩石への基本的な手引き」の司会者を務めた．これは若者へ地球科学を紹介しようと試みた番組であり，「地球の物語」と違って，短時間で注目を集めることをねらった．30分ごとの番組は，雑誌の形式で4つに区分されており，4つそれぞれが独立した物語だった．構成をはっきりさせようとする試みは，番組を題材にした本には見られたが，番組自身のなかではなされなかった．「岩石への基本的な手引き」のほかの司会者には次の3人が選ばれた．レイ・メアーズは，ターゲットとなる観衆に高い評価を受けて勝ち残った専門家であった．ダンカン・コップは，地質学者でありシリーズの研究者であった．ケイト・ハンブルは，マニング教授のように，いつも驚いてばかりいる純情娘の役を引き受けた．「ウェールズ鉱山に入って，本物の金をみつけるなんて，10歳の子供に戻ったみたい」そう彼女は語った．

1999年に英国放送協会の世界放送は，「地球の作用（Earthworks）」という表題のシリーズを5000万人もの視聴者のために放映した．これは12～15分のシリーズ番組であり，ビッグバンから超新星破壊に至るまで，地球の歴史全体をたどった．シリーズのプロデューサーはマリリン・ハリスであり，司会者はまたアンナ・グレイソンであった．シリーズを製作するにあたって，地質学者の多くが協力を求められた．アンナ・グレイソンは「大変協力的で礼儀正しく，情報を広く一般に伝えることに時間を割いてくれる多くの科学者の助けがなければ，このシリーズはどれも完成しなかっただろう」とコメントした．サイモン・ラム（地球の物語）とアンナ・グレイソン（基本的な手引き）が，その後この仕事でメディア賞を獲得したことを，嬉しい知らせとして付け加えよう．

●映画やテレビで表現される地球科学者

ほとんどの人は，他人のことなら非常に短時間で自分の考えをまとめる．型にはまった考えをすることは容易かつ気楽である．それは時間の節約になるが，間違いなく偏見を生む．スティーブン・ジェイ・グールドによれば，それは「事実に反するが，啓発上は強力」である．しかし，ハリウッド映画で科学者の特徴を見れば，地球科学者をはじめとして，この型にはまった考え方には根本的な変化がみられる．映画製作者は，科学に対する人々の態度が変化するのに注目するので，この変化は重要である．

ドラマでは，時間が本質的である．登場人物の特徴は短時間に視聴者に認識されなければならない．早くて見やすい映像は，テレビニュース，広告，いろいろなPR活動の材料となる．物語は単純な映像で素早く伝えられなければならない．科学者に関する描写をどうしたら視聴者が認識しやすいか，映画を見ると製作者の思いがうかがえる．科学者に関するイメージに関心をもっている人々にとって，進歩は型にはまった考えが変化するところからくる．これが今起こっていることである．

ハリソン・フォードによって演じられた，セクシーで威勢がよく，鞭を巧みに使う考古学者インディアナ・ジョーンズは，現実の人物に基づいている．その人物とは，オビラプトル恐竜の発見者である古生物学者のロイ・チャップマン・アンドリュースのことである．映画では科学者を行動的な人物として描写しており，その点でインディアナ・ジョーンズは異常である．それまでは，科学者であろうとなかろうと，傲慢で世慣れておらず，過度に誇大妄想するインテリがよく登場した（彼には，英雄的に行動する人物にロマンティックな興味をもつ美しい娘がいる）．この昔ながらのドラマティックな場面は，「テンペスト」や，おそらくそれ以前まで痕跡をさかのぼることができる．しかし，インディアナ・ジョーンズは反動のはじまりであった．視聴者が洗練されたことが，その理由の1つである．

映画製作者は，ほかでは決まり文句であるような人物の特徴を取り上げ，通常はその特徴をもつとは思えない構想中の人物に，その特徴を移入することに挑戦する．

スピルバーグの「ジュラシック・パーク」では，3人の科学者が主人公を演じている．ジェフ・ゴー

ルドブラムは理論数学者，サム・ニールは脊椎動物を専門とする古生物学者，ローラ・ダーンは古植物学者である．この映画では，これらの科学者の特徴がよく表れている．ダーンは，意志や自負心が強く，セクシーなフェミニストである．実際に，彼女は結婚と出産も望んでおり，あらゆる魅力を備えている．ニールは，少し教養が高すぎるきらいがあり，ひたむきで直感力ももつ．彼は情報伝達に長けており，とりわけ恐竜について精通している．ゴールドブラムは風変わりなひょうきん者であるが，冷静である．

これらの人物は欠点をもつが，その特徴はよく見られるわけではなく，傲慢，利己主義，貪欲，悪意といった古い固定概念を含まない．これらの特徴は，スタッフや憎むべき会計士によって苦しめられたコンピューターおたくのアッテンボローに残っている．

1997 年に放映された火山映画「ダンテズ・ピーク」（ユニバーサルピクチャーズ）では，地球科学者が救済者として現れた．この映画は，お決まりのとおり，自然の脅威に脅かされようとしている居心地のよい集団社会ではじまる．この場合は，米国西部のカスケード山岳地帯にある大きな火山が自然の脅威である．怒りっぽいシングルマザーのリンダ・ハミルトン市長に対抗して，商業利権や地方議会は，手遅れになるまで必要不可欠な活動を妨げようと企んだ．

米国地質調査所が救援のために派遣したのは，地質学者のハリー・ダルトン（ピアース・ブロスナン）である．この時点になると，なぜ市長が独身女性でなくてはならないのかが理解できる．慎重に調査している時間はもうないと，ダルトンは恵まれた直観力ですばやく理解する．ダルトンの上司が到着した時，彼は避難の準備をしようとしていた．上司のポール・ドレイファス（チャールズ・ハラハン）は，思慮深く用心深い．

ドレイファスは，窒息した数匹のリスと勘以外はほとんど根拠がないのに，自分の部下が衝動的に行動して，住民をパニックに陥らせようとしていることに悩んでいる．彼も若くて衝動的だった（ただし，ブロスナンほどハンサムでないと思う）が，数年前に嫌な経験をしており，それが彼に警告を発する．彼はもちろん正しいが，ブロスナンの方がもっと正しい．

ドラマは，人々が期待するように展開していく．ブロスナンの正しさが証明され，市民の避難は間一髪で間に合う．ポール・ドレイファスは，自分の過失を認めるに足りる人物であるにもかかわらず，極刑を受けて，正しさが劇的に示される．鉱山に隠れることでブロスナンと市長は生き残り，そしてすべては終わるべくして終わる．

この映画は，地球科学者を非常に勇気づけるものである．太りすぎで無愛想なポールのところで働く，若い生徒のような，ずばぬけた頭のよさと実力をもつ子供たちは，明るくて魅力的である．規則や処分によって，ポールは身動きできない状態にある．彼は地球に接触しているわけではないが，不道徳でも無能でもなく，男らしく自分の誤りを認めている．逆に，ハリー・ダルトンは自分の勘を頼りに物事を判断する．彼は，植物や動物を触って調べる．これらの感情的な特徴は，古めかしい表現に反する道具であり，脚本家が彼に与えた役である．彼は非常にハンサムでもある．運動能力に長けた華麗な科学者は，紛れもなくものめずらしい．

一般社会は，科学のことを以前より知らされるようになってきた．その結果として，科学と技術の相違に対する認識が深まっている．メアリー・シェリー以来，自然を不正にいじることが常に科学小説の主要なテーマとなってきた．しかしながら，次の世紀に移ると，一般社会はその見方を変えている．科学者は自分の感覚や溢れんばかりの「感情的な知性」と接触を保てば，かっこよく輝ける．今日の悪役は，金や権力に狂った人物か，科学を軽率に応用する人物である．この白熱した状態からは，単に自然の作用を知ろうとする人々は外れているようである．

このことは，地球科学者がなぜ先駆者であるのかを説明している．地球科学者は，物理学者，化学者，遺伝学者よりも簡単に，敏感な予知能力者になれる．さらには，戸外に出て野外調査をすることで，地球科学者は，映画のうえでは石油探査者や材木切り出し職人に見られるような，古めかしいが健康的な人物を演じる．

一般社会に科学を復帰させる戦いは，まだ終わっていない．しかし，科学に関するこれらの新表現とそれに携わる人たちを見れば，科学は明らかに新局面を迎えている．

●メディアの人々

科学を扱う一流ジャーナリストの多くは，科学的には教育されていないが，科学の方法や風土に関する直接的な知識が大いに役立つことに異論を唱える者はほとんどいない．ジャーナリズムの競争は激しいので，野心的なリポーターにとって，専門的な能力は強力な武器となる．地球科学の学位は，科学を扱うジャーナリストに理想的な経歴となる．地球に関する研究をすると，あらゆる科学が一緒に学べるので，学位を授かった者は並外れた広い教育を受けたことになる．

新聞ジャーナリズムに入っていく伝統的な道筋は，見習生のように地方紙で新入社員として働きはじめて，専門的な能力を獲得していくことである．しかしながら，科学を扱うほとんどのジャーナリストは，専門的な新聞から補充される傾向にある．

科学を扱う多くのジャーナリストは，独立している．彼らは，従業員として一定期間働いたのちに自由契約を獲得するか，あるいは副業として執筆活動をはじめて，それで生計が立てられるようになるまで，自分の仕事を徐々に成長させていく．近年におけるITや通信の発達とともに，家で働くことがますます魅力的になっている．

[Ted Nield/井田喜明訳]

■文　献

Pollock, J. and Steven, D. (1997) *Now for the science bit―concentrate! Communicating science.* River Path Associates, 5 Old Road, Wimborne, Dorset BH21 1EJ.

Scanlon, E., Whitelegg, E., and Yates, S. (eds) (1999) *Communicating science : Reader 2 : contexts and channels.* Routledge, London.

Anon. (1997) *So you want to be a science writer?* (2nd edn). Association of British Science Writers, 23 Savile Row, London W1X 2NB.

マントル対流・プルーム・粘性・ダイナミクス
mantle convection, plumes, viscosity, and dynamics

プレートテクトニクス説は地球内部のダイナミクスに対する理解を抜本的に変えた．プレートテクトニクスが進展するまでは地球内部から地表面への熱輸送の基本的な手段は伝導であると考えられていた．

岩石は極端に熱伝導率が小さいので，地球表面で観測される熱は表面近傍の伝導によるものか放射性熱源の熱によるものと考えられていた．対流と違って伝導は物が動く必要がない．したがって，地球深部のダイナミクスは観測される表面の諸々のプロセスにはほとんど影響を与えないであろうと思われ，対流はただ学問的な興味の対象にすぎなかった．

プレートテクトニクスでは大きな剛体のプレートが流動性をもつ可塑的なマントルの上に浮かんでいると考える．これらのプレートは年間最大で10 cmの速度で地球の表面を動く．このプレート運動は何らかの仕方で駆動されねばならない．さらにマントルの岩石が流れることができるなら熱輸送は対流によってもっと効率良く達成され，地球深部から表面に熱を運ぶことが可能となる．このように考えると，地質学的時間スケールでは粘性流体のように振る舞うことができる「固体」の岩石で構成されているダイナミックなマントルの概念に到達する．地質学的な時間スケールでは，リソスフェアプレートは弾性的な固体として，マントルは粘性流体として振る舞う．もしプレート運動がマントルダイナミクスによって支配されているならば，地球深部は地球表面で起きている重要な事象の進化を理解する鍵を握っていることになる．

●マントルの粘性

地質学的な時間スケールにわたってマントルは流体のように流れることが知られている．粘性は圧力をかけたとき物質の流れる能力を量的に表したものである．粘性は剪断歪みに対する歪み速度の比で定義され，流体の内部摩擦の尺度である．粘性の高い流体は流れに大きな抵抗を示す．マントルの粘性を測定することは些細な問題ではない．直接測定することは不可能であるので，地表面で起きている変化から粘性を推定しなければならない．

フィンランドとスカンジナビア諸国の地質学者は，スカンジナビア半島では海面が沈降していることに気づいた．地球的規模では海面が上昇しているにもかかわらず，スカンジナビアとフィンランドの海岸段丘の年代測定からは過去1万年に海面が沈降したことが示された．この原因は最後の氷河期にこ

の地方を覆っていたフェノスカンジナビアの氷床が後退し多量の氷が急速になくなったことによって，リソスフェアが軽くなりプレートが隆起したためであると考えられている．このプロセスは地殻均衡的回復として知られ，粘性流体のマントルに浮かんでいる証拠を与える．

地殻の均衡回復の速度からマントルの粘性率を推定することができる．フェノスカンジナビアの氷床のような比較的小さな荷重からはマントル最上部の粘性率の推定が可能である．また，大きな荷重を急激に取り除くことからマントル下部の粘性率を推定することができる．これらの観測からマントルの粘性率は上部マントルで10^{20}～10^{21}パスカル・秒（Pa s），下部マントルで10^{21}～10^{23} Pa s であると推定された．ちなみに水の粘性率は10^{-3} Pa s である．マントルの粘性率は高いが，地質学的時間スケールでみるとマントルが流動するには十分に低い値である．これらの粘性率をもとに推定すると，対流によってマントルは1億年ごとに上下が完全に逆転することが可能である．

●マントルダイナミクスの研究

地震学者は地球の深部構造を詳細に記述することに成功した．リソスフェアプレートは海域で平均20 km の厚さ，陸域で80 km の厚さをもつ．マントルはリソスフェアの底からD″層（Dダブルプライム層と読む）まで広がっている．このD″層は深さ2700 km にあり，マントルと核の間の厚さが200 km ほどの幅の狭い緩衝帯としての役割を果たしている．グローバルに見るとマントルは2つのまったく異なった領域をもっていると考えられる．上部マントルは地震波のエネルギーを消散させる散乱体を多量に含んでいるが，下部マントルは相対的に均一であり散乱体や異常な反射面が少ない．上部マントルと下部マントルは地震波の速度が急増する深さ670 km あたりの微弱な不連続面で仕切られている．この弱い地震波の不連続面は，この深さ以深で地震の発生が認められないなど観測される地震活動の下限でもある．

マントルにはいくつかの弱い地震不連続面があり，これらの不連続面の性質はマントルダイナミクスについて効果的な制約を与える．地震不連続面はその面を境にして主要な鉱物の構成が異なり組成に

変化があるところか，あるいは組成は同じであるが温度や圧力変化によって結晶構造が変化していることによって引き起こされているところのいずれかである．670 km 不連続面はマントルを構成するおもに鉄とマグネシウムのケイ酸塩鉱物の相転移によると考えられる．相転移に伴う階段的変化があると，その境界面を横切って物質の流れが物理的に阻止される．それはちょうど油と水の接触面に似ている．

地震波トモグラフィーは地震波速度あるいは減衰の空間的な差異を使ってマントルをイメージングする手法である．地震波の性質は温度や密度のような物質の基本的性質に深く関係している．今日では地震波トモグラフィーによってもたらされるイメージは格段に詳しくなり，沈み込むスラブやマントルプルームがある程度の信頼性をもってイメージングされるようになった．

マントルダイナミクスを理解するためには，地球深部の構造と組成について詳しい知識が不可欠である．不幸にも地震学だけではマントルダイナミクスを理解するには不十分である．地震学は地震波速度や減衰，そして間接的に温度のような物理的性質について教えてくれる．しかし，これらの性質がマントルダイナミクスにどのように関係しているかを理解しようとすれば，マントルの組成についてある程度の知識を必要とする．マントルの鉱物がとりうる結晶構造についての有効な拘束条件は，鉱物の物理学と高温・高圧の室内実験によって与えられる．これらの鉱物組成はマントル物質の含有物を含む少量の露頭から知ることができる．火山噴火で放出される揮発成分中に存在する放射性同位体の地球化学的研究からマントルの進化史をつなぎあわせて理解することができる．

●マントル対流

地震活動度とマントルダイナミクスの間には強い相関が認められる．図1はグローバルな地震活動を示したものである．ダイナミックな地表の特徴を示す地図として説明される地震活動パターンはマントルダイナミクスの影響を大いに受けている．中央海嶺は多くの世界の海洋を2つに分けている．プレートの配置は本質的にマントルプルームの影響を受けており，プレート運動とプレート衝突はマントル対流によって支配されている．これらすべての過程は

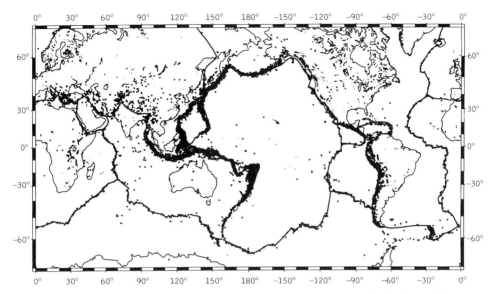

図1 マントルダイナミクスが地球表面の諸過程に影響していることを示すグローバルな地震活動の地図．黒点はハーバード地震カタログに載っている大きな地震を示す．地震の深さはこの図には示されていない．ほとんどの地震はリソスフェア内に起きたものであるが，マントル内に沈み込むリソスフェアに伴って深さ670 km に起きていた地震も含まれている．地震活動あるいは地震の分布を示す地図は地球の表面近傍のダイナミックな地域を示しており，それらのほとんどはマントルのダイナミクスの影響を強く受けている．この図では太い実線でプレート境界を示し地震活動に重ねて表示してある．観測されるほとんどの地震活動はマントルダイナミクスに支配されるグローバルテクトニクスに連結している．大西洋を南北に走る北大西洋の海嶺のような中央海嶺は海洋地殻の生成に関与し，年間10 cm の速度で大陸を引き離している．リソスフェアプレートは環太平洋にみられるように収斂境界に沿ってマントル中に沈み込んでいる．ハワイのようなホットスポットはマントルプルームがリソスフェアを貫通したところにみられる．

本質的にマントルダイナミクスに依存する．

　海洋地殻は中央海嶺で新たに生み出される．そこでは莫大な量の溶岩が押し出され時間の経過とともに冷却され厚さを増し海洋地殻をつくる．海嶺の近傍では，溶岩から揮発成分を吹き出す孔であるブラックスモーカーが遠隔操作の潜水艇で観察される．この孔から放出され海嶺に堆積した放射性同位体の化学分析からマグマ源の進化の歴史が明らかになった．地球が生れた時はヘリウム4(^{4}He) のような放射性同位体が相対的に豊富であったことがよくわかる．また，それらの半減期を手がかりに同位体が何らかの方法で除去されなかったと仮定して，現在の相対的な存在度を決定することができる．

　マグマ源は脱ガス過程で揮発成分を最初に失う．測定される^{3}He/^{4}He 比が予想される現在の相対的な存在度に近ければマグマ源が以前に閉じ込められていなかったことを示す．海嶺で測定された^{3}He/^{4}He 比が減少していれば，それはマグマ源が以前に脱ガスを起こしていたことを示している．一方，マントルホットスポットに伴って生れた火山によって堆積した海洋島玄武岩は異なった^{3}He/^{4}He 比を示す．

この値は始原からある濃縮比として予想されるものと一致している．このことは脱ガスを受けない未混合のマグマ源であることを示唆する．ホットスポット源の揮発成分は分配されなかったか，または微量元素が枯渇したマントル物質と混合してしまったかのどちらかである．

　この証拠は中央海嶺玄武岩と海洋島玄武岩が化学的にまったく異なった別々のマントルから供給されたことを物語っている．この観測結果に加え，上部マントルと下部マントルの地震学的特徴が違うということを考慮して，科学者の多くはマントルが2つに分離した層からなっており，層の間では物質の移動はほとんどなかったと考えている．また，670 km 不連続面はマントルを2つに分離した対流系を実質的につくり出し，この境界を横切って運動するものの障害物になっていると考える．そのほかの証拠としては対流に関する室内実験が含まれる．マントル内の境界条件を満たすように選ばれた対流パターンでは，対流セルのアスペクト比（セルの深さに対するセルの幅の比）はほぼ1である．2層対流ではセルはおよそ700 km×700 km のサイズであ

り，このサイズはマントル物質の下降や上昇に伴っていると考えられている中央海嶺や沈み込み帯のような地表面の特徴の空間分布に合致している（図1）．成層した対流の考えに基づけば，沈み込むスラブは2つの対流セルの境界として受け入れられている深さ670 kmで動きを止めなければならない．

一方，全マントル対流を支持する証拠として熱流量の計算があげられる．マントルが完全に混合していなければ地球は簡単に過熱してしまう．また，もし成層対流がマントル中で熱輸送の主要な手段であるとするなら，マントル深部に源をもつプルームはいまわれわれが見るように長期間にわたり定常的な特徴をしていないであろうという主張もある．

沈み込むリソスフェアのスラブが670 km不連続面を通り越して下部マントルに沈み込んでいることが地震トモグラフィーの実験に基づく証拠から示された．さらに，プルームが下部マントルのたぶんD″層から発生していることが，プルームをイメージする最近の試みのなかで示されている．上記のことはマントルがひとまとめの対流をしていることを示唆している．しかし，一方で地球化学者は混合していないマントル物質の塊が存在することへの説明を求めている．おそらくマントルダイナミクスをより完全に記述する手がかりは，マントルプルームのメカニズムを理解することにある．

● **マントルプルーム**

マントルプルームはおそらくマントルのなかで最も興味深い特徴であろう．それは地球の深部に源があるが地球の表面の地形に劇的な影響を与えている．プルームの起源を明らかにし，なぜそれらがマントル内で定常的にその特徴を長期間永続させているかを理解することは，マントルダイナミクスをより完全に理解する鍵を握っている．

ホットスポットはマントル中を上昇し融けた岩石としてのプルームがリソスフェアに影響を及ぼした結果として生じたものである．プルームは事実上リソスフェアを貫通して火山島をつくっている．これらの火山島には大きな地形的特徴がある．ハワイ島は太平洋の海面上に出て少なくとも4 kmの高さをもっている．プルームはかなり長寿であり，その一生のサイクルにわたって場所が一定していると考えられている．この証拠としては，単独のホットスポッ

トに伴う火山島が列をなしていることがあげられる．活動を休止した火山島の軌跡はリソスフェアの移動の速度と方向を示している．これらの火山島のなかで最大のものはハワイ島を頂点とする天皇海山である．このプロセスはいまも続いており，新しい火山がハワイ島の沖合の海底山腹に認められる．今後1万年のうちには融けたマグマが地表を突き破って新しい火山島をつくり火山列を延長させることであろう．

さらに大きなマントルプルームの証拠をインドで見ることができる．デカン玄武岩は100万年の間にわたって堆積したと考えられており，数百mの連続した溶岩の岩床からなっている．しかし，古地磁気学的測定結果は異なったストーリーを教えてくれる．溶岩がキュリー温度以下に冷えると地磁気の方向は溶岩のなかに固定される．地球磁場は時間とともに変化し，ほぼ100万年ごとに反転することが知られている．デカン玄武岩の溶岩のなかに固定された地磁気の方向を測定すると，多数の地磁気反転の記録ではなくわずか2つの違った地磁気の方向が観測されているにすぎない．地磁気反転の頻度から考えて，この観測結果はデカン玄武岩がわずか約200万年の間に堆積したことを意味している．そのような短期間の地質年代に信じられない量の溶岩が堆積した．これは米国をほぼ1 kmの厚さで覆ってしまうことができる量である．

アイスランドの地下にあるプルームは超大陸パンゲアを分裂させ，現在の西ヨーロッパと北アメリカをもたらした．アメリカとヨーロッパとアフリカの間の海岸線の一致はアイスランドの島を除けばほぼ完璧である．世界最大の火山島であるアイスランドは，プルームの頂上に位置しパンゲアの分裂をもたらした結果生じたものである．アイスランドはプルームによって海面上にドーム状に盛り上がった中央海嶺の一部である．

デカン玄武岩やアイスランドを生じさせたような大規模な噴火は，地球上に見られる噴火活動規模の一方の極端な例である．もう一方の端には小さな火山島列や孤立したホットスポットがある．これらはマントル深部から上昇してきた連続的なマグマ源ではあるが大きなプルームヘッドでなく，一時的に活動したプルームに由来したものであることを示唆している．スーパープルームは明らかにそして劇的に

地表面を変えることができる．たとえばデカン玄武岩の時代は白亜紀に消滅した恐竜を含む大量の種が消滅した時代と一致する．

　多くのモデルが示唆している以上に現実のマントルダイナミクスは間違いなく複雑である．単純なマントル成層対流モデルや全マントル対流モデルを発展させ，今日では時間軸を変えて2つのモデルを組み合わせたよりダイナミックなモデルへと変更されようとしている．地球史のなかでいくつかの劇的な出来事があったことが知られており，白亜紀の大量の種絶滅とスーパープルームが地表に到着したことに伴うパンゲアの分裂と関連づけて解釈する人もいる．時間的に変動する可能な対流モデルのシナリオは短期間の急激な混合と全マントル対流が点在する2層対流で不活発な期間を含んだものであろう．たとえば沈み込んだスラブは670 kmの不連続面でいったん溜まるが，やがて670 kmの境界層を破壊して下部マントルに急激に流入し上部マントル物質を下部マントルに取り込むシナリオがある．マントルダイナミクスでD″層の役割は依然として不明である．マントルプルームはD″層内で生成され下部マントルの基部から地表面に上昇すると考えられているが，一方，D″層は沈み込んだスラブの溜まり場（廃棄物集積場）と信じている人もいる．マントルダイナミクスの理解が完全になるまでにはまだ多くの刺激的発見があるであろう．

[D. Sharrock/浜口博之訳]

■文　献

C. M. R. Fowler (1990) *The solid Earth : an introduction to global geophysics*. Cambridge University Press.

マントルと核の組成
mantle and core composition

　マントルと核の両方を合わせると地球の固体部分の体積の99%以上となる（図1）．マントルは地殻の直下の殻を占め，約2890 kmの深さまで達する．マントルはおもにケイ酸塩鉱物からできており，それらの鉱物の一部は高圧の最密充填構造であると考えられる．マントルの下が地球の核である．核は2

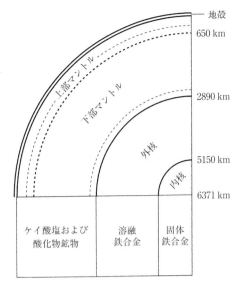

図1　マントルおよび核の主要な領域を示した地球の断面図．下の横方向の枠はこれらの領域の始原的組成構成を示す．地球の中で，疑問の余地のない組成境界は地殻と上部マントル間および下部マントルと外核間だけである．そのほかの組成境界は，5150 km深に外核と内核の間に，および650 km深に上部マントルと下部マントルの間に存在すると考えられる．地殻は断面図の最外部に狭い帯として示されており，その厚さは海洋底の約5 kmから大陸の下の約70 kmまで変化する．

つの部分からなり，1つは半径が3480 kmで，厚さが2259 kmの溶融状態の外側の殻であり，ほかは半径が1221 kmの固体の内核である．核は地球の質量の32%を占め，おそらく鉄合金からできている．

　マントルと核の化学組成についてのわれわれの知識には現在でもかなりの相違がある．そのおもな理由は，われわれがまだこれらの殻のいずれからも試料を採取していないことによる．その代わりに，マントルと核の化学組成についての知識はいくつかの間接的な証拠から得られている．

　地球の構成についてわかっていることの多くは地球内部を通過する地震波（実体波，P波およびS波）の観測から得られる．地震波の速度は岩石の物理的特性による．多量の地震情報の記録から，地球の鉛直方向および水平方向の地震波の速度を推定することができる．これらの結果を実験室で測定された鉱物や岩石についての高圧下での速度と比較したり，照合したりすることができる．残念ながら，地震波の速度の知識だけからでは，マントルと核の岩石の種類または化学的構成についての確定した答えは得られない．そのうえ，マントルや核の深度にお

ける高圧下での地球の物質の性質に関する情報は少なく，またきわめて取得しにくい．したがって，地震波が通過する鉱物や岩石の種類は深度が増すほど正確には決められなくなる．

化学平衡の研究もまたマントルと核の組成についての理解に役立つ．高圧・高温の実験により，地球内部の条件下で異なる鉱物間あるいは鉱物とマグマ間で起こる元素の交換反応を調べることができる．このような実験から，マントルと核において起こりうる元素の分布が推定される．

地球内部の化学組成に関する情報は，もう1つの方法として，かんらん岩捕獲岩や海洋玄武岩の分析から得られる．これらの岩石は上部マントル起源であり，あまり変質しない状態で地表まで運ばれたものである．かんらん岩や玄武岩はマントルの深さ300kmまでの最も信頼できる情報をもたらすが，かんらん岩はマントルのさらに深いところでも存在し，実際によくマントル全体がかんらん岩組成であると仮定される．しかしながら，深部マントルの高圧・高温下の鉱物組合せを保持している真の始原的試料はいまだかつて発見されていない．地球の深部で生成した岩石が地表に存在しない理由として2つの可能性が考えられる．第1に，マントル内の対流が遅く，深部から運ばれてくる高圧下での鉱物は地表に運ばれてくるまでに低圧下での安定な鉱物に変化することが考えられる．第2の可能性としては，マントル内の物質循環の形式が一種の層構造をなす対流であり，深部の対流セルが浅部（subcrustal）の対流とは隔離されている．したがって，深部対流セルからの物質はほとんど地表には現れることはない．核を構成している物質については，まず間違いなく地表に現れることはない．マントルと核は完全に分離しており，別個の対流系であると考えられる．さらに，核-マントル境界では，核はその上のマントルよりもほぼ2倍高密度である．そのような大きな密度差が，核捕獲岩が上昇する対流によりマントル中に押し上げられることを著しく妨げている．仮に少量の核の物質がマントル内に入ったとしても，それは識別できるような形で地表に現れることはなく，核捕獲岩はいまだかつて実証されたことはない．

もし核がかつて一度も試料採取されたことがなく，また核捕獲岩が存在しないものとすると，われわれはどのようにして核がおそらく鉄合金からでき

ているとの結論を得られるのであろうか．地震波速度は核がマントルよりもはるかに高密度であることを示すが，われわれは核がそのほかの鉛，ウラン，金などの高密度の物質からできているのではないことをどのようにして知ることができるのであろうか．これらに対する答えは，地球深部の組成を知る第4の方法として，コンドライト隕石および太陽の光球の分析から求められる元素の宇宙存在度（太陽系存在度）を根拠として得られる．われわれは核が地球の質量のほぼ1/3を占めることを知っており，そして，鉄は太陽系のなかで唯一このような大質量となりうる高密度元素である．同様な物質収支の議論は，下部マントルに存在するはずのケイ素，マグネシウム，鉄，アルミニウムおよびカルシウムなどの主要な元素の割合を推論するためにも利用される．

●マントルの組成

マントルの性状についてのおもな論争の1つは，マントルが完全に一様な組成（均質）であるか，それとも明らかに組成の異なる大きな領域が存在（不均質）するかである．多くの地球科学者はマントルを上部マントルと下部マントルの2つの部分に区別する．上部マントルは地殻の下から約650kmの深度までである．下部マントルは650kmから約2890kmの深度に位置する核-マントル境界までを構成する．400から650kmの間に，上部マントルの中で地震波速度がかなり急激に増加する移行帯が存在する．とくに，約400kmと650kmのところで，突然の地震波速度の不連続すなわち急上昇が見られる．かんらん岩組成の均質なマントルの場合，地震波速度の不連続は，おもに，かんらん石（[Mg, Fe]$_2$SiO$_4$）が充填率の高い，高密度の高圧型の鉱物に転移することによる．約400km深では，かんらん石は同じ化学組成で，より高密度のワーズレイアイト（β相とも呼ばれる）に転移し，約520km深ではワーズレイアイトがより高密度の立方構造のリングウッダイト（またはγスピネル）に変化する．650km深付近でリングウッダイトは2つの異なる結晶相，すなわちペロブスカイト（[Mg, Fe]SiO$_3$）とマグネシオビュスタイト（[Mg, Fe]O）に分解する．ペロブスカイトとマグネシオビュスタイトは下部マントルの主要な構成鉱物であると考えられる

図2 マントルの均質なパイロライト組成を仮定した場合の深さ別の体積パーセントで表した鉱物の割合．このモデルでは，上部マントルの最も浅い部分は57％のかんらん石，29％の輝石，および14％のざくろ石からなる．400km深の地震波の不連続はかんらん石がβ相（ワーズレイアイト）へと多形相転移することによる．ざくろ石の安定性は上部マントルの移行帯で最大となるが，輝石の安定性は深さとともに減少する．650kmの上部マントルと下部マントルの境界はγスピネルとざくろ石が$(Mg, Fe)SiO_3$-ペロブスカイト＋マグネシオビュスタイトに変化する深度として説明される．成層モデルでは，650km不連続は組成境界の位置でもある．上部マントルよりもSiO_2に富む下部マントルは75％以上の$(Mg, Fe)SiO_3$-ペロブスカイトを含むと考えられる．D''領域の組成および鉱物組合せは不明である．

（図2）．

A.E.リングウッドが提唱した「パイロライト」はおそらく均質なマントルの組成として最も広く受け入れられている．パイロライトはかんらん岩捕獲岩のような実際に存在するマントルの岩石ではなく，仮想的なマントル構成物であり，83％のハルツバージャイトと18％の玄武岩の混合物の組成である．パイロライトの鉱物組成は，57％のフォルステライト質かんらん石，17％のエンスタタイト質輝石，12％の透輝石質輝石および14％のパイロープ質ザクロ石である．パイロライトは，惑星アクリーションおよび核の形成後に存在していた起源のすなわち始原的マントルを模すものと考えられる．玄武岩マグマは始原的パイロライトマントルから分離し，地殻へと運ばれたと思われる．このモデルに従うと，マントルの最上部は地質時代を通じて継続的に玄武岩質成分に枯渇していき，マントルの残りの部分は枯渇していないパイロライトである．

パイロライトモデルと対照するものとして，D.L.アンダーソンやその他の研究者はマントルが組成に関して成層していると主張する．多くの成層モデルでは，650kmの不連続は主要な鉱物の相転移の位置であるだけでなく，組成についての境界でもある．地球化学的成層は同時にマントル内の対流の成層も意味し，また650km不連続を越えて物質の移動がほとんどあるいはまったくないことを意味する．これらのモデルでは，通常，マントルの最上部は組成がパイロライトと類似したかんらん石を多く含むかんらん岩，また下部マントルは$(Mg, Fe)SiO_3$-ペロブスカイトを多く含むと推定される．このことは，下部マントルが上部マントルよりもSiO_2の割合が高いことを意味する．下部マントルがSiO_2に富むことを都合よいとするための理由は宇宙化学的証拠からもたらされる．単にパイロライトだけからできているマントルは，コンドライト隕石と比較してSiO_2が不足する．もし，不足分のSiO_2が下部マントルに含まれているとすると，マントル全体としての組成はコンドライトモデルの元素存在度と一致する．マントルはどのようにして成層したのであろうか．1つの可能性として，マントルは，地球の変遷の初期の高温の期間に分化したと考えられる．ある深さまでの溶融，すなわち全球的なマグマオーシャンが存在していたとすると，分化は促進されたはずである．冷却ののち，マントルは巨大な層状貫入岩体のように固化したであろう．

マントルの組成の水平方向の不均質も存在しているであろう．この考えについての証拠は地震波トモグラフィー（断面図法）から得られる．トモグラフィーは地球内部の三次元像を作製し，岩石の性質が地震波に関して速いあるいは遅い領域を区分する．高速および低速領域はマントル中に鉛直的にも水平的にも分布する．1つの解釈として，均質なマントルの中で速い領域は単に冷たい下降流の部分であり，遅い領域は熱い上昇流の部分であると考えられる．それとは異なる可能性として，組成の違いによりある部分は速く，ある部分は遅いと考えられる．1つの興味ある可能性としては，始原的分化がマン

トルの層構造を形成したのち，全マントルの対流が過去40億年の間にその組成的成層を消し，均質化する作用を行い続けていると考えられる．

海洋リソスフェア（スラブ）の沈み込みの性質はマントルの対流および組成の問題と関係する．沈み込むスラブの結末として考えられることの1つは，スラブがマントル全体に沈み込み，最終的には核-マントル境界に達するということである．この場合は，全マントルがある程度海洋地殻の組成の影響を受けるであろう．マントルの中のさまざまな深度を通過するかなりの数のスラブがつねに存在するであろう．マントルの底部はマントルのほかのところとは異なる組成をもったスラブの「墓地」となるに違いない．この考えは，地震波で観測されるマントルの底約200 kmを占めるD″（D-ダブルプライム）領域と一致する．しかし，もしスラブが核-マントル境界まで到達したとしても，そこでの滞留時間は短いであろう．化学的同化作用および対流による循環がそれらスラブを全マントルの中に混ぜ返す．したがって，スラブの墓地だけがD″を説明するものとはかぎらない．そのほかの考えとして次の3つがあげられる．（1）D″はマントルと核が化学的に反応している領域である．（2）D″は始原的分化の際に残された部分である．および，（3）D″における地震波速度の変化はまだ知られていない鉱物の相転移による．もう1つの考え方として，650 km不連続のところに沈み込むスラブの侵入を妨げるのに十分な密度および粘性，あるいはどちらか一方の大きな差が存在することが考えられる．この考え方では，上部マントルだけが沈み込むスラブの影響を受ける．その場合，スラブの墓地は650 km不連続の上に位置するはずであり，上部マントルの移行帯は組成的にその上下の領域と著しく異なるはずである．

海洋玄武岩の同位体組成は，マントルには少なくとも2つの化学的に異なる部分があることを示唆する．概して，中央海嶺玄武岩は高い $^{143}Nd/^{144}Nd$ および低い $^{87}Sr/^{86}Sr$ と $^{206}Pb/^{204}Pb$ 比をもち，それらがインコンパチブル元素に比較的枯渇したマントルの部分から生じたことを示す．ところが，多くの海洋島玄武岩は低い $^{143}Nd/^{144}Nd$ および高い $^{87}Sr/^{86}Sr$ と $^{206}Pb/^{204}Pb$ 比をもち，その起源となるマントルの部分がインコンパチブル元素に富んでいると考えられる．しかし，このような枯渇した（depleted）

および豊富な（enriched）同位体比関係には合わない例外がたくさんある．海洋玄武岩の全変動幅を考えると，観測された同位体比のすべてを豊富な部分と枯渇した部分の2つの単純な混合で説明することは不可能である．したがって，マントルには5種類もの多くの玄武岩の起源領域が存在することが提案されている．同位体比からはマントルの不均質が強く主張されるが，起源領域の岩石学的，位置的および物理的性質についての正確な情報を与えるということに関しては，同位体比は程度の差はあるとしてもとくに適しているわけではない．玄武岩の同位体比の特徴を説明することを複雑にしている1つの大きな問題は地殻物質の混入と交代作用である．たとえば，マントルの起源領域が実際には枯渇の状態であったとしても，もしそこで生じた玄武岩（マグマ）が地殻に入るときにインコンパチブル元素の混入により豊富の状態になるとすると，その玄武岩の起源領域は豊富の状態であると思われる．もう1つの困難な問題は，始原的な豊富の状態の部分と地殻の沈み込みにより生じた豊富な状態の部分の区別である．ここで議論している方法すべてについていえることであるが，同位体地球化学による起源の判別はほかの無関係な証拠と組み合わせたときに最も有効なものとなる．

玄武岩とかんらん岩は，量的には最も多いが，マントル起源岩石の種類としては必ずしもそれだけではない．そのほかのなかでも，キンバーライトは組成的にも同位体的にも最も豊富な状態の岩石である．キンバーライトは場所的にも時代的にもめったに産出しないもので，ほぼ例外なく大陸地殻中にパイプ状の貫入岩，すなわち円筒状なものとして発見される．現世のキンバーライトはまず存在せず，多くは放射性年代から白亜紀に生成したものである．キンバーライトはダイヤモンドを産出し，150 kmよりも深いところに由来する．それらは地表に激しく噴出し，しばしばマントルのかんらん岩の破片を含む．キンバーライトはとくにカリウム，水および二酸化炭素濃度が高く，マントルが場所により著しく不均質であるという考えを証明する．

キンバーライトには，ときにはエクロジャイト質な捕獲岩が含まれる．エクロジャイトはおもに透輝石質輝石とパイロープ質ざくろ石を含み，マントルのかんらん岩とは対照的にかんらん石をあまり多く

含まない．深部起源のエクロジャイトには2種類の起源があると思われる．玄武岩が高圧下で変成すると，エクロジャイトが生成する．したがって，一部のエクロジャイト捕獲岩は沈み込む海洋地殻に由来するであろう．もう1つの可能性としては，エクロジャイトのあるものは始原的であり，原始のマグマの海（magma ocean）の結晶化の時期に生成した．始原的エクロジャイトについて考えるための1つの方法は，エクロジャイトがマントルに閉じ込められた地殻の組成を表すということである．上部マントルの移行帯は始原的エクロジャイトの起源と考えられる場所の1つである．岩石学的な制約条件からは，エクロジャイトが玄武岩質火山活動のためのマントル起源岩石であるという可能性を無視することはできない．しかし，広範囲に産出するかんらん岩と比較してエクロジャイト捕獲岩が少ないということは，エクロジャイトがマントルの岩石としては一般的ではないことを意味する．

プレートテクトニクスの理論からは，海洋リソスフェアの地球内部への沈み込みが不可欠なことは明白である．しかし，海底を覆う堆積物の層がどうなるかはそれほど定かでない．あるモデルでは，沈み込みの間に堆積物の大半あるいはすべてが削り取られ，上側のプレートに付加されることが提唱された．ほかの見解では，かなりの部分の堆積物が沈み込む．ベリリウム10は，海溝に到達した堆積物の一部が実際に沈み込みによりマントル中に運び込まれることを確かめるための同位体標識として利用される．沈み込む物質の平均組成はさまざまで，また堆積物のもとの場所により異なる．そのような物質はシリカ，長石，炭酸塩鉱物および含水鉱物を多く含むはずである．堆積物の沈み込みは，マントルが溶融する温度を低下させ，島弧マグマ活動に寄与する重要な要素のはずである．どの程度の割合の堆積物成分が，沈み込み帯でのマントル溶融の過程で地殻に戻されるかについてはまだ解明されていない．もし，この還元過程が完全に行われてはいないとすると，堆積物の一部は地質学的にかなり長期間マントルの中に保留されるであろう．

● 核の組成

地球の核についての最も単純な見解では，核はほぼ金属鉄からできており，内核は六方最密充填

（hcp）型の純粋な鉄で，外核は質量で10%ほどの酸素とか硫黄のような軽元素を含む溶融した鉄である．この見解は地球物理学的には満足いくものであり，地球の平均密度および慣性モーメント，さらに地震波の速度から推定された核の密度を説明することができる．しかしながら，もしわれわれが地殻およびマントルを判断材料とすると地球の核はおそらく上記とは異なる何かほかの組成であり，ただしほぼ純粋かあるいは単純な組成である．核の組成を実際に決めようとするときの大きな問題は，遠く離れており，核捕獲岩が入手できず，さらに実験的に非常に高い圧力と温度を再現することが困難なことである．

核の組成についての最も新しい考えは，鉄-ニッケル隕石との類似性の影響を強く受けている．20世紀の初期には，隕石は1つの惑星が崩壊したものであるという考えが発展した．その結果，隕石地球説が地球内部の組成を解明するために確立された．その説では石質隕石が崩壊した惑星のマントルであり，鉄-ニッケル質隕石が核である．その結果，地球の核も鉄質あるいは鉄-ニッケル質隕石と類似した組成であるということになった．1960年代までには，単一の母惑星から生じたものではない隕石が発見され，隕石地球説は適当なものではないということになった．とくに，酸素同位体の研究からは，起源となる多数の母体が存在するはずであることが示された．さらに，岩石学的研究からは，一部の隕石は火成作用を受けており，ところが一部は太陽系星雲から形成されて以来比較的変質していないままであることが判明した．鉄質隕石は，低圧下で，小さなおそらく小惑星程度の大きさで生成したことが明らかにされた．したがって，鉄質隕石の成因や性質は地球の核とはまったく関係ないであろう．

核の組成を定めるもっと有効な方法としては，最も始原的で，変質していない隕石である炭素質コンドライトの元素存在度を参考にする方法がある．炭素質コンドライトは放射性年代測定によると最も古いものであり，太陽系の形成時の残留物である可能性が最も高い．さらに，それらの非蒸発性元素の濃度は元素の宇宙存在度（太陽系存在度）ときわめてよく一致する．炭素質コンドライトは，多くの地球化学的および地球物理学的モデルにおいて全地球の組成についての原点である．炭素質コンドライトの

構成物質はおもにケイ酸塩鉱物，炭酸塩を多く含むマトリックス，および30〜40%程度の酸化物，硫化物および金属状の鉄である．炭素質コンドライト中で鉄の存在度が高いということは，鉄が地球核中の主要な高密度元素であるという前提に対する最も説得力のある証拠である．鉄と合金をつくる付加的な高密度元素は地球物理学的条件を満たすためには必要ない．しかし，ニッケルのコンドライトの存在度および金属状物質になりやすいという性質から，ニッケルは核の中に5〜15%の濃度で存在すると考えられる．地球物理学的情報からは，核は純粋な鉄あるいは鉄-ニッケル合金でできている場合よりも密度が低いことが示される．推定された核の密度は，液状の外核が8〜12質量%の軽い元素で希釈されている場合の密度によりよく一致する．水素は太陽系で最も多く存在する軽元素であるが，水素は蒸発性が高いので，惑星が形成される過程で最初に存在していた水素の多くが宇宙空間に散失し，ごくわずかなものだけが核の中に残っていると考えられる．酸素と硫黄は核中の軽元素の候補として考えられる元素である．酸素は地殻やマントルを構成する鉱物として広く存在するので，よく適当な候補とされる．さらに，酸化鉄の化学結合は高圧下ではイオン結合から金属結合へと変化し，核の条件では鉄合金に対する酸素の溶解度が高くなることが提唱されている．硫黄は，鉄と安定な硫化物を低圧下でも高圧下でも容易に形成するので好都合である．ところが，硫黄もまた，低圧下ではどちらかというと揮発性であり，始原のコンドライト存在度の一部は凝縮過程の途中で散失したと考えられる．現在のところ，溶融した鉄合金に対する外核の圧力での酸素と硫黄を共存させたときの溶解度の実験的測定結果はない．そのような実測値が得られるまでは，外核の構成についての正確な考えは推論の域を出ない．外核に含まれる軽元素として考えられているその他の元素は，ケイ素，炭素，ヘリウムおよび窒素である．おそらく，天然に存在するすべての元素が少なくとも微量成分としては外核に含まれる．

内核は比較的小さいもので，核全体の質量のわずか5%である．したがって，その密度を推定することは難しい．地震波の研究からは内核はS波について明らかに異方性があることが判明している．1つの地球物理学的モデルでは，内核はイプシロン

(ε)-鉄からできていると考えられる．ε-鉄は，六方最密度充填の結晶で，きわめて高い圧力・温度で安定である．この六方晶形のε-鉄の結晶の鉱物学的原子配列から内核の地震波に対する異方性が生じる機構が提唱されている．ところが，内核の組成も数%のニッケルとさまざまな軽元素を含み，外核の組成と類似したものであると考えられる．現在のところ，ほかの元素が混合したε-鉄の安定性についての熱力学的情報はない．したがって，未知の高圧型の結晶が内核に存在すると考えることも可能である．

溶融した外核と固体の内核が存在することについて，少なくとも2通りの説明がなされている．第1は，始原的な核は完全に溶融し，均質であったという考えである．もし，核の合金の溶融温度の圧力変化が核の温度勾配よりも急な場合は，冷却により最初に固化するのは最深部である．そののち，地球が冷却するとともに内核は外核の溶融した部分を減少させながら発達する．十分に時間が経てば，将来核は完全に固体になるであろう．この筋書きでは，内核と外核は類似はしているが，同一ではない化学組成をもつであろう．この点を明らかにする要因は，金属合金の液体と固体間の元素の分配の性格である．低圧における元素の分配に基づく常識的な考えでは，軽元素は固体の内核よりも溶融した外核に入りやすいと考えられる．この仮定は将来高圧実験で確かめる必要がある．第2の説明では，内核と外核ははじめからまったく別の領域で形成され，いまでも組成の境界により分離されている．そのような構造の場合，内核は融点の高いほぼ純粋な鉄であり，外核は軽元素が混入した比較的融点の低いものである．このモデルでは，始原的内核と外核ははじめは化学的平衡状態にはなかった．しかし，時間の経過とともに，化学ポテンシャルの差により内核-外核境界を通る物質の交換が生じる．化学平衡達成の方向への変化により，溶融した外核の物質が内核に混入し，その部分が溶融した外核に取り込まれ，純粋な鉄の内核は時間とともに小さくなってきたと考えられる．

マントルと核は化学平衡であろうか．これは地球内部の組成についてまだ答えの得られていない重要な問題の1つである．もし，ケイ酸塩-鉄合金の相平衡についての低圧下での実験結果が適当な指標であるとすると，答えはほとんど否である．上部マン

トルは，少なくとも鉄合金の大きな物体と接している ケイ酸塩物質の化学的特徴を有しない．このことについての証拠としては，かんらん岩捕獲岩の中で2価の鉄（Fe^{2+}），ニッケル（Ni^{2+}），およびコバルト（Co^{2+}）のような酸化された親鉄元素の濃度が比較的高いことがあげられる．上部マントルと平衡な鉄の核が存在することにより，これらの元素の大部分が，酸化-還元反応により，電価の低い状態の金属鉄，ニッケルおよびコバルトに変化すると考えられる．このことは，下部マントルが核と化学平衡であることを否定するものではない．その場合は，当然，上部マントルと下部マントルは隔離されており，組成が異なるはずである．また，われわれはマントル-核間の平衡化が地球の年齢と比較してきわめてゆっくりと進行し，その化学反応が現在でもまだ完了のはるか手前であることも否定できない．まったく別の考え方として，マントル-核境界のような著しく高圧・高温条件がケイ酸塩-鉄合金間の相平衡に劇的な影響を与えることが考えられる．場合によっては，元来の分配は地表で見られるものと逆になることさえも起こるかもしれない．もし，これが事実だとすると，低圧下の実験で得られた常識的な考え方は，マントル-核間の化学平衡を決めるための適当な手引きではないことになる．

[C. Agee／松葉谷　治訳]

■文　献

Anderson, D. L. (1989) *Theory of the Earth*. Blackwell Scientific Publications, Oxford.

Jeanloz, R. (1990) Nature of the Earth's core. *Annual Reviews of Earth and Planetary Sciences*, **18**, 357-86.

Ringwood, A. E. (1975) *Composition and pertrology of the Earth's mantle*. McGraw-Hill, New York.

湖の地球化学
geochemistry of lakes

　湖水の溶存固体の起源は多くの点で河川水の溶存固体の起源と同じである．淡水湖は表水層と深水層の2つの部分に分けられ（下巻「湖」参照），それらの化学組成は生物活動と水の循環により規制される．

　湖における光合成と呼吸の過程は次の反応で表される．

$$106CO_2 + 16NO_3^- + HPO_4^{2-} + 122H_2O + 18H^+ (+ 微量元素およびエネルギー) \rightarrow$$
$$C_{106}H_{263}O_{110}N_{16}P_1 + 138O_2$$

光合成は二酸化炭素と栄養物質（窒素 N およびリン P）を微量元素とエネルギーの助けを借りて結びつけ，有機物と酸素を生成することである（反応は右へ進む）．好気的呼吸過程は有機物の分解と酸素の消費であり，同時に栄養物質と二酸化炭素の放出である（反応は左へ進む）．表層水では光合成が呼吸よりも多く行われる．表面水中での過剰な光合成による生成物は死んだ有機物の湖底への沈殿となる．しかし，深水層（深層水）中では，正味の呼吸（有機物の分解）が生じ，水中の酸素の量が減少し，逆に窒素，リン，水素イオンおよび二酸化炭素の濃度が上記の光合成の反応に従って増加する．深層水が長期間大気から隔離されていると（上下混合が起こらない），水質が著しく変化する．深層水は嫌気的になり，バクテリアが硝酸イオン，硫酸イオン，3価の鉄イオン，マンガンイオンの還元などの化学反応を引き起こし，またメタンが発生する．

　湖は植物の栄養物質の濃度あるいは有機物の生産量に応じて貧栄養湖（oligotrophic）と富栄養湖（eutrophic）に区分される．trophic は食物に関係するという意味で（eu はよい，oligo は不足するの意味），貧栄養湖は食物が十分でない．すなわち，そのような湖では窒素やリンなどの栄養となる元素の濃度が低い．地質学的時間の尺度では，湖は短命である．河川が堆積物を運び込み，また有機物が沈積すると，浅い湖は沼地あるいは湿地へと変化する．やがて，そこは乾燥地となる．比較的長寿命の湖は深い盆地の中にあるものか，あるいは流水が非常にゆっくりと集まる乾燥地域のものである．富栄養化は湖が徐々に有機物を多く含む堆積物で埋められ，やがて湿地となり，消滅する過程である．人間は，多量の栄養物質，あるいは過剰の有機物を湖に流入させ，その結果，底水が酸素不足になることにより，富栄養化過程を著しく加速させている．このような過程は人為的富栄養化と呼ばれる．

　光合成に必要な栄養物質元素（上記の式に示した）のうち，水素と酸素はつねに得られ，また炭素は通常は大気から供給される．ところが，窒素とリンはつねに得られるとはかぎらず，限られた栄養物質で

ある．比較的少量の窒素とリンから比較的多量の有機物が生成する．光合成の式によると，100 g（乾燥質量）の藻を合成するのにわずかに 7 g の窒素と 1 g のリンが必要である．ある水の中で窒素とリンの質量比が 7 よりも大きいとリンが限られた栄養物質となり，逆に比が 7 よりも小さいと窒素が限られた栄養物質になる．しかし，窒素不足（N/P 比が 7 以下）は大気から窒素を固定することのできるシアノバクテリアの発育により埋めあわされる．したがって，リンが通常は限られた栄養物質である．

湖中のリンと窒素の本来の起源は直接湖上に降る雨や雪，および周囲の流域からの流入である．貧栄養湖では，流入中のリンの大部分は岩石の風化と土壌運搬に起因する．しかし，人為的影響のある地域では，肥料や動物の排泄物からのリンを含んだ農業用水の流入ならびに人間の排泄物，洗剤および工業廃水からのリンを含む下水などの付加的のリンの起源がある．湖水の汚染は，湖水の容積と比較した人工密度および 1 人当たりのエネルギー消費量に比例することが示されている．

過去数十年の間に，南スカンジナビア，南東カナダおよび北東アメリカの淡水湖や河川は酸性雨により酸性化してきている．これらの湖やその流域は風化に強い火成岩や変成岩，あるいは炭酸塩鉱物を含まない砂岩により覆われ，薄い酸性土壌が点在する．ところが，ほかのところでは，同じように酸性雨が降っていても，石灰岩や炭酸塩鉱物を含む砂岩が地表に存在し，湖の pH 値は酸性雨により基本的には変化しない．岩石中の炭酸カルシウムがただちに溶解するので，酸性雨が中和される．恒久的な酸性湖ではなく，通常は中性の湖でも，春季に酸性の融雪水が流入することにより，一時的に pH が低下する湖もある．酸性の汚染物質は冬季に積雪中に蓄積し，春のはじめの融雪水中に選択的に溶け出す．

湖水が塩水でありまたアルカリ性の湖は，乾燥地や半乾燥地に一般的に存在する．しかし，乾燥条件がつねに塩湖を形成するとはかぎらない．塩湖が生成し，存続するのに必要な条件は次の 3 つである．①流出が限られる．これは水文学的には閉塞盆である．②初期に蒸発が流入を上回る．および③存続するためには，流入水がたまりつづけるために十分な量である．湖が塩水であり，アルカリ性になる過程は，周囲の岩石から運ばれてくる塩が湖に溶液とし

て流入し，蒸発により塩濃度が定常的に増加する過程である．蒸発が続くと，やがて湖水は溶存する塩の鉱物に飽和し，そのような鉱物が沈殿し，残りの湖水との間で化学的分別が生じる．最初に沈殿する鉱物は炭酸カルシウムと炭酸マグネシウムである．流入水の炭酸水素イオン（HCO_3^-）の濃度が Ca イオンと Mg イオンをすべて沈殿させるのに必要な量よりも多い場合は，塩湖の pH は 10 よりも高くなる．炭酸水素イオンは蒸発により濃縮され，次の反応を引き起こす．

$$H^+ + HCO_3^- \rightarrow H_2O + CO_2$$

この反応が右へ進むことにより，水素イオンが失われ，CO_2 が大気中に放出される．すなわち湖水の pH が増加する．塩水であるが非アルカリ性の湖の一例は米国のグレートソルト湖であり，逆にケニアのマガディ湖は塩水でアルカリ性である．

[Sigurdur Reynir Gislason/松葉谷　治訳]

■文　献

Lerman, A., Gat, J., and Imboden, D. (eds) (1995) *Physics and chemistry of lakes* (2nd ed). Springer-Verlag, New York.

ミランコビッチ，ミルティン
Milankovich, M. (1879-1958)

セルビアの数学者ミルティン・ミランコビッチは，地球の自転のゆらぎと軌道のずれが合わさって，周期的な全球的な気候変化に影響を与えると考えた．彼は，4 万年ごとの環境は，太陽放射のパターンが変化するように結合し，気温は低下して，高緯度での降雪の増加を引き起こすと計算した．その考えは，はじめは氷期の更新世の記録を説明するために展開され，同じ主題に関する書物の出版が急増した．ミランコビッチの基本的な貢献は，以下の 3 点にある．天体力学の問題，地球の表面に到達する太陽エネルギー量の疑問，最後にこのエネルギー供給の気候学的な影響を明らかにしたことである．

ミランコビッチは 1909 年にベオグラード大学に招聘され，力学，物理学，天体力学を教えた．彼の研究成果は，膨大で多岐にわたった．しかし，気候

サイクルに関する彼の大きな貢献は，ヨーロッパの戦乱のなか，1941 年にセルビア王立学会によって発表された．彼の考えが受け入れられるようになったのは，数年後に更新世のデータが増大してからのことである

それ以来，ミランコビッチの計算によって予想と一致した周期性をもつ，気候に影響された沈殿物のサイクルが，古生代中期までもさかのぼる地層カラムの一部について主張されている．ミランコビッチサイクルは，地質学的な歴史の非常に早くから活動しているらしい．それらのパラメーターは変化しているかもしれないし，それらの影響はほかの地質学的な要因によって変更されているかもしれないが，ミランコビッチによる基本的な機構の認識の価値はそのまま残る． [D. L. Dineley/田中　博訳]

ミランコビッチサイクルと気候変動
Milankovich cycles and climate change

気候変動に関するミランコビッチ理論は，19 世紀後半にジェイムズ・クロル（James Croll）によって提唱され，のちにセルビアの数学者ミルティン・ミランコビッチ（Milutin Milankovich, 1879-1958）によって仕上げられた．この氷河期に関する天文学的な背景は，アンドレ・バーガー（André Berger）によって十分に精錬された．最近では，バーガーがより詳細な過去の日射変動を計算している．

気候変動に関するミランコビッチ理論は，第四紀の暖候期と寒候期が交互に起こる原因が，おもに太陽の周りの公転軌道が自然に変動するためであることを前提にしている．公転軌道変動に関するミランコビッチ理論のいちばん重要な仮定は，入射する太陽放射の総量は変化しないことである．地球の軌道が長い時間で変化することは，両半球にわたる日射の再分布，日射の変化，そして気候の変動を導く原因と考えられている．

●ミランコビッチ軌道作用
現在，地球は太陽の周りを楕円軌道で回っている．

太陽はその楕円軌道の中心に位置しているのではなく，焦点の 1 つに位置しているのである．北半球の冬至のころ，地球は楕円軌道の一端にあり，そのとき太陽により近く（近日点），より多くの熱を受け取っている．それに対し，北半球の夏至では，地球はより太陽から離れた（遠日点）楕円軌道に位置する．季節が生じるのは，地軸が惑星軌道に垂直ではなくて，傾いているからである．1 年の公転軌道の位置で，地軸の傾きが，両半球の季節加熱を生じさせる．現在の近日点での地軸の傾きは，南半球が太陽に傾いている時期となっている．逆に，遠日点で北半球が夏となっていて，そのとき地球全体で受け取る太陽放射の量（地球大気上端で測定して）は，年平均より約 3.5% 少ない．

長い時間をかけて，楕円軌道の離心率は変化し続ける．地軸の傾きも著しく変化する．さらに，地球の季節変化を伴う近日点，遠日点のタイミングも変化していく（歳差）．

●軌道離心率の変化
軌道離心率は，円形軌道（近日点と遠日点が一致）から最大離心率の間で時間とともに変化する．最大離心率のとき，近日点と遠日点の日射の差は 30% に達する．地球が円軌道からより楕円軌道へ，そしてまた円軌道に戻るのに 9 万 5800 年かかる．強調しておくと，離心率の変化は，夏や冬に地球が受け取る日射量の変化の原因でもないし，一方の半球の受け取る熱量の総量が変わるわけでもない．それより，一方の半球で日射量が増大し，もう一方では減少する季節的な差が増大する．クロルは，この差が最大になるとき，冬季北半球の降雪が増加すると考えた．広範囲が雪氷で覆われた結果生じるアルベドの増加（地表面での太陽放射の反射率）は，連続する季節を少しずつ変化させ，結果的に氷期がはじまる．

●地軸の傾きの変化（黄道傾斜）
地軸の傾きの変化は，4 万 1000 年の周期で最大 21.39°〜24.36° の範囲で変化する（現在は 23.44°）．地軸の傾きが大きくなると，極域で極夜の時間が長くなり，太陽高度による季節も変化する．このように地軸の傾きは，高緯度における太陽放射量に大きく影響を与えるが，低緯度における入射量にはほと

んど影響しない．地軸の変化は両半球同じなので，入射する太陽放射は両半球同じである．

● 近日点の移動

近日点と遠日点のタイミングの変動は，太陽の周りを回る地球の地軸の「ゆらぎ」を生じさせる．2万1700年以上の周期で，地軸は軌道面に垂直方向の円錐形にゆっくりと回る（図1）．この周期の間，地球公転軌道のさまざまな場所で，北半球は太陽の方向を向く．現在，地球が遠日点のとき，北半球が夏になっている．しかし，1万1000年ほど前の新ドリアス期，北半球が真夏のときに太陽に近い近日点にあった．このように，新ドリアス期では，北半球の冬はいまよりずっと寒く，夏は短くて暑かった．

● 複合効果

低緯度で受け取る太陽放射は，おもに離心率や近日点の変動に影響される．対照的に高緯度では，おもに地軸の傾きに影響される．離心率や地軸の傾き，近日点の変動が複合的に影響すると，複雑な日射の変動パターンをつくり出す（図2）．それらは，半球の一方でははっきりした季節性を生み出し，もう半球でははっきりしなくなる．しかし第四紀に，北半球高緯度の日射の変動は，南半球の環境の変動と類似していることが知られている．さらに本当かどうかわからないが，南半球の高緯度の日射の変動が（とくに南極大陸で），北半球の気候の応答を導いているかもしれない．科学者のなかには，両半球の気候変動は，同時に起こっていると主張する者もいる．

第四紀中の中緯度における氷床の生成消滅のおもな要因は，低緯度と高緯度の間の，日射勾配としての季節的な気温勾配である．赤道から極への日射勾配が強い時代には，南北循環が増加し，その結果，雪のもととなる降水が高緯度に運ばれる量が増えるのである．

第四紀の環境の変化のパターンが，はっきりとミ

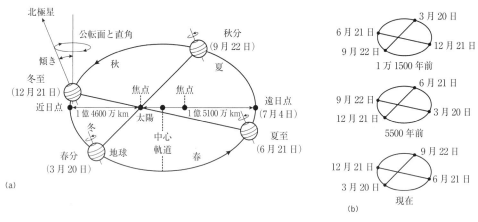

図1 (a) 太陽-地球系の配置．1つの焦点に太陽がある楕円軌道をもつ地球の公転軌道は，黄道面と定義される．地球は，その軸の周りを回りながら矢印の方向に公転軌道の周りを動く．その軸は黄道面に対し23.5°傾いていて，北極星の方向を向いている．
(b) 地球の楕円軌道の周りをゆっくりとずれる春（秋）分点や夏（冬）至が原因となる春分点の歳差運動．最終氷期では北半球の冬至の頃遠日点であり，いまは，近日点に近い逆の軌道である．

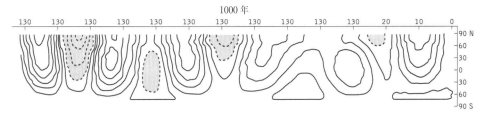

図2 1951年以前の1000年間隔の7月中旬の1日の日射量．影の部分は負の量を示している．13万年前から6万5000年前にかけて比較的すばやく日射量が変動するのに対し，6万5000年前から現在にかけては比較的日射の変動が小さい．（Dawson (1992) を参照）

ランコビッチサイクルに現れることがしばしば議論される．たとえば，主要な氷期と間氷期のサイクルのタイミングは，9万6000年の離心率の変動に反映されているし，第四紀終わりにあたる最終氷期–間氷期は，主としてこの過程によってもたらされたと認識されている．より短い時間間隔で見る過去10万年の気候変動は，4万1000年周期の地軸の傾きの変動で起こることが示されている．さらに，気候変動のあるものには，2万1000年周期の歳差運動も関係しているといわれている．

●ミランコビッチサイクルと海洋堆積物の記録

近年，ミランコビッチサイクルと気候変動の関係が，海洋堆積物から得られる酸素同位体曲線と，ミランコビッチサイクルで得られる曲線の間に類似性があることから支持されつつある．長い期間得られる酸素同位体曲線は，気温の長期変動を示していると考えられる．さらにミランコビッチ曲線と酸素同位体曲線が類似しているので，気温の変動がミランコビッチサイクルと関係していることが立証されている．しかしながら，ここ10年で，海洋堆積物起源の酸素同位体曲線は，海水の同位体組成の変化の記録で，しかも旧氷河の代替記録であるという説得力のある説が出てきた．科学者は結果的に，ミランコビッチサイクルの結果として過去の全球の氷床の変動を説明しようとしてきた．このように，現在の見解では，ミランコビッチサイクルは，第四紀に発生した数多くの複雑な氷河期を陰で操っていたとされている．

このような見地にもかかわらず，ミランコビッチサイクルは，世界の特定の領域で発達した氷床の説明に用いることができないことに注意すべきである．ミランコビッチサイクルは，全球の氷の総量の変化のみ関係するのである．さらに，過去に起こった1万年より短い期間で起こる複雑な気候変動も存在する．たとえば，いまから1万～1万1000炭素同位体年前の，新ドリアス期に氷床が著しく蓄積したことが知られている．新ドリアス期のような気候の悪化を著しくさせる期間は，ミランコビッチサイクルより相対的に短い時間間隔で起こるので，どんなミランコビッチサイクルとも関係しない．このほかに多くの短い時間間隔の気候変動も，科学者はミランコビッチサイクルを原因に含めないで，そのほ

かの理由を探すようになっている．

[Alastair G. Dawson/田中　博訳]

■文　献

Imbrie, J. and Imbrie, K. P. (1979) *Ice ages : solving the mystery*. Macmillan, London.

Dawson, A. G. (1992) *Ice Age Earth : Late Quaternary geology and climate*. Routledge, London.

メキシコ湾流
Gulf Stream

メキシコ湾流は北大西洋の西の海流の境界で，環流の一部である（図1）．メキシコ湾流という名前は北大西洋を占める環の北の一部にあてられている．しかしその海流は実際，少なくとも3つの独立した部分に分けられる．フロリダ海流はだいたい北緯37°付近のカリブ海から流れてきていて，メキシコ湾流は北緯37°から西経40°付近を指し，そしてその海流は遠くヨーロッパまで伸び，北大西洋海流と呼ばれる．メキシコ湾流の速度はハッテラス岬で最大となり2.5 m s^{-1}にまで達する．この地点の海流は大陸棚まで達し，深さ約800 mが限界となっている．海流の蛇行の幅は50 kmほどである．ハッテラス岬の北では海流は大陸棚に達し，そして速度を0.7 m s^{-1}まで低下させながら北大西洋のより深層の海水を運び去る．この海流の北の境界は北側の境界の冷たい水と急激な温度勾配をもって接している．南側の境界はほとんど拡散して存在している．

海流がハッテラス岬を離れ蛇行の幅が350 kmまで達するように地形の強制が低下するにしたがい，海流の速さはゆっくりとなる．これらの大きな蛇行は，直径200 kmに達するようなメキシコ湾流の輪と呼ばれる渦によって形成される流れによって破壊される．両方の海流の温度勾配によって海流の蛇行は「コールドコア」や「ウォームコア」と呼ばれる冷たい水または暖かい水のどちらかからなる環を形成し，そして深さは海洋の底にまで達する．その渦は海流によって再び吸収されたり，または1年ほど独立して存在したり，同時に10個くらいの環が存在したりする．似たような環はアガラス海流のよう

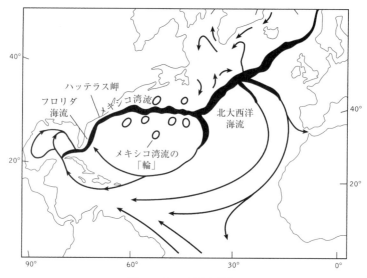

図1 メキシコ湾流と還流.

なおほかの西の境界の海流や黒潮でも形成されるのが観測されている(「海流」参照).

メキシコ湾流の存在原因や北大西洋を占める環はコリオリの力の緯度による変化と同期して起こるエクマン流が主要な原因である.北大西洋を広く支配する風の場はだいたい北緯30°から赤道域ぐらいである(「ウォーカー循環」参照).これらの支配的風の場は地球の回転により右向きにそれた海流を生み出す.そして,海水の流入物を中緯度の循環に組み込む結果となる.渦度の減少により海水のよどみが発生し,そして,角運動量の保存によって非回転成分が海洋の底で大きくなる.環の西側の境界の発達はコリオリの力の緯度による変化が原因であり,環の全体で渦度保存が満たされる.

[Mark A. Brandon／田中　博訳]

■文　献

Apel, J.R. (1987) *Principles of ocean physics*. International Geophysics Series, Vol. 38. Academic Press, London.

メタン発生
methanogenesis

メタン(CH_4)はアーキアに属する特殊な嫌気性バクテリアのグループであるメタン発生菌により生成される.メタン発生菌は人工的に育成することの最も難しいものであり,著しく嫌気的な条件が必要であり,わずかに酸素が存在しても死滅する.それにもかかわらず,これらのバクテリアは環境中に広く分布し,毎年10^{12}gのメタンを生成し,その量は非生物的起源のメタン(たとえば火山,自動車の排気および天然ガス)よりもはるかに多い.メタン発生菌は,無酸素状態を得るため,および単に低分子量の基質を得るためにほかのバクテリアの活動を必要とする.したがって,メタン発生菌は無酸素状態で複数のバクテリアが相互に作用しあっている環境,すなわち堆積物,湿地,水田,下水処理場,埋立地,ウシやヒツジの第1胃,および昆虫(たとえばシロアリ)および動物の腸などの中に生息する.このような環境では,メタン発生が有機物をメタンに変えるおもな過程となる.メタン発生菌は森林や草原のような有酸素環境の土壌中にも生息するが,土塊中のように局所的に無酸素状態のところにかぎられる.特殊な環境として,メタン発生菌は地熱水の噴出口の周囲にも生息し,そこでは熱水反応で生じる水素をエネルギー源として利用し,110℃以上の温度でも成育することができる.

最も一般的なメタン発生の機構は水素と二酸化炭素の反応である.

$$4H_2 + CO_2 \rightarrow CH_4 + 2H_2O$$

そのほかにも,酢酸の発酵からもメタンが生成する.

$$H^+ + CH_3COO^- \rightarrow CH_4 + CO_2$$

そのほかいくつかの物質，たとえばメタノール，メチルアミンおよびエタノール（エチルアルコール）などもメタン発生菌の代謝によりメタンになる．ほかのバクテリア，たとえば酢酸菌との共生により，炭化水素をも含む多様な物質がメタン発生菌により利用される．

海洋では，メタン発生は同じような基質を利用する嫌気性の硫酸還元バクテリアとの競争により制限される．　　　　　　　　[R. John Parkes/松葉谷　治訳]

■文　献
Oremland, R.S. (1988). Biogeochemistry of methanogenic bacteria. In Zehnder A.J.B. (ed.) *Biology of anaerobic microorganisms*, pp. 641-705. John Wiley, New York.

メッシニア期の塩分危機
Messinian salinity crisis

中新世（500万〜2500万年前）の最も後期にあたるメッシニア期のイタリアの地層は，おもに，塩と石膏から構成される．わずかに存在する頁岩層には，ケイ藻，貝虫（かいむし：ウミホタル，カイミジンコなど），胞子，花粉がわずかに存在する．この時代の地中海地方のほかの地域の地層は，浅海底の堆積か，塩を含んだ淡水性の堆積物から構成されている．しかし，1970年に，西地中海で調査していた深海掘削船のグローマーチャレンジャー号が，厚さ数百mの外洋性の鮮新世や完新世の地層の下から非常に厚い塩の層を発見した．これは，潮下帯〜潮上帯の条件を意味する．現在，海水に覆われている深海の海底から蒸発によって形成された岩石が発見されたことは意外であるが，その後の調査で，地中海全域の海底から発見され，同時に，この層の化石の数は急に減少していた．これは，海洋動物に危機が訪れたことを意味している．膨大な量の海水が蒸発してしまった原因は，私たちの興味を引きつけてやまない．

塩の堆積は，地中海の海盆が600万年前に大西洋やインド洋（昔のテチス海）から孤立したことによってはじまった．その後の50万年は，海水の堆積が急激に減少した．最初は，薄くて黒い頁岩の存在が示すように，海水中の酸素が消耗し，それから蒸発によって析出した物質が堆積をはじめた．グローマーチャレンジャー号に乗船した中国人で現在スイスに住んでいる地質学者のK.J.スー（Hsu）と彼の共同研究者は，急激な蒸発によって，2, 3 km, 海面が低下したと考えている．地中海の海面の面積は2000 km²程度小さくなった．その結果，当時の地中海は現在の死海に似てきたが，死海よりも大きく，海面が低いために気温が高かった．この蒸発岩はサブカや砂漠の塩湖のような場所でできたことを示す強い堆積学的な根拠がある．また，ヨーロッパから地中海に注ぐローヌ川のような河川が陸上に渓谷を刻んだ．エジプトのナイル川でも，同じような深い侵食が行われた．北イタリーのアルプスの湖は，現在では，メッシニア期の谷頭侵食の先端部を占めていると考えられている．

メッシニア期に地中海に堆積した数百万 km³の塩によって，世界中の塩分濃度が2 ppm低下した．これによって海水の結氷温度が上がり，（蒸発量の増加によって降水量も増加し）南極大陸の氷床量が増加し，それが地中海を大西洋から分離させるのを早めた．メッシニア期の最後には，低塩分湖，淡水湖が出現して，おそらく東にあるパラテチス海と結合した．その結果，塩の堆積は終わり，堆積物は，薄い頁岩状のもので覆われた．塩の堆積が終わったのは，ジブラルタル海峡やおそらく現在スペインにあるほかの海峡が，鮮新世がはじまるときに，水位の上昇で開通したときである．メッシニア期に堆積した塩は，粘土製の覆いに守られて，再び，海水に融解することはなかった．地中海の海水位が，北大西洋と同じになるまで，海峡から大西洋の水が流れ込む巨大な滝が形成されたかどうかはわからないが，それを否定する根拠もない．人類の遠い祖先が，ジブラルタル海峡の近くから，巨大な滝を見物したかもしれない．

鮮新世に，地中海の水位が回復すると，以前に地中海に住んでいた動物相も回復した．メッシニア期の陸上には，その時代に地中海の海底で驚くべき変化が起こっていたことを示す証拠は何一つない．

[D. L. Dineley/木村龍治訳]

■文　献
Adams, C. C. *et al.* (1977) The Messinian salinity crisis and

evidence of Late Miocene eustatic changes in the world ocean. *Nature*, **269**, 383-6.

Drooger, C. W. (ed.) (1973) *Messinian events in the Mediterranean*. North-Holland, Amsterdam.

Hallam, A. (1981) *Facies interpretation and the stratigraphic record*. W. H. Freeman, Oxford.

Hsu, K. J. *et al.* (1977) History of the Mediterranean salinity crisis. *Nature*, **267**, 399-403.

モホロビチッチ不連続面（モホ面）
Mohorovičić discontinuity (Moho)

地球内部構造は，地震波が異なる速度で伝播する一連の同心球殻からなると考えることができる．球殻間の境界は，地震波伝播速度が急激に変化する（速度不連続面）という特徴を有する．明確な地震波速度の不連続は，内核と外核の境界や，外核とマントルの境界で起こる．これらの不連続は，構成物質組成が大きく変化することの反映である．マントルには，はっきりした2つの地震波速度不連続面が存在する．これらの不連続面は，全体の化学組成自体は変わらないものの，圧力が十分高いためマントル中の鉱物が密度の高い構造に転移する（相転移）深さを表すとされている．局所的でなく地球全体に存在する地震波速度不連続面で，最も浅所に存在する不連続面は，1909年に最初にこの不連続面の存在を見出した有能なクロアチアの気象学者であり地球物理学者でもあったアンドリア・モホロビチッチ（1857-1936）の名をとって，モホロビチッチ不連続面（略してモホ面）と呼ばれている．

モホ面は地殻の底面のことで，これは相転移ではなく組成の違いを表している．地殻もマントルもケイ酸塩岩石からなり，両者の組成の相違はマントルと核の間の相違に比較すればわずかなものである．それでも地震波縦波（P波）伝播速度は，上部マントルで約$8\,\mathrm{km\,s^{-1}}$であるのに対し，下部地殻では6ないし$7\,\mathrm{km\,s^{-1}}$にすぎない．このため，地殻内の地震源から放射された地震波は，十分遠方の観測点には，地殻底部を通過しいったんマントル内に入り，上部マントル内を伝播して，屈折して再び地殻内を伝播して観測点にいたる波の方が，震源から観測点まで直接地殻内を伝播してくる波より速く到達

する．モホロビチッチは，局所的な被害地震から放射された地震波の，ザグレブ（Zagreb）観測所やその他の観測所の地震計に記録されたシグナルを解析し，このことを証明した．

モホロビチッチの方法は，地殻-マントル境界で自然地震の地震波の屈折を利用したものであるが，モホ面の位置特定は地震波の反射を利用することによりもっと正確に行える．地震探査測線沿いにモホ面を実測する通常の方法は，地表直下で強力な爆発物を爆破させ，1列にずらりと並んだジオフォーンという名の検出器で反射波を記録することである．モホ面を検出し微細スケール構造を識別しうる，通常の方法と異なる反射法は，トラック搭載バイブレーターを震源として使用することである．この方法は，既知周波数からなる信号を振動源として使える利点がある．

大陸地殻は海洋地殻より厚く，モホ面は大陸下では通常約35kmの深さにある．ただし，地殻が引き伸ばされ薄くなっている場所では深さ25km程度，大きな山岳地帯直下では深さ90km程度である．このように，大陸地殻の厚さはバラエティに富むものの，海洋地殻のモホ面は深さ約7～10kmなので，海洋地殻の方が大陸地殻より薄い．

モホ面は以前は急激な不連続を表すとされたが，最近の詳しい研究によって，モホ面は少なくとも場所によっては複雑で，数百mの厚さをもち，かんらん岩と斑れい岩（海洋下）またはかんらん岩と閃緑岩（大陸下）が交互に入り混じった，たぶん層状を呈した構造であることが明らかにされている．衝突帯では，モホ面は圧縮応力場の断層運動により重複しているかもしれない．

モホ面をテクトニックプレートの底面だと見なすのは，よくある誤解である．そうではない．モホ面は，地殻とマントルとを結合する堅固な溶接境界面である．地殻と最上部マントルは，強くて硬いリソスフェアを構成している．リソスフェアは，アセノスフェアと呼ばれるより深部のマントル内を移動する．理由は圧力および温度条件のゆえにアセノスフェアの方が相対的に流動的であるからである．モホ面までは相当深いので，侵食作用によって地表にモホ面をさらすことができるような場所はどこにも存在しない．しかしまれな例ではあるが，オフィオライトとして知られる海洋地殻と上部マントルの断片が，海

図1 オマーンオフィオライト中の「化石」モホ面．アラビア東端上部にある白亜紀の海洋リソスフェアの断片．マントル（右下方）を代表する暗色かんらん岩に地殻の淡色斑れい岩（左上方）が覆い被さっている．実際の接触面近傍の斑れい岩とかんらん岩の中間層はメートルからセンチメートルのスケールであることに注意．

洋プレートと一緒に沈み込む代わりに，陸側プレート先端に付加ないし乗り上げることがある．このような場合，オフィオライトに含まれる「化石」モホ面を調べることができる（図1）．そのような場所では，マントルはたいてい，ハルツバージャイト（主構成鉱物オリビンや斜方輝石）あるいはレールゾライト（ハルツバージャイトの主構成鉱物に単斜輝石を加える）のようなさまざまなかんらん岩として現れる．このかんらん岩は明らかに海洋地殻をつくるために費やされた玄武岩質マグマが抽出された残滓である．ハルツバージャイトあるいはレールゾライトマントルとその上に被さっている岩石との間の接触面は「岩石学的モホ面」と呼ばれる．理由は，その接触面が岩石学的にマントルの一部である岩石と地殻の一部である岩石とを分けているからである．ほとんどの海洋地殻深部の組成は斑れい岩質であるが，とくにその底に近いところでは，十分に固化する前に残滓ではなく残りの溶融物が抽出されてしまった（おそらく絞り出された）マグマから結晶化したウェールライト（主鉱物はオリビンおよび単斜輝石）のようなさまざまなかんらん岩からなる層が存在する．岩石成因論的には，この種のかんらん岩は地殻に属するが，地震波はほかのかんらん岩と同様，速く伝播するであろう．もしマグマ性かんらん岩とその上に被さった斑れい岩との間にはっきり識別できる境界面が存在するなら，この境界面は，地震学的手段によって地球内部に検出されるモホ面に相当するので，「地震性のモホ面」と呼ばれる．

地球以外の惑星または衛星でわれわれがもつ唯一の地震データは，アポロの着陸によって月に設置された地震計ネットワークから得られたものである．このネットワークから得られたデータを使って地震波屈折法による計算を行い，月の手前側のアポロ12号とアポロ14号との間の地点約60 kmの深さと，アポロ16号の位置近傍のおよそ75 kmの深さに明瞭な地殻-マントル境界面の存在が示された．地球との類推から，この境界面を，通常月のモホ面と呼んでいる．遠からず，火星に設置された地震計により火星のモホ面深さが決定されるのは疑いないであろう．

1957年に，米国の主要な民生科学資金提供機関である全米科学財団は，地殻を貫通しマントルまで孔を掘削することを試みる計画に手を貸しはじめた．この計画はモホール計画という立派な名前がつけられ，幸先よくスタートした．海洋地殻は大陸地殻よりはるかに薄いので，最も成功の機会が高いのは海洋地殻を貫通する孔の掘削だと考えられた．数千mの海面上に浮かぶ作業台から掘削するという困難にもかかわらず，この方が大陸地殻下のモホ面に到達するのに必要とされる，はるかに深い孔を陸

上で掘削するより容易であろう．1961年に改装された海軍のはしけ上に据えつけられた掘削装置を使って，試掘孔はメキシコ海岸沖の水面下3.5km深さ200mで玄武岩に突き当たった．この幸先よいスタートの後，モホール計画は政治的困難に陥り，財政スキャンダルの空気のただ中で1966年に終了した．しかし，モホール計画で開発し発展した技術や専門知識は，数十年後の国際的な深海掘削計画（DSDP）や国際深海掘削計画（ODP）のための種を播いたことになる．DSDPやODPでは，モホ面自体への到達は試みていないが，地球上のあちこちにそれほど大規模でない孔を掘削することにより，海洋海盆やその由来について豊富な情報を提供してくれている． [David A. Rothery/大中康誉訳]

■文献

Brown, G.C. and Mussett, A.E. (1993) *The inaccessible Earth* (2nd edn). Chapman and Hall, London.

モンスーン気流
monsoonal currents

モンスーン（季節風）は大気現象のなかで最も規模が大きく，エネルギーも大きな擾乱である．季節によって規則的に変化する風が吹くので，それを利用した航海によって，東アフリカにアラビア文化をもたらすなど，歴史的重要性も大きい．

モンスーンは，大陸と海洋の温度差によって発生する．原理的には海陸風と同じである．モンスーン気候の定義は，次の3つの条件が同時に成立することである．すなわち，

(1) 冬と夏で，卓越風向が少なくとも120°変化すること
(2) 冬と夏の卓越風向の平均的な発生頻度が40%を超えること
(3) 平均風速が少なくとも$3\,\mathrm{m\,s^{-1}}$であること

これらの条件が最も広い範囲で成立する地域はアジアである．アジアモンスーンは，熱帯域全体のモンスーンを凌駕している．夏季に，チベット高原とその上にある大気が日射で加熱され，地上気圧が低下する．すると，周辺の海洋から内陸に向かう暖湿な気流が発生する．収束して上昇する気流は，インドとヒマラヤの山麓に激しい降雨をもたらす．潜熱の解放は大気を加熱して上昇気流を強化し，モンスーンシステムをますます発達させる．4月から5月にかけて，夏のモンスーンによって，気温，気圧がはっきり変化し，風速も増加する．これと同期して，アラビア海の中央部やベンガル湾の海流が変化する．同時に，南インド洋高気圧から赤道を越えて南アジア大陸まで，経度方向の地上気圧の勾配が広がり，赤道で通常見られる低圧が消失する．加熱されたアジア大陸へ向かう気流には，3つの主要なルートがある．アラビア海の上を通るルート，ベンガル湾の上を通るルート，南シナ海の上を通るルートである．湿っているが低温の南西気流は，大陸上の乾いた暖かい気団の下に潜り込み，激しい対流活動を引き起こす．赤道を越える水蒸気量が南アジアの水蒸気収支に与える影響に関して，かつて論争があった．最近になってアラビア海の上を通る東アフリカの下層ジェットの役割が強調されている．地上気圧の谷は，イランやパキスタンの砂漠地帯から北インドまで広がっている．モンスーンの降雨帯はおよそ500mmの降水量の帯に沿って，インドネシアからヒマラヤの山麓まで移動する．

南北方向に空気の入れ替わるハドレー循環と異なり，夏季のモンスーンは東西方向に空気が入れ替わる（図1a）．入れ替わる空気の量は膨大で，熱帯の大気の大半に及ぶ．一方，冬季になると，負の放射バランスが大きくなり（長波放射のほうが短波放射（日射）よりも大きくなる），また偏西風の蛇行に伴って寒気移流が生じるので，南アジアと，その周辺の海洋の間の温度差が大きくなり，冬季のモンスーンが発生する．オーストラリア大陸は南半球にあるので，季節は北半球と逆であるが，アジア大陸の面積が大きいので，オーストラリア大陸の加熱よりはアジア大陸の冷却の方が重要である．大陸が冷却される結果，10月には，大陸だけでなく，アラビア海やベンガル湾の上にも高気圧が発達する．一方，夏の間，北東インドの上にあった対流活動の中心部は，ボルネオやインドネシアなどの海洋大陸の上に移動する．その影響は，陸地面積の少ない南半球にも及ぶ．冬季のモンスーンが発達すると，東西方向にも南北方向にも，巨大なスケールのモンスーン循環が駆動される（図1b）．11月から3月の間，北部イ

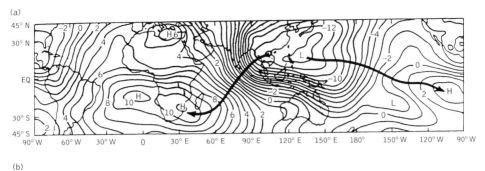

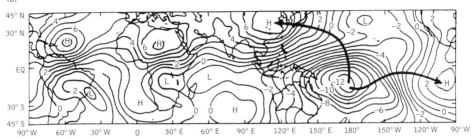

図1 速度ポテンシャルによって示された発散成分(非回転成分)の気流. (a) 7月, (b) 1月.

ンド洋,アラビア海,ベンガル湾,南シナ海に北東風のモンスーンが吹きわたる.この気流は,赤道の南側にある熱帯収束帯で,南半球の南東貿易風と合体する.

この季節には,モンスーンの卓越している地域の上層大気に偏西風が吹いている.亜熱帯ジェット気流は,ヒマラヤ山塊の南側を吹いている.夏季には,ヒマラヤの南側に熱帯偏東風が吹くのと対照的である.夏と冬のモンスーンの基本的な違いは,7月の対流活動が陸地に限られるのに対して,1月の対流活動は,陸地と海洋の両方に及ぶことである.水蒸気の輸送に関しては,2つのシステムには,重要な違いがある.インドネシアにおける冬のモンスーンの対流活動の日変化は海陸風の影響が大きいが,内陸のモンスーンの日変化には,たとえばチベットの乾いた対流のような,大陸性の特徴が見られるのである.赤道付近の冬のモンスーンの発散成分は非常に大きい.まとめていえば,東アジアを除いて,夏のモンスーンの方が冬のモンスーンよりも激しい.このことは,モンスーンの主要な原動力である地表面加熱が(大陸・海洋の分布が非対称であるのに加えて)南北半球で非対称になっていることの役割を感じさせる.

モンスーンの基本的なエネルギー収支を考えることから,いろいろなことを学ぶことができる.1月にアジアで生じる下降気流は,位置のエネルギーと顕熱エネルギーの増加をもたらすが,その量は,放射による加熱や海洋からの熱輸送に比べて膨大である.降水による潜熱は存在しない.潜熱は,海面からの水蒸気の蒸発に伴う潜熱フラックスの形で外部に輸送される.6月における緯度0°から30°の間の大気上端からの放射による熱の流入は小さい.それに加えて,南よりの風によって,南半球の熱帯インド洋に熱が供給される.南半球の熱帯インド洋における潜熱・顕熱の支出は,放射による収入よりはるかに大きい.7月の緯度方向の温度傾度は,有効位置エネルギーの形で重要なエネルギー源になり,この季節のモンスーンにより高い運動エネルギーを供給する.

過去20年にわたり,数値モデルによるアジアモンスーンの研究が盛んに行われた.数値モデルでは,条件設定を自由に変えることができるので,たとえば,南アジアの低圧システムの維持における山岳の役割やアラビア海における海面水温アノマリーの重要性などが研究された.

モンスーン研究における残された問題は,季節内振動である.南西モンスーンが吹くとき,モンスーントラフ(気圧の谷)が北にシフトして,ヒマラヤ山塊に移動する期間がある.すると,ヒマラヤ山麓地方を除いて,インドの降水量が減少する.この現

象を「モンスーンブレイク」という. モンスーンブレイクは, 7月, 8月に多く, 2〜3週間持続する. 最近の研究によれば, 低周期のモードが伝播し, 中緯度と相互作用を行う. モンスーンの開始時期の予測や, 年による変動に関する研究も多い. 1978年から1979年にかけて, 地球大気開発計画 (GARP: Global Atmospheric Research Programme) の一環として, モンスーンに関する特別観測 (MONEX: Monsoon Experiment) が実施された. 1978〜79年の冬の間, マレーシアで, 寒気の吹き出し, 雨をもたらす波動, 渦の研究をはじめることから出発し, モンスーントラフ全体やモンスーンの惑星規模の構造が研究対象になった. 加熱域が5月に北ビルマから移動をはじめ, 6月にヒマラヤ山麓に達する現象がモンスーンの開始時期を決める重要な因子であると考えられている.

アジアモンスーンがエルニーニョ・南方振動 (ENSO: El Niño-Southern Oscillation) と関連していることは, 以前から知られていた. エルニーニョ・南方振動は, 熱帯域全体 (とくに太平洋) の地上気圧と海面水温の年々変化を特徴づける現象である. すでに, 1920年代に, サー・ギルバート・ウォーカーは, アジアモンスーンを予測する試みのなかで, 気圧のシーソー現象を発見した. 一般に, ダーウィンの地上気圧が高いときに, インドのモンスーンに伴う降雨量が少ない. この関係に関する研究は, 現在も続けられている.

上述したモンスーンの特徴は, アジアとインドネシアに限られるわけではない. アフリカにも重要なモンスーン循環がある. 冬の間, たとえば, 赤道地方の地上気圧の谷はアフリカの赤道の上に留まっている. 一方, 乾いた砂漠の風 (貿易風) であるハルマッタンは, はるか南まで吹きわたり, 雨をギニア湾から大陸内部に至る帯状の地帯に閉じ込めている. 夏には, 地上気圧の谷は北に移動し, 湿った涼しいモンスーンが赤道を越えて大陸に侵入する.

ニール・ウォード (Neil Ward) は, 世界中のモンスーンシステムは, アジアやアフリカを含めて, 1つのシステムを形成していることを示した. すなわち, 数年ごとに, 熱帯全体にわたるモードがトリガーされ, 全球的なモンスーンシステムを通して, 降水が増加する. これらのモードは, 太平洋の海面水温の変動によって励起される大気の内部振動であると考えられている. [R. Washington/木村龍治訳]

■文 献

Grotjahn, R. (1993) *Global atmospheric circulations: observations and theories.* Oxford University Press.

ユーイング，ウィリアム・モーリス
Ewing, W. M. (1906-74)

　ウィリアム・モーリス・ユーイングは，海が好きで，40年あるいはそれ以上にわたって海洋地質学や海洋地球物理学を地球科学のなかで最も重要な分野に育てたテキサス人だった．彼は物理学者として訓練を受け，大陸棚を横断する反射および屈折地震探査を実行した最初の研究者である（1935）．彼は海盆および海洋周縁への地質学的応用に関するシンポジウムに出席し，バージニア沿岸沖で米国沿岸警備艇に乗船し地球物理学的調査を指揮するよう招かれてもいる．彼の深海観測装置の設計や調査法は名人芸で，堆積層が3000m以上も大陸先端部で蓄積していることを明らかにした．

　ユーイングは，海洋で使用するための重力探査や磁気探査技術を発展させ，第二次世界大戦までこの仕事に従事した．第二次世界大戦が勃発すると，米国国防研究機関のために対潜水艦研究に従事した．1949年に，彼は新設のラモント地質観測所（ニューヨーク・コロンビア大学，のちにラモント－ドハーティ地質観測所）の海洋地質および地球物理学部門の長に就任した．陸上の地震研究も開始したが，彼が自分のチームと継続的に仕事をしたのは海洋であった．たとえば，ブルース・ヒーゼンと共同して，彼はグランドバンクスにおける海底谷の乱泥流侵食についてのデイリーの仮説を検証した．大西洋における調査研究によって，海洋底の平坦な地帯でも堆積物が非常に広がって分布していることが明らかになり，彼は堆積層をくり抜いて試料を採取するプログラムを開始している．

　ユーイングが1950年代中期にはじめたがっていた課題は，海洋で玄武岩大洋底をくり抜きモホロビチッチ不連続面に達する深海掘削であった．このプロジェクトは具体化されなかったが，1968年，海洋掘削船グローマーチャレンジャー号を海上基地として，彼はJOIDES（海洋研究機関共同深部地球試料採取）プロジェクトの最初の調査を開始した．これにより，大西洋31地点，太平洋53地点で掘削し，海洋底拡大仮説を検証するための玄武岩試料を得ることができた．結果はすばらしく，仮説を実証するものであった．JOIDESおよびその後継組織のクルーズやプロジェクトは今日まで続き，広範な重要性をもつデータを地球科学に提供している．

　ユーイングは1974年逝去した．巨大なエネルギーと知力によって，地球科学の不可欠な一部として海洋地質学と海洋地球物理学を確立した男だった．彼はしばしば海上で1日18時間働き，天候のいかんに関係なく作業に参加し，30年間休暇を取らなかったといわれている． [D. L. Dineley/大中康譽訳]

有機酸の地球化学
organic acids in geochemistry

　有機酸は多くの地球化学的過程，たとえば大気，土壌，海水，堆積盆，地熱系などにおける過程につねに関係するものである．大気中のカルボン酸の濃度は汚染されていない雲，霧および降水中では通常は3ppb（$\mu g\,kg^{-1}$）を超えないが，汚染された場合は5ppm（$mg\,kg^{-1}$）にまで達する．河川や湖沼中のカルボン酸の濃度は自然では通常多くて1ppmであるが，汚染されると河川水の濃度は1000ppmまで増加する．さらに複数の有機酸（フミン酸やフ

ルボン酸）は地表水中の濃度が比較的高く，湿地帯から流出する河川ではこれらの酸の濃度は無機酸の濃度の2倍以上になる．そのような河川水は，しばしば有機酸のために酸性のpHとなる．海水のカルボン酸濃度は通常1ppm以上であるが，微生物が活動している海底堆積物中では150ppmにも達する．有機酸の起源は地表および地下浅所では微生物および植物の生物学的過程である．天然の起源に加えて，工業過程，あるいは埋立地，石油の漏出，その他有機物汚染などのバクテリアによる分解によって有機酸が環境に付加される．有機酸は水と有機物（石油も含む）の高温における反応で生成すると考えられる．そのような反応は実験的に研究されているが，堆積盆中での高温における微生物による有機酸の生成については多くの問題が解明されていない．有機酸は鉱物の溶解度を高め，また多くの金属陽イオンと強く結合し，キレート（錯体）を形成することが知られている．そのような錯体形成により河川水，地下水および海水中にある種の微量金属が高濃度に含まれることを説明できるが，堆積盆中では，たとえカルボン酸濃度が1万ppmになったとしても，その役割はそれほど重要ではない．

[E. Shock/松葉谷　治訳]

のほかの結合により付加されている．このヘテロ重合化合物から分子状の部分を切り取るために特別に考案された実験によると，ケロジェンに結合したある種の成分は同じ堆積物中に単独で存在するバイオマーカーが受けるような続成作用的変化を受けないように保護されていることが明らかである．しかし，ケロジェン中の分子状成分に見られる最初の生合成的な特定の状態は徐々にはっきりしなくなり，続成作用および熟成過程により分解される．深部に埋没し，地温および圧力が上昇し，また長期間が経過すると，最初の生合成的状態はほとんどすべて消去され，炭化が進行する．たとえば，木ろうのアルカンのC_{30}範囲で炭素数が奇数のものが偶数のものより多いという生合成的状態は熱により炭素-炭素結合が切断されることによる分子の分解の結果，徐々に炭素数のより少ないところでのなめらかな分布に変化する．黒色頁岩のような有機物を多く含む堆積岩の中で起こる熟成過程により，多量の二酸化炭素，天然ガス（メタンなど）および石油が同時に生成する．

[Geoffrey Eglinton/松葉谷　治訳]

■文　献

Hunt, J. M. (1996) *Petroleum geochemistry and geology* (2nd edn). W. H. Freeman, New York.

有機質物質（ケロジェン）
organic matter (kerogen)

　地球の地殻中に含まれる有機物の大部分（約95%）は不溶性の，さまざまな高分子化合物からできているアモルファスな有機質物質である．この物質はしばしばケロジェンと呼ばれる．若い未成熟な堆積物中では，ケロジェンは水素を多く含み，そのほかにも酸素，硫黄，窒素などを少量含む．古い成熟した堆積物中では，それは著しく炭素質で，通常はグラファイト的になり，水素および炭素以外のほかの元素の量がきわめて少ない．このような性状にもかかわらず，ケロジェンはほとんどすべて生物物質のくずを起源とし，未熟成のときには生体巨大分子の構成断片を含み，より小さな代謝生成物がケロジェン構造の中に炭素-炭素，炭素-硫黄，およびそ

有機地球化学
organic geochemistry

　有機地球化学は有機物およびその地質圏における変化の過程の研究に化学的方法を応用する学問である．有機地球化学は明らかに高度な分析化学的技術に基づく近代的な学問分野であるが，20世紀の前半に石油や石炭の組成を研究する科学者による先駆的な研究により確立された．

　地質圏の有機物はおもに生物起源であり，生物を構成する有機化合物は基本的には炭素元素からなる．地球上の炭素の大半は地殻の堆積物（岩）中に見出され，その20%は有機質炭素であり，残りは炭酸塩である．有機地球化学の中心課題は地球規模の有機質炭素の循環である．有機化合物は生物により二酸化炭素あるいは既存の有機化合物から形成さ

れ，生物の死後は環境中の反応しやすい物質となる．そのような有機物はおもに微生物により除去されたり，分解されたりする．しかし，そのような有機物の比較的少量の部分が炭素循環過程から外れ，堆積物や堆積岩中に保存される．この保存された有機物はその後の埋没，熟成作用により石油や天然ガスとなり，地質学的条件が整うと，開発に適したような貯留層中に集積する．石油地球化学は有機地球化学の1つの重要な分野である．過去には，石油地球化学者は石油貯留層の探査のために有機地球化学をほかの方法とあわせて利用した．しかし，石油の組成そのものが徐々に意味のあることと考えられるようになり，石油の生成，移動および貯留層中への集積の理解を深める結果となった．石油地球化学は，現在移動経路および周辺油田の発見と集積した石油の回収法の改良に力を注いでいる．

堆積岩中の有機物の大部分はケロジェンの形であり，ケロジェンは無機溶媒に不溶な複雑な重合体で，化学的分析は難しい．生物起源の原物質からケロジェンが形成される詳しい過程は明らかでない．しかし，おそらくそれは生体高分子がそのまま（あるいは少し変質して）保存されること，および生体物質の続成作用による分解の生成物が鉱物の表面で相互に縮合することによるであろう．ケロジェンの化学組成を詳細に測定するための方法として，最近は加熱による重合体の分解およびその分解生成物のガスクロマトグラフィー質量分析（GC–MS）による分析が用いられる．この分析法は，有機地球化学できわめて重要なものであり，有機物の分子組成を決定する標準的方法であり，とくにバイオマーカーの研究では重要である．分析方法が比較的簡単なため，堆積物中の有機物の有機溶媒に可溶な部分，すなわちビチューメンの研究に最も広く利用される．ただし，新たに開発された分析法により堆積物中の全有機物についてのさらに詳細な研究が可能となりはじめている．地質的試料中のビチューメンの分子組成には，古海洋，すなわち古気候に関する情報や考古学，古生物学および分類学の研究についての情報が保持されている．定量的にさらに重要なケロジェンの分子組成は，将来，ビチューメンと同程度にあるいはより詳細に解明されるであろう．分子有機地球化学は個々の有機物の同位体分析と組み合わせることによりさらに進歩し，地質圏において有機

物に影響を与える過程の研究にとってますます有効な方法となりつつある．

多くの有機地球化学の研究が地質圏における生物起源の有機物の変化を明らかにしてきたが，この分野で徐々に重要性が増してきたものとして，自然環境における有機物汚染物（人工的有機化学物質）の移動と変化の解明があげられる．有機地球化学のもう1つの興味深い問題は地球の生命の起源であり，それに関するほかの研究方法のなかでは地球外物質（たとえば隕石）中の有機物分子の性質と起源は古くからの興味深い問題である．

有機地球化学は，明らかに多くのほかの分野と重なりあう地球科学の1分野であり，とくに生物学および生化学（有機物の起源と組成），微生物学（堆積物中での有機物の分解），環境科学（有機物汚染），惑星科学（隕石中の有機物），海洋学，気候学および考古学と関連する．その範囲はじつに広いものである．　　　　　[Paul Farrimond／松葉谷　治訳]

■文　献

Engel, M. H. and Macko, S. A. (1993) *Organic geochemistry : principles and applications*. Plenum Press, New York.

Killops, S. D. and Killops, V. J. (1993) *An introduction to organic geochemistry*. Longman, Harlow.

ユーリー，ハロルド・クレイトン
Urey, Harold Clayton (1893-1981)

H. C. ユーリーは重水素（deuterium）の発見，原子爆弾の開発への協力，および地球および惑星の起源に関する広く受け入れられている理論への基礎的貢献で最もよく知られている．彼は，重水素に関する研究で1934年にノーベル化学賞を受賞した．

彼はモンタナ大学にラテン語を学ぶために入学したが，すぐに化学に変わり，のちに米国のいくつかの大学に勤務した．1923～24年に，彼はコペンハーゲンでボーアと共同で原子の構造の理論を研究した．1929年から45年までは，彼はコロンビア大学の教授であった．そこでの重い同位体についての研究成果により，彼は1940年にマンハッタン計画の一部であるコロンビア研究計画の責任者になった．

彼らの特筆すべき貢献は核分裂を起こすウラン235をウラン238から分離するものであった. 1945年から58年まではシカゴ大学で核研究の教授を務め,その後,化学の教授となった. 初期の地球の大気がアンモニア,メタンおよび窒素を多量に含むという説に従って,シカゴの彼の共同研究者の1人がそのような混合気体の中で放電を起こさせ,アミノ酸を生成した. この実験から地球の生命が無機的起源である可能性が検討され出した. シカゴ大学において,また,貝による酸素の安定同位体の取り込み方の研究から,その際温度が重要な要素であり,貝化石の$^{18}O/^{16}O$ 比が古気温の指標として利用できることを示した.

地球の地殻における元素の相対存在度の研究から,ユーリーは地球やそのほかの惑星が太陽から溶融状態の玉として引きちぎられたのではなく,すでに形成されていた太陽の周りを回転する円盤から低温のガスや塵が集積して形成されたという結論に達した. この理論は,彼の著書 'The planets : their origin and development (惑星：その起源と発展)' にまとめられ,1952年に出版された.

1958年から生涯を終えるまでカリフォルニア大学サンディエゴ校の名誉教授であった.

[**R. Bradshaw**/松葉谷　治訳]

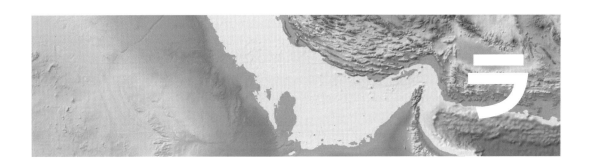

ラドン
radon

ラドンは原子番号が86で，天然のα崩壊をする不活性な気体であり，ウランおよびトリウムの放射性壊変系列の中で生成する．天然には3種類の同位体，^{222}Rn，^{220}Rnおよび^{219}Rnが存在し，それらの半減期はおのおの3.8日，55秒および4秒である．ラドンの存在量は空気中に含まれるラドンについて空気1 m^{3}中のラドンの放射能をベクレルの単位で，すなわちBq m^{-3}で表される．^{222}Rnは，一般に単にラドンとして最も多く問題にされる同位体である．

ウランが微量元素として地中に広く存在するので，ラドンはわれわれの周囲のいたるところに存在する．ラドンの挙動はさまざまな観点から研究されている．地表からのラドンの放出はウランの探査や地震の予知に利用される．

1980年代の後半に，住宅の中の空気にラドンが多く含まれることが判明し，世界中で住宅内のラドンの調査が開始された．英国および世界の平均値はおのおの20および42 Bq m^{-3}である．ウラン鉱山の労働者のような場合，ラドンが肺癌の原因になることがわかっている．一般市民にとってもラドンは大人にとっては肺癌の原因の1つであり，また子供にとっては白血病の原因になることが示唆されている． 　　　　　　　　　[Denis L. Henshaw/松葉谷　治訳]

ラマルク，ジャン-バティスト・ピエール・アントワーヌ・ド・モネ
Lamarck, Jean-Baptiste Pierre Antoine de Monet (1744-1829)

フランスの博物学者ラマルクは，獲得された形質が遺伝によるとする理論によって古生物学に大きな影響を与えた．貴族の家系に生まれたラマルクは，植物学の教育を受け，まず「国王直属の植物学者」の地位に就いた．1793年に，彼は王立庭園を基盤とするフランス自然史博物館（のちに共和制のもとで植物園になった）で動物学の教授に任命された．彼は生物分類体系の網を築き，そのいくつかはいまでも動物学の分類で使われている．しかし，彼の講義はリンネよりもむしろアリストテレスの思想に基づくものだった．彼は今日生態学として扱われる分野の重要性を認識し，種の本質や絶滅の原因について考察した．

ラマルクの進化に関する理論は，1809年に出版された著書「動物哲学」に詳しく記された．彼は，生物の形態は環境の変化に対応して新しい環境に適合するように変わると考えた．たとえば，キリンの首が長いのは，もっと高い葉を得ようと競って背を伸ばした結果だと考えた．首を伸ばしたキリンの個体は，この特徴を子孫に残し，それが何世代にもわたって繰り返されたとするのである．当時は人類や原人の化石がまだ発見されていなかったが，ラマルクは遺伝の理論が人類にも当てはまると考えた．ラマルクの理論は，形質の獲得に遺伝を必要としないとするダーウィンの進化論に，最終的には取って代わられた． 　　　　　　　　　[D. L. Dineley/井田喜明訳]

ラム，ヒューバート・オラート
Lamb, H. H. (1913-97)

　気候学者ヒューバート・オラート・ラムは，イングランドのベッドフォードに生まれた．ケンブリッジ大学で地理学を学んだのちに気象局に入ってから，1939年には上層風の調査を行い，大西洋横断航空路のための天気図を作成していた．第二次世界大戦のほとんどをアイルランドで過ごしたが，そこでは気象学訓練コースを担当しながら，大西洋横断航空のための天気予報の責を負っていた．彼は1946年に気象局に戻り，中期および長期予報を研究するために，すぐ予報調査部門に就いた．次いで彼は気候課で働き，そこで古気候データの調査をはじめた．彼は海面水温の変化と気候の変化の間の関係を著した数本の論文を発表した．

　気象局からの引退が近づいた1960年代，ラムはイーストアングリア大学に気候研究室の開設の仕事の誘いを受けた．彼は1977年の最後の引退までそこに留まった．彼の指導のもと，その研究室はその課題（古気候学）における世界の主要な中心の1つと国際的に認められるようになった．ラム自身は，気候研究に関する数多くの詳細な科学論文でよく知られている．彼はのちの著書 'Historic storms of the North Sea, British Isles and northwest Europe' と同様，'Climate：present, past and future'（第1巻は1972年に Methuen から，第2巻は1977年に出版）の著者の1人でもある．

[Alastair G. Dawson/田中　博訳]

リソスフェア（岩石圏）
lithosphere

　プレートテクトニクスでは，リソスフェア（岩石圏）は剛体であるという考え方に基礎を置いている．「地殻」という術語はもともと地質学で剛体の層を定義するために用いられていたが，リソスフェアという現代的な概念は一般に地殻と上部マントルの最上部を含んだものである（図1）．地殻の底は本質的にはマフィック（苦鉄質）と超マフィック（超苦鉄質）という組成上の境界であり，地震P波速度が $8\,km\,s^{-1}$ 以上に急増する（モホロビチッチ不連続面）ことで特徴づけられる．これに対してリソスフェアは，軟弱で延性的性質をもつアセノスフェア（軟弱圏）の上に重なり地球の表面にあってレオロジー的に強く弾性的な性質をもつ層として定義される．リソスフェアの底は物質の変形様式が脆性的なものから延性的なものに移行する変わり目と考えられている．このような定義からリソスフェアはときどき「力学的境界層」と呼ばれることがある．

　リソスフェアは剛体であるので，深いマントルのように対流することはできない．そのため熱はおもに伝導でリソスフェア内を伝わる．伝導での熱の伝わり方は対流よりも効率が悪いので，リソスフェア内の地温勾配はマントルのほかの部分に比べてかなり大きくなり，リソスフェアのなかに大きな温度差が存在する．このことからリソスフェアを「熱境界層」と考える人もいる．

　リソスフェアの厚さを推定する方法はいくつかある．リソスフェアはレオロジー的な境界であり，レオロジーの性質はとりわけ歪み速度に依存するため，厚さもまた歪み速度に依存する．リソスフェアの厚さを推定する最も一般的な方法の1つは地震波を使うことである．この方法は0.01〜1 Hzの周期帯での地震波による岩石の弾性的変形を用いたものであるから，実際には非常に高い歪み速度を利用した方法といえる．地震学では地震波速度が上部マントルで一般に深さとともに増加することを示しているが，ほとんどの場所で速度は深さ100 km付近からわずかに減少しはじめる．この減少はリソスフェアからアセノスフェアへの遷移を表していると考えられている．この基準で定義されるリソスフェアの厚さは地質学的な区分で変化する．大陸の安定した楯状地の中心部で最も厚く，その厚さはたぶん300 kmに達している．そして，リソスフェアが新しく生まれる中央海嶺下で最も薄く，厚さはおよそ4 kmである．

　リソスフェアは上部マントルにおける最後の大きな構造上の再活性化の産物であるから，その厚さは一般に時間とともに増加する．リソスフェアからアセノスフェアへの遷移面は岩石の脆性-延性の境界

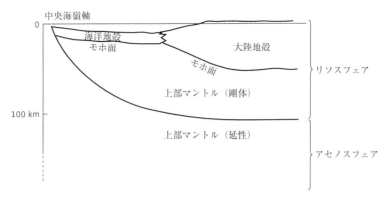

図 1 中央海嶺軸から大陸内部にいたる横断面．地殻，マントル，リソスフェアとアセノスフェアの関係を示す．縦横比は約 20:1．

に相当する等温線にほぼしたがっている．海洋性リソスフェアは中央海嶺でつくり出されたものであるから，等温線の深さは中央海嶺での伝導による冷却の仕方で決められる．その深さは計算から推定され近似的に時間の平方根に比例し，リソスフェアは海嶺からの経過時間の平方根に比例して厚くなる．地震学的に決定された海洋性リソスフェアはそれが生まれたゼロ年には数 km の厚さであるが，100 Ma（1億年）の時間が経つと約 100 km の厚さになる．この厚さは 1000℃ の等温線にほぼ対応している．

リソスフェアの厚さを推定するもう 1 つの方法は，加えられた荷重のもとでどれだけリソスフェアが屈曲したかを測定することから導かれる．地球物理学者はリソスフェアを粘性流体である下層の上に横たわっている薄い弾性的プレートとしてモデル化する．屈曲の振幅と波長は加えられた荷重とプレートの厚さに依存する．海山，沈み込むスラブ，断層ブロックの傾斜面に働く地殻均衡力を含めいろいろな荷重に対してモデル計算をした結果，リソスフェアの厚さが年代とともに増加することが示された．しかし，この方法で推定された厚さは，地震学的に求められた厚さのおよそ 1/3 であることがわかった．この理由は，10^5 以上の長期間の荷重では屈曲的な調整が起きることと，わずかな歪み速度のもとでは脆性-延性の境界が低温側で起きるためである．事実，屈曲の研究から推定された弾性的厚さは 350～650℃ の等温線の間に位置する（図 2）．

リソスフェアが上部マントルの主要な部分を構成するという事実は，リソスフェアのレオロジーについて重要な意味をもっている．海洋リソスフェアは

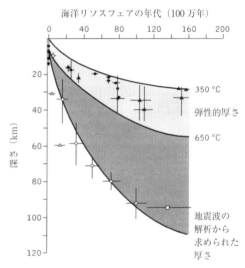

図 2 海洋リソスフェアの厚さと年代の関係．白丸印は地震学から求めた厚さ．黒丸印は曲げ弾性から求めた厚さ．十字印は推定値の誤差の範囲を示す．計算から求めた等温線（実線）と海洋リソスフェアの厚さを比較したもの．(Kearey and Vine (1996) Fig. 2.38 を一部修正)

一般的に 90% 以上がマントルであり，オリビン鉱物が卓越し強度は大きく密度も相対的に高い．大陸性のリソスフェアは 60% がマントル物質で，残りは苦鉄質鉱物と石英からなる典型的な地殻鉱物が主要なもので，強度は小さく相対的に密度も低い．したがって，もし 2 つのリソスフェアのうち 1 つが海洋性で他方が大陸性のものが衝突した場合，海洋性リソスフェアは大きな変形に耐え，比較的容易に重なりあって沈み込み帯を形成する．しかし，大陸性のプレートどうしが衝突した場合は 2 つのプレートはともに軽いので容易に沈まず，強度が弱いため比

552   リヒター

較的容易に褶曲するか断層をつくる．このようにして大陸の衝突帯は，大きな褶曲ブロックや大きな断層ブロックを含み広域的に複雑な傾向を示すことになる．　　　　　　　　　　[Roger Searle/浜口博之訳]

■文　献
Kearey, P. and Vine, F. J. (1996) *Global tectonics*. Blackwell
　Science, Oxford.

リヒター，チャールズ
Richter, Charles (1900-85)

　チャールズ・リヒターは，南カリフォルニアの既存断層沿いに起こる局所的地震だけでなく，世界中で起こる地震の研究を生涯の仕事としてまっとうした．彼は，カリフォルニア工科大学地震研究所の教授であった．大きく異なるさまざまな地震を比較するための，普遍的な規模を表す尺度である地震マグニチュード（しばしば「リヒタースケール」と称される）を考案したことで最もよく知られる．地震は微小地震から数百 km の断層破壊にいたる巨大地震まで広範囲に及ぶので，マグニチュードスケールには対数尺度を採用し，標準化された地震計によって記録された南カリフォルニア地域に震源をもつ地震波を較正した．現在では，ほとんどすべての研究目的の地震計はデジタル化され，記録はコンピュータに保存されるが，リヒターの時代には，地震波形は円筒状回転式ドラムに巻きつけられた紙にペンで記録された．リヒターのマグニチュードは，ペンの振動振幅をミリメートル単位で測ってその対数をとり，震源と観測点間の距離補正をして求めた．1930〜40 年代に，カリフォルニア工科大学地震研究所のもう 1 人の教授であったベノー・グーテンベルグと共同で，リヒターはマグニチュード尺度を南カリフォルニアの局所的地震から世界の地震に適用できるように拡張した．のちにリヒターのマグニチュードスケールは，地震によって解放される実際のエネルギーと関係づけられるようになった．両者を関係づける式によれば，マグニチュードが 1 違うと，エネルギーは 30 倍異なることになる．このマグニチュードスケールが使われるようになって以来最大

の地震は，1960 年 5 月 22 日チリ海岸沿いに起こった地震で，マグニチュードは 9.5 であった．

　リヒターは，地震学や地震災害軽減のための公のスポークスマンとして，しばしば短気な性格の一面を現わした．彼の有名な 1958 年の教科書 'Elementary Seismology' には，ずさんな研究法に対する簡潔なコメントや忠告が数多く含まれている．皮肉なことに，彼の個人的な記録は，1994 年 1 月 17 日ロサンゼルス北部のノースリッジ地震（マグニチュード 6.6）に続いて発生した家の火事で焼けてしまった．　　　　　[Jeffrey Park/大中康譽訳]

リモートセンシング
remote sensing

　地質学の起源は，地表面に露出した岩石の層や不規則な形の岩石が，地下でどのように広がっていて，どのように関連しているか，可視化する必要性であった．地質学者は伝統的にいろいろな岩石の種類を地形図に書き込み，地表に露出した岩石が地下でどのようにつながっているのか理解しようとした．地形の形状と地質構造の比較は，簡単な幾何学を応用することにより，三次元的な地質学への発展につながった．これらの作業は困難で骨の折れる仕事であり，しばしば混乱することもあった．ところが，地表面を真下に見る航空機観測や軌道衛星が実用化され，このような地質学的情報に比べて比較にならないほど多量な情報がもたらされるようになった．

●写真地質学：画像解析
　航空写真は，地質図をより早く，より明確に作成することを可能にし，岩石の堆積に関する知見をもたらし，ある種の地質学的過程の理解に役立っている．一口にいえば，それが地質学的リモートセンシングのすべてである．
　航空写真は，あらゆる種類の地図作製に利用されている．航空測量は，飛行経路に沿って，一定の間隔で写真を撮ることによって行われる．その間隔は，同じ地形が 2 枚の写真に撮影されるように十分に密であることが必要である．上空からの撮影にもかか

わらず，高解像度の写真を撮ることが可能で，1 m
以下の物体も見分けられる．われわれの視覚が，右
目と左目を用いて，少し角度が異なる方向から物体
を見ることによって立体視ができるように，航空測
量においても，角度の異なる2枚の写真から地形を
立体視することができる．人間の視覚では，2つの
目は7.5 cm ほどしか離れていないが，航空測量に
用いられるステレオスコープでは，2枚の写真は少
なくとも数百 m 離れている．目の間隔を極端に離
したようなものである．そのため，飛行機から自分
の目で真下の地形の凹凸を判断することに比べて，
圧倒的に高低を強調した写真が得られる．それを解
析することにより，地表面に露出した岩石の分布や
構造の詳細を知ることができる．しかも，それほど
深い地質の専門知識がなくても，それに基づいて地
質図を作成することができる．

　写真に写るのは，太陽放射のスペクトルのうち，
可視光線か，目に見える赤よりほんの少し波長の長
い赤外線で可視化される像に限られる．物体の色は
表面からの反射光のスペクトルである．ごくまれな
例外を除いて，汚れていない岩石の表面の多くは灰
色が基調で，そこに黄色，赤色，茶色の色合いがつ
いているものが多い．それらの色は，おもに，酸化
鉄と水酸化物が原因である．風化された岩石も同様
であるが，地衣類が付着して独特の色を呈すること
もある．地表面の多くは，岩石が露出していない．
乾燥地域では，土壌で覆われている．降水のある地
域では，植物で覆われている．そのため，可視光線
を用いる航空写真では，地表面を探査する地質学者
ほどの分解能で岩石の種類を見分けることはできな
い．しかし，ある程度の岩石学的な区別は可能であ
る．

　岩石は，種類によって，その地域に卓越する気候
の下での風化や侵食の程度が異なる．写真地質学者
はその性質から岩石の性質を調べる．火成岩や変成
岩のような密で堅い結晶質の岩石や，堆積岩に含ま
れる炭酸塩や砂岩は氷河による侵食に対してさえか
なり抵抗性が大きい．その結果，高地や，層をなす
場合は尾根を形成する．頁岩や片岩のようにそれほ
ど堅くない岩石やあまり密でない堆積岩は，走向に
平行な低地や谷を形成する．このような侵食に対す
る抵抗性が異なるさまざまな岩石がつくる地形が，
その地域の地質構造を解明する重要な鍵になる．凹

みや急斜面は，立体写真ではっきり認識できるの
で，断層の形もわかるし，傾斜の角度や走向も計測
できる．一連の層状の岩石でできている地形の走向
が与えられれば，どのような過程を経て，その地形
が形成されたか知るのは簡単である．1枚の画像か
らでも，その地形がはっきりした凹凸があれば，「V
の法則」を使うことによって，傾斜の強さや走向は
ある程度推定できる．断層は岩石を破壊することに
よって岩石の強度を弱めるので，直線的に伸びる谷
は断層によって形成される可能性がある．とくに，
断層面が立っている場合に，その傾向がみられる．
写真から，注意深く，走向の切断，層状構造の繰り
返しや消失を探し出すことによって，角度の浅い断
層やその運動の方向をみつけ出すことができる．

　地下への水の浸透性の違いによって，岩石の上を
流れる川やリルの密度に違いが生じる．また，岩石
の耐侵食性がさまざまなスケールで異なるために，
川の断面の形状に違いが生じる．この2つの作用の
結果，岩石の違いによって形成される地形のきめ細
かさが異なる．河川流域，河川と河川に挟まれた地
域，丘陵などへの堆積は画像に見られるパターンを
多様化するのに貢献している．このような地形の特
徴は，地形を形成する原因と関係している．すなわ
ち，岩石の成分の変化や節理の間隔，葉理の強さ，
また，たとえば火山地形のように，岩石をつくり出
す地形の存在などである．

　このように，航空写真や人工衛星画像から地質学
の情報を得るためには，岩石の耐風化の程度，地形
のきめ細かさ，地形の色（灰色であれば，明暗の程
度）を利用するわけである．このような簡単な「道
具セット」が，遠隔的に得られた情報（写真だけで
なく，測定器や可視光線以外の光線で得られた画像）
を地質学的に解釈するための枠組みを与える．

●近代における発展

　1960 年代の終わりに，トランジスターやコンデ
ンサーに近い種類の固体検出器が開発され，可視域
よりも波長の長い電磁波を検出できるようになっ
た．それによって，地表面で反射された日射ばかり
でなく，岩石自身が放射する電磁波まで検出できる
ようになった．鉱物，植物，岩石，土壌の違いを最
もはっきり見分けられるのは，赤外線の領域である．
自然界に存在する物質から放射される電磁波のスペ

クトル特性は，従来，室内で研究されてきた．新しい観測装置は，遠くの表面からの放射に焦点を当てる装置の開発や情報の圧縮，伝達，蓄積などの技術開発とあいまって，まったく新しい種類の画像を作製し，利用することを可能にした．

レンズを通して一回限りの像を記録するために，フィルムに塗られた感光剤を利用する代わりに，新しい方法は，観測台（飛行機または人工衛星）が，その場所を通過する間の時間に，光学・機械的な方法によって画像を構築する．ある装置は，鏡を走査することによって，観測装置の真下にある地上の，狭い帯状の範囲の地表面から反射または放射される電磁波を複数の波長で観測する（走査型）．別の方法では，軌道と直角方向に配列された数千個のセンサーによって，特定の波長帯の情報を得る（配列型）．走査型の装置では，検出器からの連続的に変化する応答信号を一定の時間間隔で区切り，地表面を小さな長方形のモザイクとして扱う．配列型の装置では，各瞬間に，線状に並んだ地表面の情報が得られるが，時間とともに線の数が増えるので，平面の情報になる．画像の最小単位を画素（ピクセル）という．記録とデータ転送を簡単化するために，また，データの後処理の利便性のために，各画素の信号は，0から256までの範囲の2進法の数値に変換される．そうすれば，画像の記録媒体として特別なものが必要なくなる．画像データは伝送され，磁気テープに記録される．この形であれば，コピーをいくらでもつくることが可能になる．もっと重要なのは，画像はコンピュータによってさまざまに加工できることである．

画素の寄せ集めによってつくられる画像は，（それ自体が画素から構成される）ビデオ・モニターに表示することが可能である．また，1つの画素にいくつもの情報を重ねることができる．たとえば，赤，緑，青の3つの波長のデータを重ねることによって，カラー画像をつくることができる．しかし，3つの波長が赤，緑，青の波長でなければ，カラー画像は擬似カラー画像になる．波長の違いによって，物質のさまざまな性状の違いがわかるので，どのような波長の組合せにするかは，研究の目的によって，使い分けられる．

岩石の色は，おもに，酸化鉄や水酸化鉄の色を反映している．これらの鉱物は，堆積物の母岩のなか

でも，風化された表面でも，昼光のなかでは，青から緑色（波長 $0.4 \sim 0.6 \, \mu m$）を赤（波長 $0.6 \sim 0.7 \, \mu m$）より多く吸収する（図1b）．それが，乾燥地域に露出した岩石の多くが，赤，オレンジ，黄，茶色を呈する原因である．その結果，自然の岩石の色は，反射率，テクスチャーやパターンなどに加えて，赤色の度合いというパラメーターが加わることになり，詳しい観察，ハンマー，顕微鏡などが使えない状況で，岩石判別の道具として利用できる．鉄の影響は近赤外に及び，$0.9 \, \mu m$ 付近に広い帯域の吸収帯をもつ．

●赤外線画像解析

波長が $2.1 \sim 2.4 \, \mu m$ の赤外線を短波長赤外線（SWIR：short-wave infrared radiation）という．この波長帯は有用である．Al−OH，Mg−OH，C−Oの分子結合を含む物質はこの波長帯に多くの吸収帯をもつ．正確な吸収帯の位置は特定の鉱物の分子構造によって異なる（図1b）．したがって，十分分解能のある赤外線分光計によるリモートセンシングが可能であれば，雲母，粘土鉱物，マグネシウムとヒドロキシラジカルを含む多くのケイ酸塩鉱物（緑泥石，滑石，蛇紋石，炭酸塩鉱物など）を見分けることができる．SWIR帯域はいろいろな地質探査の目的に使われるが，スペクトルの特徴は，おもに，造岩鉱物よりは，風化によってつくられた鉱物に支配されている．リモートセンシングによって区別された岩石の分布は，通常，現地調査の結果とよく一致している．しかし，炭酸塩以外の岩石の同定には，現地調査が必要である．

波長が $2.4 \, \mu m$ より長い赤外線は，岩石の表面に当たった太陽放射の反射というより，温度に応じて岩石の表面から放射される熱放射に由来するものが卓越する．SWIRと同様に，熱放射も分子構造と関係しているが，後者はおもに造岩鉱物（おもにケイ酸塩）の影響を受ける．石英，長石，雲母，角閃石，輝石，かんらん石などは，それぞれ異なる熱放射スペクトルをもっている．そのため，熱放射のスペクトルを狭い波長帯で測定するリモートセンシングは岩石の種類のマッピングに使える可能性がある（図1a）．土壌，植生，技術的問題などの存在によって，地質学上の革命ともいうべきサーマル・マッピングは，潜在的な実力を発揮していない．しかし，いく

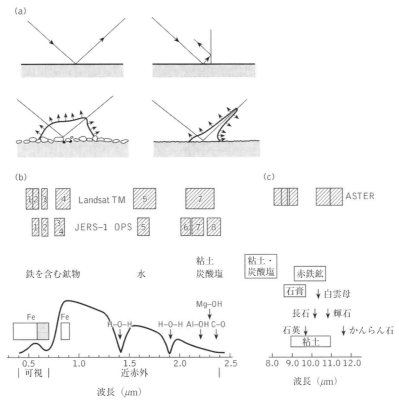

図 1 (a) レーダーの受信波と地表面との関係. 技術上の理由で, レーダーは斜めの方向から電磁波を地表面に当てる. (左上) なめらかな地表面は鏡面反射を行うので, 黒く映る. (右上) なめらかな垂直面は非常に明るく映る. (右下) すこし凹凸があると, 受信波の強度は小さい. (左下) 大きな凹凸があると, 受信波の強度は大きい. (b) 受信波のスペクトルとおもな吸収物質. 上部にランドサット (Landsat TM) と日本のフヨウ (JER-1 OPS) の受信波のバンドを示す. (c) 熱赤外域の造岩鉱物の吸収帯. 上部に米国初の地球観測衛星に搭載される ASTER の受信波のバンドを示す.

つかの測定装置の開発が行われており, 無人の人工衛星に搭載して, 国際地球観測計画に用いる予定になっている.

植生は, その下にある岩石や土壌の違いによって微妙に影響を受ける. 土壌の性質によって, その上に生える植物の種類が異なるということもあれば, 土壌に含まれる化学的な因子が植物の健康状態に影響を与えることもある. 太陽放射の反射については, 植物は独特である. 葉緑素が赤や青の波長の光を吸収するために緑色にみえるのも独特であるが, 葉の細胞が日射による過熱を防ぐために, $0.75\,\mu m$ より波長の長い赤外線を反射する性質がある. その効率は植物の種類によっても異なるし, 植物の健康状態によっても異なる. 葉の細胞内に含まれる水分子は波長 $1.4\,\mu m$ と $1.9\,\mu m$ 付近の赤外線を吸収するので, 吸収量から水の含有量を推定することができる.

結論的にいえば, 可視・近赤外の画像によって, 植生の違いや, その下の地質による植生への影響を検出することが可能である. このために, リモートセンシングによる調査は, 鉱物, 炭化水素の湧出帯, 水資源の探査にとくに有用である.

●レーダーシステム

電磁波のスペクトルのなかで, マイクロ波の帯域 (波長 1 mm 以下) は, 自然物から放射されるエネルギー強度が小さく, レーダーシステムで利用することができない. その代わりに, レーダーシステムでは, 人工的なマイクロ波を地表面に照射して地表面の画像を得る. マイクロ波は雲による吸収が小さいので, 雲を通して, 地表面の状態を観測することができる. このような長い波長の電磁波を地表面に照射した場合, 反射波の性質は, 照射の角度と小

さなスケールの地表面の凹凸によって変化する（図1a）．そのため，レーダー画像で得られる情報は，短波長の画像とは非常に異なったものになる．長波長のレーダー画像は，風化や侵食によって形成される細かな地表面のテクスチャーの変化や植冠の違いによるテクスチャーの変化を見るのに，とくに適している．レーダー画像は，側面から照射される電磁波をもとにつくられるので，ハイライトや影により，大規模な地形の特徴が誇張される．このため，レーダー画像は，とくに，地形の輪郭を検出するのに適している．

●デジタル画像解析

　上述したように，リモートセンシング画像のほとんどはデジタル情報として扱われる．何百万個もあるピクセルのそれぞれのエネルギーレベルは$0 \sim 256$のバイナリーコードで表現される．この表現形式を基礎にして，さまざまな画像解析が行われる．画像処理の具体的内容としては，①観測機器によってもたらされた像の歪を補正する，②画像データを地図上にプロットできる形に変換する，③コントラストを強調したり，変化させる，④異なる性質のデータを重ね合わせる，⑤テクスチャー，パターン，形など画像の属性を強調したり抑制したりする，⑥画像から統計的情報を抽出する，などである．とくに，最後の項目は，スペクトルの違いから地表面の物質を自動的に判別する方法の基礎になる．この判別法は，植生のマッピングに使われているが，地質構造のマッピングにも利用できる可能性をもつ．

　画像情報とは別に，地球科学者は，地表面の1点または線状に沿った測線上の特定の性質に着目することがある．たとえば，海抜高度，岩石境界の深さ，磁場や重力場の強さ，土壌や河川堆積物中に存在するある種の物質の濃度などである．それらの個々の情報が，自然構造の一部を構成するものと考えることによって，それらの情報を組み合わせた図に変換することができる．厳密にいえばリモートセンシングではないが，このようにして作製された図も，デジタル画像と同じように，さまざまに強調したり加工したりすることができる．この手法は，地表面の特性を迅速かつ手際よく共通の地理的文脈上で比較することを可能にする．このようにして，リモートセンシングは，そうでなければわからない地表面の

相関関係を可視化し，自然界の現象をモデリングするのに威力を発揮しているのである．このような地理情報は，多くの物理資源，生物資源，環境管理，環境モニタリングの実用的な情報だけでなく，もっと学問的な調査にも役立っている．

[S. A. Drury/木村龍治訳]

流体包有物
fluid inclusions

　流体包有物は結晶の内部に閉じ込められた液体の泡で，岩石の薄片の顕微鏡による研究が行われるようになってはじめて発見された新しいものである．H. C. ソービーにより1858年に 'Quarterly Journal of the Geological Society' に発表された先駆的論文には，多くの主要な包有物の型が識別されており，またそのような包有物からいかに有益な情報が得られるかが示された．厳密には，流体包有物の中には液体，気体および超臨界状態流体（たとえばメタン）が存在する．多くの研究者は，火成鉱物中のメルト包有物を鉱物中に閉じ込められたときは液体であったという観点から一般的な流体包有物の範囲に含めるであろう．

　流体包有物は脈状鉱物中に特に一般的であり，無数の小さな包有物が含まれると多くの脈状石英は乳白色になる．しかし，流体包有物は多様な種類の岩石に含まれ，堆積岩中の続成作用オーバーグロース，活動中の地熱系の脈鉱物，熱水鉱床，変成岩および脈，花崗岩，ペグマタイトおよびそのほかの火成岩の中に含まれる．メルト包有物は火成岩斑晶中，とくに安山岩中に一般的である．流体包有物は，石英のほかにも炭酸塩鉱物，石膏，岩塩，蛍石，長石，ざくろ石，輝石，角閃石，電気石，かんらん石および閃亜鉛鉱の中に含まれ，層状ケイ酸塩鉱物を除く大半の鉱物中に産出する．流体包有物は不透明鉱物についても赤外線顕微鏡により研究されている．

　大半の流体包有物は小さく，その直径は数 μm ないし数十 μm であるが，肉眼で見ることができるような大きいものも知られている．流体包有物はしばしば結晶が成長するときに取り込まれる（一次包有

物).その場合は,包有物はしばしば成長する結晶の形態を反映して限られたところに位置する.あるいは,すでに形成されていた結晶中の割れ目が再び閉じられるときに包有物が形成される(二次包有物).包有物の流体は水がおもなもので,そのほかに二酸化炭素,メタン,さらに炭素数の大きい炭化水素,および窒素を含む.流体が多量の溶存物質を含む場合は,地表の状態まで冷却される間に娘結晶(daughter crystals)が晶出する.岩塩が最も一般的な娘鉱物であるが,そのほかの多くの塩類やある種のケイ酸塩鉱物が晶出する場合もある.

　流体包有物は2つの有益な意味をもつ.すなわち,まず包有物は鉱物の生成過程で存在した流体を保持している.また,条件が良いときには,そのような流体の密度を知ることができ,そこから鉱物が形成されたときの温度と圧力を推定することができる.地殻深部で生成した岩石は,通常異なる時期に異なる条件下で形成された複数の成因の流体包有物を含む.そのために,岩石の履歴のなかの特別な出来事と特定の流体包有物を結びつけることは難しい.

　流体包有物の成分組成の概略は一般に顕微熱分析法で測定される.すなわち,加熱-冷却ステージを備えた顕微鏡により凍結の挙動(両面研磨の薄片について)を調べる方法である.二酸化炭素は流体包有物の内部の圧力が高いときは液体として存在し,その純度は融点から推定される.同様に,水溶液の包有物については,その塩濃度が氷の融点から推定される.さらに正確な化学的情報は個々の包有物の気体組成を測定するためのレーザーラマン分光分析,あるいは鉱物を粉砕し,水で可溶成分を抽出し,陽イオンおよび陰イオンを分析する方法で得られる.個々の包有物の元素分析については,現在,レーザーあるいはイオンビーム技術を用いる方法が開発中である.

　流体包有物の密度も顕微熱分析で測定される.流体が占める結晶中の空間の体積はほぼ一定に保たれ,したがって,そこを満たす流体の密度は,もし包有物のもれがなければ地下からの上昇,冷却期間には変化しない.1つの包有物がはじめに図1に点Aで示す圧力・温度の条件で閉じ込められたとき,温度が下がると,流体包有物の圧力は,岩石に働いている外圧に関係なく,等密度の線,すなわちアイソチョーア(isochore,等容積線)に沿って変化する.

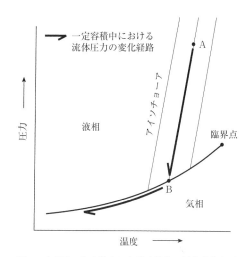

図1　定容積の包有物中における流体の圧力変化を示す圧力-温度図.包有物が点Aで形成され,地表温度まで冷却される場合.

点Bで,アイソチョーアは流体の液-気平衡線と交わる.さらに冷えると,気泡が包有物の内部に発生し,内圧は液-気平衡線に沿う.冷却により,液相は高密度になるので,液相に対する気相の割合は増加する.顕微熱分析では,顕微鏡下でこの変化を逆に追い,均質化温度,すなわち気泡の消える温度を測定する.この温度のときの気相と共存する液相の密度(液相についてある温度範囲で十分によく測定されている)は,包有物の空間全体を満たすときの液相の密度に相当し,したがって,包有物が形成された,あるいは最後に閉じたP-T条件を通過するアイソチョーアを描くことができる.人工的な流体包有物を既知の組成,圧力および温度の条件下で合成することにより,さまざまな物理的条件における流体の体積に関する情報が得られている.

[**Bruce W. D. Yardley**/松葉谷　治訳]

■文　献
Roedder, E. (1984) Fluid inclusions. *Reviews in Mineralogy*, **12**, Mineralogical Society of America, Washington D. C.

リン酸塩
phosphates

リン酸塩は多くの堆積物の中にリン灰石鉱物(リ

ン酸カルシウム）粒子として存在する．リン酸塩を多量に含む岩石（リン酸塩岩）はまれであるが，肥料の原料として経済的に重要である．このようなリン酸塩岩は海洋から直接生成したり，あるいは生物に摂取されたものから間接的に生成する．

北アフリカや中東の白亜系上部など（世界の主要資源）の海成堆積物は特殊な環境で形成される．浅い透光帯のリン酸イオンは海洋生物により利用されるが，もし下層で酸素が不足していると，そこの海底に沈積する．ほかの堆積物の沈積が遅い場合，とくに冷たいリン酸塩を多く含む水が湧昇するところでは，この沈積するリン酸塩が堆積物を形成する．リン酸塩は骨の中の炭酸塩や石灰泥を置換し，またバクテリア分解により有機物中のリン酸が遊離する．このようなリン酸塩が小さなノジュール（団塊）やクラスト（皮殻）として沈積し，今日大陸棚でその形成を見ることができる．

生物起源のリン酸塩は，骨，歯，排泄物などのリン酸を多く含む物質が集まり，固められる（cementation）か，あるいは溶解，再沈殿したところに生成する．グアノは海鳥やコウモリの排泄物から形成され，30 m 以上の厚さになり，東太平洋地域の経済的資源である．このような生物起源堆積物は岩石の空隙に固結したり，あるいは石灰岩中で溶解，再沈殿して固結物（cement）やノジュールになる．　　　　　　　　　　[N. Mann/松葉谷　治訳]

■文　献

Shelley, R. C. (1988) *Applied sedimentology.* Academic Press, London.

Tucker, M. E. (1981) *Sedimentary petrology : an introduction.* Blackwell Scientific Publications, Oxford.

ルネサンスと地質学的な概念
Renaissance in Europe and geological ideas

ヨーロッパのルネサンスは，芸術，文化，知性に著しい発展のみられた時代で，地理上の探査が進み，近代的な科学や技術がはじまった．中世に続く14〜16 世紀のことである．ルネサンスの時代には，地球やその歴史について探求心が高まり，ベサリウス，コペルニクス，ケプラー，ガリレオによって革命的な概念が提唱されて，カトリック教会が彼らに警戒心をもつようになった．

カトリック教会の抑圧を逃れたのは，ドイツに住むゲオルギウス・アグリコラ（1494-1555）とスイス人のコンラート・ゲスナー（1516-65）の 2 人である．アグリコラ（洗礼名ゲオルグ・バウエル）は，地球科学の初期の歴史で最も重要な人物の 1 人である．彼はドイツとイタリアで学び，ボヘミアの採掘町ヨアヒムスタールで内科医として数年過ごした．彼はたくさんの著作を残して強い影響力をもち，地質学的な問題について執筆した 6 冊の著作で知られる．6 冊のうちで最も有名なのは，採鉱と製錬を扱った「金属（De re metallica）」（1556）である．彼の「化石（De natura fossilium）」（1546）は，鉱物学に関する最初のテキストと見なされ，それまで記述がなかった多数の鉱物を含めて，鉱物が物理的な特性に基づいて新たに分類された．アグリコラは鉱物や化石に関する多くの俗説を破棄した．彼は化石についてのいくつかの問題に直面した．貝殻がある種の固体岩石内に存在することを認識したが，ほかの多くの貝は単に地殻内部で成長すると考えた．アグリコラの大きな貢献は，多くの金属質の鉱物やその産出形態を記述したことである．その功績により，彼は「鉱物学の父」と呼ばれる．

コンラート・ゲスナーは動物学者として知られるが，彼の著作「化石，岩石，宝玉について（De verum fossilium, lapidum, et gemmarum figuris）」は，地質学的な標本に関する紛れもない目録である．ここでいう「化石」は，現在化石と呼ばれるものばかりでなく，鉱物や無機物を含めて，地面から掘り出されるすべての物質を指す．ゲスナーは，形状が単純か複雑かに基づいて，これらすべてを分類した．彼は分類項目の多くを化石にあて，生物との類似性を考慮している．分類項目の 1 つとして，彼は舌石（glossopterae）をあげているが，実際にはそれは新生代に存在したサメの歯の化石である．この点については，ステノがのちにイタリアで議論した（1669）．鉱物の「価値」や超自然的な特性については，ゲスナーはごくわずかしか言及していない．

化石の本性はイタリアとフランスで最初に把握された．レオナルド・ダ・ヴィンチ（1452-1519）は，海から遠く離れた場所で発見された海洋無脊椎

動物の化石について1508年に報告した．彼は，化石が不可解な「創造力」や造形力によって生み出されたとする古い考えを退けた．彼の考えでは，化石は海が引いた後に残った生物の死骸ではあるが，聖書が描く壊滅的な大洪水の犠牲になったわけではない．そう主張することは，当時にしてみれば非常に思い切った行為であったが，彼の合理性の方が勝っていた．レオナルドは化石の形成に関する自身の考えを出版しようとはしなかったが，彼のノートには化石に関する正しい解釈が記されている．レオナルドとは独立に，ベローナのジローラモ・フラスカトロが化石の起源について類似な考えに到達したが(1517)，それを徹底的には究明しなかった．ベルナール・パリッシーも，何らかの方法で地殻内に埋め込まれた有機体の残骸が化石であると信じて，その考えを1580年にパリで書き残した．

　岩床内の地層や構造の起源については，ニコラウス・ステノがフローレンスで1669年に議論した．ステノは，アグリコラと同じく，山には火山性のものと侵食によるものが存在することを認識し，さらに岩塊や断層による山を分類に加えた．なお，レオナルドは山の起源として地表の侵食のみを考えた．アグリコラは，山の多くは侵食によってできるとしたが，火山や地震でできた山の存在も認めた．

　しばらく経ってから，地球全体の性質が考察されるようになったが，地球のダイナミクスや熱の概念を欠き，聖書で語られた以上の認識にはいたらなかった．進歩がみられたのは啓蒙運動の時代になってからである．　　　　　　[D. L. Dineley/井田喜明訳]

■文　献

Adams, F. D. (1938) *The birth and development of the geological sciences*. Dover Publications, New York.

Wendt, H. (1970) *Before the Deluge*. (Trans. R. and C. Winston). Victor Gollancz, London.

レーマン，インゲ
Lehmann, Inge (1888-1993)

　インゲ・レーマンは，デンマーク測地研究所で，デンマークやグリーンランドの地震観測所の維持と

いう職歴を有するデンマークの地震学者である．この間，彼女はデンマークやグリーンランドの観測所のみならず，ほかのヨーロッパの地震観測所から得られる地震波記録を用いて，地震波が地球深部構造といかに相互に影響を及ぼしあうかを研究した．1936年，レーマンは鉄-ニッケルからなる流体外核に内核の存在を示す証拠を発表した．核を突き抜けてきた遠方からの地震波の到着時を測ることにより，地球中心から1000 km以上にわたり，速度の急激な増大によって地震波が屈折するようにみえると彼女は結論したのである．1940年代に，フランシス・バーチとキース・ブレンは，レーマンの観測は地球内部が超高圧であるため溶融鉄が固化していることを表すものだという仮説を立てたが，内核が本当に固体であるという証拠は1970~80年代まで決定的とはいえなかった．1970~80年代になって，内核のわずかな共振がアダム・ジウォンスキー，フリーマン・ギルバート，ガイ・マスターズらによって観測され，伸び縮み運動だけでなく，ずり運動も含まれることが示されるにいたったのである．

　インゲ・レーマンは，1952年正式に引退したあとも，おびただしい数の重要な学問的貢献をした．米国の客員科学者として，彼女は地下核爆発を監視する目的で冷戦時代に設置された新時代の地震観測所から得られるデータという収穫物の刈り取りを行ったのである．このような爆破データから，彼女は米国西部直下マントルの下に地震波速度の欠損を発見した最初の研究者の1人だった．この速度欠損は，現在ではその地域の地形の高さに関係していることが知られている．1966年78歳のとき，深さ220 kmの地球マントル内で，地震波速度のわずかな不連続の存在する証拠をみつけ，これを発表した．現在では「レーマン不連続面」として広く認識されているものの，その内部特性の正確なところは，依然として議論のさなかにある．

[Jeffrey Park/大中康誉訳]

ロスビー波
Rossby waves

カール＝グスタフ・ロスビー（1898-1957）は，その生涯の大半を米国で過ごしたスウェーデン出身の気象学者である．大気の大規模運動の力学を理解するうえで重要な理論的概念の多くは，1930年代にロスビーにより提唱されたものである．

気球に乗って大気中の高度約10kmのところを飛行している状況を考えてみよう．気球はその高度の風に運ばれるであろう．気球の打ち上げ地点が北緯50°であったとすると，気球は普通西から東へと流されるであろう．この緯度のこの高度では西寄りの風が卓越しているからである．しかし，気球は正確に緯度50°を保って地球を巡るのではなく，この緯度の周りを長い時間をかけて南北に蛇行しながら動くであろう．その様子はちょうど波に乗せられた気球が，ある地域でしばらく南へ動かされ，その後は北へ動かされている状況によく似ている．気球が地球を1周し終え出発地点近くに戻ってくるところまでには，気球は南北に2～3回ないし4回もこの波に乗って動かされているだろう．この波は非常に規模が大きく，東西波長が約5000～1万kmもある．さらに驚くべきことに，この波動はほとんど停滞しているのである．波といえば普通，海岸で見られる波のように動いているものと思われがちであるが，波のパターン自体は動かずとも，空気が波を通り抜け，気球がその風に運ばれて波のパターンに沿って動いてゆくこともありうるのである．気球が地球の周りをもう1周しはじめたとする．もし波が完全に停滞性であったとすると，地球上の1周目と同じ地点を通りながら，1周目と同じ波のパターンに沿った動きをするであろう．

大気中に観測されていたこの波動に対して，ロスビーは簡便でみごとな説明を与えた．簡略化されたある仮定のもとでは，絶対渦度は保存され時間的に変化しないと考えることができる（絶対渦度とは空気の回転と地球の回転効果とを足し合わせたものである）．空気が極向きに動くと絶対渦度に対する地球回転の寄与が大きくなる．空気の渦度（地球に対して相対的に測られるため相対渦度と呼ばれる）と地球の回転による渦度との和が一定であるためには，前者は小さくならなければならない［訳注：高気圧性の渦度］．すると空気は極から遠ざけられ，南向きに動く．空気が赤道の方へ動くと逆のプロセスが働くため，空気は再び極向きに動き出す．こうした運動が背景場の西から東への運動に重ね合わされるため，空気は波状のパターンにしたがって動くことになる．

最近になって，ロスビーが仮定した簡略化の条件を外して三次元に拡張した波を考え，波の鉛直構造や鉛直運動を説明することで，この波動に関する理論的な理解にはかなりの進展がみられた．しかし，こうしたより複雑な波も，やはり「ロスビー波」という名前で呼ばれている．ロスビー波の構造に関する理解は，世界のある地域で暖かいときには別のある地域で寒くなる傾向があるとか，ある場所で乾燥しているときにはほかの場所では多雨になる傾向がある，というような気候学的な天候の空間分布を説明する際に役立っている．

[**Charles N. Duncan**/中村　尚訳]

■文　献

Holton, J.R. (1979) *An introduction to dynamical meteorology.* Academic Press, London.

ワインと地質学
wine and geology

　ワインと地質学の間に空想を越えた関係があれば，ブドウの木が生い茂るよく晴れた日に素敵な昼食をとる地質学者の議論を活気づかせるだろう．1972年のモントリオール国際地質学会で，ワインと地質学には本当につながりがあると，ペイジ・ウォーレスは提案した．しかし，このつながりが実際にどの程度の広がりをもつかは，本格的な科学調査や論争を要する問題である．

　地質学的な記録によれば，植物としてのブドウは，古第三紀からたしかに存在する．しかし，ワインの起源はわかっていない．おそらく，野生の木に実ったブドウが，幸運にも偶然発酵してワインとなったのだろう．ヨーロッパブドウの栽培は，紀元前5世紀か，それ以前にはじまった．丘陵の斜面などで日がよく当たり，土壌に十分な深さがあり，根まで水が行きわたる場所が，初期のブドウ園に共通に選ばれた．これらの基本的な要素は，それ以後のブドウ園にも当てはまり，今日では「テロワール」という神秘性を帯びたフランス語で表現される．テロワールは単一の意味をもつわけではない．ブドウの生産性や木々の成長は，さまざまな物理的な環境に依存するが，テロワールはブドウ園の環境要因を表す語である．したがって，テロワールには，気候（気温，土壌の温度，降雨），地形（微気候に影響する見た目，斜面の角度，標高），日光の当たり具合（それは地形に強く依存する），岩床，地表の地質，土壌とその湿り気，地下水などの要因が含まれる．地質的な要因はテロワールの複雑な概念の一部である．「ワインの名匠」の中でJ. M. ハンコックが明らかに指摘しているように，ブドウ園の地質的な要因は，「ワイン愛飲者にとっては，単に理屈のうえで重要な事柄にすぎないが，栽培者にとっては死活問題」である．

● **制御要因**

　地質とワインの間に密接な関係を生む要因には，次の3つがあるようである．それは，地上の地形，地下にある岩石（広義の意味で）や土壌，土壌の湿り気や地下水が含む水である．

　地形は，局地的な気候に影響するたくさんの要素を通して寄与し，それらの要素は相互に関係する．ワインは，かなり高い標高で栽培されたブドウからもできるが，最高級のワインは，標高500m以下のブドウ園でつくられる．標高が上がると，気温が下がり（100mごとに0.6℃），雲や降雨量が増え，霜の危険性が高まり，大気中の二酸化炭素が減少する．太陽に面した斜面では，ブドウの生育に有利な温暖な条件が保たれる．この土壌条件では，熱は昼の間にいろいろな形状の石片に蓄えられ，夜の涼しい時間帯に再放射される．このような機構によって，日中と夜間の極端な気温差が和らぐ．さらに，夜間の涼しい空気は丘陵を流れ下り，その代わりに，丘陵で「暖領域」を形成する暖かい空気が上から流れ込む．そのために，渓谷床より暖かい環境が保たれる．このような暖領域は，コート・ド・ボーヌにあるコルトンの丘や，シャンパーニュにあるモンターニュ・ド・ランスのような，孤立した丘陵でとくに発達する．東向きの斜面には二重の利益がある．その1つは，地球規模で起こる西風を防ぐことであり，もう1つは，早朝に気温が上昇することである．これらの効果は，コート・ドールやライン渓谷でみられる．

　とくにフランスのボルドー地方やバーガンディー

では、ブドウの成熟年数の浅い期間に、高品質のワインを生産しつづけるブドウ園がある。それ以外のブドウの生育環境は一定であり、ワインは混合しないため、この現象は、ブドウの木や実に対する土壌の効果を表すと考えられる。土壌や地下の岩石によって、水の流れや保持は大きく影響を受け、それがブドウの生育にとって最も重要な特性となる。どこから運ばれてきたにせよ、その場で風化した岩石からつくられたにせよ、土壌の起源やもとの岩石の性質は、ブドウの生育には直接ほとんど影響しない。黒っぽいか、石や小石を多く含む土壌は、熱をよく保持し、地表からの水分の蒸発を抑制する（図1）。ヘレスにはアルバリーサと呼ばれる目のくらむような白い石灰質の土壌があり、逆にいえば、それは高品質のシェリー酒を生み出す。おそらく、これは高温で反射率が高くなるためだろう。岩石を多く含む土壌は、奥まで熱をうまく伝える（世界中の最高級ワインを生み出すブドウ園は偶然にもそういう土壌の上にある）。土壌の深さは重要である。ブドウの木の生育には、一般に適度な深さの土壌が好まれ、浅い土壌は成長を抑制する。石を多く含む土壌の上に急勾配の傾斜があると、よくブドウ園がつくられるが、そこは嵐の際に急速な土壌侵食を受けやすい。

ワインのタイプや品質が、派生する岩石や土壌の化学組成と明らかに関係すれば、理解は簡単になるが、現実にはこの2つの間に相関はみられない。カリウム、カルシウム、マグネシウム、リン、硫黄など、岩石が風化する際に放出される元素は、ブドウジュースに含まれる成分（200～2000 mg l^{-1}）の大部分を占める。これらの元素のなかでカリウムは、カリ長石や粘土鉱物の成分として、広く分布する。微量元素として、銅、マンガン、鉄、亜鉛もある。土壌に含まれる有機物は栄養分となり、水分を保持する土壌構造の形成を助ける。

理想的な土壌の水分条件は、ブドウが成長する間中、土壌が水浸しにならないよう排水しながら、水分を保持することにある。地下水面は、根の主要部分より下になければならない。地下水面より上の部分（土壌気体を含む）で水を保持し、毛状の管を通ってそこから地上に水を運ぶために、土壌や風化した岩石の成分には、シルト、粘土、有機物が十分に含まれる必要がある。沖積土壌中には浸透率の低いシルト層や粘土層が含まれ、風化した残積成土壌中には固結層が形成されるが、そこに生じる地下水面によっても同様な効果が得られる。地下水面の沈下などのために、季節によって水の供給が減少する場所では、ブドウが成熟する時期に、穏やかな水圧は木々の成長を抑制する。空隙や割れ目のために土壌が水を通しやすくなり、斜面のために地下水に勾配ができると、自由な排水が確実になる。たとえば、未分化の土壌や風化した岩屑など、異なる特質をもつ薄い層が、崩積土のように互層して低い斜面を形成すれば、この条件は満たされる。さらに、水も十分に行きわたれば、そこは理想的な環境になる。

● ブドウ園に適する地質の例

地形、土壌、水の役割に関する上記の考察からもわかるように、ブドウ園の適性や、特定の場所で育つヨーロッパブドウの反応は、単一の地質パラメーターでは決まらない。むしろ、それはさまざまな地質的な効果を合わせたものであり、その結合の仕方はそれぞれの場合で異なる。

ブドウ園の多くは、沖積層を基層とする渓谷の麓に位置し、そこはさまざまな大きさの粒子を含んで、排水を自由に行える深い土壌からなる。沖積層に含まれる層状構造は、水の流れを妨げるので、貯蔵される水分の低下を緩和する。土壌が適切な水分と熱を保持するうえで、沖積層に含まれる砂利が重要であることは、とくにボルドーのメドックワインやニュージーランドのマールボロワインに示される。ただし、後者の場合には灌漑が施されている。

図1　コート・ド・プロヴァンス、ドメーヌ・リモレスクの岩石中で育つ若いブドウ。（写真：Cephas/Mick Rock）

チョークや，それと類似した層状の柔らかい石灰石は，崩れやすい土壌であり，排水率が高く，岩石中の微小な穴に水を保持する能力をもつ．チョークは一般に帯水層であり，高さ数メートルの毛状の管を通って水が湧き上がる．しかし，もし粘土混じりの土壌や有機物がそれに隣接して存在しなければ，チョークを含む土壌の肥沃度は低い．この条件は，崩積土で容易に満たされる．セイヴァル・ブランワインは，英国のブドウ園でとくに成功を収めたが，そのブドウ園は，チョークやすい石混じりの粘土でできた崩積土の上に位置する．シャンパンに使用するブドウの生産にも，この自然条件があてはまる．

ファレーズ・ド・シャンパーニュはパリ東部に一連の丘を形成し，その上部は *Belemnitella quadrata* 地帯のチョークを基層とし，第三紀のシルトや砂を多く含む薄い地層で覆われている．東向きのブドウ園は，崩積土で覆われた斜面上でもともと発展した．その斜面は，第三紀の地層から派生し，チョークの上に横たわる．東向きの斜面が氷結や解氷に強くさらされているときに，崩積土はおそらくこの氷河期前後の条件下で発達した．第三紀層には，「シャンパーニュの黒金」と呼ばれる純度の低い褐炭「黒い雨 (cendres noires)」があり，それは黄鉄鉱（鉄鉄鉱）の分解で生じた鉄や硫黄を含む．粘土，砂，褐炭，チョークが混ざり合うと，肥沃で薄く，排水性の高い土壌が生み出され，その土壌はチョークの上を流れる地下水へ通じる．シャンパーニュのブドウは，褐炭を含むスパルナスを「頭」とし，水を含むチョークを「足」とするブドウの木からできたといわれる．シャンパンブドウが生産できる地域に明確な境界があるのは，完全に地質学的な理由である．土壌が薄いときには，第三紀の堆積物や褐炭を丘の頂上から，また再堆積物をチョーク斜面から掘削して，人工的に継ぎ足されてきた．もっと簡単には，家庭ごみの盛り土「boues de ville」によって，土壌はさらに補充され肥沃化する．シャンパンは，ピノー・ノワール，ピノー・ムニエ，シャルドネなどのブドウを混ぜてできるので，ワインの性質には個々のブドウ園の特徴は表れない．シャンパンは，チョークに掘削された地下トンネルに蓄えられる．

200 km 四方に広がるバーガンディーブドウ園は，南北に伸びるソーヌ渓谷の西側斜面に沿っており，土壌の種類とワインの品質の間に複雑な関係がある

ことを示す好例となっている．ジェームズ・ウィルソンが指摘したように，ここはテロワールの地質の影響を詳細に表現する．コート・ドールにある東向きの急斜面は，ソーヌ沿いの断層により形成され，たくさんの小断層によってさらに区分される．この斜面にはジュラ紀の石灰石と泥灰土がゆるい斜面をつくって互層し，それが斜面の下に広がる崩積土壌を生み出した．「グラン」と「プルミエ・クリュ」の赤ワインを生産するブドウ園は，丘陵に沿ってすぐに判別できる区域を形成し，そこは *Ostrea acuminata* 泥灰土帯やその下降漸動産出物を基層とする．急斜面の上層部を形成する石灰岩は，白ワインを生産する典型的なブドウ園となる．

粘土は排水の能力がなく，根がうまく吸収できないような水分を保持する．加えて，夏の干ばつからくる土壌の収縮によって，たくさんの地割れが生じる．したがって，ほかの岩石や土壌と混ざらない限り，粘土質の土壌はブドウ園に適さない．「ブルネッロ（おそらくイタリアの最高級赤ワインの1つである）」に使用されるブドウは，トスカナ州のモンタルチーノ周辺のブドウ園で栽培される．そこは，第三紀の粘土と薄い石灰岩や砂岩が互層する土壌の上に広がる．第三紀の粘土は，風化して細かく壊れても，砕けやすくときに石だらけの土壌をつくる．粘土質の土壌に含まれる炭酸カルシウムの成分は，沈殿物の凝結を促進し，粉々になった構造を形成して，排水を助ける．モンタルチーノには3種の異なる土壌があり，そのブドウ園では，特徴のあるワインが生み出される．

一般に，風化した火成岩や変成岩は，石だらけで排水率が高く，相対的に肥沃度の低い土壌になる．それにもかかわらず，ボジョレー，ローヌ，サルデーニャ，ポルトガル北部，ケープのようなワイン生産地域は，花崗岩質の土壌である．カリフォルニアのナパ渓谷に沿う土壌は，火山岩屑から成り，生産量は乏しいが，風味のあるブドウを産出する．

オーストラリアの最高級ワイン，カベルネ・ソーヴィニョンワインは，クーナワラブドウ園で生産されるが，そこは生産性の高いテラロッサ土壌の細長い地域で，その下には水を含む風化した石灰岩がある．アデレード南部のサザン・ヴェイルズには，石灰岩の上に鉄を豊富に含む類似な赤茶色の土壌があり，そこで栽培されるシラーズやカベルネ・ソーヴィ

ニョンブドウからは，「鉄分を含む」辛口の赤ワインがつくられるとされる．

[John Knill/井田喜明訳]

■文　献

Pomerol, C. (1989) *The wines and winelands of France*: *geological journeys*. Robertson McCarta, London.

Robinson, J. (1994) *The Oxford companion to wine*. Oxford University Press.

Wallace, P. (1972) Geology of wine. *Proceedings of the 24th International Geological Congress*, **6**, 359-65.

Wilson, J.E. (1989) *Terroir*: *the role of geology, climate and culture in the making of French wines*. University of California Press, Berkeley.

惑星測地学
planetary geodesy

　惑星探査には時間や費用がかかるので，月や太陽系の他の惑星における測地学的研究は，種々の制約を受けてきた．しかし，地球での測地学で使用されている宇宙技術と同様の技術により，重大な発見がなされてきている．惑星の重力場は，その低軌道を周回する衛星への影響を観測することによって測定できる．惑星の不規則な重力場が原因となって生じる衛星の加速によって，衛星から地球に送信される電波信号にドップラーシフトの変化が生じる．衛星から地球に向かう視線方向の重力加速度成分だけがドップラーシフトに影響を与えるので，この方法はしばしば視線方向ドップラーと呼ばれている．たくさんの軌道について，視線方向ドップラーシフトの測定結果を行い，それらを合成すれば，加速度の全成分がわかり，ひいては重力場を再構築できる．この方法は，1960年代からNASAのルナー・オービターと火星と金星へのマリナー計画，最近の金星へのマゼラン計画，外惑星へのボイジャーとガリレオで適用されており，そして，マーズ・グローバル・サーベイヤー計画と土星へのカッシーニ・ミッションでも使用される予定である．

　惑星に関するほかの主な測地学的な観測量としては，惑星の地形がある．これを重力データと組み合わせることで，惑星内部のモデル化や研究が可能になる．比較的近くの惑星については，1960年代後半から地球からのレーダー測定により大変粗いスケールでの地形は測定された．火星へのマリナー9号では，電波掩蔽の方法を使うことによって地形情報を改良することができた．探査機が惑星の裏（地球から見て）を通過すると，電波信号は遮蔽されるので，電波が途絶えた「食」の時間を正確に測ると，地形の詳細な情報を得ることができる．この方法では，電波の伝搬における惑星大気の屈折効果のため，残念ながら精度において限界がある．金星へのマゼランミッションでは，レーダー高度計を使用しており，これは，地球を周回する衛星によりジオイドを測定するような方法と類似したより高精度の方法である．レーダーを真下に向けて地面からの衛星の高度を測定することに使われ，そして，この情報は，視線方向ドップラーから導かれる衛星の位置情報のデータと組み合わせると，水平方向に数km，垂直方向に数十mの解像度で実際の地形が得られる．火星の大気は金星より薄く，また可視光を通すため，マーズ・グローバル・サーベイヤーでは，より高精度のレーザー高度計を搭載する予定である．この高度計は探査機の高度を測定するのに，レーダー高度計と類似の手法を用いるが，電波の代わりにレーザーパルスの往復時間を測定するので，さらに高い精度が出せる．この技術は，月探査機クレメンタインでも使用されている．レーザー高度計によって，レーダーよりさらに高精度の測定が，水平方向に100m程度の解像度で可能になる．

[Peter Clarke/大久保修平訳]

惑星地形学
planetary geomorphology

　地形学とは地球の表面形状の科学であるが，地形に関する科学は，なにも地球に限るものではない．科学とは推測，探求の1つの手法であり，ほかの惑星の地形を探求することは地球という1つの惑星の，地形に関する理解をより深めてくれる．この精神に基づいた活動としては，ガリレオ・ガリレイが1609年に直径3.8cmの望遠鏡を月に向けて，その表面に存在する奇妙な円形の凹みを観測したことが

あげられよう．1665年に，アイザック・ニュートンと同時代の人物であるロバート・フックによって，最初の地形学的な実験が行われた．それは月の凹みを，沸騰させた石膏を冷却したときの表面や，粘土と水の混合物を標的にして，小さな銃弾を撃ち込んだものと比較するものであった．フックはその結果から，月面クレーターは地殻表層の内部熱による溶融と発泡によるか，もしくは宇宙からの粒子が衝突してできた，という2つの説で説明できると考えた．1893年にグローブ・カール・ギルバートが月面クレーターに関する有名な研究を行うまで，これら2つの仮説は，火山活動仮説と衝突クレーター仮説として，双方ともに残っていた．ギルバートは，粘土や金属のボールをさまざまなターゲット物質に打ち込んだ．その結果生じる形状が，彼が海軍天文台の望遠鏡で観測した月面クレーターのものと類似していたことは，衝突説の強力な証明となった．彼はさらに，このプロセスを経た可能性のある地球上の地形を，北アリゾナのクーンズ・ブラフに発見していた．ギルバートは，結局クーンズ・ブラフは火山活動起源であるとの結論を下したが，その後地質学者ユージーン・シューメーカーが彼の推論に沿った形で研究を進め，1960年代にはその衝突起源がはっきりと示された．この場所は現在では，メテオールクレーターとして知られている．

惑星地形学の科学的に最もおもしろい側面は，宇宙探査機のもつ空間分解能や波長分解能がしだいに向上することによって，リモートセンシングの手法で次々と惑星表面の映像を取得することが可能となり，新しい地形が発見されるということであろう．たとえば金星の表面は，1980年代半ばになってはじめて，ロシアと米国の周回レーダー探査機が明らかにしていった．大きさや密度，一般的な化学組成といった地球物理学的な性質は金星と地球は非常によく似ているにもかかわらず，金星の表面は地球とはまったく異なっている．金星はプレートテクトニクスによって形成された地形をもたず，代わりにマントルの上昇流で形成されたと考えられる高原がところどころに存在し，これらは火山性の平原に囲まれている．平原には火山活動に由来していると考えられる長い流路が存在する．これらのうち最も長いものは6800 kmにも及び，地球の最も長い河川よりも長い．

図1 太古の激しい衝突を受けた火星の地形の高解像度画像（南緯10°，東経278°）．この撮影シーンはおよそ幅40 kmで，南東に向けての三次元表示（右上）．この画像はバイキングの母船オービタから提供された．

金星には，高いクレーター密度をもつ古い地形が存在しないが，これは地球と共通している点である．太陽系の歴史において，最初の数億年間はその後の30〜40億年と比較すると，衝突物の数も大きさも圧倒的に大きかった．水星や月，火星そして外惑星のほとんどの衛星が，太陽系初期に形成された衝突地形をもっていることは注目に値する．つまり衝突クレーターは，最もありふれた惑星上の地形なのである．

図1に見られるように，太古の激しい衝突を受けた火星の古い地域の一部には，侵食によって形成された谷地形が存在している．これは火星にかつて，現在の地球で見られているような活発な水循環が存在し，水が地表を流れていたことを示唆する．火星にはさらに，風成地形や氷河地形，周氷河地形，火山地形，山岳地形といった多様性に富んだ地形がある．火星表層の歴史は複雑で，地殻変動や火山活動だけでなく，活発な侵食作用も生じていたのだろう．

米国，日本，ヨーロッパによる将来の惑星探査計画は，惑星地形学が発展する機会を継続的に提供するものとなるであろう．水星や金星，火星，そして外惑星のさまざまな衛星に関する新たなデータが提

供されると予想されている．ガリレオがはじめて望遠鏡で観測を行ったときのように，こうした探査が新たに明らかにする地形の起源をめぐり，きっと議論が巻き起こるだろう．こうして明らかにされた地形の研究には，リモートセンシング画像のデジタル加工や（図1），地球物理学・形態学的なコンピュータシミュレーション，地域的なマッピングなどによって進められるであろう．メテオールクレーターのように，地球に存在している類似した地形の野外調査も引き続き重要である．さらには，有人探査によって，地球外の天体においても野外調査が行われるかもしれない．さらにいえば，惑星地形学はなにも太陽系に限る必要はない．太陽系外惑星の存在は確認されており，宇宙望遠鏡がそれらの表面を撮像するときもくるであろう．ガリレオ，フック，そしてギルバートの残した精神は将来の惑星地形学のなかでも生きつづけるであろう．

[**Victor R. Baker**/宮本英昭訳]

■文　献

Cattermole, P. (1995) *Earth and other planets: geology and space research*. Oxford University Press.

Greeley, R. (1993) *Planetary landscapes*. Chapman and Hall, London.

索 引

*太字は項目掲載ページを示す

■ア行

アイオリアンハープ ････････････････ 43
アイスコア ･･･････････････････････ 169
アイスランド ････････････････････ 387
アイソスタシー
　･･････････ **2**, 24, 217, 311, 379, 407
アイソスタシー重力異常 ･･･････････ 217
アイソチョーア ･･･････････････････ 557
アイソトープ ････････････････････ 511
アエンデ隕石 ･････････････････････ 22
アガシー，ルイ ･･･････････････････ **4**
アガシ湖 ････････････････････ 97, 288
亜寒帯ジェット気流 ･･･････････････ 171
亜間氷期 ･･････････････････ 114, 234
アーキア ････････････････････････ 471
アギュラス海流 ･･･････････････････ 70
アグリコラ，ゲオルギウス ･･･････ 558
アクリーション ･･････････････ 162, 258
アジアモンスーン ･････････････････ 433
アスペクト比 ････････････････････ 525
アスベスト ･･･････････････････････ 9
アセノスフェア
　･･･････ 3, **4**, 185, 220, 497, 540
アゾレス高気圧 ･･････････････････ 278
暖かい雲 ････････････････････････ 134
暖かい高気圧 ････････････････････ 128
圧縮応力 ････････････････････････ 378
圧縮力 ･･････････････････････････ 378
圧力溶解 ････････････････････････ 249
アデン湾 ････････････････････････ 297
アトランティス大陸 ･･･････････････ **6**
亜熱帯高圧帯 ････････････････････ 277
亜熱帯高気圧 ････････････････････ 432
亜熱帯ジェット気流 ･･･････････ 128, 543
アノーソサイト ･･･････････････････ 428
アフリカ地溝系 ･･････････････････ 302
アポロ計画 ･･････････････････ 344, 425
雨 ･･････････････････････････････ 132
嵐 ･･････････････････････････････ 44
アラスカ地震 ･･････････ 185, 186, 195
アリストテレス ･･････････････････ 404
アルカリ玄武岩 ･･････････････････ 303
アルゴマ型 ･･････････････････････ 208
アルゴン ････････････････････････ 388
アルトゥン山断層 ･････････････････ 183
$\alpha\omega$ ダイナモ ･･････････････････ 359
α 線 ････････････････････････ 511
アルファ粒子 ････････････････････ 512
アルプス ･･････････････････････････ 4

アルプス山脈 ････････････････････ 305
アルベド ････････････････････ 108, 535
アルベーン ･･････････････････････ 374
アルベーン波 ････････････････････ 373
アルミニウム ････････････････････ 168
安山岩 ･･････････････････････････ 447
安全係数 ････････････････････････ 177
安全支持力 ･･････････････････････ 177
アンダープレーティング ･･･････････ 325
安定同位体 ･････････ 139, 169, 468, 472
安定同位体解析 ･･････････････････ 111
アンテナ ････････････････････････ 159
アンブロッキング温度 ･････････････ 152

イオ ････････････････････････････ 342
硫黄同位体比 ････････････････････ 472
イオン ･･････････････････････････ 443
イオン化 ････････････････････････ 279
イオン半径 ･･････････････････ 159, 507
位相 ････････････････････････････ 518
位相速度 ････････････････････････ 205
位置エネルギー ･･････････････････ 172
位置決定 ････････････････････････ 265
一次生産量 ･･････････････････････ 315
一次分散 ････････････････････････ 327
異地性のテレーン ･････････････････ **7**
1 日潮 ･･････････････････････････ 363
異方性 ･･････････････････････････ 197
イリジウム ･･･････････････････････ 77
移流 ････････････････････････････ 385
遺留水 ･･･････････････････････････ 31
医療地質学 ･･･････････････････････ **9**
インコンパチブル元素
　･･･････ 75, 324, 492, 507, 530
隕石 ････････････････ **10**, 122, 231
隕石起源 ････････････････････････ 438
インターネット ･･････････････････ 230
インド-アジア大陸衝突帯 ･････････ 214
インドモンスーン ･････････････････ 487
インバージョン ･････････････ **14**, 219
インバージョン数値モデリング ･････ 518
インバース法 ････････････････････ **14**
インピーダンステンソル ･･･････････ 517
インブリ-キップ変換関数 ･････････ 140

ウィトルウィウス ･････････････････ 149
ウィルソン，ジェームス・ツゾー
　･･････････････････････ **17**, 183
ウィルソンサイクル ･･･････････････ 296

ウェゲナー，アルフレッド
　･････････ **18**, 295, 408, 442, 502
ウェッデル海 ･････････････････････ 70
ウェッデル-スコティア合流域 ･･･････ 74
ウェッデル大陸棚 ･････････････････ 95
ウェブ 3 世，トンプソン ･････････ 236
ヴェルナドスキー，ウラジーミル・
　イワノヴィッチ ･･･････････････ **18**
ウェールライト ･･････････････････ 541
ウォーカー循環 ･･･････････････････ **19**
ウォルビス海嶺 ･･････････････････ 480
渦電流 ･･････････････････････････ 516
渦度 ････････････････････････････ **19**
宇宙化学 ････････････････････････ **20**
宇宙塵 ･･･････････････････････････ 20
宇宙線 ･･････････････････････････ 493
宇宙測地学 ･･････････････････････ 269
ウッドワード，アーサー・スミス
　･･･････････････････････ 403, 409
海 ･･････････････････････････････ 427
ウラン ･･････････････････････ 367, 388
雲量 ････････････････････････････ 108

エアボーン CW 観測 ･･･････････････ 36
エアリー ･･････････････････････ 3, **24**
――のアイソスタシーモデル ･････ 218
エアロゾル ･･････････････････ **24**, 107
永久凍土帯 ･･･････････････････････ 25
永久凍土と気候変動 ･･･････････････ **25**
永久氷雪 ････････････････････････ 455
英国王立学士院 ･･････････････････ 410
英国地質調査所 ･･････････････ 115, 415
英国陸軍 ････････････････････････ 115
衛星 ････････････････････････････ 364
衛星測地学 ･･････････････････････ 271
エイトケン核 ･････････････････････ 24
栄養塩 ･･････････････････････････ 67
エウロパ ････････････････････････ 347
液状化 ･････････････････････ **27**, 187
エクマン吹送流 ･･･････････････････ 69
エクマン輸送 ･････････････････････ 97
エクマン流 ･･････････････････････ 538
エクロジャイト ･･････････････････ 530
エシェロン ･･････････････････････ 319
エネルギーバランスモデル ････････ 101
エネルギー変換 ･･････････････････ 197
エーミアン間氷期 ････････････････ 114
エルチチョン ･････････････････････ 92
エルニーニョ ･･･････ **28**, 56, 66, 85

エルニーニョ循環‥‥‥‥‥‥‥‥‥19
エルニーニョ・南方振動‥‥‥‥99, 544
エレクトロンプローブ微細分析‥‥‥340
縁海‥‥‥‥‥‥‥‥‥‥‥‥‥‥‥‥41
縁海盆‥‥‥‥‥‥‥‥‥‥‥321, 451
遠隔影響‥‥‥‥‥‥‥‥‥‥‥‥267
沿岸ケルビン波‥‥‥‥‥‥‥‥‥‥30
塩湖‥‥‥‥‥‥‥‥‥‥‥‥‥‥534
遠日点‥‥‥‥‥‥‥‥‥‥‥‥‥535
塩水‥‥‥‥‥‥‥‥‥‥‥‥**31**, 79
円錐構造‥‥‥‥‥‥‥‥‥‥‥‥439
塩水湖底‥‥‥‥‥‥‥‥‥‥‥‥100
塩素ガス‥‥‥‥‥‥‥‥‥‥‥‥‥39
鉛直三角法‥‥‥‥‥‥‥‥‥‥‥272
鉛直線の曲げ‥‥‥‥‥‥‥‥‥‥173
エンデュアランス号‥‥‥‥‥‥‥‥73
塩分‥‥‥‥‥‥‥‥‥‥‥‥**57**, 67
塩分濃度‥‥‥‥‥‥‥‥‥‥58, 539
塩分躍層‥‥‥‥‥‥‥‥‥‥‥‥‥61
遠洋性ケイ素‥‥‥‥‥‥‥‥‥‥**32**
遠洋性炭酸塩‥‥‥‥‥‥‥‥‥‥**33**
遠洋の環境‥‥‥‥‥‥‥‥‥‥‥**34**

オイラー極‥‥‥‥‥‥‥‥‥‥‥498
オイラーの定理‥‥‥‥‥‥‥‥‥498
欧州地質学連合‥‥‥‥‥‥‥‥‥412
黄土‥‥‥‥‥‥‥‥‥‥‥‥‥‥**142**
応用地球物理学‥‥‥‥‥‥‥‥‥**35**
応力‥‥‥‥‥‥‥‥‥‥‥‥318, 375
オジブウェイ湖‥‥‥‥‥‥‥‥‥288
オゾン‥‥‥‥‥‥‥‥‥‥‥38, 252
オゾン層‥‥‥‥‥‥‥‥‥‥‥‥**36**
　――の化学‥‥‥‥‥‥‥‥‥‥**38**
オゾン層破壊‥‥‥‥‥‥‥‥‥‥‥37
オゾンホール‥‥‥‥‥38, 39, 47, 253
オッデン‥‥‥‥‥‥‥‥‥‥‥‥‥63
オッデン氷舌‥‥‥‥‥‥‥‥‥‥‥72
オパール‥‥‥‥‥‥‥‥‥‥‥‥‥32
オパール質シリカ‥‥‥‥‥‥32, 34
オフィオライト‥‥‥‥40, 75, 323, 541
オフィオライト層序‥‥‥‥‥‥‥‥**39**
オフィオライト帯‥‥‥‥‥‥‥‥220
オブダクション‥‥‥‥‥‥‥‥‥‥**40**
オマーン・オフィオライト‥‥‥‥‥41
親元素‥‥‥‥‥‥‥‥‥‥‥‥‥367
オリビン‥‥‥‥‥‥‥‥‥‥361, 383
オリンポス山‥‥‥‥‥‥‥‥‥‥346
オルガネラ‥‥‥‥‥‥‥‥‥‥‥470
オーロラ‥‥‥‥‥‥‥‥‥‥355, 443
オーロラジェット電流‥‥‥‥‥‥355
音楽と地球科学‥‥‥‥‥‥‥‥‥‥**43**
温室効果‥‥‥‥‥‥‥‥48, 51, 325
　――の増大‥‥‥‥‥‥‥‥‥‥**45**
温室効果ガス‥‥‥‥‥45, 98, 325, 459
温帯低気圧‥‥‥‥‥‥‥‥‥420, 437
温暖前線‥‥‥‥‥‥‥‥‥‥263, 420
温暖閉塞‥‥‥‥‥‥‥‥‥‥‥‥264

温度‥‥‥‥‥‥‥‥‥‥‥‥‥‥‥87
　――の深さ分布‥‥‥‥‥‥‥‥370
温度逆転層‥‥‥‥‥‥‥‥‥‥‥128
温度勾配‥‥‥‥‥‥‥‥‥‥‥‥376
温度躍層‥‥‥‥‥‥‥‥‥‥29, 315
オントンジャワ海台‥‥‥‥‥‥‥‥12

■カ行
ガイア‥‥‥‥‥‥‥‥‥‥‥‥‥**48**
海王星‥‥‥‥‥‥‥‥‥‥‥‥‥106
外核‥‥‥‥‥‥‥‥‥357, 372, 531, 540
海岸段丘‥‥‥‥‥‥‥‥‥‥‥‥523
海岸地形‥‥‥‥‥‥‥‥‥‥‥‥430
外気圏‥‥‥‥‥‥‥‥‥‥‥‥‥308
海溝‥‥‥‥‥‥‥‥17, 206, 321, 447, 503
海溝吸引力‥‥‥‥‥‥‥‥‥377, 501
海山‥‥‥‥‥‥‥‥‥‥‥‥‥‥551
海床侵食‥‥‥‥‥‥‥‥‥‥‥‥483
海水‥‥‥‥‥‥‥‥‥‥**50**, 55, 444
　――の塩分‥‥‥‥‥‥‥‥‥‥**57**
　――の密度‥‥‥‥‥‥‥‥‥‥246
　――の密度と圧力‥‥‥‥‥‥‥**58**
　――の溶存成分‥‥‥‥‥‥‥‥**59**
海水位‥‥‥‥‥‥‥‥‥‥‥‥‥285
　――の変化と古気候‥‥‥‥‥‥**52**
海水温‥‥‥‥‥‥‥‥‥‥‥‥‥**55**
海水準‥‥‥‥‥‥‥‥‥‥‥‥‥300
海成堆積物‥‥‥‥‥‥‥‥‥‥‥558
海台‥‥‥‥‥‥‥‥‥‥‥‥‥‥**480**
海底深層流‥‥‥‥‥‥‥‥‥‥‥298
海底扇状地複合体‥‥‥‥‥‥‥‥299
海底堆積物‥‥‥‥‥‥‥‥‥68, 290
海底地形‥‥‥‥‥‥‥‥‥‥174, 430
海底地質学‥‥‥‥‥‥‥‥‥‥‥438
回転極（オイラー極）‥‥‥‥‥‥498
回転楕円体‥‥‥‥‥‥‥‥‥‥‥172
カイパー, ジェラード・ピーター‥‥‥61
カイパーベルト‥‥‥‥‥‥‥‥‥‥61
カイパーベルト天体‥‥‥‥‥‥‥233
海氷と気候‥‥‥‥‥‥‥‥‥‥‥‥61
海氷モデル‥‥‥‥‥‥‥‥‥‥‥102
外部基準系‥‥‥‥‥‥‥‥‥‥‥352
外部磁場‥‥‥‥‥‥‥‥‥‥354, 401
壊変定数‥‥‥‥‥‥‥‥‥‥‥‥511
開放性屈曲‥‥‥‥‥‥‥‥‥‥‥454
海盆‥‥‥‥‥‥‥‥‥‥‥‥**64**, 321
海面水温‥‥‥‥‥‥‥‥‥‥55, 170
　――と気候‥‥‥‥‥‥‥‥‥‥**65**
海洋‥‥‥‥‥‥‥‥‥‥‥‥‥‥139
　――の開裂‥‥‥‥‥‥‥‥‥‥479
　――の年齢‥‥‥‥‥‥‥‥‥‥334
海洋栄養物分布‥‥‥‥‥‥‥‥‥‥98
海洋-海洋沈み込み帯‥‥‥‥‥‥‥206
海洋化学‥‥‥‥‥‥‥‥‥‥‥‥**67**
海洋拡大中心‥‥‥‥‥‥‥‥‥‥475
海洋玄武岩‥‥‥‥‥‥‥‥‥‥‥528
海洋磁気異常‥‥‥‥‥‥‥‥156, 174

海洋性極気団‥‥‥‥‥‥‥‥‥‥262
海洋性堆積物‥‥‥‥‥‥‥‥‥‥482
海洋堆積物‥‥‥‥‥‥‥‥‥‥‥332
海洋-大陸沈み込み帯‥‥‥‥‥‥‥207
海洋地殻‥‥39, 74, 321, 332, 380, 530, 540
　――の年代‥‥‥‥‥‥‥‥‥‥‥69
海洋地球物理学‥‥‥‥‥‥‥‥‥545
海洋地質学‥‥‥‥‥‥‥‥‥‥‥545
海洋潮汐‥‥‥‥‥‥‥‥‥‥‥‥363
海洋底拡大‥‥‥‥‥17, 18, 40, **69**, 295, 356,
　　401, 438, 493
海洋底拡大説‥‥‥‥‥‥‥182, 496, 545
海洋島‥‥‥‥‥‥‥‥‥‥‥‥‥157
海洋同位体（MI）‥‥‥‥‥‥‥‥458
海洋リソスフェア‥‥‥‥3, 206, 213, 530
外来結晶‥‥‥‥‥‥‥‥‥‥‥‥446
海流‥‥‥‥‥‥‥‥‥‥‥‥‥‥**69**
　高緯度の――‥‥‥‥‥‥‥‥‥**70**
海嶺‥‥‥‥‥‥‥‥‥17, 302, 321, 438
　――の押しの力‥‥‥‥‥‥‥‥377
　――のセグメント化‥‥‥‥‥‥477
　――の地球化学‥‥‥‥‥‥‥‥**74**
海嶺押し力‥‥‥‥‥‥‥‥‥‥‥501
海嶺-海嶺型トランスフォーム断層
　‥‥‥‥‥‥‥‥‥‥‥‥‥‥‥452
海嶺玄武岩‥‥‥‥‥‥‥‥‥‥‥‥75
ガウス‥‥‥‥‥‥‥‥‥‥175, 218, 401
化学化石‥‥‥‥‥‥‥‥‥‥‥‥**469**
科学技術‥‥‥‥‥‥‥‥‥‥‥‥229
化学元素‥‥‥‥‥‥‥‥‥‥‥‥337
化学残留磁化‥‥‥‥‥‥‥‥‥‥154
化学種‥‥‥‥‥‥‥‥‥‥‥‥‥329
化学消磁‥‥‥‥‥‥‥‥‥‥‥‥152
科学小説‥‥‥‥‥‥‥‥‥‥‥‥506
化学層序学‥‥‥‥‥‥‥‥‥‥‥**76**
化学組成‥‥‥‥‥‥‥‥‥‥‥‥120
化学的風化‥‥‥‥‥‥‥‥‥‥‥‥81
科学文書‥‥‥‥‥‥‥‥‥‥‥‥230
核‥‥‥‥‥‥‥‥162, 370, 375, 379, 427
　――の冬のシナリオ‥‥‥‥‥‥**77**
　――の分離‥‥‥‥‥‥‥‥‥‥374
　――の密度‥‥‥‥‥‥‥‥‥‥‥79
核合成‥‥‥‥‥‥‥‥‥‥‥‥‥122
拡大速度‥‥‥‥‥‥‥‥‥‥‥‥503
拡大中心‥‥‥‥‥‥‥‥‥‥‥‥‥69
角度不整合‥‥‥‥‥‥‥‥‥‥‥518
核分裂‥‥‥‥‥‥‥‥‥‥‥‥‥548
核・マントル境界‥‥‥‥‥‥‥‥382
花崗岩‥‥‥‥‥‥‥‥‥‥‥323, 446
花崗岩質‥‥‥‥‥‥‥‥‥‥‥‥380
下降気流層‥‥‥‥‥‥‥‥‥‥‥127
火砕流堆積物‥‥‥‥‥‥‥‥‥‥150
火山‥‥‥‥‥‥‥‥‥‥‥‥‥‥117
火山活動‥‥‥‥‥‥78, 302, 387, 487, 502
火山弧‥‥‥‥‥‥‥‥206, 317, 388, 448
火山性地震‥‥‥‥‥‥‥‥‥‥‥**78**
火山性地震活動‥‥‥‥‥‥‥‥‥**78**

火山島‥‥‥‥‥‥‥‥‥‥‥‥‥321, 526
火山噴火‥‥‥‥‥‥‥‥‥‥‥‥‥‥‥245
華氏‥‥‥‥‥‥‥‥‥‥‥‥‥‥‥‥‥‥88
火星‥‥‥‥‥‥‥‥‥‥‥‥‥‥342, 365
火星隕石‥‥‥‥‥‥‥‥‥‥‥‥‥‥‥232
火成岩の分類‥‥‥‥‥‥‥‥‥‥‥‥222
火成論‥‥‥‥‥‥‥‥‥‥‥‥‥406, 439
化石‥‥‥‥‥‥‥‥‥‥‥4, 405, 496, 558
化石燃料‥‥‥‥‥‥‥‥‥‥‥‥‥‥‥399
化石燃料鉱床‥‥‥‥‥‥‥‥‥‥‥‥103
風のシアー‥‥‥‥‥‥‥‥‥‥‥‥‥282
河川堆積物調査‥‥‥‥‥‥‥‥‥‥‥330
下層雲‥‥‥‥‥‥‥‥‥‥‥‥‥‥‥108
仮想の地磁気極‥‥‥‥‥‥‥‥152, 155
可塑流動‥‥‥‥‥‥‥‥‥‥‥‥‥‥317
カタバ風‥‥‥‥‥‥26, 124, 455, 491
荷電粒子‥‥‥‥‥‥‥‥‥‥‥‥‥‥354
カドミウム‥‥‥‥‥‥‥‥‥‥‥‥‥60
カトリック教会‥‥‥‥‥‥‥‥‥‥‥558
カナダ楯状地‥‥‥‥‥‥‥‥‥‥‥‥514
カナダ地質調査所‥‥‥‥‥‥‥‥‥415
ガニメデ‥‥‥‥‥‥‥‥‥‥‥‥‥‥348
ガーネット‥‥‥‥‥‥‥‥‥‥‥‥‥361
下部マントル‥‥‥‥‥‥‥‥‥372, 379
花粉化石‥‥‥‥‥‥‥‥‥‥‥‥‥‥234
花粉分析‥‥‥‥‥‥‥‥‥‥‥‥‥‥92
過飽和‥‥‥‥‥‥‥‥‥‥‥‥‥‥‥224
カリウム‥‥‥‥‥‥‥‥‥‥‥367, 388
カリスト‥‥‥‥‥‥‥‥‥‥‥‥‥‥348
カルクアルカリマグマ‥‥‥‥‥‥‥449
カルスト地形‥‥‥‥‥‥‥‥‥‥‥‥117
カルデラ‥‥‥‥‥‥‥‥‥‥‥‥‥‥311
ガルフストリーム‥‥‥‥‥‥‥‥‥70
過冷却‥‥‥‥‥‥‥‥‥‥‥‥‥‥‥134
カロン‥‥‥‥‥‥‥‥‥‥‥‥‥‥‥342
岩塩‥‥‥‥‥‥‥‥‥‥‥‥‥‥‥‥31
岩塩ドーム‥‥‥‥‥‥‥‥‥‥‥‥‥300
環境保護‥‥‥‥‥‥‥‥‥‥‥‥‥‥413
間隙水の化学‥‥‥‥‥‥‥‥‥‥‥78
間隙率‥‥‥‥‥‥‥‥‥‥‥‥‥‥‥82
還元‥‥‥‥‥‥‥‥‥‥‥‥‥‥‥‥162
干渉 SAR‥‥‥‥‥‥‥‥‥‥‥‥‥138
完新世‥‥‥‥‥‥‥‥‥‥157, 238, 460
慣性モーメント‥‥‥‥‥‥**79**, 369, 381
岩石‥‥‥‥‥‥‥‥‥‥‥‥‥350, 398
──の化学的変質‥‥‥‥‥‥‥‥**81**
──の地震波速度特性‥‥‥‥‥‥**81**
岩石学的モホ面‥‥‥‥‥‥‥‥‥‥541
岩石圏‥‥‥‥‥‥‥‥‥‥‥‥‥‥**550**
岩石磁気‥‥‥‥‥‥‥‥‥‥‥140, 408
間接的放射強制‥‥‥‥‥‥‥‥‥‥24
乾燥断熱減率‥‥‥‥‥‥‥‥‥282, 308
環太平洋火山帯‥‥‥‥‥‥‥‥‥‥447
干ばつ‥‥‥‥‥‥‥‥‥‥‥‥‥‥**83**
間氷期‥‥‥‥26, 95, 113, 143, 238, 484, 490
γ 線‥‥‥‥‥‥‥‥‥‥‥‥‥‥‥‥511
ガンマ粒子‥‥‥‥‥‥‥‥‥‥‥‥512

かんらん岩類‥‥‥‥‥‥‥‥‥‥‥39
寒冷前線‥‥‥‥‥‥‥‥‥‥‥264, 420
寒冷閉塞‥‥‥‥‥‥‥‥‥‥‥‥‥264

気圧‥‥‥‥‥‥‥‥‥‥‥‥‥‥‥‥**87**
気圧傾度力‥‥‥‥‥‥‥‥‥‥‥‥278
気圧面‥‥‥‥‥‥‥‥‥‥‥‥‥‥‥87
気温‥‥‥‥‥‥‥‥‥‥‥‥‥‥‥‥**87**
──の逆転層‥‥‥‥‥‥‥‥‥‥491
気温減率‥‥‥‥‥‥‥‥‥‥‥‥‥308
幾何波線理論‥‥‥‥‥‥‥‥‥‥‥203
帰還電撃‥‥‥‥‥‥‥‥‥‥‥‥‥281
気候‥‥‥‥‥‥‥‥‥‥61, 146, 421, 490
──の復元‥‥‥‥‥‥‥‥‥‥‥468
気候地形学‥‥‥‥‥‥‥‥‥‥‥‥397
気候的造地形運動‥‥‥‥‥‥‥‥‥395
気候変動‥‥‥‥‥‥‥**25**, 85, 136, 444
──と湖面水準‥‥‥‥‥‥‥‥‥**92**
──と深層水の形成‥‥‥‥‥‥‥**95**
──と層状堆積物‥‥‥‥‥‥‥‥**99**
最近の ──‥‥‥‥‥‥‥‥‥‥‥**91**
気候モデル‥‥‥‥‥‥‥‥‥‥‥‥**100**
季節的干ばつ‥‥‥‥‥‥‥‥‥‥‥83
季節内振動‥‥‥‥‥‥‥‥‥‥‥‥543
季節風‥‥‥‥‥‥‥‥‥‥‥‥434, 542
偽造‥‥‥‥‥‥‥‥‥‥‥‥‥‥‥409
北アナトリア断層‥‥‥‥‥‥‥‥‥194
気体水和化合物‥‥‥‥‥‥‥‥‥‥**103**
気体地質温度計‥‥‥‥‥‥‥‥‥‥419
気体調査‥‥‥‥‥‥‥‥‥‥‥‥‥330
北大西洋海流‥‥‥‥‥‥‥‥‥‥‥537
北大西洋深層水‥‥‥‥‥‥‥95, 239
気団‥‥‥‥‥‥‥‥‥‥‥‥‥127, 262
基地‥‥‥‥‥‥‥‥‥‥‥‥‥‥‥429
軌道離心率‥‥‥‥‥‥‥‥‥‥‥‥535
希土類元素‥‥‥‥‥‥‥‥‥‥‥‥491
キネマティック GPS‥‥‥‥‥‥‥265
揮発‥‥‥‥‥‥‥‥‥‥‥‥‥‥‥**223**
揮発性成分‥‥‥‥‥‥‥‥‥‥‥‥329
基本モード‥‥‥‥‥‥‥‥‥‥‥‥212
逆極性‥‥‥‥‥‥‥‥‥‥‥‥‥‥355
逆断層‥‥‥‥‥‥‥‥‥‥‥‥194, 491
逆断層運動‥‥‥‥‥‥‥‥‥‥180, 504
逆転‥‥‥‥‥‥‥‥‥‥‥‥‥‥‥519
逆転層‥‥‥‥‥‥‥‥‥‥‥‥‥‥127
逆問題‥‥‥‥‥‥‥‥‥‥‥‥‥‥**14**
キャッシュクリーク・テレーン‥‥‥7
吸着‥‥‥‥‥‥‥‥‥‥‥‥‥**103**, 329
吸熱反応‥‥‥‥‥‥‥‥‥‥‥‥‥361
球面調和解析法‥‥‥‥‥‥‥‥‥‥401
キュリー, マリー‥‥‥‥‥‥‥‥511
キュリー温度（キュリー等温面）
‥‥‥‥‥‥‥‥‥‥‥‥**104**, 356, 374
ギョー‥‥‥‥‥‥‥‥‥‥‥‥‥‥508
境界面における反射波の相対強度‥‥‥197
凝結‥‥‥‥‥‥‥‥‥‥‥‥24, 88, 223
凝縮‥‥‥‥‥‥‥‥‥‥‥‥‥‥‥20

強震動記録‥‥‥‥‥‥‥‥‥‥‥‥104
強震動地震学‥‥‥‥‥‥‥‥‥‥‥**104**
強震動地震計‥‥‥‥‥‥‥‥‥‥‥104
共生関係‥‥‥‥‥‥‥‥‥‥‥‥‥471
共通気候レンジ法‥‥‥‥‥‥‥‥‥140
共通中点重合（CMP 重合）‥‥‥‥201
恐竜‥‥‥‥‥‥‥‥‥‥‥‥‥119, 473
極域電離層‥‥‥‥‥‥‥‥‥‥‥‥176
極移動‥‥‥‥‥‥‥‥‥‥155, 156, 493
極渦‥‥‥‥‥‥‥‥‥‥‥‥‥‥37, 125
極性逆転‥‥‥‥‥‥‥‥‥‥‥‥‥355
極性逆転史‥‥‥‥‥‥‥‥‥‥‥‥156
極成層圏雲‥‥‥‥‥‥‥‥‥‥‥‥253
極前線‥‥‥‥‥‥‥‥‥‥‥‥‥‥419
極前線ジェット気流‥‥‥‥‥‥‥171
極地方の地質調査‥‥‥‥‥‥‥‥‥**105**
極通過流‥‥‥‥‥‥‥‥‥‥‥‥‥71
巨大地震‥‥‥‥‥‥‥‥‥‥‥‥‥376
巨大衝突‥‥‥‥‥‥‥‥‥‥‥12, 426
巨大惑星‥‥‥‥‥‥‥‥‥‥‥‥‥**106**
許容支持圧力‥‥‥‥‥‥‥‥‥‥‥177
霧雨‥‥‥‥‥‥‥‥‥‥‥‥‥‥‥132
ギルバート磁気ゾーン‥‥‥‥‥‥‥175
近日点‥‥‥‥‥‥‥‥‥‥‥‥‥‥535
金星‥‥‥‥‥‥‥‥‥‥119, 342, 365, 565
金属鉱床‥‥‥‥‥‥‥‥‥‥‥160, 329
キンバーライト‥‥‥‥‥‥‥‥‥‥530

グアノ‥‥‥‥‥‥‥‥‥‥‥‥‥‥558
空間格子モデル‥‥‥‥‥‥‥‥‥‥102
空中電場‥‥‥‥‥‥‥‥‥‥‥‥‥280
偶発的干ばつ‥‥‥‥‥‥‥‥‥‥‥83
苦灰岩‥‥‥‥‥‥‥‥‥‥‥‥‥‥314
屈折法‥‥‥‥‥‥‥‥‥‥‥‥‥‥189
グーテンベルグ, ベノー‥‥‥**107**, 552
グーテンベルグ不連続面‥‥‥107, 383
雲‥‥‥‥‥‥‥‥‥‥**107**, 132, 134
──の凝結核‥‥‥‥‥‥‥‥‥‥24
雲パラメーター‥‥‥‥‥‥‥‥‥‥108
グライスベルグサイクル‥‥‥‥‥284
クラウドクラスター‥‥‥‥‥‥‥433
クラーク, フランク・ウィグレスワース
‥‥‥‥‥‥‥‥‥‥‥‥‥‥**109**, 340
クラトン（大陸塊）‥‥‥‥‥‥‥**109**
グラニュライト‥‥‥‥‥‥‥‥‥‥323
グランドキャニオン‥‥‥‥‥‥‥118
グリーンランド海流‥‥‥‥‥‥‥72
グリーンランド氷床‥‥‥‥‥‥‥490
グリーンランド氷床コア
‥‥‥‥‥‥‥‥‥‥**111**, 238, 487
グレゴリオ暦‥‥‥‥‥‥‥‥‥‥385
クレーター‥‥‥‥‥‥‥10, 365, 425
黒鉱‥‥‥‥‥‥‥‥‥‥‥‥‥‥‥451
黒潮‥‥‥‥‥‥‥‥‥‥‥‥‥‥‥70
グローバル双極子モーメント‥‥‥150
クロル, ジェイムズ‥‥‥‥‥‥‥**115**
クロル-ミランコビッチ定理‥‥‥140

クロロフルオロカーボン
・・・・・・・・・・・・・・・38, 39, 46, 253
クーロン力・・・・・・・・・・・・103
軍事地質学・・・・・・・・・・・・**115**
群速度・・・・・・・・・・・・・・205

軽元素・・・・・・・・・・・・368, 384
蛍光X線分光分析・・・・・・・・341
ケイ酸塩岩・・・・・・・・・・・・385
形而上学・・・・・・・・・・・・・439
芸術と地球科学・・・・・・・・・**117**
ケイ素・・・・・・・・・・・・・・60
ケイ藻・・・・・・・・・・・・・32, 34
ケイ藻マット・・・・・・・・・・・32
傾度風・・・・・・・・・・・・・・**121**
経年変化・・・・・・・・・・・・・176
激変説・・・・・・・・・・・・407, 439
ゲスナー，コンラート・・・・・・558
結晶質岩石・・・・・・・・・・・・81
月震・・・・・・・・・・・・・・・427
ケニア地溝・・・・・・・・・・・・303
ケフェイド・・・・・・・・・・・・366
ケルビン温度・・・・・・・・・・・88
ケルビン卿（ウィリアム・トムソン）
・・・・・・・・・・・・・・・407, **451**
ケルビン波・・・・・・・・・・・・29
ケロジェン・・・・・・・165, **546**, 547
巻雲・・・・・・・・・107, 263, 264, 434
原核細胞・・・・・・・・・・・・・470
原核生物・・・・・・・・・・・・・471
嫌気性バクテリア・・・・・・・・389
原始海洋・・・・・・・・・・・・・210
原始大気・・・・・・・・・・・164, 211
原始太陽系円盤・・・・・・・・・364
原始大陸・・・・・・・・・・・・・366
原始地球大気・・・・・・・・・・256
元素
　——の移動・・・・・・・・・・329
　——の宇宙存在度・・・・・・・528
　——の生成・・・・・・・・・・122
　——の存在度・・・・・・・20, 122
　——の太陽系存在度・・・・・・**122**
元素記号・・・・・・・・・・・・・509
元素崩壊・・・・・・・・・・・・・368
原動力・・・・・・・・・・・・・・501
顕熱・・・・・・・・・・・・・88, 491
玄武岩・・・・・・・・・・・・・・428
玄武岩質・・・・・・・・・・・・・380
弦理論・・・・・・・・・・・・・・43

コア（核）・・・・・・・・・・・・379
コアコンプレックス・・・・・・・306
古緯度・・・・・・・・・・・・155, 156
高圧・高温実験・・・・・・・・・528
高緯度対流圏循環・・・・・・・・**123**
紅海・・・・・・・・・・・・297, 479
紅海地溝・・・・・・・・・・・・・304

高気圧・・・・・・・・87, 121, **126, 128**
航空磁気測量・・・・・・・・**130**, 402
航空写真・・・・・・・・・・・・・414
光合成・・・・・258, 314, 388, 470, 472
考古学・・・・・・・・・・・・・・412
鉱床・・・・・・・・・・・・335, 446
恒常的干ばつ・・・・・・・・・・83
降水・・・・・・・・・・92, **131**, 418
洪水・・・・・・・・・・・・・・**134**
洪水玄武岩・・・・・・・・・・・325
合成開口レーダー・・・・・・・・**137**
合成地震記象・・・・・・・・・・**138**
抗生物質・・・・・・・・・・・・・471
剛性率・・・・・・・・・・・・・・197
構造性地震・・・・・・・・・・・78
構造物応答・・・・・・・・・・・104
構造補正・・・・・・・・・・・・・153
拘束性屈曲・・・・・・・・・・・454
剛体・・・・・・・・・・・・・・・6
交代作用・・・・・・・・・・81, 159
高地・・・・・・・・・・・・・・・427
耕地面積・・・・・・・・・・・・・399
甲虫化石・・・・・・・・・・・・・234
公転・・・・・・・・・・・・・・・384
公転軌道・・・・・・・・・・・・・535
黄道傾斜サイクル・・・・・・・・171
黄道面・・・・・・・・・・・・・・271
後背陸地・・・・・・・・・・・・**266**
後氷期温暖気候・・・・・・・・・421
鉱物・・・・・・・・・・・・119, 405
　——の相転移・・・・・・・・・529
　——の分類・・・・・・・・・・509
鉱物学・・・・・・・・・・・・・・558
鉱物学的相律・・・・・・・・・・159
鉱物学会・・・・・・・・・・・・・411
鉱物組合せ・・・・・・・・・81, 222
鉱物組成・・・・・・・・・・・・・222
後方散乱・・・・・・・・・・・・・25
交流磁場・・・・・・・・・・・・・151
氷・・・・・・・・・・・・・・・・426
古海洋学・・・・・・・・・・68, 139
古気温・・・・・・・・・・・・・・548
古気候・・・・・・・・・・・・・・142
　——と磁場・・・・・・・・・・**140**
　——とレス（黄土）の堆積・・・・・・142
　——のデータ・・・・・・・・・146
古気候学・・・・・・・139, 140, 550
　——における変換関数・・・・・・**140**
古気候変動・・・・・・・・・・・140
古強度・・・・・・・・・・・・・・150
国際科学会議・・・・・・・・・・146
国際重力基準点網・・・・・・・・216
国際深海掘削計画（ODP）・・・・・・381
国際深海掘削プログラム（DSDP）・・・487
国際層序委員会・・・・・・・・・147
国際測地学地球物理学連合・・・・・・148
国際地球観測年（IGY）

・・・・・・・・・・17, 105, 456, 510
国際地質科学連合（IUGS）・・・・・・**146**
国際地質対比計画・・・・・・・・147
国際リソスフェア計画・・・・・・148
黒点・・・・・・・・・・・・・・・284
国立公園・・・・・・・・・・・・・351
古経度・・・・・・・・・・・・・・156
ココリス・・・・・・・・・・・・・33
古細菌・・・・・・・・・・・・・・471
古地震学・・・・・・・・・・**148**, 187
湖成堆積物・・・・・・・・・・・92
古生物学・・・・・・・・・・・・・339
古生物学会・・・・・・・・・・・・411
古代人・・・・・・・・・・・・・・404
固体潮汐・・・・・・・・・・・・・363
古代と地球科学・・・・・・・・・**149**
古地磁気・・・・・・・・・・・・・493
古地磁気学・・・・・・・・・295, 339
　——：過去の磁場強度・・・・・・**150**
　——：技術と残留磁化・・・・・・**150**
　——：局地的変形・・・・・・・**154**
　——と極移動・・・・・・・・・**155**
　——と大陸移動・・・・・・・・**155**
古地磁気極・・・・・・152, 154, 155, 156
古地磁気記録・・・・・・・・・・392
古地磁気伏角・・・・・・・・・・155
コッコリソフォア・・・・・・・・33
古土壌・・・・・・・・・・・・・・143
コノドント・・・・・・・・・・・・473
湖面水準・・・・・・・・・・・・**92**
コリオリ加速度・・・・・・・・・158
コリオリ効果・・・・・・・・・・**158**
コリオリ力・・・121, **158**, 278, 358, 455, 466
古陸水学・・・・・・・・・・・・・94
コルディレラ氷床・・・・・・・・288
ゴールドシュミット，ヴィクトール・
　モーリッツ・・・・・・・・**159**, 340
コロイド・・・・・・・・・・・・・329
コロナ・・・・・・・・・・・・・・354
コンタクトテスト・・・・・・・・153
コンドライト・・・・・・・・・20, 232
コンドライト隕石・・・・・・364, 528
コンドルール・・・・・・・・・・20
コントロールソース電磁気マッピング
・・・・・・・・・・・・・・・**159**
ゴンドワナ大陸・・・・・・・295, 442
コンパチブル元素・・・・・・324, 492
コンベアベルト理論・・・・・・・68
根本主義・・・・・・・・・・・・・268
コンラッド不連続面・・・・・・・322

■サ行
細菌・・・・・・・・・・・・・・・470
サイクロン・・・・・・・・・310, 465
歳差運動・・・・・・・・**79**, 171, 537
歳差周期・・・・・・・・・・・・・97
最終氷期・・・・・・・・・・238, 457

索引

最終氷期極大 ······················· 110
最小2乗法 ························· 401
砕屑性堆積岩 ······················· 82
最大支持力 ························· 177
最低気温 ··························· 124
細粒堆積物 ························· 323
サウスポール・エイトケン盆地 ····· 343
砂岩 ······························· 109
錯イオン形成 ······················· 329
サスペクト・テレーン ··············· 7
殺虫剤 ····························· 257
砂漠化 ····························· 85
サハラ砂漠 ························· 424
サバンナ ··························· 233
サヘル ····························· 95
サーモクライン（温度躍層）····· 29, 315
砂礫堆積層 ························· 449
サンアンドレアス断層 ········· 194, 387
サンアンドレアス断層系 ······· 183, 452
酸化 ······························· 162
酸化還元平衡 ······················ **162**
三角測量 ··························· 271
産業革命 ··························· 399
産業活動 ··························· 398
サンゴ礁 ······················· 53, 309
三次元反射法地震探査 ············· 200
三重会合点 ························· 302
酸性雨 ··················· **166**, 399, 534
酸素同位体 ··················· 112, 286
酸素同位体履歴 ···················· **169**
酸素の同位体比 ···················· 458
酸素フガシティー ·················· 162
サンフランシスコ大地震 ············ 193
三辺測量 ··························· 272
山脈の形成 ························· 503

シアノバクテリア ············· 366, 389
ジェット気流 ············· **171**, 292, 435
ジェフリーズ，サー・ハロルド
　·························· **172**, 383
ジオイド ············ **172**, 217, 269, 378
ジオイド異常 ······················ 172
ジオイド高度 ······················ 174
死海 ······························· 31
紫外線 ························· 252, 443
磁化獲得 ··························· 175
磁化率 ····························· 140
　──の異方性 ···················· 154
時間平均磁場方向 ·················· 155
磁気異常 ··························· 69
磁気緯度 ··························· 176
磁気計 ····························· 414
磁気圏 ····························· 354
磁気縞模様 ··············· 356, 503, 519
磁気層序 ·························· **174**
磁気バクテリア ···················· 141
磁気伏角 ······················ 141, 401

磁気偏角 ··························· 400
磁気モーメント ···················· 401
磁極 ·························· 155, **176**
磁極移動 ··························· 156
シグマ座標系 ······················ 102
資源 ······························· 413
始原的隕石 ························· 364
自己圧縮 ·························· **176**
自己制御 ··························· 48
自己相似 ··························· 338
自己反転 ··························· 356
自己励起ダイナモ ·················· 384
自食作用 ··························· 266
支持力 ···························· **177**
地震 ·············· 27, 245, 375, 416, 504
　──の加速度計記録（強震動記録）
　···························· 104
　──の規模 ······················ 177
　──の反射法 ···················· 161
　──のメカニズムとプレートテクト
　　ニクス ······················ **193**
地震学 ························· **177**, 181
　──とプレートテクトニクス ····· 181
地震活動 ··························· 503
地震危険度 ························· 148
地震危険度評価 ···················· 187
地震記録重合 ······················ 201
地震空白域 ························· 188
地震計 ····························· 394
地震災害と予知 ··················· **185**
地震性のモホ面 ···················· 541
地震先行現象 ······················ 188
地震層序学 ························· 188
地震探査法 ························· 189
地震（波）トモグラフィー ···· **192**, 524
地震波 ·················· 177, 186, 313, 527
　──：原理 ······················ **195**
　──の反射 ······················ 478
地震波異方性 ······················ 198
地震波実体波 ······················ 198
地震破壊過程 ······················ 180
地震波信号処理 ···················· **200**
地震波振幅 ························· 197
地震波速度 ·················· 196, 322, 528
地震波速度構造 ···················· 250
地震波速度特性 ···················· 81
地震波速度不連続面 ················ 540
地震波動エネルギー ················ 196
地震波不連続面 ···················· 82
地震波理論 ··················· 196, 203
地震表面波 ························ **204**
地震モーメント ···················· 180
地震予知 ··························· 187
地すべり ··························· 28
沈み込み帯 ········ 184, 194, **206**, 214, 448
沈み込み複合体 ···················· 206

沈み込むスラブ ···················· 551
磁性鉱物 ··························· 401
自然災害 ··························· 505
自然残留磁化 ······················ 151
自然地震 ······················ 198, 250
自然史博物館 ······················ 473
自然電位法 ························· 393
自然保護 ··························· 352
実験室 ····························· 473
湿潤断熱減率 ·················· 282, 309
湿性沈着 ··························· 167
実体波 ···················· 195, 198, 202
実用的塩分 ························· 57
質量 ······························· 398
質量分析計 ························· 511
自転 ······························· 158
自転軸 ····························· 385
自転周期 ··························· 353
自動地域緊急警報 ·················· 441
シート状岩脈群 ···················· 39
磁場 ·························· 376, 427
磁場観測 ··························· 92
磁場強度 ··························· 373
地盤 ······························· 27
地盤運動の増幅作用 ················ 104
地盤震動 ··························· 104
地盤震動予測 ······················ 105
指標 ······························· 331
指標種 ····························· 331
シーベルト ························· 513
縞状磁気異常 ······················ 499
縞状鉄鉱鉱床 ········ 164, **208**, 390, 470
ジメチルスルフィド ················ 50
地面の震動 ························· 186
写真地質学 ··················· 414, 552
シャックルトン，N. J. ·········· 53, 73
ジャーナリズム ···················· 523
シャパラル ························· 233
遮蔽物 ····························· 512
ジャミーソン，トーマス ·········· **211**
斜面滑降風 ························· 124
周縁海盆 ··························· 206
褶曲圧縮帯 ························· 318
褶曲圧縮断層 ······················ 319
周極深層水 ························· 96
褶曲テスト ························· 153
重金属汚染 ························· 329
収集物 ····························· 473
自由振動 ·························· **212**
重水素 ····························· 547
集積エネルギー ···················· 374
従属栄養型 ························· 258
従属栄養菌 ························· 470
収束（沈み込みまたは消費）境界··· 497
収束大陸縁 ························· 300
収束プレート境界 ··········· 78, **213**, 297
周波数 ····························· 196

周波数フィルター処理	201	深海扇状地	448	スキンデプス	516
周氷河地形	396	深海底堆積物	110, 141	スタイロライト	**249**
周辺氷河地帯（MIZ）	97	深海平原	64	ステップトリーダー	281
重力	3, 24, 176, 269, 394, 414, 427	真核細胞	470	ステノ，ニコラス	363
——と圧力の深さ分布	370	真核生物	471	ストームトラック	422, 456
重力異常	215, 447	進化論	267, 407	ストロマトライト	388
重力エネルギー	374, 385	真菌類	257	ストロンチウム	483
重力計	216	震源	447	砂嵐	424
重力ジオイド	270	震源位置	177	スネルの法則	190, 197, 202
重力測定と重力異常の解釈	**215**	震源機構	199	スノーボール	11
重力場	172	震源時	177	スパイラルバンド	434, 466
熟成	546	人工衛星	80, 173, 415	スーパークロン	356
主磁場	401	人工衛星レーザー測距	272	スーパープルーム	526
シュース，H.	20	人工地震	250	スピナー磁力計	151
主成分元素	**222**	人工地震源	198	スピネル	383
主成分元素組成	324	人口密度	400	スペクトルモデル	102
種の起源	268, 309	侵食	323, 332	スペシエイション	329
シューメーカー，ユージーン・マール		侵食率	399	スペリオル型	208
	222	深成岩	450	スミス，ウイリアム	363
シューメーカー-レビー彗星	223	新生代	396	スラスト	154
『ジュラシック・パーク』	521	塵旋風	424	スラスト帯	266
循環	332	深層海流	51	スラブ	530, 551
瞬間的な極	499	深層循環	229	スラブ引張り力	377, 501
準拠楕円体	269	深層水	95		
純粋剪断	320	——のコンベアベルト理論	68	斉一説	326, 407, 439, 496
春分点	271	伸張地帯	306	正極性	355
順問題	15	伸張盆地	321	正極性磁場	151
小温暖期	421	神統記	245	制御震源	381
衝上断層	182, 194, 453	新ドリアス期	96, **238**, 536	制御震源地震学	**250**
上層雲	108	深発地震	382	セイシュ	187
章動	352	深部地球内部構造	243	聖書	268, 505
衝突	318	深部反射法地震探査	**242**	脆性-延性遷移層	183
衝突域	17	神話	505	脆性破壊	317
衝突クレーター	10, 223, 426, 565	——と地球科学	**244**	成層圏	36, **252**, 307
衝突盆地	427			成層圏最終昇温	37
蒸発	**223, 224**	水圧	58	生層序学	76
蒸発損失	94	水圧破砕法	378	成層面	249
小氷期	91, **224**, 236	水温	58, 246	生体脂肪	469
上部マントル	373, 379	水温躍層	55	正断層	182, 194, 319
情報技術と地球科学	**229**	水塊	**246**	正断層運動	180
情報の洪水	230	水塊形成	246	晴天積雲	130
小惑星	14	垂下湖	109	生物	48
——と彗星	**231**	水圏	398	生物擾乱	139
除去過程	256	水準測量法	272	生物圏	**254**, 256, 388, 398
植生	330, 331	水蒸気	224	生物指標	**469**
——と気候変化	**233**	水星	10, 231, 342, 365	生物出現前のスープ	258
初生磁化	154	彗星	**10, 231**	生物相	256
除草剤	257	水成論	406, 439	生物地球化学	18, **255**
シリカ（石英）	379	垂直探査曲線	393	生物的風化	**256**
シリカ温度計	419	垂直電気探査	393	生物分解作用	**257**
磁力計	151	水平張力	378	生命	346
シルト	142	水平方向探査技術	393	——の起源	**257**, 548
シルト質砂	27	水和化合物	103	生理学的干ばつ	84
震央	195	数値標高モデル	138	世界最大の津波	431
進化	549	数密度	24	世界標準地震計観測網	181, **262**
深海掘削計画	78, 508	スカラー MT 法	517	積雲	107
深海コア	487	スカンジナビア氷床	240	石英	379

赤外線画像解析‥‥‥‥‥‥‥‥‥‥554
赤外放射‥‥‥‥‥‥‥‥‥‥‥‥‥432
石質隕石‥‥‥‥‥‥‥‥‥‥‥‥‥364
赤色層‥‥‥‥‥‥‥‥‥‥‥‥‥‥175
石鉄隕石‥‥‥‥‥‥‥‥‥‥‥‥‥232
赤道ジェット電流‥‥‥‥‥‥‥‥‥355
赤道方向の膨らみ‥‥‥‥‥‥‥‥‥80
赤道面‥‥‥‥‥‥‥‥‥‥‥‥‥‥271
石油‥‥‥‥‥‥‥‥255, 331, 388, 546
積乱雲‥‥‥‥‥‥‥‥‥‥‥‥107, 264
セジウィック‥‥‥‥‥‥‥‥‥‥‥364
石灰岩‥‥‥‥‥‥‥‥‥‥‥‥‥‥314
摂氏‥‥‥‥‥‥‥‥‥‥‥‥‥‥‥88
絶対温度‥‥‥‥‥‥‥‥‥‥20, 560
絶対嫌気性菌‥‥‥‥‥‥‥‥‥‥389
絶対プレート‥‥‥‥‥‥‥‥‥‥378
セドフ号‥‥‥‥‥‥‥‥‥‥‥‥‥71
セファイド‥‥‥‥‥‥‥‥‥‥‥366
先カンブリア時代‥‥‥‥‥‥‥‥366
全球気温‥‥‥‥‥‥‥‥‥‥‥‥‥91
前弧海盆‥‥‥‥‥‥‥‥206, 318, 449
戦場の設備‥‥‥‥‥‥‥‥‥‥‥116
前震‥‥‥‥‥‥‥‥‥‥‥‥‥‥195
鮮新世‥‥‥‥‥‥‥‥‥‥‥‥‥482
前線‥‥‥‥‥‥‥‥‥108, **262**, 419
前線面‥‥‥‥‥‥‥‥‥‥‥‥‥263
全地球規模地震計観測網‥‥‥‥‥262
全地球測位システム‥‥‥‥**265, 273**
閃電岩‥‥‥‥‥‥‥‥‥‥‥‥‥279
潜熱‥‥‥‥‥‥‥‥‥‥88, 224, 491
全米科学アカデミー‥‥‥‥‥‥‥262
前方陸地‥‥‥‥‥‥‥‥‥‥‥**266**
前方陸地盆‥‥‥‥‥‥‥‥‥‥**266**

層雲‥‥‥‥‥‥‥‥‥‥‥‥‥‥107
総観気候学‥‥‥‥‥‥‥‥‥‥‥266
双極子磁場‥‥‥‥‥‥‥150, 357, 359
双極子モーメント‥‥‥‥‥‥‥357
走向移動断層‥‥‥‥‥‥‥‥‥453
造山運動‥‥‥‥‥‥‥‥‥‥‥319
　　――の周期性‥‥‥‥‥‥‥503
造山帯‥‥‥‥‥‥‥‥109, 266, 321
層状堆積物‥‥‥‥‥‥‥‥‥‥‥99
創世記‥‥‥‥‥‥‥‥‥‥‥‥‥267
創造説‥‥‥‥‥‥‥‥‥‥‥‥**267**
相対温度‥‥‥‥‥‥‥‥‥‥‥‥20
相対GPS‥‥‥‥‥‥‥‥‥‥‥274
相対重力計‥‥‥‥‥‥‥‥‥‥270
相転移‥‥‥‥‥‥‥‥‥82, 360, 529
相分離‥‥‥‥‥‥‥‥‥‥‥‥337
相変化‥‥‥‥‥‥‥‥‥‥‥‥**359**
続成作用‥‥‥‥‥‥‥‥‥‥81, 546
測地学‥‥‥‥‥‥‥‥‥‥‥‥**269**
測地学的計測‥‥‥‥‥‥‥‥‥**269**
測器観測‥‥‥‥‥‥‥‥‥‥91, 224
測器時代‥‥‥‥‥‥‥‥‥‥‥468
ソービー, ヘンリー・クリフトン‥‥**274**

ソレアイト質玄武岩‥‥‥‥‥‥‥449

■タ行

タイガ‥‥‥‥‥‥‥‥‥‥‥‥233
大干ばつ‥‥‥‥‥‥‥‥‥‥‥‥83
大気‥‥‥‥‥‥‥‥‥‥87, 427, 461
　　――の鉛直運動‥‥‥‥‥‥**282**
大気CO₂濃度‥‥‥‥‥‥‥‥‥256
大気圏‥‥‥‥‥‥‥‥‥‥‥48, 398
大気層‥‥‥‥‥‥‥‥‥‥‥‥443
大気大循環‥‥‥‥‥‥‥‥‥‥**276**
大気中¹⁴C‥‥‥‥‥‥‥‥‥‥150
大気中の収束・発散‥‥‥‥‥‥**278**
大気電気‥‥‥‥‥‥‥‥‥‥‥**279**
耐震設計‥‥‥‥‥‥‥‥‥‥‥104
大西洋‥‥‥‥‥‥‥‥‥‥‥‥246
大西洋型大陸縁‥‥‥‥‥‥‥‥296
大西洋中央海嶺‥‥74, 303, 475, 493, 500
堆積学‥‥‥‥‥‥‥‥‥‥275, 339
堆積残留磁化‥‥‥‥‥‥‥‥‥154
体積弾性率‥‥‥‥‥‥‥‥‥‥197
堆積物‥‥‥‥‥‥34, 78, 109, 296
堆積盆‥‥‥‥‥‥‥‥‥‥‥‥‥3
堆積盆探査‥‥‥‥‥‥‥‥‥‥518
代替説‥‥‥‥‥‥‥‥‥‥‥‥510
代替データ‥‥‥‥‥‥‥‥‥‥456
タイタン‥‥‥‥‥‥‥‥‥‥‥349
台地‥‥‥‥‥‥‥‥‥‥‥‥‥321
台地状玄武岩‥‥‥‥‥‥‥‥‥‥13
ダイナモ‥‥‥‥‥‥‥‥‥358, 496
ダイナモモデル‥‥‥‥‥‥356, 358
退氷期‥‥‥‥‥‥‥‥‥‥‥‥‥97
台風‥‥‥‥‥‥‥310, 434, 436, 466
太平洋型大陸縁‥‥‥‥‥‥‥‥296
ダイヤモンドダスト‥‥‥‥‥‥456
太陽‥‥‥‥‥‥‥‥‥‥‥79, 461
太陽エネルギー‥‥‥‥‥‥‥‥285
太陽活動と黒点‥‥‥‥‥‥‥‥**284**
太陽系‥‥‥‥‥‥‥‥‥‥‥‥364
太陽系星雲‥‥‥‥‥‥‥‥‥‥‥20
太陽黒点‥‥‥‥‥‥‥‥‥‥‥229
大洋中央海嶺‥‥‥‥‥‥39, 69, 474
太陽風‥‥‥‥‥‥‥‥‥‥‥‥354
太陽放射‥‥‥‥‥‥‥‥‥‥90, 276
第四紀
　　――の海水位の変化‥‥‥‥**285**
　　――の大洪水‥‥‥‥‥‥‥**288**
　　――の氷期の降水‥‥‥‥‥**290**
　　――の氷床と気候‥‥‥‥‥**292**
大陸移動‥‥‥‥‥‥**294**, 493, 496, 519
大陸移動説
　　‥‥6, 18, 156, 407, 440, 442, 502, 515
大陸縁‥‥‥‥‥‥‥‥‥‥‥‥**296**
大陸塊‥‥‥‥‥‥‥‥‥‥‥‥**109**
大陸塊盆‥‥‥‥‥‥‥‥‥‥‥109
大陸斜面‥‥‥‥‥‥‥‥‥‥‥298
大陸衝突帯‥‥‥‥‥‥‥‥‥‥185

大陸性熱帯気団‥‥‥‥‥‥‥‥262
大陸性リソスフェア‥‥‥‥‥207, 213
大陸台地‥‥‥‥‥‥‥‥‥‥‥298
大陸棚‥‥‥‥‥‥‥‥‥‥298, 416
大陸地殻‥‥3, 74, 321, 332, 380, 519, 540
大陸地溝‥‥‥‥‥‥‥‥‥‥‥**302**
大陸と海洋の起源‥‥‥‥‥‥‥502
大陸内断層‥‥‥‥‥‥‥‥‥‥317
大陸付加‥‥‥‥‥‥‥‥‥‥‥207
大陸リフト‥‥‥‥‥‥‥‥321, 474
大理石‥‥‥‥‥‥‥‥‥‥‥‥‥45
対流‥‥‥‥‥‥‥‥‥‥‥282, 375
対流圏‥‥‥‥‥‥‥‥37, 128, **307**
対流圏循環‥‥‥‥‥‥‥‥‥‥123
滞留時間‥‥‥‥‥‥‥51, 334, 336
対流モデル‥‥‥‥‥‥‥‥‥‥527
ダーウィン, チャールズ‥‥29, 267, **309**
楕円軌道‥‥‥‥‥‥‥‥‥‥‥425
楕円体‥‥‥‥‥‥‥‥‥‥‥‥272
高潮‥‥‥‥‥‥‥‥‥‥‥‥‥**310**
蛇行‥‥‥‥‥‥‥‥‥‥‥‥‥506
ダストボウル‥‥‥‥‥‥‥‥‥‥83
ダスト粒子‥‥‥‥‥‥‥‥‥‥458
脱ガス過程‥‥‥‥‥‥‥‥‥‥525
ダットン, クラレンス・エドワード
　　‥‥‥‥‥‥‥‥‥‥‥‥‥**311**
竜巻‥‥‥‥‥‥‥‥‥‥‥‥‥**312**
楯状地‥‥‥‥‥‥‥‥109, 321, 550
縦波‥‥‥‥‥‥‥‥‥‥‥‥‥198
ダブルカップル‥‥‥‥‥‥‥‥180
多変量統計解析‥‥‥‥‥‥‥‥140
タルシス火山‥‥‥‥‥‥‥‥‥346
タレス‥‥‥‥‥‥‥‥‥‥‥‥149
短期予知‥‥‥‥‥‥‥‥‥‥‥188
探査地球物理学‥‥‥‥‥‥‥‥**312**
探査地質学‥‥‥‥‥‥‥‥‥‥338
炭酸塩堆積物‥‥‥‥‥‥‥‥‥300
炭酸塩補償深度‥‥‥‥‥‥‥‥‥34
単純剪断‥‥‥‥‥‥‥‥‥‥‥320
ダンスガード-オシュガーイベント
　　‥‥‥‥‥‥‥‥‥‥‥‥‥242
弾性限界‥‥‥‥‥‥‥‥‥‥‥196
弾性定数‥‥‥‥‥‥‥‥‥‥‥197
弾性的プレート‥‥‥‥‥‥‥‥551
弾性的変形‥‥‥‥‥‥‥‥‥‥550
弾性波‥‥‥‥‥‥‥‥‥‥‥‥313
弾性波速度‥‥‥‥‥‥‥‥‥‥‥81
弾性波伝播‥‥‥‥‥‥‥‥‥‥**313**
炭素－一酸化炭素バッファー‥‥163
断層‥‥‥‥‥‥‥‥‥‥‥‥‥302
炭素質コンドライト
　　‥‥‥‥20, 122, 260, 364, 531
炭素循環‥‥‥‥‥‥‥‥‥**313**, 334
炭素同位体‥‥‥‥‥‥‥‥‥‥‥96
『ダンテズ・ピーク』‥‥‥‥‥522
断熱減率‥‥‥‥‥‥‥‥‥‥‥282
断面図‥‥‥‥‥‥‥‥‥‥‥‥413

断裂帯・・・・・・453

遅延時間・・・・・・236
チェンバレン，トーマス・クラウダー
・・・・・・**316**, 364
地温勾配・・・・・・367
地下核爆発・・・・・・262
地殻・・・・・・379, 426, 445
　——の伸張・・・・・・451
　——の組成と循環・・・・・・**321**
地殻運動と変形様式・・・・・・**317**
地殻均衡・・・・・・2
地殻変形・・・・・・154
地下構造の画像・・・・・・478
地下進入レーダー・・・・・・160
地下水・・・・・・561
地球・・・・・・342
　——と太陽系の年代と初期進化・・・**363**
　——における電磁流体力学波・・・**373**
　——のエネルギー収支・・・・・・**374**
　——の応力場・・・・・・**377**
　——の形状・・・・・・**378**
　——の形成年代・・・・・・**364**
　——の構造・・・・・・**379**
　——の自転と公転・・・・・・**384**
　——の周囲・・・・・・149
　——の速度構造・・・・・・192
　——の誕生・・・・・・162
　——の内部構造・・・・・・213
　——の熱流量・・・・・・**385**
　——の年齢・・・・・・364, 407, 451
　——の平均密度・・・・・・369
　——の密度構造・・・・・・79
　——への衝突・・・・・・10
地球温暖化・・・・・・45, 103, **325**, 457
地球科学・・・・・・159, **326**, 379, 409
　——におけるフラクタル・・・・・・**337**
　——の躍進（第二次世界大戦後の）
　・・・・・・**338**
　音楽と——・・・・・・43
　芸術と——・・・・・・**117**
　古代と——・・・・・・149
　神話と——・・・・・・**244**
　情報技術と——・・・・・・**229**
　マスメディアにおける——・・・・・・**519**
地球化学異常・・・・・・**327**, 329
地球科学史学会・・・・・・412
地球科学者・・・・・・521
地球化学の異常・・・・・・331
地球化学の移動性・・・・・・**329**
地球化学の鉱床探査・・・・・・**329**
地球化学の指標種・・・・・・**331**
地球化学の循環・・・・・・**332**
地球化学の滞留時間・・・・・・**336**
地球化学の探査・・・・・・328, 329, 331, 337
地球化学の分化・・・・・・**336**
地球化学的分布・・・・・・337

地球化学的分別・・・・・・337
地球化学の歴史・・・・・・**340**
地球化学分析・・・・・・**340**
地球核・・・・・・107, 370
地球型惑星・・・・・・**342**, 426
地球基準系・・・・・・352
地球圏・生物圏国際協同研究計画・・・148
地球資源の保存・・・・・・**350**
地球姿勢・・・・・・**352**
地球質量・・・・・・369
地球磁場・・・・・・69, 376, 526
　——：外部磁場・・・・・・**354**
　——：極性逆転・・・・・・**355**
　——：主磁場・経年変化と西方移動
　・・・・・・**357**
　——：地球内部磁場の起源・・・**357**
　——の逆転・・・・・・358, 402
地球磁場逆転タイムスケール・・・・・・156
地球磁場座標系・・・・・・400
地球自由振動・・・・・・212, 381
地球章動・・・・・・271
地球深部での相変化・・・・・・**359**
地球生理学・・・・・・49
地球ダイナミクス・・・・・・**362**
地球潮汐・・・・・・**362**
地球内部
　——の速度変化・・・・・・192
　——の放射性熱の産出・・・・・・**367**
　——の密度分布・・・・・・**369**
地球内部構造・・・・・・180
地球内部磁場・・・・・・354
地球微生物学・・・・・・**388**
地球物理学・・・・・・379
　——における電気技術・・・・・・**392**
　——の歴史・・・・・・**394**
地球物理探査・・・・・・392
逐次最小2乗法・・・・・・177
地形・・・・・・245, 338
　——と気候・・・・・・**395**
地形変化・・・・・・396
地圏・・・・・・**397**
地溝・・・・・・302, 319
地溝床・・・・・・303
地溝帯・・・・・・319
地衡風・・・・・・121, 158
地磁気・・・・・・394
　——の逆転・・・・・・502
地磁気緯度・・・・・・176
地磁気極・・・・・・176
地磁気極性タイムスケール・・・・・・174
地磁気縞模様・・・・・・174
地磁気測定：技術と探査・・・・・・**400**
地磁気ダイナモ・・・・・・376
地磁気反転・・・・・・526
地磁気方向の経年変化・・・・・・150
地質圧力計・・・・・・507
地質温度計・・・・・・419, 507

地質学・・・・・・406
　——とそのほかの地球科学・・・・・・**408**
　——における詐欺・・・・・・**409**
　哲学と——・・・・・・**439**
　博物館と——・・・・・・**472**
　文字と——・・・・・・**505**
　ワインと——・・・・・・**561**
地質学愛好家・・・・・・**403**
地質学コラム・・・・・・406
地質学者・・・・・・**403**
地質学的時間スケール・・・・・・523
地質学的断面・・・・・・478
地質学的な概念のはじまり・・・・・・**404**
地質学的なシリーズ番組・・・・・・520
地質学的なユーモア・・・・・・**405**
地質学的な論争・・・・・・406
地質学会・・・・・・**410**
地質圏・・・・・・256, 388
地質構造・・・・・・312
地質考古学・・・・・・**412**
地質時代・・・・・・174
地質神話・・・・・・244
地質図・・・・・・120
　——とその作成・・・・・・**413**
地質調査所・・・・・・**415**
地質年代測定学・・・・・・514
地質年代測定法・・・・・・511
地心双極子磁場・・・・・・155
地心双極子磁場モデル・・・・・・141
地生態学・・・・・・**417**
地層・・・・・・147
地層水・・・・・・31
チタノヘマタイト・・・・・・104
チタノマグネタイト・・・・・・104
地中海・・・・・・246, 539
地中レーダー・・・・・・161
チチュルーブ・・・・・・13
窒素・・・・・・334, 533
地熱水の化学と熱水変質・・・・・・**418**
地表温度・・・・・・48
地表傾圧帯・・・・・・419
チムニー・・・・・・494
チャート・・・・・・208, 259
チャド湖・・・・・・93
チャネル地形・・・・・・346
チャレンジャー号・・・・・・64, 67
チャンドラー極運動・・・・・・271
中緯度対流圏循環・・・・・・**419**
中央海嶺・・・・・・74, 218, 297, 387, 438, 493, 496, 503, 519
中央海嶺玄武岩・・・・・・380
中間圏・・・・・・307, **421**
中間圏界面・・・・・・461
柱状節理・・・・・・44
中世温暖期・・・・・・**421**
中層雲・・・・・・108
チューブワーム・・・・・・255, 390, 495

576　索引

長期予知 188
超好熱性菌 390
超好熱性バクテリア 260
彫刻 120
超自然 404
潮汐 375
潮汐加熱 347
潮汐摩擦 363
潮汐力 362
超大陸 408
超長基線電波干渉法 272, **423**
重複拡大中心 476
張力 302
チョーク 563
直流（DC）抵抗法 160
直交プロット 152
塵 **424**
沈降逆転層 128

通過波の相対強度 197
月 79, 365, **425**
　　——の海 344
　　——の岩石 425
　　——の高地 343
津波 **7**, **430**
　　世界最大の—— 431
津波警戒システム 431
冷たい雲 134
冷たい高気圧 129
ツングースカ 12
ツンドラ 233, 237

低緯度対流圏循環 **431**
低気圧 87, 121, **436**
　　——の発達 419
ディーコンセル 457
定常状態 336
定常プラネタリー波 455
ディスクダイナモ 358
底生有孔虫 96
低速度層 6, 107, 185
停滞性 357
停滞前線 263
ディーツ, ロバート 69, **438**
ディットマーの法則 60, 67
低比抵抗 393
堤防 134
テオフラストス 149
デカン玄武岩 526
テクトニックイベント 156
デジタル画像解析 556
デージーワールド 49
データベース 229
哲学と地質学 **439**
鉄仮説 68
鉄鉱石 208
鉄資源 208

鉄質隕石 531
鉄-ニッケル核 358
鉄砲水 **441**
デービス, ウィリアム　M. 395
デービスの理論 395
デュトワ, アレクサンダー 295, **442**
デラミネーション 325
$\delta^{18}O$ 169
$\delta^{18}O$ 履歴 171
デルタ（δ）表記 445
テレコネクション 31, 267
テレーン **7**, 325
テロワール 561
電荷分離 280
天気 129, 307
電気抵抗 393
電気的イメージングトモグラフィー 393
電気伝導度 36, 159, 374
電気比抵抗探査 159
天気予報 **442**
電磁気学的手法 35
電子光波測距システム 272
電子出版 230
電磁流体力学 359
電磁流体力学波 373
天水起源 446
天体の音楽 43
伝導 385
天然ガス 329, 547
天然資源 350, 394
天然資源探査 518
天皇海山 526
天王星 106
電波 443
伝播性リフト 476
天変地異説 407, 439
天文緯度 270
天文経度 270
電離圏 354
電離層 307, **443**

同位体 444, 511
同位体地球化学 **444**
同位体年代測定 444
同化作用 **446**
同期回転 425
島弧 17, 321, **447**
等高線海流 299
等高線堆積物 299
島弧地域 266
動的平衡 49
凍土地帯 422
東部南極氷床 99
等方性 197
ドキュメンタリー番組 520
独立栄養型 258

土壌 561
トーションバランス 216
土星 106
ドップラーシフト 564
ドブソン単位 36
ドーム状の隆起 303
トムソン, ウィリアム（ケルビン卿）
　　407, **451**
トラバース測量 271
トランジェントクレーター 10
トランスフォーム型大陸縁 296
トランスフォーム構造谷 452
トランスフォーム断層
　　17, 183, 320, 452, 499, 503
トランスフォームプレート境界
　　183, **452**
トリウム 367, 388
トリトン 349
ドリーネ 93
トルク 79
トルドス岩体 42
トレーサー 246
泥噴出物 449

■ナ行

内海盆 321
内核 372, 374, 527, 540, 559
内成 332
ナイル川 288
鳴砂 43
ナトリウム 60
鉛 60
鳴り石 44
南極海 62, 72
南極寒帯前線 290
南極極前線帯 73
南極圏の気候 **455**
南極高気圧 290
南極周極流 72, 96
南極大陸 123
南極地域 105
南極底流 95
南極の氷床コア **457**
南極氷床 52, 290, 490
軟弱圏 **4**
軟泥 34
南米 462
南方振動 19, 28, 66
南方振動指標 29
南北アナトリア断層 183

二酸化硫黄ガス 24
二酸化炭素 48, 166, 256, 314, 399, 472
西グリーンランド海流 72
二次分散 327
二重深発地震面 184
ニューマドリッド地震 504

ネオテクトニクス‥‥‥‥‥‥‥‥413
ねじり秤‥‥‥‥‥‥‥‥‥‥‥‥216
熱エネルギー‥‥‥‥‥‥‥‥‥385
熱塩循環‥‥‥‥52, 63, 69, 96, 487
熱境界層‥‥‥‥‥‥‥‥‥‥‥550
熱圏‥‥‥‥‥‥‥‥‥‥307, **461**
熱残留磁化‥‥‥‥‥‥‥‥150, 154
熱消磁‥‥‥‥‥‥‥‥‥‥‥‥151
熱水鉱物‥‥‥‥‥‥‥‥418, 446
熱水変質‥‥‥‥‥‥‥‥‥‥‥418
熱水変質作用‥‥‥‥‥‥‥‥‥81
熱帯雨林‥‥‥‥‥‥‥‥‥‥‥399
――と氷期‥‥‥‥‥‥‥‥**462**
熱帯収束帯‥‥‥‥‥‥277, 290, 432
熱帯低気圧‥‥‥‥310, 434, 436, **464**
熱伝導率‥‥‥‥‥‥‥‥‥‥‥386
熱ブロッキング‥‥‥‥‥‥‥‥153
熱放射‥‥‥‥‥‥‥‥‥‥‥‥375
熱膨張係数‥‥‥‥‥‥‥‥‥‥386
熱流量測定‥‥‥‥‥‥‥‥‥‥496
ネプチェニアン岩脈‥‥‥‥‥**611**
ネール温度‥‥‥‥‥‥‥‥‥‥104
粘性残留磁化‥‥‥‥‥‥‥‥‥151
粘性率‥‥‥‥‥‥‥‥‥‥5, 375
粘性流体‥‥‥‥‥‥‥‥523, 551
年代決定法‥‥‥‥‥‥‥‥‥‥412
粘土‥‥‥‥‥‥‥‥‥‥‥‥‥563
年輪気候学‥‥‥‥‥‥‥139, **467**
年輪年代学‥‥‥‥‥‥‥‥‥‥422

ノアの洪水‥‥‥‥‥‥‥‥245, 407
農業活動‥‥‥‥‥‥‥‥‥‥‥398
農業干ばつ‥‥‥‥‥‥‥‥‥‥83
ノード‥‥‥‥‥‥‥‥‥‥‥‥212
ノルウェー海流‥‥‥‥‥‥‥‥72
ノルウェーの凍土地帯‥‥‥‥‥422
ノルム計算‥‥‥‥‥‥‥‥‥‥222

■ハ行
バイオマーカー‥‥‥435, **469**, 546, 547
廃棄物‥‥‥‥‥‥‥‥‥‥‥‥400
背弧海盆‥‥‥‥‥‥‥‥40, 206, 451
背弧地域‥‥‥‥‥‥‥‥‥‥‥318
ハイパスフィルター‥‥‥‥‥‥201
パイロキシン‥‥‥‥‥‥‥‥‥361
パイロライト‥‥‥‥‥‥‥‥‥529
バイン-マシューズ仮説‥‥‥‥‥503
ハインリッヒ現象‥‥‥‥97, 113, 170
白亜紀‥‥‥‥‥‥‥‥‥‥‥‥527
爆弾低気圧‥‥‥‥‥‥‥‥‥‥421
バクテリア
　　‥‥254, 255, 257, 388, **470**, 538, 546
バクテリア起源‥‥‥‥‥‥‥‥141
バクテリア採鉱‥‥‥‥‥‥‥‥470
バクテリア同位体分別‥‥‥‥**472**
バクテリア万能説‥‥‥‥‥‥‥471
バクテリア硫酸還元‥‥‥‥‥‥472

爆発実験‥‥‥‥‥‥‥‥‥‥‥10
博物館と地質学‥‥‥‥‥‥‥**472**
破砕帯（低比抵抗）‥‥‥‥‥‥393
波線‥‥‥‥‥‥‥‥‥‥‥‥‥202
波線経路‥‥‥‥‥‥‥‥‥‥‥202
波線パラメーター‥‥‥‥‥‥‥203
波線理論‥‥‥‥‥‥‥‥‥138, 203
波長‥‥‥‥‥‥‥‥‥‥‥‥‥196
発酵‥‥‥‥‥‥‥‥‥‥‥‥‥470
発散（海嶺または付加）境界‥‥497
発散プレート境界‥‥‥‥78, 182, **474**
発震機構‥‥‥‥‥‥‥‥‥177, 378
発電機（ダイナモ）‥‥‥‥358, 496
ハットン，ジェームズ
　　　　‥‥‥‥49, 332, 403, 496
発熱反応‥‥‥‥‥‥‥‥‥‥‥361
波動エネルギー‥‥‥‥‥‥‥‥197
波動低気圧‥‥‥‥‥‥‥‥‥‥438
波動方程式‥‥‥‥‥‥‥‥‥‥203
波動論‥‥‥‥‥‥‥‥‥‥139, 203
波動論的合成記象‥‥‥‥‥‥‥139
ハドリー溝‥‥‥‥‥‥‥‥‥‥429
ハドレー循環‥‥‥19, 171, 277, 432, 485
波面‥‥‥‥‥‥‥‥‥‥‥‥‥202
パラメタリゼーション‥‥‥‥‥102
ハリケーン‥‥‥310, 312, 434, 436, 464
――の渦度‥‥‥‥‥‥‥‥‥20
――の風速‥‥‥‥‥‥‥‥‥122
ハロー‥‥‥‥‥‥‥‥‥‥‥‥327
ハワイ-天皇海山列‥‥‥‥‥480, 500
ハワイ島‥‥‥‥‥‥‥‥‥‥‥387
パンゲア‥‥‥‥‥‥18, 155, 295, 526
半減期‥‥‥‥‥‥‥‥‥‥‥‥367
万国地質学会議‥‥‥‥‥‥‥‥147
反射法‥‥‥‥‥‥‥‥‥‥‥‥189
反射法地震探査‥‥191, 201, 243, 250, **478**
反射法地震探査処理‥‥‥‥‥‥200
反射法地震探査断面‥‥‥‥‥‥189
反芻動物‥‥‥‥‥‥‥‥‥‥‥471
バンドパスフィルター‥‥‥‥‥201
半日潮汐‥‥‥‥‥‥‥‥‥‥‥363
斑れい岩類‥‥‥‥‥‥‥‥‥‥39

日傘効果‥‥‥‥‥‥‥‥‥‥‥108
東アフリカ大地溝帯‥‥302, 319, 474, 510
東オーストラリア海流‥‥‥‥‥70
東グリーンランド海流‥‥‥‥‥72
東太平洋海膨‥‥‥‥‥‥‥‥‥476
非活動的縁辺域‥‥‥‥‥‥‥**479**
ビクトリアランド‥‥‥‥‥‥‥491
非地震性海嶺および海台‥‥‥**480**
歪み速度‥‥‥‥‥‥‥‥‥‥‥550
非双極子磁場‥‥‥‥‥‥150, 357, 359
非弾性減衰‥‥‥‥‥‥‥‥‥‥197
ビチューメン‥‥‥‥‥‥‥‥‥547
ピックアップコイル‥‥‥‥‥‥151
非トランスフォーム性のずれ‥‥‥475

ピナツボ火山‥‥‥‥‥‥‥‥‥92
被曝線量‥‥‥‥‥‥‥‥‥‥‥513
ヒマラヤ山塊‥‥‥‥‥‥‥‥‥543
ヒマラヤ山脈‥‥‥‥‥‥‥49, 319
ヒマラヤ・チベットの隆起と気候変動
　　‥‥‥‥‥‥‥‥‥‥‥**481**
ビューフォート環流‥‥‥‥‥‥71
雹‥‥‥‥‥‥‥‥‥‥‥‥‥‥132
氷河‥‥‥‥‥‥‥‥‥4, 118, 292
氷河期‥‥‥‥‥‥‥‥‥‥‥‥4
氷河期後期‥‥‥‥‥‥‥‥‥‥5
氷河作用‥‥‥‥‥‥‥‥‥‥‥115
氷河時代‥‥‥‥‥‥‥‥**484**, 489
――の乾燥‥‥‥‥‥‥‥‥**485**
氷河時代理論‥‥‥‥‥‥‥‥**486**
氷河地形‥‥‥‥‥‥‥‥‥‥‥396
氷冠‥‥‥‥‥‥‥‥‥‥‥5, 292
氷期‥‥‥‥26, 95, 113, 143, 234, 292, **462**
――・間氷期‥‥‥‥‥‥‥‥485
――の出現‥‥‥‥‥‥‥‥‥115
標高‥‥‥‥‥‥‥‥‥‥‥‥‥272
氷室効果‥‥‥‥‥‥‥‥‥‥‥481
標準平均海水‥‥‥‥‥‥‥‥‥169
氷床‥‥‥‥‥‥‥‥27, 61, 132, 292
――と気候‥‥‥‥‥‥‥‥**490**
氷床コア‥‥‥‥‥‥‥111, 423, **457**
表成‥‥‥‥‥‥‥‥‥‥‥‥‥332
表層‥‥‥‥‥‥‥‥‥‥‥‥‥315
氷点‥‥‥‥‥‥‥‥‥‥‥61, 88
氷帽‥‥‥‥‥‥‥‥‥‥‥‥‥490
表面‥‥‥‥‥‥‥‥‥‥‥‥‥103
表面波‥‥‥‥‥‥‥185, 195, 196
――の分散性‥‥‥‥‥‥‥‥205
微量元素‥‥‥‥‥‥‥‥**491**, 525
ピルトダウン人‥‥‥‥‥‥‥‥410
ピロータイト‥‥‥‥‥‥‥‥‥401
微惑星‥‥‥‥‥‥‥‥‥‥‥‥316
貧栄養湖‥‥‥‥‥‥‥‥‥‥‥533

フィタン‥‥‥‥‥‥‥‥‥‥‥469
フィッシャー統計‥‥‥‥‥‥‥152
フィラメント状微化石‥‥‥‥‥259
風化‥‥‥‥‥‥‥‥‥‥256, 323
風化盆地‥‥‥‥‥‥‥‥‥‥‥257
風景画‥‥‥‥‥‥‥‥‥‥‥‥117
風成循環‥‥‥‥‥‥‥‥‥‥‥69
風成堆積痕‥‥‥‥‥‥‥‥‥‥290
風成堆積物‥‥‥‥‥‥‥‥141, 485
富栄養湖‥‥‥‥‥‥‥‥‥‥‥533
フェノスカンジナビア‥‥‥‥‥5
フェヤライト-磁鉄鉱-石英バッファー
　　‥‥‥‥‥‥‥‥‥‥‥163
フェリ磁性‥‥‥‥‥‥‥‥‥‥104
フォワード（前進）モデリング‥‥518
不確定性‥‥‥‥‥‥‥‥‥‥‥25
付加体‥‥‥‥‥‥‥‥‥‥‥‥503
付加プリズム‥‥‥‥206, 301, 317, 449

吹き石‥‥‥‥‥‥‥‥‥‥‥43
復元‥‥‥‥‥‥‥‥‥‥‥‥120
複双力源‥‥‥‥‥‥‥‥‥‥180
ブーゲー重力異常‥‥‥‥‥217
腐食‥‥‥‥‥‥‥‥‥‥‥‥274
不整合‥‥‥‥‥‥110, 479, 496
フック，ロバート‥‥‥**492**, 565
フックの法則‥‥‥196, 313, 492
物質の分布‥‥‥‥‥‥‥‥173
フッ素‥‥‥‥‥‥‥‥‥‥‥9
沸点‥‥‥‥‥‥‥‥‥‥‥‥88
ブドウ園‥‥‥‥‥‥‥‥‥561
フミン酸‥‥‥‥‥‥‥‥‥545
フミン質物質‥‥‥‥‥‥‥165
ブラウン，H.‥‥‥‥‥‥‥20
ブラケット，パトリック‥‥‥492
プラズマ‥‥‥‥‥‥‥‥‥354
フラックスゲート型磁力計‥373, 401
ブラックスモーカー‥‥255, 493
ブラット‥‥‥‥‥‥‥3, 217
ブラード，サー・エドワード‥**495**
プラトン‥‥‥‥‥‥‥‥‥‥6
プラネタリー波‥‥‥‥‥‥37
フラム海峡‥‥‥‥‥‥‥‥71
フリーエア異常‥‥‥‥‥‥217
フリーエア補正‥‥‥‥‥‥217
フーリエ解析‥‥‥‥‥‥‥200
フーリエ変換‥‥‥‥‥‥‥201
ブリザード‥‥‥‥‥‥‥‥124
プリニウス‥‥‥‥‥‥‥‥149
プリニー式噴火‥‥‥‥‥‥‥6
ブリュンヌ磁気ゾーン‥‥‥175
ブリュンヌ正磁極期‥‥‥‥174
フルボン酸‥‥‥‥‥‥‥‥545
プルーム‥‥‥‥‥76, 387, 494
プレイフェアー，ジョン‥‥**496**
プレイリーフラット‥‥‥‥11
プレート‥‥‥‥17, 74, 496, 497, 503
──の強度‥‥‥‥‥‥‥‥3
──の絶対運動‥‥‥‥‥500
プレート運動‥‥‥194, 274, 524
プレート運動学‥‥‥‥‥‥497
プレート境界‥‥‥‥‥302, 503
プレート境界地震‥‥‥‥‥194
プレート剛性厚さ‥‥‥‥‥266
プレート収束境界
‥‥‥‥166, 304, 317, 318, 388
プレート衝突‥‥‥‥‥‥‥524
プレート相対運動‥‥‥‥‥499
プレートテクトニクス‥‥17, 156, 174,
294, 296, 317, 339, 366, 408, 440, **496**,
531
──そのパラダイム史‥‥**502**
──による変形‥‥‥‥‥265
──のメカニズム‥‥‥‥501
プレート内地震活動‥‥194, **504**
ブレン，K. E.‥‥‥‥‥‥172

不連続面‥‥‥‥‥‥361, 525
ブロッキング温度‥‥‥‥‥153
ブロッキング高気圧‥123, 127, 129, 421
プロトン歳差運動磁力計‥‥401
プロミネンス‥‥‥‥‥‥‥317
フロリダ海流‥‥‥‥‥‥‥537
フロン‥‥‥‥‥‥38, 39, 246, 253
分解能‥‥‥‥‥‥‥‥‥‥200
文学と地質学‥‥‥‥‥‥‥**505**
分散曲線‥‥‥‥‥‥‥‥‥205
分散性‥‥‥‥‥‥‥‥205, 272
分配‥‥‥‥‥‥‥‥‥336, **507**
分配係数‥‥‥‥‥‥‥‥‥507

ベイオブアイランズ・オフィオライト
‥‥‥‥‥‥‥‥‥‥‥41
平均海面‥‥‥‥‥‥‥‥‥172
平均滞留時間‥‥‥‥‥‥‥336
米国地球物理学連合‥‥‥‥412
米国地質調査所‥‥‥‥415, 514
閉塞前線‥‥‥‥‥‥‥‥‥264
平頂海山‥‥‥‥‥‥‥‥‥508
ヘクトパスカル‥‥‥‥‥‥87
ベクレル，アンリ‥‥‥510, 549
ベーコン，フランシス‥‥‥404
ヘス，ハリー・ハモンド‥503, **508**
ベスビオ山‥‥‥‥‥‥‥‥149
ベーズンアンドレンジ地方‥302
β線‥‥‥‥‥‥‥‥‥‥‥511
ベータ粒子‥‥‥‥‥‥‥‥512
ベニオフ，ヒューゴー‥‥212, 447, **508**
ベニング-マイネッツ，フェリックス・
アンドレアス‥‥‥‥‥508, 509
ベニング-マイネッツ帯‥‥‥509
ペヌルチメート氷期‥‥‥‥460
ヘマタイト‥‥‥‥151, 175, 401
ヘマタイトピグメント‥‥‥152
ベリリウム 10‥‥‥‥‥‥531
ベーリング・アレレード期‥234
ヘールサイクル‥‥‥‥‥‥284
ベルシェロン-フィンダイセン過程
‥‥‥‥‥‥‥‥‥‥134
ベルセリウス，イェンス・ヤコブ‥509
ベルーソフ，ウラジーミル・
ウラジーミロビッチ‥‥‥**510**
ペレ‥‥‥‥‥‥‥‥‥‥‥245
ペロブスカイト‥‥‥‥‥‥361
変換関数‥‥‥‥‥‥‥‥‥140
変形構造‥‥‥‥‥‥‥‥‥154
偏光顕微鏡‥‥‥‥‥‥‥‥274
変質‥‥‥‥‥‥‥‥‥‥‥81
変成岩核複合体‥‥‥‥‥‥320
変成作用‥‥‥‥‥‥‥81, 159
変動帯‥‥‥‥‥‥‥‥‥‥503
偏東風波動‥‥‥‥‥‥‥‥465
偏東風波動擾乱‥‥‥‥‥‥433
扁平率‥‥‥‥‥‥‥‥269, 379

ポアソン比‥‥‥‥‥‥‥‥197
ボアホール検層‥‥‥‥‥‥191
ホイヘンスの原理‥‥‥‥‥204
貿易風‥‥‥‥‥‥‥‥‥‥432
崩壊‥‥‥‥‥‥‥‥‥444, 511
崩壊定数‥‥‥‥‥‥‥‥‥511
崩壊率‥‥‥‥‥‥‥‥‥‥367
縫合線‥‥‥‥‥‥‥‥‥‥18
放散虫‥‥‥‥‥‥‥‥32, 34
放射エネルギー‥‥‥‥‥‥376
放射強制‥‥‥‥‥‥‥‥‥25
放射性壊変‥‥‥‥‥‥444, 511
放射性元素‥‥‥‥‥‥‥‥**510**
──の崩壊‥‥‥‥‥‥‥367
放射性炭素‥‥‥‥‥‥‥‥468
放射性同位元素‥‥‥‥‥‥368
放射性同位体‥‥‥‥‥444, 524
放射性熱源‥‥‥‥‥‥‥‥523
放射性熱生成‥‥‥‥‥‥‥367
放射性廃棄物‥‥‥‥‥‥‥416
放射年代‥‥‥‥‥‥‥‥‥514
放射年代決定法‥‥‥‥‥‥407
放射能‥‥‥‥‥‥440, 510, 549
──の測定と影響評価‥‥‥**512**
放射能起源同位体‥‥‥‥‥444
放射能発熱‥‥‥‥‥‥‥‥374
包接化合物‥‥‥‥‥‥23, 103
飽和状態‥‥‥‥‥‥‥‥‥223
ボーエン比‥‥‥‥‥‥‥‥94
捕獲岩‥‥‥‥‥‥323, 446, 528
母岩‥‥‥‥‥‥‥‥‥‥‥446
北東貿易風‥‥‥‥‥‥‥‥290
北米西部の地質調査‥‥‥‥**513**
ポケット正電荷層‥‥‥‥‥281
保護‥‥‥‥‥‥‥‥‥‥‥474
保磁力‥‥‥‥‥‥‥‥‥‥151
ボストーク‥‥‥‥‥‥457, 490
ポストグレイシャルリバウンド‥265
補正深度‥‥‥‥‥‥‥‥‥3
北極‥‥‥‥‥‥‥‥‥‥‥125
北極海‥‥‥‥‥‥‥‥61, 70
北極圏‥‥‥‥‥‥‥‥‥‥455
北極地域‥‥‥‥‥‥‥‥‥105
北極盆地‥‥‥‥‥‥‥‥‥105
ホットスポット‥‥17, 75, 387, 500
ホットタワー‥‥‥‥‥‥‥433
ポテンシャル渦度‥‥‥‥‥247
ポテンシャル温度‥‥‥59, 246
ポテンシャル密度‥‥‥‥‥59
ホームズ，アーサー‥‥386, **514**
ポリニア‥‥‥‥‥‥‥63, 96
ポリメラーゼ連鎖反応‥‥‥435
ホワイトスモーカー‥‥‥‥**493**

■マ行
マイケル，ジョン‥‥‥‥‥**516**
マイネッツ‥‥‥‥‥‥‥‥508

マウンダー極小期・・・・・・92, 229
マウンテンヘムロック・・・・・・237
マグニチュード（地震の）・・・・179, 552
マグネタイト・・・・・・141, 151, 401
マグネトテルリク探査・・・・・・**516**
マグマ・・・・・・78, 332, 366, 446
マグマ運動・・・・・・78
マグマオーシャン・・・・・・258, 529
枕状溶岩・・・・・・39
マコーリー島・・・・・・42
マシューズ，ドラモンド・ホイル・・・**519**
マスメディアにおける地球科学・・・**519**
マゼラン探査機・・・・・・345
マーチソン・・・・・・364
松山逆磁極期・・・・・・174
松山磁気ゾーン・・・・・・175
マリネリス峡谷・・・・・・346
マルセットの原理・・・・・・57
マントル・・・17, 82, 162, 321, 426, 445, 540
　――と核の組成・・・・・・**527**
　――の曳力・・・・・・377, 501
　――の温度・・・・・・361
　――の粘性・・・・・・523
マントルダイナミクス・・・・・・524
マントル対流・・・387, 502, 515, **523**, 524
マントルプルーム・・・17, 75, 307, 500, 526

見えない干ばつ・・・・・・83
見かけの極移動・・・・・・156
見かけ比抵抗・・・・・・518
未固結堆積岩・・・・・・82
ミシシッピ川・・・・・・135
水・・・・・・50
湖の地球化学・・・・・・**533**
水循環・・・・・・332
ミズーラ湖・・・・・・288
みぞれ・・・・・・132
ミチョアカン地震・・・・・・104
密度
　――の深さ分布・・・・・・370
　――の深さ変化・・・・・・370
密度変化・・・・・・176
南太平洋収束帯・・・・・・433
ミノア文明・・・・・・6
未破壊地域・・・・・・351
脈状鉱物・・・・・・556
ミランコビッチ，ミルティン・・・**534**
ミランコビッチサイクル
　・・・・・95, 142, 446, 460, 485, 487, 535
　――と気候変動・・・・・・**535**
ミランコビッチ理論・・・・・・535
ミランダ・・・・・・349
ミリバール・・・・・・87

無発散面・・・・・・279
室戸台風・・・・・・310

冥王星・・・・・・342
冥王代・・・・・・366
メキシコ湾流・・・・・・**537**
メソポーズ・・・・・・461
メタン・・・46, 103, 255, 257, 314, 391
メタン濃度・・・・・・460
メタンバクテリア・・・・・・79
メタン発生・・・・・・**538**
メッシニア期の塩分危機・・・**539**
メテオールクレーター・・・・・・565
メルト包有物・・・・・・556

木星・・・・・・106
もちあげ凝結高度・・・・・・309
モデリング・・・・・・362
モデル・・・・・・440
モホール計画・・・・・・508, 541
モホロビチッチ不連続面
　・・・・・・217, 321, **540**, 550
モレーン・・・・・・240, 482
モンスーン・・・・・・434, 542
モンスーン気流・・・・・・**542**
モンスーン洪水・・・・・・136
モンスーンブレイク・・・・・・544
モンテカルロ法・・・・・・219

■ヤ行
野外テスト（褶曲テスト）・・・・・・153
矢型先駆・・・・・・281
ヤング率・・・・・・197
ヤン・メイエン海流・・・・・・72

ユーイング，ウィリアム・モーリス
　・・・・・・**545**
融解・・・・・・88
有機酸・・・・・・257
　――の地球化学・・・・・・**545**
有機質物質・・・・・・**546**
有機地球化学・・・・・・**546**
有機物・・・・・・258, 398
有限回転の極・・・・・・499
有孔虫・・・・・・33
融雪水・・・・・・418
誘導結合プラズマ原子発光分光分析
　・・・・・・341
誘導結合プラズマ質量分析・・・・・・341
ユーリー，ハロルド・クレイトン
　・・・・・・20, **547**
ユンゲ層・・・・・・37

余緯度・・・・・・141
溶解薄層・・・・・・249
ヨウ素・・・・・・9
溶存気体・・・・・・60
翼足類・・・・・・33
横ずれ断層・・・・・・194
横ずれ断層運動・・・・・・180, 504

横波・・・・・・199
余震・・・・・・195
予知・・・・・・185

■ラ行
雷雲・・・・・・279
雷放電・・・・・・280
ライン川地溝・・・・・・302
ラジウム・・・・・・511
ラジオゾンデ・・・・・・442
ラドン・・・・・・9, 513, **549**
ラブ波・・・・・・195, 204
ラブラドル海流・・・・・・72
ラブロック，ジェームズ・・・・・・48
ラマルク，ジャン-バティスト・ピエール・
　アントワーヌ・ド・モネ・・・**549**
ラム，ヒューバート・オラート
　・・・・・・212, 267, 421, **550**
ランゲリア・テレーン・・・・・・7
乱層雲・・・・・・107
ラン藻類・・・・・・389, 470
ランダース・・・・・・195
ランダース地震・・・・・・186
乱流境界層・・・・・・127

リオグランデ海膨・・・・・・480
力学的エネルギー・・・・・・375
リザーバー・・・・・・336
離心率・・・・・・115
離心率サイクル・・・・・・171
リソクライン・・・・・・34
リソスフェア・・・・3, 4, 81, 185, 220, 321,
　484, 497, 540, **550**
　――のたわみ・・・・・・3
陸橋・・・・・・18
リヒター，チャールズ・・・107, 179, **552**
リヒタースケール・・・・・・552
リフティング・・・・・・479
リフトバレー・・・・・・495
リモートセンシング・・・338, 415, 416, **552**
リモートセンシング画像・・・・・・566
硫化堆積物・・・・・・36
硫酸エアロゾル・・・・・・24, 92, 458
硫酸塩エアロゾル層・・・・・・37
硫酸還元バクテリア・・・・・・389
流体包有物・・・・・・**556**
リン・・・・・・334, 533
臨界屈折波・・・・・・190
リング電流・・・・・・354
リン酸塩・・・・・・**557**
リン酸塩岩・・・・・・558

ルイス・クラーク遠征隊・・・・・・513
ルクレティウス・・・・・・149
ルネサンスと地質学的な概念・・・**558**

レイリー限界・・・・・・280

レイリー数 ·························· 386
レイリー波 ···················· 195, 204
レオナルド・ダ・ヴィンチ ········· 558
礫岩テスト ························ 153
レゴリス ·························· 398
レス（風成堆積物）········ 141, 142, 485
レーダー高度計 ······· 173, 216, 269, 564
レーダーシステム ················· 555
レッドフィールド比 ··············· 335
レドックス ························ 162
レビイ-パーカーモデル ············ 359
レフュジア ························ 236
レーマン，インゲ ················· **559**
レーマン不連続面 ············ 383, 559
レールゾライト ··················· 541
レントゲン，ウイルヘルム・C. ······· 510

露出地点 ·························· 351
ロス海 ···························· 73
ロスビー波 ············ 30, 278, 487, **560**
ロッキー山脈 ····················· 513
露点 ······························ 282
ロドストーン ······················ 400
ローパスフィルター ················ 201
ローラシア ························ 295
ローラシア大陸 ···················· 442
ローレンシア氷床 ·················· 113
ローレンタイド氷床 ············ 52, 288
ローレンツ力 ······················ 359
ロンドン地質学会 ············· 404, 410

■ワ行
ワインと地質学 ··················· **561**
惑星 ······························ 364
　──の起源 ····················· 548
惑星アルベド ······················ 242
惑星科学 ·························· 409

惑星星雲 ·························· 23
惑星測地学 ······················ **564**
惑星地形学 ······················ **564**
和達ゾーン ······················ 387
和達-ベニオフゾーン ······· 184, 206, 508
椀がけ ··························· 330

■欧文
ACD ······························ 33
AFC 過程 ························· 447
AGCM ···························· 101
ALERT ··························· 441
Alvin 号 ························· 493
^{40}Ar/^{39}Ar 同位体 ·············· 153
BIF ····························· 208
BIRPS ···························· 381
BT ······························· 55
B 領域紫外線 ······················ 36
CAI ······························ 20
CCD ······························ 33
CCO バッファー ··················· 163
CFC ······················ 38, 39, 253
CFCs ····························· 46
CLIMAP プロジェクト ········· **110**, 140
CO$_2$ ·················· 256, 313, 472
COCORP ·························· 381
COHMAP 計画 ···················· **157**
CW 法 ···························· 35
D" 層 ···························· 383
Data of geochemistry ············· 109
DEM ······························ 138
DNA ·························· **435**, 469
EM インピーダンス ················ 516
ENSO ···························· 544
Episodes ························· 147
FMQ バッファー ·················· 163
GISP2 ···························· 111

GPS ·············· 131, 265, 271, 415
GPS 干渉法（相対 GPS）··········· 274
GRIP ························· 111, 460
HFS 元素 ························· 492
ICP-MS ·························· 341
IDP ······························ 20
IGY ··············· 17, 105, 456, 510
IPCC ························· 46, 326
IRIS ····························· 262
ITCZ ···························· 277
IUGS ···························· 146
JOIDES ·························· 545
LIL 元素 ························· 492
Lithoprobe ······················ 381
MOR ····························· 493
MORBs ···························· 75
MT データ ······················ 518
OGCM ···························· 102
PCR ····························· 435
pH ······························ 166
P 波 ····················· 195, 196, 198
P 波速度 ······················ 81, 199
RNA ワールド ···················· 260
S/N 比 ··························· 200
SAR ····························· **137**
SLIME ···························· 391
Sq ······························ 355
^{87}Sr/^{86}Sr 同位体比 ·············· 483
S 波 ······················· 195, 198
S 波速度 ······················ 81, 199
TEM 法 ··························· 35
TOGA ····························· 65
TS ダイアグラム ·················· 247
TTAPS ···························· 77
VELA Uniform ···················· 262
VLBI ························ 272, **423**
WWSSN ··························· 262

監訳者略歴

井田喜明
（いだよしあき）

1941 年	東京都に生まれる
1965 年	東京大学理学部物理学科卒業
1970 年	東京大学大学院理学系研究科地球物理学博士課程修了
1986 年	東京大学地震研究所教授
2002 年	姫路工業大学（2004 年に兵庫県立大学）教授
	日本火山学会会長，火山噴火予知連絡会会長なども務める
現 在	東京大学・兵庫県立大学名誉教授．理学博士

木村龍治
（きむらりゅうじ）

1941 年	東京都に生まれる
1965 年	東京大学理学部地球物理学科卒業
1967 年	東京大学大学院理学系研究科修士課程修了
1994 年	東京大学海洋研究所教授
2003 年	放送大学教養学部教授
	日本流体力学会会長，気象予報士会会長なども務める
現 在	東京大学名誉教授．理学博士

鳥海光弘
（とりうみみつひろ）

1946 年	神奈川県に生まれる
1969 年	東京大学理学部地質学鉱物学科卒業
1991 年	東京大学理学部地質学教室教授
1999 年	東京大学新領域創成科学研究科教授
現 在	海洋研究開発機構上席研究員
	東京大学名誉教授．理学博士

地球大百科事典（上）
―地球物理編―

定価はカバーに表示

2019 年 10 月 1 日　初版第 1 刷

監訳者	井　田　喜　明
	木　村　龍　治
	鳥　海　光　弘
発行者	朝　倉　誠　造
発行所	株式会社 朝　倉　書　店

東京都新宿区新小川町 6-29
郵 便 番 号 　 162-8707
電 話 　03（3260）0141
Ｆ Ａ Ｘ 　03（3260）0180
http://www.asakura.co.jp

〈検印省略〉

Ⓒ 2019 〈無断複写・転載を禁ず〉　　　　　印刷・製本　東国文化

ISBN 978-4-254-16054-3　C 3544　　　　Printed in Korea

JCOPY ＜出版者著作権管理機構 委託出版物＞

本書の無断複写は著作権法上での例外を除き禁じられています．複写される場合は，
そのつど事前に，出版者著作権管理機構（電話 03-5244-5088，FAX 03-5244-5089，
e-mail：info@jcopy.or.jp）の許諾を得てください．

日本鉱物科学会編　宝石学会（日本）編集協力

鉱物・宝石の科学事典

16276-9　C3544　　　　A 5 判　660頁　本体16000円

鉱物は一定の化学組成を有する無機質結晶物質である。鉱物の分析により，地球深部や他の惑星を構成する物質の理解，地質現象・環境問題の解明につながるほか，鉱物は工業材料，宝飾品など人間生活にも深く結び付いている。本書では様々な知識と情報を186項目取り上げ，頁単位の読み切りで解説。代表的な鉱物・宝石177の基礎知識を辞書的に掲載。〔内容〕鉱物（基礎，地球深部・表層，宇宙，資源・バイオ・環境，材料）／宝石／付録（年表，大学・研究所・博物館リスト等）

大気環境学会編

大 気 環 境 の 事 典

18054-1　C3540　　　　A 5 判　470頁　本体13000円

PM2.5や対流圏オゾンによる汚染など，大気環境問題は都市，国，大陸を超える。また，ヒトや農作物への影響だけでなく，気候変動，生態系影響など多くの様々な問題に複雑に関連する。この実態を把握，現象を理解し，有効な対策を考える上で必要な科学知を，総合的に基礎からわかりやすく解説。手法，実態，過程，影響，対策，地球環境の6つの軸で整理した各論（各項目見開き2頁）に加え，主要物質の特性をまとめた物質編，タイムリーなキーワードをとりあげたコラムも充実

前東大 鳥海光弘編

図説 地 球 科 学 の 事 典

16072-7　C3544　　　　B 5 判　248頁　本体8200円

現代の観測技術，計算手法の進展によって新しい地球の姿を図・写真や動画で理解できるようになった。地球惑星科学の基礎知識108の項目を見開きページでビジュアルに解説した本書は自習から教育現場まで幅広く活用可能。多数のコンテンツもweb上に公開し，内容の充実を図った。〔内容〕地殻・マントル・造山運動／地球史／地球深部の物質科学／地球化学／測地・固体地球変動／プレート境界・巨大地震・津波・火山／地球内部の物理学的構造／シミュレーション／太陽系天体

立正大 吉﨑正憲・前海洋研究開発機構 野田　彰他編

図説 地 球 環 境 の 事 典
〔DVD−ROM付〕

16059-8　C3544　　　　B 5 判　392頁　本体14000円

変動する地球環境の理解に必要な基礎知識（144項目）を各項目見開き2頁のオールカラーで解説。巻末には数式を含む教科書的解説の「基礎論」を設け，また付録DVDには本文に含みきれない詳細な内容（写真・図，シミュレーション，動画など）を収録し，自習から教育現場までの幅広い活用に配慮したユニークなレファレンス。第一線で活躍する多数の研究者が参画して実現。〔内容〕古気候／グローバルな大気／ローカルな大気／大気化学／水循環／生態系／海洋／雪氷圏／地球温暖化

日本地形学連合編　前中大 鈴木隆介・
前阪大 砂村継夫・前筑波大 松倉公憲責任編集

地　　形　　の　　辞　　典

16063-5　C3544　　　　B 5 判　1032頁　本体26000円

地形学の最新知識とその関連用語，またマスコミ等で使用される地形関連用語の正確な定義を小項目辞典の形で総括する。地形学はもとより関連する科学技術分野の研究者，技術者，教員，学生のみならず，国土・都市計画，防災事業，自然環境維持対策，観光開発などに携わる人々，さらには登山家など一般読者も広く対象とする。収録項目8600。分野：地形学，地質学，年代学，地球科学一般，河川工学，土壌学，海洋・海岸工学，火山学，土木工学，自然環境・災害，惑星科学等

日本地球化学会編

地 球 と 宇 宙 の 化 学 事 典

16057-4　C3544　　　　A 5 判　500頁　本体12000円

地球および宇宙のさまざまな事象を化学的観点から解明しようとする地球惑星化学は，地球環境の未来を予測するために不可欠であり，近年その重要性はますます高まっている。最新の情報を網羅する約300のキーワードを厳選し，基礎からわかりやすく理解できるよう解説した。各項目1〜4ページ読み切りの中項目事典。〔内容〕地球史／古環境／海洋／海洋以外の水／地表・大気／地殻／マントル・コア／資源・エネルギー／地球外物質／環境（人間活動）

上記価格（税別）は 2019 年 9 月現在

5. 石炭紀前期（3億5600万年前）

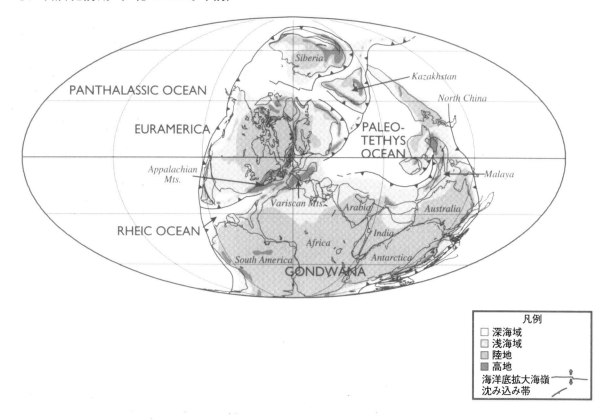

6. オルドビス紀後期（4億5800万年前）

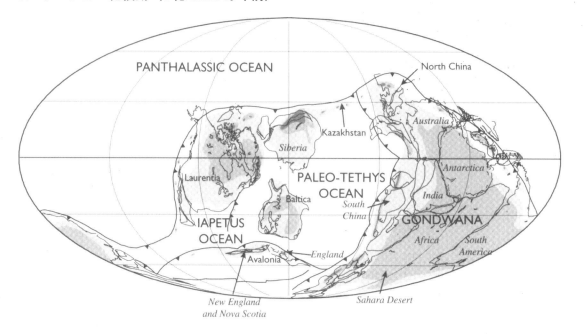